提高采收率现场案例研究

Enhanced Oil Recovery Field CaseStudies

[美] 詹姆斯·J·盛(James J. Sheng) 编

白振瑞　辛力　王友启 译

中国石化出版社

著作权合同登记　图字 01-2014-8337

图书在版编目（CIP）数据

提高采收率现场案例研究 / (美) 詹姆斯·J·盛 (James J. Sheng) 编；白振瑞，辛力，王友启译.——北京：中国石化出版社，2018.6

ISBN 978-7-5114-4892-7

Ⅰ.①提… Ⅱ.①詹… ②白… ③辛… ④王… Ⅲ.①石油开采—提高采收率—案例—研究 Ⅳ.①TE357

中国版本图书馆CIP数据核字(2018)第102624号

中国石化出版社出版发行

地址：北京市朝阳区吉市口路9号

邮编：100020　电话：(010)59964500

发行部电话：(010)59964526

http://www.sinopec-press.com

E-mail:press@sinopec.com

北京科信印刷有限公司印刷

全国各地新华书店经销

*

787×1092毫米 16开本 28印张 740千字

2018年7月第1版　2018年7月第1次印刷

定价：140.00元

译者序

据EIA预测(IEO 2003)，2010~2040年间，在经济发展的带动下，全球能源消费将增长56%。虽然可再生能源和核能都将以每年2.5%的速度增长，但化石燃料在世界能源使用总量中所占比重仍将保持在80%左右。油气在化石能源供应中的主体地位仍将保持不变，全球石油及其他液态燃料的年消费量将从2010年的4.45Gt增长到2040年的5.88Gt；而全球天然气消费量将从2010年的$3.2\times10^{12}m^3$大幅增加到2040年的$5.2\times10^{12}m^3$。

与此同时，油气供应面临的挑战却在不断加大。随着世界油气勘探程度的不断提高，条件比较好的常规油气发现的数量在减少，而且规模也在变小。油气勘探的重点领域逐渐转向条件恶劣的深水、沙漠、极地及偏远地区。在油气开发方面，成熟油气区常规油气资源的开采难度在逐渐加大，对油气藏管理的要求越来越高，提高采收率已成为增储上产的重要途径。新的大型油气发现大都集中在深海，例如墨西哥湾和巴西海域盐下层以及西非和东非深海的大型油气发现，这些油气田的开发面临极大的技术挑战。非常规油气资源潜力巨大，近年来，随着技术的进步，越来越多的非常规油气资源得以开发。北美(尤其是美国)的页岩气和致密油开发快速发展，已经成为当前油气工业的热点和亮点。据BP公司预测，到2030年全球页岩气产量将达到$7540\times10^8m^3$，占当年天然气总产量的16.5%；致密油产量将达到450Mt，占原油总产量的9%。

在油气勘探开发难度增加的同时，环境保护的要求也在不断提高。油气的勘探和开采都会产生大量的污染源，如果处理措施不当，都会造成极其严重的环境破坏。在当今大力倡导绿色发展的形势下，油气行业需要增强环保意识，并努力做好环境保护工作。

不论是复杂地区的油气勘探、老油区的增储上产，还是勘探开发过程中的环境保护，都需要有先进的新技术。国外(尤其是美国)等油气技术强国在油气上游的各个领域都在不断进行技术创新，而且也积累了丰富的经验，相关的技术文献很多。

为了引介国外先进的油气勘探开发理论和技术，进一步促进我国相关领域的理论研究和技术研发，由中国石化集团公司科技部组织，中国石化石油勘探开发研究院牵头，联合中石化石油工程设计有限公司、中国石化河南油田分公司、中国石化江汉油田分公司、中国石化出版社等单位，召集有关专家学者，根据国内油气勘探开发的技术需求，在广泛征求业内专家意见的基础上，优选了一批代表国外油气勘探开发技术最新成果的科技专著，以丛书的形式翻译出版，供国内读者阅读、参考。

本套丛书的顺利出版，是团队合作的结果，是集体智慧的结晶。向给予大力支持的以上单位和参与翻译出版工作的专家们致以诚挚谢意！

由于本套丛书涉及的专业面较广，而参与翻译和审校人员的专业背景不同，难免有疏漏之处，敬请读者批评指正。

译丛编译工作组

2017年5月

前　言

提高采收率(EOR)项目的开展需要具有来自不同专业领域的经验丰富的专家。但在现实中，一个部门很难做到随时可以抽调专家团队。即便能够抽调这样的专家团队，他们在处理具体项目所面临的特殊问题方面的经验也可能有限。任何EOR项目都需要大量的资金投入。我们无法承受因项目设计存在失误而带来的后果。开展项目所需的经验是无法从教科书中获取的，而是必须在大量的实际油田项目中不断积累。这就是促使我们出版本书的动因。

本书从各种来源的信息中总结经验。具体来讲，本书包括不同EOR领域专家的个人现场经验及他们从深入研究中取得的认识，还有他们从文献及其他来源获取的知识。在总结最新进展的基础上，本书概述了EOR领域的最新技术，还简单介绍了EOR方法的基本原理。这样就很好地兼顾到了项目设计、理论和EOR现场实践各个方面。

本书涉及了EOR的所有领域，包括注气、化学驱、热采和微生物提高采收率等。然而，要把所有的油田案例都囊括在这一本书中显然是不现实的。我们尽力挑选重要油田项目的经验和教训来进行论述。现场实践经验是在已出版的研究论文或作者自己的研究工作基础上总结的。

这本书面向的读者是从事实际EOR项目的专业人员。但对于在校学生以及准备学习EOR技术的人员来讲，书中所讲的基本原理也是极具参考价值的。

致谢：首先，我要对参与本书编写的所有作者表示感谢。没有他们的奉献，这本书是无法完成的。其次，我要对Elsevier出版公司的编辑Kenneth P. McCombs表示感谢，感谢他对我完成这本书编写任务能力的信任。Elsevier出版公司的Kattie Washington、Renata Corbani、Jill Leonard以及其他人员也都为这本书的编辑给予了极大的帮助，在此一并表示感谢。

我更要感谢我的家人为这本书的编写所作出的牺牲、给予的支持和付出的关爱。他们在耐心地等待着，盼望我完成这本书后尽快重新回归作为丈夫、父亲、儿子和兄弟的正常生活。

参与本书编写人员

Folami Akintunji
Atinum E&P, 333 Clay Street, Suite 700 Houston, TX 77002, USA

Tor Austad
University of Stavanger, 4036 Stavanger, Norway

Lewis Brow
Mississippi State University, Biological Sciences, 449 Hardy Road, Room 131 Etheredge Hall, P.O. Box GY, Mississippi State, MS 39762, USA

Harry L. Chang
Chemor Tech International, LLC, 4105 W. Spring Creek Parkway, #606, Plano, TX 75024, USA

Birol Dindoruk
Shell Exploration and Production Inc. Houston, TX, USA

Bradley Govreau
Titan Oil Recovery, Inc., 9595 Wilshire Blvd., Suite 303 Beverly Hills, CA 90212, USA

Russell T. Johns
The Pennsylvania State University, Department of Energy and Mineral Engineering, School of Earth Sciences Energy Institute, University Park, PA 16802, USA

S.I. Kam
Craft and Hawkins Department of Petroleum Engineering, Louisiana State University, Patrick F. Taylor Hall, Baton Rouge, Louisiana 70803, USA

S. Lee
Craft and Hawkins Department of Petroleum Engineering, Louisiana State University, Patrick F. Taylor Hall, Baton Rouge, Louisiana 70803, USA

Brian Marcotte
Titan Oil Recovery, Inc.

John M. Putnam
SNF Holding Company, FLOQUIP Engineering, P.O. Box 250, Riceboro, GA 31323, USA

Alan Sheehy
itan Oil Recovery, Inc.

Chonghui Shen
Shell Canada Limited, 400, 4th Ave., SW Calgary, Alberta T2P 2H5, Canada

James J. Sheng
Bob L. Herd Department of Petroleum Engineering, Texas Tech University, Lubbock, TX 79409, USA

Shane Tapper
Pengrowth Energy Corporation, 222 Third Avenue SW, Suite 2100, Calgary, Alberta T2P 0B4, Canada

Krista Town
Pengrowth Energy Corporation, 222 Third Avenue SW, Suite 2100, Calgary, Alberta T2P 0B4, Canada

Bernard Tremblay
Saskatchewan Research Council, EOR Field Development, Energy Division, Regina, Saskatchewan, Canada

Alex Turta
Alberta Innovates Technology Futures, Calgary , Canada

Dongmei Wang
Harold Hamm School of Geology and Geological Engineering, University of North Dakota, Grand Forks, ND 58202, USA

Bob Zahner
Venoco, Inc., 6267 Carpinteria Avenue, Suite 100 Carpinteria, CA 93013, USA

目　　录

第1章 气 驱

Russell T. Johns[1], Birol Dindoruk[2]

(1.宾夕法尼亚大学地球科学能源学院能源与矿物工程系，美国宾夕法尼亚州大学城，邮编16802；
2.壳牌勘探生产公司，美国得克萨斯州休斯敦)

本章首先给出气驱的定义，并说明如何通过增大波及系数和改善驱油效率来提高石油采收率；然后描述气驱方案设计的基本步骤，介绍筛选气驱目标油藏的重要技术和经济参数，说明通过段塞、连续或水-气交替注入等方式把气体注入地下的过程。文中强调了相态特征对混相能力和状态方程(EOS)的重要性以及为很好地进行流体描述而开展试验研究的重要性；讨论了混相能力是如何通过多次接触过程形成的，包括气化、凝析以及复合的气化-凝析机理；还介绍了估算最低混相压力(MMP)的最佳方法。最后，文中介绍了三个案例研究以及矿场经验的总结。所考虑的矿场驱替方案有CO_2驱、氮气驱和重力稳定的非混相CO_2驱。

1.1 什么是气驱

气驱就是把烃类或非烃类气体注入水驱后油藏开采石油的一种方法(有时也用做一次采油或二次采油方法)。在常温、常压下注入的气体组分通常是蒸气(气相)，可能包括从甲烷到丙烷的烃类气体混合物以及诸如二氧化碳(CO_2)、氮气(N_2)甚至硫化氢(H_2S)或二氧化硫(SO_2)之类的非烃类气体。虽然这些气体组分在常温和常压下通常是蒸气，但在储层温度和压力条件下，它们有可能是超临界流体，因为它们的某些性质类似于液体。例如，在大多数油藏条件下，CO_2的密度与石油接近，但其黏度更接近于蒸气。现如今，注气通常是指通过注入CO_2或富烃气体来开采剩余油，但有时也指大气中CO_2的捕集或埋存。

高压注气的主要采油机理是石油组分在流动的气相与油相间的物质传递。在气体和石油的可混溶性比较强时，这种物质传递会增强。次要的采油机理包括石油的膨胀以及随着气体中间组分凝析变为石油而出现的石油黏度降低。

气驱的关键在于如何尽可能扩大注入气体与油藏的接触面积，并把注入气体所接触的大多数石油都开采出来。注入的气体一般要能够与石油形成混相，从而使原被毛细管力捕集的石油与注入的气体混合在一起。然后，注入的气体或烃相驱动石油进入生产井。

在理想情况下，混相流动类似于活塞式流动，注入多少流体，就会有大致相同体积的储层烃类流体被驱替。但遗憾的是，在实际的矿场应用中，这种活塞式流动特征并不会出现。其原因是储层非均质性和重力上窜会使注入的气体通过一个或多个高渗层循环，从而绕过部分石油，导致波及效率低下。即使不存在地质非均质性，石油和气体组分在单相中混合也会导致出现非活塞式流动特性。

优秀的气驱方案设计既要考虑到微观驱油效率，又要考虑到宏观波及系数。气驱开发项目的盈利能力与总的石油开采量密切相关，其表达式为$E_R=E_V \cdot E_D$。其中，E_V代表体积波及系数，它是指注入气体所波及的油藏体积与油藏总体积之比；而E_D代表驱油效率，它是指注入气体波及体积内被驱替油量与石油地质储量的比值。矿场规模混相驱的驱油效率一般是

70%~90%，而波及系数要低得多，导致气驱在水驱开发基础上实现的新增石油采收率一般只有10%~20%的原始石油地质储量(OOIP)。

气驱开发方案设计受经济条件和驱替本身物理特性的双重制约，因而往往需要在波及系数与驱油效率之间寻求一个平衡点。由于在现场很难给出这两个参数的具体数值，所以只有在定性地解释诸如注入流体黏度、相态特性、非均质性以及其他流体和岩石特性等关键参数对采收率及气驱方案设计的影响时，它们才具有利用价值。每个油藏都是独一无二的，因而油藏工程师必须对基本的过程有深入的了解。

1.2 气驱方案设计

气驱方案设计的复杂程度取决于项目的规模。对于一个大型项目而言，所涉及的风险因素可能更多，因而设计过程涉及三个基本的步骤：筛选、设计和实施。大型气驱项目的基本设计步骤如下：

① 在开展详细研究之前首先对候选油藏开展技术和经济评价与筛选；

② 油藏/地质研究，包括通过二维和三维油藏模拟预测开发动态；

③ 根据流体量、组分和储层连续性等的预测结果设计井和地面设施；

④ 经济评价，通过改变关键的输入参数来认识相关的风险；

⑤ 管理层基于不确定性和经济方面的综合考虑来决定批准(或否决)项目；

⑥ 气驱方案的实施，包括对井筒作出必要的调整、安装矿场设施、建设所需的回收处理厂(如果项目所在地附近没有这样的处理厂的话)和开始注气。

随着新钻井资料和新实验室研究资料的获得，人们对项目所在油田的认识会不断加深，这时就需要重复进行这些步骤。对设计方案进行反复的修正可能也是实现现值利润最大化所要求的，例如改变气体注入量。

小规模项目的设计步骤要比大项目的少一些，这是因为出于降低成本的目的而不会开展深入细致的油藏研究、模拟以及相关的预测和经济评价。小规模气驱项目的动态预测和经济评价一般是在油藏筛选过程中(第一步)进行的。

1.3 技术和经济筛选过程

这个筛选过程的主要目的如下：

① 对候选油藏注气开发的潜力进行排队；

② 识别潜在的注入流体类型；

③ 寻找类比油藏(田)；

④ 初步估算产量并开展经济评估；

⑤ 优选拟在后期开展更加深入研究的目标油藏，尤其是大型的气驱项目。

除了要考虑投资和作业成本等因素外，高质量的目标优选还要考虑多个关键的技术因素。油藏筛选一般要考虑以下技术内容：

① 水驱后的残余油饱和度；

② 地层压力(和温度)；

③ 石油黏度和最小混相压力；

④ 可利用的混相气体来源及其成本；

⑤ 注入井和井网规模的储层非均质性和波及能力(conformance)问题；

⑥ 地层渗透率以及以经济的流量注入和开采流体的能力；

⑦ 储层几何形态和流动：重力效应和纵向渗透率。

大部分油田在注气之前都要注水。这样做通常是为了提高地层压力并降低与注气开发项目有关的潜在风险。通过首先开展注水开发，可以认识油藏的井间连通性，从而降低气驱的风险。此外，相关的注水设施还可以在注气开发中加以应用，从而降低设施的成本。因此，最重要的初步筛选标准之一就是水驱后的残余油饱和度。如果残余油饱和度比较低(例如低于0.15)，那么可供气驱开采的剩余石油储量就很少了。

其他关键的技术参数还有平均地层压力、最小混相压力和石油黏度。地层压力一般要接近或者高于最小混相压力，这样才能达到比较高的驱油效率。黏度比较低的石油，其最小混相压力(MMP)一般比较低。对于泡点黏度低于约10cP(1cP=1mPa·s，下同)且API重度为25API度或更大的石油而言，存在一条大致的"经验法则"，即在地层压力高于1000psi(绝)(1psi≈6.895kPa，下同)时，CO_2或富化气能够与石油形成混相；在地层压力高于3000psi(绝)时，甲烷能够与轻质油形成混相；而在地层压力高于约5000psi(绝)时，氮气也能够与石油形成混相。当然，地层温度和石油组分在评价中也发挥着重要的作用。所选择的混相流体应当供应充足而且成本要低于其他的替代品。

储层非均质性和波及能力在油藏筛选中也发挥着重要的作用。波及能力是指把流体注入目标地层(一般是产层)的能力。如果在单口注入井的规模上或井网的规模上，注水的波及能力比较差，那么注气的波及效率就会更差。例如，渗透率变化很大的油藏(即Dykstra-Parsons渗透率变异系数大于0.7的油藏)可能就不是气驱的理想候选油藏。发育很多高渗透率裂缝的油藏一般也都是比较差的候选对象，尤其是裂缝的延伸方向是从注入井向生产井的情况下。如果注入井存在完井缺陷，注入流体也有可能无法进入产层。例如，如果固井质量比较差，那么注入流体就有可能在套管外流动。存在比较严重波及能力问题的注入井一般需要在前期投入大量的资金重新进行完井，这一点需要在气驱经济评价中加以考虑。

水和气的注入量也必须足够多，以确保石油产量能够达到经济的水平。如果地层的渗透率很低或流体的黏度很大，那么注入流体的能力或开采流体的能力就会比较差。在大多数情况下，如果能够以经济的速度注水，那么就可以以同样甚至更高的速度注气。如果要以气驱作为二次采油方法而不是水驱后的三次采油方法，那么就应在现场开展注气能力测试。

在油藏筛选过程中，需要考虑的另外一个因素是重力对注入流体流向的影响。密度高于石油的注入流体(例如水)可能穿过储层向下流动，从而绕过石油；而密度低于石油的注入流体(例如气)可能穿过储层向上流动。在注入低密度气体时，可能需要在产层的底部重新射孔，以便减轻重力的影响。在纵向渗透率较低的油田，重力效应就会较弱，例如得克萨斯州西部油田的CO_2驱开发油藏。在一些情况下，重力效应还可以发挥积极作用，墨西哥湾地区几个产层倾角很大的油藏就是很好的例子。例如，可以在上倾方向上注气，而在重力稳定过程中从下倾方向采油。随着石油被开采出，注入的气体可以向下倾方向运动，从而与更多石油接触。这样的重力稳定过程能够克服较强储层非均质性的不利影响，从而提高石油采收率。

最后一点，油藏筛选过程还涉及经济评估。在早期就应当考虑投资费用(资本成本)和操作成本。资本成本和操作成本的多少取决于由评估模型(scoping model)或通过详细的模拟预测出的注采速度和注采量。这样的注采速度一般是通过简化的模拟计算或者通过与所研究油藏类似的气驱油藏进行类比来确定。必须在考虑目标油藏与类比对象两者气驱的规模相对大小的情况下，对累积注入量和开采量进行按比例放大。Jarell等(2002)曾描述过利用评价模型确定累积注采量的方法。

投资费用包括初期的气和水的采购费用、注气回收厂建设费用、采出气回注所需的压缩机采购费用、注气设施建设费用、注入气输送管线建设费用、为处理新增的采出气而对井和生产设施进行改造的费用、水处理设施(如果没有现成的话)建设费用、新的注入井和生产井建井费用，以及分离器和集输等地面设施的建设费用。如果没有现成的气体回收厂可以利用，那么其建设费用可能是注气开发项目投资费用中数额最大的一项费用。

操作成本包括防腐、防垢和防蜡所用的化学品、人工、井维护和修井、电力、水处理和回注以及生产设施维护等。修井成本在油田操作成本中一般占很大的比例。

海上和深水油田的气驱开发风险甚至更高，其主要原因是井成本高而且距离远。对于此类油藏的注气开发而言，认识储层的非均质性和井间连通性就变得异常重要了。

1.4 注气方案设计与水气交替注入

气驱开发的实施方式很多，包括连续注气、连续注气+后续注水(或后续注入另外一种气体)、常规的水气交替注入(WAG)和递减式水气交替注入(TWAG)，如图1.1所示。对于水气交替注入而言，必须确定出拟注入的气体总量以及水气交替的频次(气-水注入周期的数目)和水-气比(各周期内注水量与注气量之比)。在得克萨斯州西部，有些油藏的注气量是递减的，所以在初期需要输送的气量更多一些，一旦注入的气体在生产井中突破，就要把注气转为注水。有些油田也曾尝试过水-气共注(SWAG)，但由于是多相注入，需要开展大量的监测工作。鉴于每个油藏及每种石油都各不相同，必须通过多组分模拟对具体油藏的注入方法开展研究。

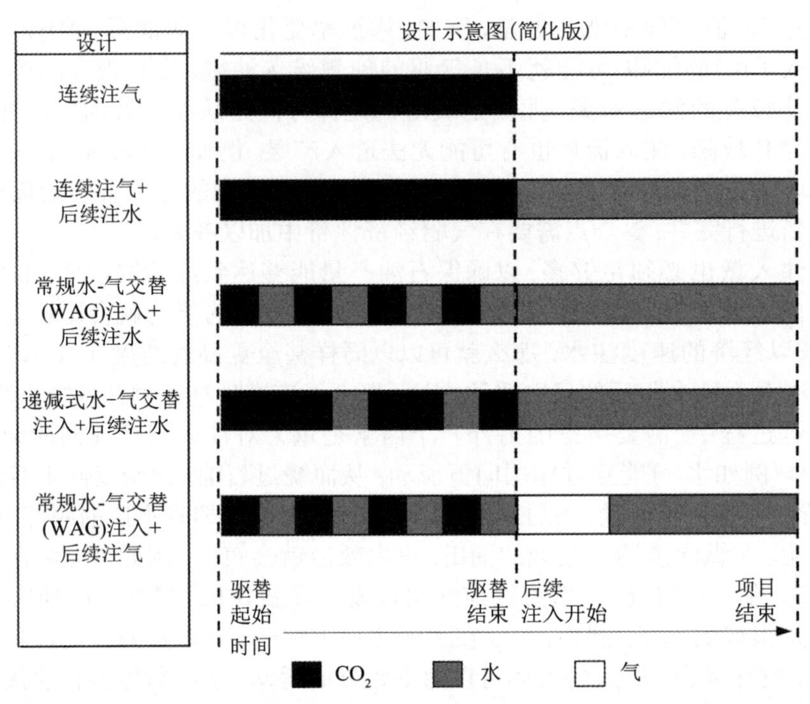

图1.1 水-气交替注入的方式有多种(Jarrell等，2002)

图1.2显示了一个典型的注气开发过程，通过与水交替的多个段塞的形式注入CO_2或其他气体。水气交替注入能够明显提高波及效率，其原因是与CO_2相比，水的流度较低(黏度较大)，因而水能够改善注入流体的平均流度比，同时还会因下窜(underride)而更好地波及储层的下部层段。

流度比的一种定义是驱替流体的流度(注入气体渗透率与其黏度之比)与被驱替流体流度(储层流体渗透率与其黏度之比)的比值。低黏度是导致气体流度较高的主要原因。大流度比不利于石油开采，而小流度比则比较有利，其原因是它会延迟注入气体的突破，而且可以减少通过高渗层循环的气体量。除了控制流度之外，水气交替注入的另外一个好处是降低成本：注气量(所注入的总孔隙体积)减少了，取而代之的是较为廉价的水。实践证明，水-气交替注入或递减式水-气交替注入是控制流度的一种有效措施，因而被广泛用于提高波及效率。

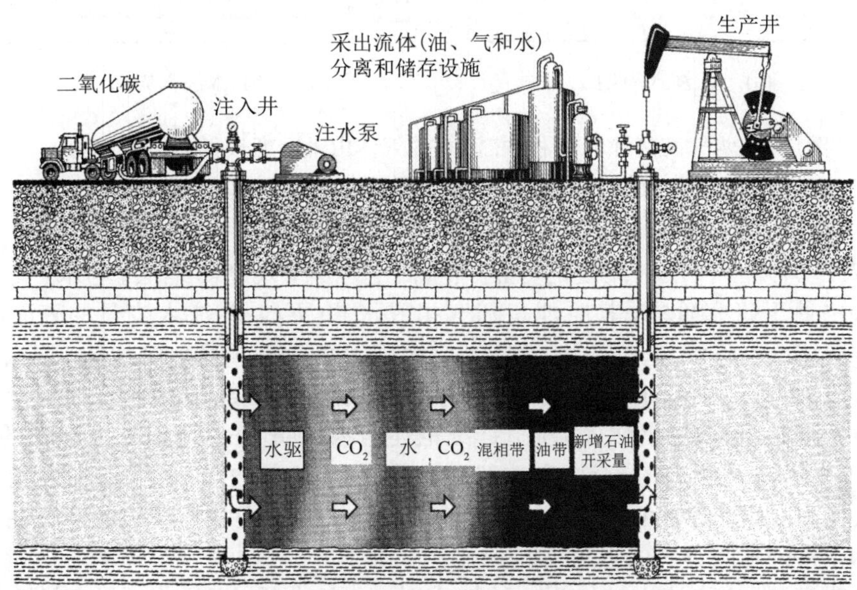

图1.2 气驱过程示意图

[来源：数据来自Lake(1989)，绘图Joe lindley，美国能源部，俄克拉荷马州Bartlesville]

虽然水气交替注入的确可以增加开采量，但在注气周期内注入气体仍会向上"舌进(tongue)"，进入远离井筒的地层，而在注水周期内注入水则会向下运动(见图1.3)。在纵向渗透率比较高而且注入气体与储层流体之间的密度差比较大时，就会出现这种流体分异作用。注入气体和水通过高渗透率通道的窜流往往会控制重力舌进，而且会随着非均质性增强、渗透率和密度差增大以及流体速度提高而变得更加严重。在水-气交替注入过程中调节水和气体的注入量很重要，这样有助于尽可能提高石油采收率。注入水过多或注入气体过多，都会导致纵向波及系数比较小。与顶部地层渗透率比较低的油藏相比，顶部地层渗透率较高油藏的驱替效果往往更差一些，这是因为低密度的气体在重力作用下向油藏顶部运动，通过较高渗透率顶部地层窜流的气体量更多。

注气开发还可以在单井中进行。在标准的气驱中，气体从注入井注入地层，然后通过地层流向生产井。在单井周期性注气开发中，先把气体注入井中，然后关井，在注入气体充分浸泡之后再开井生产。这个过程可以重复多次。这种单井周期性注气开发方法在提高石油采收率方面的效果一般要比多井气驱的差，但被越来越多地应用于非混相驱替过程，来降低石油黏度并使较重的石油膨胀(Jarrell等，2002)。然而，在作为一种混相注入剂使用时，单井吞吐法是适用于重油开发的少数几种方法之一，有时会和油层加热法结合使用。这种采油工艺可能类似于蒸汽吞吐法。不同形式的混相气体(例如泡沫)可能还有助于非常规致密油藏(即富含液态烃的页岩油藏)的开发，例如可以把支撑剂输送进入水力裂缝和/或通过清除液体(removing liquids)提高生产井的石油产量。还可以在吞吐模式下进行开采，以提高生产井的石油产量。

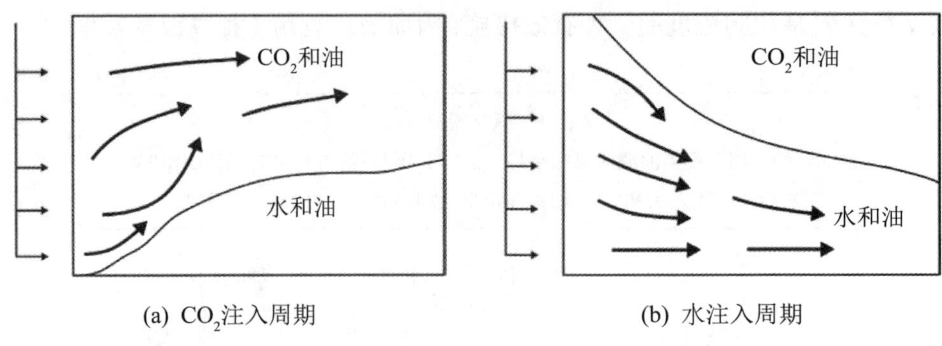

(a) CO_2注入周期　　(b) 水注入周期

图1.3 在水气交替注入过程中，注入的气体由于密度较低而向上运动，而注入的水则向下运动(Jarrell等，2002)

泡沫注入是另外一种控制流度的方法，泡沫主要被注入高渗地层。与水-气交替注入不同，泡沫注入仍处于研究阶段。其原理是随气相或水相(更典型)注入少量的表面活性剂来生成稳定的CO_2泡沫或氮气泡沫。如果能够在高渗地层中原地生成稳定的泡沫，那么就可以限制注入气体通过高渗地层的流动，从而使它们转向，进入低渗地层。其他潜在的改善波及能力的方法(conformance method)包括注入凝胶，详细论述请参阅Green和Willhite(1998)的论文。

所有这些改善波及能力的方法(和一般意义上的注气方法)都会受到注入能力问题的困扰。如果注入能力有限，就有可能无法注入足够多的水或气。通常要在矿场开展注入能力测试或先导性试验，来降低与这些方法相关的风险。

近年来，蒸汽-气体泡沫也被作为一种技术引入石油业界，但目前还没有足够的现场数据来说明这种方法是否能够取得成功。这种方法一般是作为热采方法加以研究的，这里不再进行讨论。

1.5 相态特性

相态特性控制着在储层温度和压力条件下油和气是否能够形成混相。在注气开发设计中，一个重要的步骤就是在较大的储层压力范围内(和地面设施的温度范围内)正确地描述流体系统。由于在流体从储层中被开采到地表后，其性质会发生变化，因而这也是优化生产的一个关键步骤。

1.5.1 标准(基本)PVT数据

要确定所研究流体的压力、体积和温度之间的关系，PVT测试几乎是必不可少的一个步骤。对于大多数流体而言，基本上都要开展4个关键的测试，这与是否注气没有关系。它们分别是定质量膨胀测试(constant-mass expansion test)、定容降压开采测试(constant-volume depletion test)、差异分离测试(differential liberation test)和分离器测试(separator test)。此外，还要在从储层压力到大气压的整个压力范围内测量地层流体的黏度，而且一般随着差异分离数据一起报告。所有这些测试都试图以某些有限的方式来再现油藏的一次采油和二次采油过程。有关这些测试的详细论述可以参阅Amyx等(1960)、Dake(1994)、Danesh(1998)、Cain(1990)、Standing(1977)以及Pedersen和Christensen(2007)的论文。

1.5.2 膨胀测试

在准备开展注气开发时，需要开展膨胀测试(swelling test)。该测试方法是在恒定的储层温度下，按照不同的比例把所选择的注入气体与石油混合在一起。开展膨胀测试的目的是为了确定以下参数：使一定量的气体溶解所需的压力(或在给定的压力下有多少气体溶解在石油中)；随着气体的中间组分溶解在石油中，石油会出现的膨胀量；随着注入气量逐渐增多而形成的饱和压力。除了PVT数据标定之外，膨胀测试还有助于定量计算因为气体组分溶解使石油体积增大而开采出的石油量。在很多情况下，还有可能识别出石油的反凝析特性。

膨胀测试从处于泡点压力下的储层石油开始。在储层温度下，把数量固定的气体与石油混合。然后在保持储层温度不变的情况下增大压力，直到所有的气体都溶入石油为止。在最后一个气泡溶解之后，石油-气体混合物就处于新的泡点压力下。然后，测量压力和混合物的体积。这个新的体积被称为“膨胀”体积。虽然在混相气驱中膨胀作用的重要性处于次要地位，但在与CO_2接触时部分石油的体积可能膨胀1.7倍。在储层内基于质量传递的体积膨胀的作用下，少部分被捕集的石油会发生流动。这个溶入气体并测量新泡点压力的过程要在不同的注气量百分比下重复进行多次。在较大的气/油比下，气-油混合物会表现出露点特性而不是泡点特性。在露点附近开展的这部分膨胀测试很重要，因为它类似于油藏中富含气带的流体性质。

在膨胀测试中通常要测量气体和石油的黏度，这些参数在确定流体的流度和流度比时非常重要。膨胀测试能够很好地反映一次接触混相(FCM)的混相注气过程，下文将对此进行详细的解释。

1.5.3 细管试验

在利用采自油田的原油样品测定最小混相压力时，细管试验非常有用。细管由内径非常小的挠性管组成，内装粉碎的岩心、砂或玻璃珠子。细管可能很长，一般为40～60ft(1ft≈0.3048m，下同)长，以便在到注入点一定距离的地方动态地形成混相。

细管先饱含体积已知的石油，然后把其温度固定在地层温度的水平上，向管中注气驱替石油，并随着时间记录注入的气量和驱替的石油量。采收率定义为采出的石油量与最初的石油量之比，或者是开采的孔隙体积，这是一个无量纲的数字，用于定量表示原始地层油气量的采收率。

以固定时间(例如在注入1.2倍孔隙体积时)下的压力绘制开采的孔隙体积的分布曲线，然后在更高的压力下重复进行这个过程。在相对于注入压力或采收率大约为90%～95%时的最低压力绘制石油采收率曲线时，在注入1.2倍孔隙体积时采收率曲线会出现突然变化，而此时的压力通常用于确定油-气系统的最小混相压力(见图1.4)。然而，这些定义有一定的人为性，所以实测的最小混相压力具有一定的不确定性。但不管怎样，如果地层压力超过这个“最小混相压力”，就有可能很好地开采注入气体所接触的石油。

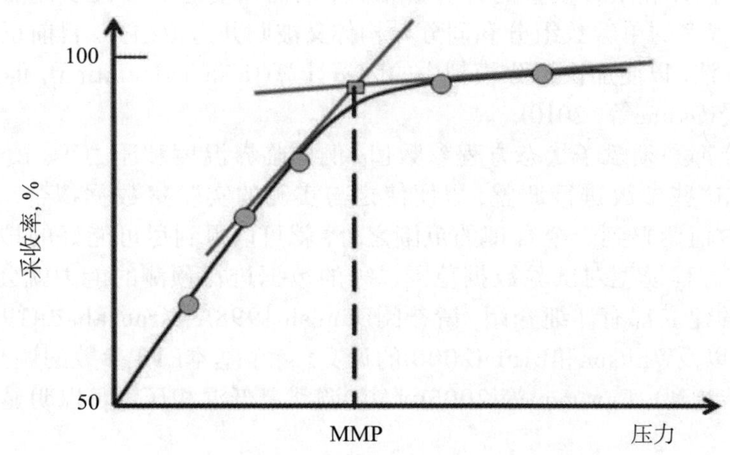

图1.4 纯CO_2驱替石油的细管试验(资料来源：Yellig和Metcalfe，1980)

细管石油开采试验是在理想的一维条件下进行的，并不能代表我们在油田所见到的实际石油开采，因为油田中有大量的石油是无法接触到注入气体的。除了由储层非均质性造成的窜流以及由重力效应造成的舌进之外，因扩散作用和分散作用而在油田规模上增加的混合量(increased mixing)，会进一步减小气体的有效浓度，从而使石油采收率降低。气体浓度减小会使驱油效率降低。细管试验需要花费大量的时间(和金钱)，而且需要有较大体积的样品，因而很少开展。

1.5.4 多次接触测试

流动与相态特征之间的相互作用对于确定真实流体的最小混相压力至关重要。多次接触测试(multicontact test)试图模拟储层中的这种动态的相互作用，而且随着试验的进行，可以在实验室生成流体样品，用于分析流体组分、密度和黏度。

试验从恒定压力和温度下气体与石油的混合开始，形成两个平衡的相态。具有更大流度的蒸气相在储层流体的前面流动。新鲜气体以所谓的“反向接触”的方式与液相接触，或者平衡的蒸气相以正向接触的方式与新鲜石油接触。这个过程要重复进行多次。

Lake(1989)和Stalkup(1983)都曾对正向接触和反向接触进行过详细的论述。取决于在多次接触试验中所使用的注入流体的性质，要么观测正向接触，要么观测反向接触，但不会同时对两者都进行观测。对于单纯的蒸发气驱或凝析气驱而言，多次接触测试是很有用的。蒸发气驱的混相是通过正向接触实现的，而凝析气驱的混相则是通过反向接触实现的。这些概念将在第1.6节中进行讨论。对于凝析与蒸发相结合的气驱而言，常规的多次接触测试并没有多大的使用价值，这一点也将在第1.6节加以讨论。

1.5.5 采用状态方程开展流体描述

PVT测试和注气试验只能提供满足最低要求的基本数据，但无法提供组分模拟所需的全部数据。所以，通过采用储层和注入流体的状态方程对流体开展数值模拟，来补充所需的数据。通过一个复杂而且往往主观的过程，根据现有的试验数据对这些模型进行调整(标定)。但这一点难度很大，其原因是石油是由成百甚至上千种组分和同分异构体构成的，而其中有很多是无法通过试验手段准确识别和量化的，至少通常情况下如此。然而，有一些标准的方法，可以根据C_{6+}系列组分的沸点范围把组分的数量减少。预先设定的沸点范围内的组分被归并在一起，并被视为单碳数(SCN)组分。

对于大多数组分模拟器而言，甚至这种简化方法或单碳数(SCN)归并的方法也不足以解决问题。采用状态方程开展组分模拟的计算量很大，因而需要进一步减少组分的数量，一般要减少到15个以下。很多的单碳数组分和同分异构体又被归并为拟组分。目前正在开发能够应对更多组分的简化方法，以便加快组分模拟中的闪蒸计算(flash calculation)，但这些方法还有待为大家所普遍接受(Okuno等，2010)。

每一个拟组分都必须赋予状态方程参数值，例如临界温度和压力等。由于无法准确识别这些组分，需要对这些参数进行调整，以便使之与实测的实验室数据拟合，从而无需调整太多的参数或把其数值调整到一个合理的范围之外，就可以得到尽可能好的拟合效果。如果拟合程度过高，状态方程模型对试验数据范围以外的数据进行预测的能力就会降低。流体描述方法和状态方程的建立都有详细介绍，请参阅Danesh(1998)、Firoozabadi(1999)、Pedersen和Christensen(2007)以及Whitson和Brule(2000)的论文。除了基本PVT参数的调整之外(大多数常规调整方法都会涉及到)，Egwuenu等(2005)证实，调整最低混相压力可以明显改善气体或注气过程的流体描述。

1.6 最低混相压力和驱替机理

气驱的主要开采机理是在气体和储层原油之间形成混相。取决于压力的大小，存在三种类型的驱替机理。第一种类型是一次接触混相(FCM)，不管按照什么样的比例把石油和气体混合在一起，它们都能够形成混相。对于很多气体而言，这种类型的驱替机理都特别难以实现，但一旦形成混相，几乎所有被接触到的石油就都会被开采出来。对于某种给定的油-气驱替而言，膨胀测试可以直接给出一次接触混相的最低压力。

通过多次接触混相(MCM)也可以在储层内形成混相，气和油要么通过正向，要么通过反向，或者通过两者结合的方式反复接触，直至混合在一起(Johns等，1993)。在每一次接触所形成的相组分朝向临界点移动的过程中，就会形成MCM驱的混相能力。

最后一种气驱是非混相驱。这种驱替类型的相间物质传递更加有限，而且程度变化较大。严格来讲，“非混相驱”这个术语其实是不准确的，因为气体总是能够提取一定的石油组分。真正的非混相驱是一种极端情况，在这种情况下，石油在气相中的溶解度非常小，甚至可以忽略不计(即低压)，在某种程度上类似于水驱油。其驱油效率随着混相程度的提高而改善(见图1.4)。

1.6.1 驱替机理的简化三角图

图1.5展示了恒定储层温度和压力下的简化相态特征图。图中只显示了三种拟组分或模拟组分(轻质=C_1；中质=C_2；重质=C_3)。例如，作为拟组分，C_1可以是甲烷，C_2可以是丁烷，C_3可以是癸烷。在这样的三角图中，随着油气混和在一起而形成的所有可能的组分都一定分布在它们之间的线段上。这个线段被称为混合线(mixing line)或稀释线(dilution line)。

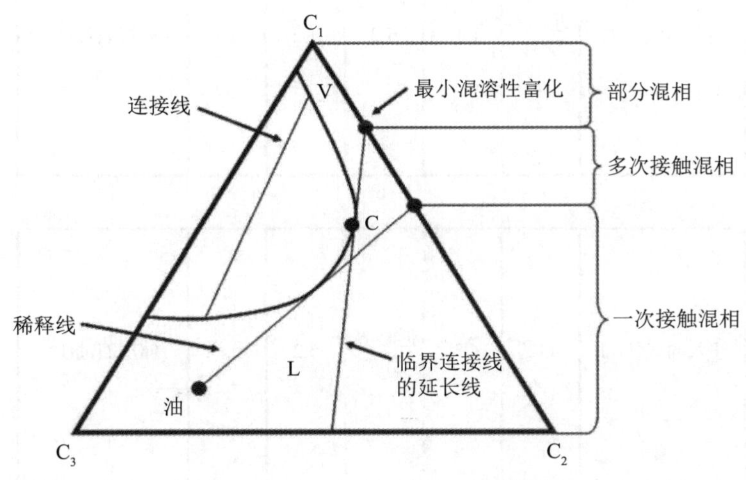

图1.5 凝析气驱过程的三角图

在图1.5中，注入的贫气(大部分为C_1)与石油是“不混相的”，其原因是其间的混合线穿过了两相区域的很大一部分。在这种情况下，有部分石油组分被提取，但细管试验中的开采量会低至1.2PVI(PVI是指注入的孔隙体积倍数，下同)。然而，含足够多C_2的天然气与石油就是多次接触混相(MCM)，其原因是气体组分会分布在连接线延长线以外的区域。分布在临界点以内连接线延长线上的气体组分处于最小混相能力富化(MME)点。这种天然气与平衡石油的接触最终会达到临界点。此外，这样的驱替会导致天然气的中间组分凝析进入平衡石油，从而使被捕集的石油膨胀，而这有利于石油的开采。这个过程被称为凝析气驱(condensing drive)。在这个过程中，通过反向接触在驱替后缘形成混相能力。

富含更多C_2的天然气能够与石油达到一次接触混相(FCM)，其原因是混合线(稀释线)根本没有与两相区接触，或者只是与两相区的包络线相切，如图1.5所示。对于大多数油藏和注入气体而言，这种情况都不会出现。

对于较轻质石油(石油中含有更多的C_2)的驱替而言，只要石油分布在连接线延长线以外的区域(即石油组分分布在图1.5所示的临界连接线延长线之上或其右侧)，那么即使注入的是贫气，也会出现图1.5所示的多次接触混相。在这种类型的驱替中(所谓的气化驱)(vaporizing drive)，石油的中间组分被气化成为平衡蒸气相。气化驱具有在驱替前缘形成混相的能力，其原因是由正向接触所产生的两相组分接近临界点。

虽然有一定的帮助，但驱替三角图所描述的理论过于简化，只能用于解释正向或反向混相能力的形成(见图1.6a和图1.6b)。两者相结合的机理将在下文进行讨论。

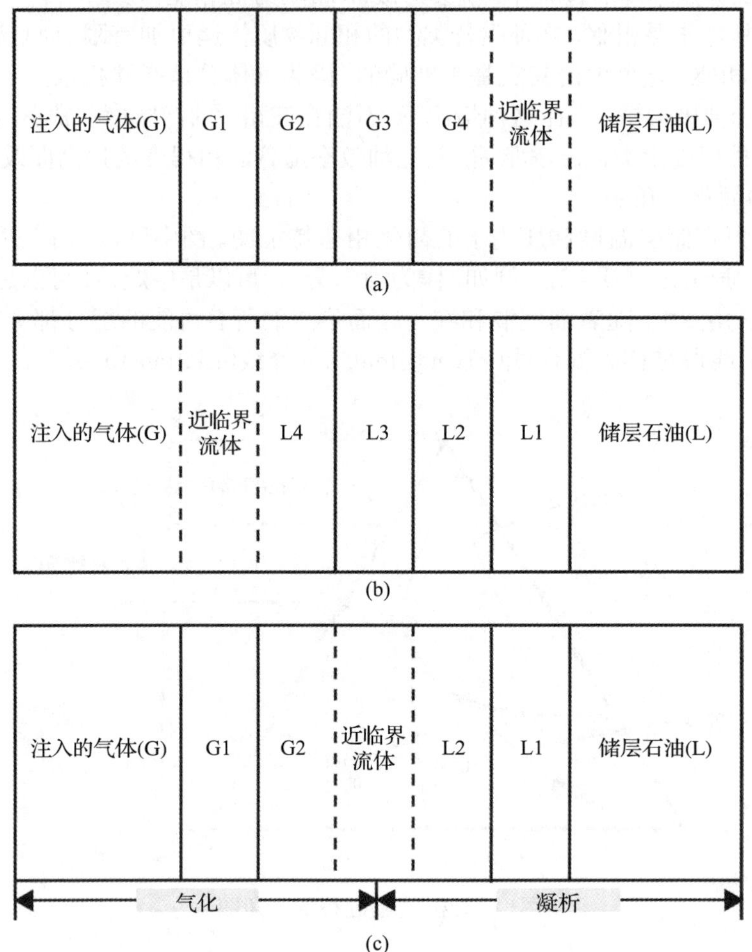

图1.6 低/零界面张力(近临界/临界)流体相对于注入井和生产井的位置

1.6.2 矿场气驱的驱替机理

图1.5所示的简化模型没有充分反映组分数量远多于三种的矿场驱替的实际情况。大多数真实CO_2驱或富气驱都同时具有凝析驱和气化驱(CV)的特征(见图1.6c)，正向接触与反向接触的复杂组合首先与临界点(critical locus)相交。在凝析+气化驱中(CV)，混相能力出现在凝析和气化之间的区域，如图1.6c所示。石油的膨胀出现在驱替前缘附近，接着是一系列的气化前缘。在这里，石油中越来越重的组分经色层状分离而被气化。然而，注入非常贫的气体时(例如纯氮气或纯甲烷)，气化驱会占主导地位。

1.6.3 最低混相压力的确定

对于气驱方案设计而言，最低混相压力是需要考虑的重要参数之一。有多种方法可用于确定最低混相压力：

① 细管试验和多次接触试验(参阅第1.2节)；

② 混合单元法(mixing cell)；

③ 经验对比法；

④ 细管驱替组分模拟法；

⑤ 采用状态方程(EOS)和特征曲线(MOC)的解析法。

如第1.5节所述，试验方法非常有用，但开展试验需要花费大量的时间和资金。基于流体描述的混合单元法(mixing cell method)能够很好地估算最低混相压力(Johns等，2010)。经验对比法也是一种很好的方法，但它要取决于储层流体是否与类比对象的储层流体相似(Jarrell等，2002；Yuan等，2005)。基于特征曲线(MOC)的解析方法取决于根据现有PVT数据进行过适当调整的精确的状态方程(Dindoruk等1997；Johns等，1993；Orr等，1993；Yuan和Johns，2005)。这些方法的共同优点是速度快而成本低，但在计算时必须特别小心。作为估算最低混相压力的一种方法，一维组分模拟的成本也比较低，但其计算量要大于混合单元法或特征曲线法，而且其结果还要取决于对网格块大小的修正(数值分散误差)。与解析解模型(MOC)类似，模拟法也需要有高质量的PVT数据以及气和油的状态方程描述。

部分流体对弥散更敏感些。不管是物理弥散，还是数值弥散，都是如此。对于那些对物理弥散敏感的气-油体系而言，要实现较好的驱油效率，就应当在远高于最低混相压力的压力下开展气驱(Solano等，2001)。

CO_2的最低混相压力一般随着温度升高或气体增浓的程度减弱而增加。温度比较高的储层趋于具有较高的最低混相压力，而把CO_2添加到贫气中会使最低混相压力明显降低。但对于注氮气而言，随着温度提高，最低混相压力既有可能提高，也有可能降低(Dindoruk等，1997；Sebastian和Lawrence，1992)。

1.7 矿场案例

我们将介绍三个矿场案例，总结在气驱EOR技术应用方面的经验教训。如前文所述，油田的采收率取决于体积波及系数和驱油效率。Manrique等(2007)和Christensen等(2001)曾对已经开展的气驱项目进行过系统总结。

1.7.1 Slaughter Estate单元CO_2驱

这个混相驱先导试验项目是在得克萨斯州西部San Andres白云岩油藏中开展的，是提高采收率效果非常好的一个气驱开发案例。储层埋深约5000ft，渗透率比较低，大约平均为4mD($1mD\approx1\times10^{-3}\mu m^2$，下同)。在开展注气开发之前，该项目曾在20世纪70年代初开展过注水开发，而且水驱开发效果很好(见图1.7)。

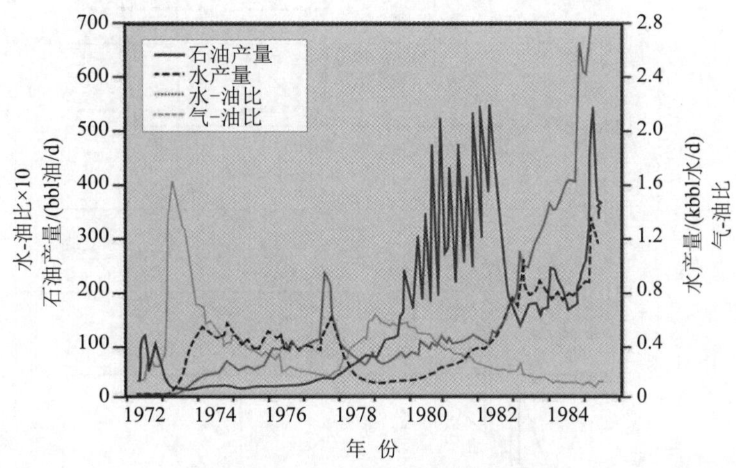

图1.7 Slaughter Estate单元先导试验的石油产量和水产量以及水-油比和气-油比

(数据来源：Stein等，1992)

注入气体的组成为72%(摩)CO_2和28%(摩)的H_2S。这种气体与中质API石油(32API度)的最低混相压力大约为1000psi(绝)，远低于2000psi(绝)的平均地层压力。因此，本次注气开发属于多次接触混相。酸性气体注入结束后，后续注入了成分以氮气为主的气体，最后注水。按照1.0的水-气比开展了水和酸性气体的交替注入。注入了25%油气孔隙体积(HCPV)的酸性气体段塞。后续气也与水交替注入，最终把气-水比降至0.7，以便提高纵向波及效率。

图1.7中所示的后续注气周期对应于水-气交替注入。在水-气交替注入过程中，随着水的注入出现了气体捕集现象，导致吸水能力下降了约50%。此外，气-油比在石油开采即将开始之前或者同时就出现了上升的趋势，说明存在气体窜流现象。

三次采油的新增石油采收率为19.6%原始石油地质储量(OOIP)，这在很大程度上要归功于高质量的水-气交替注入管理和在注入气体中添加的H_2S(Stein等，1992)。虽然H_2S是一种非常危险的气体，但它也是一种很好的混相剂。如果在大约50%的一次采油和二次采油(水驱)(注入流体)中添加H_2S，这个先导试验区的总体石油采收率可望达到70%左右，而这个数值远大于大多数油田的平均值。鉴于先导试验的巨大成功，在整个油田推广了注气开发。虽然在推广阶段采用了较高的气-水比，但是注气开发依然取得了成功。

1.7.2 Weeks Island重力稳定非混相CO_2驱

1980年代初，美国路易斯安那州Weeks Island油田“S”形砂岩油藏开展了注气开发先导试验。这套砂岩之上是一个盐穹，地层倾角比较大(30°，如图1.8所示)，纵向和水平渗透率都很高。初始地层压力为5100psi(绝)，地层温度为225℉[华氏度(℉)=32+摄氏度(℃)×1.8，下同]，但到开展先导试验之时，地层压力已经下降了许多。先导试验历时6.7年，位于上倾方向上的一口注入井和位于下倾方向上距离注入井大约260ft的两口生产井参与了先导试验，如图1.9所示。在水驱之后，从上倾方向上的注入井注气，这样重力就会使注气前缘稳定在一个相对水平的界面上。本次重力稳定气驱的主要原理是：气-油界面(油带)垂直向下移动，开采石油并把它们驱替进入下倾方向上的生产井。只要纵向渗透率比较高，这个过程就会有很高的效率(很大的体积波及系数)，而且气体界面稳定，并垂直向下运动。

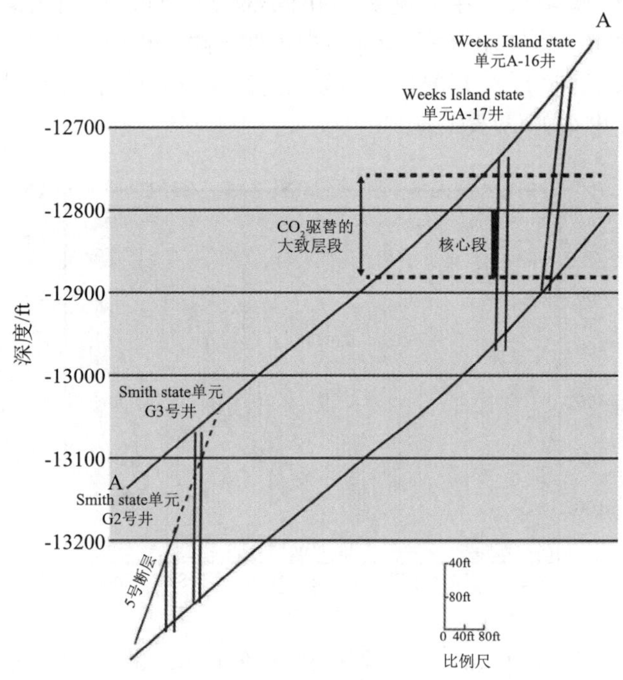

图1.8 Weeks Island油田的重力稳定CO_2驱

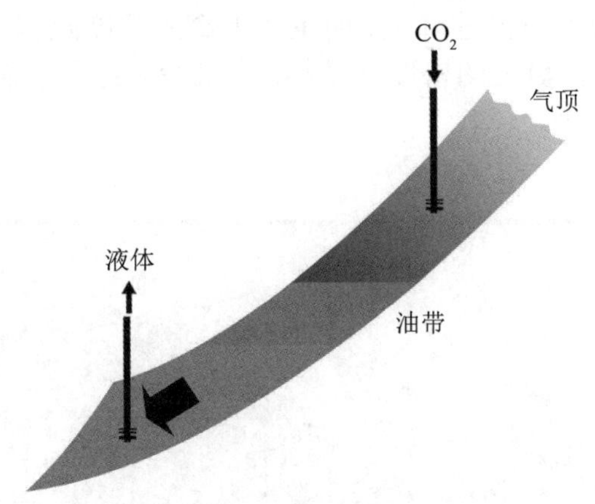

图1.9 Weeks Island油田重力稳定驱替过程中油带移动示意图

在Weeks Island油田注入的气体是CO_2和浓度大约为5%的工厂废气。添加工厂废气的目的是使CO_2“变轻”，从而提高气-油界面的稳定性。然而人们发现，不需要随同CO_2注入工厂废气就可以确保重力稳定性，因为储层石油内的溶解气(甲烷)足以有效地稀释CO_2。

在225℉的地层温度和注气压力下，驱替是非混相的。然而，从注入气体流过的地层中采集的压力岩心几乎是“白色的”，CO_2波及区的残余油饱和度平均只有大约1.9%(见图1.8)。这个数值要低于通常观测到的混相驱残余油饱和度(Sorm)。本次石油开采效果非常好，这说明只要设计合理，即便是非混相驱，也能通过重力泄油很好地驱替石油。

随后对重力稳定驱油工艺开展了商业化测试，但测试并不如先导试验那样成功，这大部分要归因于来自生产井下倾方向的大量水侵。CO_2的注入极大地增加了气顶的压力，但并没有使气-油界面垂直向下移动。只要水侵量比较小，诸如此类的重力稳定工艺就会非常有效。一种可能的解决办法就是钻水井，从含水层中抽水，或者封堵水侵的通道。

遇到的另一个难题是因气和水的“锥进”而造成的薄油带的开采。第二口生产井并不在计划之列，是为了观测油带的含油饱和度和加快油带的捕集(oil bank capture)而钻的。

一般来讲，如果重力上窜能够得到有效控制的话，作为一种二次采油方法，非混相气驱的驱油效率要好于水驱，这要得益于石油黏度降低、石油膨胀、界面张力降低、石油组分的提取以及重力泄油等因素(例如Weeks Island油田)。对于在注水时存在注入能力问题的油藏而言，非混相气驱可能是一种很好的替代方法。与水驱相比，非混相驱主要存在两个劣势，其一是由不利流度比所造成的波及效率低下，其二是由油气之间较大重力差所造成的重力上窜。

1.7.3 Jay Little Escambia Creek氮气驱

Jay油田位于阿拉巴马州与佛洛里达州交界附近，是为数不多的已经开展过氮气驱开发的几个油田之一。储层是Smackover组碳酸盐岩，埋深15000ft。这个油藏所产石油是非常轻的含硫原油(50API度)，地层压力很高，大约是7850psi(绝)，所以氮气是很好的混相气体。储层渗透率平均为20mD。注氮气的明显优势是：氮气通过空气分离就可以很容易地获取，成本低廉，而且不会像CO_2那样产生腐蚀。通过水-气交替注入的方式注入氮气，水-气比接近4.0，这个数值要大于一般的气驱项目。

Jay油田的总体采收率预计接近60%(原始石油地质储量)。预测认为，混相氮气驱在水驱基础上新增的石油采收率在10%左右(见图1.10)。一次采油和二次采油的石油采收率如此之高(50%)，可能是白云岩储层的纵向渗透率很低而水平渗透率很高的结果(Lawrence等，2002)。由页岩透镜体或本案例中薄缝合线相关的胶结带所造成的低纵向渗透率，非常有利于水驱和气驱，因为流体发生纵向分异的可能性降低，而重力上窜的程度减弱。这一点在本案例中的表现尤其明显，与地层流体相比，氮气的密度非常小，如果没有这些有利条件，氮气在注入地层后可能很快就会进入储层的顶部。

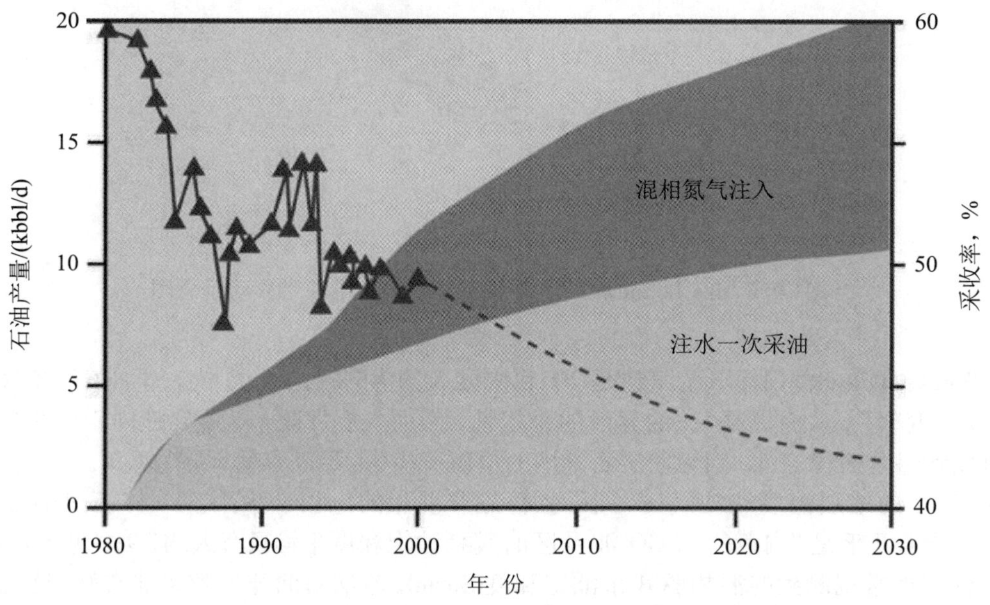

图1.10 Jay油田混相氮气驱的石油开采(数据来源：Lawrence等，2002)

1.7.4 现场经验总结

注气开发技术比较成熟，而且在矿场应用中也已获得了较好的开采效果(Manrique等，2007)。非混相气驱和混相气驱的新增石油采收率都在5%~20%左右，混相气驱的新增石油采收率平均为10%左右(Christensen等，2001)，而非混相气驱的平均值略低一些，为6%左右。虽然从经济的角度讲，在如此高的新增石油采收率下，注气开发能够获得比较高的经济效益，但假设注气开发之前剩余的原始石油地质储量为65%，那么混相气驱之后仍将剩余55%的原始石油地质储量。导致剩余油储量如此之多的原因在很大程度上是气窜，而导致气窜的原因是高气体流度、强储层非均质性、弥散作用(混合作用)和重力效应。气窜还会导致注入气体过早突破，一般是在产油的同时就会突破。这一点与表面活性剂/聚合物驱不同，后者在表面活性剂突破之前几乎总是要形成一个油带。此外，在表面活性剂-聚合物驱或水驱开发中，由于流度比比较有利，体积波及效率低的问题并不像注气开发那么严重。但总体上，混相气驱的经济效益都非常好，而且项目的复杂程度也要低于化学驱，对于那些埋深比较大因而表面活性剂/聚合物驱面临更大技术挑战的油藏，情况尤其如此。

除了波及效率比较低而且气体过早突破之外，在注气开发实施过程中还遇到了其他一些问题(Jarrell等，2002)。在注入气体为CO_2时，注入设施和生产设施都会面临腐蚀问题。沥青、水合物和结垢也是问题，但这些问题都是可以克服的。在一些油田，在水-气交替注入过程中，还出现过注气周期之后注水能力下降的问题。这个问题可能是流体注入使相对渗透率发生改变的结果(滞后/气体捕集)。注气能力问题一般不会太严重，但在一些情况下，随着注入的CO_2使碳酸盐岩溶解以及井筒周围一些有机物质(即沥青质)被清除，注气能力会提高。

大多数注气开发都采用水-气交替注入的方式，水-气比一般为1.0左右(Christensen等，2001)。总注气量(段塞大小)大都在0.1~0.3PVI之间。注入更多气体当然可以获得更高的采收率，但回报率(单位注气量实现的石油产量)同时会降低。注气开发效率的高低一般由气体利用系数来衡量，气体利用系数是指单位石油产量所用的注气量。在利用系数低于$1 \times 10^4 ft^3/bbl$时，注气开发的效率就很高。

注气开发中最为重要的方面之一就是油藏管理。油藏管理贯穿于油田开发的整个过程，需要开展准确的数据采集和油藏监测。需要有大量的岩心数据、地质描述和高质量的油藏模拟模型，才能知道如何更好地进行注气开发。

1.8 结束语

注气开发是一项成熟的技术，自20实际80年代初以来其矿场应用已经取得了经济成功。本章介绍了注气开发设计的关键基本参数和过程，并通过多个案例研究说明了这些参数如何影响现场驱替效果。虽然气驱技术比较成熟，但要确保气驱能够实现比较高的采收率，就必须深入了解这些关键参数对波及系数和驱油效率的影响。

缩写

CV——凝析+气化复合驱

FCM——一次接触混相

MCM——多次接触混相

MME——最小混溶性富化(minimum miscibility enrichment)

MOC——描述方法

OOIP——原始石油地质储量

PVI——注入的孔隙体积倍数

参考文献

Amyx, J.W., Bass, D.M., Whiting, R.L., 1960. Petroleum Reservoir Engineering: Physical Properties. McGraw-Hill, New York. 0-07-001600-3.

Christensen, J.R., Stenby, E.H., and Skauge, A. (2001). Review of WAG field experience. SPE Res. Eval. Eng. 4 (2), 97-106.

Dake, L.P., 1994. The Practice of Reservoir Engineering. Elsevier, Amsterdam.

Danesh, A., 1998. PVT and Phase Behavior of Petroleum Reservoir Fluids. Developments in Petroleum Science No. 47, Elsevier, Amsterdam.

Dindoruk, B., Orr Jr., F.M., Johns, R.T., 1997. Theory of multicontact miscible displacement with nitrogen. SPE J. 2 (3), 268—279.

Egwuenu, A.M., Johns, R.T., Li, Y. Improved fluid characterization for miscible gas floods. SPE/IADC No. 94034, Fourteenth Europec Biennial Conference, Madrid, Spain, 13—16 June 2005.

Firoozabadi, A., 1999. Thermodynamics of Hydrocarbon Reservoirs. McGraw-Hill.0-07-022071-9

Green, D.W., Willhite, G.P., 1998. Enhanced oil recovery. SPE.

Jarrell, P.M, Fox, C.E., Stein, M.H., Webb, S.T. Practical Aspects of CO_2 Flooding. SPE Monograph Series, vol. 22, ISBN 1-55563-096-0, Richardson, TX, 2002.

Johns, R.T., Dindoruk, B., Orr Jr, F.M., 1993. Analytical theory of combined condensing/vaporizing gas drives. SPE Adv. Tech. Series 1 (2), 7—16.

Johns, R.T., Ahmadi, K., Zhou, D., Yan, M., 2010. A practical method for minimum miscibility pressure estimation of contaminated CO_2 mixtures. SPE Res. Eval. Eng. 13 (5), 764—772.

Lake, L.W., 1989. Enhanced Oil Recovery. Prentice Hall, Upper Saddle River, New Jersey. 07458.

Lawrence, J.J., Maer, N.K., Stern, D. Jay, 2002. Nitrogen Tertiary Recovery Study: Managing a Mature Field, SPE 78527, Presented at the Tenth Abu Dhabi International Petroleum Exhibition and Conference, 13—16 October 2002. Abu Dhabi, UAE.

Manrique, E.J., Muci, V.E., Gurfinkel, M.E., 2007. EOR field experiences in carbonate reservoirs in the United States. SPE Res. Eval. Eng. 10 (6), 667—686.

McCain Jr., W.D., 1990. The Properties of Petroleum Fluids, second ed. Penwell, Tulsa, OK.

Okuno, R., Johns, R.T., Sepehrnoori, K., 2010. Three-phase flash in compositional simulation using a reduced method. SPE J. 15 (3), 689—703.

Orr Jr., F.M., Johns, R.T., Dindoruk, B., 1993. Development of miscibility in four component CO_2 floods. SPE Res. Eval. Eng. 8 (2), 135—142.

Pedersen, K.S., Christensen, P.L., 2007. Phase Behavior of Petroleum Reservoir Fluids. CRC Press, Boco Raton, FL.0-8247-0694-3.

Sebastian, H.M., Lawrence, D.D. SPE/DOE Eighth Symposium on Enhanced Oil Recovery, SPE 24134, Tulsa, OK, 1992.

Solano, R., Johns, R.T., Lake, L.W., 2001. Impact of reservoir mixing on recovery in enriched-gas drives above the minimum miscibility enrichment. SPE Res. Eval. Eng. 4 (5), 358—365.

Stalkup Jr., F.I., 1983. Miscible Displacement. SPE Monograph Series. pp. 204. ISBN-10:1555630405.

Standing, M.B., 1977. Volumetric and Phase Behavior of Oil Field Hydrocarbon Systems. Society of Petroleum Engineers, ISBN-10: 0895203006.

Stein, M.H., Frey, D.D., Walker, R.D., 1992. Slaughter estate unit CO_2 flood: comparison between pilot and field-scale performance. JPT September.

Whitson, C.H., Brule, M.R., 2000. Phase behavior. SPE Monogr. 20, 240, ISBN: 1555630871.

Yellig, W.F., Metcalfe, R.S., 1980. Determination and prediction of CO_2 minimum miscibility pressures. J. Pet. Tech 32, 160—168.

Yuan, H., Johns, R.T., 2005. Simplified method for calculation of minimum miscibility pressure or enrichment. SPE J. 10 (4), 416—425.

Yuan, H., Johns, R.T., Egwuenu, A.M., Dindoruk, B., 2005. Improved MMP correlation for CO_2 Floods using analytical gas flooding theory. SPE Res. Eval. Eng. 8 (5), 418—425.

第2章 利用二氧化碳泡沫提高石油采收率：基本原理与现场应用

S. Lee, S.I. Kam

(路易斯安那州立大学Craft & Hawkins石油工程系，美国路易斯安那州巴吞鲁日 Patrick F. Taylor Hall，邮编70803)

2.1 泡沫的基本特征

本节讲述与二氧化碳(CO_2)-泡沫工艺(CO_2-foam process)有关的一般特征。论述的问题包括但不仅限于以下几点；为什么CO_2是人们感兴趣的材料；什么使CO_2泡沫不同于由其他气相所形成的泡沫；泡沫在降低流度和克服储层非均质性方面发挥什么样的作用；多孔介质中泡沫的流变特性是什么；如何对泡沫流变性进行建模和模拟等。不用说，对于泡沫辅助提高石油采收率(EOR)现场工艺方法(field processes)的优化和成功实施而言，理解泡沫在多孔介质中的基本特征是至关重要的。

2.1.1 为什么近几年CO_2如此受关注

由于全球变暖，很多化学物质都已被列入美国《National Greenhouse Gas Emission Inventories(国家温室气体排放清单)》。它们主要由两个不同大类的温室气体组成：①天然化学成分，包括水蒸气、二氧化碳(CO_2)、甲烷(CH_4)、一氧化二氮(N_2O)和臭氧等；②工业活动的化学产物，包括氟、氯气、氯氟碳(CFCs)和氢氯氟烃(HCFCs)等。在这些化合物中，CO_2是大家关注的焦点，因为它是美国最大的温室气体排放来源。排在CO_2之后的是CH_4和N_2O。例如，据《美国温室气体清单报告(2011)》，在美国2009年温室气体排放总量中，人类活动所产生的CO_2排放量占比约为83%。

这成为近年来CO_2驱EOR迅速发展的主要推动力，CO_2驱EOR不但能够提高油气产量，而且还可以捕集CO_2并把它们埋存在地下含油气地质构造中，从而为人类造福(Dooley等，2010)。

2.1.2 为什么选择CO_2而不是其他气体

与诸如氮气、甲烷和乙烷等气体相比，什么因素使CO_2驱EOR工艺如此特殊？首先，在典型的储层压力和温度条件下，CO_2会形成一种致密相或超临界相。注意，CO_2的临界压力(P_{crit})为73.0atm[或1073psi(绝)](1atm=101325Pa，下同)，其临界温度(T_{crit})是31.0℃(或87.8℉)(Chang，1994)。如果储层压力高于P_{crit}而且储层温度也高于T_{crit}，这时的CO_2就被称为“超临界相”；而如果储层压力高于P_{crit}但储层温度低于T_{crit}，则这时的CO_2就被称为“致密相”。这种致密相或超临界相CO_2的特点是具有比其他气体更高的密度和黏度。在CO_2驱EOR过程中，这些特征一定程度上有助于消除重力分异作用和防止黏滞指进，因而使驱替前缘更加稳定。其次，进一步讲，如果注入的CO_2能够满足混相驱的条件，因而与储层流体形成了混相驱，那么界面张力就变得可以忽略不计，因而不再会因毛细管力的作用而捕集石油(Holm和Josendal，1974)。这就意味着，在CO_2混相驱过程中，注CO_2之前的残余油饱和度可以被理想地降至接近于零，从而大幅增加石油可采储量。最后，如果注入的CO_2与储层石油混合并溶入其中，那么油相的体积会增大。这种膨胀效应与压力升高相结合，可以提高石油产量(Yellig和Metcalfe，1980)。

2.1.3 为什么以泡沫的形式注入CO_2

几乎所有的注气工艺都存在重力分异、黏滞指进和窜流等问题，它们最终会导致体积波及效率低下。虽然对于致密或超临界CO_2注入而言，这些问题的严重程度要比其他气体注入弱一些，但仍极具挑战性。

不用说，如果现场条件达不到要求，致使CO_2形成气相，那么这些与注气相关的局限性在注CO_2中同样会存在。例如，在衰竭的油藏中注入CO_2时，其注入压力可能会低于临界压力；在稠油油藏中注入CO_2时，CO_2可能无法与储层流体形成混相，或者CO_2与储层石油混合的过程可能不会是一接触马上形成混相，而是需要相当长的一段时间；在一些偏远地区，CO_2可能需要同其他烟道气一同注入地层，由于烟道气含有挥发性成分(尤其是甲烷)，因而混合气体难于溶解进入石油中；地层温度可能会太高，因而无法容易地达到最小混相压力(MMP)。如果注入泡沫化的CO_2，不管CO_2是气相、致密相，还是超临界相，这种EOR工艺都能明显地改善平面和纵向波及效率。这得益于薄泡沫膜[所谓的液膜(lamellae)]的存在降低了CO_2的流度，而流度的降低又是气体黏度和气体相对渗透率降低的结果。

2.1.4 多孔介质中的泡沫：形成和聚结

与在静止容器中高度随时间而逐渐降低的体积泡沫(bulk foam)不同，注入多孔介质的泡沫要经历原地液膜(lamella)形成和聚结的动力学机理(dynamic mechanism)。基于极限毛细管压力和膨胀压力(disjoining pressure)，前人研究提出了四种主要的液膜形成机理[例如：液膜滞后(leave behind)、气泡缩颈分离(snap-off)、液膜运动(mobilization)与分断(division)和气体逸出(gas evolution)]和一种主要的液膜聚结机理。有关这些机理的详细描述可以参阅其他文献(Kovscek和Radke，1994；Rossen，1996)。

与诸如氮气和烃气等气相相比，CO_2在储层流体中极易形成混相和扩散，因而其泡沫生成和聚结的机理可能更加复杂。正如Rossen等(1995)曾指出的那样，在较早期的泡沫研究中，破裂-再生被视为一种机理。

与其他化学驱一样，如果地层温度异常高，那么表面活性剂会发生热降解且液膜大量聚结，导致泡沫难于进入油藏的深部(Kam等，2007a)。

2.1.5 多孔介质中的泡沫：三种泡沫状态和泡沫生成

多孔介质中泡沫流动的缩颈分离一般会导致产生三种不同的情况，如图2.1所示。第一种情况，最初并没有泡沫存在，或者先存的泡沫失稳并破裂，例如在毛细管压力很高的环境中和在油湿性很强的地层中或在含油饱和度很高的介质中(见图2.1a)。在这种情况下，泡沫流动与没有液膜存在的常规气-液两相流动没什么两样。这种流动状态会导致较高的含水饱和度，并充填较小的孔隙。第二种情况，大量液膜的存在导致形成具有非常细密结构(fine-textured)的泡沫(见图2.1c)，这种泡沫被称为强泡沫。一旦形成，强泡沫会使有效泡沫黏度增大几个数量级(或等效地使相对气体流度降低)，导致压力梯度大幅提高或含水饱和度大幅降低。第三种情况，形成弱泡沫，弱泡沫会使有效泡沫黏度适度增加，一般低于几个数量级，导致压力梯度适度增大或含水饱和度适度降低(见图2.1b)。

在典型的岩心驱替试验中，从弱泡沫状态到强泡沫状态的过渡(即通常所说的“泡沫生成”)一般都是突然发生的，并伴随着压降幅度的大幅扩大。如图2.2a中的实际试验数据所示，在实验室中，可以在泡沫质量[或等效的气体分数(gas fraction)(f_g)]固定的情况下，通过改变总注入量来开展泡沫生成试验。在这个特定的实例中，试验所采用的是贝雷砂岩，注入泡沫质量为0.80：最初在时间t=0时，以0.25mL/min的总注入量(Q_t)同时注入氮气和盐水溶液；在时间

t=A时，简单地把盐水换为表面活性剂溶液，而其他条件保持不变；在后续的时间t=B、C和D，逐步把Q_t提高至0.50mL/min、0.80mL/min和1.30mL/min。结果显示，在Q_t达到1.30mL/min时，过整个岩心的压降(Δp_{total})和四个岩心段的压降(Δp_1、Δp_2、Δp_3和Δp_4)都大幅增加。图2.2b以作为总注入量函数的稳态Δp_{total}的形式展示了类似的试验数据，在从弱泡沫到强泡沫的过渡带(即泡沫生成)附近出现了路径不连续的现象。

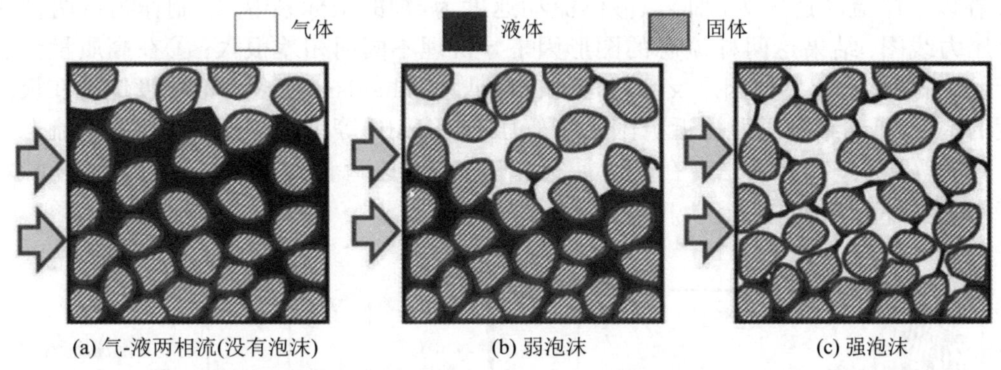

(a) 气-液两相流(没有泡沫) (b) 弱泡沫 (c) 强泡沫

图2.1 多孔介质中常规气-液两相流(没有泡沫)、弱泡沫和强泡沫的对比示意图

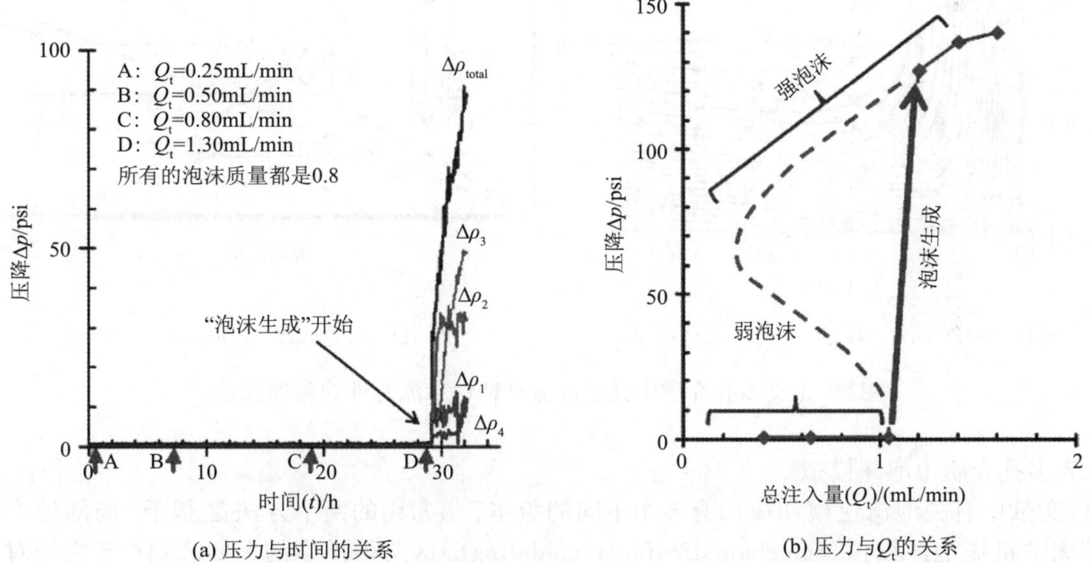

(a) 压力与时间的关系 (b) 压力与Q_t的关系

图2.2 实验室泡沫流动试验的典型响应，显示了泡沫形成的开始

最新的研究(Gauglitz等，2002；Kam和Rossne，2003；Kam等，2007b)表明，这种在泡沫形成开始时的压力(或有效泡沫黏度)不连续性仅出现在注入量保持不变的试验中。如果在整个系统压降受控的情况下开展试验[Gauglitz等(2002)的研究中的类型1和类型3试验]，就可以确定从弱泡沫状态到强泡沫状态(这两者之间是中间状态)的整个S-形路径，如图2.2b中的点线所示。根据这个S-形曲线可以绘制出一个面，这使我们想起了解释多值解的突变理论。20世纪七八十年代，这种突变理论在很多社会、科学和工程研究中一度非常时兴。这种以突然且不可预测的转变(通常与数学特殊性有关)为特征的泡沫突变特性被称为“泡沫突变理论”(Afsharpoor等，2010；Kam，2008)。

2.1.6 多孔介质中的泡沫：两种强泡沫流态——高质量流态和低质量流态

一旦进入强泡沫状态后，泡沫就会表现出两种明确的流动特性，即在高质量流态(high-quality regime)中的近牛顿或略微剪切增稠特性和低质量流态(low-quality regime)中的高度剪切降黏特性，如图2.3所示。这种原始二流态(two flow regime)的概念最早是由Osterloh和Jante(1992)根据其2ft长填砂柱流动试验提出的，后来又经Alvarez等(2001)在各种孔隙介质中和试验条件下进行了验证，并被纳入不同类型的模拟研究中(Cheng等，2002；Kam和Rossen，2003)。在以气体流动速度为y轴、以液体流动速度为x轴的坐标系中，绘制作为这两种速度函数的等压力线图，结果这两种流态的图形因主导机理不同而相差很大：①在高质量流态中表现出近垂直的等压线，其原因是反馈机理(feedback mechanism)使含水饱和度保持在极限含水饱和度的水平(即毛细管压力接近极限毛细管压力)(Khatib等，1988)；②在低质量流态中表现出近平行的等压线，其原因是存在气泡捕集和运动，而这两者反过来又与相对渗透率效应有关(Rossen和Wang，1999)。

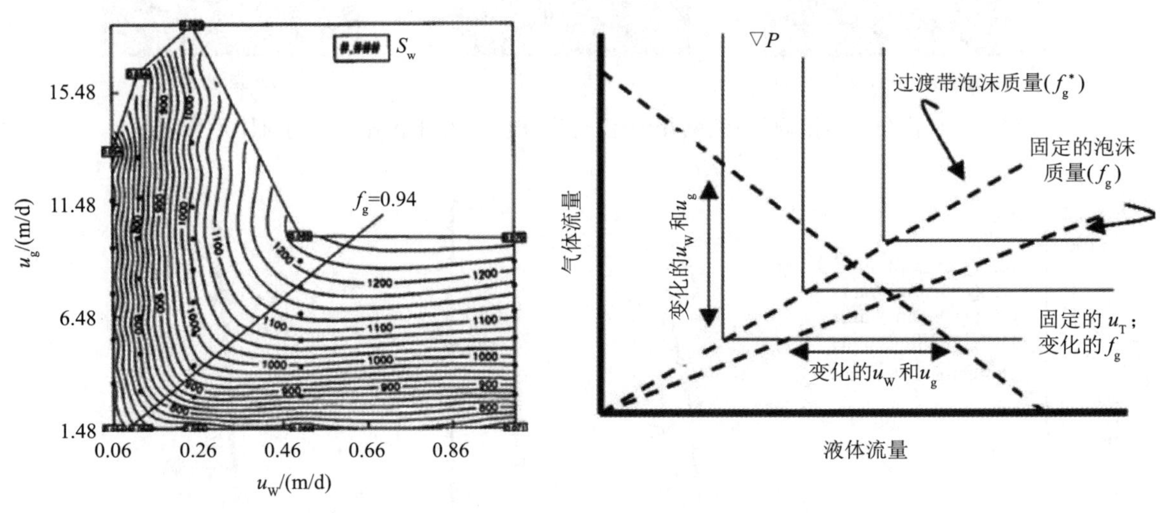

(a) Osterloh和Jante(1992)绘制的两种流态等值线图　　(b) 总体趋势的识别(Alvarez等，2001)

图2.3 定义多孔介质中强泡沫流动特性和流变性的两种流态

2.1.7 多孔介质中泡沫模拟

文献中有关泡沫建模和模拟有多个不同的版本。最常用的两个方法是基于“局部稳态模拟”和“机械泡沫模拟”(mechanistic foam modeling)。这两种模型的主要区别在于它们对液膜生成和聚结的复杂动力学机理的处理方式不同：局部稳态模拟一般与分相流动(fractional flow)分析相结合，有多个假设条件，其中之一就是平衡状态是瞬时形成的，这样泡沫运移(foam propagation)的物理特性(physics)就是基于预定的有效泡沫黏度，或通常被称为“流度降低因子(MRF)”的气体流度降低(Mayberry等，2008；Rossen和Zhou，1995)；而机械泡沫模拟关注的则是液膜生成和聚结速度的变化，由模型/模拟器来决定泡沫的结构以及气泡群体平衡(bubble population balance)，然后再确定给定流动状态下的泡沫黏度和相对渗透率(Afsharpoor等，2010；Bertin等，1998；Falls等，1988；Kam，2008；Kovscek等，1995；Myers和Radke，2000)。大家普遍认为，局部稳态模拟很灵活而且具有通用性，如果瞬变特征可以忽略不计，就可以很方便地捕捉到泡沫驱替过程的本质，而机械泡沫模拟具有独一无二的处理真实泡沫物理特征的能力，尤其是取决于时间的机理和入口效应(inlet effect)。

事实上，以泡沫流度降低因子作为气泡群体平衡的函数，通过分相流动分析，就可以把这两种不同类型的方法结合在一起，Kam和Rossen(2003)曾对此进行过说明。Dholkawala等(2007)利用泡沫突变理论(foam catastrophe theory)进一步发展了这个概念，他们以图2.4所示的方式展示了取决于速度的分相流动曲线：在总注入速度比较低时，分相流动曲线以弱泡沫为主；在总注入速度比较高时，分相流动曲线以强泡沫为主；而在介于这两者之间时，分相流动曲线的形状是变化的，三种不同的泡沫状态都会展现出来。Dholkawala等(2007)的研究首次展示了一个分相流动“面”[即含水饱和度(S_w)和水分相流动(f_w)分别为x轴和y轴，而总注入速度为z轴]，如图2.5所示，其目的是使液膜生成和聚结的复杂动态机理实现可视化。人们相信，三维分相流动面的运用有助于识别取决于维度的泡沫流度特性，这说明了泡沫EOR与径向几何形态的密切关系。在这个径向几何形态中，随着泡沫运动离开注入井而快速降低是总“流速”而非流量。

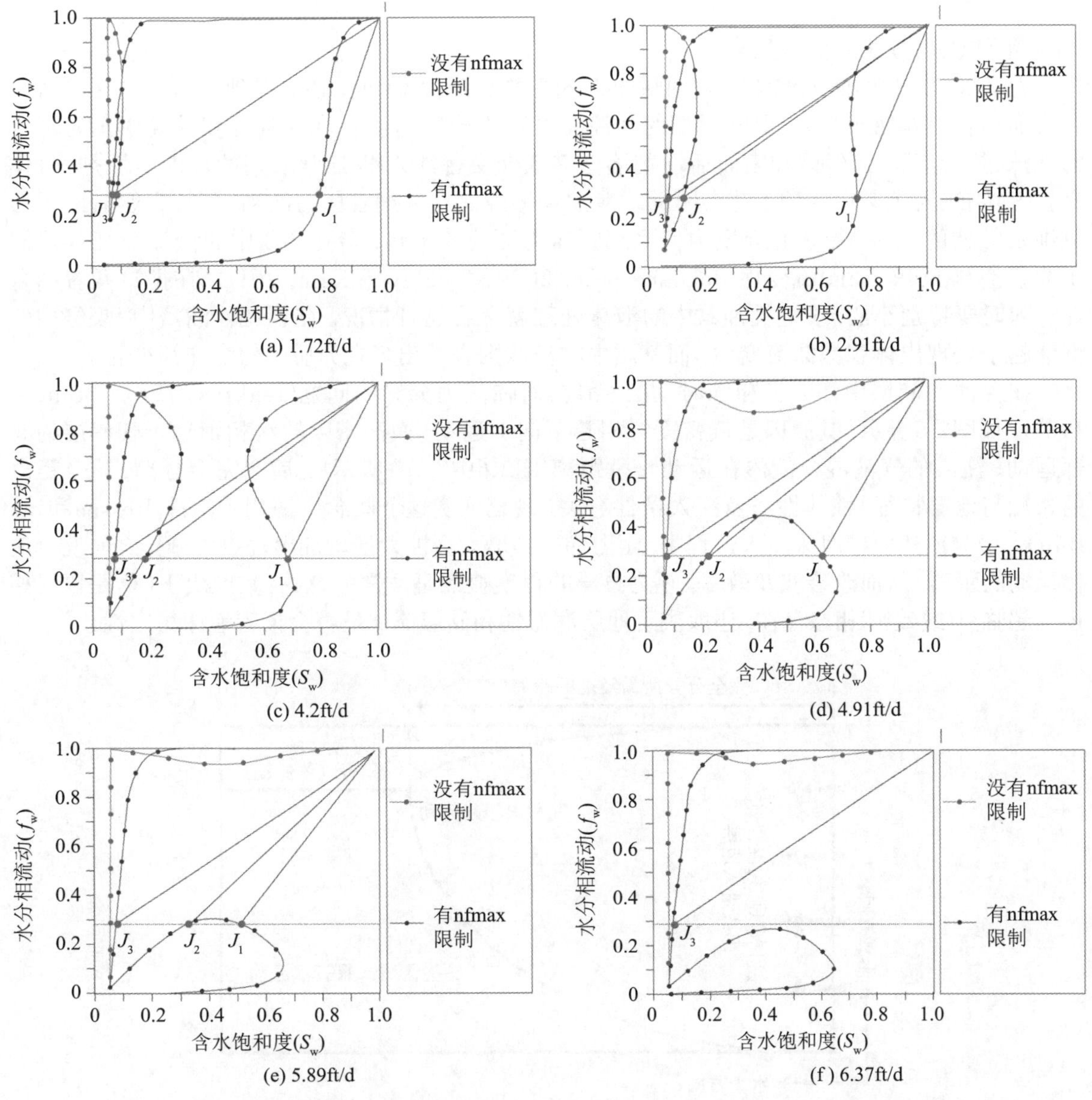

图2.4 作为总流速(u_t)函数的机械泡沫分相流动曲线的变化(Dholkawala等，2007)

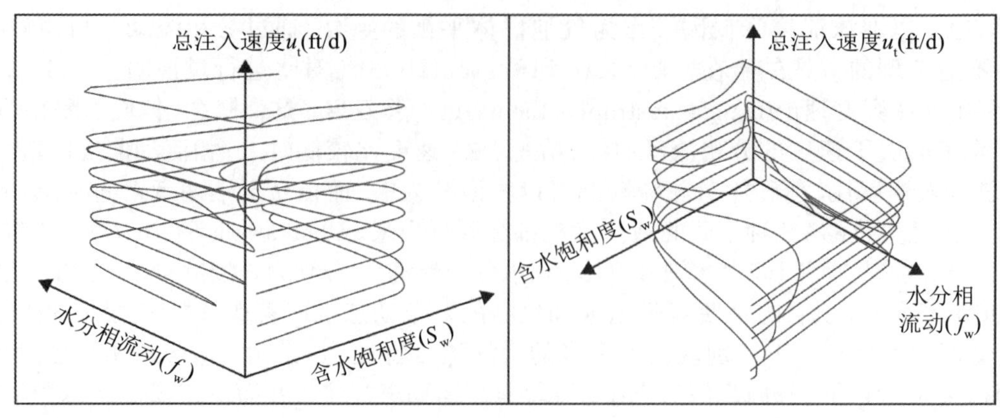

图2.5 三维分相流动“面”，显示了在泡沫突变之后取决于速度的泡沫流变性(Dholkawala等，2007)

2.1.8 泡沫注入方法与重力分异

为了EOR的目的而把泡沫注入油藏的方式主要有两种(但可能还有其他一些方法)：①气体和表面活性剂溶液一同注入(即所谓的共注工艺)，这一般会使在注入管柱和井筒中预先形成的泡沫进入地层；②气体和表面活性剂溶液多周期交替注入(即通常所谓的表面活性剂-气体交替[SAG]注入工艺)，这种工艺会因反复泄油和渗吸而使毛细管压力波动，因而自然有助于形成细密结构的泡沫。受多孔介质中低毛细管压力环境的影响，多孔介质中的泡沫流变性不同于体积泡沫(bulk foam)流变性(Bogdanovic等，2009；Gajbhiye和Kam，2011)，在把这两者结合在一起时要特别小心，裂缝性油藏中的泡沫处理就存在这种情况。在裂缝性油藏中，裂缝内的泡沫趋于表现出体积泡沫流变性，而基质中的泡沫则表现出多孔介质中的泡沫流变性。

在含油的储层中注入气和水时，最终都会面临重力分异的问题(Jenkins，1984；Stone，1982)。如图2.6所示，其原因是低密度气相趋于向上运动，而高密度的水相则趋于朝储层的底部运动。注入的气液混合流体在运动一段距离(图2.6中“L_g”所示)之后会完全分离，这个距离的长短与地层特征、流体性质及注入条件有关。现已证实这个概念也适用于泡沫(Rossen和van Duijn，2004)，然而在泡沫注入过程中，压力梯度的增大会极大地增加出现重力分异之前混合流体运动的距离，从而改善波及效率。重力分异的程度显然是非常敏感的，它取决于CO_2是以气相还是超临界(或致密)相态存在，还取决于地层润湿性和储层流体是否会损害泡沫稳定性。

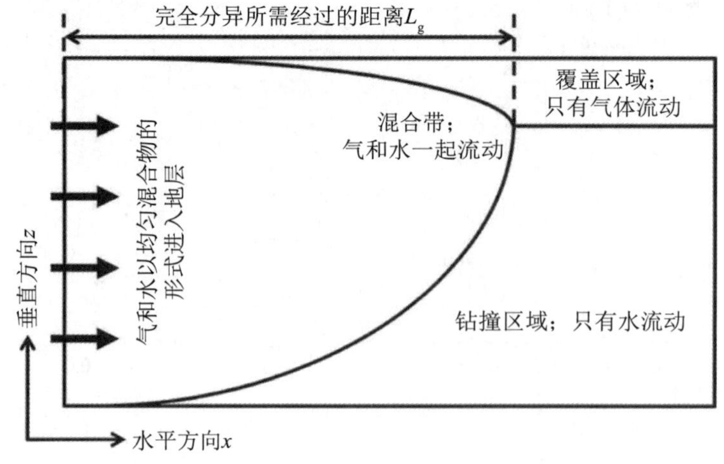

图2.6 在气-液共注过程中三个均匀带的示意图

2.1.9 CO_2泡沫岩心驱替试验

典型的CO_2泡沫驱替试验都涉及多相流体的注入，例如储层盐水、石油和天然气的注入(模拟原始储层条件)；水和气的注入(模拟为保持地层压力而开展的二次采油)；CO_2和表面活性剂的注入(模拟三次采油的CO_2泡沫注入)。对于超临界CO_2泡沫注入而言，岩心驱替试验要求岩心的压力和温度要高于临界压力和温度，因而需要有高压和高温设备。在注入CO_2之前采用容积式泵对CO_2进行加压也是必不可少的一步。

图2.7显示了这种试验装置的示意图。有几台注入泵用于注入CO_2、水和油相。把CO_2和水(含有表面活性剂)压入泡沫发生器，人工生成细密结构的泡沫。如果试验的目的是研究泡沫的原地生成，就可以省略掉把CO_2和水压入泡沫发生器这个步骤。合成的多孔盘(porous disk)或介质就可以充当很好的泡沫发生器。把流体注入岩心夹持器，岩心夹持器上有多个测压孔，可用于监测泡沫从入口到出口运移过程中有效泡沫黏度的变化。安装在岩心夹持器下游侧的回压调节器用于调节施加在试验系统上的最小压力。分离器安装在流出端，用于分别记录水和油的开采历史。整个夹持器系统可能需要放置在烘箱中，以便在较高的温度下开展试验。

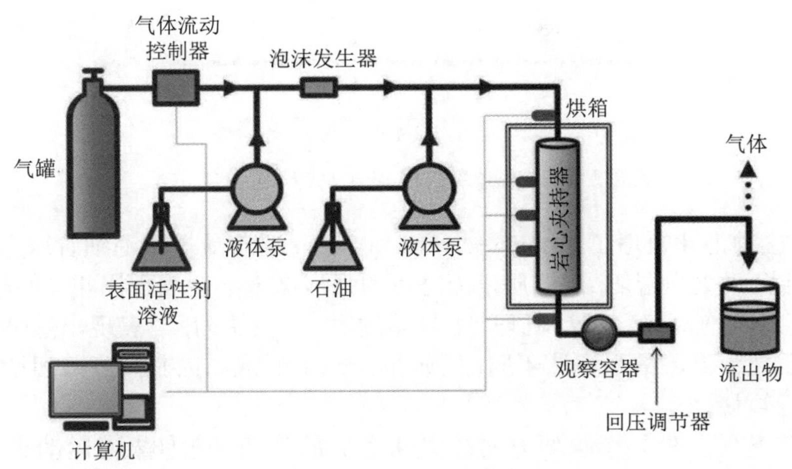

图2.7 典型的实验室CO_2泡沫试验装置

2.1.10 地下非均质性的影响——极限毛细管压力和极限含水饱和度

多孔介质中最使人感兴趣的泡沫特性之一就是其克服地下非均质性的能力。渗透率不均匀分布通常被视为地下非均质性的最为重要的一个方面，它会导致注入流体过早突破，从而降低波及效率。理论上讲，泡沫克服非均质性的能力来自其对毛细管压力的敏感性(Khatib等，1988)：在高渗地层中，由于毛细管压力比较低，泡沫膜的稳定性比较好；而在低渗地层中，由于毛细管压力比较高，泡沫膜的稳定性比较差。把这两者结合起来，在把泡沫注入渗透率变化比较大的地层中时，稳定的泡沫就会封堵高渗透率地层，从而使后续注入的流体转向，进入低渗透率地层。

理解这种现象的关键在于极限毛细管压力的作用(P^*_c)。在极限毛细管压力以上，泡沫膜会因压力[或极限含水饱和度(S^*_w)]太高而无法维持其存在，而在这个压力以下，泡沫会因缺乏水相而同样无法保持完好。假设有两个地层，其中一个的绝对渗透率k_1比较高，而另一个的绝对渗透率k_2比较低。如图2.8所示，可以绘制各个地层的毛细管压力曲线。如果这两个地层的极限毛细管压力都是根据P^*_c(即图2.8中的水平点线)来确定，那么2号地层对应的极限含水饱和度就比较高，即$S^*_{w1}<S^*_{w2}$。这就意味着，对于处于毛细管压力平衡状态的双层系统而言，高渗

透率地层(渗透率为k_1的1号地层)会因极限含水饱和度(S^*_{w1})较低而趋于含有更加稳定的泡沫。这样，稳定的泡沫就会停留在高渗透率地层中，而使后续注入的流体转向，进入低渗透率地层。虽然极限毛细管压力似乎随绝对渗透率而降低，但还不清楚它们之间存在什么样的函数关系，尤其是在油气储层的渗透率范围内(Rossen和Lu, 1997)。

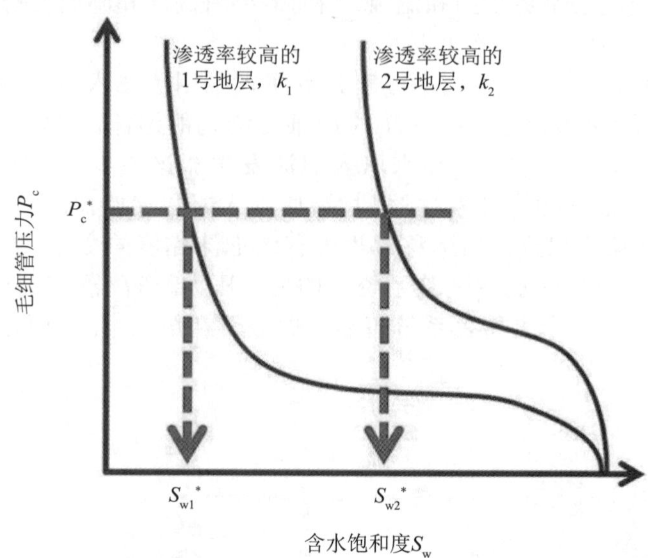

图2.8 绝对渗透率对极限含水饱和度的影响

应当指出，这种泡沫暂堵工艺(foam-diversion process)与受极限毛细管压力控制的高质量流态下的强泡沫关系更为密切；而低质量流态下的强泡沫未必会表现出相同的趋势，其原因是主控机理不同，即气泡捕集和运动机理。更具体地讲，人们认为，与表现出近牛顿或略微剪切增稠特性的高质量流态下的强泡沫不同，低质量流态下的泡沫因其高度剪切增稠流变性而不能很有效地进行暂堵。

泡沫暂堵工艺的另外一个重要方面是泡沫生成的作用。使泡沫膜运动进而生成泡沫所需的最低压力梯度(∇P^{min})与绝对渗透率(k)的倒数成正比，即$\nabla P^{min} \propto k^{-1}$(Afsharpoor等, 2010; Gauglitz等, 2002)。这就意味着，生成细密结构强泡沫所需的压力梯度随着绝对渗透率的增大而降低。也就是说，与低渗透率地层相比，在高渗透率地层中达到强泡沫状态更加容易，因而有助于泡沫暂堵工艺(foam-diversion process)的实施。

2.1.11 泡沫-石油间的相互作用

早期的研究人员把相当大一部分精力都放在了泡沫与石油之间相互作用的识别上。评价泡沫对储层石油敏感性的两个重要参数是进入系数(entering coefficient)和铺展系数(spreading coefficient)，它们以不同流体相之间的界面张力来表示，Schramm(1994)曾对此进行过很好的总结。如果石油能够进入气-水界面(即具有正的进入系数)并铺展(即具有正的铺展系数)，那么油相就会有损于泡沫的稳定性。

对于多孔介质中的泡沫，除了进入系数和铺展系数之外，还有另外一个因素需要考虑。由于液体在多孔介质中的分布特点是润湿相占据小孔隙，而非润湿相占据大孔隙。少量的石油在流动过程中不会与泡沫发生相互作用，因而可能不会使泡沫的稳定性明显变差。这就是临界含油饱和度的来源，在低于临界含油饱和度时，即使在有石油存在的情况下，泡沫特性也并不会受到明显的影响；但在高于临界含油饱和度时，泡沫会突然破裂(Dalland等, 1994; David和Radke, 1990; Koczo等, 1992)。一旦泡沫在临界含油饱和度之上变得不稳定，流体流动就类似于没有泡沫的气-油-水三相流。有关多孔介质中泡沫流动过程中泡沫-油相互作用模拟方面的更多讨论，请参阅其他文献(Mayberry等，2008；Namdar-Zanganeh等，2011)。

2.2 泡沫现场应用

本节介绍被广泛引用和参考的CO_2泡沫EOR工艺现场应用实例。与CO_2泡沫一同使用蒸汽泡沫和氮气泡沫的一些早期现场应用实例也在本节中有所涉及，用于说明泡沫EOR技术的发展历程。

2.2.1 第一个泡沫现场应用项目：伊利诺伊州Siggins油田

文献中报道的第一次泡沫现场应用时间是1964~1967年，地点是伊利诺伊州Casey市附近的Siggins油田(Holm，1970)，采用的气相是空气。整个油田的生产井数大约是900口，井网密度是每40acre(1acre≈4046m^2，下同)面积8~10口井。截至1920年，这个油田的石油总产量已达到1370×10^4bbl(折合3425bbl/acre)。此后到1940年间，很多生产井被逐渐废弃，因而石油产量连续降至100bbl/d(1bbl≈159L，下同)以下。一年后开始实施注水开发，石油产量随之提高。到1949年10月，该油田的石油产量达到了3000bbl/d的峰值。1955年1月的一份报告显示，552口生产井的总产量是2411bbl/d，水驱开发的累积石油产量是783.8023×10^4bbl(折合大平均数3290bbl/acre)。从1955年起，生产水油比(WOR)大幅增至约25∶1。

在这个油田开展了两期泡沫注入：第一期始于1964年10月，到1966年3月结束；第二期是在1966年8月~1967年6月间开展的。在实验室中对100多种候选的表面活性剂进行了测试，从中筛选出了一种名为"O.K. Liquid(改性的十二烷基硫酸铵)"的表面活性剂用做起泡剂。在该油田开展了多个周期的表面活性剂-气交替注入(SAG)，观察发现：①注入剖面得到了改善，表面活性剂溶液更加均匀地进入了不同的油层；②生产井的水油比降低到了12∶1。注入能力如期达到了相当合理的程度。经进一步的分析估计，注入空气的流度降低了50%，这可能减少了注入空气通过高渗透率地层窜流进入生产井的数量。表面活性剂溶液的流度也大致降低到了其原来数值的35%，这要归功于在泡沫运移过程中含水饱和度的降低。

2.2.2 蒸汽泡沫EOR：加利福尼亚州Midway Sunset油田

早期开展过泡沫辅助EOR项目的另外一个大家熟知的油田是Midway Sunset，该油田位于加利福尼亚州贝克斯菲尔德以西40mile(1mile≈1.609km，下同)处的圣华金峡谷，项目实施的时间是1974年(Fitch和Minter，1976)。这个现场应用项目开展了一系列的试验(在第一次试验之后的下一个10年内又开展了两次现场试验)，采用蒸汽泡沫来提高稠油的产量。

第一次试验的目标是开采重度为8~16API度的稠油。这个油田储层埋深比较浅(平均为1400ft)，而且储层物性也非常有利，例如平均绝对渗透率为3D，平均孔隙度为35%，平均厚度为400ft。主要的目的层是由未固结的块状Potter砂岩构成，这种砂岩的粒度变化范围很大，从细粒的粉砂到大的砾石都有分布。选取COR-180作为起泡剂和化学暂堵剂(diverter)，与高温蒸汽一起用于生成稳定的泡沫。以水溶液的方式把COR-180从井口注入地下。更具体地讲，首先在为期约24h的时间内注入质量为75%的蒸汽，使井底温度稳定下来。这是因为对于蒸汽泡沫EOR技术的现场应用而言，在600℉下的热稳定性是其成功的一个关键因素。在达到热稳定之后，注入80gal(1gal≈3.75L，下同)的COR-180表面活性剂溶液，用做初始段塞，然后再次注蒸汽24~72h。最后，再注入80~100gal的表面活性剂段塞。在从1973年项目启动后的2年内，对21口井进行了增产处理，表面活性剂的平均注入速度为2gal/min，蒸汽平均注入速度为33gal水当量/min。在注泡沫过程中观察到了注入压力升高的现象，但泡沫注入使储层内温度分布均匀。这次油田试验被认为是一次成功的试验，使石油产量大幅度增加。

第二次注蒸汽泡沫现场试验的时间是1983年，地点是Midway Sunset油田的两个区块(Ploeg和Duerksen，1985)：第一个区块是15A，它接近这个油田的北端，储层为Potter砂岩，厚度大约为500ft，倾角为20°，倾向东，平均孔隙度为36.5%，平均渗透率为3.9D；第二个区块为26C，位于该油田的中南部，储层为Monarch组上段砂岩，厚度大约为600ft，倾角为20°，倾向西北，平均孔隙度为29%，平均渗透率1.4D。这两个区块的新增石油总产量分别为5.3×10^4bbl和1.5×10^4bbl。后来又采用Enordet AOS-1618TM表面活性剂(C16-18 α-烯烃磺酸钠)在这两个区块开展了后续的泡沫现场试验，以便解决总体蒸汽上窜(override)问题和改善驱替效果。

第三次蒸汽泡沫试验的地点是Midway Sunset油田的Dome-Tumbador区块(Mohammadi等，1989；Mohammadi和Tenzer，1990)。这里储层由4个产层段组成，储层岩石分选比较差，颗粒大小的分布范围是粉砂到砾石。此外，储层内还发育有相对不渗透的粉砂岩层，它们把这4个产层段分隔开来。这个先导试验区内有4个反五点法井网，有9口生产井和4口注入井。在Dome-Tumbador开展先导试验的目的有两个：①解决总体蒸汽上窜问题和改善驱替效果；②认识蒸汽泡沫驱替石油的机理。为了开展本次现场试验，对多种起泡剂进行了测试，最终选定了效果最好的Enordet AOS-1618™(C16-18 α-烯烃磺酸钠)作为起泡剂。

从1985年1月起，在大约40个月的时间内，随同蒸汽一起注入AOS-01618™表面活性剂盐水溶液和氮气，开展泡沫增产处理。在泡沫注入开始3年后，把表面活性剂溶液的浓度从0.51%降至0.24%，其目的是测试较低表面活性剂浓度下泡沫的有效性。在泡沫处理开始后不久，先导试验区的石油产量就开始增加，而且在泡沫注入过程中一直保持较高水平，此后开始逐渐递减。泡沫注入的结果是：新增石油总产量估计为原始石油地质储量的6.0%，热能重新分布，而且平面和纵向波及效率都快速得到改善。

2.2.3 CO_2/N_2泡沫注入：加利福尼亚州威尔明顿油田(1984年)

威尔明顿(Wilmington)油田位于加利福尼亚州的南部地区，由长滩石油开发公司和Unocal公司联合经营。这个油田储层的埋深相对较浅，大约为2300ft，原始地层压力为900~1100psi，油藏温度为130℉，平均孔隙度为24%~26%，石油重度为13~14API度(Holm和Garrison，1988)。注入井和生产井的数量为57口，储层可以分为三个主要的产层，其厚度和渗透率范围各异。自上而下，这三个产层的垂直厚度大约分别是70ft、45ft和45ft，其渗透率分布范围是100~1000mD，顶层的渗透率要比其下的两个产层高得多。

作为二次采油的一部分，自1961年就已开始进行注水开发，历时21年，含水率高达94%。这样高的含水率一般也就意味着注水二次采油已经进入了最后阶段，所以选择注CO_2作为一种三次采油方法。1982年，把由CO_2和N_2组成的混合气体与水交替注入断块V含有高黏重质原油的地层(tar zone)，但驱替过程显示出了非混相驱替的特征，其原因是注入的CO_2/N_2与储层原油系统的最小混相压力(MMP)很高，据信高于3000psi。虽然在非混相CO_2驱开始之后石油产量立即增加了，但驱替过程并不令人满意，主要是因为过早的气体突破使产气量增多。人们认为，这种情况显然是由渗透率较高的顶层造成的。随后在近井筒地带采取了改善注入气体分布的措施，但由于存在完井问题以及近井筒地带的层间沟通问题，这些措施并没有获得成功。这些问题是促使人们在威尔明顿油田开展CO_2泡沫注入的主要动因。更具体地讲，其目的是通过减少顶层的气窜来改善所注入CO_2的分布和波及效率。

基于实验室研究选择了Alipal CD-128起泡剂作为最佳的候选表面活性剂。这种商业表面活性剂产品是含有水和少量乙醇的线型脂肪醇聚氧乙烯醚硫酸盐(linear alcohol ethoxylate sulfate)的一种铵盐(大约60%的活性)。表面活性剂的筛选标准是：在储层温度和压力条件下，在各种油田盐水中所生成泡沫的稳定性、泡沫的流度以及泡沫在不同渗透率地层中的暂堵能力。在注入泡沫之前开展了一次示踪剂测试。结果表明，在水-气交替注入(WAG)过程中，所注入的气体和水大部分都进入了渗透率最高的顶层，而只有非常少量的流体进入了其下的另外两层中。在1984年开展的泡沫注入项目中，首先以2500bbl/d的流量注入预处理液，预处理液是由2bbl甲醛溶入5000bbl水而配制的溶液，接着分4个周期交替注入Alipal CD-128表面活性剂溶液和CO_2/N_2混合气体。在检查了气体注入剖面并开展了压降测试之后，又开展了另外4个周期的Alipal CD-128表面活性剂溶液与CO_2/N_2混合气体的交替注入。此后再次检查了气体注入剖面并开展了压降测试。最后，以57720bbl/d的流量注入盐水大约20天，随后作为后续流体(chaser fluids)又注入了CO_2/N_2混合气体。

这个CO_2/N_2泡沫项目开展了8个周期的表面活性剂-气体交替注入(SAG)，采用的是Alipal CD-128浓度为1%的地层水和CO_2/N_2气体。Alipal CD-128表面活性剂溶液用量大约是2.1×10^4bbl，泡沫质量为90%。注入很成功，注入的泡沫发生了转向，进入了渗透率相对较低的底部层段。比较具体的观测结果包括以下几点：①注入顶部高渗层的气量明显减少(注泡沫前为99%，而泡沫处理后为57%)；②中部低渗层的气体注入量增加(泡沫处理前不到1%，而注入泡沫后高达43%)；③测试井的表皮系数从10降至1.5；④稳定泡沫的运移使顶部地层深处的气体流度降低。总体上，虽然这个项目的结果并称不上完美，但CO_2泡沫有效地减缓了注入流体的窜流，因而其主要目标已经实现。

2.2.4 CO_2泡沫注入：弗吉尼亚州Rock Creek油田(1984~1985年)

Rock Creek油田位于西弗吉尼亚州的中南部地区，发现于1906年(Heller等，1985)。这个油田的产油面积大约为1.1×10^4acre。下面简要介绍其开发历程。1935年，通过低压天然气回注开展了气驱开发，这是主要的开采方法，但采用这种方法仅开采了大约10%的原始石油地质储量(OOIP)。随后又采用三种不同的方法在这个油田实施了6个二次采油项目，但都没有获得成功。在这6个项目中，有3个是水驱项目，在20世纪50~60年代开始单独实施，但都因含水率很高而不具经济可行性。此后又开展了注蒸汽开发，但由于热能损失很大，而且注入能力很低，也没有取得成功。在开展了这些一次采油和二次采油项目之后，Pennzoil公司开始考虑CO_2驱的可能性。第一步，于1977年开始通过水驱提高油藏的压力，然后在1979年开始向30ft厚的目的层段注入CO_2。此次注入CO_2的结果是：上部10ft层段的平均含油饱和度降低到了大约4%，但下部20ft层段的残余油饱和度只降低到了大约19%。根据这些结果判断，不均匀驱替和CO_2高流度造成的指进是导致波及效率比较差的原因。

1981年开展了一个新的项目，目的是研究通过注入稠化的(thickened)CO_2提高石油采收率的潜力。这个CO_2泡沫试验是由美国能源部(DOE)、新墨西哥州油气开采研究中心(PRRC)和Pennzoil公司联合开展的。实验室试验发现，采用Alipal CD-128浓度为0.05%的盐水溶液产生质量为80%的CO_2泡沫，可以实现$0.2\sim0.4cP^{-1}$的稳态相对流度，永久性表面活性剂吸附量为每立方英尺岩石体积5.6×10^{-4}lb。这个项目分三步实施：①在注入CO_2泡沫之前，先注入浓度为0.1%的表面活性剂段塞，进行预吸附(preadsorption)处理；②同时注入液态CO_2和浓度为0.05%的Alipal CD-128溶液；③注入地层水驱替此前注入的CO_2泡沫。

1984年8月，CO_2泡沫注入项目开始实施。首先注入示踪剂(硫氰酸铵，NH_4CHS)，在48h内注入了含有33lb(1lb≈0.454kg，下同)示踪剂的水溶液11gal，然后进行了短时间的冲洗，以避免示踪剂与Alipal CD-128发生相互作用。在这个预吸附过程中，注入泵出现了故障，无法维持稳定的注入速度，所以表面活性剂的实际注入量要远低于原来预期的第一个月的注入量。此外，出于某种未被发现的原因，表面活性剂溶液的注入能力持续降低。在11月6日开始注入CO_2泡沫时，出现了控制问题，导致泡沫质量没有达到预期值。除了这个问题之外，还存在注入能力不断下降的难题。所以，1984年12月22日暂停了CO_2泡沫注入。但在1985年1月和2月期间，曾成功地注入了大约1813bbl CO_2泡沫，因而6月份重新恢复了CO_2泡沫注入作业，其间注入能力保持在较高水平，到8月4日CO_2泡沫注入量达到了设计要求。8月14日开始注入后续水(chase water)。

遗憾的是，这个油田的试验并没有清楚地显示有任何油带形成，其原因可能是出现了没有预测到而且无法解释的技术困难，尤其是在注入表面活性剂段塞的过程中。因此，结论认为，导致本次试验结果不理想的主要原因有如下几点：①注入流体的量不够多；②注入CO_2泡沫之前油藏中的剩余油数量不够多，没有形成油带；③CO_2泡沫因多种原因而没能进入油层深处，例如表面活性剂在岩石中的大量吸附、在恶劣的储层条件下化学剂的热/化学降解以及由岩石与流体性质不配伍而导致的流度无法降低。

2.2.5 CO_2泡沫注入：科罗拉多州Rangely Weber Sand Unit

Rangely Weber Sand Unit(RWSU)位于科罗拉多州西北部的里奥布兰科县，发现于1933年，由雪佛龙公司经营(Graue和Zana，11981)。这个油田的原始石油地质储量为16×10^8bbl，其产量于1956年中期达到8.2×10^4bbl/d的峰值(Hervey和Iakoakis，1991)。1958年开始进行注水开发，注水开发非常成功，在一次采油约3.32×10^8bbl总产量(21.0%的原始石油地质储量)的基础上，新增石油总产量约7.89×10^8bbl(50.0%的原始石油地质储量)。

作为一种三次采油技术，1986年10月开始通过1∶1的水-气交替注入(WAG)开展了混相CO_2驱。在CO_2驱之前，这个油田总体上已经进入注水开发的后期，累计石油产量已经达到原始石油地质储量的44.0%，平均水-油比为16。混相CO_2驱开发的结果是，到1989年6月实现新增石油产量920×10^4bbl。

然而，CO_2驱开发的一个主要问题是CO_2采出量很高，这是由于注入井和生产井之间发育漏失层的结果。由于储层存在非均质性，而且大多数注入井周围都分布有水力裂缝，单个井网的生产动态相差很大。裂缝和高渗透率漏失层是导致CO_2采出量很高的原因。因此，考虑采用CO_2泡沫技术来封堵部分漏失层，改善波及效率和CO_2利用率(Jonas等，1990)。

选择一个采用直接线性驱井网开发(direct line drive pattern)的区块开展CO_2泡沫现场试验。项目是在1989年4月注水周期结束后开始实施的。在CO_2泡沫处理之前，先开展为期一天的CO_2和盐水共注，以便证实基线注入能力数据的正确性，然后开展为期3天的注水。在开展泡沫处理的过程中，先注入1.2×10^4bbl平均浓度为0.46%的表面活性剂段塞，然后注入5.5×10^4bbl泡沫质量为78%的CO_2泡沫。泡沫是通过油管中一个粗混合装置(coarse mixing device)共注的。

在泡沫注入的初期，井底压力一度达到了3933psi。为了把地面注入压力维持在1700psi左右，并避免压开地层，把注入量降低到了3303bbl/d。在本次CO_2处理中采用了雪佛龙公司的Chaser CD-1040。在注入泡沫后，接着注入了后续流体CO_2，直到注入井中的CO_2注入能力或生产井的CO_2采出量达到注泡沫前的水平为止。此后注入了一个较大的水段塞。后续CO_2与水段塞之比大致等于水-气交替注入的累积平均注入量之比(1∶1)。1990年1月，在不使用表面活性剂的情况下第二次开展了历时2个月的CO_2和水共注，以便更加审慎地评价产量响应。

结果，在泡沫注入和后续CO_2注入阶段，CO_2注入能力都要低于正常的CO_2注入。此外，McLaughlin-4井(试验井网中的一口井)的CO_2采出量降到了$784\times10^6ft^3$/bbl(标)以下(译者注：原文中这个数字可能有误)，而在CO_2混相驱过程中，这口井在10天内采出了$2\times10^6ft^3$/bbl(标)的CO_2。与此同时，石油产量略有增加。

2.2.6 CO_2泡沫注入：得克萨斯州北沃德埃斯蒂斯油田(1990～1991年)

北沃德埃斯蒂斯油田(North Ward-Estes)位于得克萨斯州的沃德县(Ward)和温克勒县(Winkler)，由雪佛龙公司经营，是注泡沫开发最为成功的油田之一(Chou等，1992；Turta和Singhal，1998；Winzinger等，1991)。这个油田的产层是Yates组，岩性为细粒砂岩-粉砂岩，其渗透率变异系数大约为0.85，中间夹有致密的白云岩层。这个油田的大部分地区都采用了10acre的井距进行开发，其余部分采用的是20acre井距。这个油田的一次采油始于1929年，从1955年开始转入注水开发。

在1989年实施CO_2驱之初，项目区的石油地质储量估计为7700×10^4bbl左右，占原始石油地质储量的54%。然而，自CO_2驱开始以来，波及效率低下是人们关心的一个主要问题，其原因是CO_2过早突破，而且石油产量比较低。为了改善CO_2波及效率，对多种候选方法进行了分析，最后认为泡沫注入是前景最好的方法。这是因为泡沫会选择性地减缓高渗透率地层中的气体流动，并使CO_2从漏失层转向，进入其他未被波及的油层。由于砂层之间的渗透率相差很大，纵向波及很差，这是导致波及效率低下的具体原因。在开展CO_2泡沫现场试验之前，利用下套管注入井的注入剖面研究了地层分布规律(layer pattern)。最终选择82WC(注入井)和1020号井(生产井)开展泡沫现场试验。

根据实验室实验结果选择了Chaser CD-1040(α-烯烃磺酸盐)作为起泡剂，其主要优点是能够产生高于其他表面活性剂的泡沫阻力因子(RF)。此外还对两种泡沫注入工艺(共注和表面活性剂-气体交替注入)进行了评价，结果发现这两者的现场应用效果不相上下。鉴于此，在现场选择应用了表面活性剂-气体交替注入工艺(SAG process)。先开展为期一天的表面活性剂注入，接着再开展为期一天的CO_2注入，这个过程重复进行。不管是从技术的角度，还是从经济的角度来看，这种现场作业方式似乎更方便且更具可行性。为了避免在SAG注入过程中出现泡沫生成和运移延迟的现象，向储层中注入了表面活性剂前置液，使目标区域饱含表面活性剂溶液。

从1990年3月~1991年6月，总共开展了4个长周期的表面活性剂-气体交替注入。在第一个泡沫注入周期结束后不久，产气量就大幅下降了，但在后续CO_2注入过程中产气量又有所反弹。下一个泡沫注入周期一开始，产气量就又开始下降了。在第一个泡沫注入周期中，1020号井的产油量从不到1bbl/d提高到15bbl/d。1991年5月，该井的产油量曾一度达到80bbl/d的峰值，但在1991年6月以后就降至15bbl/d左右。

这次泡沫处理使CO_2注入能力降低了40%~85%，持续时间1~6个月。注入能力下降持续的时间长短取决于多个因素，例如注入表面活性剂的数量以及注入泡沫后的CO_2注入压力和注入量。根据注入和生产响应判断，泡沫成功地使CO_2从漏失层转向，进入了未波及区域。对水-气交替注入、注水以及表面活性剂-气交替注入开展了经济分析。其结果表明：表面活性剂-气交替注入的经济性最好，实现盈利11.83万美元；水驱开发也具有经济可行性，实现盈利6600美元；但水-气交替注入的效果不佳，亏损41.53万美元。详细情况请参阅Chou等(1992)的论文。但这些经济分析结果并不能直接适用于如今的项目，其原因是现如今油价、操作成本、水处理成本和CO_2价格等都已发生很大的变化。

2.2.7 CO_2泡沫注入：新墨西哥州East Vacuum Grayburg/San Andres Unit(1991~1993年)

East Vacuum Grayburg/San Andres Unit(EVGSAU)位于新墨西哥州Lea县Hobbs西北约15mile处，是Vacuum油区中较大的几个单元之一，由菲利普斯石油公司经营(Harpole和Hallenbeck，1996；Turta和Singhal，1998)。虽然这个油田早在1929年就已经被发现，但由于缺乏交通运输设施而且原油需求疲软，直到1938年还没有进行实质性的开发(Martin等，1994)。这个油田的一次开发于1941年结束，1958年开始尝试采用80acre的反9点法井网进行注水开发，随后注水开发在整个油田得到了推广。

1985年9月，开始在3个主要的水-气交替注入作业区块开展工业规模的混相CO_2驱，采用的是80acre的井距，涉及的井数45口。专门用于开展这个CO_2项目的区域面积大约是5000acre(大致占EVGSAU总面积的70%)，其原始石油地质储量大约是2.6×10^8bbl(约占这个油田总储量的87%)。每一个水-气交替注入区块都是先开展为期4个月的CO_2注入，再开展为期8个月注水，水-气比为2∶1。结果，这个CO_2项目区实现新增石油产量3000×10^4bbl，即2.6×10^8bbl原始石油地质储量的11.5%。但在开展CO_2项目的过程中，出现了几个局部的问题，导致项目生产动态有所变差。第一个问题是在这3个区块中，有一个区块的地层压力下降到了最小混相压力(MMP)以下；第二个问题是在多个井网中观察到了严重的突破现象；第三个问题是有一个区块的上下产层之间的渗透率差异非常大，导致总体波及效率低下。

1989年9月，EVGSAU工作权益所有人(WIO)、美国能源部(DOE)和新墨西哥政府联合出资开展了CO_2泡沫现场试验项目(Martin等, 1995)。1990年EVGSAU工作权益所有人与新墨西哥州PRRC合作，启动了为期4年的泡沫现场试验项目，试图以此解决这个油田CO_2窜流问题。这个项目的目的是通过在高渗通道内原地生成低流度的CO_2泡沫，使注入的CO_2实现深度转向(in-depth diversion)。

基于实验室泡沫评价结果，选用雪佛龙公司的Chaser CD-1045开展现场先导试验，注入了2500mg/L的CD-1045，既用做预冲洗液，又用做表面活性剂-气交替注入周期的表面活性剂溶液。为了得到基线响应，在1991年9～12月间开展了一次快速的水-气交替注入，然后又开展了为期3个月的注水作业。在注水的第二个和第三个月，向储层中注入了浓度为2500mg/L的表面活性剂溶液7.7×10^4bbl(储层条件下的桶数)，以满足表面活性剂吸附需求。根据操作限制条件，设计了5个表面活性剂-气交替注入周期，每个周期都要先开展为期3天的表面活性剂溶液注入，注入量为1000bbl/d，然后开展为期12天的CO_2注入(注入总量大约是储层条件下的1.2×10^4bbl)，这可以提供约为80%的泡沫质量。1992年7月中旬，在开展了为期3个月的表面活性剂吸附段塞(adsorption slug)注入后，快速的表面活性剂-气交替注入开始。在第三个表面活性剂-气交替注入周期开始时，注入压力大到CO_2的最大允许压力(1800psi)。此后注入量降低，以便把注入压力保持在允许极限范围内。

泡沫先导试验结果显示：①估计泡沫使CO_2的原地视流度降至只有水-气交替注入过程中的三分之一；②在目标井网的8口生产井中，有3口实现了增油。

鉴于第一次泡沫现场先导试验见到了积极的响应，1993年在相同的条件下又开展了第二轮泡沫先导试验。然而，由于出现了操作问题，在两个泡沫生成周期结束后，这次先导试验终止。对这两个泡沫注入项目开展的经济评价显示，新增石油总产量达到了约1.916×10^4bbl，在扣除了包括地面设施、压缩成本、表面活性剂化学品的成本、矿区使用费等在内的其他成本之后，项目的净利润大约为48258美元(Martin等, 1995)。

2.2.8 CO_2泡沫注入：得克萨斯州东Mallet单元和犹他州McElmo Creek单元(1991～1994年)

1990年代初期，为了减少得克萨斯州霍克利县(Hockley)东Mallet单元(EMU)和犹他州圣胡安县McElmo Creek单元(MCU)CO_2窜流，美孚石油公司曾开展过4次CO_2泡沫注入现场试验(Hoefner等, 1995)。现场试验的主要目标是验证泡沫工艺的经济潜力、开发CO_2泡沫技术和供作业公司用于商业目的。第一步，开展了大量的实验室研究，定量研究了泡沫在储层条件下的动态，包括所注入化学品与储集岩及其中流体的相互作用。第二步，开展了两个小规模的现场先导试验，检验CO_2泡沫的注入能力。通过筛选确定了CD-128和CD-1045这两种表面活性剂，并在现场进行了应用。

东Mallet单元是二叠盆地Slaughter油田San Andres碳酸盐岩油藏的一部分，它最早于20世纪40年代投入开发。这个单元的开发面积大约是2480acre，储层实测渗透率介于0.01～28mD之间。1989年曾在这个单元开展过CO_2混相驱，涉及注入井41口，生产井82口，平均井距大约为20acre，井网类型为鸡笼状。这次混相驱实现了大约2000bbl/d的石油产量。利用东Mallet单元的储集岩岩心开展了实验室驱替试验，初步的试验结果表明，不管是采用表面活性剂-气交替注入工艺，还是采用共注工艺，在泡沫注入过程中阻力因子(RF)都比较低，介于3～10之间，但并未显示表面活性剂和油田流体样品之间存在不利的相互作用。

在东Mallet单元开展了两次CO_2泡沫现场试验，其目的是延迟或减少CO_2采出量，提高石油产量，并对两种泡沫注入方法(即共注和表面活性剂-气交替注入)进行对比。1991年，在第一次

CO_2泡沫现场试验中，作为表面活性剂-气交替注入过程的一部分，注入了总量为20200lb的表面活性剂，结果生产井的CO_2采出量降低了约50%，从$500\times10^6ft^3$(标)/d降至$250\times10^6ft^3$(标)/d。自从最后一个表面活性剂-气交替注入周期结束以后，CO_2采出量一直保持在这个降低后的水平，这就意味着所注入CO_2的流度明显降低。再来看石油产量，附近生产井的石油产量总体增加，增幅为22%(16bbl/d)~31%(22bbl/d)。在东Mallet单元开展的第二次CO_2泡沫试验中，作为共注和表面活性剂-CO_2交替注入的一部分，注入了总量为26900lb的活性表面活性剂。更具体地讲，开展了9个周期的共注，系统地把泡沫质量从80%降至60%、30%，最终降至20%，这样做的原因是：根据实验室数据，降低泡沫质量有助于增加注入能力。由于注入能力太低，共注要比表面活性剂-CO_2交替注入更困难一些，但两者的注入响应类似。与第一次试验相比，第二次CO_2泡沫试验的结果要差一些，石油产量没有出现明显的增加。

McElmo Creek单元是Paradox盆地Greater Aneth油田的一部分，发现于1957年，产油面积13440acre，有三套不同的储层：Lower Ismay(LI)、Desert Creek Ⅰ(DCⅠ)和Desert Creek Ⅱ(DCⅡ)。在这三套储层中，LI和DCⅡ被视为漏失层。DCⅡ可以细分为5个小层，其渗透率介于0.01~1000mD。CO_2注入的目的层是DCⅠ，其渗透率小于5mD。井网是反九点法井网，平均井距大约为160acre。1985年曾在这个油田开展过混相CO_2驱开发，涉及120口生产井和105口注入井，在这个过程中石油产量提高到了6000bbl/d。在东Mallet单元CO_2泡沫试验取得成后，就开始计划在McElmo Creek单元也开展CO_2泡沫处理。利用McElmo Creek单元的岩心在现场条件下开展了实验室流动试验，观测到了高达7的泡沫阻力因子(RF)。在开展泡沫处理的一年前，注入井从水-气交替注入转为连续注CO_2。在1992年4月~1993年11月之间，通过表面活性剂-CO_2交替注入的方式总共注入了80500lb的活性表面活性剂。在注入泡沫之前的注CO_2过程中，石油产量有一定的增长，但所注入CO_2的突破很严重。随着CO_2泡沫的注入，与CO_2的注入量相比，注入气的采出量下降了50%，而石油产量则维持在较高水平。

在McElmo Creek单元开展了第二次试验，目的是解决R-20井产气量过高的问题。这口井的DCⅠ储层中发育一个渗透率非常高(大约500mD)的薄漏失层(5ft厚)。虽然在这次试验中对表面活性剂-CO_2交替注入和共注都进行了尝试(首先按照与原来相同的方式开展表面活性剂-CO_2交替注入，然后再以较高的泡沫质量进行连续共注)，但由于在开展共注的过程中，在注入33700lb活性表面活性剂之后出现了操作问题，注入作业被终止。在出现问题之前，共注作业还是很成功的，通过以很低的泡沫注入量和比较高的泡沫质量注入CO_2泡沫，减少了表面活性剂的注入量，并避免了注入能力的下降。进一步的研究表明，操作问题与井口油管堵塞有关，可能是由冻结或水合物形成造成的。

总结认为，在东Mallet单元和McElmo Creek单元开展的4次CO_2泡沫现场试验均取得了比较明显的成效。后来有多口井的表面活性剂-CO_2交替注入至少继续开展了两年多。

2.3 CO_2泡沫应用的典型现场响应

本节描述在CO_2泡沫现场应用中，在什么样的情况下注入的CO_2会从高渗透率层转向低渗透率层，以及在注入量、注入压力和采出流体(effluent history)等方面会出现什么样的响应。

2.3.1 从高渗层到低渗层的转向

泡沫在克服渗透率差和提高波及效率方面的成功应用取决于两个重要的因素：①在不同渗透率层中泡沫生成的开始(即从弱泡沫过渡为强泡沫)；②作为绝对渗透率函数的泡沫强度[一般由流度降低因子(MRF)或阻力因子(RF)来表示]的大小。

就第一点而言，前人的研究表明，在未固结的砂岩和玻璃珠子人造岩心中，使泡沫膜流动和诱发泡沫生成所需的临界压力梯度(∇p^{min})大致与渗透率的倒数成正比(即$\nabla p^{min}\sim k^{-1}$)，如图2.9所示(Gauglitz等，2002)。这是因为驱替泡沫膜所需的压力梯度与孔喉大小/平均孔隙半径比的倒数成正比。虽然在未固结的多孔介质中，由于压实作用及其他外来物质的存在会使这种关系更加复杂，但它仍能相当好地发挥作用(相关的详细论述请参阅Gauglitz等，2002；Ransoholl和Radke，1998；Rossen和Gauglitz，1990；Tanzil等，2002)。这就意味着在渗透率较高地层中生成泡沫所需的压力梯度较低，而这反过来又说明，在渗透率较高的地层中，细密结构的泡沫(fine-textured foam)更容易维持其存在，从而使后续注入的流体转向渗透率较低的地层。这个课题值得开展更深入的研究，尤其是在不同的现场条件下应用CO_2泡沫时。

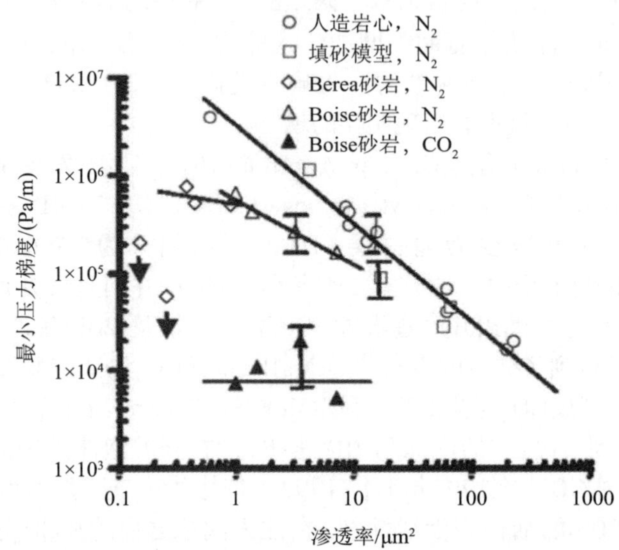

图2.9 泡沫生成的最小压力梯度是N_2和CO_2泡沫渗透率的函数(Gauglitz等，2002)

在高渗地层和低渗地层中都已有强泡沫生成后，第二种因素就会发生作用。由于较低渗透率地层中存在较高的毛细管压力，它趋于使泡沫膜失稳，因而高渗透率地层中的泡沫强度一般都比较大。这也有助于使流体转向低渗地层(Chou等，1992；Martin等，1995；Lee等，1991)。在与图2.10所示的类似CO_2实验室岩心驱替试验中可以找到相关的实例。在这里，泡沫阻力因子随绝对渗透率增大而增加(更详细的论述请参阅本书2.1.10节)。

另外一个重要的方面是地层边界处的泡沫生成，这个问题前人的研究已有涉及(Rossen，1999；Tanzil等，2002)。如果在两个相邻地层的边界上，沿流动方向的渗透率突然增大两倍以上，就会因毛细管压力的波动而形成泡沫。这是由气泡缩颈分离(snap-off)驱动的一种机理，应当把它与均质多孔介质中的液膜生成机理区分开来。在泡沫的现场应用中，地层边界上的泡沫生成机理尤为重要，其原因是油气储层大都具有非均质的特征。

2.3.2 成功的表面活性剂-CO_2交替注入过程的典型响应

表面活性剂-CO_2交替注入(SAG)工艺的应用涉及多个周期的CO_2和表面活性剂注入。经过多个泄油和渗吸周期(也就是CO_2和表面活性剂注入)，近井筒地带的毛细管压力反复升降。这为原地泡沫生成创造了有利的条件。如果这个过程能够如设计的那样发挥作用，那么在已经用表面活性剂前置液处理过的井筒中注入CO_2，首先会在近井筒地带生成稳定的泡沫。而后续注入的CO_2会推动泡沫带的后缘(tailing edge)并使介质干燥。由于高流度CO_2带驱替其前面的低流度泡沫带，注入压力随着泡沫带朝着远离井筒的方向移动而快速降低。注意，这种注入压力降低是由流动几何形态(flow geometry)(径向、球形或两者的组合)的性质所决定的，因而在现场表面活性剂-CO_2交替注入过程中出现的这种注入能力改善的现象，在以线性几何形态流动为特征的典型实验室岩心驱替试验中并不会出现。每一个表面活性剂和CO_2注入周期都可以重复进行多次。

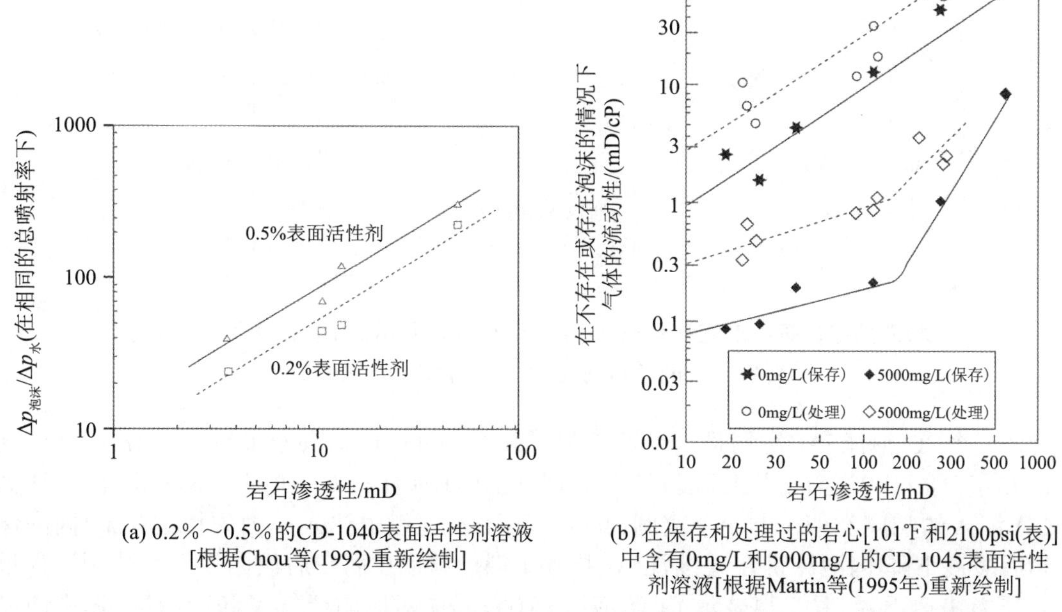

(a) 0.2%～0.5%的CD-1040表面活性剂溶液[根据Chou等(1992)重新绘制]

(b) 在保存和处理过的岩心[101℉和2100psi(表)]中含有0mg/L和5000mg/L的CD-1045表面活性剂溶液[根据Martin等(1995年)重新绘制]

图2.10 作为绝对渗透率函数的CO_2-泡沫迁移率

Hoefner和Evans(1995)的论文曾列举过CO_2泡沫SAG的实例，在1991年1～6月期间，曾在得克萨斯州霍克利县东Mallet单元开展过13个周期的表面活性剂和CO_2注入，如图2.11所示。数据显示，在开始注入CO_2时井口压力突然增大，然后井口压力随着注入的CO_2驱替泡沫带进入储层的更深部而逐渐降低。在CO_2之后注入表面活性剂溶液时，井口压力因注入流量减少而出现了陡降。图2.12显示了与图2.11有关的CO_2泡沫SAG过程中的产量曲线。递减曲线分析得出了水驱、CO_2-水交替注入和CO_2泡沫SAG过程的产量变化趋势。正如预期的那样，CO_2泡沫SAG在改善波及效率方面的效果要好于CO_2-水交替注入。

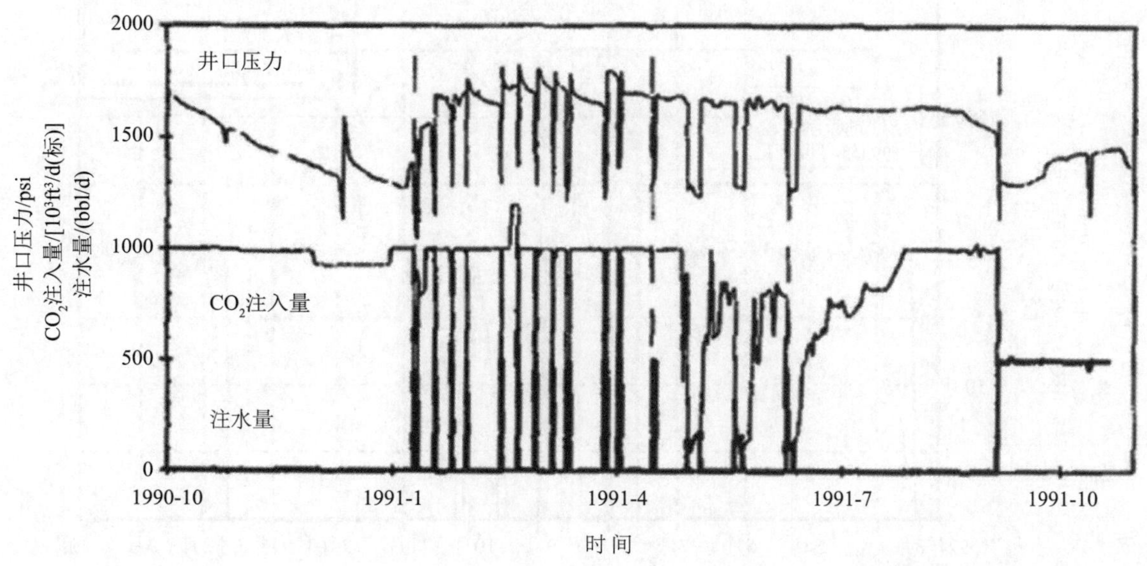

图2.11 得克萨斯州霍克利县东Mallet单元CO_2泡沫SAG的响应(Hoefner和Evans，1995)

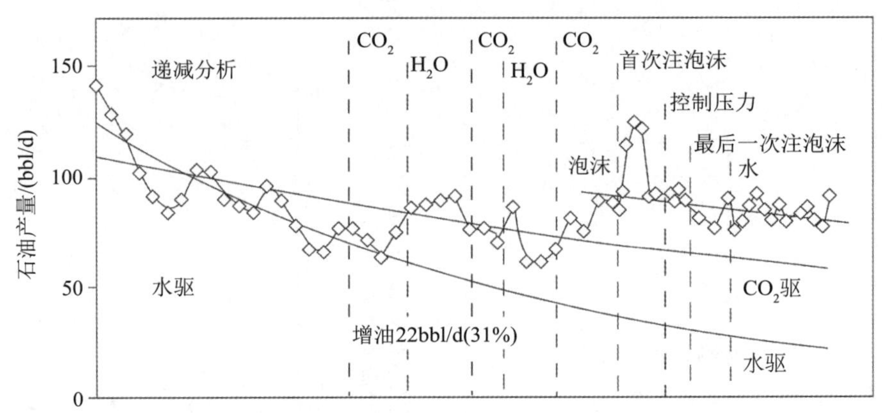

图2.12 得克萨斯州霍克利县东Mallet单元CO_2泡沫SAG与水驱开发及CO_2-水交替注入的产量对比(Hoefner和Evans，1995)

另外一个CO_2泡沫SAG实例是新墨西哥州East Vacuum Grayburg和San Andres单元，这里曾在1992年7月~1993年12月间开展过7个短周期的CO_2泡沫SAG，如图2.13所示。注入压力对水和CO_2注入的响应类似于上一个实例，即在CO_2注入过程中注入压力先快速提高(因泡沫生成)，然后缓慢下降(因泡沫带在连续注CO_2推动下向前移动)，而在后续的表面活性剂注入过程中注入压力快速下降。图2.14显示了CO_2泡沫SAG过程中对应的产气量和产油量，图中还显示了CO_2-水交替注入(WAG)过程中的产气量和产油量。同样，结果显示，CO_2泡沫SAG过程中的总产油量要高于CO_2-水交替注入(WAG)。如果在CO_2注入量相同的情况下进行石油产量对比，增产效果就更加明显。这再一次说明了泡沫具有克服储层非均质性的能力。与WAG相比，在SAG中使用泡沫时，如果能够取得成功，那么注入气体突破的时间会延迟。现已证实，SAG过程中的气-油比还不到相邻生产井WAG过程中气-油比的十分之一。图2.15显示了递减曲线分析结果，图中对比了CO_2泡沫SAG(实线)(作为一种调整后的开发策略)与CO_2-水WAG(虚线)的开发效果，从中可以看出CO_2-泡沫SAG要优于CO_2-水WAG。

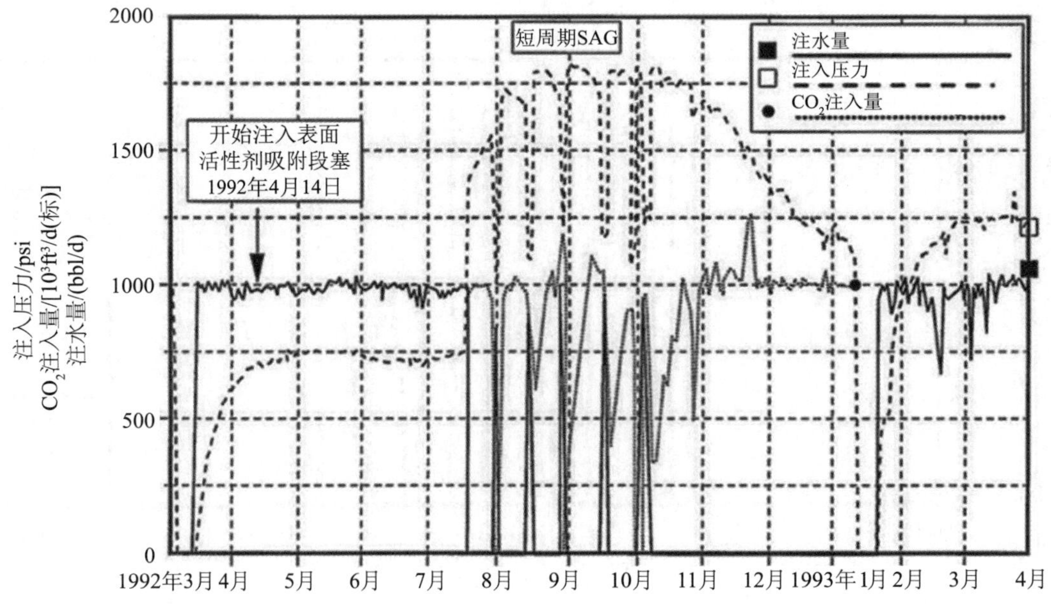

图2.13 新墨西哥州EVGSAU单元CO_2-泡沫SAG过程的响应[根据Martin等(1995)绘制]

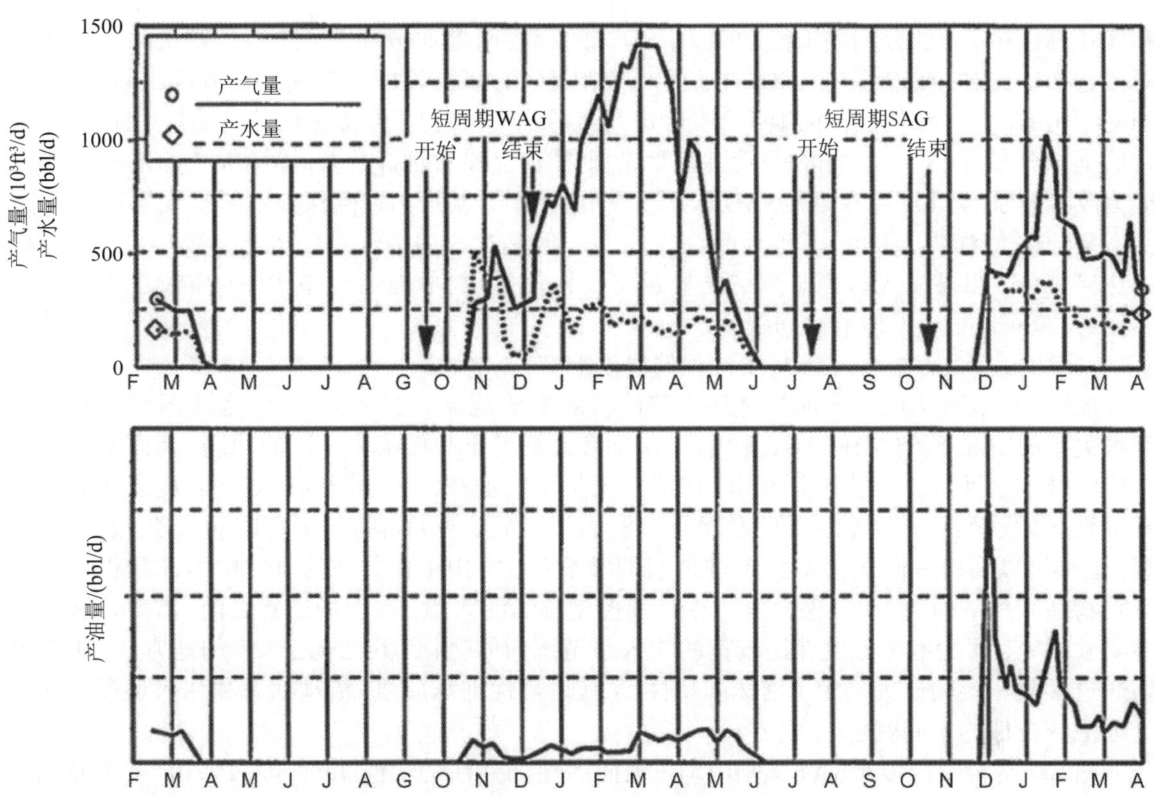

图2.14 新墨西哥州EVGSAU单元CO_2-水WAG与CO_2-泡沫SAG之间产气量和产水量(上图)以及产油量(下图)的对比

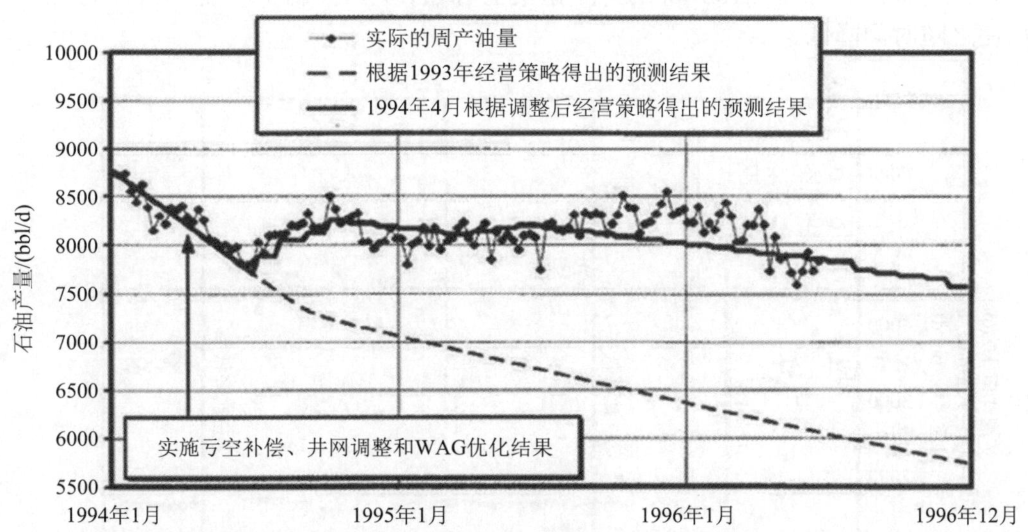

图2.15 新墨西哥州EVGSAU单元CO_2-水WAG(虚线)与CO_2-泡沫SAG(实线)之间的递减曲线分析对比(Harpole和Hallenbeck，1996)

这些实例再次说明了可以从成功SAG过程中观察到的现象：首先，在表面活性剂注入之后开始注入CO_2时，注入压力立即上升的现象可以视为很好的证据，说明CO_2和表面活性剂溶液的确进入了同一地层，而且在原地生成了低流度的泡沫。压力升高部分归因于捕集气的含气饱和度较高，还有一部分归因于流动阻力因泡沫的存在而增加(例如屈服应力、修正的黏度和相对渗透率)。其次，在连续注入CO_2的过程中，注入压力出现指数递减，说明注入的CO_2正在驱替细密结构的泡沫，致使近井筒地带干燥。这就意味着$S_w > S_w^*$的区域(远离井筒地带)往往会有稳定的泡沫分布，而$S_w < S_w^*$的区域(近井筒地带)则往往会没有泡沫分布，这就是SAG过程中注入能力改善的原因。最后，在现场SAG作业过程中，控制井筒压力以确保其不超过地层破裂压力并不是一件太困难的事情，其原因是注入压力一般是在表面活性剂注入之后的CO_2注入过程中达到峰值。如果注入压力监测结果显示出警告信号，简单地通过减少CO_2注入量或降低注入压力，就可以很容易地解决问题。

2.3.3 成功的表面活性剂-CO_2共注过程的典型响应

把CO_2和表面活性剂溶液同时注入储层也能生成泡沫。在SAG过程中泡沫运移具有重大利害关系的情况下(例如在SAG过程中，CO_2和表面活性剂可能流入不同的地层，因而不能原地生成泡沫)，这种共注工艺尤其有用。在把预先生成的泡沫注入地层前一般要开展表面活性剂预冲洗，以便解决表面活性剂吸附问题。要对注入井开展不间断的密切监测。这一点非常重要，这样可以确保井底压力不会超过地层的破裂压力。由于在共注的过程中泡沫是作为单一混合物注入地下的，因而在整个过程中必须控制总的注入量。在现场试验之前，需要开展实验室实验研究，掌握泡沫流度在比较宽的注入量范围内的变化。共注优于SAG的地方是：如果事前通过实验室实验研究确定了泡沫的特性(尤其是最优泡沫质量、流动状态和注入速度)，那么处理泡沫特性的空间就会更大。

图2.16是科罗拉多州RWSU油田CO_2-表面活性剂共注的实例(Jonas等，1990)，其中显示了在为期700h(大约29天)的共注过程中注入井井口压力、CO_2流量和水流量。首先开展了大约120h的表面活性剂前置液注入(期间井口压力保持在略高于1000psi的水平)，然后同时注入CO_2和表面活性剂溶液，井口压力上升到了1600psi。随着泡沫运移进入储层的深部，逐步减少注入量，以便把井口压力保持在1600psi左右。这就意味着，应当控制CO_2-泡沫共注过程中的注入能力，使之随时间降低。

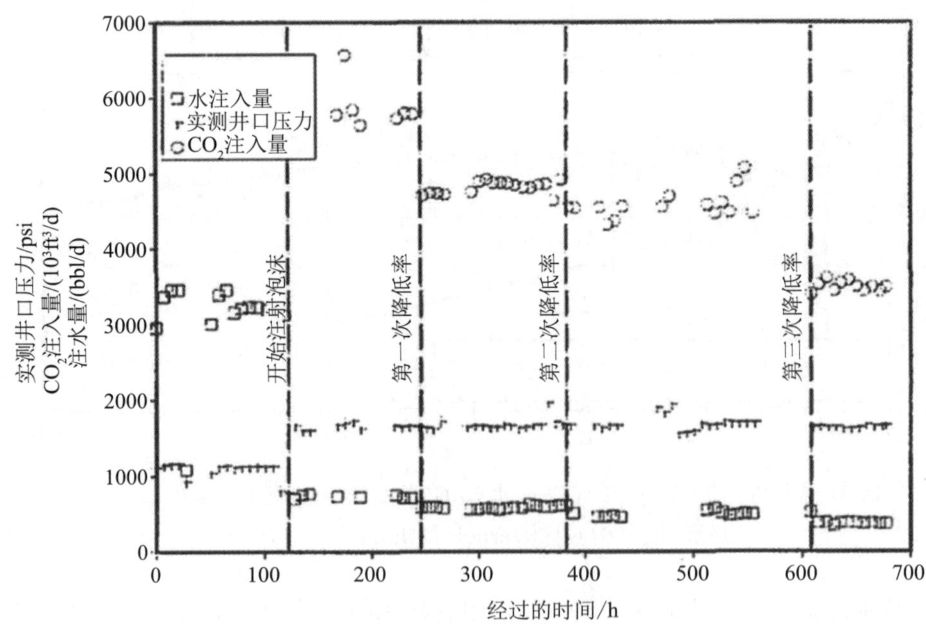

图2.16 在科罗拉多RWSU油田开展的表面活性剂前置液注入后的CO_2-泡沫共注过程(为期120h)中的注入井井口压力、CO_2注入量和水注入量(Jonas等，1990)

在North Ward-Estes油田的CO_2-泡沫共注现场试验中也观察到了类似的响应(Chou等，1992)，如图2.17所示。这次现场试验采用了CO_2注入(不含表面活性剂)与CO_2-泡沫共注相结合的方式。在1990年7月~1992年1月这段时间，开展了4个周期的CO_2-泡沫共注，期间井底压力和地面压力都出现了明显的波动。鉴于此，对总注入量进行了不间断监测和调整。注意：为了控制井底压力，每个泡沫注入周期都由多个总注入量数据构成。

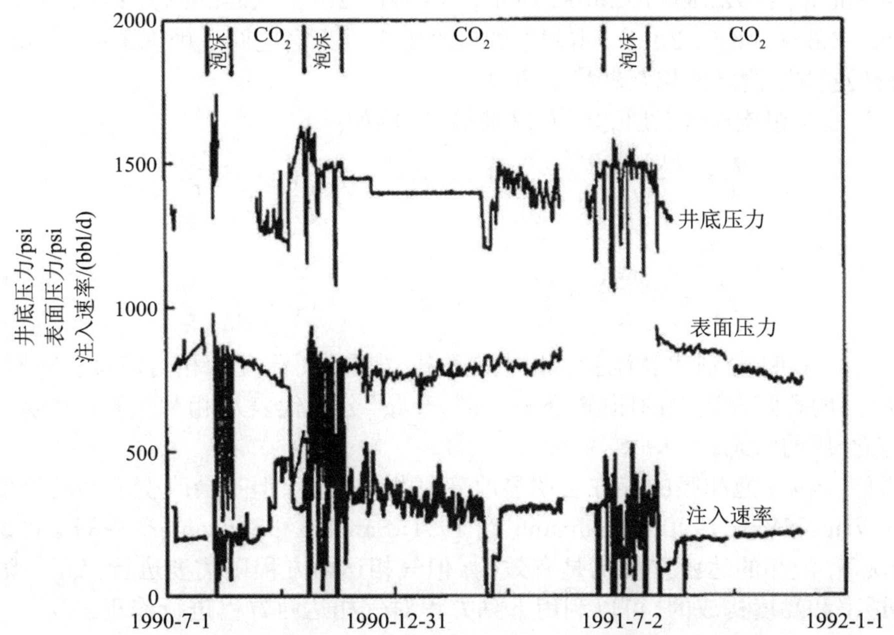

图2.17 来自得克萨斯州North Ward-Estes油田的CO_2和CO_2-泡沫注入组合的表面压力、井底压力和总注入速率(Chou等，1992)

2.4 结论

多个CO_2泡沫现场试验结果表明，注入的CO_2与表面活性剂溶液生成泡沫，能够使注入流体的突破时间延迟，从而大幅度提高石油产量。这种开采动态的改善要归功于CO_2流度的降低，而流度降低使气相分散在含表面活性剂的液相中。然而，要在油田成功地应用泡沫，需要认真研究储层条件下泡沫的性质以及泡沫在储层中的运移。它们与很多问题都有关联，这些问题包括但不仅限于以下几方面：注入化学品的热降解、泡沫-石油相互作用、润湿性对泡沫在孔隙壁上稳定性的影响、储层非均质性的严重程度(渗透率差、岩石类型和矿物学特性)、在储层温度和压力条件下表面活性剂生成泡沫的能力、表面活性剂在岩石表面的吸附、原地液膜生成和聚结的机理、作为注入速度和注入量函数的泡沫强度(MRF和RF)、泡沫注入方式等等。

泡沫物理性质研究方面的最新进展，尤其是以泡沫突变理论为代表的两种稳态强泡沫流态(two steady-state strong-foam regimes)(高质量流态和低质量流态)和三种泡沫状态(弱泡沫、强泡沫和中等强度泡沫状态)，使人们能够建立更加可靠的泡沫模型，从而更好地对泡沫EOR方案设计进行优化。利用泡沫分相流动面(fractional flow surface)建立取决于维度的泡沫流变模型(dimensionality-dependent foam rheological model)，可能会大幅度提高油田规模油藏模拟的精确度，更好地与注入和生产历史进行拟合，以及更准确地预测未来的油藏动态。

致谢

目前在Delft科技大学(Delft University of Technology)任教的William R. Rossen教授无私地与

我们分享其学术思想，我们在此特表示感谢。这些学术思想在图2.1、图2.2和图2.8中都有反映。

附录A——在泡沫存在情况下气体流度降低的表达式

文献中曾介绍过多种表述泡沫流动过程中气体流度降低的方法。一些重要的例子包括流度降低因子(MRF)、气体流度、相对气体流度、有效气体黏度、有效气体相对渗透率和泡沫阻力因子(RF)(Chou等，1992；Kam，2008；Kam和Rossen，2003；Kuehne等，1992；Mayberry等，2008；Namdar-Xanganeh等，2011)。本附录的目的是介绍为描述同一种现象而采用的不同参数(术语)，并介绍这些参数之间相互转换的方法。

典型的气-液两相流动可以用达西方程来描述，例如：

$$\frac{q_q}{A}=\frac{kk^{o}{}_{rg}(S_w)}{\mu_g^{o}}\frac{\Delta p}{L}=\lambda_g^{o}(S_w)\frac{\Delta p}{L}=k\lambda_{rg}^{o}(S_w)=\frac{\Delta p}{L} \tag{A.1}$$

和

$$\frac{q_w}{A}=\frac{kk_{rw}(S_w)}{\mu_w}\frac{\Delta p}{L}=\lambda_w(S_w)\frac{\Delta p}{L}=k\lambda_{rw}(S_w)=\frac{\Delta p}{L} \tag{A.2}$$

式中：q、k_r、S、μ、λ和λ_r分别代表流量、相对渗透率、饱和度、流度和相对流度；Δp代表横截面积为A、长度为L的孔隙介质上的压降；下标“m”和“g”分别代表水相和气相；上标“o”代表没有泡沫的孔隙介质的状态。

前人的研究表明，泡沫膜的存在会明显改变气相的流度，但不会改变液相的流度(Bernard等，1965；de Vries和Wit，1990；Friedmann等，1991；Sanchez和Schechter，1989)。这说明，在泡沫存在的情况下，液相的达西方程仍是有效的，但气相达西方程则需要进行修正。考虑到流度是由相对渗透率和黏度构成的，可以利用下列方程对气相达西方程进行修正：

$$\frac{q_q}{A}=\frac{kk^{f}{}_{rg}(S_w)}{\mu_g^{f}}\frac{\Delta p}{L}=\lambda_g^{f}(S_w)\frac{\Delta p}{L}=k\lambda_{rg}^{f}(S_w)=\frac{\Delta p}{L} \tag{A.3}$$

式中：上标“f”代表含有泡沫的孔隙介质的状态。

注意，泡沫膜的存在会影响气体相对渗透率($k_{rg}{}^{o}\to k_{rg}{}^{f}$)和气体黏度($\mu_{rg}{}^{o}\to\mu_{rg}{}^{f}$)，进而影响气体相对流度($\lambda_{rg}{}^{o}\to\lambda_{rg}{}^{f}$)。然而，对气体相对渗透率和气体黏度的影响往往是无法区分的。

为了建模和模拟的目的，人们会把泡沫的所有影响都要么纳入气体相对渗透率项，要么纳入气体黏度项，而假设其他项不受泡沫存在的影响。虽然从物理学的角度看，这样做并不正确，但有时却是非常方便。利用有效气体相对渗透率($k_{rg}{}^{f'}$)或有效气体黏度($\mu_g{}^{f}$)可以表述这个概念，即：

$$\frac{q_q}{A}=\frac{kk_{rg}^{f}(S_w)}{\mu_g^{f}}\frac{\Delta p}{L}=\frac{kk_{rg}^{f'}(S_w)}{\mu_g^{o}}\frac{\Delta p}{L}=\frac{kk_{rg}^{o}(S_w)}{\mu_g^{f}}\frac{\Delta p}{L} \tag{A.4}$$

如果引入MRF的概念来把所有的泡沫影响都考虑在内，而不用对气体相对渗透率或气体黏度进行任何的修正，那么这个方程式还可以进一步简化。简化后的方程式如下：

$$\frac{q_q}{A}=\frac{kk_{rg}^{f}(S_w)}{\mu_g^{f}}\frac{\Delta p}{L}=\frac{kk_{rg}^{o}(S_w)}{\mu^{o}{}_{g}\mathrm{MRF}}\frac{\Delta p}{L} \tag{A.5}$$

注意，这等效于早期泡沫研究得出的泡沫存在时的有效气体黏度[例如Hirasaki和Lawson(1985)]。与有效气体相对渗透率($k_{rg}{}^{f'}$)或有效气体黏度($\mu_g{}^{f}$)相比，利用MRF一般能更方便地把气体流度的变化纳入泡沫建模和模拟。其原因是：MRF是一个无量纲参数，因而可以在不影响其他岩石性质和流体性质的情况下，对泡沫流度在不同条件下的变化进行对比(例如不同的气相、表面活性剂配方和浓度、岩石渗透率和润湿性、压力和温度等等)。此外，MRF的运用为借助泡沫机理对任何现有的气-液两相流动模型和模拟器进行拓展提供了最为便捷的途径。例如，不需要进行任何重大的调整，就可以把以其他参数函数的形式计算MRF值的子程序纳入现有的多相流动模拟器。如果泡沫在介质中不存在(或者如果预先生成的泡沫无法保持，因而不能运移)，那么MRF=1；如果泡沫在介质中存在而且可以运移，那么MRF>1。一般来讲，MRF的数值介于1~100000之间。

另一方面，泡沫阻力因子(或简单地称为阻力因子)的一般定义是：在气体和液体流量均相同的情况下，泡沫存在时的压降(或等效的气体和表面活性剂共注时的压降Δp^{f})与泡沫不存在时的压降(或等效的在没有表面活性剂的情况下气体和水共注时的压降Δp^{o})之比，例如Kuehne等(1992)。换句话说：

$$\mathrm{RF}=\frac{\Delta p^{\mathrm{f}}}{\Delta p^{\circ}} \tag{A.6}$$

其中，RF=1表示介质中没有泡沫存在；RF>1表示介质中有泡沫存在因而流动阻力增大。由于RF非常简单，除了两个实测的压降数值之外，其计算不再需要任何的岩石或流体性质参数，因而在大量的试验研究中得到了普遍应用。从另一个角度讲，MRF反映的是在含水饱和度相同的情况下泡沫存在与不存在时的对比情况[参考式(A.5)]；而RF反映的是在相同的注入条件下两者的对比情况[参考式(A.6)]。所以，不经过额外的调整，RF是不能直接用于建模和模拟的。

注意，采用MRF并以气体流动达西方程的形式来表示，式(A.6)还可以变换为以下方程式，即：

$$\mathrm{RF}=\frac{\Delta p^{\mathrm{f}}}{\Delta p^{\circ}}=\frac{q_{\mathrm{g}}\mu_{\mathrm{g}}^{\circ}\mathrm{LMRF}/kk_{\mathrm{rg}}^{\circ}(S_{\mathrm{w}}^{\mathrm{f}})}{q_{\mathrm{g}}\mu_{\mathrm{g}}^{\circ}L/kk_{\mathrm{rg}}^{\circ}(S_{\mathrm{w}}^{\circ})}=\mathrm{MRF}\frac{k_{\mathrm{rg}}^{\circ}(S_{\mathrm{w}}^{\circ})}{k_{\mathrm{rg}}^{\circ}(S_{\mathrm{w}}^{\mathrm{f}})} \tag{A.7}$$

或者在气体和液体注入量相同而$S_{w}>S_{w}^{*}$的情况下，以液体流动达西方程的形式来表示，即：

$$\mathrm{RF}=\frac{\Delta p^{\mathrm{f}}}{\Delta p^{\circ}}=\frac{q_{\mathrm{w}}\mu_{\mathrm{w}}L/kk_{\mathrm{rw}}^{\circ}(S_{\mathrm{w}}^{\mathrm{f}})}{q_{\mathrm{w}}\mu_{\mathrm{w}}L/kk_{\mathrm{rw}}^{\circ}(S_{\mathrm{w}}^{\circ})}=\frac{k_{\mathrm{rw}}(S_{\mathrm{w}}^{\circ})}{k_{\mathrm{rw}}(S_{\mathrm{w}}^{\mathrm{f}})} \tag{A.8}$$

一般来讲，在泡沫存在时，S_{w}^{f}远小于S_{w}^{o}。

还值得注意的一点是，在局部稳态模拟中，只有在$p_{c}<p_{c}^{*}$(或等效地$S_{w}>S_{w}^{*}$)时，气体流度才有可能降低；否则，泡沫会快速破裂，气体流度不会降低(注意，如果$p_{c}>p_{c}^{*}$或$S_{w}<S_{w}^{*}$，那么RF=1且MRF=1)。

以下示例用于帮助读者理解这些不同方法之间的联系。更详细的计算作为练习题留给读者。

【示例：计算泡沫流动过程中气相流度降低量】

该示例的输入参数为：

水黏度μ_{w}=1×10^{-3}Pa·s，水相对渗透率$k_{\mathrm{rw}}=0.79\left(\frac{S_{\mathrm{w}}-S_{\mathrm{wr}}}{1-S_{\mathrm{wr}}-S_{\mathrm{gr}}}\right)^{1.96}$；

气体黏度μ_{r}^{o}=2×10^{-5}Pa·s，气体相对渗透率(无泡沫时)$k_{\mathrm{rg}}^{\circ}=\left(\frac{S_{\mathrm{g}}-S_{\mathrm{gr}}}{1-S_{\mathrm{wr}}-S_{\mathrm{gr}}}\right)^{2.29}$；

极限含水饱和度S_{w}^{*}=0.25，残余水饱和度S_{wr}=0.15，残余气饱和度S_{gr}=0.05；

有效气体相对渗透率$k_{\mathrm{rg}}^{\mathrm{f}'}=\frac{k_{\mathrm{rg}}^{\circ}}{\mathrm{MRF}}$，有效气体黏度(有泡沫时)$\mu_{\mathrm{g}}^{\mathrm{f}'}=\mu_{\mathrm{g}}^{\circ}\mathrm{MRF}$；

绝对渗透率k=1×10^{-12}m^{2}。

作为含水饱和度(S_{w})函数的水分相流动(f_{w})为(有泡沫时)：

$$f_{\mathrm{w}}^{\mathrm{f}}=\frac{k_{\mathrm{rw}}/\mu_{\mathrm{w}}}{k_{\mathrm{rw}}/\mu_{\mathrm{w}}+k_{\mathrm{rg}}^{\mathrm{f}}/\mu_{\mathrm{g}}^{\mathrm{f}}}=\frac{k_{\mathrm{rw}}/\mu_{\mathrm{w}}}{k_{\mathrm{rw}}/\mu_{\mathrm{w}}+k_{\mathrm{rg}}^{\mathrm{f}'}/\mu_{\mathrm{g}}^{\circ}}=\frac{k_{\mathrm{rw}}/\mu_{\mathrm{w}}}{k_{\mathrm{rw}}/\mu_{\mathrm{w}}+k_{\mathrm{rg}}^{\circ}/\mu_{\mathrm{g}}^{\mathrm{f}'}}$$

$$=\frac{k_{\mathrm{rw}}/\mu_{\mathrm{w}}}{k_{\mathrm{rw}}/\mu_{\mathrm{w}}+k_{\mathrm{rg}}^{\circ}/(\mu_{\mathrm{g}}^{\circ}\mathrm{MRF})}=\frac{\lambda_{\mathrm{rw}}}{(\lambda_{\mathrm{rw}}+\lambda_{\mathrm{rg}}^{\mathrm{f}})}$$

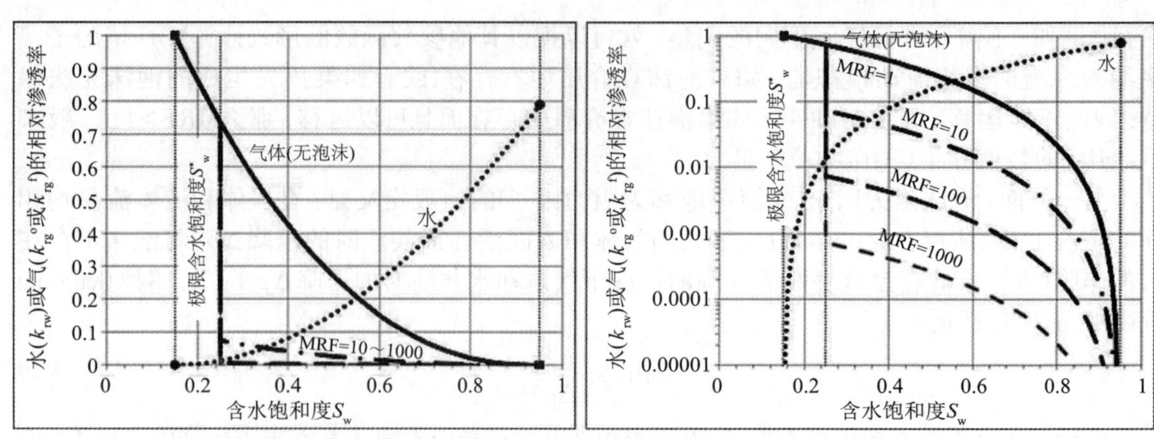

图A.1 在不同的MRF数值下泡沫存在与不存在时水和气的相对渗透率曲线

(y-轴分别为正常比例尺和对数比例尺)

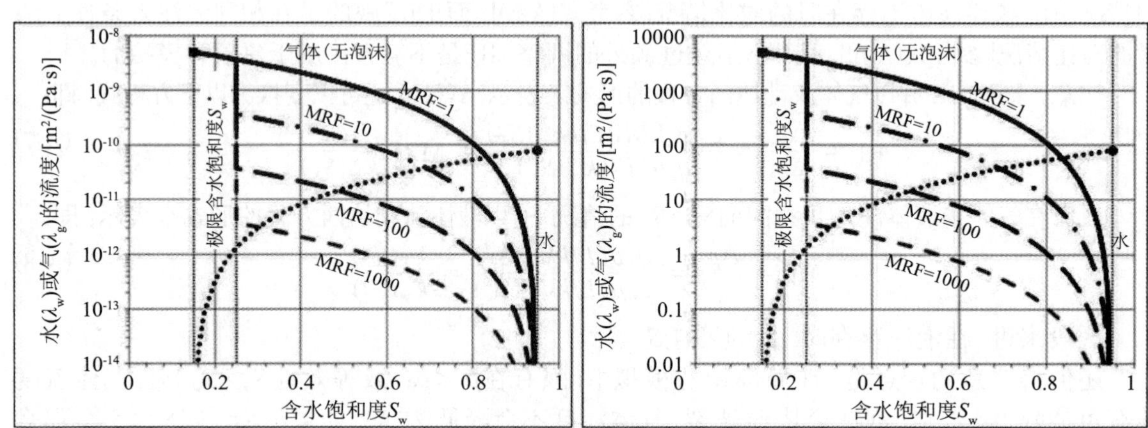

图A.2 在不同的MRF数值下泡沫存在与不存在时水和气的流度及相对流度

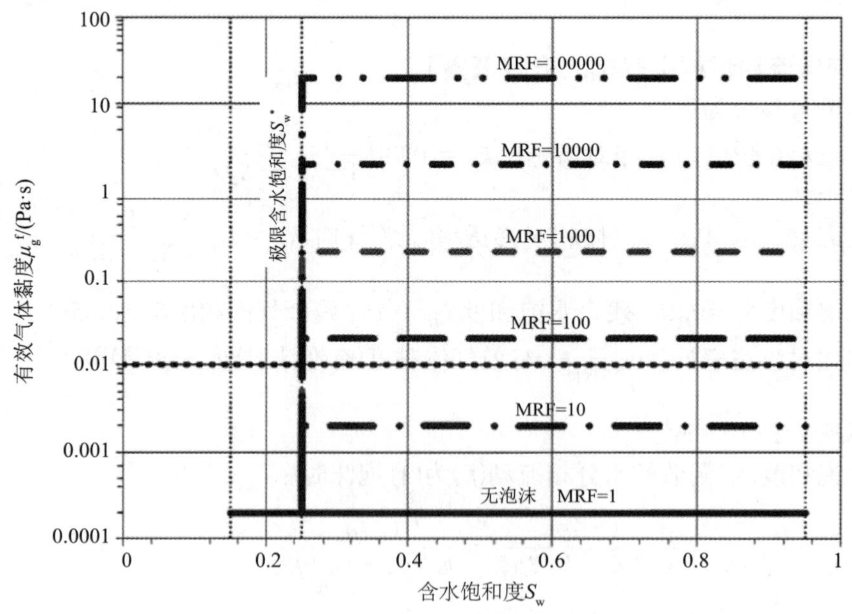

图A.3 在不同的MRF数值下泡沫存在与不存在时的有效气体黏度

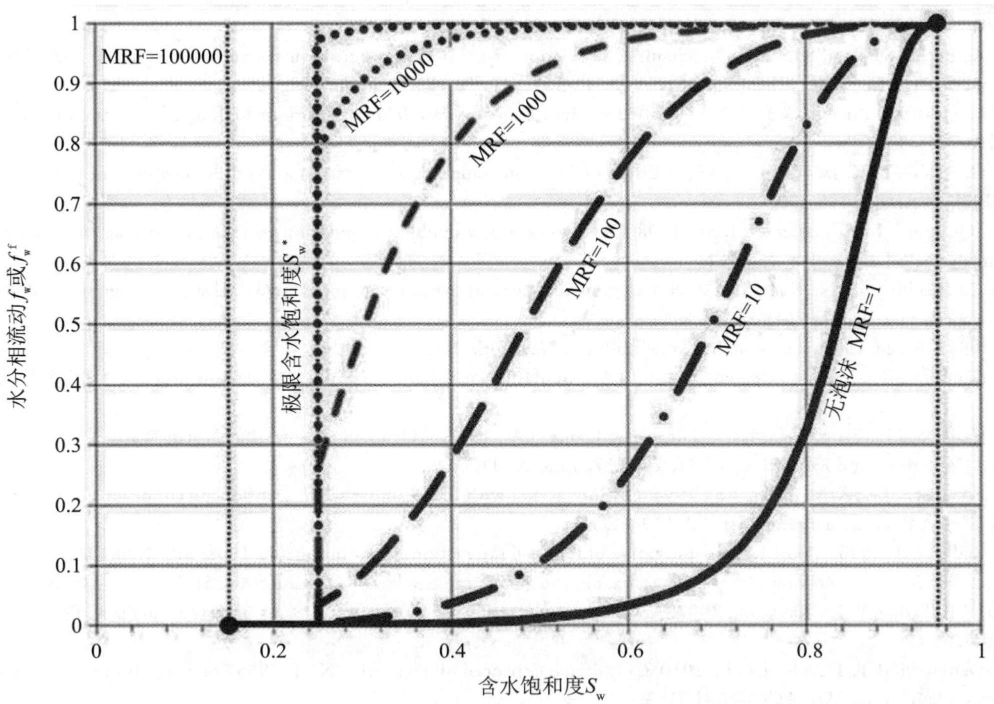

图A.4 在不同的MRF数值下作为含水饱和度函数的水分相流动曲线

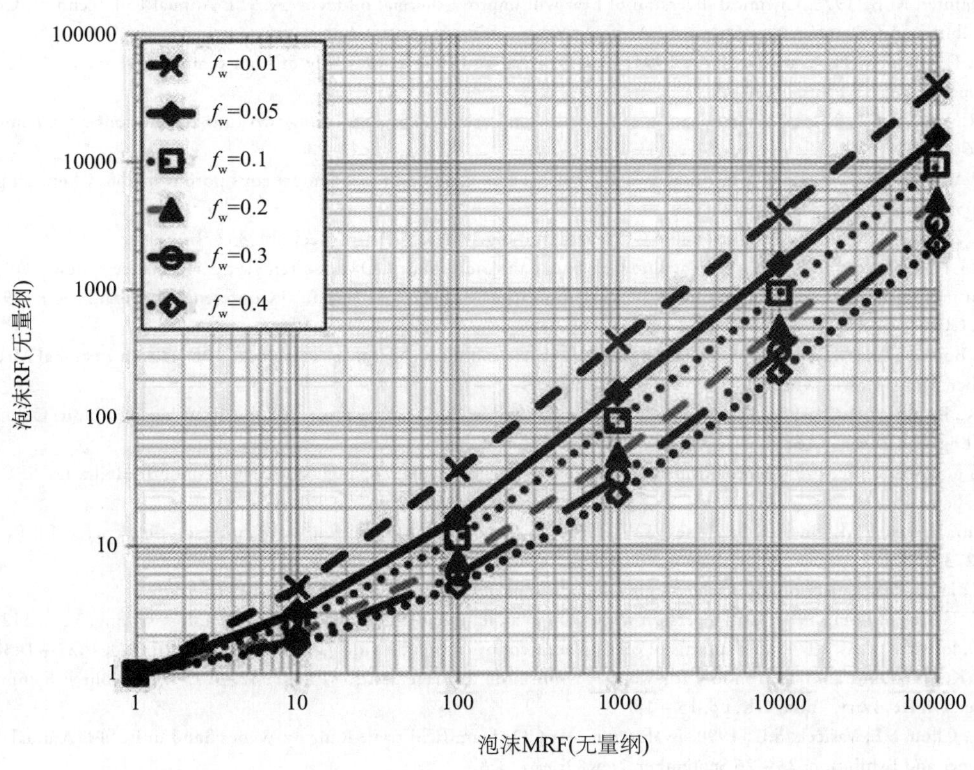

图A.5 在不同的注入泡沫质量下流度降低因子(MRF)和阻力因子(RF)之间的关系

参考文献

Afsharpoor, A., Lee, G.S., Kam, S.I., 2010. Mechanistic simulation of gas injection during surfactant-alternating-gas (SAG) processes using foam catastrophe theory. Chem. Eng. Sci. 65, 3615-3631.

Alvarez, J.M., Rivas, H., Rossen, W.R., 2001. Unified model for steady-state foam behavior at high and low foam qualities. SPE J. September, 325-333.

Bernard, G.G., Holm, L.W., Jacobs, W.L., 1965. Effect of foam on trapped gas saturation and on permeability of porous media to water. SPE J. December, 195-300.

Bertin, H.J., Quintard, M.Y., Castanier, L.M., 1998. Development of a bubble—population correlation for foam-flow modeling in porous media. SPE J. December, 356-362.

Bogdanovic, M., Gajbhiye, R.N., Kam, S.I., 2009. Experimental study of foam flow in pipes: two distinct flow regimes. Colloids Surf. A Physicochem. Eng. Asp. 344 (4), 56-71.

Chang, R., 1994. fifth ed. Chemistry, 458. McGraw-Hill Inc., New York, NY.

Cheng, L., Kam, S.I., Delshad, M., Rossen, W.R., 2002. Simulation of dynamic foam-acid diversion processes. SPE J. September, 316-324.

Chou, S.I., Vasicek, S.L., Pisio, D.L., Jasek, D.E., Goodgame, J.A., 1992. CO_2 foam field trial at North Ward-Estes. SPE Annual Technical Conference and Exhibition, 4-7 October, Washington, DC.

Dalland, M., Hanssen, J.E., Kristiansen, T.S., 1994. Oil interaction with foams under static and flowing conditions in porous media. Colloids Surf. A Physicochem. Eng. Asp. 82, 129-140.

David, M.J. Radke, C.J., 1990. A pore level investigation of foam oil interactions in porous media. Paper SPE 18089PA.

de Vries, A.S., Wit, K., 1990. Rheology of gas/water foam in the quality range relevant to steam foam. SPEREMay, 185-192.

Dholkawala, Z.F., Sarma, H.K., Kam, S.I., 2007. Application of fractional flow theory to foams in porous media. J. Pet. Sci. Eng. 57 (1-2), 152-165.

Dooley, J.J., Dahowski, R.T., Davidson, C.L., 2010. CO_2-driven enhanced oil recovery, PNNL-19557 prepared for the US Department of Energy under Contract DE-AC05-76RL01830.

Falls, A.H., Hirasaki, G.J., Patzek, T.W., Gauglitz, P.A., Miller, D.D., Ratulowski, J., 1988. Development of a mechanistic foam simulator: the population balance and generation by snap-off. SPERE August, 884-892.

Fitch, J.P. Minter, R. B., 1976. Chemical diversion of heat will improve thermal oil recovery. SPE Annual Fall Technical Conference and Exhibition, 3-6 October, New Orleans, LA.

Friedmann, F., Chen, W.H., Gauglitz, P.A., 1991. Experimental and simulation study of high-temperature foam displacement in porous media. SPERE February, 37-45.

Gajbhiye, R.N., Kam, S.I., 2011. Characterization of foam flow in horizontal pipes by using two-flow-regime concept. Chem. Eng. Sci. 66, 1536-1549.

Gauglitz, P.A., Friedmann, F., Kam, S.I., Rossen, W.R., 2002. Foam generation in homogeneous porous media. Chem. Eng. Sci. 57, 4037-4052.

Graue, D.J., Zana, E.T., 1981. Study of a possible CO_2 flood in Rangely field. J. Petrol. Technol. 33 (7).

Harpole, K.J. Hallenbeck, L.D., 1996. East vacuum Grayburg San Andres unit CO_2 flood ten year performance review: evolution of a reservoir management strategy and results of WAG optimization. SPE Annual Technical Conference and Exhibition, 6-9 October, Denver, CO.

Heller, J.P., Boone, D.A., Watts, R.J., 1985. Testing CO_2-foam for mobility control at rock creek. SPE Eastern Regional Meeting, 6-8 November, Morgantown, WV.

Hervey, J.R., Iakovakis, A.C., 1991. Performance review of a miscible CO_2 tertiary project: Rangely Weber Sand unit, Colorado. SPE Reserv. Eng. 6 (2), 163 — 168.

Hirasaki, G.J., Lawson, J.B., 1985. Mechanisms of foam flow in porous media: apparent viscosity in smooth capillaries. SPE J. 25 (2), 176—190.

Hoefner, M.L., Evans, E.M., Buckles, J.J., Jones, T.A., 1995. CO_2 foam: results from four developmental field trials. SPE Reserv. Eng. 10 (4), 273—281.

Holm, L.W., 1970. Foam injection test in the Siggins field, Illinois. J. Petrol. Technol. 22 (12), 1499—1506.

Holm, L.W., Garrison, W.H., 1988. CO_2 diversion with foam in an immiscible CO_2 field project. SPE Reserv. Eng. 3 (1), 112—118.

Holm, L.W., Josendal, V.A., 1974. Mechanisms of oil displacement by carbon dioxide. J. Petrol. Technol. 26 (12), 1427—1438.

Jenkins, M.K., 1984. An analytical model for water/gas miscible displacements. SPE 12632, SPE/DOE Fourth Symposium on Enhanced Oil Recovery, Tulsa, OK, pp. 15—18.

Jonas, T.M., Chou, S.I., Vasicek, S.L., 1990. Evaluation of a CO_2 foam field trial: Rangely Weber Sand unit. SPE Annual Technical Conference and Exhibition, 23—26 September, New Orleans, LA.

Kam, S.I., 2008. Improved mechanistic foam simulation with foam catastrophe theory. Colloids Surf. A Physicochem. Eng. Asp. 318, 62—77.

Kam, S.I., Rossen, W.R., 2003. A model for foam generation in homogeneous porous media. SPE J. 8 (December), 417—425.

Kam, S.I., Frenier, W.W., Davies, S.N., Rossen, W.R., 2007a. Experimental study of high-temperature foam for acid diversion. J. Pet.

Sci. Eng. 58. 138—160.
Kam, S.I., Nguyen, Q.P., Li, Q., Rossen, W.R., 2007b. Dynamic simulation with an improved model for foam generation. SPE J. March, 35—48.
Khatib, Z.I., Hirasaki, G.J., Falls, A.H., 1988. Effect of capillary pressure on coalescence and phase mobilities in foams flowing through porous media. SPERE August, 919—926.
Koczo, K., Lobo, L.A., Wasan, D.T., 1992. Effect of oil on foam stability: Aqueous foams stabilized by emulsions. J. Colloid. Interfer. Sci. 150 (2), 492—506.
Kovscek, A.R. and Radke, C.J., 1994. Fundamentals of foam transport in porous media. In: L.L. Schramm (Ed.), Foams: Fundamentals and Applications in the Petroleum Industry, ACS Advances in Chemistry Series No. 242, American Chemical Society, Washington DC.
Kovscek, A.R., Patzek, T.W., Radke, C.J., 1995. A mechanistic population balance model for transient and steady-state foam flow in Boise sandstone. Chem. Eng. Sci. 50, 3783—3799.
Kuehne, D.L., Frazier, R.H., Cantor, J., Horn Jr., W., 1992. Evaluation of surfactants for CO_2 mobility control in dolomite reservoirs. SPE/DOE Enhanced Oil Recovery Symposium, 22—24 April, Tulsa, OK.
Lee, H.O., Heller, J.P., Hoefer, A.M.W., 1991. Change in apparent viscosity of CO_2 foam with rock permeability. SPERE November, 412—428.
Martin, F.D., Stevens, J.E., Harpole, K.J., 1994. CO_2-foam field test at the east vacuum Grayburg/San Andres unit, SPE/DOE Symposium on Improved Oil Recovery, 17—20 April, Tulsa, OK.
Martin, F.D., Heller, J.P., Weiss, W.W., Stevens, J., Harpole, K.J., Siemers, T., et al., 1995. Field Verification of CO_2 Foam, DOE Report.
Mayberry, D.J., Afsharpoor, A., Kam, S.I., 2008. The use of fractional flow theory for foam displacement in presence of oil. SPE Res. Eval. Eng. 11, 707—718.
Mohammadi, S.S. and Tenzer, J.R., 1990. Steam—foam pilot project at Dome-Tumbador, midway sunset field: part 2, SPE/DOE Enhanced Oil Recovery Symposium, 22—25 April, Tulsa, OK.
Mohammadi, S.S., Van Slyke, D.C., Ganong, B.L., 1989. Steam—foam pilot project in Dome-Tumbador, midway-sunset field. SPE Reserv. Eng. 4(1), 17—23.
Myers, T.J., Radke, C.J., 2000. Transient foam displacement in the presence of residual oil: experiment and simulation using a population-balance model. Ind. Eng. Chem. Res. 39, 2725—2741.
Namdar-Zanganeh, M., Kam, S.I., La Force, T., Rossen, W.R., 2011. The method of characteristics applied to oil displacement by foam. SPE J. 16 (1), 8—23.
Osterloh, W.T., Jante Jr., M.J.,1992. Effects of gas and liquid velocity on steady-state foam flow at high temperature. SPE/DOE Enhanced Oil Recovery Symposium, 22—24 April, Tulsa, OK.
Ploeg, J.F. Duerksen, J.H., 1985. Two successful steam/foam field tests, sections 15A and 26C, midway-sunset field. SPE California Regional Meeting, 27—29 March, Bakersfield, CA.
Ransohoff, T.C., Radke, C.M., 1988. Laminar flow of a wetting liquid along the corners of a predominantly gas-occupied noncircular pore. J. Colloid. Interfer. Sci. 121, 392—401.
Rossen, W.R., 1996. Foams in enhanced oil recovery. In: Prud'homme, R.K., Khan, S. (Eds.), Foams: Theory, Measurements and Applications. Marcel Dekker, New York, NY.
Rossen, W.R., 1999. Foam generation at layer boundaries in porous media. SPE J. 4 (4), 409—412.
Rossen, W.R., Gauglitz, P.A., 1990. Percolation theory of creation and mobilization of foam in porous media. AIChE J. 36, 1176—1188.
Rossen, W.R., Lu, Q., 1997. Effect of Capillary Crossflow on Foam Improved Oil Recovery. SPE Western Regional Meeting, 25—27 June, Long Beach, CA.
Rossen, W.R., van Duijn, C.J., 2004. Gravity segregation in steady-state horizontal flow in homogeneous reservoirs. J. Pet. Sci. Eng. 43(1—2), 99—111.
Rossen, W.R., Wang, M., 1999. Modeling foams for acid diversion. SPE J. June, 92—100.
Rossen, W.R., Zhou, Z.H., 1995. Modeling foam mobility at the limiting capillary pressure. SPE Adv. Technol. 3, 146.
Rossen, W.R., Zhou, Z.H., Mamun, C.K., 1995. Modeling foam mobility in porous media. J. SPE Adv. Technol. Series 3 (1), 146—153.
Sanchez, J.M., Schechter, R.S., 1989. Surfactant effects on the two-phase flow of steam—water and nitrogen—water through permeable media. J. Petr. Sci. Eng. 3, 185—199.
Schramm, L.L.,1994. Foams: Fundamentals and Applications in the Petroleum Industry. Advances in Chemistry Series No. 242, American Chemical Society, Washington, DC.
Stone, H.L.,1982. Vertical conformance in an alternating water miscible gas flood. SPE 11140, SPE Annual Technology Conference, 26—29 September, New Orleans, LA.
Tanzil, D., Hirasaki, G.J., Miller, C.A., 2002. Mobility of foam in heterogeneous media: flow parallel and perpendicular to stratification. SPE J. 7 (2), 203—212.
Turta, A.T. and Singhal, A.K., 1998. Field foam applications in enhanced oil recovery projects: screening and design aspects. SPE

International Oil and Gas Conference and Exhibition in China, 2—6 November, Beijing, China.
US Greenhouse Gas Inventory Report, 2011. Inventory of US Greenhouse Gas Emissions and Sinks 1990—2009, EPA 430-R-11-005.
Winzinger, R., Brink, J.L., Patel, K.S., Davenport, C.B., Patel, Y.R., Thakur, G.C., 1991. Design of a major CO_2 flood, North Ward-Estes Field, Ward County, Texas. SPE Reservoir Engineering 6, 1.
Yellig, W.F., Metcalfe, R.S., 1980. Determination and prediction of CO_2 minimum miscibility pressures. J. Petrol. Technol. 30, 160—168.

第3章 聚合物驱——基本原理和现场案例

James J. Sheng

(得克萨斯科技大学Bob L. Herd石油工程系，美国得克萨斯州Lubbock，邮编79409)

3.1 聚合物分类

一般来说，提高石油采收率(EOR)会用到两种聚合物：合成聚合物[例如部分水解聚丙烯酰胺(HPAM)]和生物聚合物(例如黄原胶)。为了满足特定的需要，常常还会利用它们开发出一些衍生品和变异品。水解聚丙烯酰胺(HPAM)类聚合物由于在价格和大规模生产方面具有优势，其应用要比生物聚合物(黄原胶类)更广泛。Wang等(2006a)认为，部分水解聚丙烯酰胺(HPAM)溶液的黏弹性要显著大于黄原胶溶液。

聚丙烯酰胺在矿物表面有很强的吸附作用。因此，通过与氢氧化钠、氢氧化钾或碳酸钠等碱发生反应，使聚丙烯酰胺部分水解，从而降低其吸附作用。水解作用使得一些酰胺基团($CONH_2$)转化成羧基团(COO^-)，图3.1所示是它们的结构图。水解度定义为：通过水解作用转化成羧基团的酰胺基团的摩尔分数，它等于$y/(x+y)$。商用产品的水解度范围为15%～35%。聚丙烯酰胺的水解作用为聚合物链的主链引进了负电荷，对聚合物溶液的流变性有很大的影响。在含盐度较低的情况下，聚合物主链上的负电荷相互排斥，使得聚合物链被拉伸。在聚合物溶液中加入一种电解质(比如NaCl)后，排斥力被双层电解质屏蔽，拉伸力减少，从而使其黏度降低。其相对分子质量(MWs)在百万量级。

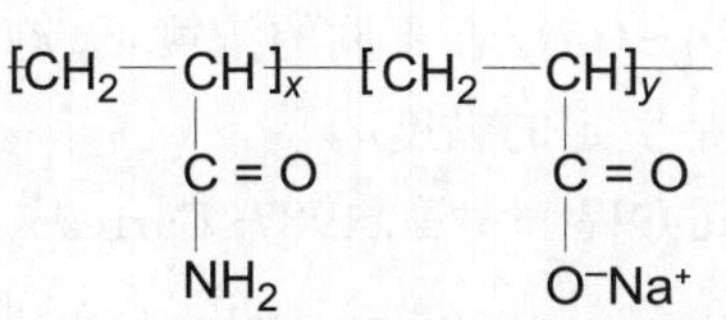

$$[CH_2—CH]_x—[CH_2—CH]_y—$$

$$\begin{array}{cc} C=O & C=O \\ NH_2 & O^-Na^+ \end{array}$$

图3.1 酰胺基团和羧基团的结构图

黄原胶聚合物的作用相当于一个半栅极棒，它能强力抵抗机械降解。据报道，提高石油采收率(EOR)工艺中使用的黄原胶生物聚合物的平均相对分子质量(MWs)平均为100×10^4～1500×10^4。

提高石油采收率(EOR)工艺中使用到的其他聚丙烯酰胺的衍生聚合物包括疏水性共生聚合物、耐盐聚丙烯酰胺(KYPAM)(Luo等，2002)和二丙烯酰胺-二甲基丙烷磺酸盐(AMPS)。一些聚合物的体积或黏度在适当的油藏条件下会发生改变。例如，BrightWater遇到高温水时体积会膨胀；Microball水合时会膨胀；对pH值敏感的聚合物在pH值高于临界值时其黏度会增加；反式聚合物乳液在一定的温度和含盐度条件下，会从水/油型转化为油/水型，因在深部地层中聚丙烯酰胺会被水解，从而使其黏度增加。凝胶是交联聚合物，Sheng(2011)曾对此进行过详细的介绍。

3.2 聚合物溶液黏度

黏度是聚合物溶液最重要的参数。尽管生物聚合物的大部分性质是相似的，但考虑到水解聚丙烯酰胺(HPAM)是在提高石油采收率(EOR)工程中使用最多的聚合物，因而在下文中我们只讨论HPAM类聚合物的性质。

3.2.1 含盐度和浓度的影响

在剪切速率为零(μ_p^0)时，聚合物溶液的黏度对聚合物浓度及含盐度的依赖度可以用Flory-Huggins方程(Flory, 1953)来描述：

$$\mu_p^0 = \mu_w[1 + (A_{p1}C_p + A_{p2}C_p^2 + A_{p3}C_p^3)C_{sep}^{S_p}] \tag{3.1}$$

式中：μ_w是水的黏度，其单位与μ_p^0相同；C_p是聚合物在水中的浓度；A_{p1}、A_{p2}、A_{p3}和S_p是拟合常数；C_{sep}是聚合物的有效含盐度。

因数$C_{sep}^{S_p}$考虑到了聚合物黏度对含盐度和硬度的依赖度。UTCHEM(化学驱仿真模拟系统)-9.0(2000)中给出的聚合物有效含盐度C_{sep}如下：

$$C_{sep} = \frac{C_{51} + (\beta_p - 1)C_{61}}{C_{11}} \tag{3.2}$$

式中：C_{51}、C_{61}和C_{11}是水相中阴离子、二价离子和水的浓度；β_p是实验室中测得的数，大约是10。

C_{51}和C_{61}的单位是meq/mL(译者注：meq/mL为当量浓度，下同)，C_{11}的单位是水相中水的体积分数。含盐度常用的实验室单位是%和mg/L。使用式(3.2)时，这些单位都应该转换成meq/mL。理论上，任何单位都可以使用，在研究过程中保持一致即可。注意，实验室中的电解质浓度通常用水相体积来表示，除水的体积之外，水相体积之中还包括表面活性剂和助表面活性剂的体积。式(3.2)中的C_{11}是用来校正水相体积的。

3.2.2 剪切的影响

聚合物溶液的黏度严重受剪切力影响。我们可以使用幂律模型来描述聚合物溶液：

$$\mu_p = K\dot{\gamma}^{(n-1)} \tag{3.3}$$

式中：K是流量一致性指数；n是流态指数；$\dot{\gamma}$是剪切速率。

在假塑性区，$n \leqslant 1$(通常n=0.4～0.7)。在不同的浓度下，n几乎没有变化，而K则是变化的。对于牛顿流体而言，n=1，而K就是恒定的黏度μ。

更通用的一个模型是Carreau方程(bird等，1987；Carreau，1972)：

$$\mu_p - \mu_\infty = (\mu_p^\circ - \mu_\infty)[1 + (\lambda\dot{\gamma})^\alpha]^{(n-1)/\alpha} \tag{3.4}$$

式中：μ_∞是剪切力上限值(接近无穷)时的极限黏度，通常被当作水的黏度μ_w；λ和n是聚合物特定的经验常数；α通常取值为2。

μ_p^0和$\dot{\gamma}$与之前的定义一致。实际上，μ和μ_p^0远大于μ_∞，$(\lambda\dot{\gamma})^\alpha$远大于1。因此，式(3.4)变为幂律方程，形式为$\mu_p=\mu_p^0(\lambda\dot{\gamma})^{n-1}$，它表示在中等剪切速率区域和高剪切速率区域的黏度。在低剪切速率区域，$\mu_p=\mu_p^0$见图3.2)。

3.2.3 pH值的影响

pH值影响水解作用。添加碱后pH值增大。初期，聚合物黏度可能因为水解作用而增加。但添加碱会最终导致水解聚丙烯酰胺黏度降低，因为与pH值对水解作用的影响相比，碱盐的影响占主导地位。例子见图3.3。

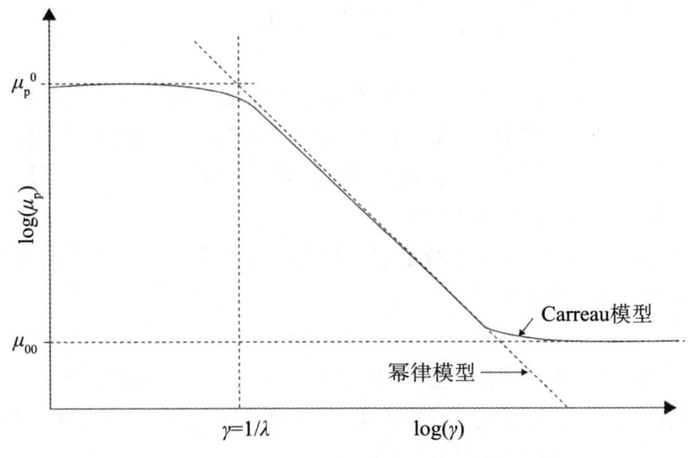

图3.2 Carreau模型和幂律模型对比

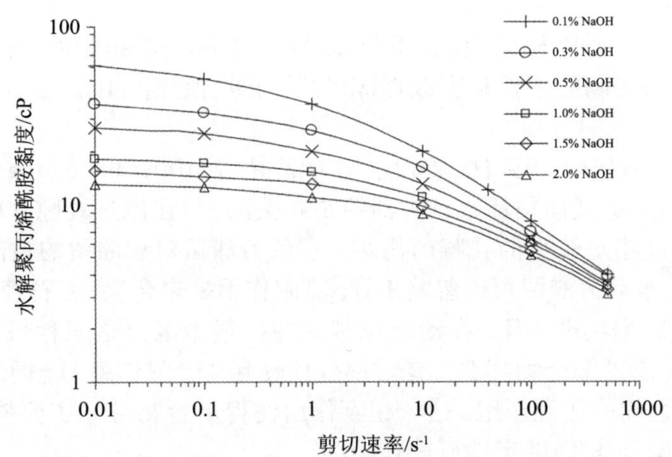

图3.3 碱对HPAM溶液黏度的影响(Kang，2001)

3.3 孔隙介质中的聚合物流动特性

本节，我们将讨论多孔介质中的聚合物黏度、聚合物滞留和岩石渗透率下降。

3.3.1 孔隙介质中的聚合物黏度

孔隙介质中的聚合物溶液黏度是无法直接测量的，而是只能在岩心驱替试验的基础上利用达西方程进行估算。

由于聚合物黏度强烈取决于剪切(力)，我们不得不进行大量岩心驱替试验，以获得不同流速(剪切速率)下的黏度。显然，这样做的代价高昂。理想的情况是，我们希望有一个估算聚合物黏度的模型，可以根据不同剪切速率下体积溶液黏度(bulk solution viscosity)来估算孔隙介质中不同流速下的聚合物黏度。在实际工作中，我们不能简单地这样做，而是需要做几次或者最少一次岩心驱替试验来标定模型。下面介绍这一方法。

我们想使用不同剪切速率下的体积溶液黏度来估算不同流速下聚合物的黏度。第一个问题是如何将流速转换成剪切速率。通过转换得来的剪切速率被称为等效剪切速率，它等于体积黏度计中的剪切速率。

假设孔隙介质中的液流可以用毛细管渗流来代表，聚合物溶液黏度遵从幂律方程，则可以利用下面的公式来计算等效剪切速率$\dot{\gamma}_{eq}$：

$$\dot{\gamma}_{\mathrm{eq}} = \gamma\left(\frac{3n+1}{4n}\right)\frac{4u}{\sqrt{8k\phi}} \tag{3.5}$$

式中：$u(=\bar{v}/\phi)$是孔隙介质中的达西速度；k是渗透率；ϕ是孔隙度；n是幂律方程的指数。

上面的公式中，γ是一个可调节参数，用来拟合岩心实验数据和体积溶液黏度，单位应该一致。例如，如果剪切速率单位是s^{-1}，则u的单位是m/s，k的单位是m^2，ϕ是分数。

计算孔隙介质中等效剪切速率的步骤如下：

① 测量不同剪切速率下聚合物溶液的体积黏度(μ_b)。我们可以得出对应于$\dot{\gamma}$的μ_b值。将数据与幂律方程进行拟合，可以得出K和n：

$$\mu_b = K(\dot{\gamma})^{(n-1)} \tag{3.6}$$

② 使用聚合物溶液以几种不同的注入速度进行岩心驱替试验。测量对应于不同注入速度u的压降Δp。在驱替试验前测量岩心渗透率和孔隙度。使用达西方程计算各注入速度(u)下岩心中的视黏度μ_{core}，就获得了对应于u的μ_{core}值。

③ 找到μ_b等于μ_{core}时对应的剪切速率$\dot{\gamma}$；然后，利用等于$\dot{\gamma}$计算值的$\dot{\gamma}_{\mathrm{eq}}$和注入速度$u$由式(3.5)计算出。

④ 如果进行了多次岩心驱替试验，则重复步骤③。选择一个折中的值γ，使得岩心驱替数据(相对于$\dot{\gamma}_{\mathrm{eq}}$的$\mu_{\mathrm{core}}$值)与实测的体积黏度数据(相对于$\dot{\gamma}$的$\mu_b$值)相匹配。

3.3.2 聚合物滞留

聚合物滞留包括吸附作用、机械捕集和水动力滞留。Willhite和Domingue(1977)曾对这些不同的机理进行过讨论。机械捕集和水动力滞留是相关的，只在流过孔隙介质时出现。机械捕集在聚合物大分子流过相对较小的孔喉时出现。水动力滞留对总滞留的贡献可能不大。在现场应用中因为流速低，水动力滞留可以忽略不计。吸附作用是聚合物-岩石表面-溶剂体系的基本性质，是最重要的(滞留)机理。因为在动态驱替试验中很难区分这三种机理，我们可以简单地利用“滞留”一词来描述聚合物损失。有时候仅仅使用“吸附作用”一词。吸附作用是指聚合物分子与固体表面之间的相互作用。这一相互作用使得聚合物分子主要依靠物理吸附作用(范德华吸附作用和氢键合作用)被束缚到固体表面。

一般来说，我们用兰格缪尔(Langmuir)型等温线来描述聚合物吸附作用。兰格缪尔型等温线由如下方程表示：

$$\hat{C}_p = \frac{a_p C_p}{1 + b_p C_p} \tag{3.7}$$

式中：C_p是岩石-聚合物溶液体系中的平衡聚合物浓度；a_p和b_p是经验常数，b_p的单位必须是C_p单位的倒数，a_p无量纲。

注意，C_p和$\hat{C}_p$的单位必须一致，a_p的定义如下：

$$a_p = (a_{p1} + a_{p2} C_{\mathrm{sep}})\left(\frac{k_{\mathrm{ref}}}{k}\right)^{0.5} \tag{3.8}$$

式中：a_{p1}和a_{p2}是输入或拟合参数；C_{sep}是有效含盐度；k是渗透率；k_{ref}是实验室测量中使用的岩石的参考渗透率。

式(3.7)和式(3.8)考虑了含盐度、聚合物浓度和渗透率。

下面介绍一些聚合物滞留的观察结果。静态体积试验中的聚合物吸附作用会跟动态岩心驱替试验中的吸附作用大不相同。这是因为岩心驱替试验中出现了机械捕集和水动力捕集，而静态体积试验中分散的颗粒表面积较大，吸附作用也较强。

HPAM(水解聚丙烯酰胺)在碳酸钙上的吸附水平要比在二氧化硅上的(吸附水平)高很多。这可能是因为碳酸钙表面带正电，而二氧化硅表面带负电。

如式(3.7)和式(3.8)所示，吸附作用随含盐度(增加而)增加。加入低浓度二价钙离子(Ca^{2+})，能增强HPAM在二氧化硅上的吸附作用，因为二价离子压缩了弹性 HPAM分子的粒径，降低了聚合物羧基团和二氧化硅表面之间静态排斥(力)。

聚合物滞留随渗透率增大而下降。这是因为低渗透率岩石中的机械捕集要比高渗透率岩石中的机械捕集高。低渗透率岩石一般都具有较高的黏土含量。

3.3.3 不可及孔隙体积

在聚合物分子粒径大于孔隙介质中的孔隙时，聚合物分子就不能流过这些孔隙。聚合物分子不能进入的这些孔隙的体积就叫“不可及孔隙体积(IPV)”。由于IPV的原因，聚合物溶液只能波及较少的孔隙体积，因而聚合物到达流出端所需时间比非吸附性示踪剂所需时间少。另一方面，聚合物突破时间会因聚合物滞留而延迟。这两种因素相互抵消。实际上，第一种因素的作用更强一些，因而聚合物将先于示踪剂到达流出端。

3.3.4 渗透率降低

渗透率降低或孔隙堵塞是由聚合物吸附作用引起的。渗透率降低由渗透率降系数来定义：

$$F_{kr}=\text{水流动时的岩石渗透率/聚合物水溶液流动时的岩石渗透率}=\frac{k_w}{k_p} \tag{3.9}$$

鉴于聚合物渗透率降低过程被认为是不可逆的过程，即使在油藏进入聚合物驱后水驱阶段，渗透率降低现象依然存在，它被称为剩余渗透率降低系数，定义如下：

$$F_{krr}=\text{聚合物流过前岩石对水的渗透率/聚合物流过后岩石对水的渗透率} \tag{3.10}$$

对水相的渗透率因为注聚合物而降低，但也很难降低到其他成分或其他相态的水平(Schneider和Owens，1982；White等1973)。数值模拟器中的渗透率本身是不能改变的，因而我们不得不通过F_{kr}来调整聚合物溶液的黏度，而通过F_{krr}来调整聚合物驱后的水黏度(Bondor等，1972；UTCHEN-9.0，2000)。

Pang等(1998)发现，聚合物相对分子质量(MW)越高，F_{krr}越大。在相对分子质量相同的情况下，聚合物相对分子质量分布越宽，F_{krr}就大。Huang等(1998a)观察发现，F_{kr}随注入速度增高和温度降低而增大。

尽管较高的相对分子质量会导致较高的F_{krr}甚至较高的原油采收率，但所选用的相对分子质量必须受到地层渗透率的限制。

图3.4给出了不同渗透率条件下选用的最高相对分子质量。其中，与实线相连的数据来自Zhang和Yang(1998)，由空三角形点表示的数据来自Wang等(2006b)，标注为未连接实心点的数据来自Niu等(2006)。

这些数据表明，在低渗透率地层中需要用低相对分子质量聚合物。例如，Wang等证实，相对分子质量为240×10^4的聚合物能满足渗透率为20mD的油藏的要求，550×10^4的能满足渗透率为50mD的油藏的需要，1000×10^4的适合于渗透率为200mD的油藏。显然，Zhang和Yang的数据更保守。Zhang和Yang考虑了流过射孔孔眼的速度。以50m/d、100m/d、200m/d和400m/d的速度流过每米10个孔的8mm孔眼所对应的速度分别是$2.25m^3/(d\cdot m)$、$4.5m^3/(d\cdot m)$、$9.0m^3/(d\cdot m)$和$18m^3/(d\cdot m)$。

3.3.5 聚合物驱中的相对渗透率

试验(Chen和Chen，2002；Schneider和Owens，1982；Taber和Martin，1983)表明，聚合物驱之后水的相对渗透率显著降低，而油的相对渗透率则相对无变化。有人认为这是由油和水流动通道的分离引起的(Liang等，1995)。这就是不均衡渗透率降低(DPR)的机理。

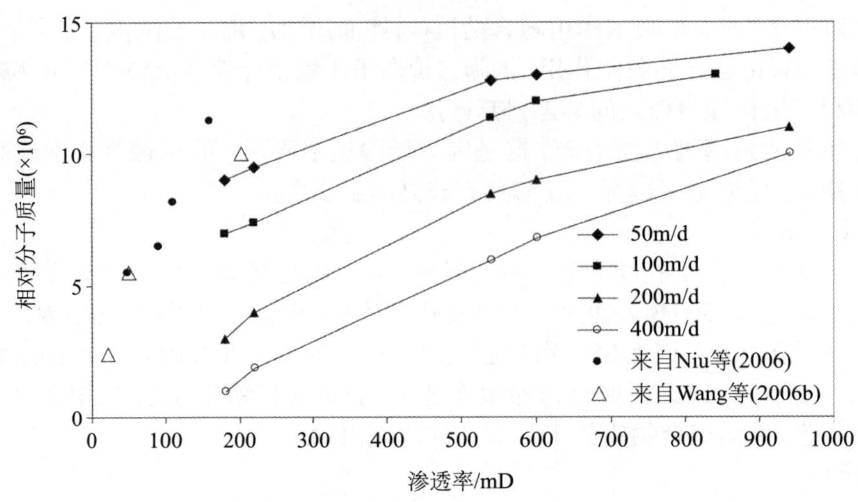

图3.4 聚合物相对分子质量的极限值

3.4 聚合物驱的机理

聚合物驱的主要机理是聚合物溶液的黏度比较高，使得驱替聚合物溶液与前面被驱替流体的流度比减小，黏性指进减弱。随着黏性指进减弱，波及效率提高。

驱替流体黏度增大改善驱油效果的机理可以用巴克利-来弗理特(Buckley-Leverett)(1942)理论来量化。图3.5展示了两条分流量曲线。其中一条代表水驱案例，其水-油黏度比是0.1；另一条代表聚合物驱案例，其聚合物-油的黏度比是1。根据分流量曲线可以估算突破时的平均含水饱和度，方法是从束缚水饱和度S_{wc}(本案例中是0.2)画一条切线，与水平线f_w=1相交，对应的含水饱和度即是平均含水饱和度。这里的f_w是产出液中的含水率。从图3.5可以看出，水驱案例中的平均含水饱和度是0.58，而聚合物驱案例中的平均含水饱和度是0.76。二者的差为0.18。换句话说，通过简单地增加驱替流体的黏度，就可以将突破时的原油采收率提高22.5%[译者注：原文为18%，应为0.18/(1−0.2)×100%=22.5%]。

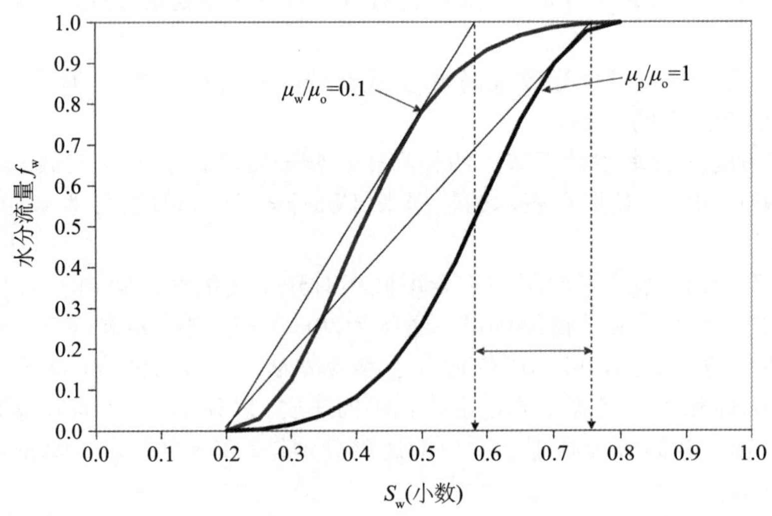

图3.5 黏度比对分流量曲线的影响

在把聚合物注入纵向非均质地层后，层间窜流会改善聚合物在纵向油层间的分配，进而提高纵向波及效率。Sorbie(1991)对这一机理进行了详述。

另一个机理与聚合物黏弹性特征相关。聚合物和油间的界面黏度要高于油和水间的界面黏度。剪切应力与界面黏度成比例。由于聚合物具有黏弹性的特征，除了剪切应力外，油和聚合物溶液之间还存在正应力。这样，聚合物就给油滴或油膜施加了一个较大的拉力。所以，油就能被“推拉”出不连通孔隙，引起残余油饱和度下降。这一机理之前很少被讨论到，直到最近这一情况才得以改观(Sheng, 2011; Wang等, 2001)。

在评价聚合物驱的经济性时有一点很少被述及，即与水驱相比，聚合物驱的注水量和产水量都减少了。由于聚合物改善了流度比和波及效率，注水量减少，而产出水量也降低。在一些情况下，例如海上和沙漠地区，水成本和水处理的成本都很高(Sheng, 2011)。

3.5 聚合物混合

交付的聚合物可能是液态乳液、水溶液、固体粉末或固体条块。如果是液态乳液或水溶液，则需要用泵将它们添加到注入水中；如果是固体粉末状，则需要经过配定、分散、熟化、运输、过滤和储存等多个步骤来配制聚合物溶液(见图3.6)。

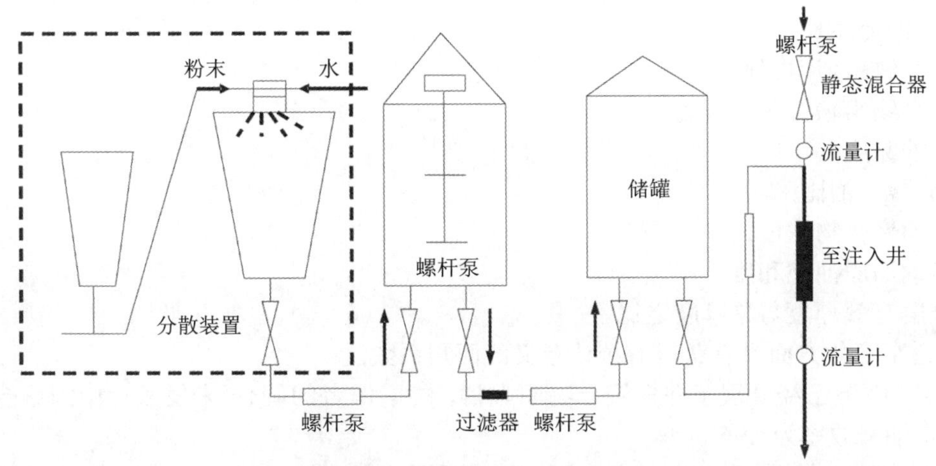

图3.6 制备聚合物溶液的典型设施示意图

配定就是计量所需的固体聚合物和水的数量。聚合物运到进料器，过滤杂质。分散处理就是将高分子聚合物溶解到水里。分散后的聚合物(浓溶液)被输送到熟化罐，熟化罐内的混合器不停地旋转。熟化过程需要0.5～24h(Huang等, 1998b; Liu等, 2006)。在经由两台过滤器去除杂质和“鱼眼球”后，浓溶液被输送进入储罐。采用螺杆泵来输送聚合物溶液，以便减少机械剪切作用。聚合物的注入则使用柱塞泵。还有一种装置叫静态混合器。它是一种特殊的装置，安装在管道内，用以改变流体流动方向，使流体能充分混合。与动态(旋转)混合器不一样，静态混合器并不像其名字含义所示那样运动。在聚合物是固体条块时，必须首先研磨成粉再进行混合。

3.6 筛选标准

到20世纪80年代，一些作者和组织已经提出了筛选标准，后来Taber等(1997a, b)又对其进行了修改。这些标准会随着技术进步而不断更新。例如，在原来的筛选标准之中，有一条是原油黏度应该比较低，但现在人们开始在高黏度油藏中注聚合物(Moe Soe Let等, 2012; Wassmuth等, 2009)。人们还开展了很多实验室研究(Seright, 2010; Wassmuth等, 2007)。这些筛选标准只是为可能的应用提供初步的评估。对于具体的应用，必须进行实验室研究。

3.7 油田生产动态和现场案例

在介绍单个现场案例前，我们首先总结一些综合油田动态。我们介绍以下聚合物驱案例：

一个高度非均质性油藏(中国下二门油田)的聚合物驱；大庆油田三个区块、三个稠油油藏(加拿大东Bodo油田、苏里南Tambaredjo油田和阿曼Marmul油田)和一个碳酸盐油藏(新墨西哥州Vacuum油田)的高相对分子质量、高浓度聚合物驱；大庆油田北一区段西区块内使用可动凝胶进行的聚合物驱后的波及控制。

3.7.1 总体的油田动态

对美国能源部(DOE)资助的矿场聚合物驱项目进行的调查发现(Manning等，1983)，根据对实际原油采收率的保守估算，平均新增石油采收率是2.91%的原始石油地质储量(OOIP)，剩余石油地质储量(OIP)是4.02%，24.83bbl/(acre · ft)，每注入1bbl聚合物采出2.34bbl (原油)。而乐观的估算是：平均新增原油采收率是3.85%的原始石油地质储量(OOIP)、剩余石油地质储量(OIP)为4.22%，或34.4bbl/(acre · ft)，或每注入1bbl聚合物采出3.74bbl(原油)。他们的统计分析为10个石油开采函数得出了十分有统计意义的回归系数，以下面的油藏和流体标识为独立变量。

① 孔隙度；

② 渗透率；

③ 水-油流度比；

④ 聚合物-油流度比；

⑤ 聚合物溶液孔隙体积；

⑥ 原油黏度；

⑦ 初始水-油比；

⑧ 平均聚合物浓度；

⑨ 可动油原油饱和度；

⑩ 产层有效厚度与总厚度之比。

在渗透率变化方面没有获得有统计意义的回归系数。

近年来，中国已经开展了许多聚合物驱项目。根据作者的调查(未发表)，中国聚合物驱项目的新增原油采收率为8.9%。

就聚合物注入量而言，1976年美国国家能源委员会(US National Petroleum Council, NPC)研究报告给出的数字是125mg/L · PV(孔隙体积)。而在其1984年的研究报告中，这一数字则增加到了240mg/L · PV。但即便这个数字仍然要远低于大庆油田在2000年代所开展项目中的聚合物使用量(400～500mg/L · PV)(Sheng，2011)。

大部分聚合物驱项目都是在砂岩油藏中进行的。但根据Manrique等(2007)的调查结果，在碳酸盐油藏中也开展了很多聚合物驱开发项目。水解聚丙烯酰胺(HPAM)聚合物的使用远比生物聚合物广泛。鉴于HPAM类聚合物属于阴离子聚合物，人们可能会认为这种聚合物在碳酸盐中的吸附量要比在砂岩油藏中的大很多。但已公开的有限的吸附量数据似乎并不支持这一观点。

3.7.2 高度非均质油藏中的聚合物驱

该案例讨论高度非均质油藏注聚合物前的深度调剖(Deng等，1998)。该油藏发育在中国下二门油田的H_2Ⅱ层系，是一个厚度较大的复杂断块油藏，北、南方向受断层控制，西、东方向与边水连通。地层疏松，平均孔隙度是23.7%，平均渗透率是4.78D，渗透率变异系数是0.91，原油黏度是70mPa · s，地层温度是50℃，地层水含盐度是2127mg/L。储层总厚度是19.9m，产层净厚度是14.2m。

该油藏采用边水驱和内部不规则点状注水生产。由于其构造复杂、注采井网不完善、非均质性严重而且水-油流度比高(27)，含水上升很快。到1996年8月，采出程度只有24.9%，而含水率却已高达89%。平面上，在北部和中部靠近断层的地方剩余油饱和度较高，而在西部油-水界面(OWC)附近和注入井周边地区剩余油饱和度则较低。纵向上，油藏顶部的水驱动态最差。使用悬浮颗粒和TTP-910改性剂进行处理，并未能很好地解决窜流问题。

为了解决这些问题，在进行聚合物驱之前，使用高强度调剖剂进行了深度调剖，调整流量剖面和流体流动的方向。在聚合物注入期间，还在一些窜流的井和层段中实施了剖面调整，目的是防止聚合物窜流，保证驱替的有效性。通过数值模拟优化的聚合物驱的注入顺序是先注0.05PV(孔隙体积)浓度为1200mg/L的聚合物溶液，然后注0.25PV浓度为1000mg/L的聚合物溶液，最后注0.06PV浓度为600mg/L的聚合物溶液。利用采出水配制高相对分子质量(2300×10^4)水解聚丙烯酰胺溶液。

聚合物驱井网内有7口注入井和18口生产井。注入井和生产井之间的距离是150~360m。1996年9月~1997年4月，聚合物从7口注入井顺序注入。注聚前对6口注入井进行了调剖，处理深度是25.1~39.9m。前缘段塞和主段塞的井口黏度分别是55mPa·s和40mPa·s，而其在地层内的有效黏度估计分别为16.5mPa·s和12mPa·s。

与水驱相比，聚合物驱早期阶段注入井井口压力迅速增加，而之后转变为缓慢上升。井口压力增幅一般是0.9~3.5MPa，平均为2.3MPa。与注聚合物之前相比，注入井的吸液指数减小了20%~75%。注聚合物一段时间(大约注入0.02~0.04PV)后，吸液指数趋于稳定。压力上升和吸液指数减小都意味着经过剖面调整和注聚合物，注入井周边的流动阻力增大了，纵向渗透率剖面得到了改善。

在累计注入0.08PV聚合物后，产液量和生产指数都开始缓慢上升。在注入0.02~0.09PV聚合物期间，含水率迅速下降，而与此同时原油产量快速增加。根据数值模拟预测，聚合物驱实现的新增最终石油采收率应该高达10%OOIP。

3.7.3 高相对分子质量高浓度聚合物驱

2001年，在大庆油田的WN、WM和E N1三个区块开展了高浓度高相对分子质量聚合物驱先导试验(Zhang, 2011)。聚合物的相对分子质量是2500×10^4，注入浓度大约是2000mg/L。注入井到生产井的距离是237~250m，渗透率是625~912mD，地层厚度是是10.1~17.9m。这些先导试验区原本正在进行常规聚合物驱开发(聚合物相对分子质量为160×10^4，聚合物浓度为1000mg/L)。在注入相对分子质量为2500×10^4、浓度为2000mg/L的聚合物溶液后，含水率下降了25%~30%。

在先导试验获得积极效果后，2009年1月在E W N1区块实施了大规模的聚合物注入。该区块面积为7.75km^2，石油地质储量为1.60688×10^8t、2.96838×10^8m^3。区块内有238口生产井和204口注入井，产层净厚度为12.2m，地层渗透率为652mD。

所采用的聚合物相对分子质量是2500×10^4，注入浓度为2030mg/L，聚合物溶液注入量为0.61PV。因此，注入聚合物量为1238mg/L·PV。据报道，注入聚合物后含水率显著下降，实现新增石油采收率10%以上。

3.7.4 稠油油藏聚合物驱

在本小节，我们介绍两个稠油油藏的聚合物驱案例：加拿大的东Bodo油藏和苏里南的Tambaredjo油田。

3.7.4.1 加拿大东Bodo油藏的聚合物驱

东Bodo油藏位于加拿大艾伯塔省，产层为Lloydminster组，这套地层是下白垩统Mannville群的一部分。储层孔隙度为27%~30%，渗透率为1000mD。油藏原油黏度为600~2000mPa·s(14API度)。地层水的总溶解固体颗粒(TDS)含量范围为25000~29000mg/L，Ca^{2+}和Mg^{2+}浓度为350~650mg/L。先导试验区有13口生产井和1口注入井。产层平均厚度为3.2m。

在进行岩心驱替试验、岩心试验历史拟合和现场模拟研究后，开展了先导试验。先导试验区位于该油田吸液能力最高的成熟水驱区块。2006年5月开始注入聚合物，预期注入1500mg/L聚合物溶液，将使黏度达到25mPa·s。很明显，储层溶液黏度最高只能达到10mPa·s。因此，后来使用了更淡的水源(TDS=3700mg/L)，浓度为1500mg/L的聚合物溶液的地面黏度是60mPa·s。最近生产井的聚合物浓度是大约100mg/L。

弥补亏空后，在以200m^3/d的速度注入时，注入压力达到了6000kPa。以前，在注水速度为250m^3/d时，注入压力才能接近这个数值。先导试验结果表明，在稠油油藏中开展注聚合物开发时，水平井有助于缓解注入能量问题。

3.7.4.2 苏里南Tambaredjo油田聚合物驱

本小节介绍苏里南Tambaredjo油田的稠油油藏聚合物驱案例(Staatsolie的Sarah Maria先导试验)(Moe Soe Let等，2012)。该先导试验区有3口注入井和9口相邻的采油井。采出原油的黏度为1260～3057mPa·s，平均为1728mPa·s。油藏“起泡原油”的黏度据信在300～600mPa·s之间。砂岩的平均渗透率超过4D，具有明显的非均质性(渗透率差异大于10∶1)。制备的聚合物溶液(利用总固体颗粒含量为400～500mg/L的Sarah Maria水制备浓度为1000mg/L的SNF Flopaam 3630S聚合物溶液)在聚合物混合装置中的黏度为50mPa·s(在环境温度和7.3s^{-1}剪切速率下)，在最近的注入井中的黏度是45mPa·s。由于注入的聚合物溶液的黏度低于石油的黏度，在先导试验中观察到了明显的指进现象。预期提高聚合物的浓度能改善开采动态，在2012年编写本论文的时候，他们正在做这样的试验。

注入井周围的9口生产井采出液中的聚合物浓度是注入液浓度的10%～60%。生产井的含水率下降了，与此同时产油量也增加了，但注聚合物的响应比较适中。采用聚合物地面黏度计算了吸液能力，从计算结果来看，在注聚合物的过程中形成了水平裂缝，但并没有观察到严重的窜流。导致这两种现象同时出现的原因是近井筒地带形成了裂缝。

在聚合物溶液配制和注入的全过程中，溶解氧的含量都是背景值(3～8μL/L)。尽管一般来说较高溶解氧含量并不有利，但有人认为在Sarah Maria油田的先导试验条件下，高溶解氧含量或许是可接受的。提出这一观点的依据是大庆油田的经验。在大庆油田聚合物驱的溶液配制和注入过程中溶解氧含量大都处于背景值的水平。大庆油田的储集砂岩含大约0.25%的黄铁矿和0.5%的菱铁矿，这些矿物能够在聚合物进入油藏后1天之内和很短的距离内有效地去除任何溶解氧(Seright等，2010)。该先导试验区预期也会出现相似的结果，因为X-射线衍射(XRD)分析表明，一些岩心中含有大量的菱铁矿和黄铁矿(高达12%)。

3.7.5 阿曼Marmul油田的聚合物驱

在Marmul油田案例中，聚合物驱先导试验始于1986年，试验效果良好。然而，由于当时的油价较低，直到2010年才开展大规模的矿场应用。该案例说明，EOR技术的应用对油价很敏感。

Marmul油田是阿曼Sultanate最大的油田之一。它的主要产层是A1Khalata组砂岩，厚度为65ft，孔隙度为26%～34%，渗透率为8～25D。地层温度为46℃，地层水含盐度为7404mg/L，原油黏度为40～120mPa·s，水黏度为0.64mPa·s(Teeuw等，1983)。

该油田于1956年发现，1980年投入全面开发。该油田有一个活跃的边水带，提供天然开发能量。但由于这个含水带不能为构造上倾部位的部分生产井提供很好的能量支撑，仍需进行水驱。20世纪80年代进行了蒸汽驱和聚合物驱先导试验。试验结果证明，聚合物驱是该油田最适合的EOR方法。

1986年5月，在单个反5点法井网开展了聚合物驱先导试验。注入井到采出井的距离是140m。首先注入0.23PV的预冲洗液水，然后注入0.63PV浓度为1000mg/L的聚合物溶液，最后注入0.34PV的后冲洗液水段塞。注入水的含盐度为600mg/L。选用的聚合物是水解聚丙烯酰胺类聚合物，设计的聚合物溶液黏度是15mPa·s(在油藏温度条件下)，剪切速率是8.1s^{-1}。该黏度值对应的流度比为2。在注入聚合物后，采出液含油率增加。在先导试验期间，采出了59%的OOIP，试验获得成功(Koning等，1988)。

直到2010年2月(先导试验24年后)，才开始大规模的聚合物驱矿场应用。在这一次大规模矿场应用中共有27口注入井，包括20个反9点法井网、4个反5点法井网和3个水平井注入井网。Marmul油田总的注入量是大约82000bbl/d。单井平均注入量是3000bbl/d。阶跃注水量试井结果显示，目标注入量可以在破裂压力之下实现。在全面聚合物驱开发项目中使用了采出水。

目前项目还在进行中，到2012年4月该项目已经开展了2年。已经观察到了产油量在增加，产液量在减少，而含水率也在下降(Al-Saadi等，2012)。

3.7.6 新墨西哥州Vacuum油田碳酸盐油藏的聚合物驱

Vacuum油田位于新墨西哥州Lea县，储层为Grayburg-San Andres组白云岩地层，孔隙度为10.6%~11.6%，渗透率为8.5~21mD。石油黏度为0.88mPa·s，与水的黏度值0.87接近。地层温度为37.8~40.5℃(Hovendick，1989)。

该油田于1939年投产，1983年5月1日开始注水，3个月之后就开始注聚合物(HPAM)。该油田石油产量于当年11月达到峰值，并在接下来的22个月内保持相对稳定，之后开始下降。注入剖面观察发现，流体注入剖面均匀，聚合物注入使得波及效率更高。注入聚合物溶液的浓度较低，为50mg/L。模拟结果表明，只要总的聚合物注入量一样，低浓度聚合物驱与高浓度聚合物驱同样有效，聚合物驱启动的时间越早，最终原油采收率越高。

3.8 使用可动凝胶进行聚合物驱后波及控制

堵水使用的交联聚合物类块状凝胶(bulk gel)的流动性非常差，黏度也非常高(>10000mPa·s)。因此，使用非交联聚合物来增加水的黏度。采用了介于两者之间的一种可动凝胶，它的黏度适中，更重要的是它能在一定的压力梯度下流动。在这些情况下一般采用胶态分散冻胶(CDG)。

CDG是由低浓度聚合物和交联剂制成。交联剂是柠檬酸铝和铬类金属。聚合物浓度在100~1200mg/L之间(正常是400~800mg/L)。聚合物与交联剂之比是30~60。有时候，此类冻胶被称为“低浓度交联聚合物”。在这样的浓度范围内，聚合物的数量不足于形成连续的网状，因而不能形成常规的块状凝胶(bulk gel)，而只能形成分散的胶束溶液。在这样的溶液中，交联以分子内交联为主，而分子间交联很少，交联的分子数目相对较少。与此相反，在块状凝胶中，分子间交联占主导地位，在其作用下形成一个连续的聚合物分子网状结构。下面介绍一个矿场案例。

先导试验是在大庆油田的一个大型聚合物驱开发区内(北一区段西)进行的。试验区面积为0.75km^2，井网类型是反5点法井网，涉及6口注入井和12口。油层厚度为15.85m，有效厚度为13.29m。渗透率为841mD(Feng，2007)，原油黏度为9~10mPa·s，油藏温度为45℃。

在开展聚合物驱前，已经注入了0.66PV的水，采收率为28.5%，含水率为88%。聚合物驱于1993年1月开始，1997年4月结束。井口实测的聚合物溶液黏度为30~40mPa·s。在聚合物注入结束后，低含水井的含水率上升，产油量快速下降。聚驱后水驱开发一年后，大部分井的含水高于94.5%。因此，1999年8月27日开始由注凝胶来代替聚驱后水驱，并于2001年7月17日结束。

凝胶由相对分子质量为1200×10^{4}的水解聚丙烯酰胺溶液(浓度为600mg/L)和柠檬酸铝(质量分数为1%)配制而成。聚合物与交联剂之比为30，设计的注入量为0.30PV。

由于在注入过程中注入压力出现了缓慢上升的现象，在2000年4月将聚合物-交联剂比降低至20，并提高了注入速度。为了防止以往注入的水(past-water)通过指进的方式进入凝胶段塞，在2001年6月15日注入量达到0.283PV后将聚合物浓度从600mg/L增加到了2500mg/L。井口黏度为359mPa·s，注入了0.0037PV的高浓度凝胶段塞，随后开展了凝胶驱后续水驱。

在凝胶注入结束时(2001年7月17日)，总共注入了0.2868PV的凝胶，其中含473.83t干聚合物和20.54t交联剂。平均聚合物浓度是630mg/L，平均交联剂浓度为27.6mg/L，聚合物与交联剂之比为22.8∶1。井口取样分析显示，凝胶在10天内形成，黏度保持了10～20天，之后缓慢降低。

与聚合物注入相比，注入凝胶时，井口注入压力增加了4.14MPa，渗透率明显下降，残余渗透率降低因子从1.326增加到1.403，吸水厚度增加了19%。凝胶注入使石油产量增加了137t/d，12口生产井的含水率降低了8.9%。预期可以实现新增石油采收率3.18%。

参考文献

Al-Saadi, F., Amri, B., Nofli, S., Wunnik, J., Jaspers, H., Harthi, S., et al., 2012. Polymer flooding in a large field in south Oman—initial results and future plans, Paper SPE 154665 Presented at the SPE EOR Conference at Oil and Gas West Asia, 16—18 April, Muscat, Oman.

Bird, R.B., Armstrong, R.C., Hassager, O., 1987. Dynamics of Polymeric Liquids. vol. 1. Fluid Mechanics, second ed. Wiley, Chichester.

Bondor, P.L., Hirasaki, G.J., Tham, M.J., 1972. Mathematical simulation of polymer flooding in complex reservoirs. SPE J. October, 369—382.

Buckley, S.E., Leverett, M.C., 1942. Mechanism of fluid displacements in sands. Trans. AIME 146, 107—116.

Carreau, P.J., 1972. Rheological equations from molecular network theories. Trans. Soc. Rheol. 16 (1), 99—127 (Ph.D. dissertation, University of Wisconsin, Madison, 1968).

Chen, T.-R., Chen, Z., 2002. Multiphase physicochemical flow in porous media and measurement of relative permeability curves. In: Yu, J.-Y., Song, W.-C., Li, Z.-P. (Eds.), Fundamentals and Advances in Combined Chemical Flooding. China Petrochemical Press, Beijing.

Deng, Z., Tang, J., Xie, F., He, J. 1998. A case of the commercial polymer flooding under the complicated reservoir characteristics, Paper SPE 50007 Presented at the SPE Asia Pacific Oil and Gas Conference and Exhibition, 12—14 October, Perth, Australia.

Feng, Q.H., 2007. Theory and Technology of Deep Conformance Control Post-Polymer Flooding. University of Petroleum (China) Press, Beijing.

Flory, P.J., 1953. Principles of Polymer Chemistry. Cornell University Press, Ithaca, NY.

Hovendick, M.D., 1989. Development and results of the Hale/Mable leases cooperative polymer EOR injection project, vacuum (Grayburg-San Andres) field, Lea County, New Mexico. SPERE 4 (3), 363—372.

Huang, P.-C., Li, D.-M., Xing, H.-B., Li, H.-S., Li, C.-J., Liu, S.-F., 1998a. Prediction of HPAM permeability reduction factor. In: Gang, Q.-L. (Ed.), Chemical Flooding Symposium— Research Results During the Eighth Five-Year Period (1991—1995), vol. 1. Petroleum Industry Press, Beijing, pp. 240—245.

Huang, S., Liu, J.-H., Xie, X.-Q., 1998b. Improved dissolution and maturation unit and its effect on polymer solubility. In: Gang, Q.-L. (Ed.), Chemical Flooding Symposium—Research Results During the Eighth Five-Year Period (1991 — 1995), vol. 1. Petroleum Industry Press, Beijing, pp. 409—413.

Kang, W.-L., 2001. Study of Chemical Interactions and Drive Mechanisms in Daqing ASP Flooding. Petroleum Industry Press, Beijing.

Koning, E., Mentzer, E., Heemskerk, J., 1988. Evaluation of a pilot polymer flood in the Marmul field, Oman, Paper SPE 18092 Presented at the 63rd Annual Technical Conference and Exhibition, 2—5 October, Houston, TX.

Liang, J.-T., Sun, H., Seright, R.S., 1995. Why do gels reduce water permeability more than oil permeability? SPERE 10 (4), 282-286.

Liu, H., Wang, Y., Liu, Y.Z., 2006. Techniques of polymer solution mixing, transport and injection, and oil production. In: Shen, P.-P., Liu, Y.-Z., Liu, H.-R. (Eds.), Enhanced Oil Recovery—Polymer Flooding. Petroleum Industry Press, Beijing, pp. 157-181.

Luo, J.-H., Bu, R.-Y., Wang, P.-M., Bai, F.-L., Zhang, Y., Yang, J.-B., et al., 2002. Properties of KYPAM, a salinity-resistant polymer used in EOR. Oilfield Chem. 19 (1), 64—67.

Manning, R.K., Pope, G.A., Lake, L.W., Paul, G.W., 1983. A Technical Survey of Polymer Flooding Projects, DOE report under DOE Contract No. DE-AC19-80BC10327.

Manrique, E.J., Muci, V.E., Gurfinkel, M.E. 2007. EOR Field Experiences in Carbonate Reservoirs in the United States, SPEREE 10(6), 667—686.

Moe Soe Let, K.P., Manichand, R.N., Seright, R.S., 2012. Polymer flooding a~500-cp oil, Paper SPE 154567 Presented at the SPE Improved Oil Recovery Symposium, 14—18 April, Tulsa, OK.

Niu, J.-G., Chen, P., Shao, Z.-B., Wang, D.-M., Sun, G., Li, Y., 2006. Research and development of polymer enhanced oil recovery. In: Cao, H.-Q. (Ed.), Research and Development of Enhanced Oil Recovery in Daqing. Petroleum Industry Press, Beijing, pp. 227—325.

Pang, Z.-W., Li, J.-L., Shi, S.-K., Li, Y., Liu, H.-B., Chen, J.-S., et al., 1998. Effect of polymer molecular weight on residual permeability reduction factor. In: Gang, Q.-L. (Ed.), Chemical Flooding Symposium—Research Results During the Eighth Five-Year Period (1991-1995), vol. 1. Petroleum Industry Press, Beijing, pp. 138—149.

Schneider, F.N., Owens, W.W., 1982. Steady state measurements of relative permeability of polymer/oil systems. SPE J. February, 79—86.

Seright, R.S., 2010. Potential for polymer flooding viscous oils. SPEREE 13 (6), 730—740.

Seright, R.S., Campbell, A.R., Mozley, P.S., Han, P., 2010. Stability of partially hydrolyzed polyacrylamides at elevated temperatures in the absence of divalent cations. SPE J. 15 (2), 341—348.

Sheng, J.J., 2011. Modern Chemical Enhanced Oil Recovery: Theory and Practice. Elsevier, Burlington, MA.

Sheng, J.J., Maini, B.B., Hayes, R.E., Tortike, W.S., 1999. Critical review of foamy oil flow. Transport in Porous Media 35 (2), 157—187.

Sorbie, K.S., 1991. Polymer-Improved Oil Recovery. CRC Press, Boca Raton, FL.

Taber, J.J., Martin, F.D., 1983. Technical screening guides for the enhanced recovery of oil, Paper SPE 12069 Presented at the SPE Annual Technical Conference and Exhibition, 5-8 October, San Francisco, CA.

Taber, J.J., Martin, F.D., Seright, R.S., 1997a. EOR screening criteria revisited—part 1: introduction to screening criteria and enhanced recovery field projects. SPEREE August, 189—198.

Taber, J.J., Martin, F.D., Seright, R.S., 1997b. EOR screening criteria revisited-part 2: applications and impact of oil prices. SPEREE August, 199—205.

Teeuw, D., Rond, D., Martin, J., 1983. Design of a pilot polymer flood in the Marmul field, Oman, Paper SPE 11504 Presented at the SPE Middle East Oil Technical Conference, 14—17 March, Manama, Bahrain.

UTCHEM, 2000. Technical Documentation for UTCHEM-9.0, A Three-Dimensional Chemical Flood Simulator, July, Austin, TX.

Wang, D.M., Cheng, J.-C., Xia, F., Li, Q., Shi, J.P., 2001. Viscous-elastic fluids can mobilize oil remaining after water-flood by force parallel to the oil-water interface, Paper SPE 72123 Presented at the SPE Asia Pacific Improved Oil Recovery Conference, 8-9 October, Kuala Lumpur, Malaysia.

Wang, D.-M., Han, P., Shao, Z., Chen, J., Seright, R.S., 2006a. Sweep improvement options for the Daqing oil field, Paper SPE 99441 Presented at the SPE/DOE Symposium on Improved Oil Recovery, 22—26 April, Tulsa, OK.

Wang, J., Wang, D.-M., Sui, X.G., Zeng, H.-M., Bai, W.-G., 2006b. Combining small well spacing with polymer flooding to improve oil recovery of marginal reservoirs, Paper SPE 96946 Presented at the SPE/DOE Symposium on Improved Oil Recovery, 22—26 April, Tulsa, OK.

Wassmuth, F.R., Green, K., Arnold, W., Cameron, N., 2009. Polymer flood application to improve heavy oil recovery at East Bodo. JCPT 48 (2), 55—61.

Wassmuth, F.R., Green, K., Hodgins, L., Turta, A.T., 2007. Polymer flood technology for heavy oil recovery, Paper CIM 2007-182 Presented at the Canadian International Petroleum Conference, June 12—14, Calgary, AB.

White, J.L., Goddard, J.E., Phillips, H.M., 1973. Use of polymers to control water production in oil wells. JPT February, 143—150.

Willhite, G.P., Dominguez, J.G., 1977. Mechanisms of polymer retention in porous media. In: Shah, D.O., Schechter, R.S. (Eds.), Improved Oil Recovery by Surfactant and Polymer Flooding. Academic Press, New York, NY, pp. 511 —554.

Zhang, X., 2011. Application of polymer flooding with high molecular weight and concentration in heterogeneous reservoirs, Paper SPE 144251 Presented at the SPE Enhanced Oil Recovery Conference, 19—21 July, Kuala Lumpur, Malaysia.

Zhang, J-.Y., Yang, P.-H., 1998. HPAM molecular weight compatibility with rock permeability. In: Gang, Q.-L. (Ed.), Chemical Flooding Symposium—Research Results During the Eighth Five-Year Period (1991—1995), vol. 1. Petroleum Industry Press, Beijing, pp. 150—154.

第4章 大庆油田聚合物驱实践

Dongmei Wang

(美国北达科塔大学哈罗德·汉姆地质和地质工程学院，美国北达科塔Grand Forks，邮编58202)

4.1 机理

早在1994年，Jiang等人就基于大庆油田的实验室研究(始于20世纪60年代)和先导试验(始于20世纪70年代)对聚合物驱油的机理进行了总结。Jiang等人(1994年)认为，聚合物驱不仅改善了油和水的流度比，还改善了水的吸水剖面。4.1.1节和4.1.2节从Jiang的观点来描述聚合物驱油的机理。

4.1.1 流度控制

一般来说，在均质储层内进行水驱时，由于注入水的黏度低于原油黏度，常常存在不利的流度比。这就导致采出液中的水相含量(含水率)迅速升高，结果受黏性指进的影响，波及系数非常低。然而，通过注入黏性聚合物溶液能够改善流度比。

水驱中，水突破后的含水率可以用式(4.1)来表示。

$$f_w = \frac{\lambda_w}{\lambda_o + \lambda_w} = \frac{(kk_{rw}/\mu_w)}{(kk_{rw}/\mu_w + kk_{ro}/\mu_o)\lambda_w} = \frac{1}{1 + [(\mu_o/\mu_w)\cdot(k_{rw}/k_{ro})]} \tag{4.1}$$

式中：f_w是采出液的含水率；λ_o是原油流度；λ_w是水的流度；k是岩石的绝对渗透率；k_{ro}是油相的相对渗透率；k_{rw}是水相的相对渗透率；μ_o是原油黏度；μ_w是水的黏度。

式(4.1)表明，油和水的黏度比(μ_o/μ_w)对含水率的增加影响很大。换句话，即使含水饱和度不高，如果黏度比很大，那么含水率也会快速增加。在含水率达到其极限值后，油田就不得不停产。最终石油采收率可能就会远低于其他驱替方式可能实现的最终采收率。相反，如果油水间的黏度比较低，则会延迟含水率的增加。因此，在含水饱和度较高时，含水率也能控制在一个给定的数值，从而使实际的驱替效率比较高。

假设一个均质油藏的初始含油饱和度S_o为0.8，初始含水饱和度S_{wr}为0.2。如果残余油饱和度为0.3，则最终驱替效率E_D就是62.5%。我们假设水突破时油藏的含水饱和度S_w是0.52。这样，就可以利用式(4.2)和式(4.3)来描述含油饱和度和含水饱和度的关系(见表4.1)。

$$k_{rw}=1.6(S_w-0.2)^2 \tag{4.2}$$

$$k_{ro}=0.8-1.132(0.8-S_o)^{0.5} \tag{4.3}$$

根据表4.1，可以绘出含水率与平均含水饱和度的关系图。正如图4.1所示，如果μ_o/μ_w=15，则水突破时含水率达到93.9%。在从水突破到含水率达到98%这段时间内，平均含水饱和度仅从0.52增加到0.6，原油驱替效率(E_D)只有50%。而如果μ_o/μ_w=1，则水突破时含水率仅达到50.6%，并且到含水率达到98%时，油藏的平均含水饱和度为0.69。因此，原油驱替效率为61.3%，远高于水驱。

表4.1 含水率与含水饱和度的对应关系

S_w	0.52	0.55	0.58	0.6	0.62	0.65	0.68	0.70
k_{rw}	0.164	0.196	0.231	0.256	0.282	0.324	0.369	0.400
k_{ro}	0.160	0.130	0.100	0.084	0.066	0.041	0.016	0.000
$f_w(\mu_o/\mu_w=15)$	0.939	0.958	0.972	0.979	0.985	0.992	0.997	1.000
$f_w(\mu_o/\mu_o=1)$	0.506	0.601	0.698	0.753	0.810	0.888	0.958	1.000

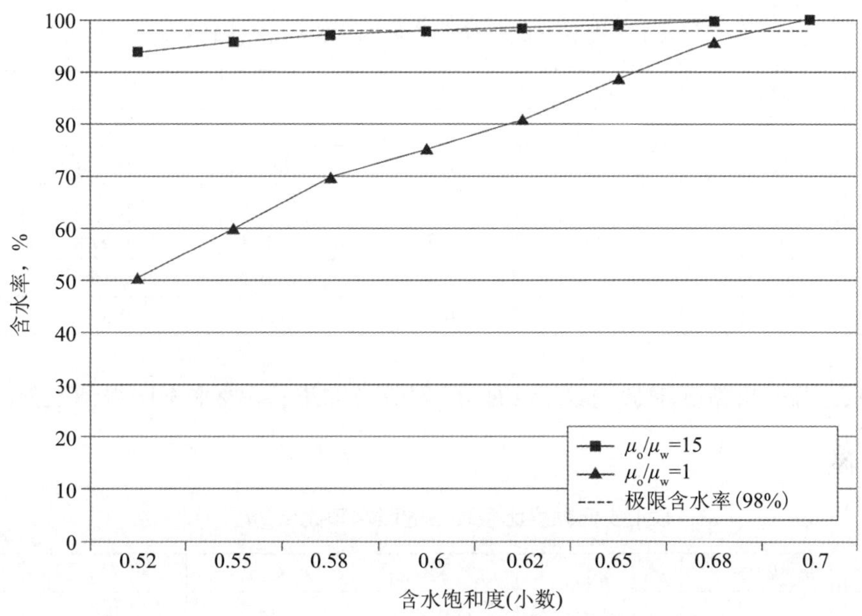

图4.1 含水率变化与含水饱和度的关系(Jiang等, 1994)

4.1.2 调剖

通过聚合物驱进行调剖，可以增大波及体积，这就是聚合物驱提高石油采收率(EOR)的另一种机理。Seright等人(2003)及Sorbie和Seright(1992)证实，当流体能自由地在油层间窜流时，只要流度比的倒数大于层间渗透率差，聚合物前缘的运动速度就跟渗透率无关。

聚合物驱调剖仅对非均质油藏有效。对水驱来说，在渗透率不同的油层中，注入水通常以一种不平衡的方式随驱替前缘向前推进。水前缘在高渗层内推进的速度非常快，而在低渗层内推进的速度则较慢。由于水的黏度通常低于油，指进问题会比较严重。如果注入水在高渗层中已经突破，而低渗层中水前缘推进的距离还很短，那么低渗层中的原油就不能得到有效开采。

对于聚合物驱而言，注入水的黏度增加，流度比得到明显改善，因而在不同渗透率油层中的不均衡驱替现象减弱。换句话说，注入较高黏度的聚合物溶液，即使高渗层中发生了突破，低渗透油层中水驱驱替前缘推进的距离也能大大增加。这样，驱替剖面就能得到调整，从而扩大波及体积。这一理论可以通过下面的计算示例得到论证。

假设一个油藏有两个储层，其渗透率分别为k_1和k_2，且k_1/k_2=5，在和4.1.1节所述相同的条件下，不考虑重力和层间窜流的影响，使用式(4.4)可以计算出在高渗层水突破前两个油层的吸水率的比值。

$$\frac{q_1}{q_2}=\frac{\lambda_1}{\lambda_2}=\frac{(k_1k_{rw1}/\mu_w+k_1k_{ro1}/\mu_o)}{(k_2k_{rw2}/\mu_w+k_2k_{ro2}/\mu_o)}=\frac{k_1}{k_2}\cdot\frac{[\mu_o/\mu_w(k_{rw1}+k_{ro1})]}{[\mu_o/\mu_w(k_{rw2}+k_{ro2})]} \tag{4.4}$$

式中：q_1和q_2分别是油层1和油层2的瞬时吸水率；λ_1和λ_2分别是油层1和油层2中的流体流度；k_{rw1}和k_{ro1}分别是油层1中水和油的相对渗透率；k_{rw2}和k_{ro2}分别是油层2中水和油的相对渗透率；μ_w和μ_o分别是水和油的黏度。

表4.2列出了在黏度比为15时这两个油层的吸水率之比。正如表4.2所示，在开始注水之初，高渗层的吸水率是低渗层的5倍。但当高渗层的含水饱和度达到0.4后，吸水比上升到10.13。结果，在油层1(高渗层)中出现水突破时，其吸水率要比油层2的吸水率高21.58倍。

表4.2 高黏度比条件下的吸水率比(μ_o/μ_w=15)

S_{w1}	k_{rw1}	k_{ro1}	S_{w2}	k_{rw2}	k_{ro2}	q_1/q_2
0.20	0	0.8	0.2	0	0.8	5.00
0.30	0.016	0.442	0.22	0.001	0.640	5.22
0.35	0.036	0.362	0.23	0.001	0.604	7.29
0.40	0.064	0.294	0.24	0.003	0.574	10.13
0.45	0.100	0.234	0.245	0.003	0.560	14.33
0.52	0.164	0.160	0.25	0.004	0.547	21.58

与此相反，当水相黏度增加、μ_o/μ_w=1时，随着驱替的进行，吸水率比得到改善，从5.00减到3.42(见表4.3)。

表4.3 低黏度比条件下的吸水率比(μ_o/μ_w=1)

S_{w1}	k_{rw1}	k_{ro1}	S_{w2}	k_{rw2}	k_{ro2}	q_1/q_2
0.20	0	0.8	0.2	0	0.8	5.00
0.30	0.016	0.442	0.22	0.001	0.640	3.57
0.35	0.036	0.362	0.23	0.001	0.604	3.29
0.40	0.064	0.294	0.25	0.004	0.574	3.25
0.45	0.100	0.234	0.27	0.008	0.500	3.29
0.52	0.164	0.160	0.29	0.013	0.460	3.42

4.1.3 微观机理

近年来，大量文献报告声称发现了新的微观驱油机理。这些理论认为，聚合物驱提高石油采收率的机理不仅是体积波及效率的改善，而且还有微观驱油效率的提高(Wang等，2004)。根据这些机理，从微观的角度来看，油藏中还保留有三种残余油，即：簇状残余油(cluster residual oil)、孤岛状残余油(insular residual oil)和盲状残余油(blind residual oil)。研究表明：在驱替油相时，聚合物溶液的黏度可以表现为三种类型：常规黏度、界面黏度和正应力或伸展黏度。在这三种黏度的合力作用下，聚合物驱不仅能增大波及系数，还可以提高波及面积内的原油驱替效率，这一机理可以从以下几个方面来理解：

① 常规聚合物黏度增大油藏内的阻力系数，降低油水流度比。它是水驱未波及的剩余油及簇状残余油的主要驱替机理。

② 聚合物界面黏度将孤岛状残余油和膜状残余油从其圈闭位置拉出。

③ 聚合物伸展黏度来自聚合物溶液的弹性，通过正应力作用减少圈闭在盲端的残余油。

4.2 油藏筛选

在过去数十年间，聚合物驱油藏的筛选标准根据1984年《1984 National Petroleum

Council report(国家石油委员会的报告)》(Bailey, 1984)以及经Taber等人(1997)修订后的EOR筛选标准而制定的。

然而，由于油价上升而聚合物价格保持适中，油藏筛选标准也随之调整。在选择聚合物驱目标油藏时，油藏性质中有几个方面需要关注，比如油藏类型、地层温度、储层流体黏度、地层渗透率及地层水含盐度(见表4.4)。下面章节将从这几个方面介绍聚合物驱目标油藏的筛选。

表4.4 聚合物驱目标油藏筛选标准

参 数	文献中推荐的标准	大庆油田的标准
Dykstra-Parsons渗透率变异系数(V_{DP}或V_k)	0.7±0.1	0.5~0.8
平均渗透率/mD	>10	100~600
地层温度/℃	<100	45
地层水含盐度/(mg/L)	<10000	3000~7000, 10000(胜利油田)
补充水含盐度/(mg/L)	<1000	60~1200
含水率, %	低含水率	90~96
原油黏度/(mPa·s)	10~150	6~9
采收率, %	低	35~45
井距/(m/井网)	200~300(5点法)	150~300(5点法)

4.2.1 油藏类型

到目前为止，成功的聚合物驱项目大都是在砂岩油藏中实施的。最典型的例子就是在大庆油田进行的大规模聚合物驱，在1996~2010年间通过聚合物驱把石油采收率平均提高了10%~12%。这一典型的聚合物驱项目证明，砂岩油藏仍然是聚合物驱项目的首选目标。

但是，目前对黏度比较高的非常规重油所做的研究(Seright, 2010; Wassmuth等, 2009)表明，对黏度高得多的原油开展聚合物驱也是可能的。根据2010年对Tambaridjo(Suriname)稠油(400cP)油田聚合物驱先导试验所做的初步评估，在注入聚合物后，试验井网的石油产量增加而含水率下降(Manichand等, 2010)。

4.2.2 油藏温度

影响聚合物稳定性的关键因素是氧化降解和水解以及二价阳离子沉降。随着温度的升高，尤其是高于70℃以后，聚合物降解作用变得越来越剧烈。在没有溶解氧或二价阳离子的情况下，水解聚丙烯酰胺(HPAM)能相对较为稳定(100℃时的黏度半衰期为8年)(Seright, 2010)。在更普遍的条件下(存在二价阳离子的)，我们可以使用高温条件下仍然较为稳定的新聚合物。只是，这些聚合物价格相对较贵。

4.2.3 油藏渗透率

油藏渗透率是影响聚合物溶液运动(propagation)的另一个关键因素。聚合物驱的效果严重受聚合物相对分子质量的影响。在选定聚合物产品时，其相对分子质量和油藏渗透率之间应该存在一定的匹配关系。也就是说，相对分子质量必须足够小，以便聚合物能有效地进入并在储集岩石内运动。对于给定的岩石渗透率和孔喉大小，存在一个相对分子质量临界值，高于这个值，聚合物的运动就比较困难。为了避免聚合物分子堵塞孔隙，孔喉半径与聚合物旋转半径均方根的比值应该大于5(Chen等, 2001)。表4.5列出了对聚合物相对分子质量和油藏渗透率进行匹配的岩心驱替试验结果。

表4.5 大庆油田岩心渗透率与聚合物相对分子质量(MW)之间的匹配关系

MW	R_p①/μ_m	$k_水$/mD	R_{50}②/μm²	R_{50}/R_p
8.20×10^6	0.162	110	0.83	5.1
11.30×10^6	0.220	160	1.39	6.3
17.50×10^6	0.245	260	1.24	5.3
28.00×10^6	0.312	316	1.59	5.1

① R_p代表聚合物的旋转半径。

② R_{50}表示孔隙半径中值。

4.2.4 油藏非均质性

油藏非均质性是通过渗透率变异系数来衡量的。均质油藏的渗透率变异系数可能接近0，而高度非均质油藏的渗透率变异系数可能接近1。油层间或油层内的非均质性可以通过聚合物驱来改善。

图4.2(Qi, 1998)显示了大庆油田油藏条件下EOR系数与储层渗透率变异系数的关系。使用式(4.5)计算大庆油田油藏的EOR系数，当V_k为0.72时，EOR采收率达到峰值。当V_k大于或小于这一值时，EOR系数都下降。高渗透率油层的聚合物调剖效果不佳的原因在于V_k太高(见图4.2)(Green和Willhite, 1998)。

$$V_k = \frac{k_{50} - k_\sigma}{k_{50}} \tag{4.5}$$

式中：V_k(V_{DP})是渗透率变异系数；k_{50}是第50个百分位时的渗透率值；k_σ是第84.1个百分位时的渗透率。

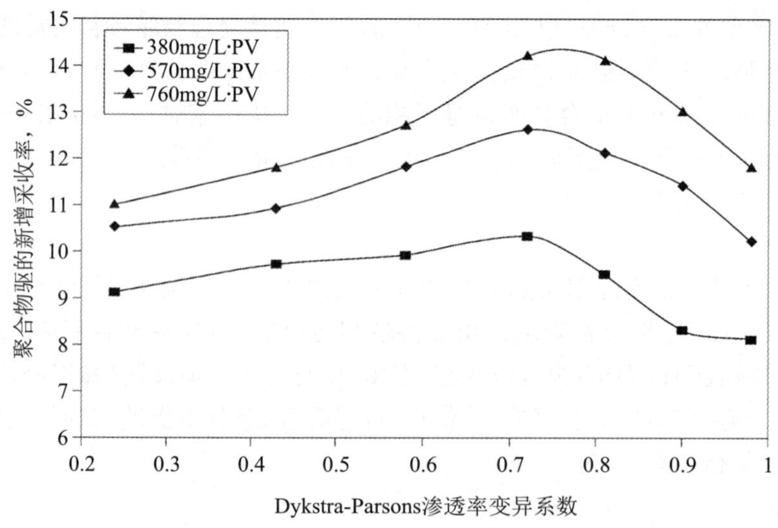

图4.2 渗透率变化与石油采收率的关系(Qi, 1998)

根据Qi(1998)对大庆油田和大港油田聚合物驱中渗透率变化对EOR的影响的研究(1998)，聚合物驱的新增采收率取决于渗透率随沉积地层厚度和聚合物带(bank)大小的变化，以及油藏横向和纵向渗透率的比值。油藏工程师进行油藏筛选时应该考虑到这点。

4.2.5 原油黏度

对于一个水驱中的油田，原油黏度决定了油相和水相之间的流度比。而流度比是可以通过注入黏稠的聚合物溶液来改善的。

图4.3表明，当油藏的原油黏度在10～100mPa·s范围内时，可以获得理想的新增石油采收率。在大庆油田(平均渗透率为400～1000mD)，当注入聚合物溶液的黏度在35～40mPa·s时，流度比会下降，有利于提高石油采收率。

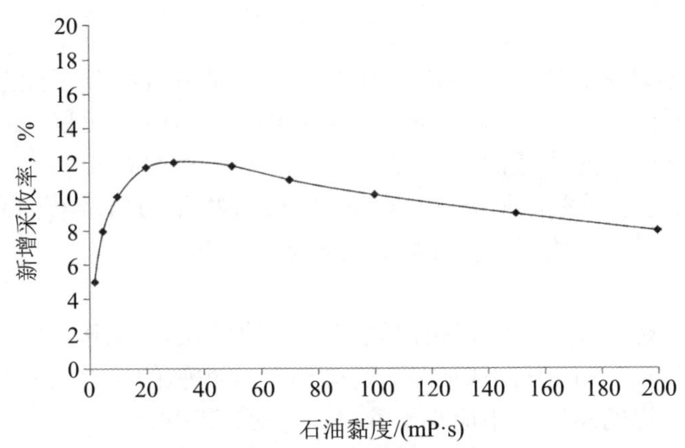

图4.3 原油黏度与石油采收率的关系(Zhang, 1995)

4.2.6 地层水含盐度

地层水含盐度对聚合物，尤其水解聚丙烯酰胺(HPAM)的黏度的影响非常大。聚合物溶液黏度随含盐度升高而下降。聚合物黏度对水溶液中的Ca^{2+}、Mg^{2+}、Fe^{2+}等阳离子的敏感度远高于对K^+、Na^+。地层水中较高的二价和三价阳离子含量可能引起聚合物参与反应。聚合物黏度越低，通过聚合物控制流度的效果就越差。数值模拟研究还证明，当含盐度从2500mg/L增加到10000mg/L时，大庆油田EOR系数从30%下降到50%(Wang等, 2008)。

为了避免高含盐度对聚合物黏度的负面影响，建议在进行聚合物驱之前，先用低含盐度水进行预冲洗。同时，对于小规模的聚合物驱来说，黄原胶对水含盐度的耐受度要比水解聚丙烯酰胺(HPAM)强。但由于其相对分子质量较低、价格较高，利用它进行大规模聚合物驱，将增加总的生产成本。

另一方面，用于配制聚合物溶液的水会直接影响聚合物的黏度。如果水的含盐度较高，将使聚合物黏度造成巨大的损失大幅度下降，因而必须严格控制水质。

4.3 聚合物驱设计的关键点

如果一个油藏满足了聚合物驱的筛选标准，就可以开展聚合物驱的工程设计。设计程序应当包括以下几个步骤：详细的岩性和油藏描述、油层综合分析和井网设计、目标产层的产量分析和开发、注入顺序的优化、开发指标预测、经济评价及计划实施要求等(Wang等, 2007)。

对于一个聚合物驱项目，注入顺序和注入配比是设计时应考虑的关键因素。如果储层具有严重的非均质性(即裂缝发育)，那么在聚合物注入之前就有必要开展凝胶处理(堵水)及油层隔离。另一方面，要想获得油藏最高的石油采收率，还应对聚合物溶液黏度、相对分子质量、段塞规模(bank size)、注入浓度、注入速度、井距及注入压力等进行优化。

4.3.1 井网设计和油层组

注入井和生产井之间的连通系数、渗透率差异、井距等在井网设计过程中是非常重要的。设计应该根据油田不同部位地质性质的差异而有所不同。

4.3.1.1 连通系数

根据大庆油田聚合物驱的大规模应用情况，聚合物驱效果的主控因素是连通系数：井间连通性越差，最终石油采收率和增产油量都越低。

连通系数($CONF_P$)也可以看作是聚合物驱受控制的程度，它被定义为聚合物溶液进入的孔隙体积与含油层的总孔隙体积之比。

$$CONF_P=V_P/V_t \tag{4.6}$$

$$V_p=\sum_{j=1}^{m}\left[\sum_{i=1}^{n}(S_{pi}\cdot H_{pi}\cdot\phi)\right] \tag{4.7}$$

式中：$CONF_P$(连通系数)是聚合物驱受控制的程度，%；V_P是聚合物分子能够进入的孔隙体积，m^3；V_t是油藏总的孔隙体积，m^3；S_{pi}是j含油层内i井组的井网控制面积，m^2；H_{pi}是注入井和生产井间聚合物分子能够进入的连通的净厚度，m；ϕ是孔隙度(分数)。

数值模拟表明，当连通系数降低到70%以下时，聚合物驱的新增石油采收率明显降低。设计井网和选择聚合物相对分子质量时，连通系数应该大于70%。

4.3.1.2 渗透率差

在选择聚合物驱目标油层时，具有相似储层物性的油层应该组合起来，以便促进这些油层的均匀波及，从而尽可能提高石油采收率。要达到聚合物驱的这些目标，给定油层组的渗透率差不应超过5，而油层组的总厚度不应小于5m(Wang等，2009)。

根据数值模拟(Wang等2009)，渗透率差越小，(采出液)含水率越低。在注入参数相同的情况下，渗透率差从5降低至2时，最低的含水率可以从69.8%降至62.8%。

4.3.1.3 井网

根据Li和Chen(1995)的研究，在聚合物驱中，井网对聚合物驱提高采收率的影响相对较小。表4.6给出了基于Li和Chen的数值模拟研究结果而对不同井网开展的EOR效果对比。结果表明，直线驱井网的新增采收率为10.9%，反九点法井网的新增采收率为10.6%，而5点法井网的新增采收率为10.3%。但反9点法井网的注入量要比5点法井网的注入量多三倍——这可能会导致在9点法井网中开展聚合物驱时以高于(储层)破裂压力的压力进行注入作业。因此，5点法看起来更有吸引力(Wang等2009)。

表4.6 井网与石油采收率的关系①

井 网	$\Delta\eta$-EOR，%
正直线驱	10.6
对角直线驱	10.9
5点法	10.3
4点法	10.1
9点法	10.0
反9点法	10.6

① 参数：5层；净厚度=12m；V_k=0.70m^3；Φ=0.26；k=101×10^{-3}μm^2、260×10^{-3}μm^2、491×10^{-3}μm^2、938×10^{-3}μm^2和3207×10^{-3}μm^2。

4.3.1.4 井距

在选择井距的时候，也需要考虑注入压力和注入量。式(4.8)(基于大庆油田的经验数据)表明，最大容许注入压力(p_{max})随井距平方的增加而增加。因而，改变井距将导致注入压力和注入时间的变化。根据式(4.8)，井距较小时，允许以较大的注入速度的进行注入作业。

$$p_{max}=\frac{l^2\cdot\varphi\cdot q}{180N_{min}} \tag{4.8}$$

式中：p_{max}是最大允许的井口压力，MPa；l是注入井和生产井之间的距离，m；φ是孔隙度，%；

N_{min}是最小的视吸水指数$m^3/(d \cdot MPa)$；q是注入速度，PV/a。

考虑到井间连续性，对于平均渗透率在$300 \times 10^{-3} \sim 400 \times 10^{-3} \mu m^2$以上、净厚度在5m以上的油层，建议的井距为200～250m。而对于平均渗透率在$100 \times 10^{-3} \sim 200 \times 10^{-3} \mu m^2$以上、净厚度在1～5m的油层，理想的井距则为150～175m(Wang等2009)。

4.3.2 注入顺序选择

4.3.2.1 注聚前的调剖

在一些情况下，在聚合物驱或化学驱之前，有必要通过凝胶处理或其他调剖方法进行调剖(Wang等，2008)。如果裂缝引起严重的窜流，在注入大量昂贵的聚合物之前，采用凝胶处理能大大提高油藏的波及效率(Seright等，2003；Wang等，2002，2006)。同样，如果一个或多个高渗层已被水淹，在开展聚合物驱或其他EOR项目前，调剖可能是相当有价值的。

数值模拟(Wang等2008)证明，在无层间窜流的油层存在的情况下，如果在注入聚合物驱之前开展了调剖，那么波及的孔隙体积增大0.1，石油采收率就会提高2%～4%OOIP。正如预期，如果在聚合物驱的中、晚期实施调剖，其有效性将降低(Chen等，2004；Trantham等，1980)。

基于大庆调剖的现场经验，调剖候选井一般具有以下典型特征：存在高含水率和高含水饱和度的油层，油层间的吸水能力差异巨大。另外，调剖候选井的确定还需利用如下标准：

① 聚合物注入的启动压力低于该地区所有注入井的平均水平。

② 压力注入指数PI低于先导试验区的平均值(Qiao等，2000)。PI由式(4.9)来定义：

$$PI = \frac{1}{t}\int_0^t p(t)\,dt \tag{4.9}$$

式中：$p(t)$是注入井关井t时间后的井压力。

③ 注入压力低于平均水平，相邻生产井的含水率高于平均水平。

4.3.2.2 分层注入

基于大庆的经验，在没有层间窜流的情况下，我们建议采用一种方法来改善波及问题。根据大庆油田先导试验(Wu和Chen，2005)的理论研究和实践经验，分层注入能改善流体剖面、提高油藏波及系数和增加注入速度，还能减少生产井采出液的含水率。数值模拟研究揭示，聚合物驱的效率明显取决于油层间的渗透率差及开始分层注入的时间。

表4.7提供了一个基于数值模拟的例子，该案例渗透率差是2.5，含水率达到98%后才开始聚合物驱。在此案例中，分层注入实现的新增采收率比未分层注入的高2.04%。

表4.7 分层注入与未分层注入的对比

注入方法	油层	D_{znet}/m	k_{eff}/mD	f_w, %	η_u①, %
分层注入	1	5	400	98.0	53.36
	2	5	1000	98.0	53.34
	综 合	10	700	98.0	53.35
分层注入	1	5	400	94.0	45.33
	2	5	1000	99.6	57.29
	综 合	10	700	98.0	51.31

① 原始石油地质储量的最终石油采收率。

理论研究和先导试验显示，大庆油田有利于采取分层注入的条件有以下几方面(Wu和Chen，2005)：①油层间渗透率差大于等于2.5；②渗透率较低油层的净厚度应该至少占总厚度的30%；③油层间的间隔至少为1m，并且井间应该具有一致的横向连续性。

4.3.3 注入配方

4.3.3.1 聚合物相对分子质量

对目标油层而言，(选用)适当的聚合物类型很重要的。选定的聚合物产品应该满足石油工业的技术要求，包括水解度、固体颗粒含量和相对分子质量。其中，相对分子质量是影响聚合物驱效果的关键参数。聚合物的相对分子质量越高，其黏度越大，石油采收率也就越高。岩心驱替模拟证实(Wang等，2008)，相对分子质量越高，则聚合物段塞体积和浓度越稳定(见表4.8)。

表4.8 石油采收率与聚合物相对分子质量关系①

聚合物相对分子质量	η_p，%	η_u，%
5.50×10^6	10.6	43.3
11.0×10^6	17.9	51.8
18.6×10^6	22.6	54.8

① 注入的聚合物总质量为570mg/L·PV；聚合物浓度为1000mg/L(3层)；非均质性V_k=0.72m^3。

根据注入固定聚合物溶液体积的实验证实：石油采收率随聚合物相对分子质量的增加而提高。原因很简单，对某一聚合物浓度，溶液黏度和波及系数随聚合物相对分子质量的增加而增加。换句话说，采出一定体积的原油，高相对分子质量聚合物的用量要比低相对分子质量聚合物的用量少。

在选择聚合物相对分子质量时，需要考虑两个因素。一方面，选择适用的较高相对分子质量聚合物有利于将聚合物成本降到最低。另一方面，相对分子质量还不能过高，以确保聚合物能够有效地进入并在油藏岩石中运动。对于给定的岩石渗透率和喉道大小，聚合物的相对分子质量存在一个临界值，高于这个值，聚合物很难在地层中运动。如果喉道和渗透率太小，机械捕集作业会明显地迟缓聚合物的运动。因此受相对分子质量和渗透率差的影响，这一作用能降低波及系数。在选择较高相对分子质量的聚合物时就需要采取折中的方法，以确保在低渗层中不至于发生孔隙堵塞或明显的机械捕集作用。

表4.9列出了聚合物相对分子质量和岩心渗透率不同组合的阻力系数(F_f)和残余阻力系数(F_{ff})。表4.9中使用的储层岩心来自大庆油田大规模试验区(BEX现场)。

表4.9 不同$K_{空气}$和不同相对分子质量组合的F_f、F_{ff}

相对分子质量	$K_{空气}$/μm^2	F_f	F_{ff}	备注
15.0×10^6	0.498	8.5	3.2	堵 塞
	0.235	10.1	4.1	
	0.239	7.75	5.0	
20.0×10^6	1.000	27	4.7	
38.0×10^6	1.555	53	3.6	

基于大庆油田的实验室研究结果和现场经验，平均渗透率大于0.1μm^2、有效含油厚度大于1m的油层适合采用中等相对分子质量($12\times10^6\sim16\times10^6$)的聚合物。高相对分子质量($17\times10^6\sim25\times10^6$)聚合物适用于平均渗透率大于0.4μm^{2}的油层(Wang等，2009)。

4.3.3.2 聚合物溶液黏度和浓度

聚合物溶液黏度是改善油水间流度比的关键参数。注入液黏度增大，聚合物驱的有效性也增加。黏度受诸如聚合物相对分子质量、聚合物浓度、水解聚丙烯酰胺(HPAM)水解程度、温度、含盐度和硬度等因素的影响。在设计聚合物驱项目的黏度时，上面提到的所有因素都应该考虑。

聚合物驱的效率直接取决于聚合物黏度大小。而黏度取决于稀释水的质量。水质量的变化直接影响聚合物溶液的黏度(Wu等，2007)。

对于中等相对分子质量的水解聚丙烯酰胺(HPAM)聚合物，图4.4列出了不同地层含盐度或总溶解固体总量(TDS)条件下，相对分子质量为15×10^6的聚合物溶液的浓度与黏度之间的关系。

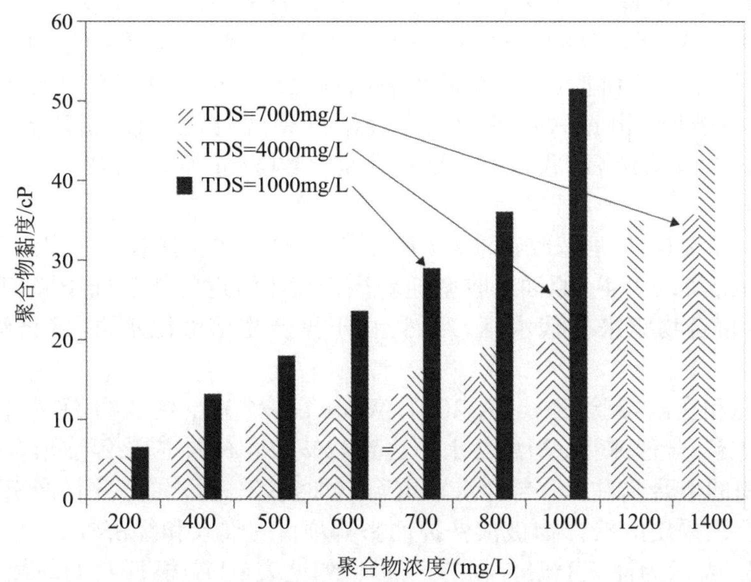

图4.4 聚合物浓度和黏度之间的关系

在油藏温度为45℃的情况下，这些图可用于油层有效渗透率在0.1~0.3μm^{2}之间的聚合物驱项目设计，尤其是用于根据水质量(含盐度)变化调整聚合物浓度。在本应用中，对于中等相对分子质量的聚合物($12\times10^6\sim16\times10^6$)，推荐的聚合物黏度为40mPa·s。此黏度水平足以克服不利的流度比，并将渗透率差提高到4∶1。

对于高相对分子质量聚合物($17\times10^6\sim25\times10^6$)或超高相对分子质量聚合物($25\times10^6\sim38\times10^6$)，选用50mPa·s黏度可能具有成本效益。对能提供特殊流体性质的新聚合物，在运用于聚合物驱之前，需要进行额外的实验室研究。

聚合物浓度决定着聚合物溶液的黏度和所需的聚合物段塞大小。聚合物溶液浓度影响聚合物驱过程中发生变化的每一个指数。

① 较高的聚合物浓度会使含水率较大幅度地降低，而且会缩短聚合物驱所需要的时间。在某一浓度值范围内，较高的聚合物浓度能使生产井的响应提前，含水率较快而且较大幅度降低，所需注入的聚合物孔隙体积减小，而且整个聚合物驱过程中所需的注水量也减少。表4.10列出了在注入的聚合物质量为640mg/L·PV时，聚合物驱的效果与聚合物浓度变化的关系。随着聚合物浓度升高，EOR增加、含水率的最小值也降低。但是，还应该考虑这样一个事实：较高的浓度将使得注入压力升高和储层吸液能力降低。在设计矿场应用的聚合物浓度时，应该考虑技术可行性和油藏条件。

表4.10 最低含水率与EOR和聚合物浓度的关系

聚合物浓度/(mg/L)	最低含水率，%	EOR，%
600	87.1	7.69
800	85.0	9.64
1000	83.1	9.95
1200	82.4	10.01
1500	81.0	10.15

② 使用较高浓度的聚合物段塞。首先，在聚合物驱的初期阶段，注入高浓度聚合物溶液能改善(驱替)效果。效果(的改善)来自聚合物驱早期阶段受到深度纵向波及的井或单元。第二，在聚合物驱第三阶段(含水率最小值出现之后)，可以通过注入较高浓度的聚合物有效控制含水率的增加。根据大庆油田两个高浓度聚合物注入站的情况，在2004年注入2200~2500mg/L聚合物溶液后，吸水剖面变得非常一致(Yang等，2004)。

4.3.3.3 聚合物体积

聚合物驱一个重要的机理是改善油水间的流度，增加波及体积。根据有关理论(Green和Willhite，1998；Jiang等，1994)，原油采收率随着注入流体流度的增加而下降。因此为了避免指进，需采用连续的聚合物驱来替代水驱。当然，由于聚合物溶液比水贵，经济性限制了聚合物的注入体积。

根据理论研究和实践经验(Shao等，2001；Wang等，2009)，聚合物(注入)体积应该由驱替单元的总含水率决定。一般来说，当总含水率达到92%~94%时，应该停注聚合物。

对于较大体积的聚合物注入，当含水率重新增加到92%后，生产井将产出聚合物。此时，继续注入聚合物会因采出的聚合物被浪费掉而影响项目的收入和经济性。

增产原油情况(表示为注入1t聚合物的产油吨数)见表4.11。根据我们的经济评价，如果选择适当的时间终止聚合物驱，转为水驱，将会获得最佳的效果。就大庆油田而言，最佳的聚合物注入量是640~700mg/L·PV。

表4.11 新增石油采收率与聚合物注入量的关系

聚合物量/(mg/L·PV)	吨聚增油/(t油/t聚合物)	最终石油采收率，%	含水率增加速率/[%/(mg/L·PV)]	采收率增加速率/[%/(mg/L·PV)]
524	78	50.74		
640	65	50.93	0.0438	0.0142
681	59	51.20	0.0523	0.0151
760	55	53.26	0.0584	0.0118
855	48	54.28	0.0647	0.0107
950	40	55.10	0.0720	0.0086

为了便于理解什么是最佳效果，考虑以下两点(折中)：首先，现场数据表明(见表4.11)，聚合物量为640mg/L·PV时的含水率增加速率明显低于聚合物量较高时的增加速率(Shao等，2001)；其次，数值模拟和经济评价显示，聚合物驱项目的收入与投资的匹配点(即“盈亏平衡点”)是每注入1t聚合物增产55t原油(25.5美元/bbl)，此时的聚合物质量是750mg/L。当然，最佳的聚合物质量取决于油价。在高油价条件下，(注入)更大量的聚合物也有吸引力了(Wang等，2009)。

4.3.3.4 注入速度

聚合物溶液注入速度是工程设计的另一个关键因素，它决定着原油产量。前人的研究表明，注入速度的大小对最终采收率几乎没有影响，而对最终被采出的聚合物量在注入聚合物总量中所占比例的影响也很小(Wang等, 2009)。注入速度对累计生产时间有重大影响。注入速度较低，则生产时间较长；注入速度较高，则可能会增加聚合物的剪切降解。因此，我们在开展聚合物驱工程设计时，应该优化注入速度。

图4.5显示了聚合物注入完成后油藏压力随注入速度的变化。正如预期，注入井附近的平均油藏压力随注入量的增加而增加，而生产井附近的平均油藏压力则是随注入量的增加而降低。同时，较高的注入速度会引起注入和生产的不一致。必须控制注入速度(比如别太高)，以便使流出井网或目标储层的聚合物减到最低。

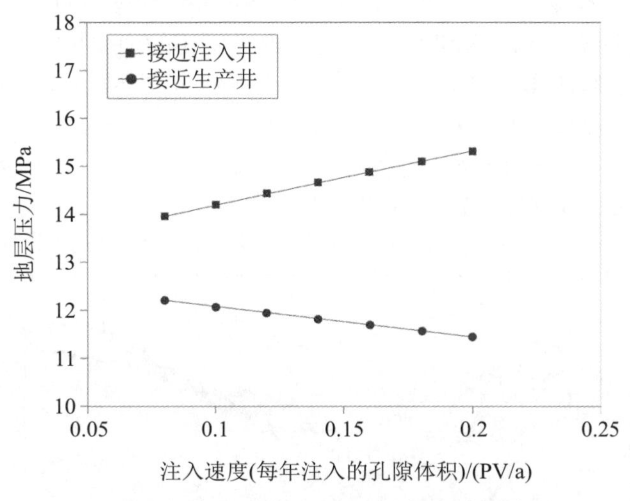

图4.5 注入速度和地层压力的对比关系

概括起来，注入速度影响聚合物驱的整体开发效果。式(4.8)可用于关联注入井口的最高压力、聚合物的平均单井注入速度和不同油藏条件下的平均视吸水指数。一般来说，注入速度应确保注入压力不超过地层破裂压力。

为了尽可能增加原油生产时间，尽量提高最终产油量，在井距为250m时，注入速度应该保持在0.14～0.16PV/a，在井距为150～175m时，注入速度应保持在0.16～0.20PV/a。注入量一般应保持在此范围内，除非因特殊环境或油藏条件而需要作出调整。

4.3.4 单井配产和配注

为了达到最佳的驱油效果，应该对每一个驱替单元的注入和开采速度进行适当的平衡。对一个聚合物驱项目，在此过程中需要特别注意单井的注入量和聚合物浓度。需要按照以下原则进行单井的配产和配注(Wang等, 2007)：对那些具有高可动油饱和度的中心井，需要对注入和开采速度进行适当的平衡(通常需要提高注入速度)，以便保证其石油生产的时机(timing)与其他井网保持一致。对于靠近断层的井，注入速度和聚合物浓度通常应低于设计的平均值，尤其是在注入压力高于平均压力时。对于一些油井而言，储层物性可能不太有利。例如，大庆油田第一个线性水驱井网，井附近的水饱和度太高。此外，古河道沉积区内的油层厚度较薄、渗透率较低。还有其他一些沉积地层也具有比较低的渗透率。对于那些注入压力低、出水量高、吸水剖面不均匀的井或有窜流的区域，在开展聚合物注入前，应该进行调剖。应该在整个项目区内对注入速度和开采速度进行平衡。

另外，对聚合物驱项目设计来说，聚合物驱的开发预测是很重要的。基本上有三种方法可用于开发指数预测：

① 根据聚合物驱开始之前或经过一段时间聚合物驱之后水驱的动态特征进行预测。该方法用于预测生产指数相对较为精确，尤其是对经过一段时间聚合物驱后的预测。但是，该方法只能有效地预测少数几个指数，例如含水率、产油量和产水量等。

② 分相流动方法。该方法通常采用油藏工程方程预测面积井网内的一维或二维驱替效率。该方法的缺点是不太适用于具有纵向层间窜流的多层油藏。

③ 数值模拟。该方法采用3D油藏模型，是最常用的聚合物驱项目设计方法。这一方法需要有清晰的地质和岩性描述。而且，在开始聚合物驱之前还必须对水驱进行高度一致的历史拟合。

4.4 聚合物驱的动态特征

与水驱相比，聚合物驱降低了含水率，增加了原油产量。动态特征主要是指含水率变化、聚合物注入能力及产液能力。含水率和产液量是评价中使用的主要指标。在油田实际应用中，了解这些动态特征，对于解决聚合物注入过程中的问题是非常重要的。

4.4.1 聚合物驱过程的阶段和动态特征

根据现场实际应用，整个聚合物驱过程可以分为图4.6所示的5个阶段(Guo等，2002；Liao和Shao，2004；Shao等，2005；Wang等，2009)。

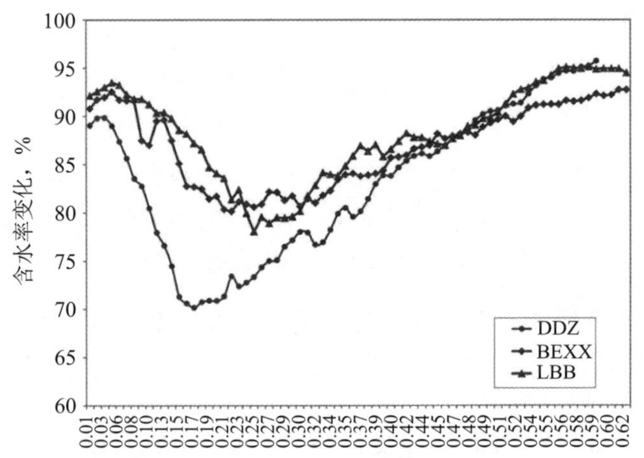

图4.6 聚合物驱不同阶段的含水率变化

(DDZ代表段东中区块的面积；BEXX代表北三西西区的面积；LBB代表喇嘛甸北部)

第一阶段(聚合物驱初始阶段)：在这个阶段，含水率还没有开始下降。本阶段从聚合物注入开始起，至注入0.05PV止。在这个阶段，聚合物溶液还没有起作用，而注入压力在快速上升。

第二阶段(响应阶段)：在这个阶段含水率可能下降。本阶段从注入0.05PV聚合物起，至注入0.20PV聚合物止。在这个阶段，聚合物溶液进入中、高渗透率油层组和孔喉深部，形成油带。聚合物前缘进一步推进，油和水的驱替得到改善。一般来讲，本阶段将产出EOR总产量的15%。

第三阶段(稳定阶段)：本阶段含水率变化相对平稳，而且可以观察到含水率最低值。这个阶段一般是从注入0.20PV聚合物起，到0.40PV止。在这个阶段，聚合物溶液进入中低渗油层的深部。与第二阶段相比，注入剖面得到改善；原油产量也达到峰值，大约是EOR总产量的

40%；原油产量开始下降，采出液聚合物浓度开始增加。

第四阶段(含水率增加阶段)：本阶段一般从注入0.4PV起，到0.70PV止，面积波及系数达到最大值，原油产量下降，采出液中聚合物浓度和注入压力保持稳定的趋势。大约30%的EOR产油量在本阶段采出。

第五阶段(后续水驱阶段)：本阶段从聚合物注入结束起至含水率达到98%止。含水率持续增加，产液能力缓慢增加，本阶段EOR产油量占EOR总产油量的10%～12%。

4.4.2 不同阶段的问题和解决方法

与水驱相比，虽然聚合物驱能改善波及体积，但有时也会出现无效的情况，例如：

① 在聚合物注入初始阶段(此时，含水率仍然在增加)，注入压力可能出现小范围的变化，而且产液量也较少。

② 当含水率下降或稳定的时候，生产井可能会出现油层之间连通性较差、吸液能力较差、产液量大幅下降及巨大的压差等情况。生产井中可能也会出现高流动压力，井网边角处的生产井可能对聚合物注入没有响应。

③ 生产井之间聚合物注入体积及含水率变化存在不同，这就导致生产会出现不对称的响应及一些油井含水率的快速增加。

④ 在不同时期转为注水，则注入聚合物的体积可能会出现差异。

除了储层非均质性和井网类型之外，还有三个因素也是造成上述问题的原因。第一，开始注入聚合物之前，由于油层间干扰严重，低渗透油层的含油饱和度可能较低。第二，聚合物注入过程中吸水剖面可能出现反转，高渗层内的驱替可能较差(Wang等，2007)。第三，在聚合物驱后期，井与井之间的含水率变化可能较大。

根据大庆油田过去10年四十多次大规模聚合物驱的经验，需要关注表4.12所列的不同阶段可能出现的问题。数值模拟和实际运用证明，这些方法和措施能有效解决一些问题。

表4.12 聚合物驱过程中的问题及解决办法

阶 段	问 题	解决办法
注聚初期	较大的渗透率差	分层注入
	存在高渗层或高度水淹层	注入高相对分子质量聚合物预冲洗液段塞
	注入井低压	深度调剖
注聚合物中期	生产井高含水率、注入井注入压力低	调整注入参数
	低渗层的注入剖面改善效果差	调整注入系统
	产液量大幅度下降	对生产井进行水力压裂
	生产井响应差	关闭未分层注入的井
	层间干扰	水力压裂增加注入
注聚合物后期	注入剖面改善效果差	调整注入参数
	高注入压力	调整注入系统
	生产井含水率快速上升	生产井中进行水力压裂
	采出液聚合物浓度高	水力压裂，增加注入
	不同层间的聚合物体积差距大	封堵高渗层
	不同层间含水率差别大	封堵油井中高含水率层
	采出液聚合物浓度差别大	调整注入量
转入注水	含水率增加速度存在差异	关闭超高含水率井
		周期注水
		在不同的时间转为注水

4.5 地面设施

对于聚合物驱项目而言，聚合物水化和混合、运输和注入及采出液处理等地面设施都是很重要的(Lu等，2007)。本节主要关注两个话题：聚合物溶液混合(包括水源地选择和聚合物溶液配制)，以及注入和采出水处理(包括含油污水处理)。

4.5.1 混合和注入

图4.7是聚合物混合和注入站的示意图。在这些流程中，化学稳定性、机械降解作用和生物降解作用影响聚合物和聚合物驱的效果。为了保证聚合物的化学稳定性，用于混合(配制)聚合物溶液的水，应当具备良好的水质，并采用有效的保护性包装(螯合剂)、不锈钢管道和非金属水箱(来储存和输送)。水中溶解的盐，如Ca^{2+}、Mg^{2+}、Fe^{2+}等阳离子，对聚合物的影响特别重要，它们的存在会降低黏性介质的有效性。要保持聚合物的机械稳定性，输送聚合物时管输流速应该足够低；同时，不能允许电磁流量计、搅拌器、阀门、泵和过滤器等设备出现高切变或高压力梯度，以防止聚合物分子降解。要防止聚合物发生生物降解，则需采用甲醛一类的保护性包装(杀菌剂)。最典型的解决办法是使用杀虫剂前置液，不间断地注入杀虫剂。但是应该注意的是，杀虫剂比较易于被储层岩石吸收和溶于油中。这两种作用都会降低杀虫剂的效力。

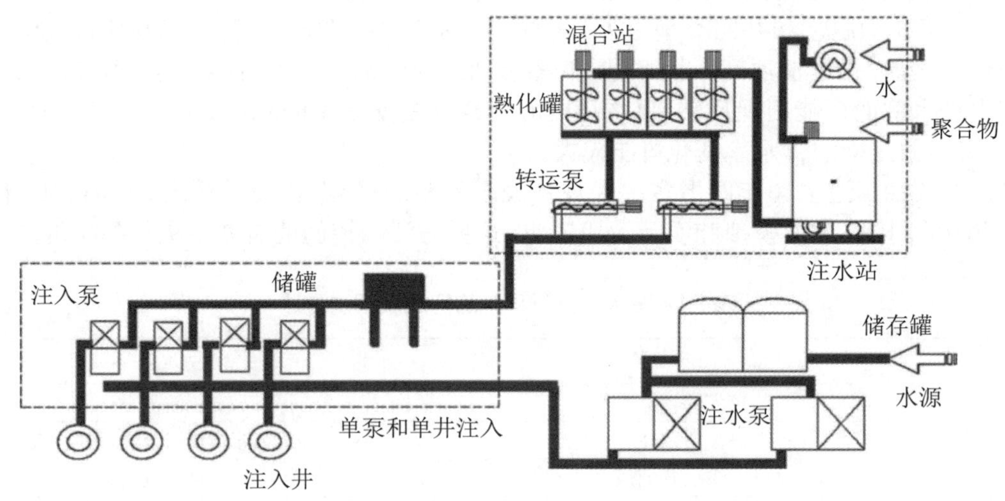

图4.7 聚合物混合和注入的流程图

根据大庆油田的经验，大部分黏度损失都发生在高压注入泵和搅拌系统到近井筒间的这一段，1996年以前这一段的损失高达总损失的70%(Zhang，1995)。但是，随着设施功能的改进和技术进步，黏度损失已经下降到50%～60%。与其他工作一致(Seright，1983)，在注入井的井底聚合物溶液以较高的速度从入口到进入孔隙性岩石的过程中，会出现最大的流动阻碍和最大的机械降解。就这个问题而言，需要在聚合物注入过程中采取必要的措施来减少黏度损失。

4.5.2 采出水处理

图4.8所示为聚合物驱项目中采出液处理流程示意图。聚合物驱采出水处理不仅是为了利用采出水，还与环保相关。

由于采出水中存在一些聚合物使其黏度将增加，从而增加了油水分离的难度。根据大庆油田的经验，可以采用三种处理工艺：自然重力沉降、絮凝沉降和利用增压泵增压。

聚合物驱的采出水和脱水站的采出水经过处理可以重新利用，在其他井网中回注地下。

在采出水的水量不能满足注入量要求的地方，可以取用地下水或地表水，经处理质量达标后用做注入水(Liu等，2006；Xia等，2001)。

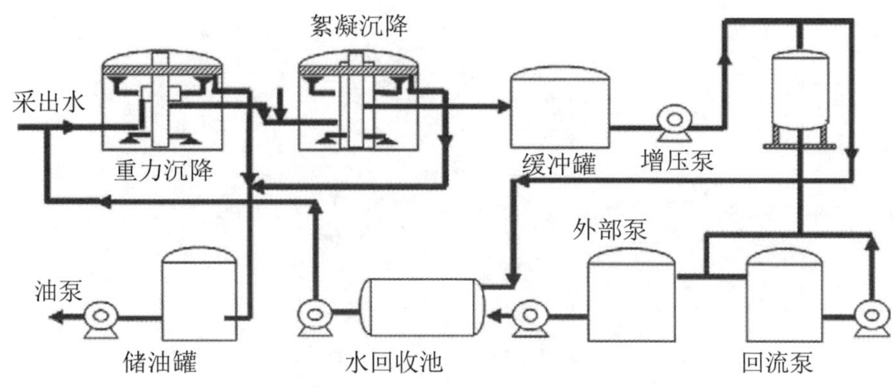

图4.8 采出水处理流程图

根据大庆油田的标准，水处理需要遵守一些具体的技术规范。首先，对重力沉降罐来说，入口水的油含量不能超过1000mg/L，出口水中30%～50%的油和悬浮颗粒应当被清除。第二，絮凝沉降罐用于重力沉降之后(第二沉降罐)。其目的是提高油-水密度差，增加油滴浮选速度和悬浮颗粒物的沉降速度，减少沉降时间，提高除油效率(在罐中添加絮凝剂)。经过这一步，出口水的油和悬浮固体颗粒物含量应该少于50mg/L。

4.6 矿场案例

本节讨论一个大型的聚合物驱应用案例——BSXX(北三西西区)。经过近30年的水驱后，该区块于1998年10月开始聚合物驱。该项目大部分区域采用5点法井网(井距为250m)，也有一小部分采用线性注入。该项目总共动用了149口井(71口注入井、78口生产井)，其中20口井是聚合物驱项目开始前的老井。

4.6.1 井网和油层组合

BSXX区块拥有一套河控三角洲湖相储层，储层面积广、厚度大、渗透率高。纵向上，PI1-4层是发育程度最好的，其厚度在整个区域内都比较稳定。在这些油层中，88.3%的层段都属于一个向上变细层序中的沉积地层。这种沉积特征非常有利于聚合物驱。然而，整体而言，油层间仍存在严重的非均质性。我们选定了PI1、PI2、PI3和PI4共4个油组开展聚合物驱。

另外，该区块北-北向发育了7条断层，最大的断距是1.4m，倾角为48°。其中有4条断层对聚合物驱有很大的影响；目标油层的平均厚度为16.8m，产层有效厚度为12.8m；渗透率为74～1200mD。在PI1～4开始聚合物驱之前，该层中生产井的平均含水率是90%(大量生产井的含水率超过95%)，石油采收率为30%。图4.9是为聚合物驱设计的5点法井网，井距为250m。根据单井的储量和含油面积，我们估计井间连续性为72%。

4.6.2 聚合物驱案例设计

4.6.2.1 注入聚合物配方设计

根据聚合物岩心驱替实验结果及聚合物相对分子质量与地层渗透率匹配的理论，为BSXX PI1～4油组选定了最佳聚合物相对分子质量。聚合物注入配方所包含的黏度、浓度、聚合物段塞尺寸和注入速度等参数，均通过数值模拟及与相似的先导试验对比进行了优化。单个单元和每口井的每项注入参数都根据井的位置和实际地质性质进行了调整。表4.13列出了数值模拟中采用的目标油层聚合物注入配方的平均值。

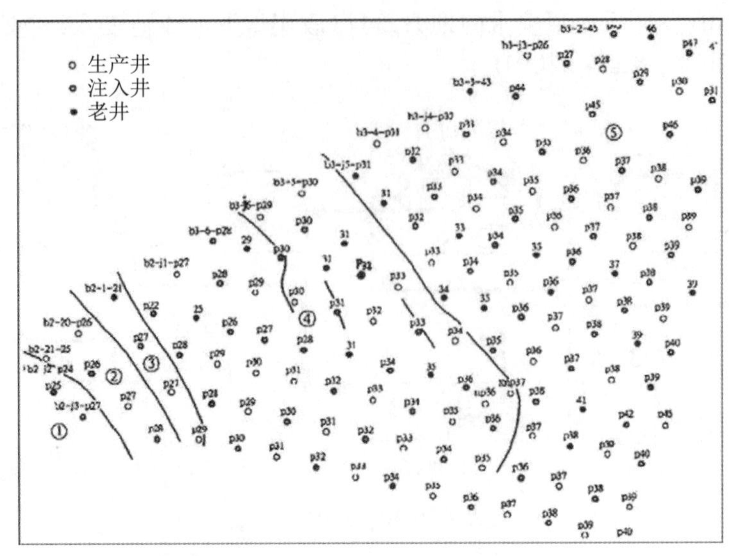

图4.9 北三西西区聚合物驱的井网设计

表4.13 聚合物注入参数设计

聚合物参数	结 果
相对分子质量	12.0×10^{6}
注入段塞大小/(mg/L·PV)	570
浓度/(mg/L)	800～1000
注入速度/(PV/a)	0.14～0.15

4.6.2.2 单井注入和生产体积设计

考虑到地面设备的注入能力，本节将根据配产和配注原则阐述一个关键点：在给定的注入速度下，注入量被分配到每一个单元(4口注入井的注入量等于一口生产井的开采量)。同时，由于注聚合物之前存在严重的窜槽，考虑到单个断块内单井的吸液能力，采用凝胶或其他类型的“调剖”方法对22口井进行了调剖处理。全部71口注入井的注入量设计为10110m^3/d，平均单井注入量为142.39m^3/d。

考虑到整个油田、每个区块(被断层分隔的5个区块)，甚至每个井网(5点法：4口注入井和1口生产井)的注入和开采之间的平衡，将78口生产井的开采量设计为10110m^3/d，平均单井生产体积为129.62m^3/d(111.47t/d)。

4.6.3 聚合物驱动态预测

4.6.3.1 数值模拟模型

基于三维油藏模型，建立了用于聚合物驱动态预测的数值模拟模型，采用了总节点数为63×54×4=13608的网格块。另外，根据断层分布情况，又将5个子区域细分为分隔间(sealed areas)。这样做的目的是为单井配产、配注和开发动态预测提供更加精确的数据。注入井和生产井的数量及其他物化参数均是根据现场数据和实验室试验结果确定的。这里，我们采用兰德马克(Landmark)公司的“VIP-POLYMER”数值模拟器。

4.6.3.2 采用新井网对注聚前水驱进行历史拟合

一般来说，需要使用老井网对目标油田开发之初到开始注聚合物之前这段时间进行历史拟合。对于聚合物驱而言，采用新井网对这一阶段的水驱开展模拟很重要。以实际原油储量、含油面积和总井数为基础，利用总节点为63×54×4=13608的网格块建立数值模拟模型(之前提到过)。在注入聚合物前，对整个区域及不同区块和不同水驱井网条件下的原油产量和含水率历史拟合进行了模拟。水驱模拟的时段是1998年1月~1998年9月(注聚合物开始前)。历史模拟显示，目标油层的储量是1367.13×10^4t，与实际估算值的相对误差为0.001%；模拟得出的孔隙体积为$2476\times10^4m^3$，相对误差为0.1%；模拟得出的累计原油产量为1367.13×10^4t(译者注：此处累计产油与地质储量数值一样，不合理，原文有误)，相对误差1.21%；还有，整个区域的模拟含水率为90.79%，实际为90.63%。所有这些模拟参数的相对误差都没超过2%。

4.6.3.3 水驱动态预测

采用聚合物驱的新井网对水驱动态进行了历史拟合。根据数值模拟的结果，BSXX区域注入1.612PV水后的含水率是98%。预测此时的石油采收率(到1998年10月)是8.5%OOIP，总产油量为108.07×10^4t。最终石油采收率(如果继续进行水驱开发)是40.22%。

4.6.3.4 聚合物驱动态预测

聚合物驱模拟也是基于新井网进行的。根据数值模拟结果，注入1.113PV聚合物后，BSXX区域的含水率达到98%。此时(含水率98%时)预测的石油采收率为19.74%OOIP，累计采油量为261.58×10^4t。最终石油采收率预计为51.46%，预测在注入0.310PV聚合物溶液时，出现最低含水率值，其数值为76.43%，在聚合物注入量达到0.57PV后聚合物注入作业停止。

与水区相比，新增的石油采收率为11.24%OOIP或累计增油153.51×10^4t。每吨聚合物的增油量是108.9t，节约的用水量是0.653PV。

模拟预测聚合物驱的财务内部收益率(FIRR)为17.81%，财务净现值(FNPV)为10.770589亿元人民币(按1998年汇率计算为1.3023069亿美元)(译者注：原文为130230.69×10^4USD，可能是印刷错误)，投资回收期为4.16年(税后)。结果表明，聚合物驱项目是可行的，也是可以盈利的。

4.6.4 聚合物动态评价

到2002年10月，聚合物项目已经运行了4年，累计产油330.2×10^4t，经济效益非常可观。数值模拟预测，注入0.273PV聚合物溶液后最低含水率可降至76.43%，实际上最低含水率出现在注入0.256PV聚合物溶液后，数值为76.12%。模拟预测2002年10月含水率为87%，实际上这一时间的含水率是86.31%，非常接近。虽然响应时间稍微偏离数值模拟结果，但基本趋势和预测结果是一致的(见图4.10)(Wang，2007)。

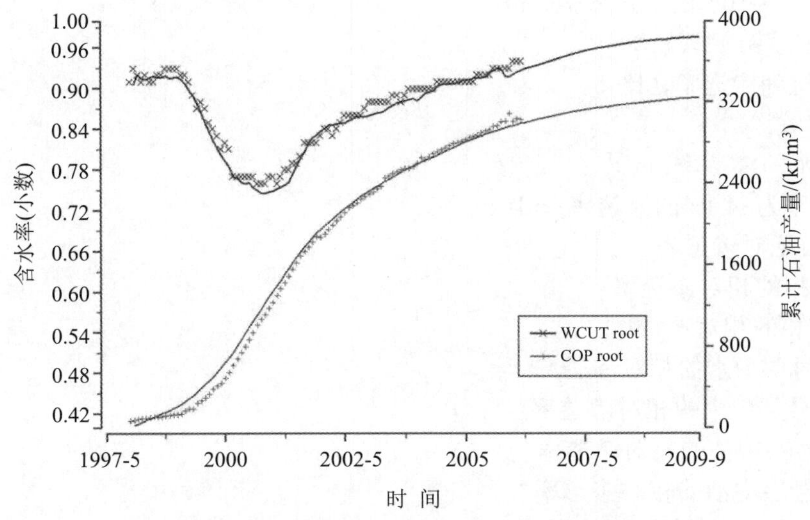

图4.10 北三西西区聚合物驱的含水率和石油产量

4.7 结论

温度、黏度、地层水含盐度及二价阳离子含量都比较低的砂岩油藏，在经过水驱后仍然有相对较高的含油饱和度，而且它们还具有适当的油藏非均质性(Dykstra-Parsons渗透率变异系数范围为0.4~0.7)，研究得出以下主要的结论：

① 油藏条件有利于使用高相对分子质量聚合物并注入大规模聚合物段塞来改善流度，大幅提高石油采收率。

② 要有效地开展聚合物驱，必须优化井网设计和油层组合。而要获得最好的经济效益，油层的连通系数应该大于70%，而且单个驱替单元内的渗透率差不能大于5。

③ 与单纯开展聚合物驱相比，通过对较高渗透率层进行调剖，并对层间渗透率差很大且无层间窜流的井进行分层注入，可以额外增加石油采收率2%~4%OOIP。

④ 注聚合物段塞过程中，可根据经济(因素)和油藏的吸液动态来调整聚合物相对分子质量和聚合物浓度。使用相对分子质量为$12\times10^6\sim38\times10^6$的聚合物来满足不同油藏地质条件的需要。根据不同驱替单元内含水率的差异(92%~94%)，最佳的聚合物注入量在0.57~0.7PV之间。平均聚合物浓度可以设计为1000mg/L，但个别注入站的浓度可以达到2000mg/L，甚至更高。

⑤ 了解整个聚合物驱过程中的动态特征，有助于解决聚合物驱不同阶段出现的问题。

⑥ 配制聚合物溶液用水的选择及采出水的处理都应该遵循一定的标准，以确保聚合物驱的效果。

符号说明

$\mathrm{CONF_p}$——聚合物驱受控程度

D_{znet}——净厚度，m

E_d——石油驱替效率

f_w——采出液中的含水率

F_r——阻力系数

F_{rr}——残余阻力系数(注入聚合物前后的渗透率之比)

H_{pi}——聚合物分子可以进入的生产井和注入井之间净产层的连续性，m

k_{50}——概率为50%的渗透率值，mD

k_{air}——空气渗透率，mD

k_d——油组间渗透率之比

k_{eff}——有效渗透率，mD

k_{water}——水的渗透率，mD

k_δ——概率为84.1%的渗透率，mD

k——岩石绝对渗透率

k_{ro}——油相的相对渗透率

k_{rw}——水相的相对渗透率

k_{rw1}——1号层中水的相对渗透率

k_{rw2}——2号层中水的相对渗透率

k_{ro1}——1号层中油的相对渗透率

k_{ro2}——2号层中油的相对渗透率

l——注入井和生产井之间的距离

N_{min}——最小视吸水指数[$m^3/(d\cdot m\cdot MPa)$](每天单位产层净厚度的注入量与压降至比)

N_p——目标油田的储量，m^3
p_{max}——最高的井口压力，MPa
$p(t)$——注入井关井时间t之后井的压力
p——压力，MPa
PI——注入井的压力指数，MPa
PV——注入孔隙体积(小数)
Δp——井筒到地层的压差，MPa
q_1——1号层的瞬时吸水量
q_2——2号层的瞬时吸水量
q——注入量或采出量，PV/a
Q_t——时刻t的产油量，t
r_f——阻力系数(小数)
r_{ff}——残余阻力系数(小数)
R_p——聚合物分子的旋转半径，μm^2
R_{50}——中值孔隙半径，μm^2
S_p——聚合物滞留量，mg/L
S_{pi}——油组j中井网i的井间连通性，m^2
S_w——含水饱和度
S_o——含油饱和度
S_{cw}——原生水饱和度
S_{ro}——残余油饱和度
t——时间，min
V_{dp}——渗透率变化的Dykstra-Parsons系数(小数)
V_k——渗透率变化的Dykstra-Parsons系数(小数)
V_p——聚合物分子可以进入的孔隙体积，m^3
V_t——油藏的总孔隙体积，m^3
$\Delta\eta$——聚合物驱在水驱之上新增的石油采收率，%
η_p——聚合物驱的石油采收率，%
η_w——水驱的石油采收率，%
η_u——水驱的石油采收率，%
φ——孔隙度(小数)
λ_1——1号层的流度
λ_2——2号层的流度
λ_o——石油的流度
λ_w——水的流度
μ_o——石油黏度
μ_w——水黏度

缩写

EOR——提高石油采收率
HPAM——水解聚丙烯酰胺
MW——相对分子质量

RMS——均方根
PF——聚合物驱
WF——水驱

参考文献

Bailey, R.E., 1984. Enhanced Oil Recovery, NPC, Industry Advisory Committee to the US Secretary of Energy Washington, DC.

Chen, J.C., Wang, D.M., Wu, J.Z., 2001. Optimum on molecular weight of polymer for oil displacement. Acta Petrolei Sinica 21 (1), 103—106.

Chen, F.M., Niu, J.G., Chen, P., Wang, J.Y., 2004. Summarization on the technology of modification profile in-depth in Daqing. J. Pet. Geol. Oilfield Dev. Daqing 23 (5), 97—99.

Fu, T.Y., Cao, F., Shao, Z.B., 2004. Calculation method of connectivity factor for polymer flooding. J. Pet. Geol. Oilfield Dev. Daqing, 23 (3), 81—82.

Green, D.W., Willhite, G.P., 1998. Enhanced Oil Recovery, Spe Text Book Series, vol. 6, 92.

Guo, W.K., Cheng, J.C., Liao, G.Z., 2002. The current situation on EOR technique and development trend in Daqing. J. Pet. Geol. Oilfield Dev. Daqing 21 (3), 1—6.

Jiang, Y.L., Ji, P., Han, P.H., Yang, J.C., Zhang, L.X., 1994. Polymer Flooding Optimization, vol. 12. Petroleum Industry Press, Beijing, 3—5.

Li, R.Z., Chen, F.M., 1995. Reasonable well pattern and spacing for polymer flooding in Daqing, Yearly Report 1995.

Liao Niu, J.G., Shao, Z.B., 2004. The effectiveness and evaluation for industrialized sites by polymer flooding in Daqing. J. Pet. Geol. Oilfield Dev. Daqing 23 (1), 48—51.

Liu, H., Tang, S.S., Li, X.S., Zeng, L., 2006. Techniques of Re-Injecting 100% of Produced Water in Daqing Oilfield, Paper SPE 100986 Presented at International Oil and Gas Conference and Exhibition in China, 5—7 December, Beijing, China.

Lu, L., Gao, B.Y., Yue, Q.Y., 2007. Flocculation of waste water produced in polymer flooding. Chin. J. Environ. Sci. 28 (4), 761—765.

Manichand, R., Mogoiion, J.L., Bergwijn, S., 2010. Preliminary assessment of Tambaridjo heavy oilfield polymer flooding pilot test, Paper SPE 138728 Presented at SPE Latin American and Caribbean Petroleum Engineering Conference, 1 —3 December, Lima, Peru.

Qi, L.Q., 1998. Numerical simulation study on polymer flooding engineering. Pet. Ind. Press1—5. ISBN 7-5021-2430-6.

Qiao, E.W., Li, Y.K., Liu, P.L., Kuang, Y.J., 2000. Application of PI decision technique in PuCheng oilfield. Drill. Prod. 23 (5), 25—28.

Seright, R.S., 1983. The effects of mechanical degradation and viscoelastic behavior on injectivity of polyacrylamide solutions. SPEJ 23 (3), 475—485.

Seright, R.S., 2010. Potential for polymer flooding reservoirs for viscous oil, Paper SPE 129899 Presented at SPE Improved Oil Recovery Symposium, 24—28 April, Tulsa, OK.

Seright, R.S., Lane, R.H., Sydansk, R.D., 2003. A strategy for attacking excess water production. SPEPF 18 (3), 158—169.

Shao, Z.B., Fu, T.Y., Wang, D.M., 2001. The determinate method of reasonable polymer volume. J. Pet. Geol. Oilfield Dev. Daqing 20 (2), 60—62.

Shao, Z.B., Chen, P., Wang, D.M., 2005. Study of the dynamic rules for polymer flooding in industrial sites in Daqing. Thesis Collect. EOR Technol. 12, 1—8.

Sorbie, K.S., Seright, R.S., 1992. Gel placement in heterogeneous systems with cross flow, Paper SPE 24192 Presented at SPE/DOE Symposium on Enhanced Oil Recovery, 22—24 April, Tulsa, OK.

Taber, J.J., Martin, F.D., Seright, R.S., 1997. EOR screen criteria revisited part 1: Introduction to screen criteria and enhanced recovery field projects. SPEREE 12 (3), 189—198.

Trantham, J.C., Threlkeld, C.B., Patternson, H.L., 1980. Reservoir description for a surfactant/polymer pilot in a fractured, oil-wet reservoir—north Burbank unit tract 97. JPT, 1647—1656.

Wang, D.M., 2007. Reservoir engineering analysis during polymer flooding and effectiveness improvement study, PhD dissertation, Beijing.

Wang, D.M., Chen, J.C., Wu, J.Z., Wang, G., 2002a. Experience learned after production of more than 300 million barrels of oil by polymer flooding in Daqing oil field, Paper SPE 77693 Presented at SPE Annual Technical Conference and Exhibition, 29 September—2 October, San Antonio, TX.

Wang, D.M., Qian, J., Gu, G.S., Xu, X.P., 2002b. The development project design of polymer flooding for eastern in Sazhong in Daqing. Yearly Report 12, 34—35.

Wang, D.M., Jiang, Y.L., Wang, Y., 2004. Viscous-elastic polymer fluids rheology and its effect upon production equipment. SPE 77496-PA. SPE Prod. Facility, 209—216.

Wang, D.M., Han, P.H., Shao, Z.B., Seright, R.S., 2006. Sweep improvement options for the Daqing Oil Field, Paper SPE 99441 Presented at the SPE/DOE Symposium on Improved Oil Recovery, 22—26 April Tulsa, OK.

Wang, D.M., Gao, S.L., Sun, H.L., Zhang, J.X., Ma, M.R., 2007a. Industrial criteria, technical requirement of development project design for polymer flooding, SY/T 6683-2007. Pet. Ind. Press, 155021.6077.

Wang, D.M., Han, D.K., Hou, W.H., Cao, R.B., Wu, L.J., 2007b. The types and changing laws on the profile reversal during the period of polymer flooding. J. Pet. Geol. Oilfield Dev. Daqing 26 (4), 96—99.

Wang, D.M., Seright, R.S., Shao, Z.B., Wang, J.M., 2008a. Key aspects of project design for polymer flooding. SPEREE 11 (6), 1117—1124.

Wang, D.M., Han, P.H., Shao, Z.B., Seright, R.S., 2008b. Sweep improvement options for the Daqing oil field. SPEREE 11 (1), 18—26.

Wang, D.M., Dong, H.Z., Lv, C.S., 2009. Review of practical experience by polymer flooding at Daqing. SPEREE 12 (3), 470—476.

Wassmuth, F.R., Arnold, W., Green, K., 2009. Polymer flooding application to improve heavy oil recovery at East Bodo. JCPT 48 (2), 55—61 (PSC:09-02-55).

Wu, L.J., Chen, P., 2005. Study of injection parameters for separate layers during the period of polymer flooding. J. Pet. Geol. Oilfield Dev. Daqing 24 (4), 75-77.

Wu, W.X., Wang, D.M., Jiang, H.F., 2007. Effect of the visco-elasticity of displacing fluids on the relationship of capillary number and displacement efficiency in weak oil-wet cores, Paper SPE 109228 Presented at SPE Asia Pacific Oil and Gas Conference and Exhibition, 30 October— 1 November, Jakarta, Indonesia.

Xia, F.J., Zhang, B.L., Deng, S.B., 2001. Study on disposal process for produced water of polymer flooding. J. Env. Prot. Oil/Gas Field 11 (3).

Yang, F.L., Wang, D.M., Yang, X.Z., Chen, Q.H., Zhang, L., 2004. High concentration polymer flooding is successful, Paper SPE 88454 Presented at SPE Asia Pacific Oil and Gas Conference and Exhibition, 18-20 October, Perth, Australia.

Zhang, J.C., 1995. M. Tertiary Recovery. Petroleum Industry Press, Beijing, 23—24.

第5章 表面活性剂-聚合物驱替

James J. Sheng

(美国得克萨斯技术大学Bob L. Herd石油工程系，美国得克萨斯州Lubbock，邮编79409)

5.1 简介

如果表面活性剂段塞中没有聚合物，则表面活性剂会以指进的形式进入油带，从而使油藏波及效果变得非常差，而且表面活性剂还会使水的相对渗透率增加。必须通过使用聚合物降低水的流度来抵消水相对渗透率的增加。而且，表面活性剂段塞和驱替段塞中的聚合物还有助于减轻渗透率变化的影响，改善油藏的总体波及效率。因此，要保持有利的流度比，在表面活性剂段塞中添加聚合物几乎是必不可少的。实际上，我们几乎不会在未添加聚合物的情况下单独开展表面活性剂驱开发。因此，本章将把表面活性剂-聚合物(SP)驱作为一种复合型的化学提高原油采收率(EOR)方法来进行讨论。

聚合物驱的基本原理已经在前面的聚合物驱章节中讨论过，本章只介绍表面活性剂驱的基本原理，并介绍表面活性剂-聚合物(SP)驱的矿场案例。

5.2 表面活性剂

5.2.1 表面活性简介

“表面活性剂”一词是表面作用剂的总称，表面活性剂通常是具有两亲性的有机化合物，也就是说它们由一个烃链(憎水基团，“尾”)和一个极性亲水基团(“头”)组成。这就使得它们既可溶于有机溶剂又可溶于水。它们吸附或聚集在某一表面或液-液界面上，显著改变表面特性，尤其会降低表面张力或界面张力(IFT)。根据亲水基团的离子性质，可以把表面活性剂划分为如下类型：阴离子表面活性剂、阳离子表面活性剂、两性离子表面活性剂和非离子表面活性剂。

阴离子表面活性剂在化学提高原油采收率方面的应用最为广泛。因为它们在表面带负电荷的砂岩岩石上的吸附能力相对较低。

非离子表面活性剂主要作为助表面活性剂使用，用于改善体系的相态特征。尽管它们对高含盐度有较好的耐受度，但它们降低界面张力(IFT)的性能没有阴离子表面活性剂那么好。很多时候，使用阴离子和非离子表面活性剂的混合物来增加对含盐度的耐受度。

阳离子表面活性剂能被砂岩岩石强力吸收，因此它们通常不用于砂岩油藏，但可以在碳酸盐岩油藏中使用，用来改变岩石的润湿性。阴离子表面活性剂还能改变岩石的润湿性。但由于阳离子表面活性剂要比阴离子表面活性剂昂贵得多，因此前者的应用范围不如后者那么广泛。

5.2.2 描述表面活性剂特性的参数

描述表面活性剂的参数包括：亲水-亲油平衡(HLB)(Griffin，1949，1954)、临界胶束浓度(CMC)、克拉夫特(Krafft)点、增溶比、R比(Bourrel和Schechter，1988)和填集数(packing number)。最常用的参数是CMC和增溶比，下面对其进行介绍。

CMC定义为胶束开始自发形成的最低表面活性剂浓度。向体系中注入表面活性剂或任何具有表面活性的物质，它们将首先进入界面，通过降低界面能量和从与水的接触面上移除表面活性剂憎水基来减少体系的自由能。因而，当表面活性剂覆盖面积增加、表面自由能(见表面张力)下降后，表面活性剂开始聚集形成胶束，从而再次通过减小表面活性剂憎水基与水的接触面积来降低体系的自由能。达到临界胶束浓度(CMC)后，如果再继续增加表面活性剂的数量，则仅会增加胶束的数目(理想情况下)。

图5.1所示为表面活性剂溶液浓度低于和高于CMC时溶液中表面活性剂分子的分布图。在达到CMC前，表面张力随表面活性剂浓度的增加而急剧下降。在达到CMC后，表面张力随表面活性剂浓度的增加而保持更稳定或更不稳定。对某一特定体系来说，胶束化仅发生在一个较窄的浓度范围内。对于在提高原油采收率(EOR)中所用的表面活性剂而言，这一浓度值较小，大约是$1\times10^{-5}\sim1\times10^{-4}$mol/L(Green和Willhite, 1998)。换句话说，CMC在几个到数十个百万分之一范围内。存在一种误解，认为较高的表面活性剂浓度会产生较低的界面张力(IFT)。从图5.1b可以清楚看出，在表面活性剂浓度高于CMC后，会有更多的表面活性剂分子溶入液体，因而不能再继续吸附在界面上。因此，界面张力(IFT)不再继续降低。

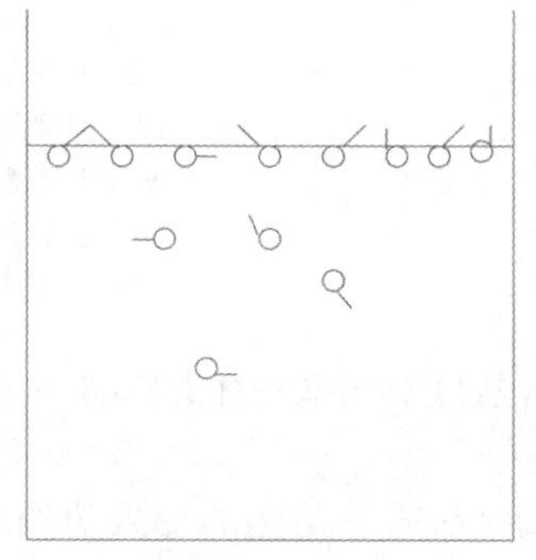

(a) 浓度低于临界胶束浓度

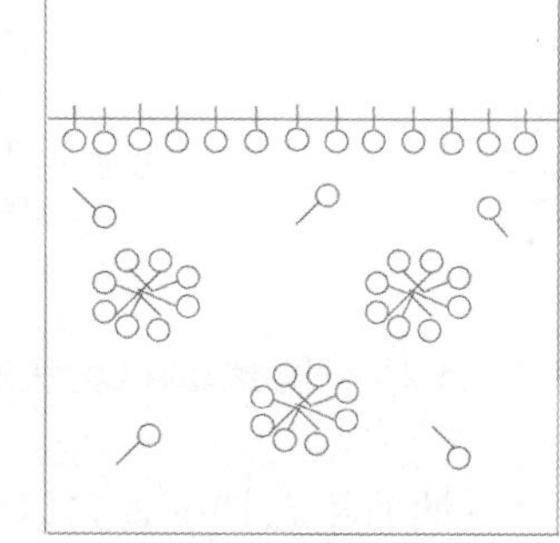

(b) 浓度高于临界胶束浓度

图5.1 在浓度低于和高于临界胶束浓度情况下表面活性剂分子在溶液中分布

一个与临界胶束浓度(CMC)相关的参数是克拉夫特(Krafft)温度。克拉夫特温度(又称临界胶束温度)是表面活性剂形成胶束的最低温度。低于此温度，胶束不能形成。

油(水)的增溶比是指微乳状液相中溶解的油(水)体积与表面活性剂体积的比值。正如Huh(1979)所建立的关系式所示，增溶比与界面张力紧密相关。当油的增溶比等于水的增溶比时，界面张力(IFT)达到最小值。

5.3 微乳状液的类型

表面活性剂溶液相态特征受含盐度影响极大。一般来说，盐水的含盐度增加，则阴离子表面活性剂在其中的溶解度下降。随着电解质浓度的增加，表面活性剂被从盐水中驱出。图5.2显示，随着含盐度增加，表面活性剂从水相移动到油相中。在含盐度较低时，典型的表面活性剂展现出良好的水相溶解度。油相实质上是没有表面活性剂的。一些油溶解在胶束的束芯中。

系统存在两种相态：过剩的油相和水包微乳状液相。由于微乳状液是水性的，且密度大于油相，它位于油相下面，被称为“下部相”微乳状液。含盐度较高时，系统分为油包微乳状液相和过剩水相两种相态。在这种情况下，微乳状液被称为“上部相”微乳状液。在一些中等含盐度条件下，系统可能存在三种相态：过剩油相、微乳状液相和过剩水相。此时，微乳状液相位于中部，被称为“中间相”微乳状液(Healy等，1976)。图5.2介绍了描述了这三种类型微乳状液的其他名称。

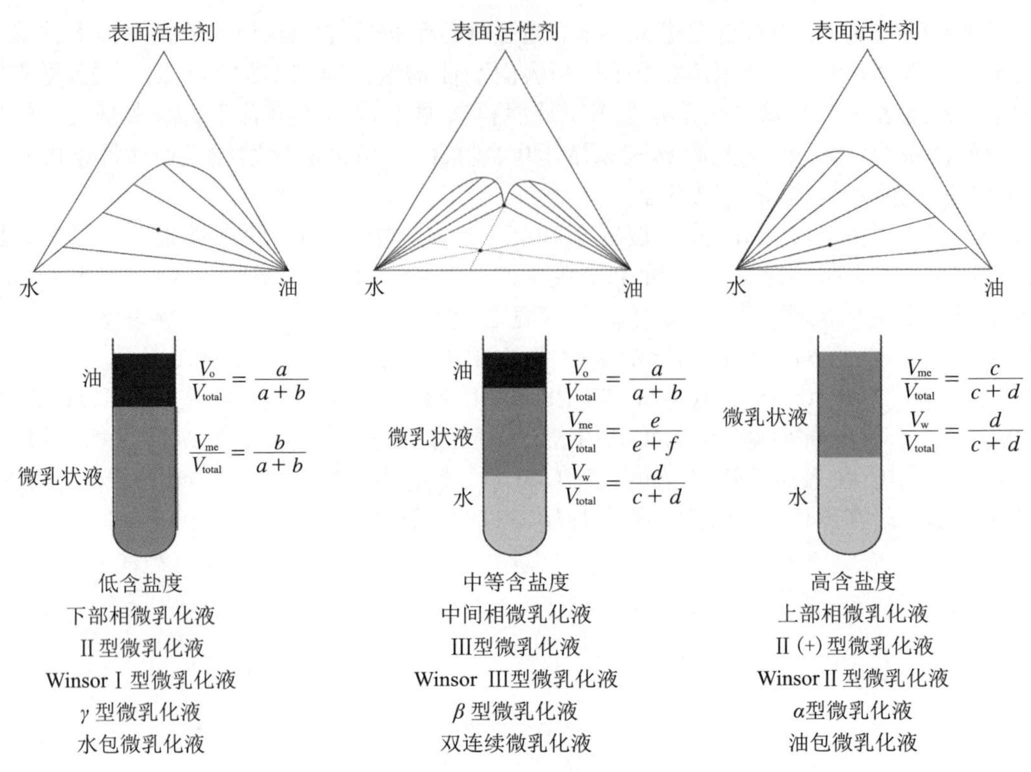

图5.2 三种类型的微乳状液及含盐度对相态特征的影响

表面活性剂-盐水-油的相态特征通常以图5.2所示的三角图的形式进行解释。如果三角图的上顶点代表表面活性剂拟组分，下部左侧代表水，下部右侧代表油，则下部微乳状液环境中的连接线的斜率是负值。因此，这个相态环境被称为Ⅱ(-)型：因为体系中有两种相态且连接线的斜度是负值。与之类似，Ⅱ(+)型和Ⅲ型被分别用来描述上部和中部相态环境(Nelson和Pope，1978)。然而，如果顶点代表的相态改变(比如水和油的位置互换)，则Ⅱ(-)型和Ⅱ(+)型原来所代表的相态也会随之改变。Winsor(1954)使用Ⅰ、Ⅱ、Ⅲ型给微乳状液命名。Fleming等人(1978)则使用γ、β和α。

5.4 相态特征试验

相态特征试验是在被称作小滴管的细管中进行的。因此，相态特征试验有时候也称为滴管试验。试验包括水稳定性试验、含盐度扫描(salinity scan)和油扫描(oil scan)。其主要目的是找到某一特定应用所需的化学配方。

由于相捕集或共存相的流度差异等原因，任何沉淀、液体结晶或第二液相的出现都能导致注入物质的不均匀分布和不均匀输送。因此，我们需要首先检查含有助溶剂的表面活性剂溶液在不加油的情况下是否是透明的。溶液含盐度接近或高于我们准备注入溶液的含盐度时，应该是透明的。如果溶液在达到该含盐度时仍然是清澈的，则以上提到的问题都不会出现。因为溶液与储层中的油接触后会更加稳定。如果溶液是不清澈的或存在沉淀现象，则需要重新选择化学品。这样的试验被称为水稳定性试验。

如果溶液清澈透明，就改变含盐度，直到达到最大的溶解度比(V_o/V_s)。这时对应的含盐度就是所选择表面活性剂体系最佳的含盐度。根据Huh方程(稍后我们将讨论)，如果溶解度比大于10，表面活性剂溶液和油之间的界面张力(IFT)一定在10^{-3}mN/m数量级。如果该表面活性剂溶液稳定，则可以用来做岩心驱替实验。而如果溶解度比小于10，我们可能就需要重新选择表面活性剂和(或)助溶剂，重复进行以上的试验。

正如之前所讨论的，随着含盐度增加，微乳状液从Ⅱ(-)型变为Ⅲ型，再变为Ⅱ(+)型。这样的试验被称为含盐度扫描。通常，在含盐度扫描中，水-油比(WOR)是1或一个固定的值。

5.5 界面张力

Healy等人(1976)观察发现，大量阴离子表面活性剂体系的界面张力(IFT)和溶解度参数之间存在良好的相关性。基于这样的观察，Huh为中间相微乳状液(Ⅲ型)建立了增溶参数与界面张力(IFT)的理论关系式。他的方程式如下：

$$\sigma_{\mathrm{mw}} = \frac{C_{\mathrm{Hw}}}{(V_{\mathrm{wm}}/V_{\mathrm{sm}})^2} \tag{5.1}$$

$$\sigma_{\mathrm{mo}} = \frac{C_{\mathrm{Ho}}}{(V_{\mathrm{om}}/V_{\mathrm{sm}})^2} \tag{5.2}$$

式中：V_{sm}、V_{wm}、V_{om}分别是微乳状液相中表面活性剂、水和油的体积；C_{Hw}和C_{Ho}是根据实验确定的经验常数，单位为mN/m。

实践中，在0.1~0.35间为C_{Hw}和C_{Ho}选定相同的值。如果实验数据允许，选择的典型值为0.3。利用Huh方程，能快速估算界面张力(IFT)，而不需要采用物理手段测算界面张力(IFT)。换句话说，通过简单地观察滴管中的相体积远比测量每个滴管中的界面张力(IFT)更具优势。有许多因素会影响界面张力(IFT)。实践中，始终需要通过筛选试验为特定类型的原油选定表面活性剂和其他化学剂的浓度。

5.6 微乳状液的黏度

UTCHEM(2000)是由位于奥斯丁的得克萨斯大学开发的一个化学驱模拟器的名字。在UTCHEM中，液相的黏度是作为有机物、水和表面活性剂的纯组分黏度和相浓度的函数而进行模拟的。

$$\mu_j = C_{1j}\mu_{\mathrm{w}}\exp[\alpha_1(C_{2j}+C_{3j})] + C_{2j}\mu_{\mathrm{o}}\exp[\alpha_2(C_{1j}+C_{3j})] + C_{3j}\alpha_3\exp[\alpha_4 C_{1j}+\alpha_5 C_{2j}] \tag{5.3}$$

式中：j=1(水相)、2(油相)、3(微乳状液相)；α参数是通过在多种组分下对实验室微乳状液黏度进行匹配而确定的。

在没有表面活性剂和聚合物的情况下，水相和油相的黏度分别降低到纯水和纯油的黏度(μ_{w}和μ_{o})。在有聚合物的情况下，μ_{w}被替换为聚合物黏度(μ_{p})。

5.7 毛细管准数

通过对毛细管模型的分析，得出了以下的无量纲数组(Moor和Slobod，1955)，它是黏滞力和毛细管力的比值：

$$N_C = \frac{F_{\mathrm{v}}}{F_{\mathrm{c}}} = \frac{v\mu}{\sigma\cos\theta} \tag{5.4}$$

式中：F_{v}和F_{c}分别是黏滞力和毛细管力；v是驱替液在孔隙中的流速；μ是驱替液黏度；σ是驱替相和被驱替相之间的界面张力(IFT)。

无量纲数组被称为毛细管准数(N_{C})。式(5.4)有几种变形，其中的流速可以替换为速度u，而$\cos\theta$可以去掉。基于有限实验数据的分析，Sheng(2011)建议使用如下的定义：

$$N_{\mathrm{C}} = \frac{k|\nabla\Phi_{\mathrm{p}}|}{\sigma} \tag{5.5}$$

式中：Φ_{p}是驱替液的势。

与毛细管准数相似，捕集数(trapping number)的概念也已被引入，它包括了重力作用。问题在于，文献中已经建立和介绍过不同的公式。有必要做进一步的调查以查明这些差异(Sheng，2011)。因此，我们在本章中不再做深入的讨论。

5.8 毛细管驱替曲线

许多实验数据表明，随着毛细管准数的增加，残余饱和度将降低。残余饱和度和局部毛细管准数之间的普遍关系被称为毛细管驱替曲线(CDC)。在UTCHEM中，使用了式(5.6)的表达式：

$$S_{pr} = S_{pr}^{(N_C)_{max}} + \left(S_{pr}^{(N_C)_C} - S_{pr}^{(N_C)_{max}}\right)\frac{1}{1 + T_P N_C} \tag{5.6}$$

式中：S_{pr}是相残余饱和度；下标p表示相态，可能是水、油或微乳状液；上标$(N_C)_C$和$(N_C)_{max}$分别表示在临界毛细管准数和最大驱替毛细管准数条件下；N_C是毛细管准数；T_p是用于拟合实验室测量结果的参数。

注意，上面等式中使用的毛细管准数的定义必须与模拟模型中使用的一样。图5.3显示的是使用式(5.6)的毛细管驱替曲线(CDC)的例子。图中显示了归一化的饱和度($S_{pr}/S_{pr,max}$)。如果在实验室中测量了残余饱和度与毛细管准数交会的几个数据点，我们就能利用这些数据去拟合式(5.6)。要注意，微乳状液的毛细管驱替曲线(CDC)位于右边，水的CDC位于中间，油的CDC位于左边。在这个案例中，微乳状液是润湿性最强的相态，油是润湿性最弱的相态，而水介于两者之间。

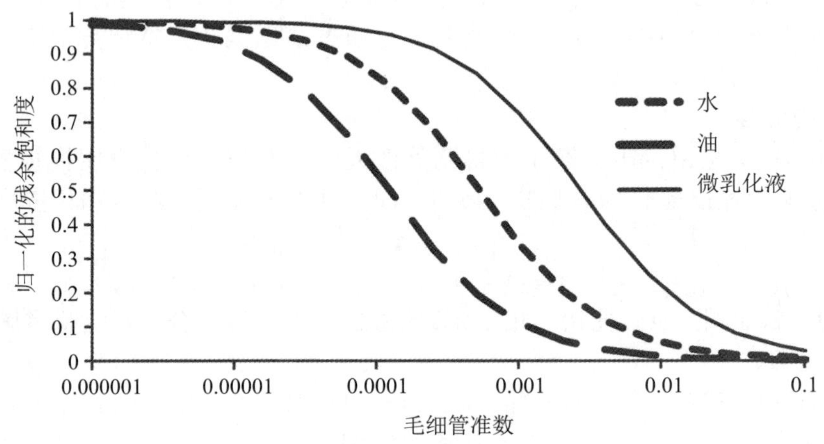

图5.3 CDC(毛细管驱替曲线)实例

5.9 相对渗透率

在与表面活性剂相关的工艺中，界面张力(IFT)降低。随着IFT降低，毛细管准数增加，从而导致残余饱和度降低。很明显，残余饱和度的减少直接改变相对渗透率。有几位作者报告了他们的研究结果，Amaefule和Handy(1982)及Cinar等人(2007)对此进行过评论。普遍的观察结果是，当IFT降低或毛细管准数增加时，相对渗透率趋于增加且曲率变小。

5.10 表面活性剂滞留

表面活性剂在油藏中的滞留(情况)取决于表面活性剂的种类、表面活性剂化合当量、表面活性剂浓度、岩石矿物、黏土含量、温度、pH值、氧化还原条件、溶液的流速等因素。表面活性剂滞留可以根据其滞留机理分为沉淀、吸附和相捕集等。但是，很难区分由每种机理所造成的表面活性剂损失。因此，除非特别注明，我们通常按总损失来报告表面活性剂滞留量。

在前文介绍相态特征试验时，我们提到过水稳定性试验。水稳定性试验的主要目的是消除表面活性剂沉淀问题。表面活性剂的溶解度取决于溶液的含盐度和浓度等因素。在水稳定性试验中，在含盐度升高到一定数值后表面活性剂溶液开始变得不透明。这表明，表面活性剂开始聚集甚至开始沉淀。溶液中存在二价或多价离子时，沉淀作用开始出现的含盐度非常低。

如果表面活性剂浓度增大，溶液就会变得不透明。但对于一些表面活性剂而言，当其浓度进一步增大时溶液会再次变得清澈透明。而浓度继续增大时，沉淀作用会再次出现。换句话说，存在一个沉淀-溶解-再沉淀的机理。

表面活性剂在油藏岩石上的吸附作用，可以在实验室中通过静态试验(在破碎的岩心颗粒上做间歇平衡试验)和动态试验(岩心驱替)来确定。

表面活性剂吸附作用受体系氧化还原条件的影响非常大。实验室试验中特意把岩心暴露在氧气中，使之处于有氧状态。这些试验数据有可能高于油藏条件下的数据。有可能降低表面活性剂吸附能力的一个重要因素是pH值，它是碱-表面活性剂驱一种重要的机理。

总体来说，表面活性剂的等温吸附作用非常复杂。被吸附的表面活性剂量一般会随着溶液中表面活性浓度的增加而增多，在表面活性剂浓度达到某些足够高的值时，吸附量会达到一个平稳状态。人们发现，可以使用兰格缪尔等温线来描述等温吸附作用的基本特征：

$$\hat{C}_3 = \frac{a_3 C_3}{1 + b_3 C_3} \tag{5.7}$$

式中：C_3是溶液体系的平衡浓度；a_3和b_3是经验常数，b_3的单位是C_3单位的倒数，a_3是无量纲变量。

注意，C_3和$\hat{C}_3$的单位必须相同，a_3定义如下：

$$a_3 = (a_{31} + a_{32} C_{se})\left(\frac{k_{ref}}{k}\right)^{0.5} \tag{5.8}$$

式中：a_{31}和a_{32}是拟合参数；C_{se}是有效含盐度；k是渗透率；k_{ref}是实验室测量中采用的岩石参考渗透率。

大家认为，吸附量随浓度的变化是不可逆的，而随含盐度的变化则是可逆的。

表面活性剂相捕集作用可能是由机械捕集、相分隔(phase partitioning)和水动力捕集而造成的。这与多相流有关，机理比较复杂。相捕集引起的表面活性剂损失量因多相流条件的不同而差别很大。相捕集与微乳状液的类型有关。在WinsorⅡ型微乳状液中，微乳状液段塞尾部的界面张力(IFT)可能较高；而且后续水(chase water)是水相的，而WinsorⅡ型微乳状液是油包相，其黏度可能要比后续水的高。因此，后续水能轻易地绕过微乳状液相流动，从而形成相捕集。据观察，在水包相的WinsorⅠ型环境中，微乳状液相能够被后续水混相驱替，因而其表面活性剂相捕集要弱得多。

5.11 表面活性剂-聚合物(SP)相互作用

表面活性剂-聚合物(SP)相互作用和相容性总结如下：

① 表面活性剂能停留在水相、油相或中间微乳状液相中。然而，不管表面活性剂在哪儿，基本上SP溶液中所有的聚合物都停留在水相中(Nelson, 1981; Szabo, 1979)。

② 在聚合物存在和不存在这两种情况下，界面张力(IFT)几乎没有差别。

③ 实际上，表面活性剂不能显著地改变水解聚丙烯酰胺(HPAM)的黏度。

④ 一般来说，由于聚合物无法进入一部分孔隙体积(PV)，因而它会在表面活性剂前面流动。可供表面活性剂吸附的位置减少。如果表面活性剂段塞先于聚合物段塞注入，有一些吸附位置可能被表面活性剂分子覆盖。因而，聚合物吸附量会减少。这就叫竞争性吸附作用。

⑤ 试验数据(Chen和Pu, 2006; Gogarty, 1983a, b; Murtada和Marx, 1982)明显的显示，聚合物预冲洗能改善表面活性剂溶液的纵向波及，从而提高采收率。

5.12 驱替机理

表面活性剂驱的关键机理是超低界面张力效应改善驱替效率。超低的界面张力导致毛细管准数较大，从而降低残余油饱和度。在表面活性剂驱中，界面张力低会导致乳状液的形成，要么是水包油(O/W)乳状液，要么是油包水(W/O)乳状液。乳状液液滴聚合在一起，就会在表面活性剂前缘的前面形成能移动的油带。聚合物驱的关键机理是改善波及效率。因此，表面活性剂-聚合物(SP)驱的关键机理就是这些机理的最佳协同作用。

5.13 筛选标准

表面活性剂-聚合物(SP)驱的主要油藏筛选标准是含盐度和温度，它们决定着使用表面活性剂和聚合物的条件。地层水中氯化物的含量应该低于20000mg/L，且二价离子的浓度应该低于500mg/L；油藏温度应该低于93℃；原油黏度应该低于35cP；渗透率应该大于10mD(Taber等1997)。这些标准没有得到所有人的认同，有人提出了不同的标准。例如，有人建议最低的渗透界限是50mD，黏度可以更高一些。美国实施的大部分SP项目都采用封闭的、反5点井网，井距5～20acre；如果剩余石油地质储量大于100×10^4bbl，那么井距为80～100acre的井网也能获得明显的经济效益(DeBons等，2004)。

5.14 油田生产动态数据

图5.4展示了美国11个SP矿场先导试验中，以水驱后剩余油百分数表示的石油采收率与表面活性剂用量的相关性。表面活性剂用量是以小数表示的注入孔隙体积(PV)和以百分数表示的表面活性剂浓度的乘积。表面活性剂包括助表面活性剂和助溶剂(如果使用了的话)。注意，油田项目中所使用的表面活性剂用量多达1，而在中国近期开展的10个碱-表面活性剂-聚合物驱项目中，表面活性剂用量为0.1～0.12(Sheng，2011)。因此，在现代化学驱提高原油采收率(EOR)项目中，表面活性剂用量大约是原先的十分之一。图5.4中另一个重要的观察结果是，矿场先导试验中表面活性剂用量为0.5时的采收率大约是实验室试验的一半。这可能是实验室试验中的波及效率比矿场先导试验的波及效率高。

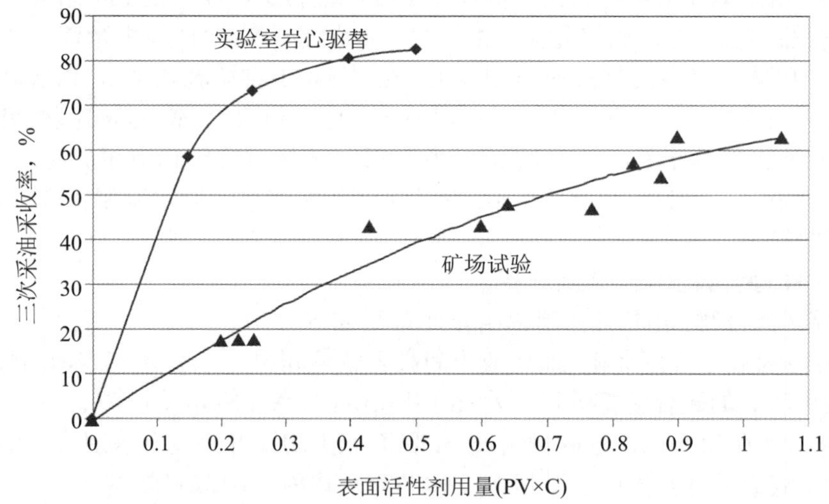

图 5.4 实验室试验和成功的矿场试验中采收率与表面活性剂用量的关系

5.15 矿场案例

现代的化学(驱)提高采收率(EOR)项目大多是聚合物驱和ASP驱，而表面活性剂-聚合物(SP)项目则很少。本节将要介绍的表面活性剂-聚合物(SP)项目大多是在1990年以前完成的项目。所介绍的现场项目包括低压水驱(Wichita县Regular油田Loma Novia区块)、顺序胶束/聚合物驱(M/P)(EI Dorado)、胶束/聚合物驱(M/P)(Torchlight和Delaware-Childers)、Minas表面活性剂-聚合物驱(SP)项目准备和孤东油田SP驱。

5.15.1 Loma Novia油田低张力水驱

在20世纪60年代中期，美孚公司在得克萨斯州杜瓦尔县Loma Novia油田水淹区域开展了一次低张力矿场试验(Foster, 1973)。在一个5acre的井网中，有4口注入井、1口生产井及2口观察井，这2口观察井布置在注入井-采出井连线上，到注入井的距离分别为100ft和200ft。油藏含有沥青质原油，而且砂岩中表面积较大的矿物成分为高岭石和钠蒙脱石，其含量分别为4.0%和5.5%。虽然岩心的平均含油量相当低，但根据测井资料估算的残余油饱和度是0.20。

试验使用了相对分子量为约415的商用石油磺酸盐混合物。在氯化钠浓度0.5%、石油磺酸盐浓度为0.15%时出现最低张力。虽然石油磺酸盐与油层盐水相配伍，但因为砂岩黏土含量高，还是首先注入盐水段塞。否则的话，就需要大量的牺牲化学品(碳酸钠和三聚磷酸钠)。而在表面活性剂段塞中出现化学品是有害的。表面活性剂段塞的体积为0.12PV(孔隙体积)，含有1.1%的氯化钠、1.9%的石油磺酸盐及少量的碳酸钠和三聚磷酸钠。后续水段塞的体积为0.10PV，含有0.33%的氯化钠和少量的牺牲化学品。该水段塞没有使用任何增稠剂。表面活性剂注入36天后，在最近的观察井采集的样品观察到了油，而且这种状况随后一直持续了84天，含油量峰值为20%。估算注入井和第一口观察井之间的驱替波及效率为90%。

在试验末期新钻了4口取心井，结果发现：尽管油层厚度只有10～12ft，但垂向波及系数仍较小，沿注入井-生产井连线平分线方向一带的面积波及系数也比较小。事后分析表明，有必要进行流度控制。

5.12.2 Wichita县常规油田低张力水驱

美孚公司于1975年10月～1976年6月间，在其位于得克萨斯州Wichita县Regular油田的西Burkburnett水驱开发区块注入了低浓度表面活性剂段塞。紧接其后进行了生物聚合物驱，持续到1978年4月。之后继续注入淡水进行驱替(Talash和Strange, 1982)。低张力水驱(LTWF)在20acre井距的5点法井网内进行。

到1971年，水驱项目区内的所有租赁矿区要么已经不具备经济开采价值，要么就是预计到1972年或1973年达到经济(开采)极限。制定了低张力水驱的方案，计划在10个相邻的20acre井网上实施，共计有10口注入井、20口生产井和两口观察井。计划从1973年11月开始实施，先注淡水前置液(预冲洗)。注入的段塞量为：在451天内注入0.2PV(孔隙体积)前置液，257天内注入了0.15PV碳酸钠浓度为2000mg/L、磷酸钠浓度为1000mg/L的预处理液，248天内注入了浓度为1.86%的磺酸盐0.15PV、碳酸钠浓度为2000mg/L、磷酸钠浓度为2000mg/L的表面活性剂溶液，188天内注入了浓度为500mg/L的生物聚合物(溶液)0.1PV。这10口注入井的注入速度为1350～3000bbl/d。

1974年初，第一组压降和系统试井结果显示，这10口注入井附近的油层都出现了程度不等的压裂。人们认为，这些翼长为35～110ft的裂缝，不会严重降低20acre井网的波及系数。第二和第三组压降试验分别是在聚合物段塞注入一半时和锥形聚合物段塞注入即将结束时开展的。结果显示，这10口注入井内的裂缝都出现了较长距离延伸，一些甚至超过了400ft。这就极大地改变了注入段塞的流动路径，导致聚合物段塞不能按既定目标去驱替表面活性剂段塞。

到一口注入井的距离分别为87ft和199ft的两口观察井，在监测由淡水注入所引起的含盐度下降、化学品运移和消耗及油带形成方面有着极其重要的作用。从这两口观察井获得的数据简单总结为如下几点：

① 淡水段塞有效地驱替了高渗目的层中的有害盐水(总溶解固体含量TDS为16%)。

② 预处理液、牺牲化学品(碳酸钠和三聚磷酸钠)在到达第二口观察井之前就已经被消耗掉了。实验室开展的试验后碱交换研究表明，储集岩中二价离子浓度高会过度消耗预处理化学品。

③ 两口观察井的表面活性剂浓度都不能达到注入浓度。

④ 两口观察井测量到的聚合物浓度都未达到注入浓度。

⑤ 观察到了三次采油油带的形成，含油率峰值在16%~20%之间。

⑥ 化学段塞注入结束后，在两口观察井开展了脉冲中子测井，结果显示含油饱和度接近零。

除了实验室研究外，还开展了大量的油藏工程研究，对它们做如下分类：

① 注入井评价：压降、系统试井、变产量(测试)和地层压力确定。

② 速度响应(干扰)试井。

③ 压力波试验。

④ 油藏模拟研究。

⑤ 观察井评价：注入化学品的追踪、含油率、脉冲中子捕获测井。

⑥ 试验后岩心分析：储层所含石油类型的确定、岩石性质对比、表面活性剂消耗。

⑦ 单井动态评价和预测。

就生产动态而言，大部分生产井都实现了增油。据预测，该低张力水驱开发区的采收率能达到约24%OOIP。

5.15.3 EI Dorada油田M/P(胶束/聚合物驱)先导试验

城市服务石油公司(Cities Service Oil Company)与能源研究和开发管理机构(Energy Research and Development Administration)合作，在堪萨斯州Butler县的EI Dorada油田实施了M/P(胶束/聚合物驱)矿场示范项目(Coffman和Rosenwald，1975；Miller和Richmond，1978)。该示范项目的目的是要在经历过完整一次采油和水驱开发的油田中测试序列M/P(胶束/聚合物驱)。在实施M/P(胶束/聚合物驱)项目之前，该油田已经被废弃，估算的含油饱和度为0.307~0.333。该项目准备对同一个油田内两个M/P(胶束/聚合物驱)示范区进行并排对比，所以选定的两个示范区的油藏条件应当尽可能地相同。所选的两个示范区是北Chesney先导试验区和南Hegberg先导试验区。在北Chesney区，先注入水基表面活性剂体系(水包体系)，然后注入黄原胶溶液。而在南Hegberg区，先注入油包胶束体系，之后注入部分水解的聚丙烯酰胺溶液。实验室试验结果表明，使用油包胶束体系进行驱替生产1bbl油所需的表面活性剂和助溶剂量要少于水基表面活性剂体系的。但是，比较这两个胶束体系的矿场试验结果发现，这种差异并不存在。

原有的井网配置是每个25.5acre井网内有四个邻接的9点法井网。随后详细的模拟和压力瞬变研究表明，最佳的井网组合应该是由4个6.4acre的5点法井网构成。每一个井网都由9口注入井、4口生产井、12口监测井和2口观察井组成。这两个试验区采用了相同的井网，为的是把油藏非均质性影响致使出现不正确结果的可能性降到最低。

5.15.3.1 油藏描述和生产历史

多油层的EI Dorado油田发现于1915年。其浅层由互层的砂岩和页岩组成。油层厚度为大约17.5~18.4ft；孔隙度最高为30%，平均值为20%；渗透率变化范围为159~1500mD；所选择位置的油藏温度为69℉(20.5℃)；原油黏度为4.77cP；酸值是0.4；地层水含盐度为82600mg/L，钙离子浓度为1900mg/L，镁为1600mg/L，而钡为500mg/L。

该油藏经历了一次采油、空气驱和水驱开发后枯竭并被废弃。1924年曾开展过高强度的空气驱先导试验。先导试验获得成功之后，于1926年开始在全油田进行空气驱开发。1947年开始水驱先导试验。6个月之内，在所有邻近的生产井中都观察到了积极的响应。水驱的大面积快速推广始于1950年，后来于1971年终止。

5.15.3.2 M/P(胶束/聚合物驱)注入

为这两个井网设计的注入程序分为5个阶段：预处理、预冲洗、注胶束溶液、注聚合物溶液、后续水。预处理液(水基盐溶液)的注入从1975年11月18日开始，Chesney和Hegberg这两个井网的18口注入井同时开始注入作业。在注入作业的第一周内，在注入压力达到裂缝延伸的压力极限(0.74psi/ft)后，这两个井网的注入速度均出现了明显的下降。这个最初的注入能力问题出现的原因得到确认或基本确认。主要原因包括：硫酸钡形成、微粒运移和水质较差。由于这个最初的注入能力问题以及后续出现的注入能力问题，水质监测计划受到了相当高的重视。设立了水测试项目，每天都要对注入液进行监测。

即使在导致注入能力损失的许多原因被消除后，注入能力低下问题依然继续存在。于是在1976年2月实施了井增注计划，取得了一定的成功。增注过程涉及以下几个溶剂-酸处理阶段。

① 200gal(约757L)二甲苯；

② 250gal(约946L)含破乳剂的盐酸；

③ 1000gal(约3785L)含破乳剂的氢氟酸；

④ 250gal(约946L)含破乳剂的盐酸。

随着天气变暖，细菌生长也会造成注入能力下降。因此，从1976年3月开始实施监测和控制细菌生长的计划。

Hegberg井网的预冲洗阶段始于1976年6月20日，选用水基氢氧化钠溶液和硅酸钠溶液，pH值为12~13。Hegberg井网的胶束流体注入始于1977年3月22日。注入的胶束流体由磺酸盐、原油、一种助表面活性剂及一种水基盐溶液构成。胶束流体以交替段塞的方式注入，这些段塞被称为胶束水段塞和胶束油(溶解油)段塞。紧随胶束流体之后注入了聚合物溶液。Hegberg井网使用了聚丙烯酰胺，而Chesney井网则使用了多糖(生物聚合物)。这两个试验井网都观察到了采出液油含量增加。

5.15.3.3 观察井方案

观察井用于在驱替区域内进行流体取样和定期测井。每天都要进行流体取样，每周进行一次样品分析。常规分析包括：氯化钠含量、总硬度、油水比、pH值、表面活性剂浓度和铁离子浓度。

5.15.3.4 注入设施设计标准

所有容器上都应该有气封，以预防溶解氧。除氧是为了保持化学药品的完整性，而不是为了预防腐蚀。来自管道系统管路、连接处和容器的铁也对化学流体有害。因此，大量使用了玻璃纤维和聚氯乙烯管道。在需要使用钢质管道系统管路时，管道内表面上应喷涂粉末熔化环氧树脂涂层。所有钢质罐的内表面都要喷涂酚醛环氧树脂涂层。流体配送系统使用高压玻璃纤维管道。注入井使用玻璃纤维内衬钢管。只有输送高浓度碱溶液的玻璃纤维管段容易遭受腐蚀。

工厂设施的总体设计考虑了要提供最大的灵活性。由于要等到大部分机械设计完成后才能得到最终的化学技术说明，所以有意做了一些超裕度设计。输送泵和储存容器的排列布置要能够保证流过工厂的流体保持稳定状态。以连续混合代替分批混合。对于这种驱替工艺的任何矿场应用而言，连续混合可能都是必不可少的。因此，有必要建立现场实验室。

5.15.4 Sloss油田的M/P(胶束/聚合物驱)先导试验

阿莫科生产公司(Amoco Production Company)在内布拉斯加州金波尔县的Sloss油田进行了胶束(驱)先导试验(Wanosik等，1978)。选取的井网是单个9acre正5点法井网。储层孔隙度是17%，渗透率是80mD，地层水是淡水(TDS=2500mg/L，硬度=50mg/L)，有可以利用的淡水(TDS=260mg/L，硬度=25mg/L)，油藏温度是200℉(约93.3℃)。

设计顺序注入四种流体：前置液水、胶束、聚合物和后续水。调整了胶束和聚合物的流度(译者注：原文为“motilities”，可能有误)，使得它们与三次采油油-水带的流度大概相等。

5.15.4.1 实验室研究

开展了一系列的相稳定性试验，把不等量的表面活性剂、助表面活性剂、聚合物及不同的盐水混合在一起，观察流体的稳定性和增溶特征。基于这些大量的实验室研究(Trushenski, 1977; trushenski等, 1974)，最终为这些试验选定的主要化学品类型是Amoco Mahogany AA级石油磺酸盐(62%活性)、异丙醇(IPA)和Dow Pusher 700聚合物。选择的标准是可获得性、性能和稳定性。在流度试验、吸附试验和原始状态岩心试验中使用的Ⅲ型微乳状液的配方是：AA与IPA之比为4.5∶1，以及添加了14600mg/L氯化钠的92%的Sloss淡水。随后在矿场胶束浓度下进行了相稳定性试验，结果显示增加的含盐度应该为12000mg/L。

采用两种方法来估算表面活性剂吸附量。第一种方法，使几个PV(孔隙体积)的胶束流体流过直径为1in、长度2.5in的岩心。测量损失的表面活性剂量是1.7lb/bbl·PV。第二种方法，使用了0.2PV胶束流体，测量损失的表面活性剂量是0.6lb/bbl·PV。现场计算时使用了1.2lb/bbl·PV的平均值。在清洁干燥岩心上测量的吸附量要比原始状态岩心的多0.5lb/bbl·PV。推测其原因可能是在清洗过程中岩心表面发生了活化作用。

在200℉(约93.3℃)条件下，在长度为2ft和4ft、直径为2in的贝雷岩心上开展了一系列的试验。在一个大的含盐度范围内观察到新增原油采收率总计为20%~28% PV。

5.15.4.2 油藏描述

为了能充分地解释先导试验的开采动态，需要开展高质量的油藏描述。因此，在开始胶束注入之前，开展了一项综合研究计划，对油藏进行了描述。这个计划包括取心、测井、生产测试、不稳定试井、脉冲测井和示踪剂注入等。另外，还开展了地质研究，通过开展这些措施获得了该地区详细的油藏描述。

5.15.4.3 现场作业和先导试验区动态

注入前置液水，将地层流体的含盐度提高到约12000mg/L。胶束注入始于1977年2月26日，而聚合物注入则始于1977年3月30日。

虽然Sloss油田的油藏温度为200℉(约93.3℃)，但驱替用水的温度是50℉(10℃)，因此降低了注入温度。在温度低于40℉(4.4℃)时，胶束流体彻底不稳定，甚至不能通过孔径为25μm的过滤器。在高于40℉(4.4℃)时，流体能通过孔径为25μm的过滤器，但在静置时会有一种相沉淀出来。当温度升到130℉(约54.4℃)以上后，流体混浊但相对稳定。温度升到160℉(约71.1℃)后，流体稳定且清澈。为了避免不稳定性问题，胶束流体在注入前要加热。

在注入胶束段塞过程中以及注入聚合物的头两个月中(累计注入77000lb)，注入作业运行平稳，没有遇到任何麻烦。预计注入速度与现场观察到的动态基本一致。现场数据分析表明，胶束溶液的有效黏度是4cP，聚合物溶液的有效黏度是7cP。胶束黏度是根据模拟结果得出的，而聚合物黏度是根据压降测试和模拟结果得出的。

1977年6月初，一台Kobe泵发生故障，注入作业暂停近两周时间。期间，注入能力出现了明显下降。每口注入井都进行了抽吸和酸化作业，安装了带环氧树脂涂层的油管。在抽吸过程中，采出了大量的硫化铁和未水解的聚合物。修复了出故障的抗微生物剂泵，并对聚合物混合器进行了调整。地面设施也进行了酸化处理，去除硫化铁微粒。酸化明显地提高了注入能力。然而，在注入少量聚合物(1.5×10^4bbl)之后，又出现了明显的堵塞。怀疑是地面裸钢管线导致了注入能力的下降。采用丙烯醛(译者注：原文为acrolean，可能是笔误)浸泡管线，清除出了大量硫化铁。然后安装了有完整环氧树脂涂层的设施。在安装过程中，注入井改为以较低的速度注清水。

在更换完地面设施后，对先导试验区的注入井都进行了酸化处理，并在12月中旬恢复了聚合物注入。1978年1月中旬，注入能力达到了预测值的60%。注入井井底钻开的生产层井壁的一些伤害似乎依然存在。

在注入胶束之前，生产井的平均产油量是6bbl/d，水油比(WOR)为180。在累计注入2.7×10^4bbl胶束溶液后，生产井开始出现三次采油响应。这时，水油比下降为60，产油量增加到11bbl/d。在剩余的胶束注入时间内和聚合物注入的头两个月，产油量持续增加。累计注入7.7×10^4bbl后，产油量达到了50bbl/d，水油比是大约11。到此时，由于硫化铁和未水解的聚合物在井底钻开的生产层井壁聚集，导致再次出现了注入能力降低问题。之后把石油产量调低，以把注采比维持在接近1的水平。

5.15.5 Torchlight 胶束/聚合物驱(M/P)先导试验

Torchlight 胶束/聚合物驱(M/P)先导试验是在怀俄明州比格霍恩(Big Horn)县Torchlight油田一个独立的正5点法井网内进行的。井网面积为6.4acre，平均油层厚度是31ft(约9.45m)，孔隙度与厚度之积为4.4ft(1.34m)。

1977年1月，开始注入高含盐度的预冲洗液，注入作业一直持续到了1981年7月。前置液采用添加了0.308N(1.8×10^4mg/L)氯化钠的低含盐度Torchlight Tensleep注入(TTI)水[总含盐度为7.88mN(约400mg/L)，硬度为5.19mN]。注入高含盐度前置液的目的是要建立一个含盐度梯度，确保胶束流体带的安全。胶束驱前缘的剩余油饱和度为0.34，而残余油饱和度是0.2。

1981年8月9日，开始注入胶束流体，共注入0.18PV(孔隙体积)。胶束流体的构成为：3.4%的具有活性的阿莫科151(聚丁烯磺酸盐)、0.8%的壳牌Neodol 25-3S、5%的*n*-丁醇、1200mg/L的Cyanatrol® 950-S聚丙烯酰胺和0.3%的甲醛TTI水溶液。在散装磺酸盐(51%活性)中，19.4%为无机盐，主要是硫酸钠。胶束带之后是0.165PV的相控流体。其构成包括在添加了5000mg/L氯化钠的TTI溶液中溶解的1200mg/L的Cyanatrol 950-S、2.5%的*n*-丁醇和0.6%的活性Neodol 25-3S。相控流体带用于消除胶束和流度控制流体之间的相互作用。

最初的设想是在相控流体之后注入0.8PV的Cyanatrol 950-S浓度为1200mg/L的TTI水溶液。尽管对试验注入井进行了多次修复性修井作业，但还是出现了严重的注入问题，阻碍了这一流体带的注入。1986年7月，先导试验终止运行。在先导试验终止之前，采出液中磺酸盐和示踪剂的含量以及达到峰值，并开始下降。先导试验终止时，累计采出的原油只有0.05PV。而事先预计的石油开采量为0.18PV；因此，先导试验的开采动态远低于预期。

在先导试验的整个过程中对两口观察井进行了监测。这两口井都位于注入井和生产井之间的直线上。其中一口观察井的取样分析表明，随着相态从上部相环境过渡到中部相环境，微乳状液带全面发育。在胶束带的尾部观察到了极少量清澈的胶束流体。这就意味着，在这一点上胶束带已基本上被消耗完。之前的实验室岩心试验没有预测到这一结果。

为了查明先导试验开采动态较差的原因，开展了进一步的实验室研究(Rateman, 1990)。试验发现，在Torchlight油田的实验室岩心试验和矿场先导试验中，胶束流体驱效率较差的原因是流体存在从下部微乳状液相环境向上部微乳状液相环境变化的趋势。上部相环境的特征是大部分都具有较高的界面张力(IFT)，因而驱替效率较低。阳离子交换以及胶束流体与高硬度/高含盐度前置液混合，促使了上部相环境的形成。黏性聚合物凝聚作用和表面活性剂宏观乳状液的形成，再加上分散作业，促进了大规模混合带的生长。

当整个段塞转变为上部相环境时，由相捕集引起的化学剂损失可能会很大。试验发现，整个实验室岩心试验过程需要约0.4PV的段塞体积。Torchlight油田先导试验需要注入大量的化学剂，因而驱替不是很有效。实验室研究结果表明，在先导实验中使用的胶束流体段塞不能满足要求。

5.15.6 Delaware-Childers胶束/聚合物驱(M/P)项目

这个现场项目位于俄克拉荷马州东北部，产层为油湿的Bartlesville砂岩，深度为

620～700ft，厚度为52ft(约15.85m)，平均孔隙度为21%，平均渗透率为100mD，估算的含油饱和度为32～36%，油藏温度(86℉)下的原油黏度为9.6cP，储层具有油湿性。Mary Costen岩心矿物分析显示，矿物成分为：50%的石英、12%的碳酸盐(主要为方解石)、10%的黏土(主要是高岭石)、5%的长石、3%的硬石膏和石膏、20%的其他成分(云母、褐铁矿、赤铁矿等)。

1938年实测的地层水溶解固体总量(TDS)是10×10^4mg/L。在1975年开始注入预冲洗液时，TDS是1.1×10^4mg/L。而到1980年矿场试验结束时，TDS降至7000mg/L。这说明了水驱的效果。前置液的TDS是8800mg/L，胶束段塞的TDS是8200mg/L，聚合物段塞的TDS是2900mg/L(Thomas等，1982)。

化学驱在周边为生产井的2.5acre反5点法井网内实施。附近的地区在1930年实施过空气驱，并在1954年转为水驱。1976年4月28日，开始注胶束流体，共注入约0.1PV，1979年8月聚合物注入结束，共注入0.4PV的聚合物，之后注淡水。所用的胶束为Amoco® Floodaid 141，它是石油磺酸盐和助表面活性剂121的混合物，而后者为乙氧基化醇。使用的聚合物是Nal-flo B(原来叫Instapol Q-41-F)，相对分子质量为8×10^6～10×10^6。

增产油量较少，评价井附近的含油饱和度并没有显著降低，但重新分布了。该项目无论从技术上，还是从经济上讲，都没有取得成功。通过胶束/聚合物驱(M/P)三次采油生产的油量很少。

5.15.7 Minas表面活性剂-聚合物驱项目准备

Minas表面活性剂(驱)项目还在研究之中。这一案例说明，表面活性剂驱矿场项目的实施需要长时间的准备。本案例介绍的内容是基于Bou-Mikael等人(2000)、Cheng等人(2012)及Harman和Salem的论文。

5.15.7.1 油藏和开发动态描述

Minas油田是东南亚最大的油田，原始石油地质储量(OOIP)大约是90×10^8bbl。该油田发现于1944年，于1952年投产。产量峰值出现在1973年，为44×10^4bbl/d。Minas的构造是一个微倾的西北-东南走向的宽缓背斜，长约28km，宽约7～13km。储层被划分为A1、A2、B1、B2和D砂层。最大的原始油柱高度为480ft(150m)。产层的平均孔隙度是26%，渗透率大约是4D，原油黏度是3cP。原始地层压力是930psi(表)，油藏温度是200℉(约90℃)。地层水含盐度低于3000mg/L。含水层并不如早期生产状况所指示的那样强。1972年开始水驱开发。

到2000年，加密井距大约是24acre，含水率97%，已开采出超过50%的石油。油藏中仍有45×10^8bbl的剩余油，这部分石油是提高采收率(EOR)的目标。1994年曾开展过三次采油EOR工艺筛选，确定对轻质油蒸汽驱(LOSF)和SP驱工艺进行评价。

5.15.7.2 表面活性剂矿场试验

第一个表面活性剂矿场试验区选在油田南部。矿场实验区由井距4.3acre的5点法井网构成，有4口注入井、1口位于井网中心的生产井、4口观察井、5口取样井及2口驱后取心井。5口取样井中的4口和所有4口观察井都位于注入井与中心生产井之间距离的三分之二处。第五口取样井距离注入井较近，在注入井和中心生产井之间距离的四分之一处，以便监测表面活性剂-聚合物驱(SP)前缘(Bou-Mikael等，2000)。

观察井用玻璃纤维套管完井，便于使用磁共振和深感应测井等裸眼测井工具对饱和度变化进行定期监测。Minas油田的生产井一般采用高速电潜泵。为了开展这个项目，取样井安装了低速有杆泵，以防止聚合物溶液剪切。注入顺序是先进行水驱，使含油饱和度降低到残余油饱和度，然后是表面活性剂驱、聚合物驱和后续水驱。

为了确定最佳的表面活性剂和聚合物段塞体积和浓度，开展了大量的实验室岩心驱替试验。此外，还开展了一些试验，测定聚合物黏度、渗透率降低系数和残余渗透率降低系数、界面张力(IFT)和CDC。下面是为矿场试验推荐的段塞体积和浓度：

① 表面活性剂：0.25PV，浓度为2%。

② 聚合物：0.50PV，有两口注入井的浓度从1250mg/L逐渐降低到500mg/L，其他两口注入井的浓度从900mg/L逐渐降低到350mg/L。

③ 后续水：1PV。

矿场试验设计使用2种表面活性剂(木质素Ⅱ和合成石油磺酸盐)和4种聚合物。1998年一季度开始钻井，1999年5月1日开始注入前置液，并持续到2000年3月1日。A1砂层于2000年5月10日开始注表面活性剂，于2002年2月结束。这次试验被称为表面活性剂矿场试验1(SFT-1)。SFT-1项目显示了有利的结果，但还需要作进一步的评价(Cheng等，2012)。另一次表面活性剂矿场试验被称为SFT-2，计划在2012年开展。SFT-2试验采用的是井距为4.5acre的7点法井网，有一口中心生产井，其周围是6口化学剂注入井。另外，还有6口控制液压的外围注水井和4口化学取样井。

5.15.7.3 测量和监测方案

注表面活性剂之前的基线测量项目包括：脉冲试井、示踪剂测试、吸水剖面测试及标准的试井。1999年4月，在A2砂层中进行了脉冲试井，主要是判断井的连通性和储层的传导系数。每天向中央生产井中泵入2000bbl水，产生压力脉冲。同时，监测周围4口注入井内的压力响应。使用压力分辨率为±0.01psi的高灵敏度晶体石英压力表(CQG)来监测脉冲。脉冲试井的结果证实了井间连通性的存在。

2000年3月，在A1砂层中进行了注表面活性剂前示踪剂测试。在注(水)前置液阶段，分别向4口注入井中注入4种不同的氟苯型酸示踪剂(FBA)，目的是判断流动方向、前缘推进的速度和井网漂移(pattern drift)。FBA示踪剂是一种特殊的化学示踪剂，它有很低的检测级别(十亿分之几)，理论上在储集岩石上的吸附量也很少。此次试验的结果提供了有关井间连通性、流体运动和各注入井的流体前缘推进的确定性证据。

井网的东南和西南扇区分别在20天和23天后出现了一致的示踪剂响应，而东北和西北扇区则没有出现示踪剂响应的确定性证据，这说明注入流体可能漂移(drift)出了井网。这一信息有助于指导决策，确定在各扇区内开展聚合物驱的优先安排，调整表面活性剂和聚合物的注入速度。

根据设计，在注表面活性剂的整个过程中，都要随同表面活性剂同步注入低浓度化学示踪剂。长期向油藏中注入示踪剂有助于提高波及系数估算值的准确性，还可以为标定流体模拟模型以及估算表面活性剂吸附量和俘获比提供有价值的数据。俘获比的定义是：井网面积内注入流体波及体积的占比。该参数对全油田规模的驱替设计十分重要。

随后进行了两次井间示踪剂测试(ITT)。第一次(ITT-1)从2009年11月10日持续到2010年2月25日。第二次试验(ITT-2)从2010年11月10 开始，至2011年2月仍在继续。在开展ITT前，还进行了单井和井间不稳定试井、脉冲试井、油藏漂移试验(reservoir drift test)和注入试验。ITT数据分析使用了分析模型和油藏模拟模型。油藏流动模型是ITT数据的历史拟合，它对正确设计下一步的表面活性剂(驱)矿场试验非常有帮助。

ITT-1测试结果的解释揭示了可能导致表面活性剂驱失败的各种作业问题和油藏特性。SFT井网没有实现液压控制，事实上一种示踪剂只回收了不到20%。未预见到的目标砂层和井网外下伏砂层之间的连通性也是示踪剂回收率较低和波及效率低的原因。

在注入水前置液阶段，进行了一些修井作业，隔离A1砂层的顶部，并在注入井中安装涂有塑料涂层的油管，尽可能减少聚合物与裸露钢质材料的接触。利用现场的钻机开展了注入测试，以确保所有的射孔孔眼都是畅通的，而且能按照设计的速度(2300bbl/d)吸液。在井内进行注入能力调查，是为了判断整个A1砂层射孔段注入剖面的特征。虽然所有的孔眼都是畅通的，

4口注入井中仅有一口井显示射孔段的流体分布是均匀的。其余注入井的注入剖面不平衡，大约有三分之一射孔段并不吸液。注入聚合物有望改善注入剖面。

监测方案设计是为了保证责任明晰、规定的数据采集频率和程序得到严格遵守。表5.1是设计的监测方案。

表5.1 Minas油田表面活性剂驱矿场试验监测方案

位置	试验类别	频率	特殊工具或程序
生产井	试井		
	1—开采量	一周一次，一次24h	
	2—含水率	一周一次，一次24h	
	3—表面活性剂C%	一周三次	高效液体色谱法/滴定法
	4—原油分析	每周	
	5—油水界面张力	一周三次	旋滴张力仪
取样井	试井		
	1—流量	一周一次，一次24h	
	2—含水率	一周一次，一次24h	
	3—表面活性剂C%	一周三次	高效液体色谱法
	4—原油分析	每周	
	5—油水界面张力	一周三次	旋滴张力仪
注入井	声纳图	每月	声纳枪
测井	含油饱和度	0月、2.5月、2.5月、3.5月、4.5月、6月	小井眼测距工具和深感应测井
注入井	1—注入量	每天	
	2—压力	每天	
	3—PLT	完井后	
	4—聚合物C%	每天一次	
示踪剂测试	化学示踪剂	计划全过程	
混合器中的水	1—聚合物C%	每批	漏斗试验
	2—铁和冷凝测试(cond)	每月	滴定法/探针

5.15.8 中国孤东油田SP驱

虽然ASP提高石油采收率的潜力很大，但它还面临两个重大问题：碱反应引起的水垢和沉淀；碱溶液增强后的产出乳状液的处理。因此，更多的研究集中在表面活性剂-聚合物(SP)驱的优化上。下面介绍的表面活性剂-聚合物(SP)驱案例即是其中的一个例子。

表面活性剂-聚合物(SP)先导试验始于2003年9月，试验区位于孤东油田西断块的南NG54-61层。面积为0.94km^2，有9口注入井和16口生产井，油藏温度是68℃，地下原油黏度是45mPa·s，平均渗透率是1320mD，地层水含盐度是8207mg/L，其中Ca^{2+}和Mg^{2+}的浓度为231mg/L。在先导试验开始前，2003年8月实测的中部断块采出液含水率是98.3%，当时的原油采收率是35.2%(Li等，2012)。

设计的表面活性剂-聚合物(SP)配方是0.3%的石油磺酸盐+0.1%聚氧化乙烯+1700mg/L部分水解的聚丙烯酰胺。溶液黏度是22mPa·s。界面张力(IFT)是2.95×10^{-3}mN/m。

注入方案如下：

① 注入预冲洗液段塞：2003年9月11日开始注入作业，共注入浓度为2040mg/L的聚合物溶液0.075PV，目的是进行剖面控制。

② 主段塞：2004年6月1日开始注入作业，注入的段塞体积为0.495PV，构成是1717mg/L的

聚合物、0.44%的石油磺酸盐和0.15%的1号聚氧化乙烯。

③ 后段塞：2009年4月开始注入，2010年1月结束。注入浓度为1600mg/L的聚合物0.07PV。

在注入0.04PV主段塞后，生产井产量见效。石油产量峰值从水驱的10.4t/d增加到127.5t/d。含水率从98.3%下降到60.4%。到2011年12月，实现新增石油采收率16.7%。

参考文献

Amaefule, J.O., Handy, L.L., 1982. The effect of interfacial tension on relative oil and water permeabilities of consolidated porous media. SPE J. June, 371—381.

Bou-Mikael, S., Asmadi, F., Marwoto, D., Cease, C., 2000. Minas surfactant field trial tests two newly designed surfactants with high EOR potential. Paper SPE 64288 Presented at the Asia Pacific Oil and Gas Conference and Exhibition, 16—18 October, Brisbane, Australia.

Bourrel, M., Schechter, R.S., 1988. Microemulsions and Related Systems, Formulation, Solvency, and Physical Properties. Marcel Dekker, Inc., New York, NY.

Chen, T.-P., Pu, C.-S., 2006. Study on ultralow interfacial tension chemical flooding in low permeability reservoirs. JXSYU 21 (3), 30—33.

Cheng, H., Shook, G.M., Taimur, M., Dwarakanath, V., Smith, B.R., 2012. Interwell tracer tests to optimize operating conditions for a surfactant field trial: design, evaluation and implications. SPEREE 15 (2), 229—242.

Cinar, Y., Marquez, S., Orr Jr., F.M., 2007. Effect of IFT variation and wettability on three-phase relative permeability. SPEREE June, 211—220.

Coffman, C.L., Rosenwald, G.W., 1975. The El Dorado micellar—polymer project. Paper SPE 5408 Presented at the SPE Oklahoma City Regional Meeting, 24—25 March 1975, Oklahoma City, OK.

DeBons, F.E., Braun, R.W., Ledoux, W.A., 2004. A guide to chemical oil recovery for the independent operator. Paper SPE 89382 Presented at the SPE/DOE Symposium on Improved Oil Recovery, 17—21 April, Tulsa, OK.

Fleming, P.D.III, Sitton, D.M., Hessert, J.E., Vinatieri, J.E., Boneau, D.F., 1978. Phase properties of oil-recovery systems containing petroleum sulfonates. Paper SPE 7576 Presented at the SPE Fifty-Third Annual Technical Conference and Exhibition, 1—3 October, Houston, TX.

Foster, W.R., 1973. A low-tension waterflooding process. J. Pet. Technol. 25 (2), 205—210.

Gogarty, W.B., 1983a. Enhanced oil recovery through the use of chemicals—part 1. J. Pet. Technol. 35 (9), 1581—1590.

Gogarty, W.B., 1983b. Enhanced oil recovery through the use of chemicals—part 2. J. Pet. Technol. 35 (10), 1767—1775.

Green, D.W., Willhite, G.P., 1998. Enhanced oil recovery. Soc. Petrol. Eng.

Griffin, W.C., 1949. Classification of surface-active agents by "HLB". J. Soc. Cosmet. Chem. 1, 311.

Griffin, W.C., 1954. Calculation of HLB values of non-ionic surfactants. J. Soc. Cosmet. Chem. 5, 259.

Harman, Salem, E.A., 1994. Reservoir management in minas field: cooperative efforts between host country and operator to increase ultimate recovery. Paper Presented at the Fourteenth World Petroleum Congress, May 29—June 1, Stavanger, Norway.

Healy, R.N., Reed, R.L., Stenmark, D.G., 1976. Multiphase microemulsion systems. SPE J. June, 147—160 (Trans., AIME, 261).

Huh, C., 1979. Interfacial tension and solubilizing ability of a microemulsion phase that coexists with oil and brine. J. Colloid Interface Sci. 71, 408—428.

Li, Z.-Q., Zhang, A.-M., Cui, X.-L., Zhang, L., Guo, L.-L., Shan, L.-T., 2012. A successful pilot of dilute surfactant—polymer flooding in Shengli oilfield. Paper SPE 154034 Presented at the SPE Improved Oil Recovery Symposium, 14—18 April, Tulsa, OK.

Miller, R.J., Richmond, C.N., 1978. El Dorado micellar—polymer project facility. J. Pet. Technol. 30 (1), 26—32.

Moore, T.F., Slobod, R.C., 1955. Displacement of oil by water—effect of wettability, rate, and viscosity on recovery. Paper SPE 502-G Presented at the SPE Annual Fall Meeting, 2—5 October, New Orleans, LA.

Murtada, H., Marx, C., 1982. Evaluation of the low tension flood process for high-salinity reservoirs—laboratory investigation under reservoir conditions. SPE J. 22 (6), 831—846.

Nelson, R.C., 1981. Further studies on phase relationships in chemical flooding. In: Shah, D.O. (Ed.), Surface Phenomena in Enhanced Oil Recovery. Plenum Press, New York, NY, pp. 73—104.

Nelson, R.C., Pope, G.A., 1978. Phase relationships in chemical flooding. SPE J. October, 325—338 (Trans. AIME, 265).

Raterman, K.T., 1990. A mechanistic interpretation of the torchlight micellar/polymer pilot. SPERE 5 (4), 466—549.

Sheng, J.J., 2011. Modern Chemical Enhanced Oil Recovery—Theory and Practice. Elsevier, Burlington, MA.

Szabo, M.T., 1979. An evaluation of water-soluble polymers for secondary oil recovery, parts I and II. J. Pet. Technol. May, 553—570.

Taber, J.J., Martin, F.D., Seright, R.S., 1997. EOR screening criteria revisited—part 1: introduction to screening criteria and enhanced recovery field projects. SPEREE (August), 189—198.

Talash, A.W., Strange, L.K., 1982. Summary of performance and evaluations in the West Burkburnett Chemical Waterflood Project. J. Pet. Technol. 34 (11), 2495—2502.

Thomas, R.D., Spence, K.L., Burtch, F.W., Lorenz, P.B., 1982. Performance of DOEs micellar—polymer project in Northwest Oklahoma. Paper SPE 10724 Presented at the SPE Enhanced Oil Recovery Symposium, 4—7 April, Tulsa, OK.

Trushenski, S.P., 1977. Micellar flooding: surfactant—polymer interaction. In: Shah, D.O., Schechter, R.S. (Eds.), Improved Oil Recovery by Surfactant and Polymer Flooding. Academic Press, New York, NY, pp. 555—575.

Trushenski, S.P., Dauben, D.L., Parrish, D.R., 1974. Micellar flooding fluid propagation, interaction, and mobility. SPE J. December, 633—642 (Trans., AIME, 257).

UTCHEM, 2000. Technical documentation for UTCHEM-9.0. A Three-Dimensional Chemical Flood Simulator, Austin, July.

Wanosik, J.L., Treiber, L.E., Myal, F.R., Calvin, J.W., 1978. Sloss micellar pilot: project design and performance. Paper SPE 7092 Presented at the SPE Symposium on Improved Methods of Oil Recovery, 16—17 April 1978, Tulsa, OK.

Winsor, P.A., 1954. Solvent Properties of Amphiphilic Compounds. Butterworth Scientific Publication, London.

第6章 碱 驱

James J. Sheng

(得克萨斯科技大学Bob L. Herd石油工程系，美国得克萨斯州拉伯克，邮编79409)

6.1 引言

在几种化学驱油方法中，碱驱可能是成本最低的一种。然而，总体上来看，以往的矿场应用并没有实现明显高于水驱的石油采收率。我们有兴趣进一步深入研究这种方法在提高石油采收率方面的作用。目前，人们似乎对研究重油油藏碱驱开发比较感兴趣，因为重油中有机酸(可皂化组分)的含量很高，这些有机酸可以与碱发生化学反应，原地生成被称作脂肪酸盐的表面活性剂。

在本章中，我们将简要介绍碱驱的基本原理，包括碱驱中所采用的各类碱的对比、碱驱的机理，以及碱与原油、水和储集岩的反应。我们并不准备介绍碱驱模拟中的复杂公式，而是介绍有关溶液pH值、所生成表面活性剂的浓度、界面张力(IFT)、含盐度等方面的一些模拟结果，帮助读者认识碱化学反应的重要性。文中还讨论了诸如碱注入浓度和体积等典型的矿场注入数据，并介绍了一个典型的矿场监测项目。有趣的是，虽然中国正在开展的化学EOR矿场应用项目很多，但我们并没有见到仅采用碱的新矿场应用项目。相反，很多矿场应用项目都是把碱与诸如聚合物和表面活性剂等其他化学物质结合使用。近年来化学EOR方法在西方国家的应用并不多。因此，在介绍油田实例时，我们只选取了俄罗斯、匈牙利、印度和美国在1990年以前开展的几个案例。

6.2 碱驱中所采用碱类物质的对比

碱驱(alkaline flooding)又被称作“碱水驱油(caustic flooding)”。在与碱有关的EOR中所采用的碱类物质包括氢氧化钠、碳酸钠、原硅酸钠、三磷酸钠、偏硼酸钠、氢氧化铵和碳酸铵。其中最为常用的碱类物质是氢氧化钠、碳酸钠和原硅酸钠。氢氧化钠通过离解释放出OH^-，而后两者通过形成能够从溶液中移除游离H^+的弱游离酸(dissociating acid)(分别为硅酸和碳酸)来释放出OH^-。就在降低界面张力方面的有效性而言，常用的碱之间几乎没有什么差别(Burk，1987; Campbell, 1982)。在硬度很高的水中，原硅酸钠降低界面张力的效果更加明显。其原因是形成了硅酸钙或硅酸镁，而这两者的溶解度要远低于氢氧化钙或氢氧化镁，因而水的硬度会降低(Campbell, 1977; Novosad等, 1981)。形成硅酸盐垢的硬度范围与形成其他垢的硬度范围有重叠，所以形成的沉淀物或垢可能是复杂的混合物。硅酸盐垢一般是无定形的，而且是高度水合的。鉴于在中国的矿场应用中出现了乳化和结垢问题，大家倾向于采用诸如碳酸钠之类的弱碱而不是氢氧化钠。

为了尽可能减轻与诸如氢氧化钠和碳酸钠之类无机碱有关的腐蚀和结垢问题，有人提出采用有机碱(Berger和Lee，2006)。也有人提出利用偏硼酸盐来螯合诸如Ca^{2+}之类的二价阳离子并阻止沉淀物的形成(Flaaten等，2008)，但目前还没有关于这些碱类的矿场试验的报道。

6.3 碱化学反应

本节讨论的碱化学反应包括其与原油、岩石和水的反应。

6.3.1 碱与原油的反应

在碱驱中，注入的碱会与原油中的可皂化组分发生反应。这些可皂化组分被称为石油酸类(环烷酸)，以羧酸为主(Shuler等，1989)。假设石油中存在一种极易溶于石油的单个拟酸组分(pseudo-acid component)(HA)。碱-石油化学反应可以按照如下方式加以描述：这个拟酸组分在油相和水相之间的分配和随后在碱存在的情况下水解产生可溶的阴离子表面活性剂A^-(其组分可以方便地由RCOO来表示)(deZabala等，1982)：

$$HA_o \rightleftharpoons HA_w \tag{6.1}$$

$$HA_w \rightleftharpoons H^- + A^- \tag{6.2}$$

其中，HA代表单个酸种类，A代表长的有机链，下标o和w分别代表油相和水相。

在碱与原油之间化学反应的作用下，石油与水之间的界面张力减小。而界面张力的减小有助于提高乳化液的稳定性。

6.3.2 碱与岩石的反应

在原本与地层水处于平衡状态的黏土与碱溶液接触时，岩石表面会重新建立与新环境的平衡，而岩石表面和碱溶液之间会出现离子交换。黏土上的离子原本包括氢离子。随着溶液pH值的提高，岩石表面上的氢离子与驱替溶液中的氢氧根离子发生反应，降低碱溶液的pH值。随着碱溶液运动穿过储层，其中的碱(base)被逐渐消耗。说明这种氢离子交换的一个方程式就是：

$$H-X + Na^+ + OH^- \rightleftharpoons Na-X + H_2O \tag{6.3}$$

其中，X代表矿物-碱交换的位置。与之类似，Na^+-Ca^{2+}交换的方程式为：

$$2Na-X + Ca^{2+} \rightleftharpoons Ca-X + 2Na^+ \tag{6.4}$$

诸如钙离子和镁离子之类的二价阳离子在黏土中也存在。例如，在不含钙离子的碱盐水溶液与黏土接触时，岩石表面上的钙离子会与碱溶液中钠离子进行交换，这样就会出现钙沉淀。所以，在碱溶液运动穿过储层时，它还会因与黏土上钙离子反应而被消耗。这样的阳离子交换反应方程式举例如下：

$$Ca-X_2 + 2Na^+ + 2OH^- \rightleftharpoons 2(Na-X) + Ca(OH)_2 \tag{6.5}$$

$$Ca-X_2 + 2Na^+ + CO_3^{2-} \rightleftharpoons 2(Na-X) + CaCO_3 \tag{6.6}$$

离子交换是一个快速可逆的过程，与之相反，碱溶解岩石矿物是一个长期不可逆的动力学过程。为了确定最低的碱需求量，采用碱溶液对一个岩心进行了冲洗。在这个过程中消耗碱的作用包括离子交换和溶解。

由于大多数油气储层都具有复杂的岩石矿物学特性，其与碱反应的种类数可能很多。至今与储集岩的反应仍被认为是在碱消耗方面最大的贡献者。Ehrlich和Wygal(1977)曾报道了针对不同类型矿物开展的碱消耗方面的一些早期研究成果。他们发现，对于大多数矿物而言，碱消耗率都比较高，但石英、方解石和白云石与碱的反应速度相对较低。

6.3.3 碱与水的反应

碱与储层中水的主要反应是降低油田盐水中诸如钙和镁等多价阳离子的活性。在碱与这些离子接触后，可能会形成氢氧化钙、氢氧化镁、碳酸钙、碳酸镁、硅酸钙或硅酸镁沉淀，这要取决于pH值、离子浓度和温度等。如果出现的位置合适，那么这些沉淀物会使储层内的流体转向，使注入流体进入渗透率较低、驱替程度较差的流动通道，从而有可能提高石油采收率。

从上述讨论可知，碱的总消耗量包括：

$$C_i - C(t) = \Delta C_o - \Delta C_w - \Delta C_e - \Delta C_D \quad (6.7)$$

式中：C_i和$C(t)$分别代表初始浓度和现有(当前)浓度；ΔC_o是因与原油反应生成脂肪酸盐而消耗的碱；ΔC_w表示因与地层水中的多价阳离子反应而消耗的碱；ΔC_e代表因碱溶液与岩石之间的离子交换而消耗的碱；ΔC_D为因碱和岩石之间的溶解反应而消耗的碱。

6.4 采油机理

在碱驱中，乳化作用是一种重要的机理。原油被原地乳化并因界面张力减小而被流动的碱水携带(Subkow, 1942)。这种机理发生作用的条件是高pH值、低酸值、低含盐度和小于孔隙喉道直径的水包油(O/W)乳状液滴尺寸。

在乳化和携带过程中，乳化的油滴堵塞较小的孔隙喉道，从而提高波及效率(Jennings等, 1974)。这种机理发挥作用的条件是高pH值、中等酸值、低含盐度和大于孔隙喉道直径的水包油(O/W)乳状液滴尺寸。

乳化和聚结与自发形成的不稳定油包水(W/O)乳化液(Castor等, 1981)或混合乳化液有关。在与碱溶液接触后，孤立地油滴被乳化。在孔隙中运动过程中，乳化后的油滴会相互聚结，变成较大的油滴，之所以会出现这种现象，是因为油包水乳化液的液膜不牢固，它们很容易破裂并聚结，形成较大的液滴。部分乳化的油滴在孔喉处遇阻而停止运动。所以，石油开采机理是提高波及效率和增加油滴聚结的数量形成连续的油带(oil bank)。

所有这些机理都与乳化作用有关。在碱驱试验中，如果采出液的颜色是深棕色的，而水的颜色是暗黄色的，那么就说明石油发生了乳化。在这样的试验中，石油采收率为18%~22%。如果水和石油交替着从岩心中流出，而且水很清，那么就说明石油没有被乳化。在这样的试验中，石油采收率为14%~16%(Cheng等, 2001)。换句话说，乳化作用使石油采收率提高了约5%。在大庆油田碱-表面活性剂-聚合物(ASP)三元复合驱项目的很多井中，采出液的乳化程度越高，含水率的降幅就越大。

其他机理还有润湿性转换、二价阳离子沉淀(Sarem, 1974)、碱溶液与气体共注或交替注入改善波及效率等。

6.5 矿场注入数据

取决于所采用的开采机理，注入碱的浓度和数量是不同的。对于乳化机理而言，碱浓度一般是最低的，大约为0.001%~0.500%。而对于润湿性反转而言，所需的碱浓度往往比较高，其分布范围大约是0.5%~3.0%，最高甚至可达15.0%。大家普遍认为，虽然乳化和携带机理要求碱溶液注入量要足够多，以确保碱乳化液，但注入碱溶液段塞几乎与连续注入碱溶液一样有效。如果注入的碱溶液量较小，而且碱被岩石反应消耗掉，那么在到达生产井之前乳化液会再次被捕集。对于流度比改善发挥重要作用的其他机理而言，体积不大于约0.1~0.3PV的碱溶液段塞就可以有效地发挥作用(Johnson, 1976)。

Mayer等(1983)对1983年以前开展的碱驱现场项目进行了总结。我们采用统计法对这些项目的碱浓度及段塞大小进行了分析。图6.1显示了累积百分数与碱浓度的关系图。从这张图可以看出，碱浓度平均值(累积百分数为50%)大约是0.5%。对于大多数现场项目而言，碱浓度都小于1.0%。然而，在中国最近开展的现场项目中所采用的碱浓度比较高。图6.2显示了累积百分数与注入碱段塞大小的关系曲线，数据来源与图6.1的相同。在累积百分数为50%时，注入的碱段塞大约是15%PV。图6.3显示了累积百分数与注入碱总量的关系，注入碱总量是碱浓度(%)与段塞大小(%PV)之积。在累积百分数为50%时，其积为17。对于大多数油田项目而言，新增石油采收率都在1%~2%，只有两个案例实现了5%~8%的新增采收率。

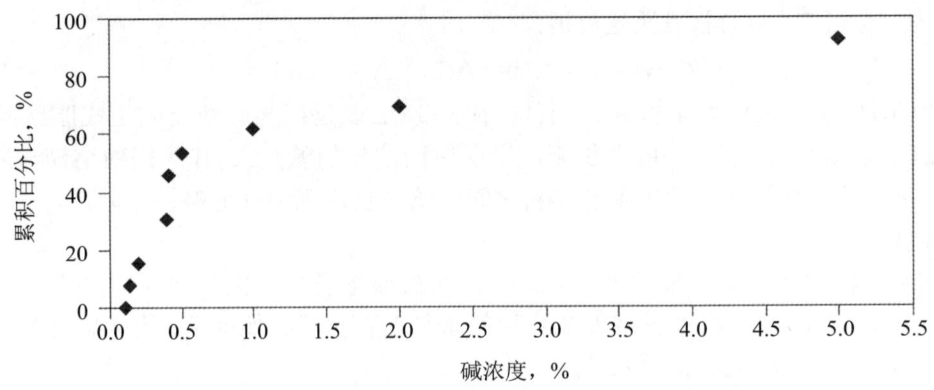

图6.1 实地项目的累积百分数与碱浓度的关系

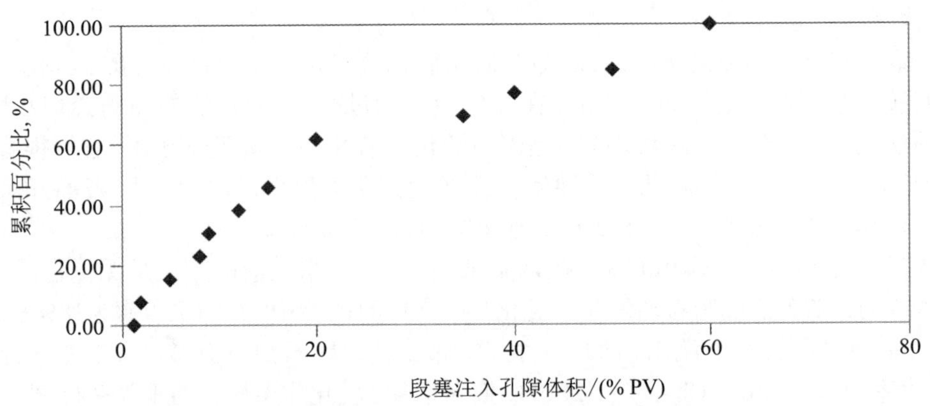

图6.2 实地项目的累计百分数与注入的碱性段塞的关系

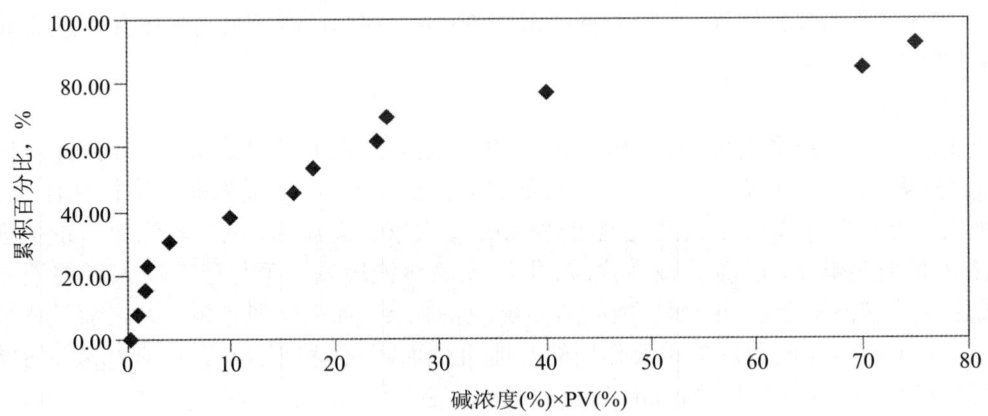

图6.3 累计百分数与注入碱总量的关系

这种新增石油采收率比较低的现象与碱驱的以下几个特点是一致的：难于获得超低界面张力(所要求的碱浓度很低，难于达到)；低界面张力的范围比较狭窄；流度控制有限等。考虑到碱驱、表面活性剂驱和/或聚合物驱的协同增效作用，不添加表面活性剂或聚合物的碱驱已经不再具有吸引力，至少在轻质油油藏中如此。

对于其所调研的油田项目，大部分案例的石油API重度都比较低，石油黏度为1~220mPa·s，而且大部分案例的石油黏度都偏低。地层温度为72~205℉。在早期的案例中，注入水的含盐度低于1000mg/L，但在后期的案例中含盐度较高。采用的碱为氢氧化钠、原硅酸钠和碳酸钠。

6.6 碱驱的应用条件

注入井应当是在油层内而不是周缘含水层内，以防碱因与二价阳离子反应而被消耗。然而，如果底水的二价离子含量很高，注入的碱溶液可以形成沉淀物，从而减少底水锥进。如果预期的开采机理并不是利用沉淀物来控制流度，那么二价离子交换能力应当低于5meq/kg，而原地pH值应当高于6.5(French和Burchfield，1990)。

对于石油酸值比较大的油藏而言，在任何开发阶段都可以开展碱驱。但对于石油酸值比较小的油藏而言，在开发早期开展碱驱的效果更好一些。在这种情况下，残余油饱和度应当高于0.4。碱驱并没有温度的限制。如果油藏中CO_2含量很高，不建议开展碱驱。在碳酸盐岩油藏中，可以考虑低pH值碱驱(French和Burchfield，1990)。

碱消耗主要是由黏土矿物与碱之间的化学反应和离子交换造成的，因而黏土矿物含量不应高于15%~25%。特别是，储层中的石膏含量应当很低(<0.1%)，甚至为零。地层渗透率应当高于100mD。然而，有报告称，碱驱技术已经在一个渗透率低至20mD的油田成功地得到了应用(Doe等，1987)。但在注水项目曾出现过注入能力问题的油藏中，不应当开展碱水注入项目。

石油的黏度应低于50~100cP。然而，现如今在石油黏度很高的油藏中开展碱-表面活性剂注入项目越来越多地引起了人们的兴趣。地层水含盐度应当低于20%。

井距应当为$(2\sim36)\times10^4m^2$/井。由于存在碱消耗问题，井间距不应过大。但应基于经济评价结果来确定井距。

在设计碱驱项目时，下列因素应当加以考虑：

① 矿场的碱消耗量要大于实验室的消耗量，其原因是前者的碱与岩石接触的时间要比后者的长得多。

② 现场的石油采收率往往要比实验室的观测结果低。

③ 在把碱驱与其他方法(例如聚合物驱、表面活性剂驱、烃气注入、热采等)结合在一起时，驱油效果要好得多。

④ 碱注入会在储层、井筒和地面设施和设备中产生结垢问题。

⑤ 当碱溶液与石油接触时，会形成稳定的乳化液。这会增加采出水的地面处理成本。

⑥ 应当设计开展小井距的现场先导试验，这样就可以在较短的时间内获取先导试验结果。在驱替前缘一线应当部署一系列的监测井和评价井。

⑦ 在设计碱浓度和段塞大小时，首先要确定对应于最低界面张力的最佳碱浓度。然后通过试验确定碱消耗量。注入的碱浓度应当是最佳浓度值与满足碱消耗所需浓度值之和。

⑧ 为了使碱驱项目能够获得较好的效果，界面张力应当小于0.01mN/m。如果界面张力大于0.1mN/m，应考虑采用改进的碱驱方法，例如热碱驱、气碱驱、能发挥沉淀作用优势的流度控制碱水驱(MCCF)(Sarem，1974)或者与表面活性剂或聚合物相结合的方法。

以下是从俄文文献中摘录的一些设备和安全方面的要求：

① 设备的材质一定不能与碱发生化学反应。建议采用不锈钢。用于输送碱溶液的设备和管道应当放置在混凝土地面上。混凝土层应至少比地面高出0.15m。

② 设备要定期冲洗，以便清除沉淀物。应把冲洗水收集并装入处理罐中。冲洗水的用量应当是管道体积的三倍。

③ 设施区域的水处理系统应当是闭环系统，而在设施区域以外部分可以采用开放系统。应当按照历史最高降雨量设计雨水处理系统。

④ 设施区域四周应安装栅栏，栅栏的高度不低于2m。通往被栅栏隔离区域的入口至少应4.5m宽。栅栏到机架和设备的距离应当是6m。在设施区域禁止安装供水水源。

6.7 矿场案例

下面介绍俄罗斯的两个流度控制案例、匈牙利的一个高碱浓度案例、印度的一个碱水驱案例、美国的三个案例和加拿大的一个重油油田案例。

6.7.1 俄罗斯Tpexozephoe油田(简称T油田)

这个案例展示了碱注入在流度控制方面的作用。有关这个案例的描述是基于作者所收集到的文献，但找不到相关的参考文献。T油田区块Ⅲ的减驱先导试验是俄罗斯在这方面开展的第一次矿场试验。T油田分为4个区块，其中最好的是区块Ⅲ。产油层是Ⅱ号层的上段和下段，其中下段是主力产层。区块Ⅲ是一个孤立的区块，所以注入的碱溶液不会流到试验区以外地方。表6.1列出了储层和流体性质。

表6.1 先导试验区产层和流体参数

有效厚度/m	15~20
原始含油饱和度(小数)	0.754
孔隙度，%	17
渗透率/mD	205
地层温度/℃	78(?)
石油密度/(g/cm^3)	0.735
石油地层体积系数/(m^3/m^3)	1.26
地层石油黏度/(mPa·s)	1.03
泡点/mPa	8.91
20℃下的溶解气含量/(m^3/t石油)	60.87
水的黏度/(mPa·s)	0.5
Cl^-/(mg/L)	9121
SO_4^{2-}/(mg/L)	12.4
HCO_3^-/(mg/L)	2293.6
Ca^{2+}/(mg/L)	153.6
Mg^{2+}/(mg/L)	43.2
Na^++K^+/(mg/L)	6521

6.7.1.1 油田开发历程

这个油田的开发始于1965年，采用的是边缘注水开发的方法。水驱开发的效果比较差。为了改善边缘注水开发效果，在油田的内部部署了6口注水井。先导试验区内的生产井数为19~20口。在碱驱之前，先导试验区已经开采了41%的原始石油地质储量(OOIP)，含水率在80%以上。

6.7.1.2 实验室研究

在实验室内按照原油占80%、煤油占20%的比例配制了试验用油。在78℃的条件下，试验用油的黏度为1.25mPa·s，密度为0.782g/cm^3，这两个数值都接近地下原油的性质。实验室试验中的流动速度与在地层中的一样。岩心试验结果显示，在分别采用浓度为0.05%和0.1%的碱溶液进行岩心驱替时，石油驱替率要比淡水驱的高出1%和6%。这说明最佳碱浓度应当是0.1%。在0.1%的碱浓度下，界面张力是0.46mN/m。考虑到部分碱会因与原油、地层水和岩石反应而被消耗掉，设计的碱浓度为0.25%。

由于地层水的HCO_3^-浓度很高，地层水和石油之间的界面张力只有4~6mN/m，要低于淡水和石油间的17~20mN/m。在另外一个实验室开展的岩心驱替试验证实，地层水的驱油效率要比淡水高5%。碱驱实现的驱替效率又比地层水驱的高出了2.5%。

6.7.1.3 监测方案

所有的生产井都要开展产油量、产液量、井底流压和地层压力监测和分析。至少每周都要从生产井中采集一次水样，用于分析采出液中碱浓度。对于注入井而言，要监测和分析吸水率、井底压力和地层压力。

1976年12月，开展了示踪剂测试，注入了600kg的硫氰酸铵。每周采集1~2个批次的流体样品。到1977年5月，在第一排(最接近注入井)的生产井中观测到了示踪剂。最初的示踪剂浓度为0.065mg/L，在第二个月达到了0.3~0.4mg/L。到1977年9月，在第三排生产井中也观测得到了低浓度的示踪剂。到此时，第一排生产井中的示踪剂浓度开始降低。到1977年12月，第三排的生产井已不再有示踪剂。随后第二排生产井也不再有示踪剂出现。到1978年3月，再也没有示踪剂产出。到此时，注入的示踪剂总共有6%被采出。

在示踪剂被采出的一个月后，观测到了20mg/L的较低减浓度。随后碱浓度稳定在40~80mg/L。注入的碱浓度为3330mg/L。有两口生产井的碱浓度达到了800mg/L，甚至达到了更高一些的最高值。在这两口井中注入的碱溶液通过高渗流动通道突破。

6.7.1.4 现场动态

针对原油与碱溶液间的相互作用开展了另外一次室内试验，结果表明其间的相互作用并不如原油和水之间的那么明显。由水硬度造成的流度控制效应可能比较重要。据估计，在碱溶液与地层水混合时，可能会形成1g/L的沉淀物。这些沉淀物可能有助于提高波及效率。为了避免在设备内和近井地带出现堵塞的现象，在碱溶液和水之间增加了一个淡水段塞。注入方案是：先开展为期5天的碱溶液注入，再开展为期4天的淡水注入，最后是为期5天的来自分离器的采出水注入。碱浓度是0.65%。这个注入方案一直持续到了1980年4月1日。此后区块Ⅲ的碱注入作业停止。在改变了注入方案后，生产井的碱浓度维持在了100~150mg/L。

在注水过程中地层流体之间建立了化学平衡：

$$CO_2 + H_2O \rightleftharpoons H_2CO_3 \rightleftharpoons H^+ + HCO_3^- \rightleftharpoons 2H^+ + CO_3^{2-} \tag{6.8}$$

在向地层中注入碱时这个平衡向右侧移动。存在两种化学反应：

$$NaOH + CO_2 \rightleftharpoons NaHCO_3 \tag{6.9}$$

图6.4显示了不同pH值下的碳酸根离子浓度。

$$NaHCO_3 + NaOH \rightleftharpoons Na_2CO_3 + H_2O \tag{6.10}$$

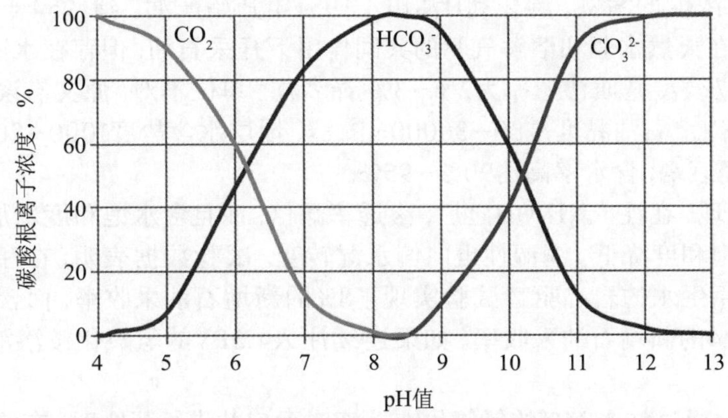

图6.4 在70℃下碳酸根离子浓度与溶液pH值的关系

从图6.4可以看出，只有在pH值小于8.3~8.4时，CO_2才能存在。随着pH值增大，CO_3^{2-}浓度增大，它们会与Ca^{2+}结合形成沉淀物。只有在pH值为9～9.5的水平时，这种沉淀物才会出现。在pH值大于10.5时，$Mg(OH)_2$沉淀。除了与地层水反应外，注入的碱溶液一定还要与岩石反应。只有在经与地层水和岩石的反应后剩余的碱溶液才能与原油反应，降低界面张力。

通过对采出液采样并分析pH值和碳酸根离子的浓度，发现交替注入碱溶液和采出的地层水改善了流度控制效果。但改善的幅度并不明显，其原因是沉淀物数量不够多，没能有效地降低流体通道的渗透率。在这个先导试验区内，每注入1t NaOH，增产石油14t。

在这个油田的另外一个区块又实施了一个碱驱先导试验。这个先导试验区的水驱开发始于1966年。在1980年开始向9口井中注入碱溶液之前，含水率为73%。把碱溶液的浓度从0.6%提高到了1.6%。先导试验区被划分为5个块。其中有3块的碱驱取得了比较好的效果，但其余2块因地层黏土含量较高(>20%)而没有取得成功。在取得成功的3块内，每注入1t碱，增产石油10t。

6.7.2 俄罗斯Шагцр-Гоаеан油田(简称W油田)

这个案例说明的同样是通过注入碱溶液控制流度。W油田的碱驱开始于1978年(Buchenkov等，1986)。为了缩短注入井到生产井的距离，在距离中心注入井50～150m以外的地方新钻了生产井。试验区的面积为$22.5\times10^4m^2$。储层的孔隙度和渗透率分别为22%和766mD。石油黏度为38mPa·s。地层水属于$CaCl_2$型水，含盐度为90～120g/L。

油水界面张力为30mN/m，而石油与1%NaOH溶液之间的界面张力为1mN/m。岩心驱替试验表明，注入0.25PV的1% NaOH溶液实现了新增石油采收率14%，其主要机理是界面张力降低和润湿性转换。

1978年8月～1979年6月，在1号试验区注入了$1.37\times10^4m^3$的碱溶液，接着又注入了淡水。1983年12月，又重新开始碱水注入。到此时含水率已经达到了90%。纵向波及系数从淡水注入的0.36增加到了碱水注入的0.91。碱驱的累积水油比比淡水注入的低了1.35倍。

2号试验区的碱水注入从1983年8月开始。在反7点法井网中有5口注入井和25口生产井。试验区的面积为$312\times10^4m^2$。含水率为82%。在碱驱之前，$CaCl_2$型的采出水被回注地下。为了避免发生沉淀，注入了一个淡水段塞。在这个试验区内发育两套高渗透率差异(1∶23)地层。在注入碱水后，吸水剖面改变为1∶3。淡水段塞的注入能够防止近井筒地带发生沉淀，但在远离井筒的地带还是有沉淀发生。在这个试验区内，每注入1t碱，增产石油15t。

一般而言，在注入碱水后的3～4个月内，就观察到生产井中Ca^{2+}浓度降低，而HCO_3^-浓度增大。

6.7.3 匈牙利H油田

这是一个高碱浓度的案例。匈牙利H油田于1951年开始产油。到1954年石油产量达到了3000t/d。这个油田在天然水驱和溶解气驱的共同作用下开采石油，但存在水锥进的问题。储层为裂缝高度发育的灰岩，基质渗透率为2%～3%(译者注：单位不对，原文有误)，具有油湿性，地层温度为78～148℃。石油黏度是80～30000mPa·s，地层水含盐度1000～2000mg/L。在碱驱之前，这个油田已经衰竭，含水率高达90%～95%。

实验室研究发现，在注入NH_4OH之后，渗透率翻倍，而且含水饱和度增加了3%～10%。与之相应的是，含油饱和度降低。润湿性也向偏水湿转变。试验数据表明，在注入0.03PV的25%氢氧化铵后，不含原生水的岩心驱替试验实现了8%的新增石油采收率，而含有原生水的岩心驱替试验实现了11%的新增石油采收率。如果连续注入4.5PV的氢氧化铵溶液，新增石油采收率可达12%。

在矿场试验中，通过注入24%的氢氧化铵溶液对两口井进行了处理。在这两口井中分别注入了631t和114t NH_3，实现的新增石油产量分别为$2400m^3$和$350m^3$。其中一口井回采出了40%的注入氢氧化铵，而另一口的回采量为20%。

1975年，按照35～40m^3/d的注入速度在3口注入井中注入了浓度为25%的氢氧化铵。总注入量为3233m^3/d(译者注：原文中这个数字可能有误)。在碱液段塞形成之后，注入了淡水段塞。吸水能力从500～600m^3/d降低到300m^3/d。生产井的产液量增加。部分生产井的石油产量增加。在18个月内注入的氢氧化铵有18%被回采。

6.7.4 印度北古吉拉特油田

表6.2列出了印度北古吉拉特油田碱水驱先导试验项目的数据(Goyal等，1991)。这个油田发现于1962年。到开展先导试验之时，这个油田的石油采收率已经达到了5%的原始石油地质储量，原始地层压力也从135kgf/cm^{2}降至70kgf/cm^2。

表6.2 印度北古吉拉特油田先导试验区的储层和流体参数

先导试验区的面积/km^2	0.0405
有效厚度/m	6.8
孔隙体积/m^3	59200
原始含油饱和度(小数)	0.7
孔隙度，%	21.5
渗透率/mD	800
地层温度/℃	84
20℃下的石油密度/(g/cm^3)	0.93
石油地层体积系数/(m^3/m^3)	1.06
地层石油黏度/(mPa·s)	10
酸值/(mg KOH/g石油)	1.5
20℃下的溶解气含量/(m^3/m^3)	20
沥青含量，%	0.7
树脂含量，%	2.1～4.3
石蜡含量，%	5.7～12.6
残渣含量，%	18.5
pH值	8.71
Cl^-/(mg/L)	1280
SO_4^{2-}/(mg/L)	120
HCO_3^-/(mg/L)	235
Ca^{2+}/(mg/L)	671
Mg^{2+}/(mg/L)	24
Na^++K^+/(mg/L)	98.4
Cl^-/(mg/L)	1220

实验室研究表明，在碱溶液的浓度为0.25%时界面张力最小，而且注入0.1～0.2PV的碱溶液可以在水驱开发的基础上新增石油采收率10%。在这些看似前景非常好的实验室实验结果的基础上，制定了矿场先导试验计划并于1987年实施。开展先导试验的井网为反5点法井网，面积10acre(0.0405km^2)。注入井和生产井之间的距离为142m。这个先导试验项目的总资本投入为30万美元，操作和维护成本估计为5000美元。

按照100m^3/d注入速度注入了总量为0.2PV的碱溶液，没有发生注入困难问题。注入压力曾小幅增加20kg/cm^2，但持续时间很短，说明地下曾先发生乳化作用，后又发生脱乳作用。

由于开展先导试验的井网是非封闭的，因而很难确定石油采收率。据估计，注入1.5PV的0.25%碱溶液可以在水驱开发的基础上实现38%的新增石油采收率。这个数值对于碱驱项目而言似乎太高了。

6.7.5 美国加利福尼亚Whittier油田

1966年10月，Whittier油田开展了碱驱二次采油试验。目的是通过注入碱水在现有水驱开发的基础上进一步提高石油采收率(Graue和Johnson，1974)。

两套砂岩产层的净厚度分别为约37ft和100ft。在项目开始时，有45口生产井和4口注入井投入了试验，随后有一口生产井转为注入井。储层和流体参数列在表6.3中。

表6.3 Whittier油田的储层和流体参数

岩 性	砂 岩
井网类型	行列注水
项目区面积/acre	63
井距/acre	1~2
地层埋深/ft	1500~2100
砂岩净厚度/m	137
孔隙度，%	30
渗透率/mD	320~495
地层温度/℃	48.9
石油密度/(g/cm^3)	0.93
地层石油黏度/(mPa·s)	40
驱替开始时的含油饱和度(小数)	0.51
戴克斯特拉-帕森斯系数	0.66~0.74

注入了采用无盐淡水配制的0.2%氢氧化钠溶液0.2PV。新增石油采收率5%~7%。新增石油产量的化学品成本介于0.36~0.48美元/bbl之间。实验室岩心驱替试验得出的采出水油比(WOR)与以孔隙体积小数表示的累积石油产量之间的关系与矿场先导试验接近。因此，根据实验室岩心驱替试验的开采动态就可以估算矿场试验的开采动态。

开展了示踪剂研究，其目的是搞清楚碱驱是否改变了波及系数，并确定漏失层的位置。在注入碱水之前和之后注入了氯化物、溴化物、硝酸盐、氚和钴-60等示踪剂。

对先导试验区内几乎所有井的水样都开展了示踪剂分析。在两次示踪剂测试中(碱驱前后各一次)，只有两口井(102号和121号井)的水样检测到了示踪剂。它们都临近48号注入井。这两次示踪剂测试都表明，注入48号井的流体有1%从102号井中采出。在碱驱开始前的示踪剂测试中，在10天之内就在121号井中检测到了示踪剂，而在碱驱之后开展的示踪剂测试中，在8天内就检测到了示踪剂。注入48号井的流体有4%从121号井中采出。这些零星的数据表明，注入碱水并未对这些地层产生明显的影响。根据这些数据无法判断碱水注入是否改善了面积波及效率。然而，转子流量计测量结果表明，注入井的吸水剖面明显得到改善。

6.7.6 美国加利福尼亚州Torrance油田

Torrance油田位于加利福尼亚州洛杉矶县的Redondo Beach与Wilmington市之间，曾为其Joughin单元的主力产油层设计了碱驱体系。这个设计的矿场应用项目似乎并没有圆满完成。我们介绍这个案例的原因是：这个项目在1984年以前所尝试开展的碱驱项目中是规模最大的，开展了大量的室内试验和模拟研究(Konopnicki和Zambrano，1984)。设计的碱驱方案涉及这个单元的大部分区域，12个反5点法井网，碱注入量为3800bbl/d(6042m^3/d)。1981年6月30日，利用软化的淡水开展了0.30PV的前置液注入，来降低储层流体内二价离子的含量和含盐度。计划于1985年初注入0.16PV的1.2%原硅酸钠碱溶液段塞。计划的碱水注入时间是2年。表6.4列出了先导试验区的储层和流体参数。

表6.4 B区的储层和流体参数

项目区面积/acre	2.44
地层埋深/m	566
有效厚度/m	37
孔隙体积/m^3	27984
原始含油饱和度(小数)	0.676
孔隙度, %	30.93
渗透率/mD	220
地层温度/℃	74
石油密度/(g/cm^3)	0.279
地层石油黏度/(mPa·s)	17
酸值/(mg KOH/g石油)	0.68~0.96
水驱流度比	2.76

这个油田的开发于1923年从Joughin单元开始，1924年便达到了8100bbl/d的峰值产量($1288m^3/d$)。最初的开采机理是压力衰竭和有限的水侵。先导试验区(B区)压力衰竭开采实现的采收率为29%。

1971年12月，开始实施注水开发，采用的淡水和周缘注水方式，注水井的数量为16口，地面平均注入压力为1600psi(表)，注入速度大致是43000bbl/d($6837m^3/d$)。Joughin单元B区周缘注水的新增石油采收率估计为6.3%。

1981年，为了做好碱驱的准备，把周缘注水转变为反9点法井网注水。这次注水方式的转变预计可以开采出4.7%的原始石油地质储量。而碱驱预计可以开采出1.75%的原始石油地质储量。先导试验区内(B区)包括碱驱在内的最终石油采收率是41.8%。

界面张力测量结果表明，利用软化后的淡水和总溶解固体量(TDS)低于500mg/L的地层盐水配制稀释原硅酸钠溶液，并用于碱驱，可以得到非常低的界面张力。最低的界面张力是在100%淡水中测到的。采用0.8%和1.2%的原硅酸钠溶液进行岩心驱替试验，使剩余油饱和度在水驱的基础上又降低了9.4%。把室内试验数据输入了化学模拟模型，并进行了模型粗化，用于矿场规模的预测。研究结果表明，注入0.16PV的1.2%原硅酸钠溶液可以实现新增石油产量187.5×10^4bbl($298125m^3$)，也就是原始石油地质储量的1.75%。

在充填储集岩岩心物质的76cm长管子中开展了3次连续的流动碱消耗测试。在原硅酸钠溶液的浓度为0.4%、0.8%和1.2%时，每100g岩心物质的碱消耗量分别是15meq、18meq和24meq。所有这3个管子都采用10PV的碱溶液进行了驱替。

6.7.7 美国加利福尼亚Wilmington油田

在Wilmington油田的Ranger区开展了碱驱EOR项目。Wilmington油田是美国主力油田之一，在洛杉矶盆地众多的上新统-中新统油藏中具有代表性。1980年3月，长滩市(Long Beach)(长滩单元的经营者)THUMS长滩公司和美国能源部联合实施了断块Ⅶ中Ranger区的碱驱项目(Mayer和Breit，1986)。Ranger区属于一个层状油藏，砂岩和页岩交互，总厚度平均为259m，砂岩净厚度大约是91m。先导试验区分为3区块，其中中间区块的面积为93acre，有11口生产井，这些生产井被两排注入井(每排4口井)和两条大断层所包围。这个区块被列入了美国能源部和长滩市所签署的成本共担合同。第二个区块是面积为59acre的北块，其中有6口生产井。第三个区块面积为41acre的南块，也有6口生产井。与中间区块一样，北块和南块同样也都在东面和西面被相同的断层所包围。表6.5列出了详细的储层和流体参数。

表6.5 Wilmington油田Ranger区的储层和流体参数

岩 性	砂 岩
井网类型	交错行列注水
井距/acre	12
地层埋深/ft	2225~2800
总砂厚度/m	259
砂岩净厚度/m	97
孔隙度，%	25
渗透率/mD	240
地层温度/℃	51.7
石油密度/(g/cm^3)	0.953
地层石油黏度/(mPa·s)	23
驱替开始时的含油饱和度(小数)	0.86~2.05
驱油前的含油饱和度	0.51
戴克斯特拉-帕森斯系数	0.7
Na^+/(mg/L)	6938
NH_4^+/(mg/L)	149
Ca^{2+}/(mg/L)	355
Mg^{2+}/(mg/L)	315
Cl^-/(mg/L)	11911
HCO_3^-/(mg/L)	1306
$B_2O_7^{2-}$/(mg/L)	123

6.7.7.1 微型注入测试

在1977年6月6日~8月17日之间开展了一口井的注入能力测试(微型注入测试)，为大规模先导试验做好准备。测试是在B-836I井中开展的。微型注入测试分为以下几个步骤：1977年6月6日，开始注入总量为6.2×10^{4}bbl的含1%氯化钠的软化水前置液；1977年6月22日(译者注：原文为1970年，原文有误)，开始注入总量为23.7×10^{4}bbl的含0.1%氢氧化钠的软化淡水碱溶液。由测试得出了以下认识：

① 前置液和碱水的注入能力令人满意。

② 注入剖面观察发现，流体流动分布并未出现明显的改变。

③ 返排液样品的化学分析结果表明，流体的碱度明显提高。但还没有确定碱度的提高是由NaOH造成的，还是储层中HCO^{3-}转换为CO_3^{2-}的结果。

④ 无法确定碱液的消耗量。

⑤ 测试结束时井筒中的充填物似乎来自返排液，而不是化学反应的沉淀物。

⑥ 处理化学品和注入流体的后勤保障工作令人满意。

6.7.7.2 化学品注入方案

在1979年1月~1980年3月27日这段时间内，在193acre的先导试验区内注入了大约0.1018PV的含0.9756%氯化钠的软化淡水前置液。注入前置液的目的是降低地层水过高的硬度，并建立一个有利于注入的碱水高效驱替石油的含盐度环境。在1980年3月27日~1983年12月6日期间，开展了碱驱，注入了原硅酸钠浓度为0.3917%的软化淡水和浓度为0.6703%的氯化钠溶液。段塞的体积为0.3624PV。1983年12月6日，开始注入盐含量为0.7048%的软水进行后冲洗，后冲洗作业一直持续到了1984年6月24日。后冲洗液注入量为0.0555PV(Krumrine等, 1985)。有关所注入化学品的类型、浓度和数量等方面的技术规范是根据实验室试验、微型注入测试和模拟研究结果而确定的(Mayer和Breit, 1986)。

实验室测试结果表明,在36天的测试期内在51.7℃的温度下碱消耗量为8.6~16.9meq/100g岩石。经换算,碱消耗量的上限值16.9meq/100g岩石等价于28.6lb/bbl孔隙空间。在按比例放大到矿场规模时,注入的原硅酸盐(6500×10^4lb)的吸附量仅达到了0.2%的孔隙体积。这表明,碱段塞进入储层的数量很少,因而石油开采效果比较差。动力学控制下吸附损失模拟研究表明,碱驱的石油采收率与水驱开发的大致相同。0.3917%的原硅酸盐注入浓度的选择是基于实验室数据,这个浓度值对应于最小的界面张力。

之所以选用原硅酸钠而不是氢氧化钠,是因为前者的石油开采效果更好、硬度的降幅更大而且界面张力更小。根据实验室试验研究结果来看,选择原硅酸钠似乎是正确的。但这也会带来硅酸镁结垢问题。淡水前置液可以消除大部分的硬度,因而可以尽可能减轻结垢问题。

总体上,软化水前置液并没有效果,下面是一些迹象:

① 即使在注入大量的软化水之后,采出水的硬度仍旧很高。一般来说,在项目后期采出水的硬度(Ca^{2+}和Mg^{2+}浓度)仍保持在200~300mg/L的范围内。在生产井中实测的浓度值反映的是来自Range区内不同小层的流体流动。所以,在软化水注入量比较大的较高渗层中,硬度下降。无论如何,高硬度水平以及石油响应的缺乏,都表明前置液在降低硬度方面的效果不佳。

② 在很多生产井中结垢问题都比较严重。假如注入的前置液能够有效地降低原生地层水的硬度,结垢问题就不会这么严重了。

一般来讲,即使在之前的水驱开发过程中已经注入了大量的软化和/或低含盐度的水,注入前置液也无法有效地降低地层水的硬度。

6.7.7.3 结垢问题

在地层中会发生很多种反应,这些反应会明显地改变注入的段塞。它们包括溶解、混合、中和和离子交换。这些反应会有助于使注入流体转向,因为有沉淀物形成并堵塞高渗流动通道。但在生产井中,沉淀和沉积现象并不是人们所希望看到的,因为这样会形成结垢,进而可能影响石油开采,并堵塞井设备。

这个项目的石油驱替效果比较差。然而,部分生产井的产水量降低了。导致石油采收率低于预期值的关键因素有两点:碱液的消耗量太大和井筒堵塞。碱消耗量过多部分归因于碱液与高硬度地层水的混合,还有一部分归因于碱液与储集岩的反应。堵塞问题要归因于碳酸钙结垢、硅酸镁结垢和含硅酸盐的沉淀物的形成。

为修复被伤害的地层而开展的修井作业取得了部分成功。开采动态可以通过采用多种措施加以改进,其中就包括利用不同的前置液设计和聚合物来控制流度(Dauben等, 1987)。但是,鉴于碱消耗似乎是影响开采动态的主要因素,这些措施的重要性也就被视为次要的了。

1981年初,距离碱液注入井最近的生产井的产水量开始下降,涉及到了16口井,总产水量从最初的1.5×10^4~1.6×10^4bbl/d下降到了5000~7000bbl/d。产水量一般在观察到采出水的化学成分发生变化之前就开始下降了。对生产井开展的小规模酸化处理并没有改善其产能。因此,产水量的下降被归因于远离井筒地层中流动通道的部分堵塞。这些井的水油比并没有得到改善,而是基本上保持不变。结果,先导试验区反而损失了大约300bbl/d的石油产量。

每月都要对每口井的采出液开展化学分析,根据分析结果来诊断生产井所面临的问题。B-105井采出水中二氧化硅的含量增多,而水的产能下降,但采出水的pH值并未增加。二氧化硅含量的增加一般伴随着碳酸盐结垢问题。碳酸钙沉积通常出现在泵内及其周围,但不会出现在衬管内。采用盐酸清洗油管和泵，同时通过每年的不间断侧线处理(sidestream treatment)来防止碳酸盐结垢。这种措施使这类生产井能够按照令人满意的方式进行生产。

B-172井就是曾有一段时间在pH值没有增加的情况下出现二氧化硅含量增大的生产井。在这个时期，这口井出现了B-105井中曾发生过的碳酸钙结垢问题，但这一问题被成功地减轻。然而，在二氧化硅含量进一步增加并伴随着pH值的大幅提升，以及相应的硬度和含盐度的下降后，观测到了硅质结垢现象。分析发现，它们是硅酸镁和碳酸钙的混合物。后来对这口井采取了有针对性的措施来解决硅酸镁结垢问题，但泵仅仅工作了短暂的时间便出了故障。泵结垢是导致故障的原因。

注意，在先导试验区内发生过任何类型的泵结垢或堵塞问题的井中，问题基本上都不出以下几种类型：①井下离心泵的磨损；②泵吸入口堵塞；③部分外部泵结垢；④在个别情况下，油管柱底部少数几节的内部结垢。除了因套管/衬管出现机械故障而开展过一次修井起下作业外，仅仅开展过一次修井作业，从衬管中清除了已超过最低限度的充填物。细节请参阅Krumrine等(1985)的论文。

有趣的是，曾有计划安装更多的生产处理设施，以防出现乳化问题，但后来发现其实并不需要这些设施。

6.7.8 加拿大萨斯喀切温省Court Bakken重油油藏

Court Bakken重油油藏发现于1982年，并在同年投产。1988年开始采用井距为40acre的不规则井网进行注水开发。到2007年，注水井有20口，生产井有28口，含水率达到了95%。据预测，水驱采收率为30%。表6.6列出了部分储层和流体参数(Xie等，2008)。

表6.6 Court Bakken油藏储层和流体参数

原始地层压力/kPa	6620
原始地层温度/℃	31
井距/acre	40
地层埋深/m	870
砂岩总厚度/m	2~8
砂岩净厚度/m	7.6
孔隙度，%	29
渗透率/mD	2100
石油密度/API度	17
地层石油黏度/(mPa·s)	155
酸值/(mg KOH/g石油)	0.77

分两个阶段开展了单井测试。在第一个阶段，在测试井中注水，把近井筒地带的含油饱和度降至水驱残余油饱和度。在第二阶段，先注入5000mg/L的碱液段塞，接着再注入一个水段塞。在水驱和碱驱之后通过化学示踪剂测试和RST(地层饱和度测井仪)测井测量了残余油饱和度，所得结果分别为0.28和0.17。

在实验室测试、单井示踪剂测试和油藏模拟研究之后设计了先导试验方案。先导试验有一口注入井、两口现有的生产井和一口新生产井构成。计划注入0.4PV的0.5%碱溶液(NaOH)。设计的监测方案如下：

① 通过放射性示踪剂测量来确定注入流体流动路径和在先导试验区内生产井之间的分布。在注入前置液阶段要开展一次示踪剂测试。在碱驱前缘通过这3口生产井之后再开展一次示踪剂测试。通过示踪剂测试可以确定碱消耗量并估算碱驱前后的波及系数。

② 通过RST测井来确定残余油饱和度。

③ 在碱驱前后在注入井中开展转子流量计测量。

④ 在注入井和生产井中开展不稳定试井。

⑤ 频繁且有规律地监测产出液的含油率和含水率，以便确定含油带(如果有的话)的到达时间以及碱对生产井的长期生产动态的影响。

⑥ 在先导试验区的生产井和相邻的对比观测井中频繁且有规律地监测pH值和碱度，以便确定碱前缘到达的时间、波及系数和碱消耗量。

⑦ 结垢和腐蚀监测，以便评价和减轻碱溶液对井的影响。

碱溶液注入于2006年6月30日开始。模拟预测的新增石油采收率为9%原始石油地质储量。

6.8 结论

基于本章所介绍的内容，我们可以得出有关碱驱EOR的以下认识：

① 在早期的碱驱项目中，最常用的碱是氢氧化钠。如果注入碱溶液的主要目的是借助于沉淀物控制流度，那么所采用的碱是原硅酸钠。为了避免出现结垢和采出液乳化问题，采用的是诸如碳酸钠的弱碱。

② 显然，在俄罗斯开展的碱驱项目中强调的是流度控制机理。采出液乳化并非困难的问题。

③ 化学复合驱EOR方法在中国的应用很多，但单纯开展碱驱的矿场项目在文献中并没有报道。

④ 鉴于碱驱还没有通过矿场应用得到全面的证实，还需开展更深入的研究(Doe等，1987)。

参考文献

Berger, P.D., Lee, C.H., 2006. Improved ASP process using organic alkali. Paper SPE 99581 Presented at the 2006 SPE/DOE Symposium on Improved Oil Recovery, Tulsa, OK, 22-26 April.

Burk, J.H., 1987. Comparison of sodium carbonate, sodium hydroxide, and sodium orthosilicate for EOR. SPERE February, 9—16.

Buchenkov, L.N., Gorbunov, A.T., Zhdanov, S.A., et al., 1986. Field studies of the alkaline flooding method. VNIIOENG.

Campbell, T.C., 1977. A comparison of sodium orthosilicate and sodium hydroxide for alkaline waterflooding. Paper SPE 6514 Presented at the 1977 SPE California Regional Meeting, Bakersfield, CA, 13-15 April.

Campbell, T.C., 1982. The role of alkaline chemicals in the recovery of low-gravity crude oils. JPT November, 2510-2516.

Castor, T.P., Somerton, W.H., Kelly, J.F., 1981. Recovery mechanisms of alkaline flooding. In: Shah, D.O. (Ed.), Surface Phenomena in Enhanced Oil Recovery. Plenum Press, New York, NY, pp. 249—291.

Cheng, J.-C., Liao, G.-Z., Yang, Z.-Y., Li, Q., Yao, Y.-M., Xu, D.-P., 2001. Overview of Daqing ASP pilots. Pet. Geol. Oilfield Dev. Daqing 20 (2), 46—49.

Dauben, D.L., Easterly, R.A., Western, M.M., 1987. An evaluation of the alkaline waterflooding demonstration project, Ranger Zone Wilmington Field, California, Report DOE/BC/10830-5, US DOE, Bartlesville, OK (May).

deZabala, E.F., Vislocky, J.M., Rubin, E., Radke, C.J., 1982. A chemical theory for linear alkaline flooding. SPEJ April, 245—258.

Doe, P.H., Carey, B.S., Helmuth, E.S., 1987. The 1984 Natl. Petroleum Council study on EOR: chemical processes. JPT 39 (8), 976—980.

Ehrlich, R., Wygal, R.J., 1977. Interaction of crude oil and rock properties with the recovery of oil by caustic waterflooding. SPEJ August, 263—279.

Flaaten, A.K., Nguyen, Q.P., Zhang, J.-Y., Mohammadi, H., Pope, G.A., 2008. Chemical flooding without the need for soft water. Paper SPE 116754 Presented at the SPE Annual Technical Conference and Exhibition, Denver, CO, 21—24 September.

French, T.R., Burchfield, T.E., 1990. Design and optimization of alkaline flooding formulations. Paper SPE 20238 Presented the SPE/DOE Enhanced Oil Recovery Symposium, Tulsa, OK, 22—25 April.

Goyal, K.L., Gupta, R.K., Nanda, S.K., Paul, A.K., Sharma, P., 1991. Performance evaluation of caustic pilot project of north Gujarat oil field, India. Paper SPE 21410 Presented at the Middle East Oil Show, Bahrain, 16—19 November.

Graue, D.J., Johnson Jr., C.E., 1974. Field trial of caustic flooding process. JPT 26 (12), 1353—1358.

Jennings Jr., H.Y., Johnson Jr., C.E., McAuliffe, C.D., 1974. A caustic waterflooding process for heavy oils. JPT December, 1344—1352.

Johnson Jr., C.E., 1976. Status of caustic and emulsion methods. JPT January, 85—92.

Konopnicki, D.T., Zambrano, L.G., 1984. Application of the alkaline flooding process in the Torrance field. Paper SPE 12701 Presented at the SPE Enhanced Oil Recovery Symposium, Tulsa, OK, 15—18 April.

Krumrine, P.H., Mayer, E.H., Brock, G.F., 1985. Scale formation during alkaline flooding. JPT 37 (8), 1466—1474.

Mayer, E.H., Berg, R.L., Carmichael, J.D., Weinbrandt, R.M., 1983. Alkaline injection for enhanced oil recovery—a status report. JPT January, 209—221.

Mayer, E.H., Breit, V.S., 1986. Alkaline flood prediction studies, Ranger VII pilot, Wilmington Field, CA. SPERE 1 (1), 9—22.

Novosad, Z., et al. 1981. Comparison of oil recovery potential of sodium orthosilicate and sodium hydroxide for the Wainwright Reservoir, Alberta. Petroleum Recovery Institute Report No. 81-10, Alberta, Canada (July).

Sarem, A.M., 1974. Secondary and tertiary recovery of oil by MCCF (mobility-controlled caustic flooding) process. Paper SPE 4901 Presented at the SPE-AIME 44th Annual California Regional Meeting, San Francisco, CA, 4-5 April.

Shuler, P.J., Kuehne, D.L., Lerner, R.M., 1989. Improving chemical flood efficiency with micel-lar/alkaline/polymer process. JPT January, 80—88.

Subkow, P., 1942. Process for the removal of bitumen from bituminous deposits, US Patent No.2,288,857, 7 July.

Xie, J., Chung, B., Leung, L., 2008. Design and implementation of a caustic flooding EOR pilot at Court Bakken heavy oil reservoir. Paper 117221 Presented at the International Thermal Operations and Heavy Oil Symposium, Calgary, AB, Canada, 20—23 October.

第7章 碱-聚合物驱

James J. Sheng

(得克萨斯科技大学Bob L. Herd石油工程系，美国得克萨斯州Lubbock，邮编79409)

7.1 引言

如前文碱水驱一章所述，在过去的油田现场应用中，与水驱相比，碱水驱并未大幅提高石油采收率，原因是多方面的。其中一个可能的原因是在单独开展碱水驱时对流度的控制比较差。将碱水驱与聚合物驱相结合似乎是更好的选择。本章中，我们首先对碱与聚合物的相互作用和协同效应进行阐述，然后介绍几个油田实例。

7.2 碱与聚合物的相互作用

将碱与聚合物混合会发生一系列反应。Sheng(2011)对这些反应进行了详细研究。其主要结论总结如下：由于碱有盐效应，所以加入碱会降低聚合物溶液的黏度；然而，碱可以加快或增强聚合物溶液的水解作用。因此，加入碱也可能增加聚合物溶液的黏度。一般来说，盐效应会更强一些。所以，如图7.1所示，聚合物的黏度随碱浓度的增大而下降。

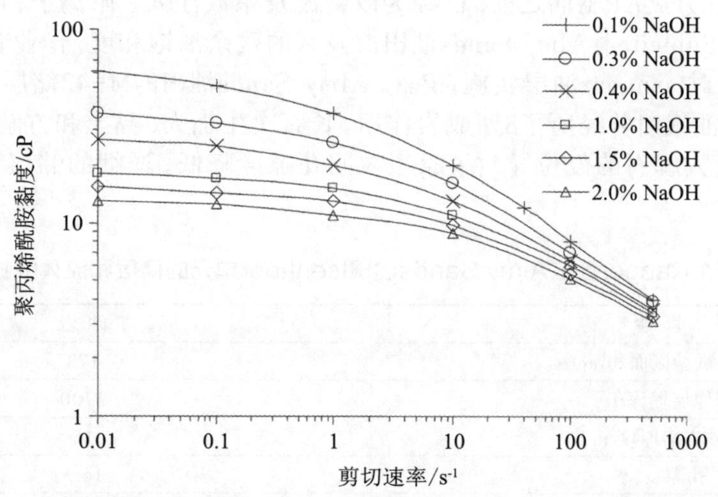

图7.1 碱对聚合物黏度的影响(1000mg/L 1275A)(Kang, 2001)

关于聚合物对碱溶液/石油界面张力(IFT)的影响，目前尚未达成共识。一般来说，人们认为聚合物对IFT的影响非常小。实验测试结果表明，碱-聚合物(AP)体系中的碱耗会比单纯的碱体系要低。这可能是由于聚合物覆盖了部分的岩石表面，减少了碱-岩石接触面积。在AP体系中，碱会与聚合物争夺带正电荷的位置。由于岩石表面所带负电荷增多，聚合物的吸附量减少(Krumrine和Falcone, 1987)。

7.3 碱与聚合物的协同效应

碱与原油反应会产生脂肪酸盐、变换润湿性和引发乳化作用。聚合物则提供了所需的流度控制。与单独的碱水驱或聚合物驱相比，AP驱可以采出更多的剩余油。

俄罗斯和中国的一些研究人员(Chen等，1999)的试验结果表明，由于pH值增大，聚合物吸附量减少。但这方面的文献数量仍不及论述表面活性剂吸附量减少得多(Labrid，1991)。同时，聚合物吸附还减弱了碱与岩石间的反应。

众所周知，在聚合物溶液中加入碱会降低聚合物溶液的黏度。我们可以在注入能力较低的井中发挥这一优势。最初，加入碱后的聚合物溶液黏度较低。随着碱与地层水和岩石发生反应而被消耗掉，聚合物溶液的黏度会逐渐高于初始值。因此，最初改善的是注入能力，而之后是波及系数。需要注意的是，吸附作用也会降低聚合物的浓度。最终的效果取决于碱浓度减少所造成影响与聚合物浓度减少所造成影响的平衡。

碱和聚合物驱油的协同效应可归纳如下：

① 含碱聚合物可以降低聚合物的吸附量和碱的消耗量

② 聚合物通过增大AP溶液的黏度而改善波及系数。因此，可以说聚合物将碱溶液“带入”了在没有聚合物时其无法达到的油层中。碱生成的脂肪酸盐使IFT降低，从而可以驱替更多的石油。换言之，在碱和聚合物的共同作用下，波及系数和驱替效率都得到了改善。

③ 碱可以降低近井地带聚合物的黏度，注入能力也因此得到改善。

7.4 AP在油田现场的应用

下面介绍几个AP驱技术的现场应用案例，包括美国怀俄明州的Almy Sands(Isenhour Unit)油田、默克洛夫特西(Moorcroft West)油田和汤普森克里克(Thompson Creek)油田，加拿大的David Lioydminster“A”油田和Etzikom油田，以及中国的兴-28区块(辽河油田)和羊三木油田。

7.4.1 美国怀俄明州Almy Sands(Isenhour Unit)油田

在本案例中，在开展AP驱油之前，已经为改善波及系数注入了阳离子和阴离子聚合物。为了降低怀俄明州Sublette县Almy Sands油田波及区的残余油饱和度，作业者自1980年9月开始在全油田范围内对Isenhour油层实施AP驱。Almy Sands油田的M-42储层是一套第三系河道砂沉积，在充注油气前曾经历了8期成岩作用。长石次生加大、黏土和方解石胶结、大量绿泥石和高岭石以及方解石的侵位导致了原生粒间孔隙度降低。详细的储层和流体参数列在表7.1中。

表7.1 Ranger地区Almy Sands油田Isenhour单元的储层和流体数据

岩 性	砂 岩
先导试验区面积/acre	173
地层埋深/ft	3700
砂岩净厚度/m	15
孔隙度，%	15.5
渗透率/mD	21
地层温度/℃	36.1
石油密度/(g/cm^3)	0.81
地层原油黏度/(mPa·s)	2.8
驱油前的含油饱和度	0.35

根据岩心测试结果，开展了原油-碱剂筛选，发现苏打粉(Na_2CO_3)和阴离子聚合物在降低IFT和提高剩余油流度方面的效果最好。在加入碱剂之前，首先注入了阳离子和阴离子聚丙烯酰胺前置液。

通过在500bbl(79.5m^3)水中加入1000lb(4536kg)KCl配制溶液，用于对每口注入井开展2周的预浸。然后，注入阳离子聚丙烯酰胺，在近井地带地层上形成覆盖层，这样可以防止淡水影响地层中的黏土矿物。自1969年9月以来，Almy Sands油田一直把这种浸泡-覆盖技术作为标准的黏土矿物稳定技术加以采用。首先注入0.043 PV的阳离子前置液。然后再注入阴离子聚丙烯酰胺，用来改善波及效率。这种先注入阳离子聚合物再注入阴离子聚合物的方法被称为"CAT-AN"法(Mack, 1978)。

将苏打粉与阴离子聚合物和无机润湿剂及稳定剂组成的干粉混合物以20∶1的干重比混合，然后在48个月的时间内注入井中。注入阴离子聚丙烯酰胺，用来持续改善波及效率，同时作为碱水段塞之后的流度缓冲液。阴离子聚丙烯酰胺以及苏打粉和聚合物干粉混合段塞的总量约为0.372PV。使用三聚磷酸盐/阴离子-聚合物混合物来实现长期的润湿性控制和增强碱水段塞稳定性，到1985年1月1日共注入约0.069PV。

根据1985年1月1日前实际的化学品的使用量以及新增石油开采量，该项目增油的化学品成本为1.12美元/标准bbl。每口井的生产动态详见Doll的研究(1988)。

7.4.2 美国怀俄明州默克洛夫特西油田

在该油田案例中使用了KOH。默克洛夫特西(Moorcroft West)油田Minnelusa砂组位于粉河盆地东北角，距亥俄明州默克洛夫特西北约15mile。该砂组的分布范围很有限，这为评价EOR技术提供了理想的条件，因为这里井网外作业影响解释结果的可能性几乎不存在。此处有两口井：Texas Trials No.1和Evans No. 1-12(Bala等, 1992)。

默克洛夫特西油田Minnelusa砂组的石油储量约为68.6×10^{4}bbl。主要开采机理是岩石和流体膨胀(油藏中的伴生气非常有限，而且也不存在活跃水驱)。井中并没有发现水/油界面。一次采油的石油采收率平均为原始石油地质储量(OOIP)的11%。该油田测井计算的孔隙度和含水饱和度分别为15.2%和28.1%。储层渗透率平均为114mD(6～150mD)，戴克斯特拉-帕森斯渗透率变异系数为0.65。砂层平均厚度为8.4ft，地层温度为48.9℃。石油相对密度为0.92，其构成包括27.23%的芳香烃、7.69%的戊烷可溶物、7.6%的不可溶戊烷和55.44%的脂肪烃。地层温度下的石油黏度约为42mPa·s。

注入和产出水的分析结果见表7.2。

表7.2 默克洛夫特西油田产出水和注入水分析结果

水	产出水	注入水
地 层	Minnelusa A	未 知
埋深/ft	5900	200
取样点	Texas Trail#1 Treater	井 口
pH值	7.34±0.47	7.3
溶解固体总量/(mg/L)	42370±15313	366
硬度(以$CaCO_3$计)/(mg/L)	4522±1234	21
Na^+/(mg/L)	16837±3044	93
Ca^{2+}/(mg/L)	999±95	31.3
Mg^{2+}/(mg/L)	536±76	14.6
$Fe_{总}$/(mg/L)	5.8±4.2	0
Cl^-/(mg/L)	26895±3256	1.94
SO_4^{2-}/(mg/L)	1763±519	101

1989年4月，利用临时注水系统把Evans井转换为注水井。注入水来自一口现有的牲畜饮水

井，通过一条长约600ft的地面管道与容量为400bbl的储存罐相连(装有过滤装置)。利用真空泵把储存罐中的水注入井中。1989年8月，在注入1.2×10^4bbl(1.2% PV)后，Texas Trails 1号井的产量从3bbl/d增至6bbl/d，而且其间产出水量没有变化。

1989年10月，启动了改善体积波及效率项目，使用阳离子和阴离子聚合物来改善储层非均质性。利用真空泵以25lb/d的速度注入120bbl约含600mg/L阳离子聚合物(干的颗粒状阳离子聚丙烯酰胺)的水。1989年11月，真空泵注入结束。在注入阳离子聚合物之后，1990年4月开始以10lb/d的速度注入100bbl(286mg/L)含阴离子聚合物(干的颗粒状阴离子聚合物)的水。设定的聚合物注入体积为0.06 PV。注阴离子聚合物的目的是改善该油田不利的流度比7。

截至1991年6月，Minnelusa A 砂岩(主力产油砂岩是Minnelusa组的上段，包括A、B两个砂岩段)的产量为38bbl/d。在地表压力为1100psi(表)条件下，聚合物溶液的平均注入速率为45bbl/d。该油藏的初始产量很低(约为原始石油地质储量的5%)，在开始注水前该油田的产量已降至4bbl/d。已经有少量的产出水，但在1991年6月前没有出现注入流体突破的迹象。

截至1991年6月，累计注入流体约56974bbl或5.8% PV。阳离子聚合物注入量为4500lb，平均浓度为606mg/L；阴离子聚合物注入量为1700lb，平均浓度为284mg/L。自开始注水以来，产油的化学品成本为1.46美元/bbl。石油产量为49950bbl，约为原始石油地质储量的7.3%。开始注水后的石油产量为15978bbl，约为原始石油地质储量的2.3%。初期的7.5万美元投资中包括了注水井的预先采购、使用和完井费用，注入设备的采购和安装费用以及1990年11月以前的所有相关费用。这些成本截至1991年7月已收回，这个时点距开始注水的时间为14个月。

1991年9月，开始进行注AP驱设计。其目的是通过降低石油和盐水的IFT降低剩余油饱和度。AP驱过程中要注入0.2PV 0.2%的氢氧化钾和225mg/L的阴离子聚合物。这是根据实验室分析结果制定的设计方案，因为通过实验研究发现，加入KOH可以使IFT降低至原来的1%，乃至更低。每月都要以段塞的形式注入杀菌剂(1，2-二溴-2，4-二氰基丁烷)，段塞的体积为含2lb(127mg/L)杀菌剂的45bbl水。使用杀菌剂是为了防止微生物破坏注水设施和管道。

该油田原油与这些注入溶液间的IFT只有油/水间IFT的1%：①0.2%～3%的KOH；②1.5%～3.0%的Na_2CO_3；③0.2%～3.0%的阳离子季铵表面活性剂和碳酸钠(表面活性剂与苏打粉的配比为1∶1)。在采用0.2%的KOH时IFT达到最低值。KOH与按照表面活性剂和苏打粉1∶1比例配制的混合溶液效果相当，但KOH的相关成本只是后者的六分之一。如果使用碳酸钠(3.0%)其成本是KOH的3倍。遗憾的是，在文献中并没有发现AP驱生产动态方面的数据。

7.4.3 美国怀俄明州汤普森克里克油田

汤普森克里克油田也实施了AP驱项目。驱油面积为26000kbbl·PV，地层温度为31℃，石油相对密度为0.94，石油黏度为300～515cP，流度比为13.6，渗透率为1400mD。2002年7月开始进行水驱，2004年5月开始进行AP驱。基于AP驱后短期生产动态开展的长期预测显示，石油产量提高，而产水量减少。

7.4.4 加拿大David Lloydminster“A”油田

加拿大艾伯塔省中东部地区的David Lloydminster“A” 油田也进行了AP驱油作业。该油田最初曾在1978年11月～1987年6月间进行了水驱，采收率达到了31.2%。该油田的AP驱油项目位于艾伯塔省Lloydminster以南约100km处。产层为上白垩统Lloydminster组未固结(部分胶结)砂岩，埋深约为758m。以不规则井网形式布署了18口生产井和7口注水井。详细的储层及流体数据列在表7.3中。

表7.3 David Lloyminster “A” 油田储层与流体数据

岩 相	砂 岩
项目区面积/acre	474
目的层埋深/m	758
砂岩净厚度/m	3.2
项目区岩石体积/(10^6m^3)	6.07
井网内岩石体积/(10^6m^3)	3.98
原始石油地质储量(OOIP)/(10^6m^3)	1.486
井距/acre	20
孔隙度, %	29
渗透率/mD	1400
初始储层压力/kPa	5841
地层温度/℃	30.6
石油密度/(g/cm^3)	0.9182
原地石油黏度/(mPa · s)	34.1

1983年12月，作为该油田作业者的Dome石油公司向艾伯特能源资源保护委员会(ERCB)提交了该油田的EOR计划，其中包括注入0.5PV 2%的碱(NaOH)和钻22口加密井。在注入碱之前，先注入0.1PV的软水(预冲洗)。最后还要再注入0.2PV的软水进行后冲洗，预计整个项目将历时6年。受油价下滑的影响，截至1986年1月，仅完钻了14口加密井，而非原计划的22口。进一步的实验室测试结果表明，随同聚合物和表面活性剂注入碱可以提高石油产量。实验室测试以及从只注碱到碳酸钠-聚合物共注再到碳酸钠-表面活性剂-聚合物共注的过程，已有相关文献进行过描述(Manji和Stasiuk，1988)。

为确定AP系统和碱-表面活性剂-聚合物(ASP)系统在采收率上的不同，研究人员设计了两个径向岩心驱替实验。结果显示，ASP系统的累计石油采收率为83%OOIP，高于AP系统的67%。不过ASP系统岩心的初始含油饱和度为0.87，而AP系统为0.67。Dome石油公司其他的研究结果显示，当初始含油饱和度较高时，采收率也较高。因此添加表面活性剂后的石油采收率较高并不能说明什么问题。AP溶液的IFT大致在0.1mN/m的水平，而添加表面活性剂后的IFT为0.01～0.001mN/m。

该油田自1987年6月开始AP驱油。当时采出液的含油率为40%。注入的化学溶液为1.0%的碳酸钠和800mg/L的Alcoflood1175(聚丙烯酰胺聚合物)。注入顺序为：先是0.213PV的AP溶液，之后是0.041PV浓度逐渐降低的聚合物溶液。

1990年12月，在聚合物段塞注入结束后进行了注水作业。AP驱实现的新增石油采收率大约为21.1%OOIP。项目成本为728.4万加元，其中包括化学品混合设备与水软化处理、新钻14口井以及购买化学品和工程设计的费用等。每桶油新增化学品成本为1.41加元/bbl或0.99美元/bbl。每桶新增石油的总成本为3.53加元/bbl或2.48美元/bbl(Pitts等，2004；Wyatt等，2004)。

7.4.5 加拿大艾伯塔省Etzikom油田

Husky Oil公司在Etzikom B和C区实施了AP驱油项目。该油田储层埋深为3150ft，地层温度为30℃，石油相对密度为0.94，石油黏度为100cP，水的黏度为0.8cP，流度比为17.2。B区和C区的储层厚度分别为26ft和22ft。两个区的储层孔隙度分别为23.4%和19.7%，渗透率为1000mD。1971年开始水驱，2000年开始AP驱。注入化学品后，C区的石油产量达到历史最高水平。未收集到该项目的详细资料。

7.4.6 中国辽河油田兴-28区块

此处要介绍的是一个在有气顶和边水且高含水油田中使用AP驱油的实例。辽河油田兴-28区块进行了AP驱油的先导试验。该试验区位于兴-28区块东部。该区块面积为2.05km^2，储层厚度为3m，石油原始地质储量为96×10^{4}t。该区块是一个背斜构造。该油田有一个厚度为2.6m、面积为1.08km^{2}的气顶，同时还有边水。储层埋深为1650～1730m，孔隙度为0.276，渗透率为2063mD。储层为水湿性砂岩。

该油田的地下石油密度为0.8174g/m^3，黏度为6.3mPa·s，地层温度为56.6℃。石油中的石蜡含量为4.14%。原始储层压力为17.29MPa。地层水总矿化度为3112mg/L的Ca^{2+}和14mg/L的Mg^{2+}。

该油田于1971年投产，1974年11月开始注水开发。1994年12月(AP驱油之前)，该油田的含水率为96.2%，石油采收率为46.75%。研究人员对该油田进行了一系列的研究，其中包括利用油藏模拟来了解剩余油的分布情况、调整井网设计、优化所注入化学品的配比、预测AP驱油的效果等。

在这些研究的基础上，选取了中央井网开展试验，包括3口注入井和1口观察井(生产井)。井距(井间距离)为160～190m。3口注入井的周围有4口外围观察(生产)井。这些井彼此间连通性很好。中央试验区面积为0.037km^2，产层厚度为7.4m。储集岩的碳酸盐矿物含量为6.3%，黏土矿物含量为2.5%。

优化后的配方为2%的碳酸钠和1000mg/L的1175A。研究结果还表明，AP驱的经济性好于ASP驱。因此选择在该区进行AP驱油先导试验。

该区的AP驱先导试验自1995年1月开始，至1998年8月结束。通过AP驱使整个试验区的石油采收率提高了1.98%OOIP，中央井网的采收率提高了18.5%。从1995年1月到含水率达到98.0%的这段时间内，整个先导试验区的石油采收率为3.34%OOIP。不过，由于在该区进行AP驱需要大量投资，加之此期间的油价较低，导致该先导试验区的AP驱油并不具经济性。关于该项目的详细论述请参阅Zhang等(1999)和Sheng(2011)的文献。

7.4.7 中国的羊三木油田

这是一个在高含水的稠油油藏中实施AP驱的案例。将使用处理后的产出水制备AP溶液。该先导试验在中国羊三木油田3号区块的NgII井组进行(Yang等，2010)。

该井组包含4口注入井和18口生产井。储层孔隙度为31%，渗透率为830mD，地层温度为62℃，石油和水在该温度下的黏度分别为120mPa·s和0.5mPa·s，酸值为1.1～2.6mg KOH/g石油。

所采用的配方为1%的碳酸钠(Na_2CO_3)和1000mg/L聚合物。设计的注入量为0.16PV的AP段塞和两个分别为体积渐小的0.06PV和0.03PV聚合物段塞。浓度为0.5%溶液的吸附量为1.2645mg/g砂，而浓度为0.5%碳酸钠和聚合物溶液的吸附量为0.8962mg/g砂。在0.3～0.5%碳酸钠溶液中IFT达到了0.01mN/m。

该油田自1999年3月开始进行AP驱采油，并于2001年5月结束。实际的注入浓度为0.84%的碱水和1094mg/L的聚合物。受规模问题影响，浓度有所变化。后续的注聚合物采油持续到2004年4月。

在1999年10月开始实施AP驱的7个月后，该油田的石油产量从74.6t/d提高到124t/d，含水率从97%降至94.3%。

7.5 结论

从以上分析可以看出，AP驱技术主要用于石油黏度较高的油藏。我们曾尽力收集更多的AP驱案例。不过，到目前为止采用AP驱采油的油田并不多。

参考文献

Bala, G.A., Duvall, M.L., Jackson, J.D., Larsen, D.C., 1992. A flexible low-cost approach to improving oil recovery from a (very) small Minnelusa Sand reservoir in Crook County, Wyoming. Paper SPE 24122 Presented at the SPE/DOE Enhanced Oil Recovery Symposium, Tulsa, OK, 22—24 April.

Chen, Z.-Y., Sun, W., Yang, H.-J., 1999. Mechanistic study of alkaline—polymer flooding in Yangsanmu field. J. Northwest University (Natural Science Edition) 29 (3), 237—240.

Doll, T.E., 1988. An update of the polymer-augmented alkaline flood at the Isenhour unit, Sublette County, Wyoming. SPERE 3 (2), 604—608.

Kang, W.-L., 2001. Study of Chemical Interactions and Drive Mechanisms in Daqing ASP Flooding. Petroleum Industry Press, Beijing, China.

Krumrine, P.H., Falcone, J.S., 1987. Beyond alkaline flooding: Design of complete chemical systems. Paper SPE 16280 Presented at the SPE International Symposium on Oilfield Chemistry, San Antonio, TX, 4—6 February.

Labrid, J., 1991. The use of alkaline agents in enhanced oil recovery processes. In: Baviere, M. (Ed.), Basic Concepts in Enhanced Oil Recovery Processes, SCI, pp. 123 — 155.

Mack, J.C., 1978. Improved oil recovery—product to process. Paper SPE 7179 Presented at the SPE Rocky Mountain Regional Meeting, Cody, WY, 17—19 May.

Manji, K.H., Stasiuk, B.W., 1988. Design considerations for Dome's David alkali/polymer flood. JCPT 27 (3), 49—54.

Pitts, M.J., Wyatt, K., Surkalo, H., 2004. Alkaline-polymer flooding of the David Pool, Lloydminster Alberta. Paper SPE 89386 Presented at the SPE/DOE Symposium on Improved Oil Recovery, Tulsa, OK, 17—21 April.

Sheng, J.J., 2011. Modern Enhanced Oil Recovery—Theory and Practice. Elsevier, Burlington, MA.

Wyatt, K., Pitts, M.J., Surkalo, H. 2004. Field chemical flood performance comparison with laboratory displacement in reservoir core. Paper SPE 89385 Presented at the SPE/DOE Symposium on Improved Oil Recovery, Tulsa, OK, 17—21 April.

Yang, D.-H., Wang, J.-Q., Jing, L.-X., Feng, Q.-X., Ma, X.-P., 2010. Case study of alkali—polymer flooding with treated produced water. Paper SPE 129554 Presented at the SPE EOR Conference at Oil & Gas West Asia, Muscat, Oman, 11 — 13 April.

Zhang, J.-F., Wang, K.-L., He, F.-Y., Zhang, F.-L., 1999. Ultimate evaluation of the alkali/polymer combination flooding pilot test in XingLongTai oil field. Paper SPE 57291 Presented at the SPE Asia Pacific Improved Oil Recovery Conference, Kuala Lumpur, 25—26 October.

第8章 碱-表面活性剂驱

James J. Sheng

(得克萨斯科技大学Bob L. Herd石油工程系，美国得克萨斯州Lubbock，邮编79409)

8.1 引言

在表面活性剂溶液中加入碱之后，溶液的含盐度会因碱提供的电解质而提高。由于含盐度增加，而所生成的脂肪酸盐的最佳含盐度又比较低，导致加碱后溶液的最佳含盐度不同于纯表面活性剂溶液。添加碱还会减少表面活性剂的吸附量。本文将首先讨论这些化学剂之间的相互作用，然后介绍两个碱-表面活性剂驱矿场试验的情况。

8.2 碱与表面活性剂之间的相互作用和最佳协同作用

8.2.1 碱性盐效应

碱也能给表面活性剂溶液提供电解质。然而，碱浓度与其所提供的含盐度之间的关系比较复杂。换句话说，添加1meq/mL的碱，并不等于增加了1meq/mL的含盐度。

8.2.2 对最佳含盐度和增溶率的影响

一般来讲，注入的表面活性剂要比脂肪酸盐更具亲水性。所以脂肪酸盐的最佳含盐度要低于合成表面活性剂的。那么由脂肪酸盐和表面活性剂所组成的体系的最佳含盐度究竟是多少呢？根据实验数据，Salager等(1979)提出了确定最佳含盐度的对数混合规则(logarithmic mixing rule)：

$$\ln(C_{se,m}{}^{opt}) = X_1\ln(C_{se,1}{}^{opt}) + X_2\ln(C_{se,2}{}^{opt}) \tag{8.1}$$

式中：$C_{se,m}{}^{opt}$、$C_{se,1}{}^{opt}$和$C_{se,2}{}^{opt}$分别代表混合液、表面活性剂组分1和组分2的最佳含盐度；X_1和X_2分别代表表面活性剂组分1和组分2的摩尔分数。

Puerto和Gale(1977)采用有关最佳含盐度的线性混合规则对其数据进行了拟合。对于其他参数，我们也需要一种混合规则。Mohammadi等(2008)发现，对于最佳增溶率而言，对数混合规则和线性混合规则都能满足要求：

$$R_{23,m}{}^{opt} = X_1R_{23,1}{}^{opt} + X_2R_{23,2}{}^{opt} \tag{8.2}$$

或

$$\ln(R_{23,m}{}^{opt}) = X_1\ln(R_{23,1}{}^{opt}) + X_2\ln(R_{23,2}{}^{opt}) \tag{8.3}$$

式中：$R_{23,m}{}^{opt}$、$R_{23,1}{}^{op}$和$R_{23,2}{}^{op}$分别代表混合液、表面活性剂组分1和组分2的最佳增溶率。

究竟应该选用线性混合规则，还是选用对数混合规则，人们并没有一致的意见。

在一般情况下，所注入碱的数量足够多，可以和原油中所有的环烷酸发生反应。在石油含量比较高的体系中，可能会产生更多的脂肪酸盐。因此，双表面活性剂体系的相态特征取决于水-油比(WOR)。Zhang等(2006)发现，通过绘制体系的最佳含盐度与脂肪酸盐和表面活性剂摩尔比的关系曲线图，就可以消除水-油比的影响。换言之，最佳含盐度与摩尔比的关系与水-油比无关。

8.2.3 脂肪酸盐与表面活性剂的协同增效作用改善相态特征

很多研究人员都已观察到，原油和碱溶液之间界面张力(IFT)的最小值往往在碱浓度很低的情况下出现(Nelson等，1984)，例如0.1%(Green和Willhite，1998)。因此要得到最低界面张力，就必须降低碱的浓度。但是，如果采用低浓度的碱溶液，受碱消耗量较多的影响，碱液带(alkaline bank)可能无法穿过储层运移。Nutting(1925)首先注意到了这个问题，并提出了采用诸如碳酸钠和硅酸钠这类弱碱来改善水驱的生产动态。这个问题可以通过在碱液中添加合成表面活性剂加以解决。

如果碱浓度高于使碱所产生的脂肪酸盐溶液的界面张力最小化所需的浓度值，那么这个体系就会存在过量优化(over-optimum)的问题。根据式(8.1)所描述的混合规则，在添加了合成表面活性剂之后，脂肪酸盐和表面活性剂混合体系的最佳含盐度就会高于脂肪酸盐的初始最佳含盐度，其原因是合成表面活性剂的最佳含盐度一般要高于脂肪酸盐。有时，混合体系的新的最佳含盐度可能不会低于该混合体系的含盐度。这时，混合体系就存在优化不足(under-optimum)的问题。在这种情况下，就需要额外多添加一定量的盐。

图8.1显示了一个实例。在这个图中，阴影区代表Ⅲ类区域。阴影区之上和之下分别是Ⅱ类和Ⅰ类区域。阴影区中的数字指示助表面活性剂的浓度。Nelson等(1984)采用助表面活性剂这个术语来描述注入的合成表面活性剂(NEODOL25-3S)。底部的横轴上标注的是试管中石油脂肪酸盐的浓度，而顶部的横轴上标注的是试管中石油的体积分数。这两个变量相互成比例，其原因是在石油含量较高时，所产生的脂肪酸盐的摩尔分数也比较高。这里假设碱的数量足以与原油发生反应。在这个图中，所用的碱是1.55%的$Na_2O \cdot SiO_2$。

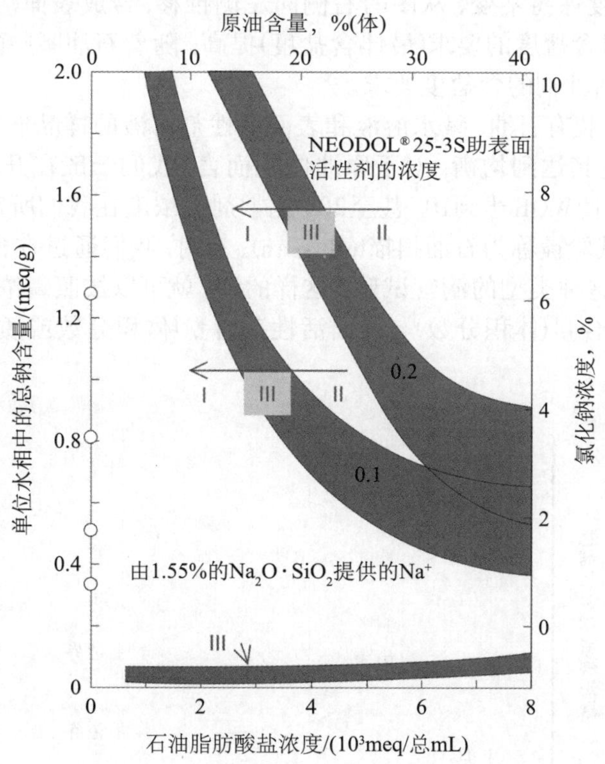

图8.1 在30.2℃温度条件下由1.55%的$Na_2O \cdot SiO_2$与浓度分别为0、0.1%和0.2%的NEODOL® 25-3S以及墨西哥湾原油构成的混合体系的活性图(Nelson等，1984)

在1.55%的$Na_2O \cdot SiO_2$溶液仅与原油接触的情况下，这种碱溶液的含盐度会高于最佳含盐度(高于带阴影的Ⅲ类区域)。这个体系属于过量优化体系，由于其界面张力并不是最小值，因而并不是理想的体系。

如图8.1所示，在向碱-油体系中添加0.1%的表面活性剂后(NEODOL®25-3S，60%的活性)，新体系的最佳含盐度高于1.55%的$Na_2O \cdot SiO_2$溶液的含盐度，同样，其原因是表面活性剂的最佳含盐度比较高。因此，新体系属于优化不足的体系。为了使这个体系达到最佳状态(Ⅲ类)，需要在体系中添加更多的盐(NaCl)。因此，添加合成表面活性剂可以改善原始碱-油体系的相态特征。在添加0.2%的表面活性剂时，也会出现类似的现象。

此外，图8.1还显示出，在含油饱和度较高的情况下(见图的右侧)，这个体系属于Ⅱ类体系(过量优化)；而在含油饱和度较低的情况下(见图的左侧)，这个体系是Ⅰ类体系(优化不足)。高含油饱和度(或高脂肪酸盐浓度)对应于驱替前缘带，而低含油饱和度(或低脂肪酸盐浓度)对应于驱替前缘之后的带。从图8.1中可以看出，随着这个体系从驱替前缘(下游)向上游推进，它逐渐从Ⅱ类过渡为Ⅲ类，最后过渡为Ⅰ类。这种情况比较理想，因为Ⅱ类体系中存在油外部的微乳化液(oil external microemulsion)，其黏度比较高，因而表面活性剂不会快速突破。在上游(注入端)，该体系属于Ⅰ类，因而后续注入的水溶液可以混相驱替该微乳化液体系。在中间带，这个体系为Ⅲ类，因此界面张力最低。

合成表面活性剂所在的活跃区域(active region)的形状(见图8.1)，是这种类型活性图的典型形状。活性图显示的是化学驱在什么样的浓度范围内发挥作用以及如何发挥作用。Nelson等(1984)利用图8.1所示的活性图，显示了在碱的类型及其浓度、表面活性剂类型及其浓度、石油类型以及温度都保持不变的情况下，取决于石油脂肪酸盐浓度和含盐度的活性区域。如果合成表面活性剂的浓度保持不变，从图的右侧向左侧推移，合成表面活性剂与石油脂肪酸盐的浓度比增大。体系对含盐度的要求(最佳含盐度)提高。随着石油脂肪酸盐的浓度降至零，活跃区域达到合成表面活性剂的含盐度要求。

在绘制活性图时，装有石油、碱水溶液和表面活性剂溶液的样品玻璃管(滴管)要在测试温度下定期摇动，以便使其达到均衡。对于原油体积而言，我们一般在开始时把WOR定为1，然后再逐步减少石油量，使WOR达到10，甚至20。化学剂的浓度在我们所定的目标浓度的上下变动。这种类型的滴管试验被称为石油扫描(oil scan)。有时，我们通过在含盐度保持不变的条件下改变碱浓度来开展这种类型的滴管试验。这样的话，就可以按照碱浓度对石油含量(体积分数)或者碱浓度对石油含量(体积分数)与表面活性剂含量(体积分数或质量分数)之比的方式绘制活性图(见图8.2)。

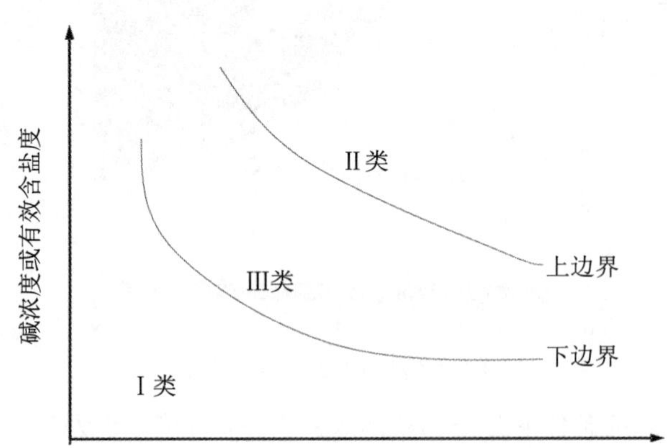

图8.2 活性图的变化

8.2.4 对界面张力的影响

图8.3显示了脂肪酸盐-表面活性剂协同增效作用的另外一个实例。它显示了Yates石油与微乳化液之间的界面张力，这里的微乳化液含有由NEODOL67-7PO硫酸盐与内烯烃磺酸盐15-18按照4∶1的质量比混合而成，其浓度为0.2%，WOR为3(Liu，2007)。与不添加碱的情况相比，添加碳酸钠后不仅界面张力的数值比较低，而且低界面张力区域(<0.01mN/m)的宽度也要宽得多。Martin和Oxley(1985)把这种特征归因于碱作用下的羧酸离子化。

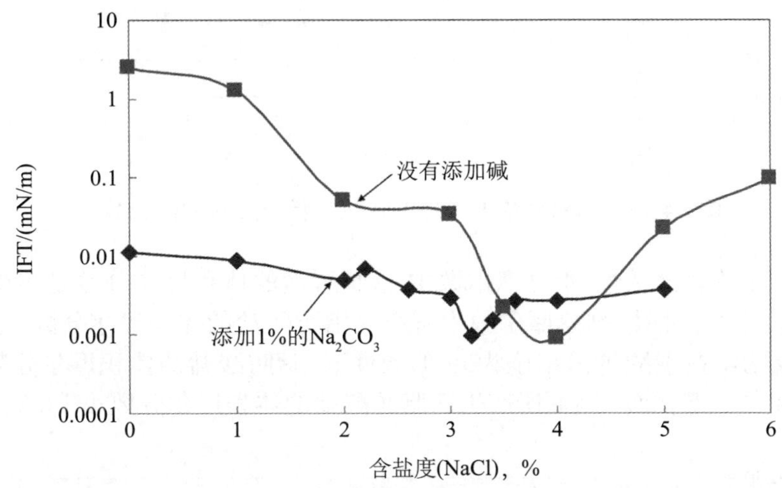

图8.3 Yates石油与微乳化液之间的界面张力(Liu，2007)

8.2.5 对表面活性剂吸附的影响

阴离子表面活性剂在砂岩和碳酸盐岩地层表面上吸附的主要机理是矿物与表面活性剂阴离子之间的离子吸引(Zhang和Somasundaran，2006)。随着pH值的增加，矿物所带负电荷的数量会越来越多，因而可能会阻止阴离子表面活性剂的吸附。碱添加剂减少表面活性剂滞留量的另外一种机理可能是多价离子的消除。Hirasaki和Zhang(2004)研究发现，电位决定离子(CO_3^{2-})可以改变表面电荷，并减少阴离子表面活性剂在方解石上的吸附量。碳酸盐岩和砂岩的胶结物可以是方解石，也可以是白云石。这两种矿物具有pH值=9左右的等电位点[或者零电荷点(PZC)]。在它们存在的情况下，碳酸根离子以及钙离子和镁离子都是更优势的电位决定离子(Hirasaki等，2008)。在裂缝性白垩地层中注海水的情况下，硫酸根离子吸附在白垩表面上，改变白垩表面的电位(Austad等，2005)。在这样的情况下，硫酸根离子就是电位决定离子。

8.3 碱-表面活性剂体系的模拟结果

Sheng(2011)详细介绍了模拟碱-表面活性剂体系相态特征的方法，并给出了敏感性研究的结果。这里我们只介绍一个典型案例的模拟结果，在这个案例中对转换为脂肪酸盐的酸分数(fraction of acid component) 以及总表面活性剂中的脂肪酸盐分数(fraction of soap)进行了模拟。首先，我们希望确定原油中到底有多少酸被转换成了脂肪酸盐。图8.4显示了在不同碱浓度条件下转换为脂肪酸盐的酸分数。

从该图8.4可以看出，在碳酸钠浓度为15%的情况下，有不到一半的酸组分被转换成了脂肪酸盐。而实际上碱的浓度还不到2%，从图8.4可以看出，只有大约四分之一的酸被转换为脂肪酸盐。

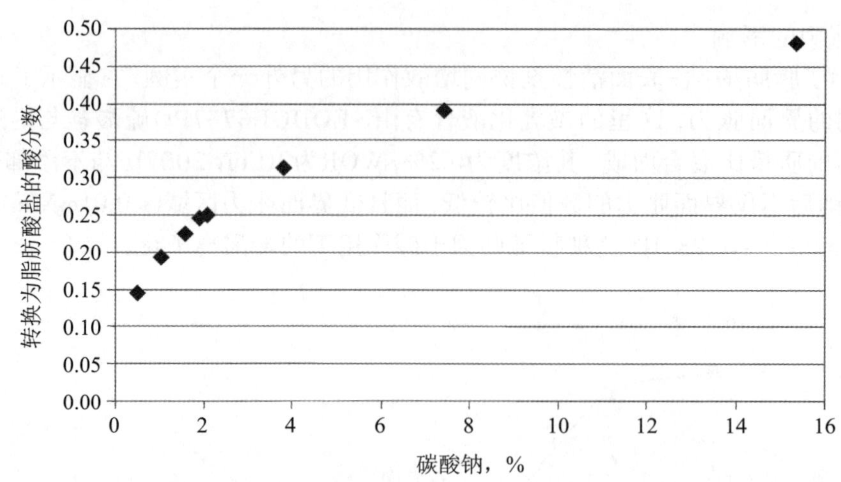

图8.4 在不同的碱浓度条件下转换为脂肪酸盐的酸分数

下一个问题是：总表面活性剂(总摩尔数中)脂肪酸盐的体积摩尔分数是多少？图8.5显示了在不同的碱浓度下表面活性剂总摩尔数中所产生脂肪酸盐的体积摩尔分数。表面活性剂的浓度是1%。可以看出，在碳酸钠的浓度为5%的条件下，脂肪酸盐的体积摩尔分数小于0.5。在生产实际中，碱的浓度低于2%，因而所产生三脂肪酸盐的体积摩尔分数小于0.3。

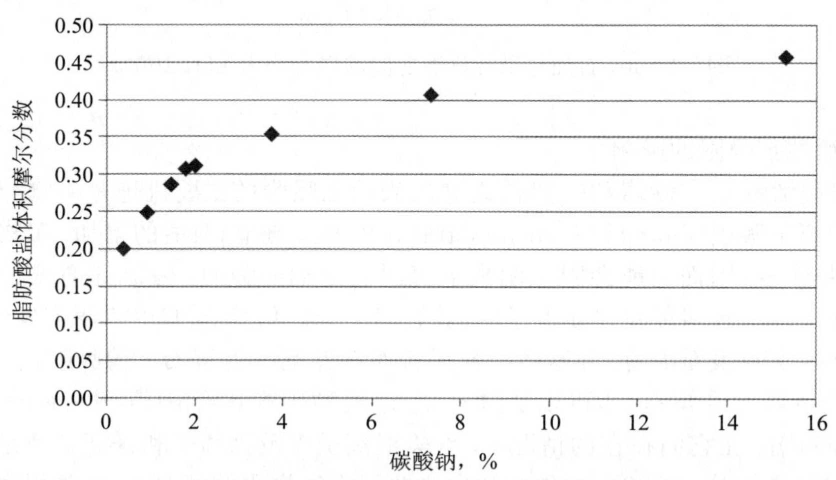

图8.5 在不同的碱浓度条件下表面活性剂总量中脂肪酸盐所占的体积摩尔分数

8.4 现场案例

多个研究小组(Bryan和Kantzas，2009；Kumar等，2010；Liu等2006)在实验室开展了稠油油藏碱-表面活性剂驱研究。部分研究直接瞄准现场应用，例如为美国堪萨斯州Hepler油田开展的研究(French，1994)。但在油田开展先导试验的却不多，部分原因是当时油价比较低。更多的原因可能是在碱-表面活性剂驱中必须采用聚合物来控制流度。下面我们介绍两个现场案例。部分碱-表面活性剂增产处理案例将在本书第12章中加以介绍。

8.4.1 肯塔基州东部Big Sinking油田

Big Sinking油田是位于肯塔基州东部阿巴拉契亚盆地的一个成熟的水驱油田，属于致密油藏。石油开发面临两大问题：含水率太高；注水量受限，从而限制了包括石油在内的产液量。因此，注入碱-表面活性剂的目的之一就是降低残余油饱和度，同时提高水相的有效渗透率。一旦提高了水相的有效渗透率，就可以增加流体注入量，进而提高包括石油在内的产液量。

所选择的先导试验区位于EL Rogers区块。产层的平均厚度为25ft，平均渗透率为45mD。实验室研究选用了1.5%的氢氧化钠和0.1%(有效浓度)的ORS-62HF表面活性剂来配制碱-表面活性剂(AS)溶液。单井注入能力测试方案如下：前置液，1500bbl淡水(2003年9月5日开始注入)；主段塞，1500bbl AS溶液(穿透半径大约为25ft)；后置液，淡水注入。注入能力测试结果表明，注入AS之后，井的注入能力大约是注入前的2.19倍。

8.4.2 路易斯安那州White Castle油田

这次先导试验是该油田化学EOR先导试验的一个组成部分，在化学EOR先导试验中计划利用聚合物作为流度控制剂。先导试验在该油田的Q砂岩层中开展，表8.1中列出了这套地层的储层参数和流体参数(Falls等，1994)。

表8.1 White Castle油田Q砂岩的储层参数和流体参数

岩 性	中新统未固结的三角洲砂岩
渗透率/mD	1
孔隙度，%	31
阳离子交换能力/(meq/100g岩石)	0.95
厚度/ft	5~35
面积/acre	约1
倾角/(°)	约45
储层温度/℉	147
储层石油黏度/cP	2.8
石油酸值/(mg KOH/g石油)	约1.5
残余油饱和度	0.2

在开展AS先导试验之前，85号井是唯一一口在Q砂岩中完井的生产井。后来新钻了一口生产井(267号井)。这口井被水淹。为了确定注入的孔隙体积(PV)，描述流体的流态，并把硬度比较大的地层卤水与碱段塞分离，采用NaCl卤水对Q砂岩进行了预冲洗。第一次预冲洗(最初设计只进行一次预冲洗作业)先注入了8%的NaCl溶液，然后注入了3%的卤水。为了防止填砾层溶解和保护表面活性剂不受镁的影响，最初选用了硅酸盐段塞。然而，室内驱替试验结果表明，硅酸盐溶液可能存在注入困难的问题。基于此，还准备了碳酸盐段塞。这些溶液的组成参见表8.2。

表8.2 AS溶液的组成 %

项目	碳酸盐段塞	硅酸盐段塞
碳酸钠	2.53	2.03
硅酸钠		0.21
内烯烃磺酸盐(IOS)	0.44	0.45
氯化钠	0.4	0.4
NEODOL25-12	0.06	0.06
硫氰酸钠	0.05	0.05
水	96.52	96.8

出于对硅酸盐溶液注入能力的考虑，首先注入1065bbl的碳酸盐段塞(溶液)，确立注入能力的基线。然后注入硅酸盐段塞。人们发现，在开始注入硅酸盐段塞后，井的注入能力明显降

低。所以，在注入了2100bbl的硅酸盐段塞后，改为只注入碳酸盐段塞。为了确保能够根据产量数据来确定化学剂的消耗量，设计的AS注入量大约是其在储层中消耗量的两倍。

在项目实施过程中，由于存在地层伤害，不得不开展酸化处理。石油开采量估计至少达到了剩余油的38%。测井数据表明，在不采用聚合物控制流度的情况下，驱替效率基本上达到了100%，而纵向波及效率也高达50%。

参考文献

Austad, T., Strand, S., H0gnesen, E.J., Zhang, P., 2005. Seawater as IOR fluid in fractured chalk. Paper SPE 93000 Presented at SPE International Symposium on Oilfield Chemistry, Woodlands, TX, 2—4 February.

Bryan, J., Kantzas, A., 2009. Potential for alkali-surfactant flooding in heavy oil reservoirs through oil-in-water emulsification. JCPT 48 (2), 37—46.

Falls, A.H., Thigpen, D.R., Nelson, R.C., Ciaston, J.W., Lawson, J.B., Good, P.A., et al., 1994. Field test of cosurfactant-enhanced alkaline flooding. SPERE 9 (3), 217—223.

French, T., 1994. Evaluation of a site on Hepler oil field for a surfactant-enhanced alkaline chemical flooding project and supporting research, report NIPER/BDM-0073.

Green, D.W., Willhite, G.P., 1998. Enhanced Oil Recovery. Society of Petroleum Engineers, Richardson, TX.

Hirasaki, G.J., Zhang, D.L., 2004. Surface chemistry of oil recovery from fractured, oil-wet, carbonate formations. SPEJ June, 151 — 162.

Hirasaki, G.J., Miller, C.A., Puerto, M., 2008. Recent advances in surfactant EOR. Paper SPE 115386 Presented at the SPE Annual Technical Conference and Exhibition, Denver, CO, 21—24 September. The Revised Version Presented at the International Petroleum Technology Conference, Kuala Lumpur, Malaysia, 3—5 December.

Kumar, R., Dao, E., Mohanty, K.K., 2010. Emulsion flooding of heavy oil. Paper SPE 129914 Presented at SPE Improved Oil Recovery Symposium, Tulsa, OK, 24—28 April.

Liu, S., 2007. Alkaline Surfactant Polymer Enhanced Oil Recovery Processes. Rice University, Ph.D. dissertation.

Liu, Q., Dong, M., Ma, S., 2006. Alkaline/surfactant flood potential in western Canadian heavy oil reservoirs. Paper SPE 99791 Presented at the SPE/DOE Symposium on Improved Oil Recovery, Tulsa, OK, 22—26 April.

Martin, F.D., Oxley, J.C., 1985. Effect of various chemicals on phase behavior of surfactant/brine/oil mixtures. Paper SPE 13575 Presented at the International Symposium on Oilfield and Geothermal Chemistry, Phoenix, AZ, 9—11 April.

Mohammadi, H., Delshad, M., Pope, G., 2008. Mechanistic modeling of alkaline/surfactant/polymer floods. Paper SPE 110212 Presented at SPE/DOE Improved Oil Recovery Symposium Held in Tulsa, OK, 19—23 April.

Nelson, R.C., Lawson, J.B., Thigpen, D.R., Stegemeier, G.L., 1984. Cosurfactant-enhanced alkaline flooding. Paper SPE 12672 Presented at the SPE/DOE Fourth Symposium on Enhanced Oil Recovery Held in Tulsa, OK, 15—18 April.

Nutting, P.G., 1925. Chemical problems in the water driving of petroleum from oil sands. Ind. Eng. Chem. 17, 1035—1036.

Puerto, M.C., Gale, W.W., 1977. Estimation of optimal salinity and solubilization parameters for alkylorthoxylene sulfonate mixtures. SPEJ 17 (3), 193—200.

Salager, J.L., Bourrel, M., Schechter, R.S., Wade, W.H., 1979. Mixing rules for optimum phase-behavior formulations of surfactant/oil/water systems. SPEJ October, 271—278.

Sheng, J.J., 2011. Modern Chemical Enhanced Oil Recovery—Theory and Practice. Elsevier, Burlington, MA.

Zhang, R., Somasundaran, P., 2006. Advances in adsorption of surfactants and their mixtures at solid/solution interfaces. Adv. Colloid Interface Sci. 123—126, 213—229.

Zhang, D.L., Liu, S., Puerto, M., Miller, C.A., Hirasaki, G.J., 2006. Wettability alteration and spontaneous imbibition in oil-wet carbonate formations. J. Pet. Sci. Eng. 52, 213—226.

第9章 碱-聚合物-表面活性剂驱概述及中国以外地区的现场应用实例

James J. Sheng

(得克萨斯科技大学Bob L. Herd石油工程系，美国得克萨斯州Lubbock，邮编79409)

9.1 引言

化学驱的种类比较多，例如碱水驱、表面活性剂驱和聚合物驱等，这些化学驱可按不同的方式组合使用。前面的章节中已经介绍了二元复合驱，包括聚合物-表面活性剂(SP)、碱-聚合物(AP)和碱-表面活性剂(AS)。本章我们将介绍一种三元复合驱，即碱-聚合物-表面活性剂(SAP)复合驱。我们将重点讲述ASP使用中的实际问题。这些问题包括采出液乳化、结垢和色谱分离等。

本书前面的章节已经介绍了中国开展的11项先导试验和现场应用(Sheng，2011)。本章我们将介绍北美的几个ASP先导试验和应用实例。

9.2 ASP的协同增效效应和相互作用

ASP的协同增效效应和相互作用可大体总结如下：

① 碱与原油发生反应生成脂肪酸盐。

② 碱水注入降低表面活性剂的吸附性。

③ 脂肪酸盐与合成表面活性剂的组合能够在更宽的盐度范围内形成比较低的界面张力(IFT)和有利的盐度梯度。

④ 通常认为聚合物对IFT几乎没有影响。

⑤ 脂肪酸盐和表面活性剂通过降低IFT使得乳状液保持稳定。乳状液可以提高波及效率。

⑥ 聚合物和表面活性剂间存在吸附位置(adsorption site)的竞争。因此，添加聚合物会减少表面活性剂的吸附量，反之亦然。

⑦ 添加聚合物可以改善ASP驱的波及效率。

⑧ 聚合物有助于稳定乳状液，这主要是因为其黏度较高可以延迟聚结。

9.3 ASP驱油的实际问题

本节主要讨论ASP应用过程中出现的一些问题，其中包括采出液乳化、色谱分离、沉淀和结垢。

9.3.1 采出液乳化

ASP系统中存在多种类型的乳状液。在相态特性吸管测试中所讨论的乳状液是微乳状液。不过，即使在吸管中，早期也可能存在其他类型的乳状液。由于它们具有不稳定的特性，粗乳状液(或者是其中的大部分)在长时间的均衡之后会发生相分离。我们在吸管测试中所关注的是处于均衡状态的微乳状液。下面我们对乳状液进行简要介绍。

根据其结构，乳状液可以分为4类：W/O、O/W、W/O/W和O/W/O。有时W/O/W和/或O/W/O

也被称作多类型乳状液。在水驱中，所产出的乳状液以W/O型为主，也有O/W型的。在化学驱中，乳状液的类型取决于所使用的化学剂的类型和浓度以及水和油的性质。同时也受水/油比(WOR)的影响。一般来说，W/O型的乳状液是在较低的WOR条件下形成的。随着乳状液中含水率的增加，W/O型乳状液会转变为O/W型的。也就是说，当其中某种相的体积比其他相大得多时，该相就会成为连续相。

W/O型乳状液转换成O/W型乳状液时的含水率被称为类型转换点或临界含水率。表9.1列出了一些乳状液出现W/O型向O/W型转换的临界含水率。从表9.1中可以看出，加入表面活性剂和聚合物可以将临界含水率降至50%以下，不过1.2%的碱水并不能降低水/油临界含水率。表9.1表明，在ASP驱中(高含水饱和度)，很可能会形成O/W型乳状液。

表9.1 从W/O型转为O/W型的临界含水率(Kang, 2001)

乳状液系统	临界含水率，%
水，低浓度ASP	50
1.2%NaOH-原油或Na_2CO_3-原油	50
0.3%表面活性剂(ORS-41)-原油	10
0.12%水解聚丙烯酰胺(HPAM)-原油	20

根据液滴的大小可将乳状液分为粗乳状液、细乳状液、微乳状液和微胶粒。表9.2列出了一种常见的碱性-聚合物-石油系统中聚集体(aggregates)的大小和形态(Kang, 2001)。

表9.2 不同类型乳状液的粒度及其在AS系统中的聚合形态

项 目	粒度/μm	形 态	稳定性
微胶粒	<0.01	球形，圆柱形、盘状、层状	稳 定
微乳状液	0.01~0.1	球 形	稳 定
细乳状液	0.1~0.5	球 形	不稳定
粗乳状液	0.5~50	球 形	不稳定

与泡沫稳定性相似，乳状液的稳定性也可以用乳状液的半衰期来描述(Sheng等, 1997)。乳状液的半衰期指的是乳状液体积减小至其初始体积一半所用的时间。一般来说，W/O乳状液较O/W乳状液更稳定。Sheng(2011)还讨论了其他一些影响乳状液稳定性的因素。

9.3.2 碱、表面活性剂和聚合物的色谱分离

图9.1所示为注入ASP段塞的流出物浓度变化。纵轴是聚合物、碱和表面活性剂的相对浓度，流出物浓度分别与注入浓度相对应。横轴为注入孔隙体积。

首先，我们可以发现，聚合物最先突破，然后是碱，最后是表面活性剂。其次，各自的最大相对浓度都取决于其在孔隙介质中的滞留量或消耗量。在本例中，最大的聚合物浓度是1，最大的碱浓度是0.9，最大的表面活性剂浓度是0.09。第三点是，它们在系统中的浓度比在不断变化。也就是说，化学剂注入浓度并不是成比例下降的。

受不可及孔隙体积(IPV)影响，聚合物的运动速度甚至比水相还要快。聚合物早于表面活性剂和碱发生突破。一般来说，实际的流出物浓度和突破时间取决于它们各自的注入浓度与滞留量的平衡。

为了产生ASP的协同效应，这三种组分必须以相同的速度运动。我们不能通过消除IPV或是大幅度改变滞留量来解决分离问题。我们能做的是改变注入浓度。下面介绍一个模拟实例。起初，注入方案为注入由0.7%Na_2CO_3、1%表面活性剂和0.15%聚合物构成的0.5PV段塞。图9.2

展示了代表流出流体中碱浓度的pH值以及表面活性剂和聚合物的浓度。聚合物最先突破，之后是表面活性剂和碱。

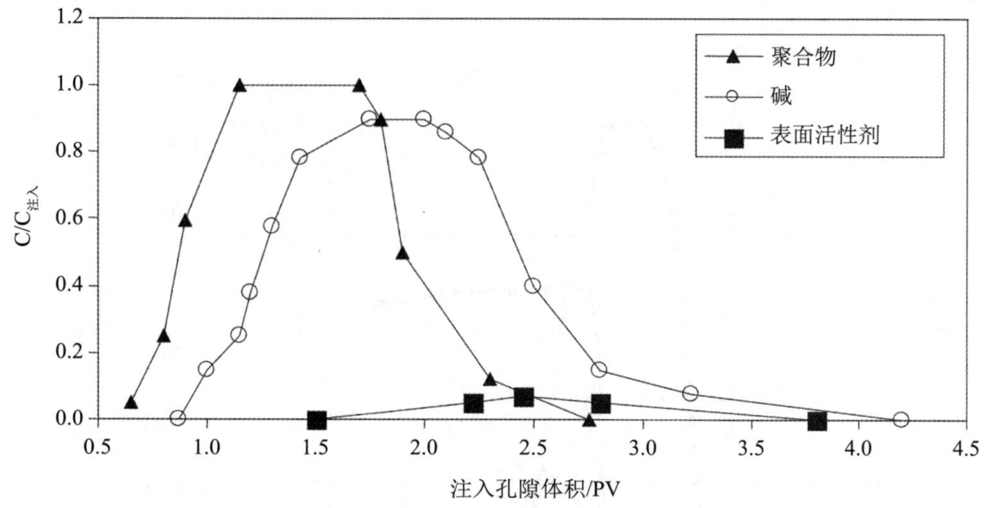

图9.1 聚合物、碱和表面活性剂的流出物浓度变化(Huang和Yu，2002)

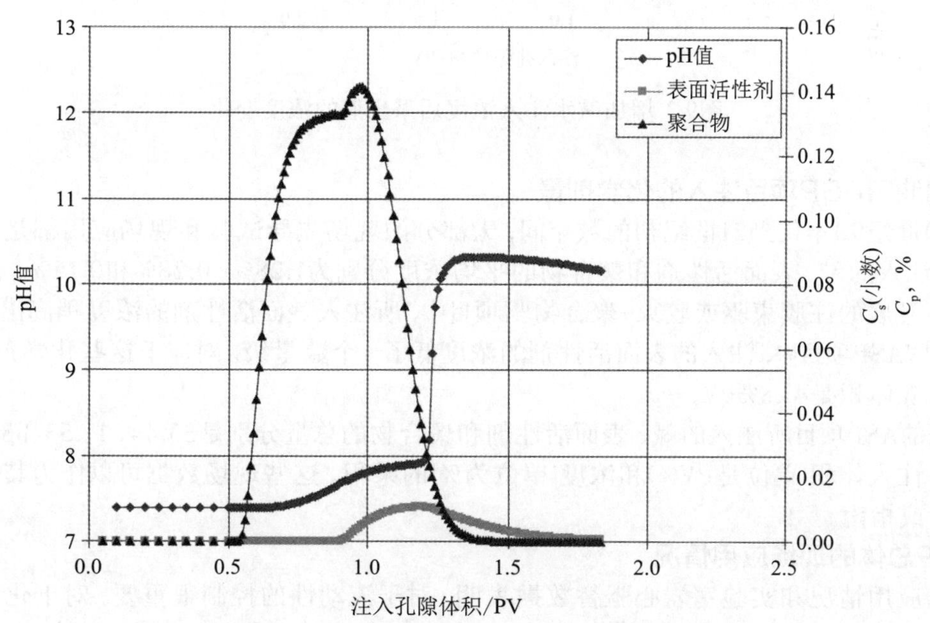

图9.2 在初始注入浓度下采出液的浓度变化

如果我们仅将碱的浓度从0.7%提高至1.8%，而另外两种组分的浓度和段塞体积保持不变，产出液的浓度如图9.3所示。这样一来，尽管聚合物仍是最先发生突破，但碱和表面活性剂则同时突破。这个例子表明，我们可以通过改变注入浓度来解决分离的问题。

9.3.3 沉淀和结垢问题

当向地层中注入碱性溶液时，其中OH^-、CO_3^{2-}和SiO_3^{2-}的浓度会增加。OH^-浓度的增加是注入的碱性溶液中造成的。CO_3^{2-}浓度的增加则是由HCO_3^-造成的，因为较高的OH^-浓度导致储层呈碱性环境，使得其中的HCO_3^-转化为CO_3^{2-}。SiO_3^{2-}浓度增加是由注入的碱水与地层中矿物发生反应造成的。如果注入的是海水，SO_4^{2-}的浓度也会增加。Ca^{2+}和Mg^{2+}等二价离子则来自地层水、阳离子交换以及注入溶液与岩石矿物的反应。有时也会存在Al^{3+}。这些离子还可能形成一些无机的结垢和沉淀。在大庆油田，生产井时常会出现运行故障，多是受此影响。结垢和沉淀会导致地层损伤。

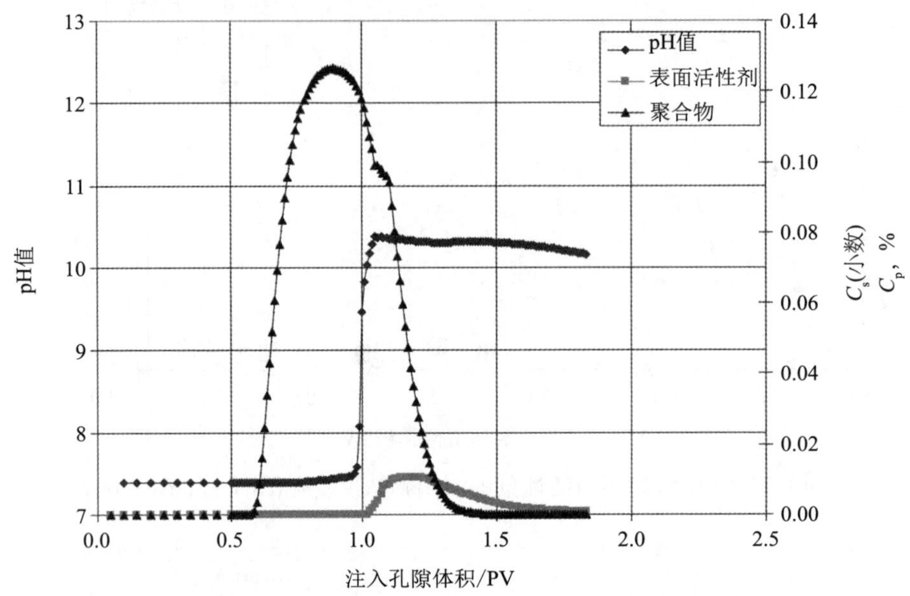

图9.3 增加碱水注入浓度后采出液的浓度变化

9.4 中国油田ASP项目注入的化学剂量

从20世纪90年代到21世纪初的数年间，大部分的现场先导试验和现场应用都是在中国进行的。所注入的碱、表面活性剂和聚合物的平均浓度分别为1.28%、0.28%和0.15%。在20世纪80年代所开展的注胶束驱或胶束-聚合物驱项目中，所注入表面活性剂的浓度稍高出几个百分点。在这些ASP项目中，注入的表面活性剂的浓度低了一个数量级。对应于这些化学剂浓度，平均注入孔隙体积是41.8%PV。

中国的ASP项目所注入的碱、表面活性剂和聚合物的总量分别是53.44、11.53和8.08，它们的单位是注入体积(单位是PV%)和浓度(单位为%)的乘积。这些现场数据可以作为其他油田项目的参考或指南。

9.5 ASP总体的现场应用情况

现场应用情况和实验室岩心驱替数据表明，对于流动性的控制很重要。对于化学驱油，添加聚合物总是能改善驱替效果。有研究表明，化学流体与原油的黏度比应该大于4(Zhu等，2012)。我们对中国的ASP项目的分析表明，其在注水开发的基础上新增的石油采收率平均为18.9%(Sheng，2012)。尽管ASP的效果比碱、表面活性剂和聚合物的任何其他组合的效果都要好，但由于存在产出乳状液(很难破乳或者会增加成本)、结垢和腐蚀等问题，业界更倾向于采用无碱的方法，如SP法，或者是在ASP中采用弱碱来取代强碱。研究表明，产液量的下降不仅与驱替液黏度的增加有关，还与注入ASP段塞之后的乳化作用和结垢有关(Zhu等，2012)。

9.6 ASP现场先导试验和应用实例

在之前的章节中，我们已经对中国的ASP项目现场结果进行了总结。Sheng(2011)也已对11个中国的实际案例进行了更加详细的描述。在本节中我们仅介绍中国以外的现场案例。这些项目包括伊利诺伊州的劳伦斯(Lawrence)油田、怀俄明州的Cambridge Minnelusa油田、西Kiehl油田和坦纳(Tanner)油田以及委内瑞拉的Lagomar LVA-6/9/21区块。

9.6.1 伊利诺伊州劳伦斯油田

伊利诺伊州劳伦斯油田ASP项目由Rex能源公司作业，也是一个效果较好的先导项目。该项目于2009年7月启动。ASP段塞是在2010年8月注入的(Sharma等，2012)。该先导实验区位于劳伦斯油田的Middagh井区，面积为15acre。之所以选择该井区进行先导试验，是因为该油田之前化学驱先导试验项目的设施还可以使用，因而可以将建新基础设施的成本降至最低。其储层为布里奇波特(Bridgeport)砂岩。在注水开发之前，该先导实验区的储层压力为71psi(表)，含水率已接近99%。表9.3列出了部分储层和流体数据。

表9.3 布里奇波特组砂岩的储层和流体数据

试验区面积/acre	17
注采井距/ft	230
地层埋深/ft	900
孔隙度，%	20
渗透率/mD	200
地层温度/℉	80
地层盐水矿化度，%	1.6
地层原油黏度/(mPa·s)	11
驱油开始时的含油饱和度	0.31

该先导试验由6个规则的5点井网组成，包括12个注入井和6个生产井，另外在井网周围还有更多的注入井。

9.6.1.1 注入方式

在开展ASP之前该区的含油饱和度已接近残余油饱和度。因此聚合物驱无法满足要求。尽管原油酸值比较低，但还是加入了碱以减少表面活性剂的吸附量。该区采用的ASP配方为1%的表面活性剂、0.75%的助溶剂、2200mg/L的HPAM和1%的Na_2CO_3。溶解固体总量为1.6%的地层水进行了软化处理。

9.6.1.2 现场注入

先使用NaCl浓度为3.5%的软水进行预冲洗，目的是降低Ba^{2+}的浓度。2010年8月开始注入了0.25PV的ASP段塞。该段塞中还含有去氧剂(亚硫酸氢盐)和乙二胺四乙酸(EDTA)，以便螯合亚铁离子。2010年12月开始注入聚合物。截至2012年2月，共注入了约1PV的聚合物溶液。在含盐度低于ASP段塞含盐度的条件下，聚合物溶液的黏度约为20cP。

淡水通过一个1-μ过滤器进行过滤，然后再软化。软化过程分为两个步骤，第一个步骤是采用软化器进行初次软化，第二个步骤是采用含树脂的高纯度水处理装置进行二次软化。在混合罐中将淡水与苏打粉混合，之后在苏打粉罐的出口处添加表面活性剂，然后加入卤水和亚硫酸氢铵。向苏打粉混合罐和聚合物混合罐中加入EDTA，之后再将该溶液与聚合物母液混合，在注入之前还要通过一个静态混合器和25-μ过滤器。

9.6.1.3 生产响应

试验井的含油率逐渐从1%提高至12%。当含油带到达生产井时，总产液量降低。对大多数井，在注入ASP 0.5～0.7PV之后三次采油的含油带到达生产井。没有出现严重的产出液乳化或结垢问题。目前该项目仍在进行中。

9.6.2 怀俄明州Cambridge Minnelusa油田

这是一个ASP二次采油案例。Cambridge油田位于怀俄明州Crook县。该油田发现于1989

年，原始石油地质储量为487.5×10^4bbl。该油田所产原油的黏度为31cP，重度为20API度，产层为二叠系Minnelusa组上部B段砂岩，埋深为2139m。Minnelusa上部B段砂岩是松散的风成砂岩，白云石和硬石膏胶结物含量适中，是一个被高度切割的海岸沙丘复合体的残余部分。白云石和硬石膏胶结物是Cambridge砂岩主要的化学吸附位置。储层温度为55.6℃，平均厚度为8.75m，原油地层体积系数为1.03，泡点压力为85psi。平均孔隙度和渗透率分别为18%和834mD，原生水饱和度为31.6%，原始储层压力为1792psi。

1993年1月开始在Federal 32-28区块进行注水开发，一个月后开始注入ASP，因此这次ASP驱属于二次采油。注ASP于1996年结束，注入的ASP的总量约为0.252的储层总孔隙体积。1996年10月开始注入0.244PV的聚合物，聚合物注入总量为0.496PV，最终在2000年5月开始水驱。

注入该油田的化学剂的浓度为1.25%的Na_2CO_3、0.1%的活性Petrostep B-100和1475mg/L的Alcoflood 1175A。实验室研究和现场应用中所使用的溶解化学剂的水是福克斯山(Fox Hills)的水。这种水的总矿化度为1400mg/L，硫酸钠和碳酸钠的浓度比基本上是50∶50，硬度小于10mg/L。

注入ASP后，采出液含油率提高了36%。最终增产石油114.3×10^4bbl，成本为2.42美元/bbl。径向岩心驱替的平均原始含油饱和度为0.731，水驱后剩余油饱和度平均为0.402。化学驱后的最终含油饱和度为0.186。所有的生产井中都未有聚合物产出。有两口井检测出了表面活性剂，不过这个结果值得怀疑，因为检测到的浓度很低(50mg/L)，在检测极限以内。所有生产井中均未检测到碱。

9.6.2.1 设施

注入站、混合装置、人工举升和产出流体处理装置都以简单、可靠为基本原则。注入站的设计参数为：注入能力为3000psi、ASP溶液的注入速度为1500bbl/d、产出水的处理速度为1000bbl/d、化学物储存量为40～45天。设计该注入站的目的是将提高运营效率。一旦该注入站开始工作，其所需的操作时间为每天1h或更少。关于聚合物、碱和表面活性剂注入设施设计参数的更详细信息，请参阅Vargo等2000年发表的论文。

Cambridge油田最适宜的人工举升方式为杆式泵。每个泵都由独立的计算机化的抽空控制器进行控制。安装了流线压力转换开关来防止出现超压，而且如果检测到泄露会自动关井。使用振动和高位罐切断开关来将可能出现问题的概率降到最低。出油管和流体处理系统组件的材质都是复合聚乙烯或内衬的钢结构。井下油管和抽油杆柱的材质是碳钢管。

9.6.2.2 腐蚀、破乳和杀菌

从1992年1月～1994年4月，每两个月在Federal 23-28区块进行一次水溶性防蚀积的井下处理。随着产出水量的增加，每口井都需要做类似的处理。到1997年2月，为了进行更好的防蚀保护，把防蚀积转变为油溶性且具有高度水分散性的化学剂，并且注入方式也转变为环空外连续的井下注入。

对注入水和产出水的质量进行监测，主要监测氧、硫化物、硫酸盐还原菌和水流中夹带油滴的数量。由于生产设备设计质量较好，再加上合理的维护，未出现氧侵入问题。在驱油过程的不同阶段，水流中夹带油滴的数量也不尽相同，似乎随着聚合物产出量的增加而增加。通过改变液流在分流器、处理器和产出水罐中的停留时间，这有助于减少夹带油滴的数量。

从1993年1月开始，向生产井出油管中连续注入通用型破乳剂，注入量为120mg/L。在1994年初的几个月内，由于石油和水的产量增加，乳状液集聚，致使处理器运行失常，无法对石油进行处理。1994年3月，破乳剂的浓度增加到了250mg/L，处理器的温度从48.9℃增加到了60.0℃。最终，专门为Cambridge油田开发了一种破乳剂，并与1995年10月开始连续注入油井的出油管。当开始产出聚合物时，出现了难破乳的乳状液，必须将破乳剂的浓度提高至475mg/L。

自1996年11月开始，向生产井环空中注入破乳剂，处理时间延长，因而破乳剂的浓度得以降至240mg/L。1998年10月，进一步测试表明，破乳剂的浓度可以降低至90mg/L，而且在48.9℃的较低的加热处理器温度条件下仍可较好的分离油和水。

对硫酸盐还原菌、产酸菌和喜氧菌在Federal 22-28区块的腐蚀、油-水分离器堵塞和污水处置井堵塞等方面的作用进行了评价。最初的补救措施是自1993年3月开始每两月开展一次处理器和生产井的戊二醛处理。1995年11月安装上流体分离系统后，戊二醛被季胺取代，而且处理转而在流体分离器中进行。

9.6.2.3 项目经济性

典型的Minnelusa注水站的辅助设施成本为16万美元，其中包括化学剂储存设备、化学剂混合设备、过滤设备和组装劳动力成本。化学剂的总成本为251.8万美元。增量维护、电力和泵送成本约为1000美元/月，换算为整个注化学剂过程中的成本为8.9万美元。总的新增成本为276.7万美元。每增产1bbl原油所增加的成本为2.42美元。

9.6.3 怀俄明州西Kiehl油田

西Kiehl油田的产层为Minnelusa组下部B段砂岩，储层温度为120℉，埋深为6630ft，石油密度为24API度，黏度为17cP。水的黏度为0.5cP。储层平均孔隙度和渗透率分别为23%和345mD。产层平均厚度为11ft。产出水的溶解固体总量为46480mg/L。

对4种不同的提高采收率方法在该油藏中的应用效果进行了评价：常规水驱、聚合物驱、AP驱和ASP驱。尽管与水驱相比，聚合物驱所需的生产时间较短，而且所需注入的水量也要少，但前三种方法的石油采收率却是相同的，都是40%，而ASP的最终石油采收率可达56%(Clark等，1993)。

ASP溶液的配方为0.8%的碳酸钠、0.1%的Petrostep B-100和0.105%的Pusher 700。计划先注入0.25PV的ASP，再注入0.25PV的聚合物，最后注后续水，直到到达经济性极限。所使用的水为福克斯山的水，属于淡水(806mg/kg)。

1987年9月中旬开始注水。1987年12月3日开始注入碳酸钠。1987年12月17日，除碳酸钠以外，还在所注水中添加了表面活性剂。1988年1月28日，开始向所注入的AS溶液中添加了聚合物，直至1990年6月22日为止，自此日起停止注入表面活性剂。1990年7月5日，停止注入苏打粉。继续按照设计浓度注入聚合物，直至1991年4月25日，此后所注入的聚合物浓度逐渐减小。

截至1991年11月，在该研究区生产井以及Kottraba生产井(该区北部的大位移井)的采出液中均未检测到所注入的化学剂。在Hall曲线形成稳定的斜率之后，其斜率就一直保持不变，直到出现水突破为止。注入ASP未对Minnelusa组地层造成伤害。该项目每增产1bbl石油的成本为2.13美元。若要了解每口井的生产动态，请参阅Meyers等(1992)的论文。

9.6.4 怀俄明州坦纳油田

怀俄明州坎贝尔(Campbell)县的坦纳油田是个小油田，其产层为Minnelusa组B砂岩段，只有1口注水井和2口生产井。井距约为40acre，储层温度为175℉，埋深为8915ft，地层原油密度为21API度，黏度为11cP，平均孔隙度和渗透率分别为20%和200mD，产层平均厚度为25ft，产出水的溶解固体总量为66800mg/L，钙离子和镁离子的浓度为2000mg/L。

该油田于1991年4月投入一次采油，于1997年10月开始水驱采油，注水开发一直持续至2000年4月，此时含水率已达57%。在此期间，共注入了0.245PV的水。2000年5月，开始注入ASP。其配方为1.0%的氢氧化钠、0.1%的活性ORS-41HF和1000mg/L的Alcoflood 1275A，所用的水是采自福克斯山的水(溶解固体总量为1000mg/L)，注ASP一直持续到2005年1月。在此期间，共注入了0.251PV的ASP溶液。界面张力在10^{-3}mN/m数量级。2005年2月开始进行浓度逐渐降低的聚合物驱。径向岩心驱替试验表明，化学剂滞留量分别为：0.02~0.03mg/g(ORS-41)、0.1~0.3mg/g(NaOH)和0.02~0.04mg/g(Alcoflood 1275A)。

截至2005年12月，新增的石油采收率为10%原始石油地质储量，最终增加的石油采收率估计可达17%。每增加1bbl石油产量的化学剂、设备和设计成本为5.85美元。经济评价所采用的基准油价为40美元/bbl。坦纳油田是唯一一个在短时间水驱后含水率还只有57%时就开始注ASP开发的项目(Pitts等，2006)。

9.6.5 委内瑞拉Lagomar LVA-6/9/21区块

在开展了与La Salina油田(Hernandez等，2003)相似的详细实验室研究(Manrique等，2000)后，在委内瑞拉马拉开波湖Lagoma VLA-6/9/21区块的C4段进行了ASP先导试验。首先进行了单井化学示踪剂测试，来确定ASP的效率(Hernandez等，2002)。测试井为VLA-1325井，该井于1998年射孔进行测试。测试区位于海上。在注ASP之前，含水率已经高达95%。VLA-6/9/21区块C4段产层和流体的特征见表9.4。

表9.4 VLA-6/9/21地区的C4段储层和流体特征

测试层埋深/ft	6048~6070
孔隙度，%	24
渗透率/mD	58~1815
地层温度/°F	194
地层水含盐度/(mg/L)	4200
地层石油黏度/(mPa·s)	2.5
酸值/(mg KOH/g石油)	0.04

所设计的ASP溶液的界面张力在9×10^{-3}mN/m以下，且黏度至少比石油的黏度高2mPa·s。先导试验所采用的ASP配方为：先注入5000mg/L的碳酸钠、2000mg/L的活性石油磺酸盐、1000mg/L的HPAM和200mg/L的硫脲共计0.35PV(1850bbl)，再注入0.15PV(740bbl)1000mg/L的HPAM，最后还要注入1.2PV(6000bbl)的淡水驱替ASP段塞。

示踪测试表明，注入ASP前后的含油饱和度分别为0.31和0.16，这也就意味着注ASP开采剩余油的采收率为48%。

参考文献

Clark, S.R., Pitts, M.J., Smith, S.M., 1993. Design and application of an alkaline-surfactant-polymer recovery system to the West Kiehl field. APE Adv. Technol. Ser. 1 (1), 172—179.

Hernandez, C., Chacon, L., Anselmi, L., Angulo, R., Manrique, E., Romero, E., et al., 2002. Single well chemical tracer test to determine ASP injection efficiency at Lagomar VLA-6/9/21 area, C4 member, Lake Maracaibo, Venezuela. Paper 75122 Presented at the SPE/DOE Improved Oil Recovery Symposium, Tulsa, OK, 13—17 April.

Hernandez, C., Chacon, L., Anselmi, L., Baldonedo, A., Qi, J., Dowling, P.C., et al., 2003. ASP system design for an offshore application in La Salina field, Lake Maracaibo. SPEREE 6 (3), 147—156.

Huang, Y.-Z., Yu, D.-S., 2002. Mechanisms and principles of physicochemical flow. In: Yu, J.-Y., Song, W.-C., Li, Z.-P., et al., Fundamentals and Advances in Combined Chemical Flooding, Chapter 15. China Petrochemical Press.

Kang, W.-L., 2001. Study of Chemical Interactions and Drive Mechanisms in Daqing ASP Flooding. Petroleum Industry Press, Beijing, China.

Manrique, E., De Carvajal, G., Anselmi, L., Romero, C., Chacon, L., 2000. Alkali/surfactant/polymer at VLA 6/9/21 field in Maracaibo Lake: experimental results and pilot project design. Paper SPE 59363 Presented at the SPE/DOE Improved Oil Recovery Symposium, Tulsa, OK, 3—5 April.

Meyers, J.J., Pitts, M.J., Wyatt, K., 1992. Alkaline-surfactant-polymer flood of the West Kiehl, Minnelusa unit. Paper SPE 24144 Presented at the SPE/DOE Enhanced Oil Recovery Symposium, Tulsa, OK, 22—24 April.

Pitts, M.J., Dowling, P., Wyatt, K., Surtek, A., Adams, C., 2006. Alkaline-surfactant-polymer flood of the Tanner field. Paper SPE 100004 Presented at the 2006 SPE/DOE Symposium on Improved Oil Recovery, Tulsa, OK., 22-26 April

Sharma, A., Azizi-Yarand, A., Clayton, B., Baker, G., McKinney, P., Britton, C., et al., 2012. The design and execution of an alkaline-surfactant-polymer pilot test. Paper SPE 154318 Presented at the SPE Improved Oil Recovery Symposium, Tulsa, OK, 14—18 April.

Sheng, J.J., 2011. Modern Chemical Enhanced Oil Recovery—Theory and Practice. Elsevier, Burlington, MA.

Sheng, J.J., 2012. Alkaline-surfactant-polymer flooding (ASP)—principles and applications. Paper Presented at the Fifty-Ninth Annual Southwestern Petroleum Short Course, Lubbock, TX, 18—19 March; Proceedings, 221—234

Sheng, J.J., Maini, B.B., Hayes, R.E., Tortike, W.S., 1997. Experimental study of foamy oil stability. J. Can. Pet. Tech. 36 (4), 31—37.

Vargo, J., Turner, J., Vergnani, B., Pitts, M.J., Wyatt, K., Surkalo, H., et al., 2000. Alkaline-surfactant-polymer flooding of the Cambridge Minnelusa field. SPEREE 3 (6), 552—558.

Zhu, Y.-Y., Hou, Q.-F., Liu, W.-D., Ma, D.-S., Liao, G.-Z., 2012. Recent progress and effects analysis of ASP flooding field tests. Paper SPE 151285 Presented at the SPE Improved Oil Recovery Symposium, Tulsa, OK, 14—18 April.

第10章 碱-表面活性剂-聚合物驱及油田案例

Harry L. Chang

(Chemor技术国际有限公司，美国得克萨斯州普莱诺4105W.Spring Creek Parway，#606，邮编75024)

本章将介绍实验与模拟研究的基本流程、类型和使用的方法，重点是实验室数据与基于机理模型的模拟研究的关系。同时对主要的现场试验、应用、结果及其解释进行回顾和讨论。这些回顾和讨论将奠定一个基础，基于此就实验室研究成果向现场应用的转化提出建议，并解决一些关键的设计问题。

除了对包括先导试验设计与结果在内的一些现场案例进行回顾外，还将对过去40年以来的相关工作进行评价，同时总结经验和教训。基于这些经验和教训，对下一步的实验室研究提出了几点建议，目的是帮助改善流程设计，同时为相关研究成果在现场的推广应用(包括商业化)提供指导意见。通过分析提出相关结论，并为碱-表面活性剂-聚合物(ASP)驱油项目的设计和实施提供参考意见。

10.1 引言

早在20世纪20年代，美国研究人员就已发现某些碱剂可以与原油发生反应，在原地生成表面活性剂，起到提高石油采收率的作用。此后人们还意识到，这个过程要有效地发挥作用，原油中的酸含量最低应为约0.3mg KOH/g，这样才能在原地生成足够多的表面活性剂或脂肪酸盐，将石油和水段塞的界面张力(IFT)降至1×10^{-3}dyne/cm(1dyne/cm=1mN/m，下同)以下，从而将孔隙中的剩余油饱和度降至0附近。

与表面活性剂-聚合物驱油相似，碱段塞中也需要加入聚合物来加强对流度的控制。在一些应用案例中，油藏中原地生成的脂肪酸盐不足以很好地驱油，这时就需要向碱段塞中额外加入不高于0.5%的表面活性剂，来改善其驱替过程。因此，这一过程被称为碱-表面活性剂-聚合物(ASP)驱油，这也是目前最复杂的化学驱油方法。

常用的碱剂包括氢氧化钠(NaOH)、碳酸钠(Na_2CO_3)和硅酸钠($Na_2O\cdot SiO_2$)。2000年之前的现场试验大都使用NaOH，因为在与酸性原油接触时它是最有效的反应物。这也是该过程被称为碱水驱的原因。自1925年以来，随着向注入段塞中加入NaOH，在注入流体和采出液中都出现了结垢问题。在本章中，我们将简要论述ASP驱油技术的发展背景，同时回顾其机制、关键的实验室研究、重要的油田案例和油田现场实施时的一些设计问题。

10.2 背景

最早进行碱水驱油的是美国宾夕法尼亚州的Bradford油田(Nutting，1925，1928)。但直到20世纪60年代末和70年代初才开展了较多的实验室研究(Castor等，1979；Farmanian等，1978；Seifert和Howwells，1969；Seifert和Teeter，1970；Song等，1995)。在此后的约50年间，人们分别对添加聚合物和不添加聚合物的碱水或氢氧化钠驱油技术进行了现场试验。Mayer等(1983)的一份报告对现场试验结果进行了总结，他们在报告中列出了当时进行的一些现场试验，同时还提到了下一步的研究或现场试验计划，对1980年之前的现场试验作了很好的总结。

美国国家石油委员会(NPC)曾在美国境内组织开展过两次提高采收率(EOR)潜力研究，一次是在20世纪70年代晚期，一次是在20世纪80年代早期。该机构曾发布了两份研究报告，第一份发布于1976年(NPC Study, 1976)，第二份发布于1984年(NPC Study, 1984)。这两份报告介绍了碱水驱的机理和现场试验情况，同时进行了简单的经济分析，并对美国今后的潜力作了简要分析。截至1984年，共开展了48次油田现场试验，其中绝大多数位于加利福尼亚州和得克萨斯州。表10.1列出了现场试验的储层和原油特征。其中的一些试验只是单纯的碱水驱，另一些则添加了聚合物。在一些案例中，同一个油田开展了多次试验。

表10.1 美国在1980年之前开展的碱水驱项目

序 号	油 田	所在州	渗透率/mD	石油API重度	石油黏度/cP	地层温度/℉	地层水含盐度(TDS)/(mg/L)
1	AlbaSE	TX		16			
2	Alba West	TX	500	13	750		83300
3	Bell Creek	MT	900	42	2.5	100	5000
4	Big Sinking	KY					
5	Sison Basin	WY	144	16	220	85	
6	BreaOlinda	CA		16	90	135	
7	Burnt Hollow	WY	300	15	1000000	70	
8	Charmousca	TX	500	20	6	119	10400
9	Cresent Heights	CA	550	28	1.6	190	
10	Cyclone Canyon	WY	530	22	134	70	
11	Dominguez	CA	175	30	1.5	155	
12	Golden Trend	OK	100	43	0.5	138	190000
13	Goose Creek	TX			75	112	
14	Harrisburg	NE	119		1.5	200	8500
15	Hospah Sand	NM	634	30	15	75	
16	Huntington Beach	CA	200	22	15	165	
17	Interstate	KS					
18	Isenhour Unit	WY	108	43	1.04	97	5000
19	Isenhour Unit	WY	21	43	2.8	97	
20	Kern River	CA	2000	13.5	1000	90	
21	Midway Sunset	CA	450	22.5	180	87	15000
22	N. WardEstes	TX	20	34	2.3	94	
23	N. WardEstes	TX	25	32	1.4	86	
24	N. WardEstes 7798	TX	39	32	1.4	86	
25	Nebo Hemphill	LA	2470	21	126	91	67600
26	Orcutt Hill	CA	70	22	6	160	
27	Orcutt Hill	CA	71	22	8	168	
28	Orcutt Hill	Ca	70	22	8	168	14300
29	Puerto Chiquito	NM		34	3.43	109	29000
30	Quarantine Bay	LA	220	33.2	1.45	185	138000

续表

序号	油田	所在州	渗透率/mD	石油API重度	石油黏度/cP	地层温度/℉	地层水含盐度(TDS)/(mg/L)
31	Saddle Ridge	WY					
32	San Miguelito	CA	36	30	0.7	205	31165
33	Sharp Minnulusa	WY	160	26	10.9	229	130000
34	Singleton	NE	280	40	1.5	160	
35	Smackover	AR	2000	20	75	110	
36	TaylorIna	TX					
37	TaylorIna	TX	300	24	200	80	36000
38	Toborg	TX	216	22	82	76	2580
39	Torrance	CA	1000	15	17		
40	TyroOverlook	KS	56	31	25	70	123000
41	VanCarroll Unit	TX	100	34.2	2.3	135	
42	VanS. Lewisville	TX	100	34.2	2.3	135	
43	VanSW Lewisville	TX	100	34.2	2.3	135	
44	West Perryton	TX	19	38	0.8	168	
45	Whitter	CA	388	20	40	120	3500
46	Whitter	CA	388	20	40	120	
47	Wilmington	CA	238	28	23	125	
48	Wilmington	CA	1000	18	70	125	

1984年之前的现场试验有一些取得了不错的效果，不过同时也表明：①油田现场碱消耗量比基于实验室研究所预测的要多；②在碱驱的同时加入聚合物可以改善对流度的控制；③注入段塞结垢可能会造成井筒堵塞。由于期间油价较低，而且采收率的增幅很小，再加上当时普遍使用的氢氧化钠还有一些操作方面的问题，因而没有进行全油田范围的大规模试验或商业化应用。

在第一次全球石油危机之后，美国能源部(DOE)为EOR技术的现场试验提供了大量资金支持，碱驱就是当时DOE资助的化学法提高采收率技术之一。很多公司都开展了相关的现场先导试验，其中包括Wilmington油田(Mayer等，1983)和Huntington Beach油田(Weinbrandt，1979)。不过遗憾的是，这些试验的结果都不理想。

在1990~2000年期间，全球范围内开展了更多的油田现场试验，约有30个相关的项目。中国也开展了大量的试验研究项目，其中大庆油田有6个(Wang等，1999a，b)，胜利油田有2个(Qu等，1998；Wang等，1997)，克拉玛依油田有1个(Qiao等，2000)。21世纪初期，大庆油田开展了大量的小规模先导测试(Chang等，2006)，随后在21世纪中期，该油田又进行了几项大规模的油田现场试验(Cheng等，2008；Li等，2008；Wang等，2008)。其他的碱-表面活性剂-聚合物驱项目主要分布在加拿大。大多数的现场试验结果都表明，采收率比以往几十年有较大幅度提高，最高可达的25%原始石油地质储量(OOIP)。

虽然该方法可以大幅提高采收率，但只有中国和加拿大在2005年之后才尝试开展大规模的应用。目前，该技术还没有实现真正意义上的商业化。其主要原因是注入流体和采出液的处理存在困难，而且无法清楚地认识碱性化学物质与储层固体间复杂的相互反应。我们将在10.5节选取一些项目进行详细介绍。

10.3 实验室研究与机理模拟

10.3.1 实验室研究

ASP驱的实验室研究是一个多阶段过程，而且可以分为静态和动态两种类型。这个多阶段过程包括：原油酸度分析、碱水-石油界面可视化测试、碱-表面活性剂(AS)配方测试以及相态研究；IFT测量、聚合物稳定性测试、ASP段塞优化-稳定性-透明度测试以及岩心驱替试验。

由于实验室研究所使用的脱气原油与地层中的含气原油不同，而且在实验室很难进行含气流体试验，所以研究人员利用经轻烃C_7~C_{10}(包括已烷、辛烷、异辛烷、癸烷和萘烷)稀释后的轻质原油来模拟储层中含气原油的黏度(Southwick等，2010；Wade等，1976)。有研究报告称(Nelson，1983；Roshanfekr等，2009)，ASP-脱气原油微乳化作用的最佳盐度有向ASP-含气原油微乳化系统的较低值靠近的趋势。同时，还进行了等效烷烃碳数(EACN)模拟(Han等，2006a；Roshanfekr等，2011)。另外还需要注意的是，降低原油酸含量的稀释过程，可能导致最佳的含盐度发生偏移。不过这种变化并不明显，因为在相态研究中所用的原油量较大(20%~50%)。

静态实验必须达到两个目的：其一是配制的溶液透明且稳定，其二是形成高流度的大规模中间相态微乳状液(Winsor，1954，1968)，如图10.1所示。透明且稳定的ASP段塞可以确保在现场具有良好的注入能力，而且在地表或油藏条件下不会出现相态分离。大规模中间相态微乳状液可以确保增溶率(solubilization ratio)较高，而且ASP段塞与石油间的IFT超低。高流度则可以确保ASP段塞与油藏中的石油接触时不会产生不流动的凝胶或液态晶体。

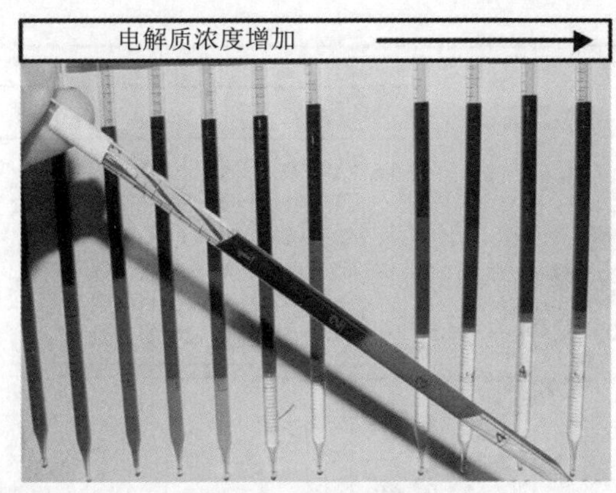

图10.1 Winsor Ⅲ型中间相态微乳状液与界面流度

通过分析表面活性剂在石油和水中的增溶作用，如式(10.1)~式(10.2)所示，可以绘制增溶率图，同时可以得到增溶作用参数，即水和油的增溶率的交点。

$$\sigma_o = V_o / V_s \tag{10.1}$$

$$\sigma_w = V_w / V_s \tag{10.2}$$

式中：σ_o为石油增溶率；σ_w为水增溶率；V_o为石油体积；V_w为水体积；V_s为表面活性剂体积。

增溶作用参数的实例如图10.2所示。

通过，利用下列Chun Huh关系式(1979)可以由增溶作用参数计算IFT。

$$\gamma = C/(\sigma)^2 \tag{10.3}$$

式中：C为相关常数，0.3；γ为IFT；σ为增溶作用参数。

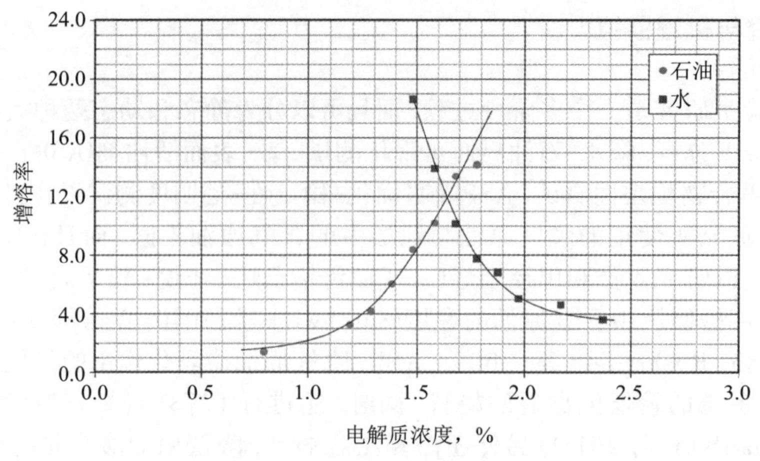

图10.2 增溶率

如图10.3所示(Glinsmann, 1979), 有效的ASP配方要求增溶参数大于9(即IFT<1×10^{-3}dyne/cm)。若要详细了解实验方法、相态特征解释、相态与IFT的相关性以及它们与岩心驱替的关系，请参阅相关文献(Chun, 1979; Flaaten等, 2008a, b; Healy和Reed, 1974; Pandey, 2010; Scriven等, 1976)。这些问题的详细描述不属于本章要讨论的范畴。鉴于利用稀释的脱气原油得出的ASP系统的最佳盐度有不确定性，在实施现场项目之前，需要用含气原油在高压PVT单元中进行相态测试或模拟研究(Han等, 2006a; Roshanfekr等, 2011)，以此来确定最佳的盐度(Southwick等, 2010)。

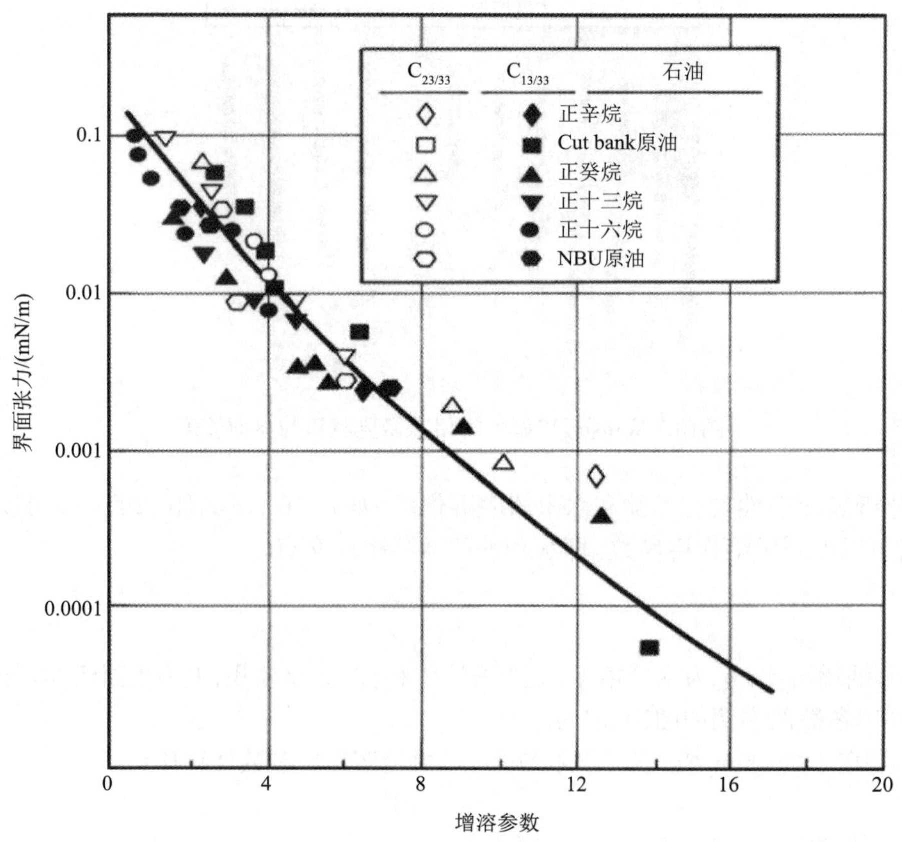

图10.3 IFT与增溶作用参数的关系(Glinsmann, 1979)

确定了AS配方之后，需要对合适的聚合物进行评价。在评价过程中要用到一些基本的试验结果，其中包括流变学特征、过滤试验和长期稳定性等，但聚合物评价的详细介绍并不在本文的讨论范围之内。向AS系统中加入聚合物后，需要确定一个明确且固定的ASP配方。

鉴于驱替过程效率很高，在设计过程中确保足够强的流度控制就显得尤为重要(Hou等，2006)。观察图10.4所示的高效化学驱(Gogarty等，1970)或图10.5所示的水/油带压力增加情况(Flaaten等，2008a，b)可以看出，要实现高效驱替，就需要高黏度化学段塞和聚合物驱。不同带的总流度可以通过室内线性岩心驱替试验来测量。

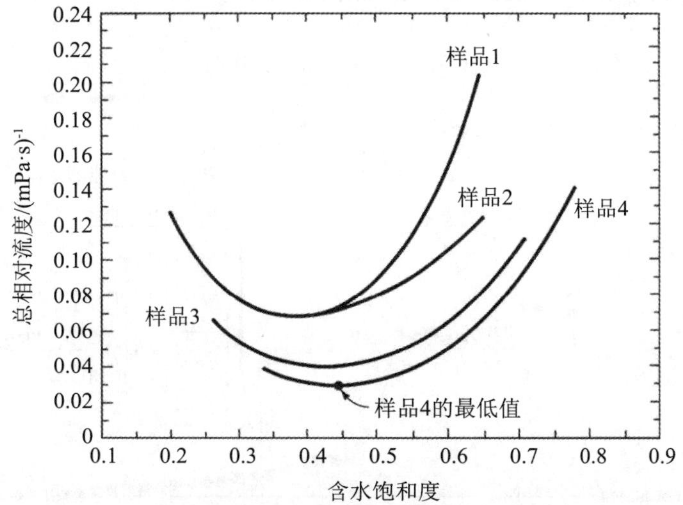

图10.4 总相对流度(Gogarty等，1970)

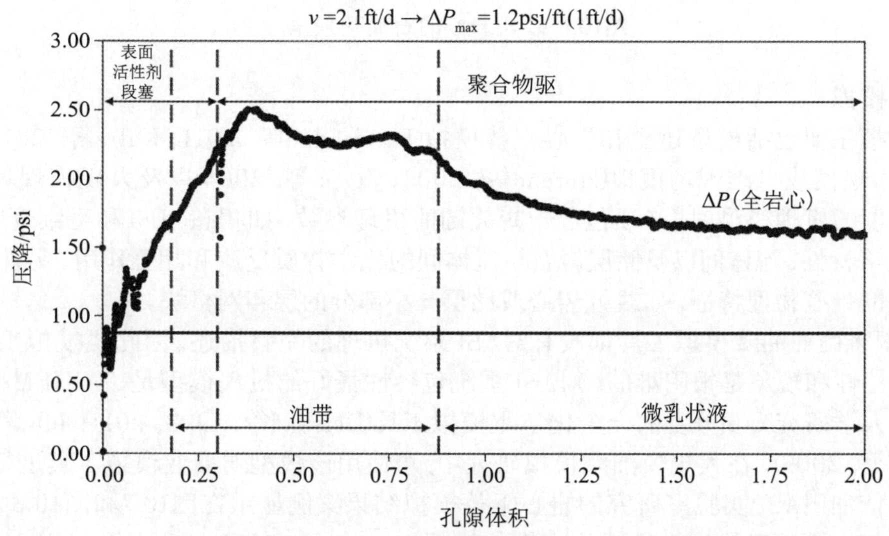

图10.5 典型的岩心驱替压力梯度(Flaaten等，2008)

实验室研究的最后一个阶段是线性岩心驱替实验。在这个阶段至少需要进行两次岩心驱替实验，第一次要使用露头岩心，如贝雷(Berea)砂岩；另一次需要使用储层岩心(如果有的话)。最好是用含气原油开展储层岩心驱替试验，这样就可以在现场试验项目实施前确定采收率。

通常是在一个有多个测压孔的环氧树脂或岩心容器中用一个直径2in、长12in的岩心中进行线性岩心驱替实验。要求岩心驱替实验用岩心的最小长度为12in，其目的是为了将分散效应最小化。驱替流体沿垂向向上流动，以便将重力的影响降至最低。岩心上需要安装多个测压孔以便监测油带、ASP段塞和聚合物的流动特性。

通过该试验要确定石油采收率，同时还要分析采出流体的化学剂浓度、pH值变化及氯化物浓度。压力数据、石油开采量、最终残余油饱和度、化学剂浓度和pH值特性等资料将用于基于力学模拟器的岩心驱替模拟。要想使岩心驱替取得良好效果，需要形成较好的油带(即高含油率)，从注入化学剂段塞开始到注入量达到1.2倍孔隙体积之前，绝大部分石油都已被开采出。化学剂浓度分析可以提供化学剂在孔隙介质中的滞留和运移情况(Li等，2009a)。图10.6显示了典型的岩心驱替结果和岩心驱替实验单元的示意图。

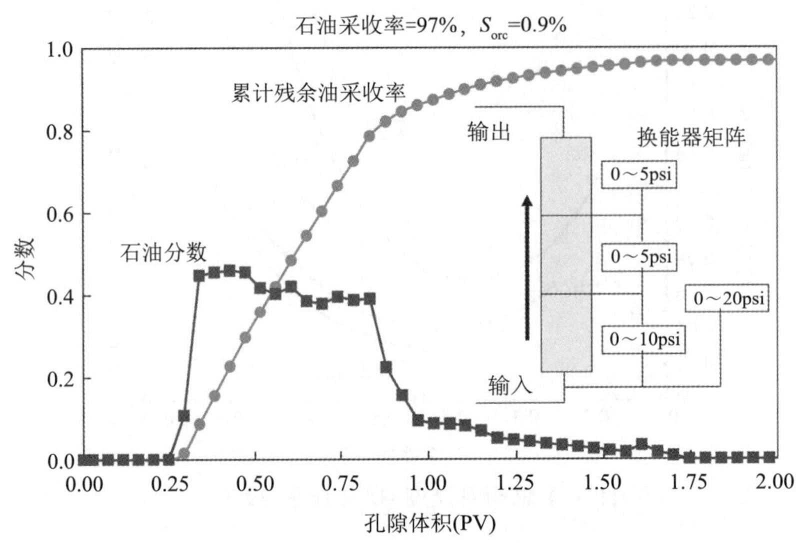

图10.6 砂岩岩心的石油开采量

10.3.2 机理模拟

机理模拟主要包括模型建立和岩心驱替模拟(Farajzadeh等，2011；Kalra等，2011；Karpan等，2011)、小规模或二维现场模拟(Moreno等，2003；Zerpa等，2004)以及大规模现场模拟。在建立岩心尺度的机理模型时，必须包含一些关键的机理参数，如相态、IFT和毛细管驱替、ASP系统的流变学特性、流体间以及储层岩石与流体间的化学物质反应和相互作用。另外还需要确定模拟系统的一些物理特征，如线性岩心或储层一小部分的层和网格块。

目前，很多商业油藏模拟工具都没有对ASP系统机理的完整描述，因此要模拟整个驱替过程中的所有特性和现象是很困难的。对ASP系统包容性最好的机理模型是UTCHEM模型，它是由得克萨斯大学研究人员开发的一个化学驱模拟工具(Delshad等，1998，2011；John等，2005；Mohammadi等，2009)。在大规模油藏模拟研究中，可使用该模型对商业模拟工具进行校正。

克拉玛依油田ASP实验室研究的岩心驱替模拟结果案例显示在图10.7和图10.8中，而在之前发表的文献中还可以找到先导试验规模的模拟(Pandey等，2008a；Qiao等，2000；Yuan等，1995)。图10.9和图10.10分别是大庆油田和克拉玛依油田的模拟结果。在机理模拟中，岩心驱替数据拟合的重点是化学剂的运移和残余油饱和度。具体的拟合类型包括：①累计石油采收率；②残余油饱和度；③采出流体中表面活性剂和聚合物的化学成分；④采出流体的pH值和盐度；⑤压力特征。对岩心驱替数据和模拟结果进行拟合可以确保油田尺度模拟的输入参数的正确性。可以获取动态条件下的化学剂消耗量数据，用于进行化学剂段塞设计和经济性评价(Somerton和Radke，1979；Wei等，2011)。

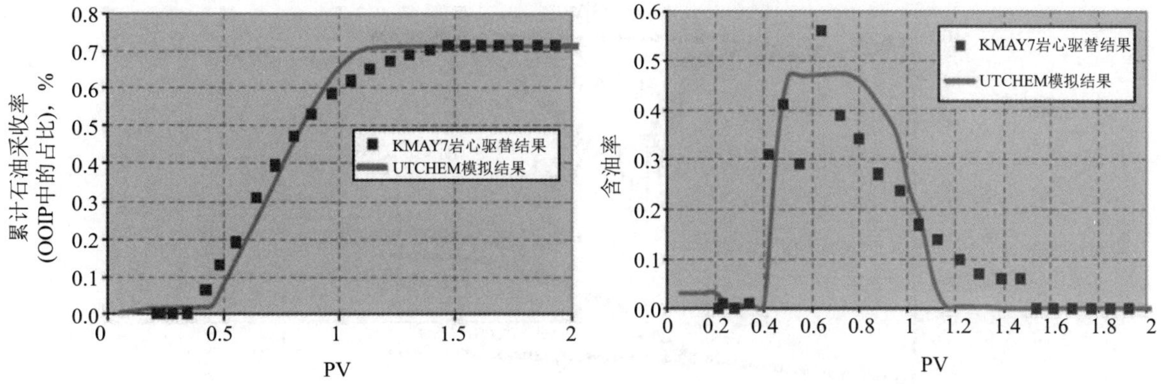

累计石油采收率
(OOIP中的占比)，%
KMAY7岩心驱替结果
UTCHEM模拟结果
PV
含油率
KMAY7岩心驱替结果
UTCHEM模拟结果
PV

UTCHEM综合ASP模型
(SPE39610)

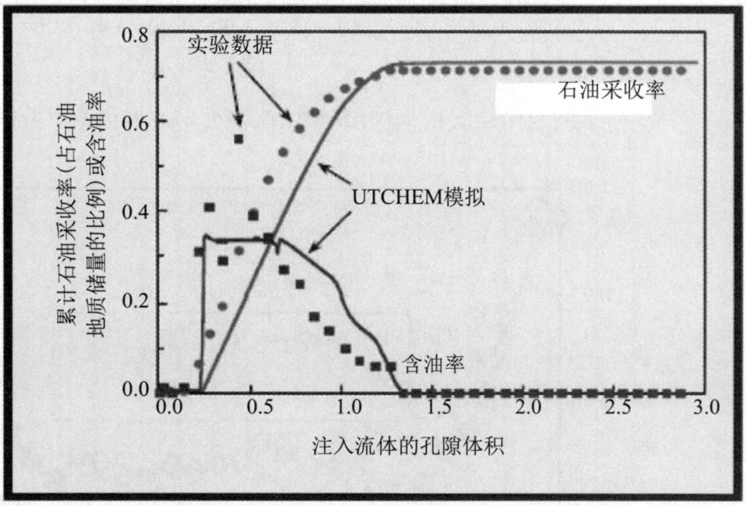

实验数据
石油采收率
UTCHEM模拟
含油率
累计石油采收率(占石油
地质储量的比例)或含油率
注入流体的孔隙体积

图10.7 克拉玛依油田ASP项目岩心驱替模拟(UTCHEM综合ASP模型)

聚合物浓度，%
KMAY7岩心驱替结果
UTCHEM模拟结果
PV
表面活性剂
浓度，%(体)
UTCHEM模拟结果
KMAY7岩心驱替结果
PV
钠浓度/(meq/mL)
UTCHEM模拟结果
KMAY7岩心驱替结果
PV
钠浓度/(meq/mL)
UTCHEM模拟结果
KMAY7岩心驱替结果
PV

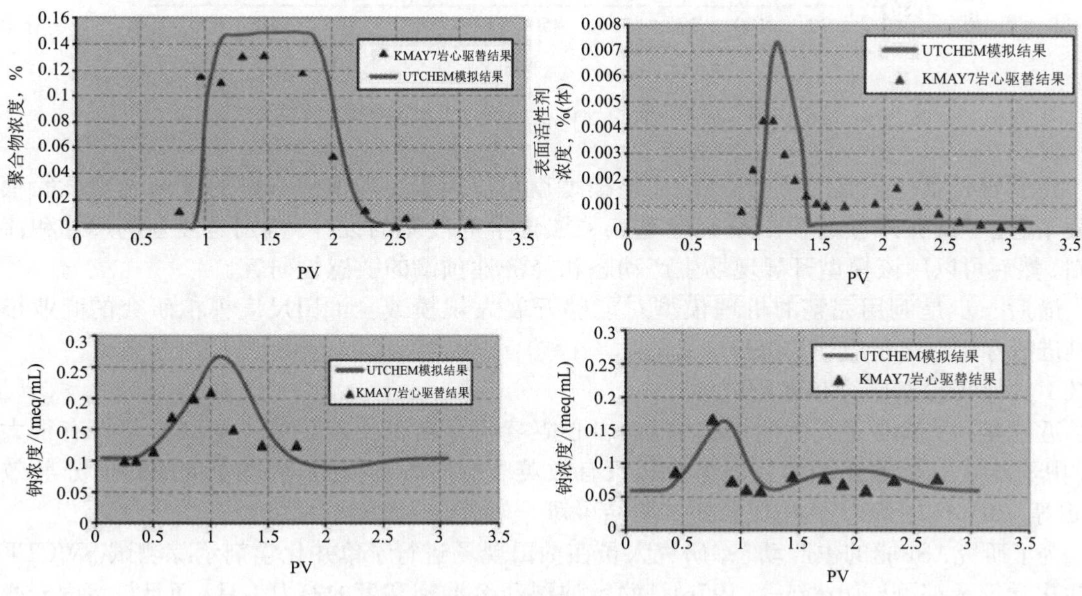

图10.8 克拉玛依油田ASP项目岩心驱替模拟

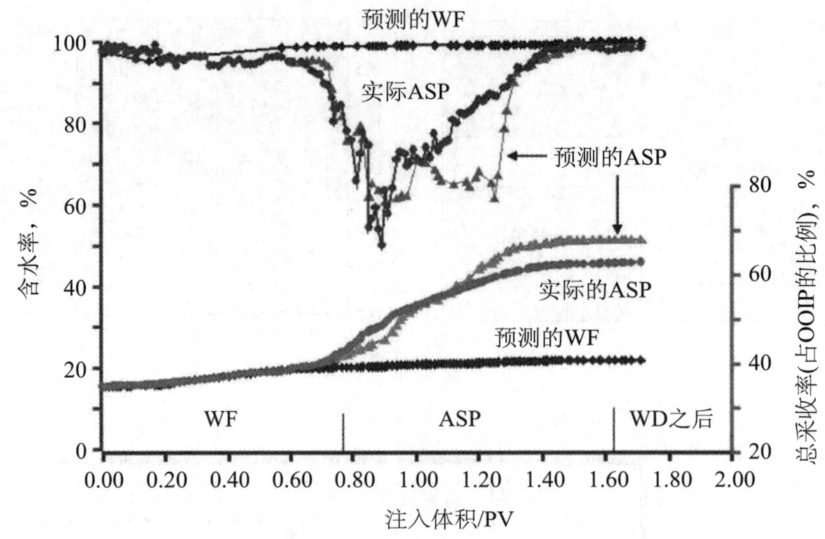

图10.9 大庆油田B1-FBX区中央生产井的ASP先导试验结果

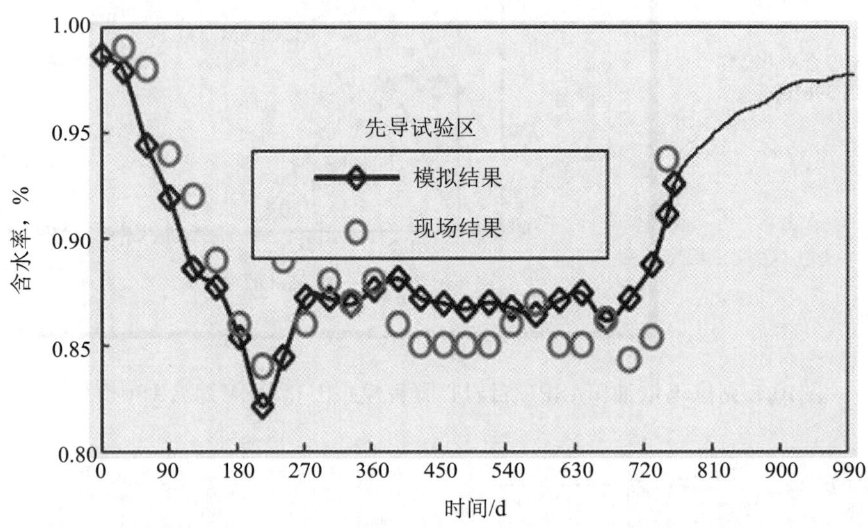

图10.10 克拉玛依先导试验区生产动态的模拟结果

完成岩心驱替试验的历史拟合后，该模型就可以用于小规模或二维的现场先导试验模拟研究了。先导试验规模的模拟研究应重点关注化学剂段塞的设计，特别是段塞的尺寸和流度控制。然后可以用该模型开展现场生产动态和经济性预测的敏感性研究。

最后一步是利用完整的机理模型对能够开展大规模或全油田尺度模拟研究的商业模拟工具进行标定(Pandey等，2008b)。

10.3.3 其他实验室研究和现场试验

近几年，大量的研究表明，室内径向岩心驱替研究对油田现场的先导试验设计有很大帮助。由于这类实验是用相对较厚但直径只有数英寸的岩心进行的，因此垂向驱扫的分散效应(Stoll等，2010)和不确定性往往会使试验结果难于解释。

为了研究ASP驱的生产动态，研究人员在油田现场进行了单井化学剂示踪测试(SWCTT)。单井化学剂示踪测试(Bragg等，1976)是确定油藏残余油饱和度的有力工具，而且与室内岩心测试相比，其测试的距离更大。最近几年，这种测试方法还被用于在油田现场确定ASP驱的注入能力和驱替效率(Abdul Manap等, 2011; Oyemade等, 2010; Zubari和Babu Sivakumar, 2003),但此法无法确定诸如石油采收率、微观驱替效率、采出液的化学剂浓度等信息。先导试验需要多口井,而且注入井与生产井间的距离也较大,而与之相比SWCTT的成本更低一些,但在使用SWCTT法评价油田ASP系统的效率时仍需考虑以下几方面的问题。

10.3.3.1 距离

观测井的大部分现场数据表明,ASP开采工艺对井距特别敏感(Zhu等, 2012);设计错误导致的大多数失败(即段塞破坏或高化学剂损失)都发生在SWCTT所用示踪剂的可到达范围之外。通常情况下,注入井周围的驱替效率较高,而且30~50m开外的驱替效率也会较高。因此,正如室内线性岩心驱替结果所示,一个好的ASP配方应该在与化学剂段塞接触的油藏部分表现出较高的驱替效率。需要考虑的主要问题是注入井50m以外的储层非均质性和段塞的完整性。这也是在先导试验中将大多数观测井部署在注入井与生产井之间距离的三分之一以外处的原因。

10.3.3.2 封闭性和非均质性

在目前的许多先导试验中,人们通常采用多井示踪剂测试来探测储层的封闭性和非均质性。SWCTT被用来确定水驱和化学驱后的残余油饱和度。在很多案例中,这些测试中是不使用聚合物的。与示踪剂测试中使用的水相比,ASP段塞具有高得多的黏度和较高的驱替效率,因此其流动路径与具有不同黏度的流体的流动路径不一样。

在储层非均质性和黏性流体反差的综合作用下,SWCTT所波及的面积并不能准确的反映油藏中化学驱之前的残余油饱和度(S_{orw})或注入小型ASP段塞之后的残余油饱和度(S_{orc})。

10.3.3.3 解释

鉴于上文提到的这些需要考虑的因素,在现场实施之前应详细解释由SWCTT获得的现场数据。当然,并不能就此认为,使用ASP段塞成功地开展了SWCTT,就足以保证油田规模ASP的顺利实施,无须再通过先导试验来收集生产井实际的石油和化学剂产量信息(Pandey等, 2008; Reppert等, 1990)。还应该注意的是,不要将“单井示踪剂测试”与“单井先导试验”混淆,前者仅采用一口注入井和距离比较远的多口观察井,但没有生产井(Abdul Manap等, 2011; Finol等, 2012)。

10.4 筛选流程

近十年以来,由于应用工艺和化学技术的进步拓宽了ASP的潜在应用范围,ASP油藏的筛选标准也发生了很大变化。发生变化的标准包括石油黏度、温度和岩性。

① 石油黏度:ASP油藏筛选标准的一个最显著的变化是适用的石油黏度范围的变化(Jennings等, 1974)。多年来,所有的化学驱工艺的应用只限于石油黏度不超过200cP的油藏。而现在,ASP驱油工艺的适用范围已经拓展到了石油黏度高于1000cP的油藏(DeFerrer, 1977; Kumar和Mohanty, 2010; Walker, 2011; Zhang等, 2012)。ASP驱的石油黏度上限尚未最终确定,但有可能高达5000cP(在储层条件下)。适用范围拓宽的原因包括如下几点:采用常规方法开采时稠油油藏的采收率很低——可供提高采收率的含油饱和度较高;钻井技术的进步使得作业者可以利用水平井进行注入和开采;高黏重油的酸度也较高;原油价格较高,而化学剂成本相对较低。

② 储层温度:ASP驱油适用的温度范围主要取决于聚合物的温度范围,因为绝大多数的表面活性剂在高温条件下都是稳定的,当然某些硫酸盐除外。近年来,已经开发出了耐较高温度的聚合物,因此ASP驱适用的温度范围已有所扩大,这要取决于ASP段塞中使用的聚合物或其他流度控制剂的类型。最近的实验室研究表明,聚合物的稳定性取决于驱替流体系统中的其他化合物,在钙离子浓度低于200mg/L的情况下,高分子聚丙烯酰胺耐受的最高温度至少为

100℃。丙烯酰胺与2-丙烯酸胺基-2-甲基丙烷硫酸钠(AMPS)的共聚物也可以在较高温度条件下使用(Levitt和Pope, 2008)。

③ 岩性：原来所有CEOR方法的应用范围都仅限于砂岩油藏，但近年来研究人员已开始尝试在沙特(Al-Hashim等, 1996)和西得克萨斯(Levitt等, 2011)碳酸盐岩油藏中应用SP和ASP驱油工艺。墨西哥已经在开展实验室研究，准备在墨西哥湾地区天然裂缝性碳酸盐岩油藏中应用ASP驱油技术。尽管截至目前还未在碳酸盐岩油藏ASP驱油方面取得重大成功，但研究人员仍在不懈努力，寻找可以使用ASP驱的新领域。随着更多新的化学剂的出现，未来在碳酸盐岩油藏中使用ASP驱油技术将成为可能。在碳酸盐岩油藏中使用ASP驱油技术时需要考虑的因素包括储层非均质性、较低的渗透率和较大的化学剂消耗量。

④ 酸度：大多数ASP驱油技术的油藏筛选标准都要求酸度最低为每克石油中含0.3mg KOH。但ASP驱油技术在中国大庆油田的成功应用案例表明，该方法可能还适用于原油酸度较低的油藏，只不过不再有原地生成的石油脂肪酸盐的好处。

⑤ 其他标准：其他所有的筛选标准都基本与过去的相同，其中包括酸含量、渗透率、钙离子(Ca^{2+})和镁离子(Mg^{2+})含量较低的淡水等。需要注意的是，没必要使用价格昂贵的水软化装置(WSU)将ASP段塞中所用水中的二价阳离子全部去掉。之前的标准规定将Ca^{2+}和Mg^{2+}的含量控制在低于10mg/L即可，但现场数据表明，碱溶液可以耐受的二价阳离子浓度上限约为80mg/L，克拉玛依油田和大庆油田的ASP试验结果说明了这一点。还可以选择使用对这些二价阳离子耐受度较高的碱类化合物，如偏硼酸钠(Flaaten等, 2008a, b)。加入多价螯合化合物，如三聚磷酸钠(STPP)(Qiao等, 2000)或乙烯二胺四乙酸(EDTA)，也可以确保不会在注入流体中形成积垢或$CaCO_3$或$MgCO_3$沉淀。

10.5 油田现场应用及效果

早在1925年人们就开始使用碱水驱油了，只是当时未向其中加入表面活性剂和聚合物(Nutting, 1925, 1928)。在发现碱性化合物与原油中的石油酸反应可以在原位生成表面活性剂之后，研究人员开始进行油田现场碱水驱油试验，到1980年已经开展了大约50次试验，如表10.1所示。这些试验大部分都是在加利福尼亚州进行的，因为那里大多数的中质和重质原油的酸含量都较高。在一些案例中，一个油田就开展了多次试验，如Orcutt Hill、Whittier和Wilmington油田。这些试验大都一定程度上改善了石油采收率，但尚未达到可商业化的程度。

20世纪80年代，人们通过实验室研究发现聚合物可以改善对流度的控制而且加入表面活性剂可以改善生产动态，但是直到20世纪90年代末期才开始大规模地在油田得到应用。由于当时聚合物和表面活性剂的成本较高而油价偏低，导致ASP的现场试验研究被推后了。不过自那之后，大部分之前采用碱水驱的油田都改用ASP驱了。ASP驱油现场试验结果表明，该方法可以大幅提高石油采收率，最高可达原始石油地质储量的26%(Qiao等, 2000; Qu等, 1998; Wang等, 1999a, b)。近30年以来，大部分的ASP试验都是在中国的大庆油田、胜利油田和克拉玛依油田进行的。1980~2000年间开展的主要现场试验项目列在表10.1中。

自1990年晚期开始，在美国一些小油田的Minnelusa组也开展了几个ASP现场试验项目(见表10.2)。在这些试验中使用的表面活性剂浓度很低，大约在0.1%左右(Jay等, 2000; Pitts, 2006)，而且大多数是作为二次采油项目开展的。尽管在这些现场试验过程中石油产量有明显的增加，但由于这些试验很多都是在水驱的早期阶段实施的，而且其间也使用了聚合物来改善对流度的控制，因此ASP真实的新增采收率究竟是多少仍存疑问。为了合乎逻辑地估算ASP实现的新增采收率，必须首先确定水驱和聚合物驱的基线采收率。之后才可以估算采收率的提高程度。还有一个不确定的地方就是尚无法确定新增采收率究竟是聚合物提高波及效率的结果，还是ASP驱的结果。由于这些现场试验中使用了很少量的表面活性剂(约为0.1%)，而且也没有对采出流体中的表面活性剂进行分析，因此无法确定表面活性剂在这些试验中的实际贡献和意义。

表10.2 1980~2000年初开展的ASP项目

序 号	油田/区块	州(市)/国家	化学剂	石油API重度	石油黏度/cP	驱油阶段	新增采收率(占 OOIP的比例)，%	备 注
1	Adena	CO，美国	苏打粉	43	0.42	三次采油		
2	Cambridge	WY，美国	苏打粉	20	25	二次采油	28	一口注入井
3	Cressford	AB，加拿大	AP			二次采油		无资料
4	大庆，S-ZX	大庆，中国	ASP	36	9~11	高含水率	21	见表10.4段塞设计部分
5	大庆，X5-Z	大庆，中国	ASP	36	9~11	高含水率	25	见表10.4段塞设计部分
6	大庆，X2-X	大庆，中国	ASP	36	9~11	高含水率	19	见表10.4段塞设计部分
7	大庆，S-B	大庆，中国	ASP	36	9~11	高含水率	23	见表10.4段塞设计部分
8	大庆，B1-FBX	大庆，中国	ASP	36	9~11	高含水率	21	见表10.4段塞设计部分
9	大庆，X2-Z	大庆，中国	ASP	36	9~11	高含水率	18	见表10.4段塞设计部分
10	大庆，ZB-B2Z	大庆，中国	ASP	36	9~11	高含水率	NA	见表10.4段塞设计部分
11	大庆，S-B3	大庆，中国		36	9~11	高含水率		见表10.4段塞设计部分
12	David	AB，加拿大		23		三次采油		
13	Enigma	WY，美国	ASP					
14	Isenhaur	WY，美国	ASP	43	2.8	二次采油	12	高温200℃
15	Etzikorn	AB，加拿大	ASP	19	39~100	二次采油	12	NaOH
16	孤 东	中 国	ASP	17	41	三次采油	26	未扩大规模
17	孤 岛	中 国	ASP		46	三次采油	16	未扩大规模
18	克拉玛依	中 国	ASP	30	53	三次采油	25	未扩大规模
19	Mellot Ranch	WY，美国	ASP	21	28	三次采油		两口注入井
20	Tanner	WY，美国	ASP	21	11	二次采油	18	一口注入井
21	Viraj	印 度	ASP	18.9	50	含水率约85%		4个5点法井网
22	West Kiehl	WY，美国	ASP	24	17	二次采油	21	
23	West Moorcroft	WY，美国	AP	22	20	二次采油	15	
24	White Castle	LA，美国	AS	29	3	三次采油	10	

从这些油田试验中挑选了中国的大庆油田、胜利油田和克拉玛依油田进行详细讨论。大庆油田的ASP项目非常独特，因为这个项目是在原油蜡含量高、酸值低的油藏中开展的。另外，在最近15年间，该油田已开展了十多个现场试验项目。胜利油田的ASP项目是在原油黏度高、酸值高且地层水含盐度高的油藏中进行的。该项目很成功，但是由于地层水和注入水中的二价阳离子浓度都较高(>200mg/L)，ASP驱并没有继续进行下去。克拉玛依油田的ASP项目是在一个有50多年开采历史的水驱砂砾岩油藏中进行的，其中原油的酸含量为0.8mg KOH/g。所有的先导试验井都是新钻的井，ASP前注水开发采出液的含水率为100%。

10.5.1 大庆油田的ASP驱

在1994~2010年期间，大庆油田开展了十多个ASP驱先导试验项目(Chang等，2006；Wang

等, 1999a, b; Zhu等, 2012)。表10.3列出的是大庆油田ASP项目的最新数据。这些先导试验的井距(注入井与生产井间的距离)在164~820ft之间。对所有ASP现场试验数据的更新与分析(Gao等, 2010; Zhu等, 2012)表明, 采收率与井距密切相关, 井距小于410ft项目的采收率较高(20%~25%OOIP), 而井距介于574~820ft之间项目的采收率较低(18%~20%OOIP)。

表10.3 大庆油田正在进行或计划中的大型ASP先导项目

序号	油田	国家	储层温度/°F	黏度/cP	驱油阶段	新增采收率(占 OOIP的比例), %	注入/生产井	备注
1	大庆, S5-Z	中国	113	9~11	含水率>85%	19	29/39	预计的采收率
2	大庆, N1-EII	中国	113	9~11	含水率>85%	23	49/63	预计的采收率
3	大庆, N2-W-II	中国	113	9~11	含水率>85%	19	35/44	预计的采收率
4	大庆-S6	中国	113	9~11	含水率>85%		144/160	
5	大庆, X1-2	中国	113	9~11	含水率>85%		112/143	
6	大庆, X6-E1	中国	113	9~11	含水率>85%		102/129	
7	大庆, X6-E2	中国	113	9~11	含水率>85%		105/109	
8	Mangala	印度	145.4	15	PF之后		14	PF正在进行, 之后是ASP
9	Rex Energy	美国	80	11	三次采油		6/12	正进行先导试验, 下一步计划扩大规模
10	Elk Hill	美国	180~240	0.4~1.2	高含水			先导试验已完成, 下一步计划扩大规模
11	St. Joseph	马来西亚	126	1.5	高含水			海上, 正在编制方案
12	Angsi	马来西亚	246	0.3	高含水			海上, 单井示踪剂
13	Jhalora(K-Ⅳ)	印度	179.6	30~50	含水率80%~85%		1/6	正在进行, 计划扩大规模
14	Yaber S.Mannville B	加拿大			高含水		24/52	大型现场项目
15	Crowsnest	加拿大			高含水			设计阶段
16	Marmul	阿曼	适中	90	高含水		1/4	方案编制阶段

方案编制阶段在ASP工艺设计中, 大庆油田采用了两个独特的概念: ①在ASP段塞之前注入小规模高浓度的聚合物前置液; ②在聚合物前置液的第一段加入低浓度碱和表面活性剂。注入聚合物前置液的目的是改善储层盐水的驱替效率和调剖。在聚合物前置液中添加低浓度碱和表面活性剂是为了更好地确保整个驱替过程中有充足的化学剂。

表10.4所列为2000年之前开展的大部分先导试验的段塞设计。对多种类型的表面活性剂进行了试验, 其中包括烷基苯磺酸盐(ABS)、石油磺酸盐、木质素磺酸盐、石油羟酸盐和生物成因的表面活性剂等(Wang等, 1999a, b, 2009)。在前置液、ASP段塞和驱油段塞中使用了不同摩尔数的聚丙烯酰胺聚合物。在大多数案例中, 碱的浓度在1%~1.5%之间, 表面活性剂的浓度约为0.3%。聚合物浓度在1500~2000mg/L之间, 高于该油田聚合物驱时的浓度(约为1100mg/L)。

表10.4 大庆油田最早的8个先导试验项目的ASP段塞配方

试验区块	化学剂	聚合物前置液		ASP段塞Ⅰ		ASP段塞Ⅱ		聚合物驱	
		尺寸/PV	浓度，%	尺寸/PV	浓度，%	尺寸/PV	浓度，%	尺寸/PV	浓度，%
大庆，S-ZX	苏打粉	0.00	0.00	0.00	0.00	0.30	1.25	0.00	0.00
	表面活性剂1	0.00	0.00	0.00	0.00	0.30	0.30	0.00	0.00
	聚丙烯酰胺	0.00	0.00	0.00	0.00	0.30	0.13	0.29	0.08
大庆，X5-Z	氢氧化钠	0.00	0.00	0.30	1.20	0.00	0.00	0.00	0.00
	表面活性剂2	0.00	0.00	0.30	0.30	0.00	0.00	0.00	0.00
	聚丙烯酰胺	0.00	0.00	0.30	0.12	0.18	0.12	0.09/0.03	0.08/0.04
大庆，X2-X	氢氧化钠	0.00	0.00	0.35	1.20	0.10	1.20	0.00	0.00
	表面活性剂2	0.00	0.00	0.35	0.30	0.10	0.10	0.00	0.00
	聚丙烯酰胺	0.04	0.15	0.35	0.23	0.10	0.18	0.25	0.08
大庆，S-B	氢氧化钠	0.00	0.00	0.33	1.20	0.15	1.20	0.00	0.00
	表面活性剂3	0.00	0.00	0.33	0.35	0.15	0.10	0.00	0.00
	聚丙烯酰胺	0.00	0.00	0.33	0.18	0.15	0.18	0.25	0.08
大庆，B1-FBX	氢氧化钠	0.00	0.00	0.30	1.20	0.15	1.20	0.00	0.00
	表面活性剂2	0.00	0.00	0.30	0.30	0.15	0.10	0.00	0.00
	聚丙烯酰胺	0.00	0.00	0.30	0.20	0.15	0.14	0.05/0.05/01	0.09/0.07/0.06
大庆，X2-Z	氢氧化钠	0.00	0.00	0.35	1.00	0.10	1.00	0.00	0.00
	表面活性剂4	0.00	0.00	0.35	0.20	0.10	0.10	0.00	0.00
	聚丙烯酰胺	0.04	0.15	0.35	0.18	0.10	0.16	0.01/0.01	0.01/0.063
大庆，ZB-B2-Z	氢氧化钠	0.00	0.00	0.35	1.60	0.15	1.40	0.00	0.00
	表面活性剂4	0.00	0.00	0.35	0.30	0.15	0.10	0.00	0.00
	聚丙烯酰胺	0.04	0.14	0.35	0.18	0.15	0.18	0.20	0.14
大庆，S-B3X	氢氧化钠	0.00	0.00	0.35	1.20	0.10	1.20	0.00	0.00
	表面活性剂4	0.00	0.00	0.35	0.25	0.10	0.10	0.00	0.00
	聚丙烯酰胺	0.04	0.14	0.35	0.16	0.10	0.16	0.20	0.10

在2000年前大庆油田所开展的所有ASP现场试验中，最具意义的是1997年在B1-FBX层进行的试验(Yang等，2003)，这个先导试验的成功，使得多个大型现场ASP项目得以在2005年启动。正如前文所述，ASP项目对井距很敏感。该试验中使用的井距较大，为820ft，目的是对采用与当前水驱开发相似的井距实施ASP驱的效果开展评价。本次试验中有6口注入井和12口生产井，实现的采收率约为20%，最大的含水率降幅是从90%降到了50%，如图10.9所示。该项试验奠定了大庆油从2005年开始进行大规模ASP试验的基础。

10.5.2 胜利油田的ASP驱

胜利油田在20世纪80年代初开始进行ASP驱油的试验研究，并于1992年在孤东油田开展了首个小井距现场试验。报告的新增石油采收率是26%(Qu等，1998)。

第二个ASP先导试验是在1997年进行的，地点在孤岛油田的西部，面积为150acre。储层温度约为160℉。石油黏度约为46cP，原油中酸含量高于0.5mg KOH/g。井距和产层净厚度分别为695ft和53ft。储层为河道砂岩，平均孔隙度和渗透率分别为32%和1520mD。试验区有6口注入井和10口生产井。在开展ASP驱之前，试验区的水驱采收率约为22%。ASP驱分3个段塞顺序实施。

① 前置液：在306天时间内向井中注入0.1PV 2000mg/L的聚合物溶液

② ASP段塞：在948天内向井中注入总体积为0.3PV的ASP段塞，该段塞的构成为1.2%的Na_2CO_3、0.2%的表面活性剂A、0.1%的表面活性剂B和1700mg/L的聚合物。

③ 聚合物驱：在158天内向井中注入0.05PV 1500mg/L的聚合物溶液。

化学剂段塞的注入作业于2002年完成。石油产量从603bbl/d增至1490bbl/d的峰值，对应的含水率从水驱的96%降至83%。总的新增石油采收率为15.5%。尽管胜利油田的现场试验实现了较大的新增石油采收率，但由于注入水结垢和产出液乳化等问题的处理难度很大而且成本较高，因而并未大规模推广应用。

10.5.3 克拉玛依油田的ASP驱

克拉玛依油田于1995年在一套非均质砂砾岩油藏中进行了ASP先导试验，采用了164ft的井距和4个5点井网(Qiao等，2000)。设计了三段塞流程：①0.40PV的1.5%NaCl盐水前置液；②0.34PV的ASP段塞，其构成为1.4%的Na_2CO_3、0.3%的原油磺酸盐和0.13%的聚丙烯酰胺聚合物；③0.15PV的0.1%聚合物和0.4%NaCl驱动流体。

在进行ASP驱之前，试验区的水驱采收率约为50%，含水率为99%。1996年7月至1997年6月注入ASP段塞，并后续水驱一直持续到了1999年初。在注入大约0.04PV的ASP段塞后采收率开始提高，在注入ASP段塞达到0.2PV时采收率达到峰值，石油产量提高了5倍，含水率从99%将至79%。中心井的新增采收率高达25%。采出液乳化问题严重，而破乳很困难。

10.5.4 其他油田的试验结果

除中国外，在1995年之后，美国、加拿大、南美和印度也开展了相关的现场试验研究，其中包括David Pool(Pitts等，2004)、Etzikom、Taber South、La Salina(Guerra等，2007)、Cambridge(Jay等，2000)、Tenner(Pitts，2006)、White Castle(Falls等，1994)、Mellot Ranch、Viraj(Pratap和Gauma，2004)和Jhalora(Jain等，2012)等油田项目(见表10.2)。加拿大的Etaikom油田和Taber South油田是两个大规模现场试验，但其中的一些项目，如Etzikom和David Pool，仅采用了碱聚合物驱(AP)，并没有加入表面活性剂。White Castle则是一个AS试验项目，未使用聚合物。如前文所讨论的那样，美国在Minnelusa组中开展的试验大都规模较小，在二次采油阶段只有一口或两口注入井；采用的表面活性剂浓度很低，而且试验结果的解释也很困难。这个问题将在10.6~10.10节中进行详细讨论。

加拿大Etzihom油田的碱聚合物驱项目始于2000年，是一个大规模(18口注入井)应用项目，采用了低浓度的NaOH(0.5%)，但未添加任何表面活性剂。结果表明，新增石油采收率比较显著(13%~15%OOIP)。该项目仍有一些问题：①如何清楚地区分聚合物和碱水各自对提高采收率的贡献；②使用较高浓度的碱水并添加一些表面活性剂是否可以使采收率进一步提高。

加拿大的Taber South油田Mannville B的ASP驱也是一个大规模项目。在ASP流体中加入了氢氧化钠。尽管未收集到关于该项目的公开信息，但估计存在采出流体结垢问题。

美国最近完成的两个ASP先导试验项目是加利福尼亚州的Elk Hills和伊利诺依盆地的Bridgeport。Elk Hills项目的官方报告还未发布，但最近Bridgeport项目的试验结果已公开(Sharma等，2012)。虽然尚未得出最终结果，但中期生产数据显示采收率大幅提高。但也存在两个主要问题，即流体产能下降和一些化学剂窜流到了井网以外的生产井中。试验结果鼓舞人心，作业者准备在不久的将来开展第一期的扩大试验。

10.6 油田现场试验结果的解释

油田现场试验结果的解释包括三部分：石油采收率评价、开采机理解释和工艺应用。

10.6.1 石油采收率评价

如前所述，单独评价波及效率改善和驱替效率提高各自的贡献至关重要。在三次采油阶段应用EOR技术时，评价结果的多解性比较小，但在二次采油中使用CEOR时，评价结果的多解性就会比较强。

如表10.2所示，在最近30年间所开展的ASP试验，只有不到一半是在真正的三次采油阶段实施的。此外，对波及效率提高或驱替效率改善带来的效果也没有进行过详细分析。下面讨论对不同因素进行评价的作用。

10.6.1.1 大庆油田ASP驱

由于对高浓度聚合物溶液弹性特征引起的水驱剩余油饱和度降低有了新的解释(Guo等，2011；Ma等，2010；Wang等，2011；Yang等，2006)，需要对数据进行评价，以确定表面活性剂在整个ASP过程中所起到的真正作用。如表10.4所示，多数ASP先导试验中所使用的聚合物总量应该大致等于或大于最近实施的高浓度聚合物驱中的聚合物量。需要明确一个问题，即“与高浓度聚合物驱相比，之前开展的ASP先导试验实现的新增采收率究竟是多少？”

最近几年大庆油田的技术人员给出了以上问题的答案(Hou等，2001a，b；Ma等，2010)，但大庆油田今后的CEOR重点仍未明确。从技术的角度来看，该油田似乎可以考虑三个选项：在低渗透率区继续实施低浓度聚合物驱；在高渗透率区实施高浓度聚合物驱；在全区开展弱碱ASP或SP驱，但前提是其采收率应明显高于高浓度聚合物驱。不过，在作出投资决策时，应该明确每种工艺的成本效益和可适用性。例如，如果与高浓度聚合物驱相比，ASP驱并不能显著提高采收率，那么就没有必要额外花钱购买碱，尤其是表面活性剂。另外，在采出液处理方面，聚合物驱的成本远低于ASP驱。

10.6.1.2 Etzikom油田AP项目

加拿大的Etzikom项目是最成功的CEOR项目之一，其采收率在10%~15%OOIP之间。该油田使用的氢氧化钠的浓度约为0.5%。新增石油采收率与一些最成功的聚合物驱相当。那么问题就来了：“直接开展聚合物驱能实现相同的采收率吗？”如果可以的话，那么就可以省去使用氢氧化钠的成本了。

10.6.1.3 美国Minnelusa组的ASP驱——低表面活性剂浓度ASP驱在二次采油中的应用

如前所述，美国在Minnelusa组实施的部分ASP驱采用的表面活性剂浓度很低(约为0.1%)，但新增石油采收率却比较明显。这些项目的投资较少，经济性好，而且未报告重大生产问题。然而，这些小规模ASP驱项目使用了聚合物，所以无法对其成功作出明确的解释，因为大家都知道，聚合物驱也可以显著提高石油采收率(10%OOIP以上)，中国的聚合物驱项目说明了这一点。遗憾的是，没有收集到这些项目中聚合物与ASP或AP相对贡献对比方面的详细分析资料。由于缺少此类评价，未来此类项目的优化和方案设计都比较困难。

10.6.1.4 商业意义

对采油工艺的全面认识对其商业应用有重大影响。例如，如果ASP或AP工艺可以显著提高石油采收率，但使用简单的聚合物驱也有可能达到同样的效果，那么就没有必要支付化学剂的购买成本以及相关的碱和表面活性剂处理费用。在最成功的案例中，聚合物驱的化学剂成本约为ASP或AP驱的化学剂成本的30%~50%。当开展油田规模应用时两者的差距会更大。

近年来，增加投资与提高效益的问题受到越来越多的重视，而且一些作业者正在尝试对ASP驱和聚合物驱开展并行对比，如PDO计划开展的Marmul聚合物驱和ASP驱(Finol等，2012)。另一种方法是把先导试验分两个阶段实施，先开展聚合物驱并评价新增采收率，再进行ASP驱，来验证新增的投资是否值得(Pandey等，2012)。更多的内容详见10.10节。

10.6.2 开采机理的解释

已经有很多的研究人员对开采机理进行过研究(Arihara等，1999；Castor等，1979；Cooke等，1974；Edina和McCaffery，1979；Ehrlich和Wygal，1977；Johnson，1975；Leach等，1962；Raimodi等，1976；Shen等，2009；Stegemeier，1977；Tong等，1998；Wang等，2007)。鉴于ASP工艺可能涉及很多复杂的机理，如IFT降低、乳化和润湿性转换等，每一个化学剂-原油系统可能都有不同的主控机理，需要采用不同的ASP化学剂组合。在一些案例中，只用碱来实现润湿性转换(Emery等，1970；Graue和Johonson，1974；Han等，2006b)。而在另一些案例中，乳化作用可能是主控机理(Kang和Wang，2011；Lei等，2008；McAuliffe，1972；Radke和Somerton，1978；Wasan等，1979)。一些方案设计只使用碱和聚合物，如Etzikom油田的AP驱和MCCF驱(Sarem，1974)。现在，同时使用全部的三种化学剂，即一种碱、至少一种表面活性剂和一种聚合物，可以达到最好的效果。实际上，在一些案例中，向ASP系统中加入助溶剂和助表面活性剂可以改善其性能和应用效果(Sahni等，2010)。

上文所述的所有驱油方法只在原油酸值较高的条件下才能取得较好的效果，因为这些方法都依赖于注入的碱与原油中的石油酸发生反应，并在原地生成的表面活性剂。大庆油田所使用的ASP驱油机理与其他ASP驱油系统有所不同，因为该油田中所使用的表面活性剂主要是注入的。由于大庆油田的石油酸含量较低，只有不到0.1mg KOH/g，所以通过反应在原地生成的表面活性剂非常少。

以往曾开展过高pH值SP驱(Holm和Robertson，1978；Sui等，2000)。因此，大庆油田的ASP驱似乎主要是靠减少滞留在储层中的表面活性剂和进一步降低IFT来提高采收率的，而不是依靠石油脂肪酸盐的原地生成。

10.6.3 工艺应用

根据中国大庆油田ASP驱的试验结果，你可能会认为ASP驱也可以在原油酸含量较低的油藏中成功应用。然而，其机理不同于传统的ASP，因为利用原地生成的石油脂肪酸盐可以产生额外的协同效应。因此，不管详细的机理分析如何，碱性化学剂都在CEOR中起着重要作用，但如果使用过量或者类型不合适，也会带来一些生产问题。

10.7 启示

根据公开发表的文献，在过去的50多年间开展的AP或ASP先导试验超过100个。此外，相关的实验室研究成果也发表了上百篇文章，内容涉及化学剂、配方、机理、反应等。如果对研究文献中的相关信息进行认真分析，我们就可以从过去业界所犯的错误以及实验室研究成果中获得启示，来改善ASP驱油的设计和实施。以下就是我们从现场实施中所获得的一些启示。

① 聚合物前置液：在大多数案例中，都需要注入前置液，以便把注入段塞中的化学剂与

储层盐水间的反应降到最低(Campbell, 1979; Dabbous和Elkins, 1976; Qiao等, 2000)。通过在前置液段塞中使用矿化度较高且二价阳离子浓度低的盐水，可以形成有效驱替所需的矿化度梯度(Levitt等, 2006)。如果在前置液中使用聚合物，则可以获得更好的波及系数和一定程度的调剖(Dabbous和Elkins, 1976)。

② 注入水处理：优质注入水是确保良好的注入能力和CEOR成功的重要条件之一(Chen等, 2007)。很多作业者都是通过水软化处理来将其中二价阳离子浓度降到10mg/L以下。不过大庆油田的ASP驱项目与之不同，该油田并未对注入水进行软化处理，其中的二价阳离子，如Mg^{2+}和Ca^{2+}，含量在10mg/L以上。克拉玛依油田的ASP也与之类似，但通过加入三聚磷酸钠(STPP)来实现多价螯合。因此，当二价阳离子含量低于100mg/L时，应注意可能出现的结垢问题，而且在投入大量资金购买水软化设施之前，应该首先考虑通过多价螯合作用在注入端解决结垢问题这个选项。在室温条件下，结垢是一个很缓慢的过程，有时可能需要24h。当然也有另一种选择，那就是设计一种在注入系统中不会形成任何结垢的ASP段塞(Flaaten等, 2008a, b)。

③ 采出液处理：克拉玛依油田、大庆油田和South Taber油田的现场试验结果均表明，在ASP驱采油过程中采出液会出现乳化和/或硅酸盐/碳酸盐结垢(Krumrine等, 1985; Wang等, 2004)。处理采出的乳化液还需要其他的化学剂和设备，但解决结垢问题更难。机械和化学防垢措施都曾在现场进行过尝试，但效果并不好(Arensdorf等, 2010; Bataweel和Nasr-El-Din, 2011; Cao等, 2007; Chen等, 2011a; Karazincir等, 2011; Li等, 2009b; Sonne等, 2012; Qiong等, 2002; Yang等, 2011)。研究表明，硅酸盐结垢比碳酸盐结垢更难处理。考虑到这两方面因素，明智的做法是，在现场实施前，先通过使用真实的流体/岩石系统模拟采出液来开展大量的实验室研究，确定处理乳化液处理方法(Di等, 2001; Nguyen等, 2011)和结垢处理方法。另外，硅酸盐结垢主要是因为使用氢氧化钠造成的。因此，在今后的油田现场应用中应该考虑避免在ASP段塞中使用氢氧化钠。

④ 产能下降：之前的很多现场试验结果都表明产能会有大幅度下滑。大庆油田的资料显示，与ASP驱之前的水驱相比，产能从71%下降到了约38%(Wang等, 1999a, b)。在Bridgeport油田的ASP驱中，油田的产能较其峰值下滑了65%(Sharma等, 2012)。造成这种现象的原因包括油-水带的相对渗透率效应、乳化作用、聚合物和结垢。要将产能损失降到最低，在ASP段塞的设计中要考虑以上这些因素的影响。

⑤ ASP段塞的设计和优化：就我们所讨论的在过去50多年间发挥过作用的机理而言，大规模中间相态(middle-phase)微乳化作用和流度控制是在方案设计中需要考虑的最重要的两个因素。在设计过程中，流度的控制可以通过向ASP段塞中添加聚合物来实现。而要设计一个具有超低IFT和/或大规模中间相态微乳液的有效段塞则更加复杂。传统的做法是测量AS系统与原油的IFT，但IFT是瞬变特征，而AS溶液对原油的体积比又很大，这就会使IFT数据的可靠性存疑，因为微油滴中的酸太少了。在很多碱-酸原油系统中，会自发形成粗乳状液(Kang和Wang, 2001; McAuliffe, 1972; Shah等, 1978; Wasan等, 1979)。对于一定的石油与AS水溶液的比率，在理想的矿化度条件下，这些粗乳状液会在一段时间内聚结，形成具有热力学稳定性的平衡微乳液。平衡速度快且黏度低的微乳液要优于粗乳液和高黏度低聚结速度的微乳液，它更容易避免在储层中出现相捕集和大量滞留现象(Nelson和Pope, 1978; Levitt等, 2006)。最终的ASP段塞必须清澈且稳定，不能出现沉淀、相分离或胶状外观，而且要在Sorc低于5%的情况下仍保持较高的驱替效率。尽管在实验室条件下采用适宜的段塞尺寸、注入序列、流度控制和矿化度梯度可以达到很好的驱替效果，但任何现场项目的设计和优化都要基于机理模拟结果。在很多案例中，先导试验都需要考虑与边际资源配置有关的风险，例如在削减化学剂成本

和为确保先导试验成功而过度设计之间进行平衡。在先导试验获得成功时，下调过度设计的参数总是很容易的，但如果先导试验因设计欠安全而失败，可能就永远找不出失败的原因，甚至可能不会有第二次机会了。

⑥ 新化学剂：除了改进化学剂段塞配方外，近几年来，出现了一些新的化学剂，特别是表面活性剂。正如之前在10.4节所讨论，近些年的ASP流体中使用了耐高温和高盐的聚合物、低或不结垢的碱性化学剂、助表面活性剂和助溶剂(Sahni等，2010)。但化学剂方面最大的进步出现在高性能表面活性剂领域(Adkins等，2010，2012；Barnes等，2010，2012；Levitt等，2009；Yang等，2010；Zhao等，2008)。这些表面活性剂可以用于配制更稳定的ASP段塞，而且可以用于更加严苛的环境中。关于ASP化学剂的详细讨论不属于本章的研究范畴。

10.8 未来展望与发展重点

ASP驱油工艺即将实现商业化应用。目前多家公司正计划在美国以及其他国家扩大它们的先导项目。今后先导试验和商业化的重点将是改善注入/生产设施和改进化学剂段塞的设计，以期最大限度地减少乳化和结垢。

① 设施：在注入方面，聚合物处理设施必须加以改进，包括制作更高浓度的聚合物母溶液；不再使用昂贵且体积巨大的储存/熟化装置；最大限度地降低机械剪切降解；通过使用单泵多井注入系统改进井口配送系统。在开采方面，乳化液的处理需要大型设备，包括浮选、机械分离、化学破乳以及过滤。遗憾的是，直到目前仍没有能解决生产井中结垢问题的有效方法。研究人员仍在寻找低成本的处理措施(Lo等，2011)。今后的研发重点将是寻找更好的破乳方法和设备以及能够解决采出流体结垢问题的有效手段。

② 新型段塞设计：鉴于采出流体的乳化和结垢问题严重，亟需改进采出流体的处理设备和化学处理方法。不过同样重要的还有ASP化学段塞配方研究，即寻找能够用于ASP系统且不会引起严重的采出液结垢和乳化问题的新型化学段塞。实验室研究结果表明，向ASP段塞中加入助表面活性剂(Nelson等，1984)和/或助溶剂(Sahni等，2010)可以减少严重乳化问题的产生、消除储层中的相滞留、改善相态以及降低IFT。新的室内试验还表明，在原油酸值较高的油藏中可以用助溶剂取代ASP段塞中的主要表面活性剂。其他方法，如用更弱的碱性化学剂取代诸如氢氧化钠和碳酸钠等传统的碱性化学剂(Berger和Lee，2006；Campbell，1977)，也是值得考虑的。在传统的ASP注入段塞中加入多价螯合或螯合化学剂亦可以在一定程度上减轻上述问题(Cheng等，2011b)。

③ 海上应用：近年来一项令人欣喜的重大进展是，海上油田也在考虑使用ASP驱技术，如马来西亚(Chon等，2011；Lo等，2011；Othman等，2007)和南美(Hernandez等，2001，2003)。过去并没有开展过海上ASP试验，其原因是需要大型注入和生产设施以及复杂的化学剂处理和输送后勤保障系统，导致成本较高。ASP驱技术在海上油田的应用应该重点关注以下几点：建设可管理的(重量和尺寸)注入和生产设施；改进各类化学剂的储存与输送后勤保障系统以及化学剂处理方法；简化注入和生产系统的操作流程。例如，使用无熟化的连续聚合物混合装置可以减少设备的体积和重量。与陆上老油田相比，海上油田的注入井和生产井数量有限而且生产周期相对较短，因而海上油田的精确储层描述更加困难。但准确的储层描述对于任何一个EOR项目而言都很关键。因此，在获得此类基础信息方面所面临的困境为海上ASP项目的设计和实施带来了新的挑战。要建立新的体系，使得海上ASP驱成为现实，作业者、海上物流商和设备公司以及ASP注入/生产设备制造商必须密切合作。其他需要考虑的问题还包括健康、安全和环保(HSE)、监控与监督以及更大的处理能力(因为在海上作业的注入流体量远大于陆上)。

④ 储层问题：由于化学剂段塞的成本较高而且段塞尺寸相对较小，所有的EOR项目，特别是CEOR项目，都需要开展详细的储层评价。对于具有强边水和/或底水、大型气顶、地层倾角

比较陡或厚度比较大的油藏，除了诸如岩性、温度、渗透率等常规筛选参数以外，在现场实施前还要评价边底水、气顶、倾角或厚度对驱油的影响。在评价过程中，通过大量的模拟研究确定井位、井型和井网很关键。

⑤ 化学剂成本：EOR项目的成本可以分厂两大类，资本支出和运营成本。资本支出一般与设备投资有关，如注入和生产设施。运营成本则与日常操作支出有关，如注入的化学剂和采出液的处理。还有其他一些复杂的支出，如钻井和完井、税收、矿区使用费等。本章所讨论的仅限于化学剂成本，因为其更容易以新增石油单桶成本的方式与新增石油采收率建立联系。在大多数案例中，化学剂的成本大致在10~20美元/bbl之间，其前提条件如下。

a.化学剂段塞：0.05PV前置液，1500mg/L 聚丙烯酰胺；0.30PVASP段塞，1.5% Na_2CO_3，0.3%表面活性剂，2000mg/L聚丙烯酰胺；0.30PV聚合物驱，1500mg/L聚丙烯酰胺。

b.化学剂成本：Na_2CO_3=0.25美元/bbl；表面活性剂=4美元/bbl(100%有效)；聚丙烯酰胺=3美元/bbl(90%有效)。新增石油采收率：20%石油原始地质储量。不包括其他化学剂，如聚合物稳定剂、去氧剂和杀虫剂。如表10.5所列，每增加1bbl原油的化学剂成本为16.54美元。利用电子表格系统，输入化学剂单位成本、段塞尺寸、化学剂浓度和新增石油采收率，就可以很容易地计算出成本。

表10.5 ASP驱油的化学剂成本

化学剂/设计	化学剂段塞		
	前置液	ASP段塞	聚合物驱
段塞尺寸/PV	0.05	0.3	0.3
聚丙烯酰胺浓度/(mg/L)	1500	2000	1500
聚丙烯酰胺成本①/(美元/bbl)	1.5	1.5	1.5
表面活性剂浓度/(mg/L)		3000	
表面活性剂成本①/(美元/bbl)		2	
碱剂浓度/(mg/L)		15000	
碱剂成本①/(美元/bbl)		0.25	
采收率，%		20	
化学剂段塞成本/(美元/bbl)	0.79	6.56	0.79
新增化学剂成本/(美元/bbl)		16.54	

① 所有化学剂成本的计算都是基于100%有效和当前价格。

10.9 结论

① 现已经证实，ASP驱可以实现20%以上的新增石油采收率，但要取得现场应用的成功，必须要有最佳的段塞设计和有效的流度控制。

② 碱浓度在1.0%以上、表面活性剂浓度约为0.3%、聚合物浓度大于1000mg/L的ASP段塞在大多数油田现场应用中都是成功的。

③ 对于常规的碱驱，碳酸钠要优于氢氧化钠。

④ 受储层非均质性和驱替过程中化学剂稳定性的影响，小型试验的效果比大型试验要好。

⑤ 需要开发更好的ASP段塞系统，以防止出现结垢和重度乳化。

⑥ ASP驱技术可以在温度和矿化度较高、石油酸含量低或石油黏度高的油藏中应用。

⑦ 陆上油田的ASP驱即将实现商业化，而海上ASP驱先导试验也即将启动。

10.10 对油田项目设计的建议

① 初步筛选：油田现场ASP驱的第一步是筛选出所有的关键信息，主要包括以下几个方

面：储层特征、石油特征、水组分以及淡水来源和可用性。表10.6列出了初步筛选所需的资料。

表10.6 初步筛选所需的储层和流体资料

储层	岩性(岩心可用性)
	位置——陆上或海上
	埋深和倾角
	净产层厚度
	温度
	平均渗透率
	平均孔隙度
	非均质性
	压力
	气顶
	底/边水
石油——样品可用性	相对密度
	地层条件下的黏度
	气油比(GOR)
	酸值
盐水——地层水、注入水、产出水	溶解固体总量
	Ca^{2+}
	Mg^{2+}
	详细的水分析
	细菌类型与数量
	淡水可用性
生产数据	驱油阶段
	水油比
	气油比
	石油原始地质储量(OOIP)
	石油剩余地质储量(ROIP)

② 储层研究：在任何EOR项目中储层研究都是重要任务之一。从前人的研究结果来看，很多油田现场项目的失败都是因为没能清楚地认识储层特征而导致的。为了清楚地掌握储层特征并预测EOR动态，应该首先建立地质建模，然后回顾其生产历史，开展现场井间示踪试验和脉冲试验。没有地质学家和油藏工程师联合开展的详细储层特征研究，现场项目很难取得成功。

③ 实验室研究：第三步是对化学剂和段塞设计进行室内评价，包括聚合物评价、酸值的确定、碱-石油的相互反应、ASP段塞稳定性和最优的矿化度、线性岩心中的化学剂传输和驱替效率以及流度要求。其中的大部分内容已经在10.3节讨论过了。在化学剂配方和岩心驱替实验中，所有的研究都必须在储层温度下进行。

④ 流程设计和模拟研究：完成化学剂配方、聚合物评价、流度要求和岩心中高驱替效率($S_{orc}<5\%$)的实验室研究后，需要开展岩心驱替模拟，并利用所获得的参数建立机理模型。然后再建立油田机理模型，用于开展ASP动态、段塞尺寸设计、流度设计、敏感性研究和经济

性预测等方面的小规模模拟研究。下一步就是利用机理模型对较大规模模拟研究的商业模拟工具进行标定。绝对不可以简单地根据室内驱替结果来设计油田规模的项目。无论在任何时候，都要采用机理模型或标定后的商业模型开展敏感性研究、段塞设计、经济性分析和流程优化。

⑤ 油田现场实施：完成化学剂段塞设计后，就可以开始现场实施了。根据项目规模的不同，有许多后勤保障方面的问题需要考虑。例如，大型国际项目需要进行招标，这将会耽误项目的实施。现场实施所涉及的主要任务包括：编制总体方案；确定化学剂和设备供应商；开展现场作业，如井设计、钻井和完井、场地平整；如果需要还要进行招标。需要建立现场项目团队来开展各项工作，成员应包括地质学家、岩石物理学家、工程师、会计、法律顾问和行政人员。为了进行质量控制和监督，还应设立油田现场实验室。为了优化方案，在一些油藏中还应该考虑开展注入能力试验和诸如聚合物和ASP等不同类型的小规模CEOR驱试验。

⑥ 设施和服务：在现场实施过程中，注入和生产设施的采购是重要任务之一，因为这些设施必须能够合理地处理所有的注入流体(Weatherill, 2009)。确定有资质的供应商和现场服务商至关重要。

⑦ 监督与监测：在所有的EOR过程中，都必须提前制定全面的监督与监测计划，对于ASP这样的复杂CEOR而言更是如此。绝对有必要在油田现场设立简易的实验室，开展水分析、所接收的化学剂的质量管理和质量控制(QA/QC)以及采出液分析。应该定期开展注入流体和采出流体的现场采样并在现场实验室中对其进行分析。其他必须要重视的工作还有运送样品的后勤保障和时间安排，以及在配备功能更加强大仪器设备的现代化研发实验室(例如HPLC和HRMS)中开展更加复杂的对比分析。除化学分析和QA/QC外，还需要有数据收集系统，用来收集动态的注入和生产数据，如压力、用量、化学剂浓度。这些都是动态评价必需的重要数据。最后，还需要考虑数据的提交程序、传递方法、储存和维护以及整合。数据的收集和分析对先导试验至关重要，因为这些信息将是开展油田规模试验的基础。

⑧ 项目扩大：先导试验取得成功后，就要制订油田规模试验或阶段性扩大试验方案。这时需要根据先导试验数据开展模拟研究，进而开展再设计和优化。油田设备的再设计是简化操作程序、制订更具成本效益和更节省空间的方案以及建设大规模流体配送系统所必需的。鉴于监督和监测系统所收集的数据量要庞大得多，还应该考虑减少常规数据收集和分析的类型。最后，也是很重要的一点是对扩大项目区的油藏开展非常全面的描述和分析，因为多数的失败都是因对油藏特征认识不清而造成的。图10.11显示了现场ASP项目设计的步骤和大致的时间节点。需要注意的是，这个图只能作为陆上ASP现场项目实施和执行的指南。实际的现场项目设计和执行还需开展更多的准备工作和制订更详细的计划。海上ASP驱与陆上差异较大，而且在化学剂供应和采出液处理方面涉及更多的后勤保障问题。

术语和缩写

2-D——二维

ABS——烷基苯磺酸盐

AC——acre(英亩)

AMPS——2-丙烯酸胺基-2甲基丙烷磺酸盐

AP——碱-聚合物驱

AS——碱-表面活性剂驱

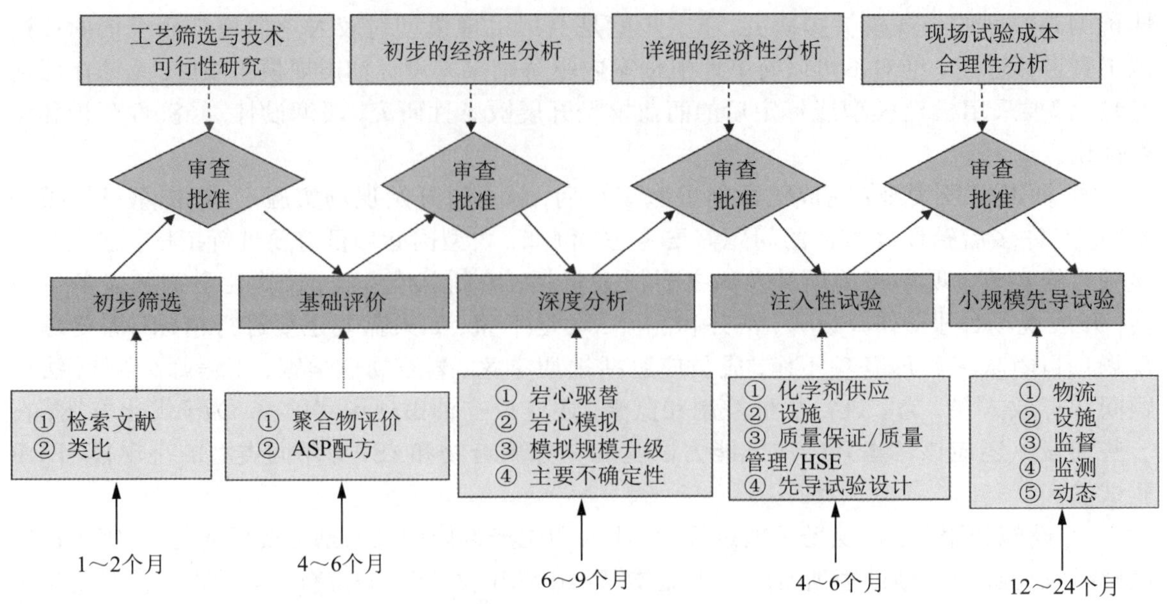

图10.11 ASP驱油工艺筛选和设计的流程图

ASP——碱-表面活性剂-聚合物驱
B1-FBX——北1-西断块
CAPEX——资本支出
CEOR——化学提高采收率
DOE——能源部(美国)
EACN——等效烷烃碳数
EDTA——乙烯二胺四乙酸
EOR——提高采收率
HPAM——部分水解聚丙烯酰胺
HPLC——高压液相色谱法
HRMS——高分辨质谱法
HSE——健康、安全与环保
IFT——界面张力
NPC——国家石油委员会(美国)
OOIP——石油原始地质储量
OPEX——运营支出
QA/QC——质量保证/质量管理
PF——聚合物驱
PVT——压力-体积-温度
SP——表面活性剂-聚合物驱
SWCTT——单井化学剂示踪试验
TDS——溶解固体总量
UCCHEM——得克萨斯州立大学化学驱模拟器
PV——孔隙体积
WF——水驱

WSU——水软化装置

符号

σ_o——石油增溶比

σ_w——水增溶比

V_o——石油体积

V_w——水体积

V_s——表面活性剂体积

C——0.3dyne/cm的相关系数

γ——界面张力

σ——增溶作用参数

化学剂

Ca^{2+}——钙离子

EDTA——乙烯二胺四乙酸

KOH——氢氧化钾

Mg^{2+}——镁离子

NaOH——氢氧化钠

Na_2CO_3——碳酸钠

$Na_2O \cdot SiO_2$——硅酸钠

STPP——三聚磷酸钠

参考文献

Abdul Manap, A.A., Chong, M.O., Sai, R.M., Zainal, S., Yahaya, A.W., Othman, M., 2011. Evaluation of alkali—surfactant effectiveness through single well test pilot in a Malaysian offshore field environment, SPE 144150. SPE Enhanced Oil Recovery Conference, 19—21 July, Kuala Lumpur, Malaysia.

Adkins, S. Liyanage, P.J., Gayani, W.P., Arachchilage, P., Mudiyanselage, T., Weerasooriya, U., et al., 2010. A new process for manufacturing and stabilizing high-performance EOR surfactants at low cost for high-temperature, high-salinity oil reservoirs, 129923-MS. SPE Improved Oil Recovery Symposium, 24—28 April, Tulsa, OK.

Adkins, S. Arachchilage, G.P., Solairaj, S., Lu, J., Weerasooriya, U., Pope, G.A., 2012. Development of thermally stable large-hydrophobe alkoxy carboxylate surfactants, 154256-MS. SPE Improved Oil Recovery Symposium, 14—18 April, Tulsa, OK.

Al-Hashim, H.S., Obiora, V., Al-Yousef, H.Y., Fernandez, F., Nofal, W., 1996. Alkaline surfactant polymer formulation for Saudi Arabian carbonate reservoirs, SPE 35353-MS. SPE/DOE Improved Oil Recovery Symposium, 21—24 April, Tulsa, OK.

Arensdorf, J., Hoster, D., McDougall, D., Yuan, M.D., 2010. Static and dynamic testing of silicate scale inhibitors, SPE 132212. CPS/SPE International Oil & Gas Conference and Exhibition in Beijing, 8—10 June, China.

Arihara, N., Yoneyama, T., Akita, Y., Lu, X.G., 1999. Oil recovery mechanisms of alkali—surfactant—polymer flooding, SPE 54330-MS, SPE Asia Pacific Oil and Gas Conference and Exhibition, 20—22 April, Jakarta, Indonesia.

Barnes, J.R., Dirkzwager, H., Smit, J.R., Smit, J.P., On, A., Reinald, C.N., et al., 2010. Application of internal olefin sulfonates and other surfactants to EOR, part 1: structure— performance relationships for selection at different reservoir conditions, 129766-MS. SPE Improved Oil Recovery Symposium, 24—28 April, Tulsa, OK.

Barnes, J.R., Groen, K., On, A., Dubey, S., Rezhik, C., Buijse, M.A., et al., 2012. Controlled hydrophobe branching to match surfactant to crude composition for chemical EOR, 154084-MS, SPE Improved Oil Recovery Symposium, 14—18 April, Tulsa, OK.

Bataweel, M.A., Nasr-El-Din, H.A., 2011. Alternatives to minimize scale precipitation in carbonate cores caused by alkalis in ASP flooding in high salinity/high temperature applications, SPE 143155-MS. SPE European Formation Damage Conference, 7—10 June, Noordwijk, The Netherlands.

Berger, P.D., Lee, C.H., 2006. Improved ASP process using organic alkali, SPE 99581-MS. SPE/DOE Symposium on Improved Oil Recovery, 22—26 April, Tulsa, OK.

Bragg, J.R., Carlson, L.O., Atterbury, J.H., 1976. Recent application of the single-well tracer method for measuring residual oil saturation, SPE 5805. SPE Symposium on Improved Oil Recovery, 22—24 March, Tulsa, OK.

Campbell, T.C., 1977. A comparison of sodium orthosilicate and sodium hydroxide for alkaline waterflooding, SPE 6514. SPE Forty-Seventh Annual California Regional Meeting, 13 — 15 April, Bakersfield, CA.

Campbell, T.C., 1979. Chemical flooding, a comparison between alkaline and soft saline preflush systems for removal of hardness ions from reservoir brines, SPE 7873. SPE Oilfield and Geothermal Chemistry Symposium, 22—24 January, Houston, TX.

Cao, G., Liu, H., Shi, G.C., Wang, G.Q., Xiu, Z.W., Ren, H.F., et al., 2007. Technical breakthrough in PCPs' scaling issue of ASP flooding in Daqing oil field, SPE 109165-MS. SPE Annual Technical Conference and Exhibition, 11—14 November, Anaheim, CA.

Castor, T.P., Somerton, W.H., Kelly, J.F., 1979. Recovery mechanisms of alkaline flooding. Paper Presented at Third International Conference on Surface & Colloid Science, Surface Phenomenon in Enhanced Oil Recovery Section, 20—25 August, Stockholm, Sweden.

Chang, H.L., Zhang, Z.Q., Wang, Q.M., Xu, Z.S., Guo, Z.D., Sun, H.Q., et al., 2006. Advances in polymer flooding and alkaline-surfactant—polymer processes developed and applied in the People's Republic of China. J. Pet. Technol. February, 74.

Chen, G.Y., Wu, X.L., Yang, Z.Y., Yu, F.L., Hou, J.B., Wang, X.J., 2007. Study of the effect of injection water quality on the interfacial tension of ASP/crude oil. PETSOC (07-02-06).

Cheng, J.C., Xu, D.P., Bai, W.G., 2008. Commercial ASP flood test in Daqing oil field, SPE 117824-MS. Abu Dhabi International Petroleum Exhibition and Conference, 3—6 November, Abu Dhabi, UAE.

Cheng, J.C., Wu, D., Liu, W.J., Meng, X.C., Sun, F.X., Zhao, F.L., et al., 2011a. Field application of chelants in the handling of ASP-flooding produced fluid, SPE 143704-PA, SPE Projects. Facil. Const. 6 (3), 115 (September).

Cheng, J.C., Zhou, W.F., Zhang, Y.S., Xu, G.T., Ren, C.F., Peng, Z.G., et al., 2011b. Scaling principle and scaling prediction in asp flooding producers in Daqing oil field, SPE 144826-MS. SPE Enhanced Oil Recovery Conference, 19—21 July, Kuala Lumpur, Malaysia.

Chon, F.C., Adamson, G., Sho, W.L., Agarwal, B., Ritom, S., Du K.F., et al., 2011. St. Joseph chemical EOR pilot: a key de-risking step prior to offshore ASP full field implementation, SPE 144594-MS, SPE Enhanced Oil Recovery Conference, 19—21 July, Kuala Lumpur, Malaysia.

Chun, H., 1979. Interfacial tensions and solubilizing ability of a micro-emulsion phase that coexists with oil and brine. J. Colloid Interface Sci. 71 (2), 408.

Cooke Jr., C.E., Williams, R.E., Kolodzie, P.A., 1974. Oil recovery by alkaline waterflooding. J. Pet. Technol. December, 1365.

Dabbous, M.K., Elkins, L.E., 1976. Preinjection of polymer to increase reservoir flooding efficiency, SPE 5836. SPE Symposium on Improved Oil Recovery, 22—24 March, Tulsa, OK.

DeFerrer, M., 1977. Injection of caustic solutions in some Venezuelan crude oils, The Oil Sands of Canada and Venezuela, CIM Special, 17, 696.

Delshad, M., Han, W., Pope, G.A., Sepehrnoori, K., Wu, W., Yang, R., et al., 1998. Alkaline/surfactant/polymer flood predictions for the Karamay oil field, SPE 39610-MS. SPE/DOE Improved Oil Recovery Symposium, 19—22 April, Tulsa, OK.

Delshad, M., Han, C.Y., Veedu, F.K., Pope, G.A., 2011. A simplified model for simulation of alkaline-surfactant—polymer floods, SPE 142105-MS. SPE Reservoir Simulation Symposium, 21—23 February, The Woodlands, TX.

Di, W., Meng, X.C., Zhao, F.L., Zhang, R.Q., Chen, Y., Wang, Q.S., et al., 2001. Emulsification and stabilization of ASP flooding produced liquid, SPE 65390-MS, SPE International Symposium on Oilfield Chemistry, 13—16 February, Houston, TX.

Edinga, K.J., McCaffery, F.G., 1979. Cressford basal Colorado "A" reservoir-caustic flood evaluation, SPE 8199. SPE Fifty-Fourth Annual Fall Meeting, 23—26 September, Las Vegas, NV.

Ehrlich, R., Wygal Jr., R.J., 1977. Interrelation of crude oil and rock properties with the recovery of oil by caustic waterflooding. SPE J. August, 263.

Emery, L.W., Mungan, N., Nocholson, R.W., 1970. Caustic slug injection in the singleton field. J. Pet. Technol. December, 1969.

Falls, A.H., Thigpen, D.R., Nelson, R.C., Ciaston, J.W., Lawson, J.B., Good, P.A., et al., 1994. Field test of co-surfactant enhanced alkaline flooding, SPE 24117-PA. SPE Reserv. Eng. 9 (3), 217.

Farajzadeh, R., Matsuura, T., Van Batenburg, D., Dijk, H., 2011. Detailed modeling of the alkali surfactant polymer (ASP) process by coupling a multi-purpose reservoir simulator to the chemistry package PHREEQC, SPE 143671-MS, SPE 143992-MS. SPE Enhanced Oil Recovery Conference, 19—21 July, Kuala Lumpur, Malaysia.

Farmanian, P.A., Davis, N., Kwan, J.T., Yen, T.F., Weinbrandt, R.M. 1978. Isolation of native petroleum fractions for lowering interfacial tensions in aqueous alkaline system. Paper Presented at Symposium on Chemistry of Oil Recovery, Division of Petroleum Chemistry, ACS, 12—17 March, Anaheim, CA.

Finol, J., Al-Harthy, S., Jaspers, H., Batrani, A., Al-Hadhrami, H., van Wunnik, J., et al., 2012. Alkaline-surfactant—polymer pilot test in southern Oman, SPE 155403-MS. SPE EOR Conference at Oil and Gas West Asia, 16—18 April, Muscat, Oman.

Flaaten, A.K., Nguyen, Q.P., Pope, G.A., Zhang, J.Y., 2008a. A systematic laboratory approach to low-cost, high-performance chemical flooding, SPE 113469-MS. SPE/DOE Symposium on Improved Oil Recovery, 20—23 April, Tulsa, OK.

Flaaten, A.K., Nguyen, Q.P., Zhang, J.Y., Mohammadi, H., Pope, G.A., 2008b. ASP chemical flooding without the need for soft water, SPE 116754-MS. SPE Annual Technical Conference and Exhibition, 21—24 September, Denver, CO.

Gao, S.T., Gao, Q., Ji, L., 2010. Recent progress and evaluation of ASP flooding for EOR in Daqing oil field, SPE 127714-MS. SPE EOR Conference at Oil & Gas West Asia, 11 — 13 April, Muscat, Oman.

Glinsmann, G.R., 1979. Surfactant flooding with microemulsions formed in situ—effect of oil characteristics, SPE 8326. Annual Technical Conference and Exhibition, 23—26 September, Las Vegas, NV.

Graue, D.J., Johnson Jr., C.E., 1974. A field trial of the caustic flooding process. J. Pet. Technol. December, 1353.

Gogarty, W.B., Meabon, H.P., Milton, H.W., 1970. Mobility control design for miscible-type waterfloods using micellar solutions. J. Pet.

Technol. January, 141.

Guerra, E., Valero, E., RodrAguez, D., Gutierrez, L., Castillo, M., Espinoza, J., et al., 2007. Improved ASP design using organic compound-surfactant-polymer (OCSP) for La Salina

Field, Maracaibo Lake, SPE 107776-MS. Latin American and Caribbean Petroleum Engineering Conference, 15—18 April, Buenos Aires, Argentina.

Guo, C., Han, P.H., Shao, Z.B., Zhang, X.L., Ma, M.R., Lu, K.W., et al., 2011. History matching method for high concentration viscoelasticity polymer flood pilot in Daqing oil field, SPE 144538. SPE Enhanced Oil Recovery Conference, 19—21 July, Kuala Lumpur, Malaysia.

Han, C., Delshad, M., Pope, G.A., Sepehrnoori, K., 2006a. Coupling EOR compositional and surfactant models in a fully implicit parallel reservoir simulation using EACN concept, SPE103194-MS. SPE Annual Technical Conference and Exhibition, 24—27 September, San Antonio, TX.

Han, D., Yuan, H., Weng, R., Dong, F., 2006b. The effect of wettability on oil recovery by alkaline/surfactant/polymer flooding, SPE 102564-MS. SPE Annual Technical Conference and Exhibition, 24—27 September, San Antonio, TX.

Healy, R.N., Reed, R.L., 1974. Physical—chemical aspects of micro-emulsion flooding, SPE 4583-PA. SPE J. 14 (5), (October).

Hemandez, C., Chacon, L. J., Anselmi, L., Baldonedo, A., Qi, J., Dowling, P. C., et al., 2003. ASP System Design for an Offshore Application in La Salina Field, Lake Maracaibo. SPEREE 6 (3), 147-156.

Hernandez, C., Chacon, L.J., Anselmi, L., Baldonedo, A., Qi, J., Dowling, P.C., et al., 2001. ASP system design for an offshore application in the La Salina Field, Lake Maracaibo, SPE 69544-MS. SPE Latin American and Caribbean Petroleum Engineering Conference, 25—28 March, Buenos Aires, Argentina.

Holm, L.W., Robertson, S.D., 1978. Improved micellar-polymer flooding with high pH chemicals, SPE 7583. SPE Fifty Third Annual Fall Meeting, 1—8 October, Houston, TX.

Hou, J.R., Liu, Z.C., Xia, H.F., 2001a. Viscoelasticity of ASP solution is a more important factor of enhancing displacement efficiency than ultra-low interfacial tension in ASP flooding, SPE 71061-MS. SPE Rocky Mountain Petroleum Technology Conference, 21—23 May, Keystone, CO.

Hou, J.R., Ziu, Z.C., Yue, X.A., Xia, H.F., 2001b. Study of the effect of ASP solution viscoelasticity on displacement efficiency, SPE 71492-MS. SPE Annual Technical Conference and Exhibition, 30 September—3 October, New Orleans, LA.

Hou, J.R., Liu, Z.C., Dong, M.Z., Yue, X.A., Yang, J.Z., 2006. Effect of viscosity of alkaline/surfactant/polymer (ASP) solution on enhanced oil recovery in heterogeneous reservoirs. PETSOC (06-11-03).

Jain, A.K., Dhawan, A.K., Misra, T.R., 2012. ASP flood pilot in Jhalora (K-IV), India—a case study, SPE 153667-MS. SPE Oil and Gas India Conference and Exhibition, 28—30 March, Mumbai, India.

Jay, V., Turner, J., Vergnani, B., Pitts, M.J., Wyatt, K., Surkalo, H., et al., 2000. Alkaline-surfac-tant—polymer flooding of the Cambridge Minnelusa field, SPE 68285-PA. Reserv. Eng. Eval. 3 (6), 552.

Jennings Jr., H.Y., Johnson Jr., C.E., McAuliffe, C.D., 1974. A caustic waterflooding process for heavy oils. J. Pet. Technol. December, 1344.

John, A., Han, C., Delshad, M., Pope, G.A., Sepehrnoori, K., 2005. A new generation of chemical-flooding simulator, SPE 89436-MS. SPE/DOE Symposium on Improved Oil Recovery, 17—21 April, Tulsa, OK.

Johnson Jr., C.E., 1975. Status of caustic and emulsion methods, SPE 5561. SPE Fiftieth Annual Fall Meeting, 28 September— 1 October, Dallas, TX.

Kalra, A., Venkatraman, A., Raney, K., Dindoruk, B., 2011. Prediction and experimental measurements of water-in-oil emulsion viscosities during alkaline surfactant injections, SPE 143992-MS. SPE Enhanced Oil Recovery Conference, 19—21 July, Kuala Lumpur, Malaysia.

Kang, W.L., Wang, D.M., 2001. Emulsification characteristic and de-emulsifiers action for alkaline/surfactant/polymer flooding, SPE 72138-MS. SPE Asia Pacific Improved Oil Recovery Conference, 6—9 October, Kuala Lumpur, Malaysia.

Karazincir, O., Thach, S., Wei, W., Prukop, G., Malik, T., Dwarakanath, V., 2011. Scale formation prevention during ASP flooding, SPE 141410-MS. SPE International Symposium on Oilfield Chemistry, 11 — 13 April, The Woodlands, TX.

Karpan, V., Farajzadeh, R., Zarubinska, M., Dijk, H., Matsuura, T., Stoll, M., 2011. Selecting the "right" ASP model by history matching coreflood experiments, SPE 144088. SPE Enhanced Oil Recovery Conference, 19—21 July, Kuala Lumpur, Malaysia.

Krumrine, P.H., Mayer, E.H., Brock, G.F., 1985. Scale formation during alkaline flooding. J. Pet. Technol. 37 (8), 1466—1474.

Kumar, R., Mohanty, K.K., 2010. ASP flooding of viscous oils, SPE 135265-MS. SPE Annual Technical Conference and Exhibition, 19—22 September, Florence, Italy.

Leach, R.O., Wagner, O.R., Wood, H.W., Harpke, C.F., 1962. A laboratory and field study of wettability adjustment in water flooding. J. Pet. Technol. February, 206.

Lei, Z.D., Yuan, S.Y., Song, J., Yuan, J.R., Wu, Y.S., 2008. A Mathematical Model for Emulsion Mobilization and Its Effect on EOR during ASP Flooding, paper SPE 113145-MS presented at the SPE/DOE Symposium on Improved Oil Recovery, 20—23 April, Tulsa, OK.

Levitt, D.B., Pope, G.A., 2008. Selection and screening of polymers for enhanced-oil recovery, SPE 113845. SPE IOR Symposium, 19—23 April, Tulsa, OK.

Levitt, D.B., Jackson, A.C., Heinson, C., Britton, L.N., Malik, T., Dwarakanath, V. et al., 2006. Identification and evaluation of high performance EOR surfactants, SPE 100089. SPE Symposium on Improved Oil Recovery, 22—26 April, Tulsa, OK.

Levitt, D.B., Jackson, A.C., Heinson, C., Britton, L.N., Malik, T., Dwarakanath, V., et al., 2009. Identification and evaluation of high-performance EOR surfactants, 100089-PA. SPE Reserv. Eval. Eng. 12 (2), 243.

Levitt, D.B., Dufour, S., Pope, G., Morel, D., Gauer, P., 2011. Design of an ASP flood in a high-temperature, high-salinity, low-permeability carbonate, IPTC 14915-MS. International Petroleum Technology Conference, 7—9 February, Bangkok, Thailand.

Li, H.F., Liao, G.Z., Han, P.H., Yang, Z.N., Wu, X.L., Chen, G.Y., et al. 2008. Alkaline/Surfactant/Polymer (ASP) commercial flooding test in Central Xing2 area of Daqing oil field, SPE 84896-MS. SPE/DOE Symposium on Improved Oil Recovery, 20—23 April, Tulsa, OK.

Li, D.S., Shi, M.Y., Wang, D.M., Li, Z., 2009a. Chromatographic separation of chemicals in alkaline surfactant polymer flooding in reservoir rocks in the Daqing oil field, SPE 121598-MS. SPE International Symposium on Oilfield Chemistry, 20—22 April, The Woodlands, TX.

Li, J.L., Li, T.D., Yan, J.D., Zuo, X.W., Zheng, Y., Yang, F., 2009b. Silicon containing scales forming characteristics and how scaling impacts sucker rod pump in ASP flooding, SPE 122966. SPE Asia Pacific Oil & Gas Conference and Exhibition, 4—6 August, Jakarta, Indonesia.

Lo, S.W., Shahin, G.T., Graham, G., Simpson, C., Kidd, S., 2011. Scale control and inhibitor evaluation of an alkaline surfactant polymer flood, SPE 141551-MS. SPE International Symposium on Oilfield Chemistry, 11 — 13 April, The Woodlands, TX.

Ma, W.G., Xia, H.F., Yu, H.Y. 2010. The effect of rheological properties of alkali-surfac-tant—polymer system on residual oil recovery rate after water flooding, SPE 134064-MS. SPE Asia Pacific Oil and Gas Conference and Exhibition, 18—20 October, Brisbane, Queensland, Australia.

Mayer, E.H., Berg, R.L., Carmichael, J.D., Weinbrandt, R.M., 1983. Alkaline injection for enhanced oil recovery—a status report. J. Pet. Technol. 35 (1).

McAuliffe, C.D., 1972. Oil-in-water emulsions improve fluid flow in porous media, SPE 3784. SPE Improved Oil Recovery Symposium, 16—19 April, Tulsa, OK.

Mohammadi, H., Delshad, M., Pope, G.A., 2009. Mechanistic modeling of alkaline/surfactant/polymer floods, SPE 110212-PA. SPE/DOE Symposium on Improved Oil Recovery, 20—23 April, Tulsa, OK.

Moreno, R., Anselmi, L., Coombe, D., Card, C., Cols, I., 2003. Comparative mechanistic simulations to design and ASP field pilot in La Salina, Venezuela, PETSOC 2003-199.

National Petroleum Council Report, 1976. Enhanced Oil Recovery—An Analysis of the Potential From Known Fields in The United States—1976 TO 2000, National Petroleum Council, December, Library of Congress Catalog Card No. 76-62538.

National Petroleum Council Report, 1984. Enhanced Oil Recovery, National Petroleum Council, June, Library of Congress Catalog Card No. 84-061296.

Nelson, R.C., 1983. The effect of live crude on phase behavior and oil-recovery efficiency of surfactant flooding systems, SPE 10677-PA. SPE J. 23 (3).

Nelson, R.C., Pope, G.A., 1978. Phase behavior in chemical flooding, SPE-7079-PA. SPE J. 18 (5), 325.

Nelson, R.C., Lawson, J.B., Thigpen, D.R., Stegemeier, G.L., 1984. Co-surfactant—enhanced alkaline flooding, SPE 12672. SPE Symposium on Improved Oil Recovery, 15—18 April, Tulsa, OK.

Nguyen, D., Sadeghi, N., Houston, C., 2011. Emulsion characteristics and novel demulsifiers for treating chemical EOR induced emulsions, SPE 143987. SPE Enhanced Oil Recovery Conference, 19—21 July, Kuala Lumpur, Malaysia.

Nutting, P.G., 1925. Chemical problems in the water driving of petroleum from oil sands. Ind. Eng. Chem. 17, 1035.

Nutting, P.G., 1927. Soda process for petroleum recovery. Oil Gas J. 25 (45), 76 and 150; Principles underlying soda process. Ibid 25 (50), 32 and 106; Petroleum recovery by soda process. Ibid (1928) (27), 146 and 238.

Othman, M., Chong, M.O., Sai, R.M., Zainal, S., Zakaria, M.S., Yaacob, A.A., 2007. Meeting the challenges in alkaline surfactant pilot project implementation at Angsi field, offshore Malaysia, SPE 109033-MS. SPE Offshore Europe, 4—7 September, Aberdeen, Scotland.

Oyemade, S.N., Al-Harthy, S.A., Jaspers, H.F., Van Wunnik, J., De Fruijf, A., 2010. Alkaline-surfactant—polymer (ASP): single well chemical tracer tests—design, implementation and performance, SPE 130042-MS. SPE EOR Conference at Oil and Gas West Asia, 11—13 April, Muscat, Oman.

Pandey, A., 2010. Refinement of chemical selection for the planned ASP pilot in Mangala field—additional phase behaviour and coreflood studies, SPE 129046-MS. SPE Oil and Gas India Conference and Exhibition, 20—22 January, Mumbai, India.

Pandey, A., Beliveau, D., Corbishley, D.W., Kumar, M.S., 2008a. Design of an ASP pilot for the Mangala field, laboratory evaluations and simulation studies, SPE 113131-MS. SPE Indian Oil and Gas Technical Conference and Exhibition, 4—6 March, Mumbai, India.

Pandey, A., Kumar, M.S., Beliveau, D., Corbishley, D.W., 2008b. Chemical flood simulation of laboratory corefloods for the Mangala field, generating parameters for field-scale simulation, SPE 113347-MS. SPE/DOE Symposium on Improved Oil Recovery, 20—23 April, Tulsa, OK.

Pandey, A., Kumar, M.S., Jha, M.K., Tandon, R., Punnapully, B.S., Kalugin, M., et al., 2012. Chemical EOR pilot in Mangala field, results of initial polymer flood phase, SPE 154159-MS. SPE EOR/IOR Symposium, 14—18 April, Tulsa, OK.

Pitts, M.J., 2006. Alkaline-surfactant—polymer flood of the tanner field, SPE 100004-MS. SPE/DOE Symposium on Improved Oil Recovery, 22—26 April, Tulsa, OK.

Pitts, M.J., Wyatt, K., Surkalo, H., 2004. Alkaline-polymer flooding of the David pool, Lloydminster AB, SPE 89386. SPE/DOE Symposium on Improved Oil Recovery, 17—21 April, Tulsa, OK.

Pratap, M., Gauma, M.S., 2004. Field implementation of alkaline-surfactant—polymer (ASP) flooding, a maiden effort in India, SPE 88455-MS. SPE Asia Pacific Oil and Gas Conference and Exhibition, 18—20 October, Perth, Australia.

Qiao, Q., Gu, H.J., Li, D.W., Dong, L., 2000. The pilot test of ASP combination flooding in Karamay oil field, SPE 64726. International Oil and Gas Conference and Exhibition, 7—10 November, Beijing, China.

Qing, J., Bin, Z., Zhang, R., Zhongxi, C., Yuchun, Z., 2002. Development and application of a silicate scale inhibitor for ASP flooding production scale. Paper SPE 74675-MS. SPE International Symposium on Oilfield Scale, 30—31 January, Aberdeen, UK.

Qu, Z.J., Zhang, Y.G., Zhang, X.S., Dai, J.L., 1998. A successful ASP flooding pilot in Gudong oil field, SPE 39613-MS. SPE/DOE Improved Oil Recovery Symposium, 19—22 April, Tulsa, OK.

Radke, C.J., Somerton, W.H., 1978. Enhanced recovery with mobility and reactive tension agents. Paper B-2. Fourth Annual DOE Symposium, 29—31 August, Tulsa, OK.

Raimodi, P., Gallagher, B.J., Bennett, G.S., Ehrlich, R., Messmer, J.H., 1976. Alkaline water-flooding design and implementation of a field pilot, SPE 5831. SPE Symposium on Improved Oil Recovery, 22—24 March, Tulsa, OK.

Reppert, T.R., Bragg, J.R., Wilkinson, J.R., Snow, T.M., Maer Jr., N.K., and Gale, W.W. 1990. Second Ripley surfactant flood pilot test, SPE/DOE 20219. SPE/DOE Seventh Symposium on Enhanced Oil Recovery, April, Tulsa, OK.

Roshanfekr, M., Johns, R.T., Pope, G.A., Britton, L., Linnemeyer, H., Britton, C., et al.,2009.Effects of pressure, temperature, and solution gas on oil recovery from surfactant polymer floods, SPE 125095. SPE Annual Technical Conference, 4—7 October, New Orleans, LA.

Roshanfekr, M., Johns, R.T., Delshad, M., Pope, G.A., 2011. Modeling of pressure and solution gas for chemical floods, SPE 147473. SPE Annual Technical Conference, 30 October—2 November, Denver, CO.

Sahni, V., Dean, R., Britton, C., Kim, D.H., Seerasooriya, U., Pope, G.A., 2010. The role of cosolvents and co-surfactants in making chemical floods robust, SPE 130007-MS. SPE Improved Oil Recovery Symposium, 24—28 April, Tulsa, OK.

Sarem, A.M., 1974. Secondary and tertiary recovery of oil by MCCF process, SPE 4901. SPE Forty-Fourth California Regional Meeting, 4—5 April, San Francisco, CA.

Scriven, L.E., Anderson, D.R., Bidner, M.S., Davis, H.T., Manning, C.D., 1976. Interfacial tension and phase behavior in surfactant—brine—oil system, SPE 5811-MS. SPE Symposium on Improved Oil Recovery, 22—24 March, Tulsa, OK.

Seifert, W.K., Howells, W.G., 1969. Interfacially active acids in a California crude oil, isolation of carboxylic acids and phenols. Anal. Chem. 41 (4), 554.

Seifert, W.K., Teeter, R.M., 1970. Identification of polycyclic aromatic and heterocyclic crude oil carboxylic acids. Anal. Chem. 42 (7), 750.

Shah, D.O., Bansal, V.K., Chan, K.S., McCallough, R., 1978. The effect of caustic concentration on interfacial charge, interfacial tension and droplet size, a simple test for optimum caustic concentration for crude oils. J. Can. Petrol. Technol. 17 (1).

Sharma, A., Azizi-Yarand, A., Clayton, B., Baker, G., McKinney, P., Britton, C., et al., 2012. The design and execution of an alkaline-surfactant—polymer pilot test. SPE 154318 Eighteenth SPE Improved Oil Recovery Symposium, 14—18 April, Tulsa, OK.

Shen, P.P., Wang, J.L., Yuan, S.Y., Zhong, T.X., Jia, X., 2009. Study of enhanced-oil-recovery mechanism of alkali/surfactant/polymer flooding in porous media from experiments, SPE 126128-PA. SPE J. 14 (2), 237.

Somerton, W.H., Radke, C.J., 1979. Role of clays in enhanced recovery of petroleum. Paper D-7, Fifth Annual DOE Symposium, 22—24 August, Tulsa, OK.

Song, W.C., Yang, C.Z., Han, D.K., Qu, Z.J., Wang, B.Y., Jia, W.L., 1995. Alkaline-surfac-tant—polymer combination flooding for improving of the oil with high acid value, SPE 29905-MS. International Meeting on Petroleum Engineering, 14—17 November, Beijing, China.

Sonne, J., Miner, K., Kerr, S., 2012. Potential for inhibitor squeeze application for silicate scale control in ASP flood, SPE 154331-MS. SPE International Conference on Oilfield Scale, 30—31 May, Aberdeen, UK).

Southwick, J.G., Svec, Y., Chilek, G., Shahin, G.T., 2010. The effect of live crude on alka-line-surfactant—polymer formulations, implications for final formulation design, SPE 135357-MS. SPE Annual Technical Conference and Exhibition, 19—22 September, Florence, Italy.

Stegemeier, G.L., 1977. Mechanisms of oil entrapment and mobilization in porous media. Paper Presented at the AICHE Symposium on Improved Oil Recovery by Surfactant and Polymer, 12—14 April, Kansas City, MO.

Stoll, W.M., Al-Shureqi, H., Finol, J., Al-Harthy, S.A.A., Oyemade, S., De Krujif, A., et al.,2010. Alkaline-surfactant—polymer flood, from the laboratory to the field, SPE 129164-MS. SPE EOR Conference at Oil & Gas West Asia, 11—13 April, Muscat, Oman.

Sui, J., Yang, C.Z., Yang, Z.Y., Lio, G.Z., Yuan, H., Dai, Z.J., et al., 2000. Surfactant-alkaline-polymer flooding pilot project in non-acidic paraffin oil field in Daqing, SPE 64509-MS. SPE Asia Pacific Oil and Gas Conference and Exhibition, 16—18 October, Brisbane, Australia.

Tong, Z.S., Yang, C.Z., Wu, G.Q., Yuan, H., Yu, L., Tian, G.L., 1998. A study of microscopic flooding mechanism of surfactant/alkali/polymer, SPE 39662-MS. SPE/DOE Improved Oil Recovery Symposium, 19—22 April, Tulsa, OK.

Wade, W.H., Cayias, J.L., Schechter, R.S., 1976. Modeling crude oils for low interfacial tension, SPE 5813-PA. SPE Symposium on Improved Oil Recovery, 22—24 March, Tulsa, OK.

Walker, D.L., 2011. Experimental Investigation of the Effect of Increasing Temperature of ASP Flooding. MS thesis, University of Texas, Austin, TX.

Wang, C.L., Wang, B.Y., Cao, X.L., Li, H.C. 1997. Application and design of alkaline-surfac-tant—polymer system to close well spacing pilot Gudong oil field, SPE 38321. SPE Western Regional Meeting, 25—27 June, Long Beach, CA.

Wang, D.M., Cheng, J.C., Wu, J.Z., Yang, Z.Y., Yao, Y.M., Li, H.F., 1999a. Summary of ASP pilots in Daqing oil field, SPE 57288. SPE Asia Pacific Improved Oil Recovery Conference, 25—26 October, Kuala Lumpur, Malaysia.

Wang, D.M., Cheng, J.C., Li, Q., Li L.Z., Zhao, C.J., Hong, J.C., 1999b. An alkaline biosurfactant polymer flooding pilots in Daqing oil field, SPE 57304-MS. SPE Asia Pacific Improved Oil Recovery Conference, 25—26 October, Kuala Lumpur, Malaysia.

Wang, Y.P., Liu, J.D., Liu, B., Liu, Y.P., Wang, H.X., Chen, G., 2004. Why does scale form in ASP flood? How to prevent from it? A case study of the technology and application of scaling mechanism and inhibition in ASP flood pilot area of N-1DX block in Daqing, SPE 87469-MS. SPE International Symposium on Oilfield Scale, 26—27 May, Aberdeen, UK.

Wang, J.L., Yuan, S.Y., Shen, P.P., Zhong, T.X., Jia, X., 2007. Understanding of the fluid flow mechanism in porous media of EOR by ASP flooding from physical modeling, 11257-MS. International Petroleum Technology Conference, 4—6 December, Dubai, U.A.E.

Wang, F.L., Yang, Z.Y., Wu, J.Z., Li, Y., Chen, G.Y., Peng, S.K., et al., 2008. Current status and prospects of ASP flooding in Daqing oil fields, SPE 114343-MS. SPE/DOE Symposium on Improved Oil Recovery, 20—23 April, Tulsa, OK.

Wang, D.M., Zhang, Y., Yongjian, L., Hao, C., Guo, M., 2009. The application of surfactin biosurfactant as surfactant coupler in ASP flooding in Daqing oil field, SPE 119666-MS. SPE Middle East Oil and Gas Show and Conference, 15—18 March, Bahrain.

Wang, D.M., Wang, G., Xia, H.F., 2011. Large scale high visco-elastic fluid flooding in the field achieved high recoveries, SPE 144294-MS. SPE Enhanced Oil Recovery Conference, 19—21 July, Kuala Lumpur, Malaysia.

Wasan, D.T., Shah, S.M., Chan, M., Shah, R., 1979. Spontaneous emulsification and the effect of interfacial fluid properties on coalescence and emulsion stability in caustic flooding. ACS Symposium Series No. 91, The Chemistry of Oil Recovery, American Chemical Society.

Weatherill, A., 2009. Surface development aspects of alkali-surfactant—polymer (ASP) flooding, IPTC 13397-MS. International Petroleum Technology Conference, 7—9 December, Doha, Qatar.

Wei, J.G., Tao, J.W., Xin, S.Z., Zhang, Q.J., Zhang, X., Wang, Z.M., 2011. A study on alkali consumption regularity in minerals of reservoirs during alkali (NaOH)/surfactant/polymer flooding in Daqing oil field, SPE 142770. SPE Enhanced Oil Recovery Conference, 19—21 July, Kuala Lumpur, Malaysia.

Weinbrandt, R.M., 1979. Improved oil recovery by alkaline flooding in the Huntington Beach field, Paper C-4. Fifth Annual DOE Symposium, 23 —24 August, Tulsa, OK.

Winsor, P.A., 1954. Solvent Properties of Amphiphilic Components. Butterworth, London.

Winsor, P.A., 1968. Binary and multicomponent solutions of amphiphilic components. Chem. Revs. 68 (1).

Yang, X.M., Liao, G.Z., Han, P.H., Yang, Z.Y., Yao, Y.M., 2003. An extended field test study on alkaline-surfactant—polymer flooding in Beiyiduanxi of Daqing oil field, SPE 80532-MS. SPE Asia Pacific Oil and Gas Conference and Exhibition, 9—11 September, Jakarta, Indonesia.

Yang, F.L., Wang, D.M., Wu, W.X., Wu, J.Z., Liu, W.J., Kan, C.L., et al., 2006. A pilot test of high-concentration polymer flooding to further enhance oil recovery, SPE 99354-MS. SPE/DOE Symposium on Improved Oil Recovery, 22—26 April, Tulsa, OK.

Yang, H.T., Britton, C., Pathma, J., Sriram, L., Kim, D.H., Nguyen, Q., et al., 2010. Low-cost, high-performance chemicals for enhanced oil recovery, 129978-MS. SPE Improved Oil Recovery Symposium, 24—28 April, Tulsa, OK).

Yang, Y.H., Zhou, W.F., Shi, G.C., Cao, G., Wang, G.Q., Sun, C.L., et al.. 2011. 17 years development of artificial lift technology in ASP flooding in Daqing oil field, SPE 144893-MS. SPE Enhanced Oil Recovery Conference 19—21 July, Kuala Lumpur, Malaysia.

Yuan, S.Y., Yang, P.H., Dai, Z.Q., Shen, K.Y., 1995. Numerical simulation of alkali/surfactant/polymer flooding, paper SPE 29904-MS presented at the International Meeting on Petroleum Engineering, 14—17 November, Beijing, China.

Zerpa, L.E., Queipo, N.V., Pintos, S., Salager, J.L., 2004. An optimization methodology of alka-line-surfactant—polymer flooding processes using field scale numerical simulation and multiple surrogates, SPE 89387-MS. SPE/DOE Symposium on Improved Oil Recovery, 17—21 April, Tulsa, OK.

Zhang, J.Y., Ravikiran, R., Freiberg, D., Thomas, C., 2012. ASP formulation design for heavy oil, SPE 153570-MS. SPE Improved Oil Recovery Symposium, 14—18 April, Tulsa, OK.

Zhao, P., Jackson, A.C., Britton, C., Kim, D.H., Britton, L.N., Levitt, D.B., et al. 2008. Development of high-performance surfactants for difficult oils, 113432-MS. SPE/DOE Symposium on Improved Oil Recovery, 20—23 April, Tulsa, OK.

Zhu, Y.Y., Hou, Q.F., Liu, W.D., Ma, D.S., Liao, G.Z., 2012. Recent progress and effects analysis of ASP flooding field tests, SPE151285. SPE EOR/IOR Symposium, 14—18 April, Tulsa, OK.

Zubari, H.K., Babu Sivakumar, V.C., 2003. Single well tests do determine the efficiency of alkaline-surfactant injection in a highly oil-wet limestone reservoir. SPE81464-MS, SPE Middle East Oil Show, 9—12 June, Bahrain.

第11章 泡沫及其在强化采油中的应用

James J. Sheng

(得克萨斯科技大学Bob L. Herd石油工程系，美国得克萨斯州Lubbock，邮编79409)

11.1 引言

本章的目的之一是介绍应用于强化采油的泡沫基本原理，以便在开展油田泡沫项目时可供读者参考。我们还简略讨论了某些有助于读者了解泡沫的基本科学概念。在介绍这些基本内容之后，我们将集中讨论与矿场应用有关的问题，例如泡沫应用的方式和设计泡沫项目时需要考虑的因素。最后，我们还将介绍几个泡沫应用的实例。

11.2 泡沫的特征

所谓泡沫，就是相对较大体积的气体分散在很小体积的液体中。图11.1是一个泡沫体系的简图，显示了描述泡沫的不同术语。在这一简图上，气相是通过一个界面与很薄的液膜分隔的。在这个二维切面上，每个薄液膜旁边都有两个界面。用虚线围成的长方形区域的构成包括薄液膜、界面以及被称为薄膜区(lamella)的交汇区。用虚线围成椭圆形并通过三个液膜区连通的交汇区叫做普拉托(Plateau)交界区。在存在石油时，油滴和气相(气泡)之间的不对称油-水-气膜叫做假乳化膜(Nikolov等，1986)。这是一侧受制于气而另一侧受制于油的薄液膜。由相对较厚液层分隔的球型气泡所组成的泡沫叫做湿泡沫或Kugelschaum，而由很薄的平面膜分隔的多面体气泡所组成的泡沫则称为干泡沫或Polyederschaum。一般说来，这里提到的液体都是水。但对某些泡沫而言，液体可以是烃基流体或酸。因此那些泡沫可以统一叫做非水泡沫。还有一些泡沫，其液体可以被固体代替。

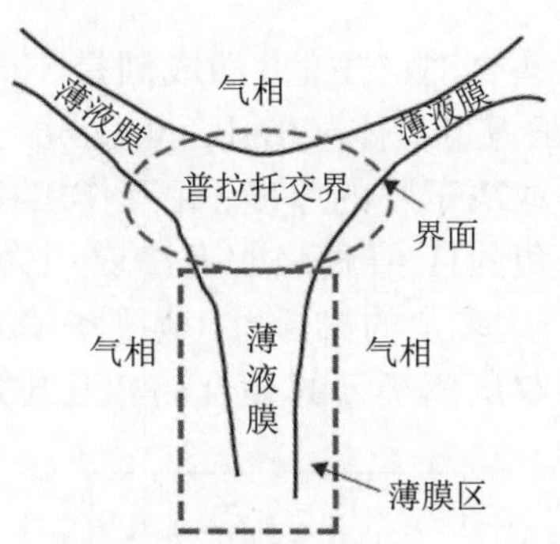

图11.1 泡沫体系示意图

搅拌含有少量发泡剂(表面活性剂)并与一种气体接触的液体就能产生泡沫。如果没有发泡剂，泡沫就会不稳定并很快破灭。因此，泡沫基本上是一种气、水和发泡剂(表面活性剂)的混合物。泡沫的特征一般可以用泡沫质量和气泡尺寸来描述(Lake，1989)。泡沫质量可以表述为泡沫中气体的体积分数。气泡尺寸具体规定为气泡平均尺寸(直径)和气泡尺寸分布。在讨论泡沫时，泡沫结构就是指气泡尺寸。

泡沫质量一般在75%～90%之间。气泡的平均尺寸和尺寸分布在不同泡沫之间可以有明显变化，从胶粒大小(0.01～0.1μm)(Lake, 1989)到十分之几毫米都有(David和Marsden, 1969)。泡沫质量和气泡尺寸关系密切。当气泡尺寸变大时，泡沫不稳定性会增强，因而泡沫质量也会下降。

为了产生泡沫并使之稳定，需要有发泡剂(表面活性剂)。与活性剂驱油要选择表面活性剂一样，在实际作业中我们也需要通过实验室测试为具体应用选择发泡剂。发泡剂的选择依据是发泡能力、泡沫稳定性和泡沫流度。

11.3 泡沫的稳定性

泡沫不具有热力学稳定性，最终它们都会破灭。这里的术语“稳定性”是用于表示动力学意义上的相对稳定性。一种泡沫的稳定性是由涉及本体溶液(bulk solution)和界面性质等若干因素决定的。确定泡沫稳定性的方法就是要测定其半衰期或平均存续时间(Sheng等, 1997)。在讨论泡沫稳定性之前，下面先要介绍一些泡沫所特有的概念。其中有的概念虽然本章并未涉及，但在阅读其他的泡沫文献时会很有用处。

11.3.1 重力排液

泡沫是由很薄的液体层分隔的。在重力的作用下，这种液膜中的液体会排出。

11.3.2 拉普拉斯毛细管吸入

如图11.1所示，位于普拉托(Plateau)边界区的气-液界面有相当大的弯曲度(半径较小)，而在薄膜区的界面则是平坦的(半径较大)。由于根据杨-拉普拉斯(YoungLaplace)方程，毛细管压力与界面的半径呈反比关系，所以这两个区域之间有一个压差。这个压差会迫使液体向普拉托(Plateau)边界区流动并使液膜变薄。

11.3.3 马兰戈尼(Marangoni)效应

马兰戈尼效应[也叫吉布斯(Gibbs)-马兰戈尼效应]是由表面张力梯度引起的在两个区域界面上的流体质量转移。在泡沫体系中，当表面活性剂所稳定的液膜发生膨胀时，由于表面积增大，局部的表面活性剂浓度就会下降，同时这一液膜也就变得更薄。较低的表面活性剂浓度会导致较高的表面张力。而为了维持低能量，较高的表面张力会使表面收缩。这一表面收缩会使有关液膜中的液体从低张力区流向较高张力区。这种液体流动提供了液膜变薄的阻力。换句话说，由表面张力梯度产生的马兰戈尼效应有助于稳定泡沫体系。这一效应也叫表面弹性。

11.3.4 分离压力Π_d

分离压力是在两个表层相互叠合时产生的，而成因是不同性质力的共同作用。如图11.2所示，它等于物体对膜施加的正常压力与本体相(bulk phase)压力之差。它是电势、扩散力和空间力(steric force)的总和。这种压力取决于膜的厚度、相互作用相(物体)的成分和性质以及温度。正的Π_d值反映膜的净排斥力，而负的Π_d值则表明有净吸引力。离子型表面活性剂在膜的每一个气-液界面上的吸附作用都会产生多余的排斥力。范德华(van der Waals)引力常常使膜失稳。带有等量电荷的表面是通过它们双层离子云的叠合而相互排斥的。

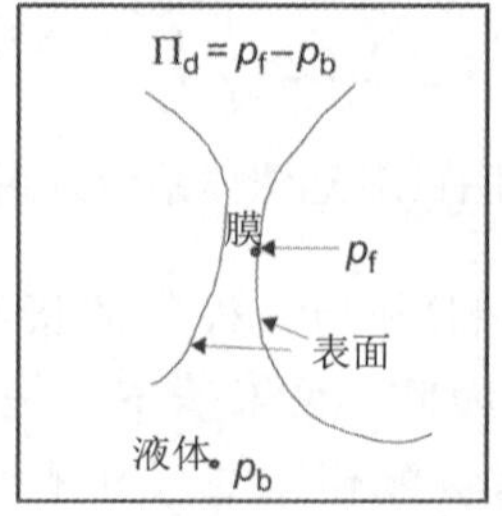

图11.2 分离压力的简要描述

11.3.5 双电层和zeta(ζ)电势

这个问题的数学描述已超出了本章讨论的范围。但介绍一下有关概念会对泡沫和其他强化采油(EOR)方法的了解有帮助。图11.3是对一个双电层及其所对应电势的简要描述。双电层是将物体放入液体时在其表面出现的一种结构。这里的物体可以是固体颗粒、气泡、液滴或孔隙体。双电层是指围绕物体的两层平行电荷。第一层叫斯特恩(Stern)层，是物体表面电荷(正电荷或负电荷)，由在各种化学相互作用下直接吸附在物体上的离子组成。第二层则由在库仑力作用下被物体表面电荷吸引的离子组成，而库仑力对第一层有电屏蔽作用。第二层与物体只有松散的联系，因为它是由游离的离子组成的，它们在电性吸引和热运动的影响下在流体中移动，而不是被牢牢地固定下来。所以这一层叫扩散层。

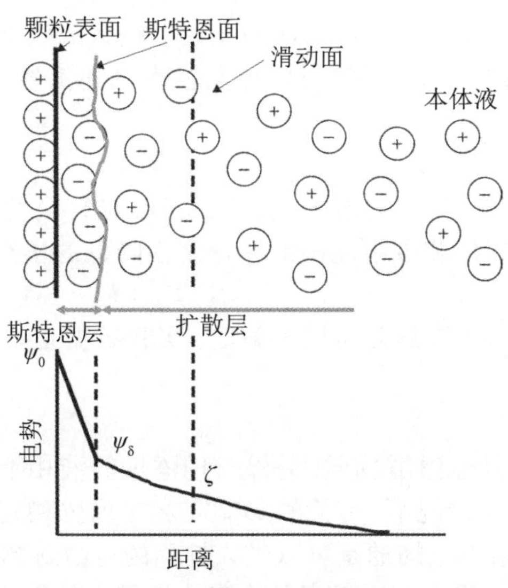

图11.3 双电层示意图

扩散层或至少其中的一部分是能够移动的。可以引入一个滑动面来分隔活动的流体和与物体表面保持联系的流体。这一滑动面上的电势叫做动电势或zeta电势。它也被表示为ζ电势，是对流体或颗粒流动的一种量度。在图11.3中，ψ_0叫做表面电势，而ψ_δ则叫做斯特恩电势。

11.3.6 进入作用和分散作用

要使泡沫膜破裂，第一步必须在被称为“进入作用”的过程中在气-水界面内的水相中出现一个油/疏水颗粒小液滴。第二步这种小液滴中的某些油可以分散到有关的液-气界面上。有两个系数量度泡沫体系与这两步有关的自由能变化。当一个油滴进入气-水界面时，会产生一个新的气-油界面，有关变化可以用进入作用系数E来量度(Lecomte等，2007)：

$$E=\sigma_{wg}+\sigma_{wo}-\sigma_{og} \tag{11.1}$$

正值E表明消泡液体的表面张力(σ_{og})要小于发泡沫液体的表面张力(σ_{wg})与这两种液体之间的界面张力(IFT)(σ_{wo})之和。与这种变化有关的自由能就是最终结果能量(油表面张力)与起始点能量(水表面张力与油-水IFT之和)之差。这一系数值是与进入作用过程有关的自由能的对应值。

当油滴在气-水界面上分散时，会产生新的气-油界面和水-油界面，而这种变化可以用分散系数S来量度：

$$S=\sigma_{wg}-\sigma_{wo}-\sigma_{og} \tag{11.2}$$

在这一过程中，水表面被油表面所取代。正值S表明发泡液体的表面张力(σ_{wg})要大于消泡液体的表面张力(σ_{og})与这两种液体之间界面张力(IFT)(σ_{wo})之和。与这种变化有关的自由能就是最终结果能量(油-水IFT与油表面张力之和)与起始点能量(水表面张力)之差。这一分散系数是与分散作用过程有关的自由能的对应值。

泡沫的稳定性主要受排液速率和液膜强度控制。下面要讨论某些对泡沫稳定性有影响的因素。

11.3.7 界面张力(IFT)

从产生气泡所需要的能量看，较低的IFT能使产生气泡比较容易。但过低的IFT(LIFT)无法确保生成稳定的泡沫。要使泡沫稳定，它的膜必须有一定的强度(Wang, 2007)。泡沫的稳定性也有赖于所使用的表面活性剂。

11.3.8 扩散

气泡具有不均匀的大小分布。小气泡的压力要大于较大的气泡。这种压力差异产生了化学成分差异，它反过来又使气体从小气泡通过液体向较大气泡扩散(Lake, 1989)。这样就使气泡连接在一起。

11.3.9 重力排液

由于存在重力引起的排液，有关的液膜就会比较薄。这样会使气泡连接在一起。根据这一观点，就可以理解很低的液相饱和度可能使泡沫稳定性降低的事实。

11.3.10 液体黏度

较高的液体黏度将阻碍排液，这是可以理解的。实验数据也显示，较高的液体黏度会使泡沫更加稳定(Sheng等, 1997)。

11.3.11 添加物相的影响

泡沫的稳定性会因存在其他溶解物质、另外一种添加的液相(例如水基泡沫中的油相)以及细小固体而受到影响。在这些情况下，有关的影响究竟是增强稳定性，还是削弱稳定性，要取决于多种因素。如果泡沫体系中添加的是可以进入界面的可溶解物质，那就可能使泡沫的动态稳定性下降，但前提是这种物质具有以下四种作用的任何一种组合形式：降低表面张力、降低表面弹性、降低表面黏度和降低表面电势(Schramm和Wassmuth, 1994)。

分散颗粒的存在可以提高或降低水基泡沫的稳定性。稳定性提高的一种机理是本体溶液黏度因溶液中存在的颗粒不断扩散而增大。如果有关颗粒不是完全水湿性的，那么第二种稳定机理就会起作用。这时，颗粒可能会趋于在泡沫界面上集中，从而使液膜的机械稳定性增加(Schramm和Wassmuth, 1994)。例如，已观测到沥青质能使泡沫油稳定(Sheng等, 1997)。

11.3.12 油的影响

在强化采油中利用泡沫控制流度时，泡沫-油的相互作用特别重要。当油滴进入水-气界面并在其上分散时，有关的泡沫就会破裂。据Ross和McBain(1944)推测，油是通过在泡沫膜两侧流散而使其破裂的，因为这种分散作用排出了原始膜液，并且液膜滞后了不稳定且容易破裂的油膜。Hanssen和Dalland(1990)、Manlowe和Radke(1990)以及Schramm和Novosad(1990)都认定，准乳化膜的稳定性是孔隙介质内三相泡沫稳定性的一种控制因素。有研究者(例如Friedmann和Jensen, 1986; Hudgins和Chung, 1990; Yang和Reed, 1989)发现，根据他们的岩心驱替实验，当含油饱和度高于“发泡临界油饱和度”时，就不可能生成泡沫。因一种特定油相而使泡沫失稳的可能机理有：①油相中发泡表面活性剂的分隔作用；②油自发地在泡沫膜上分散，并取代使泡沫稳定的界面；③油自发乳化，使油滴突破稳定界面并使之破裂；④小油滴可以分布在孔隙介质的某些位置上，而在这些位置上气泡会缩颈分离(snap-off)，因此会阻止泡沫的生成和再生机理发挥作用。较轻质的油似乎使泡沫失稳的程度最大(Schramm, 1994)。在实际的泡沫应用中，含油饱和度可以有很宽的范围。如果是将泡沫注入已被驱扫的低含油饱和度油层用以控制流度，采用对油具有中等到低耐受度的泡沫就可以了。但如果是利用泡沫驱油或控制生产井的气-油比(GOR)，泡沫抗油的稳定性是必不可少的。

11.3.13 气泡大小

泡沫气泡的直径通常大于10μm，但也可以超过1000μm。泡沫的稳定性不一定与气泡大小有关，但对于单一泡沫类型而言，可能存在最合适的气泡直径。气泡大小分布明显偏向较小气泡一侧的泡沫将是最稳定的泡沫(Schramm和Wassmuth，1994)。更普遍的做法可能是将气泡大小的影响归类为泡沫结构的影响，后者包括了气泡大小、形状和在泡沫基质中的分布。如果气泡大小的分布比较均匀，那么泡沫就会比较稳定。

11.3.14 湿润性的影响

与存在原油和亲水固体表面的情况相比，在存在同一种原油和亲油固体表面时，泡沫的稳定性比较低(Suffridge等，1989)。

11.3.15 压力和温度

压力上升时气泡会变小，同时液膜会变大和变薄，并使排液变慢。因此，较高的压力有助于稳定气泡。但压力太高也可能使气泡破裂。在温度上升时，液相中表面活性剂的溶解度也会上升，从而使气-液界面中的活性剂减少。较高的温度也会增加排液量。换句话说，较高的温度会使泡沫失稳。

11.3.16 其他

泡沫的稳定性可以通过提高胶束浓度、缩小单个膜的面积(即缩小气泡尺寸)、降低电解质浓度、减少溶解的油量以及降低温度来得到改善。

11.4 强化采油的泡沫驱机理

泡沫驱强化采油的机理是降低气相渗透率。这些机理可以用泡沫的形成和衰减过程来解释。因此，我们首先要讨论泡沫的形成和衰减。

11.4.1 泡沫的形成和衰减

有三种基本的孔隙级别的泡沫产生机理：缩颈分离(snap-off)、液膜分断(lamella division)和液膜滞后(leave-behind)。如图11.4所示，当一个气泡进入孔隙喉道并形成一个新气泡时，也就发生了缩颈分离。这一机理会使部分气体处于不连续状态。由于在同一位置可以反复发生，所以单个位置上的缩颈分离能够影响流场的相当大部分。人们普遍认为这是一种主要的泡沫形成机理(Ransohoff和Radke，1988)。缩颈分离机理是通过增大气相的不连续性以及生成液膜(lamellae)来影响气相流动性质的。所形成的气泡可能会卡在孔隙介质的某一个点，从而堵塞气体通道并降低气体渗透率。

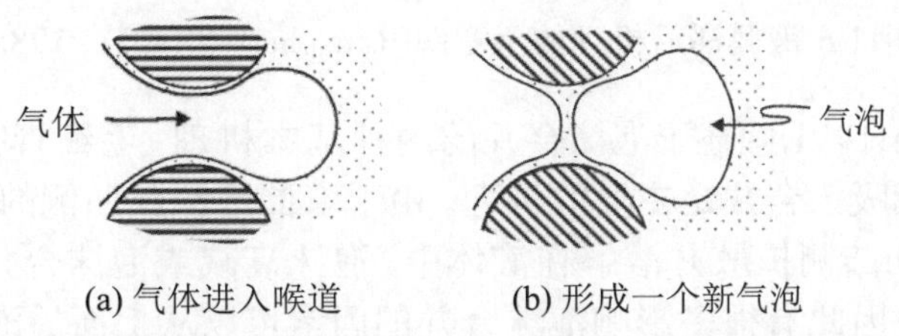

图11.4 缩颈分离机理示意图(Ransohoff和Radke，1988)

如图11.5所示，当一个液膜(预先形成的泡沫)接近分叉点并由此使其分为两个或多个液膜时，液膜分断也就发生了。这种机理与缩颈分离机理的相似之处在于它也形成一个独立的气泡。这种气泡要么流动，要么堵塞气体通道。这种机理也会在一个位置多次发生。缩颈分离和液膜分断机理在很高流动速度下才有效。

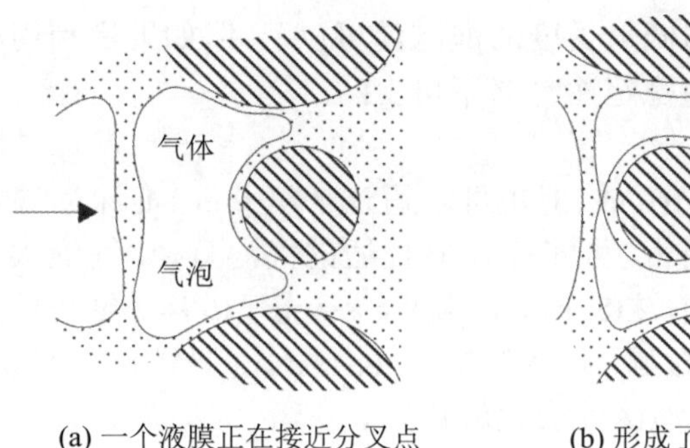

(a) 一个液膜正在接近分叉点　　(b) 形成了分裂的气泡

图11.5 液膜分断机理示意图(Ransohoff和Radke，1988)

如图11.6所示，当两段弯月形气体从不同方向侵入相邻的充填了液体的孔隙体时，就会开始出现液膜滞后现象。随着两段弯月形气体顺流动方向会合，其后会滞留一个液体透镜体。通过这一机理，会形成大量堵塞气体通道的液膜。事实上，液膜会因产生不连通通道和堵塞流动通道而降低气体的相对渗透率。这一机理在低流动速度下很重要，同时会产生相对较弱的泡沫。如果水相饱和度很高，液膜滞后机理就会产生稳定的水相透镜体。这是一种不可重复的作用，仅有这种作用还不能解释使用泡沫时所看到的气体流度的大幅下降。Ransohoff和Radke(1988)观察发现，仅由液膜滞后机理产生的泡沫使稳态气体渗透率大约降到了五分之一，而由缩颈分离机理产生的不连续气体泡沫却使气体渗透率降到了数百分之一(Persoff等，1991)。根据Kovscek和Radke(1994)的讨论以及某些实验观测结果(Owete和Brigham，1987)，液膜分断机理似乎并不太重要，而缩颈分离则是占优势的泡沫形成机理。

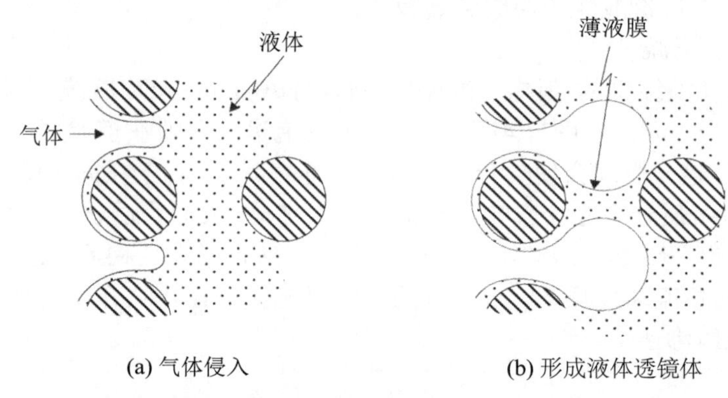

(a) 气体侵入　　(b) 形成液体透镜体

图11.6 液膜滞后机理的示意图(Ransohoff和Radke，1988)

Chambers和Radke(1991)阐述了泡沫合并的两种基本机理：毛细管吸入和气体扩散。对于液膜破裂来说，毛细管吸入合并是主要的机理。由于弯曲泡沫膜凹侧的压力要大与凸侧，所以气体从这种膜的凹侧向凸侧扩散并溶解在液体中。泡沫衰减或泡沫合并是与前面讨论的泡沫稳定性相对立的概念，因此有很多影响泡沫合并的因素可以从上面的泡沫稳定性讨论来推论出来。

需要注意的是，虽然泡沫形成和衰减受上述机理控制，但泡沫最终能够运移的距离肯定是由表面活性剂的保留决定的。表面活性剂的存在是一个必要条件。当气体和液体流过孔隙介质时，这种介质的作用就像是“筛子”。正如上面讨论的，在泡沫的产生和衰减中，孔隙介质发挥了重要作用。泡沫的产生和衰减是一个不断有泡沫产生和衰减的动态过程。

11.4.2 泡沫驱油机理

泡沫要直接解决的问题是孔隙介质中的高气体流度。注入的泡沫常常是一种黏度高得多的流体，这有助于提高波及效率。如果可以提高注入井的压力，气体流度的下降也就间接降低了重力分异作用(Shan和Rossen，2002；Shi和Rossen，1998)。当低速气流通过有表面活性剂的液相时，就会形成液膜。这些液膜局部堵塞了孔隙喉道。因此，气相相对渗透率会下降。当高速气流通过液体时，会使液膜破裂并打散气体聚集。被打散的独立气泡会堵塞孔隙喉道。因此，气相相对渗透率会下降，而波及效率会得到改善。当波及效率因储层存在非均质性而很差时，也可以通过使用泡沫来改善。高渗透率岩层中的泡沫强度(同时具有较高的视黏度)要大于较低渗透率岩层中的泡沫强度(Hirasaki，1989)。造成这种现象的一个原因是有非润湿性气体优先占据了高渗透率通道。这一特征有助于使注入的流体转向，进入较低渗透率岩层。

添加的表面活性剂不但有助于形成泡沫并由此提高波及效率，而且也能改善驱油效率。泡沫的流动需要有很高的压力梯度，这有助于通过克服毛细管压力把残余油排驱出来。

11.5 泡沫流动特性

泡沫的流动特性是由以下方式描述的。

11.5.1 泡沫的黏度

采用达西定律并把泡沫视为单一气相，就可以计算所提高的泡沫视黏度(Minssieux，1974)。这种计算使用了气体渗透率。根据Bretherton(1961)以及Hirasaki和Lawson(1985)的理论研究，封闭泡沫的有效黏度是气泡密度(n_f)的线性函数，并与泡沫的真实速度(v_f)成反比。它的数学表达式是：

$$\mu_f = \mu_g + \frac{\alpha n_f}{v_f^c} \tag{11.3}$$

式中：α是一个比例常数，与表面活性剂的性质密切相关；c是经验指数，其理论值为1/3。

泡沫的黏度要比水和气的黏度高得多。Blauer等(1974)讨论了泡沫质量对黏度的影响。Marfoe等(1984)提出了一个计算泡沫黏度的半经验公式，它与气体速度、气体分数(gas fraction)以及表面活性剂浓度等因素有关。后来Islam(1990)修改了这个公式。由于泡沫的流变学很复杂，所以关于泡沫是牛顿流体还是非牛顿流以及是剪切变稀还是剪切变稠都有不同观点。Wang(2007)列出了不少在文献上发表的黏度模型。

11.5.2 相对渗透率

降低的相对渗透率是用各自的单相黏度、流动速率和压降来计算的(Bernard和Holm，1964)。这种方法将泡沫流动视为多相流。有不少研究者(Bernard等，1965；de Vries和Wit，1990；Friedmann和Jensen，1986；Sanchez等，1986)在实验中观测到，由于水湿相主要集中在小孔隙中，所以其相对渗透率保存不变。但气体的相对渗透率下降得很明显，其部分原因是：捕获的泡沫堵塞了阻力最小流动通道以外的所有通道，从而严重降低了穿过孔隙介质的气体有效渗透率。Kovscek和Radke(1994)提供了以下描述泡沫相对渗透率(k_{rf})的公式：

$$k_{rf} = k_{rg}{}^0 \bar{S}_f^{n_g} \tag{11.4}$$

其中：

$$S_f = X_f(1 - \bar{S}_w) \tag{11.5}$$

$$\bar{S}_w = \frac{S_w - S_{wc}}{1 - S_{wc}} \tag{11.6}$$

式中：$X_f=S_f/S_g$是流动的泡沫所占比例；S_{wc}是原生水相饱和度；$k_{rg}{}^0$是S_{wc}时的气体相对渗透率。

11.5.3 流度降低

泡沫流度的降低是用达西定律、总体积流动速率和压降来计算的(Heller等, 1985)。因为泡沫驱机理主要利用了气体渗透率的降低和泡沫黏度的增大，所以STARS和ECLIPSE这样的商业模拟软件通过利用流度降低系数模拟泡沫的流动特性。在矿场规模应用中被认为对泡沫特性有明显影响的参数是表面活性剂浓度、油饱和度、水饱和度和毛细管数(气体黏度)。根据Covscek(1988)和Cheng等(2000)的研究，应用以下公式可以将所有这些参数都结合在流度降低系数中:

$$M_{\mathrm{rf}} = \frac{1}{(1 + M_{\mathrm{r}} F_{\mathrm{s}} F_{\mathrm{w}} F_{\mathrm{o}} F_{\mathrm{c}})} \tag{11.7}$$

式中: M_r是在基准表面活性剂浓度、基准油饱和度、基准水饱和度和基准毛细管数时的基准流度降低系数；而F_s、F_w、F_o和F_c则分别是表面活性剂浓度、水饱和度、油饱和度和毛细管数(气体黏度)导致的流度降低系数分量。

Purwoko(2007)对这些参数进行了详细的敏感性研究。请注意，在ECLIPSE中，基准流度降低系数M_r一般为5~100(即大于1)，而流度降低系数M_{rf}实际上是泡沫流度的乘数，小于或等于1。关于流度降低系数各分量的详细描述，可参阅ECLIPSE的技术手册。在ECLIPSE中，泡沫是作为水相或气相中的示踪剂来模拟的。

STARS(蒸汽和添加剂油藏模拟软件)是另一种流行的商业模拟软件，它也使用了与ECLIPSE类似的做法。此类模型属于半经验模型。其他种类的泡沫模型还有总体平衡法(Kovscek和Radke, 1994)、渗流模型(Chou, 1990; Kharabaf和Yortsos, 1998)和分相流动理论(Zhou和Rossen, 1995)。总体平衡模型和渗流模型较好地描述了孔隙级别的泡沫产生和衰减机理。但它们太复杂了，在模拟矿场动态方面存在局限性。一些人认为，分相流模型存在缺陷，因为分相流理论可能不适合于可压缩流。

11.5.4 流阻系数

流阻系数可定义为泡沫发生器两端测出的压降与同一体系不存在表面活性剂时的压降之比(Duerksen, 1986)。有报道说，流阻系数是随地层渗透率的提高而增大的(Khan, 1965; Wang, 2007)。这一特征有利于提高波及效率。

11.6 泡沫的应用方式

泡沫的应用方式可以有CO_2泡沫注入、蒸汽泡沫注入以及气体混相驱中的泡沫注入。

11.6.1 CO_2泡沫

与其他泡沫比较，CO_2泡沫的独特之处是其有很高的CO_2密度。在P_c=1070psi(绝)和T_c=31.04℃的临界条件下，其密度是0.468g/cm^3。为了控制流度，在与含有表面活性剂的水一起注入CO_2泡沫时，可以有两种注入方式: 同时注入和交替注入(通常称为水-气交替)。对于同时注入方式而言，由于水和CO_2具有不同的密度，这两种流体不可能以同样的相对速率同时进入地层的上部和下部。由此看来，CO_2和表面活性剂溶液似乎应该交替注入。这种交替方式称为SAG(表面活性剂溶液-气体交替)。这种注入方式的重要参数是SAG的比例和所采用的交替时间(Heller等, 1985)。与CO_2泡沫驱油有关的另一个必须考虑的问题是腐蚀损害。

11.6.2 蒸汽泡沫

与蒸汽泡沫相关的一个问题是高温。因此，选用具有热稳定性的表面活性剂很重要。含有硫酸盐成分的表面活性剂在温度高于100℃时会迅速分解，而在200℃以上还能保持稳定的表面活性剂几乎都含有磺酸盐分子团(Isaacs等, 1994)。磺酸盐的热稳定性有以下递增顺序(Ziegler, 1988): 石油磺酸盐<烯烃磺酸盐<烷基芳基磺酸盐。

理论分析、岩心研究和矿场数据都表明，即使只有很小浓度的不可凝气也会使泡沫更有效。人们选择在不使用不可凝气的情况下注入表面活性剂的重要原因是这样做的经济性更好(Isaacs等, 1994)。注入的表面活性剂也能降低水-油的界面张力，从而使残余油饱和度降低。

就矿场的蒸汽泡沫应用而言，表面活性剂是以高浓度(10%活性成分)或以连续的低浓度(0.1%~1.0%活性成分)注入的。与表面活性剂同时注入的可以有不可凝气[气相浓度为0.5%~1.0%(摩)或NaCl(水相中浓度为的1%~4%)]。为了使液体比例保持在一个所期望的值(一般大于0.01)，可能还要在蒸汽中添加额外的水。假定每千克活性剂能增产石油0.3m^3，而活性剂的成本是10美元/kg，那么增产油的成本可能就是33美元/m^3(即5美元/bbl)。但在很多次测试中，增加的石油产量并没有高到具有经济效益(Isaacs等, 1994)。

蒸汽泡沫也被应用于周期注蒸汽过程和蒸汽驱过程。在周期注蒸汽过程中，蒸汽一开始流过高渗透率层并排空这些层内的石油。随着这些石油的排空，有关的流动阻力就会更低。因此，如果不注入蒸汽泡沫，随后的蒸汽就将继续流入这些排空的层。由于蒸汽泡沫有较高的阻力，所以注入蒸汽泡沫后会使随后注入的蒸汽转向含油饱和度较高(排油较少)的层中。Turta和Singhel(2002)对比了委内瑞拉油田项目的连续和半连续的添加剂(表面活性剂和氮气)注入，结果表明断续注入方式的效果较好。

11.6.3 气体混相驱的泡沫注入

几乎还没有人尝试气体混相驱的泡沫注入计划。在这一工艺中，气体和表面活性剂水溶液要么是同时注入(Chad等, 1988)，要么是交替注入(Liu等, 1988)，因此形成了泡沫。此外，注入压力很高，所以能达到气体和石油之间的混相能力。所形成的泡沫是为了缓解气体的指进或窜流以及重力上窜。

11.6.4 阻塞气锥进的泡沫

与注入凝胶这样的高黏度流体来缓解水锥进的做法相似，气体阻塞泡沫可用于阻塞气锥进。具体的想法是这样的：如果油层上方有一个气顶，气体会锥进到产油层中。注入密度介于气和油之间的泡沫溶液并使其停留在气顶与油层之间的位置。当打开油层时，有些气体会锥进到油层中。与此同时，泡沫也会形成一个锥形。由于泡沫的流度很低，所以气锥进得到了减缓。有人申请了一项美国专利(Heuer和Jacocks, 1968)。Hanssen(1993a, b)开展了一定的实验室研究。为了评价直接处理高气-油比(GOR)生产井时强化采油(EOR)的发泡表面活性剂在优先降低气产量方面的效果，开展了几次矿场试验。通过考察有关项目，Turta和Singhal(2002)指出，在他们所分析的所有实例中，设置表面活性剂溶液缓冲垫并在回流时生成泡沫的想法是完全无效的。但注入预先在地面用氮气制成的泡沫却使GOR明显下降，并因此使目标井的石油产量提高了好几周(Krause等, 1992)。

11.6.5 强化泡沫驱油

强化泡沫体系就是在普通的泡沫体系中添加聚合物。聚合物能提高液体黏度，因此也就提高了泡沫的稳定性。聚合物也可以降低泡沫发生剂的吸附作用。这样就实现了协同增效作用。这种聚合物强化泡沫驱油技术在中国的胜利油田已有尝试(参看9.1节)。据报道，有一种叫做碱性表面活性剂-聚合物泡沫驱(ASPF)的类似驱油体系在中国进行了试验(Yang和Me, 2006)。类似的体系还使用了术语LIFTF(LIFT泡沫)和碱性-表面活性剂-气(ASG)(Sheng, 2011)。

11.6.6 用于油井增产的泡沫

把N_2和CO_2添加到压裂液和/或酸化液中也就形成了泡沫增产液。泡沫增产液将会减少液体用量、减少伤害地层的流体量，改善排液效果，有时还能减少流体漏失量和提高携带支撑剂的能力。在地面N_2以气态注入，而CO_2则以液态注入。在温度很高的地下，CO_2将变成气体。在这种增产流体中没有使用空气和烃类气体，因为在作业过程中它们对人员和设备都有潜在的危险。

对油井增产的另一种泡沫应用是把泡沫当作导流流体使用。由于泡沫有很高的黏度，所以可以把发泡的增产流体从阻力较低的层带导向阻力较高的层带。就导流功能而言，已发现有时盐水泡沫要优于酸液泡沫(Chou, 1991)。

11.7 泡沫驱油设计需要考虑的因素

这一章要讨论的因素是筛选标准、表面活性剂和注入方式。

11.7.1 筛选标准

文献中几乎没有讨论过专门为矿场应用泡沫驱油而制定的筛选标准。因为表面活性剂在泡沫驱油中有使用，所以有关的筛选标准应该类似于表面活性剂驱油、聚合物驱油或注凝胶的筛选标准。那些标准在Sheng(2011)的论文中已有讨论。某些重要的标准包括了高渗透率非均质储层、低矿化度和特低二价离子的地层水以及相对较小的井距。极高的温度(例如超过200℃)会对发泡剂构成挑战。另一个重要的条件是残余油饱和度应该很低，这样才能产生稳定的泡沫。有许多矿场泡沫驱油技术都是在很低的残余油饱和度下应用的。

Turta和Singhal(2002)指出，泡沫辅助的强化采油(EOR)项目的最重要因素是：①泡沫进入储层的方式(注入预制泡沫、共注泡沫以及表面活性剂与气体泡沫交替注入)；②储层压力；③渗透率。

11.7.2 表面活性剂

有很多因素影响泡沫的稳定性。更重要的是，我们需要选择合适的表面活性剂。如前所述，要使气泡产生并让生成的泡沫稳定下来，需要有表面活性剂。有利于发泡的表面活性剂不一定有利于降低界面张力。在评价和选择表面活性剂时，我们要考虑以下几种因素：发泡能力、稳定性、热稳定性、矿化度和多价离子的阻力、与地层流体的混溶性、油存在时的性能、界面张力的降低和吸附作用。

某些成功应用于矿场作业的表面活性剂是适合低温(约45℃)和低矿化度(小于1×10^4mg/L)的ORS-41和AOS(中国产品)(Yang和Me, 2006)、DP-4(中国产品，60℃，矿化度1.7×10^4mg/L，Ca^{2+}和Mg^{2+}浓度为1000mg/L)(Wang, 2007)以及AGES(中国产品，250℃，矿化度为5×10^4mg/L，Ca^{2+}和Mg^{2+}浓度为5000mg/L)(Zhang等, 2005)。某些能用于高温蒸汽-泡沫驱油的表面活性剂是SuntechⅣ(Sun公司)、DawFax2A(Daw公司)、Neoden14-16和Neoden16-18(Shell公司)以及Stepanflo 30(Stepan公司)(Zhang等, 2005)。良好的发泡剂还有AEO-9、ABS、AES、SDS、AOS、Q-9、S-6和R-5(Wang, 2007)。关于用于CO_2泡沫的发泡剂，可参看Heller等(1985)的论文。有些氟化的表面活性剂能产生有油时还非常稳定的泡沫(Hanssen和Dalland, 1990；Novosad, 1989)，但其价格很昂贵。

11.7.3 注入方式

据报道，气体和液体同时注入的阻力系数要高于交替注入，在气/液比很高时尤其如此。在孤岛油田的一次单井试验和一次矿场试验中，由于同时注入方式注入压力太高，最后采用了交替注入方式(Wang, 2007)。

Yang和Me(2006)报道的实验室研究结果表明，如果使用的化学剂数量相同，同时注入方式的石油采收率要高于交替注入方式。在交替注入中，较小的段塞和较高的交替频率都比较有利，因为太大的段塞会使生成泡沫很困难。有些模拟结果显示，如果交替周期是10天或20天，那么其石油采收率就会接近同时注入方式(Wang, 2007)。但在斯诺里(Snorre)项目中，由于同时注入方式的注入压力超过了破裂压力，所以表面活性剂-气交替(SAG)注入的方式要比同时注入更可取(Blaker等, 2002)。对于蒸汽泡沫项目(一种低压泡沫应用)的设计，应该考虑45%~80%的泡沫质量。在这种应用中，采用了气体和水的同时注入，但也间歇(开关方式)注入添加剂(表面活性剂和不可凝气)，叠加在连续的蒸汽注入上。在气混相驱油这样的高压下，泡沫的使用能导致过度的流度降低和注入能力降低。正因为如此，在此类项目中，表面活性剂溶液和气体的交替注入(SAG泡沫)要比同时注入方式更有利(Turta和Singhal，2002)。

11.8 矿场泡沫应用的调查结果

开展了一项矿场泡沫应用的调查。对60多个矿场泡沫项目进行了评价。在所评价的矿场项目中，超过一半是关于蒸汽泡沫的，其余则是CO_2泡沫和别的泡沫。本章要总结这次调查得出的一般结论。

11.8.1 泡沫项目的分布

蒸汽泡沫项目绝大多数是在美国加利福尼亚州和委内瑞拉开展的，另有少数分布在美国怀俄明州、加拿大、中国和挪威。其中除了北海有几个项目，其他都是陆上项目。这次调查的项目几乎全部都是砂岩油藏，仅有很少几个是碳酸盐岩油藏。

11.8.2 适用的油藏和作业参数

表11.1汇总了这次调查的矿场泡沫项目的某些油藏和处理参数。从此表可以看出，这些参数的分布范围几乎覆盖了全部的实际范围。换句话说，泡沫应用没有受到常规油藏参数的限制。表面活性剂的浓度很低。多数泡沫项目使用了小于1%的表面活性剂浓度。平均的表面活性剂浓度大约是0.5%。在某些项目中，发现0.1%的浓度就已足够了(Ploeg和Duerksen，1985)。当蒸汽因从注入井进入油藏而发生冷凝时，在油藏条件下注入不可凝气对维持泡沫很有利。适用的油藏温度和矿化度受到了表面活性剂稳定条件的限制。

表11.1 调查的矿场泡沫项目的油藏和作业参数的分布范围

参数	分布范围	备注
油藏厚度/m	3～350	蒸汽泡沫项目厚度较大
渗透率/mD	1～5000	分布范围很宽
油藏温度/℃	<101	仅有几个项目高于101℃，最高232℃
油藏压力/MPa	<500	
石油黏度/cP	<10000	
井距/m	30～1500	
地层水总溶解固体/(mg/L)	<180000	受表面活性剂控制
蒸汽中不可凝气，%	<2	对蒸汽泡沫项目有利
表面活性剂浓度，%	普遍<1	

11.8.3 注入方式

就气体泡沫而言，约有三分之二项目采用了SAG(表面活性剂-气交替)注入方式，而剩下的三分之一则是气和水的同时注入。在蒸汽泡沫项目中，同时注入方式要略多于交替注入方式。在交替注入中，表面活性剂溶液是间歇添加的，而含有一些液态水的蒸汽则是连续注入的。这种方式也被叫做段塞应用法(Eson和Cooke，1989)。根据这次调查结果，段塞注入(交替注入)方式所需要的表面活性剂数量似乎要少于(效率要高于)同时注入方式。这一点与Eson和Cooke(1989)的认识一致。Turta和Singhal(2002)指出，泡沫项目成功的最重要因素是泡沫的注入方式。

11.8.4 用于泡沫中的气体

在蒸汽泡沫中，有80%的项目作为不可凝气添加了氮气。还使用了空气和甲烷气。关于气体泡沫，有50%以上项目使用了CO_2。其余气体泡沫项目所使用的是天然气、氮气和空气。

11.9 各类矿场泡沫应用

在注水开发时，泡沫可用于修正注入井的流动剖面，而在注蒸汽开发时则可用做蒸汽暂堵剂。重力上窜和蒸汽窜流都是注蒸汽开发的严重问题。泡沫因为有很高的流动阻力，所以可以用做使蒸汽在油藏中较为均匀运动的暂堵剂。

典型的矿场泡沫应用有：为改善蒸汽驱油效果的水基泡沫(Djabbarah等，1990；Mohammadi等，1989；Patzac和Koinis，1990)和为改善CO_2驱油效果的水基泡沫(Hoesner等，1995)、为封堵高渗通道的凝胶泡沫(Friedmann等，1999)、为防止或推迟气或水锥进的泡沫(Aarra和Scauge，1994)以及为净化地下水水层的SAG处理(Hirasaki等，1997)。所有这些应用方法都已在实验室和矿场经过了测试。在这些处理作业过程中，气相一般是不连续的，而液相是连续的。在这些应用中，有些采用了表面活性剂和气体同时注入的方式，而另外一些则采用了SAG方式。下面要介绍几项矿场应用。某些与CO_2相关和蒸汽泡沫的矿场应用实例已在第二章有介绍。

11.9.1 单井的聚合物强化泡沫驱油试验

这一节要介绍一个混合的聚合物泡沫驱油实例(Wang，2007；Zhang等，2005)。有一个混合的ASPF(碱性表面活性剂-聚合物-泡沫)驱油案例已在别处(Sheng，2011)作了介绍。

11.9.1.1 油藏和井的描述

如图11.7所示，试验的28-8井位于胜利油田公司的孤岛油田。在这个注入井网中有12口受效的生产井。该井网的面积为$0.16km^2$，油藏的有效厚度为20m，原始石油地质储量34×10^4t，渗透率1300~1800mD，矿化度为8379mg/L，石油黏度为74cP。这口试验井的聚合物(SNFI的3530S)注入始于2002年1月，而最近的29-506井在2002年9月发生了聚合物突破。在这一年的9月和10月，产出的聚合物浓度分别为890mg/L和1100mg/L。28-509井在2003年3月也发生了聚合物突破，浓度为373mg/L。发生聚合物突破后，石油产量出现下降，而含水率则上升到94%上下。

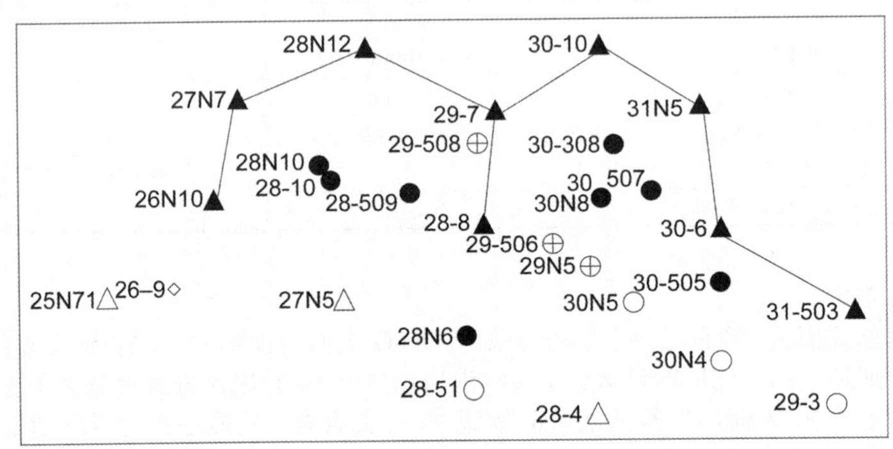

图11.7 28-8井注入井网的井位分布(Wang，2007)

11.9.1.2 实验研究

为了评价泡沫性能，使用了一台Ross-Miles仪器和一个填砂柱。已知发泡剂DP-4是最好的。当含有0.5% DP-4和氮气的发泡溶液流过1500mD的硅填砂柱(气/液比为1:2)时，其阻力系数在1500以上。通过加入1800mg/L的聚合物(3530S)，这一混合了聚合物的发泡溶液使石油采收率从水驱的54%提高到79%。

在完成这一实验研究之后，设计了如下单井聚合物泡沫试验方案：

① 两段塞的注入持续180天，其中第一个预冲洗液段塞10天，而主段塞170天。此后注入聚合物。

② 第一个预冲洗液段塞的发泡剂浓度是1.5%，聚合物浓度为1800mg/L。聚合物和发泡溶液的注入速率是150m^3/d。

③ 主段塞的发泡剂浓度是0.75%，聚合物浓度为1800mg/L，而气/液比为1。氮气的注入速率是7500m^3/d(标准条件)，水是61m^3/d(采出的水再注入)。

④ 总共注入氮气1309000m^3(标准条件)，聚合物28.5t，发泡剂118t。

11.9.1.3 试验成效

预冲洗液段塞注入始于2003年4月24日。5月4日通过油管同时注入氮气和发泡溶液。油管的初始压力是5MPa，1h后升至12.5MPa。因注入压力太高，转由套管注入氮气。但套管注入压力依然很高(12.5MPa)，于是尝试交替注入方式。试用了不同的气/液比(1、0.6、0.4和0.2)。井口注入压力从13.5MPa变成7MPa。后来也试验了同时注入方式，但井口注入压力超过了18MPa。这项试验到2004年3月25日结束，总共注入氮气1142m^3，聚合物(干剂)57.4t，发泡剂274.3t。

在注泡沫前，2003年4月三个层位(33、42和44)的吸水量分别是1.37%、92.56%和6.07%。在注泡沫后，2003年9月这三个层位的吸水量分别变为0.74%、58.14%和41.13%，其中层位44的吸水量有明显改善。

28-8井井网的石油产量从注泡沫前的75.1t/d提高到140.5t/d，而含水量则下降了5.7%，即从93.8%降至88.1%。

29-3井的气突破发生在7月11日，其气产量从376m^3/d上升到1870m^3/d，而最高产量是2900m^3/d。其套管压力从0.13MPa上升到4.7MPa，产出的气含有30%氮气。当8月27日停止注气时，气产量就开始下降，同时套管压力也下降了。当10月21日以较低的气/液比恢复注气时，并未看到气突破。也就是说，气突破因暂时停止注气和/或较低气/液比的注气而被控制。这口井的石油产量提高了60t/d，即从10t/d提高到70t/d，而含水率则下降了50%，即从94%将至44%。

使用单根管子(30cm×2.5cm)开展的实验室测试表明，在低气/液比(<2)时，两种注入方式具有相似的阻力系数。在这一测试中，达到最高阻力系数的最佳气/液比为1~2。在高气/液比(>2)时，阻力系数会随气/液比的降低而变小。如图11.8所示，阻力系数与气/液比有一种Ω形关系。请注意这里的阻力系数非常高！在高气/液比时，交替注入方式可能很容易发生气体指进。

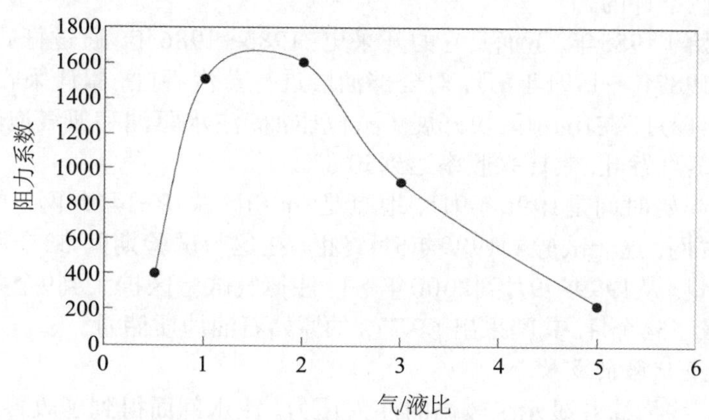

图11.8 阻力系数与气/液比的关系(Wang, 2007)

在这项单井试验中，一开始气/液比是1。经过一个月的注入作业后，30N5井出现气体突破。这时气/液比降至0.6，但气体突破并没有停止。随后暂时停止了注气，但稍后气/液比进一步降至0.2。这时气体停止了突破。当气/液比上升至0.44时，气体突破重新出现。从这项单井试验看，气/液比不应该高于0.5。与此相似，虽然Yang和Me(2006)根据一项实验室研究提出最佳气/液比是4，但其对应的矿场设计气/液比是1，而且有关的矿场试验的实际气/液比是0.34。由此可见，矿场应用的最佳气/液比可以不同于实验室试验得出的最佳气/液比。

11.9.2 重油油藏在注蒸汽和注水开发后的氮气泡沫驱油

本小节要介绍一个经过注水和周期蒸汽吞吐后重油油藏的泡沫驱油案例(Yang等，2005)。

11.9.2.1 储层和井的描述

在中国辽河油区欢喜岭油田的Jin90区块开展了这项氮气泡沫驱油试验。如表11.2所示，这项试验的目的层是Xing I 油层组。

表11.2 Xing I 油层组的储层和流体数据

面积/km^2	1.54
地层深度(海底)/m	1080
渗透率/mD	1065
平均孔隙度，%	29.7
渗透率变化系数	0.45
原始石油地质储量/t	4340000
有效厚度/m	20.9
有效/总厚度比	0.58
地层温度/℃	49.7
地层水溶解固体总量/(mg/L)	2042
50℃时脱气原油黏度/(mPa·s)	462.7
地层原油黏度/(mPa·s)	110~129

Yang等(2004)研究了重油油藏的注水开发条件。这些条件包括储层深度小于2000m、储层厚度大于15m、渗透率高于250mD、黏度小于500cP以及渗透率变化系数在0.4~0.8之间。由于泡沫驱油是配合注水开发进行的，所以这些注水条件都必须满足。根据表11.2，我们可以发现这套油层是具备这些条件的。

该油层的开采始于1985年。下面是它的开采史：1985~1986年，通过杆式泵和蒸汽吞吐开采，采收率5.91%。1987年~1991年8月，对全部油层进行蒸汽吞吐，累计采收率达到24.35%。1991年9月~2004年12月，在Jin90区块开展了蒸汽驱油、注水驱油和氮气泡沫驱油，但在其他区块该油藏仍采用蒸汽吞吐，累计采收率达到50.8%。

注氮气试验的起始时间是1996年9月，地点是Jin90区块19-141井网。当时的累计采收率是33%。为了改变井网，这一试验到1999年5月终止。在这一试验期间(33个月)，共采出了5.5%的原始石油地质储量。从1999年9月到2000年8月，注氮气试验区扩大到9个井网。到2004年12月，注氮气驱油持续了54个月，其间采出了9.75%的原始石油地质储量。

11.9.2.2 扩大的注氮气试验的成效

与注水井相比，注泡沫井显示了较高的注入压力。注水剖面得到了改善，而石油产量得到了提高。由于注泡沫驱的压力提高了2MPa，所以相邻的蒸汽吞吐生产井也因此而受益，石油产量增加。一般说来，蒸汽吞吐井的石油产量在较晚的吞吐周期相对较低。但由于储层压力的提高，有些相邻井第七吞吐周期的石油产量反而高于第六周期。

这个实例表面，注泡沫驱油可以在多个蒸汽吞吐周期和注水驱油后进一步提高石油产量。在泡沫驱油方面所开展的研究也显示，由于注入泡沫的波及效率是有限的，所以在发生严重的水窜流时，注泡沫驱油不应开展得太晚。

11.9.3 斯诺里油田泡沫辅助的水-气交替注入项目

斯诺里(Snorre)油田泡沫辅助的水-气交替注入(FAWAG)是世界石油工业最大规模的泡沫应用，共注入了约2000t商业级别的烯烃磺酸盐表面活性剂，包括三次注入能力试验、一次全面的SAG(表面活性剂-气体交替)注入试验和一次全面的同时注入方式试验。本小节要在Blaker等(2002)和Scauge等(2002)报道的基楚上，介绍泡沫作为流度控制剂用于WAG(水-气体交替)注入的矿场应用。

11.9.3.1 油田介绍

斯诺里油田位于北海的挪威部分，在卑尔根(Bergen)西北方200km处。这里的海水深度300~350m。储层是旋转断块内的块状河流相砂岩。该油田于1992年8月投产，注水驱油是主要开采手段。1994年2月，在该油田中部断块的两口注入井和三口生产井中，针对国家湾(Statfjord)组地层实施了一个顺倾向的WAG注入试验项目。1995年又决定把WAG注入扩大到该油田的三个主要断块。用于注入的气就是采出的气，含有大量中间组分。实验室研究表明，在压力超过282bar(1bar=0.1MPa，下同)时这种气体会与储层油混溶。斯诺里油田的原油最初在260bar压力下是欠饱和的。其储层渗透率为400~3500mD，地层倾向西南，倾角5°~9°。原油黏度在西部断块为0.789cP，而在中部断块为0.687cP。油藏温度是90℃。试验区的有关井位见图11.9。

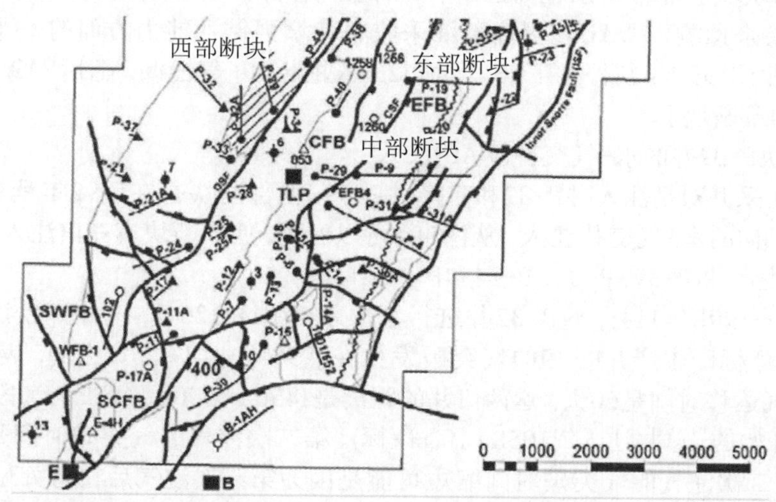

图11.9 斯诺里油田泡沫辅助水-气交替注入(SAWAG)试验区的有关井位(Scauge等，2002)

11.9.3.2 注入泡沫试验

① 中部断块P-18井用泡沫封堵气的处理作业

斯诺里油田最初在开展水-气交替(WAG)注入开发。由于中部断块P-18井过早出现气体突破，所以在1996年7月对该井进行了一次注泡沫处理。所使用的表面活性剂是C_{14}~C_{16}烯烃磺酸盐，后来的注泡沫作业也使用了这种活性剂。在这次处理作业中，进行了两轮表面活性剂-气交替(SAG)注入和一次同时注入。每一轮SAG注入耗用表面活性剂8t，而同时注入方式耗用表面活性剂达16t。表面活性剂的浓度为1%或2%。泡沫的注入层位是目的层的高渗透率带，已用一个封隔器将其人为地分隔开来。处理作业后消除了水泥塞。对压力恢复测试和示踪剂测试的分析表明，SAG注入期间的泡沫生成有限，但同时注入方式却生成了很强的泡沫。这次处理作业使该井的GOR(气-油比)降低了50%并持续了两个月。

② 中部断块P-25A井注泡沫

斯诺里油田P-25A井的注泡沫始于1997年2月。在该试验区内，曾利用生产井P-18和注入井P-25A(P-25井的侧钻井)开展过顺倾向的水-气交替(WAG)注入。这一次以SAG方式注入了三个浓度为0.5%的表面活性剂段塞，最终从1999年2月到5月以同时注入方式注入了一个小型段塞。在第一轮注气和第二轮注气的部分时间，气体的注入能力有明显下降，同时产生了泡沫，而且泡沫带有扩大。首次测试表明，注入能力可能是一种限制因素，对于同时注入方式尤其如此。但在几个月之后的第二次测试中，注入能力变好，因而当初计划的泡沫辅助水-气交替注入(FAWAG)速率可以达到。

中部断块的地质复杂性以及所导致的P-18井附近的复杂气体流动形式，都使评价泡沫动态的难度增大。为了监测P-18井的气突破，采用了气体示踪剂。但测井曲线显示，在P-18井区形成了第二个气顶。这第二个气顶弱化了原本可以由气体示踪剂提供的信息。

在第三轮注气期间，气体注入能力恢复到正常注气期间的数值。这口注入井经过压裂以及在注入第二和第三个表面活性剂段塞期间存在裂缝的事实，降低了泡沫驱油的效率。在第三个表面活性剂段塞注入之后，似乎没有观测到流度控制效应。

在以合理的矿场速率进行同时注入期间，裂缝处于支配地位。裂缝影响了泡沫的运移。对SAG阶段的评价表明，泡沫带的半径很有限，或者波及效率没有改善。在第一和第二轮注气之后观测到了气体注入能力的下降。

由于中部断块试验非常复杂性而且解释的难度很大，因而在斯诺里油田其他地区无法利用这一试验结果来预测FAWAG在提高石油采收率和增强储气能力方面的效果。中部断块的FAWAG注入作业到1999年初停了下来，当时P25-A井发生了气泄漏。随后FAWAG试验就从中部断块转移到西部断块了。

③ 西部断块P-32井的水-气交替(WAG)注入

所选择的注采井对是注入井P-32和生产井P-39。西部断块是在1992年秋季投产的。主要驱油机理是顺倾向的水-气交替注入。从图11.8可以看到，西部断块有三口注入井(P-32、P-37和P-21)和四口生产井(P-39、P-33、P-24和P-42A)。

1996年3月～1998年11月，对P-32井进行了注水。在11月25日，该井开始注气，最后共注入气$8390\times10^4m^3$(标)。生产井P-39的气突破发生在1999年1月7～25日之间，表明从P-32井到P-39井最长的气运移时间是60天。这两口井的距离是1450～1550m。第二个气段塞的注入是在1999年1月7日开始的，总共注入气$1058\times10^4m^3$(标)。第二次注气的气突破时间是29天。与第一次注气相比，第二次注气的气突破时间缩短可能是因为第一次注气后在有关位置形成了捕集气。关于第二次注气期间气突破较快的其他解释还有：油和气之间的质量交换减少以及第二个气段塞进入了第一次注气时形成的通道。在接近混相的水-气交替注入(WAG)中，可以预期较晚的注气会有较快的气突破(Scauge等，2002)。

④ 西部断块P-32井的泡沫辅助水-气交替(FAWAG)注入

P-32井的表面活性剂-气交替注入(SAG)始于1999年11月。在第一轮注入中，在9.5天时间里共注入浓度为0.49%的表面活性剂溶液$15262\times10^4m^3$(标)，然后注气约100天，直至达到预定的注入能力。第二轮注入从2000年2月26日持续到3月17日(约20天)，注入的是浓度为0.2%的表面活性剂溶液。这一轮对注入速率进行了调整，以确保注入压力不超过破裂压力。在这一注入泡沫剂和气体的过程中，未见报告重大的作业问题。从图11.10可以看到，P-39井的石油产量有了提高。示踪剂测试显示，从P-32井到P-39井突破时间至少有5个月，相比较而言，前述WAG

注入期间第二轮和第一轮注入的突破时间却分别只有较短的29天和最长的60天。西部断块的开采活动也显示，有大量气可以暂时或永久地存留在储层中。据估算，西部断块这一FAWAG处理作业可以新增石油产量约$25 \times 10^4 m^3$(标)，而作业成本约为100万美元。

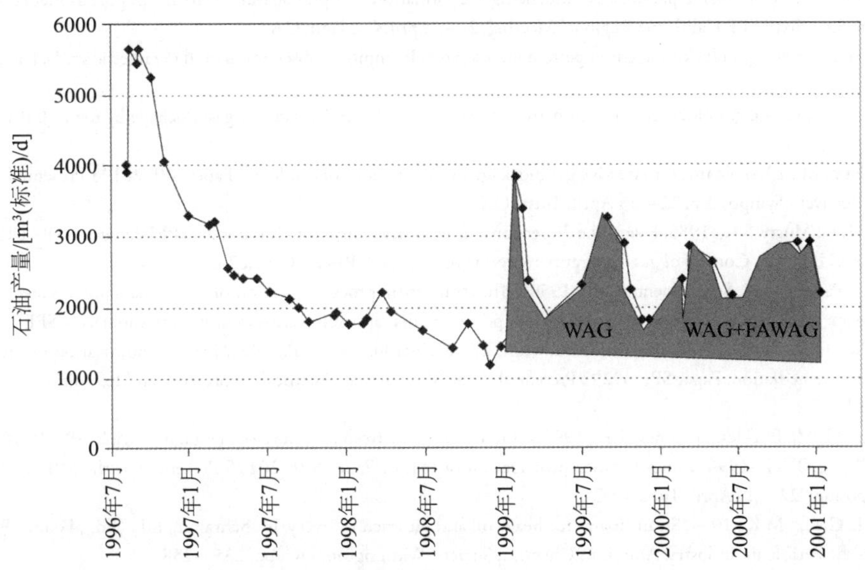

图11.10 水-气交替(WAG)和泡沫辅助水-气交替(FAWAG)注入作业期间P-39井的石油产量(Blaker等，2002)

参考文献

Aarra, M.G., Skauge, A., 1994. A Foam pilot in a North Sea oil reservoir: preparation for a production well treatment, paper SPE 28599 presented at the SPE Annual Technical Conference and Exhibition, 25—28 September, New Orleans, LA.

Bernard, G.G., Holm, L.W., 1964. Effect of foam on permeability of porous media to gas. SPEJ September, 267—274 (Trans., AIME, 231).

Bernard, G.G., Holm, L.W., Jacobs, W.L., 1965. Effect of foam on trapped gas saturation and on permeability of porous media to gas. SPEJ 5 (4), 295—300.

Blaker, T., Aarra, M.G., Skauge, A., Rasmussen, L., Celius, H.K., Martinsen, H.A., et al., 2002. Foam for gas mobility control in the Snorre field: the FAWAG project. SPEREE 5 (4), 317—323.

Blauer, R.E., Mitchell, B.J., Kolhlhaas, C.A., 1974. Determination of laminar, turbulent, and transitional foam flow losses in pipes, Paper SPE 4885 Presented at the SPE California Regional Meeting, 4—5 April, San Francisco, CA.

Bretherton, F.P., 1961. The motion of long bubbles in tubes. J. Fluid Mech. 10, 166—188.

Chad, J., Malsalla, P., Novosad, J.J., 1988. Foam forming surfactants in Pembina/Ostracod "G" pool, Paper CIM 88-3940 Presented at the Annual Technical Meeting of the Petroleum Society of CIM, 12—16 June, Calgary, Alberta, Canada.

Chambers, K.T., Radke, C.J., 1991. Capillary phenomena in foam flow through porous media. In: Morrow, N.R. (Ed.), Interfacial Phenomena in Petroleum Recovery. Marcel Dekker, New York, NY, pp. 191 —255. (Chapter 6).

Cheng, L., Reme, A.B., Shan, D., Coombe, D.A., Rossen, W.R., 2000. Simulating foam processes and high and low foam qualities, Paper SPE 59287 Presented at the SPE/DOE Symposium on Improved Oil Recovery, 3—5 April, Tulsa, OK.

Chou, S.I., 1990. Percolation theory of foam in porous media, Paper SPE 20239 Presented at the SPE/DOE Enhanced Oil Recovery Symposium,22—25 April, Tulsa, Oklahoma.

Chou, S.I., 1991. Conditions for generating foam in porous media, Paper SPE 22628 Presented at the SPE Annual Technical Conference and Exhibition, 6—9 October, Dallas, TX.

David, A., Marsden Jr., S.S., 1969. The rheology of foam, Paper SPE 2544 Presented at the SPE Annual Meeting 28 September—1 October, Denver, CO.

de Vries, A.S., Wit, K., 1990. Rheology of gas/water foam in the quality range relevant to steam foam. SPERE 5 (2), 185—192.

Djabbarah, N.F., Weber, S.L., Freeman, D.C., Muscatello, J.A., Ashbaugh, J.P., Covington, T.E., 1990. Laboratory design and field demonstration of steam diversion with foam. Paper 20067 Presented at the SPE California Regional Meeting, 4-6 April, Ventura, CA.

Duerksen, J.H., 1986. Laboratory study of foaming surfactants as steam diverting agents. SPERE January, 44—52.

ECLIPSE, 2011. Technical manual, Schlumberger.

Eson, R.L., Cooke, R.W., 1989. A comprehensive analysis of steam foam diverters and application methods, Paper SPE 18785 Presented at the SPE California Regional Meeting, 5—7 April, Bakersfield, CA.

Friedmann, F., Hughes, T.L., Smith, M.E., Hild, G.P., Wilson, A., Davies, S.N., 1999. Development and testing of a foam-gel technology to improve conformance of the Rangely CO2 flood. SPEREE 2 (1), 4—13.

Friedmann, F., Jensen, J. A., 1986. Some parameters influencing the formation and propagation of foams in porous media, Paper SPE 15087 Presented at the Fifty Sixth SPE California Regional Meeting, 2—4 April, Oakland, CA.

Hanssen, J.E., 1993a. Foam as a gas-blocking agent in petroleum reservoirs I: empirical observations and parametric study. J. Pet. Sci. Eng. 10 (2), 117—133.

Hanssen, J.E., 1993b. Foam as a gas-blocking agent in petroleum reservoirs II: mechanisms of gas blockage by foam. J. Pet. Sci. Eng. 10 (2), 135—156.

Hanssen, J.E., Dalland, M., 1990. Foams for effective gas blockage in the presence of crude oil, Paper SPE 20193 Presented at the SPE/DOE Enhanced Oil Recovery Symposium, 22—25 April, Tulsa, OK.

Heller, J.P., Cheng, L.L., Murty, S.K., 1985. Foam-like dispersions for mobility control in CO_2 floods. SPEJ August, 603—613.

Heuer, G.J., Jacocks, C.L., 1968. Control of gas—oil ratio in producing wells, US Patent 3,368,624.

Hirasaki, G.J., 1989. Paper 19518, Supplement to SPE 19505, The steam-foam process — review of steam-foam process mechanisms.

Hirasaki, G.J., Lawson, J.B., 1985. Mechanisms of foam flow in porous media: apparent viscosity in smooth capillaries. SPEJ 25 (2), 176—190.

Hirasaki, G.J., Miller, C.A., Szafranski, R., Tanzil, D., Lawson, J.B., Meinardus, H., et al., 1997. Field demonstration of the surfactant/foam process for aquifer remediation, Paper SPE 39292 Presented at the SPE Annual Technical Conference and Exhibition, 5—8 October 1997, San Antonio, TX.

Hoefner, M.L., Evans, E.M., Buckles, J.J., Jones, T.A., 1995. CO_2 foam: results from four developmental field trials. SPERE 10 (4), 273—281.

Hudgins, D.A., Chung, T.-H., 1990. Long-distance propagation of foams, Paper SPE 20196 Presented at the SPE/DOE Enhanced Oil Recovery Symposium, 22—25 April, Tulsa, OK.

Isaacs, E.E., Iyory, J., Green, M.K., 1994. Steam-foams for heavy oil and bitumen recovery. In: Schramm, L.L. (Ed.), Foams: Fundamentals and Applications in the Petroleum Industry. American Chemical Society, Washington, DC, pp. 235—258.

Islam, M.R., Farouq Ali, S.M., 1990. Numerical simulation of foam flow in porous media. J. Can. Pet. Tech. 29 (4), 47—51.

Khan, S.A., 1965. The flow of foam through porous media, MS Thesis, Stanford University.

Kharabaf, H., Yortsos, Y.C., 1998. A pore-network model for foam formation and propagation in porous media. SPEJ 3 (1), 42—53.

Kovscek, A.R., 1988. Reservoir simulation of foam displacement processes, Paper Presented at the Seventh UNITAR International Conference on Heavy Crudes and Tar Sands, 27—30 October, Beijing, China.

Kovscek, A.R., Radke, C.J., 1994. Fundamentals of foam transport in porous media. In: Schramm, L.L. (Ed.), Foams in the Petroleum Industry. American Chemical Society, Washington, DC, pp. 115—163.

Krause, R.E., Lane, R.H., Kuehne, D.L., Bain, G.F., 1992. Foam treatment of producing wells to increase oil production at Prudhoe Bay, Paper SPE 24191 Presented at the SPE/DOE Enhanced Oil Recovery Symposium, 22—24 April, Tulsa, OK.

Lake, L.W., 1989. Enhanced Oil Recovery. Prentice-Hall, Englewood Cliffs, NJ.

Lecomte, J.P., et al., 2007. Silicone in the food industries. In: De Jaeger, R., Gleria, M. (Eds.), Inorganic Polymers. Nova Science Publishers, pp. 61—161. (Chapter 2).

Liu, P.C., Besserer, G.J., 1988. Application of foam injection in Triassic pool, Canada: laboratory and field test results, Paper SPE 18080 Presented at the SPE Annual Technical Conference and Exhibition, 2—5 October, Houston, TX.

Manlowe, D.J., Radke, C.J., 1990. A pore-level investigation of foam/oil interactions in porous media. SPERE 5 (4), 495—502.

Marfoe, C.H., Kazemi, H., Ramirez, W.F., 1987. Numerical simulation of foam flow in porous media, Paper SPE 16709 Presented at the SPE Annual Meeting, Dallas, TX.

Minssieux, L., 1974. Oil displacement by foams in relation to their physical properties in porous media. JPT January, 100—108 (Trans., AIME, 257).

Mohammadi, S.S., Van Slyke, D.C., Ganong, B.L., 1989. Steam-foam pilot project in Dome-Tumbador, Midway-Sunset Field. SPERE 4 (1), 7—16.

Nikolov, A.D., Wasan, D.T., Huang, D.W., Edwards, D.A., 1986. The effect of oil on foam stability: mechanisms and implications for oil displacement by foam in porous media, Paper SPE 15443 Presented at the SPE Annual Technical Conference and Exhibition, 5—8 October, New Orleans, LA.

Novosad, J.J., Mannhardt, K., Rendall, A., 1989. The interaction between foam and crude oils, Paper 89-40-29 Presented at the Annual Technical Meeting of the Petroleum Society of CIM, 28-31 May, Banff, Alberta, Canada.

Owete, O.S., Brigham, W.E., 1987. Flow behavior of foam: a porous micromodel study. SPEREE 2 (3), 315—323.

Patzek, T.W., Koinis, M.T., 1990. Kern river steam-foam pilots. JPT 42 (4), 496—503.

Persoff, P., Radke, C.J., Pruess, K., Benson, S.M., Witherspoon, P.A., 1991. A laboratory investigation of foam flow in sandstone at elevated pressure. SPEREE 6 (3), 365—371.

Ploeg, J.F., Duerksen, J.H., 1985. Two successful steam/foam field tests, sections 15A and 26C, midway-sunset field, Paper SPE 13609 Presented at the SPE California Regional Meeting, 27-29 March, Bakersfield, CA.

Purwoko, K., 2007. Evaluation of FAWAG injection on the Snorre field by using STARS simulator, MS Thesis, University of Stavanger.

Ransohoff, T.C., Radke, C.J., 1988. Mechanisms of foam generation in glass-bead packs. SPEREE 3 (2), 573—585.

Ross, S., McBain, J.W., 1944. Ind. Eng. Chem. 36, 570.

Sanchez, J.M., Schechter, R.S., Monsalve, A., 1986. The effect of trace quantities of surfactant on nitrogen/water relative permeabilities, Paper SPE 15446 Presented at the SPE Annual Technical Conference and Exhibition, 5-8 October, New Orleans, LA.

Schramm, L.L., 1994. Foam sensitivity to crude oil in porous media. In: Schramm, L.L. (Ed.), Advances in Chemistry Series 242. American Chemical Society, Washington, DC, pp. 165—197.

Schramm, L.L., Novosad, J.J., 1990. Micro-visualization of foam interactions with a crude oil. Colloids Surf. 46, 21-43.

Schramm, L.L., Wassmuth, F., 1994. Foams: basic principles. In: Schramm, L.L. (Ed.), Foams: Fundamentals and Applications in the Petroleum Industry. American Chemical Society, Washington, DC, pp. 2—45. (Advances in Chemistry Series 242).

Shan, D., Rossen, W.R., 2002. Optimal injection strategies for foam IOR. Paper SPE 75180 Presented at the SPE/DOE Improved Oil Recovery Symposium, 13-17 April, Tulsa, OK.

Sheng, J.J., 2011. Modern Chemical Enhanced Oil Recovery: Theory and Practice. Elsevier, Burlington, MA.

Sheng, J.J., Maini, B.B., Hayes, R.E., Tortike, W.S., 1997. Experimental study of foamy oil stability. J. Can. Petrol. Technol. 36 (4), 31—37.

Shi, J.-X., Rossen, W.R., 1998. Simulation and dimensional analysis of foam processes in porous media. SPEREE 1 (2), 148—154.

Skauge, A., Aarra, M.G., Surguchev, L., Martinsen, H.A., Rasmussen, L., 2002. Foam-assisted WAG: experience from the Snorre field, Paper SPE 75157 Presented at SPE/DOE Improved Oil Recovery Symposium, 13-17 April, Tulsa, Oklahoma.

Suffridge, F.E., Raterman, K.T., Russell, G.C., 1989. Foam performance under reservoir conditions, Paper SPE 19691 Presented at the SPE Annual Technical Conference and Exhibition, 8—11 October, San Antonio, TX.

Turta, A.T., Singhal, A.K., 2002. Field foam applications in enhanced oil recovery projects: screening and design aspects. J. Can. Petrol. Technol. 41, 10.

Wang, Z.-L., 2007. Enhanced Foam Flooding to Improve Oil Recovery. China Science and Technology Press, Beijing, China.

Yang, G.-L., Lin, Y.-Q., Liu, J.-L., Bao, J.-G., 2004. The feasibility study of nitrogen foam flooding in heavy oil reservoirs in Liaohe field, Xinjiang. Petrol. Geol. 25 (2), 188—190.

Yang, G.-L., Lin, Y.-Q., Xu, W.-H., 2005. Lessons from the pilot test of nitrogen foam flooding in the Jin 90 block of Liaohe field. In: Yan, C.-Z., Li, Y. (Eds.), Symposium on Tertiary Recovery. Petroleum Industry Press, Beijing, China, pp. 150—155.

Yang, L., Me, S.-C., 2006. Research and testing of combined oil recovery. In: Cao, F.C. (Ed.), Research and Practice of Improved Oil Recovery in Daqing. Petroleum Industry Press, Beijing, China, pp. 326—351.

Yang, S.H., Reed, R.L., 1989. Mobility control using CO_2 forms, Paper SPE 19689 Presented at the SPE Annual Technical Conference and Exhibition, 8-11 October, San Antonio, TX.

Zhang, L.-M., Zhu, Y.-Y., Zhou, L.-F, 2005. State of the art of foaming agents in high-temperature steam foam flooding. In: Yan, C.-Z., Li, Y. (Eds.), Symposium on Tertiary Recovery. Petroleum Industry Press, Beijing, China, pp. 363—367.

Zhang, X.-S., Wang, Q.-W., Song, X.-W., Zhou, G.-H., Gu, P., Li, X.-L., 2005. Polymer enhanced nitrogen foam injection for EOR in well pattern GD2-28-8, Gudao, Shengli. Oilfield Chem. 22 (4), 366—369, 384.

Zhou, Z.-H., Rossen, W.R., 1995. Applying fractional-flow theory to foam processes at the "limiting capillary pressure". SPE Advanc. Technol. Ser. 3 (1), 154—162.

Ziegler, V.M., 1988. Laboratory investigation of high temperature surfactant flooding. SPERE 3 (2), 586—596.

第12章 表面活性剂提高碳酸盐岩油藏采收率

James J. Sheng

(得克萨斯科技大学Bob L. Herd石油工程系，美国得克萨斯州Lubbock，邮编79409)

12.1 引言

当前，全球能源消费中约85%以上为化石能源。国际能源署(IEA)在其《World Energy Outlook(世界能源展望)》(IEA, 2006)中指出，从现在起到2030年，全球的能源需求将增加53%。虽然大多数能源专家都认为全球的能源资源足以满足这些新增需求，但仍需寻找更多的资源储量。这意味着石油工业必须大幅度提高各种类型油气藏的采收率。《Schlumberger Market Analysis 2007(斯伦贝谢市场分析2007)》认为，全球石油资源的60%、天然气资源的40%都蕴藏在碳酸盐岩内(Schlumberger, 2007)。《BP Statistical Review 2007(BP能源统计2007)》也称，全球常规石油证实储量的61%和天然气证实储量的41.3%都位于中东(BP, 2008)，而中东地区的常规石油证实储量约有70%、天然气证实储量有90%都蕴藏在碳酸盐岩内(Schlumberger, 2007)。因此，与其他类型的储层相比，21世纪的前50年，碳酸盐岩油气藏的相对重要性会大幅度提高。全球埋藏在碳酸盐岩中的剩余石油和天然气地质资源量分别为30000×10^{8}bbl和$3000\times10^{12}ft^{3}$。但由于碳酸盐岩结构复杂、地层非均质性强而且具有油湿/混合润湿性，碳酸盐岩油藏的石油采收率一直不高，可能平均低于35%，不及砂岩油藏。随着寻找替补储量难度加大，业界对于提高碳酸盐岩油藏的采收率日益重视。

尽管提高碳酸盐岩油藏采收率的潜力较大，但由于技术和经济方面的挑战很大，这一领域的研究非常有限。大多数碳酸盐岩油藏的开发手段都限于水驱和气驱，最终采收率不高。在碳酸盐岩油田中曾尝试了几种表面活性剂相关的EOR法，而1990年代之前也曾开展过比较多的聚合物驱项目。

碳酸盐岩油藏化学驱的研究重点一直是使用表面活性剂把地层润湿性从油湿变换为水湿，从而提高基岩吸水率。湿润性变换后，水可以通过自吸进入含油基质，从而将石油驱替出来。这些表面活性剂可以分为阳离子型、非离子型和阴离子型。研究发现，阴离子降低表面张力(IFT)和相关浮力的作用是非常重要的机理(Sheng, 2012)。问题是这个过程太长。将实验室结果应用于现场则需要开展更多研究工作。鉴于这个过程太慢长，需要采取强制吸入措施。未来的研究应着重于碳酸盐岩油藏开发手段和EOR方法的优化。

本章中我们首先介绍碳酸盐岩油藏开发所面临的问题，再建立表面活性剂变换润湿性的模型。我们还将探讨裂缝性碳酸盐岩油藏石油开采相关模型的粗化，梳理在碳酸盐岩油藏中所采用的化学剂，最后我们还列出了几个碳酸盐岩油田采用表面活性剂提高石油采收率的实例。

12.2 碳酸盐岩油藏开发所面临的问题

砂岩和碳酸盐岩油藏的平均采收率是35%左右。砂岩油藏要高于碳酸盐岩油藏，因此，碳酸盐岩油藏的平均采收率低于35%。碳酸盐岩储层具有很多独特的特征，这为储层描述带来了极大的挑战。受沉积史和后期成岩作用的影响，碳酸盐岩的结构和孔隙网络一般都很复杂。

非均质性几乎在各种尺度下都存在：孔隙、颗粒和结构。碳酸盐岩的孔隙可分为三类：连通孔隙(指碳酸盐岩颗粒间的孔隙)、不连通溶孔(成岩过程中方解石溶于水而形成的孔隙)和裂缝(在沉积后应力作用下形成的)。成岩作用可产生缝合构造，这类缝合构造会构成水平流动遮挡层，有时在储层中延伸数千米，对油气田开发动态具有重大影响。裂缝可能会造成水突破、气锥进和钻井问题，如泥浆严重漏失和卡钻。这三种类型的孔隙可形成异常复杂的流体流动路径，直接影响井的产能。

除了孔隙度的变化，润湿性也是碳酸盐岩的另一个非均质特征。绝大部分砂岩储层可能都具有水湿性，但随着时间的推移，含水和油的碳酸盐岩的润湿性会从最初的水湿转变为混合润湿，甚至油湿。这意味着石油可能黏附于碳酸盐岩表面，很难开采。大多数碳酸盐岩储层都具有混合润湿性或油湿性。

12.3 表面活性剂变换润湿性的模型

表面活性剂提高碳酸盐岩油藏石油采收率的重要机理之一是将碳酸盐岩的润湿性从油湿转变为偏水湿。润湿性变换可由表面活性剂吸附进行计算，而相对渗透率和毛细管曲线则可根据润湿性变换的程度进行修改。Delshad等(2009)使用该参数修改了毛细管曲线和相对渗透率曲线：

$$\omega = \frac{\hat{C}_{\text{surf}}}{C_{\text{surf}} + \hat{C}_{\text{surf}}} \tag{12.1}$$

式中：ω为插值换算系数；$\hat{C}_{\text{surf}}$和C_{surf}分别代表表面活性剂的吸附浓度和平衡浓度。

毛细管曲线和相对渗透率曲线则可修正为：

$$k_{\text{r}} = \omega k_{\text{r}}^{\text{ww}} + (1-\omega)k_{\text{r}}^{\text{ow}} \tag{12.2}$$

$$p_{\text{c}} = \omega p_{\text{c}}^{\text{ww}} + (1-\omega)p_{\text{c}}^{\text{ow}} \tag{12.3}$$

式中：上标“ww”和“ow”分别表示水湿和油湿；k_{r}表示相对渗透率；p_{c}表示毛细管压力。

这些等式都是基于表面活性剂在碳酸盐岩表面上的吸附会增强其水湿性的假设，但这个假设并不总是成立。毛细管压力p_{c}随IFT按下式放大：

$$p_{\text{c}jj'}^{\text{ww}} = C_{\text{pc}}\sqrt{\frac{\phi}{k}}\frac{\sigma_{jj'}^{\text{ww}}}{\sigma_{jj'}^{\text{ow}}}\left(1-\frac{S_j - S_{j\text{r}}}{1-\sum_{j=1}^{3} S_{j\text{r}}}\right)^{E_{\text{pc}}}, j = 1,2,3 \tag{12.4}$$

式中：$C_{\text{pc}}\sqrt{\phi/k}$还通过Leverett-J函数考虑了渗透率和孔隙度的影响(Leverett, 1941)；φ是孔隙度；K是渗透率；σ为IFT；S是水湿条件下的饱和度；下标j和j'分别代表相态j和共轭相态j'；E_{pc}为毛细管压力指数。

上述模型在UTCHEM9.95版(UT Austin, 2009)中得到了应用，在ECLIPSE2009版中(Schlumberger,, 2009)，我们输入的是ω与表面活性剂吸附的关系表。

Adibhatla等(2005)提出了另一个明确纳入润湿角效应的模型。在他们的模型中应用了一个简单的内插法来量度润湿性对残余饱和度和捕集数(trapping number)的影响：

$$\frac{S_{rj}^{\text{low}} - S_{\text{r,b1}}^{\text{low}}}{\cos\theta - \cos\theta_0} = \frac{S_{\text{r,b2}}^{\text{low}} - S_{\text{r,b1}}^{\text{low}}}{\cos(\pi-\theta_0) - \cos\theta_0} \tag{12.5}$$

$$\frac{\ln T_j - \ln T_{\text{b1}}}{\cos\theta - \cos\theta_0} = \frac{\ln T_{\text{b2}} - \ln T_{\text{b1}}}{\cos(\pi-\theta_0) - \cos\theta_0} \tag{12.6}$$

在上式中，上标"low"是在低捕集数下的参数值。运用上式时，需要一对基础相态下的S_{rj}^{low}和T_j的残余饱和度值。这些基础相态用下标b1和b2代表。在不失去通用性的前提下，假设基础相态b1的接触角在润湿性变换前是θ_0，而基础相态b2的接触角为$(\pi-\theta_0)$。注意油相和水相并没有加以区分(这里用了一个含混相态j)。根据上式可分别计算出低捕集数下的残余饱和度S_{rj}^{low}和相态j的捕集数T_j。

一旦由上式获得变化后接触角θ下的S_{rj}^{low}和T_j，不同捕集数N_T下的残余饱和度就可通过下式计算了：

$$S_{rj} = S_{rj}^{high} + \frac{S_{rj}^{low} - S_{rj}^{high}}{1 + T_j N_T} \tag{12.7}$$

式中：S_{rj}是相态j在捕集数N_T下的残余饱和度；上标"high"表示高捕集数下的参数值。

捕集数就是考虑了重力效应的毛细管数，详见Sheng(2011)论文。在该式中，S_{rj}^{high}通常为0。假如已知S_{rj}^{low}和T_j的值(后者可通过试验数据拟合获取)，根据式(12.7)可绘出减饱和度曲线(S_{rj}比N_T)，该曲线与毛细管减饱和度曲线相似(CDC)。

在一个捕集数下给出某相态的终点k_r之前，我们应先探讨该终点k_r与共轭残余饱和度的关系。根据 Delshad等(1986)的公式：

$$\frac{k_{rj}^{e} - k_{rj}^{e,high}}{k_{rj}^{e,low} - k_{rj}^{e,high}} = \frac{S_{j'r} - S_{j'r}^{high}}{S_{j'r}^{low} - S_{j'r}^{high}} \tag{12.8}$$

式中：k_{rj}^{e}表示相态j的终点相对渗透率；上标的"low"和"high"分别对应于低和高毛细管(捕集)数；下标j' 表示j相态的共轭相态。

在式(12.8)中，假设终点相对渗透率的提高(和后一个指数减少)是由共轭相态的残余饱和度作为捕集数的函数而减少所导致的。但共轭相态的残余饱和度可能并不是终点相对渗透率和指数的很好指标，特别是在涉及润湿性变换的情况下(Anderson，1987；Fulcher等，1985；Masalmesh，2002；Tang和Firoozabadi，2002)。把式(12.7)和式(12.8)合并可以得到下式：

$$\frac{k_{rj}^{e} - k_{rj}^{e,high}}{k_{rj}^{e,low} - k_{rj}^{e,high}} = \frac{1}{1 + T_{j'} N_{Tj'}} \tag{12.9}$$

若想得出捕集数N_T下的终点相对渗透率k_{rj}^{e}，需考虑两个因素：一是捕集数的影响，二是润湿性变换的影响。根据式(12.9)，捕集数对k_{rj}^{e}的影响可通过下式加以考虑：

$$\frac{k_{rj}^{e,N_T} - k_{rj}^{e,high}}{k_{rj}^{e,N_{T0}} - k_{rj}^{e,high}} = \frac{1 + T_{j'} N_{T0j'}}{1 + T_{j'} N_{Tj'}} \tag{12.10}$$

式中：k_{rj}^{e,N_T}、$k_{rj}^{e,N_{T0}}$和$k_{rj}^{e,high}$分别为N_T、N_{T0}和极高捕集数下的终点相对渗透率。

为了考虑润湿性的影响，我们建立了下式：

$$k_{rj}^{e,N_{T0}} - k_{r,b1}^{e,N_{T0}} = \frac{\cos\theta - \cos\theta_0}{\cos(\pi - \theta_0) - \cos\theta_0}(k_{r,b2}^{e,N_{T0}} - k_{r,b1}^{e,N_{T0}}) \tag{12.11}$$

这里假设我们有特定捕集数N_{T0}下一对基础相态的相对渗透率曲线，相态b1和相态b2的接触角分别为θ_0和$\pi-\theta_0$。将式(12.11)代入式(12.10)，我们可得出捕集数N_T和接触角θ下的相对渗透率曲线：

$$k_{rj}^{e,N_T} = k_{rj}^{e,high} + \left[k_{r,b1}^{e,N_{T0}} + \frac{\cos\theta - \cos\theta_0}{\cos(\pi - \theta_0) - \cos\theta_0}(k_{r,b2}^{e,N_{T0}} - k_{r,b1}^{e,N_{T0}}) - k_{rj}^{e,high}\right]\frac{1 + T_{j'} N_{T0}}{1 + T_{j'} N_T} \tag{12.12}$$

同样，相对渗透率指数为：

$$n_j^{N_T} = n_j^{high} + \left[n_{b1}^{N_{T0}} + \frac{\cos\theta - \cos\theta_0}{\cos(\pi - \theta_0) - \cos\theta_0} (n_{b2}^{N_{T0}} - n_{b1}^{N_{T0}}) - n_{rj}^{high} \right] \frac{1 + T_{j'} N_{T0}}{1 + T_{j'} N_T} \tag{12.13}$$

式(12.12)和式(12.13)只是概念模型，可以定量描述捕集数和润湿性对相对渗透率影响的典型趋势。注意，$T_{j'}$ 为相态j的共轭相态的捕集参数(trapping parameter)，其值可采用接触角$\pi-\theta_0$通过式(12.6)进行估算，其中，θ为相态j的接触角。我们再次假设相态j的终点值k_{rj}^e和指数n_j可以通过线性内插而与共轭相态j' 的残余饱和度进行关联。利用Brooks-Corey模型描述相对渗透率：

$$k_{rj} = k_{rj}^e (\bar{S}_j)^{n_j} \tag{12.14}$$

$$\bar{S}_j = \frac{S_j - S_{jr}}{1 - S_{jr} - S_{j'r}} \tag{12.15}$$

IFT和接触角对毛细管压力的影响可用下式描述：

$$p_c = p_{c0} \frac{\sigma \cos\theta}{\sigma_0 \cos\theta_0} \tag{12.16}$$

式中：p_c和p_{c0}为毛细管压力；σ和σ_0分别为接触角θ和θ_0下油相和水相间的IFT。

12.4 模型粗化

表面活性剂的扩散过程或通过改变润湿性和减少IFT来诱发重力泄油的过程都非常缓慢。因此，把模型从实验室规模粗化到现场规模非常关键。自Mattax和Kyte(1962)开创性地对特定条件下毛细管强制吸入模型进行了粗化之后，研究界又提出了数个改良模型。根本上讲，毛细管吸入的粗化参数组是基于无量纲时间定义的，而无量纲时间的定义如下：

$$t_D = \frac{\sigma\sqrt{k/\phi}}{\mu L_c^2} t \tag{12.17}$$

式中：k是岩石渗透率；ϕ是孔隙度；σ是润湿相和非润湿相间的IFT；μ是黏度；t是实际时间；L_c是特征长度。

在上述粗化参数组中，不同作者定义的μ和L_c都不相同(Kazemi等，1992；Ma等，1995；Mattax和Kyte，1962)。尽管他们采用了不同的公式定义这些参数，但都采用了特征长度平方值。换言之，吸入量、进而开采速度和总采收率都与特征长度平方值成反比。Zhang等(1996)通过不同尺度的岩心试验证实了公式(12.17)的有效性。

Cuiec等(1994)在高IFT条件下对低渗透率白垩样本进行了试验，并提出一个定义为黏度与重力之比的重力参考时间，其定义为：

$$t_g = \frac{L_c \mu_o}{k \Delta\rho g} \tag{12.18}$$

式中：t_g为重力参考时间；μ_o为石油黏度；$\Delta\rho$为水油密度差。

Sheng(2012)运用UTCHEM(9.95版)，通过将各维度的尺寸都扩大2倍、5倍和10倍，将一个基准模拟模型粗化为几个模型。模型体的每一面都放大了2倍、5倍和10倍。根据式(12.18)，如果我们仅改变模型尺寸，则唯一的变量是L_c。因此，在按照2×2×2进行放大的情形下，通过把真实时间除以2就可以计算归一化时间，在其他情形下也可以采用类似的方法。结果参见图12.1。由该图可见，不同尺寸模型的石油采收率与归一化时间的关系曲线几乎都是重叠的。这表明重力是主要的控制因素。

注意，根据式(12.18)，无量纲时间的定义为：

$$t_D = \frac{k\Delta\rho g}{L_c\mu_o}t \tag{12.19}$$

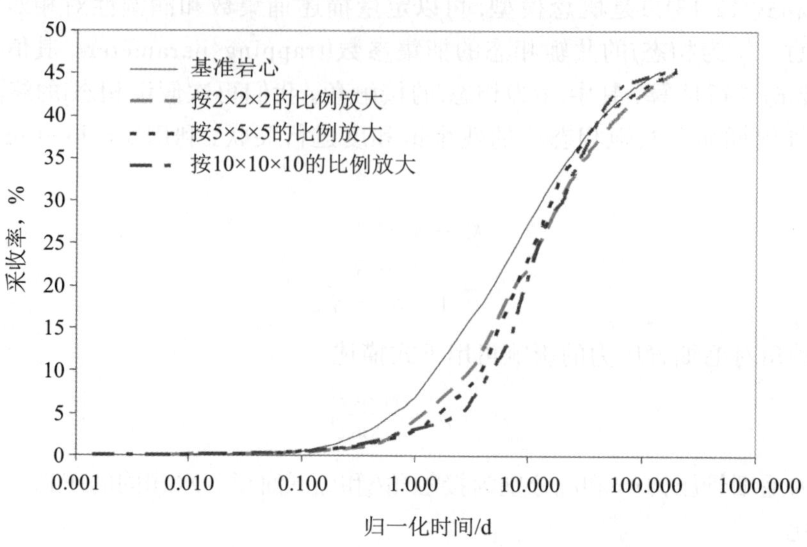

图12.1 原油采收率与归一化时间的关系曲线

由这个公式我们可以看出，石油采收率与特征长度成反比。

Li和Horne(2006)提出了一个包括毛细管和重力的粗化模型。该模型还包括诸如流度和毛细管压力等参数。他们采用Schechter等(1994)发布的试验数据来检测其模型，在标绘出归一化采收率与其界定的无量纲时间的关系曲线后，结果惊人地吻合。无量纲时间是：

$$t_D = c^2\left[\frac{M_e^* p_c^*(S_{wf} - S_{wi})}{\phi L_c^2}\right]t \tag{12.20}$$

式中：S_{wf}注水前缘的含水饱和度；S_{wi}是初始含水饱和度；M_e^*水驱替前缘的有效流度；p_c^*是注水前缘的毛细管压力；ϕ是孔隙度；L_c是特征长度；t是实际时间。

归一化采收率可由下式得出：

$$R^* = cR \tag{12.21}$$

式中：c是重力与毛细管力之比(Bond数)。

其定义为：

$$c = \frac{\Delta\rho g L_c}{p_c^*(S_{wf} - S_{wi})} \tag{12.22}$$

式中：$\Delta\rho=\rho_w-\rho_o$(水相与油相的密度差)；g是加速度常数。

在Li和Horne推导的公式中，L_c是岩心的长度，在此通称特征长度。基于此，归一化采收率与无量纲时间的关系式如下：

$$R^*\frac{dR^*}{dt_D} = 1 - R^* \tag{12.23}$$

Hognesen等(2004)采用水性表面活性剂溶液通过自吸作用进入选择性油湿碳酸盐岩储层(涉及润湿性变换)的试验数据来检验Li和Horne的粗化模型。粗化方法是绘制归一化石油采收率与无量纲时间的关系曲线。总体上讲，试验数据与模型吻合得很好。有意思的是，如果以岩心的高度作为无量纲时间的特性长度，所有用于检验的试验数据的粗化效果都很好。这意味着重力对流体流动机理有重要影响。

在我们的模拟实例中(Sheng, 2012), 在IFT低至0.049mN/m时, 仅靠重力(没有润湿性变换)不足以采出石油。在Hognesen等所开展的试验中, IFT介于0.3~1.0mN/m之间。换言之, IFT并非超低的值。这些试验中可能发生过一定程度的润湿性变换。如果重力作用是主要的机制, 则应当采用L_c对石油采收率进行粗化, 而非像在毛细管主导的流体流动试验中那样采用L_c^2进行粗化。深入研究主导机制并建立正确的粗化模型对预测矿场规模EOR潜力非常重要。

12.5 碳酸盐岩油藏中采用化学剂开采石油的机理

表面活性剂驱的机理之一是从油湿向混合润湿或水湿的润湿性变换。润湿性变换导致水通过自吸进入含油基质, 从而将油从基质中驱替出。阳离子和阴离子表面活性剂就是基于这种机理而发挥作用的。阳离子表面活性剂可与原油中吸附的有机羧酸盐形成稳定的离子对, 从而将岩石表面转换为水湿(Adibhatla和Mohanty, 2008; Austad和Standnes, 2003)。Austad等人采用阳离子表面活性剂将碳酸盐岩从油湿转换为水湿。他们发现, $R—N^+(CH_3)_3$型阳离子表面活性剂能够不可逆地解吸白垩表面的有机羧酸盐。他们认为, 润湿性转换是阳离子表面活性剂和油中带负电荷的羧酸形成离子对的结果。图12.2为离子对形成机理示意图。由于静电力作用, 阳离子单体将与原油中吸附的阴离子物质发生反应。原油、水和岩石之间界面上所吸附的部分物质将随阳离子表面活性剂和带负电荷的吸附物质(通常是羧酸团)之间离子对的形成而解吸附。这一离子对复合体被称为阳阴离子表面活性物质, 被视为一个稳定单元。除了静电相互作用以外, 这些离子对还因疏水作用而稳定。这些离子对不可溶于水相, 但可溶于油相或微胶粒。结果, 水将渗入孔隙系统, 而油则从岩心中连通的孔隙中以所谓逆流的方式被驱替出。因此, 一旦吸附的有机物质从岩石表面被释放, 白垩就变为水湿, 如果岩心较短, 水的自吸作用实际上主要受控于毛细管力。

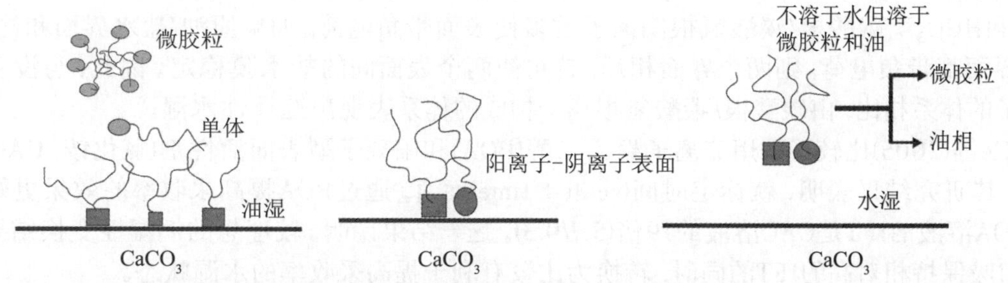

图12.2 从油湿变换为水湿机理示意图[大方块代表羧酸盐基团, $—COO^-$; 小方块代表其他极性组分; 圆圈代表阳离子铵基团, $—N^+(CH_3)_3$](Austad和Standnes, 2003)

阴离子表面活性无法以不可逆的方式使阴离子有机羧酸盐解吸附。但具有高氧乙烯数(EON)的乙氧基磺酸盐能够以较慢的速度自发驱替石油。这种盐水吸入不均匀, 其机理是在油和疏水白垩表面形成一个水湿双分子层(见图12.3)。研究认为, EO-表面活性剂与疏水组成部分一起吸附在疏水的白垩表面上。表面活性剂溶于水的前峰基团(head-group)、EO基团和阴离子磺酸盐基团可在吸附有机物的岩石表面和油之间形成一个水层, 从而可将接触角降至90°以下。如此, 在吸入过程中产生了微弱的毛细管力。表面活性剂溶液的吸入量随EO-基团数的增加而增多这一事实支持了该模型。一定不能把表面活性剂双层的形成视作永久性的白垩润湿性变换。事实上, 由于表面活性剂与疏水表面间的疏水性键较弱, 因此这个过程可能完全可逆。测试的另一种阴离子表面活性剂未能使大量的水自吸进入油湿的白垩样本, 这证实了EO-基团在自吸机理上具有重大影响。

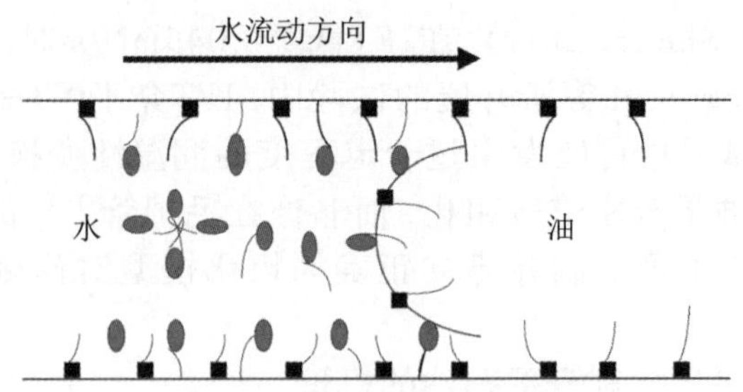

图12.3 EO-磺酸盐在孔隙中形成双层的机理示意图[椭圆形代表EO-磺酸盐，方块代表油中的羧酸盐(Standncs和Austad，2000)]

为了减少碳酸盐岩表面上吸附的阴离子表面活性剂的数量，Hirasaki和Zhang(2004)将碳酸钠与表面活性剂一起注入。其机理是碳酸根和碳酸氢根可将岩石表面转变为带负电荷。阴离子表面活性剂的作用是减少油和盐水间的IFT。一旦IFT减小了，就能提高重力驱油效率。重力在提高石油的流动性方面起着一定作用。为了让重力发挥作用，必须降低IFT，以降低毛细管压力，从而使油滴能够在基质中向上运移。

Hirasaki和Zhang(2004)还解释了如何通过添加碳酸钠改变碳酸盐岩表面的润湿性。在pH值大于3时，他们所采用原油的吸附电位为负。这是因为原油中的环烷酸随pH值的升高而分解。当唯一的电解液是0.02mol/L的氯化钠并采用NaOH或HCl调节pH值时，在pH值小于9的情况下，方解石表面带正电荷。而油/盐水界面和矿物/盐水界面之间带相反电荷，这两个界面间的静电吸引会导致盐水膜破裂，从而使油直接与矿物表面接触。因此，预计这个体系在pH值中性条件下具有非水湿性。但是，方解石的吸附电位即使在中性pH值条件下(盐水为0.1N $Na_2CO_3/NaHCO_3$，并采用HCl调节pH值)也为负，这是由于方解石表面的电位决定离子是Ca^{2+}、CO_3^{2-}和HCO_3^-。碳酸根/碳酸氢根阴离子过多使表面带负电荷。如果原油/盐水界面和盐水/方解石界面都带负电荷，则两个界面相斥，这可使两个表面间的盐水膜稳定。因此，与没有碳酸根离子的体系相比，由碳酸根/碳酸氢根离子构成的体系表现出选择性水湿。

Xie等(2005)比较了采用非离子聚乙二醇(POA)和阳离子型表面活性剂(氯化铵，CAC)的自吸率。其研究结果表明，就标定时间(scaled time)而言，通过POA提高采收率的效果更好也更快。POA溶液的IFT是CAC溶液的19倍(5.7/0.3)。这一结果说明，较理想的润湿性变换结果是，在为自吸保持相对高的IFT的同时，转换为比较有利于提高采收率的水湿状态。

对碳酸盐岩储层进行酸化是常用的增产措施，可用于去除铁氧化的产物(硫化铁)。但是，酸化后进行表面活性剂处理并没有什么效果，这可能是因为至少岩石最外一层变为强水湿性，剩余油都被束缚在岩石内了(Xie等，2005)。

12.6 碳酸盐岩油藏EOR所用的化学剂

对碱金属而言，三聚磷酸钠(STPP)被用于白垩系Edward组上段储层样本的实验室测试(得克萨斯州中部)。STPP可最大限度减少二价离子的析出、改变润湿性和形成乳化液(Olsen等，1990)。碳酸钠也被用于碳酸盐岩岩心的化学EOR研究(Hirasaki和Zhang，2004)。其主要功能是减少表面活性剂的吸附。偏硼酸钠也被用于减少二价离子的析出(Flaaten等，2010)。

阳离子表面活性剂、阴离子表面活性剂和非离子活性剂都被用于碳酸盐岩储层的化学EOR法研究。Austad研究团队对许多阳离子表面活性剂展开了研究(Standnes和Austad，2000)，包括十二烷基三甲基溴化铵(DTAB)、n-C_8—$N(CH_3)_3Br$(C8TAB)、n-C_{10}—$N(CH_3)_3Br$(C10TAB)、n-C_{12}—$N(CH_3)_3Br$(C12TAB)、n-C_{16}—$N(CH_3)_3Br$(C16TAB)、n-C_8—Ph—$(EO)_2$—$N(CH_3)_2(CH_2$—Ph)Cl(季铵盐)和n-(C_8—C_{18})—$N(CH_3)_2(CH_2$—Ph)Cl(ADMBACL)。Xie等

(2005)则采用了CAC。Tabatabal等(1993)采用了氯化十六烷基吡啶(CPC)和碳酸二苯酯(DPC)。

Seethepalli等(2004)所使用的阴离子表面活性剂有烷基芳基乙氧基磺酸盐和丙氧基硫酸盐。Hirasaki和Zhang(2004)则使用了乙氧基和丙氧基硫酸盐等耐受二价离子的阴离子表面活性剂。这些表面活性剂包括CS-330(3EO十二烷基硫酸钠)、C_{12}-3PO(3PO十二烷基硫酸钠)、TDA-4PO(4PO类十三烷基硫酸铵)和ISOFOL14T-4.1PO(4PO十四烷基硫酸钠)。

Standness和Austad(2000)等采用了n-(C_{12}—C_{15})—$(EO)_{15}$—SO_3Na(S-150)、n-C_{13}—$(EO)_8$—SO_3Na(B1317)、n-(C_{12}—C_{15})—$(PO)_4$—$(EO)_2$—OSO_3Na(APES)、(n-$C_8O_2CCH_2$)(n-C_8O_2C)CH—SO_3Na(Cropol)、n-C_8—$(EO)_8$—OCH_2—COONa(Akypo)、n-C_9—Ph—$(EO)_x$—PO_3Na(GAFAC)、C_{12}—OSO_3Na(SDS)。Chen等(2001)和Xie等(2005)则采用了一些非离子型表面活性剂。

12.7 碳酸盐岩油藏化学EOR项目

根据2004年《油气杂志》的调查(Moritis，2004)，美国全部57个注气项目(水气交替注入或连续注入)中，有48个为二氧化碳驱，其中67%的二氧化碳驱项目是在得克萨斯州的碳酸盐岩油藏中进行的。得克萨斯州二叠盆地的二氧化碳资源丰富，价格低廉。2004年开展的其他EOR项目还包括7个注空气项目、2个注氮气项目、1个蒸汽驱项目和1个表面活性剂驱项目(Manrique等，2007；Moritis，2004)。这些数据表明，碳酸盐岩油藏EOR项目并不多。

就化学EOR而言，从20世纪60年代至20世纪90年代，开展了许多聚合物驱项目。在这个时期，只有极少数的表面活性剂-聚合物驱(SP)项目，但未见有碱-表面活性剂-聚合物驱(ASP)项目的报道。从20世纪年代至21世纪初，未见碳酸盐岩油藏开展化学驱项目的报道，只有三个表面活性剂驱项目，分别是Mauddud、Cottonwood Creek和Yates项目，下文将展开介绍。

12.7.1 巴林油田Mauddud碳酸盐岩油藏

Mauddud碳酸盐岩油藏是巴林油田的主力油藏。Mauddud组产层是一套100ft厚、低倾角和非均性强的灰岩，硬度中等到高，粒度细至中等，含有化石，属于纯净的碎屑岩，润湿性为油湿，发育有限的裂缝和溶洞。油的酸值介于0.23~0.64mg KOH/g之间。

Mauddud油藏自1932年就开始产油，已进入高成熟期。主要的采油机理是重力泄油，1938年开始顶部注气。储层能量由含水层补充。储层岩石的润湿性特征(选择性油湿)使得在气和水驱替之后的残余油饱和度高达20%~70%。热衰减时间(TDT)饱和度测井表明残余油饱和度(S_{or})约为43%。油井产出液含水率约为98%~99%。

早期曾尝试过在水驱后的区域采用诸如交联凝胶等化学剂降低含水率的先导试验，效果不佳。后来采用柴油和二甲苯等流体作为携带液在6口井中开展了表面活性剂洗井处理。这些井浸泡数天后开井生产，含水率降低了10%~15%。利用储层饱和度测定工具/碳氧比(RST/CO)测井对Sor进行评估。尽管这些尝试很成功，但井的含水率很快又恢复了原状。然而，通过化学驱提高Mauddud油藏采收率的可能性还是获得了认可。其后，又在这个油藏中开展了碱和表面活性剂二元复合驱的有效性研究(Zubari和Sivakumar，2003)，但到目前尚未见后续消息传出。

12.7.2 得克萨斯州Yates油田

该油田发现于1962年，Yates San Andres储层是一套天然裂缝性白云岩地层，其累计石油产量已超过13×10^8bbl(石油重度为30API度)。在这个高产的油田中已经开展过多种提高石油采收率的方法研究。San Andres储层厚400ft，基质平均孔隙度和渗透率分别为15%和100mD。石油黏度为6cP，储层温度为28℃。

1990年代初，马拉松石油公司曾在该油田开展了单井稀释表面活性剂增产处理先导试验。表面活性剂段塞被注入油/水过渡带。注入后短期关井(浸泡)，然后再开井生产，石油产量提高，这主要得益于IFT下降、裂缝和基质间油水的重力分异及润湿性变换(后者对增产的贡献不大)(Chen等，2001；Yang和Wadleigh，2000)。

先导试验中所用的表面活性剂是浓度为0.3%~0.4%的非离子乙氧基醇(Shell 91-8)和浓度为0.35%的Stepan CS-460非离子乙氧基硫酸盐，其浓度远高于临界微胶粒浓度(CMC)。注入的表面活性剂溶液是采用产出水以3100~3800mg/L的浓度配制的。试验效果良好，一些试验井的石油产量增加了30bbl/d(Yang和Wadleigh，2000)。

11.7.3 怀俄明州Cottonwood Creek油田

Cottonwood Creek油田位于怀俄明的Bighorn盆地，为Ⅱ类白云岩储层，即基质孔隙度和渗透率都较低。基质有一定的储存能力，裂缝提供流动通道。通常，这类油藏一次采油的采收率达不到10%的原始石油地质储量，而且水驱增产效果也不佳。该油田的产层为含磷白云岩地层。产层厚度介于20~100ft之间。平均孔隙度和渗透率分别为10%和16mD。所产石油为27API度的含硫原油。

大陆资源公司于1999年8月在该油田启动了单井表面活性剂增产试验，处理工艺主要是依据射孔层段的具体情况注入500~1500bbl表面活性剂溶液段塞。通常，流体注入期为3天，注入结束后关井1周。表面活性剂溶液的制备采用了750mg/L的非离子POA，这个浓度几乎是CMC的两倍。最初在增产处理前先用HCl(15%)清井，以去除井筒中的硫化铁(FeS)，避免或减少表面活性剂的吸附。尽管如此，增产效果令人失望。根据前期的试验结果，后来去掉了酸洗预处理这个程序，转而提高表面活性剂的浓度至1500mg/L(考虑了因在硫化铁上吸附而可能损失的表面活性剂量)(Weiss等，2006；Xie等，2005)。

在23口井中开展了单井表面活性剂吞吐处理。总体结果是石油产量提高了，但增量并不大，主要问题是有70%的井试验失败。

该油田石油产量的提高主要归功于润湿性变换(油湿性减弱)，而不是IFT的降低。POA溶液(以合成盐水制备)与该油田产出石油间的IFT测量结果表明，室温下IFT为5.7dyne/cm。对文献中所报道的23口井的处理结果进行分析后发现，在增产处理取得成功的井中，最小的表面活性剂使用量为每英尺射孔层段60lb(Weiss等，2006；Xie等，2005)。

12.7.4 印尼SemogaI油田Baturaja组油藏

该油田于1996年发现，位于南苏门达腊Riman区块。油田有三套产层：Telisa组(致密砂岩)、Baturaja组(碳酸盐岩)和Talang Akar组(砂岩)。Baturaja组(BRF)是碳酸盐岩储层，已探明的储层体积为317856acre·ft(77ft净厚度)。共127口井，其中82口生产井、17口注水井，另有17口井处于关井状态。

该油田于1997年投产，2001年11月达到峰值产量36200bbl/d。自此产量随含水率的不断升高而下降。进行表面活性剂增产处理前的平均含水率高达86%，一些井的甚至高达95%或100%。实验室研究表明，Baturaja组为油湿，在这套地层中进行了表面活性剂吞吐增产处理研究。

在这个项目中，用表面活性剂浸泡井7天，以使其与烃类充分反应。X-1井和X-2井设计的径向穿透深度是21ft。表面活性剂注入分3步完成：

① 注前置液：其目的是驱替近井地带的含有钾、钠、钙和镁离子的地层盐水，以避免其与化学溶液发生不良反应。另一个目的是调整油层含盐度，以使其有利于表面活性剂发生作用。每口井注入100bbl采出水。

② 注表面活性剂：向X-1井中注入9bbl表面活性剂和451bbl水，向X-2井中注入9bbl表面活性剂和536bbl水。

③ 注后置液：在表面活性剂注入结束后，向井中注入地层水，以便驱替井筒中存留的表面活性剂，使之进入地层。在这个阶段，向X-1井中注入了3bbl表面活性剂和127bbl水，向X-2井中注入了0.65bbl表面活性剂和43.35bbl水。

这次增产处理试验使含水率降低了8%，3个月累计增产石油5800bbl。有建议深入开展相关的机理研究(Rilian等，2010)。

12.7.5 白垩系Edwards组上段油藏(得克萨斯州中部)

Olsen等(1990)对位于得克萨斯州中部的白垩系Edwards组上段油藏开展了ASP可行性研究。该油田发现于1922年，开发井约有950多口。含水率达99%，储层表现出选择性油湿。平均渗透率为75mD。地层水含盐度较低(采出水的TDS=1.2×10^4mg/L)，未见硬石膏或石膏。储层温度为42℃，酸值为0.34mg KOH/g，原油黏度为3cP。ASP配方如下：

① 0.4%~0.5%三聚磷酸钠；

② 2%碳酸钠；

③ 0.2%~0.5% Petrostep B100；

④ 0.12% Pusher 700E。

注入方案是0.1PV的清水、0.1PV的ASP和0.2PV的聚合物。ASP驱开采了大约45%的水驱后剩余油。未见现场试验报道。

12.8 结论

关于在碳酸盐岩油藏进行表面活性剂驱提高采收率的现场试验仅限于几个实例。研究认为，表面活性剂可把碳酸盐岩的润湿性从油湿变换为偏水湿，并降低IFT。润湿性改变是由表面活性剂在碳酸盐岩表面上吸附所致。EOR机理是表面活性剂注入增强毛细管自吸和改善重力驱。毛细管自吸和重力驱可能是缓慢的过程，因此通过矿场试验来验证实验室研究结果非常重要。本章提出了几个粗化模型，这些模型和驱动机理需要进行更深入的研究，而且需要用现场数据对其进行验证。

术语

c——重力与毛细管力之比，无量纲

C_{pc}——式(12.4)中的毛细管压力终点，%

C_{surf}——表面活性剂平衡浓度，%

$\hat{C}_{surf}$——吸附的表面活性剂浓度，%

g——重力加速度，m/s^2

k——渗透率，mD或m^2

k_r——相对渗透率，小数或%

L_c——特征长度，m或ft

M_e^*——驱替前缘(S_{wf})的有效流度，mD，cP

n——用于界定相对渗透率的指数

N_T——捕集数，无量纲

p_c——毛细管压力，Pa或psi

p_c^*——驱替前缘的毛细管压力，Pa或psi

R——采收率(总石油产量/原始石油地质储量)，小数或%

R^*——归一化采收率

S——饱和度，小数或%

$\bar{S}$——归一化饱和度，小数或%

S_{wf}——驱替前缘的含水饱和度，小数或%

S_{wi}——初始含水饱和度，小数或%

t——时间，s或d

t_D——无量纲时间

t_g——重力参考时间，s或d

T——捕集参数，无量纲

希腊字母

Δ——不连续变化的算子

φ——孔隙度，小数或%

ρ——密度，g/cm^3

μ——黏度，mPa·s，cP

σ——界面张力，mN/m

θ——接触角，(°)

ψ——P_c和k_r的内插标度因子，无量纲

上标

n——终点

high——高捕集数

low——低捕集数

ow——油湿

ww——水湿

下标

j——j相态

j'——相态j的共轭相

r——残余

参考文献

Adibhatla, B., Mohanty, K.K., 2008. Oil recovery from fractured carbonates by surfactant-aided gravity drainage: laboratory experiments and mechanistic simulations. SPEREE February, 119—130.

Adibhatla, B., Sun, X., Mohanty, K.K., 2005. Numerical studies of oil production from initially oil-wet fracture blocks by surfactant brine imbibitions, Paper SPE 97687 Presented at the SPE International Improved Oil Recovery Conference in Asia Pacific, 5-6 December, Kuala Lumpur, Malaysia.

Anderson, W.G., 1987. Wettability literature survey part 5: the effects of wettability on relative permeability. JPT 39 (11), 1453—1468.

Austad, T., Standnes, D.C., 2003. Spontaneous imbibition of water into oil-wet carbonates. J. Petroleum Sci. Technol. (JPSE) 39, 363—376.

BP, 2008 BP Statistical Review of World Energy, June. <http:/www.bp.com/liveassets/bp_in-ternet/china/bpchina_english/STAGING/local_assets/downloads_pdfs/statistical_review_of_-world_energy_full_review_2008.pdf>.

Chen, H.L., Lucas, L.R., Nogaret, L.A.D., Yang, H.D., Kenyon, D.E., 2001. Laboratory monitoring of surfactant imbibition with computerized tomography. SPEREE February, 16—25.

Cuiec, L.E., Bourbiaux, B., Kalaydjian, F., 1994. Oil recovery by imbibition in low-permeability chalk. SPEFE 9 (3), 200—208.

Delshad, M., Delshad, M., Bhuyan, D., Pope, G.A., Lake, L.W., 1986. Effect of capillary number on the residual saturation of a three-phase micellar solution, Paper SPE 14911 Presented at the SPE Enhanced Oil Recovery Symposium, 20-23 April, Tulsa, OK.

Delshad, M., Fathi Najafabadi, N., Anderson, G.A., Pope, G.A., Sepehrnoori, K., 2009. Modeling wettability alteration by surfactants in naturally fractured reservoirs. SPEREE June, 361—370.

Flaaten, A.K., Nguyen, Q.P., Zhang, J., Mohammadi, H., Pope, G.A., 2010. Alkaline/surfactant/polymer chemical flooding without the need for soft water. SPE J. 15 (1), 184—196.

Fulcher Jr., R.A., Ertekin, T., Stahl, C.D., 1985. Effect of capillary number and its constituents on two-phase relative permeability curves. JPT 37 (2), 249—260.

Hirasaki, G., Zhang., D.L., 2004. Surface chemistry of oil recovery from fractured, oil-wet, carbonate formations. SPE J. June, 151—162.

H0gnesen, E.J., Standnes, D.C., Austad, T., 2004. Scaling spontaneous imbibitions of aqueous surfactant solution into preferential oil-wet carbonates. Energy Fuels 18, 1665—1675.

International Energy Agency (IEA), 2006. World Energy Outlook 2006, 65. < http:/www.worl-denergyoutlook.org/media/weowebsite/2008-1994/WE02006.pdf >

Kazemi, H., Gilman, J.R., Elsharkawy, A.M., 1992. Analytical and numerical solution of oil recovery from fractured reservoirs with empirical transfer functions. SPERE 7 (2), 219—227.

Leverett, M.C., 1941. Capillary behavior in porous solids. Trans. AIME 142, 152—169.

Li, K., Horne, R.N., 2006. Generalized scaling approach for spontaneous imbibitions: an analytical model, SPEREE (June), 251—258; Paper SPE 77544 Presented at the 2002 SPE Annual Technical Conference and Exhibition, 29 September-2 October, San Antonio, TX.

Ma, S., Zhang, X., Morrow, N.R., 1995. Influence of fluid viscosity on mass transfer between rock matrix and fractures, Paper Presented at the Annual Technical Meeting of the Canadian Society of Petroleum Engineers, 7-9 June, Calgary, Alberta, Canada.

Manrique, E.J., Muci, V.E., Gurfinkel, M.E., 2007. EOR field experiences in carbonate reservoirs in the United States. SPEREE December, 667—686.

Masalmesh, S.K., 2002. The effect of wettability on saturation functions and impact on carbonate reservoirs in the Middle East, Paper 78515 Presented at the Abu Dhabi International Petroleum Exhibition and Conference, 13-16 October, Abu Dhabi, United Arab Emirates.

Mattax, C.C., Kyte, J.R., 1962. Imbibition oil recovery from fractured, water-drive reservoir. SPEJ. 2 (2), 177—184.

Moritis, G., 2004. EOR survey. Oil Gas J., 53—65.

Olsen, D.K., Hicks, M.D., Hurd, B.G., Sinnokrot, A.A., Sweigart, C.N., 1990. Design of a novel flooding system for an oil-wet Central Texas carbonate reservoir, Paper SPE/DOE 20224 Presented at the SPE/DOE Seventh Symposium on Enhanced Oil Recovery, 22-25 April, Tulsa, OK.

Rilian, N.A., Sumestry, M., Wahyuningsih, 2010. Surfactant stimulation to increase reserves in carbonate reservoir "A Case Study in Semoga Field", Paper SPE 130060 Presented at the SPE EUROPEC/EAGE Annual Conference and Exhibition, 14-17 June, Barcelona, Spain.

Schechter, D.S., Zhou, D., Orr Jr., F.M., 1994. Low IFT drainage and imbibitions. J. Petroleum Sci. Eng. 11, 283-300.

Schlumberger, 2007. Schlumberger Market Analysis. <http:/www.slb.com/～/media/Files/industry_challenges/carbonates/brochures/cb_carbonate_reservoirs_07os003.ashx>.

Schlumberger, 2009. ECLIPSE Technical Manual.

Seethepalli, A., Adibhatla, B., Mohanty, K.K., 2004. Physicochemical interactions during surfactant flooding of fractured carbonate reservoirs. SPE J. December, 411—418.

Sheng, J.J., 2011. Modern Chemical Enhanced Oil Recovery—Theory and Practice. Elsevier, Burlington, MA.

Sheng, J.J., 2012. Comparison of the effects of wettability alteration and IFT reduction on oil recovery in carbonate reservoirs. Asia-Pacific J. Chem. Eng. in press. doi: 10.1002/apj.1640.

Standnes, D.C., Austad, T., 2000. Wettability alteration in chalk 2. Mechanism for wettability alteration from oil-wet to water-wet using surfactants. J. Petroleum Sci. Eng. 28, 123—143.

Tabatabal, A., Gonzalez, M.V., Harwell, J.H., Scamehorn, J.F., 1993. Reducing surfactant adsorption in carbonate reservoirs. SPERE 8 (2), 117—122.

Tang, G.Q., Firoozabadi, A., 2002. Relative permeability modification in gas/liquid systems through wettability alteration to intermediate gas wetting. SPEREE 5 (6), 427—436.

UT Austin, 2009. A three-dimensional chemical flood simulator (UTCHEM, version 9.95), University of Texas at Austin, Austin, TX.

Weiss, W.W., Xie, X., Weiss, J., Subramanium, V., Taylor, A., Edens, F., 2006. Artificial intelligence used to evaluate 23 single-well surfactant-soak treatments. SPEREE June, 209—216.

Xie, X., Weiss, W.W., Tong, Z., Morrow, N.R., 2005. Improved oil recovery from carbonate reservoirs by chemical stimulation. SPE J. September, 276—285.

Yang, H.D., Wadleigh, E.E., 2000. Dilute surfactant IOR—design improvement for massive, fractured carbonate applications, Paper SPE 59009 Presented at the SPE International Petroleum Conference and Exhibition in Mexico, 1—3 February, Villahermosa, Mexico.

Zhang, X., Morrow, N.R., Ma, S., 1996. Experimental verification of a modified scaling group for spontaneous imbibition. SPERE 11 (4), 280—286.

Zubari, H.K., Sivakumar, V.C.B., 2003. Single well tests to determine the efficiency of alkaline—surfactant injection in a highly oil-wet limestone reservoir, Paper SPE 81464 Presented at the Middle East Oil Show, 9—12 June, Bahrain.

第13章 碳酸盐岩和砂岩油藏的水基EOR：对“智能水”EOR潜力的化学新认识

Tor Austad

(挪威斯塔万格大学，斯塔万格市，邮编4036)

13.1 引言

在数百万年的地质历史上，原油、盐水和岩石(原油-盐水-岩石，简称CBR)之间已经建立了化学平衡，这个化学平衡系统包含了油藏的所有组成部分。在建立了化学平衡后，岩石孔隙中石油和地层水就会维持在一定的含油饱和度和含水饱和度水平。由于油藏中石油和水的组分存在一定的梯度，而且岩石性质具有非均质性，因而石油和水的相对分布可能会有些许的变化。多孔介质系统中石油和水的分布与CBR系统的润湿性有关，也就是与岩石表面和这两种流体(石油和盐水)之间的接触面有关。“选择性水湿”、“选择性油湿”和“中性润湿性”这些术语用于粗略地描述储集岩石的润湿性。特定的CBR系统的润湿性对多孔介质中两相流体流动有着强烈的影响，其原因是润湿性决定着毛细管压力(p_c)、石油相对渗透率(k_{ro})和水相对渗透率(k_{rw})。Jadhunandan和Morrow(1995)曾对此开展过系统的实验室研究，其研究结果表明，在CBR略微偏水湿的条件下，注水开发的效果最好。

为了提高采收率，现如今大多数油藏都要开展注水开发。最初，开展注水开发的主要目的是：

① 为油藏提供压力支持，以便把油藏压力维持在泡点压力之上，即$p_{res}>p_b$；

② 充分利用黏滞力，用水来驱替石油。

由于注水开发并没有使用专门用于提高石油采收率(EOR)的化学品，因而被视为一种二次采油工艺。在以往的20年间，很多研究组织已对不同CBR系统的润湿性开展过系统性的实验室研究。他们的研究结果已证实，注入水(其组分不同于原始地层水)会打破CBR系统原有的化学平衡。在建立新的化学平衡的过程中，CBR系统的润湿性也会改变，从而有可能提高原油采收率。然而，如果注入水的组分与原始地层水的接近，那么CBR系统的化学平衡所受影响就会非常小，而受影响比较大的只有流体的相对饱和度。因此，我们可以说，注地层水开发属于二次采油工艺，而在注入水的组分与原始地层水不同时，注水开发就属于三次采油工艺。要以注水作为三次采油工艺，与CBR系统润湿性有关的动力学作用就必须足够强，以便在石油开采过程中建立一种新的化学平衡。很多地球化学反应进程都非常缓慢，在油藏的开发过程中可以忽略不计。化学反应动力学强度一般会随着温度升高而增强，所以在一些情况下，注水引起的润湿性转换对油藏温度比较敏感也就不足为怪了。

要对作为一种EOR流体的“智能水(smart water)”进行评价，很重要的一点是加深对决定油藏润湿性的最重要参数的化学认识。

13.1.1 碳酸盐岩的润湿性

世界上已知的油气储量有50%以上蕴藏在碳酸盐岩储层中，而碳酸盐岩储层的类型包括石灰岩、白垩和白云岩。这类储层中地层水的含盐度会很高，而且一般富含Ca^{2+}。平均来讲，受诸如水湿性较弱、天然裂缝不发育、渗透率较低和非均质性较强等因素的影响，碳酸盐岩油藏的采收率大都低于30%。

在相关的储层条件下，碳酸盐岩表面带正电荷。原油中的羧基物质[由酸值(AN)(mg KOH/g)决定]是碳酸盐岩CBR系统最重要的润湿性参数。含有羧基(—COOH)的原油组分大多数都出现在原油的重质终馏分中，即树脂和沥青馏分(Speight，1999)。带负电荷的羧基($—COO^-$)和碳酸盐岩表面带正电荷的附着点之间的化学键强度很大，而且大分子会覆盖碳酸盐岩表面。图13.1显示了原油酸值对白垩润湿性的影响，该图展示了水分子在饱含不同酸值石油的白垩岩心中的自吸作用。随着石油酸值的增大，水的自吸率和石油采收率都大幅度降低(Standnes和Austad2000a)。原油中羧基物质的化学性质也会影响岩石的润湿性(Fathi等，2011)。

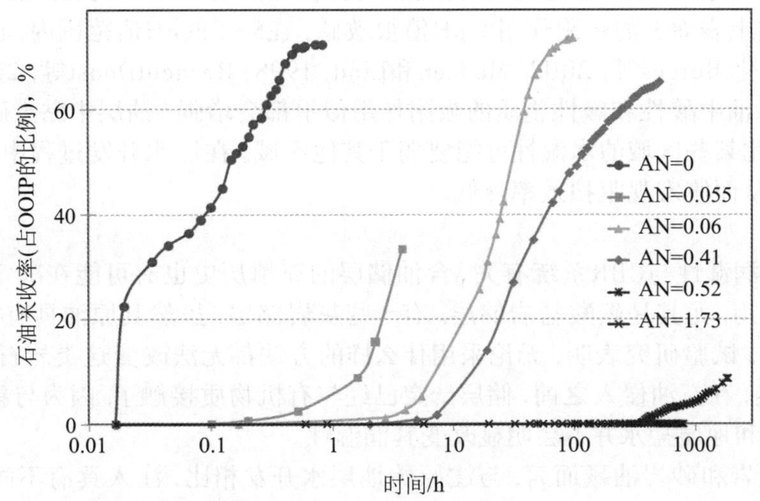

图13.1 饱含不同类型石油的白垩岩心中的自吸作用(Standnes和Austad2000a)

作为润湿性参数之一，由碱值(BN)定量表示的原油碱性组分(mg KOH/g)发挥着相对次要的作用。然而，观测发现，对于含有特定酸值石油的白垩，碱性物质增多会改善其水湿性(Puntervold等，2007)。有研究认为，石油中会形成酸-碱络合物，而这种物质会在一定程度上降低酸性物质在碳酸盐岩表面上的活跃程度。

Rao(1996)曾指出，与低温碳酸盐岩储层相比，高温碳酸盐岩储层的水湿性似乎更强一些。大家都知道，酸值与储层温度是两个并不独立的变量。原油的酸值似乎随着储层温度升高而减小，其原因是在高温条件下酸性物质的脱羧作用增强。脱羧作用甚至还会因固态$CaCO_3$的存在而增强(Shimoyama和Johns，1972)。

压力可能也会对润湿性有一定的影响，这主要归因于压力对原油中沥青物质溶解度有影响。后文将要述及，硫酸根离子是在影响碳酸盐岩润湿性方面最为活跃的离子。由于地层水中Ca^{2+}的浓度很高，尤其是再加上高温条件，地层水中的SO_4^{2-}的数量一般会因硬石膏($CaSO_4$)的沉淀而变得很低。地层水中硫酸根离子的存在会增强系统的水湿性(Shariatpanahi等，2011)。

人们已经开发出了基于非吸附性(nonadsorbing)示踪剂(SCN^-)和硫酸根离子(SO_4^{2-})之间色层分离的新型润湿性测试技术，在研究碳酸盐岩接触到不同流体系统之后其水湿性变化方面，这项技术有非常大的用处(Strand等，2006b)。在SCN^-和SO_4^{2-}的相对浓度与注入孔隙体积的交会图上，流出曲线(effluent curves)之间的面积与岩心的水湿区面积成正比，因为色层分离只会出现在水湿区域。

13.1.2 砂岩的润湿性

与碳酸盐岩相反，砂岩是由很多种不同的矿物组成的。在相关的地层水pH值范围内，二氧化硅矿物带负电荷。然而，黏土矿物却对原油中的极性组分有着强烈的吸附作用。黏土的独特之处是其上存在永久性的负电荷，因而黏土充当着阳离子交换剂的角色。阳离子在黏土表面的相对亲和力排序如下：

$$Li^+ < Na^+ < K^+ < Mg^{2+} < Ca^{2+} < H^+$$

应当指出的是，质子(H^+)是向黏土表面亲和的活性最强的阳离子。即使H^+的浓度很低，处于6～8的pH值范围内，它也会在低盐度条件下的阳离子交换反应中发挥重大的作用。通过与阳离子竞争，碱性和酸性矿物都可以吸附在黏土表面上，从而使黏土表现出选择性油湿。碱性和酸性矿物在黏土表面上的吸附作用对pH值很敏感，在5～8的pH值范围内，它们的吸附作用会发生巨大的变化(Burgos等，2002；Madsen和Lind，1998；RezaeidDoust等，2011)。随着pH值降低至5左右，原油中酸性和碱性物质的吸附作用似乎都会增强。油层中黏土矿物的分布一般是非均匀的，因此某些区域的水湿性可能要弱于其他区域。在注水开发过程中，注入水可能会绕过这些区域，从而使宏观驱扫效率降低。

13.1.3 智能水驱

油层的原始润湿性与CBR系统有关。含油储层的充填历史也有可能在决定其润湿性方面发挥着重要的作用，尤其是碳酸盐岩储层。有一些灰岩储层，虽然其原油具有很低的酸值，但表现出完全油湿。试验研究表明，无论采用什么样的方法都无法改变这类岩石的润湿性(Fathi等，2010b)。显然，在石油侵入之前，储层一定已经与有机物质接触了，因为与新的水湿性碳酸盐岩接触的石油和地层盐水并不会明显改变其润湿性。

对于碳酸盐岩和砂岩油藏而言，与注原始地层水开发相比，注入具有不同于地层水组分的水，其开发效果往往是不同的。注入与CBR系统处于平衡状态的地层水进行开发，石油采收率既有可能提高，也有可能降低。而不管是碳酸盐岩油藏，还是砂岩油藏，注入“智能水”都能够明显提高石油采收率。图13.2和图13.3说明了这一点。

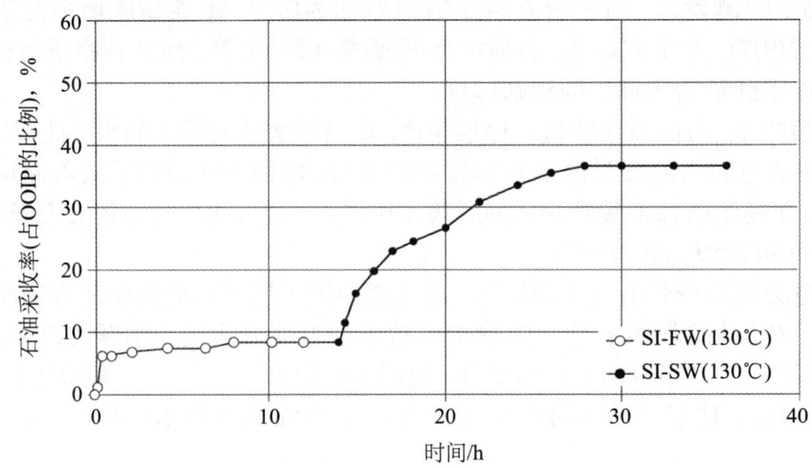

图13.2 在130℃温度条件下灰岩储层岩心中地层水(FM)和海水(SW)的自吸效果(Ravari等，2010)

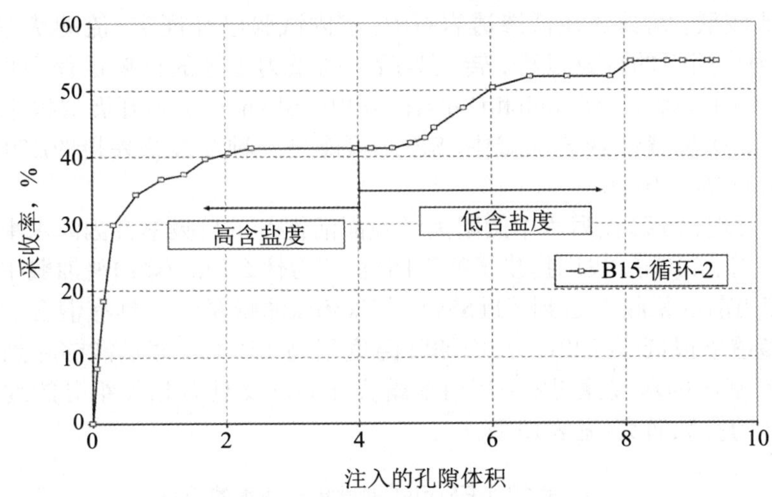

图13.3 砂岩中的低盐度EOR效应(Austad等，2010)

什么是"智能水(Smart Water)"？其提高石油采收率的主要机理又是什么?"智能水"就是离子组成经过调整或优化之后的注入水，注入地层后会改变CBR系统的原始平衡状态，进而改变储层的原始润湿性，从而能够更容易地把石油从多孔介质中驱替出来。如图13.2和图13.3所示，在注地层水的二次采油结束后，注入"智能水"可以开采出更多的石油，因而这种采油方法可以作为一种三次采油方法加以描述。"智能水"实现EOR的物理原理是CBR系统润湿性的改变，而这种润湿性转换对毛细管压力和油水相对渗透率都有积极的影响，有利于提高石油采收率。这种工艺成本低廉，环境友好，不用添加昂贵的化学品，而且不存在注入问题。从经济的角度看，在注水开发过程的最开始就应该采用智能水。

在以往20年间，已有多个研究组织和石油公司开展过室内和现场研究，证实了"智能水"作为一种EOR流体的有效性。为了认识岩石表面润湿性转换过程的化学/物力机理，人们开展了广泛的研究，但至今在公开出版的文献中有关其机理仍有激烈的争论。

斯坦福大学EOR研究小组在碳酸盐岩润湿性转换方面开展了近20年的研究，在砂岩润湿性转换方面的研究也已有大约5年的时间。下面我将总结该研究小组在碳酸盐岩和砂岩润湿性转换机理化学研究方面的成果，并把这些成果与现场研究结果建立联系。要正确评价"智能水"的应用潜力，必须深入认识其化学机理，因为"智能水"并不是在所有类型的油藏中都能发挥作用。

本文的主要目的有如下两个:

① 简要介绍碳酸盐岩和砂岩油藏中通过"智能水"改变储层润湿性实现EOR的化学机理新认识;

② 结合表面化学的新认识探讨现场研究的结果。

13.2 碳酸盐岩油藏中的"智能水"

13.2.1 引言

溶解于海水(SW)的典型烷基三甲铵[$R—N(CH_3)_3^+$]阳离子表面活性剂能够改善白垩、灰岩和白云岩的水湿性(Austad等，2008b; Standnes和Austad，2000b; Standnes等，2002)。润湿性转换机理是：阳离子表面活性剂单体与被吸附的带负电荷羧基物质之间相互作用，形成阳离子-阴离子络合物，而所形成的络合物从岩石表面释放出来(Standnes和Austad，2000b)。在自吸过程中，毛细管力因水湿性改善而增强，但石油和表面活性剂溶液之间的界面张力(IFT)却减弱到了0.3~1.0mN/m。正如Stoll等(2007)所指出的那样，在这些因素的作用下自吸率

(imbibition rate)比较低，尤其是在低渗透岩石中。室内试验已经证实，流动状态发生了改变，从最初的毛细管力作用下的自吸过程，转变为后来的重力主导的自吸过程，即表面活性剂增强的重力泄油(SEGD)过程(Masalmeh和Oedai，2009)。Sheng(2012)开展的模拟研究也证实，在高渗透率(>300mD)裂缝性灰岩油藏中，SEGD可能是一种令人感兴趣的EOR过程，其原因是自吸率提高(Ravari等，2011)。

然而，有观测发现，溶解在海水中的阳离子表面活性剂的自吸率会因海水中硫酸根离子的存在而提高(Zhang等，2006)。我们提出了如下问题："为什么Ekofisk白垩油藏中注海水开发的效果如此之好，使当前的采收率达到了近55%？"Ekofisk油藏是一个具有混合润湿性的高度裂缝性油藏，基质渗透率很低(大约2mD)，而油藏温度很高(130℃)。海水能够起到润湿性调节剂的作用并增强岩石基质的水湿性吗？采用白垩露头样品以及具有相关组分的地层水和海水开展了自吸开采石油的参数研究(见表13.1)。

表13.1 Ekofisk地层水和海水的组分　　mol/L

组 分	Ekofisk地层水	海 水
Na^+	0.685	0.450
K^+	0	0.010
Mg^{2+}	0.025	0.045
Ca^{2+}	0.231	0.013
Cl^-	1.197	0.528
HCO_3^-	0	0.002
SO_4^{2-}	0	0.024

13.2.2 活性决定电位离子

海水含有趋于吸附在白垩表面上的活性离子Ca^{2+}、Mg^{2+}和SO_4^{2-}等，这些离子可以改变$CaCO_3$表面的电荷，因而是决定电位离子(potential determining)(Pierre等，1990；Zhang和Austad，2006)。海水中的这些离子对石油采收率的影响各不相同，分别进行了研究。

SO_4^{2-}的影响：随着自吸的海水中SO_4^{2-}的浓度从0倍增加到4倍于普通海水，石油采收率从不到原始石油地质储量的10%增加到约50%(见图13.4)。因此，仅仅改变一种离子的浓度就有会对石油采收率产生巨大的影响。

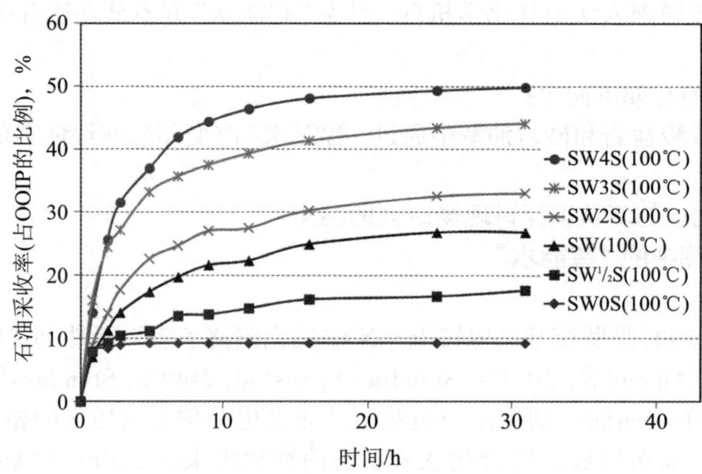

图13.4 在100℃温度条件下由硫酸根离子改性后的海水自吸进入白垩岩心而实现的石油采收率(Zhang和Austad，2006)

Ca^{2+}的影响：与SO_4^{2-}类似，把自吸的海水中Ca^{2+}的浓度从0倍增加到4倍于普通海水，自吸30天后，石油采收率从原始石油地质储量的28%增加到60%(见图13.5)。在这个案例中，硫酸根离子的浓度接近普通海水中硫酸根离子的浓度，而且保持不变。

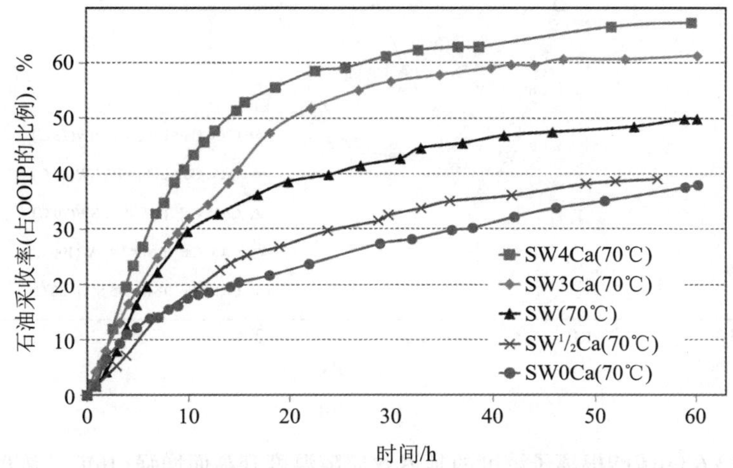

图13.5 在70℃温度条件下由Ca^{2+}改性后的海水自吸进入白垩岩心而实现的石油采收率(Zhang和Austad，2006)

在不同的温度下采用添加有示踪剂(SCN^-)的海水驱替白垩岩心样品，采用色谱法测试Ca^{2+}和SO_4^{2-}与白垩表面之间的亲和势。记录每一种组分的流出物浓度并绘制其与所注入孔隙体积(PV)的交会曲线。

结果发现，吸附到岩石表面上的SO_4^{2-}浓度随着温度升高而增大(见图13.6a)，而且共吸附的Ca^{2+}浓度随着流出物中Ca^{2+}浓度的降低而升高(见图13.6b)。因此，SO_4^{2-}在白垩表面上吸附数量增多会引起正电荷数量减少，从而使Ca^{2+}的亲和势因静电相互作用减弱而增强(Strand等，2006a)。

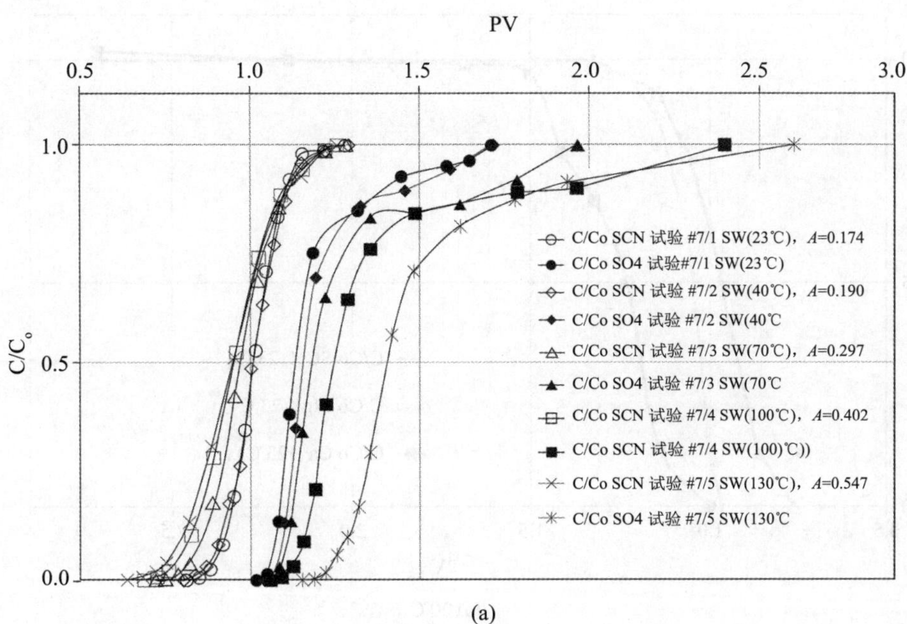

(a)

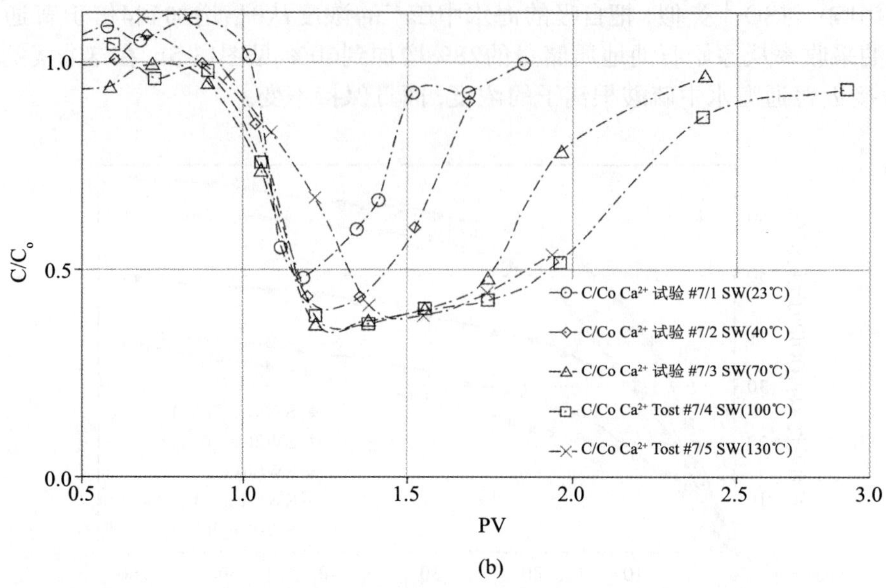

(b)

图13.6 (a)硫酸根离子浓度的延迟效应随温度升高而增强；(b)Ca^{2+}浓度的降幅随着温度的升高而扩大(Strand等，2006a)

分别在20℃和130℃温度条件下利用溶解有等浓度的Ca^{2+}、Mg^{2+}和SCN^{-}的NaCl溶液驱替白垩岩心，来研究白垩表面上Ca^{2}与Mg^{2+}的共生效应。在低温条件下，Ca^{2+}与白垩表面的亲和势要高于Mg^{2+}(见图13.7a)。在130℃的较高温度条件下，流出物中Ca^{2+}的浓度要远高于其在注入液中的浓度，而流出物中Mg^{2+}明显降低，达不到其原始浓度(见图13.7b)(Zhang等，2007a)。对这种现象的唯一解释是，海水中的Mg^{2+}能够按照1∶1的比例从岩石中置换出Ca^{2+}，这一点已经得到实验证实。这究竟是纯粹的表面置换作用还是形成了$MgCO_3(s)$，目前还不清楚。下列平衡式可以说明这个反应过程：

$$CaCO_3(s)+Mg^{2+} \rightleftharpoons 2MgCO_3(s)+Ca^{2+}$$

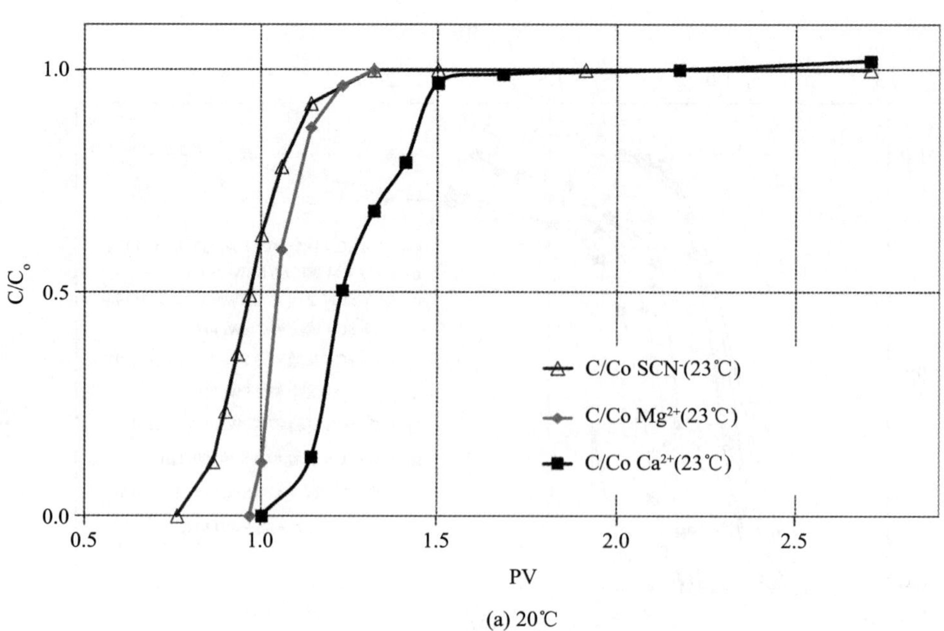

(a) 20℃

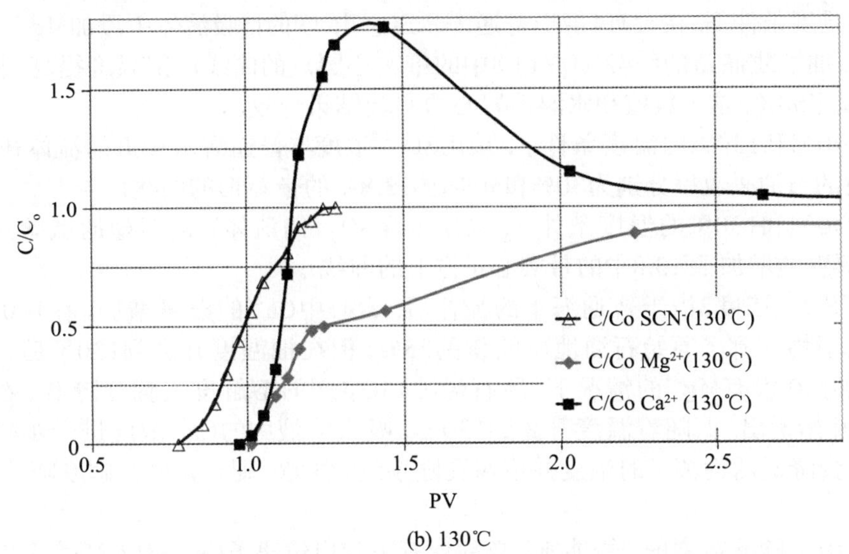

图13.7 (a)在较低温度下Ca^{2+}比较强烈地吸附在白垩上; (b)在较高温度下Mg^{2+}在白垩上的吸附能力增强, Mg^{2+}置换了白垩表面上的Ca^{2+}(Zhang等, 2007a)

因此，随着温度升高到70℃以上，Mg^{2+}与碳酸盐岩表面的亲和活性大幅度增强，这个温度是发生离子置换反应的门限温度。Mg^{2+}具有很强的水合能，这使得其活性在较低温度下变差。

为了说明决定电位离子和温度对弱水湿性白垩岩心石油采收率的影响，以NaCl溶液作为地层盐水制备了4个岩心样本，如图13.8所示，开展了以下测试：

① 首先，在70℃温度条件下，在岩心中吸入具有不同SO_4^{2-}浓度(分别是普通海水SO_4^{2-}浓度的0倍、1倍、2倍和4倍)的NaCl盐水。实现的石油采收率略低于10%，其中包括了热膨胀对石油采收率的贡献。

② 把温度提高到100℃，新增的采出石油量很少，可以忽略不计。

③ 按照与普通海水相似的Ca^{2+}或Mg^{2+}浓度，在不同的自吸流体中加入Ca^{2+}或Mg^{2+}，石油采收率立即增加。

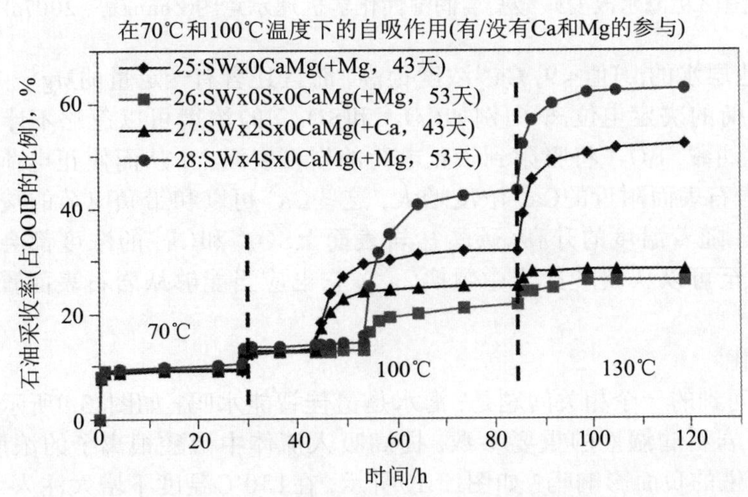

图13.8 决定电位离子和温度对选择性油湿白垩中流体自吸作用的影响(Zhang等, 2007a)

在100℃温度条件下，在含有4倍于普通海水SO_4^{2-}浓度的自吸流体中添加Mg^{2+}，石油采收率达到了原始石油地质储量的约42%(图13.8中的带实心圆点的曲线)。把温度提高到130℃后，石油采收率超过了60%，这一数值和水湿性岩心的实验结果一致。

分别在100℃和130℃的温度条件下，采用SO_4^{2-}浓度与普通海水接近的流体开展类似的试验，最终实现的石油采收率分别为30%和50%(图13.8中的带菱形的曲线)。

分别在100℃和130℃的温度条件下，采用不含SO_4^{2-}的流体开展类似的试验，石油采收率都仅有较小幅度的增加(图13.8中的带实心正方形的曲线)。

在自吸了SO_4^{2-}浓度2倍于普通海水的流体后，岩心中Ca^{2+}的数量增加。在100℃温度条件下，石油采收率增加到了原始石油地质储量的25%，但在把温度升高到130℃后，石油采收率仅有小幅增加。在没有Mg^{2+}的情况下，硬石膏[$CaSO_4(s)$]的溶解度大幅度降低。在100℃温度下，$CaSO_4(s)$开始析出；而随着温度升高到130℃，吸入溶液中的Ca^{2+}浓度进一步降低。因此，$CaSO_4(s)$沉淀会降低活性离子的浓度并堵塞孔隙系统。注意，硬石膏的溶解度随着温度升高而降低。

因此，适用于碳酸盐岩的“智能水”必须含有决定电位离子Ca^{2+}和/或Mg^{2+}及SO_4^{2-}，而且这些离子与碳酸盐岩表面之间的共生相互作用(symbiotic interaction)对温度非常敏感，这个温度应该远高于约70℃。

13.2.3 润湿性转换的机理

在对白垩样品所有参数研究的结果进行综合的基础上，提出了海水改变岩石润湿性的化学机理，其示意图参见图13.9(Zhang等，2007a)。

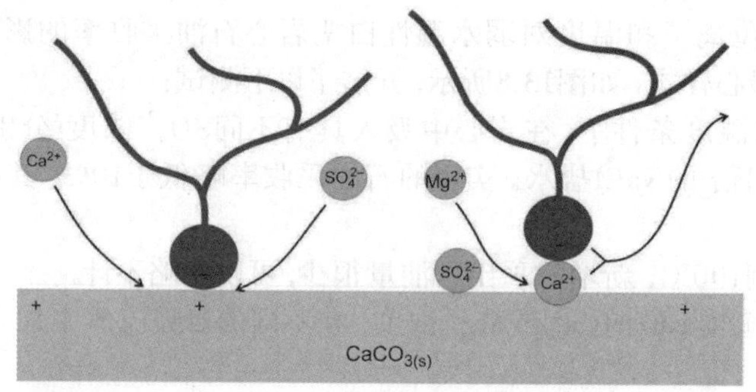

图13.9 海水改变碳酸盐岩润湿性化学机理示意图(Zhang等，2007a)

最初，由于地层水的pH值<9，Ca^{2+}浓度很高，而且还含有一定量的Mg^{2+}，岩石带正电荷。地层水中带负电荷的决定电位离子(例如CO_3^{2-}和SO_4^{2-})的浓度可以忽略不计。随着海水注入裂缝性碳酸盐岩油藏，SO_4^{2-}将吸附到带正电荷的岩石表面上，从而使正电荷减少。由于静电排斥力比较弱，岩石表面附近的Ca^{2+}浓度增大，这些Ca^{2+}可以和带负电荷的羧基结合，并使之从岩石表面释放。随着温度的升高，碳酸盐岩表面上SO_4^{2-}和Ca^{2+}的浓度都会增大。由于在高温条件下Mg^{2+}甚至可以从碳酸盐岩中置换Ca^{2+}，它也应当能够从岩石表面置换Ca^{2+}-羧酸盐络合物。

13.2.4 注入水优化

人们可能会问到的一个相关问题是：海水是最佳智能水吗？如图13.9所示，储层温度和硫酸盐是成功改变岩石润湿性的重要参数。提高吸入流体中硫酸根离子的浓度可以弥补因油藏温度降低而产生的负面影响吗？如图13.10所示，在130℃温度下增大注入水中硫酸根离子的浓度，使之高于普通海水硫酸根离子的浓度，石油采收率并没有因此而明显增加(Zhang和

Austad, 2006)。在100℃温度下，在吸入流体中硫酸根离子的浓度是普通海水4倍的情况下，石油采收率接近翻倍。所以，通过在这个温度范围内提高海水中硫酸根离子的浓度来加强润湿性转换，有可能提高石油采收率。但不建议在高温条件下增大海水中硫酸根离子的浓度，因为这样会形成硬石膏[$CaSO_4$(s)]沉淀。

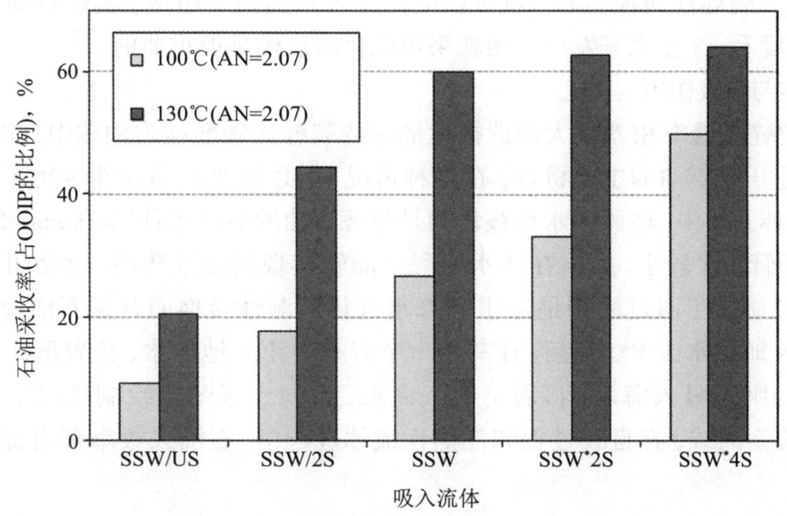

图13.10 在100℃和130℃温度条件下，采用不同的吸入流体(具有不同SO_4^{2-}浓度的海水；石油酸值=2.07mg KOH/g)开展白垩岩心试验所实现的最大石油采收率(Zhang和Austad, 2006)

在与盐水接触时，所有带电荷的岩石表面附近都会出现过量的离子，一般被称为电偶层。如果电偶层是由大量的在改变润湿性过程中不活跃的离子(例如NaCl)构成，那么活跃离子(Ca^{2+}、Mg^{2+}和SO_4^{2-})接近岩石表面的机会就会出现一定程度的减少。海水中NaCl的浓度要远高于Ca^{2+}、Mg^{2+}和SO_4^{2-}的浓度(见表13.1)。所以，与所提出的润湿性转换机理一致，NaCl浓度比较低的海水应当优于普通海水。

如图13.11所示，与普通海水相比，由贫NaCl海水自吸作用实现的石油采收率明显提高，从37%提高到了47%。海水中NaCl浓度增大会导致石油采收率降低(Fathi等, 2010a)。

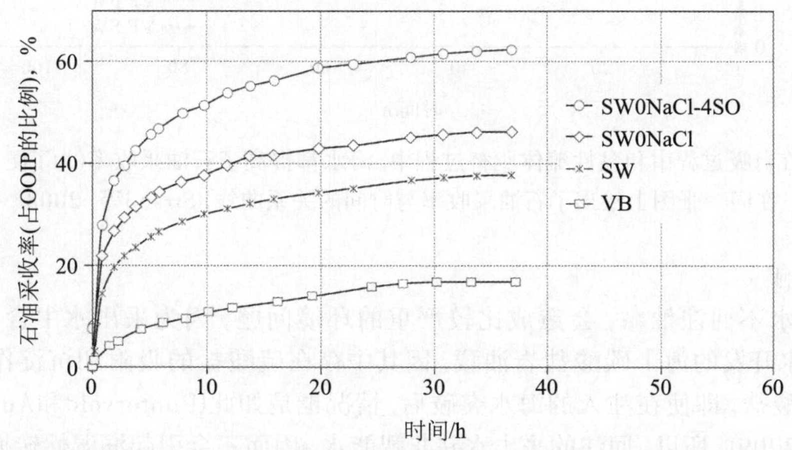

图13.11 在90℃温度下采用不同类型吸入流体开展的白垩岩心自吸试验：地层水(VB)、海水(SW)、贫NaCl的海水(SW0NaCl)和贫NaCl但富含SO_4^{2-}(4倍于普通海水)的海水($SW0NaCl^{-}4SO_4^{2-}$)；石油的AN=0.50mg KOH/g，S_{wi}=0.10(Fathi等, 2010a)

在低于100℃的温度下，贫NaCl但富硫酸根离子的海水在提高石油采收率方面的效果最好，如图13.11所示。

与普通海水相比，硫酸根离子浓度4倍于普通海水的贫NaCl海水，可以使石油采收率从37%大幅度提高到62%(Fathi等，2010a)。

因此，认识了润湿性转换机理，就可以优化注入水的离子组成，实现石油采收率的最大化。从经济的角度看，在注水开发一开始就采用优化的流体是很重要的。

13.2.5 黏性流体与自吸作用

在基质和裂缝渗透率相差很大的选择性油湿的裂缝性碳酸盐岩油藏中，注入水通过自吸进入岩石基质是开采石油的主要机理。在这种情况下，必须通过润湿性转换产生正的毛细管力。在注黏性流体开发中，略微偏水湿被认为是驱替石油的最佳条件(Jadhunandan和Morrow，1995)。由于毛细管力比较小，如果在注水过程中能够实现润湿性转换，就会明显改善微观波及效率。图13.12显示了通过采用地层水和海水进行润湿性转换而开采石油的效果。两个岩心样本都先吸入地层水(FW)。然后，往其中一个岩心中注入地层水，接着再注入海水(SW)。而另外一个岩心则是吸入海水，接着再注入海水。在同一张图上绘制这两个岩心的石油采收率与时间的关系曲线。在自吸过程和注黏性流体过程中，石油采收率都有提高(Strand等，2008)。

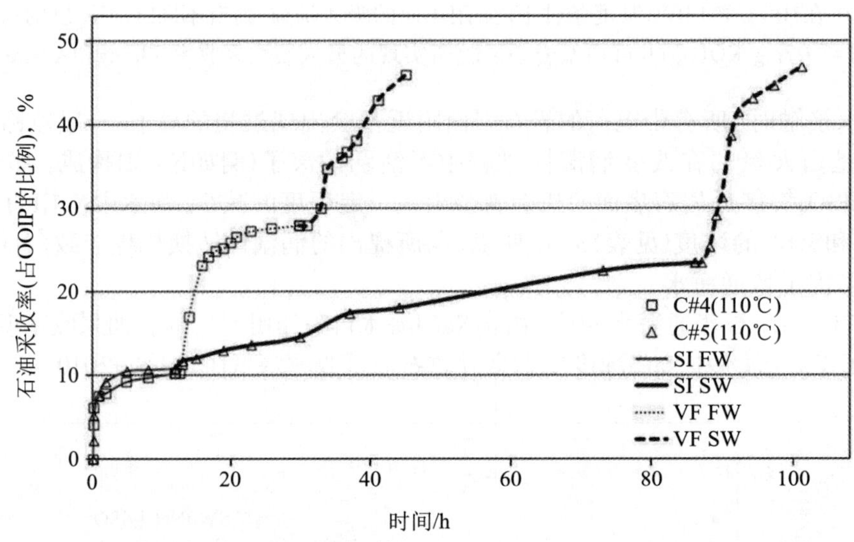

图13.12 在自吸过程中和黏性流体驱替过程中，海水都提高了石油采收率(为了便于对比，在同一张图上绘出了石油采收率与时间的关系曲线)(Strand等，2008)

13.2.6 环境影响

如果采出水不回注油藏，会造成比较严重的环境问题，因为采出水中含有致癌的芳香族物质。注海水开发的海上碳酸盐岩油藏，因其中存在硫酸盐的吸附和沉淀作用，采出水含有低浓度的硫酸盐，即使在注入的海水突破后，情况也是如此(Puntervold和Austand，2008；Puntervold等，2009)。所以，回注的采出水并非智能水，因而不会引起润湿性转换，也不能提高石油采收率。然而，如果在采出水中混入海水，注入水仍能维持比较高的提高石油采收率的能力，如图13.13所示。

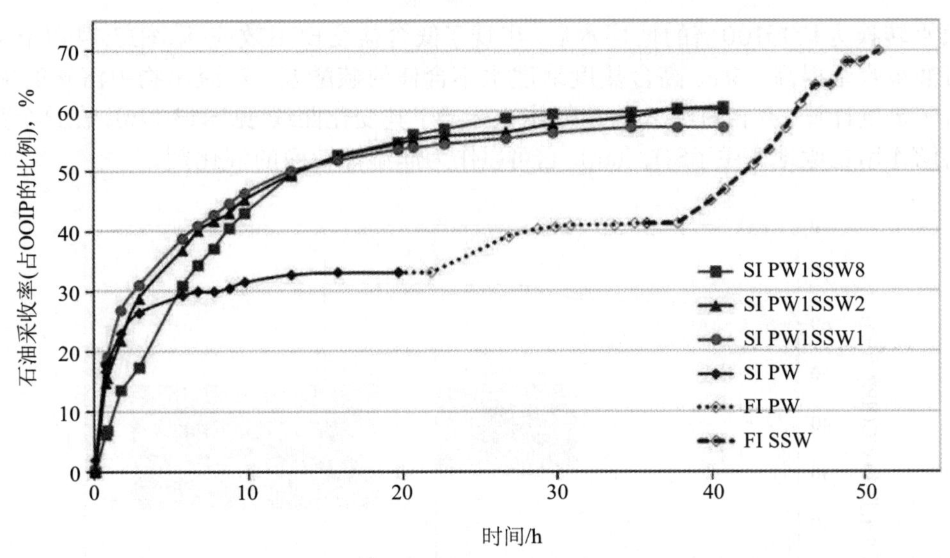

图13.13 分别按照1:1、1:2和1:8的体积比把采出水(PW)与海水(SW)混合后，以研究混合流体的自吸作用(所得结果与回注采出水进行了对比：自吸过程和驱替过程；最后，采用海水对岩心进行了驱替，来证实其EOR潜力)(Puntervold等，2009)。

13.2.7 灰岩中的智能水

不同类型的碳酸盐岩，例如白垩、灰岩(储集岩和露头)和白云岩，其表面积及其对决定电位离子的反应性各不相同。在上面几节中，我们证实了白垩对海水中的活性离子具有反应性，因而可以实现润湿性转换。最新的研究表明，灰岩储集岩岩心具有相似的特征，只是灰岩对于Ca^{2+}、Mg^{2+}和SO_4^{2-}的反应性不太一样。采用甲苯和甲醇对灰岩储集岩岩心样本进行预清洗，然后在130℃温度条件下注入海水，其水湿表面积增大了约30%(Austad等，2008ab)。一个低渗透率储集灰岩岩心先自吸地层水，然后在二次和三次采油过程中自吸海水。在把吸入的流体从地层水换为海水后，石油采收率有大幅度提高，从8%提高至37%(见图13.2)(Austad等，2008b)。对于白垩而言，贫NaCl的海水转换润湿性的效果甚至要好于普通海水(Shariatpanahi等，2012)。在润湿性转换研究中，灰岩露头样本的表现完全不同于灰岩储集岩心样本。对两个灰岩露头样本进行了测试，一个样本来自法国，由道达尔公司提供；另一个Edwards灰岩样本来自美国。这两个灰岩样本都表现出水湿性，而且在原油存在的情况下其润湿性发生了改变。岩石表面似乎对决定电位离子不具反应性，通过注海水改变润湿性可能无法提高石油采收率，即使在高温条件下也是如此(Ravari等，2010)。应该吸取的教训：在通过改变润湿性提高石油采收率的参数研究中，以灰岩露头样本作为储集岩的模型时必须谨慎。

13.2.8 灰岩中低含盐度EOR起效的条件

直到最近，注低矿化度盐水EOR技术的应用还仅限于砂岩油藏，而在碳酸盐岩油藏中还没有应用过该项技术。Yousef及其同事(2010)利用复合灰岩岩心(composite limestone core)开展了EOR试验，相继向岩心中注入普通的墨西哥湾海水和分别稀释2倍、10倍和20倍的墨西哥湾海水，提高了岩心石油采收率。试验发现，注入稀释后的海水提高采收率的效果明显。另一方面，在采用露头白垩岩心开展稀释海水自吸或驱替试验时，没有观察到低含盐度海水的EOR效应。事实上，随着海水被稀释，活跃离子浓度降低，石油采收率反而出现了大幅度降低(Fathi等，2010a)。

针对基质中含有少量硬石膏($CaSO_4$)的灰岩储集岩岩心开展的最新研究显示，在把注入流体从地层水转换为稀释100倍的地层水后，出现了低含盐度EOR效应(见图13.14a)(Austad等，2011)，石油采收率提高了4%。高含盐度地层水不含任何硫酸盐。对流出物中溶解的硫酸盐的浓度进行了定量计算，并相对注入的孔隙体积标绘了其变化曲线(见图13.14b)。在这个案例中，硬石膏溶解作用在原地产生了SO_4^{2-}(aq)，它可以作为润湿性转换的催化剂。

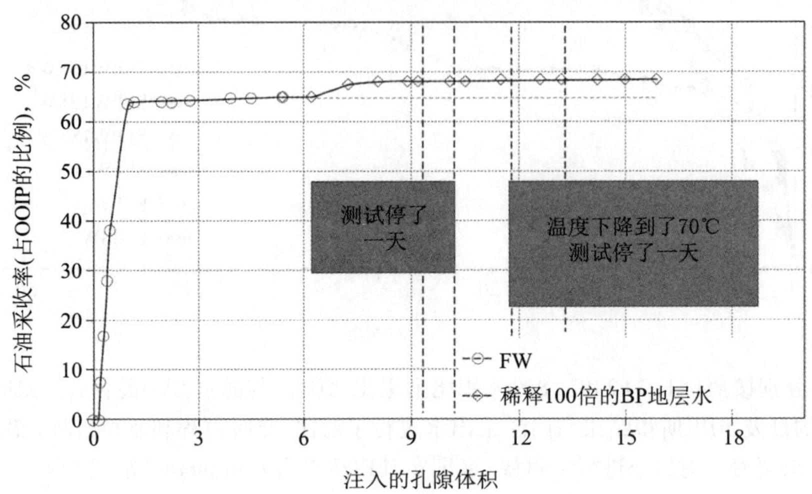

(a) 采用水和稀释100倍的地层水驱替岩心5B

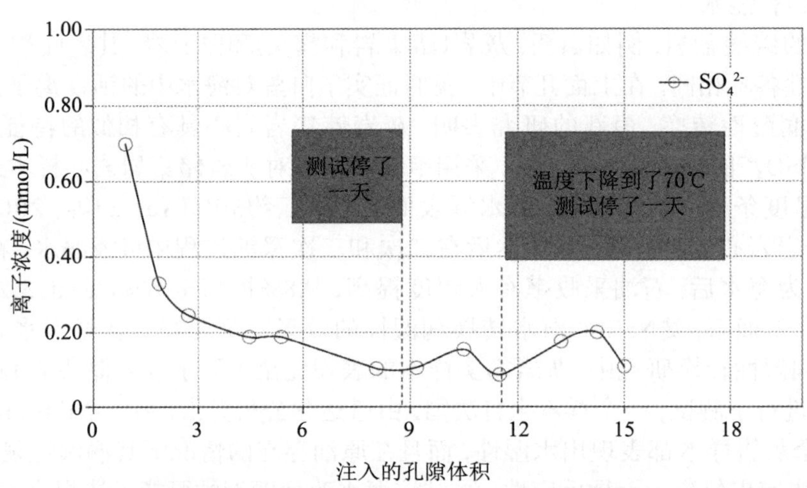

(b) 流出物中SO_4^{2-}离子浓度与注入孔隙体积的关系曲线

图13.14 (a)在110℃和70℃的温度下，采用水和稀释100倍的地层水驱替岩心5B，原油酸值≈0.70mg KOH/g；(b)流出物中SO_4^{2-}浓度与注入孔隙体积的关系曲线(Austad等，2011)

要讨论在碳酸盐岩中观察到的低含盐度效应的化学机理，必须了解温度和盐水组分对下列平衡式的影响：

$$CaSO_4(s) \rightleftharpoons Ca^{2+}(aq) + SO_4^{2-}(aq) \rightleftharpoons Ca^{2+}(ad) + SO_4^{2-}(ad)$$

Ca^{2+}(aq)和SO_4^{2-}(aq)是溶解在孔隙水中的离子，而Ca^{2+}(ad)和SO_4^{2-}(ad)代表吸附在碳酸盐岩表面上的离子。根据前人报告的有关硫酸盐对原始润湿条件影响的研究成果，SO_4^{2-}(aq)离子的浓度似乎是决定润湿性的关键因素(Shariatpanahi等，2011)。硬石膏($CaSO_4$)的溶解作用是SO_4^{2-}(aq)离子的来源，其溶解度取决于盐水的含盐度/组分及温度，其变化方式如下：

① 溶解度随着地层水中Ca^{2+}浓度的降低而增大(同离子效应)。

② 溶解度随着NaCl浓度的降低而降低。

③ 溶解度一般随着温度的升高而降低。

④ SO_4^{2-}(aq)离子浓度也会随着温度的升高而降低，其原因是碳酸盐岩表面上的吸附量增大，即SO_4^{2-}(ad)离子的浓度增大。

润湿性转换过程的效率还取决于温度和不具活性盐类(NaCl)的浓度，其变化方式如下：吸入率和最终石油开采量随着温度的升高而提高；吸入率和最终石油开采量随着吸入盐水中不具活性盐类(NaCl)浓度的降低而提高；吸入率和最终石油开采量随着SO_4^{2-}(aq)离子浓度的增加而提高。

温度效应和NaCl浓度效应是矛盾的，也就是说，SO_4^{2-}(aq)离子浓度随着温度的升高而降低，但引起润湿性转换的表面反应性却随着温度升高而增强。与之类似，SO_4^{2-}(aq)离子浓度随着NaCl浓度的下降而降低，但能促进润湿性转换的表面反应性却随之增强。因此，对于给定的(油藏)系统而言，似乎有一个观察最强低矿化度效应的最佳温度窗口，可能是介于90~110℃之间。这是SO_4^{2-}存在和NaCl浓度降低的综合效应，它对于碳酸盐岩中的低盐度EOR效应很重要。图13.15所示的硬石膏($CaSO_4$)在地层水、10倍稀释的地层水和100倍稀释的地层水中溶解度的计算值说明了这一点。

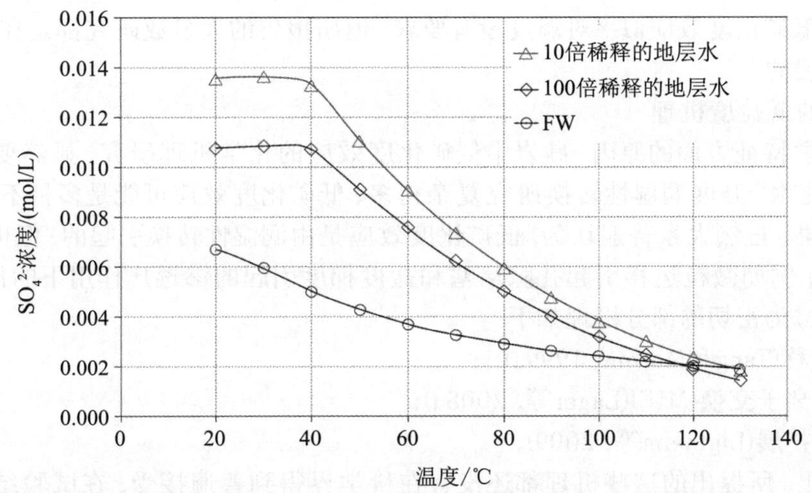

图13.15 采用OLI软件对不同温度条件下(压力为10bar)$CaSO_4$在地层水、10倍稀释后地层水和100倍稀释后地层水中溶解度进行模拟的结果(Austad等，2011)

我们还发现一种现象，如果灰岩地层中硬石膏的含量比较高，灰岩岩心的低盐度EOR效应就会强得多，实现的新增采收率可高达20%原始石油地质储量(OOIP)。假设作为一种润湿性改良剂，白云石对海水的响应方式与方解石类似，那么就有理由相信，Pu等(2008)在黏土含量比较低而白云石和硬石膏含量很高的砂岩中观测到的低矿化度效应与白云石的润湿性转换有关。硫酸盐浓度的增加和含盐度的降低会触发润湿性转换。这些作者还得出结论，在低盐度EOR开采机理中，隙间白云石晶体可能也发挥了作用。

13.3 砂岩中的“智能水”

13.3.1 引言

Morrow及其同事(Tang和Morro，1999a，b；Zhang和Morrow，2006；Zhang等，2007b)以及英

国石油公司(BP)研究人员(Lager等, 2007; Webb等, 2005a, b)曾开展过大量的实验研究，这些研究结果证实，利用含盐度在1000~2000mg/L之间的低盐度水开展注水三次采油，可以达到EOR的目的。因此，低盐度水可以用做砂岩油藏中的智能化EOR流体。

13.3.2 低矿化度效应起效的条件

下面所列的观测低矿化度效应的条件大都与Tang和Morrow(1999a)开展的系统试验研究有关，但也有部分来自BP研究人员的研究成果(Lager等, 2007, 2008a)。

① 多孔介质：含黏土矿物的砂岩。

② 石油：必须含有极性组分(即酸和/或碱)。

③ 地层水：必须存在，而且必须含有二价阳离子，即Ca^{2+}和Mg^{2+}。

④ 低盐度注入流体：含盐度一般在1000~2000mg/L之间，但在含盐度高达5000mg/L的情况下也曾观测到低矿化度效应。它似乎对离子组成比较敏感(Ca^{2+}与Na^{2+}的相对含量)。

⑤ 采出水：对于非缓冲流体系统(nonbuffered system)，在从高盐度变换为低盐度时，流出物的pH值一般要增加1~3个单位。还没有证据表明，观察低矿化度效应需要提高流体的pH值。在一些案例中检测到了微粒，但在没有明显的微粒产出的情况下也已观测到了低矿化度效应。

⑥ 渗透率：在从高盐度流体变换为低盐度流体时，岩心的压差既有增大的，也有减小的，这说明其渗透率有改变。

⑦ 温度：低矿化度效应似乎对温度没有要求。但所报告的大多数研究都是在100℃以下的温度条件下开展的。

13.3.3 所提出的低盐度机理

出于矿物学特征方面的原因，砂岩中低矿化度效应的化学机理研究，显然要比在碳酸盐岩中采用“智能水”开展润湿性转换研究复杂得多。低矿化度效应可能是多种不同机理/步骤共同作用的结果。虽然大家普遍认为，低矿化度效应是由润湿性转换引起的，但也有人提出了一些物理机理，例如微粒运移引起孔隙堵塞和盐度梯度引起的渗透压作用下的流体流动。前人提出的关系最为密切的部分机理如下：

① 微粒运移(Tang和Morrow, 1999a)；

② 多组分离子交换(MIE)(Lager等, 2008a)；

③ 双电层扩展(Ligthelm等, 2009)。

到目前为止，所提出的这些机理都还没有在科学界得到普遍接受。在试验结果之间总存在一些矛盾的现象。

13.3.4 对相关机理化学认识的提高

近期Austad等(2010)曾提出，随着低盐度流体侵入多孔介质，表面活性无机离子会发生解吸附作用，引起黏土-水界面上的pH值局部增加，致使有机物质从黏土的表面解吸附，而这种解吸附作用在低盐度EOR过程中发挥着重要的作用。随着pH值从5~6增加到8~9，酸性和碱性原油组分都将得以从黏土表面释放。在室内试验中，pH值的增加一般都可以得到证实，但在现场条件下CO_2和/或H_2S的存在会引起缓冲效应，因而很少能够观察到pH值的增加。所提出的低盐度水驱的EOR机理是基于三个试验观测结果：

① 砂岩中一定存在黏土矿物(Tang和Morrow, 1999a)；

② 原油中一定存在极性组分(酸性和/或碱性物质)(Tang和Morrow, 1999a)；

③ 地层水中一定含有诸如Ca^{2+}等活性离子(Lager等, 2007)。

图13.16示意性地显示了所提出机理。

原始状态	低盐度水驱	最终状态
黏土	黏土	黏土
黏土	黏土	黏土

图13.16 所提出的低盐度EOR效应的机理(上图：碱性物质的解吸附作用；下图：酸性物质的解吸附作用；油藏条件下的初始pH值可能在5左右)(Austad等，2010)

13.3.5 低盐度机理的化学验证

在最近出版的一篇文献中，基于模型和真实系统的不同试验都证实了有关低盐度EOR机理的最新化学认识，下面列出了相关度最高的一些结果(Rezaei Doust等，2011)：

① pH值增加：与低矿化度盐水的组分无关，低盐度EOR效果具有可比性，而且流出物的pH值也随着驱替流体从高盐度转换为低盐度而增加(见图13.17a和b)。岩心上的压差减小，即没有出现压力恢复现象。

② 地层水的初始pH值：为了观察润湿性转换产生的低盐度EOR效应，有机物质必须吸附到黏土矿物的表面上，而且吸附量随着pH值的降低而增多。对最初原油中存在CO_2和不存在CO_2这两种情况下的低盐度EOR效应进行了对比。在存在CO_2的情况下，地层水的初始pH值减小。如图13.18所示，在存在CO_2的情况下，低盐度EOR效应增强了一倍，这证实了地层水的初始pH值发挥着非常重要的作用。

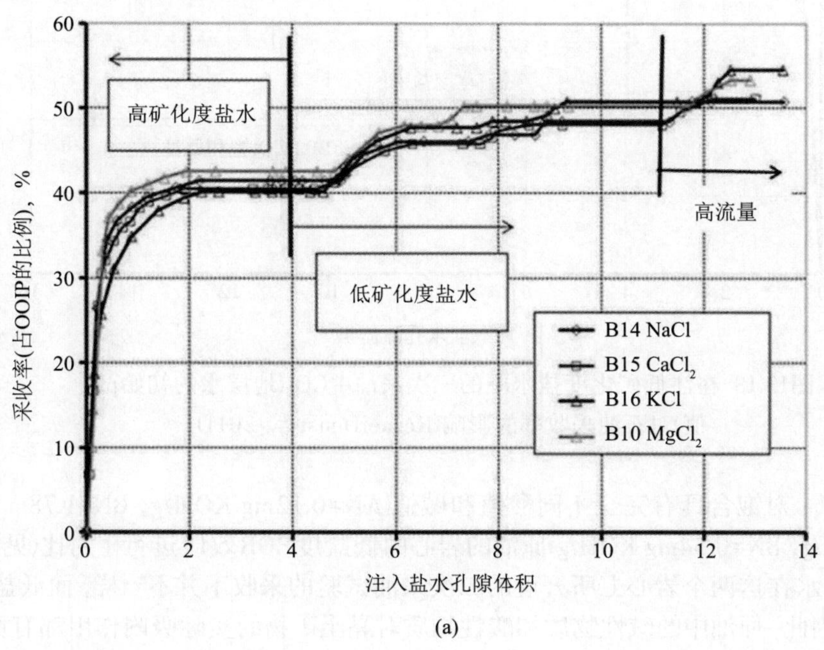

(a)

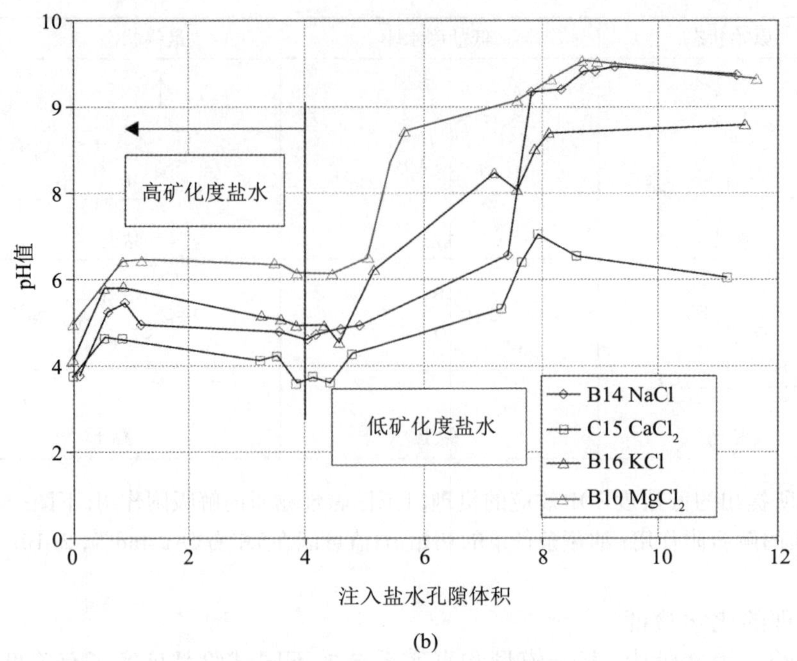

(b)

图13.17 (a)盐水组分测试中的原油采收率曲线；(b)由不同的低矿化度盐水引起的pH值变化(RezaeiDoust等，2011)

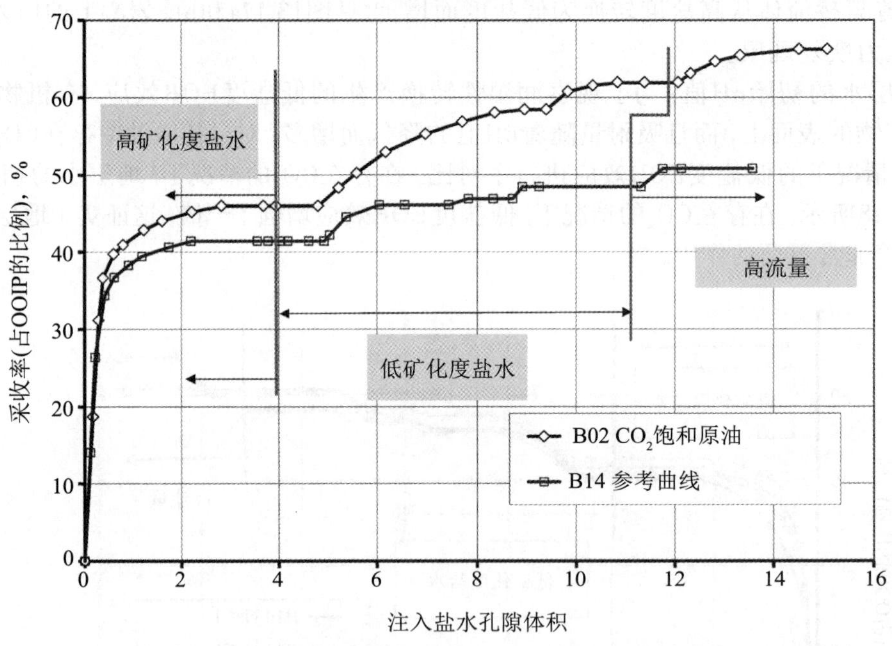

图13.18 在注低矿化度盐水驱的三次采油中CO_2(地层水的初始pH值)对石油采收率的影响(RezaeiDoust等，2011)

③ 原油性质：对饱含具有完全不同酸值和碱值(AN=0.12mg KOH/g，BN=1.78mg KOH/g；AN=1.82mg KOH/g，BN=0.54mg KOH/g)原油的岩心的低盐度EOR效应进行了对比(见图13.19)。采用高矿化度盐水在这两个岩心上所开展的二次采油试验的采收率并不一样，而低盐度EOR效应却相当接近。因此，原油中的碱性物质和酸性物质对黏土矿物的实际吸附作用都有贡献。

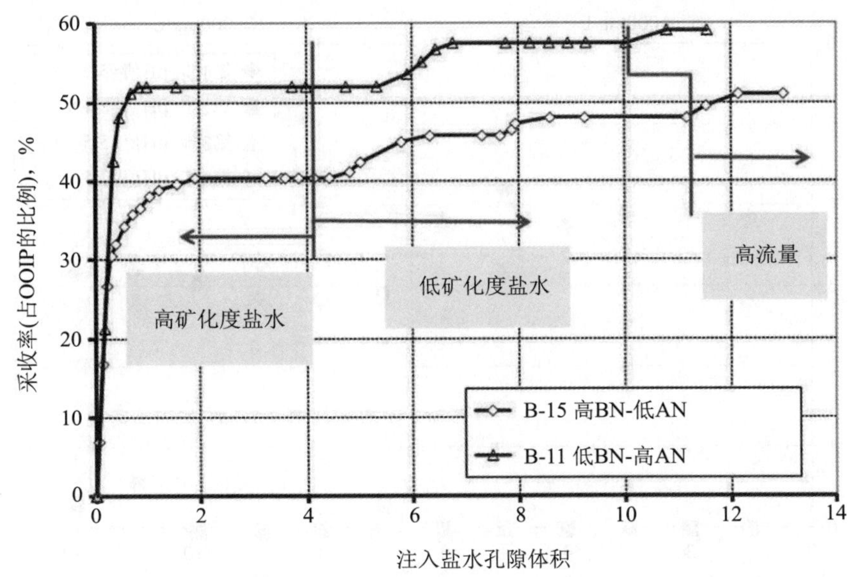

图13.19 在含有碱性(B-15)或酸性(B-11)原油的岩心中三次采油的低含盐度效应(RezaeiDoust等，2011)

④ 含盐度和pH值对吸附作用的影响：在pH值=5和8的条件下，原油中所含的碱性组分喹啉(Quinoline)在高岭石上的吸附量随着含盐度增加而减少(见图13.20)。pH值变化对高岭石上碱性组分吸附量的影响程度要远大于含盐度从0mg/L增加到25000mg/L所产生的影响，这也就为以下事实提供了证据，即pH值随着注入水从高含盐度转换为低含盐度而出现的增加，会引起有机物质从黏土上解吸附。由于在给定pH值条件下黏土表面上带负电荷位置上的活性离子(尤其是Ca^{2+})与碱性物质之间存在吸附竞争，因此随着含盐度增加，喹啉的吸附量减少。这种现象与Ligthelm等(2009)提出的基于双电层稀释的低含盐度机理不一致。图13.21显示了在高含盐度和低含盐度条件下喹啉在高岭石上吸附作用的可逆性。注意，在pH值=2.5的条件下，质子化的碱性物质的吸附量减少，其原因是在吸附到黏土表面上的过程中质子H^+变得活跃起来。

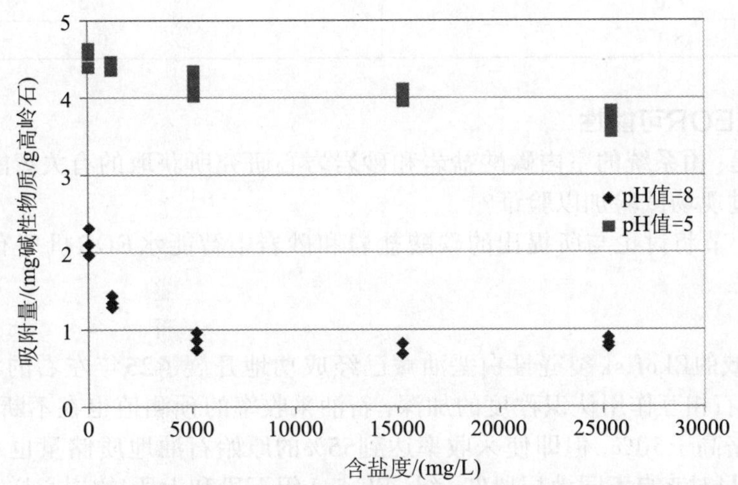

图13.20 在室温且pH值为5或8的条件下喹啉在高岭石表面上的吸附量与盐水含盐度的关系(RezaeiDoust等，2011)

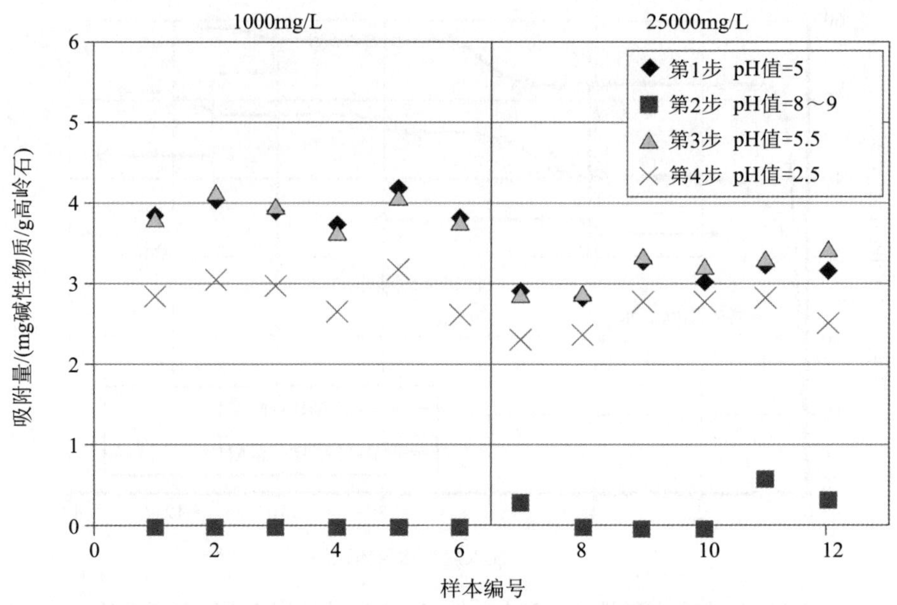

图13.21 在室温条件下含有喹啉、高岭石和盐水的体系中pH值变化引起的吸附可逆性(1～6号样本中含盐度为1000mg/L；而在7～12号样本中含盐度为25000mg/L)(RezaeiDoust等，2011)

质子是与黏土表面亲和力最强的阳离子。在伊利石上也观察到了类似的结果。

原油中酸性组分的吸附作用还强烈地受地层盐水pH值的影响，苯甲酸在高岭石表面上的吸附可以说明这一点，随着pH值从5.3增加到8.1，苯甲酸的最大吸附量从3.7μmol/m^{2}减少到0.1μmol/m^2(见表13.2)(Madsen和Lind，1998)。因此，原油中的酸性物质和碱性物质都会吸附在黏土矿物上，而且其吸附量随着pH值在5～9的区间内逐渐增大而减少。

表13.2 在32℃条件下采用0.1mol/L的NaCl溶液进行试验，苯甲酸在高岭石上的吸附量

pH值$_{初始}$	Γ_{max}/(μmol/m^2)
5.3	3.7
6.0	1.2
8.1	0.1

13.4 现场实例及EOR可能性

现在的问题是：由系统的室内碳酸盐岩和砂岩岩心研究所获取的有关智能水EOR机理的化学认识能否通过现场试验加以验证？

下面的几个小节将讨论与所提出的碳酸盐岩和砂岩中智能水EOR机理有关的现场试验结果。

13.4.1 碳酸盐岩

北海挪威海域的Ekofisk裂缝性白垩油藏已经成功地开展了25年左右的注海水开发。随着人们对流体-岩石相互作用认识程度的加深，石油采收率的预测值也在不断提高。目前预测的石油采收率是略高于50%，但即使采收率达到55%的原始石油地质储量也不会令人吃惊。Torsaeter(1984)最早对来自不同地层段(Tor组、Ekofisk组下段和上段)的岩心样品开展了润湿性研究，其研究结果表明，Ekofisk上段的油湿性太强，无法开展注水开发。自此以后，人们通过实验室试验研究和现场观测逐步加深了对化学机理的认识，而且确信海水对岩石的润湿性以

及岩石力学性质都有影响(Austad等，2008a)。由于海水对白垩地层有削弱作用，所以尽管储层的压力已经增加到了初始压力的水平，但储集岩压实作用仍在持续进行，压实速率大约是12cm/a。与在不发生任何化学反应的情况下地层水和海水在储层内混合而形成的纯混合流体相比，在生产井中海水突破之后，采出水中的Mg^{2+}和SO_4^{2-}的浓度降低，而Ca^{2+}的浓度增大(见图13.22)(Puntervold等，2009)。因此，我们在现场观察到了与在实验室内小块岩心样本上观察到的相同的流体-岩石反应。Ekofisk油田的储层温度比较高，为130℃，这个温度条件非常适合于海水发挥润湿性改良剂的作用，注入的海水通过自吸作用从裂缝进入基质，而石油和原始地层水都将被驱替进入裂缝，并通过裂缝系统进入生产井。

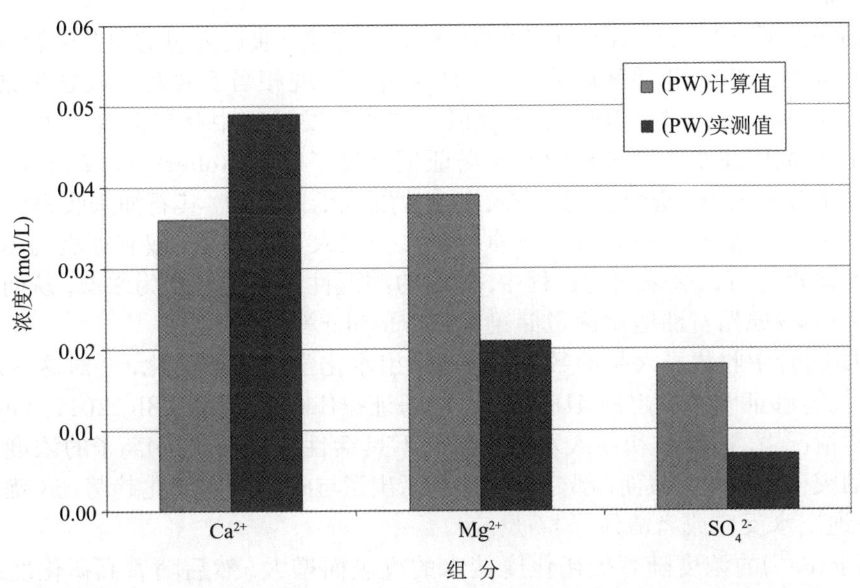

图13.22 与岩石表面上Mg^{2+}替代Ca^{2+}、SO_4^{2-}在岩石表面上吸附以及$CaSO_4$析出有关的采出水中各种离子浓度变化的计算结果和实测结果[采出水含有73.6%(体)海水和26.4%(体)地层水](Puntervold等，2009)

油湿的Ekofisk油层上段大都还没开展过注海水开发，实验室研究结果表明，如果通过滤除不具活性的盐(NaCl)来对海水进行改性，然后利用改性后的海水进行注水开发，那么采收率还可以再提高约10%的原始石油地质储量(Fathi等，2010a)。由于储层温度很高，注入的海水中不能含有高浓度的硫酸盐，以免形成硬石膏沉淀($CaSO_4$)。

北海地区另外一个裂缝性白垩油田(Valhall油田)的储层温度为90℃，明显低于Ekofisk油田。所以，在这个油田利用海水变换润湿性的效果并不如Ekofisk油田那样好，总体上，Valhall油田的水湿性要比Ekofisk油田的低得多。这种情况还反映在原油的酸值上，Ekofisk和Valhall油田的原油酸值分别为0.1mg KOH/g和0.35mg KOH/g。Valhall油田的注海水开发已经开始，BP在油藏条件下开展的系统研究证实，与注地层水相比，注海水明显提高了石油采收率(Webb等，2005b)。在自吸过程中，由不含硫酸盐的地层水驱替的石油量相当于0.224PV，而海水驱替的石油量为0.31PV，这相当于把石油采收率提高了40%。在岩心压差为1psi的条件下开展的强制性自吸过程中，石油采收率从地层水驱替下的45%PV提高到了海水驱替下的60%。因此，还是在90℃的温度条件下，海水可以作为裂缝性白垩油藏中的智能化EOR流体。由于这个温度低于Ekofisk油田的储层温度，所以与注普通海水开发相比，注改性后的海水能够明显提高石油采收率，所谓的改性海水就是贫NaCl但富含硫酸盐的海水，其硫酸盐的含量是普通海水的3~4倍。实验室试验研究表明，与注普通海水相比，注改性后海水所实现的采收率要高出20%~25%(Fathi等，2010a)。问题在于是否能够简便而廉价地生产改性海水。

还有报告称，非裂缝性灰岩油藏中的注海水开发也已取得极大的成功。从阿拉伯湾取海水经由管道输送到沙特沙漠地区的油田，注入灰岩油藏，成功地用于提高石油采收率。取决于油藏的性质，按照Yousef等(2010)最近所报道的方法对海水进行改性/稀释，然后注入油藏，可以提高石油采收率。如前文所述，要在碳酸盐岩中观察到低盐度EOR效应，岩石基质中必须含有硬石膏。

13.4.2 砂岩油藏

在这类油藏的低含盐度EOR方面，BP的经验最为丰富。通过大量的单井试验(McGuire等，2005；Seccombe等，2008)和井间试验，已经证实可以实现相当于波及区域总孔隙体积10%的新增石油采收率(Seccombe等，2007)。在意识到注水开发过程中存在低含盐度EOR效应后，Robertson对以往油田注水开发过程中的现场证据开展了研究(Robertson，2007)，研究对象是美国不同的注水开发油田。研究发现，注入水含盐度较低的油田，其石油采收率要高于注入水含盐度较高的油田。此外，壳牌(Shell)石油公司的研究人员也提出，叙利亚奥马尔油田(Omar)在注低矿化度盐水进行二次采油的过程中，储层的润湿性由油湿转变为水湿，从而使石油采收率提高了10%~14%原始石油地质储量储罐桶数(Vledder等，2010)。

BP从现场试验中收集了大量的数据，例如采出水化学组分的变化，并对这些观测结果进行了分析，寻找能够证明所提出的MIE机理的现场证据(Lager等，2008b，2011；Seccombe等，2010)。在正常情况下，地层水和注入水中类似的不具活性(nonreactive)离子的浓度应当随着低矿化度盐水的突破而降低。然而，部分离子却显示出了与此相反的变化趋势，这就表明存在特殊的注入水-地层水反应或者流体-岩石反应：

① 铁离子(Fe^{2+})的浓度随着低矿化度盐水的突破而增大，然后随着高矿化度盐水的采出而再次降低。解释认为，铁离子包覆在黏土矿物的表面，并构成了黏土矿物与环烷酸之间的桥梁，在MIE机理的作用下这两者都从黏土矿物的表面释放出来。

② Mg^{2+}的浓度大幅降低，稀释作用无法解释如此大的降幅。而后，随着高矿化度盐水到达生产井，这种离子的浓度再一次升高。针对这一现象给出的解释是，Mg^{2+}在MIE过程中发挥了重要的作用，吸附在黏土矿物之上。

③ 在低矿化度盐水驱过程中，以碳酸氢盐(HCO_3^-)的形式出现的碱性物质的浓度增加。但这种效应难以解释，它可能与采出水中溶解的有机组分增多有关。也有人认为，其原因是CO_2在盐水中的溶解度因含盐度较低而增大。

④ H_2S的浓度略有下降，解释其原因是，低矿化度盐水中硫酸盐的含量比较低，因而硫酸盐还原菌(SRB)的活性也比较弱，这被认为是造成Endicott油藏变酸的原因。

Endicott储层中蕴藏有大量的酸性气体(CO_2和H_2S)，在注入低含盐度的水时，这些酸性气体会对盐水起到缓冲作用。这就意味着地层水的pH值远低于7，原油中的酸性物质和碱性物质会强烈地吸附在黏土矿物之上，即黏土变为局部油湿。我们提出了一种观点，即随着低矿化度盐水侵入孔隙系统，活跃阳离子(如Ca^{2+}等)从黏土表面解吸附，因而黏土-盐水界面上出现pH值局部增大的现象。如果这种观点是正确的，那么上述的所有观测结果都很容易解释了(Austad等，2010；RezaeiDoust等，2011)：

① 如果部分铁是以FeS的形式存在于地层中(这并非没有道理)，在碱性环境下，FeS(s)的溶解度会因络合物$Fe(OH)^+$的形成而增加4~5个数量级。

② Mg^{2+}浓度的降低可能与$Mg(OH)^2$随着pH值增大到8~9而沉淀有关。

③ 盐水中碱性物质浓度的减小是碱性溶液中溶解的CO_2数量增多的直接结果。化学平衡式$CO_2+H_2O \rightleftharpoons [H_2CO_3] \rightleftharpoons H^++HCO_3^-$将随着pH值的增大而偏向右侧。

④ 与之类似，H_2S的浓度会因普通的酸碱反应而降低：$H_2S+OH^- = HS^-+H_2O$。

因此，无需开展复杂的地球化学模拟就可以解释这些观测结果。采出水的pH值不但没有增加，反而出现了小幅下降。由于储层中的化学组分有着很强的缓冲作用，因而估计见不到采出水pH值增加的现象。

13.4.3 Statoil公司Snorre先导试验项目

Statoil公司曾开展过室内低矿化度盐水岩心驱替试验，但EOR效果比较差，仅实现新增采收率2%(Skrettingland等，2010)。尽管如此，该公司最近还是在Snorre油田开展了低矿化度盐水驱单井先导试验。室内试验所采用的岩心样品来自以下地层：Statjord组上段和下段及Lunde组。现场先导试验是在Statjord组上段中开展的，试验结果证实了实验室研究结论，在把注入流体从普通海水(34020mg/L)转换为低矿化度盐水(440mg/L)后，地层含油饱和度没有发生明显的改变。总体来讲，Snorre油田的储层应当具备开展低含盐度EOR的条件。石油中含有极性组分，酸值比较低，AN=0.02mg KOH/g，但碱值却相当高，BN=1.1mg KOH/g。虽然地层水的含盐度接近海水的含盐度(34300mg/L)，但其中的Ca^{2+}的浓度却是海水的3～4倍。黏土矿物类型主要是高岭石，其含量在10%～20%的区间变化。油藏温度是90℃。导致低含盐度EOR效果如此之差的原因究竟是什么?

Skrettingland等(2010)曾提到，诸如原油类型和原始润湿条件等参数可能都至关重要。Snorre油田原油中有机酸的含量比较低，这可能是导致低含盐度EOR效果比较差的一个原因。这些研究人员还注意到，采出水的pH值异常高，达到了10左右。

采用来自Lunde组地层的岩心样品开展的一项新研究(Reinholdtsen等，2011)证实，在岩心样本制备过程中，在采用地层水驱替岩心时，流出物的pH值相当高，大约为10。在6bar的压力下使Snorre STO岩心饱含CO_2，希望在放置一段时间后能够使原始地层水的pH值有所减小。图13.23显示了其中一个岩心的石油采收率。注入流体的顺序是：地层水、海水和NaCl浓度为500mg/L的低矿化度盐水。注地层水实现的石油采收率略高于51%，注海水后提高到了55%，但注低矿化度盐水并没有使采收率提高，甚至在把注入速度提高2倍和4倍的情况下也是如此。注海水驱替岩心时观察到了小规模的低含盐度EOR效应，所采用的海水的含盐度与地层水接近，但其Ca^{2+}浓度却仅是后者的三分之一。与所提出的机理一致，发挥作用的并不是含盐度的变化(这是最为重要的)，而是最具活性的阳离子Ca^{2+}浓度的变化。海水中Mg^{2+}的浓度是地层水的6.4倍，但其作用似乎可以忽略不计。

进一步分析岩石的矿物组成证实，Snorre油田岩心的斜长石含量很高(6%～35%)。斜长石是一种多晶硅，而且具有化学结构$NaAlSi_3O_8$的钠长石经常被用做它的实例。在水中，斜长石会形成碱性溶液，其化学反应式如下：

$$NaAlSi_3O_8 + H_2O \rightleftharpoons NaAlSi_3O_8 + OH^- + Na^+$$

在中等含盐度条件下，例如Snorre油田地层水，H^+会取代Na^+，引起溶液的pH值增大。即使原油饱含CO_2，从岩心中最早排出的盐水的pH值也会高于7(见图13.23b)。因此，活性斜长石矿物的存在对地层盐水具有缓冲作用，使平衡状态下的pH值高于7，这将减少原油中碱性和酸性组分在黏土矿上的吸附量。Snorre原油具有非常低的酸值和比较合理的高碱值，这说明黏土矿物的润湿性主要取决于原油中的碱性物质。在pH值大于7时，类似于吡啶(pyridine-like)的质子化的碱所占比例较低，这将使黏土矿物上吸附的碱性物质的数量减少(Austad等，2010；Burgos等，2002)。因此，由于地层水的pH值比较高(pH值约为7.5)，黏土矿物会表现出相当强的水湿性，从而使观测到低含盐度效应的可能性变小。

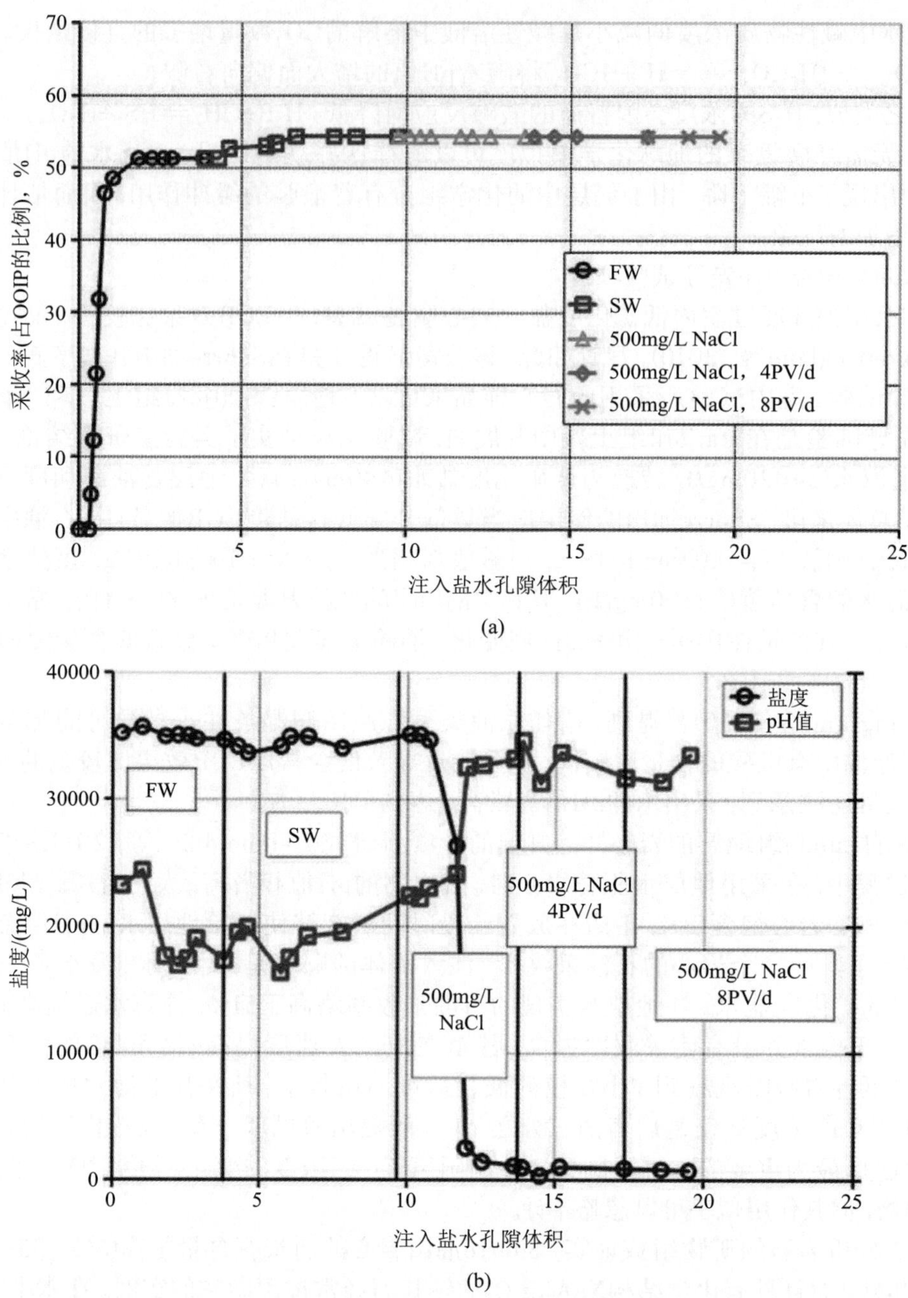

图13.23 (a)油采收率与注入的盐水孔隙体积(PV)的关系(注水速度为2PV/d；注入流体的顺序为FW、SW和低含盐水500mg/L NaCl；T_{res}590℃)；(b)注入盐度和pH值与盐水孔隙体积(PV)的关系(Reinholdtsen等，2011)

所以，在加深了对低含盐度EOR机理的化学认识之后，下一步应当能够对油田开展低含盐度EOR的潜力开展评价。

13.5 结论

注智能水可以明显提高碳酸盐岩油藏和砂岩油藏的石油采收率。为了设计最优的智能水，需要掌握CBR相互作用方面的丰富化学知识，而且这方面的知识必须通过在可控的条件下开展系统的实验室研究来获取。有关润湿性转换的深入化学认识，可用于解释现场试验结果，并用于评价可能的水基EOR潜力。本文所介绍的研究是朝着这个方向迈出的一小步，但也是很重要的一步。

参考文献

Austad, T., Strand, S., Madland, M.V., Puntervold, T., Korsnes, R.I., 2008a. Seawater in chalk: an EOR and compaction fluid. SPE Reservoir Eval. Eng. 11 (4), 648—654.

Austad, T., Strand, S., Puntervold, T., Ravari, R.R., 2008b. New method to clean carbonate reservoir cores by seawater. Paper SCA2008-15 Presented at the International Symposium of the Society of Core Analysts, 29 October—2 November.

Austad, T., RezaeiDoust, A., Puntervold, T., 2010. Chemical mechanism of low salinity water flooding in sandstone reservoirs. Paper SPE 129767 Prepared for Presentation at the 2010 SPE Improved Oil Recovery Symposium, 24—28 April.

Austad, T., Shariatpanahi, S.F., Strand, S., Black, C.J.J., Webb, K.J., 2011. Condition for low salinity EOR effect in carbonate oil reservoirs. Thirty-Two Annual IEA EOR Symposium and Workshop, 17—19 October.

Buckley, J.S., 1995. Asphaltene precipitation and crude oil wetting—crude oils can alter wettability with or without precipitation of asphaltenes. SPE Adv. Technol. Ser. 3 (1), 53—59.

Burgos, W.D., Pisutpaisal, N., Mazzarese, M.C., Chorover, J., 2002. Adsorption of quinoline to kaolinite and montmorillonite. Environ. Eng. Sci. 19 (2), 59—68.

Fathi, S.J., Austad, T., Strand, S., 2010a. "Smart Water" as wettability modifier in chalk: the effect of salinity and ionic composition. Energy Fuels 24, 2514—2519.

Fathi, S.J., Austad, T., Strand, S., Frank, S., Mogensen, K., 2010b. Evaluation of EOR potentials in an offshore limestone reservoir: a case study. Eleventh International Symposium on Reservoir Wettability, 7—9 September.

Fathi, S.J., Austad, T., Strand, S., 2011. Effect of water-extractable carboxylic acids in crude oil on wettability in carbonates. Energy Fuels 25, 2587—2592.

Jadhunandan, P.P., Morrow, N.R., 1995. Effect of wettability on water flood recovery for crude oil/brine/rock systems. SPE Reservoir Eng. February, 40—46.

Lager, A., Webb, K.J., Black, C.J.J., 2007. Impact of brine chemistry on oil recovery. Paper A24 Presented at the Fourteenth European Symposium on Improved Oil Recovery, 22—24 April.

Lager, A., Webb, K.J., Black, C.J.J., Singleton, M., Sorbie, K.S., 2008a. Low salinity oil recovery—an experimental investigation. Petrophysics 49 (1), 28—35.

Lager, A., Webb, K.J., Collins, I.R., Richmond, D.M., 2008b. LoSalTM enhanced oil recovery: evidence of enhanced oil recovery at the reservoir scale. Paper SPE 113976 Presented at the 2008 SPE/DOE Improved Oil Recovery Symposium, 19—23 April.

Lager, A., Webb, K.J., Seccombe, J.C., 2011. Low salinity water flood, Endicott, Alaska: Geochemical study and field evidence of multicomponent ion exchange. Sixteenth European Symposium on Improved Oil Recovery, 12—14 April.

Ligthelm, D.J., Gronsveld, J., Hofman, J.P., Brussee, N.J., Marcelis, F., van der Linde, H.A., 2009. Novel water flooding strategy by manipulation of injection brine composition. Paper SPE 119835 Presented at the 2009 SPE EUROPEC/EAGE Annual Conference and Exhibition, 8—11 June.

Madsen, L., Lind, I., 1998. Adsorption of carboxylic acids on reservoir minerals from organic and aqueous phase. SPE Reservoir Eval. Eng. 47—51 (February).

Masalmeh, S.K., Oedai, S., 2009. Surfactant enhanced gravity drainage: laboratory experiments and numerical simulation model. Paper SCA2009-06 Presented at the International Symposium of the Society of Core Analysts, 27—30 September.

McGuire, P.L., Chatham, J.R., Paskvan, F.K., Sommer, D.M., Carini, F.H., 2005. Low salinity oil recovery: an exciting new EOR opportunity for Alaska's North slope. Paper SPE 93903 Presented at the 2005 SPE Western Regional Meeting, 30 March— 1 April.

Pierre, A., Lamarche, J.M., Mercier, R., Foissy, A., 1990. Calcium as a potential determining ion in aqueous calcite suspensions. J. Dispersion Sci. Technol. 11 (6), 611—635.

Pu, H., Xie, X., Yin, P., Morrow, N.R., 2008. Application of coalbed methane water to oil recovery by low salinity water flooding. Paper SPE 113410 Presented at the 2008 SPE Improved Oil Recovery Symposium, 19—23 April.

Puntervold, T., Austad, T., 2008. Injection of seawater and mixtures with produced water into North Sea chalk formation: impact of fluid—rock interactions on wettability and scale formation. J. Pet. Sci. Eng. 63, 23—33.

Puntervold, T., Strand, S., Austad, T., 2007. Water flooding of carbonate reservoirs: effects of a model base and natural crude oil bases on chalk wettability. Energy Fuels 21 (3), 1606—1616.

Puntervold, T., Strand, S., Austad, T., 2009. Co-injection of seawater and produced water to improve oil recovery from fractured North Sea chalk oil reservoirs. Energy Fuels 23 (5), 2527 2536.

Rao, D.N., 1996. Wettability effects in thermal recovery operations. SPE/DOE Improved Oil Recovery Symposium, 21—24 April.

Ravari, R.R., Strand, S., Austad, T., 2010. Care must be taken to use outcrop limestone cores to mimic reservoir core material in SCAL linked to wettability alteration. Eleventh International Symposium on Reservoir Wettability, 7—9 September.

Ravari, R.R., Strand, S., Austad, T., 2011. Combined surfactant-enhanced gravity drainage (SEGD) of oil and the wettability alteration in carbonates: the effect of rock permeability and interfacial tension (IFT). Energy Fuels 25, 2083—2088.

Reinholdtsen, A.J., RezaeiDoust, A., Strand, S., Austad, T., 2011. Why such a small low salinity EOR—potential from the Snorre formation?

Sixteenth European Symposium on Improved Oil Recovery, 12—14 April.

RezaeiDoust, A., Puntervold, T., Austad, T., 2011. Chemical verification of the EOR mechanism by using low saline/smart water in sandstone. Energy Fuels 25, 2151—2162.

Robertson, E.P., 2007. Low-salinity water flooding to improve oil recovery—Historical field evidence. Paper SPE 109965 Presented at the 2007 SPE Annual Technical Conference and Exhibition, 11—14 Nov.

Seccombe, J.C., Lager, A., Webb, K.J., Jerauld, G., Fueg, E., 2008. Improving water flood recovery: LoSal EOR field evaluation. Paper SPE 113480 Presented at the 2008 SPE/DOE Improved Oil Recovery Symposium, 19—23 April.

Seccombe, J., Lager, A., Jerauld, G., Jhaveri, B., Buikema, T., Bassler, S., et al., 2010. Demonstration of low-Salinity EOR at interwell scale, Endicott field, Alaska. Paper SPE 129692 Presented at the 2010 SPE Improved Oil Recovery Symposium, 24—28 April.

Shariatpanahi, S.F., Strand, S., Austad, T., 2011. Initial wetting properties of carbonate oil reservoirs: effect of the temperature and presence of sulfate in formation water. Energy Fuels 25 (7), 3021—3028.

Shariatpanahi, S.F., Strand, S., Austad, T., Aksulu, H., 2012. Wettability restoration of a limestone oil reservoir using completely water-wet cores from aqueous zone. Pet. Sci. Technol. 30, 1—9.

Sheng, J.J., 2012. Comparison of the effects of wettability alteration and IFT reduction on oil recovery in carbonate reservoirs. Asia-Pacific J. Chem. Eng. (in press).

Shimoyama, A., Johns, W.D., 1972. Formation of alkanes from fatty acids in the presence of $CaCO_3$. Geochim. Cosmochim. Acta 36, 87—91.

Skrettingland, K., Holt, T., Tweheyo, M.T., Skjevrak, I., 2010. Snorre low salinity water injection—core flooding experiments and single well field pilot. Paper SPE129877 Presented at the 2010 SPE Improved Oil Recovery Symposium, 22—26 April.

Speight, J.G., 1999. The Chemistry and Technology of Petroleum. Chemical Industries. Marcel Dekker, New York, NY.

Standnes, D.C., Austad, T., 2000a. Wettability alteration in chalk. 1. Preparation of core material and oil properties. J. Pet. Sci. Eng. 28 (3), 111—121.

Standnes, D.C., Austad, T., 2000b. Wettability alteration in chalk. 2. Mechanism for wettability alteration from oil-wet to water-wet using surfactants. J. Pet. Sci. Eng. 28 (3), 123 — 143.

Standnes, D.C., Nogaret, L.A.D., Chen, H.-L., Austad, T., 2002. An evaluation of spontaneous imbibition of water into oil-wet carbonate reservoir cores using a nonionic and a cationic surfactant. Energy Fuels 16 (6), 1557—1564.

Stoll, W.M., Hofman, J.P., Ligthelm, D.J., Faber, M.J., van den Hoek, P.J., 2007. Field-scale wettability modification—The limitations of diffusive surfactant transport. Paper SPE 107095 Presented at the SPE Europec/EAGE Annual Conference and Exhibition, 11 — 15 June.

Strand, S., H0gnesen, E.J., Austad, T., 2006a. Wettability alteration of carbonates—effects of potential determining ions (Ca^{2+} and SO_4^{2-}) and temperature. Colloids Surf. A Physicochem. Eng. Aspects 275, 1—10.

Strand, S., Standnes, D.C., Austad, T., 2006b. New wettability test for chalk based on chromatographic separation of SCN^- and SO_4^{2-}. J. Pet. Sci. Eng. 52, 187—197.

Strand, S., Puntervold, T., Austad, T., 2008. Effect of temperature on enhanced oil recovery from mixed-wet chalk cores by spontaneous imbibition and forced displacement using seawater. Energy Fuels 22, 3222—3225.

Tang, G., Morrow, N.R., 1999a. Influence of brine composition and fines migration on crude oil/brine/rock interactions and oil recovery. J. Pet. Sci. Eng. 24, 99—111.

Tang, G., Morrow, N.R., 1999b. Oil recovery by water flooding and imbibition—invading brine cation valency and salinity. Paper SCA9911 Presented at the International Symposium of the Society of Core Analysts, 1—4 August.

Torsaeter, O., 1984. An experimental study of water imbibition in chalk from the Ekofisk field. Paper SPE12688 Presented at the SPE/DOE Fourth Symposium on Enhanced Oil Recovery, 15—18 April.

Vledder, P., Fonseca, J.C., Wells, T., Gonzalez, I., Ligthelm, D., 2010. Low salinity water flooding: proof of wettability alteration on a field wide scale. Paper SPE 129564 Presented at the 2010 SPE Improved Oil Recovery Symposium, 24—28 April.

Webb, K.J., Black, C.J.J., Edmonds, I.J., 2005a. Low salinity oil recovery—the role of reservoir condition corefloods. Paper C18 Presented at the Thirteenth European Symposium on Improved Oil Recovery, 25— 27 April.

Webb, K.J., Black, C.J.J., Tjetland, G., 2005b. A laboratory study investigating methods for improving oil recovery in carbonates. International Petroleum Technology Conference (IPTC), 21—23 November.

Yousef, A.A., Al-Saleh, S., Al-Kaabi, A., Al-Jawfi, M., 2010. Laboratory investigation of novel oil recovery method for carbonate reservoirs. Paper CSUG/SPE 137634 Presented at the Canadian Unconventional Resources & International Petroleum Conference, 19—21 October.

Zhang, P., Austad, T., 2006. Wettability and oil recovery from carbonates: effects of temperature and potential determining ions. Colloids Surf. A Physicochem. Eng. Aspects 279, 179—187.

Zhang, Y., Morrow, N.R., 2006. Comparison of secondary and tertiary recovery with change in injection brine composition for crude oil/ sandstone combinations. Paper SPE 99757 Presented at the 2006 SPE/DOE Symposium on Improved Oil Recovery, 22—26 April.

Zhang, P., Tweheyo, M.T., Austad, T., 2006. Wettability alteration and improved oil recovery in chalk: the effect of calcium in the presence of sulfate. Energy Fuels 20, 2056—2062.

Zhang, P., Tweheyo, M.T., Austad, T., 2007a. Wettability alteration and improved oil recovery by spontaneous imbibition of seawater into chalk: impact of the potential determining ions: Ca^{2+}, Mg^{2+} and SO_4^{2-}. Colloids Surf. A Physicochem. Eng. Aspects 301, 199—208.

Zhang, Y., Xie, X., Morrow, N.R., 2007b. Water flood performance by injection of brine with different salinity for reservoir cores. Paper SPE 109849 Presented at the 2007 SPE Annual Technical Conference and Exhibition, 11—14 November.

第14章 实施化学驱提高采收率项目所需设施

John M. Putnam

(SNF Holding公司FLOQUIP工程部，美国佐治亚州Riceboro邮箱250，邮编31323)

14.1 引言

对于各种化学驱提高采收率(EOR)工艺，包括聚合物增强水驱、碱-表面活性剂-聚合物(ASP)复合驱和表面活性剂聚合物驱，本章要界定和描述在注入端设计和安装的特殊地面设备和设施。把这些注入设施视为一种修正的注水方案是有益的，而化学剂输送、处理和计量方面的一些子系统都可以纳入基本水驱的水处理、储存和注入设施中，以构成一套量体打造的单一综合设施。本文介绍的实例代表了陆上油田的应用。

不管是先导试验项目，还是全油田项目，设施的装配和建造样式可以是不一样的，但工艺流程设计仍然大体上相同。例如，单注入井(IW)先导试验项目或低注入量多井先导试验项目都可以按照工厂预制的橇装装置进行设计和装配。在供水罐、废液池和注入井流动管线之间可以快速安装连接管道和电缆的油田，可以使用这种设施。

图14.1所示的是一个在工厂预制的碱-表面活性剂-聚合物(ASP)注入拖移式联合装置(skid-type assembly)，是为科罗拉多州东北部一个1500bbl/d的单注入井先导试验项目设计的。所有的化学剂处理系统都被纳入一个宽10ft×长40ft的拖移式建筑物内(skid building)。使用的纯碱是由散装气动式卡车运送到装置前面的筒仓中。位于筒仓左侧和装置(plant)顶端的表面活性剂储罐可以接收一家得克萨斯州制造商提供的散装表面活性剂。这里的处理水罐就分布在主体装置(main plant)的后面。

图14.1 碱-表面活性剂-聚合物(ASP)注入拖移式联合装置(摄影：John M.Putnam)

根据有关油田的空间位置状况，多注入井高注入速率的标配设施可以更为经济地安装在永久性建筑物或多个注入站内。

图14.2所示是一套在工厂预制的3000bbl/d的聚合物注入设施，是为加拿大西部严酷的极地环境设计和安装的，其中特别考虑了各组件的保温、取暖和通风问题。一个组件安装有聚合物装卸和处理装置，第二个组件则含有两台柱塞式注入泵以及电动控制中心和控制板。

图14.2 为加拿大西部严酷的极地环境设计和安装的注入设施
(照片经SNF Floerger同意使用)

图14.3是一套在阿曼现场建造的大型聚合物处理和注入设施。它的滑橇是固定在带有遮阳棚的永久性混凝土基座上的。所有的27口注入井都由一台专用的高压容积式注入泵承担注入任务。这套设施能将经海路和陆路运到现场的集装箱中的散装聚合物接收到多个筒仓中。在高达10^{15}psi的设计压力下，这套设施的处理和注入能力可达11×10^4bbl/d以上。

图14.3 一套在阿曼现场建造的大型聚合物处理和注入设施
(照片经SNF Floerger同意使用)

图14.4是另一个永久性设施的例子。这套聚合物驱的先导试验设施安装在中国东北的大庆油田。注意，它有多个(3个)聚合物处理单元和袋式散装装卸装置。

本章不讨论开采方面的设备和设施，但就化学驱提高采收率项目而言，它们有时也要予以加强和改造的。

图14.4 安装在中国东北大庆油田的聚合物驱先导试验的设施(摄影: John M. Putnam)

14.2 项目的整体要求

不管是前述的哪一种制造和安装形式，化学驱提高采收率设施的设计者都需要了解项目作业者对下述性能和作业参数的明确解释，以便能够恰当地确定有关设施的规模并考虑使用水驱设施和化学剂处理装置时固有的后勤供应和作业因素。

图14.5是一张有用的展开表，可用于计算一个碱-表面活性剂-聚合物(ASP)复合驱项目的每日化学剂消耗量和处理流量。这张物料平衡和消耗明细表所显示的是哥伦比亚国家石油公司实施的一个1×10^4bbl/d的ASP先导试验项目的投入情况。请注意，该表左下方的ASP配方和右下方的化学剂细节。只要记入设计的注入速率，就可以计算物料平衡和每日化学剂消耗量。这些都是配置计量泵系统和设计库存化学剂现场储存设施所需要的基本流量数据。在设计的注入速率下，这一项目要求作业者每日提供和处理超过6.1×10^4bbl的纯碱。

ASP化学品注射比例率表

注入泵排量(LMP)		m^3/h	导致的化学剂泵排量	
1号注入井	368.06	22.08	聚合物	165.63L/min
2号注入井	368.06	22.08	碱	1159.38kg/h(干基)
3号注入井	368.06	22.08	表面活性剂	646.97L/h
4号注入井	0.00	0.00	水处理剂	8.10L/h
5号注入井	0.00	0.00	碱溶液	$24.61m^3/h$
6号注入井	0.00	0.00		
7号注入井	0.00	0.00		
总结	1104.17	$1590m^3/d$ 103.4bar		

化学剂日耗量(以供应量表示)	
2385.00kg	3.18bags(750kg)
27825.00kg	$28.95m^3$
15900.00kg	15163.42L

化学剂年耗量(以供应量表示)		
第1年/t	第2年/t	项目合计
8.71	435	1306
10156		10156
5804		5804

提示：

① 以LMP记入每台注入泵的注入排量，例如1.45LMP就记1.45。

② 每口注入井都要记入一个数值，即使井和注入泵是关闭的也要记。

③ 有关的PLC将会把聚合物、碱和表面活性剂的计量泵调节到“导致的化学剂泵排量”表所列出的数值，而此表是根据下面的ASP配方表得出的。

④ 记入下面表格单元的新数值，以修改有关计算和物料平衡数据。

计算基础	
ASP配方	
聚合物	1500mg/L
碱	17500mg/L
表面活性剂	2000mg/L
水处理剂	55mg/L

常数				SpG
聚合物库存				
浓度	10000mg/L	1.000		1.000
纯碱	4.5%活性	1.047	kg/L	1.047
表面活性剂	20% 活性	1.024	kg/L	1.024
水处理剂	45% 活性			1.000
氧清除剂				

图14.5 这张物料平衡明细表显示了一个1×10^4bbl/d的碱-表面活性剂-聚合物(ASP)复合驱先导试验项目的投入情况

图14.6所显示的是根据母溶液罐的工作容积以及由排量和设计注入压力所决定的注入泵功率大小而进行的聚合物水化时间计算。这张明细表提供了两种必不可少的设计和工程细节：①水化罐的最小容积是根据记入的母溶液浓度、以分钟表示的设计水化时间、井下浓度以及设计的注入速率来计算的。在这个例子中，聚合物体系被调整为产生1×10^4mg/L的母溶液；同时，在井下浓度为1500mg/L时注入速率是1×10^4bbl/d。这张明细表算出了当水化时段是60min时，就要有62.5bbl水化罐容积。但这一聚合物体系已被设计为100bbl的水化罐容积。因此，同样作业参数下的实际水化时段是97min。②这张明细表还显示了为三台注入泵算出的每台所需功率。填入设计的注入速率和压力，然后就可以算出每台泵所需要的功率是85hp(1hp≈735.5W，下同)，因此安装了符合其他相关项目规范的100-PH变频器专用马达。

SNF FLOQUIP

聚合物体系计算器明细表

提示：

① 输入黄影区中所需要的数值。

② 查看蓝影区中算出的结果。

③ 拖移式熟化罐的最大工作容积是16m³，因此小于16的任何数值(F11)都等同于水化时间要长于输入的熟化时间(C13)。

库存聚合物浓度，%	10000%
井下浓度，%	0.1500%
井下浓度/(m³/d)	1590
最短熟化时间/min	60
实际熟化时间/min	97

注入泵所需功率计算器	
所需马力	84.90
所需千瓦数/kW	63.38
排量/(m³/d)	530.00
压力/bar	103.40

	公制	bbl	gal	ft³	lb
聚合物日用量(干剂)/kg	2385.00	62.50	2625.21	350.94	5258.03
熟化罐工作容积/m³	9.94		43.75		
计量泵额定排量(200r/min)/(L/min)	165.63	3.82	160.43	21.45	
稀释水排量/(L/min)	607.29				
推荐的罐总容积/m³	12.42	78.13	3281.51	438.67	
推荐的计量泵最大排量/(L/min)	220.83		58.34		

排量换算	bbl/d	m³/d
		0.16
	250	39.75
	500	79.49
	750	119.24
	1000	158.99
排量换算	bbl/d	bbl/d
	1	0.0689476
	1000	68.95
	1750	120.66

图14.6 根据母溶液罐的工作容积以及由排量和设计注入压力所决定的注入泵功率大小而进行的聚合物水化时间计算

下面各项是设施工程师在正确设计和具体确定化学剂处理装置和注入设备时所需要的最低限度设计指标和作业参数：

① 注入流体的配方；

② 化学剂的包装和供应(即装运重量、净包装重量、可用仓储、可获得供应以及订货期)；

③ 标称设计的累计日注入量；

④ 单口注入井日注入速率范围；

⑤ 井口注入压力的最高设计；

⑥ 注入井数量；

⑦ 注入装置方案(即各井的专用注入泵或多井的注入干线分布)；

⑧ 水源和水质；

⑨ 地理位置和气象条件，包括地震带类别、当地建筑规范、空气质量和作业准许条件；

⑩ 与现有公用服务事业和现场自动控制装置的电力和控制联系。

14.3 化学驱提高采收率的注入方式

由于组成注入液配方的每一种化学剂对装卸、处理和计量装置都有特殊要求，所以有关设施的工艺流程方案必须为有关项目的特点量身定制。此外，有效化学剂注入方案还要求在作业过程的不同阶段使用不同的注入流体配方。因此，注入设施的设计必须能接纳在添加和剔除某些化学剂成分时的工艺和注入速率的种种变化。例如，表面活性剂-聚合物(SP)的项目可能要求一开始是活性剂注入阶段，随后就是一个仅注入聚合物的阶段。在这种情况下，有关设施的设计必须要达到两种不同方式所要求的注入速率。

这里要讨论和描述各种驱油工艺的注入方式，包括聚合物(P)驱、SP驱、碱-聚合物(AP)驱和ASP驱。作为一条基本原则，每套设施的设计都要围绕着常规的水驱注入工艺流程来定位，因而化学剂的各种次级装置都要与主体注入设施结合在一起，以构成完整的化学驱提高采收率注入设施。为了便于讨论，一套基本的水驱注入设施的构成包括水处理和储存器、水灌注或增压泵、最终溶液过滤器、高压容积式注入泵和控制器。

在介绍各种化学驱提高采收率注入方式的基本工艺流程设计之后，将讨论不同化学剂所要求的现场装卸和处理条件。

14.3.1 聚合物驱

图14.7是一幅典型的聚合物驱注入工艺流程图(PFD)。聚合物的装卸、处理和计量装置是直接与一套常规的水驱注入设施结合在一起的。聚合物装置的控制和自动操作是与注入装置联锁的，而后者能自动启动、关闭聚合物母溶液的计量泵并对它进行排量控制。聚合物的装卸、分散、配料和水化处理是根据母溶液计量泵的需求自动控制的。

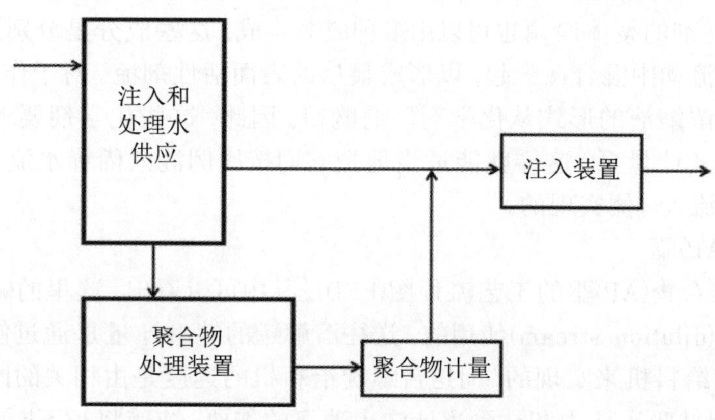

图14.7 典型的聚合物驱注入工艺流程图(PFD)

对于这种方式，有一套专用的聚合物装卸、处理和计量装置要添加到基本的水驱设施设计中。这套聚合物装置将包括一台低剪切容积式泵(low-shear positive-displacement type pump)，是用于计量通往注入泵吸入管汇的水化浓缩“母”溶液流量的。这种“母”溶液将在该吸入管汇中与稀释水混合成所需要的井下浓度。为了增强混合作用并在进入橇装溶液最终过滤装置前形成一种最后的均质溶液，一般都要在母溶液注入点的排出一侧加入一台管线中的或静态的混合器。最佳的母溶液与稀释水之比在1:3范围之内。目前使用的工业聚合物水化装置所生产的母溶液能达到1×10^4mg/L或1%的浓度。根据水质和所要求的井下黏度的不同，大多数聚合物驱所设计的最终聚合物溶液的浓度为500~3000mg/L。

14.3.2 表面活性剂-聚合物(SP)驱

在聚合物驱PFD的基础上，图14.8所示的SP驱设施添加了表面活性剂部件和相关的计量泵装置。为了实现自动操作和成比例的排量控制，这一计量泵装置是与有关的注入装置结合在一起的，这样就能保证在日常作业中不断地保持所要求的SP配方，即使注入速率发生变化也是如此。

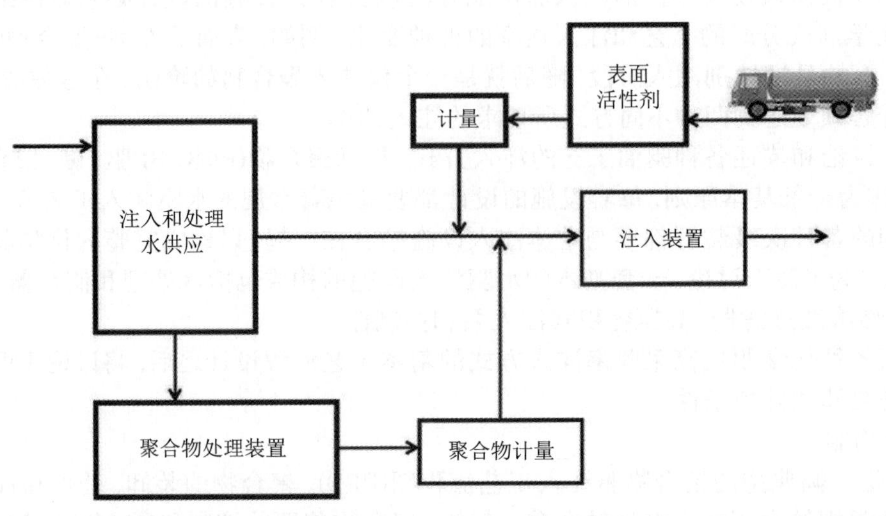

图14.8 添加了表面活性剂部件和相关的计量泵装置的表面活性剂-聚合物(SP)驱设施

一般说来，SP驱项目需要按特定配方同时注入表面活性剂和聚合物，同时前者的浓度要低于后者。表面活性剂的整体段塞也可以由多种成分构成。这些成分是分别运送到现场的，然后按特定的顺序在流动中混合在一起，以形成最后的表面活性剂流。对于作业公司来说，多数表面活性剂都能以浓缩液的形式从化学剂厂商购得。因此，这些化学剂要求在注入设施处有液体储存器和容积式计量泵，这样就能适当地把它们按比例混入稀释水流，这通常是在聚合物母溶液添加点的流入一侧实现的。

14.3.3 碱-聚合物(AP)驱

图14.9是碱-聚合物(AP)驱的工艺流程图(PFD)。从中可以看出，这里的碱溶液是作为聚合物母溶液的稀释流(dilution stream)使用的。送往溶解罐的纯碱计量是通过使用一台有重量损耗或称重式的螺旋给料机来实现的，而这台螺旋给料机的速度是由相关的比例控制装置来调整的。因此，根据保持吸入压力和达到累计注入速率的需要，纯碱将被不断地送进溶解罐，同时所形成的溶液则被泵送到注入装置的吸入管汇。

在这种注入方式中，碱溶液既可以由氢氧化钠(NaOH)的库存液产生，也可以通过溶解碳酸钠(Na_2CO_3)而获得。从健康、安全和环境因素考虑，以及出于储层岩性和成本原因，获取碱溶液的第二种途径目前在现场使用得最普遍。既可以通过分批间歇方法将纯碱制备成浓缩溶液，然后经过容积式泵的计量而进入到稀释水和聚合物母溶液流中；但也可以通过一个持续溶解装置在流动中使纯碱瞬时混合，所得到的溶液可以用做聚合物母溶液的主要稀释流。在与聚合物母溶液混合前，纯碱制成的溶液应按标称10μm网眼予以过滤。与分批间歇方法相比，流动的持续方法能使设施设计者和项目经营者有更为紧凑的工艺装备，即减少了设备部件，降低了复杂性，缩小了占用面积。

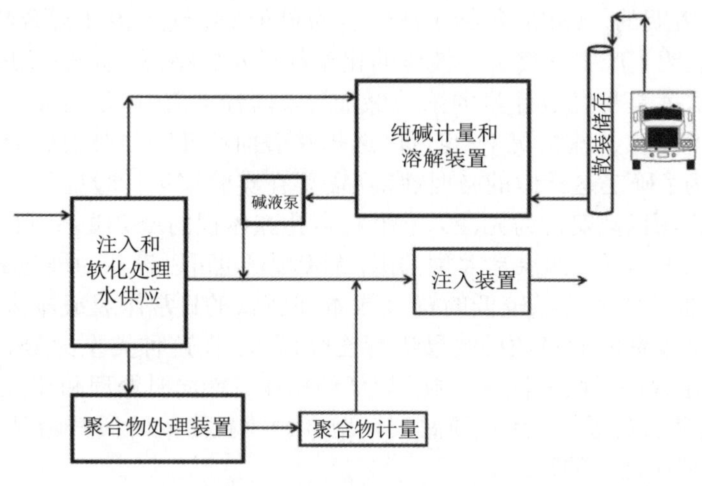

图14.9 碱-聚合物驱的工艺流程图

厂商供应的氢氧化钠或苛性钠一般都是50%浓度的溶液。这里的NaOH是通过一台安装在聚合物母溶液注入点进液一侧的容积式泵来计量并添加到稀释水流中的。井下的碱浓度一般为0.5%~3%。

14.3.4 碱-表面活性剂-聚合物(ASP)驱

把碱、表面活性剂和聚合物注入的基本工艺流程与常规的水驱注入方案结合起来，就能得出类似于图14.10所示的ASP工艺流程图(PFD)。此图是为哥伦比亚一个1×10^4bbl/d的项目设计的。这一设计采用了单一的活性剂成分和分批式纯碱溶解和计量装置。因此，为达到井下流量除了要有最后的水稀释流，这三种化学剂都还需要有容积式计量泵。这些化学剂流量是通过向整套设施的计算机控制装置输入所要求的井下化学剂配方和累计注入排量而自动计算和调节的。还要注意这里有预先处理所有作业和注入用水的水软化装置。

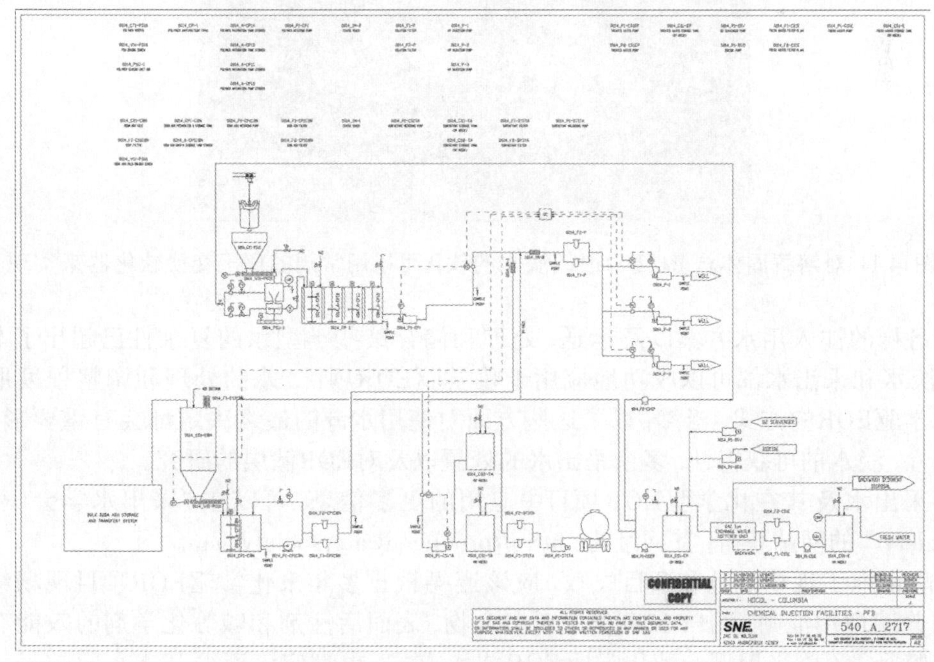

图14.10 ASP工艺流程图(PFD)

正如其名称所表明的，ASP驱包括了已结合为单种ASP注入流体混合物的上述所有三种注入方式。ASP也表明了产生最终井下流体的化学剂导入顺序。如果已采用分批方法产生了碱液，那么推荐的做法就是将经过计量的浓缩碱液导入稀释水流中，随后加入表面活性剂，最后再加入聚合物母溶液。在某些情况下，也可以选择在表面活性剂与其他成分混合前预先以1:4的比率将其稀释。为了确定这样做的必要性，还需要在实验室进行验证。

有许多ASP注入项目被安排为先注入一个特定孔隙体积的ASP段塞，随后再注入一定孔隙体积的单独聚合物(P)。还有，如果是大型油田，ASP项目也可以设计为渐进式注入到整个油田的井网。这种做法能让作业者以较低的资金成本和较低的日常作业成本来经营ASP项目。此外，这样做无需前期投资就能对项目效果进行连续评价。在这种类型的ASP/P注入方案中，必须设计有关的化学驱提高采收率注入设施，以便使作业者能同时处理和注入两种相态。因此，聚合物装置和注入装置的设计，都必须做到在聚合物单独注入阶段开始以及ASP注入转移到下一个井网时能处理所需要的流体。

14.4 水的处理和调整

对于工艺和注入用水，通常需要有最低标准的预处理。AP和ASP项目要求把钙和镁的硬度降到很低水平(<17mg/L或1grain硬度)，以防止这些阳离子因高pH值的溶液而发生沉淀。如图14.11所示，对溶解固体总量(TDS)很低淡水的软化可以用常规的离子交换软化器来实现。在这个例子中，超过3.6×10^4bbl/d的淡井水就是通过这个单一软化器串来软化的。如果有另一个完全相同的软化器串，就会有富余作业能力，这样就可以让一个软化器串进行再生和反冲洗，而另一个软化器串则可以继续进行软化。

图14.11 对溶解固体总量(TDS)很低淡水的软化可以用常规的离子交换软化器来实现

各种各样的注入用水方案以及运送、处理和储存某些类型水的复杂性已超出了本章的讨论范围。淡水和采出水都可以成功地应用于化学驱EOR项目。水的处理和调整程度取决于所实施的化学驱EOR的方式。当然，以下这些方面对使用水源的最终决定都会有重要影响，包括作业经济性、淡水的可获得性、多余采出水的处置以及对EOR储层的研究。

关于采出水及其在化学驱EOR项目中应用的更多信息，可以在“采出水学会(Produced Water Society)”的网站获得，其网址为：http://producedwatersociety.com。

为了防止施工现场混乱和项目失败，应该遵循根据多年来化学驱EOR项目现场经验而总结的某些普遍适用准则。图14.12列出了对聚合物、表面活性剂和碱等化学剂的效能有影响的水的基本特征。不管采用哪一种化学驱EOR注入方式，也都应该遵循基本水驱的最佳作业实践(Bennion等，1998)。注意：如果混合水或稀释水中存在Fe^{2+}(二价铁离子)，为了去除或转化这些二价铁离子，就必须进行水处理。如果改用预处理方法，可以先清除O_2，然后用氮覆盖水罐和化学剂混合设备，以防止有O_2时聚合物因为Fe^{2+}或H_2S而降解。

	O_2	Fe^{2+}	H_2S	总硬度	TDS	TSS	撇油留存
聚合物	<40μL/m³ 如果存在H_2S或Fe^{2+}	<1	O_2 如果存在就需要用O_2清除剂和N_2覆盖	4000	100000	<20	<5
S-P	同上	同上	同上	4000	100000	<20	<5
A-P	同上	同上	同上	<17	(a)	<20	<1
ASP	同上	同上	同上	<17	(a)	<20	<1

图14.12 对聚合物、表面活性剂和碱等化学剂的效能有影响的水的基本特征(这里的数值单位是mg/L，所显示的是最佳化学剂动态能允许的最大数值；O_2的数值单位是μL/m³)

如果是AP和ASP项目，由于总硬度必须降至<17mg/L或1grain硬度的水平，所以溶解固体总量(TDS)很高不是限制因素，而高TDS盐水及其所要求的处理方法通常都因单桶水的处理成本很高而不合格。

14.5 EOR化学剂的现场装卸和处理

除了库存液态活性剂产品和氢氧化钠(苛性钠)碱液，所使用的聚合物和纯碱都需要在注入设施中安装专门的次级装卸和处理装置。每套这种装置都可以分解为厂商供应化学剂的装卸和储存部分以及将库存的干化学剂加工为溶液的处理部分。

14.5.1 聚合物的装卸、处理和计量

EOR化学剂库存反应物的装卸和储存后勤保障，是需要增加人力资源的重要作业因素。对于大型项目而言，接收散装运送的干化学剂能降低这方面的日常作业费用。图14.13显示了集装箱运送的4×10^4lb散装聚合物被装入现场筒仓中。在处理阶段，聚合物处理装置会自动把筒仓中的聚合物干粉传送出来去配制水化母溶液。存放聚合物和纯碱的现场筒仓都应该用干燥空气或氮气作净化处理，以免潮气侵蚀和由此产生的传送问题。

图14.13 集装箱运送的4×10^4lb散装聚合物被装入现场筒仓中(照片经SNF Floerger同意使用)

聚合物厂商供应的EOR等级聚合物产品既有干粉也有乳状液。干粉产品有散装的、半散装成袋(净重约75kg)的和小袋包装(净重25kg)的。为了进行设施设计，可以把干粉聚合物看作具有100%的活性。乳状液产品是一种稳定的矿物油和水的乳状液，其活性成分介于25%~30%之间。乳状液产品的供应方式有散装、袋装和桶装。

出于经济原因，大多数陆上聚合物EOR项目都采用干粉聚合物。不管供应的聚合物是哪一种库存形式，都要求有专门的装置将其正确地水化为没有未溶解物的均质溶液。

干粉聚合物的处理需要有按针对性设计的加湿设备，随后还需要规模适当的水化罐。最早使干粉聚合物颗粒变湿并开始水化处理的聚合物加湿设备，是实现无故障连续运转的关键。油田使用记录得到确认的干粉聚合物加湿设备有三个基本类型可以在市场上买到，它们分别是聚合物颗粒粒径缩小型、固/液相喷射器型和带水帘的固/气相喷射器型。这些设备处理干粉聚合物的速率并不是都一样的。事实上，根据项目处理能力的不同，这些加湿方法有的可能无法满足流动的要求。在选择使用哪一种干粉聚合物处理方法时，提出的告诫就是要在现场条件下验证这种方法的作业参数以及在油田作业条件下验证其可靠性。

图14.14是一台商标为SNF FLOQUIP PSUTM的聚合物粉碎装置。这是一种干粉聚合物的分散设备。它能根据模型的不同以各种不同的流量运转，同时通过在初始加湿期缩小干粉聚合物的粒径和增加其有效颗粒表面积而实现加速水化和很高的母溶液浓度。目前，与较老的方法相比，这种技术能以最高速率产出水化母溶液。连续的产出速率可以超过250gal/min。

图14.14 商标为SNF FLOQUIP PSUTM的聚合物粉碎装置(照片经SNF Floerger同意使用)

与母溶液最高浓度为5000mg/L的常规分批处理装置相比，浓度高达1.5×10^4mg/L的母溶液和加速水化的好处是缩小了整套聚合物处理和水化装置的占用场地。图14.15是安装在工厂预制的紧凑模块内的连续级联水化罐(cascading type of hydration tank)。假如采用常规的聚合物分散工艺，要制备等量的处理产物，这一水化罐的体积就得扩大到6倍。请注意这一水化罐的建造材料是不锈钢，同时为了防止在有氧时因与二价铁或H_2S接触而使聚合物降解，这一密封罐还配备了氮覆盖层。

图14.15 安装在工厂预制的紧凑模块内的连续级联水化罐(照片经SNF Floerger同意使用)

图14.16是一台水帘式聚合物分散和加湿装置，其中的固/气喷射器是通过气动压力把干粉聚合物输送到直接向水化罐排液的加湿设备中的。这些装置的效果虽然已在油田应用中得到了长期的检验，但其局限性是母溶液的最高浓度只有5000mg/L以及最高产出速率只有100gal/min。

图14.16 一台水帘式聚合物分散和加湿装置(摄影：John M. Putnam)

经过初始分散和加湿之后，高浓度的母溶液就要排往一个或多个水化罐。在那里聚合物要有一个特定水化时间段的低剪切搅拌，然后再计量注入装置。在多数情况下，设备工程师在设计有关项目所需的水化罐容积时都采用60min的水化时间段。应该指出，具体的聚合物最佳水化时间取决于水质、温度和产物的相对分子质量。即使采用油田水开展的简单实验室研究得出了黏度与水化时间的基准曲线，人们仍然可以预期，在初始的聚合物分散和水加湿阶段，该油田的处理设备要比实验室的聚合物溶解过程更有效。

一旦完成了水化，就可以把聚合物母溶液输送到一个中间罐中，在那里有低剪切的容积式泵把该溶液经计量后输入注入装置。螺杆、旋转叶片、柱塞和隔膜式的泵都很适合于低剪切环境中对黏稠母溶液的计量。在流过泵、阀门、管道混合器和孔板时，聚合物溶液和流体对过量压差产生的机械剪切降解是很敏感的。管道和流动管线的尺寸是为防止通常是2～4ft/s(即0.6～1.2m/s)的湍流而确定的。由于有关流体的黏度和剪切敏感性都很高，所以螺杆、旋转叶片、柱塞和隔膜式的泵一般都是在明显低于额定转速的名义转速下运转的。

14.5.2 表面活性剂的装卸和计量

液态表面活性剂成品一般都是散装运输的，同时要储存在类似于图14.17所示的罐区。有许多库存的表面活性剂需要用绝缘的加热罐来保存，以便使其黏度保持在泵送和有效稀释所要求的技术规范范围。在这种情况下，活性化学剂可能要规定一个最低的装运和交货温度。如果因气候或作业原因出现了延误，有关的散装运送服务必须能够循环发动机的冷却剂或获得当地的蒸汽热源，以便在现场卸货前使绝缘罐车重新加热。

图14.17 液态表面活性剂成品储存罐区

前文已提到，表面活性剂可以是厂商提供的单种成品，也可以是要在注入设施中混合的由不同厂商提供的多种表面活性剂成分。向油田供应的表面活性剂一般都是能由容积式泵直接计量输入注入装置的浓缩液。表面活性剂的计量一般都指定使用螺杆泵或隔膜泵。

在有关设施的设计阶段，必须了解单种或多种表面活性剂成分的物理和化学特性，并考虑活性剂厂商对运输和储存的建议。有些活性剂成分可能是酒精，因为有火灾危险，所以要特别考虑场地问题。同时，还有不少活性剂成分在低温下黏度很高，所以需要能加热的储存罐和隔热的流动管线。还有一些活性剂成分甚至具有反温度的黏度曲线，即温度越高其黏度也越大。表面活性剂制造厂商会正式建议在用散装罐储存时要对他们的产品进行搅拌或循环流动。但如果循环或搅拌装置的设计和操作不合适，有些活性剂产品会产生泡沫。

14.5.3 碱性剂的装卸、处理和计量

几乎在所有情形下，纯碱的交货和现场装卸的最佳方式是散装运送。图14.18显示的压缩机装有一个4000ft^{3}钢质筒仓，是用于储存纯碱的。用风动散装运输车运送干粉产品不会让纯碱的溶解处理中断。纯碱应该用压缩空气装卸，因为机械装卸会使推进器和斜式螺杆产生被粉料覆盖和形成堵塞的问题。在不可能采用散装运送的地区，仍可以使用袋装卸货装置把纯碱从1t重的袋中卸到散装的储存筒仓中。

图14.18 压缩机装有一个用于储存纯碱的钢质筒仓

由于碱液的注入浓度普遍要比其他化学剂高得多，所以为了在持续把纯碱处理成注入溶液的同时能够接纳运输车辆和现场储存，对于干粉纯碱的供应保障和装卸，需要有细致的预先计划和设施设计。如果可以使用预先制备纯碱的分批方法，根据笔者的经验，最适合陆上油田作业的是连续瞬时混合方法。此外，散装运送纯碱到工地要比所有各种包装形式都有优势。在把干粉纯碱从运输车装卸到散装储存筒仓或中间料斗时，应该使用气动输送方式，包括压缩空气的气动输送和真空稀相的气动输送。用螺杆和螺旋推送器进行机械输送会减少易碎的纯碱颗粒并产生粉尘和操作问题。

在制备碱溶液时必须使用总硬度小于17mg/L的软水，否则，高pH值溶液会引起钙和镁的沉淀，并使混合设备、过滤器、泵和流动管线出现问题，更不要说可能的井下堵塞。对于规模很大的高流量项目，或因要使用高TDS(溶解固体总量)水而更需要水处理作业而不是直接配制适合井下注入的碱溶液时，用pH值方法来软化水是可行的。

在水温超过50℉(10℃)时，强烈搅动10～15min纯碱就会溶解。连续混合型溶解装置使用了一个有重量损耗(loss-in-weight)或重力式的螺旋给料机，用于对级联罐(cascading tank)的瞬时混合部分连续计量所需要的纯碱量，所产生的溶液会流过多个由溢流隔板(overflow weirs)分隔的舱室。螺旋给料机的输出量是根据井下注入装置的累计排量计算的，而溶液的品质则是由管线中监测器提供的或定期取样测试得出的pH值和电导率数据来监控的。

碱溶液是用一台离心泵通过一个袋状过滤器(推荐用10μm网眼)从级联罐的最后一个舱室送往注入装置的吸入总管的。在这种注入方案中，碱溶液是用来稀释聚合物母溶液的。

如果采用由纯碱分批制备碱溶液的方法，那就必须另外增加碱溶液储存罐、碱溶液装卸泵、容积式计量泵以及对库存化学剂流作最后稀释的单独水稀释泵。在设计分批方式的装置时，一定要查阅纯碱溶解表，以确定最低的允许水温和最高碱液浓度。有一本详细介绍纯碱装卸和储存的很好手册，它就是《FMC Soda Ash Storage Options and Technical Data(FMC纯碱储存选择和技术数据)》(FMC公司，2000年11月)。在以下网站也可以获得这本手册：http://www.fmcchemical.com/Portals/chem/Content/Docs/Soda%20Ash%20Documents/SodaAshStorageHandling.pdf。

液态氢氧化钠(NaOH)是一种高腐蚀性的浓缩液，可以储存在作业现场并用容积式泵来计量提供给稀释水流。为了防止这种有害液体的渗漏，最好使用隔膜泵或无封口泵。关于温度和产品浓度，苛性钠需要一些很特殊的储存条件。在设计使用氢氧化钠的设施之前，建议查阅化学剂手册和生产厂商针对装卸、储存和用泵输送的产品报告。操作人员需要接受相关产品的专门安全培训，同时还要配备个人防护器具。《Dow Caustic Soda Solution Handbook(Dow苛性钠溶解手册)》(Dow化学公司，2010年8月)是NaOH或苛性钠运送和储存信息的很好来源。更多信息也可以从以下网址获得：http://www.dow.com/causticsoda。

14.6 注入方案和对策

最后的井下注入装置设计取决于很多作业和经济因素。如果项目的累计注入量不高(低于5000bbl/d)，而且注入井也不太多(10口或更少)，设计者就可以考虑为每口注入井配一台专用注入泵。这样分配注入能力可以使作业者持续控制每口井的排量，以达到整个注入井网的注入量平衡。在这种情况下，每台注入泵通常都配备了一个电子变速传动装置，它能提供很宽的操作范围，泵的传动装置无需机械改变就能获得所预期的排量。这对先导试验项目特别有用，因为这种项目开始注入黏性流体时注入压力会发生变化，而要维持所预期的注入压力则必须提升排量。

就化学驱EOR的很多项目而言，每口注入井都安装了一台专用的注入泵。这种注入方案使作业者能够调控与每口井的压力响应无关的注入速率，从而实现注入井网的平衡，在先导试验项目期间更是如此。基本的排量控制是通过使用电子变速传动装置的电动机转速控制来实现的。在图16.19中，注意观察不锈钢管道和最终溶液过滤箱。

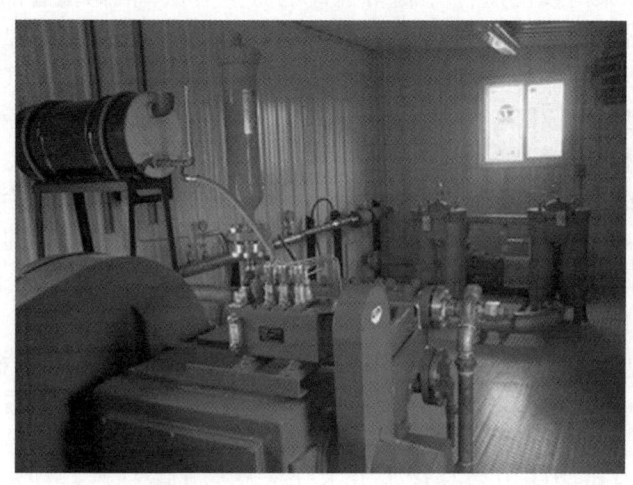

图16.19 就很多化学驱EOR项目而言，每口注入井都安装了一台专用的注入泵(摄影：John M.Putnam)

然而当一个化学驱EOR项目结合使用一套已有的水驱设施时，或者从累计注入量、空间分布和注入井数量看所实施的是一个规模很大的项目时，多口注入井可以通过一台干线分配装置由一套初始压力注入总管来提供服务，随后再分叉进入各口井的流动管线。在这种方案中，要使用节流器或流动控制阀来调节水驱油期间的流动。但由于聚合物流体对机械剪切降解很敏感，所以不能用这种常规方法来调节聚合物流体的流动。

为了在采用这种注入方案的同时还要控制单口井排量，可以考虑在流动控制阀的排出方向安装一台专用的高压聚合物母溶液计量泵。这样就可以把聚合物母溶液计量送入高压稀释流。由于对高压稀释流和聚合物母溶液计量流(metered stream)都安装了检测设备，所以可以手动或自动设定所预期的累计排量和合适的聚合物母溶液，以便获得所要求的井下化学剂配方。

不管采用哪一种注入方案，聚合物流体的黏度通常都要求降低复式柱塞泵的最高运转速度，以减少机械剪切降解和提高阀门效率。关于流体黏度和最高运转速度的资料，可查阅《API Standard 674, Positive Displacement Pumps—Reciprocating(API标准674，容积式泵——往复式)》(美国石油学会，2010年12月，第三版)。在计算1.2倍名义排量时，最高250~300r/min是常用基准。使用变速或变频传动装置的泵，要实现超低速运转，可能还需要有电动机辅助冷却风扇和曲轴箱润滑装置。不要尝试用卧式离心泵、多级离心泵和常规离心泵来输送聚合物流体。

14.7 制造所用材料

行业规范和标准根据项目所处位置和工作类别规定了管线、配件和阀门的制造材料。另外，有些作业者还有它们自己的规范和标准，可以高于或超越通用的API、ASME、ASTM、CSA等标准。设计用于油田产出水、高TDS水和含H_2S水的设施，要求使用的管线等级要高于设计用于淡水的设施。作为一个原则问题，人们应该查阅制造条件与预期的化学驱EOR设施相同的水驱设施的当前有效规范和标准。这样做能防止换用复杂的管道装置，从而使很多项目避免成本超支，因为这种装置最初并不是按照可以接受的管道和部件等级来制造的。

化学剂的供应商会对储存容器和与液体接触的泵部件提出建议。一般说来，有涂衬的碳钢罐或纤维加强塑料罐就能满足储存表面活性剂成分和稀释碱溶液的要求。聚合物装置的罐、管道、阀门、过滤器和泵，其与液体接触的表面一般都要用不锈钢来制造。大多数在工厂预制的处理设施，其与液体接触面的所有罐、管道、部件、阀门、过滤器和泵也都是用不锈钢来制造。但在制造化学剂处理设施时，其他抗腐蚀材料不应该被排除在设计者使用的材料表之外，对于投资成本敏感的项目就更为如此。

14.8 结论

实施化学驱提高采收率(EOR)项目的目的是把实验室的详细研究成果和油藏工程的预期转化到一个油田范围。这样做要想获得成功就需要有细致的计划、量体裁衣的设施设计和经过油田验证的机械部件，还要由经验丰富的化学驱EOR现场工作团队来实施项目。关于设施的设计、制造、安装和试运转，作业方的任务仍然是从具备资质且经验丰富的小范围供应商中选择产品和服务提供者。

虽然化学驱EOR的处理设施也是安装在驱油作业的注入一侧的，但这并不意味着，对于与一般的水驱作业完全无关的化学剂的装卸和处理，最出色的水驱作业者就能马上适应。认识到这一点十分重要。事实上，化学驱EOR项目所要求的设施和处理过程，已完全超出了正常水驱作业者日常工作和知识基础的范围。因此，千万不要低估化学剂驱油作业的日常人力资源需求，而且要明智地花钱聘请有经验的服务提供商对现场监督员和作业者开展全方位培训方面。

参考文献

Dow Caustic Soda Solution Handbook,August 2010.
FMC Soda Ash Storage Options and Technical Data,November 2000.
Injection water quality—a key factor to successful waterflooding. J. Can. Petrol. Tech. 1998(revised).
Positive Displacement Pumps—Reciprocating,API Standard 674. (Edition 3)

第15章 蒸汽驱

James J. Sheng

(得克萨斯科技大学Bob L. Herd石油工程系，美国得克萨斯州Lubbock，邮编79409)

15.1 热性质和能量的概念

我们首先回顾一下岩石和流体的热性质和能量的概念。然后探讨蒸汽驱项目的普遍做法并介绍一个现场案例。

15.1.1 热容量(heat capacity)

热容量(一般用大写字母C来表示，而且经常带下标)(又称比热容)是用于描述使物质的温度发生一定量改变所需热量的一个可测量的物理量。在国际单位体系(SI)中，热容量的单位是每开氏温度(K)的焦耳(J)数。在热采中常用的单位是kJ/℃。C_V和C_p分别表示在恒定体积和恒定压力下的热容量。

把热容量描述为一种强度性质(intensive property)的导出量(与样本的大小无关)是摩尔热容和比热容(通常简称比热，而且仍由大写字母C来表示)。摩尔热容是指单位摩尔纯净物质的热容量，而比热容是指某种物质单位质量的热容量[例如kJ/(kg·℃)]。有时，用单位体积而不是单位质量来表示一种物质的热容量可能会更方便一些。在这种情况下，它被称为体积热容量(M)，等于ρC。其中，ρ为物质的体积密度。

15.1.2 潜热(L_v)

潜热(latent heat)是指某种物质在改变相态(即固态、液态或气态)的过程中以热的形式所释放或吸收的能量。在热采中，潜热是指水在温度不变的情况下从蒸汽转变为热水的过程中所释放出的热量。举个例子，其单位可以是kJ/kg。

15.1.3 显热

与隐藏在热交换过程中的潜热不同，显热(sensible heat)能够以温度变化的形式观察得到。显热可以表示为物质的质量(m)与其比热容(C)和温度变化($T-T_r$)之积：$H_{sensible}=mC(T-T_r)$。其中，T_r为参考温度。对于单位质量的液态水而言，任何热变化都会导致温度变化。所以，显热变化可以由$h_w=C_w(T-T_r)$来描述。H和h_w的定义将在第15.1.6节中给出。

15.1.4 总体积热容

要估算加热某个储层所需的热量，我们需要知道这个储层的总体积热容(MR)。假设孔隙度为ϕ的储层充满非挥发性石油、水以及由蒸气和不可凝气组成的气相，在恒定的压力下使总体积为Vb的地层温度出现少量增长(ΔT)所需的热量为：

$$Q=V_b M_R \Delta T \tag{15.1}$$

式中：M_R是充满流体储层的等压体积热容。

然而，温度升高ΔT后储层热含量的增幅为：

$$\begin{aligned} Q = &(1-\phi)\rho_r C_r \Delta T + \phi S_o \rho_o C_o \Delta T + \phi S_w \rho_w C_w \Delta T + \\ &\phi S_g[\rho_g C_g f_g \Delta T + (1-f_g)(\rho_s C_w \Delta T + L_v \rho_s)] \end{aligned} \tag{15.2}$$

式中：f_g是蒸气相中不可凝气的体积分数；C是单位温度变化下单位质量的热容量；ρ是密度；S是饱和度，其中下标r、o、w、g和s分别代表岩石、石油、水、气和蒸汽；ϕ是以小数表示的孔隙度。

通过建立上述两个Q_s之间的等价关系，我们就可以得出总体积热容量：

$$M_R = (1-\phi)\rho_r C_r + \phi S_o \rho_o C_o + \phi S_w \rho_w C_w + \phi S_g\left[\rho_g C_g f_g + (1-f_g)\left(\rho_s C_w + \frac{L_v \rho_s}{\Delta T}\right)\right] \tag{15.3}$$

注意，蒸汽的贡献由两个项来代表。其一是气化的潜热$\rho_s L_v/\Delta T$，其二是显热$\rho_s C_w$。L_v是ΔT内的平均值。

15.1.5 热扩散系数

热扩散系数(heat diffusivity)定义为热传导率与体积热容之比：

$$\alpha = \frac{\lambda}{\rho C} \tag{15.4}$$

式中：λ是物质的热传导率(系数)；ρ是密度。

注意水力扩散系数表达式$\eta=k/(\mu\phi c_t)$的相似性。其中，k是渗透率；μ是黏度；φ是孔隙度；c_t是总压缩系数。

15.1.6 热焓(H, h)

热焓(enthalpy)是量度热动力系统总能量的一个参数。其单位是焦耳(J)或千焦(kJ)。其数学表达式为$H=U+pV$。其中，U是内能，p是系统及其环境的边界压力，V是系统的体积。一个系统的总热焓(h)不能直接测量。因此，热焓变化量(ΔH)是一个比其绝对值更加有用的参量。H是物质单位质量的热焓(例如kJ/kg)。在热采中，$h_s=L_w+h_w=L_w+C_w(T-T_r)$。式中下标s代表蒸汽，而w代表水。

15.1.7 蒸气压力、饱和压力和饱和温度

在任何系统压力和温度下，液体都具有一定的蒸气压。当液体的蒸气压等于系统压力时，这个蒸气压就是饱和压力，而对应的温度就是饱和温度，也就是沸点。

15.1.8 蒸汽质量

蒸汽质量(steam quality)是以液体或蒸汽总质量的小数(或百分数)表示的蒸汽量(重量)。注意泡沫驱中的泡沫质量(foam quality)是指泡沫中气体体积的小数或百分含量。

15.1.9 取决于温度的石油黏度

石油黏度与温度的依赖关系可以用Andrade(1930)方程来表示：

$$\mu_o=A\cdot\exp(B/T) \tag{15.5}$$

式中：T是绝对温度(absolute degrees)；A和B是根据测量结果确定的经验常数。

15.1.10 重力势能

在只考虑质量、重力和高度时，势能的表达式为：

$$E_g=mgh \tag{15.6}$$

式中：E_g是物体的势能；m是物体的质量；g是重力加速度；h是物体相对于参考面的高度。

如果m的单位是kg，g的单位是m/s^2，h的单位是m，那么U计算结果的单位就是J。

在典型的热采项目中，势能对总能量的贡献很小，高度变化非常大的情况除外。但这并不是说重力对达西方程中势梯度的影响可以忽略不计(Prates，1982)。

15.1.11 动能

在经典力学中，物体动能的表达式为：

$$E_k={}^1/_2\, mv^2 \tag{15.7}$$

式中：v是物体的速度。

如果采用达西流速(Darcy velocity)(u)，那么应当把v替换为(u/φ)。在流体速度最大的近井筒地带，动能的贡献一般都是最大的。但在实际应用中，动能在储层能量平衡中的作用可以忽略不计(Prates，1982)。

15.1.12 总能量

物体总能量的表达式为：

$$E_t=mh+E_g+E_k \tag{15.8}$$

15.2 热传递模型

热传递的基本方式包括传导或扩散、对流和辐射。

15.2.1 热传导

在热传导或扩散中，物理接触的物体之间通过分子碰撞实现能量的传递。这样的热传递遵守傅里叶定律(Fourier's law)：

$$\mu_{\lambda x}=-\lambda\frac{\partial T}{\partial x} \tag{15.9}$$

式中：$u_{\lambda x}$表示垂直于x方向的横截面上单位面积内在正x方向上通过传导实现的热传递速度；λ是材料的热传导率(系数)；T代表温度。

这个等式类似于以下形式的达西方程：

$$u_x=-\left(\frac{k}{\mu}\right)\frac{\partial p}{\partial x} \tag{15.10}$$

15.2.2 热对流

在热对流中，物体与其周围环境之间通过流体运动实现能量传递。换句话说，热量是通过流动中的流体从一个地方被携带到另一个地方。所以，热量传递与流体的速度及其热容量相关。其数学表达式如下：

$$u_{Cx}=u_xM_R(T-T_r)=u_x\rho C(T-T_r) \tag{15.11}$$

式中：u_{Cx}是x方向上通过对流实现的热传递速度；u_x为x方向上的达西流动速度；其他符号的定义和前文中所讲的一样。

流体在孔隙介质中流动时，对流是热传递的主要方式。

以上用于计算热量损失的公式是用流体速度表示的。它还可以用另外一种方式来表达：

$$u_{Cx}=h_c(T-T_r) \tag{15.12}$$

式中：h_c是对流热传递系数。

15.2.3 热辐射

在热辐射中，热量是通过发射或吸收电磁辐射的形式传递出或传递入一个物体的。受热面上单位面积的辐射热传递速度遵守斯特藩-玻尔兹曼定律(Stefan-Boltzmann law)，其表达式如下：

$$u_r=\sigma\varepsilon(T^4-T_r^4) \tag{15.13}$$

式中：σ为斯特藩-玻尔兹曼常数[1.713×10^{-9}Btu/(ft^2·h·°R^4)][1Btu≈1055J，下同；°R是指兰氏度，兰氏度=(摄氏度+273.15)×5/9，下同]；温度T的单位是℉；ε是表面的辐射率(辐射率没有量纲，黑色物体的辐射率等于1，而完全反射光物体的为0)。

在多孔介质中，热辐射并未被视为一种重要的热传递机理。

15.3 热损失

热采项目的热损失包括通过地表管线和井筒散失的热、加热后储层向周围地层散失的热以及因热流体采出而散失的热。

15.3.1 地面管线的热损失

地面管线单位长度上的热损失(q_{1s})是利用空气(T_a)与管中流体(T_f)之间温差和总比热阻(R_h)计算的，其表达式如下：

$$q_{1s} = \frac{T_f - T_a}{R_h} \tag{15.14}$$

假设热损失速度是稳态的，其原因是瞬态阶段一般都很短。但在时间比较短的蒸汽吞吐作业过程中，瞬态就很重要。如果地表温度很低，辐射热损失就可以忽略不计。如果有风，对流热损失就很重要。对于1000m的长度而言，地表管线的热损失大约是注入热量的1%~3%。

15.3.2 井筒热损失

井筒的热损失永远达不到稳态。它保持准稳态，热损失速度随时间单调递减(Ramey, 1962; Willhite, 1967)。一般来讲，对流被忽略不计，而且假设压力保持不变。所以，从井口到井底只有蒸汽质量降低。其计算公式的形式类似于地面管线热损失的计算公式，但其热阻R_h是一个变量，必须通过迭代加以确定。对于1000m的长度，井筒的热损失大约是注入热量的10%~20%。

15.3.3 进入上覆/下伏地层的热损失

进入上覆地层的热流一般采用半无限介质的线性热流方程来描述：

$$\frac{\partial^2 T}{\partial z^2} = \frac{1}{\alpha}\frac{\partial T}{\partial t} \tag{15.15}$$

式中：α是上覆岩石的热扩散系数。

初始条件和边界条件可以由下列公式来表示：

$$T(z,0) = T_R \tag{15.16}$$

$$T(0,t) = T_s(t) \tag{15.17}$$

$$T(\infty,t) = T_R \tag{15.18}$$

式中：T_R是初始储层温度；$T_s(t)$是储层与上覆地层界面上变化的蒸汽温度。

与之类似，可以写出进入下伏岩层的热流的表达式。注意，x方向和y方向上的热传导被忽略不计。

如果假设地层的热性质不变，而且储层的边界温度也恒定，那么上述边界值问题的解析解如下：

$$T(z,t) = T_R + (T_s - T_R)\operatorname{erfc}\left(\frac{z}{2\sqrt{\alpha t}}\right) \tag{15.19}$$

式中：erfc代表补余误差函数。

进入单位面积上覆岩层的热损失量(u_{1b})的计算公式为(Marx和Langenheim, 1959)：

$$u_{1b} = -\lambda\left.\frac{\partial T}{\partial z}\right|_{z=0} = \frac{\lambda(T_s - T_R)}{\sqrt{\pi\alpha t}} \tag{15.20}$$

然而，储层边界温度并非恒定，而是随时间而变。要得出上述问题的解析解，需要采用叠加法，就像Grabowski和Aziz(1977)及Abou-Kassem(1981)所做的那样。Chase和O' Dell(1973)运用了变分原理。然而，这个问题也可以通过数值方法进行求解，例如Coats等(1974)。Vinsome和Westerveld(1980)则提出了一种简单的求解方法。

15.3.4 采出流体造成的热损失

要预测由采出流体造成的热损失，我们需要知道采出流体的温度随时间的变化情况。而要掌握其变化，我们需要预测加热带平均温度的变化。这种计算的原理之一是Boberg和Lantz(1966)模型，这个模型在“周期注蒸汽增产法(蒸汽吞吐增产法)”一章中有描述。

15.4 加热面积的计算

在储层被注入的热流体加热时，注入的热量有一大部分会因进入周围的地层而损失掉。在Marx和Langenheim模型中，储层被视为具有均匀的厚度(h)以及均匀的流体和岩石性质。纵向上温度也是均匀的。蒸汽和冷凝水不会发生重力分离。

在注入的蒸汽使储层的温度从T_R升高到T_s后，很快就会形成蒸汽带。热量通过传导作用进入上覆和下伏地层，但不会进入蒸汽带前缘之前的冷储层带。然而，在驱替方向上加热面积增大。图15.1对此进行了示意性说明。

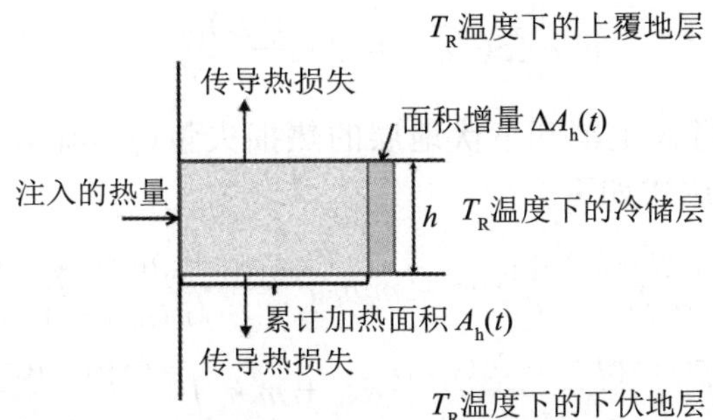

图15.1 Marx和Langenheim加热模型示意图

Marx和Langenheim模型中的热平衡方程为：

$$m_s h_s = M_R(T_s - T_R)\frac{\Delta V}{\Delta t} + 2\int_0^{A_h} u_{1b}(t-\tau)\,\mathrm{d}A_h \tag{15.21}$$

式中：m_s是蒸汽注入速度；h_s是相对于储层温度T_R的注入蒸汽的热含量；M_R是加热带的体积热容量；A_h是加热面积；ΔV是Δt内加热带的体积；h是储层的厚度；u_{1b}是上覆或下伏地层的单位面积热损失量；τ是加热带到达某个位置所需的时间；A_h是时间τ的加热面积。

根据式(15.20)进行变换，上述方程可以变为：

$$m_s h_s = M_R h(T_s - T_R)\frac{\mathrm{d}A_h}{\mathrm{d}t} + 2\int_0^t \frac{k_h(T_s - T_R)}{\sqrt{\pi\alpha(t-\tau)}}\frac{\mathrm{d}A_h}{d_\tau}\mathrm{d}\tau \tag{15.22}$$

求解上述方程可以得出加热面积与无量纲时间之间的函数表达式如下：

$$A_h = \frac{m_s h_s M_R h}{4(T_s - T_R)\alpha M_b^2}\left[e^{t_D}\mathrm{erfc}(\sqrt{t_D}) + 2\sqrt{\frac{t_D}{\pi}} - 1\right] \tag{15.23}$$

其中：

$$t_D = 4\left(\frac{M_b}{M_R}\right)^2\left(\frac{\alpha}{h^2}\right)t \tag{15.24}$$

M_b是上覆和下伏地层的体积热容量。

加热带扩展的速度由下式给出：

$$\frac{\mathrm{d}A_h}{\mathrm{d}t} = \frac{m_s h_s}{(T_s - T_R)MRh}e^{t_D}\mathrm{erfc}(\sqrt{t_D}) \tag{15.25}$$

我们以上描述的是在注入足够多蒸汽(热)的假设条件下估算蒸汽带的方法。随着蒸汽带的扩展，更多的热损失进入上覆和下伏的岩层。到达某个时点，蒸汽会冷凝成热水。下面我们介绍如何确定这种情况出现的时间(Green和Willhite，1998)。

由式(15.22)可以得出，进入上覆和下伏地层的热损失量为：

$$q_{ls} = 2\int_0^t \frac{k_h(T_s - T_R)}{\sqrt{\pi\alpha(t-\tau)}}\frac{dA_h}{d\tau}d\tau = m_s h_s - M_R h(T_s - T_R)\frac{dA_h}{dt} \tag{15.26}$$

把式(15.25)代入上述方程可得:

$$q_{ls} = 2\int_0^t \frac{k_h(T_s - T_R)}{\sqrt{\pi\alpha(t-\tau)}}\frac{dA_h}{d\tau}d\tau = m_s h_s[1 - e^{t_D}\mathrm{erfc}(\sqrt{t_D})] \tag{15.27}$$

只要满足下述条件，整个加热的区域都会充满蒸汽:

$$q_{ls} = m_s h_s[1 - e^{t_D}{}_{\mathrm{erfc}}(\sqrt{t_D})] \leqslant m_s(f_s L_v)_{\mathrm{downhole}} \tag{15.28}$$

我们可以采用这个方程式估算热水带形成的临界时间t_{cD}:

$$e^{t_{cD}}\mathrm{erfc}(\sqrt{t_{cD}}) = 1 - \frac{(f_s L_v)_{\mathrm{downhole}}}{h_s} \tag{15.29}$$

过了这个临界时点，进入上覆和下伏地层的热损失量(q_{1b})就是蒸汽带热损失量和热水带热损失量之和。其数学表达式如下:

$$\begin{aligned} q_{ls} &= 2\int_0^t \frac{k_h(T_s - T_R)}{\pi\alpha(t-\tau)}\frac{dA_h}{d\tau}d\tau = m_s h_s\int_0^{t_D}\frac{\exp(\tau_D)\mathrm{erfc}(\sqrt{\tau_D})}{\sqrt{\pi(t_D-\tau_D)}}d\tau_D \\ &= m_s h_s\int_0^{t_{Ds}}\frac{\exp(\tau_D)\mathrm{erfc}(\sqrt{\tau_D})}{\sqrt{\pi(t_D-\tau_D)}}d\tau_D + m_s h_s\int_{t_{Ds}}^{t_D}\frac{\exp(\tau_D)\mathrm{erfc}(\sqrt{\tau_D})}{\sqrt{\pi(t_D-\tau_D)}}d\tau_D \end{aligned} \tag{15.30}$$

式中: 无量纲时间t_{Ds}是蒸汽前缘的旅行时; 第一项是蒸汽带的热损失量，第二项是热水带的热损失量。

由于蒸汽带的热损失量完全是由蒸汽冷凝来提供的，

$$m_s h_s\int_0^{t_{Ds}}\frac{\exp(\tau_D)\mathrm{erfc}(\sqrt{\tau_D})}{\sqrt{\pi(t_D-\tau_D)}}d\tau_D = m_s(f_s L_v)_{\mathrm{downhole}} \tag{15.31}$$

上述方程用于估算t_{Ds}。一旦t_{Ds}已知，我们就可以估算蒸汽带:

$$A_s = \frac{m_s h_s M_R h}{4(T_s - T_R)\alpha M_b^2}\left[e^{t_{Ds}}\mathrm{erfc}(\sqrt{t_{Ds}}) + 2\sqrt{\frac{t_{Ds}}{\pi}} - 1\right] \tag{15.32}$$

基于Marx和Langenheim模型的前述方法假设注入的热含量(注入速度)是恒定的。如果这个参数不是恒定的，就要采用Ramey(1959)的扩展方法，该方法基本上是采用有关注入热量的叠加原理。

在注入的热量突破进入生产井之后，部分热量被采出。要估算加热带，我们仍可以采用前述方法，但必须从注入的总热量中减去采出的热量。这样，在采用Ramey(1959)的方法时我们就必须考虑注入热量的变化。

15.5 石油开采动态的估算

在采用前文所讲方法估算了加热带之后，我们就可以估算石油开采动态了。文献中相关的模型很多，例如Myhill和Stegemeier(1978)给出的模型。主要的思路是假设蒸汽和热水驱替石油的方式是活塞式的(前缘推进模型)。例如，蒸汽驱的产油量计算公式如下:

$$q_o = \phi\frac{dV_s}{dt}\left(\frac{S_{oi}}{B_{oi}} - \frac{S_{ors}}{B_{os}}\right) \tag{15.33}$$

式中: 下标"s"代表蒸汽驱; 下标"i"代表初始条件; V_s是蒸汽波及体积; S_{ors}是蒸汽驱后残余油饱和度; B是原油体积系数(oil formation factor)。

另外一种情况是，在部分注采井网中(例如5点法井网)，利用蒸汽和降低后的石油黏度，由水驱相关的方程计算石油产量。但要这样做，必须首先估算加热带(各带的半径)。

热采中的一个经济参数是油-蒸汽比(OSR)，其定义为注入1bbl冷水当量的蒸汽开采出的石油桶数。在一般条件下，生产1bbl蒸汽大约需要燃烧0.07bbl石油(Green和Willhite，1998)。这个比值为经济评价提供了一定的参考，因为对于热采项目而言，蒸汽成本是项目成本的主要组成部分。OSR的一个经济极限值是0.15(Liu, 1997)。但在实际中，OSR的经济下限要高于这个数值(例如0.3)。一般来讲，蒸汽吞吐项目的OSR要高于蒸汽驱项目(SF)。

15.6 机理

蒸汽驱(SF)的一个明显的机理是注蒸汽使石油黏度降低。另外一个重要的机理是蒸汽注入使油藏的压力上升(能量增大)。对于轻质油油藏的蒸汽驱而言，石油黏度降低并不重要；而蒸汽蒸馏则是最为重要的开采机理(Konopnicki等, 1979; Volek和Pryor, 1972; Wu, 1977)。

在含有挥发油的油藏中，蒸汽驱替与蒸汽蒸馏相结合就可以实现非常低的残余油饱和度(William等, 1961)。在蒸汽蒸馏过程中，由于在有蒸汽存在的情况下烃类的分压降低，因而更容易被气化。轻质烃类组分从残余油中蒸馏出来，并运移到蒸汽前缘，然后重新冷凝并与油带混合，形成溶剂段塞。这就是溶剂萃取机理，又称为蒸汽抽提驱(Hagoort等, 1976)。随着蒸汽带向前推进，溶剂段塞被驱替并重新蒸馏，进一步增加石油开采量。

其他的机理可能还包括热膨胀、气驱、重力泄油、相对渗透率改善和润湿性反转以及通过形成油/水乳液而实现的乳化作用(Doscher, 1967; Grathoffner, 1979)。随着温度升高，原生水饱和度增大，残余油饱和度降低，水相对渗透率减小，而油相对渗透率增大(Nakornthap和Evans, 1986)。然而，绝对渗透率和有效的石油相对渗透率降低了。Hong(1994)按照一次、水平和纵向开采过程对这些机理进行了划分。

顺便讲一下，蒸汽驱是一个稳定的过程(Harmsen, 1971; Miller, 1975; Prats, 1982)。其原因是受指进蒸汽与驱替前缘冷流体和岩石间热传递的影响，蒸汽前缘会冷凝。

15.7 筛选标准

Taber等(1997)以及Green和Willhite(1998)总结了蒸汽驱的一般筛选标准。这两份文献所介绍的筛选标准在某些参数方面略有不同。表15.1总结了我们利用一些现场实际资料对其所提供的数值进行更新后确定的新标准。这些参数仅适用于蒸汽驱，蒸汽是在地表生成的。这个表中还列出了Farouq Ali(1974)总结的设计标准，根据这些标准开展的一些实际油田项目都很成功。油田数据的平均值也在表中列出。这些油田数据来自Farouq Ali(1974)、Farouq Ali和Meldau(1979)以及一份中国项目调查报告(未公开)。

表15.1 蒸汽驱油藏筛选标准

参 数	标准数值	设计标准	现场平均值
石油API重度	9~25	12~25	14.6
地下石油黏度/cP	20~20000	<1000	3000
含油饱和度(小数)	>0.4		>0.45
含油量/[bbl/(acre·ft)]	500~780		
净厚度/ft	>20	>30	70.5
孔隙度(φ)(小数)	>0.2	0.3	0.31
渗透率/mD	>200	~1000	2300
传导系数/[(mD·ft)/cP]	>5		
深度/ft	300~5000	<3000	1182
油藏压力/psi	<1670		300
油藏温度/℃			29
气 顶	不希望存在		
含水层	不希望存在		

续表

参 数	标准数值	设计标准	现场平均值
裂 缝	无		
黏土含量	低		
水-油比	<10		
蒸汽干度, %		80～85	60
蒸气压力/psi(表)		<2500	595
井距/acre		2～10	4.5

对于蒸汽吞吐项目，这些参数的数值范围可能会更宽一些。在实践中，对于黏度更大的重油油藏而言，往往要在蒸汽驱之前开展蒸汽吞吐。

石油重度API的范围一般与地下石油黏度有关。一般来说，如果石油地下黏度低于20cP，那么水驱的效果可能要好于蒸汽驱(Taber和Martin，1983)。油田平均值是3000cP。由于注蒸汽的成本非常高，出于经济方面的考虑，一般要求含油饱和度要高，而且孔隙度也要大。Chu(1985)提出了一个新的标准，即饱和度与孔隙度(两者都是小数)之积应当大于0.08。地层渗透率也必须比较高，这样蒸汽才能以足够快的速度输送，从而减少热损失。由于存在向上覆岩层和下伏岩层的热损失，因而也对储层的厚度提出了限制要求。一般来讲，储层的厚度应大于10m，但如果储层的埋深大于500m，储层厚度也可以小到5m。油田平均值是21.5m。

储层埋深的范围与通过垂直井筒进入地层的热损失有关。此外，它还与注入压力有关。对于埋深太浅的地层，所需的注入压力可能超过地层破裂压力。就这一点而言，储层的埋深还与井间距有关。

一般情况下，如果埋深小于500m，注入井-生产井间的距离应当在100m左右；如果埋深在800～1600m之间，注采井间距是140～150m，而且应当小于200m(Liu，1997)。实际油田数据是4.5acre，它相当于190m的井距。

以潜热形式注入的那一部分热量随着压力的升高而减少。所以，等效OSR随着蒸汽压力降低而减小(Myhill和Stegemeier，1978)。这些因素限制了蒸汽驱油藏的最大压力。另外一个考虑因素是，对于给定质量的水而言，在较低的压力下可以把更多的水转换为蒸汽，因而可以实现更高的体积波及效率。采收率随着驱替蒸汽体积的增大而提高。从这一点来讲，应优先选取压力较低的地层。

黏土含量一定要低。一些黏土具有水敏性，例如在与蒸汽或水接触后，蒙脱石会膨胀。含有这类黏土矿物的地层可能需要采用黏土稳定剂进行处理，例如氯化钾和氯化氧锆、氢氧化铝(hydroxyaluminium)和有机聚合物(Young等，1980)。

这些筛选标准首先在注蒸汽开发项目中得到了应用，用于根据现有的储层和流体性质方面的资料筛选适用于这种方法的候选油藏。由于这些标准比较模糊，而且具有比较宽的数值范围，严格按照这些标准进行筛选并不现实。如果有足够多的储层和流体数据，就可以建立油藏模型，用于开展深入研究(Hong，1986)。这类研究的目的是确定各种经营情景下的项目经济潜力。

15.8 蒸汽驱项目实践

Farouq Ali(1974)对部分设计标准进行了总结并列在表15.1中。本节所讲的实践也可以作为设计标准的参考。

15.8.1 地层

几乎所有的蒸汽驱项目都是在砂岩油藏中开展的，只有极个别的项目是在碳酸盐岩或天然裂缝性油藏中开展的。一个是在裂缝性碳酸盐岩油藏(Lacq Superieur油田)中开展的蒸汽驱先导试验项目(Sahuquet和Ferrier, 1982)，另外一个项目是在怀俄明州比格霍恩县(Big Horn) Garland油田开展的[《(Enhanced Recovery Week(提高采收率周刊)》, 1987]，第三个是怀俄明州Teapot Dome油田项目(Olsen等, 1993)。

15.8.2 注入井网和井距

原则是选取能够实现较高波及效率且生产井数比较多的注采井网，以提高石油产量。在蒸汽驱项目中一般采用五点法、反七点法和反九点法井网。在中国的石油黏度很大的油藏中开展蒸汽驱项目时，更常采用反九点法井网，而一般情况下最常采用的是反五点法井网。

通常采用反五点法井网的一个原因是它能够被转换为反九点法井网或反七点法井网，如图15.2所示。然后，生产井数与注入井数之比也可以从反五点法井网的1改变为反七点法井网的2和反九点法井网的3。例如，Kern River油田最初的井网为五点法井网，在后来的加密井网开发阶段改变为反九点法井网(Hong, 1994)。

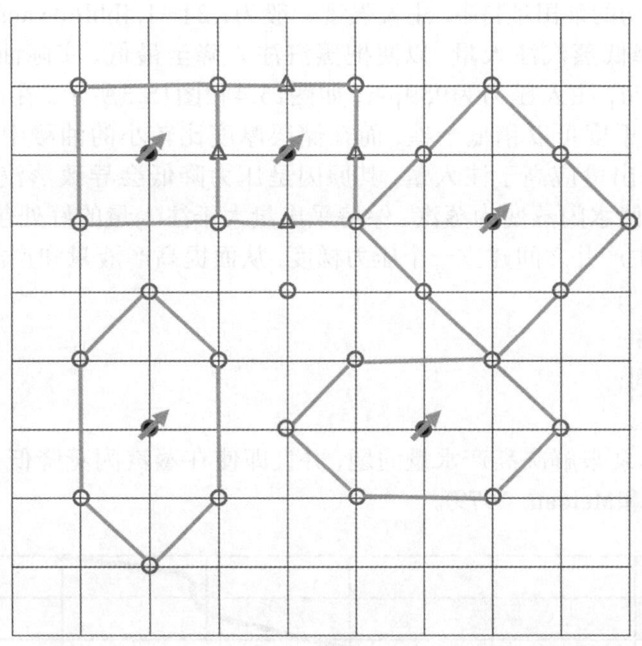

图15.2 五点法井网被转换为反七点法和九点法井网

图15.3展示了中国相关项目中注入井与生产井间的井距。井距为100m的概率为50%。Farouq Ali(1974)及Farouq Ali和Meldau(1979)给出的资料显示，井距大约是190m。一般来讲，如果储层的埋深小于500m，井距为100m左右。如果储层的埋深介于800~1600m之间，井距一般为140~150m，但不会大于200m(Liu, 1997)。在美国的很多蒸汽驱项目中，最小的井距为2.5acre(相当于五点法井网的71m井距或1.25acre的单井泄油面积)；而最大的井距为20acre(相当于五点法井网的200m井距)，储层埋深小于800m。在委内瑞拉的M-6蒸汽驱项目中，采用了反七点法井网，井距为231m。大井距可能是导致该项目采收率低于预期的一个原因。

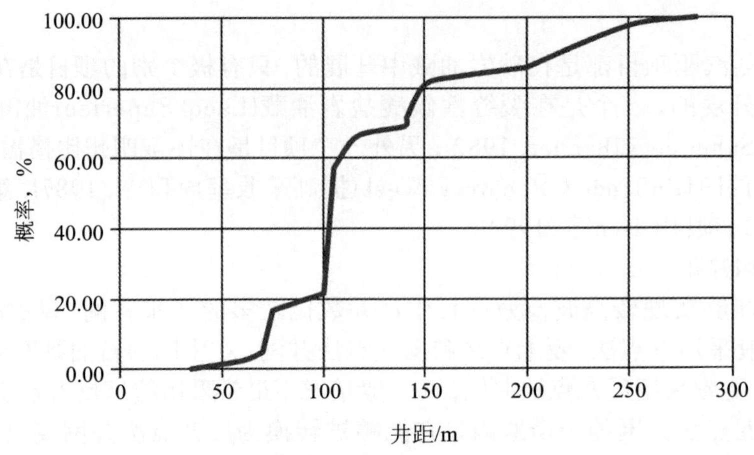

图15.3 中国蒸汽驱项目采用的井距

15.8.3 注入量和开采量

注入速度低会导致较大的热量损失。所以，蒸汽注入量应当尽可能高，但应以地层破裂压力为限。在比较成功的油田项目中，注入强度一般为1.24~1.4bbl/(d·acre·ft)(Zhang, 2006)。在热突破之后应当降低蒸汽注入量，以便把蒸汽注入降至最低。实际油田数据表明，平均单井注入量为1000bbl/d，注入压力为959psi，如图15.4和图15.5所示。在储层厚度比较大的情况下，注入量和蒸汽干度可以稍低一些，而在储层厚度比较小的油藏中，注入量和蒸汽干度必须很高。油藏的采出量应高于注入量，其原因是压力降低会导致蒸汽比容(steam-specific volume)比较高，进而使水闪蒸变为蒸汽。保持采出量大于注入量的好处包括：

① 在注入井和生产井之间建立一个压力梯度，从而提高产液量和产油量；

② 促进蒸汽流动；

③ 降低热损失量；

④ 缩短生产时间；

⑤增加同步OSR。

应当采用大功率泵来解决高产水量问题，并且即使在蒸汽闪蒸降低泵效的情况下也能实现低液位(Farouq Ali和Meldau, 1979)。

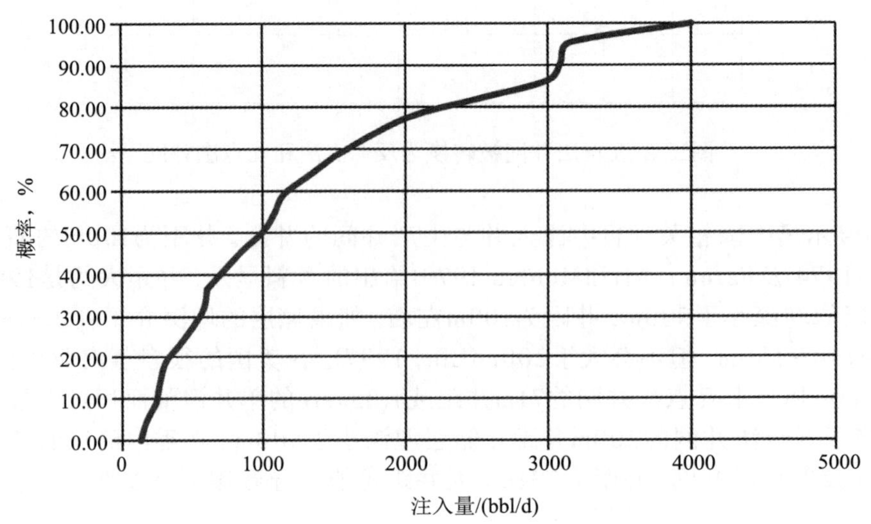

图15.4 实际油田项目中的注入量

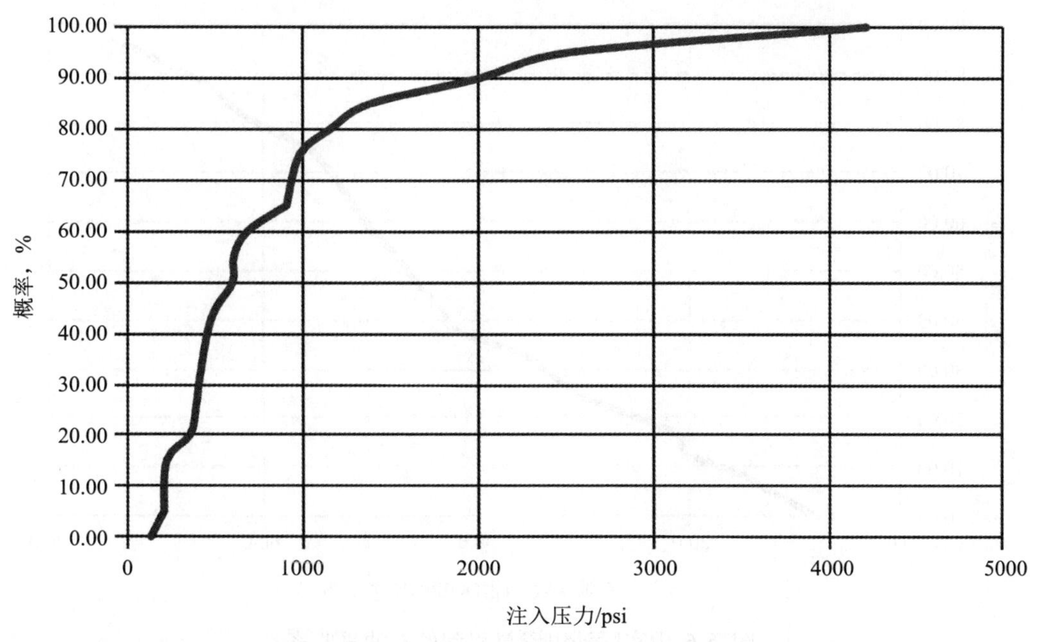

图15.5 实际油田项目中的注入压力

15.8.4 注入策略

在很多情况下，例如在石油黏度很高的情况下，一般要在蒸汽驱之前开展蒸汽吞吐。蒸汽吞吐不仅能够解决蒸汽驱中注入压力高且响应迟缓的问题，而且可以提供生产动态数据，这些数据有助于后续蒸汽驱的方案设计。对于一个典型的注蒸汽开发项目而言，吞吐开发期一般为3~5年，而蒸汽驱开发期大约是6~10年，两者加在一起是10~15年；蒸汽驱过程中累积蒸汽注入量大约是1.2~1.5PV(Liu, 1997)。

15.8.5 蒸汽吞吐转蒸汽驱的时机

要把蒸汽吞吐转为蒸汽驱，需要考虑以下条件。

① 在含油饱和度较高的情况下可以获得较高的蒸汽驱OSR和采收率。要求含油饱和度高于50%，或者至少要高于45%。蒸汽驱阶段的可动油饱和度应当高于27%(Liu, 1997)。

② 在转为蒸汽驱开发之前，地层压力应当降至一个比较合理的低值，这样可以得到高的蒸汽比容。

③ 生产井附近的地层压力应低于对应的注入井附近的地层压力，这样才能建立起压力梯度。为了实现这一点，有时在生产井投入蒸汽驱之后可能仍需继续进行周期注蒸汽。这有助于沟通注入井和生产井。

④ 在气顶或边底水存在的情况下，蒸汽吞吐转蒸汽驱的时机会更加重要，因而需要开展深入的研究。

在蒸汽驱的后期，可以采取多种措施来提高热效率：降低蒸汽注入量(Hong, 1988)；降低蒸汽干度，间歇式蒸汽注入(Hong, 1988)；水-蒸汽交替注入(WASP)(Hong, 1990)；注蒸汽转为注水(Hong, 1987, 1988)；注入剖面调整等。

15.8.6 石油采收率和OSR

图15.6和图15.7显示了实际油田项目的石油采收率和OSR的统计分析结果。在50%的概率下，石油采收率和OSR分别为46.5%和0.195。数据来自Farouq Ali(1974)、Farouq Ali和Meldau(1979)以及中国的蒸汽驱项目。

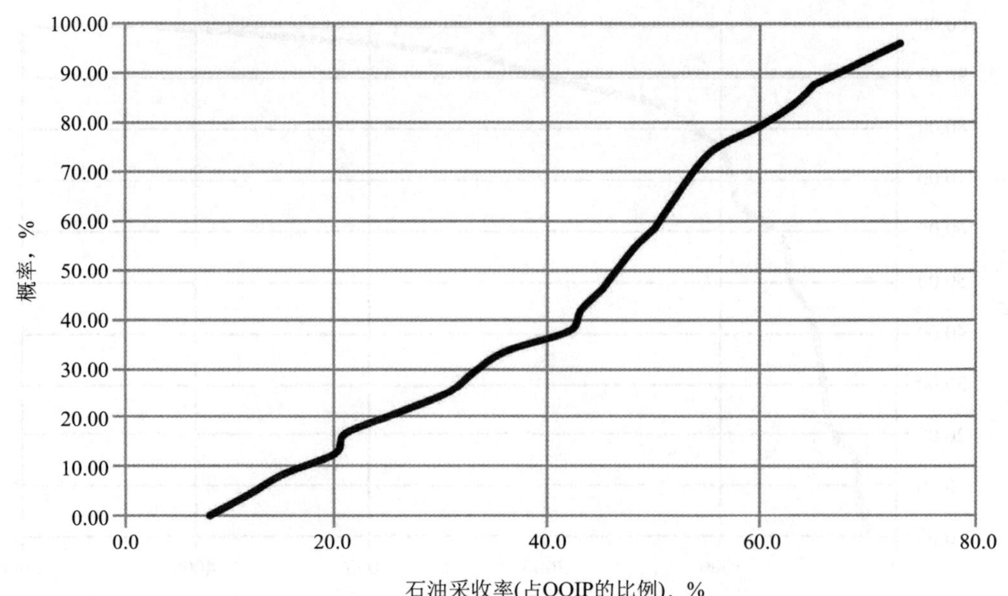

图15.6 由实际油田资料得到的石油采收率

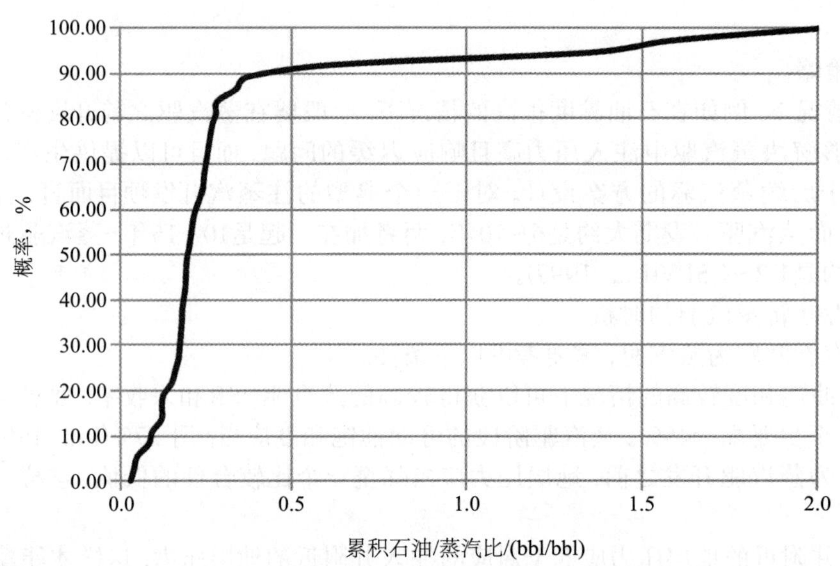

图15.7 由实际生产数据得出的累积OSR

15.8.7 完井井段

注入井通常是在目标层段的下三分之一到下半段完井的，这样做是为了减缓蒸汽重力上窜。如果存在一个大规模的水平泥页岩层，可能就需要对顶部层段进行完井。生产井一般是在整个生产层段进行完井。这些都是在没有开展详细分析和优化情况下采取的常规做法。显然，完井层段的精确选择应当基于详细的油藏和流动条件研究，尤其是储层厚度、纵横向渗透率比、井距、注入量和开采量、是否存在水平泥页岩隔夹层等。Chu(1993)对这个项目开展了系统的模拟研究。在其基准模型中，单井控制面积是1.25acre，注入量是2bbl/(d · acre · ft)。他的研究结果表明，在没有起决定性作用的泥页岩隔层的情况下，注入井和生产井的最佳完井层段见表15.2。

表15.2 注入井和生产井的最佳完井层段

井 网	注入井	生产井
反五点法	$^1/_6$~$^1/_3$	$^1/_3$~$^1/_2$
反七点法	$^1/_3$	$^1/_3$
反九点法	$^2/_3$	$^5/_6$(角), $^1/_2$(边)

15.8.8 生产设施

为了减轻热膨胀效应，应当采用预应力套管。套管尺寸应大于7in(1in≈25.4mm，下同)。最常采用的套管是9.19mm和10.36mm的N80或P110套管。为了提高热稳定性，可以在水泥中添加30%~40%的硅粉(Zhang，2006)。

阻热油管可以是Ⅲ型油管、阻氢油管(hydrogen-resistant)或真空油管。环空内应充填氦气或氮气，以降低井筒热损失。重油举升一般采用螺杆泵。

15.8.9 水处理

注蒸汽开发项目须用大量的水。一般情况下，所需水量与采出石油量之比为4~5(Liu，1997)。水处理包括通过钠交换器降低硬度以及通过设备添加化学品和除氧。表15.3类出了锅炉所要求的水质量。

表15.3 锅炉所要求的水质量

悬浮固体物质/(mg/L)	<2
硬度/(mg/L)	<0.1
pH值	7.5~11
石油/(mg/L)	<2
溶解氧/(mg/L)	<0.05
铁/(mg/L)	<0.05
铜/(mg/L)	<5
二氧化硅/(mg/L)	<50
钠/(mg/L)	<10

15.8.10 监测

每天都要测量注入井口温度、压力和注入量。井下蒸汽干度每半年测量一次。对于生产井而言，每周要进行一次连续4~8h的产液量和产油量测量。一周测量一次油管压力、套管压力和采出石油温度。每月测量一次动态液面(Zhang，2006)。

15.9 油田案例

本节介绍5个油田案例：加利福尼亚州的Kern River油田、印度尼西亚的Furi蒸汽驱(DSF)项目、加利福尼亚州的West Coalinga油田、中国克拉玛依油田和辽河油田Qi-40区块。

15.9.1 加利福尼亚州Kern River油田

Kern River油田位于加利福尼亚州Bakersfield东北5mile处，是一个大型稠油油田。原始石油地质储量(OOIP)在40×10^{8}bbl以上。储层埋深比较浅，为一套未固结的砂岩，夹粉砂岩和黏土层。孔隙度和渗透率分别为28%~35%和1~5D(平均4D)。在70℉储层温度条件下石油黏度在4000mPa·s级别。地层压力比较低[100psi(表)]。在250℉温度下，石油黏度下降到15mPa·s。Kern River组为一套陆相冲积扇沉积，沉积物大都由向西流动的Kern River提供。

自20世纪50年代起，Kern River油田就已经开始进行热采。最初采用井下加热器，后来注热水。1964年，注热水项目转变为蒸汽驱项目，并且规模也扩大到47口注入井。这个项目就是大家熟知的Kern项目。1964年以后，实施了另外4个项目：San Joaquin、Kern“A”、G&W“A”和Reed。采用了21/2井距的五点法井网(Bursell，1970)。图15.8展示的是Kern River油田蒸汽驱先导试验区和1970～1971年扩大的试验区分布(Greaser和Shore，1980)。Green和Willhite(1998)对Kern River油田不同区块开展的注蒸汽项目进行了更为详细的总结。

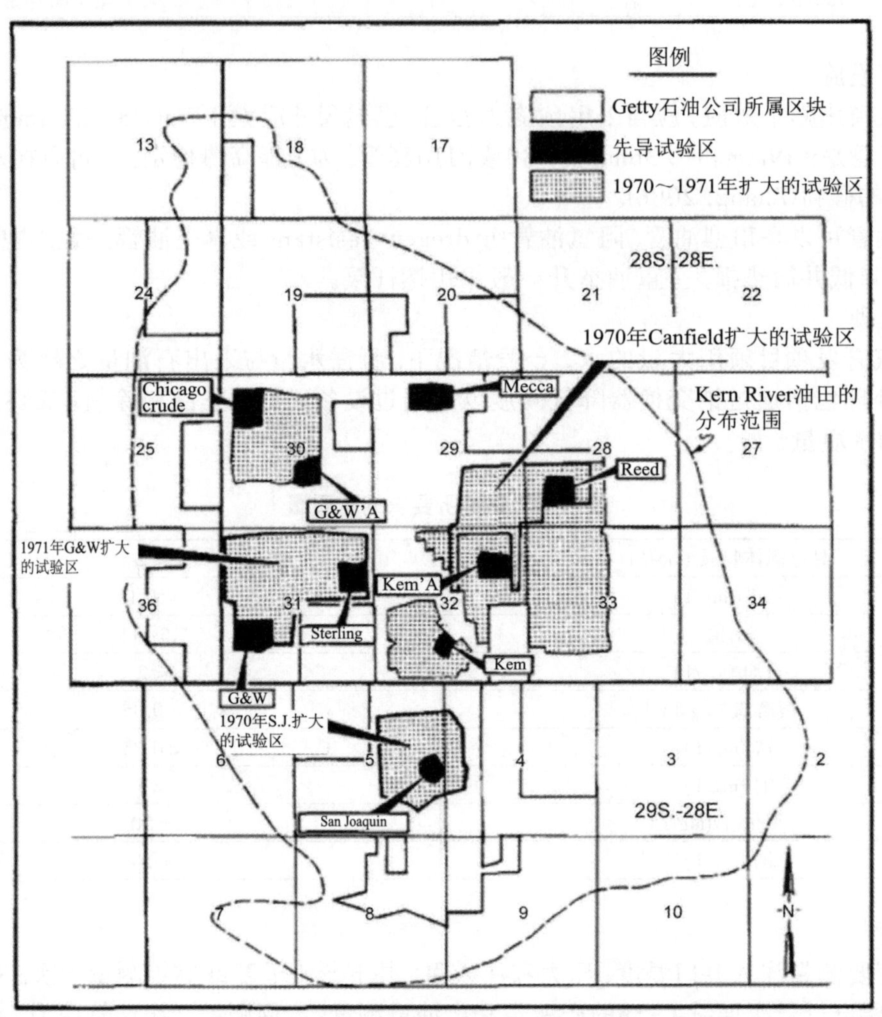

图15.8 Kern River油田图(Greaser和Shore，1980)

在这些注蒸汽开发项目中采用了五种基本的完井方式，分别是穿孔衬管、割缝衬管、选择性射孔注水泥套管、内层衬管和砾石衬管完井。自1966年起，生产井的完井方式都是在油层段下注水泥的套管并在油层底部附近的50～60ft井段进行选择性聚能射孔。在存在出砂问题时，下内层衬管。虽然这样做有助于减少出砂量，但在很多情况下它也会导致堵塞问题。

蒸汽驱生产动态表明，纵向波及效率比较低。采用两种方法来改善吸汽剖面：其一是在生产层段下入机械阻挡装置；其二是在注入系统中添加泡沫转向器(Greaser和Shore，1980)。

Kern River砂岩中夹粉砂岩和黏土层，各砂层都被认为是孤立的。注蒸汽从最下部的砂层开始，在其中的石油被开采后再开发其上的砂层。通过在目的层中对注入井进行选择性射孔来实现这一点。生产井完井时一般要把所有的产层都打开。由于注蒸汽作业开展了多年，部分热量损失进入上覆地层，使注入层段之上的储层预先得到加热(Restine，1983)。

15.9.2 印度尼西亚的Duri蒸汽驱(DSF)项目

DSF是世界上规模最大的蒸汽驱项目。这个油田位于印度尼西亚廖内(Riau)省，在苏门答腊岛上。Duri油田是印度尼西亚国内的第二大油田，蒸汽驱石油产量大约是20×10^4bbl/d。DSF项目设计利用4000多口生产井开发1.5×10^4acre的油藏面积(Pearce和Megginson，1991)。

储层埋深为600ft，净产层厚度为109ft。孔隙度和渗透率分别为36%和1550mD。地层温度是100℉。地层温度下的石油黏度为157cP。石油的API重度为23。

这个油田于1958年投产。1967年开始周期注蒸汽开发。到1977年，已经开展了339次蒸汽吞吐作业。1975年开展了一个蒸汽驱先导试验项目。根据这次先导试验的成功经验，把蒸汽驱扩展到了1区。该区块有95个反七点法井网，每个井网的面积都是11.625acre，这种井网是该油田的主力井网类型。生产井数在420口以上。

较早期设计采用的同心注入管柱，即一个油管柱套在另外一个油管柱内。由此带来的问题是：蒸汽流之间的热传递导致干度高的蒸汽进入一个层段，而干度低的蒸汽甚至热水进入另外一个层段。这会造成一个砂层优先于另外一个砂层被加热。解决这个问题所采用的方法如下：①运用井下阀组把蒸汽注入单个管柱，然后利用临界流动原理在砂层间实现合理的蒸汽分配；②对于单个砂层的总注入量大于阀门设计可以实现的注入量的井网，采用现有的“双”注入井。

人们发现，把15.5acre的五点法和九点法井网结合在一起的“混合”开发策略能够使石油开采量最大化并改善经济效益。另外，在产层净厚度最大的区域，通过转为采用九点法井网，可以把生产井-注入井井数比从七点法井网的2.4提高到九点法井网的3.5。

DSF项目是独一无二的，主要表现在它同时涉及到了现有蒸汽驱开发区块的管理、新区块的蒸汽驱开发以及未来其他区块蒸汽驱的方案设计，其目的是实现石油开采量和生产效率的双双最大化。

15.9.3 加利福尼亚州West Coalinga油田WASP项目

在West Coalinga油田13D区块的先导试验区内纵向上新拓展的产层开展了水-蒸汽交替注入(WASP)，其目的是停止浪费巨大的蒸汽开采并改善注入蒸汽的纵向波及效率。13D区块的蒸汽驱开发始于1973年，面积32acre，6个井网。蒸汽被注入最下面的三个砂层(H、J和J_y)。在注蒸汽开发进行了11年后的1984年，这些砂层的蒸汽驱表现出了高蒸汽-油比和高出油管线温度。砂层G的测温结果表明，其温度高达240℉，这是紧邻砂层G的下伏地层的热板加热作用的结果。

1984年4月，这些砂层转入水驱开发。1985年，新钻了双注入井，在纵向上把先导试验的层位扩展到了砂层E和G，而较下部砂层继续注热水。在1988年初，有五口先导试验井产出了气相蒸汽(vapor-phase steam)。观测井的观测资料显示，在注蒸汽过程中，在砂层G中形成了一个巨大的蒸汽带，温度超过了400℉。这个蒸汽带突破导致生产井出砂、井下管材被切削和高温流体处理问题。为了解决这些问题，不得不对5口井进行了提泵，并关闭了一口井，导致纵向上新拓展的产层和下部水驱开发产层的石油产量降低。

基于数值模拟研究结果，1988年7月开展了WASP矿场试验，交替注入了水和蒸汽段塞，每个段塞的注入时间都在4个月以上。WASP减少了蒸汽采出量，使泵的位置得以降低，而且关闭的井得以恢复生产。在第一个WASP周期内，石油产量保持平稳，而在第二个周期内石油产量提高。由于在每个WASP周期的注水过程中节约了发电机燃料用量，商品油量(总产量与生产蒸汽所消耗油量之差)增加了，从而提高了项目的经济效益(Hong和Stevens，1992)。

15.9.4 中国的克拉玛依油田

该油田有石油黏度各异的四个先导试验区：911、921、93和96。这四个区块的蒸汽吞吐先导试验分别始于1984年、1985年、1987年和1988年。随后在1987~1990年间它们陆续转为蒸汽驱开发。这些项目是中国开展的第一批蒸汽驱先导试验项目。表15.4列出了部分储层和流体资料以及井网信息(Liu, 1997)。

表15.4 克拉玛依油田4个先导试验项目的部分参数

项 目	9_1^1	9_2^1	9_3	9_6
储层埋深/m	105	170～109	230～250	175.5
净厚度/m	15	16.5	8.5	9.5
含油饱和度，%	69.3	70	61	64
孔隙度，%	32.7	34	32	29
渗透率/mD	4160	6170	3496	1260
地层压力/MPa	2.12	2.16	2.0	1.8
地层温度/℃	10	17	19	22
地层原油黏度/(mPa·s)	1100	1600		
20℃下脱气原油黏度/(mPa·s)	3100	2640	4000	20000
井 网	反七点法	反九点法	反五点法	反五点法
井网数目	3	4	9	9
井距/m	100	70×50	100	50
浸泡时间/月	30	56	36	23
单井周期数	3.06	3.7	4.5	2.9
蒸汽吞吐OSR/(bbl/bbl)	1.31	0.54	0.4	0.317
石油采油速度，%	7.5	6	6	
蒸汽吞吐采收率，%	24.2	27	20.3	23.7
生产开始时间	1984年5月	1985年10月	1997年1月	1988年8月
转蒸汽驱时间	1987年7月	1990年6月	1990年1月	1990年11月
蒸汽驱OSR/(bbl/bbl)	1.34	0.5	0.39	
蒸汽驱采收率，%	27	34	20.3	
蒸汽驱采油速度，%	8.5	7	6	

从这些先导试验项目中得出了以下认识。

① 高蒸汽干度和合理的蒸汽注入速度是取得成功的必要条件。

② 开采量与注入量之比应大于1。

③ 蒸汽突破会造成比较严重的问题，尤其是在井距比较小的91和96区块。

④ 如果在蒸汽吞吐阶段就出现了蒸汽突破，那么在蒸汽驱阶段蒸汽突破会变得更加严重。所以，在蒸汽吞吐阶段就要采取适当的措施阻止或减轻蒸汽突破。

⑤ 蒸汽吞吐转蒸汽驱的时机非常重要。要获得比较好的蒸汽驱开发效果，应当在蒸汽吞吐第三个周期结束前转蒸汽驱。

15.9.5 中国辽河油田齐-40区块

中国辽河油区欢喜岭油田齐-40区块曾开展过蒸汽驱先导试验项目。先导试验是在莲Ⅱ油层组(莲花油层)中开展的。孔隙度平均为25%，渗透率平均为1.49D。平均油柱高度为60.5m，净毛比为0.484。储层埋深为910～1045m。原始地层压力为8～10MPa，850m深处原始地层温度为36.8℃。50℃温度下的脱气原油黏度为2639mPa·s(地下石油黏度为3750mPa·s)。该区块自1987年起已投入蒸汽吞吐开发。最初的开发方案是在储层厚度大于15m的区域采用200m的方形井网。在储层厚度大于20m的区域采用了两种开发井网。在蒸汽驱之前，含油饱和度为0.57，采收率为24%。

1997年开展了模拟研究，对比了连续蒸汽吞吐、水驱和蒸汽驱的开发效果。表15.5列出了莲Ⅱ油层组的模拟结果(Ma等，2005)。

表15.5 在把蒸汽吞吐转为蒸汽驱后不同开发方式的模拟结果

开发方式	生产时间/d	累积注蒸汽量/kt	累积石油产量/kt	累积产水量/kt	阶段采收率，%	OSR	净石油产量/kt
持续蒸汽吞吐	101.8	43.8	87	13.9	0.43	37	101.8
蒸汽吞吐转热水驱	49.8	63.8	67.6	20.2		60	49.8
蒸汽吞吐转蒸汽驱	466.8	108.5	449	34.4	0.23	75	466.8

结果表明，如果继续开展蒸汽吞吐开发，采收率会比较低。如果转为开展热水驱，采收率会有所增加但幅度不明显。如果转为蒸汽驱，采收率会是最高的。

1996年4月，开始尝试把蒸汽吞吐转为热水驱。采用了3个井距为141m的反五点法井网。在转为热水驱后的两个月内，含水率从之前的31%快速提高到85%。石油产量下降。1997年5月水驱开发停止。决定把蒸汽吞吐转为蒸汽驱。

1998年1月，先对井距为70m的4个反九点法井网进行蒸汽吞吐，然后在1998年10月转为蒸汽驱。总共有注入井4口、生产井21口和观察井2口。生产动态可以划分为3个阶段。

阶段Ⅰ：从开始转蒸汽驱到1999年5月。产液量从1554t/d增加到330t/d，含水率从63.3%提高到90%。石油产量延续了蒸汽吞吐阶段的下降趋势，从56t/d降至30t/d。

阶段Ⅱ：1999年5～7月。在产液量比较低的6口井中开展了蒸汽吞吐。这组井的产液量增加到了440t/d，含水率略有下降，石油产量提高到了70t/d。

阶段Ⅲ：1999年7月以后。到2000年3月，井组产液量提高到了578t/d，但在2000年8～9月间，由于出砂和泵效低，产液量降至470t/d。石油产量在35～125t/d之间浮动。

直到2003年底，累积OSR为0.21，蒸汽驱采收率为40.3%，包括蒸汽吞吐在内的总采收率达到了64.3%。2003年7月，先导试验的规模扩大，纳入了另外7口注入井。蒸汽驱继续进行，直到2004年底。到此时，蒸汽注入量已经达到了815t/d，新扩展的先导试验区内单井的平均石油产量为7.8t/d，含水率为83.3%，OSR为0.2。与蒸汽吞吐的采收率相比，实现的新增石油采收率为17.65%。据预测，新增石油采收率将高达24.66%，开采时间将达到6年，蒸汽波及系数为45%，热效率为38.8%(Ma等，2005)。监测计划如下(Cheng等，2005)：

① 定期测量井口蒸汽干度和流量；

② 每季度从井底采集一次样品，测量井下蒸汽干度；

③ 每半年测量一次蒸汽剖面；

④ 通过延长测试监测关键井的生产动态；

⑤ 测量观察井的温度剖面；

⑥ 在关键观察井中安装永久性压力表。

注入井实测的吸汽剖面显示的数值为23.4%～64.9%，说明整体上为低剖面。开展了高温调剖。在调剖之前，停止注蒸汽，转为注热水10～15天。然后注入高温调剖剂。此后恢复注蒸汽。

在泵之下安装了井下仪表，用于监测压力和温度。成功率为100%。最常的监测时间是6个月。由5口井采集的数据显示，在最初的蒸汽吞吐阶段温度为230℃，在中期阶段的温度为80～90℃，而后期阶段的温度为60～70℃。温度数据表现出了下降的趋势。在初期生产阶段，流压为5～6MPa，但在后期阶段最低曾降至0.2～0.3MPa。监测数据有助于调整井的生产参数。对于低产井，采取了增加射孔数量或者开展化学增产处理的措施。对于潜力比较大的井，改用较大功率的泵。对于出现蒸汽窜流的井，采取适当的调剖措施。

对7口注入井开展了30井次的井下采样，测量蒸汽干度。实测结果表明：在30m深度处为65%~73%，在中间深度处为56%~66%，而在较大深度处为50%~56%，锅炉产出蒸汽的干度为75%~76%。

参考文献

Abou-Kassem, J.K., 1981. Investigation of Fluid Orientation in a Two-Dimensional, Compositional, Three-Phase Steam Model. The University of Calgary, Calgary, AB, Canada (Ph.D. dissertation).

Andrade, E.N.DA C., 1930. The viscosity of liquids. Nature March (1), 309—310.

Boberg, T.C., Lantz Jr., R.B., 1966. Calculation of the production rate of a thermally stimulated well. JPT December, 1613—1623 (Trans. AIME, 237).

Bursell, C.G., 1970. Steam displacement—Kern River field. JPT 22910, 1225—1231.

Chase, C.A., O'Dell, P.M., 1973. Application of variational principles to cap and base rock heat losses. SPEJ August, 200—210.

Cheng, Z.-P., Zhao, Y.-W., Deng, Z.-X., Wang, P.-H., 2005. Monitoring and surveillance techniques and application in steam flooding. In: Yan, C.-Z, Li, Y. (Eds.), Tertiary Oil Recovery Symposium. Petroleum Industry Press, Beijing, pp. 156—160.

Chu, C., 1985. State-of-the-art review of steamflood field projects. JPT 37 (1), 1887—1902.

Chu, C., 1993. Optimal choice of completion intervals for injectors and producers in steam-floods. Paper SPE 25787 Presented at the SPE International Thermal Operations Symposium, 8—10 February 1993, Bakersfield, CA.

Coats, K.H., George, W.D., Chu, C., Marcum, B.E., 1974. Three-dimensional simulation of steamflooding. SPE J. 14 (6), 573—592.

Doscher, T.M., 1967. Technical Problems in in situ Methods for Recovery of Bitumen from Tar Sands, Proceedings of Seventh World Petroleum Congress, Mexico City.

Enhanced Recovery Week, 1987. Marathon to expand carbonate steamflood at Garland, 24 August.

Farouq Ali, S.M., 1974. Current status of steam injection as a heavy oil recovery method. J. Can. Petrol. Technol. 34 (1), 54—68.

Farouq Ali, S.M., Meldau, R.F., 1979. Current steamflood technology. JPT 31 (10), 1332—1342.

Grabowski, J.W., Aziz, K., 1977. A preliminary investigation of in situ combustion by the method of collocation. In: Canada—Venezuela Oil Sands Symposium, Edmonton, AB, Canada.

Grathoffner, E.H., 1979. The role of oil in water emulsions in thermal oil recovery processes. Paper SPE 7952 Presented at the SPE California Regional Meeting, 18—20 April, Ventura, CA.

Greaser, G.R., Shore, R.A., 1980. Steamflood performance in the Kern River field. Paper SPE 8834 Presented at the SPE/DOE Enhanced Oil Recovery Symposium, 20—23 April, Tulsa, OK.

Green, D.W., Willhite, D.P., 1998. Enhanced Oil Recovery. SPE Textbook Series, vol. 6. The Society of Petroleum Engineers.

Hagoort, J., Leijinse, A., van Poelgeest, F., 1976. Steam-strip drive: a potential tertiary recovery process. JPT December, 1409—1419.

Harmsen, G.J., 1971. Oil recovery by hot-water and steam injection, Proceedings of the Eighth World Petroleum Congress, 3. Applied Science Publishers, London, 243—251.

Hong, K.C., 1986. Numerical simulation of light oil steamflooding in the Buena Vista hills field, California. Paper SPE 14104 Presented at the International Meeting on Petroleum Engineering, 17—20 March, Beijing, China.

Hong, K.C., 1987. Guidelines for converting steamflood to waterflood. SPERE 2 (1), 67—76.

Hong, K.C., 1988. Effects of shutting in injectors on steamflood performance. SPERE 3 (3), 945—952.

Hong, K.C., 1990. Water-alternating-steam process improves project economics at West Coalinga field. Paper CIM 90-84 Presented at the Annual Technical Meeting of CIM, 10-13 June, Calgary, AB, Canada.

Hong, K.C., 1994. Steamflood Reservoir Management—Thermal Enhanced Oil Recovery. PennWell, Tulsa, OK, pp. 258—259, 299—301.

Hong, K.C., Stevens, C.E., 1992. Water-alternating-steam process improves project economics at west coalinga field. SPERE 7 (4), 407—413.

Konopnicki, D.T., Traverse, E.F., Brown, A., Deibert, A.D., 1979. Design and evaluation of the Shiells Canyon field steam-distillation drive pilot project. JPT 31 (5), 546—552.

Liu, W.-Z., 1997. Steam Injection Technology to Produce Heavy Oils. Petroleum Industry Press, Beijing, China.

Ma, D.-S., Zhao, H.-Y., Hu, C.-H., 2005. Practice and learning of the steam flooding in the block 40 of Liauhe field. In: Yan, C.-Z, Li, Y. (Eds.), Tertiary Oil Recovery Symposium. Petroleum Industry Press, pp. 300—305.

Marx, J.W., Langenheim, R.H., 1959. Reservoir heating by hot fluid injection. Trans. AIME 216, 312.

Messner, G.L., 1990. A comparison of mass rate and steam quality reductions to optimize steamflood performance. Paper SPE 20761 Presented at the SPE Annual Technical Conference and Exhibition, 23—26 September 1990, New Orleans, LA.

Miller, C.A., 1975. Stability of moving surfaces in fluid systems with heat and mass transport, III. Stability of displacement fronts in porous media. AIChE J. 21 (3), 474—479.

Myhill, N.A., Stegemeier, G.L., 1978. Steam-drive correlation and prediction. JPT February, 173—182.

Nakornthap, K., Evans, R.D., 1986. Temperature-dependent relative permeability and its effect on oil displacement by thermal methods. SPERE 1 (3), 230—242.

Olsen, D.K., Sarathi, P.S., NIPER; Hendricks, M.L., Schulte, R.K., and Giangiacomo, L.A.. 1993. Case history of steam injection operations at naval petroleum reserve no. 3, teapot dome field, Wyoming: a shallow heterogeneous light-oil reservoir. Paper SPE 25786 Presented at the SPE International Thermal Operations Symposium, 8-10 February, Bakersfield, CA.

Pearce, J.C., Megginson, E.A., 1991. Current status of the Duri steam flood project, Sumatra, Indonesia. Paper SPE 21527 Presented at the SPE International Thermal Operations Symposium, 7-8 February, Bakersfield, CA.

Prats, M., 1982. Thermal Recovery. SPE Monograph. The Society of Petroleum Engineers, Richardson, TX.

Ramey Jr., H.J., 1959. Discussion of reservoir heating by hot fluid injection. Trans. AIME 216, 364.

Ramey Jr., H.J., 1962. Wellbore heat transmission. JPT April, 427—440 (Trans. AIME, 225).

Restine, J.L., 1983. Effect of preheating on kern river field steam drive. JPT 35 (3), 523—529.

Sahuquet, B.C., Ferrier, J.J., 1982. Steam-drive pilot in a fractured carbonated reservoir: Lacq Superieur field. JPT 34 (4), 873—880.

Taber, J.J., Martin. 1983. Technical screening guides for the enhanced recovery of oil. Paper SPE 12069 Presented at the SPE Annual Technical Conference and Exhibition, 5-8 October, San Francisco, CA.

Taber, J.J., Martin, F.D., Seright, R.S., 1997. EOR screening criteria revisited—part 2: applications and impact of oil prices. SPERE 12 (3), 199—206.

Vinsome, P.K.W., Westerveld, J., 1980. A simple method for predicting cap and base rock heat losses in thermal reservoir simulators. JCPT 19 (3), 87—90.

Volek, C.W., Pryor, J.A., 1972. Steam distillation drive—Brea Field, California. JPT 24 (8), 899—906.

Willhite, G.P., 1967. Over-all heat transfer coefficients in steam and hot water injection wells. JPT May, 607—615.

William, B.T., Valleroy, V.V., Runberg, G.W., Cornelius, A.J., Powers, L.W., 1961. Laboratory studies of oil recovery by steam injection. JPT July, 681—690.

Wu, C.H., 1977. A critical review of steamflood mechanisms. Paper SPE 6550 Presented at the SPE California Regional Meeting, 13 — 15 April, Bakersfield, CA.

Young, B.M., McLaughlin, H.C., Borchardt, J.K., 1980. Clay stabilization agents—their effectiveness in high-temperature steam. JPT 32 (12), 2121—2131.

Zhang, Y.T., 2006. Thermal recovery. In: Shen, P.P. (Ed.), Technological Developments in Enhanced Oil Recovery. Petroleum Industry Press, Beijing, China, pp. 189—234.

第16章 周期注蒸汽增产法

James J. Sheng

(得克萨斯科技大学Bob L. Herd石油工程系，美国得克萨斯州Lubbock，邮编79409)

16.1 引言

周期注蒸汽增产法(CSS)就是先向生产井中注一定量的蒸汽，然后关井一段时间，待蒸汽加热油层后再开井生产的一种增产方法。由于初始含油饱和度高，地层压力大幅提高，而且石油黏度降低，因而初始石油产量比较高。随着含油饱和度降低，地层压力降低，以及石油黏度因热能向周围岩石和流体中散失而增大，石油产量会逐渐降低。在到达某个时点，就要开始另外一轮注蒸汽作业。这样的周期可能要重复进行几次甚至很多次。

人们还用蒸汽浸泡(steam soak)和蒸汽吞吐(steam huff-and-puff)这两个术语来描述CSS。

在本章中，我们将首先简要论述CSS的机理、评价生产动态的理论方法以及油藏筛选标准，然后重点介绍CSS项目的实践和矿场案例。

16.2 机理

CSS的第一种机理是石油黏度在注入蒸汽的作用下降低。蒸汽注入增加了储层的压力，因而压降比较大。根据达西方程，石油产量会增加。图16.1示意性地显示了蒸汽吞吐之后的径向流动模型。我们运用稳态达西流动方程对此进行说明。蒸汽吞吐后在井下条件下的石油产量q_{oh}计算公式如下：

$$\begin{aligned} q_{\mathrm{oh}} &= \frac{2\pi h(p_{\mathrm{e}}-p_{\mathrm{w}})}{\dfrac{\mu_{\mathrm{oc}}\ln(r_{\mathrm{e}}/r_{\mathrm{h}})}{k}+\dfrac{\mu_{\mathrm{oh}}\ln(r_{\mathrm{h}}/r_{\mathrm{d}})}{k}+\dfrac{\mu_{\mathrm{oh}}\ln(r_{\mathrm{d}}/r_{\mathrm{w}})}{k_{\mathrm{d}}}} \\ &= \frac{2\pi k k_{\mathrm{d}} h(p_{\mathrm{e}}-p_{\mathrm{w}})}{k_{\mathrm{d}}\mu_{\mathrm{oc}}\ln(r_{\mathrm{e}}/r_{\mathrm{h}})+k_{\mathrm{d}}\mu_{\mathrm{oh}}\ln(r_{\mathrm{h}}/r_{\mathrm{d}})+k\mu_{\mathrm{oh}}\ln(r_{\mathrm{d}}/r_{\mathrm{w}})} \end{aligned} \tag{16.1}$$

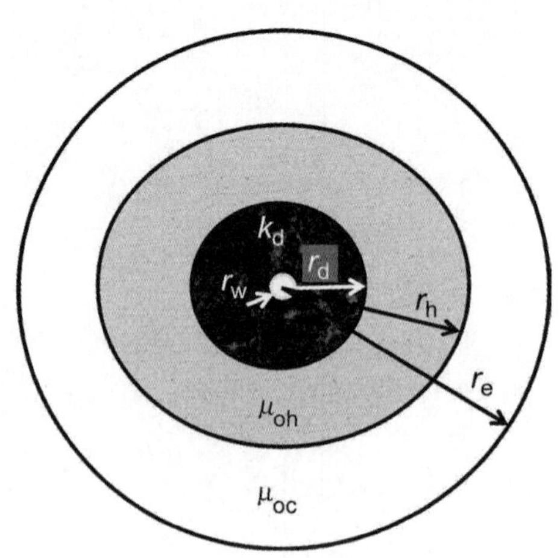

图16.1 蒸汽吞吐后径向流动模型的示意图

蒸汽吞吐前的石油产量q_{oc}的计算公式为：

$$q_{oc}=\frac{2\pi h(p_e-p_w)}{\frac{\mu_{oc}\ln(r_e/r_d)}{k}+\frac{\mu_{oc}\ln(r_d/r_w)}{k_d}}=\frac{2\pi kk_d h(p_e-p_w)}{k_d\mu_{oc}\ln(r_e/r_d)+k\mu_{oc}\ln(r_d/r_w)} \tag{16.2}$$

蒸汽吞吐后生产指数(J_h)与蒸汽吞吐前生产指数(J_c)之比为：

$$\begin{aligned}\frac{J_h}{J_c}&=\frac{k_d\mu_{oc}\ln(r_e/r_d)+k\mu_{oc}\ln(r_d/r_w)}{k_d\mu_{oc}\ln(r_e/r_h)+k_d\mu_{oh}\ln(r_h/r_d)+k\mu_{oh}\ln(r_d/r_w)}\\&=\frac{(k_d/k)\ln(r_e/r_d)+\ln(r_d/r_w)}{(k_d/k)\ln(r_e/r_h)+(k_d/k)(\mu_{oh}/\mu_{oc})\ln(r_h/r_d)+(\mu_{oh}/\mu_{oc})\ln(r_d/r_w)}\end{aligned} \tag{16.3}$$

假设一个实际案例：r_e=500ft；r_h=50ft；r_d=5ft；r_w=0.25ft；k_d/k=0.1；μ_{oh}/μ_{oc}=0.01。那么：

$$\begin{aligned}\frac{J_h}{J_c}&=\frac{(k_d/k)\log(r_e/r_d)+\log(r_d/r_w)}{(k_d/k)\log(r_e/r_h)+(k_d/k)(\mu_{oh}/\mu_{oc})\log(r_h/r_d)+(\mu_{oh}/\mu_{oc})\log(r_d/r_w)}\\&=\frac{(0.1)\log(500/5)+\log(5/0.25)}{(0.1)\log(500/50)+(0.1)(0.01)\log(50/5)+(0.01)\log(5/0.25)}=12.2\end{aligned}$$

换句话说，在蒸汽并未消除地层伤害的情况下(k_d不变)，产能增至原来的12.2倍。在地层伤害被蒸汽消除的情况下(k_d等于蒸汽吞吐后的k)，产能增幅为：

$$\begin{aligned}\frac{J_h}{J_c}&=\frac{\log(r_e/r_d)+k/k_d\log(r_d/r_w)}{\log(r_e/r_h)+(\mu_{oh}/\mu_{oc})\log(r_h/r_d)+(\mu_{oh}/\mu_{oc})\log(r_d/r_w)}\\&=\frac{\log(500/5)+(10)\log(5/0.25)}{\log(500/50)+(0.01)\log(50/5)+(0.01)\log(5/0.25)}=14.7\end{aligned}$$

这个计算示例说明，不管蒸汽能否消除地层伤害，产能增幅都接近。这就意味着周期注蒸汽开发的主要机理是降黏。虽然消除地层伤害的确能提高产能，但其改善程度要远小于降黏(本示例中为20%)。

然而，如果蒸汽注入消除了地层伤害，而且油藏还没有降温，那么产能改善的程度就会明显提高。对于这个示例而言，改善的程度为：

$$\frac{J_{\text{after ccs}}}{J_{\text{before ccs}}}\frac{\log(r_e/r_d)/k+\log(r_d/r_w)/k_d}{\log(r_e/r_d)/k+\log(r_d/r_w)/k}=\frac{\log(500/5)+\log(5/0.25)(10)}{\log(500/5)+\log(5/0.25)}=4.55 \tag{16.4}$$

这个计算示例表明，在油藏降温之后，蒸汽吞吐消除近井地带地层伤害的开采机理就会发挥作用。这是第二种机理。近井地带的固体物质、蜡质和沥青质沉积都会造成地层伤害。

第三种机理可以通过以下方式加以说明。当石油黏度很高或井距太大时，要开展蒸汽驱，注入压力就需要达到一个不切合实际地高的数值。在这种情况下，采用比较低的注入压力，通过对较小体积的油层带进行加热，CSS就可以发挥作用。事实上，在绝大多数油藏中，CSS都是蒸汽驱的前奏。

其他的机理可能还有流体膨胀和岩石压实(de Haan和Lookeren，1969)、重力泄油、相对渗透率改善、润湿性转换、蒸馏和界面张力减小等。

在一些案例中，岩石压实程度比较明显。

16.3 估算CSS的生产响应——Boberg和Lantz模型

如第15章所述，我们采用Marx和Langenheim(1959)模型计算蒸汽注入油藏后的加热带半径。

在注蒸汽停止且生产井投产后，由于热能向上覆和下伏岩层中散失，再加上采出流体所造成的热损失，会导致地层温度降低。利用Boberg和Lantz(1966)模型可以计算地层平均温度的降幅。

虽然在利用Marx和Langenheim模型计算加热油层半径时考虑了进入上覆和下伏地层的热损失量，但加热带以外的地层温度被视为保持在注蒸汽前的初始地层温度T_R。所以，在Boberg和Lantz模型中，加热带以外的初始地层温度也被视为等于T_R，如图16.2所示。

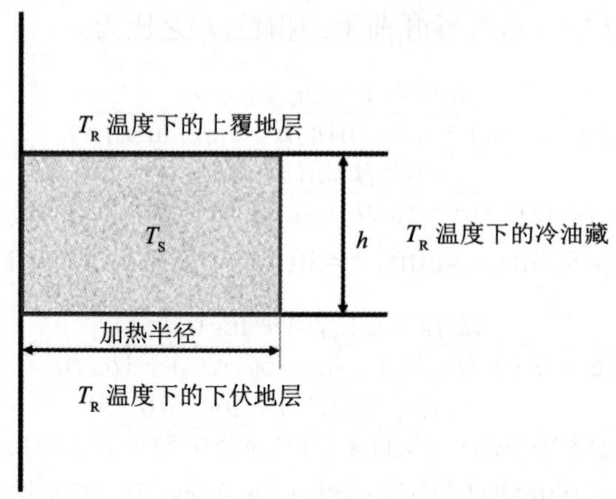

图16.2 Boberg和Lantz模型中初始地层温度分布

在关井和开井生产阶段，考虑了在纵向和水平方向上的传导热损失。虽然有较冷的流体进入加热带，但这个平均地层温度模型并未明确地考虑这种效应。这个模型所采用的微分方程是：

$$\frac{k_h}{r}\frac{\partial}{\partial r}\left(r\frac{\partial T}{\partial r}\right)+k_h\frac{\partial^2 T}{\partial z^2}=M_R\frac{\partial T}{\partial t} \tag{16.5}$$

式中：M_R是上覆或下伏岩层和储层的平均热容量；k_h是热传导系数。

初始条件和边界条件分别显示在图16.2和图16.3中。这个模型仅考虑了通过传导进入上覆和下伏岩层的热损失量。

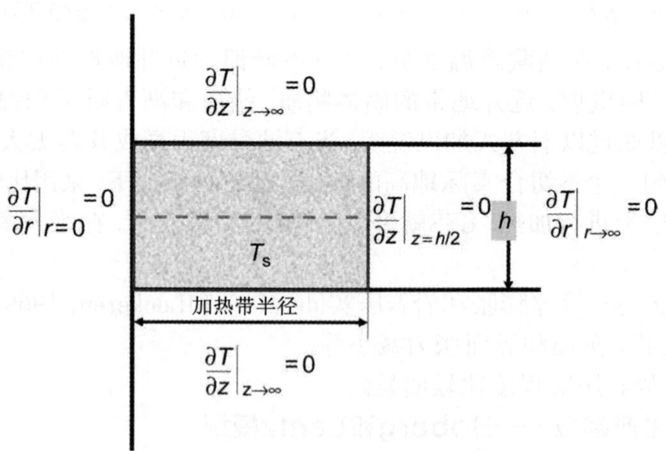

图16.3 Boberg和Lantz模型的边界条件

这个方程的解以无量纲的形式表示：

$$\bar{T}_D=\bar{T}_{Dr}\bar{T}_{Dz} \tag{16.6}$$

其中：

$$\bar{T}_D = \frac{\bar{T} - T_R}{T_s - T_R} \tag{16.7}$$

$\bar{T}_{Dr}$和$\bar{T}_{Dz}$分别是r和z方向上的$\bar{T}_D$分量。其数值可以在Boberg和Lantz(1966)所提供的图上查找，也可以利用下面的公式进行计算。

在$0.01 < t_{Dr} \leqslant 0.1$时(G.Paul Willhite，2012年1月9日，个人交流)：

$$\bar{T}_{Dr} = 1 - \sqrt{\frac{t_{Dr}}{\pi}}\left(2 - \frac{t_{Dr}}{2} - \frac{3}{16}t_{Dr}^{\ 2} - \frac{15}{64}t_{Dr}^{\ 3} - \frac{525}{1024}t_{Dr}^{\ 4} - \cdots\right) \tag{16.8}$$

随着t_{Dr}变小，利用上述公式只能得出近似值。

在$t_{Dr} > 0.05$时：

$$\bar{T}_{Dr} = \frac{1}{4t_{Dr}}\left[1 - \frac{1}{4t_{Dr}} + \sum_{k=2}^{\infty} s_k\right] \tag{16.9}$$

其中：

$$s_1 = 1/4$$

$$s_k = \left[\left(-\frac{1}{t_{Dr}}\right)\frac{(0.5 + k)}{(1 + k)(2 + k)}\right]s_{k-1} \tag{16.10}$$

式(16.9)的展开式如下：

$$\bar{T}_{Dr} = \left(\frac{1}{4t_{Dr}} - \frac{1}{16t_{Dr}^{\ 2}} + \frac{5}{384t_{Dr}^{\ 3}} - \frac{1}{439t_{Dr}^{\ 4}} + \frac{7}{20480t_{Dr}^{\ 5}} + \cdots\right) \tag{16.11}$$

实际情况表明，在$t_{Dr} > 0.05$时，这个级数展开式相当准确地代表了平均径向温度，但在t_{Dr}较小时，额外需要很多项。有必要继续展开这个级数，直到最后一个数值达到10^{-5}数量级为止。

尽管Boberg和Lantz并未对这个解施加限制条件，但Bentsen和Donohue(1969)却施加了$t_{Dr} > 10$的限制条件。

$\bar{T}_{Dz}$是由下式计算的(Bentsen和Donohue，1969)：

$$\bar{T}_{Dz} = \text{erf}(1\sqrt{t_{Dz}}) - (\sqrt{t_{Dz}/\pi})[1 - \exp(-1/t_{Dz})] \tag{16.12}$$

在这些公式中，t_{Dr}和$\bar{T}_{Dz}$的定义分别为：

$$t_{Dr} = \frac{\alpha(t - t_i)}{r_h^2} \tag{16.13}$$

$$t_{Dz} = \frac{\alpha(t - t_i)}{(h/2)^2} \tag{16.14}$$

式中：t_i是初始时间；$\alpha(k_h/M_R)$是热扩散系数。

在上述公式中，加热带以外地层的初始温度被假定为等于冷储层温度T_R。实际上，从加热带向外存在一个温度梯度。为了把这个温度梯度考虑在内，在式(16.14)中实际储层厚度小上添加一个假设的厚度Δh。Δh可以通过总能量平衡方程进行估算：

$$m_s h_s = \pi r_h^2 M_R (T_s - T_R)(h + \Delta h) \tag{16.15}$$

在上述公式中，采出液造成的热损失量并未考虑在内。为了把这个热量损失也考虑在内，在式(16.6)中添加了一个校正系数δ。因此，加热带的平均压力由下式计算：

$$\bar{T}_D = \bar{T}_{Dr}\bar{T}_{Dz}(1 - \delta) - \delta \tag{16.16}$$

δ的定义如下：

$$\delta = \frac{1}{2}\frac{\int_{t_i}^{t_p}\dot{Q}_p \mathrm{d}t}{Q_i} = \frac{1}{2}\int_{t_i}^{t_p}\frac{\dot{Q}_p \mathrm{d}t}{\pi r_h^2 h M_R (T_s - T_R)} \tag{16.17}$$

式中: Q_i是初始时间t_i时的总热量; t_p是根据蒸汽注入结束时间测算的生产时间; $\dot{Q}_p$是采出的热量。

式(16.16)是由Boberg和Lanatz(19666)提出的一个经验公式。注意，在δ等于1/2时，从式(16.16)来看，$\bar{T}_D$可能是一个负值。在这种情况下，强制规定$\bar{T}_D$等于零。

在井下条件下，采出的热量$\dot{Q}_p$与产量和加热带的平均温度有关，其表达式如下:

$$\dot{Q}_p=\left(q_oM_o+q_wM_w+q_gM_g+q_sM_w+\frac{q_s\rho_wL_v}{T_s-T_R}\right)(T_s-T_R) \tag{16.18}$$

注意，所有这些量都是井下条件下的数值，q_s以冷水当量(CWE)表示的蒸汽注入量。根据地面油气产量很容易估算井底油气产量。但在根据地面实测的水和蒸汽采出量计算其对应的井底采出量时必须进行修正，以便把热损失量考虑在内。如果计算是按照时间步进行的，这些量就是各时间段的平均值。注意，一定要确保所用单位具有一致性。

对于CSS工艺而言，还有其他几个解析模型可以利用(Clossmann等，1970；de Haan和van Lookeren，1969；Martin，1967；Seba和Perry，1969)。从Boberg和Lantz模型的描述中，我们可以看出，人工计算非常繁琐，而且在模型中还给出了很多假设。现在，通过数值模拟可以很容易地解决这些计算问题。

16.4 油藏筛选标准

Taber等(1997)以及Green和Willhite(1998)在不区分蒸汽驱和蒸汽吞吐的情况下对一般性的筛选标准进行了总结。事实上，在实际油田蒸汽吞吐项目中所采用的参数数值范围要比他们所讲的更宽一些。换句话说，蒸汽吞吐的适用条件并不像蒸汽驱那样严格。我们通过纳入油田实践中所采用的参数对蒸汽吞吐油藏筛选标准进行了修改，结果列在表16.1中。Farouq Ali(1974)所总结的设计标准也在这个表中列出。根据这些设计标准来看，部分油田项目是成功的。

表16.1 油藏筛选标准和油田平均数据

参 数	标准值	设计标准	油田平均数据
石油API重度	8~35	<15	14.4
原地石油黏度/cP	50~350000	4000	5247
含油饱和度(小数)	>0.4		
净厚度/m	>6	>9	24.2
净毛比(小数)	>0.4		
孔隙度(φ)(小数)	>0.18	0.35	0.32
渗透率/mD	>50	1000	1736
传导率/[(mD·ft)/cP]	>5		
深度/m	<1525	<915	518
气 顶	不希望存在		
含水层	不希望存在		
裂 缝	不发育		
黏土含量	低		
蒸汽干度，%		80~85	
蒸气压力/psi(表)		约1500	900
注入时间/d		14~21	11
浸泡时间/d		1~4	6.25
周期数		3~5	3
周期长度/月		约6	约6

根据我们对中国油田项目的调查数据(未公开)以及Farouq Ali(1974)与Farouq Ali和Meldau(1979)所报告的调查数据，我们对部分参数进行了统计分析(排序和百分数)。所调查油田项目的部分平均数据列在了表16.1中。这些油田数据是所调查数据的50%概率值。下一节将以图形的形式展示生产动态数据。

当实测的温度与地层温度不同时，就按照温度每增加10℃会导致石油黏度降低一半的假设，对石油黏度数值进行内插或外插。在所报告的黏度为一个数值范围时，就选取中间点的黏度数值。对于其他任何参数，在所提供的参数值是一个数值范围时，就在统计分析中采用简单的算术平均值。

总厚度也是一个重要的参数。遗憾的是，没有收集到足够多的数据，因而无法开展统计分析。

一般来讲，气顶或底水都不是人们所希望看到的，其原因是前者会加重蒸汽的重力上窜，而大规模的含水层则会起到热量吸收池的作用。在这样的油藏中，需要优化布井和开发方案，本章下文将要介绍的高升(Gaosheng)油田案例就是如此。其他筛选参数值在表中有列出但这里并未进行讨论。

16.5 CSS项目实践

Farouq Ali(1974)曾对部分设计参数进行了总结并在表16.1列出。本节所讲的项目实践也可以作为设计标准的参考。

16.5.1 一般开采方法

如果地层原油黏度为50~150mPa·s，就要先进行水驱开发，然后再开展蒸汽驱。如果地层石油黏度为150~1×10^4mPa·s，就要直接开展蒸汽驱，因为水驱开发可能不会有效果。先开展CSS再进行蒸汽驱可能会更加有效。

如果地层原油黏度为10000~50000mPa·s，就需要开展CSS。如果油藏条件比较有利，后续还可以开展蒸汽驱。如果地层原油黏度高于50000mPa·s，就需要采用特殊的开采方法，例如压裂、水平井和添加化学品等。

对于多层油藏而言，蒸汽注入应当从底层开始，然后逐层上移，这样可以使上部的油层得到预热。在适当的时间，可以把蒸汽吞吐转换为蒸汽驱。

对于存在气顶或边底水的油藏而言，应当控制油层与水层或含气层之间的压力平衡。完井层段需要进行优化。应首先在含油带内部署生产井，然后再逐渐向边水带推进。在存在底水时，应当在水层之上射孔，例如Shu175区块就是在含水层以上15m处射孔。

Liu(1997)采用模拟方法研究了通过CSS经济开发重油油藏的条件。他假设原油黏度、油层厚度和深度是决定蒸汽吞吐生产动态的主要参数，并对它们开展了敏感性研究。

16.5.2 注入和生产参数

注蒸汽周期可以是几天，也可以是几周。图16.4显示了实际油田项目的注入时间。数据来源与表16.1中数据的一样。50%概率下的平均注入时间是11天。

如果蒸汽浸泡时间太短，比较多的热量积聚在井筒周围，在开井生产时这部分热量会被采出。而如果浸泡时间太长，进入上覆和下伏地层的热量损失就会很多，开采时间就会变长。然而，如果地层压力足够高，那么较长的浸泡时间可能就是人们所希望的，这样可以提高热效率(Farouq Ali，1974)。Adams和Khan(1969)基于6个月累积石油产量与浸泡时间的对比研究，发现最佳浸泡时间是9天。油田数据表明，平均浸泡时间是6.25天，如图16.5所示。Liu(1997)研究认为，2~3天的浸泡时间应当足够了。如图16.6所示，平均开采时间是180天(大致是半年)。

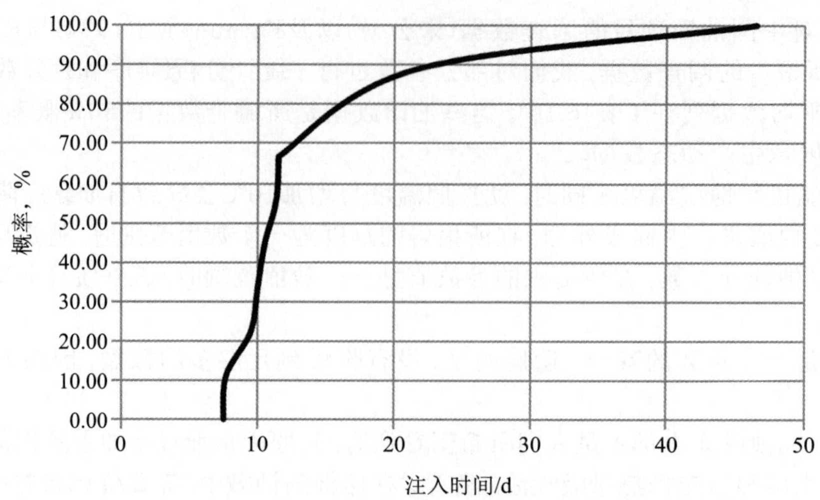

图16.4 实际CSS项目的注蒸汽驱时间

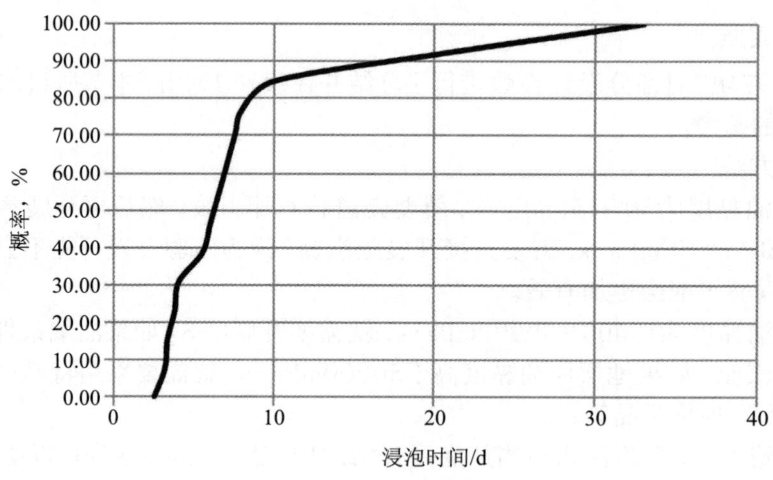

图16.5 实际CSS项目的浸泡时间

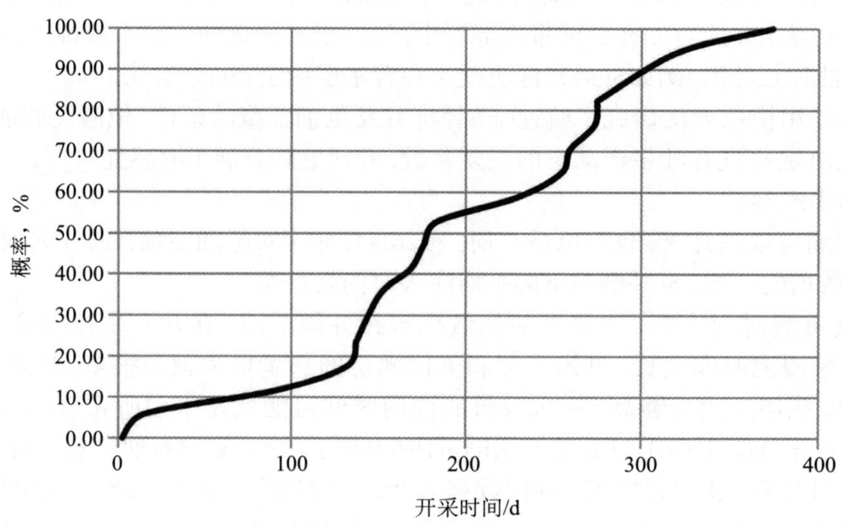

图16.6 实际CSS项目的开采时间

图16.7显示了实际油田项目每个周期的总注入量(CWE)，CWE的平均值为10800bbl。平均注入压力为900psi，如图16.8所示。蒸汽注入量一般是单位油柱高度80~160t/m，在油层较薄时，取其上限值，而在油层较厚时，取其下限值。随着周期数的增多，蒸汽注入量增加10%~15%(Liu, 1997)。

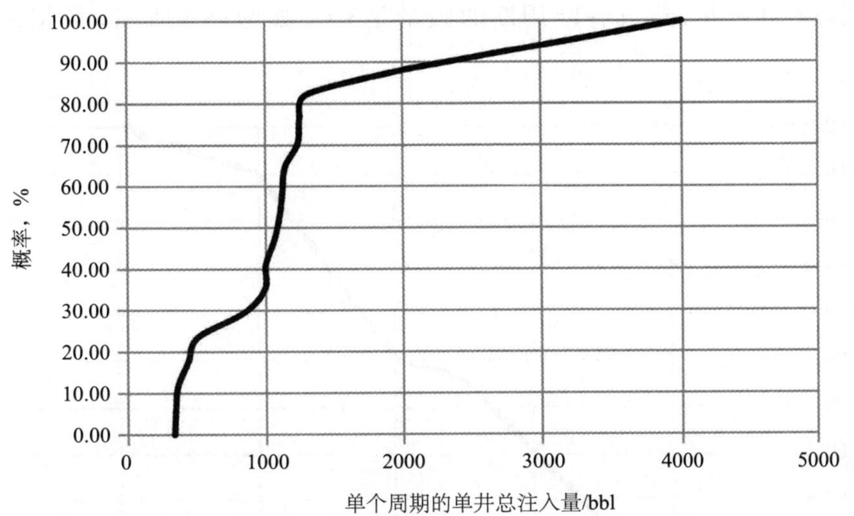

图16.7 单个吞吐周期的单井蒸汽注入总量(CWE)

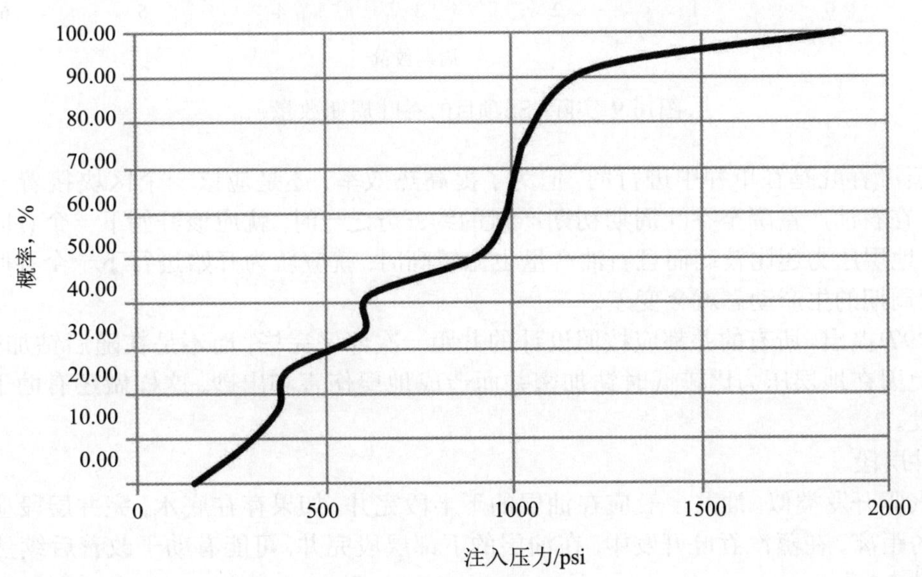

图16.8 井注入压力

在讨论CSS机理时，我们曾提到，一种机理是减轻地层伤害。这种机理是通过在返排阶段洗井来实现的。从这个角度来讲，第一个周期的蒸汽注入量不应当太多，其原因是大量的蒸汽可能会把堵塞物驱替到远离井筒的油层深处，这样就更难以把这些堵塞物冲洗出来。

在原油黏度很高的油藏中，第二个和第三个吞吐周期的生产动态一般要好于第一个吞吐周期。从这一点看，第一个吞吐周期的蒸汽注入量同样不能太多，但所注入的蒸汽应当具有很高的干度。

即使在较深(例如1700m)的油藏中，CSS技术也是比较成熟的。经济且有效的蒸汽吞吐周期的数量是6~7个，最多不应超过10个(Liu，1997)。一般而言，峰值石油产量出现在第二个周期和第三个周期，而在第四到第六个周期则快速下降。在第七个周期后，石油产量缓慢递减。平均来讲，蒸汽吞吐周期的数量是3个，如图16.9所示。数据来自Farouq Ali(1974)。

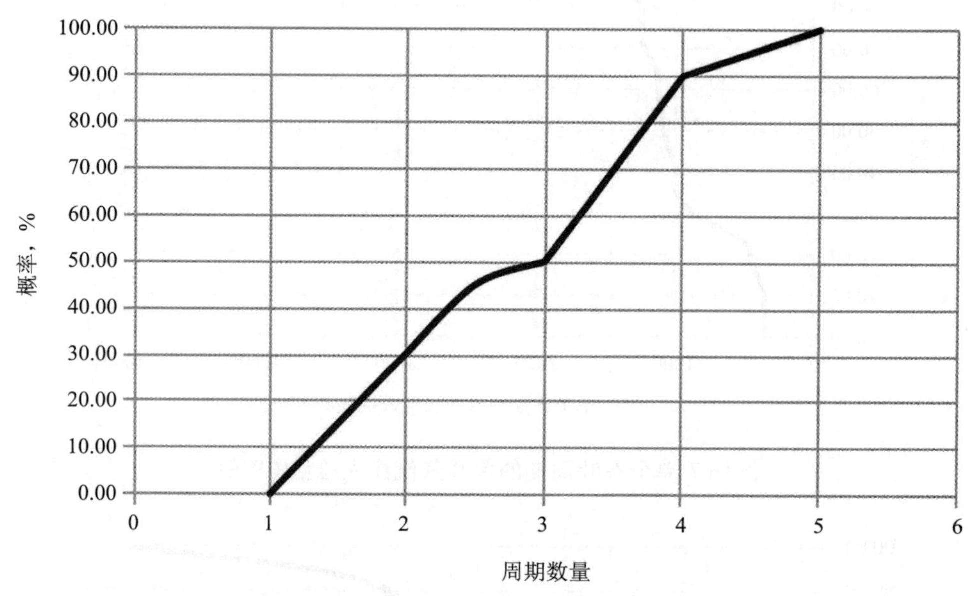

图16.9 实际CSS项目的吞吐周期数量

虽然蒸汽吞吐是在单井中进行的，但为了提高热效率，还是应该一个区块接着一个区块进行开发。在石油产量降至吞吐周期初期产量的约三分之一时，就应该开始下一个吞吐周期。换言之，在地层压力还比较高而且石油产量也比较高时，就应转为开始进行下一个吞吐周期。否则，后续周期的生产动态就会变差。

Liu(1997)提出，所有的井都应按照设计的井距一次部署完毕，而不是在随后钻加密井。这样可以避免因在地层压力比较低时钻加密井而造成地层伤害和出砂。这样做还有助于后续的蒸汽驱开发。

16.5.3 完井层段

与蒸汽驱开发类似，油井一般应在油层的下半段完井。如果存在底水，完井层段应离开含水层一定的距离。在蒸汽吞吐开发中，在油层的下部层段完井，可能有助于改善后续蒸汽驱开发的生产动态。

16.5.4 井筒绝热

对于埋深为300~400m的油藏，可以采用普通的油管，在环空中下入封隔器并充注氮气即可。如果油藏埋深在400m以上，就需要采用绝热油管和耐热封隔器。如果油层埋深为800~1600m，必须采用高质量的绝热油管和封隔器，环空中要充注氮气。

16.5.5 新增石油开采量和油-蒸汽比

图16.10和图16.11分别显示了实际油田项目单井新增石油开采量和油-蒸汽比(OSR)的统计分析结果。在50%概率下的新增石油开采量和油-蒸汽比分别为87755bbl和0.43。

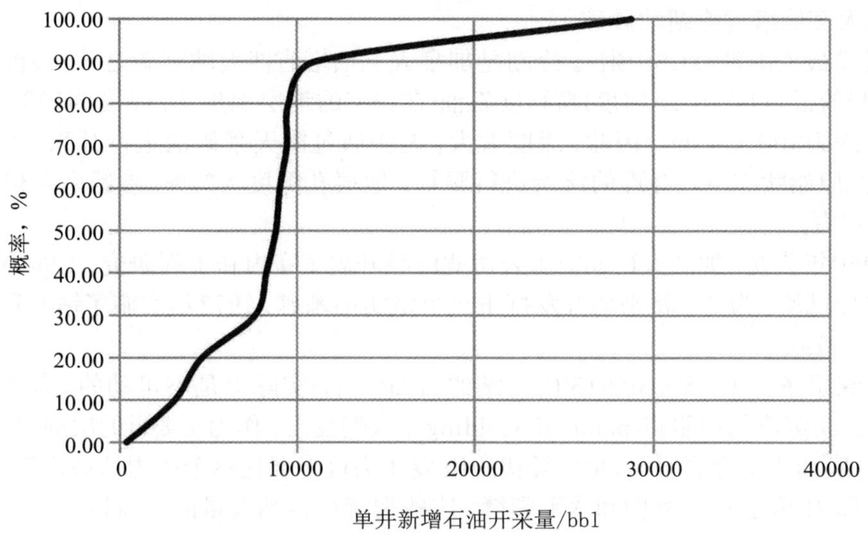

图16.10 实际CSS项目的单井新增石油开采量

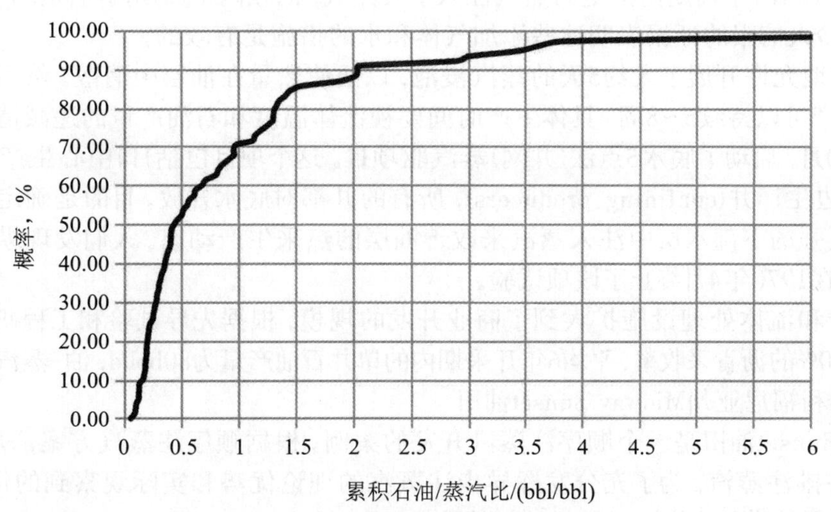

图16.11 实际CSS项目的累积油-蒸汽比

16.5.6 监测和监督

在注蒸汽过程中要测量注入井的井口温度、压力、蒸汽干度和注入速度。锅炉出口和井口的蒸汽干度应分别高于75%和40%。

在蒸汽浸泡阶段，要监测压力和温度。在开采阶段，要测量产量、井口压力、套管压力和采出液的温度，还要监测含水率和温度。在开始阶段应每周测量一次动态液面位置。

在第一个周期要对30%的井进行流体采样和分析，而在第二个周期这个比例可降至15%。应监测含水率、含砂量和氯离子含量(Zhang，2006)。

16.6 油田案例

下面介绍7个油田案例，分别是加拿大艾伯塔省冷湖油砂矿(Cold Lake)、美国加利福尼亚州Midway Sunset油田、中国辽河曙光油田杜66区块、辽河欢喜岭油田锦45区块、孤岛油田、克拉玛依油田97和98区块以及高升油田。

16.6.1 加拿大艾伯塔省冷湖油砂矿

这是规模最大的油砂CSS项目。冷湖是加拿大艾伯塔省四大油砂矿之一。该油砂矿蕴藏有1600×10^8bbl的低重度(10.2API度)高黏度石油(在13℃的地层温度下，黏度为100000mPa·s)。油砂层的埋深为300～600m。因此，深度太大，无法通过露天采矿法进行开采，而石油黏度也太高，无法在原始状态下以合理的流量进行泵抽。地层孔隙度为37%，渗透率为3000mD，储层厚度为33m左右。

早在1960年代初，加拿大Esso资源公司就已经开展了室内和工程研究，1964年开展了小规模的矿场先导试验。为了给将来的开发打下一个坚实的基础，1973年实施了钻井和取心评价计划(Buckles，1979)。

由于在储层条件下(450psi和13℃)冷湖的石油(沥青)实际上是不可动的，有必要对地层加压，使之达到注蒸汽的屈服点(point of yielding)。人们发现，作为主要目的层的Clearwater组在1300psi的井底压力下会屈服(yield)。最初的破裂压力可能要比这个压力值高出30%～50%。在很高的注入压力下，会产生纵向和水平裂缝，这些裂缝可容纳大量的热流体。

Ethel先导试验项目于1964年后期启动，并一直持续到了1970年。蒸汽吞吐井在Clearwater组沥青层内完井，并通过8个蒸汽吞吐周期进行增产处理。蒸汽处理的规模在3000～5000bbl。在7个周期内都随同蒸汽注入了天然气，而在两个周期内随同蒸汽注入了空气和水。并没有令人信服的证据表明这些添加气体和水的措施是有效的。

非同寻常地允许开展了大约5天的蒸汽浸泡，以便使热量在油层中消散。然后开井生产几周的时间，生产可以持续5～8周，具体生产时间要视流体温度和石油产量的递减情况而定。

1969年10月，启动了底水5点法(井网)蒸汽驱项目。这个项目包括1口中心生产井、4口注蒸汽井和4口周边生产井(confining producers)，所有的井都对底水开放。目的是确定是否可以通过向流动性更强的下部水层中注入蒸汽来改善油层的热采生产动态。人们发现纵向加热速度比较慢，因而在1970年4月终止了该项试验。

蒸汽生产和流体处理设施扩大到了商业开发的规模，根据先导试验和工程研究结果确定了以下参数：20%的沥青采收率、平均6年开采期内的单井石油产量为80bbl/d，油-蒸汽比为0.4。

16.6.2 美国加利福尼亚州Midway Sunset油田

Midway-Sunset油田是一个顺序注蒸汽开发的案例。根据顺序注蒸汽方案，从下倾方向往上倾方向逐井排注蒸汽。为了充分发挥异步注蒸汽的理论优势和实际观察到的优势，每个井排都分两个阶段注蒸汽，井排内相邻井交替注入(Jones和Cawthon，1990；MxBean，1972)，如图16.12所示。

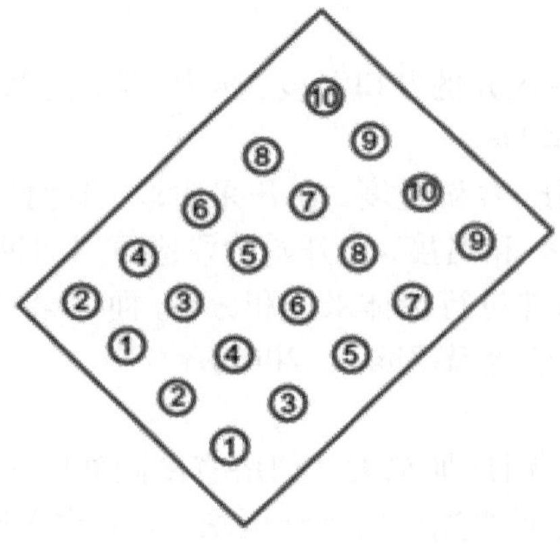

图16.12 顺序注蒸汽示意图(数字指示注蒸汽的顺序)

Potter组砂岩是Midway-Sunset油田最北端区块的主力产层。该组砂岩主要由盆地快速沉降过程中沉积的一套扇-水道复合体构成。来自沿岸山脉的花岗岩粗粒碎屑沿海底峡谷向下搬运进入深水扇。Potter组的沉积特征变化很大，从岩屑流充填的块状含砾狭窄水道沉积到横向广布的薄层状极细粒远端扇浊流沉积都有分布。盆地沉降形成了一套普遍性的海进层序，即较深水相薄层沉积趋于上覆在浅水相较粗粒水道沉积之上。随后的隆升和掀斜作用产生了一个剥蚀面。这套砂岩产层在Pottern组分布范围的西部边界处出露地表，而向东则被快速增厚的Tulare粉砂岩和砂岩楔形体覆盖。西部地层倾角大约是40°，而东部大约是20℃，走向北东。

这些区块的常见油藏特性包括原油重度较低(11.5～13API度)、地层倾角比较大以及井间横向渗透率较高等。

Midway-Sunset油田的蒸汽吞吐作业始于1964年初。在第一个注蒸汽周期内，石油产量达到了200bbl/d的峰值，这使人们相信注蒸汽是提高这个油藏采收率的一种很有效的方法。

1967年8月开始在构造最高部位开展蒸汽驱。遗憾的是，这个蒸汽驱开发项目效果不佳。对这个项目开展的后评估发现，有确凿的证据表明，蒸汽因毫无受限地进入了构造顶部的空气带(air zone)而损失。在随后几年开展的多个蒸汽驱项目也都没有取得成功。

在这个油田进行了CSS试验，在1500口井中开展了19000井次以上的蒸汽吞吐。大多数生产井都是在Potter组完井的。有超过75口井的蒸汽吞吐周期数为30个或更多，有超过350口井的蒸汽吞吐周期数为20个或更多。第一口蒸汽吞吐井在第39个周期的石油产量为10bbl/d，而蒸汽吞吐的峰值产量达到了100bbl/d的水平。开展了多次矿场试验来优化蒸汽吞吐工艺。最终，人们发现能够发挥重力泄油优势的顺序注蒸汽工艺比较适用于这个倾斜油藏。

下面讲述一个顺序注蒸汽工艺实例的生产动态。在27USL区块，在1980年和1981年开展了加密钻井和顺序注蒸汽之后，成功地遏制了原本每年2%的产量递减趋势，并使产量由降转升。井距从大约1.25acre减小到0.625acre。按照图16.12所示的方式开展了注蒸汽开发，单井年蒸汽注入量从8000bbl逐渐增至1.2×10^4bbl。结果单井石油产量从15bbl/d提高到了24bbl/d。关键的热效率指标(油-蒸汽比)维持在0.53～0.83bbl/bbl之间。

16.6.3 中国辽河曙光油田杜66区块

杜66区块位于辽河曙光油田。该区块发育多套薄油层，含油面积4.9km^2，原始石油地质储量(OOIP)为3940×10^4t。储层埋深为800～1200m，平均厚度为42.1m，平均渗透率为780mD，平均孔隙度为25%。该油藏发育多个薄油层，还有30多个泥岩隔夹层。这些隔夹层的平均厚度只有3m(译者注：原文的单位是mm，可能是印刷错误)，净毛比比较低(<0.5)，石油黏度为300～2000mPa·s，地层温度介于47～54℃之间，实测压力为9.69～11.04MPa。

1985年3月，开始在曙-1-37-35井中开展蒸汽吞吐。在从3月16日～3月27日的12天内向井中注入蒸汽，总共注入了2302t蒸汽。这口井自喷生产3天，平均石油产量为1×10^4t/d。在1985年4月5日～4月16日期间再次开展了注蒸汽作业，总共注入蒸汽2554t。注蒸汽结束后先使蒸汽浸泡2天，然后开展自喷生产8天，后转抽，又连续生产237.2天。累积油-蒸汽比为2.9。

1986年扩大了注蒸汽开发规模。注蒸汽开发井网是200m的正方形井网(5点法井网)。到1989年10月，按照开发计划总共完钻了187口井。随后为了进行井网调整，又钻了一些新井。到1990年2月，钻井总数达到了358口，其中包括200口生产井、138口注入井和20口观测井。后期又开展了加密钻井。

1991年9月启动了蒸汽驱先导试验项目。到1993年12月，完钻井数已达343口，其中325口开井生产。总石油产量是1496.4t/d，含水率为46.7%，采收率是9.64%，累积油-蒸汽比是1.01。累积石油产量是类似的水驱开发区块(杜84区块)的1.3～2.3倍。

1994~1998年间完钻了更多的加密井，但1998年后没有再钻新井。在杜166和杜97区块的井网中，在蒸汽流中添加了热水。在曙-1-45-31井中进行了水-蒸汽交替注入和热水注入试验。

2003年6月，杜66区块的井数达到了538口，其中428口井在产，热水或蒸汽驱注入井36口，其中24口处于开井状态，此外还有10口观测井。含水率为62.6%，采收率达到了19.76%，累积油-蒸汽比为0.64，平均石油产量1.5t/d。平均地层压力为1.2MPa，与初始地层压力相比已经明显下降。平均周期数为8。单井初始石油产量和各周期的油-蒸汽比显示在图16.13中。随着周期数的增加，石油产量和油-蒸汽比都降低。

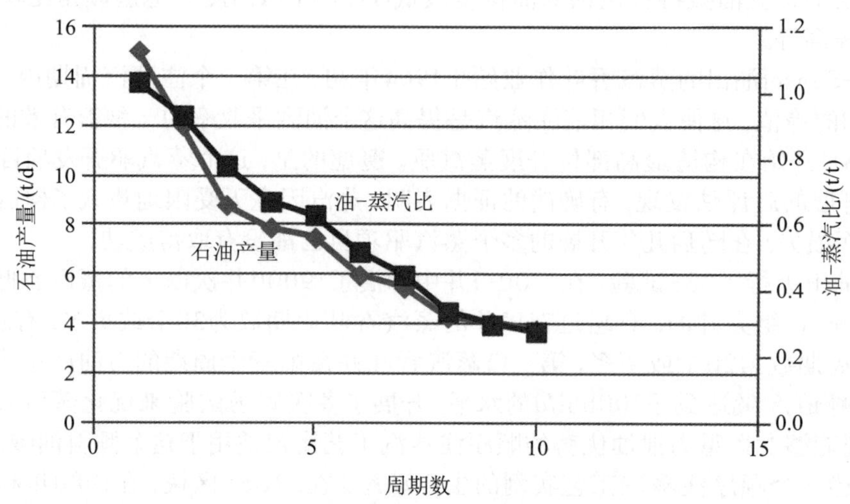

图16.13 不同周期的石油产量和油-蒸汽比

杜66区块处于蒸汽吞吐开发的后期。问题在于是否应当转入蒸汽驱开发。对由四个井网组成的先导试验区开展了模拟研究，结果发现蒸汽驱的采收率为55.14%，间歇注蒸汽(注蒸汽2个月，暂停1个月)的采收率为49.4%，蒸汽驱4年后转冷水驱的采收率为49.8%。由此判断，应当继续进行蒸汽驱。后续的先导试验显示，在开展蒸汽驱之前，应当先改善注入剖面。最后，对主力产层实施了蒸汽驱开发。

多项生产技术在这个区块得到了应用。一项技术是预应力套管。在250多口井中采用了预应力套管。只有1口井的套管出现了损坏问题。通过电加热抽油杆，使井筒中的石油升温，从而降低石油黏度。采出的石油与热水混合也有助于石油黏度的降低。

从这个区块的开发中总结出了多条经验教训(Liu, 1997)：

① 把薄油层与多个厚油层组合开发，并选择性地射开厚油层。

② 在这类发育很多薄油层的油藏中，蒸汽干度应当很高。

③ 应采取措施防止黏土膨胀。

④ 采用封隔器实现蒸汽分层注入，以减少层间或井间的蒸汽窜流。

16.6.4 中国辽河欢喜岭油田锦45区块

锦45区块发育活跃的边水和底水。区块面积为9.05km^2。在1985年5月到1986年7月间开展了CSS试验。在第三个注蒸汽周期内，边水突破进入18~24号井。从1986年开始，整个区块都投入蒸汽吞吐开发，开发层位有4个。采用了井距为167m的方形井网。到1991年6月，完钻井数达到了295口，其中232口在产。单井平均石油产量为9t/d，含水率67.2%。总体上讲，蒸汽吞吐开发效果良好。

储层的埋深为890~1180m，平均孔隙度和渗透率分别为29%和800mD。区块内发育两个油层组，存在两个独立的水油界面：1020~1060m和1120~1160m。这两个油层组都存在边水和底水。地层温度为44.6~50℃，初始地层压力10MPa。在50℃的温度下石油黏度为486~7696mPa·s。

在第一个吞吐周期内，所调查的171口生产井89%最初都能够自喷生产。对于所调查的111口井，整个周期内自喷产量在当期总产量中的占比分别为第一个周期23.3%，第二个周期13.3%，第三个周期3.6%。出现这种情况的原因是边水和底水能量都很强，为油藏提供了压力支撑。前两三个周期的生产动态很好。但此后出现了水突破，含水率达到了50%以上，石油产量明显下降。然而，靠近边部和底部含水层的生产井，其石油产量下降的速度更慢一些，尤其是在第一和第二个周期内。在区块中心高部位的生产井，其石油产量和地层压力下降的速度都比较快；在水突破后，地层压力提高，含水率上升，蒸汽吞吐生产动态变差。平均来讲，单井最多的周期为6~7个，CSS延续了大约5年。

由这个区块CSS开发总结的经验教训如下(Liu, 1997)：

① 虽然边水和底水提供了压力支撑并因而使前一两个周期的石油产量比较高，但水突破减少了周期数，并且使蒸汽吞吐开发生产动态变差。为了控制水突破，在边部生产井中采用了较大功率的抽油泵。在部分水锥进的井中开展了堵水修井作业。

② 蒸汽分层注入，从而控制不同油层的蒸汽注入量。

③ 观察发现，注入的蒸汽突破进入了相邻生产井。这是因为注入压力太高，压开了一些裂缝；另外一个原因是蒸汽沿着断层突破。因此，蒸汽注入量、注入压力和注入强度都应有所控制。

④ 出砂也是一个问题，必须采取适当的措施控制出砂。

16.6.5 中国孤岛油田

我们通过中国孤岛油田这个矿场案例来重点说明稠油开采技术。这个油田Ng_5-Ng_6砂组属于未固结的砂岩，黏土含量为7.5%~12%，孔隙度为30%~35%，渗透率为770~2000mD，初始含油饱和度为56%~65%。石油黏度介于5000~24562mPa·s之间，对温度很敏感。在温度高于50℃的情况下，温度每升高10℃，石油黏度就会减半。储层埋深大约是1300m。

1991年8月4~27日，在中25-420井开展了单井CSS。注入压力为10.5~13.5MPa，注入蒸汽温度为270~310℃，蒸汽干度为40%~75%。注入量为168t/d，蒸汽注入总量为2206t。初始石油产量为23.5t/d，开采持续了191d。随后开展的试验见到了类似的生产动态。CSS的规模逐渐扩大，最后达到了商业开采的规模。下面介绍在这个油田采用的部分开采工艺技术。

16.6.5.1 完井

采用了低固态物质含量(<5%)的钻井液。钻井液的水力压力不高于地层压力的5%~8%。水泥中石英粉的含量为30%~40%，水泥一直充注到地表。给套管施加了1.2×10^6N的预应力(包括套管的重力)。

16.6.5.2 防砂

由于产层属于疏松砂岩，开发并运用了多项防砂技术。在中二北单元5中，在78口井中开展了涂布砂(coating sand)处理，其中59口井效果良好，有效发挥作用的时间是171天(成功率75.6%)。然而，在另外一个单元33井次的应用中，只有19井次取得了成功(成功率57.6%)。

另外一项防砂技术是绕丝筛管充填。开展了292井次的绕丝筛管充填处理，其中271井次取得了成功(成功率93.9%)，有效发挥作用的时长为250天。然而，这样的处理成本高昂，而且施工时间比较长，导致热量损失更大。人们还在开发其他工具，来提供防砂工艺技术水平。

开展了把涂布砂和绕丝筛管相结合的试验。先在高压下向井筒中充填涂布砂，形成高强度的稳定井筒。然后开展金属绕丝筛管砾石充填。开展了26井次的试验，其中24井次取得了成功，而且有效发挥作用的时长多达198天。

16.6.5.3 防黏土膨胀

由于黏土含量很高(7.5%)，研发了黏土稳定剂。一种产品是FGW-1，这是阳离子有机聚合物与无机化合物的复配产物。所开展的35井次调查结果表明，周期开采时间延长了21.8天。

16.6.5.4 洗涤剂的应用

原始地层压力大约为12MPa，而部分井的注入压力高达15MPa。采用诸如BN-5的洗涤剂对近井地带的堵塞物进行了清洗。还采用硝酸对井筒进行了清洗。

16.6.5.5 薄膜分散剂的应用

诸如HCS等薄膜分散剂来破油膜，把水/油乳化液反乳化成为油/水乳化液，以及通过产生乳化液来提高波及效率。

16.6.6 中国克拉玛依油田97区块和98区块

这是一个超高黏度石油开发案例。储层顶面埋深70~150m，油层平均厚度在97号区块为10.5m，而在98号区块为12.2m。储层属于Qi-Gu群。油层的平均孔隙度和渗透率分别为30.6%和1287mD，纵向渗透率平均为597mD。地层水溶解固体总量大约为3127mg/L。初始含油饱和度为70.68%。在145m的中等埋深处(海底下155m)，地层初始压力和温度分别为1.63MPa和17.1℃。在20℃的温度下原油黏度平均为350000mPa·s。在98号区块，在温度从20℃升至50℃后，原油黏度会下降到原来的五十分之一。而在80℃温度下，原油黏度会降低到1000mPa·s。与之相比，在97区块，在温度从20℃升至50℃后，原油黏度会下降到原来的1%。而在90℃温度下，原油黏度会降低到1000mPa·s，这时石油就可以在地下流动并流入井筒。

矿场试验和开发可以分为两个阶段。第一阶段是从1989年9月~2004年12月，在开展CSS之前，在这两个区块对7种方法进行了试验和实施，例如98号区块的水平井开发以及97号和98号区块的大直径井筒和井下加热技术等。在这个阶段，开展了化学剂降黏、微生物降黏以及与轻质油混合降黏等试验。下面对第一阶段开展的部分试验进行详细说明。

① 第一次CSS始于1986年9月，采用的井网是100m×140m。在20℃温度下，先导试验区的石油黏度为81106mPa·s。总共完钻了18口井。到1993年12月先导试验结束时，含水率为71%，油-蒸汽比为0.24。总的周期数为3.9，单井累积石油产量平均为2195t。

② 另外一个先导试验始于1988年，1989年见产，采用的也是100m×400m井网。在20℃温度下，先导试验区的石油黏度为213954mPa·s。总共完钻了48口井。到2004年8月，含水率为69%，油-蒸汽比为0.19。单井累积石油产量平均为2613t，单井石油日产量平均为2.7t。在前两个周期内，生产时间大约是110天，石油产量在500t以上。单井石油日产量在4t/d以上，油-蒸汽比为0.22，说明生产动态比较好。然而，在后续的周期内，生产动态变差。导致这种现象的主要原因包括蒸汽管线过长、第三个周期内蒸汽注入强度小以及出砂等。

③ 1993~1996年间，在原油黏度相对较低(20℃下172567mPa·s)的98号区块的另外一个区域总共完钻了141口井，其中包括5口大直径井。到2004年8月，平均来讲，石油产量达到了2.5t/d，含水率70.5%，油-蒸汽比0.25。对于这5口大直径井，在前四个周期内，一口井的石油产量为4008t，油-蒸汽比为0.28~0.39。但从第五个周期开始，由于蒸汽注入量和蒸汽干度都比较低，石油产量和产液量都明显降低。

④ 鉴于在98号区块采用大直径井进行开发的效果比较好，在97号区块部署了一个70m×100m的反9点法井网(总共9口井)，来进一步检验大直径井的开发效果。在20℃下原油黏度为566869mPa·s。1998年9月，这个井网投产，到2004年8月，累积石油产量达到了5.8×10^4t，累积产水量89400t，累积油-蒸汽比0.31。油井的生产时间是1872天，石油产量3.44t/d，含水率60.7%。在

测试过程中，蒸汽干度维持在较高的水平，并采取了诸如化学降黏等措施来降低原油的黏度。2001年，又部署了另外8个井网。由于部分井并没有在主要产层段射孔完井，再加上蒸汽干度比较低且石油黏度较高，这些井网的开采动态较差。此外，钻井成本较高。综合考虑这些因素，这种大直径井开发方法的应用范围没有进一步扩大。

⑤ 1997年，在98号区块开展了一项先导试验，涉及15口直注入井和4口水平生产井。直井之间以及直井与水平井之间的距离都是约50m。储层中段的埋深为180m，厚度为12.5m，孔隙度30%。在20℃下石油黏度为121800mPa · s。到1999年10月，已经在4口水平井中开展了一个周期的蒸汽吞吐和一个周期间歇注蒸汽开发。初始石油产量为45t/d，正常生产的石油产量为8.9～14.4t/d。与周边的老直井相比，产液量增加了1.7倍，(累积)石油产量增加了0.5倍，石油日产量增加了1.8倍。然而，由于这些水平井属于加密井(在钻水平井之前，周边老直井已经开展了4个周期以上的注蒸汽开发)，其含水率很高(70%)而油-蒸汽比很低(0.21)。在第二个周期，蒸汽突破，生产井为砂所埋。由于修井成本高昂，试验被迫放弃。

⑥ 2004年，在97号区块的5口井中开展了井下加热试验。在20℃下，石油黏度为150×10^4mPa · s左右。到2005年10月，生产时间达到了364天，石油产量平均达到了3.6t/d。在第一个周期内，井口温度为40℃，生产时间比较短(46天)，单井石油产量214t。

在第二个阶段(从2005年1月往后)，设计采用70m的正方形井网来开发这些区块。根据开发方案，蒸汽输送管道的长度从1.5～2km缩短到了0.5km，使热损失率从14.7%降低到了5%。结果，井口蒸汽干度从60%提高到了70%以上。部署了更多的水平井。采用了筛管完井方法，防止出砂。在这些区块实施了大规模的注蒸汽开发。在2005年末，含油面积为5.44km^2，动用储量1973×10^4t。包括59口废弃的生产井在内，总井数达到了814口。含水率为74%，油-蒸汽比0.22，采收率8.8%，石油产量2t/d。

下面对这两个区块的生产动态进行简单总结：由于石油黏度很高(20℃下为5×10^4～100×10^4mPa · s)，不注入热量石油就无法流动；蒸汽吞吐使石油能够自然流动，但生产时间只有1～32天(平均为7.5天)，初始石油产量较高(>6t/d)，但递减很快(在10天内就降到很低的水平)；与第一个周期相比，第二和第三个周期的石油产量和油-蒸汽比都更高一些；蒸汽突破和出砂问题都比较严重。

16.6.7 中国高升油田

中国辽河高升油田发育气顶。虽然这个油田内也存在底水，但遮挡层的存在阻止了水锥进的出现。气-油界面的高度为1510m，油-水界面的高度为1690m，储层埋深为1500～1800m。已开发面积14.5km^2。这个油田平面上由7个区块构成。其中，区块3、区块246和区块3618是主力含油区块。纵向上划分为8个地层。其中L1～L4为含气层，L5、L6和L7为主力油层(占地质储量的88%)，而L8为含水层。储层厚度平均为67.7m，孔隙度为22%～26%，渗透率为1000～2300mD。在1600m深度下地层温度为60℃，初始地层压力为16.1MPa。地下石油黏度为74～605mPa · s。在温度提高到200～220℃时，石油黏度下降到6mPa · s(Liu, 1987)。

最初这个油田是通过混入轻质油和加热有杆泵的方式进行生产的。从1982年9月起，开始进行CSS试验并取得了成功。在1984年制定了如下开发方案：

① 选用210m的5点法井网，随后再加密到150m。

② 鉴于气顶和底水的存在，单独开发L5、L6和L7。

③ 分4个阶段进行开发：最初的混合轻质油和加热有杆泵开发、CSS、蒸汽驱和注冷水开发。

④ 完井方式包括填砾、绕丝筛管和射孔的预应力套管。

⑤ 沿着L5中的气-油环钻井，以便利用气顶的能量并控制压力。

由于储层埋深比较大，降低井筒中的热损失非常重要。采取的措施包括油管隔热、高温金属封隔器、在环空中注氮气等。热损失被控制在12%以下。

注入水的回采率只有7.8%。如此低的反排量是由黏土含量(7%～10%)尤其是蒙脱石含量(在黏土矿物中的占比90%)高造成的。黏土膨胀吸收了大量的水，使地层渗透率降低。地层中积聚的水降低了蒸汽注入过程中热量向地层中扩散的速度。为了解决这个问题，在蒸汽中添加了防止黏土膨胀的表面活性剂和化学品。在蒸汽中添加氮气也有助于水的返排。添加薄膜分散剂也有一定的帮助。

为了阻止气顶突破，钻了几口井，在受控模式下开采天然气。气顶的压力被控制在不低于8MPa的水平，从而控制气顶与油层之间的压差。

参考文献

Adams, R.H., Khan, A.M., 1969. Cyclic steam injection project performance analysis and some results of a continuous steam displacement pilot. JPT 21 (1), 95—100.

Bentsen, R.G., Donohue, D.A.T., 1969. A dynamic programming model of the cyclic steam injection process. JPT December, 1582—1596 (Trans., AIME, 246).

Boberg, T.C., Lantz Jr., R.B., 1966. Calculation of the production rate of a thermally stimulated well. JPT December, 1613—1623 (Trans., AIME, 237).

Buckles, R.S., 1979. Steam stimulation heavy oil recovery at Cold Lake, Alberta, Paper SPE 7994 Presented at the SPE California Regional Meeting, 18—20 April, Ventura, CA.

Clossmann, P.J., Ratliff, N.W., Truitt, N.E., 1970. A steam-soak model for depletion-type reservoirs. JPT 22 (6), 757—770 (Trans., AIME, 249).

de Haan, H.J., van Lookeren, J., 1969. Early results of the first large-scale steam soak project in the Tia Juana field, Western Venezuela. JPT 21 (1), 101—110.

Farouq Ali, S.M., 1974. Current status of steam injection as a heavy oil recovery method. J. Can. Petrol. Technol. 34 (1), 54—68.

Farouq Ali, S.M., Meldau, R.F., 1979. Current steamflood technology. JPT 31 (10), 1332—1342.

Green, D.W., Willhite, D.P., 1998. Enhanced oil recovery. SPE Text Book Series. vol. 6. The Society of Petroleum Engineers, Richardson, TX.

Jones, J., Cawthon, G.J., 1990. Sequential steam: an engineered cyclic steaming method. JPT 42 (7), 848—853, 901.

Liu, W.-Z., 1987. Pilot steam soak operations in deep wells in China. JPT 39 (11), 1441—1448.

Liu, W.-Z., 1997. Steam Injection Technology to Produce Heavy Oils. Petroleum Industry Press, Beijing, China.

Martin, J.C., 1967. A theoretical analysis of steam stimulation. JPT 19 (3), 411—418.

Marx, J.W., Langenheim, R.H., 1959. Reservoir heating by hot fluid injection, trans. AIME 216, 312.

McBean, W.N., 1972. Attic oil recovery by steam displacement, Paper SPE 4170 Presented at the SPE California Regional Meeting, 8—10 November, Bakersfield.

Seba, R.D., Perry, G.E., 1969. A mathematical model of repeated steam soaks of thick gravity drainage reservoirs,. JPT, 21 (1), 87—94 (Trans., AIME, 246).

Taber, J.J., Martin, F.D., Seright, R.S., 1997. EOR screening criteria revisited—part 2: applications and impact of oil prices. SPERE 12 (3), 199—206.

Zhang, Y.T., 2006. Thermal recovery. In: Shen, P.P. (Ed.), Technological Developments in Enhanced Oil Recovery. Petroleum Industry Press, Beijing, pp. 189—234.

第17章 SAGD重油开采技术驱

Chonghui Shen

(壳牌加拿大有限公司，加拿大阿伯塔省卡尔加里市SW区第4大街400号，邮编T2P 2H5)

17.1 引言

加拿大艾伯塔省北部的油砂矿蕴藏着大约1.7×10^{12}bbl的重油资源，使之成为世界上第二大石油资源。只是在近几年，随着技术的进步，这些重油资源的有效开发才成为可能。蒸汽辅助重力泄油(SAGD)是艾伯塔省油砂原位开采技术之一，也是本章论述的重点内容。

SAGD是一种热采工艺，最初由Roger Bulter(1982)博士提出，通过向地下连续注入蒸汽来降低石油的黏度，同时采出可动油和冷凝液，实现高黏重油和沥青的开发。图17.1展示了SAGD工艺原理的示意图。为了实现同时连续注入蒸汽和开采石油，采用了一个平行的井组。其中一口井(上面的井)用于把蒸汽注入地层，形成一个蒸汽饱和带，通常称之为“蒸汽室(steam chamber)”。蒸汽向蒸汽室的边缘流动，向地层释放其潜热并冷凝，黏稠的石油变得可以流动，并在重力的作用下排泄进入生产井(下面的井)。在重力的作用下，蒸汽室随时间在地层中纵向生长，横向扩展。

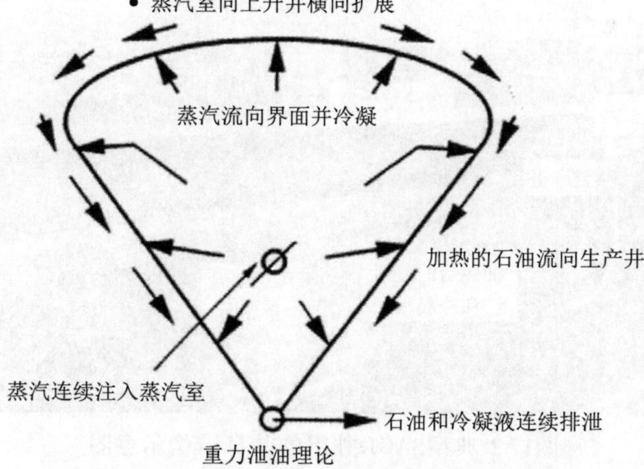

图17.1 SAGD工艺原理的示意图(Butler, 1994)

根据Bulter的重力泄油理论，在多个假设条件下，例如只有蒸汽在蒸汽室内流动、石油沿蒸汽室纵向排泄、含油饱和度是残余油饱和度以及稳态热传导是蒸汽室前端和冷油层之间唯一的传热方式等，建立了如下解析方程(Bulter, 1994)：

$$q = 2L\sqrt{\frac{1.3\phi\Delta S_o kg\alpha h}{mv_s}} \tag{17.1}$$

式中：L是水平井的长度；ϕ是地层孔隙度；ΔS_o是初始含油饱和度与相对于蒸汽的残余油饱和度之差；k是油的有效(纵向)渗透率；g是重力加速率；α是热扩散系数；h是蒸汽室的高度；m是取决于石油黏度与温度关系的一个无量纲参数(一般为3~4)；v_s是蒸汽温度下的石油动力黏度。

人们已认识到，上述SAGD泄油方程的推导取决于几个有关原油的假设条件，例如它忽略了SAGD蒸汽室底部的液体积聚和蒸汽室内石油的液膜排泄(film drainage)。若要详细了解这些假设条件，读者可以参阅Bulter对原始公式推导过程的描述。

如式(17.1)所示，重力主导着SAGD过程。如果运行管理得当，那么在重力驱动下，这个过程就会比较稳定而且具有自我修复功能(self-correcting)。在运行过程中，需要维持注采平衡，这样才能维持既定的稳定工作压力。另一方面，与在驱替过程中通常发挥主导作用的黏滞力相比，重力驱动力相对较弱，因而泄油过程比较缓慢。要实现理想的产能，需要有足够高的流体流度。通过加热降低石油黏度，同时选取高渗透率(尤其是纵向渗透率)层段作为产层，就可以实现这一点。

SAGD的典型井身结构是在油层中纵向排列的水平井组，其中一口井位于另一口井几米之上，上面的井注入蒸汽，而下面的井开采流体，如图17.2所示。根据式(17.1)的估算结果，艾伯塔省油砂矿的石油产量介于每米井筒0.1~0.3m^3/d之间，如图17.3所示。水平井在SAGD中的应用，极大地增大了井筒与储层的接触面积和井产能。为了得到理想的石油产量，一般选用500~1000m长的水平井组。水平生产井的位置接近产层的底面，以便尽可能增大储层的泄油体积，而注入井位于生产井的上方且与后者平行。在艾伯塔省油砂开发中，生产井与注入井之间的纵向距离一般为4~6m。SAGD井采用的都是定向钻井技术，以确保生产井和注入井在地层中的定位及其相对定位的准确性。

图17.2 典型SAGD井组的井身结构示意图

和所有的热采工艺一样，SAGD工艺也属于能量密集型的。能量平衡分析显示，通过蒸汽注入的能量大致可以均分为三部分，第一部分保留在蒸汽室内，第二部分扩散进入蒸汽室以外的岩石中，第三部分被采出地表(Yee和Stroich，2004)。要使SAGD工艺具有经济性，以累积汽-油比(cSOR)量度的能源效率一般应在2~4t/m^{3}之间。

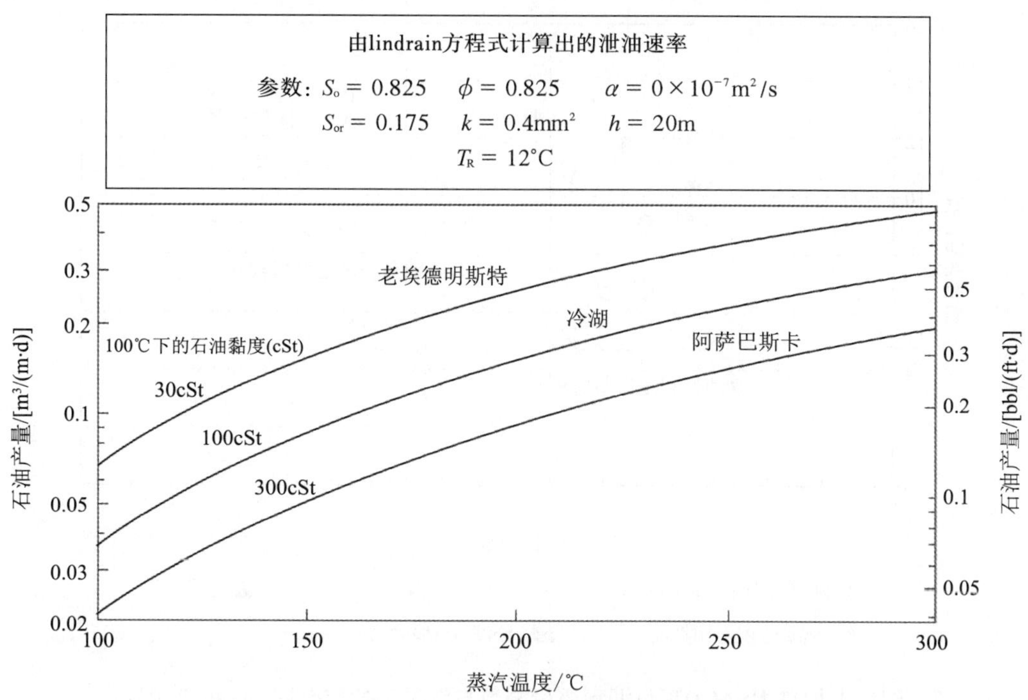

图17.3 加拿大三种重油的泄油速率(Bulter, 1994)

SAGD重油开采技术一般可以实现60%的采收率，在一些条件比较有利的油藏中甚至可以达到70%~80%。

17.2 SAGD资源评价

17.2.1 资源质量的重要性

大家普遍认为，资源质量是决定SAGD项目生产动态的最为关键的因素，其原因是SAGD经济性对资源质量的敏感度要高于其对大多数其他工作参数的敏感度。SAGD关键的储层参数包括：连续产层的厚度、含油量(一般定义为沥青质量分数)和地层(纵向)渗透率。人们发现，在不含非渗透夹层或者非渗透夹层不连续且初始石油黏度的作用比较小的厚层、高渗、油湿的油藏中，SAGD的开发效果最好。根据含油量与地层渗透率的交会图(如图17.4所示)，按照储层质量从好到差的顺序排列，加拿大三个油砂矿/储层的总体排序为阿萨巴斯卡/McMurray、冷湖/Clearwater和皮斯河/Bluesky。Shin和Polikar(2005)对加拿大这三个油砂矿的资源开展了经济评价，结果表明，SAGD的经济性高度取决于渗透率与厚度之积，如图17.5所示。这也是在阿萨巴斯卡油砂矿/McMurray组中开展的SAGD项目数量要多于其他两个油砂矿的主要原因。

产层厚度决定着最大泄油压头(drainage head)。产层厚度越大，泄油压头就越高，产量也就越大，如式(17.1)所示。油层厚度大还意味着进入上覆和下伏岩层的热损失量少。在现有的技术和已证实的生产(proven production)条件下，SAGD项目要想取得经济成功，产层厚度的合理截至值应当在10~15m之间。

含油量直接关系着热效率。在SAGD过程中，不管储层质量高低，整个蒸汽室内的总岩石体积都需要被加热到蒸汽的温度。含油量越高，就意味着在消耗相同热能的情况下可以开采出更多的石油，因而热效率就比较高(即cSOR较低)。在当前的技术和已证实的生产条件下，在含油量为10%时SAGD就是经济可行的。我们有理由预期SAGD的最终采收率可以接近60%，在部分高质量的油藏中甚至可高达80%。

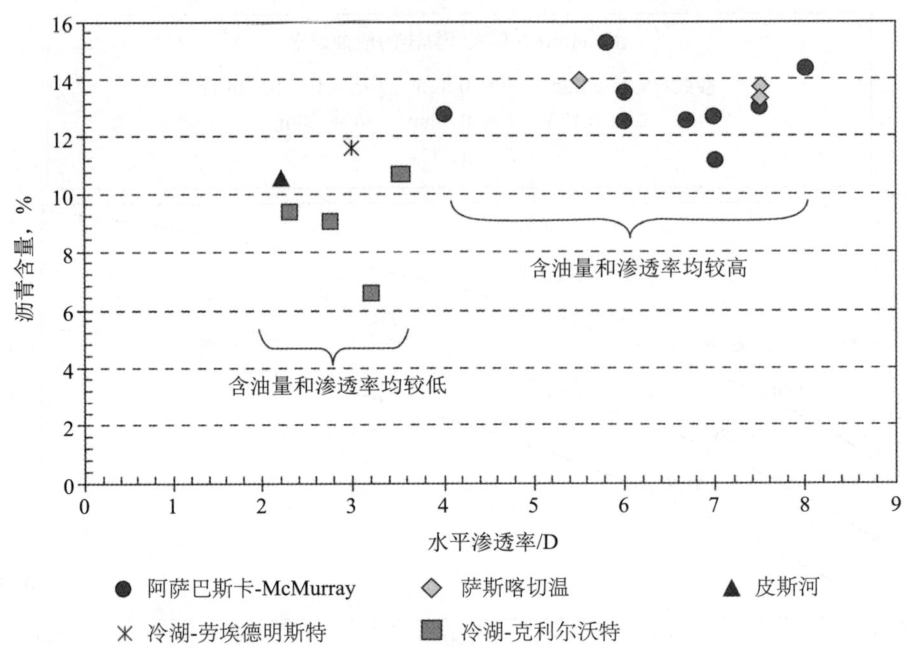

图17.4 加拿大SAGD项目沥青质量分数与渗透率的交会图(Scott，2002)

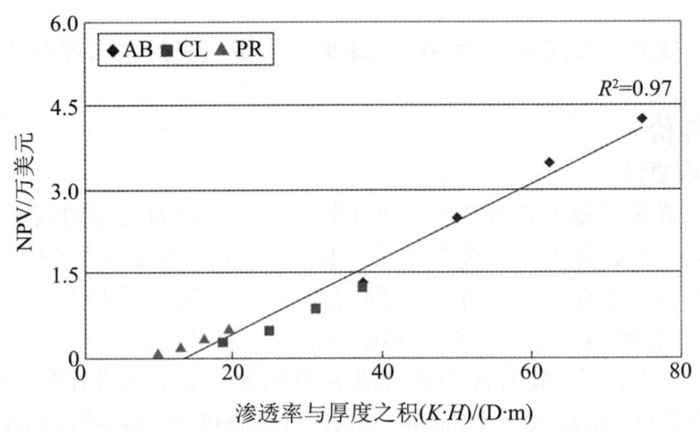

图17.5 产能对SAGD项目经济性的影响[AB代表阿巴萨斯卡(Athabasca)；CL代表克利尔沃特(Clearwater)；PR代表皮斯河(Peace River)]

SAGD的基本原理是注入的蒸汽上升并冷凝，而石油在重力的作用下向下流入生产井。因此，不间断的纵向渗透率就显得异常重要。在艾伯塔省的油砂矿中，纵向渗透率强烈地受控于储层内的泥页岩薄夹层或地层边界。认识储集岩相的分布对于油砂开发至关重要。例如，如果在注入井和生产井之间的砂岩地层内发育泥页岩或角砾岩夹层，那么蒸汽室内蒸汽的上升和/或生产井与注入井的连通就会受到影响，甚至蒸汽室的向上生长也会受到限制，导致泄油压头大幅度降低。

地质非均质性会导致蒸汽室的上升和沿井筒的液体下降都出现变化。Chen等(2008)曾采用泥页岩的随机分布模型，开展了储层非均质性对SAGD过程影响的数值模拟。他们发现，近井筒地带热流体的排泄和流动对泥页岩的存在及其分布非常敏感。如果上井区内发育泥页岩层，就会对蒸汽室的扩展(纵向和横向)产生不良影响，但只有在泥页岩分布范围很广且连续时或者泥页岩所占比例很高时，这种情况才会发生。这项研究结果指出了确定SAGD产层段底面的重要性以及把生产井部署在净砂岩中的重要性。这一点已经为部分SAGD项目实践所证实，Tucker Lake项目就是一个很好的例证。在把生产井部署在泥质储层段(储层质量低)中时(见图17.6)，该SAGD项目的生产动态比较差，而通过重新钻井把生产井部署在质量较高的储层段中后，其生产动态明显得到改善(Husky能源公司，2011)。

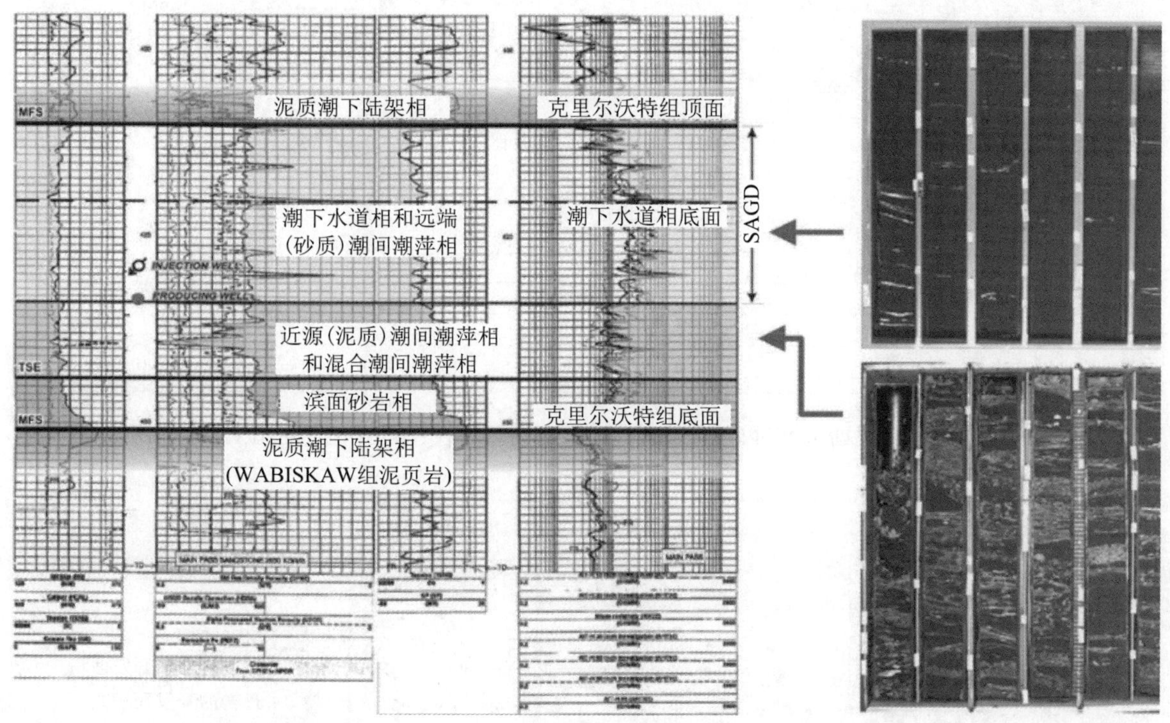

图17.6 壳牌Orion项目区克利尔沃特组(Clearwater)的综合测井曲线和代表性的岩心照片
(储集岩相下段的泥质含量要远高于上段，因而其纵向渗透率比较低)(壳牌加拿大公司，2011)

17.2.2 探边井评价的重点

艾伯塔省油砂矿储层的形成一般都经历了多期的(河流)下切、沟谷形成以及随后的河流-河口湾沉积充填作用。图17.7显示了一个实例。河流-河口湾沉积天生就具有非均质性。强烈的储层非均质性会导致蒸汽室发育不均匀，井筒利用率不高，石油产量低下。人们可以合理地预期，500~1000m长的一口水平井会穿越多个地质体或岩相。要尽可能提高井筒的利用率，至关重要的是深入认识储层的地质特征并优化水平井在储层中的定位。

探边井钻探能够提供有关储层顶面及储层质量的关键信息。为了正确地认识储层的地质特征，业界在逐步提高探边井的密集度，探边井的间距已经减至400m甚至更小。例如，图17.8显示的就是MEG能源公司Christina Lake Regional项目二期开发中探边井的密度。开发区内探边井的密度已经达到了30口井/$mile^2$。

探边井既可以同时进行测井和取心，也可以只进行测井。如果在预期的产层段取心，就能够为认识储层的地质特征提供更详细的信息，可以识别薄的泥页岩夹层，而且还可以直接测量含油量。测井能够提供特定的信息，但其质量一般难以满足全面评价储层质量的要求；尤其是在储层中发育小规模泥页岩夹层的情况下。这些夹层的厚度往往达不到测井工具的分辨率，但却对纵向渗透率有着重大的影响，因而关系着SAGD的生产动态。但地层微成像(FMI)测井技术的进步已经使之成为能够替代岩心分析的储层评价技术。

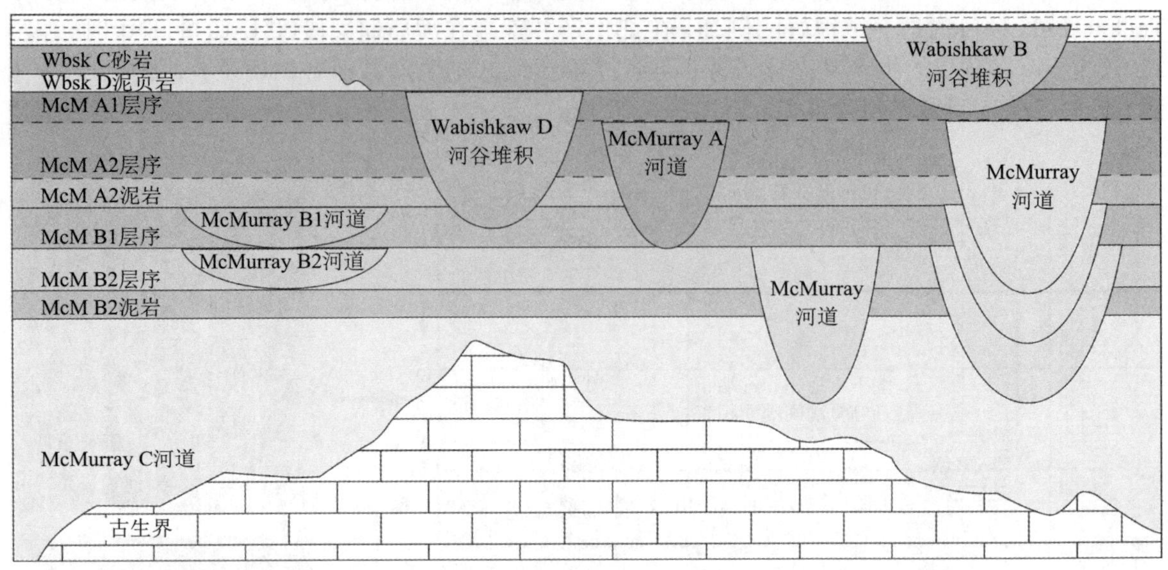

图17.7 阿萨巴斯卡油砂矿McMurray组地质特征简图(Hein和Cotterill，2006)

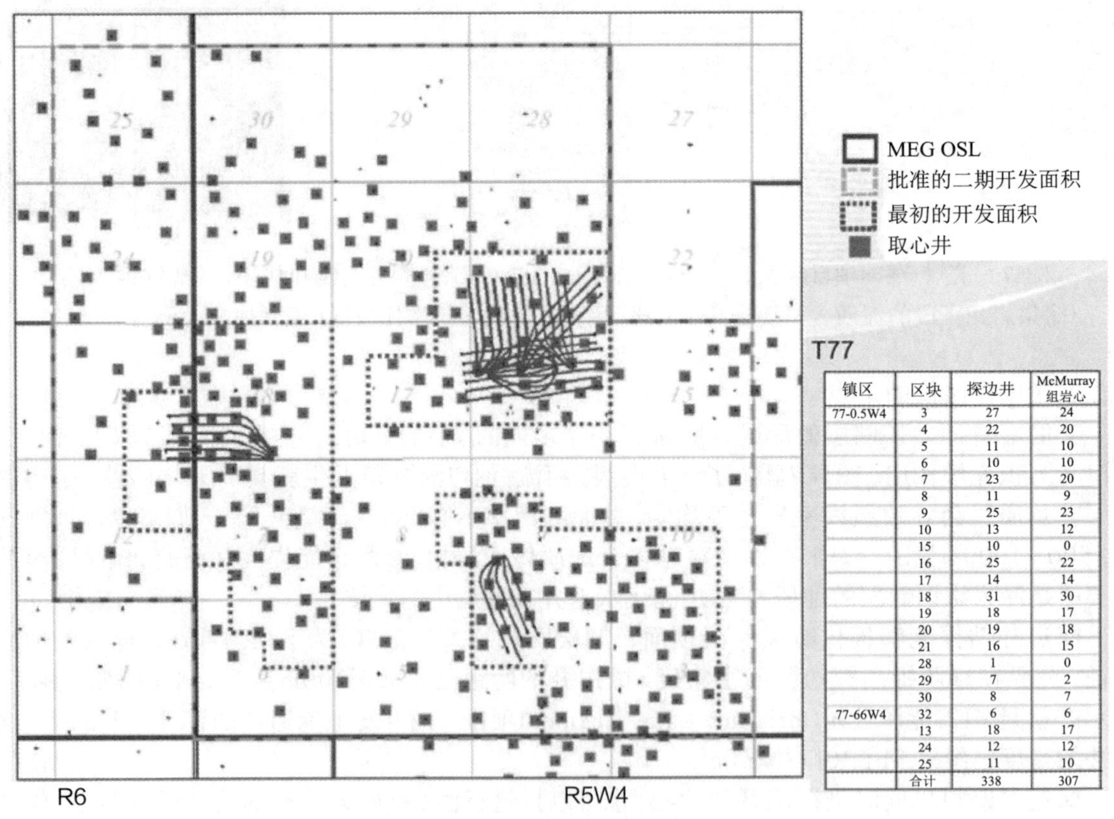

镇区	区块	探边井	McMurray组岩心
77-0.5W4	3	27	24
	4	22	20
	5	11	10
	6	10	10
	7	23	20
	8	11	9
	9	25	23
	10	13	12
	15	10	0
	16	25	22
	17	14	14
	18	31	30
	19	18	17
	20	19	18
	21	16	15
	28	1	0
	29	7	2
	30	8	7
77-66W4	32	6	6
	13	18	17
	24	12	12
	25	11	10
	合计	338	307

图17.8 MEG能源公司Christina Lake Regional项目二期开发中的探边井密度

(每个区块的面积都是1mile^2；MEG能源公司，2011)

高分辨率3D地震技术的应用使油砂矿区的构造成图成为可能，如图17.9所示(Hubbard等，

2011)。地震勘探有助于获取有关沉积环境的地下信息，有助于根据产层厚度、砂岩质量和渗透率来识别最适合于开展SAGD的储层段。一旦选定了比较好的储层段，就可以设计SAGD开发的具体井网。

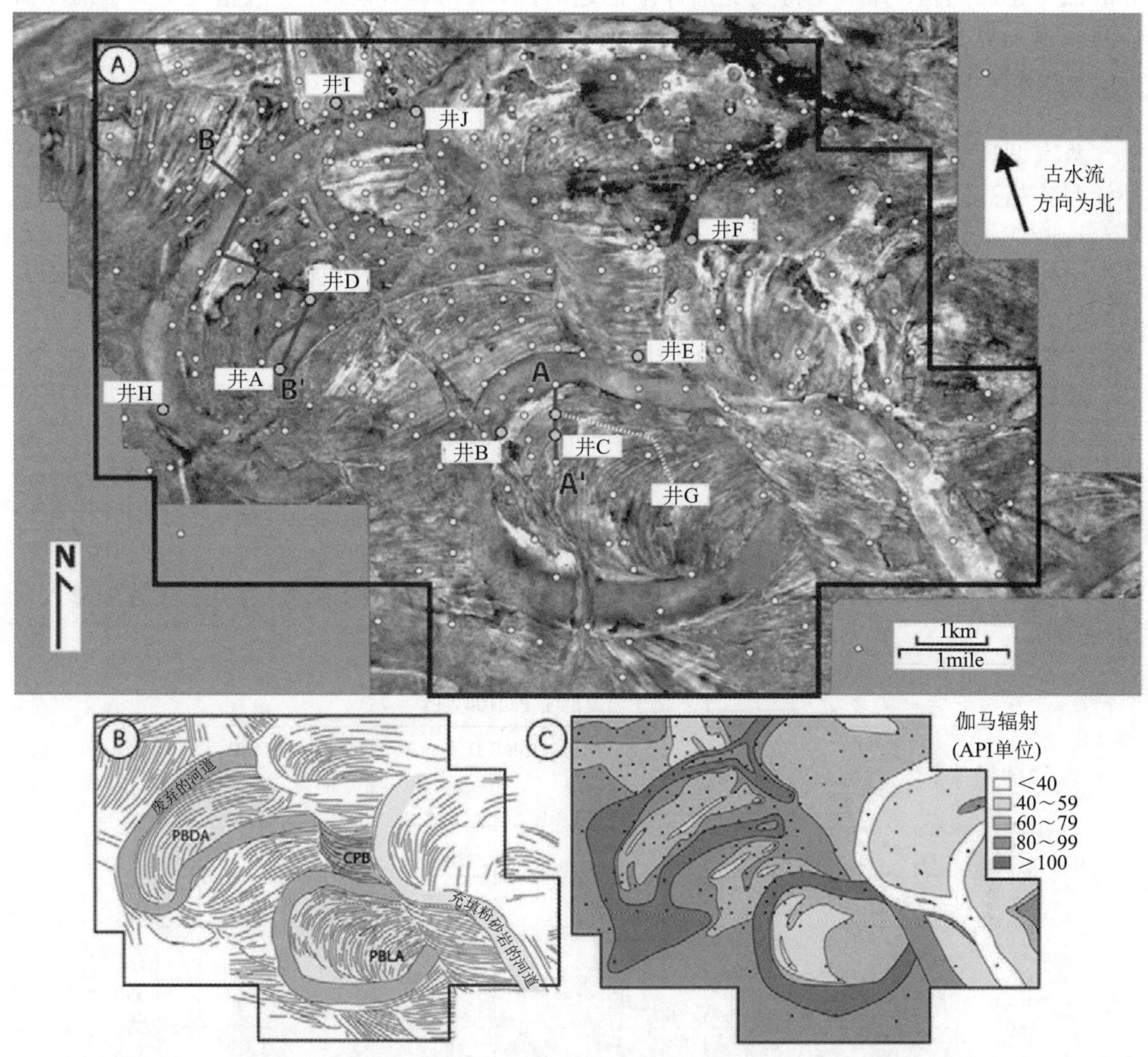

图17.9 综合地震、测井和岩心等资料建立的地质模型(Hubbard等，2011)

17.3 启动

启动就是建立SAGD井组的井间流体连通通道和蒸汽室开始形成的过程，旨在通过启动过程在井组的整个长度上实现均匀且有效的泄油。

17.3.1 循环加热和建立井间连通通道

由于沥青具有黏度很高的特性，地层中石油的初始流度非常低，甚至接近于零。为了促进井间流体连通并降低石油黏度，需要对井间地层进行预热。

注入井和生产井同时进行蒸汽循环是业界的普遍做法。在蒸汽循环阶段，热量的传递以热传导为主，热量由井筒传递给地层，这通常被称为“热管(hot-pipe)”效应。当井间岩石的加热足够充分时，石油的流度就会足够高，可以建立井间流体连通。为了确保整个井筒长度都能得到加热，一般是通过油管柱从井筒的趾端注入蒸汽，而冷凝的蒸汽(液体)则通过第二个较短的油管柱或井筒环空返回地面。对于油砂储层内间距为4~6m的井组而言，通过3~5个月的蒸汽循环，就可以把井间地层加热到50~100℃的温度，使石油具有足够高的流度，并建立足够好的流体连通通道。如下文将要更加详细论述的，在蒸汽循环阶段，一般情况下储层的净流体开采量最好保持在最低水平，这样可以促进井筒周围地层的吸热。在蒸汽循环阶段结束后，通过逐渐把注入井转为只注入蒸汽，而生产井转为只开采石油，实现向正常SAGD运行的过渡。

蒸汽循环流量是根据井筒的长度以及进入上覆地层内和沿井筒的热损失量确定的。循环流量应当高到足以把新鲜蒸汽(live steam)输送到井筒的趾端，其数值一般为70~100t/d。Vangegas Prada等(2005)曾评价过SAGD项目启动阶段运行参数和储层参数的影响。Yuan和McFarlane(2011)通过模拟研究发现：对于给定的油管和衬管尺寸及储层参数，较高蒸汽干度和较低的循环流量更有利于快速且均匀地加热水平井组井间的地层；能够抵消天然水压力的小压差似乎更有利于实现快速而均匀的初始化。

确定启动阶段结束时间(即转入正常SAGD运行时间)的依据一般是是否已达到所设定的热波及效率(heating conformity)(Duong等，2008)，或者井组间是否已建立起足够好的压力连通(监测生产井组注入井压力变化的响应)。关于根据生产响应判断井间连通程度的方法，Parmar等(2009)已经进行过数值模拟评价。如果井筒温度监测措施已经到位，就可以定期评价热波及(heat conformance)情况。这一般是通过观察井筒的关井温度曲线而进行的。图17.10显示了壳牌Orion项目中由分布式光纤温度传感器(DTS)实测的一口井的多条温度曲线(壳牌加拿大公司，2011)。

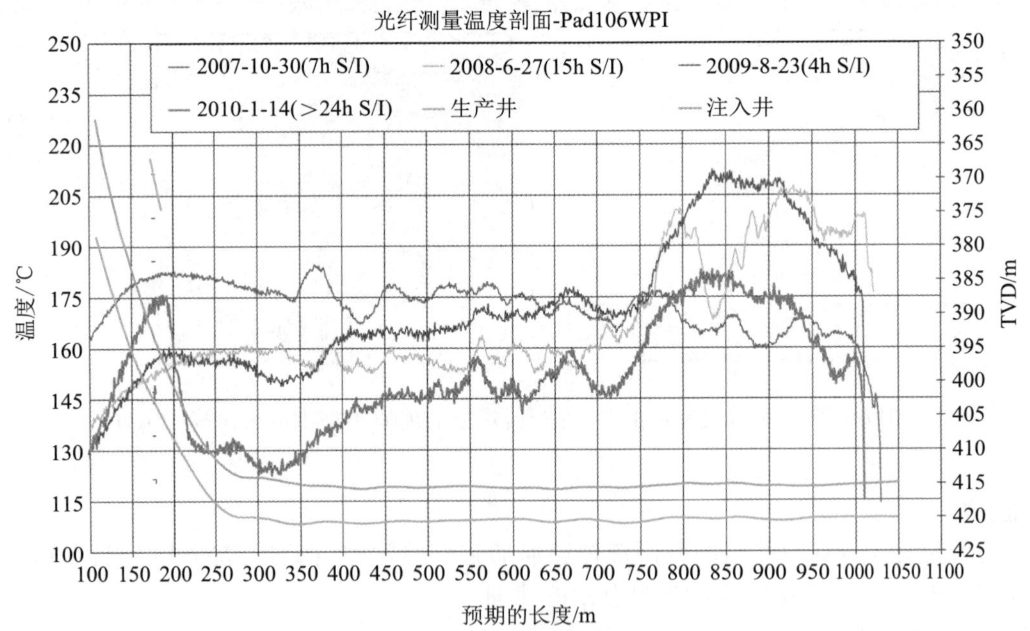

图17.10 井筒关井温度剖面实例(壳牌加拿大公司，2011)

循环启动既可以按照压力平衡模式，也可以按照压力不平衡模式进行。在采用压力平衡模式进行启动时，注入井和生产井的压力保持相等或近乎相等。这样就可以在蒸汽循环过程中尽可能减少注入地层的净流体量或从地层中采出的净流体量。压力平衡启动模式的优点是井间地层的加热更加均匀，而且在转入正常SAGD运行后发生局部蒸汽突破的可能性更低(Edmunds和Gittins，1992)。在采用压力不平衡模式进行启动时，要在井组的井间施加一个小的压差(量级在100~200kPa)，一般是从注入井到生产井的正压降。压力不平衡启动模式的优点是在流体流度足够高时可以改善对流加热的效果，而且可以缩短启动阶段的周期。另一方面，这种方法也有缺点，那就是因储层存在非均质性或者井组的井间距变化而导致的不均匀加热，会增大局部蒸汽突破的风险。

17.3.2 井组井间距和启动周期

在确定SAGD井组的井间垂直距离时，需要在缩短建立井间流体连通所需的启动时间和尽可能降低蒸汽锥进(或突破)可能性之间寻求平衡。鉴于通过热传导加热岩石所需的预热时间与距离的平方成正比(Edmunds和Gittins，1992)，人们往往选择缩短井组的井间距离，以便缩短预热时间，并尽快进入正常的SAGD运行状态。另一方面，蒸汽锥进突入生产井的可能性会随着井距的减小及生产井之上液面的降低而增大。为了尽可能降低锥进的可能性，人们会选择增大SAGD井组的井间垂直距离。在SAGD项目中，人们会希望把液面保持在井组井间的某个理想位置上。在加拿大油砂矿的开发中，为了平衡这两种相互矛盾的需求，一般采取折中的办法，即选取4~6m的井间垂直距离和3~5月的蒸汽循环时间。

17.3.3 井筒效应

如前所述，人们希望通过启动过程在井组的整个长度上实现均匀且有效的泄油。而在实践中，预热阶段一般很难通过SAGD井实现如此均匀的地层加热，其原因如下：①由于井筒并非呈绝对的直线状，因而井间距不是恒定不变的(Edmunds和Gittins，1992；Shen，2011)；②地层物性(热传导系数或热扩散系数)具有非均质性(Duong等，2008)；③受井筒水力参数影响，井筒上的压差有变化(Edmunds和Gittins，1992；Ong和Bulter，1990；Thorne和Zhao，2009)。

由于钻井方向控制的精度有限，井筒往往会呈波状，这会导致SAGD井组的井间垂直距离出现变化。即使采用最新的水平钻井技术，井间距一般也会沿着目的层段出现1~2m的变化。波状井筒会导致井间地层加热不均匀和局部热点的发育，最终会导致蒸汽室的不均衡发育和扩展(Edmunds和Gittins，1992；Shen，2011)。其另外一个后果是，石油产量增长速度和峰值产量都低于(理想化的)绝对平行井组(Shen，2011)。

注入井中局部的高压力梯度会对SAGD的生产动态产生不利影响。井筒的水力参数也会因高摩擦压降而影响井筒的过冷控制(subcool control)(下文将对此进行论述)，在这种情况下就需要采取强有力的过冷控制措施、适当的人工举升措施以及运行控制措施(van der Valk和Yang，20077)。如果井产能(well capacity)太低，就会导致井中出现水力损失，并使液面偏离与井组平行的方向(Ong和Bulter，1990)，从而降低井的产能(well deliverability)(Parappilly和Zhao，2009)。

17.4 完井和修井

17.4.1 为启动而开展的蒸汽循环

由于原油的初始流度接近于零，加拿大油砂SAGD开采过程的启动阶段需要在井筒内进行蒸汽循环。完井应为井筒蒸汽循环提供空间。为此，一般采用双管柱完井方法。一根油管管柱下到衬管的趾端，而另一根短管柱放置在井筒的根端，如图17.11所示。除了便于进行井筒蒸汽循环之外，这样的管柱组合还增强了SAGD井组运行的灵活性，为注入位置和开采位置及其组合提供了多种选择(例如在根端或趾端进行注入/开采或者按照不同的比例在根端和趾端同时进行注入/开采)。

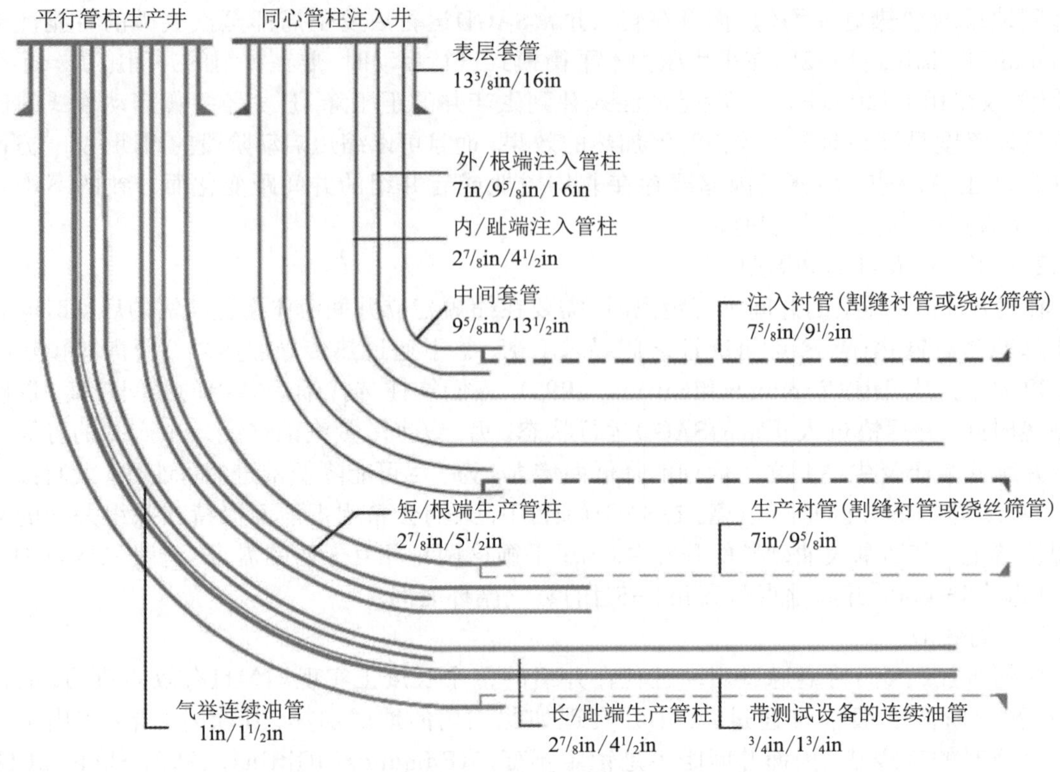

图17.11 典型的SAGD井身结构(Medina, 2010)

17.4.2 井筒隔热

设计SAGD的完井方案时，应当考虑尽可能减少进入上覆地层的热损失。这可以给SAGD开采过程带来以下好处：使传递给钻开的生产层井壁(sand face)的热量最大化；避免上覆地层被明显加热，以利于环境保护。

井筒隔热是实现这一点的有效途径，而通过环空气封(gas blanket)或绝热油管都可以实现井筒隔热。向套管/油管环空中注入惰性气体(一般是氮气)，把液面下压到与储层平齐，并形成一个热传导率较低的充气段，就可以实现气封。矿物隔热(mineral insulation)或真空隔热理论已经有了长足的进步，而且由高热性能管材构成的隔热系统已经可供蒸汽注入井使用(Lombard等，2008；Luft等，1997)。一般来讲，隔热油管的成本要高于气封。在确定是否采用隔热油管时，应从以下几个方面开展评价：①有效热传递对高隔热性能的要求，例如深储层或长井筒；②因总体热效率提高使采出水量减少而节约的成本；③环境保护要求，例如尽可能减少敏感区域的砷解吸附量以及因上覆地层被加热而造成的浅部含水层污染。

康菲(ConocoPhillips)公司在其Surmont SAGD项目的部分注入井和生产井中采用了真空隔热油管(VIT)，目的是尽可能减少向永冻层的传热量，防止发生沉降，尽可能降低环空压力积聚，防止水合物形成，防止结蜡，以及为稠油和蒸汽驱项目贮热(heat retention)(ConocoPhillips公司，2011)。

17.4.3 防砂筛管

实施SAGD的油砂储层绝大多数都是固结程度比较低甚至未固结的砂岩，因而一般都需要采取防砂措施。割缝衬管和绕丝筛管(wire-wrap screen)就属于最常用的两种防砂装置。与其他机械防砂装置相比，割缝衬管具有超高的机械强度和完整性，因而迄今为止在大多数SAGD项目的长水平井完井中都得到了应用。

割缝设计应满足防砂的要求。割缝衬管的结构有多种，其割缝密度、割缝方式、割缝开度和割缝内部几何形态各异。在可能的情况下，最好是在分析来自临井的岩心样品和布井目的层段的实际岩心样品的基础上确定割缝或筛网的尺寸。在清洗掉沥青之后，对岩心砂粒进行筛分和测试，确定最佳的防砂割缝或筛网的尺寸。成功的割缝衬管设计的总体目标是：确保衬管能够把压降保持在最低水平，同时要使绝大部分的地层砂子保留在原地，防止生产井的水平段被固体颗粒充填，避免井下泵和地面设备被腐蚀或发生故障。室内实验和现场作业经验都表明，梯形割缝和轧制顶部割缝(rolled-top slot)设计要优于直边割缝设计，前两者出现堵塞的可能性更低一些(Bennion等，2009)。

与割缝衬管相比，绕丝筛管(wire-wrap screen)的过筛管压降更低，原因是其缝隙面积(open area)更大，即筛管渗透率更高。但绕丝筛管的机械强度一般要低于割缝衬管。新型绕丝筛管设计已经极大地提高了机械完整性，这再次激起了业界把它投入现场应用的兴趣，因为绕丝筛管的过流面积(flow area)要比割缝衬管大得多。

割缝衬管出现堵塞的可能性要大于绕丝筛管，其原因是两者的缝隙面积存在差异。正如日本加拿大油砂有限公司(JACOS，2011)在其Hangingstone SAGD示范项目中所展示的那样(如图17.12所示)，割缝衬管和绕丝筛管的应用效果存在明显的差异。在采用绕丝筛管时，从注入井到生产井的压降比较低(<500kPa)，而且压降随时间降低，但出砂的可能性更大一些。相反，在采用割缝衬管时，防砂的效果更好一些，但注入井和生产井之间的井底压降很大(>500kPa，最高可达1500kPa)，而且压降有随时间增大的趋势。割缝衬管较大的压降可能是由割缝的尺寸过于保守和矿物堵塞造成的。

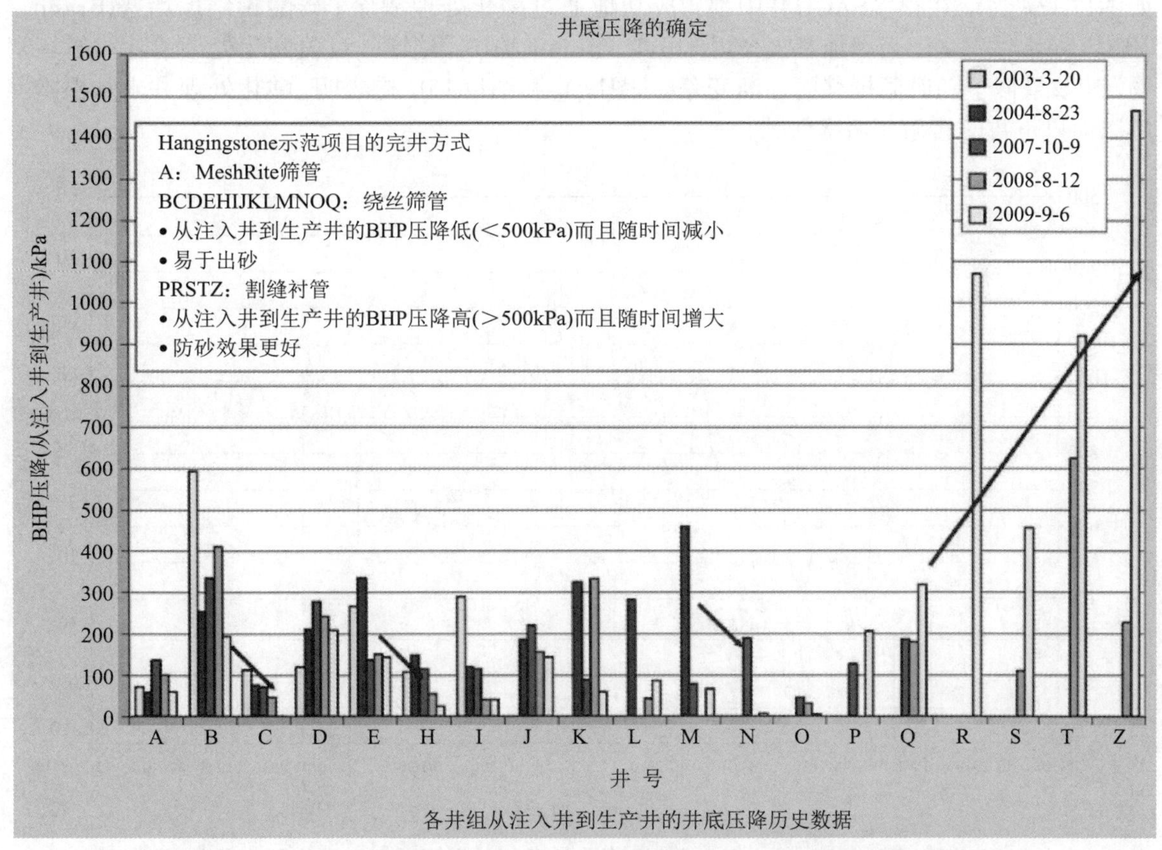

图17.12 JACOS公司Hangingstone SAGD示范项目中割缝衬管与绕丝筛管之间的井底压降对比(JACOS，2011)

17.4.4 衬管堵塞问题及处理

很多SAGD井都曾发生过衬管堵塞问题，导致压降增大，井产能下降。导致衬管堵塞的因素可能很多，包括细颗粒运移、黏土膨胀、无机物质结垢、沥青沉淀和沉积等，但这些因素总体上还没有被很好地认识。很多SAGD井的衬管堵塞问题都是由碳酸钙结垢造成的。人们曾尝试通过酸化处理来解决这个问题，也都取得了一定的成功，但后续酸化处理的效果总体上逐渐变差。

Bennion等(2009)已经对割缝衬管堵塞机理进行过系统的评价。他们发现，导致割缝堵塞的因素有多种，包括砂粒大小分布、割缝几何形态、地层黏土含量、流动速率、润湿性和流体的pH值等。室内试验研究发现，割缝顶部(外部)黏土堵塞是主要的伤害机理。pH值比较低的环境趋于降低堵塞的可能性，而稀酸可以有效地去除现有的堵塞物质，但其有效性要取决于结垢的组分以及酸注入井筒和开展处理的方式。

碳酸盐结垢会堵塞衬管。Erno等(1991)曾提出，由于压力和温度变化而结垢的现象在生产井内及其周围最为常见。进入小直径井筒的径向流动会造成近井筒地带的线性流动速度很高，从而使压降很大。压降会致使溶解气从流体中脱出。二氧化碳(及其他酸性气体)从盐水中脱出会引起pH值升高，并使碳酸氢盐-碳酸盐之间的平衡向碳酸盐的方向移动。这种移动会引起方解石超饱和，随后沉淀形成结垢。一旦结垢开始形成，它就会阻碍流体流动，引起压降增大，气体脱溶增强，沉淀物增多。这种自加重效应(self-aggravating effect)会导致流体流动速率快速下降。

衬管堵塞的一般征兆是SAGD井组注采井间的井底压差逐渐增大和井产能逐渐降低，如图17.13所示。在很多SAGD井中都曾成功地通过酸化处理清除了碳酸钙结垢堵塞(Brand，2010；Nexen，2006；壳牌加拿大公司，2011)。Brand(2010)曾报道，反复酸化处理清除衬管堵塞物，其效果似乎随时间推移而逐渐变差(见图17.14和图17.15)。这表明，酸化处理并未从根本上解决而只是暂时缓解了堵塞问题。

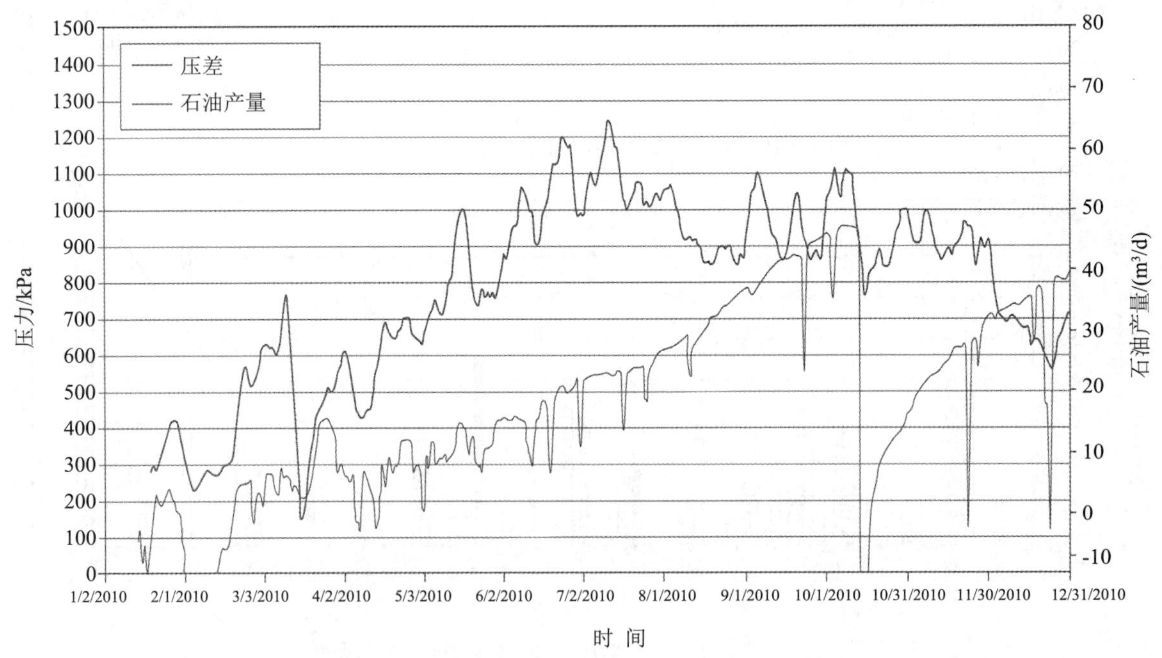

图17.13 壳牌公司Orion SAGD项目一个井组的井底压差和石油产量变化趋势
(壳牌加拿大公司，2011)

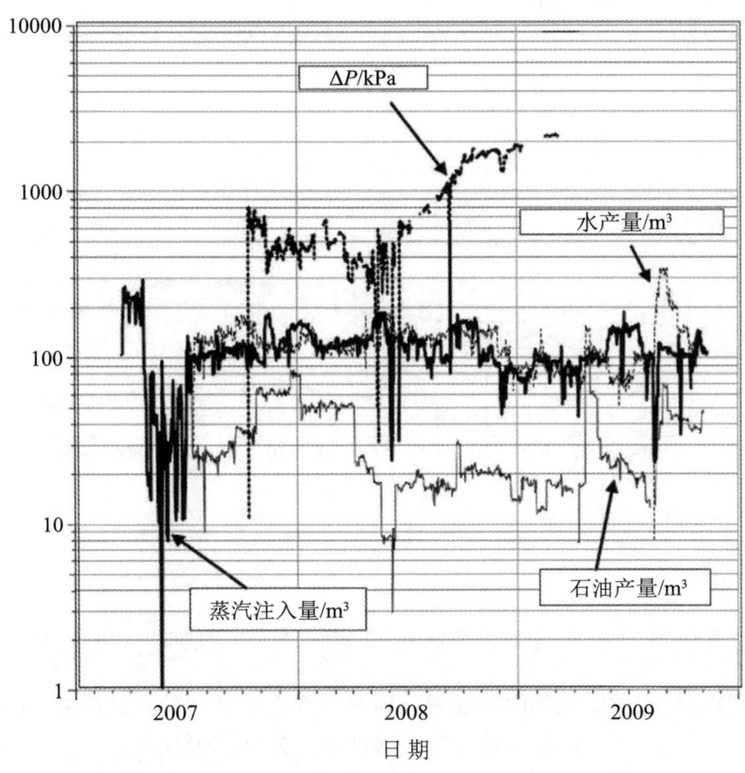

图17.14 Husky公司Lloydminster SAGD项目压差增大的实例(Brand, 2010)

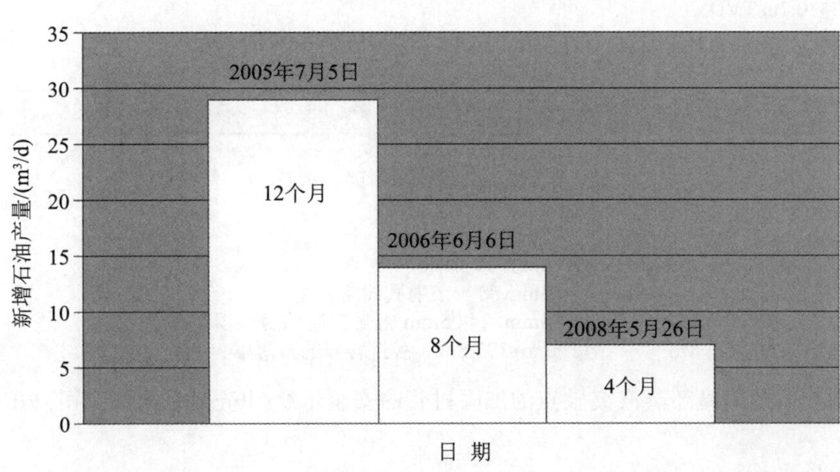

图17.15 Husky公司Lloydminster SAGD项目酸化处理效果逐渐变差的实例(Brand, 2010)

17.4.5 消除局部蒸汽突破的二次完井

在现场操作过程中，偶尔可能会因各种原因而出现局部的蒸汽突破。为了提高井筒利用效率和热效率，最好是减少甚至消除局部蒸汽突破现象。安装加固衬管(scab liner)是解决局部蒸汽突破问题的有效方法之一。下面介绍壳牌公司Orion SAGD项目的一个实例(壳牌加拿大公司, 2011)。如图17.16所示，2010年7月19日的井筒流动温度剖面显示出，在300m的设计深度处存在一个明显的热流体进入点。在水平井筒的根部井段安装了一个加固衬管(如图17.17所示)，此后于2011年12月10日实测的井筒温度剖面显示，这个局部蒸汽突破点被有效地消除。

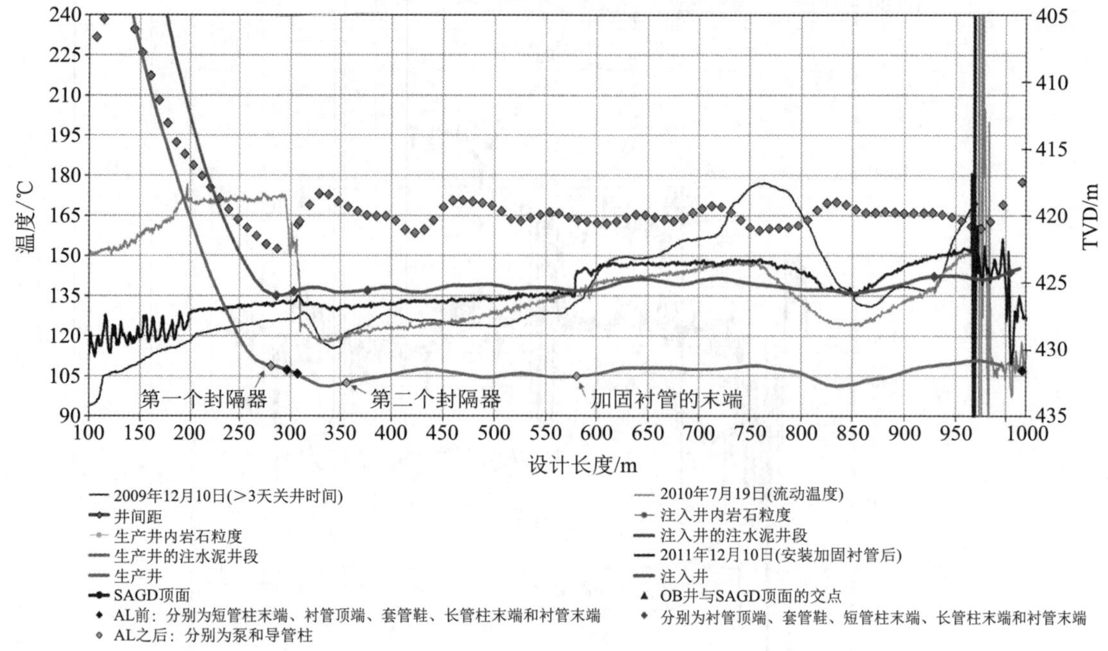

图17.16 通过安装加固衬管封闭局部蒸汽突破点之前和之后的井筒温度剖面对比(壳牌加拿大公司，2011)

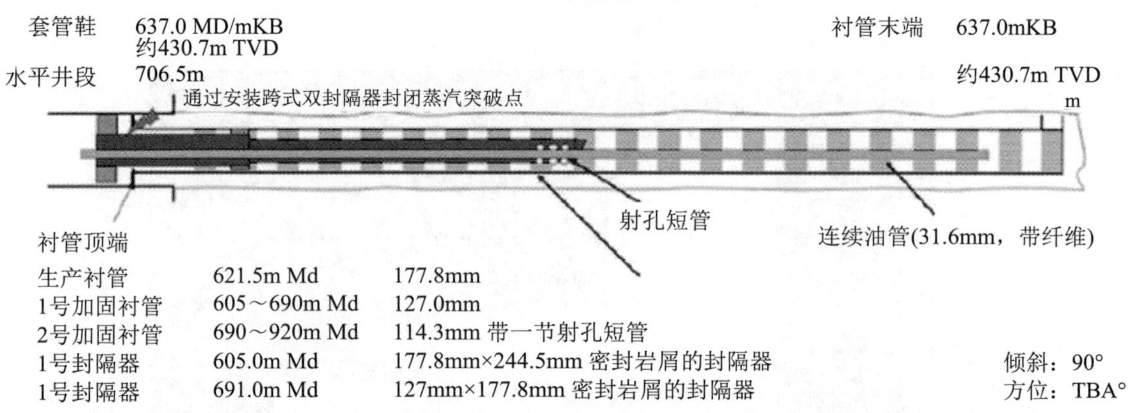

图17.17 封闭局部蒸汽突破点的加固衬管的安装示意图(壳牌加拿大公司，2011)

17.4.6 智能完井

SAGD开采工艺所面临的最大挑战之一，是如何实现整个水平注入井筒的均匀蒸汽波及和整个水平生产井筒的均匀泄油。这是储层非均质性与井筒流体流入或流出的有限控制共同作用的结果。因此，井中可能会出现不均匀的蒸汽注入和加热，导致形成不均匀蒸汽室，进而对井生产动态产生不利影响。这种效应还会因井筒长度加大和储层非均质性增强而放大。

人们开发出了智能完井技术，用于改善SAGD项目的蒸汽注入和生产动态。在流动分布控制方面，智能完井既可以是主动的，也可以是被动的。

Clark等(2010)报告了一次成功的主动智能完井技术矿场试验，这次试验采用了内部控制阀(ICVs)、井筒分段及配套的井下设备。这种完井技术使人们能够选择性地打开或关闭四个井段中的任何一段，并在地面监测关键的温度和压力参数。这次矿场试验证实了这个系统在高温热采中的可操作性，并证明了改善蒸汽分布的可行性。

ConocoPhillips公司则在其Surmont SAGD项目中对一种类型的被动控制完井系统进行了测试(Stalder, 2012)。被动流体分布控制系统由在衬管上分段放置的多个贝克尔平衡器(Baker Equalizer)(孔板与筛网相结合)组成。它可以使蒸汽均匀地沿着注入井的衬管分布，并使顺着生产井衬管进入生产井的蒸汽量最小化，同时还不会影响生产井的产能。这种流动分布衬管系统已经在一个SAGD井组中得到了应用，并且在这个井组的任何井中都不安装趾端管柱的情况下，在预热循环阶段之后实现了非常好的蒸汽波及和SAGD生产动态。不安装趾端管柱有助于减小注入井和生产井中的衬管尺寸，和/或把完井长度在目前普遍的800~1000m的基础上进一步加大，这主要是得益于小尺寸衬管的剪力变小。

17.5 生产控制

17.5.1 蒸汽捕集

蒸汽捕集(steam trap)控制是减少或者防止从储层的蒸汽带中开采出蒸汽的一种操作方法。防止新鲜蒸汽(live steam)被采出，有助于提高SAGD的效率，主要表现在以下几个方面：节约能量并降低汽-油比；减少水蒸气的高(速)流动，以防对井举升能力和地面设施产生不利影响；减少过衬管的细砂和其他固体颗粒量，以免腐蚀衬管和大量出砂。

主要有两种蒸汽捕集手段：机械捕集(液面)和热动力捕集(过冷)(Edmunds, 2000)。机械捕集就是直接控制冷凝水-蒸汽界面，通过把界面维持在排液点(drainage point)以上，使液体排出而保留蒸汽。热动力捕集只是通过把局部温度和压力与蒸汽饱和度曲线进行对比，以确定界面的接近程度(nearness)。对于热动力蒸汽捕集的正常稳定运行而言，足够(宽)的温度设置至关重要。

对阿萨巴斯卡油砂矿典型储层开展的数值模拟研究发现，过冷(subcool)动力学相当复杂(Gates和Leskiw, 2008)。在三维空间，流入井内流体的温度会沿井筒出现明显的变化，这要取决于局部的条件。由于在顺井组的方向上储层存在非均质性，要沿井组长度方向维持均匀的过冷控制是很困难的。当井组的长度很大时，混合过冷(mixed subcool)会处于一个推测的最佳范围之内，生产井的部分井段可能会采出少量的蒸汽，而其他井段的温度则要比目标(即最佳)温度低得多。

Van der Valk和Yang(2007)指出，关键在于要确保过冷控制点不出现在水平井中下衬管的井段(邻近有流体流入的井段)，以便充分地体现混合或“有效”过冷的意图。数值模拟和现场经验都表明，有效的过冷应当在20~30℃范围内(Edmunds, 2000)。

蒸汽突破会导致过衬管的流体流动速度很高，造成腐蚀和衬管失效。高速流动主要是由蒸汽与冷凝液的体积比明显不同造成的(例如在3000kPa时大约为55)。应当尽可能保持生产井的井底压力稳定，以便尽可能减小压力波动和局部蒸汽突破。

17.5.2 井筒举升

理想的井筒举升应当既能有效地把液体举升到地面，同时还能维持井底压力稳定。SAGD自身就要求在稳定的井底压力下运行，以便尽可能增加排液量，同时又尽可能降低蒸汽突破的可能性。以下是SAGD常用的井筒举升方法：

① 天然能量举升：在储层压力足够高，能够克服净水压头和采出液的动态压头时，就可以进行天然能量举升。

② 气举：在地层压力不够高，无法满足开采需求时，可以通过油管-套管环空注入气体，使液体充气并降低其密度。

③ 电潜泵(ESP)：电潜泵的举升能力范围很宽，在温度条件允许的情况下，它是首选的SAGD举升方法。目前电潜泵的井下作业温度上限大约是250℃(Burleigh, 2009)。

④ 全金属渐进腔式泵(AMPCP): 全金属渐进腔式泵的使用范围很宽，能够在不同的产量下使用，而且能够适应不同的井下操作条件，例如井底压力、温度和流体黏度等。全金属的马达和定子能够适应很宽的静态和动态温度条件，耐温最高可达350℃。全金属渐进腔式泵在壳牌Orion SAGD项目中的应用情况表明，它能够适应很宽的操作温度范围(井底温度范围是125~260℃)、从低到高的吸入压力和压差(Rae等, 2011)。

在其他类型热采项目中，梁式泵是很常用的一种举升方法，但它在SAGD项目中的应用并不广泛。其原因是梁式泵系统不能像电潜泵和渐进腔式泵那样维持足够稳定的井底压力。在往复冲程工作过程中，每一个冲程的泵充液量都会有明显的变化(气体或蒸汽干扰的结果)，进而使井底流压出现变化。这不利于维持恒定的过冷或至少尽可能稳定的过冷。

根据储层和地面压力进行综合分类，井筒举升系统可以划分为两大类：压力耦合类(pressure coupled)，天然能量举升或气举；压力去藕类(pressure decoupled)，井下泵(电潜泵或渐进腔式泵)。

压力去藕举升法是SAGD的首选举升方法。利用井下泵可以直接控制井底压力，并使蒸汽突破的可能性最小化。压力耦合类的举升方法一般在有地面压力控制措施的情况下使用，但易于出现井底压力不稳定的情况，而且在极端情况下会导致出现间歇泉现象，下文将对此进行论述。

17.5.3 天然能量举升的间歇泉现象

在一些状况下，地面控制压力的SAGD井生产可能会出现严重的不稳定流动。图17.18展示了Blackrock Venture公司Hilda Lake SAGD项目1999年1月1日12h内的产量变化(Donnelly, 1999)。

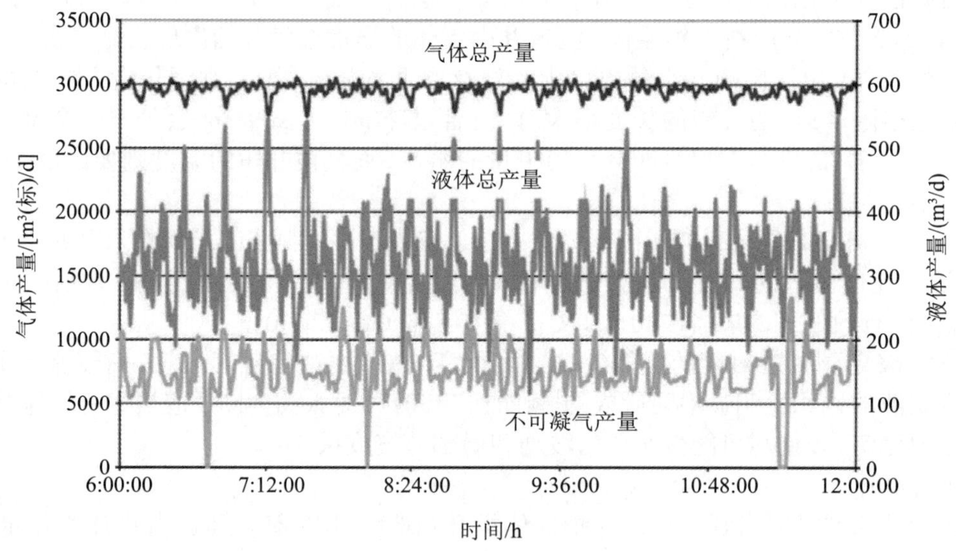

图17.18 Hilda Lake项目1999年1月1日的流体产量(Donnelly, 1999)

这口生产井没有采用人工举升系统，直接与气液分离器相连，分离器压力保持恒定。进入分离器的流体脉冲类似于在渗滤式咖啡壶中观察到的脉冲，这种脉冲通常被称为间歇泉现象。生产井的间歇泉式流动会同时向井下传递比较强的压力脉冲，就像在地下试验设施(UTF)试验阶段观察到的现象一样，如图17.19所示(Edmunds和Good, 2006)。这种不稳定的流动特征对地下蒸汽捕集器控制和地面流体处理的平稳运行都有非常不利的影响，此外还会增大冷凝水诱发水击效应的风险(Carlson, 2010)。

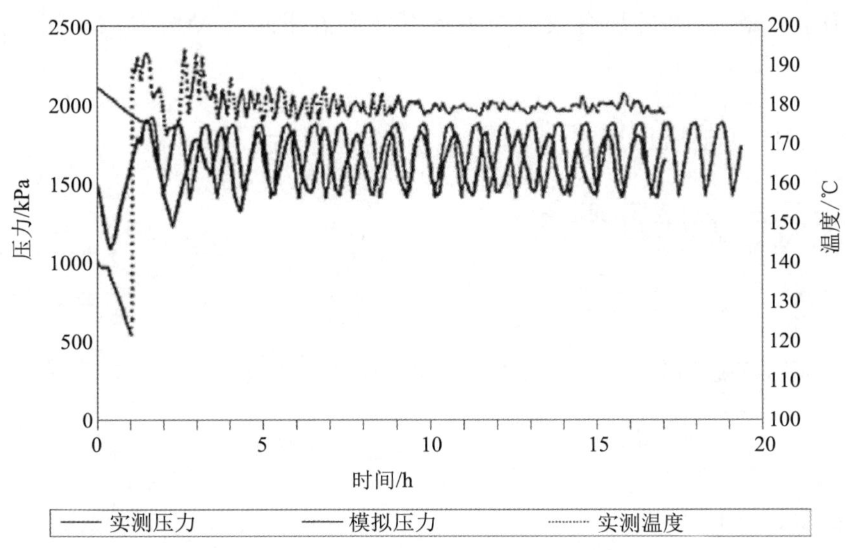

图17.19 间歇泉式生产过程中UTF立管(riser)底部压力(1988年12月1~2日)
(Edmunds和Goods，2006)

正如Edmunds和Good(2006)指出的那样，间歇泉效应是能够降至最弱的，方法是对生产管柱的顶部施加一个回压以防出现闪蒸现象，并通过井下泵举升流体来抵消这个压力。

17.6 井、储层和设备管理

井、储层和设备管理(WRFM)系统是SAGD项目运行的重要组成部分，可以监测启动的进程、蒸汽室的发育和蒸汽适应性(steam conformity)、流体流入井筒的特征和蒸汽捕集器状态、表面迁移(surface movement)和盖层完整性(caprock integrity)以及地面设备性能/稳定性等。在潜在作业问题的诊断、开采过程的优化以及包括地面设施在内的整个生产系统的运行完整性的维持等方面，井、储层和设备管理系统所采集的数据或信息都是至关重要的。

SAGD项目的综合性WRFM系统包括以下几个重要方面：SAGD井、储层、上覆岩层(或下伏岩层)、地面设备。

17.6.1 井筒压力和温度

各类SAGD项目的大多数井都要进行温度监测，要么采用热电偶串在不连续的位置上测量温度，要么采用光纤开展分布式温度传感测量。有关生产井温度分布的数据，可用于评估蒸汽室性能(conformance)、井筒利用率和蒸汽捕集器控制程度等。图17.20a展示了利用温度下降曲线评价地层温度沿井筒分布的实例，从中可以看出，趾端井段的温度要比根端井段的高得多。

仅仅根据井下实测温度开展过冷控制具有一定的局限性。Krawchuk等(2006)对收集到的井下数据进行研究后发现，在预热阶段，过水平生产井的直径存在明显的热梯度。因此，有关井筒温度测量位置的信息，对于过冷控制的准确解释和利用至关重要。过井筒的温度差异可以归因于水平井筒中液体和气体流动的层流性质、各流体相比热的差异以及井筒上部和下部向周围地层的有效热散失量的不同。

井下压力监测一般采用的是水泡管(bubble tube)或高温压力传感器。井下压力监测是井下温度测量的有效补充，可以提供井底压力的直接测量值，在井下状态明显偏离蒸汽饱和曲线时，这些数据就可以发挥很大的作用。有了井下压力数据，就可以对井的生产运行进行微调，维持SAGD压力稳定，并更加有效地控制蒸汽捕集器(把井下新鲜蒸汽采出量降至最低)。

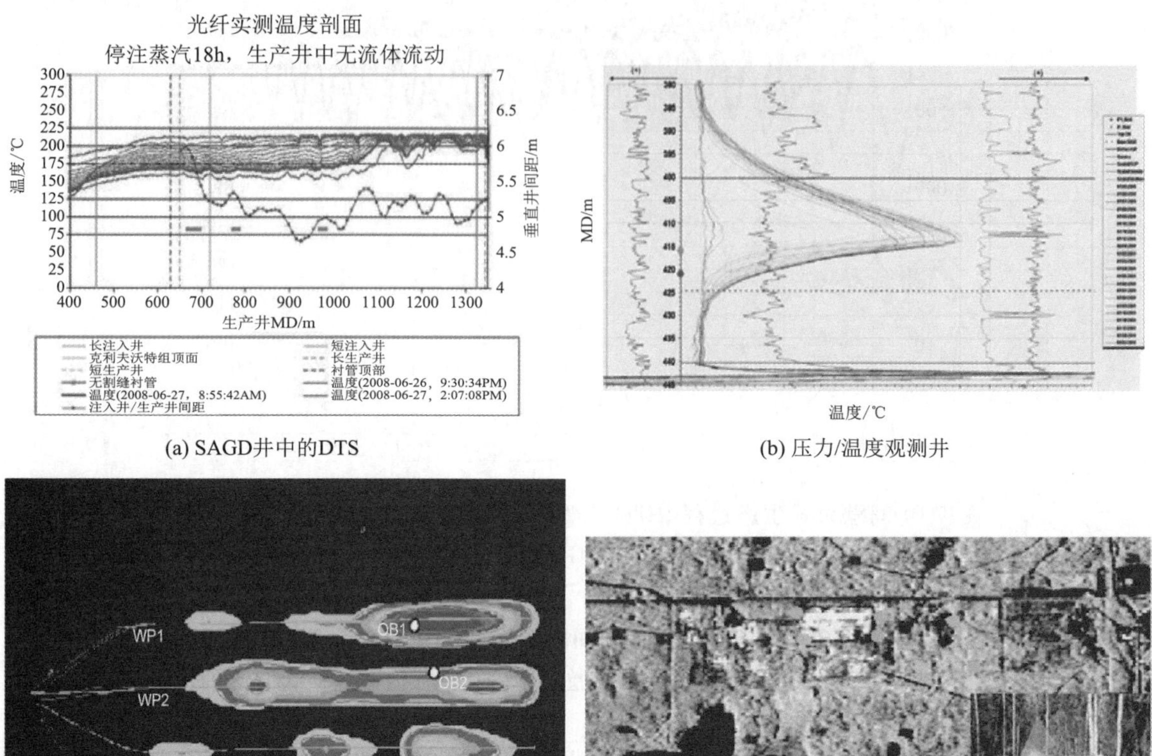

(a) SAGD井中的DTS

(b) 压力/温度观测井

(c) 时移地震

(d) 地面响应

图17.20 壳牌Orion SAGD项目中采用的监测系统

17.6.2 油藏监测

时移地震技术已经比较成熟，在很多SAGD项目中都得到了应用。分析连续两次地震能测量之间地震响应的差异，可以非常有效地评估蒸汽室的平面或空间分布以及石油开采程度。图17.20c展示了一个SAGD项目的时移地震响应的实例。暖色区域指示变化程度较高。

通过在不同的位置部署安装有压力和温度传感器的观测井，可以有效地评价采竭状态以及蒸汽室纵向生长情况。观测井所在位置上的温度响应，能够指示蒸汽室边界发育情况(见图17.20b)以及潜在的流动阻挡层的位置。

为评价蒸汽室发育而开展的温度监测，其结果自身可能还不能满足要求，原因是不可凝气(NCG)在被加热的蒸汽室的顶部积聚，并从蒸汽带之上泄油。这就意味着，在枯竭岩石体积内存在大量不可凝气的情况下，蒸汽室的范围可能与石油枯竭带的范围并不一致。图17.21对比了模拟蒸汽室与石油枯竭带，并说明了两者的不同之处。储层顶部的不可凝气构成了热隔离层，减少了进入上覆岩层的热损失量，因而有可能提高汽-油比。地层压力监测旨在评价纵向连续性、地下流体流度以及运行中储层压力限制范围的执行情况。

17.6.3 岩石变形评价和地面监测

微地震测量仪和测斜仪已经在SAGD蒸汽注入监测中得到了应用(Maxwell等，2009)，而且实践证明，它们能够在以下几个方面开展监测：SAGD蒸汽注入过程中由地层变形引发的明显地震波；与未注水泥衬管热膨胀及蒸汽室周围地层诱发剪切破裂有关的两种独特微地震波；沿SAGD井部署的地面测斜仪的差异响应。

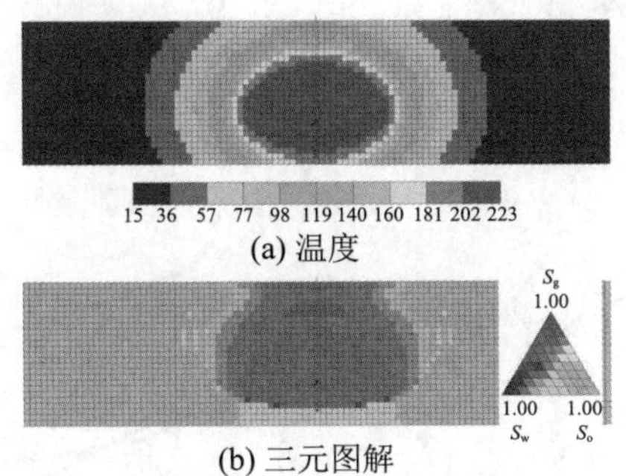

(a) 温度
(b) 三元图解

图17.21 在有不可凝气的情况下给定时间的模拟温度与三元图解的对比

卫星干涉合成孔径雷达(InSAR)技术能够远程检测具体位置上或很大面积内(数千平方千米)在数天、数月、数年甚至数十年时间内发生的毫米级到米级的垂向运动。Stancliffe和van der Kooij(2001)曾报告，在冷湖重油油田开发中就运用了InSAR技术监测生产活动。图6.1d展示了运用InSAR技术监测SAGD项目中地表变形的实例，在目标区内安装了很多(雷达)直角反射器。地表形变(隆起或沉降)信息可用于以下几个方面的研究：①评价对环境和地面设施完整性的影响；②监测蒸汽室的发育，用于蒸汽室的优化；③预测井网边缘的最大(压力)梯度，用于将来的管道和工厂设施的设计；④标定地质力学模拟模型。然而，如果储层的埋深很浅(即蒸汽带的规模接近或大于储层的埋深)，那么地表隆起就只能指示蒸汽带的大致位置。

在SAGD过程中维持上覆岩层完整性非常重要。这一点有事实依据。2006年5月18日，道达尔公司在艾伯塔省东北部地区的Joslyn Creek SAGD项目发生了灾难性的密封失效事故，高压蒸汽穿破了薄盖层，爆炸形成了一个20m宽、5m深的大坑。幸运的是，在这次爆炸事故中没有人员伤亡。事后的调查结论认为，导致蒸汽泄露的可能性最大的原因是蒸汽注入压力过高，诱发了一条垂直裂缝，这条裂缝穿过了克利夫沃特组盖层之下紧邻的含水砂岩，给克拉夫沃特组盖层施加了很强的剪切作用，最终导致其破裂(ERCB, 2010)。

17.7 SAGD逐步降温

在SAGD项目运行的后期，由于瞬时汽-油比随时间增大，继续开展纯蒸汽注入已经不再具有经济效益；但此时储层仍很热，而且地下的热能仍可加以利用。逐步降温(wind-down)工艺就是要逐渐降低地层的温度，充分利用地层中剩余的热能来提高能效，延长石油开采时间，提高最终石油开采量。

逐步降温工艺之一就是在地层温度下降过程中注入不可凝气或者不可凝气与蒸汽的混合气体来维持地层压力。室内试验研究及相关的数值模拟结果都表明：在蒸汽注入结束而气体注入开始后，热的蒸汽室会继续扩展；同时注入蒸汽和不可凝气的效果最佳。在通过注气实现逐步降温的过程中，蒸汽室连续扩展阶段是产量最高的阶段(Zhao等, 2005)。

Yee和Stroich(2004)曾报告了在UTF试验B期开展的逐步降温工艺试验的结果，在这次试验中首先同时注入蒸汽和天然气，而后再注入烟道气。图17.22和图17.23显示出，通过同时注入不可凝气和蒸汽实施的SAGD逐步降温过程，其开发效果好于预期。他们根据数值模拟结果和现场经验得出了如下结论：

① 在注入蒸汽中添加不可凝气已被证实为一种可行的技术方法，可以有效地使成熟的SAGD蒸汽室逐步降温。

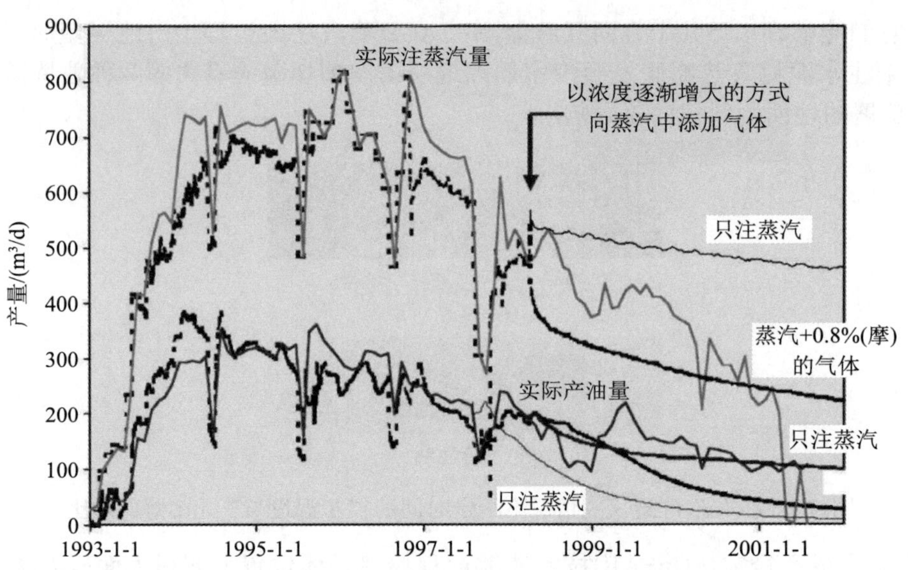

图17.22 逐步降温生产动态与地下试验设施(UTF)试验B期预测结果的对比(Yee和Stroich，2004)

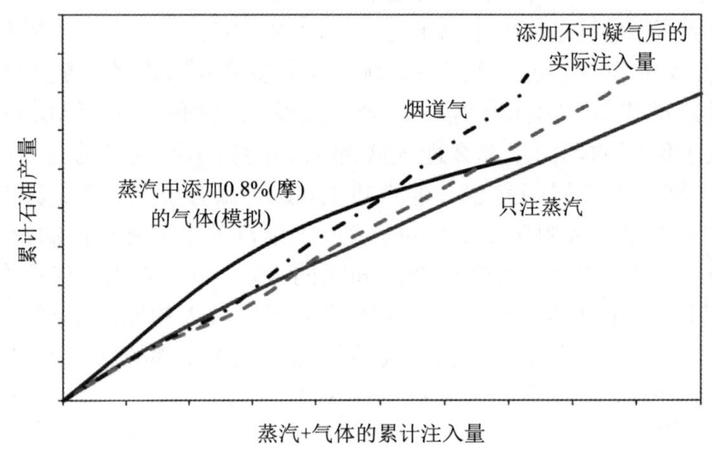

图17.23 自1998年4月1日起地下试验设施(UTF)试验B期的生产动态(气体注入量被换算为蒸汽当量)(Yee和Stroich，2004)

② 气体/蒸汽逐步降温过程的生产动态要好于预期，提高了石油产量，降低了汽-油比。

③ 热量向储层较冷区域传递的速率并未因不可凝气的存在而明显受到影响。这一点与数值模拟预测结果不同。

④ 不可凝气体在视“蒸汽”前缘的前面流动，使石油采竭程度高于以往人们的认识。

⑤ 在逐步降温运行中，烟道气已成功地替代了天然气。注入系统进行了特殊的设计，而且作业方式也进行了改进，以确保烟道气的温度始终保持在其露点温度之上，从而不会出现冷凝现象。该项技术有可能大幅度降低注入成本，同时还可以埋存蒸汽发生器所产生的部分废气。

Belgrave等(2007)曾提出以注空气作为SAGD开发的后续工艺。室内试验研究证实了在成熟蒸汽室中保持燃烧前缘的可行性。模拟研究表明，与注入甲烷气(methane blow-down)相比，注空气有可能明显提高石油采收率。这项工艺已在Cenovus公司的Christina Lake热采项目(CLTP)中成功地进行了测试。目前，该项目区的油层上方已形成一个空气气顶，但这个气顶对

SAGD的运行没有任何负面影响(Cenovus能源公司，2011)。氧气在与残余油的放热反应中被消耗，以副产物的形式产生二氧化碳。没有氧气从生产井中采出，在SAGD蒸汽室与空气气顶交会后也没有观察到石油质量发生改变的现象。

17.8 地下与地面的一体化

SAGD是一种连续注入和开采工艺，因而停产时间是人们不希望看到的。出于地面或地下的各种原因而停产会打断项目的稳定运行，导致井内温度降低和积液。这会在恢复井生产时带来很大的操作困难。

为了确保项目平稳运行，应当通过前文所述的有效WRFM过程实现地面和地下的全面一体化、完全平衡和准确监测。整个系统的可靠性是建立在各个子系统可靠性基础之上的。地下和地面之间的关键界面是水平衡：地下需要有充足且稳定的蒸汽供应，而地面则要求有充足的补充水和采出水的再利用。

在出现停产状况时，按照操作程序的要求，应当继续在生产井和注入井中进行流体循环，以便在停产或不正常状态结束后高效地恢复生产。

17.9 溶剂辅助SAGD

Nasr和Isaacs(2001)曾提出并开发了通过溶剂和蒸汽共注来改善SAGD的工艺技术。这项获得专利权的工艺被称为溶剂辅助SAGD(expanding solvent-SAGD)(“ES-SAGD”)。该项工艺的主要机理是注入的溶剂与蒸汽室/冷地层界面周围的蒸汽凝聚，使石油稀释，黏度降低。这项工艺已经成功地进行了矿场试验(Gupta等，2005；Gupta和Gittins，2006)，与常规SAGD相比，溶剂辅助SAGD的石油产量提高，油-汽比(OSR)增大，而所需的热能和水量都减少。在溶剂辅助SAGD技术的矿场应用中，溶剂的采出率在70%以上，石油产量和油-汽比的增幅都在30%以上。

溶剂辅助SAGD工艺可以在一个热动力窗口(thermodynamic window)中应用，在这个窗口中它可以非常有效地降低成本、提高能效并使环境影响降至最低。图17.24显示的是溶剂-蒸汽谱图，图中展示了不同类型溶剂的作业窗口(operation window)。筛选溶剂或溶剂组合的标准是，能够在与水相一样的温度/压力条件下气化和冷凝，而且在蒸汽/油层的界面上，溶剂的相变与蒸汽的相同。

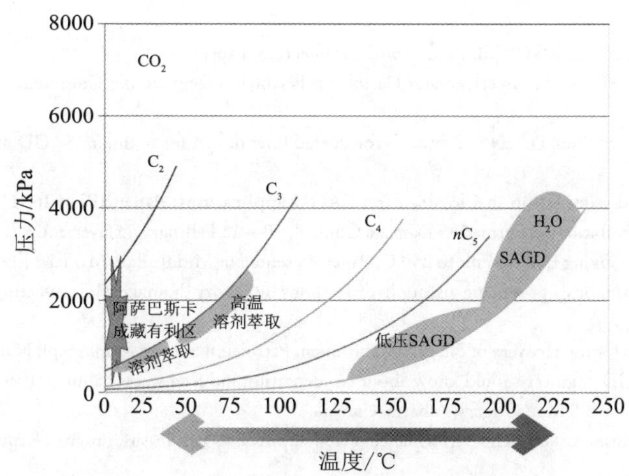

图17.24 蒸汽-溶剂谱图(Schmidt，2010)

Nasr等(2003)发现，在蒸汽温度与溶剂气化温度匹配时，溶剂辅助SAGD(ES-SAGD)的排油速率最大。通过室内试验研究了不同蒸汽/溶剂组合的排油速率变化，如图17.25所示。这些试验是在所注入蒸汽的温度和压力条件下(操作压力2.1MPa，温度215℃)开展的。排油速率随着所注入烃类碳数的增大而提高，还随着所添加烃类的气化温度与所注入蒸汽温度逐步接近而提高。在添加己烷时，排油速率最高，因为试验中己烷的气化温度最接近蒸汽温度；而在添加辛烷时，排油速率有所降低，其原因是辛烷的气化温度高于所注入蒸汽的温度。在蒸汽中添加稀释剂(主要为$C_4 \sim C_{10}$)实现的排油速率与在蒸汽中添加己烷的相当，而远高于(多2倍)(译者注：这个倍数可能有误，与图17.25所示不符)只注入蒸汽时的排油速率。

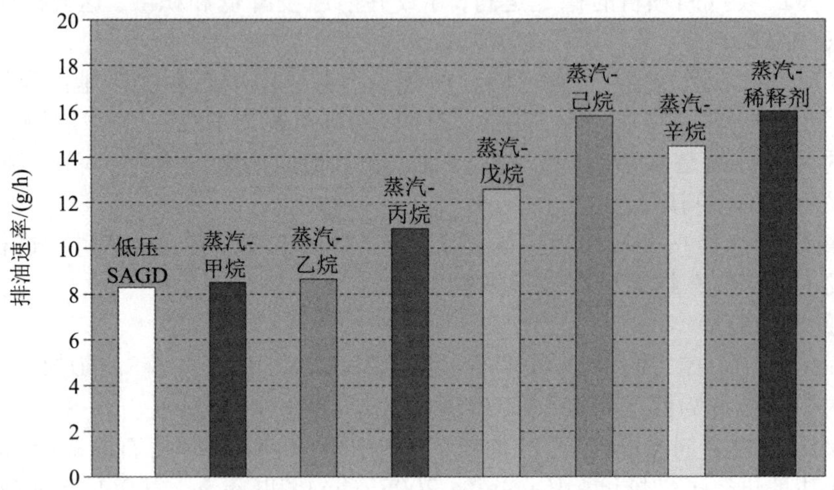

图17.25 在2.1MPa和215℃条件下添加不同碳数的不可凝气体时的排油速率(Nasr等，2003)

溶剂辅助SAGD技术的进步使得原本不具经济性的更多重油资源得以有效开发。流体加热与稀释的协同作用能够更加有效地降低石油黏度，而且能够在比单注蒸汽时更低的温度下开展作业，最终可以降低汽-油比，提高给定蒸汽注入能力下的石油产能，并降低项目的资本密集度。溶剂辅助SAGD工艺具有通过降低残余油饱和度(可能是界面张力降低的结果)和提高体积波及效率而提高石油采收率的潜力。

参考文献

Belgrave, Nzekwu, B., Chhina, H.S., 2007. SAGD optimization with air injection, Paper

SPE 106901 Presented at the 2007 SPE Latin American and Caribbean Petroleum Engineering Conference, 15—18 April, Buenos Aires, Argentina.

Bennion, D.B., Gupta, S., Gittins, S., Hollies, D., 2009. Protocols for slotted liner design for optimum SAGD operation. J. Can. Pet. Tech. 48 (11), 21—26 (SPE-130441).

Brand, S., 2010. Results from acid stimulation in Lloydminster SAGD applications, Paper SPE-126311 Presented at the 2010 SPE International Symposium and Exhibition on Formation Damage Control, 10—12 February, Lafayette, LA.

Burleigh, L., 2009. Pushing the limit: taking ESP systems to 250 C, Paper Presented in Middle East Artificial Lift Forum, Manama, Bahrain.

Butler, R.M., 1982. Method for continuously producing viscous hydrocarbons by gravity drainage while injecting heated fluids, US Patent No. 4,344,485.

Butler, R.M., 1994. Horizontal wells for the recovery of oil, gas and bitumen, Petroleum Society Monograph Number 2, Alberta, Canada.

Carlson, M., 2010. What every SAGD engineer should know about condensation induced water hammer, Presentation Presented at the SPE Calgary Section Technical Luncheon, 5 May, Calgary, Alberta, Canada.

Cenovus Energy, 2011. Annual Christina Lake SAGD performance review approvals 8591, In-situ Progress Report to ERCB, 15 June, Calgary, Alberta, Canada.

Chen, Q., Gerritsen, M.G., Kovscek, A.R., 2008. Effects of reservoir heterogeneities on the steam-assisted gravity drainage process. SPE Res. Eval. Eng., 921—932.

Clark, H.P., Ascanio, F.A., van Kruijsdijk, C., Chavarria, J.L., Zatka, M.J., Williams, W., et al., 2010. Method to improve thermal EOR performance using intelligent well technology: Orion SAGD field trial, Paper SPE 137133 Presented at the Canadian Unconventional Resources & International Petroleum Conference, 19—21 October Calgary, Alberta, Canada.

ConocoPhillips, 2011. Annual Surmont SAGD performance review approvals 9426F and 9460C, In-situ Progress Report to ERCB, April 6,

Calgary, Alberta, Canada.
Donnelly, J.K., 1999. Hilda lake a gravity drainage success, Paper SPE-54093 Presented at the 1999 SPE International Thermal Operations and Heavy Oil Symposium, 17—19 March 1999, Bakersfield, CA.
Duong, A.N., Tomberlin, T.A., Cyrot, M., 2008. A new analytical model for conduction heating during the SAGD circulation phase, Paper SPE 117434 Presented at the International Thermal Operations and Heavy Oil Symposium, 20—23 October, Calgary, Alberta, Canada.
Edmunds, N.R., 2000. Investigation of SAGD steam trap control in two and three dimensions. J. Can. Pet. Tech. 39 (1), 30—40.
Edmunds, N.R., Gittins, S.D., 1992. Effective application of steam assisted gravity drainage of bitumen to long horizontal well pairs. J. Can. Pet. Tech. 32 (6), 49—55.
Edmunds, N.R., Good, W.K., 2006. The nature and control of geyser phenomena in thermal production risers. J. Can. Pet. Tech. 34 (4), 41—48.
ERCB, 2010. Staff review and analysis: total E&P Canada Ltd., Surface Steam Release of May 18, 2006 Joslyn Creek SAGD Thermal Operation, 11 February.
Erno, B.P., Chriest, J., Miller, K.A., 1991. Carbonate scale formation in thermally stimulated heavy-oil wells near Lloydminster, Saskatchewan, Paper SPE 21548 Presented at the International Thermal Operations Symposium, 7—8 February, Bakersfield, CA.
Gates, I.D., Leskiw, C., 2008. Impact of steam trap control on performance of steam-assisted gravity drainage, Paper PETSOC-2008-112 Presented at the Canadian International Petroleum Conference/SPE Gas Technology Symposium 2008 Joint Conference (the Petroleum Society's 59th Annual Technical Meeting), 17—19 June, Calgary, Alberta, Canada.
Gupta, S.C., Gittins, S.D., 2006. Christina Lake solvent aided process pilot. J. Can. Pet. Tech. 45 (9), 15—18.
Gupta, S.C., Gittins, S.D., Picherack, P., 2005. Field implementation of solvent aided process. J. Can. Pet. Tech. 44 (11), 8—13.
Hein, F.J., Cotterill, D., 2006. The Athabasca oil sands—a regional geological perspective, Fort McMurray Area, Alberta, Canada. Nat. Resour. Res. 15 (2), 85—102.
Hubbard, S.M., Smith, D.G., Nielsen, H., Leckie, D.A., Fustic, M., Spencer, R.J., et al., 2011. Seismic geomorphology and sedimentology of a tidally influenced river deposit, Lower Cretaceous Athabasca oil sands, Alberta, Canada. AAPG Bull. 95 (7), 1123—1145.
Husky Energy, 2011. Tucker thermal project, commercial scheme approval no. 9835, In-situ Progress Report to ERCB, June 27, Calgary, Alberta, Canada.
JACOS, 2011. Hangingstone demonstration project 2010 thermal in-situ scheme progress report, approval no. 8788I, In-situ Progress Report to ERCB, February 9, Calgary, Alberta, Canada.
Krawchuk, P., Beshry, M.A., Brown, G.A., Brough, B., 2006. Predicting the flow distribution on total E&P Canada's Joslyn project horizontal SAGD producing wells using permanently installed fiber-optic monitoring, Paper SPE-102159 Presented at the 2006 SPE Annual Technical Conference and Exhibition, September 24—27, San Antonio, TX.
Lombard, M.S., Lee, Jr. R., Manini, P., Slusher, M.A., 2008. New advances and a historical review of insulated steam injection tubing, Paper SPE-113981 Presented at the 2008 SPE Western Regional and Pacific Section AAPG Joint Meeting, 31 March—2 April, Bakersfield, CA.
Luft, H.B., Bennion, D.B., Arthur, J., 1997. Thermo-fluid mechanic characteristics of insulated concentric coiled tubing (ICCT) and the SW-SAGD process, Paper PETSOC-97—98 Presented at the 48th Annual Technical Meeting of the Petroleum Society, 8—11 June, Calgary, Alberta, Canada.
Maxwell, S.C., Du, J., Shemeta, J., Zimmer, U., Boroumand, N., Griffin, L.G., 2009. Monitoring SAGD steam injection using microseismicity and tiltmeters. SPE Res. Eval. Eng. April, 311—317.
Medina, M., 2010. SAGD: R&D for unlocking unconventional heavy-oil resources. Way Ahead 6 (2), 6—9.
MEG Energy, 2011. Christina Lake Regional Project, In-situ Progress Report to ERCB, June, Calgary, Alberta, Canada.
Nasr, T.N., Isaacs, E.E., 2001. Process for enhancing hydrocarbon mobility using a steam additive, US Patent No. 6,230,814.
Nasr, T.N., Beaulieu, G., Golbeck, H., Heck, G., 2003. Novel expanding solvent-SAGD process ES-SAGD. J. Can. Pet. Tech. 42 (1), 13—16.
Nexen, 2006. Long lake project—pilot performance review, In-situ Progress Report to EUB, 20 June, Calgary, Alberta, Canada.
Ong, T.S., Butler, R.M., 1990. Wellbore flow resistance in steam-assisted gravity drainage. J. Can. Pet. Tech. 29 (6), 49—55.
Parappilly, R., Zhao, L., 2009. SAGD with a longer wellbore. J. Can. Pet. Tech. 49 (6), 71—77.
Parmar, G., Zhao, L., Graham, J., 2009. Start-up of SAGD wells—history match, wellbore design and operation. J. Can. Pet. Tech. 48 (1), 42—48.
Rae, M., Seince, L., Mitskopolos, M., 2011. All metal progressing cavity pumps deployed in SAGD, Paper WHOC11-578 Presented at the 2011 World Heavy Oil Congress, Mach 14—17, Edmonton, Alberta, Canada.
Schmidt, G., 2010. A passion for solvents, A Presentation to SHARP Consortium Workshop, June 5, Calgary, Alberta, Canada.
Scott, G.R., 2002. Comparison of CSS and SAGD performance in the Clearwater formation at Cold Lake, Paper SPE 79020 Presented at SPE International Thermal Operations Symposium, 4—7 November, Calgary, Alberta, Canada.
Shell Canada, 2011. In Situ Oil Sands Progress Presentation, Hilda Lake Pilot 8093, Orion 10103. In-situ Progress Report to ERCB, April 21, 2011, Calgary, Alberta, Canada.
Shen, C., 2011. Evaluation of wellbore effects on SAGD startup, Paper SPE-148819 Presented atthe Canadian Unconventional Resources Conference, 15—17 November, Calgary, Alberta, Canada.
Shin, H., Polikar, M., 2005. Optimizing the SAGD process in three major Canadian oil-sands areas, Paper SPE 95754 Presented at the 2005 SPE Annual Technical Conference and Exhibition, 9—12 October, Dallas, TX.
Stalder, J.L., 2012. Test of SAGD flow distribution control liner system, Surmont field, Alberta, Canada, Paper SPE 153706 Presented at the

SPE Western Regional Meeting, 19—23 March, Bakersfield, CA.

Stancliffe, R.P.W., van der Kooij, M.W.A., 2001. The use of satellite-based radar interferometry to monitor production activity at the cold lake heavy oil field, Alberta, Canada. AAPG Bull. 85 (5), 781—793.

Thorne, T., Zhao, L., 2009. The impact of pressure drop on SAGD process performance. J. Can. Pet. Tech. 48 (9), 41—46.

van der Valk, P.A., Yang, P., 2007. Investigation of key parameters in SAGD wellbore design and operation. J. Can. Pet. Tech. 44 (6), 49—56.

Vanegas Prada, J.W., Cunha, L.B., Alhanati, F.J.S., 2005. Impact of operational parameters and reservoir variables during the startup phase of a SAGD process, Paper SPE-97918 Presented at the 2005 SPE International Thermal Operations Symposium, November 1—3, Calgary, Alberta, Canada.

Yee, C.-T., Stroich, A., 2004. Flue gas injection into a mature SAGD steam chamber at the Dover project (Formerly UTF). J. Can. Pet. Tech. 43 (1), 55—61.

Yuan, J.Y., McFarlane, R., 2011. Evaluation of steam circulation strategies for SAGD startup. J. Can. Pet. Tech. January, 20—32.

Zhao, L., Law, D.H.-S., Nasr, T.N., Coates, R., Golbeck, H., Beaulieu, G., et al., 2005. SAGD wind-down: lab test and simulation. J. Can. Pet. Tech. January, 49—53.

第18章 火烧油层

Alex Turta

(Alberta Innovated Technology Futures，加拿大卡尔加里)

根据60多年来火烧油层(ISC)技术矿场应用方面的公开信息及作者在这个领域的经验，对该项技术的特点进行了全面的回顾和分析。与论述这个主题的其他专著相比，本章述及了三项全新的内容，分别为：

① 行列驱油(line drive)与面积驱油(patterns)的全面对比分析。

② 火烧油层技术在轻质油藏和非常轻质油藏中的应用。

③ 涉及水平井应用的新型火烧油层技术，其中包括从趾端到根端注空气(THAI)技术。

本章以常规稠油和超稠油油藏为例，讨论了最令人感兴趣的火烧油层先导试验(干式和湿式正向燃烧和反向燃烧)，这些试验都有完整的观测记录和文献报道。文中还基于大量的矿场案例，介绍了火烧油层技术在稠油油藏和深层轻质油藏中的商业应用现状，并简要地说明了操作问题。

18.1 基本理论

18.1.1 火烧油层技术简介及定性描述

在油藏的多孔储集岩中，通过人工点火器、自燃点火(SI)或其他手段可以把井筒周围的石油点燃，而后所形成的燃烧前缘会缓慢地在储层中推进，并驱替石油进入生产井。火烧油层过程因连续注入空气(富含氧气的空气)或交替注入空气/水而得以维持(火烧油层前缘向前推移)。因此，从根本上讲，火烧油层属于以热为助剂提高采收率的注气采油工艺。一少部分石油(5%~10%)被燃烧，给岩石及其中流体提供热量；燃烧前缘面既可以是垂直的，也可以是高度倾斜甚至近乎水平的。燃烧前缘向前推移带来的主要结果如下：

① 从已燃油层体积中直接驱替石油，这部分体积仅占油层总体积的较少部分(15%~30%)。

② 燃烧前缘之前及其附近的部分石油的黏度降低，这主要得益于以下几点因素：

a.高压蒸汽和热气体的产生/驱替。

b.气化石油的轻质组分冷凝形成有限体积的(轻质)油带。

c.热裂解生成少量的轻质油。

火烧油层的概念是由美国的Wolcott和Howard于1923年提出的。第一个在埋藏很浅的油藏中点燃石油的矿场试验是由Sheinman及其同事于20世纪30年代在苏联开展的，但他们并没有进一步开展更大规模的矿场先导试验或半工业化试验。1952年，继苏联之后美国也开展了相关的矿场试验，并在Kuhn和Koch(1953)以及Grant和Szasz(1954)发布了首次有利的室内实验结果之后，扩大了矿场试验的规模。然而，美国很多作业者似乎都在无意中实践了火烧油层工艺，他们在一定的时间段内向含油砂层中注入了空气(Wilson，1979)；以此作为一种注气方法。在一些案例中，对采出气进行分析发现，其中CO_2含量为10%~15%。这清楚地证实了自燃点火的确产生了燃烧前缘(Chun和Haanzlik，1983)。

尽管理论上讲火烧油层的热利用效率非常高，但截至目前注蒸汽开发方法(主要是蒸汽驱)经济地实现的新增石油产量要比它高得多。这要归因于以下因素：

① 火烧油层过程的受控程度很低(有驱替效率低下为证)，降低了井产能。

② 严苛的井下条件会损害完井，尤其是在热突破之后。

③ 火烧油层是一种高度复杂的采油工艺；明确要求掌握更多的相关基础知识，并提前培养专业技术人员和操作人员。

④ 与注蒸汽开发相比，火烧油层技术具有更加明显的劳动密集型特点。

前两种因素的负面影响可以在一定程度上得到缓解，具体方法是把驱替方式从面积驱油(pattern operation)转变为从构造高部位开始的行列驱油(line drive)。然而，在出现严重的上窜和/或窜流的情况下，仍然会发生热过早突破的现象，而这也就意味着项目会提早终止。在60年的时间里，全球已开展的火烧油层现场先导试验总数已经达到了270多个(其中200多个在美国)；但其中可能只有10%～20%的项目进入了商业运行阶段。总体上讲，大多数失败的先导项目都是由缺乏经验的作业者实施的，他们的无知使本来已经很困难的先导试验获得成功的可能性变得更小。与小公司或较小独立公司相比，较大规模公司开展的先导项目一般都要更加成功(Sarathi，1999)。在火烧油层矿场试验中，火烧油层先导项目的评价是最具挑战性的任务之一。

根据燃烧前缘相对于空气流动的推进方向，火烧油层采油工艺可以划分为正向燃烧和反向燃烧两种。正向燃烧又被称作同向燃烧(co-current ISC)，其原因是燃烧前缘推进的方向与空气流动的方向大体一致；反向燃烧又被成为逆流燃烧(counter-current ISC)，因为燃烧前缘运动的方向与空气流动方向相反。到目前为止，只有正向燃烧采油工艺发展到了商业应用的程度。根据为维持这种开采过程的正常运行而注入流体的类型，正向燃烧还可以进一步细分为“干式”燃烧和“湿式”燃烧，干式燃烧注入的是空气，而湿式燃烧注入的是空气和水。

干式燃烧和湿式燃烧都可以进一步细分为前缘燃烧(frontal ISC process)和有限垂向燃烧(segregated ISC process)。对于所含石油不太重的较薄油层($h<5\sim6$m)而言，可以采用准前缘燃烧技术(quasi-frontal ISC)；而在厚油层中，则可以采用有限垂向燃烧技术。虽然这两种技术的现场应用显然都是可行的，但人们对前缘燃烧技术的认识程度要高得多。相比之下，有限垂向燃烧工艺的设计手段要少一些。

图18.1显示了前缘推进型干式燃烧的典型温度分布，图中还显示了在这个过程中形成的主要饱和带。图18.1突出显示了两个点。A点代表燃烧前缘的位置，而B点代表的是所谓的对流点，它指示的是对流波(convective wave)的推进。在火烧油层过程中所产生的热大多数都保存在这两个点之间，也就是保存在已燃带内。促使人们转而考虑采用湿式燃烧技术的原因是：人们希望尽可能减少这部分热量，而尽可能多地把热传递给燃烧前缘之前的含油层。

图18.2显示了干式燃烧和湿式燃烧之间的典型温度分布对比，图中还显示了燃烧前缘推进方向。从该图中可以看出，对于干式燃烧[水-空气比(WAR)为零]而言，大部分热量都集中在已燃带，而对于中等湿式燃烧[空气-油比(AOR)中等]，峰值温度仍存在，但所产生的热量有更大一部分出现在燃烧前缘的前面，尤其是水蒸发-冷凝带(蒸汽富集带)。随着水-空气比进一步增大，峰值温度消失，但由于在蒸汽温度下存在很长的“燃烧带”，火烧油层仍能继续进行；此时就进入了超湿式燃烧过程。图18.3和图18.4分别显示了中等湿式燃烧和超湿式燃烧的与饱和度分布相关的典型温度分布。从中可以看出，在超湿式燃烧过程中，已燃带中仍保留有部分残余燃料。

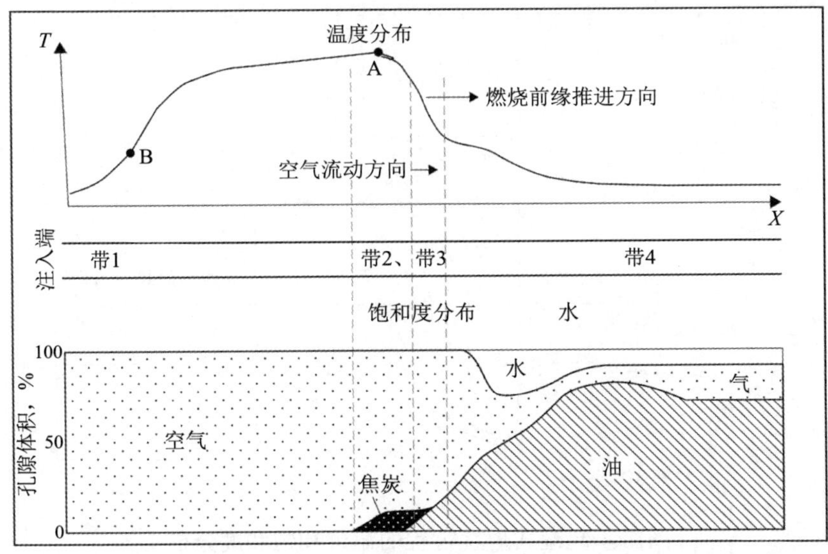

图18.1 干式燃烧过程的温度分布和饱和度分布[资料来源：据Burger等(1985)修改]

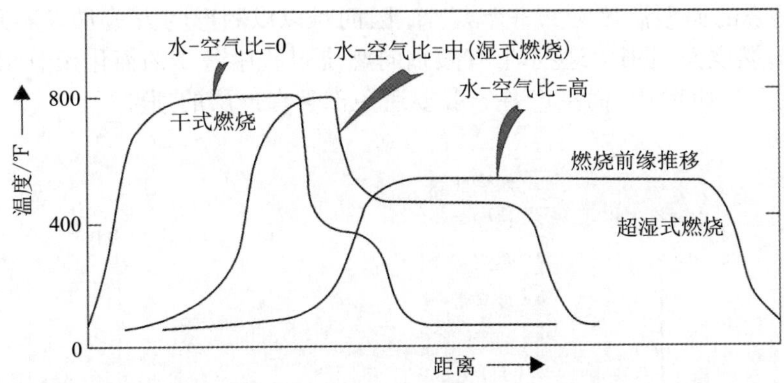

图18.2 干式燃烧、中等湿式湿燃烧和超湿式湿燃烧过程的温度分布对比(《Improved Oil Recovery Handbook(提高石油采收率手册)》的火烧油层章节，1983，作者为Chu和Crawford)

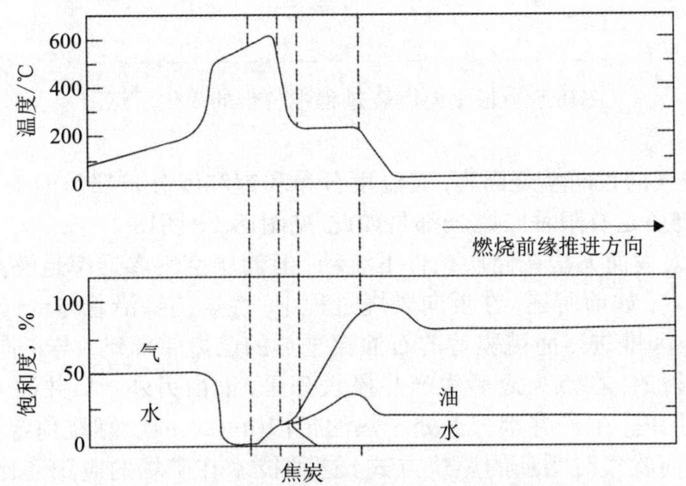

图18.3 中等湿式燃烧过程的温度和饱和度分布
[资料来源：UNITAR中心友情提供，Mehta和Moore(1996)]

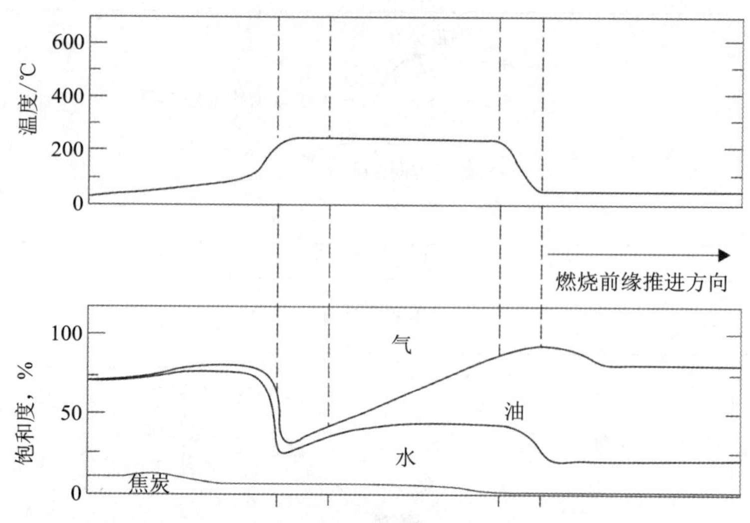

图18.4 超湿式燃烧过程的温度和饱和度分布

[资料来源：UNITAR中心友情提供，Mehta和Moore(1996)]

有限垂向燃烧的典型温度分布非常复杂，因而难以以图形的方式加以展示。这种燃烧方式一般会形成3D燃烧面。图18.5显示了有限垂向燃烧过程中各带的简化示意图。一般来讲，注入井仅在产层的下半段射孔，而生产井一般要避免部署在产层的顶部。

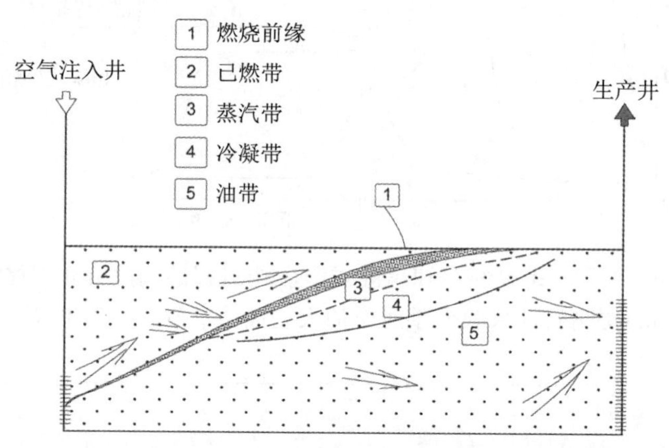

图18.5 分段垂向燃烧过程中各带的简化示意图

对于注富氧空气的正向燃烧而言，其温度分布和饱和度分布都类似于正常/注空气火烧油层，不管是前缘燃烧还是有限垂向燃烧都是如此(见图18.1~图18.4)。

在原油因黏度太大而无法在储层条件下流动，但储层空气渗透率足够高的情况下，可以考虑采用反向燃烧技术。如前所述，在反向燃烧过程中，燃烧前缘沿着与空气流动相反的方向推进(从低压区向高压区推进)，而被驱替的石油穿过热的已燃带流动。与正向燃烧不同的是，点火是在生产井中进行的，在点火之后生产井投入开采，而由另外一口井注入空气(见图18.6)；在项目的整个寿命期内，生产井都一直处于热的带内(hot zone)。燃烧前缘推进的方式类似于在抽雪茄不吸气反而吹气时雪茄的燃烧方式。这种技术在矿场的应用还比较有限；在一些情况下，它可以用于调整正向燃烧的前缘推进方向。为了确保给燃烧前缘提供氧气，储层的温度应保持在足够低的水平。

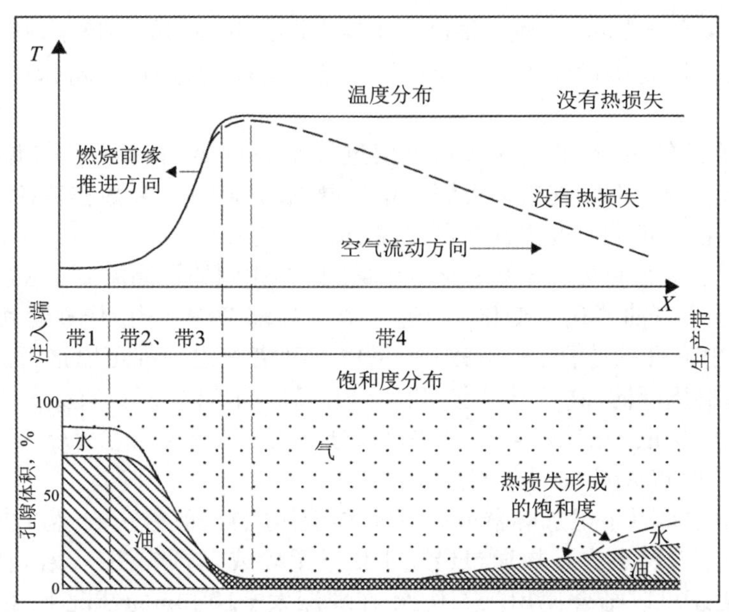

图18.6 反向燃烧的温度和饱和度分布(资料来源：据Burger等(1985)修改)

目前只有正向燃烧技术已在油田投入商业应用，其中70%~80%为干式燃烧，只有20%~30%为湿式燃烧；但就火烧油层先导试验而言，情况略有不同，但诸如East Tia Huana、Schoonebeek和Sloss等湿式燃烧先导试验项目大都没有实现商业化。已知的商业化湿式燃烧项目只有三个，分别是Bellevue(美国)以及Balol和Santhala(印度)。

对于重油油藏而言，最为成功的火烧油层项目往往都是采用边缘行列驱动方式(peripheral line drive)(从高部位开始驱动)，而不是面积驱动方式(pattern drive)的项目。尽管对于采用面积驱动方式的项目而言，设计方法更为先进，但情况仍是如此；如何发挥重力的作用是作业者必须考虑的一个关键问题，而这个问题无论怎样强调都不为过。

要确定火烧油层技术的适用性，一般要开展三种常规的火烧油层室内试验，它们分别是：缓慢升温氧化(RTO)(ramped temperature oxidation)、加速量热仪(ARC)技术和燃烧管(CT)试验。

室内试验(RTO和ARC)可以提供有关石油-岩石热化学反应性的信息以及数学模拟所需的部分动力学数据，而燃烧管试验(CT)可以提供有关燃烧过程中所沉积的燃料量和/或燃烧掉的燃料量以及(单位体积岩石)所需空气量的基础数据。最后一个数据无法从先导试验中获取，不管在现场开展多么细致的分析和测量都是如此。此外，也没有通过先导试验确定或检测空气需求量的可靠方法，这个数据同样需要通过室内试验来确定。

有关缓慢升温氧化和燃烧管试验设备和方法，不同版本的手册都有详细描述，其中最为重要的是Burger等(1985)和Moss(1983)出版的手册。而有关加速量热仪试验的详细说明可以参阅Yanimaras和Tiffin(1995)的文献。

18.1.2 火烧油层矿场试验项目的设计、实施与评价

本节重点讲述为何在火烧油层管理中必须考虑构造/油藏(作为一个整体)的几何形态，以及如何把它们纳入火烧油层项目管理之中。这将对先导试验项目以及未来商业化应用项目的实施和评价产生重大影响，同时也会对项目是否能够取得成功产生影响，项目取得成功的标志是实现低空气-油比和较高的最终石油开采量(UOR)。

18.1.2.1 点火作业

与其他任何提高石油采收率(EOR)技术都不同，火烧油层技术的应用额外需要多一个步

骤，那就是点火。在这个步骤中，通过提高未来空气注入井周围的温度形成一个完整的燃烧前缘，注入井周围的温度要接近使火烧油层过程具备自支撑能力(self-supporting ability)所需的峰值温度。

点火是一个关键的步骤，它对于火烧油层过程至关重要。很多火烧油层先导试验没能取得成功的原因都是点火失败。在很多火烧油层先导试验项目中，失败往往始于点火，而且经常是因为人们不能够在合理的时间内判断点火成功(或者失败)。

有四个因素对点火很重要：累积生成的热量、局部达到的最高温度、达到最高温度所需的时间以及点火过程中石油的化学变化。把这四个参数都考虑在内，作业者就可以从众多的点火方法/设备中作出合理的选择。一般来讲，采取下列措施之一都可以进行点火：对注入的空气进行预热、对井筒周围的油层进行预热和增强井筒周围流体-岩石的反应能力。

实际上，根据所采取的措施，点火方法可以分为两大类：人工点火/人工点火装置(ADs)和自燃点火/增强型自燃点火(enhanced SI)。

人工点火装置包括井下电加热器或井下气体/液体燃料燃烧器；自燃点火是指通过纯自燃进行点火，而增强型自燃点火是指通过借助于化学手段或在预先注入蒸汽辅助下自燃进行点火。这些点火方法还可以结合使用。总体上，在埋深大于1000m的情况下，自燃点火应当是首选的方法。

我们论述的重点不是机械方面的细节，而是点火方法的选择及点火作业的评价。人工点火法涉及很多的准备工作(包括机械装置/电气装置)，需要较多的前期投资(专门设备的购置)，还要在较短(几天)的作业过程中开展连续的监测，但点火效果的评价却非常直观。相反，自燃点火法涉及的准备工作量和仪器设备都要少得多，但其点火效果评价(判断点火是否成功)要复杂得多，而且点火所需的时间也明显长得多(长的可达几个月)。换句话说，基于人工装置的点火方法属于现场设备/人力密集型，而自燃点火法属于室内人力密集型(点火评价)。

① 人工点火：关于人工点火装置机械原理方面的细节，请读者参阅Baibakov(1989)的论著，而若想同时了解机械原理及点火方法和效果，请读者参阅White和Moss(1983)的论著。这里作者只想给出一点详细说明，对于任何的人工点火方法，都需要在射孔孔眼中放置热电偶(thermocouple)，以便在点火过程中控制井底温度(BHT)。

② 自燃点火(SI)：纯自燃点火(只注入空气)方法可用于储层温度高于60~70℃的油藏。形成燃烧前缘所需的时间被称为点火延迟(ignition delay)。Strange(1964)给出了一系列具体油藏条件下的点火延迟。图18.7显示了由解析表达式计算的作为地层温度和压力函数的点火延迟(Dietz和Weijdema，1970)，在计算中用到了实验室研究得出的氧化特征。只有在点火延迟短于1~2个月的情况下，自燃点火法才值得考虑。否则，就需要考虑采用增强型自燃点火法。通常采用化学增强型自燃点火法，在开始注入空气之前，先注入亚麻籽油段塞。亚麻籽油的氧化起始温度非常低，只有33℃，因此它是一种非常有效的点火助剂。人们已经在亚麻籽油的利用方面积累了丰富的经验，例如在Videle-Balaria油田(Turta和Pantazi，1986)，这种助燃方法曾在60多次点火操作中得到了商业化应用；点火延迟是根据视氢/碳原子比确定的，一般不到2~3周。对于地层温度在35~70℃的油藏，都可以考虑采用这种点火方法。图18.8展示了如何选择点火方法(Turta，2011)。

③ 点火指示：在选择点火方法时应当记住，只有在形成完整的燃烧前缘之后，石油产量才会增加，也就是说要在长于点火延迟的一段时间之后才会见到增油效果。在点火过程中，只会发生低温氧化(LTO)反应，而这样的反应不会使大量的石油流动。

人工点火的速度很快。点火成功的标志是氧气含量持续降低；最终氧气含量会接近于零(从点火前的准稳定状态下的数值下降至零)，而CO_2的含量则稳定在11%~16%的范围内。

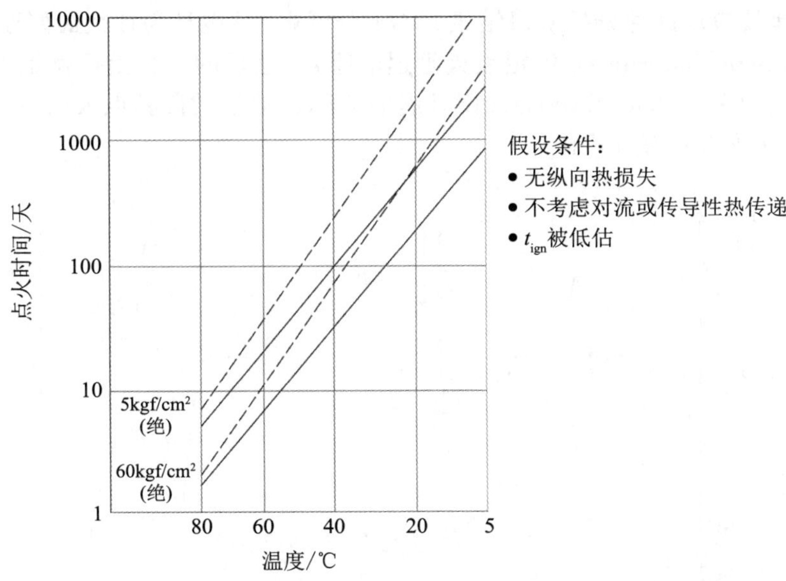

图18.7 基于实验室研究得出的氧化特征，采用解析表达式计算的作为地层温度和压力函数的点火延迟(t_{ign})(Dietz和Weijdema, 1970)

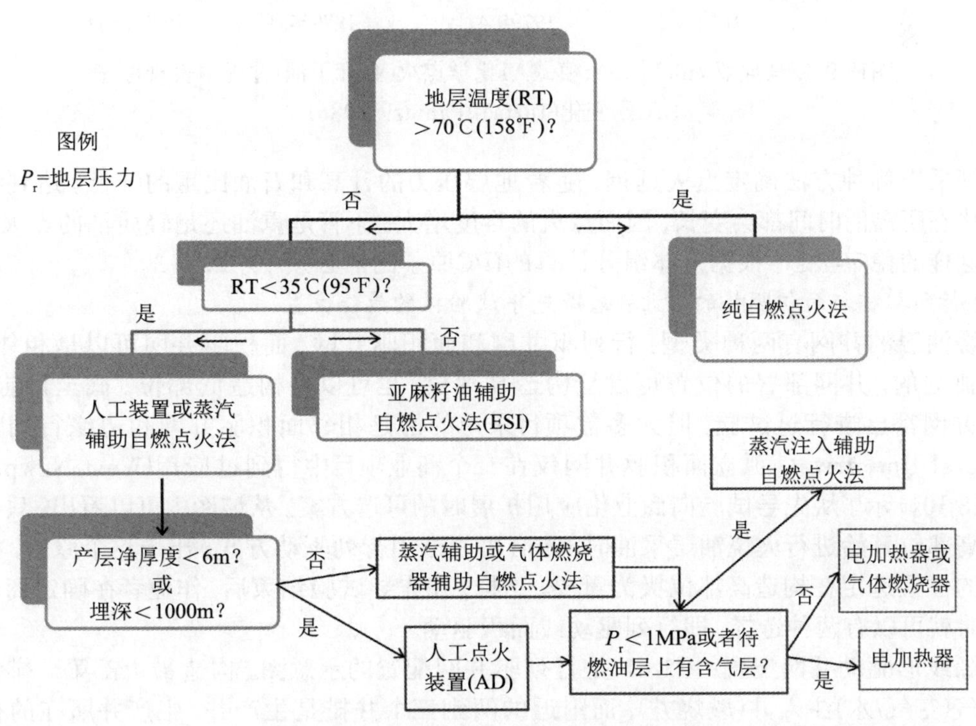

图18.8 筛选最合适点火方法的流程

对于各种点火方法，点火成功都还有另外一个标志，即在完整燃烧前缘形成后压力增加1~2倍(White和Moss, 1983)。压力增大似乎主要是由燃烧前缘所驱替油带压力升高而造成的。然而，如果最初油井处于被堵塞状态，而点火作业使其解堵，那么这个标志就不会出现。

最复杂的是如何确定自燃点火法或增强型自燃点火法的点火延迟。通过分析气体组分的变化可以确定这两种方法的点火延迟，但由于存在不同的寄生效应(parasite effects)(如CO_2溶解度效应及其他效应)，这种分析所得结果并不十分可靠。这也是为什么最好要根据气体组分的综合指标(synthetic indicator)来确定点火延迟的原因。这里的综合指标就是视氢-碳原子(H/C)比。图18.9显示了在Videle-Balaria油田开展的亚麻籽油辅助自燃点火的点火延迟(Turta和Pantazi，1986)，其数值大约为3周。

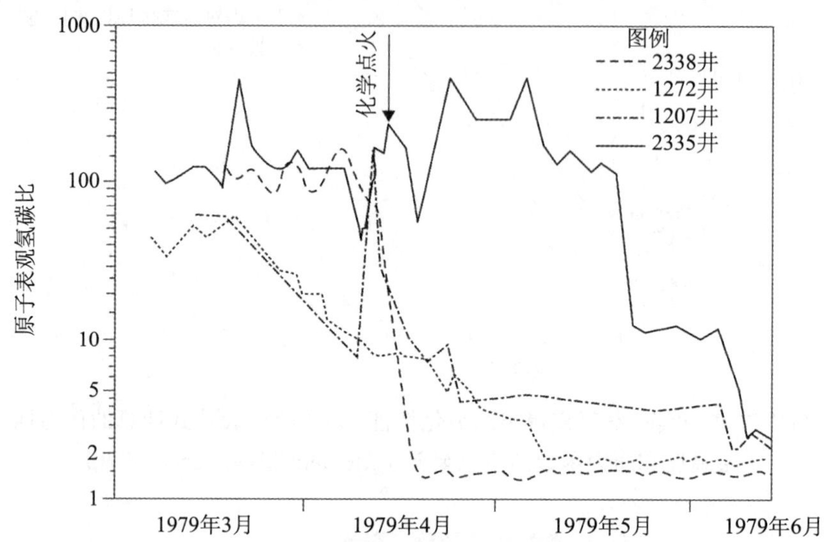

图18.9 罗马尼亚Videle East模式A1化学点火(亚麻子油)过程中表观原子H/C比变化(Turta和Pantazi，1986)

不管采用哪种方法确定点火延迟，随着地层压力的升高和石油比重的降低，达到稳定燃烧前缘状态所需的时间都会变长，因而点火的难度增大。不管是重油还是轻质油的点火作业，要达到这样的稳定状态，根据气体组分计算的H/C原子比都必须小于2.5~3。

18.1.2.2 行列驱替与面积驱替的对比：选择先导试验区的最佳位置

火烧油层的井网有两种类型：行列驱井网和面积驱井网。面积驱井网可以是相邻的，也可以是孤立的。井网部署的位置可以是构造高部位，也可以是构造低部位。截至目前，所有这三种井网都已进行过试验，但大多数项目采用的都是相邻面积驱井网和边缘行列驱井网(peripheral line drive)。孤立面积驱井网仅在一个商业项目中得到过应用(West Newport)。

图18.10显示了从先导试验向商业化应用扩展时的可选方案。从该图中可以看出，只有在从油藏的高部位开始进行火烧油层采油时，才有可能选用行列驱动方式。出于这个原因，把先导试验区的位置选定在构造高部位极为重要。这样，在先导试验结束后，作业者在确定商业性开发方式时就可以有两种选择，即行列驱动或面积驱动。

边缘线形驱动井网配置：图18.11是行列驱井网配置的示意图。构造最上部第一排井实际上是空气(空气/水)注入井(燃烧井)，而附近的两到三个井排是生产井，生产井所在的构造部位要低于注入井排。在燃烧前缘通过了距注入井排最近的生产井排后，这个生产井排就会被转为空气(空气/水)注入井，而其后原来的空气注入井排则用于注水或干脆关井。因此，除了最上部的第一个井排之外，其他所有的井都是先用做生产井，然后用做燃烧井。但有一个井排例外，那就是最下部的最后一个井排，这个井排仅被用做生产井。在这个生产系统中，会形成一个空气气顶，而且这个空气气顶会随燃烧前缘顺构造下倾方向推进而逐步变大。图18.17展示了Suplacu de Barcau油田在采用行列驱动方式开展商业性火烧油层采油20年后实际情况的示意图。照例，燃烧前缘尽可能沿着与等深线平行的方向推进。因此，燃烧前缘朝着油-水界面移动(Condrachi和Tabara，1997)。

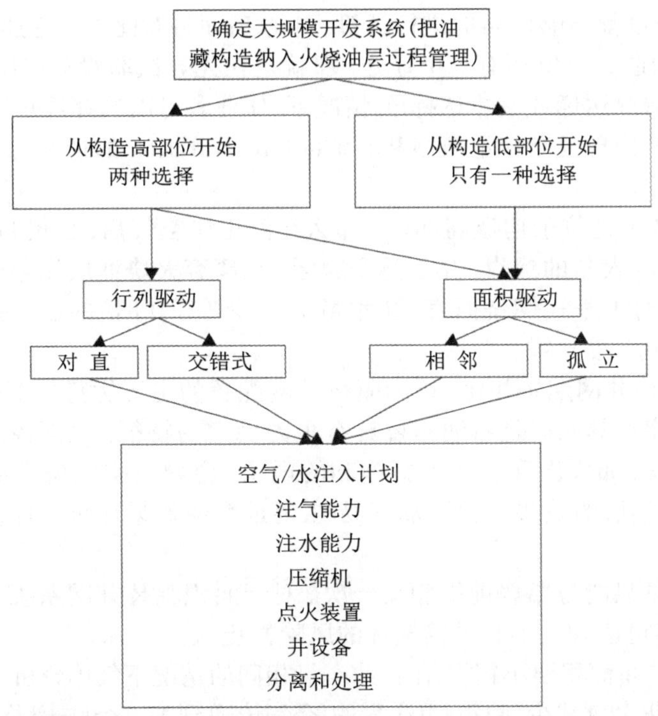

图18.10 火烧油层先导试验向商业性开发拓展时的可选择方案

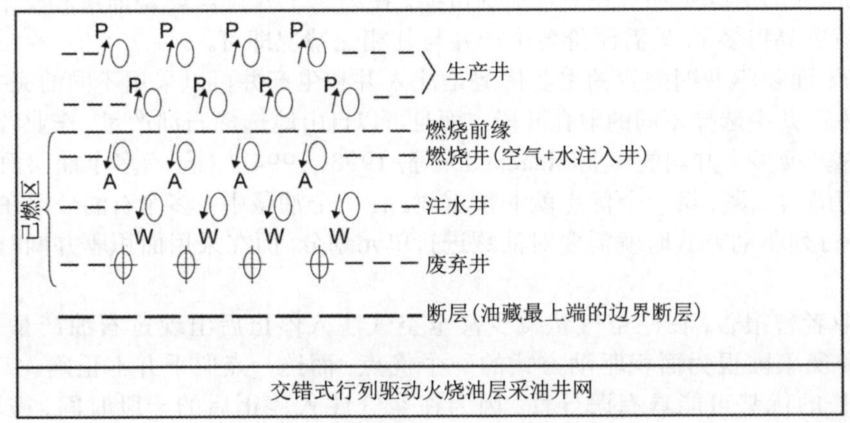

图18.11 一般性的边缘行列驱井网配置

在行列驱动和面积驱井网之间作出选择是设计人员最为重要的工作。图18.10中底部所示的所有设计参数都取决于上述的井网选择。对于行列驱动而言，石油开采量取决于等深线的长度。所以，我们不能采用任何的石油产量数据，这些数据受制于注空气量的上限值；而就总的开发寿命期而言，还存在一定的时间约束。

原则上讲，火烧油层属于注气开发的一种，但其独特之处在于燃烧前缘所生成的热浪向前传播也会对石油生产有贡献。与常规边缘气驱一样，从构造高部位开始驱替是正常做法。实际上，只有在大规模原生气顶存在的情况下，才会考虑在构造高部位以外的地方选定先导试验区的位置。

在构造高部位选定先导试验区的位置后，就很有可能对石油开采量作出更加严格的评价。有一种严格的方法可用于圈定油藏上部受燃烧影响的储层体积，对于这部分储层体积，空气油比和新增石油产量都能够可靠地进行计算。本章后面将对此加以论述。

把井网部署在构造高部位还有一个好处，那就是在先导试验没有得出结论性认识或被视为不经济(尽管燃烧情况达标或基本达标)的情况下，作业者可以选择停止注入空气(空气/水)，放弃这个项目。不应当出现已燃带重新饱和石油(oil resaturation)的情况，或者重新饱和石油的程度应尽可能地低。

如果先导试验区不是位于构造高部位，那么在停止注空气后，已燃带可能会被无意地转变为裂解反应器，形成大量的焦炭。出于这个原因，在废弃火烧油层先导试验时，建议向油藏中注入一定量的水。对于干式燃烧而言，注水量应至少等于0.8倍的已燃孔隙体积，而对于湿式燃烧而言，注水量可以少一些。

总之，与面积驱替井网配置相比，行列驱替井网配置的主要优势如下：充分发挥重力的优势(较高的石油采收率)，其原因是石油驱替具有重力稳定的特征。全面控制，防止出现已燃带重新饱和石油的现象。如果出现石油重新饱和的现象，会导致空气需求量增大，火烧油层的效率就会降低。火烧油层的效果评价更加容易(主要是增油效果评价)。操作更加容易，原因如下：

① 每口生产井都只能与燃烧前缘相交一次。对于面积驱替井网系统而言，燃烧前缘与生产井相交的次数最多可达4次，而且井筒损坏的风险性更大。

② 燃烧气体的分布面积要小得多(在石油产量相同的情况下气体分析工作量减少)。

③ 人工点火作业次数减少，只需把(注入的)空气传递到下一个(与燃烧前缘)相交的新井排即可实现点火。

④ 燃烧前缘的追踪更加容易而且更加可靠。在第一个井排与燃烧前缘相交后，燃烧前缘位置的追踪就容易得多了，只需评价各生产井与其相交情况即可。

另一方面，面积驱井网配置的主要优势是注入井和生产井可以采用不同的完井方式(包括在注入井和生产井中选择不同的射孔井段)，而且可以自由地选择石油产量，作业者可以根据自己的需要同时开展多个井网的作业(Maachedon等，1993；1994)。对于有多个油层而且油层的划分并不十分明确的油藏，第一个优点就非常重要。在一个油藏中有多个石油公司在同时进行采油作业时，在行列驱动方式时就需要对油藏进行单元划分，而在采用面积驱井网时就没有这个必要。

一些作业者曾报告，在注空气量减少甚至空气注入停止后出现过石油产量仍增长的现象。有时这种现象被视为面积驱动方式的一个优点，而这一点似乎并不正确。实际上，这种石油产量增长的优势可能具有误导性，因为在空气注入停止后的一段时间，被驱替带之外的石油流入高温的已燃带，而且石油的裂解产生了大量的焦炭。这种现象的危害要比常规注水开发中把石油驱替进入气顶更为严重。空气需求量和空气-油比的增加就是直接的结果。在Suplacu de Barcua油田第一个火烧油层先导试验已燃区的钻井取心，提供了这种现象存在的证据(Carcoana等，1975)。如图18.17所示，沿着已燃带和未燃带边界上3.5m厚产层段开展的实测结果表明，单位体积焦炭沉积量高达170kg/m^3(而这个油藏正常的单位岩石体积焦炭沉积量只有35kg/m^3)。如此高的焦炭沉积量是注入压力频繁变化和空气注入反复停止的结果。在项目实施的初期，现场操作人员对空气压缩机的操作还不熟练，出现这种情况在所难免。

18.1.2.3 火烧油层先导试验项目的设计与评价(综合法)

要把火烧油层技术投入商业性应用，需要按照以下四个步骤开展工作：室内试验、矿场先导试验设计、矿场先导试验评价和向油田规模的商业性应用扩展。

如前所述，在一个油藏的火烧油层过程的管理中，必须考虑这个构造/油藏(作为一个整体)的几何形态(建筑结构)。对于火烧油层项目的设计人员而言，这一点最为关键，它对项目的整个寿命期都会产生影响，包括火烧油层实施的难易程度及其结果。这就是为什么本节的副标题取名为“综合法”。

矿场先导试验是必需的一个环节吗？答案是在一般情况下如此。更确切地说，开展先导试验是一条规则，而跳过先导试验这个步骤的现象则是相当罕见的。通过先导试验可以说明火烧油层过程是否具有自支撑能力，是否具有增油的能力，在下一步的大规模应用中可能会出现什么样的作业困难等。先导试验的评价完全取决于试验井网所在的构造部位。

对于火烧油层过程的评价而言，最为重要的动态指标是注入空气量与增产油量之比(AOR)和新增石油采收率[增产油量与原始石油地质储量(OOIP)之比]，即IORF。在空气-油比和新增石油采收率的计算中，所采用的增产油量并不一定是同一个数值，其原因是对于面积驱井网而言，邻井的石油产量也会增加。只有在计算空气-油比时，才会考虑邻井的新增产油量。所以，与用于计算新增石油采收率的增产油量相比，用于计算空气-油比的增产油量数字所涉及的油藏面积往往要更大。如果井网位于构造的高部位，那么这些动态指标的计算就会容易得多。即使在地层倾角很小(甚至在3°～4°)的情况下，这一点建议仍是有效的。

考虑到项目前期的投资数额非常大(主要是用于购买压缩机)，建议采用逐步推进的方式开展火烧油层项目。经验表明，在先导试验取得成功的基础上先开展半工业化试验是一个很好的主意。

先导试验区位置的现场实例：火烧油层先导试验的最大难点之一是确定通过火烧油层实现的增产油量。把先导试验部署在构造高部位，可以极大地减少与这个参数评价相关的问题。

下文将介绍3个现场案例，说明与确定先导试验区位置的三种可能方法相关的主要问题。

① Suplacu de Barcau油田(行列驱动)：在Suplacu de Barcau油田开展了先导试验区位置对开发效果影响的最为深入的研究(Carcoana等，1975)。Suplacu de Barcau油藏属于一个单斜构造。在油藏的南面发育一条大的边界断层，而其北面与一个含水层相邻。自南向北油层埋深和厚度都增大。表18.6列出了油藏物性参数。

为了确定火烧油层的最佳起始位置，选取了三个不同的试验井网，它们分别位于构造高部位、中部位和低部位，如图18.12所示。这些井网投入采油的时间都在5年以上。就空气-油比的数值而言，构造高部位先导试验的效果最佳，因为其空气-油比高达8400ft^3(标)/bbl[1500m^3(标)/m^3]，而构造中部位和低部位先导试验的空气-油比都在16800～22800ft^3(标)/bbl[3000～4000m^3(标)/m^3]的范围内。后两者的空气-油比之所以如此高，是因为注入的空气向油田的高部位大量窜流，致使井网所在区域内构造高部位的生产井没有见到增油效果。在运行了5年之后，即使是构造高部位的井网，也仍无法计算新增石油采收率，因而决定利用位于构造高部位的6个相邻的井网开展半工业化火烧油层试验(见图18.13)。

在半工业化试验阶段，形成了计算增产油量的方法(Carcoana等，1975)。对于这个计算方法而言，界定新增石油采收率的计算区域很重要。该方法分为以下几个步骤：找出位于构造最低部位的生产井(开采燃烧气体的井)，过其射孔段的底面画一个水平面，这个平面代表火烧油层受效区(affeacted zone)和未受效区(nonaffected zone)之间的“界面”。针于这个界定的区域，计算当前的新增石油采收率和最终石油开采量。对于内部生产井(受效区内的生产井)，所有的石油产量都被考虑在内；而对于“界面”上的所有生产井，只考虑其产量的一半。这两个数字之和除以“界面”所限定区域内油藏的原始石油地质储量，所得结果就是当前的石油采收率。由于这些井绝大多数都还在产油，通过产量外推就可以计算出最终石油开采量。这些计算每2~3年就要开展一次。第一次计算得出的石油采收率比较保守，为35%，在随后的几年中这个数字进一步增大。

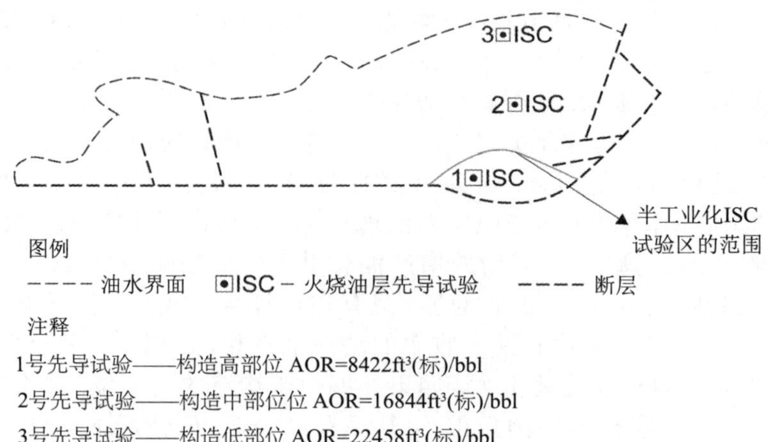

图18.12 Suplacu de Barcau油田的三个不同试验井网的位置：构造高部位、中部位和低部位

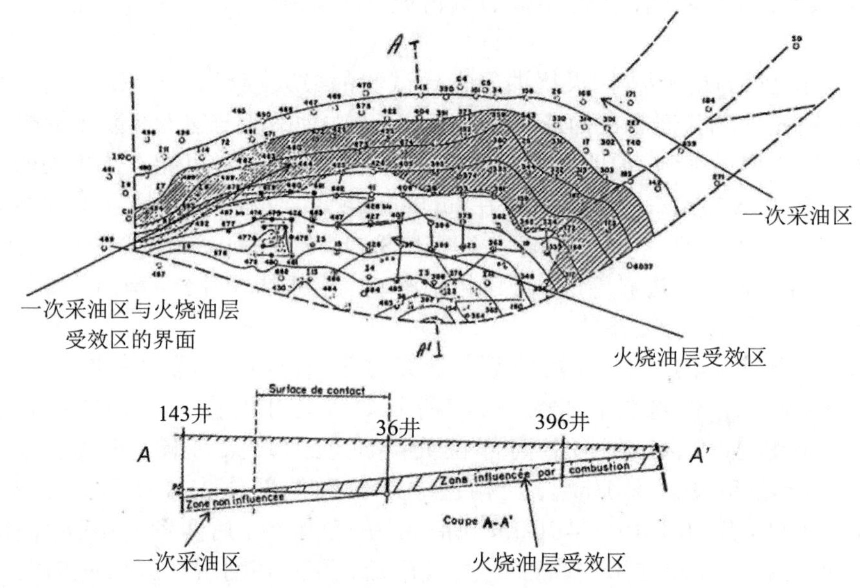

图18.13 截至1975年4月Suplacu de Barcau油田商业性火烧油层开发区

(根据“接触带”划定的火烧油层泄油区)

这里要指出的重要一点是，在采用这个方法时，空气-油比计算和石油采收率计算中的增产油量都是同一个数字。

② West Balaria油田(相邻井网)：先导试验井网位于区块的中部(Petcovici，1982)。但为了能够计算石油采收率，安排了4个反五点法井网，这样它们就可以形成一个封闭的井网(在4口注入井的分布范围之内)，而在这个封闭的区域内只有一口生产井(见图18.14)。新增石油采收率的计算很容易，把这口中心生产井(见图中1605号井)的累计增产油量除以封闭区域内的原始石

油地质储量即可。采用这种方法进行计算存在一定的风险，其唯一的原因是这口生产井有可能在火烧油层过程中被损坏。实际上，随后又增加了两个相邻的井网，形成了第二个封闭井网(区域)。

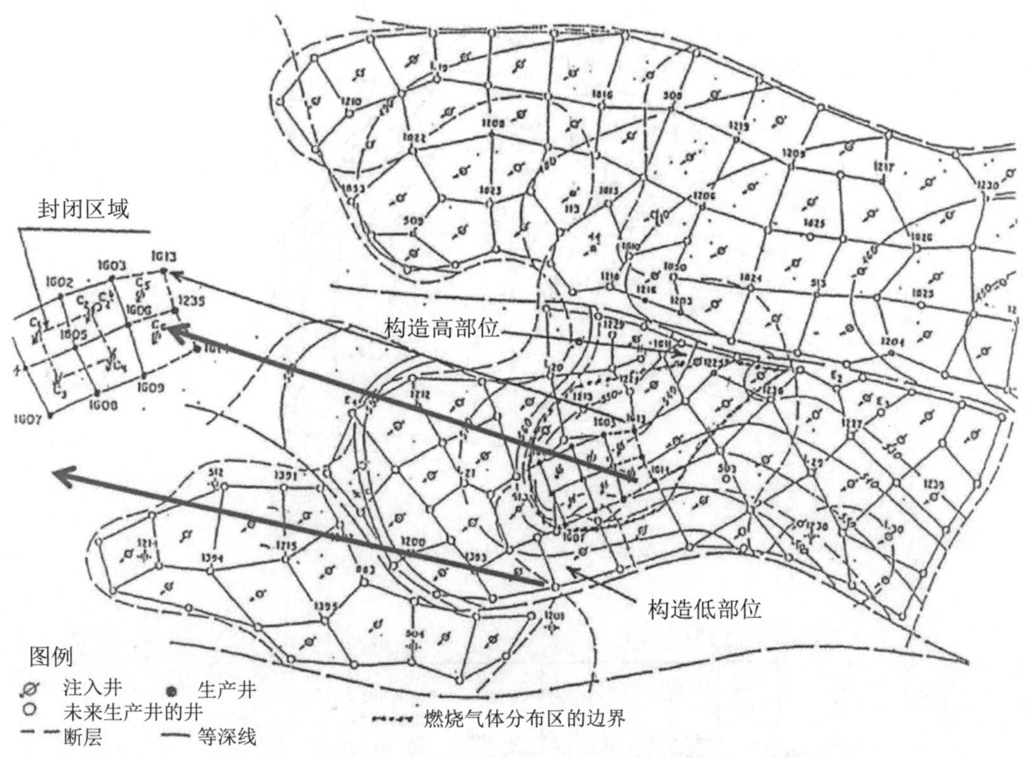

图18.14 Balaria油藏中相邻的6个井网(封闭的泄油区域)

(《Determination of oil recovery potential(石油开采潜力研究)》, Petcovici, 1982)

另一方面，计算空气-油比所采用的增产油量是面积扩大后的区域内的增产油量，而这个区域的面积要大于井网的面积，其原因是很多相邻油井的石油产量也有所提高。这种现象在世界上很多火烧油层先导试验中都曾出现过，Golden Lake Sparky油田和Aberfeldy油田的先导试验就是两个实例(Miller, 1987)。对于这个扩大区域而言，根据额外的石油产量(在一次采油基础上新增的石油产量)是可以计算这个参数的。然而，这个增产油量数字并不能可靠地用于计算石油采收率；人们曾试图这样做，但井网区域和“扩大”区域的采收率计算结果相差很大(Miller和Staniford, 1988)。虽然有时有人称可以把与火驱(fireflood)相关的石油产量劈分给特定的注入井(井网)，但实际上这是不可能的。

③ South Belridge油田(孤立井网)：先导试验区位于构造中部的某个位置上；这个先导试验所采用的井网属于在空间和时间上均没有限制的孤立井网！为什么要这样讲？因为火烧油层的范围远远超出了其5点法井网的边界，而且这个项目从1956年一直持续运行到了1978年，至少历时20多年(Gates和Ramey, 1958；Gates等, 1978)。这个先导试验配备的测量仪器很全，评价也很充分，提供了很重要的信息，而且相关的文献报道也很多。首先，这是一个很明显的有限垂向燃烧工艺过程(segregated ISC process)的实例。由图18.15可以很容易地理解这一点，该图中显示了项目运行3年之后已燃烧油层的厚度，以及倾斜的燃烧前缘沿纵向向下推移的情况。已燃带局限于油层的顶部，而且燃烧前缘优先向构造高部位移动的趋势很明显；在短短的3年时间内，燃烧前缘等值线所圈定区域的面积已扩大为原始井网面积的3倍；后来甚至进一

步扩大。很显然，在这个案例中，根本无法计算由火烧油层实现的增产油量，因为无法准确地计算供参考的原始石油地质储量。

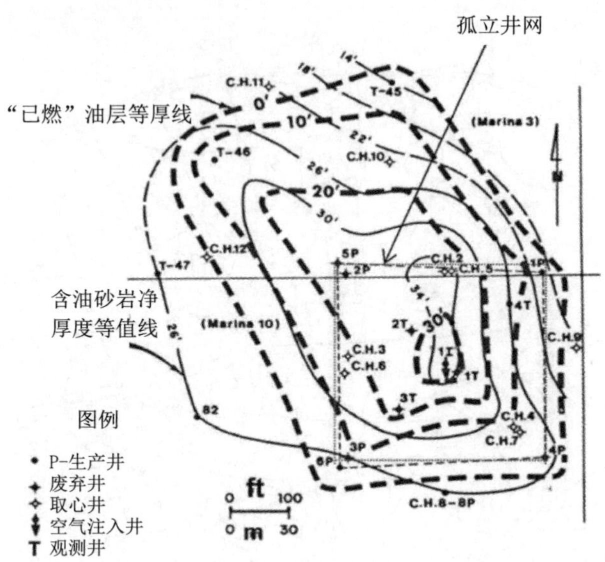

(a) 截至1959年11月的已燃油层厚度

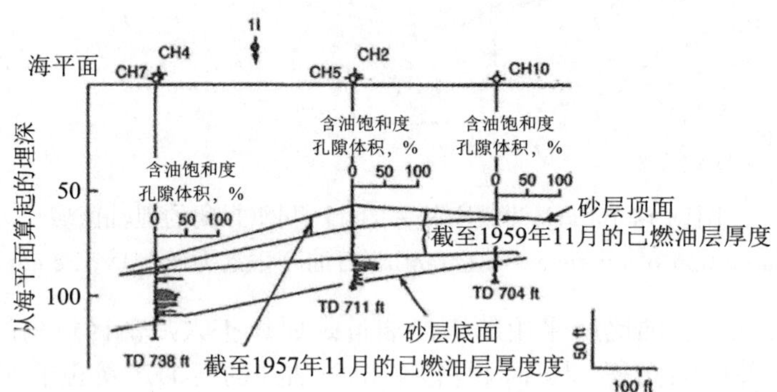

(b) 显示已燃油层体积增长情况的横剖面，图中给出了垂向厚度值(见图下方的表)

取心井(CH)	砂层厚度/m	已燃油层厚度/m	
		1957年11月	1959年11月
CH2和CH5	11	3.4	7.9
CH3和CH6	9.4	2.7	4.3
CH4和CH7	8.8	0.9	2.1
CH10	7.0	-	5.5

图18.15 South Belridge火烧油层项目——未封闭的孤立井网(Gates等，1978)

由本节所讲述的内容可以看出，如果不把先导试验区的位置选定在构造顶部或非常接近构造的顶部，在整个寿命期内都会对项目的实施效果产生不利影响；而且随后所采取的任何改正措施一般都很难取得成功！

④ 生产动态预测方法和数学模拟：主要的预测方法都是针对面积驱动模式下的干式燃烧而建立的，而且只能用于"面积驱动"模式下的火烧油层采油项目。最重要的方法包括以下几个：Nelson和McNiel(1961)；Brigham等(1980)；Gates和Ramey(1980)。

Nelson和NcNiel法是最早提出的一种方法，而且至今仍是最为完整而且最为可靠的方法。它既可以建立空气注入剖面，又可以估算空气注入压力、石油开采量和空气-油比。Brigham、Satman和Soliman法属于经验方法，是根据美国部分先导试验项目的生产动态建立的，而Gates和Ramey法则是根据South Belridge先导试验项目的生产动态建立的。

这些方法都没有综合运用任何的数学模拟结果(包括数值模型和解析模型)。根据其描述热特征或驱替特征的能力或者同时描述这两种特征的能力，可以划分出两种类型的解析模型：热传递模型(HTM)和热传递和驱替模型(完整的模拟)。

第二种模型主要用于室内试验的模拟，而第一种模型可用于矿场试验模拟，而且往往假设存在一个纵向移动的燃烧前缘；在这种情况下，只测定温度分布，包括油层和相邻地层的温度分布；流体饱和度不属于需要测定的参数，其原因是热特征与水动力特征是完全分开的。

在径向扩展的宽度无限小的纵向燃烧前缘分析方面最为全面的热传递模型，当属Chu模型和Thomas模型，这两个模型都是在1963年建立的。Chu模型是针对薄砂岩层而建立的，而Thomas模型则假设已燃层位于厚油层中部的某个地方。有关Thomas模型的详细描述可参阅参考文献(Thomas，1963)。这两个模型都不适用于有限垂向燃烧(上窜的燃烧前缘)。

在以燃烧前缘位置函数的形式给出温度的情况下(不同水平面的径向剖面以及不同径向距离和等温线的纵向剖面)，由Chu模型得出的典型结果显示在图18.16中。

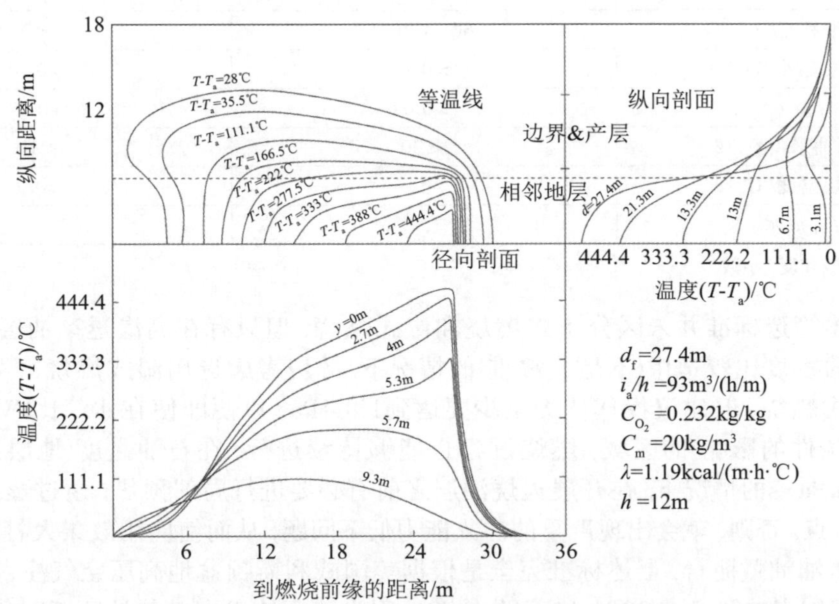

图18.16 干式燃烧的典型等温线和径向/纵向温度剖面(Chu，1963)

由这些剖面我们可以很容易地看出，所产生的热量大部分都保留在了燃烧前缘的后面。由这个模型可以发现，火烧油层过程具有非常好的时间稳定性。在经历了几个月的高强度火烧油层之后，即使燃烧过程中断几周，也不存在火烧油层过程无法继续的任何风险。这一发现得到了火烧油层矿场试验的证实，燃烧过程可以被中断长达8天时间(Turta，2012)。

然而，在很多矿场应用项目中，燃烧都具有有限垂向燃烧的性质。在这种情况下，可以考虑采用其他解析模型，例如Gottfried模型(1965)、Prats等模型(1968)和Khelil模型(1969)。

18.2 矿场应用

18.2.1 筛选标准

在矿场应用阶段，就需要考虑油藏筛选问题，下面分别就重油和非常轻质的深层油藏的筛选标准进行论述。之所以这样做是因为截至目前火烧油层技术还没有在石油黏度介于2~60mPa·s之间的油藏中开展过商业性应用。对于重油油藏和非常轻的轻质油藏，由于其一次采油的采收率都较低，而且火烧油层技术的应用难度较低，因而促进了该项技术的应用。低难度表现在以下两个方面：

① 应用于重油油藏时对压力的要求比较低，而在应用于深层轻质油藏时，可以通过跳过点火操作步骤简化应用程序。

② 在重油油藏中腐蚀强度低，而在深层轻质油藏中氧气总消耗量较少，因而都可以减少操作问题。

表18.1列出了具体的油藏筛选标准。

表18.1 火烧油层适用油藏的筛选标准

标 准	重油油藏	极轻的轻质油藏
裂 缝	无	无
气 顶	无	无
产层净厚度/m	>3	>3
渗透率/mD	>100	>5
石油传导率/[(mD·m)/(mPa·s)]	16	
石油黏度/cP	60~10000	<2
孔隙度(小数)	>0.18	>0.10
石油含量(φS_o[①])	>0.07	>0.07
当前石油采收率，%	<20	<10
地层温度/℃		>90
存在底水	否	

① 含油饱和度，小数。

虽然上述筛选标准并未区分干式燃烧和湿式燃烧，但只有在高渗透率油层相对较薄而且所含石油的重度比较适中(不是非常重)的情况下，才应考虑选用湿式燃烧；尽管这里只考虑中度的湿式燃烧，但建议操作压力至少要达到1.8MPa，以便即使在水气比(WAR)过高(因受一些局部条件的影响)的区域，燃烧过程也能够持续进行。在石油黏度(地层条件下)高于1000~1500mPa·s的情况下，在开展火烧油层之前有必要进行局部预热；通过蒸汽吞吐(CSS)可以实现这一点。否则，就会出现严重的注入能力低下问题，从而使应用效果大打折扣。

对于轻质油油藏而言，上述标准完全是根据美国威利斯顿盆地高压空气注入(HPAI)技术商业应用项目制定的(Turta，2001，有部分修改)，因为该项技术在其他地区不同条件下的应用都没有取得大的成功。

实际上，需要指出的重要一点是，对于这两类油藏而言(重油和非常轻的轻质油油藏)，还没有证据证实火烧油层技术可以作为水驱后商业性三次采油的提高采收率方法。商业性和半商业性的火烧油层应用都曾在重油油藏[例如罗马尼亚的Videle油田(Machedon等，1993)]和非常轻的轻质油油藏[例如美国的Madison油田(Erickson等，1993)]中开展过，但经济效果都很一般，空气-油比在3000~6000m^3(标)/m^{3}之间。此外，火烧油层技术在油砂开发中的商业性应用也还没有得到证实。

18.2.2 火烧油层先导试验/项目的监测与评价

有关火烧油层项目，人们最常问的问题是燃烧前缘的位置在什么地方，以及在地层温度升至一个很高的数值而可能导致生产井损坏之前，根据流体性质的变化或通过其他方式能否可以判断燃烧前缘是否已经到达特定的生产井。遗憾的是，由于只有一些不完全的响应，因而矿场作业的正确分析高度依赖常规项目数据的工程分析和以往火烧油层项目的经验，而后者非常重要。本节将介绍一些响应特征，而火烧油层项目中所采用的仪器设备、采出流体的处理方法以及安全措施等都不属于本章(本书)讨论的内容。有关这些问题的详细论述请参阅Whilte和Moss(1983)编写的教科书。

在火烧油层先导试验开始之前，有必要先开展注气能力试验。注气试验很容易，而且试验结果的解释也不难；作业时间一般很短，而且便携式压缩机就可以满足作业要求。通过注入试验，作业者可以获取井沟通情况、气体定向流动、空气渗透率以及预期的注入压力等方面的信息。在以面积驱替的方式开展注入能力试验时，一般情况下至少有一半的生产井可以实现沟通；否则，先导试验取得成功的几率就不会太大。

点火是一个关键的步骤，它对于项目的成功至关重要。实际上，出于有意或无意的原因，很多火烧油层先导试验项目都是因为点火操作不当而失败的。在火烧油层技术发展的初期阶段(大致是20世纪六七十年代)，采用人工点火装置进行点火作业的部分项目就是如此，但后来人工点火装置得到了极大的改进，一般来说都可以干脆利落地完成点火作业。但是，在后来采用自燃点火法、化学点火法和基于蒸汽的点火法时，这个问题依旧存在。在采用后几种点火方法时，点火时间可能更长，而且点火延迟的估算可能也更困难；在一些情况下，作业者实际上无法准确地判断燃烧前缘是否已经形成，而有时在累计注入了大量的空气后，最终却发现他们只是完成了简单的注空气作业，而燃烧前缘并没有起到改善石油流动性的作用。换句话说，火烧油层的增油效果只有在火烧前缘(具有很高的峰值温度)形成后才能显现。在这样的情况下，应当根据视氢-碳(H/C)原子比的变化对点火作业进行评价，而视氢-碳原子比是通过全面分析燃烧气体而得出的。

燃烧效率(E_B)专门指参与燃烧前缘高温氧化(HTO)反应的氧气所占百分比，而且一般是在采出气体组分达到稳定(稳态)后通过采出气体组分分析而获取的。燃烧效率不同于氧气利用效率(E_{O_2})，后者是采用下列方程式计算的：

$$E_{O_2}=(O_{2inj}-O_{2prod})/O_{2inj}$$

式中：O_{2inj}和O_{2prod}分别代表累积注入和累积采出的氧气量，m^3(标)或ft^3(标)。

在常规火烧油层项目燃烧效率评价中，E_{O_2}参数毫无异议地得到了采用，但对于某些类型的火烧油层项目而言，它并不能正确地反映燃烧效率。换句话说，燃烧效率可能不再等同于氧气利用效率。有人提出采用更加综合性的方法(White和Moss，1983)，把低温氧化反应所消耗的氧气也考虑在内。这种方法计算燃烧效率(E_B)的方程式如下：

$$E_B=E_{O_2}\times F_B$$

这里，F_B代表高温氧化带中油层反应所消耗的空气分数(参与燃烧过程的空气分数)。

$$F_B=1-[(m+1)(H/C)-(H/C)_{CT}]]/[2+4m+H/C(m+1)]$$

式中：m是CO_2/CO比；H/C是现场(稳定条件下)的视H/C原子比；$(H/C)_{CT}$是在采用特定的储集岩和石油开展的室内CT试验中(稳定条件下)的视H/C原子比。

与之类似，在低温氧化反应中被消耗掉的空气分数，即参与低温氧化反应的空气分数(F_{LTO})的表达式为：

$$F_{LTO}=(1-F_B)$$

经验表明，对于燃烧非常强烈的火烧油层项目而言，我们可以只采用老的E_{O_2}参数，但在燃烧效率存在问题时，或者低温氧化反应过多时，则一定要采用参数E_B。

在一般情况下，燃烧前缘到达生产井与气体组分的变化[例如燃烧气体中不饱和(成分)增多]并没有必然联系。只有在井底温度明显升高(增幅至少为50～60℃)而且采出气体中的氧含量大幅增大(大于几个百分点)时，才会认为生产井与燃烧前缘相交。对于埋深很大的油藏而言，只有井底温度数据是有用的，而地面温度可能没有任何意义。只有在项目实施过程的后半段，水和石油的常规分析才会发挥比较重要的作用；有时水的pH值会出现一定的变化(Chattopadhyay等，2002，2003，2004)。

按照面积驱动模式以及按照行列驱动模式开展的火烧油层项目，其燃烧前缘的定位/追踪方法是不同的。在面积驱动模式下，通常很难确定燃烧前缘在井网内的位置，而在行列驱动模式下，一般是通过寻找“与燃烧前缘相交的生产井”来确定燃烧前缘的位置。对于孤立的火烧油层井网而言，可以采用以下方法确定燃烧前缘的位置:

① 基于常规分析(气体分析和井底温度分析)；

② 注入井返排；

③ 压力恢复分析；

④ 地震方法。

所有这些方法都可以应用于相邻井网(contiguous patterns)，但其结果的可靠性要稍低一些。注入井的返排是基于已燃带气体体积的计算结果，但并不建议采用这种方法，因为有爆炸的风险。压力恢复分析法实际上是一种压降测试，它分析的是停止注入空气期间的压降剖面；在燃烧面(ISC surface)接近燃烧前缘(frontal front)(准垂直)、在地层比较薄和/或石油黏度不太大等情况下，这种方法可以得出很好的结果；它还可以给出已燃带渗透率的估算值。更详细的内容请参阅相关的参考文献(White和Moss，1983)。

在行列驱动项目中，例如大规模的商业性火烧油层项目，基于常规分析(气体分析和井底温度分析)的计算方法比较简单而且更加可靠。下文将在图18.27中展示Suplacu de Barcau项目的燃烧前缘等值线。地震方法在面积驱动和行列驱动模式下都可以应用；与湿式燃烧相比，其应用于干式燃烧时的结果更加可靠。

一旦确定了燃烧前缘的大致位置，就可以考虑采取措施来修正燃烧前缘的推进方向，具体措施如下:

① 对于端点外的(offending)生产井(例如气窜严重的生产井)，减少采气量(安装节流阀)和/或采油量(包括关井)是有效的措施，但只能在一定程度上发挥作用。

② 对于石油黏度大于2000mPa·s的油藏，通过高强度的蒸汽吞吐或周期性的火烧油层(CISC)对生产井周围的地层进行预热，有时能成功地建立生产井与主要燃烧前缘的联系。

③ 通过反向燃烧引导燃烧前缘的措施有时可以发挥作用，但这种措施只能在低温油藏中应用。

由于上述方法都只是在部分情况下有效，因而要强调注入能力试验及其对定向沟通的指示作用；只有在很多方向上都有足够好沟通的情况下，才能开始先导试验；预防性措施要比补救措施更重要。

最后，已燃带的几何形态(geometrical conformance)的确定是基于在项目执行过程中收集的全部信息。此外，在项目结束时从已燃带内所钻取心井获取的信息也非常有用。不仅所获取岩心的分析结果很重要，而且中子测井和感应测井也很有价值，它们能指示一般靠近油层顶部的已燃层段的厚度。

确定取心井的井位时一定要特别关注细节。取心井对于确定波及系数(process-conformance factor)的重力分异特征很重要。此外还可以附带确定已燃的油层体积或单位岩石体积(m^3)的燃料沉积量。图18.17显示了Suplacu de Barcau油田取心井K2和K3的结果；有时，已燃带和未燃带之间焦炭带的厚度可能会很大(在K3井中厚达2.5m)。

火烧油层试验评价所面临的最大挑战是如何评价空气-油比和火烧油层增产油量(封闭和未封闭试验区)。火烧油层增产油量是最为困难的一项评价内容，很多先导试验项目没有转入商业性运行的原因都是增产油量评价结果的可靠性太低。前文已经介绍了增产油量评价的实例，包括行列驱动试验、相邻多井网面积驱动(contiguous pattern)试验和孤立井网面积驱动(isolated patterns)试验。

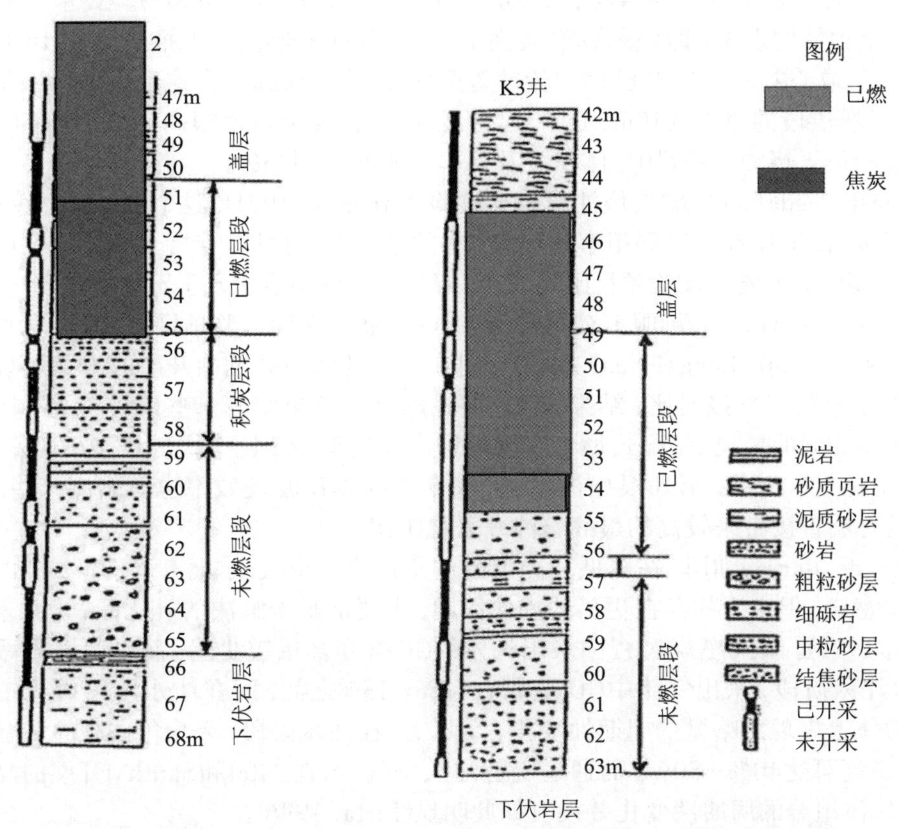

过Suplacu de Barcau油田第一个火烧油层先导试验区内取心井K2和K3的横剖面

图18.17 Suplacu de Barcau油田火烧油层试验区内取心井K2和K3中的已燃油层厚度

18.2.3 火烧油层先导试验

18.2.3.1 来自监测最为密切的常规火烧油层先导试验的信息

本节分析的重点不仅是监测最为密切的先导试验(most instrumented pilot)，还包括技术文献中有详细说明的先导试验。

18.2.3.1.1 重油油藏

① 干式燃烧：绝大多数信息来自这种类型的先导试验。下面我们将对几个先导试验进行分析，这些先导试验至少有两口取心井，而且还有一两口观察井，用于获取有关所记录最高温度的直接信息和/或有关波及系数/体积波及效率的信息。

对于Suplacu de Barcau油田有限垂向燃烧项目(见表18.6和表18.7)，在生产井中油层顶部记录到的最高温度是620℃。Bayou State石油公司(BSOC)在Bellevue开展的项目证实了这一点。取心井有时揭示的结焦层段(coke band)很厚(在Suplacu油田K3井中为2.5m厚，参阅前一节的描述)。然而，在油层厚度较小且较为致密的Balaria项目中(见表18.4)，在已燃带内所钻的两口取心井并未发现结焦层段。似乎还有其他一些项目也未发现结焦层段。结焦层段的存在可能指示垂向有限燃烧，而垂向有限燃烧似乎在后两个案例中并未发生。但人们对此还没有一个十分清楚的认识。

在美国堪萨斯州东南部的先导试验中也记录到了最高温度(649℃)(Emery, 1962)，但这个项目是在薄油层(3m)中开展的，所含石油属于偏中质的原油(70cP)，试验中氧气的利用率只有80%。在这个项目中，在已燃带所钻的多口取心井揭示了纵向波及系数大约为80%。

另外一个经典的垂向有限燃烧项目是South Belridge(Gates等, 1978)。在这个项目中，取心井揭示了一个独特的现象，即倾斜的燃烧面(ISC surface)沿倾向向下推进(见图18.15)；在图18.15中还显示了取心井的位置及已燃层段的等厚线(地层的顶部)。在这个孤立面积驱井网的注入井周围，已燃层段的厚度为10m。这个项目报告的体积波及效率很高，为25%～50%。在其他所有的重油油藏火烧油层项目中，体积波及效率一般都不到25%。

最后是North Tisdale油田的火烧油层先导试验(Martin等, 1971)，这个油田发育底水，观测井和取心井都显示，即使在氧气利用率只有约72%的情况下，也可以维持火烧油层过程的连续进行。从技术上讲，这个先导试验项目比较成功，但从经济的角度讲几乎不成功。

② 湿式燃烧：Getty和Cities服务公司在Bellevue开展的先导试验项目给出了最为可靠的信息(Joseph和Pusch, 1980；Long和Nuar, 1982)。对在相邻的两组井网中开展的干式燃烧和湿式燃烧的试验结果进行了直接对比，结果发现，湿式燃烧的效果略好一些(Burger等, 1985)。在累积空气注入量相同的情况下，湿式燃烧实现的增产油量至少要比干式燃烧多出10%～25%，因而其空气-油比更低一些。另外根据推断，湿式燃烧的体积波及效率也要略高一些，但至今仍未证实这是否会直接带来较高的最终石油开采量(UOR)。

在Suplacu de Barcau油田，在较低压力下通过交替注入空气-水而开展的湿式燃烧，其效果要好于干式燃烧；但由于其存在更多的操作问题，主要是难于解决的乳化问题，并未被作业者采用(Turta, 1977)。湿式燃烧过程中采出气体的CO组分含量较少，因而对环境的污染程度较轻。在空气注入阶段，采出气体中CO_2含量在12%～15%之间，而在注水阶段缓慢上升到了18%～24%，总体上表现出略微的周期性变化。实际上，在注水阶段，采出气体中的气态烃含量也明显增多，最高可达40%～50%。而通过交替注入空气-水在Balol和Santhal开展的高压湿式燃烧试验中，气体组分的周期性变化并没有如此明显(Turta, 1996)。

18.2.3.1.2 轻质油油藏

由美国威利斯顿盆地(Williston Basin)火烧油层先导试验可以获取的信息一般很少，因为这里的先导试验大都没有进行任何的仪器监测，开展先导试验的主要目的是开采石油，而且仅仅根据先导试验生产动态的好坏来决定是否开展矿场规模的应用。

美国内布拉斯加(Nebraska)Sloss轻质油(0.8cP)油藏半商业性的火烧油层三次采油项目给出了最有用的信息。这个项目的油层为薄砂岩层(5m)，温度很高(93℃)，而且含油饱和度因前期水驱开发比较彻底而极低(大约30%)。同时注入空气-水，水-空气比平均为5.6L/m^3(标)[瞬时水-空气比可高达145.6L/m^3(标)]。在试验结束后钻了5口取心井，结果表明已燃层段位于油层的顶部，而且非直接测量(根据矿物变化推导)的最高温度至少为510℃。

从美国特拉华州Childers、Fry、MayLibby和Delhi油田的火烧油层先导试验中还可以获得更多的信息(Barnes, 1965；Bleakley, 1971；Grant和Szasz, 1954；Hardy等, 1970)。最重要的结论是，纵向波及系数很高，接近100%；因此一旦与燃烧前缘相交，生产井一般就要被废弃。

18.2.3.2 地层条件下具有一定流度的超重质油油藏火烧油层试验：PC-ISC(Morgan油田)

这次试验是由阿莫科公司于1985～1992年间在加拿大艾伯塔省Lloydminster地区Morgan油田开展的(Margerrison和Fassihi, 1994)。

储层是疏松砂岩，孔隙度和渗透率都很高，埋深为600m。在21℃的地层温度下，石油黏度为6800mPa · s。产层净厚度为10m，而且砂岩的均质性比较好。该油藏于1980年投产，出砂量比较多(1000m^3/a)，说明采用的是稠油出砂冷采技术，而且储层发育蠕虫状气孔。存在原油起泡机理，其明显的证据是石油在地面的起泡性很强，而且在一些注入试验中，井间沟通的速度很快。

在相邻的9个反7点法井网中开展了火烧油层试验，这9个井网占据了面积1mile^{2}的整个区块。最初在1981~1985年间，通过蒸汽吞吐对这些生产井进行了高强度的增产处理，单井平均5个周期。蒸汽-油比(SOR)逐渐从1m^3/m^{3}增加到了4m^3/m^3。最初，在蒸汽吞吐作业中采用的是纯蒸汽。但后来开展了空气和蒸汽混注，而且这样做的效果(就SOR而言)更好一些。

采用长(空气)注入周期和无空气注入周期(平均的注入/无注入周期为1.5年)开展了干式燃烧。在1985~1992年间，总共开展了5个周期的此类火烧油层试验；生产井都开井生产，但在空气注入阶段也有个别生产井因产气量太高而被关闭，这导致空气注入阶段的注入压力在2.8~7MPa之间变化。几乎没有燃烧气体组分方面的详细信息，但氧气利用率为100%(Jensen, 1990a, b)。

大体上讲，这次试验的生产动态比较好，石油产量为5~20m^3/d，单井累计石油总产量为5000~29000m^3，空气-油比为355m^3/m^3。截至1992年，石油采收率达到了原始石油地质储量的23%。这个项目停止运行的原因不明。

这个项目最为重要的特征是开采出了改质后的石油。在21口(开展了密度测量)的生产井中，只有3口或4口井没有产出改质后的石油。石油改质的程度实际上具有周期性，与空气-水的注入周期一致(Jensen, 1990a, b)，在不注空气阶段的中期，石油改质的程度最高。改质程度平均是10API度，从12API度提高到22API度。

18.2.3.3 油砂火烧油层试验(正向燃烧和反向燃烧)

对于油砂而言，正向燃烧和反向燃烧试验都曾开展过；有4次试验采用了正向燃烧技术，而有2次试验采用了反向燃烧技术。

18.2.3.3.1 正向燃烧技术的特殊应用

湿式燃烧和干式燃烧技术都得到了应用，但大多数试验采用的都是中等湿式燃烧技术，压裂作业或注入压力的明显震荡变化/脉冲使油砂层具有一定的注入能力。所有这些先导试验的主要数据都在表18.2中列出。

① 格雷瓜尔湖(Gregoire Lake)，阿萨巴斯卡(Athabasca)：阿莫科公司在McMurray市以南的格雷瓜尔湖地区阿萨巴斯卡油砂矿开展了非常全面的火烧油层试验，试验历时13年(1958~1971年)。这次试验分6期实施，各期的复杂性逐步提高(Giguerre, 1977)。在地层条件下沥青完全不可动。

最初在1958年和1959年(1期和2期)，选取了一个井距为33m的井组(1口注入井和1口生产井)开展试验。首先在生产井中点火，而且反向燃烧维持了有限的时间。随后开展了直接的正向燃烧。石油产量达到了4t/d，而石油总产量是70t。在这个案例中，由于采用了比较低的空气流量，因而无需进行压裂作业。

在试验3期(1960~1961年)，试验井组部署在了沥青饱和度很高的区域内，而且井间距扩大到了80m。在压裂作业之后注入了空气。在试验4期(1963~1965年)，选取了多口井开展了湿式燃烧试验，各生产井周围的地层温度都一直维持在93℃以上，所采取的手段可能是蒸汽吞吐。这次试验的最高石油产量是21t/d。但本次试验的其他详细信息未知。

试验5期(1966~1968年)最为重要，在面积只有0.4hm^{2}的极小反五点法井网中开展了湿式燃烧试验，利用观测井监测试验过程。在高于破裂压力的压力条件下注入空气。最为重要的事件是：通过对射孔井段开展长达7个月的加热，使点火方法适应这种裂缝性岩石。在这个加热阶段结束时，发现部分生产井的温度升高。在这个长时间的预热阶段之后，对油藏进行了为期4个月的降压(泄压)处理。然后连续开展了6个月的湿式燃烧。观察发现采出的石油被改质，其黏度下降到只有原始沥青黏度的1%，而石油的API重度从8API度增加到了10~14API度。在本次试验中，采出的石油量大致相当于这个井网原始石油地质储量的50%。

表18.2 在油砂矿中开展的意义最为重大的火烧油层先导试验项目的主要数据[①]

油田/地区/公司	开展试验的时间	燃烧类型：干式(D)、湿式(W)或反向燃烧(R)	预热类型：CSS或无预热(N)	沟通类型：压裂(F)、水平裂缝(HF)、垂直裂缝(VF)、注气(GI)	净厚度/m	埋深/m	地层温度 T_R/℃	渗透率/mD	石油黏度/cP	注入井/生产井	注入压力/MPa	空气-油比/(m^3/m^3)(标)	石油采收率，%	观测
格雷瓜尔湖/阿萨巴斯卡/阿莫科和Aostra	1958~1971年(6期)	R	空气			?	15? ?	高	>1000000	1	1		50	高度未封闭(气体损失量93%)
		W带PC	CSS	F						1	4			VIU(8-12API)
玛格丽特湖/阿伯塔/BP	1977~1988年(2期)	带PC的W[③]	CSS	VF	23(3层)	450	15	向上变大	100000($T_{R/8}$)	1	2	2000	20	T_{peak}=600℃
			CSS	VF						4	9	?	≥60	T_{peak}=600℃明显的上窜
沃巴斯卡/Jolie Fou/沃巴斯卡Ca	1981~1983年	W	CSS	F		360	22		40000~100000		≤10.3		2.7	高度未封闭(空气损失量83%)氧气过早突破
Kyrock/肯塔基州/美国[②]	1959~1960年	D		HF(作业后证实)	30	90? ?	13	2000	100000(T_R)	1/4	低	7500	54	高度未封闭(36%的空气损失)；VIU(10~14API度)
Bellamy油田/蒙大拿州/美国[⑤]	1955~1958年	R		Al(2周)	2~4	20	13	800	500000	15/8	0.35	7400	67	T_{peak}=454~871℃；VIU(10~26API度)
N Asphalt Ridge/犹他州/美国[⑤]/LETC	1977~1978年	首先是R，然后是D		Al(多天)	4~6	107	11	85[④]	>1000000	6/3	2.5~3.5	25000	25	高度未封闭(50%的空气损失)；T_{peak}=400~1100℃ VIU(14~20API度)；不一致

① CSS代表蒸汽吞吐；PC代表压力循环；VIU代表非常强烈的改质；MU表示最大程度改质。

② 世界上监测最为密切的试验(观测井、取心井、压裂井及其他辅助观测井的总数为35口)；油藏与一个露头沟通。

③ 中等程度的湿式燃烧，交替注入空气-水，周期很长(注空气1~3月和注水0.5~1个月)。

④ 对于饱含石油的岩心。

⑤ 行列驱动(两排生产井中夹一排生产井)：井间距很小(Bellamy试验的井间距为2~5m；N Asphalt Ridge试验的为7~20m)；试验历时很短，分别为9天和180天。

试验6期(1969～1971年)是在面积为4hm^{2}的9点法井网中开展的，通过部分观测井对试验进行了监测。由于井网面积较大，试验结果并不令人满意。

根据在1958～1971年间通过试验获取的认识，阿莫科公司下一步准备利用小面积井网(面积1hm^2)开展湿式燃烧试验，试验分为以下几个阶段：强制性正向燃烧(在高于破裂压力的压力条件下注入空气)、泄压(不注入空气，只开采石油)、湿式燃烧驱替阶段、泄压(不注入空气，只开采石油)等。

实际上，1976年阿莫科公司曾与AOSTRA达成协议，准备在总面积为1hm^{2}的9个相邻井网中对这项技术开展大规模的试验。但由于出现了套管损坏问题，这次试验提前结束。鉴于这次先导试验的规模大幅度减小，也就无法对该过程的石油产量和总体效率进行评价了(Marchesin，1982)。

② 加拿大玛格丽特湖(Marguerite Lake)项目：1979～1988年间在加拿大艾伯塔省沃尔夫湖(Wolf Lake)地区玛格丽特湖油田开展了最为全面的火烧油层试验(Hallam和Donelly，1988)。

储层为极细粒到细粒砂岩，细分为三个小层，从上到下依次为C1、C2和C3，砂岩粒度总体上呈向上变粗的趋势。储层净厚度为23m。在15℃的储层温度下，石油黏度为100000mPa·s(见表18.2)。

在从1979～1982年的第一阶段，首先通过蒸汽吞吐对井网(由井距为100m的两口生产井和位于这两口井中点的一口注入井构成)进行了处理；在蒸汽注入过程中地层破裂。接着进行中等程度的湿式燃烧。在第一次试验中(北区，3口井)，开采石油3700m^3，这个数字大约是原始石油地质储量的20%，空气-油比为1400～2000m^3(标)/m^3。单井石油产量为1～3.5m^3/d。鉴于这个井网并未封闭，这个20%的石油采收率数字应谨慎对待。在观测井中记录到了峰值温度600℃。

在第二阶段(1983～1985年)，在面积为4hm^{2}的4个相邻反5点法井网中开展了中等湿式燃烧的扩大试验，这些井网近邻第一阶段的试验区。所有的井都先通过蒸汽吞吐进行处理，但并不知道蒸汽吞吐周期的时长和个数。蒸汽注入是在高于地层破裂压力的注入压力下开展的。这次试验的最高石油产量是21t/d。我们没有得到其他方面的详细数据。在主力试验区开始进行湿式燃烧试验之前，形成了一些连通通道和加热带(Hallam，1991)。

在第三阶段(1987～1988年)，在相同的4个相邻反5点法井网中开展了有氧中等湿式燃烧试验。所采用的工艺过程非常类似于阿莫科公司格雷瓜尔湖项目中的工艺过程。作者认为，在蒸汽吞吐过程中形成了纵向裂缝(Hallam和Donelly，1988；Mehra，1991)。

以水气交替注入的方式开展了中等湿式燃烧试验，空气和水的注入周期很长，例如空气注入周期为1～3个月，水注入周期为0.5～1个月。水-空气比大致为2～2.7L/m^3。在空气注入阶段，观测井显示的最高温度为980℃，在注水阶段降至200℃。温度剖面显示出了明显的上窜现象，蒸汽吞吐和火烧油层都是如此。燃烧前缘始于C3小层，后向上推进到了C2小层。

本次试验的主要缺点是试验区内的生产动态明显变差(Mehra，1991)，这与火烧油层过程的受控程度很低有直接关系。

③ 加拿大沃巴斯卡Joli Fou项目：这个油藏中赋存有沥青资源，在地层温度条件下的黏度为4×10^4～10×10^4mPa·s(见表18.2)。

1981年开始在面积为8hm^{2}的大规模反7点法井网中开展湿式燃烧试验，部署了一口观测井(Alderman等，1983)。同时注入空气和水，并通过蒸汽吞吐对油藏进行了预热，预热强度不是很大而且也不是很有效。蒸汽吞吐过程中的注入压力为10.3MPa，接近地层的破裂压力，据信地层被压裂。

可能是因为地层破裂的原因，出现了氧气突破现象，试验只好提前2年结束。此外，只有

15%的注入空气被回采，说明注入空气的损失量很大。该井网未封闭是一个严重的问题。

④ 美国肯塔基州KYROCK项目：该油藏与一个露头沟通。地层温度条件下的石油黏度为10×10^4mPa·s(见表18.2)。

在一个面积为0.14hm^2的极小规模反5点法井网中开展了干式燃烧试验(Terwilliger, 1975)。试验井网显示在图18.18中。这个项目曾是世界上监测最为全面的火烧油层试验，因为在这个井网的5口正常井的周围部署了35口辅助井(压裂井、观测井、测温井和取心井)。本次试验的主要特征是在火烧油层开始之前，利用专门设计并部署在生产井附近的水平压裂井对生产井围边地层进行压裂处理。实际上，生产井的钻井作业是在压裂作业结束后才开始的，这样就可以证实水平压裂作业效果的好坏。

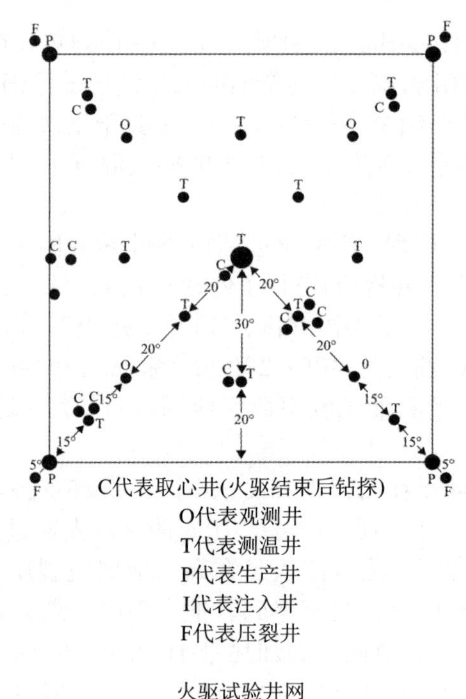

图18.18 KYROCK油砂矿火烧油层项目：井网部署
(对裂缝辅助火烧油层进行测试)(Terwilliger, 1975)

这个低压火烧油层试验于1959年9月开始，采用了高强度的人工点火方法(气体燃烧器)。整个试验历时5个月(1959年10月~1960年2月)；大约开采出了500m^3的石油，相当于该井网内原始石油地质储量的54%。空气-油比为7500m^3(标)/m^3。采出的石油明显得到改质，石油黏度从10×10^4mPa·s降至2000mPa·s，这就相当于实现了4API度的改质(10.5~14.5API度)。

这次试验的主要困难有以下几点：燃烧前缘在NW-SE方向上出现了明显不对称的推进；由于试验井网的储层具有破裂的性质，氧气利用率比较低；注入的空气通过露头损失了大约36%。

第一个问题部分得到解决，所采用的方法是对位于端点外的生产井(offending producers)(未沟通的孤立生产井)实施反向燃烧，并把流体流动方向限定为流向高产的生产井。第二个问题无解，在燃烧气体中的氧含量达到6%时把生产井关闭。

图18.19显示了典型的温度剖面，从中可以看出，在温度高于538℃时，存在一个比较好的拓展带(spread zone)，至少2~4m高。

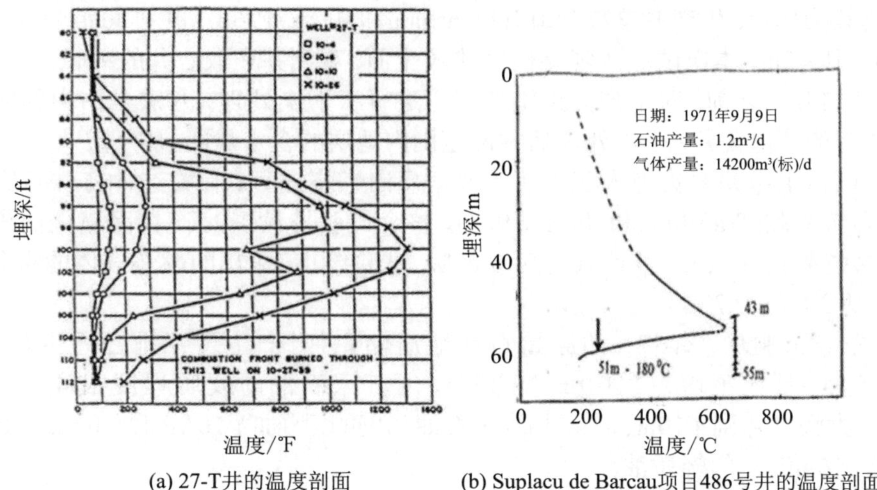

(a) 27-T井的温度剖面　　(b) Suplacu de Barcau项目486号井的温度剖面

图18.19 Kyrock项目中一口观测井的温度剖面以及Suplacu de Barcau项目中一口生产井的温度剖面

最终的体积波及系数(等值线图)显示在图18.20中。在试验完成后，在这个井网中钻了12口取心井。结果发现，注入井周围的整个油层几乎都被完全燃烧(见图18.31)。此外，即使在有水平裂缝的情况下，燃烧前缘也表现出向地层顶部推进的趋势。

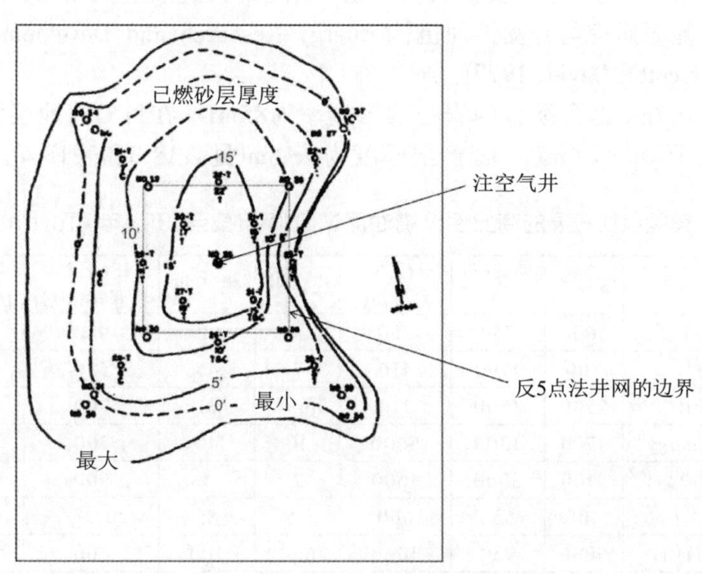

图18.20 KYROCK火烧油层项目(裂缝辅助火烧油层)已燃带的等厚图(Terwilliger, 1975)

18.2.3.3.2 反向燃烧

文中所介绍的两个试验是世界上仅有的完整反向燃烧试验，因此人类在这项技术应用方面的经验极为有限。这两个试验是在薄油层中开展的，采用的是行列驱井网，都是在两排注入井中部署一排生产井。这两个反向火烧油层试验的突出特征是注入井的数量要多于生产井。

① 美国蒙大拿州Bellamy油田项目：这是一个在薄油层中(2～4m)开展的低压火烧油层试验(0.35MPa)。在13℃的地层温度条件下，沥青的黏度为50×10^4mPa·s(见表18.2)。

试验采用了行列驱动方式，井网由两个平行的注入井排及其间所夹的一个生产井排组成，注入井总数为15口，生产井总数为8口(Trantham和Marx，1966)。井排间距为5m，而同一井排之内的井间距为2m。本次试验的观测研究比较全面，观测井和取心井的数量多达20口。

在火烧油层开始之前，对生产井周围的岩石进行了干燥处理，方法是由中部的井注入空气，而其他所有的井都关井。经过处理后井网范围内地层的含水量明显降低。

通过在这5口生产井中实施人工点火启动了反向燃烧过程；有关这种特殊点火工艺的细节可以参阅参考文献(Trantham和Marx，1966)。整个试验持续了9天，在因燃烧前缘向前推进而形成的热裂缝到达注入井，导致氧气突破之后，试验终止。采出的燃烧气体的组分稳定而且正常，氢含量为0.4%～0.7%。

在这次先导试验中，有67%的原始石油地质储量(两个注入井排之间生产井的储量)被开采出，空气-油比平均为7400m^3/m^3(标)。所开采石油的改质程度很高，石油黏度从50×10^{4}mPa·s大幅度降到了10mPa·s，相当于石油API重度增加了16API度(10～26API度)。产出了黏度只有5～15mPa·s的轻质油。

在试验过程中，观测井所记录的最高温度在454～871℃范围之内。由于石油是通过已燃带开采出的，而已燃带的温度很高，所以通过间歇注水，把生产井的温度维持在200～450℃范围内。

在试验结束后，在已燃带钻了取心井，结果发现整个产层都已完全燃烧，由于温度很高，局部发生了破裂，导致平均渗透率大幅度提高(20倍)。

② 美国犹他州Northwest Asphalt Ridge项目：这是一个相对的高压火烧油层试验(2.5～3.5MPa)。火烧油层试验分两期进行，第一期为反向燃烧，而第二期为正向燃烧，且是在反向燃烧前缘到达空气注入井之后开始的。这个过程又被人们称为“回波式火烧油层(echoing ISC)”。本次试验的整个设计都是基于能源研究与开发管理机构(Energy Research and Development Administration)以往的试验结果(Arscott和David，1977)。

储层的埋深为107m，饱含沥青的岩心的渗透率为85mD。在11℃的地层温度条件下储层内所含沥青的黏度大于100×10^{4}mPa·s。产层厚度为4～6m(见表18.3和表18.4)。

表18.3 美国以往开展的商业性火烧油层试验项目(截至1994年)(Turtta，1994)

油田/公司	深度/ft	渗透率/mD	石油黏度/cP	注入井	生产井	ISC日产油量/(bbl/d)	空气-油比/[ft^3(标)/bbl]	注入压力/psi
West Newport/Mobil①	1600	750	750	36	139	980	10700	200
Lost Hills/Mobilc②	300	1790	410	7	45	520	6200	
Midway Sunset/Mobil①	2700	1500	110	3(up③)	31	900	6700	800
Midway Sunset S FE/Energy①	1700	1300	5000	10	40	700		
South Belridge/Section 12，M.②	1100	3000	1600	2	?	900	6000	>500
Bellevue/Texaco②	400	650	660	15	85	420??????	16300	250
Forest Hill/Greenwich石油②	5000	950	1060	2(up③)	100	400		2000

① 在执行项目；
② 已结束项目；
③ up是指火烧油层过程始于储层的上部。

试验是在1977～1978年间开展的，采用的是行列驱动方式，井网由两排注入井夹一排生产井组成，注入井总数为6口，生产井总数为3口(Johnson等，1980)。井排的间距为20m，同一井排之内的井间距为7m(井网面积为0.04hm^2)。试验观测井数为13口，取心井数为7口。图18.21展示了井的排列方式。

在火烧油层试验开始之前，在所有的6口注入井中都开展了几天的预注空气，不需要开展任何的压裂作业。这次预注空气大致建立了井与井的沟通关系。

表18.4 美国以外国家和地区以往开展的商业性火烧油层项目(截至1994年)(Turtta，1994)[①]

油田/公司	深度/ft	渗透率/mD	石油黏度/cP	注入井	生产井	ISC日产油量/(bbl/d)	空气-油比/[ft^3(标)/bbl]	注入压力/psi
Karazhanbas Kaz.[②]	1300	800	300	72(LD[⑤])	261	7000[⑦]	5600	
Balahani Azer.[③]	910	500	140	6(up[④])	35	600	6700	500
Battrum Mobil Can.	2900	930	70	19	101	3000?	10000	400
Morgan Amoco Can.	1940	4400	8100	9	35	940	2000	400～1000[⑧]
W. Videle Sa 3c Rom.	2500	900	100	19(u-L[⑥])	50	610	17000	600
E. Videle Rom.	2100	1200	100	33(u-L[⑥])	89	660	21000	700
West Balaria Rom.	2200	500	116	22	60	820	24500	850

① 所列项目均是在1999年或以前完成的项目；Battrum及所有的Videle-Balaria项目都是在1999年终止的。
② Kaz.是指哈萨克斯坦。
③ Azer.是指阿塞拜疆(前苏联)。
④ up是指火烧油层过程始于储层的上部。
⑤ LD是指采用行列驱动方式的火烧油层过程。
⑥ u-L是指火烧油层过程始于储层的上部，而且采用的是行列驱动方式。
⑦ 估算值。
⑧ 压力循环火烧油层。

在中心生产井(见图18.21中的2P2井)中通过人工点火启动了反向燃烧过程。在分别经过了20天和47天之后，反向燃烧前缘与其他两口生产井相交(2P1和2P3)，此时认为这些井的点火成功并转为生产井。这被视为整个反向燃烧前缘开始形成的标志，生产井两侧的6口注入井开始注空气，而燃烧前缘开始向这些注入井推进。在点火之后大约第90天，燃烧前缘推进到了注入井，此时把试验转变为正向燃烧。整个试验历时180天，其中一半时间是反向燃烧，而另一半时间是正向燃烧。

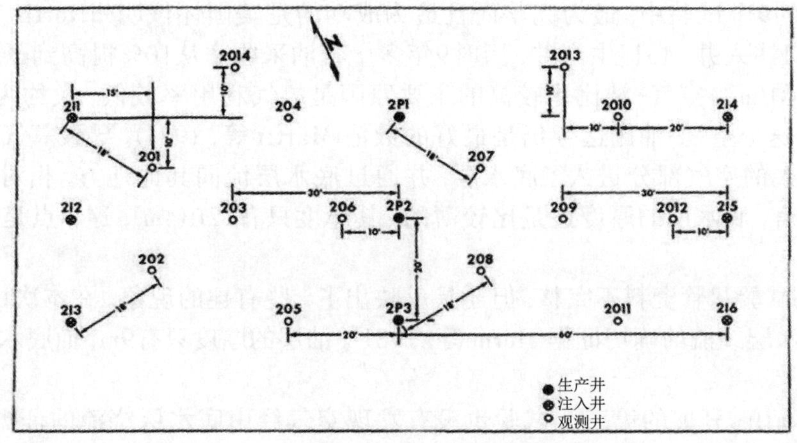

LERC TS-2C井网布井方式

图18.21 Northwest Asphalt Ridge油砂矿反向燃烧火烧油层试验：井排列方式(Arscott和David，1977)

在反向燃烧过程中，试验运行曾一度失控，反向燃烧转变为了正向燃烧。这可能解释了采出的燃烧气体组分变化极大的原因。氢气和一氧化碳的含量最高达到了14%，甲烷含量曾达到过34%，而CO_2的含量最高曾达28%。石油产量也出现了很大的波动。

在试验过程中，开采出了92m^3的石油，相当于原始石油地质储量的25%。采出液含水率大致为85%，平均空气-油比为$2.5\times10^4 m^3/m^3$。注入的空气有一半损失在井网之外。反向燃烧和正向燃烧阶段都有石油产出，而且采出的石油都有一定程度的改质，但改质的程度并不一致。平均来说，石油的API重度从14API度改质到了20API度。实际上，既有轻质油也有重质油产出，但其相关的详细信息缺失。这个平均值反映的是品质改善的轻质油和品质略微变差的重质油(与原始石油相比沥青含量略微增多)的综合结果。

观测井记录到的最高温度范围是150～400℃(反向燃烧阶段)和540～1100℃(正向燃烧阶段)。

在试验结束后，在已燃带内所钻的取心井发现，结焦带的厚度平均为0.5～0.7m；在部分区域内可达4m。根据由取心井和观测井(温度剖面)得到的数据判断，反向燃烧的体积波及系数(86%)要高于正向燃烧(33%)。

本次试验所面临的最大挑战是井网缺乏封闭性，而且燃烧前缘的推进难以控制。这两个因素导致空气-油比极高，而且石油改质程度缺乏一致性。

18.2.3.4 商业性未经证实的火烧油层试验：底水油藏和天然裂缝性油藏

对于这两类油藏案例而言，火烧油层技术都还没有达到商业应用的成熟度，但是在火烧油层矿场试验中积累的经验仍具有很高的价值，这些经验既有利于该项技术在其他地区类似油藏中的应用，还有助于开发出适用于这两类油藏的更加成功的新方法。

① 底水油藏火烧油层技术(BW-ISC)：截至目前，在发育底水的油藏中已经对两种火烧油层方法进行了试验，分别是常规的面积驱火烧油层法(ISC-pattern application)(或所谓的BW-ISC)和底部火烧油层法(basal combustion，BC)。底部火烧油层法只采用直井，即注入井和生产井都是直井。这两种方法的区别在于点火方式。在BW-ISC中，点火一般是在油层的上部进行的，而在底部火烧油层中，点火是在油水界面上进行的，其目的是借助于流体流度较高的含水层把石油输送进入生产井。

一篇参考文献中有两个表给出了9个BW-ISC试验和3个底部火烧油层试验的主要参数和结果(Turta等，2009)。从BW-ISC试验中得出了以下结论性认识：

在所提到的9个试验中，最为完整而且最为成功的是美国怀俄明州North Tisdale火烧油层试验项目(4口注入井、15口生产井、历时9年多)，石油采收率从10%提高到了50%，空气-油比为3500m^3(标)/m^3。空气-油比比较高的主要原因是氧气利用率较低，大约为72%。但对于BW-ISC而言，这个空气-油比迄今仍是最好的数值(Martin等，1971)。导致氧气利用率较低的原因可能是注入的空气部分进入了底水层，并通过底水层流向其他地方。相对于50ft(15.3m)的油层厚度而言，底水层的厚度还是比较薄的，其厚度只有12ft(4m)，这一点是比较有利的储层条件。

Cado Pine试验尽管资料不完整，但还是反映出了一些有趣的现象。在本次试验中，没有发现空气经由底水层绕流的确切证据(Horne等，1981)。油层的厚度只有9m，而底水层的厚度却高达30m。

在Pauls Valley开展的第三个试验也没有发现空气经由底水层绕流的证据，这个油藏的石油黏度很高(8000mPa·s)，而且在不经意间采用了稠油出砂冷采(CHOPS)工艺(Elkins和Morton，1972)。然而，由于蚀洞(wormhole)的存在导致生产井出现机械故障，这次试验在启动16个月后就停止了。

第四个试验(Zerotin)的资料比较完整。在这次试验中，尽管地层温度很低，但点火效果很好，而且自支承特征也很明显，因而氧气利用率很高(88.5%)。这可能说明几乎没有空气经由底水层绕流的现象。氧气利用率高可能还使石油采收率在试验初期就达到了25%，因而通风强度(air flux)比较大。这个单井网试验历时4年，空气-油比为2600m^3(标)/m^3(Juranek，1959)。

第五个试验(Eyehill)涉及了9个5点法井网(9口注入井和16口生产井)，历时10年。在火烧油层试验开始时，含水率为80%左右，后来下降到了50%，但这个低含水率值仅维持了2~3年的时间。曾尝试应用蒸汽吞吐技术，但没有取得成功，这次失败是否与底水的存在有直接关系还不得而知(Farquharson和Thornton，1986)。虽然燃烧效果令人满意，但生产动态却很一般，其原因可能是这种河道型储层具有很强的非均质性，而且在试验中出现了很多施工问题。

其他的试验都没有提供任何更多令人感兴趣的信息。唯一值得提及的是，在Suffield试验(试验#2)中开发出了反水锥进技术(AWACT)(Wells，1980)。该项技术虽并不引人注目，但已被证实在60多个矿场应用中都发挥了很大作用。

根据上述试验，绘制了BW-ISC的示意图(见图18.22)。注入的空气在主燃烧前缘和次燃烧前缘之间的劈分，可能决定着火烧油层过程的有效性。

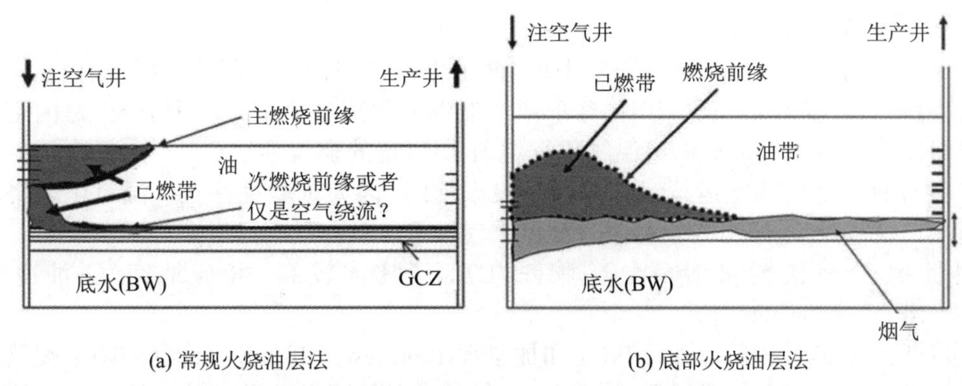

(a) 常规火烧油层法　　(b) 底部火烧油层法

图18.22 底水油藏火烧油层的简化示意图

由底部燃烧试验可以得出以下认识(Turta等，2009)：在Carlylee油藏中(埋深260m、石油黏度700mPa·s、地层温度24℃)开展了3次不同的先导试验。只收集到了其中两个先导试验的资料，即Wiggins B先导试验(干式燃烧)和Riggs先导试验(湿式燃烧)。在该油藏的油水界面之上发育一薄层灰岩(Elkins等，1974)。在Wiggins B先导试验中，注入井穿过这个薄层灰岩进入了含水层，但射孔井段位于这个薄层灰岩之上。在项目运行7年之后，在已燃带钻了3口取心井。虽然在34m厚的油层内成功地进行了点火，但燃烧波及到了含水层，波及深度达到了7m。新增石油采收率为31%，但增产是以非常高的含水率(大约90%)为代价的。最主要的问题是生产井的产能很低，而这一点阻碍了向商业规模应用的扩展。在反向燃烧试验中，8~10个月之后在油-水界面上实现了自燃点火。

在Riggs先导试验中，注入井并没有钻穿灰岩薄夹层，而是在油层中完井的，所以在油层的上部通过气体燃烧器进行了点火。在这个案例中，燃烧局限于油层中3m厚的高渗透率层段，也就是说燃烧是在油水界面之上进行的。石油采收率只有8.5%，而空气-油比却高达7600m^3/m^3。

在SE Pauls Valley油田，曾试图通过自燃点火在油水界面上形成燃烧前缘，但在43℃的油层温度下注空气10个月并没有达到目的。

在Wabasca(埋深25m、石油黏度大于100×10^4mPa·s、地层温度13℃)开展的第三次试验中，成功地在紧邻油水界面之上形成了燃烧前缘(Thornton等，1996)。但在这次试验中，在采用气体燃烧器点火之前通过蒸汽吞吐进行了全面的预热。形成了一个向上扩展的已燃带，而所有的流体都通过垂直生产井采出。这次试验的目的是检验点火情况，仅持续了18天，所以没有生产动态方面的官方信息。但非官方的信息显示，这次先导试验又继续开展了4~5个月，但没有取得令人满意的结果。

根据上述试验，绘制了底部燃烧法的简化示意图(见图18.22)。在标注为烟气的油层下部，燃烧前缘可能会形成，也可能不会形成，这要取决于通风强度和过渡带的含油饱和度。

应当指出的一点是，有关BW-ISC和底部燃烧法的实验室研究非常少。只有Greaves等(1994)曾开展过强底水稠油油藏水平井辅助火烧油层方面的实验室研究。

② 天然裂缝性油藏火烧油层(ISC-NFR)：天然裂缝性油藏火烧油层技术的室内和矿场研究都很少。

天然裂缝性油藏火烧油层技术的第一次实验室研究(针对的是稠油)是在荷兰开展的(Schulte和de Vries，1985)。后来英国也开展了相关的实验室研究(Greaves等，1991)。通过对这两次实验室研究的结果进行分析，得出了以下基本认识：要维持天然裂缝性油藏火烧油层过程的持续进行，除了为点火而需要开展局部预热之外，还需要对空气注入端(注入井)开展全面的预热。在荷兰的实验室研究中，预热温度达到了473℃，预热长度占燃烧管(CT)长度的14%(Schulte和de Vries，1985)。

在点火之后的注空气过程中，据信形成了两个燃烧前缘，一个是因氧化作用而在侧向岩块[或矿场试验中的前壁(frontal wall)]快速形成的低温氧化准燃烧前缘，而另一个是因空气进入基岩内部而在岩块内缓慢形成的高温氧化燃烧前缘(真正的燃烧前缘)。

大多数石油都是在试验运行过程的前半段采出的，因为试验往往在高温氧化燃烧前缘还远未达到出口就停止了。停止试验的原因是采出气体中的氧含量明显增多。

燃料沉积/空气消耗量增多，氢-碳(H/C)原子比比较高，相应地空气-油比达到了$3400 \sim 1.1 \times 10^4 m^3$(标)/$m^3$的高值。

在俄罗斯(Baibakov和Garusev，1989)和加拿大(Bennion，1986)开展的另外两个裂缝性油藏火烧油层试验也证实了空气消耗量增加，这两次试验都是开展矿场试验前的例行试验研究。Baibakov报告的这条信息来自在非均质性非常强的Zybza Glubokii Yar组油藏中开展的裂缝性油藏火烧油层试验；而Bennion报告的这条信息来自在艾伯塔省Buffalo Creek油藏Grosmont组碳碳酸盐岩中开展的裂缝性油藏火烧油层试验。

1978～1979年间，在Buffaalo Creek油藏的Grosmont-2缝洞型碳酸盐岩储层中开展了天然裂缝性油藏火烧油层试验(Bennion，1986)。在17℃的地层温度下，石油黏度为10×10^4mPa·s。没有资料说明这套地层是否属于岩溶储层(Roche，2006)。开展了两次历时很短的火烧油层试验：一次是在1978年，而另一次是在1979年。1978年开展的试验历时3个月，结果发现最大的问题是注入的空气大量损失，进入了Grosmont-3地层段，这套地层位于开展火烧油层试验的Grosmont-2段储层之上。

1979年的试验历时6个月，记录了两个主要的空气注入阶段。点火还是采用气体燃烧器进行的，所涉及的6口井全部通过蒸汽吞吐作业进行了预热，使井底温度达到了80～120℃。在点火之后，位于150～200m外的一口生产井快速出现了氧气突破(10天之内)，导致该井烧尽(burn out)。第二口生产井因温度升高而被关闭。最难处理的问题是注入的空气大量损失进入上部的Grosmont-3地层段。据估算，注入的空气大约有50%未进入目标区。导致试验失败的另外一个原因是选取了$3.8 \times 10^4 m^3$(标)/d的初始空气注入速度，这个速度对于该试验中的储层条件而言太高了。然而，综合各种因素来看，本次试验证实从含沥青的碳酸盐岩储层中开采石油是可行的。在第二次火烧油层试验中，通过蒸汽吞吐和火烧油层作业，5口生产井共开采出了$3500m^3$的石油。

最为全面的天然裂缝性油藏火烧油层试验是1972～1973年间在俄罗斯Zybza Glubokii Yar油藏中开展的，这个油藏的储层微裂缝十分发育，而且非均质性极强(Bakbakov和Garusev，1989)。在29℃的地层温度条件下，石油黏度是2000mPa·s。试验涉及18口井，其中包括2口观测井，这两口观测井紧邻由3口空气注入井构成的井排。由于没有进行预热，在采用气体燃烧器进行点火时遇到了很多困难，而且在点火之后空气注入能力持续下降。最后决定改用电加热器进行点火作业，并在点火过程中以预热的方式把点火作业延长了37天。这样就成功地形成了一个强烈的燃烧前缘，在前5个月内，这个燃烧前缘正常地向前推进。在生产井和观测井内都没有开展井底温度测量。如图18.23所示，在恒定的空气注入压力和注入速度下，采出气中氧气含量略有增加，从0增至5%，而CO_2含量则从15%降至10%。在点火12个月后试验停止时，所有4口生产井采出气体的氧含量都在10%以上。虽然火烧油层过程正常地进行了大约5个月，但毫不夸张地说没有开采出任何石油。试验结果被视为彻底失败，研究人员得出结论认为，在裂缝性稠油油藏中利用火烧油层技术开采石油是不可行的。

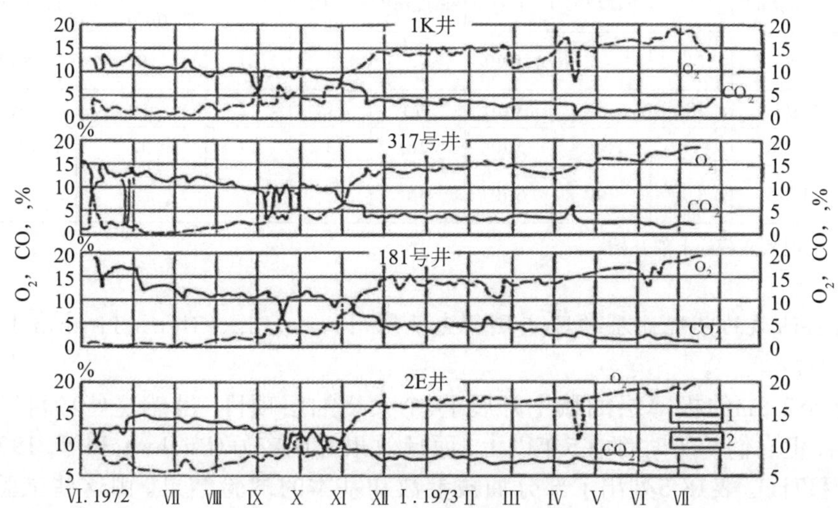

图18.23 裂缝性油藏火烧油层过程的燃烧气体组分：Zybza Glubokii Yar油藏(前苏联)(Baibakov和Garusev, 1989)

根据到目前为止所取得的经验可以得出结论，常规火烧油层技术在天然裂缝性油藏中几乎没有应用潜力。

18.2.4 稠油油藏商业性火烧油层试验项目(世界上以往最重要的火烧油层项目)

有关以往商业性火烧油层项目的信息非常有限。虽然根本没有公开，但在阿尔巴尼亚Drisa油藏中，一个较大规模的商业性火烧油层项目已经实施了很长一段时间，这个项目涉及了40多口空气注入井(Gjini等，1999)。

在所列出的商业性火烧油层项目中，石油黏度的范围是5～8000mPa·s，分析所得结论总体上都参照了这个黏度范围。这里所讲的情况适用于石油在地层条件下具有一定天然流度的油藏的火烧油层开发。这个项目的主要特征及其结果参见表18.4。这项技术可以在比较宽的深度范围内(从浅层油藏到深层油藏)和比较宽的渗透率范围内应用。

在所列出的项目中，有9个项目是从构造的最上部开始实施的，有7个项目采用的是行列驱井网。

指示经济有效性的最为重要的参数是空气-油比和注入压力。在空气-油比相同的条件下，注入压力越低，经济效益越好。在注入压力为1.3～6.4MPa(200～900psi)的情况下，空气-油比的范围是1000～4500m^3/m^3(6000～$2.5\times10^4 ft^3/bbl$)。

18.2.4.1 干式燃烧

Midway Sunset油田Moco油层：这是把空气注入井部署在构造高部位以充分发挥重力作用的最早期案例之一。这个油藏是一个背斜构造，倾角为20°～45°，埋深700～900m；油藏中发育6套主要的砂岩油层，这些砂岩油层合并开采(见表18.5)。在一次采油的采收率达到17%之后开始进行火烧油层开发。火烧油层是通过在5口井中实施增强型自燃点火而启动的，而且在所有的6套砂岩油层中都注入了空气；在这个火烧油层项目中部署了67口生产井。项目运行了20多年，空气-油比为2900ft^3(标)/bbl[550m^3(标)/m^3]，预测的最终石油采收率为45%(Gates和Sklar，1971)。

表18.5 美国得克萨斯州薄层油藏火烧油层试验项目

油田/公司	净厚度/总厚度/m	埋深/m	地层温度/℃	渗透率/mD	石油黏度/cP	注入井	生产井	火烧油层的日产油量/(m^3/d)	空气/油比/(m^3/m^3)(标)	注入压力/kPa
Glenn Hummel Sun①	2.5/3.7	741	45	1000	72	2	31	100	820	14000
Gloriana Sun①	1.3/3.1	488	45	1000	174	1	12	40	1700	7000
Trix-Liz Sun①	?/2.8	1112	59	500	26	3	11	32	1420	4200
Casa Blanca Mobil①	3.3/5	314	38	600	36					2800

① 火烧油层过程从油藏的上部开始。

18.2.4.2 极薄层油藏的火烧油层项目(美国得克萨斯州Trix-Liz、Glenn Hummel、Gloriana和Casa Blanca项目)

在厚度低至2.8m的极薄层油藏中开展了4个火烧油层项目，虽然这些项目只有一些基础性的记录资料，但它们的历时都在5年以上，而且效果都比较好(Buchwaald等，1972；《油气杂志》1969年2月17日)。表18.5列出了部分油藏参数和基本的试验结果。由这些试验可以得出以下认识：

① 原油为中质到重质石油，黏度在26～174mPa·s的范围内，储层埋深500～1000m。

② 试验的规模都比较小(2～3口注入井，位于构造的较高部位)；由同一家公司在1968～1969年间实施；在开展评价之时，这些试验的历时都还比较短，为3～5年。

③ 所采用的点火方法相差很大(电加热器、气体燃烧器、自燃和化学点火法)，但在所有案例中点火都很成功，因为没有报告任何问题，而且所有项目燃烧过程中的氧气利用效率都在87%～98%之间。油层温度为38～59℃，这可能是一个比较有利的条件。

④ 在所有案例中，火烧油层试验都是在倾角较小的小规模地层圈闭(砂岩透镜体)中开展的，石油采收率评价结果的可信度比较高；在开展评价之时，火烧油层的石油采收率为30%～31%(最初一次采油的石油采收率可能是10%～20%)。据预测，在10～14年的时间内最终石油采收率可以达到56%～60%。

⑤ 这四个项目的空气-油比为800～2200m^3/m^3。

Videle East项目：这也是一个薄层油藏的火烧油层项目，但它又是一个独特的项目，原因在于它是水驱后的火烧油层项目(Machedon，1994；Machedon等，1993；Turta和Pantazi，1986)。这是历时最长的一个项目(16年以上)，而且是在商业性水驱开发已实现约10%～12%采收率之后，作为一种二次采油方法而开展的全油田火烧油层试验项目。石油黏度大约为100cP(见表18.4)。应当指出的是，这个水驱后油藏(原始地层温度54℃)的点火比较容易，采用的是基于亚麻籽油的化学点火法；大多数点火作业的延迟时间估计都是3周(见图18.9和图18.24)。在项目正常运行期间，采出气体中的CO_2含量为11%～14%，而氧气的含量不到1%～2%。得益于火烧油层，采出液含水率从70%降至60%。在注入压力为3000kPa的情况下，空气-油比大约是4000m^3(标)/m^3；这个项目仅仅实现了边际经济效益，因为全周期能量余额(full energy balance)

大约只有30%。不同区域的最终石油采收率为30%~37%。主要的作业问题包括高温生产井射孔孔眼中焦炭桥堵(coke bridge)的形成、空气注入能力随时间的下降以及石油乳化等。

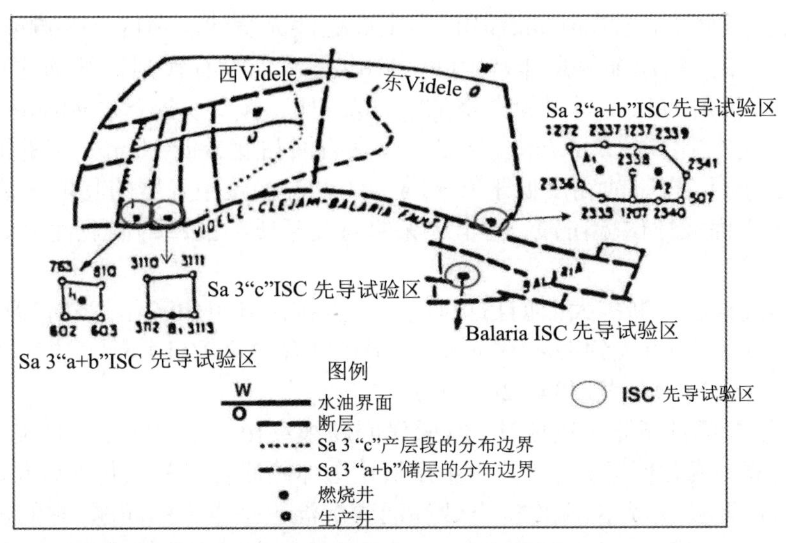

图18.24 Videle/Balaria油田——火烧油层试验井网示意图

18.2.5 湿式燃烧项目

18.2.5.1 湿式燃烧项目

① 哈萨克斯坦的Karazhanbas油田：这个油田于1980年投入商业开发。投产之初(1980年)采用的就是商业性火烧油层开发方式，1982年之后改为商业性蒸汽驱开发(Bocserman等，1991；Mamedov和Bocserman，1992；Turta，2003)。

油藏的平面分布范围很广，长约30km，宽5~6km。油藏主体部分划分为西区、中区和东区。

就岩性而言，这套储层为互层的三角洲-前三角洲相砂岩和页岩。但每一个砂体都大面积连续分布。砂岩的粒度很细，未固结到半固结，含粉砂。泥质含量似乎中等。

该油藏的构造很简单，属于一个巨型的单斜构造，地层倾角大约为2°~4°。在这个构造的南部和东南部发育一个侧向含水层；其规模有多大不得而知。向北，可能发育地层尖灭圈闭。储层净厚度图(等厚图)显示出，储层的净厚度为14~16m。然而，东区的储层净厚度更大一些，可达25m。

以中等湿式燃烧的方式开展了商业规模的火烧油层开发，主体开发区域是西区和中区的构造上倾部位(Turta，2003)。

这次商业性火烧油层开发是在1980~1996年间开展的，采用的是行列驱动方式，最多时涉及了72口空气/水注入井和261口生产井。1996年，原先的空气注入井转为连续注水，并一直持续到2003年。这个先导试验项目很成功。在石油产量和空气注入量都比较稳定且注水井数还比较少的1986~1989年间，估算的空气-油比为500~1000m^3/m^3。与世界上其他商业性火烧油层项目相比，这个数字是一个很好的结果。

截至2002年，石油采收率达到了28%。根据2003年的实际石油产量和含水率(87%)推测，最终的石油采收率至少可以达到33%~34%。

与此同时，在该油藏的中区还开展了商业规模的蒸汽驱开发，项目启动时间是1983年。在1991~1998年间注入井的数量持续增加到了60口，而后到2002年减至42口。在石油产量和蒸汽注入井数都几乎稳定不变的1991~1998年间，蒸汽-油比一直维持在3~5之间。截至2002年12月，投入注蒸汽开发区块的石油采收率达到了23%。根据当时(2003年)的石油产量和含水率(87%)推断，最终的石油采收率估计至少可以达到30%。

② 加拿大萨斯喀切温省Battrum油田：这个商业性火烧油层项目于1965年启动，由美孚加拿大公司经营，但相关的详细信息非常少(见表18.4)。我们没有找到详细描述这个项目历史的相关文献。这个项目是加拿大最大的火烧油层开发项目，涉及了多个井网(8hm^2/井网)，采用的是湿式燃烧方式(水气比高达2.8L/m^3)。这是一个在石油黏度最低(70mPa·s)的油藏中开展的湿式燃烧火烧油层项目。在石油黏度低于70mPa·s的低温油藏中开展的其他火烧油层先导试验都没有成功地进入商业性试验阶段，但非常深的高温轻质油油藏的商业性火烧油层试验有取得成功的。

这次试验的规模在不断扩大，而且这种情况一直持续到了1990年，当时19口空气注入井的空气注入总量达到了峰值(大约72×10^{4}m^3/m^3)。但1999年这个项目中断(《油气杂志》，1968年8月12日；《油气杂志》EOR调查1994~2000年)。

相对来说，这个项目还算比较成功，但操作问题很突出。由于油质相对较轻，迄今最大的挑战仍是冷人头痛的乳化问题。乳化是由采出液中固体物质含量和氧化铁含量较高造成的，这极大地增加了采出液处理成本。腐蚀、出砂和沥青沉淀也是重大的问题，它们也增加了处理成本。可以得出的一点认识是：这个商业火烧油层项目的最为突出的特点是操作问题非常严重，可能要比世界上其他任何商业性火烧油层项目的都更严重。

总体上，在观测井和生产井中都没有记录到很高的峰值温度，而且取心井的分析结果也没有指示有很高的峰值温度。

③ 美国路易斯安那州Bellevue油田：Getty石油公司、Cities石油服务公司(CSO)和Cities公司与美国能源部合作，分别于1963年、1971年和1976年开展了3个独立的火烧油层项目(Bodcau Zone)。而第4个火烧油层项目是由Bayou State石油公司(BOSC)于1971年开展的(Turtta等，2007)，该项目将在下一小节介绍。图18.25是Bellevue油田的示意图，图中显示了这些公司项目区所在的位置。这些项目区的储层性质都非常类似，在表18.3和表18.6中列出。本质上讲，这个火烧油层项目所在油藏的埋深很浅(130m)，储层厚度较大，石油黏度为450~700cP，地层压力很低(0.3MPa)；采用的是面积很小的5点法井网(最大为1~2acre)。

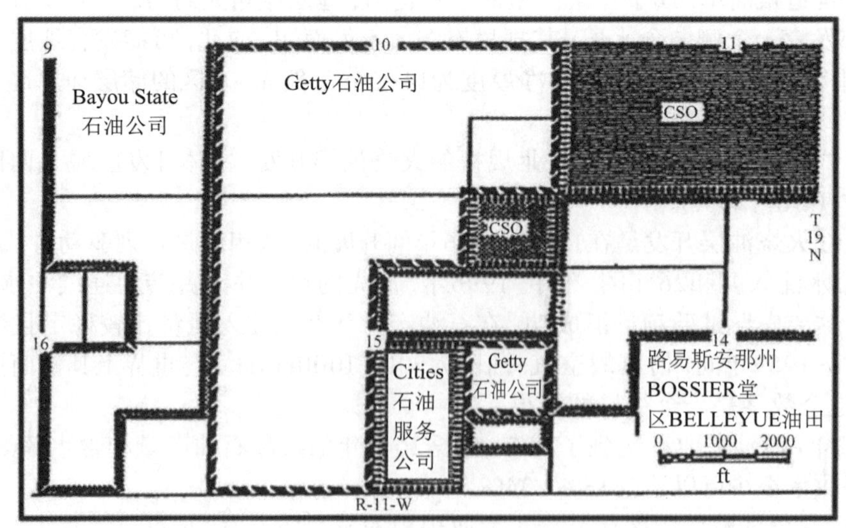

图18.25 Bellevue油田示意图(图中显示了不同公司的火烧油层试验区的位置)

这个油田位于美国路易斯安那州西北角的Bossier堂区，属于一个穹隆构造；发现于1921年，单井初始石油产量为1000bbl/d(159m^3/d)。1963年，Getty石油公司在面积为2.5acre(1hm^2)的9点法井网中实施了火烧油层先导试验项目，在前期试验取得成功的基础上，该公司把试验规模扩大到了另外4个井网。1971年，CSO公司开始在多个井网中开展火烧油层先导试验。Getty石油公司和CSO公司的先导试验项目都采用了湿式燃烧工艺，在1978年以前，这两个项目的规模都曾多次扩大。1984~1990年间，Getty石油公司和CSO公司的火烧油层项目都曾中断过。

图18.26a展示了Getty公司Bellevvue项目的生产动态。1982年，该项目涉及的井数达到了223口，空气-油比为3500m^3/m^3，石油产量大约为438m^3/d(2750bbl/d)。这个产量数字大约占当时美国火烧油层项目约1×10^4bbl/d总产量的25%(Boberg，1988)，当时该项目实际上是美国规模最大的火烧油层项目。

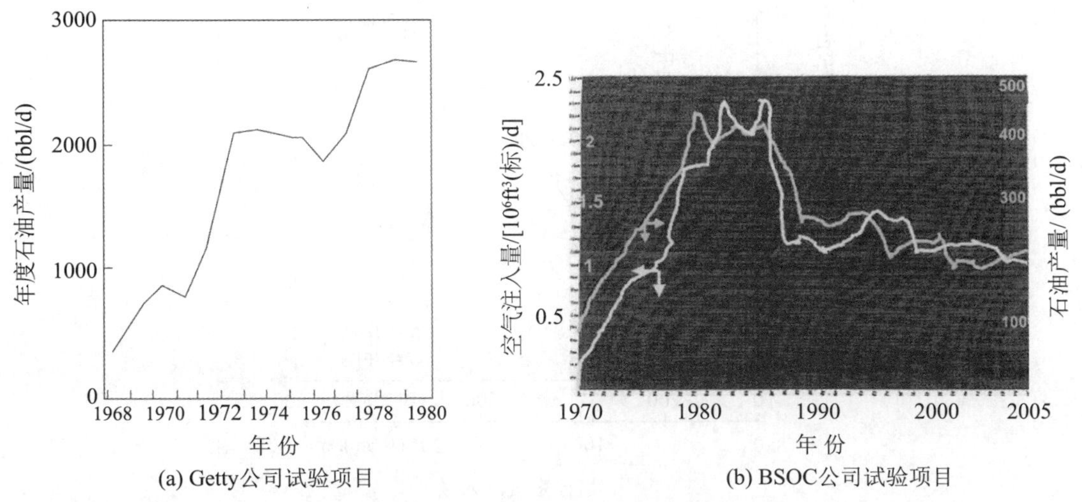

(a) Getty公司试验项目　　(b) BSOC公司试验项目

图18.26 Bellevue火烧油层试验项目：Getty石油公司和BSOC公司试验对比

一般来讲，这个油田在实施湿式燃烧火烧油层开发之后，都要开展连续注水，以便通过热水驱的方式从已燃带驱扫出更多的热量。在所有的三个项目中，最终石油采收率预计都可达约60%。

这个油田也是首个开展干式燃烧和中等湿式燃烧对比研究的油田。最初，Getty石油公司采用了干式燃烧工艺，随后又开展了注水。但后来他们开展了中等湿式燃烧试验，方法是同时注入空气和水或者在两组井网中交替注入空气和水，试验结果表明，湿式燃烧的效果更佳(Burger等，1985)；试验项目平行运行3年之后开展了对比分析，发现湿式燃烧井网的石油产量要更高一些。

随后，Cities服务公司与美国能源部合作，在“Bodcau”区块开展了更深入的研究，对干式燃烧开发的4个井网与中等湿式燃烧(水气比1.2L/m^3)开发的4个井网20个月的生产动态开展了对比分析(见图18.27)。在这20个月内，在注入空气量相同的情况下，湿式燃烧井网的加热体积(315℃或以上)几乎比干式燃烧井网的大两倍，这主要是因为前者的油层下部也得到了加热。这一发现也得到了德士古(Texaco)公司所开展的矿场试验研究的证实(Boberg，1988)。

18.2.5.2 世界上目前在执行的商业性火烧油层项目：Bellevue、Suplacu de Barcau、Balol和Santhal

下面介绍世界上最大的四个商业性火烧油层项目(印度2个、罗马尼亚1个和美国1个)的基本信息。罗马尼亚的Suplacu de Barcau商业性火烧油层项目是其同类项目中规模最大的一个，项目已经运行了41年。印度的Baalol和Santhal项目也已运行了超过15年。目前，这些项目各自的石油产量都在500m³/d(3450bbl/d)以上。第4个项目是BSOC公司在美国路易斯安那州Bellevue油田开展的干式燃烧项目，该项目的运行时间也已超过了40年。目前，其空气注入井数为15口，生产井数为90口，石油产量48m³/d(300bbl/d)。

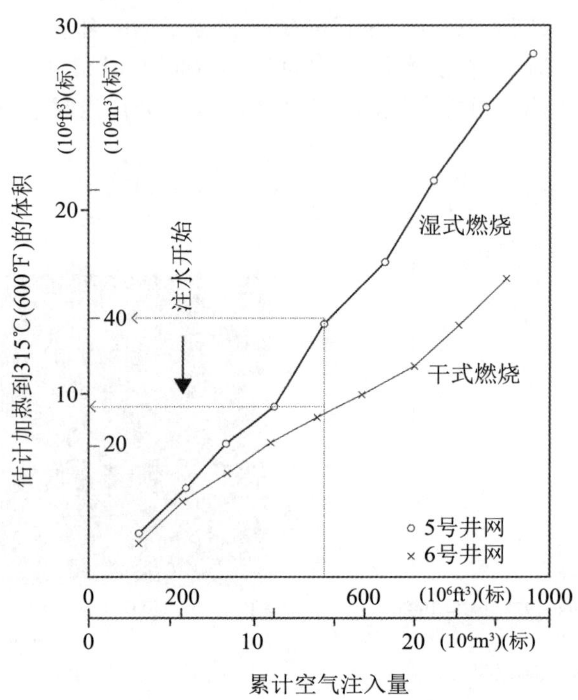

图18.27 Bellevue油田干式燃烧和中等湿式燃烧的加热体积对比(Joseph和Pusch，1980)

Suplacu de Barcau、Balol和Santhal项目采用的是边缘行列驱动方式，从油藏的最高部位开始实施，逐渐向下倾方向推进，而Bellevue项目采用的是面积驱动方式。Suplacu de Barcau项目是在典型的溶解气驱浅层稠油油藏中实施的，而Balol和Santhal项目则是在侧向水驱能量很强的深层油藏中实施的。

在介绍这些项目时，重点是工艺过程的主要特点和重大的操作问题。实施火烧油层的储层的参数列在表18.6中，而结果列在表18.7中。

① 干式燃烧：Bellevue BSOC项目：BSOC公司的Bellevue项目是在一个渗透率比较低(700mD)且非均质性强的浅层油藏中开展的干式燃烧火烧油层项目。这个油藏发育两个油层，这两个油层各自独立进行开发(更详细的说明请参阅前文)。

产层是上白垩统Nacatosh组，这是一套渗透率变化相当大的未固结砂岩层(见表18.6)。层内发育断层，而且夹有砂质页岩和石化的灰泥层(fossilized lime)。该组地层被划分为两个主要砂层(下砂层和上砂层)(Turta等，2007)。

在石油采收率达到10%后启动了火烧油层项目。最先在构造中部的3个反7点法井网中的下砂层实施了火烧油层(项目一期)。后来逐渐有更多的井网加入，到1978年空气注入井的数量达到了10口，所有这些注入井都是向下砂层注空气。1983年，位于油田东缘(下倾方向)的3个井网在上砂层实施了点火作业，从而实现了在上、下砂层同时开展火烧油层作业。总体上，这些井网的面积都比较小，单井网的面积在1.5～3acres之间。

表18.6 活跃商业性火烧油层项目：储层参数(Turta，2007)

油田/公司/国家	地 层	倾角/(°)	深度/ft	地层温度(T_r)/°F	总厚度/净厚度/ft	孔隙度，%	原生水饱和度，%	初始含油饱和度，%	渗透率/mD	T_r下的石油黏度/cP	石油API重度	初始地层压力/ISC开始时的压力/psi	原始石油地质储量/10^6bbl
Suplacu de Barcau/罗马尼亚	砂层①	5~8	115~720	65	27~290/20~89	32	15	<85	5000~7000	2000	16	140/80	310
Balol/印度	砂层②	4~7	3280	158	10~95/9~50	28	30	70	3000~8000	100~450	16③	1450/1450	128
Santhal/印度	砂 岩	3~5	3280	158	16~195/9~50	28	30	70	3000~5000	50~200	18③	1450/1450	300
Bellevue/路易斯安那/美国	砂 岩	0~5	400	75	70④；30④	32	27	73	650	676	19	40	4.6④；10.6④

① 未固结；
② 砂层中含煤和碳酸盐岩(条带)(体积占比约为10%)；
③ 硫含量为0.14%；
④ 分别为砂层下段和上段。

表18.7 在执行的商业性火烧油层项目的结果(Tura，2007)

油田/公司/国家	启动日期(商业运行)①	注入压力/psi	注入井数	生产井数	ISC石油日产量/(bbl/d)	当前的含水率，%	氧气利用率，%	空气/油比/[ft^3(标)/bbl]	预期石油采收率，%
Suplacu de Barcau/罗马尼亚	1971	150~200	111②	736②	9000③	82	95	14000	52
Balol/印度	1997	1300~1600	30	75	4400	60	>95	5600	38
Santhal/印度	1997	1200~1500	30	105	4000	60	>95	5600	36
Bellevue/路易斯安那/美国	1970	60	15	90	300	90	80	15000	60

① 火烧油层先导试验开始时间要早于这个日期3~7年(Suplacu、Balol和Santhal项目早7年，Bellevue项目早4年)；
② 在任何时间都还有24口生产井在开展CSS；
③ 它包括CSS的贡献，CSS的贡献估计占石油日产量的18%~25%。

截至2004年，在运行的注空气的井网数量达到了15个，有53口井开采燃烧气。然而，实际测量的燃烧气只有62.5%，其原因是有多口生产井的采出气并未进行测量，而且有相当大一部分气体运移越过了区块边界。图18.26b显示了石油产量和空气注入量。全部15口注入井的空气总注入量为45000m^3(标)/d[160×10^4ft^3(标)/d]，石油产量为50m^3/d(320bbl/d)，空气油比为2700m^3(标)/m^3[1.5×10^4ft^3(标)bbl]。对于1hm^2(2.5acres)的平均井网面积，单井空气注入量平均为9000m^3(标)/d[30×10^4ft^3(标)/d]。BSOC公司成功地在上、下砂层中分别进行火烧油层作业(包括点火操作)。厚度为5.5m(18ft)的石灰(岩)层(隔层)足以有效地把上、下砂层分隔开，从而可以实现同时作业。

这个项目的主要结果列在表18.7中。含水率的变化相当大，但总体上看，下砂层的比较高，介于95%~98%之间，而上砂层的比较低，介于90%~96%之间。

如前所述，点火是采用电加热器进行的。一般来讲，对于这种火烧油层过程而言，在空气注入速度比较低的情况下，燃烧气体中的氧含量在1.3%~2.5%的范围内，而CO_2的含量在15%~17%的范围内。

从井底温度剖面可以看出，最高温度达到了400℉(204℃)。在已燃带钻了几口取心井，结果发现上部已燃带的厚度为10ft(3m)，而下部未燃但被加热带的厚度为40ft(12m)。

部分生产井被燃烧完毕，大约10%的生产井被新井取代。

燃烧气体含有部分硫化氢、二氧化硫、氧气和水蒸气，再加上温度为100~150℉(38~65℃)，致使其具有很强的腐蚀性。这种腐蚀性无法彻底消除，但通过利用防腐剂和抗微生物剂进行井下处理，可以一定程度上加以控制。

乳化问题很棘手。黏稠的原油与盐水、燃烧形成的焦炭、微粒及氧化铁混合在一起，会形成难以处理的乳化液。多年来曾尝试使用了多种品牌的破乳剂。随着燃烧前缘逐渐接近生产井，原油的性质偶尔还会出现变化，这时就需要采用新的处理方法。

计划把这个区块的上砂层全面投入火烧油层开发。准备利用在下砂层射孔的注入井开展这项工作；在上砂层火烧油层作业开始之前，要把下砂层井段封堵，然后在上砂层井段重新射孔。

② 干式燃烧：Suplacu de Barcau油田：这是利用井距非常小(50~100m)的井网在埋藏非常浅(不到180m)的低压油藏(低于200psi)中开展的一个干式燃烧项目。石油黏度比较高，为2000mPa·s左右，项目采用的是边缘行列驱动方式(Condrachi和Tabara，1997；Gadelle等，1981；Machedon，1994；Machedon等，1993；Panait-Patica等，2006；Turta等，2007)。

这个油藏位于罗马尼亚西北部，紧邻Oradea镇。其构造为一个东西向的背斜(隆起褶皱)，其轴部被Suplacu de Barcau大断层断开，这条断层构成了这个油田的南部和东部边界(见图18.12)。单斜的长度大约是15km。向北和向西，这个油田均以一个弱含水层为界。从东向西和自北向南，储层的埋深和厚度都增大。储层的埋深介于115ft(35m)和660ft(200m)之间，而其厚度介于14ft(4m)到80ft(24m)之间。

这个油藏于1960年投产，其驱动机理是以溶解气驱为主。预测的最终石油采收率为9%。单井初始石油产量为12~36bbl/d(2~5m^3/d)，但很快下降至2~6bbl/d(0.3~1m^3/d)。

在1963~1970年间，在该油田的构造较高部位开展了火烧油层和蒸汽驱试验(见图18.12)。这两个试验采用的都是面积0.5hm^2的井网。后来又采用面积2~4hm^2的6个相邻井网对这两种开采方法进行了半商业性试验，根据试验结果，最终于1970年决定选用火烧油层技术对这个油藏进行商业开发。与此同时，还决定永久性地以CSS的方式开展注蒸汽作业，对燃烧前缘附近的生产井进行预热。此外，还决定把面积驱动方式转变为行列驱动方式。根据在构造中部和最低部(接近油水边界)独立开展的两个火烧油层试验结果，决定从油藏的最高部位开始进行火烧油层作业。这些先导试验都运行了5年多，结果显示，构造高部位以外的先导试验，其可控性及效率都比较低。

在40多年的时间内，线性燃烧前缘沿着平行于等深线的方向向构造低部位不断推进。从1986年起，试验向油藏西部的新区拓展。图18.28显示了截至2004年的燃烧前缘分布情况。空气注入井沿着一条超过10km长的东西向线分布。同一排井内相邻的两口井的井距介于152.5~229ft之间(50~75m)。根据火烧油层所波及区域内生产井的生产动态计算得出的最终石油采收率为55%。

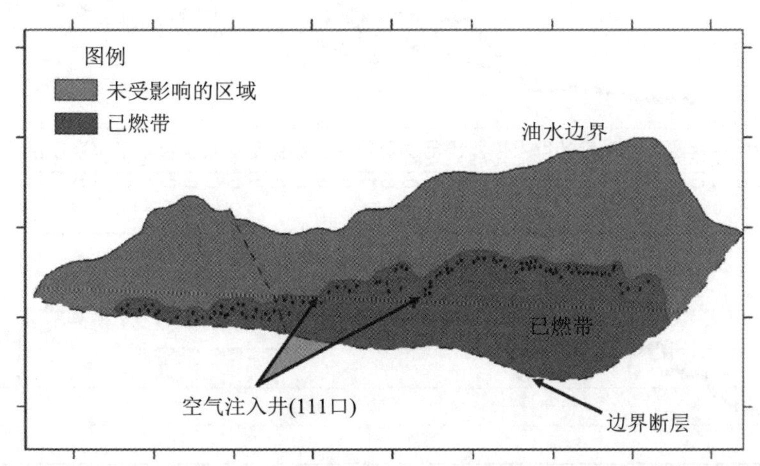

图18.28 截至2004年7月1日Suplacu de Barcau油田燃烧前缘的位置
[资料来源:《After 33 years of commercial operation(33年商业开发之后)》]

1983年，在范围更宽的油藏东部构造中部位点火形成了第二个线性燃烧前缘，方向平行于已有的主要燃烧前缘。同时开展两个平行燃烧前缘的作业难度很大，主要原因是构造高部位燃烧前缘的推进速度降低，而且整体的生产动态变差。1996年，第二个燃烧前缘的作业中止。

图18.29显示了这个商业性火烧油层项目的生产动态。含水率增加到了目前的82%。导致含水率上升的原因是油水界面延伸，以及生产井到当前油水界面的距离太近。石油产量峰值出现在1985~1991年间，这个时间段内空气注入总量是最高的，而且空气油比也提高到了当前的数值3000m^3(标)/m^3。由于在开展火烧油层的同时一直在连续进行CSS，估计其对石油产量的贡献在油藏的东部为18%，而在油藏的西部(产层净厚度要大得多)为25%。

这个项目是世界上监测最为密切的火烧油层项目之一。在观测井和生产井中实测了数百个井底温度剖面，在部分井的产层的上部还测到了很高的峰值温度(大约600℃)，说明火烧油层过程存在有限垂向燃烧的性质(segregated natur)。此外，部分生产井出现了一定程度的燃烧现象，因而大约有15%的生产井被新井所取代；在已燃带钻了8口取心井。这些取心井揭示，产层顶部有5~7m岩层已燃，而下部7~10m岩层未燃但被加热。两口取心井的岩性柱状图说明了这一点(见图18.17)。

出于高温生产井修井作业安全方面的考虑，开发出了一种特殊的钻井泥浆，用于对这些温度高达80~250℃的“热井”进行压井作业。这种泥浆可以确保井内的压力平衡，避免地层堵塞，同时还保持与特定温度相适应的流变-胶体特性(Aldea等，1988)。

火烧油层使采出石油中天然乳化剂的浓度增大，例如沥青质、树脂、环烷酸和分散的细微固体颗粒，它们导致形成了难于处理的乳化液。为了使原油脱水和脱盐，开发出了专门的技术，用于在最后的步骤开展热-化学处理。

一个重大的挑战是部分燃烧气体通过某些类型的泥火山和蒸汽火山(mud and steam volcanoes)

泄露到地表，燃烧气体泄漏出现在构造的高部位，并且这个问题从一开始就伴随着商业性火烧油层开发。造成这种气体泄漏的原因是储层埋藏浅和部分老井封闭性差(Carcoana, 1990)。

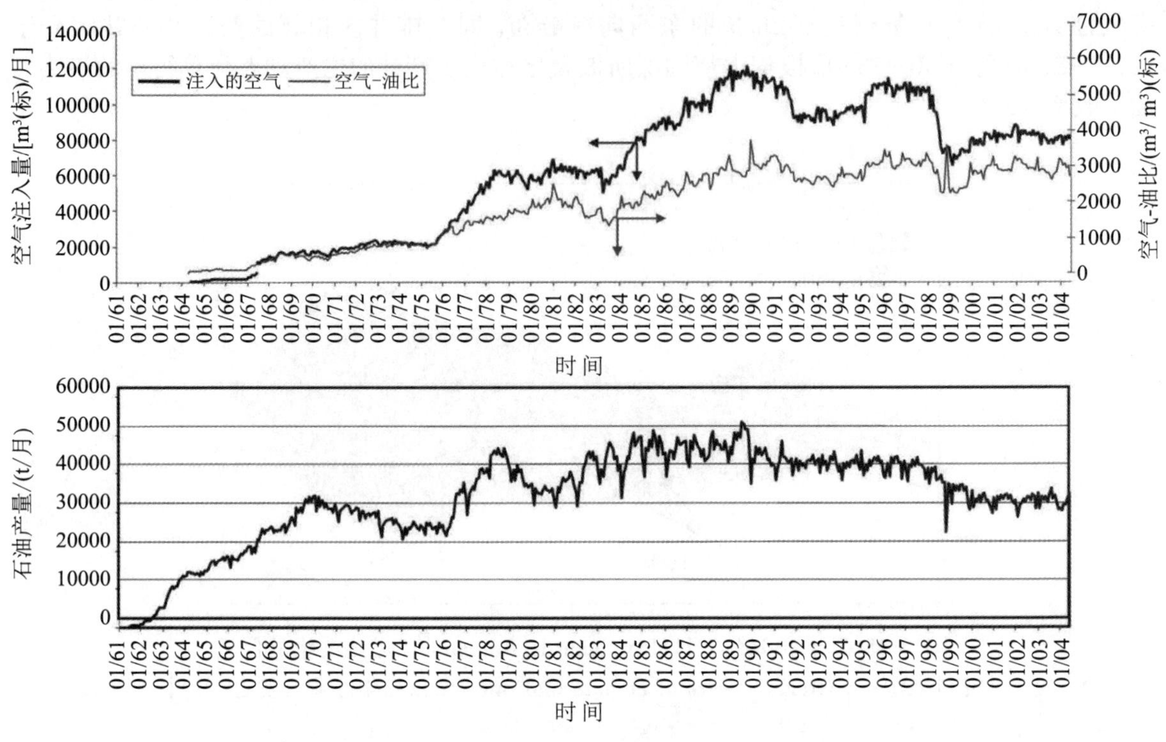

图18.29 Suplacu de Barcaau火烧油层项目的生产动态

③ 湿式燃烧：Balol和Santhal项目：这两个项目是在具有强侧向水驱、埋深较大(大约1000m)的高压(大于10.3MPa)油藏中开展的(见表18.6和表18.7)。石油黏度中等，Santhal油藏的介于50～200mPa·s之间，而Baalol油藏的介于200～1000mPa·s之间(Bhatia和Singh, 1998; Roychaudhury等, 1995)。这两个油藏都采用了边缘驱动(peripheral direct line drive)，有时是对直行列驱动(direct line drive)，有时是交错行列驱动(staggered line drive)。

Sanathal和Balol油藏都属于印度西部古吉拉特邦北部地区重油带的组成部分。Santhal油藏于1974年投产，而Balol于1985年投产。油田的圈闭类型为构造-地层复合圈闭。石油圈闭在上倾方向上以一条尖灭线为界，而在下倾方向上以油水界面为界(见图18.29)。产层为未固结的砂岩，夹页岩、碳质页岩和煤层。这套储层的独特特征是：煤和碳质沉积物在油层中以两种方式存在，其一是分散的煤(黑色颗粒和厘米级的纹层)；其二是煤和碳质条带，这些条带在水平方向上的分布范围可以是几米，而最大的可达两口井之间的距离。煤条带的厚度在产层段内为0.2m，而在产层段以外可达数米。

石油开采机理是天然边水驱，流度比不太有利。对于Santhal和Balol而言，静水压力几乎到现在都保持不变，这说明发育能量很强的含水层，而且油藏压力仍旧保持在泡点压力以上。最初，生产方式是自喷开采，随后在井中安装了有杆泵。在火烧油层开采过程中，绝大多数井都采用了抽油泵，但也有个别的生产井得益于热效应而自喷生产。

生产井没有发生严重的出砂问题。总体上，生产井的砾石充填层都保持了良好的状态。

1990年开始在Balol油藏中开展火烧油层试验(见图18.30)。最初，仅采用了面积2.2hm^{2}的反5点法井网。随后，又通过在井网边缘钻4口生产井而把井网面积扩大到了9hm^2。紧接着开始了第二个井网的火烧油层试验。1996年，鉴于这两个试验井网的生产动态比较有利，决定开展商业性的火烧油层开发。Balol油藏的商业性火烧油层开发始于1997年，而且一开始就采用了构造高部位边缘行列驱动方式(Turta，1996)。

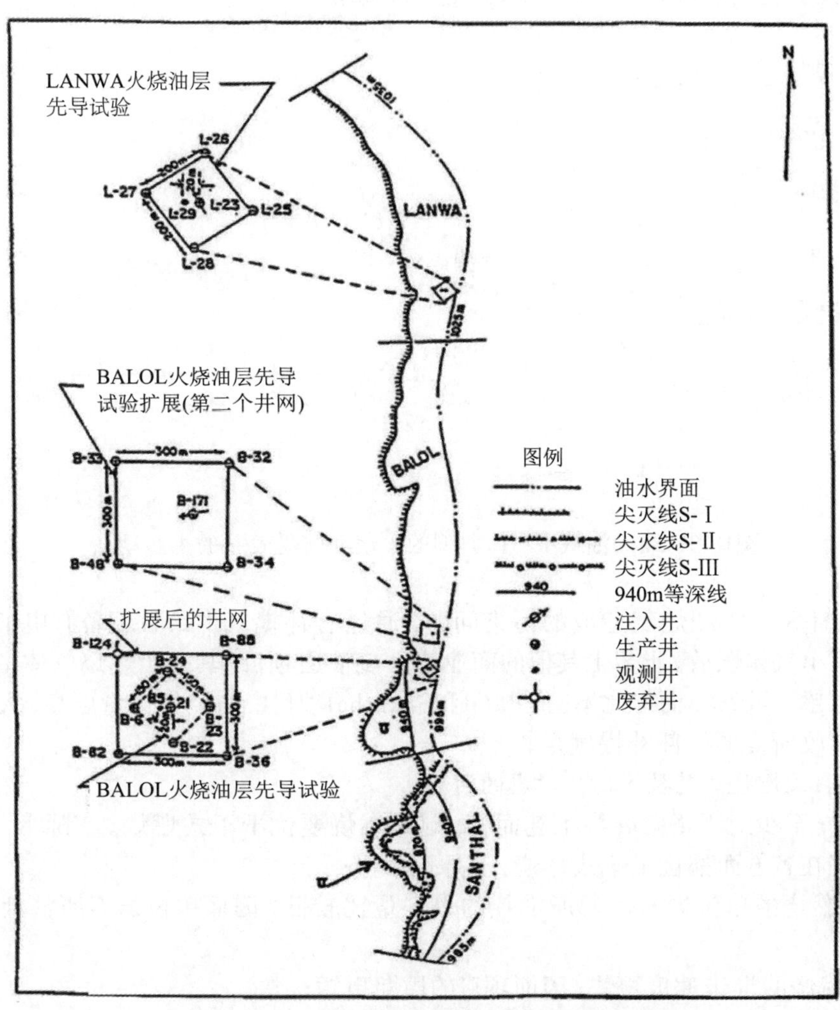

图18.30 Balol-Santhal油藏火烧油层试验井网

在Santhal油藏中，商业性火烧油层开发最初是在反5点法井网中实施的。虽然最初的设计方案提出采用面积驱动井网，但后来根据由Santhal油藏火烧油层试验得出的初步经验以及相邻的Balol油藏的火烧油层开发经验，对设计方案进行了修改，采用了构造高部位边缘行列驱动方式，而且这种方式一直采用至今(Chattopadhyay等，2003，2004)。

Balol和Santhal油藏都曾开展过湿式燃烧试验，而且都在试验之后投入了商业化应用。水油比介于1~2L/m^3(标)之间，注入方式是空气和水交替注入(非共注)。湿式燃烧可能使很高的燃烧前缘峰值温度降至适中，从而降低了燃烧气体中的H_2S含量。燃烧气体中的H_2S含量保持在100~1500μL/L范围内，尖峰值高达4000μL/L (Turtaa，1996)。

在Balol油田，注入井沿着一条超过12km长的线分布，而在Santhal油田，这条线的长度在4.6km以上。鉴于地层温度(70℃)和压力都比较高，采用了自燃点火方法。

随着Balol和Santthal火烧油层项目规模的不断扩大，石油产量持续增加。图18.31显示了Balol油藏中一口生产井的典型生产动态。这口井位于油水界面附近，由于火烧油层驱替石油并使之沿下倾方向流入生产井，这口生产井的含水率从75%大幅降至5%以下。在Santhal油藏也见到了类似的效果。这也表明，在侧向水驱能量比较强的稠油油藏中，火烧油层是一种非常有效的开采方法，它可以把水驱回含水层。表18.7列出了这些项目的主要结果。这两个项目的空气-油比都比较有利，为1000m^3(标)/m^3[5600ft^3(标)/bbl]。

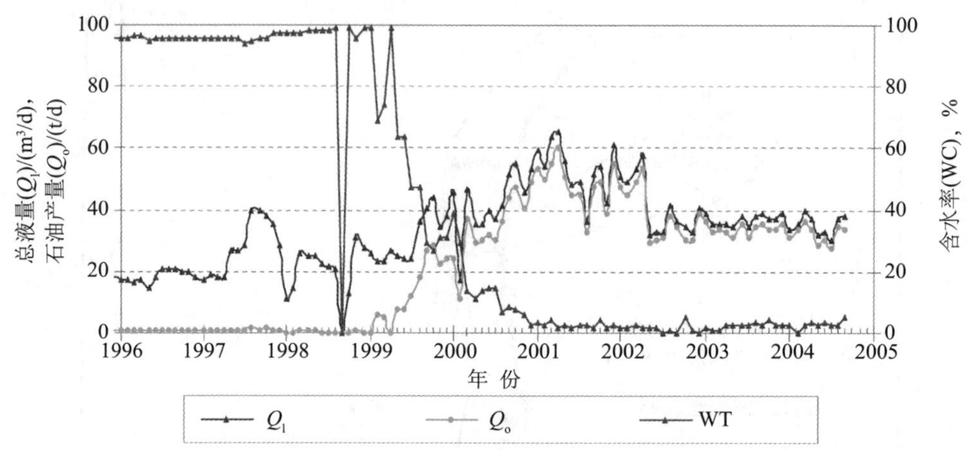

图18.31 Balol油藏中一口典型的火烧油层受效井的生产动态

为了解决H_2S、SO_2和烃气造成的污染问题，通过有补提气供给且配备有电子点火器的高火炬烟囱把采出气体燃放。世界上其他的商业性火烧油层项目，其采出燃烧气体中的烃气含量几乎都最高也超不过2%，而与此不同，Balol和Snanthal项目中的烃气含量更高，大约为6%，这有助于减少燃放所需的外部补提气量。

18.2.5.3 运用湿式燃烧工艺技术时需考虑的问题

理论上讲，至少对于正向燃烧工艺而言，湿式燃烧要优于干式燃烧。实际上，室内试验已证实湿式燃烧在各方面都优于干式燃烧，其原因如下：

① 湿式燃烧的单位岩石体积所消耗的燃料量比较低，因而单位岩石所消耗的空气量较少；

② 湿式燃烧的推进速度更快，因而项目的周期更短；

③ 湿式燃烧的空气-油比较低。

遗憾的是，矿场试验(先导试验和商业性试验)都无法明确地逐一证实湿式燃烧的这些优点，尤其是前两个优点；即使其在空气-油比方面的优势也并不突出，虽然其空气-油比相对较低，但这个较低的空气-油比维持的时间并不长，而且也并非是在油藏内大范围存在。而一些操作问题(例如更加突出的乳化问题)和注入能力问题反而阻碍了湿式燃烧工艺的广泛应用。此外，频繁更换生产系统(自喷、举升等)还带来了很多问题，这也降低了作业者用湿式燃烧来替代干式燃烧的意愿；Suplacu de Barcau项目和BSOC公司的Bellevue项目中的商业性试验都存在这种情况。

18.2.5.4 常规火烧油层过程中的原位改质问题

正常情况下，由于存在热裂解作用而且最重的石油馏分作为燃料而被使用/消耗，原油原位改质应当是可期的。然而，虽然在燃烧前缘的正前方原油的确会发生原位改质，但在流过冷油带的过程中，数量比较少的改质后原油与原始状态(未改质)的原油混合，从而使改质效果丧失殆尽。

在Suplacu de Barcau项目中并未观察到原油改质的现象。在Balol和Santhal项目中，对采出原油性质的长期分析结果表明，虽然在部分时段内观察到石油黏度曾出现一定的降低现象，但并未出现一致性的下降(Chattopadhyay，2002)。

在West Newport项目中观察到了略微更具一致性的原油黏度降低现象；采出原油的API重度从15.2API度提高到了17API度(有时为20API度)，而含硫量则从2.2%降至1.8%。对应的最大黏度降幅(在20API度情况下)是从4600cP降至270cP(60°F温度下)(Chu和Crawford，1983)。

在South Belridge项目中，采出原油的API重度从12.9API度增至14.2API度，而其黏度从2700cP降至900cP(87°F温度下)(Chu和Crawford，1983)。

总体上，关于原油原位改质是否存在这个问题，人们并未得出一致的认识，即使原位改质发生了，其效果也并不十分明显(2~3API度)。因此，对于常规正向火烧油层过程而言，在方案设计中并不会考虑原位改质问题。

18.3 轻质油油藏中的火烧油层项目

轻质油油藏中的火烧油层项目可以划分为两类：①在威利斯顿盆地(Williston)开展的项目。这些项目一般是作为二次采油方法来采用火烧油层技术的，而且是在一次采油采收率很低的情况下开展的，实践证明项目比较成功，因而进入了商业性应用阶段；②在天然水驱或注水开发之后开展的项目(一般是在威利斯顿盆地以外)。这类项目一般在倾斜的油藏中开展，其效果还没有完全得到证实，而且工艺仍在开发之中。

18.3.1 威利斯顿盆地深层极轻的轻质油油藏中商业性HPAI项目

注空气开发技术发展的一个重要里程碑是1979年在美国北达科他州和南达科他州威利斯顿盆地开展的商业性注空气开发项目(Erickson等，1993；Faassihi等，1994；Kumar等，1994)。实施项目的油藏是白云岩油藏，孔隙度(11%~19%)和渗透率(<20mD)都比较低，油质非常轻(在储层条件下原油黏度不到2mPa·s)。由于注入能力极低，注水遇到了很大的困难。白云岩中发育一些微裂缝，但并未经历过强烈的破裂作用或断层作用。

表18.8列出了威利斯顿盆地项目(及其他类似项目)的主要数据。这些项目最突出的特征有以下两点：①地层温度高(103~112℃)，这有助于通过自燃的方式进行点火。②火烧油层开始时石油采收率很低(不到10%)，其原因是石油欠饱和的程度很高，而且储集岩非常致密。

有关这些项目的第一篇论文发表于1993年，这篇文章引入了术语HPAI(Erickson等，1993)。这些项目似乎涉及混相驱过程，其间接证据是作业者曾为了维持地层高压而很艰难地以足够高的速度注入空气(Miller，1994)。对于这些项目而言，储层条件和操作条件似乎有助于产生自燃的燃烧前缘(self-sustained ISC front)，但并未有生产井或观测井的井底温度资料能够证实这一点，因为没有开展过温度测量。然而，采出气体中的CO_2含量大约为12%，这似乎说明自燃过程(self-susttaining process)是存在的。在这些项目中还出现了一些腐蚀问题，但这些问题采用常规方法就解决了。

图18.32是Cedar Creek背斜构造的示意图，图中显示了5个商业性火烧油层项目。规模最大的项目有Cedar Hills、Medicine Pole Hills和Buffalo；Little Beaver和Pennel项目启动时间较晚(大约2004年)，而且是在注水开发后实施的。

图18.33展示了Medicine Pole Hills项目的生产动态，该项目是在直井井网中开展的。增产效果非常明显；预计最终石油采收率将从15%增至29%(Kumar等，1994)，这是该地区有记录的最终石油采收率的最大增幅。

表18.8 美国极轻的轻质油油藏火烧油层项目(HPAI项目)数据表(截至2005年)

油田/公司/州①	参考资料②	储集岩类型③	产层厚度/m	埋深/ft	温度/℃	注入压力/psi	孔隙度, %	渗透率/mD	石油黏度/(mPa·s)	火烧油层日产油量/(bbl/d)	空气油比/[ft^3(标)/bbl]	石油采收率(一次采油/HPAI), %	观测
West Hackberry/阿莫科/路易斯安那	T	S	10④	3000~12000	94		27	300	0.9				
Sloss⑤/阿莫科/内布拉斯加	T		6	6200	94	3600	11	190	0.8	480	16900		
MPHU/大陆石油公司/威利斯顿盆地(WB)	T	D&L	6	9500	104	4400	17	5	0.5	600	12000	15/29.2	
Buffalo/大陆石油公司/WB	T	D	4.6	8500	102	4400	19	18	0.5	2500	10000	6.5/15.6	
Madison Capa⑤/Koch Expl./WB	T	L	?	8600	99	4400	11	10	0.5		20000		
Cedar Hills(北和南单元)/大陆石油公司/WB	OGJ 2010	9000	102		18	10	2		9000	6000/13300(截至2012年)	?		仅采用水平井
Pennel(2期)/Encore Acq./WB	OGJ 2010			8800	93		17	10	1.4	1980/增量260			直井和水平井
Little Beaver/Encore Acq./WB	OGJ 2010			8300	93		17	10	1.4	1650(截至2012年)；增量750			直井和水平井

① MPHU代表Medicine Pole Hills单元；WB代表威利斯顿盆地，北达科他州和南达科他州；Continental代表大陆资源公司；Encore Acq.代表Encore Acquisition公司。
② T代表Turta和Singhal，2001；OGL代表《油气杂志》，2010年4月。
③ D代表白云岩；L代笔石灰岩。
④ 倾角=23°~35°。
⑤ 破裂岩石。

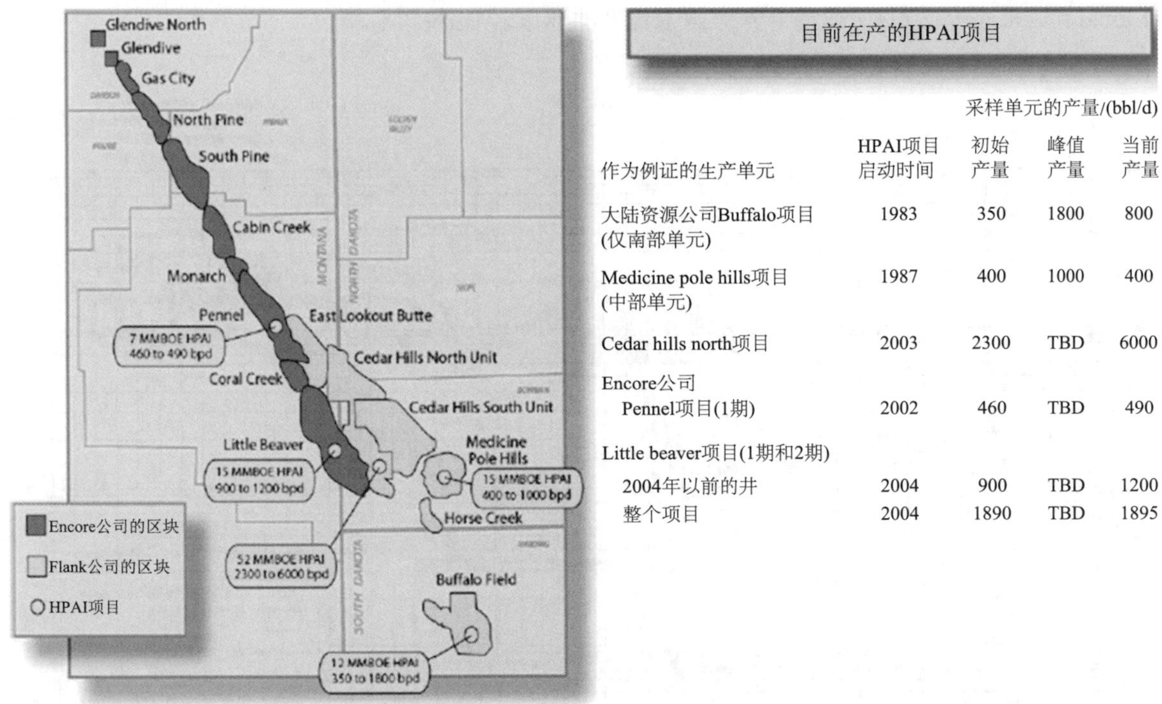

采样单元的产量/(bbl/d)

作为例证的生产单元	HPAI项目启动时间	初始产量	峰值产量	当前产量
大陆资源公司Buffalo项目(仅南部单元)	1983	350	1800	800
Medicine pole hills项目(中部单元)	1987	400	1000	400
Cedar hills north项目	2003	2300	TBD	6000
Encore公司				
Pennel项目(1期)	2002	460	TBD	490
Little beaver项目(1期和2期)				
2004年以前的井	2004	900	TBD	1200
整个项目	2004	1890	TBD	1895

图18.32 Cedar Creek背斜(威利斯顿盆地)示意图(图中显示了截至2005年ENCORE Acquisition公司所开展的HPAI项目的主要数据)(ENCORE公司的网站)

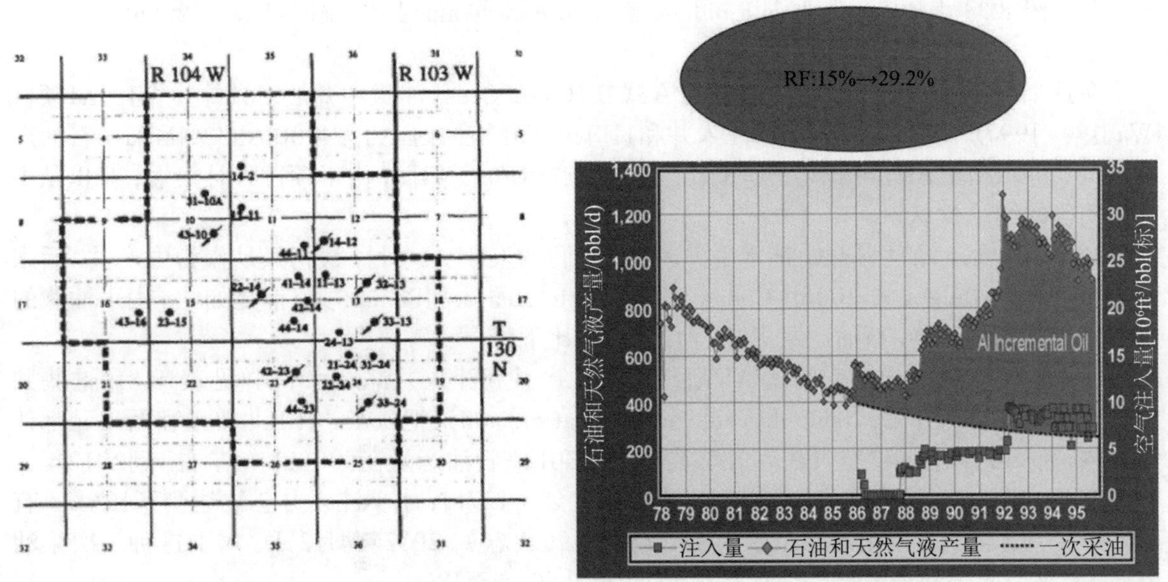

图18.33 大陆资源公司Medicine Pole Hills HPAI项目的生产动态
(采用的是垂直井；面积驱动方式；一次采油结束后注入空气)(Bellgrave, 2006)

图18.34显示了South Buffalo HPAI项目的生产动态，这个项目也是在直井井网中开展的。对这个油藏18年并行的水驱开发和HPAI开发进行了深入对比分析，结果发现水驱开发使最终石油采收率从10%增至15%，而HPAI则使最终石油采收率从10%增至15%~17%，增幅略大一些

(Kumar和Gutierez，2007)，后者主要得益于其采油速度较快(快3倍)。

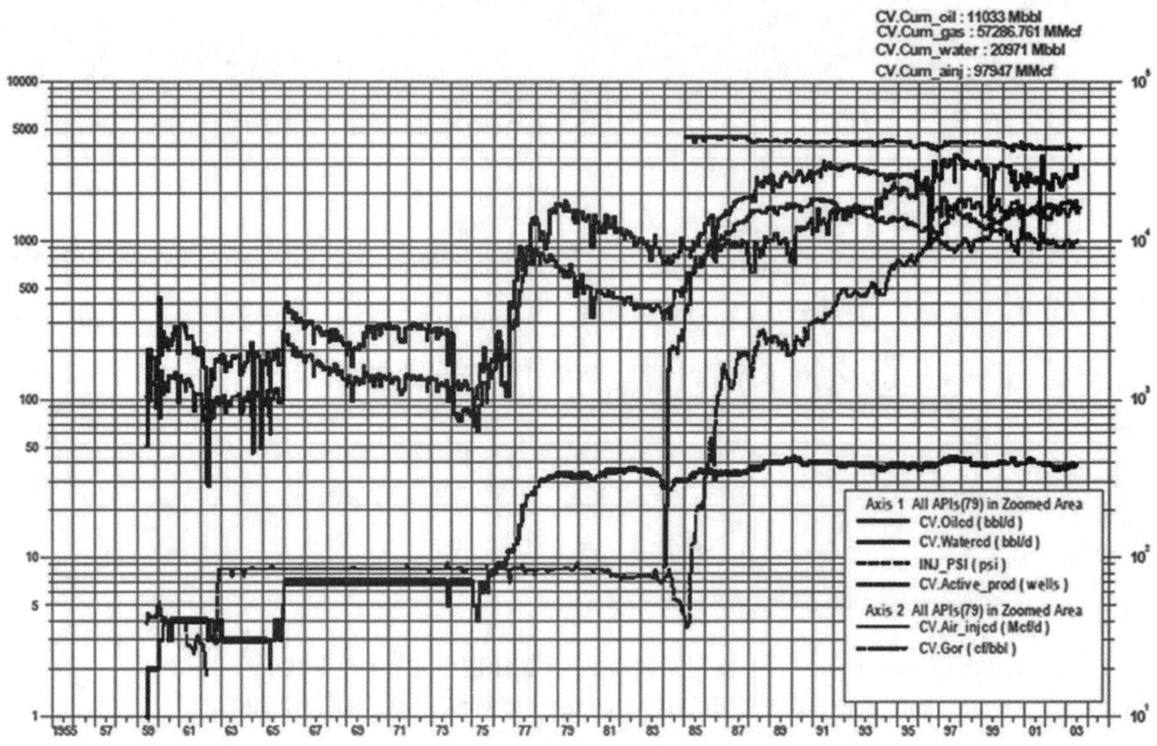

图18.34 大陆资源公司South Buffalo项目Red River单元的生产动态(Belgrave，2006)

在这个地区，1996年以面积驱动的方式在Horse Creek油藏中开展了另外一个HPAI项目(Watts等，1997)。这个项目涉及3口注入井和11口生产井。注入压力为4700psi(32.4MPa)；石油产量从300bbl/d增至700bbl/d；空气-油比为3200m^3(标)/m^3。然而，由于项目历时很短，难以从中得出明确的结论性认识。

2000年以后，经营者开始钻水平井，并把它们纳入HPAI项目，最初只是作为生产井，后来也用做注入井(Belgrave，2006)。Cedar Hills、Little Beaver和Pennel项目都是如此。由于油藏的压力状态得到了改善，石油产量提高，而空气-油比下降。

Cedar Hills是规模最大的HPAI项目，目前生产井和注入井都是水平井(见表18.8)；这些井可能采用了并行布井方式(side-by-side configuration)。如果把Cedar Hill北单元和西单元都计算在内，那么到2005年，空气注入井总数达到了30口，石油产量在6000bbl/d左右。到2012年，石油产量增至1.33×10^4bbl/d，水平生产井总数达到了127口，水平注入井总数达到了126口。有趣的一个现象是，所采用的井距很大(1mile)(《油气杂志》，2012年4月2日)。对于这种二次采油方式，石油采收率的最大增幅估计是12%OOIP(从6%增至18%)。

18.3.2 极轻的轻质油油藏水驱后的火烧油层项目

如表18.8所示，在北达科他州破裂程度很高的CAPA Madison油藏中进行了空气注入试验(Erickson等，1993)，空气注入是在水驱开发结束后进行的。在这个水淹的油藏中以面积驱动方式注空气一年半后，其空气-油比是威利斯顿盆地其他项目的两倍[大约$2\times10^4ft^3$(标)/bbl或3500m^3(标)/m^3]，而目前这个项目已中止。

在天然水驱/注水开发之后，最近启动了两个火烧油层项目。第一个项目是1994年在美国

West Hackberry(见表18.8)油田开展的，这个项目由两个先导试验组成：第一个是高压先导试验，而第二个是低压先导试验。这两个先导试验项目都充分发挥了重力的作用，注入井都部署在构造的最高部位。在第一个先导试验中，储层的倾角为23°～35°；而在第二个先导试验中，地层倾角为60°。第一个先导试验实现的石油产量增长幅度为30%，而第二个先导试验实现的石油产量增长幅度为65%，这可能说明了地层倾角发挥的作用要比混相能力的更大。这里，火烧油层是在天然边水驱开发的石油采收率已达50%的开发后期阶段实施的；第二个先导实验的初步结果令人鼓舞，但最终的结果还不得而知(Turta和Singhal，2001)；在先导试验的生产井中从未检测到氧气，说明所有的氧气都消耗在了储层中。第二个类似的项目是道达尔公司在印度尼西亚Handil油藏中实施的，但在报告试验结果之日该项目还处于早期阶段(Clara等，2000)。

如前所述，在2000年之后，经营者们开始钻水平井；在水驱后实施的HPAI项目中也开始采用水平井。Little Beaver和Pennel项目就是如此。在Little Beaver项目实施4年后的2006年，注入井数为29口，生产井数为57口，石油产量要比通过外推计算出的对应水驱开发产量高出25%，而项目实施10年后，即2012年(《油气杂志》，2012年4月2日)，石油总产量达到了1650bbl/d，其中新增石油产量为750bbl/d(增幅45%)。Pennel项目于2002年启动，分两个区块实施(项目1期区块和2期区块)。2012年，由32口注入井和78口生产井实现的石油总产量为2000bbl/d，其中新增石油产量260bbl/d(增幅13%)(《油气杂志》，2012年4月2日)。在经过了10年的运行之后，这两个项目的开发效果都比较好，其规模有可能进一步扩大。因此，作为水驱开发后的一种三次采油方法，HPAI的商业应用能否取得成功，可能很快就会最终得到验证。

18.3.3 轻质-中质油油藏火烧油层失败的案例

在石油黏度介于2～60cP的油藏中，火烧油层失败的案例很多(Turta和Singhal，2001)。得出一个项目失败的结论并不是基于直接的证据，而是基于该项目是否扩大规模并进入半商业性或商业性试验。罗马尼亚油田火烧油层失败的案例(例如Ochiuri和Babeni油田等)在参考文献中有介绍(Carcoana等，1983；Machedon等，1993)。美国油田火烧油层失败的主要案例在Chu(1977，1983)的论文中有列出，而加拿大火烧油层失败的案例在More等(1994)的论文中有列出。

从这些失败的案例中可以吸取很多教训。例如，在Ochiuri油田火烧油层案例中，在经历了几十年的注气开发之后，在第二个气顶中实施点火也是可能的。似乎没有多少失败的案例是因为缺乏足够多的燃料而造成的。导致失败最常见的原因如下：非常复杂的操作问题(腐蚀、磨蚀、频繁更换泵送设备等)；存在非常老的井，这些老井无法确保试验区具有良好的封闭性。

至少在技术上取得成功的两个例外案例是West Heidelberg(WH)项目和中国的一个项目(在编写本书时仍在运行)。虽然WH项目并不是在水驱开发之后实施的，但需要指出的重要一点是，它是在轻质油藏(石油黏度6cP)中实施的最高效的注空气项目之一(从生产动态价值的角度讲，主要是就最终石油采收率而言)(Huffman等，1983)，是在重力稳定模式下实施的(自顶向下驱动)。WH油藏的埋深为3500m，地层温度为105℃。储层渗透率较低(85mD)，但地层倾角比较大(5°～15°)；石油为高度欠饱和的原油(泡点压力只有初始压力的五分之一)。在构造高部位部署了3口注入井，在石油采收率达到6%时开始注空气，2011年后石油采收率提高到了30%，空气-油比为1800m^3(标)/m^3。在生产井中记录到的最高井底温度为242℃。

中国正在一个轻质油油藏中实施空气+泡沫矿场试验(截至2008年)，试验结果令人鼓舞(Yu等，2008)。本次试验是在一个高强度水驱后的小规模5点法井网(地层温度90℃，石油采收率21%)中开展的，储层非均质性非常强烈(注氮气3天后就突破)，在注空气泡沫6个月后(0.45PV)，没有出现N_2/O_2突破的现象；即使在有泡沫存在的情况下，氧气也都完全消耗在了地层中(氧气利用率100%)。石油采收率提高到了20%，而含水率则略有下降(97%~92%)。然而，要对试验结果作出评价还需更多的生产动态历史数据。计划开展另外两个类似的试验。对于渗透率比较有利的储层而言，这似乎是一个很有前景的技术发展方向。

促使轻质油藏火烧油层取得成功的关键因素似乎是地层温度高、地层倾角大和含油饱和度较高。

18.4 周期性火烧油层技术

周期性火烧油层技术(CISC)[又称“燃后即转换”火烧油层(“burn and turn” ISC)]在一定程度上类似于蒸汽吞吐(CSS)。其工艺过程是先在生产井中点火形成燃烧前缘，并使燃烧前缘在井筒周围向外推进数米远，然后在经过一段时间的吸热之后再开井生产。石油流过已燃带，吸收存储在已燃带的部分热量，进入生产井并被采出地表。石油通过已燃带的流动类似于反向燃烧过程中的石油流动；唯一的区别是在周期性火烧油层过程中，没有连续的压力支持，因为空气注入已经停止。

蒸汽吞吐技术已被广泛地采用，相比之下周期性火烧油层技术的应用则非常有限，这主要是受矿场条件和专业技术人员缺乏的制约，直接与火烧油层过程的复杂性有关。周期性火烧油层的主要作用是增产石油和使砂层固结。该项技术的另外一个用途是通过注入热空气(受控的焦化)使砂层固结。其目的并不是使地层燃烧，而是通过注入热气使井筒周围地层中石油实现受控焦化(借助于低温氧化)，进而使砂层固结。

18.4.1 周期性火烧油层技术在重油增产中的应用

在加拿大，BP加拿大资源公司Marguerite Lake油田应用了周期性火烧油层技术，但相关的结果在公开的文献资源中还没有见到(Moore等，1993)。在美国，周期性火烧油层技术在石油黏度为800mPa·s的中质-重质砂岩油藏中得到了应用。石油产量增加了4倍，而且热效应带来的石油产量增长持续了5个月；生产井在前3个月采出了热流体(White，1965)。在印度，该项技术在Balol油田边水-油界面附近的一口生产井中得到了应用。石油产量增长了3倍，而且增产效应持续了1年多。含水率从95%降至了大约40%，但在1年内就又逐渐回升到了80%(Rao等，1997)。

这项技术更加系统的应用是在阿尔巴尼亚和罗马尼亚。在阿尔巴尼亚，这项技术在Patos-Marinza重油油藏中得到了应用，储层为未固结的砂岩，石油黏度为9000mPa·s，应用这项技术的主要目的是阻止地层砂流入井筒。在因出砂问题而已关闭的8口生产井中应用了该项技术。总体上，周期性火烧油层使石油产量从最初的0.3t/d增至1.5t/d，而且增产效应持续了1.5年(单井累计石油产量达到了650t)。实施周期性火烧油层之后，采出石油中的含砂量从8%减至2%(Gjini等，1999)。

在罗马尼亚，在Suplacu de Barcau和Viidele-Balaria重油油藏中实施商业性火烧油层开发的过程中，开展了周期性火烧油层作业，其目的是提高石油产量和阻止地层砂流入井筒(Turta等，1985)。从Suplacu de Barcau项目中得出了如下认识：

① 在14次作业中，有9次都成功地使砂层固结并提高了石油产量。在周期性火烧油层作业后，地层砂流入井筒的最早时间是投产后的5~6个月，而在部分生产井中地层砂流入井筒的现象从未出现过。

② 平均日产油量增长了3~15倍，在作业比较成功的情况下，单井新增石油产量介于200~6000m^3之间。热增产效应持续了0.5~2年。

③ 在作业比较成功的情况下，空气-油比不到1000m^3(标)/m^3。

④ 在43号井和2537号井中，井底温度没有得到有效的控制，生产层段发生了石油裂解(焦化)。焦炭在井筒中和孔眼周围沉积，从而采用常规方法很难进行清理。

⑤ 800号、801号和802号井因黏土流入井筒而无法进行生产。周期性火烧油层作业把水合性黏土转变为了非水合性稳定黏土，从而使黏土不再从地层流入井筒。其直接的结果就是石油产量从0.8m³/d提高到了6m³/d。

周期性火烧油层要想取得成功，作业者应在点火过程中把峰值温度保持在400℃以下，以免损坏套管。套管损坏会使石油开采变得很困难，而且热效应无法得到有效利用，402号和802号井就是如此。图18.35显示了516号井在周期性火烧油层前后的生产动态。在第一个阶段，峰值石油产量(周期性火烧油层)大约是29m³/d(月平均的石油产量约为24m³/d)。在生产周期的后期含水率有所提高，但仍维持在10%以下，类似于以前的周期性火烧油层应用。周期性火烧油层之后一年半的新增石油产量相当于之前4年总产量的50%。

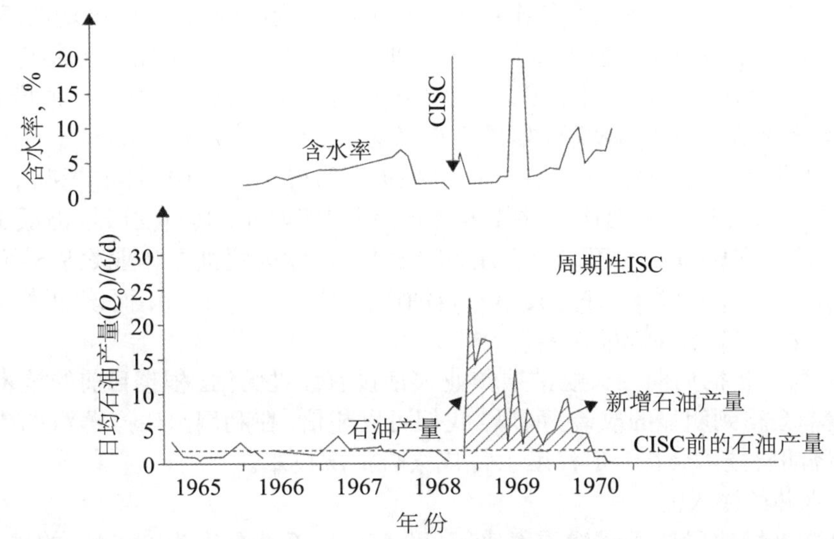

图18.35 Suplacu de Barcau油藏516号井周期性火烧油层前后的生产动态对比(Turta等，1985)

801号井是一个有趣的案例，这口井接近初始的油水界面，在周期性火烧油层过程中，频繁出现地层砂和黏土流入井筒的问题，而且在周期性火烧油层之前石油产量很低(4年内开采的石油总量只有400t)。在实施周期性火烧油层之后的前70天内，这口井自喷生产，石油产量是30m³/d左右。周期性火烧油层并未完全解决地层砂流入井筒的问题，在实施周期性火烧油层后的第一年内就需要开展三次清砂作业。

由Videle-Balaria油田周期性火烧油层项目的资料和结果可以得出如下结论性认识：

① 在77次作业中，有3次作业在砂层固结和石油增产两方面都取得了很好的效果，还有2次作业只在砂层固结方面取得了成功。在周期性火烧油层作业之后，有3口井中的地层砂流入井筒的现象彻底消失，而在其余井中，这一问题仍存在，但出现的频率要比以前低得多。

② 平均来讲，日产油量增加了2~3倍，而对于作业成功的井，新增石油产量在2000~1.8×10⁴t/井之间。石油生产的热增产效应持续了2~3.5年。

③ 作业效果最好的井是1215号井，其中燃烧前缘推进的时间持续了1个月，累计空气注入量比较少，为22×10⁴m³。这口井只是为了实施周期性火烧油层作业而开井生产的。在周期性火烧油层作业前的2年内累计石油产量为400m³。在周期性火烧油层作业之后，这口井已连续生产了12年，峰值石油产量为11m³/d左右。

④ 对于作业成功的井，空气-油比低于1500m³(标)/m³。一般而言，燃烧前缘推进时间较短

且对应的累计空气注入量较少的井，其生产动态更好一些。

⑤ 关井的时间是根据燃烧时间的长度而定的，一般介于3~18天。对于固结砂层的案例而言，关井时间在10天以上时，作业效果更好。

有关这些作业的更详细信息，请参阅参考文献(Trasca和Paduraru，1993；Turta等，1985)。

在Suplacu和Videle-Balaria油田，在生产井重新开井生产后的初期，仍存在一定的地层砂流入井筒的问题。但在清砂作业之后，地层砂流入井筒的问题一般都会消失。事实上，在燃烧阶段结束后，干净的未固结砂层依然存在。只有在热油流过之后，砂层才会固结。

在阿尔巴尼亚和罗马尼亚的项目中，点火作业是否成功存疑的生产井，其增产效果都比较差。不管怎样，部分生产井中地层砂流入井筒的问题彻底得到解决。

截至目前，所讲的周期性火烧油层作业都是优先作为周期性火烧油层项目而设计的。然而在罗马尼亚，在个别情况下，在注空气作业停止且生产井投产后，正常的火烧油层项目(面积驱动方式下的连续火烧油层)被转换为周期性火烧油层项目。采取这种强制性转换措施的原因是压缩机的压力太低(与所需的空气注入压力相比)；这是迫不得已而采取的一种措施。对不同油藏中的9个此类案例进行分析后发现，如果是在经历了长时间主动燃烧(active combustion)之后把注入井转换为生产井，周期性火烧油层作业都不会取得成功。在这样的情况下，只有在长时间(3~12个月)的修井之后才能把这些井投入生产，但即使如此，其石油产量仍低于相邻的一次采油生产井。例如，在Balaria油田，在经历了1.5~4年连续火烧油层作业之后转而进行周期性火烧油层的生产井(C1、C2和C4井)，其单井石油产量只有0.5~1m^3/d，而该油藏一次采油生产井的平均单井石油产量为2m^3/d(Turta等，1985)。

截至目前，所分析的周期性火烧油层作业大都没有经过优化。根据目前的技术进步情况，可以预期其效率会得到明显的改善。所以，我们可以相信，在利用水生产蒸汽的成本过高的油田，周期性火烧油层技术会在一定程度上替代火烧油层技术。

18.4.2 提高注水井的注入能力

利用周期性火烧油层技术对渗透率比较低(15mD)、石油黏度为9mPa·s的砂岩油藏中的6口注入井开展了增注处理。平均来讲，这些井的注水速度从10m^3/d增至50m^3/d，石油总产量增幅达到了85%，增注后注入井的单井累计增油量为450t(Stallings，1965)。小规模热裂缝的形成似乎是促使渗透率明显提高的机理。

18.4.3 通过注入热空气使砂层固结(“受控结焦”)

有报道的第一批结果是在美国开展的6次应用(Fitzgerald，1966)，这几次作业的砂层固结效果都比较好。但增产效果非常有限，增产的时间不到1~2个月。先向井中注入热空气(温度高达200℃)7天，然后再注冷空气7天。在这14天的注入作业结束之后，再把这口井转而投入生产，在前2周内开采出了略微改质的石油。这可能与以下实事有关，即在前7天之后实际上已经点火成功，而且燃烧前缘在随后的7天内向前推移，在近井筒地带形成了一个已燃带。得出这种解释的依据是：在井投产后立即就出现了部分地层砂流入井筒的现象，但随后就彻底消失了。

在前苏联曾开展过受控结焦作业(controlled coking)，在Pavlov Gor油藏的9口井中开展了17次这样的作业(Baibakov和Garusev，1989)。在其中8口井中，作业重复进行了两到三次。储层为未固结的砂层和砂岩，所含石油的黏度为173mPa·s。很多的生产井都因地层砂流入井筒而被迫关井。地层砂流入井筒的现象消失了3~26个月的时间，平均为9个月。在对井进行加热(采用电加热器)的过程中，温度较高(理想温度是350℃)而且累计注入热量较多时，增油量比较多。

通过注入热空气使砂层固结的缺点是对作业的控制程度较低，这种作业似乎要么会导致直接点火，要么会在注入热空气时间延长后导致自燃点火；在储层温度较高时这种缺点似乎更突出。

18.5 结合水平井实施火烧油层的新方法

在水平井火烧油层方面，不管是实验室研究还是矿场试验研究，相关的资料都很少。

18.5.1 在老的常规火烧油层项目中钻的水平井

到目前为止，只有加拿大的两个常规火烧油层项目涉及了水平井(Turta，1994)。在这两个项目中，水平井都是被用做生产井。

在萨斯喀切温省Eyehill项目中，在干式燃烧火烧油层作业全面终止2年后，钻了水平井段长度为1000～1200m的3口水平井，这个干式燃烧火烧油层项目历时大约10年；火烧油层作业是在相邻井网中开展的，注空气的速度比较低，石油采收率为10%。这个油藏发育高度达15m的底水柱。地层条件下的石油黏度大约为2000mPa·s，净产层厚度为5～8m。

在这3口井中，有一口井的生产动态非常好。这口井生产了很长一段时间，石油产量为55～60m^3/d。导致其生产特征好的原因是：这口井的位置非常接近项目区的边界(就在以往火烧油层所形成的油带内)，但又没有与任何已燃带相交。其他两口井的生产动态不太好，其原因是它们要么距离项目区太远，要么位于已燃带内。

第二个项目是萨斯喀切温省的Battrum项目。在开展商业性湿式燃烧的同时钻了一口水平井，火烧油层作业始于1965年(Ac等，1993)。这个油藏的石油黏度比较低(70mPa·s)，储层净厚度为9～18m(参见表18.4)。这口水平井的水平井段长度为610m，位于气舌(gas tongue)和水舌(water tongue)之间。这口井的生产动态非常好，石油产量提高了5～10倍(直井的产量只有3～15m^3/d，而这口水平井的为35～75m^3/d)，而含水率从90%降至20%。这口水平井另外一个非常重要的优点是，诸如地层砂流入井筒和乳化等问题大幅度减少，而且在石油流向水平井的过程中压差非常小。

18.5.2 长距离驱替与短距离驱替

随着水平井技术的发展，提高稠油采收率的一种替代方法得到了应用。人们不再试图通过面积驱动或行列驱动的方式使可动油流动数百米，即长距离石油驱替法(LDOD)，而是采用短距离石油驱替法(SDOD)，即驱替距离一般只有几米到数十米。在很多情况下，稠油油藏中石油的黏度很高，把石油从注入井驱替到很远之外的生产井并不现实，其原因是把注入速度维持在合理的水平所需的注入压力很高。通常，过高的注入流体/石油流度比会导致重力上窜/下窜，甚至大面积的窜流，从而导致体积波及效率低下，石油产量难于维持，石油采收率较低，而且经济效益较差。不管怎样，在大多数的稠油油藏中，长距离石油驱替是行不通的。

在非均质层状油藏中开展长距离石油驱替时，驱替前缘存在沿着优势通道推移的趋势，而这种趋势与注入井和生产井之间各个产层段的总体(综合)流动阻力有关。在增强或减弱这种由渗透率差异所造成的优先推移趋势(驱替前缘不稳定性)方面，流度比起着关键的作用。因此，在长距离石油驱替过程中，生产动态取决于注入井和生产井之间流动通道的储层和流体性质的分布(主要是渗透率以及注入流体和石油的黏度)。

一般来讲，可能导致长距离石油驱替过程中生产动态变差的因素如下：

① 岩石非均质性，导致注入流体窜流。

② 不利的驱替流体/石油流度比(M_r)，$M_r=(K_r/\mu)_d/(K_r/\mu)_{oil}$。

③ 重力分异，导致注入流体上窜/下窜。

非均质性和重力分异的综合效应可能是正面的，也可能是负面的，但不利流度比的效应始终是负面的，而且它还会使其他两个因素的负面效应不成比例地增大。因此，在石油黏度增大时，由于流度比变得愈加不利，岩石非均质性和重力分异的负面效应会加重。这一点对于轻质油藏而言非常重要，而对于稠油油藏来说则是至关重要。

几乎所有的常规驱替都是长距离石油驱替。尽管这种驱替方式的效率比较低，但在石油黏度较低的情况下(<10mPa·s)，其经济性仍是可以接受的。然而，在稠油油藏中，尤其是在结合水平井应用这项技术的情况下，转而采用短距离石油驱替方式的必要性就很强了。

在短距离石油驱替过程中，注入流体的流度(黏度)仍很重要，但已经不像在长距离石油驱替过程中那样如此关键了。更加明显的特征是任何油滴(oil particle)都是在经短距离流动后就被采出地表。必须指出的一点是，短距离石油驱替工艺是专门为注入流体/石油流度比不利条件下的石油开采而设计的。短距离石油驱替方式并不是要改变流度比，使其变得更加有利(例如聚合物驱)，而是要减轻流度比的负面作用。这种方法显然更加实际。对于大多数稠油油藏而言，即使获得了数值为1的有利流度比，维持经济上可以接受的石油产量所需的注入压力仍是不现实的，也就是说仍会导致地层破裂，而这种现象是人们不愿在驱替过程中看到的。

短距离石油驱替方法有两种：波及带围绕水平井筒分布，形成一个不断扩大的腔(驱替前缘与水平井准平行)，即蒸汽辅助重力驱；驱替前缘与水平井准垂直，波及带始于水平井的趾端并向根端推进，即趾端到根端(TTH)驱替。

第一种类型(SAGD)采用两口平行的水平井，其中一口是注入井，另一口是生产井；第二种类型具有从趾端到根端注空气(THAI)的典型特征，采用一口垂直注入井和一口水平生产井，水平井的趾端紧邻注入井的趾端(见图18.36)。在第一种驱替类型中，流线垂直于生产井的水平井段，而且在生产井的寿命周期内整个水平段都在为产量作贡献。在第二种驱替类型中，流线向生产井弯曲，表现出典型的流动分布特征，这种特征是驱动(与水平井平行)和注入流体/石油重力分异共同作用的结果。因此，在生产中所采用的水平井段长度是逐渐减小的。在紧邻驱替前缘之前的地方形成可动油带(MOZ)。事实上，这个带是“双”可动油带，因为在可动油向下流入水平生产井的同时，可动油带自身也在从水平井的趾端向根端移动。大体上，对于非常黏稠的石油而言，在可动油带前面的区域很少有石油流动，因而驱替动态并不受这个区域的影响。

短距离石油驱替(SDOD)过程的一个重要特征是减轻了非均质性效应。非均质性的负面影响减弱，其主要原因是采用了水平井作为线性汇流槽(linear sink)。由于流线不会平行于地层面，因而所形成的任何一个指状体(finger)都不会变为主导性的大规模指状体。此外，这些过程还充分利用了重力分异作用。

SAGD的概念是在20世纪70年代的后期提出的，而趾端到根端(TTH)驱替技术出现于1992年。趾端到根端驱替过程可以作为THAITM(趾端到根端注空气)来应用，后者的改进形式是催化THAITM(又被称为CAPRITM)。最先开发的是趾端到根端注空气(THAI)技术，后来在其基础上又开发了CAPRI技术，水平井段不仅用做石油生产井，而且还用做催化反应器。

图18.36展示了趾端到根端注空气过程的示意图，这个图还可以用于描述CAPRI过程；生产井的水平井段部署在产层的下部，以一口垂直井作为注入井。水平井的趾端接近垂直井，但两者间有一定的垂直距离。这是趾端到根端驱替过程的关键特征。重力不仅有助于驱替前缘的稳定，而且还有助于通过提供驱动流体流动所需的部分水力压头而降低注入压力。加热后的流体向下流入生产井的水平井段，而这种流动大都发生在可动油带内。

下文描述人们通过室内和矿场试验以及数值模拟而得出的有关趾端到根端注空气工艺的认识。

18.5.3 趾端到根端注空气工艺

① 室内试验：利用Wolf Lake油田的重油样品(约5×10^4mPa·s)和阿萨巴斯卡沥青样品，在低压(60psi)实验室3D模型中对趾端到根端注空气工艺开展了大量的试验研究。

在干式燃烧和湿式燃烧模式下开展了100多次的趾端到根端注空气试验，而且试验结果表明，趾端到根端注空气的效果要好于采用直井的传统火烧油层开发技术。燃烧前缘的推进不再伴随有气体上窜现象(接近完全稳定)。此外，还出现了明显的热改质。Wolf Lake油藏的石油黏度降低到了原来的五分之一，降至1×10^4mPa·s。与常规火烧油层过程不同，趾端到根端注空气能够明显地使石油改质。在常规火烧油层过程中，虽然石油得到了一定程度的改质(Freitag和Exelby，1998)，但由于改质的石油与未改质的石油混合在一起，所以在矿场采出的石油并未显示出任何明显改质的迹象。实验室试验结果甚至更加令人振奋，采用趾端到根端注空气技术开发阿萨巴斯卡油砂的效果非常好，热改质作用使石油黏度从100×10^4mPa·s降至500mPa·s(Turta，1994)。燃烧前缘的推进也非常的平稳。

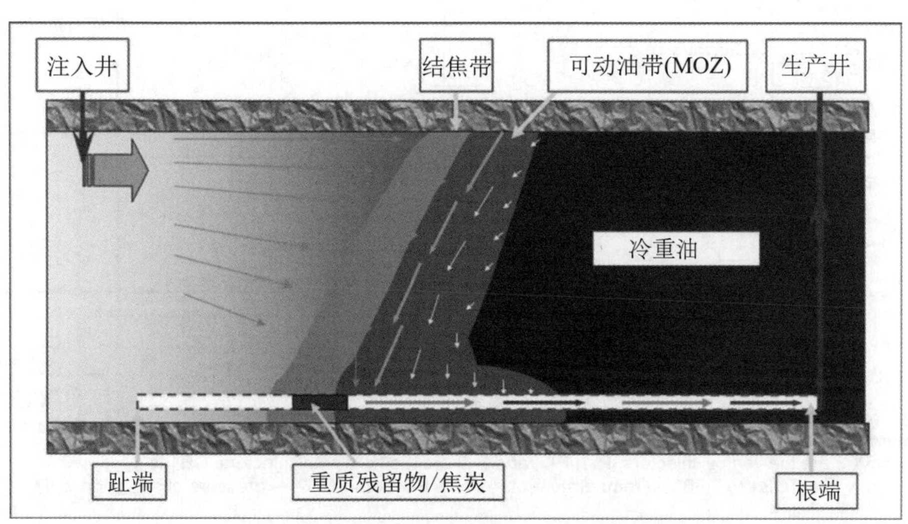

图18.36 趾端到根端注空气工艺示意图

趾端到根端注空气工艺能够从油藏中开采出热改质的石油。一种新的工艺(催化THAI或CAPRI)使这种能力进一步得到加强。CAPRI工艺是趾端到根端注空气工艺的一种改进形式，在这个工艺过程中，温度为400℃的石油及其夹带气要经由放置在水平井段的井下催化剂流动，催化剂是采用常规的砾石充填方法放入井筒的，而所需的高温是通过火烧油层实现的。试验采用了黏度为5×10^4mPa·s的Wolf Lake油藏的原油以及镍和钼催化剂，经改质后，石油黏度最终降至30mPa·s。采用阿萨巴斯卡沥青和相同催化剂开展的试验表明，石油黏度经改质后降至40mPa·s，而且改质的速度更加稳定。采用CAPRI技术还能使石油进一步改质，使石油重度再降3API度。在采用Wolf Lake油藏的石油所开展的试验中，硫含量从4.3×10^4mg/L降至5100mg/L，而钒含量从195mg/L降至8mg/L。这些元素含量的降低对环境保护具有重大意义。

该项工艺最突出的特征是其可控程度要高于任何常规火烧油层工艺。趾端到根端注空气技术可应用于地层厚度薄至6m的油层。与SAGD不同，趾端到根端注空气过程不需要大量的水，而且也不需要燃烧天然气。在一些情况下，这两者都是需要考虑的非常重要的因素。

② 矿场试验：2006年7月开始在加拿大艾伯塔省Conklin(Fort McMurray附近)的阿萨巴斯卡油砂矿开展趾端到根端注空气工艺矿场试验(Whitesands项目)。图18.37显示了先导试验的平面图。试验分三个模块/井组进行。在2006年3月到7月，通过注蒸汽对第一个模块/井组进行了预热，2006年7月点火。在预热之后，第二个模块/井组于2007年1月开始注空气；而第三个模块/井组的注空气始于2007年6月。

燃烧前缘的燃烧正常进行，而且燃烧前缘的推进似乎也很正常，峰值温度达到了700℃，氧气利用率几乎达到了100%。在水平生产井中并未出现空气短路的现象。石油产量从15%缓慢增至50%；总体上，其石油产量低于长度相同的SAGD生产井。生产井出砂量很大，因而设计并安装了处理砂的装置(砂分离器)。有两口水平井进行了重钻。

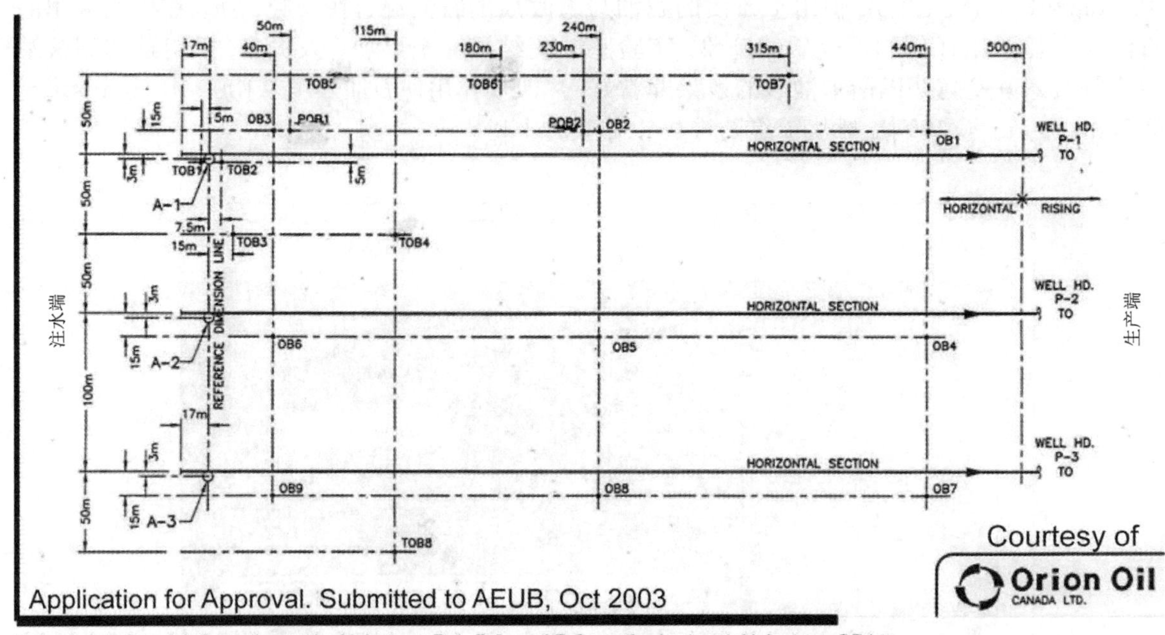

Note: A-1, A-2 and A-3 are the vertical injectors. P-1, P-2, and P-3 are the horizontal injectors. OB1 to OB9 — observation wells. TOB1 to TOB5 — temperature obs. Wells POB1 to POB2 — pressure observation wells

图18.37 WhiteSands THAI先导图的布局

采出油分析发现，原地石油改质效应明显，原油API重度增加了8(从8API度增至16API度)，而石油黏度也从沥青的初始黏度50×10^4mPa·s降至100mPa·s；平均来讲，改质幅度大约为4API度(www.Petrolban.com，2007年8月)。该项试验于2011年9月结束。基于最初先导试验的结果，设计了大规模商业性试验方案。

第二个趾端到根端注空气试验是于2010年在加拿大萨斯喀切温省Kerrobert油田实施的，试验采用了单井组。在2011年底到2012年初，试验规模扩大到了12个井组。本次试验是在一个常规稠油油藏中开展的。截至2012年7月，试验更在进行中。

③ 有关趾端到根端注空气技术应用的主要思考：在趾端到根端驱替过程的基本设计中，最初的产油点非常接近注入井。如果水平井段具有非常强的导流能力，那么就会明显的绕流现象。在另一种极端情况下，如果井的导流能力远低于储层本身的导流能力，那么从趾端到根端的驱替过程就不会发生，而空气上窜可能增强。

空气有上窜的趋势，而非均质性可能导致燃烧前缘出现一些轻微的不稳现象，使驱替前缘畸变。由于驱替的距离比较短，流体流动的指状体即使形成也不会明显生长。水平井段完井方案设计考虑的主要因素是通过在水平井段形成最有利的压力分布而有效地泄油。井筒的压力分布受控于水平井段的侧向压降及其他一些因素。

最新的室内试验和数值模拟研究发现，在趾端到根端注空气过程中，存在一种重要的稳定机理，即在燃烧前缘之前有限的范围内发育一个移动的焦炭沉积体(局部堵塞)。这个焦炭沉积体会产生气密封(Greaves等，2007)。然而，即使没有这个特征，这个过程可能还是稳定的(Greaves等，2010)。

在把短距离石油驱替(SDOD)工艺应用稠油和沥青的开采时，最重要的一点是注入井和生产井之间最初的沟通。这也是SAGD中的一个重要步骤。但是，它对于趾端到根端注空气工艺而言甚至更加重要，不仅要沟通生产井和注入井，而且还要形成初始的准垂直燃烧前缘，并随后使之合适地停留在水平井的趾端。由于与SAGD相比，其要在更大的距离上沟通注入井和生产井，因而更具挑战性。对于趾端到根端注空气工艺而言，这个沟通步骤非常关键，其原因是该工艺随后各步骤的实施效果在很大程度上都取决于这个初始燃烧前缘的质量。

对于油砂开采而言，要建立初始沟通，只有两种选择：要么对井间地带进行加热，直到其所含的石油满足某个最低流度要求；要么通过机械的手段产生一些人工的通道(裂缝)。在后一种情况下，可能会对开采动态产生不利影响，其原因是在产生这样的高强度非均质性时可控程度很低。第一种方法似乎更可取，而且可以采用不同的方法进行预热，例如在注入井和生产井中都进行蒸汽循环。如果具备一定的最低石油流度和初始地层能量，那么就会极大地有助于通过在注入井和生产井中周期注蒸汽而使两者沟通。

18.5.4 其他火烧油层方法(COSH和自上而下火烧油层)

图18.38显示了火烧超越分段开采水平井(COSH)的示意图。通过垂直注入井(在产层的上部射孔完井)形成多个燃烧前缘，然后使这些燃烧前缘向部署在产层下部的一口独特的水平生产井推进(Kisman和Lau, 1994)。这个工艺更加复杂，涉及三种类型的井，而它们要正常工作必须达到压力平衡；其中一种是仅用于排气的特殊井。

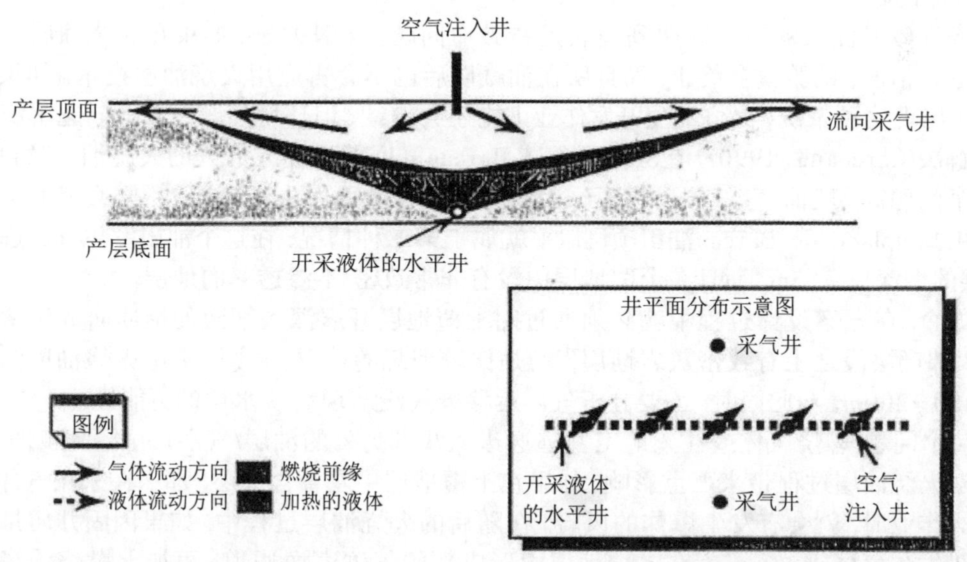

图18.38 火烧超越分段开采水平井(COSH)工艺示意图(Kisman和Lau, 1994)

通过大量的数值模拟对火烧超越分段开采水平井的概念进行了测试，并在此基础上开展了实验室试验，但试验似乎并未结论性地证实这一概念。

自上而下火烧油层(TD-ISC)工艺的示意图优点类似于火烧超越分段开采水平井(COSH)(Coates等, 1995)。通过垂直注入井(在产层的上部射孔完井)生成多个燃烧前缘，然后使燃烧前缘向下朝着部署在产层下部的水平生产井推进。但前者与后者的区别是，所有的气体和液体都是通过水平生产井开采的，不存在专门用于排气的井。

18.6 操作问题及对策

参考文献(Chu, 1977)对大多数的操作问题都有深入分析。这里论述的重点是，就火烧油层项目的未来发展而言，这些操作问题的重要性及各种问题可能带来的后果。

主要的火烧油层操作问题可以分为两大类：致命问题和非致命问题。

一般而言，致命问题是指本质上很严重的问题，它们会导致火烧油层过程的终止，使火烧油层开发的效率出现较大幅度的永久性下降，或者使人们普遍对继续开展项目失去信心/失望。

另一方面，非致命问题往往会导致操作费用增加。一般来讲，这些问题可以在一定的时间内得到解决。即使得不到彻底解决，它们也不会影响项目的运行；作业者通常不会因其存在而改变项目执行计划。

在致命问题中，最重要的有以下几个：燃烧气体或注入的空气逃逸至地表；燃烧气体/注入的空气逃逸至埋深更浅的其他油/气层；爆炸。

就非致命问题而言，要讨论以下几点：

① 注入能力低或随时间明显降低。

② 严重的产气或泵送问题。

③ 地层温度下出砂(低温地层砂流入井筒)

④ 在射孔孔眼中存在或不存在焦炭桥堵的热井(hot well)。

⑤ 腐蚀和/或磨蚀问题。

⑥ 燃烧前缘窜流或不均衡推移。

18.6.1 致命问题

燃烧气体或注入的空气逃逸到地表是最致命问题。一般说来，如果在火烧油层先导试验中发生这种情况，试验就会终止，而且所在油藏以后也不会再应用火烧油层技术。如果在商业化应用中出现这种情况，火烧油层开发作业可能还会继续，但环境问题及其他问题可能永远无法得到解决(Carcoana，1990)。在Suplacu de Barcau开展的世界上最大的火烧油层项目中就出现过这个问题。一般而言，气体逃逸要么因固井质量较差而发生在套管外，要么因上覆地层破裂而发生。Suplacu de Barcau油田项目似乎就属于第二种情况，在这个油田发生气体逃逸的地方，储层的埋深只有35m，而且在上覆地层中没有非常致密/不渗透率的地层。

现如今，在方案设计过程中就必须通过对上覆地层开展深入细致的地质研究解决这个问题。在紧邻产层段之上有致密灰岩地层发育是比较理想的情况。否则，实施火烧油层的深度应当大于150~200m。与此同时，还要分析气体运移进入浅部现有淡水层的可能性。

第二个问题(燃烧气体或注入的空气逃逸进入浅部另外的油层/气层)的严重性略低一些，但仍会对火烧油层过程带来严重影响。如果在上覆地层中发育含气层，那么在采用气体点火器进行点火作业时，就会有发生爆炸的风险。在随后的火烧油层过程中，如果因固井质量较差而在套管外发生气体逃逸，或者在上覆地层中形成新的气体逃逸通道，再加上燃烧前缘使油层顶部形成高温，那么就会出现难以把注入的气体封闭在目的层中的问题。对于后一种情况，现在已经明确，只要发育一个厚度至少4~5m的灰岩层，就足以把火烧油层过程限定在其下紧邻的油层中，从而实现较浅油层的独立火烧油层开发。

第三个致命问题(爆炸)可能是阻止火烧油层先导试验继续进行的一个重大障碍。在火烧油层开发系统中的任何一个环节都有可能发生爆炸：空气压缩站、空气管道以及注入、开采或观测井中。

在现今的技术条件下，预防压缩站爆炸已经不成问题。无油润滑压缩机的出现彻底解决了这个问题。空气输送管道爆炸问题也几乎完全被消除了。在空气注入井中，大多数的爆炸事故都是发生在采用人工点火器尤其是气体燃烧器点火作业的过程中。这个问题可以通过以下措施加以消除：选用机械状态良好的井(如果老井的状态不可靠就用新井)；采用先进的自动化装置进行点火作业。

在点火过程中，必须采用无油射孔方法。还必须配备一台备用的空气压缩机。在点火之后的几个月内，如果空气注入作业中断，那么发生爆炸的风险就会更高。如果没有备用的空气压缩机，在空气注入作业中断时应注入水段塞或氮气段塞，以确保作业的安全。

一般来讲，在可能的情况下，应尽量采用湿式燃烧方式而不是干式燃烧方式，从而确保长期的安全条件。在生产井中，发生爆炸的可能性要小得多。通过测量采出气的组分并确保气体的组分浓度保持在不会发生爆炸的安全范围之内，大体上就可以保证生产井的作业安全。就观测井而言，爆炸可能与燃烧前缘突入观测井中导致井筒坍塌有关。观测井一般都是以盲井(blind well)的方式进行完井的。

18.6.2 非致命问题

在火烧油层过程中的任何时间，空气注入量都应当高于最低空气流入量(air influx)所对应的数值。如果这个条件没有得到满足，那么燃烧前缘的峰值温度就会随时间而不断降低，直到燃烧过程最终不复存在。通过反复尝试来推断最佳(也就是“最低”)空气注入量并没有适当的理论基础，这样做是弊大于利；所以更好的做法是宁可选择较高的空气注入量，也不选择较低的空气注入量。

即使在点火前的作业过程中空气注入能力很高，在点火和燃烧前缘形成之后，低温区内的热油驱替作用也会产生堵塞(气体渗透率显著降低)。如果不存在天然的窜流通道，通过人工的方法增加注入能力实际上是不可能的，而且这个问题一旦出现可能就无解。这也是为什么在设计阶段就要对此作出明确判断的原因。如果这个问题预计会出现，就应当设计出通过周期注蒸汽或其他手段进行大面积预热的方案。此外，在这样的情况下还要避免采用大的井距/井网。

在注入能力因注入井周围地层渗透率降低而随时间减弱的情况下，可以通过周期性的酸化作业加以解决。与此同时，通过反循环或化学处理可以消除射孔孔眼中的微粒或其他沉积物。

因乳化或其他原因(产气量太高)而造成的泵送问题，可以通过选用特殊泵或经由环空单独开采气体加以解决。有时，最困难的问题会出现在从泵送向自喷开采状态转换的过程中。

出砂可能是非常棘手的问题。在油藏温度下出现这个问题时，采用常规的填砾法就可加以解决。然而，这并不是一个具有普适性的方法，在火烧油层的一些矿场应用中，填砾并不能完全解决问题，其修复非常困难而且耗时。在准备采用常规火烧油层技术的油田，诸如在CHOPS过程中的大量出砂问题应当加以避免，因为它会产生流动通道，从而引发窜流。

对于由火烧油层过程引发的高温下地层砂流入井筒的问题应当高度重视，因为它可能与生产井的射孔孔眼中焦炭桥塞的形成有关。一旦在生产井中形成，这种桥塞就没有办法消除。因此，解决办法就是通过把井底温度保持在110～120℃以下来防止桥塞的形成，为生产井设计一个冷却系统并监测井底温度就可以实现这一点。

磨蚀问题可以同高气体产量和出砂问题一起加以解决，而腐蚀问题可以通过对不同的化学剂配方进行试验加以解决。腐蚀作用的强度随着石油黏度的提高而减弱；黏度较高的石油会形成一层保护油管的薄膜。

即使没有地层砂流入井筒和桥塞形成问题，一旦生产井中温度过高，也会对修井作业带来麻烦。在这样的情况下，必须采用特别设计的钻井泥浆，以便既能成功地压井又不会堵塞井筒周围的地层。

几乎在所有的火烧油层项目中都曾出现过燃烧前缘不均匀总体推进现象(在不同的方向)，而且其范围受控于不同方向上的渗透率非均质性(渗透率趋势)。一般说来，没有彻底的解决办法，而采取预防性措施就是最好的解决办法。其前提条件是，在火烧油层开始前就已经知道了渗透率趋势，而且在井型设计中已经得到考虑。否则，在没有采取预防性措施的情况下，局部解决办法是“跟着燃烧前缘走”，也就是说新生产井应部署在燃烧前缘优势推进方向上的区域，以便与油带相交。然而，在这个方法的应用方面还没有积累多少经验。

在存在高渗透率条带的情况下，会出现较强的窜流，从而使燃烧前缘过早到达某些生产井，在这些高渗透率条带位于地层顶部时，这种情况可能更加严重。作为重力作用的直接结果，重力上窜本身会导致燃烧前缘过早到达生产井，首先是位于上倾位置的生产井，然后是位于相同等深线上的生产井。在重力或半重力稳定的系统中，采用常规的火烧油层方法就可以使这些负面效应明显减轻。这里所说的方法就是从构造最高部位开始向下倾方向推进的边缘线性驱动法。在这种情况下，稳定效应几乎就像是在垂直气体混相驱中一样发挥作用。

参考文献

1968. First commercial Canada fireflood okayed for mobil, Oil Gas J. August 12.

1969. Texas fireflood looks like a winner, Oil Gas J., February 17.

2012. EOR Survey. Oil Gas J. April 2.

Ac, M., Ames, B., Grams, R., Pebdani, F., Sandes, R., 1993. Horizontal well economics in a mature combustion project Battrum field, Saskatchewan, Canada, SPE/CIM Third Annual One Day Conference on Horizontal Well Technology and Economics, 15 November, Calgary, Canada.

Aldea, G., Turta, A., Zamfir, M., 1988. The in situ combustion industrial exploitation of Suplacu de Barcau field, Romania, The Fourth International Conference on Heavy Crude and Tar Sands, 7—12 August, Edmonton.

Alderman, J.H., Fox, R.L., Antonation, R.G., 1983. In situ combustion pilot operations in the Wabasca Heavy Oil Sands Deposit of North Central Alberta, Canada, 58th SPE Annual Technical Conference and Exhibition, 5—8 October, San Francisco.

Arscott, R.L., David, A., 1977. An evaluation of in situ recovery of tar sands, In Situ, No. 3. March

Baibakov, N.K., Garusev, A.R., 1989. Thermal Methods of Petroleum Production. Elsevier, Amsterdam, Oxford, New York, Tokyo.

Barnes,, A.L., 1965. Results from a thermal recovery test in a watered-out reservoir. JPT November.

Belgrave, J.D.M., 2006. Air injection: timely and widely applicable!, Paper 2006-432. World Heavy Oil Conference, November Beijing China.

Bennion, D.W., 1986. Evaluation of fireflooding in the Grosmont carbonate reservoir, Report by Hycal Energy Research Laboratory, December 18.

Bhatia, A.K., Singh, D., 1998. Reservoir management of heavy oil reservoirs of north Gujarat, India. Petrotech-1998, New Delhi, India.

Bleakley, B.W., 1971. Evolution of the fry in-situ combustion project. Oil & Gas. J. 69 (18).

Bocserman, A.A., Mamedov, Y.G., Antoniady, D.G., 1991. Diverse methods spread thermal EOR in U.S.S.R. Oil Gas J. October 7.

Boberg, T.C., 1988. Thermal Methods of Oil Recovery. An Exxon Monography. John Willey and Sons Inc.

Brigham, W.E., Satman, A., Soliman, M., 1980. Recovery correlations for in situ combustion field projects and application to combustion pilots. J. Petroleum Technol. 32 (December).

Buchwald, R.W., Hardy, W.C., Neinast, G.S., 1972. Case history of three in situ combustion projects. JPT July.

Burger, J., Sourieau, P., Combarnous, M., 1985. Thermal Methods of Oil Recovery. Editions Technip, Paris.

Carcoana, A., 1990. Results and difficulties of the world's largest in situ combustion process: Suplacu de Barcau Field, Romania, SPE/DOE 20248. Seventh SPE/DOE Symposium on EOR, 22-25 April Tulsa, OK.

Carcoana, A., Turta, A., Burger, J., Bardon, C., 1975. Balayage et Recuperation d'un Gisement d'Huile Lourde par Combustion In Situ, Colloque Internat. sur les Techniques d'Exploitation et d'Exploration des Hydrocarbures, 10-12 December Paris.

Carcoana, A., Machedon, V., Pantazi, I., Petcovici, V., Turta, A., 1983. In-Situ combustion. An effective method to enhance oil recovery in Romania, Eleventh World Petroleum Congress, August 28-September 2, London.

Chattopadhyay, S.K., 2002. Enhanced oil recovery by in situ combustion process in Santhal and Balol Fields of Cambay Basin, Mehsana, Gujarat, India—A case study, Presentation to Shell Holland.

Chattopadhyay, S.K., Ram, B., Maviya, C., Das, B.K., Mittal, V.K., Meena, H.L., et al., 2003. Enhanced oil recovery by in situ combustion process in Balol Field of Cambay Basin, India—a case study, Indian Oil and Gas Review Symposium IORS-2003, 8-9 September, Mumbai, India.

Chattopadhyay, S.K., Ram, B., Das, B.K., Bhattacharya, R.N., 2004. Enhanced oil recovery by in situ combustion process in Santhal Field of Cambay Basin, Mehsana, Gujarat, India—a case study, Paper SPE 89451 SPE/DOE Symposium on Improved Oil Recovery, 17-21 April, Tulsa, OK.

Chu Chieh, 1963. Two-dimensional Analysis of a Radial Heat Wave. JPT October.

Chu, C., 1977. A study of fireflood field projects. JPT February.

Chu, C., Crawford, P.B., 1983. Chapter VI—in situ combustion from the book Improved Oil Recovery. Interstate Oil Compact Commission, Oklahoma City, OK, USA.

Chu, C., Hanzlik, E.J., 1983. Case histories—thermal recovery (West Newport Case), Southern Methodist University Institute for the Study of Earth & Man Enhanced Oil Recovery for the Independent Production Symposium, 9-10 October, Dallas, TX.

Clara, C., Durandeau, M., Quenault, G., Nguyen, T.H., 2000. Laboratory studies for light-oil air injection projects: potential application in Handil Field, SPE Reservoir Evaluation and Engineering, June.

Coates, R., Lorimer, S., Ivory, J., 1995. Experimental and numerical simulations of a novel top-down in situ combustion process, Canadian International Petroleum Conference, 19-21 June, Calgary, Alta, Canada.

Condrachi, A., Tabara, G., 1997. Review of the performance of the Suplacu de Barcau Field, exploited by thermal methods (in situ combustion and cyclic steam stimulation), Report ICPT, Campina, Romania.

Dietz, D.N., Weijdema, 1970. Combustion: state of the art. JPT May.

Elkins, F.E., Morton, D., 1972. Experimental fireflood in a very viscous oil—unconsolidated sand reservoir, S.E. Pauls Valley Field, Oklahoma. SPE 4086.

Elkins, L.E., Skov, A.M., Martin, P.J., Lutton, D.R., 1974. Experimental fireflood—Carlyle Field, Kansas, SPE Paper 5104, 49th Annual Fall Meeting, 6-9 October, Houston, TX.

Emery, L.W., 1962. Results from a multi-well thermal recovery test in southeastern kansas. J. Petrol. Technol.

Erickson, A., Legerski, J.R., Steece, F.V., 1993. Appraisal of high pressure air injection (HPAI) or in situ combustion results from deep, high-temperature, high gravity oil reservoirs, Fifteenth Anniversary Field Conference, August, Casper, Wyoming.

Farquharson, R.G., Thornton, R.W., 1986. Lessons from Eyehill. JCPT March-April.

Fassihi, M.R., Yanimaras, D.V., Kumar, V.K., 1994. Estimation of recovery factor in light oil air injection projects, SPE International Petroleum Conference & Exhibition of Mexico, 10—13 October Veracruz, Mexico.

Fitzgerald, E.M., 1966. Warm air coking—a new completion method for unconsolidated sands. JPT January.

Freitag, N.P., Exelby, D.R., 1998. Heavy oil production by in situ combustion — distinguishing the effects of the steam and fire fronts. JCPT April.

Gadelle, C.P., Burger, J.G., Bardon, C.P., Machedon, V., Carcoana, A., Petcovici, V., 1981. Heavy-oil recovery by in situ combustion—two field cases in Rumania. J. Petr. Techn. 33 (11).

Gates, C.F., Ramey, H.J., 1958. Field results of South Belrige thermal recovery experiment. In Trans. AIME 213.

Gates, C.F., Ramey, H.J., 1980. A method for engineering in situ combustion oil recovery projects. JPT February.

Gates, C.F., Sklar, I., 1971. Combustion—a primary recovery process, Moco Zone Reservoir Midway Sunset Field, California. JPT August.

Gates, C.F., Jung, K.D., Surface, R.A., 1978. In-situ combustion in Tulare Formation, South Belrige Field, California. JPT May.

Giguerre, R.J., 1977. An in situ recovery process for the oil sands of Alberta, In Energy Processing, September—October, Canada.

Gjini, D., et al, 1999. Experience with cyclic in situ combustion in Albania, Paper 99-51 Presented at the CSPG and Petroleum Society Joint Convention, 14—18 June, Calgary.

Gottfried, B.S., 1965. A mathematical model of thermal oil recovery in linear systems. Soc. Petrol. Eng. J. 5, 196—210.

Grant, B., Szasz, J., 1954. Development of an underground heat wave for oil recovery. Trans. AIME.

Greaves, M., Javanmardi, G., Field, R.W., 1991. In-situ combustion in fractured heavy oil reservoirs, The Sixth European IOR Symposium, 21—23 May, Stavanger, Norway.

Greaves, M., Wang, Y.D., Al-Shamali, O., 1994. In situ combustion process: 3-D studies of vertical and horizontal wells, European Symposium on Heavy Oil Technologies in a Wider Europe, 7—8 June, Berlin, Germany.

Greaves, M., Xia, T.X., Turta, T.A., 2007. THAI process—theoretical and experimental observations, Eighth Canadian International Petroleum Conference, 12—14 June, Calgary.

Greaves, M., Dong, L.L., Rigby, S., 2011. Upscaling THAI: Experiment to Pilot' Canadian Unconventional Resources Conference, 15—17, November, Calgary.

Hallam, R.J., 1991. Operational techniques to improve performance of in situ combustion in heavy-oil and oil-sand reservoirs, SPE Paper 21773, Western Meeting of SPE, 20—22 March, Long Beach, CA.

Hallam, R.J., Donelly, J.K., 1988. Pressure-up blowdown combustion: a channelled reservoir recovery process, SPE 18071. 63rd Annual Technical Conference and Exhibition, 2—5 October, Houston, TX.

Hardy, W.C., Fletcher, P.B., Shepard, J.C., Dittman, E.W., Zadow, D.W., 1970. In-situ combustion performance in a thin high gravity oil reservoir, Delhi Field. SPE 3053.

Horne, J.S., Bousaid, I.S., Dore, T.L., Smith, L.B., 1981. Initiation of an in situ combustion project in a thin oil column underlain by water—Cado Pine Project. Paper SPE 10248.

Huffman, G.A., Benton, J.P., El-Messidi, A.E., Riley, K.M., 1983. Pressure maintenance by in situ combustion, West Heidelberg, Jasper County, Mississippi. JPT October.

Jensen, E., 1990a. Morgan pressure cycling in situ combustion project, Specialists Forum on In Situ Combustion, 25 October, Calgary.

Jensen, E., 1990b. Morgan in situ Combustion Project, Unpublished Talk from the Calgary Section CIM Heavy Oil Special Group's Specialists Forum on In-Situ Combustion, 25 October Calgary.

Johnson, L.A., et al., 1980. An echoing in situ combustion oil recovery project in a Utah Tar Sand. JPT February.

Joseph, C., Pusch, W.H., 1980. A field comparison of wet and dry combustion. JPT September.

Juranek, J., 1959. Erdolforderung durch Teilverbrennung in situ, Forschung und practische Anwandung in der CSSR, August, Erdol und Kohle.

Khelil, C., McCord, D.R., 1969. A study of in situ combustion in a segregated system. SPE 2519.

Kisman, K.E., Lau, E.C., 1994. A new combustion process utilizing horizontal wells and gravity drainage. JCPT March.

Kuhn, C.C., Koch, R.I., 1953. In situ combustion—newest method of increasing oil recovery. Oil Gas J. August.

Kumar, V.K., Gutierez, D., 2007. High-pressure air injection and waterflood performance comparison of the two adjacent units in Buffalo Field, Canadian International Petroleum Conference, 12—14 June, Calgary.

Kumar, V.K., Fassihi, M.R., Yanimaras, D.V., 1994. Case history and appraisal of the Medicine Pole Hills Unit Air Injection Project, SPE/DOE Ninth Symposium on IOR, 17—20 April, Tulsa, OK.

Long, R.E., Nuar, M.F., 1982. A study of Getty Oil Co.'s successful in situ combustion project in the Bellevue field, SPE/DOE Paper 10,708.

Machedon, V., 1994. Romania—30 years of experience in in situ combustion, DOE/NIPER Symposium In Situ Combustion Practices—Past, Present, and Future Application, 21—22 April, Tulsa, OK.

Machedon, V., Popescu, T., Paduraru, R., 1993. Application of in situ combustion in Romania, Joint Canada—Romania Heavy Oil Symposium, 7—13 March, Sinaia, Romania.

Mamedov, Y.G., Bocserman, A.A., 1992. Application of improved oil recovery in U.S.S.R., SPE/DOE 24162, SPE/DOE Eight Symposium on EOR, 22—24 April, Tulsa, OK.

Marchesin, L.A., 1982. Gregoire Lake Block 1 Pilot, 1976—1981, 33rd Annual Technical Meeting of CIM, 6—9 June, Calgary.

Margerrison, D.M., Fassihi, M.R., 1994. Performance of Morgan pressure cycling in situ combustion project, SPE Paper 27793, SPE/DOE Symposium on IOR, 17—20 April, Tulsa, USA.

Martin, W.L., Alexander, J.D., Dew, J.W., Tynan, J.W., 1971. Thermal recovery at North Tisdale Field, Wyoming. SPE 3595.

Mehra, R.K., 1991. Performance analysis of in situ combustion pilot project, SPE Paper 21537, International Thermal Operations Symposium of SPE, 7—8 February, Bakersfield, CA.

Mehta, S.A., Moore, R.G., 1996. Heavy Crude: Energy Alterantives for Development — Heavy Oil Workshop Sponsored by UNITAR Centre for Heavy Crude and Tar Sands, vol.2. Campina, Romania, 3—6 June, pp 3—9.

Miller, K., 1987. EOR pilot review—husky experience, First Petroleum Conference of the South Saskatchewan Section of CIM, 6—8 October, Regina.

Miller, K., Staniford, K.R., 1988. Recent observations at the Golden Lake Sparky fireflood pilot. JCPT January— February.

Miller, R.J., 1994. Koch's experience with deep in situ combustion in Williston Basin, Key Note Address at the Forum on Field Applications of In-Situ Combustion—Past Performance/Future Application, 21—22 April, Tulsa.

Moore, R.G., Belgrave, Ursenbach, M.G., Mehta, S.A., Laureshen, C.J., 1993. A
Canadian perspective on in situ combustion, Joint Canada—Romania Heavy Oil Symposium, Sinaia, 7—13 March, Romania.

Nelson, T.W., McNiel, J.S., 1961. How to engineer an in-situ combustion project. Oil Gas J. 5.

Panait-Patica, A., Serban, D., Ilie, N., 2006. Suplacu de Barcau Field—a case history of a successful in situ combustion exploitation, SPE Europec/EAGE Annual Conference and Exhibition, 12—15 June, Vienna.

Petcovici, V., 1982. La Combustion In-Situ Assure un Taux de Recuperation Eleve dans un Important Gisement D'Huile Lourde de Roumanie. Le Sarmatien de Balaria, Second European IOR Symposium, 10—12 November, Paris, France.

Rao, N.S., et al., 1997. Results of Spontaneous Ignition Test in Balol Heavy Oil Field, SPE paper 38067, Presented at the Asia Pacific Oil and Gas Conference, Kuala Lumpur, April 14—16.

Prats, M., Jones, R.F., Truitt, N.E., 1968. In-situ combustion away from thin, horizontal gas channels. Soc. Petrol. Eng. J.

Roche, P., 2006. Carbonate Klondike: the next Oilsands New Technol. Mag. Summer.

Roychaudhury, S., Rao, N.S., Saluja, J.S., 1995. Experience with in situ combustion pilot in presence of edge water, Paper 154, UNITAR International Conference on Heavy Oils and Tar Sands, 12—17 February, Houston, TX.

Sarathi, P.S., 1999. In-Situ Combustion Handbook—Principles and Practices. DOE, Tulsa, Oklahoma.

Schulte, W.M., de Vries, A.S., 1985. In-situ combustion in naturally fractured heavy oil reservoirs. Soc. Petroleum Eng. J. February.

Stallings, E.W., 1965. Thermal stimulation ups injection rate 800% in Indiana Field. Oil Gas J. July 12.

Strange, L.K., 1964. Ignition: key phase in combustion recovery. Petroleum Eng. 36 (12).

Tadema, H.J., Weijdema, J., 1970. Spontaneous ignition in oil reservoirs. Oil Gas J. December 14.

Terwilliger, P.L., 1975. Fireflooding shallow tar sands—a case history, SPE Paper 5568, Presented at 50th Annual Fall Meeting of SPE, September 28—October 1, Dallas, TX.

Thomas, G.W., 1963. A study of forward combustion in a radial system bounded by permeable media. In J. Petrol. Technol. October.

Thornton, B., Hassan, D., Eubank, J., 1996. Horizontal well cyclic combustion Wabasca air injection pilot. JPT November.

Trantham, J.C., Marx, J.W., 1966. Bellamy Field Test: Oil From Tar by Counter-flow Underground Burning SPE paper 1269.

Trasca, N., Paduraru, R., 1993. Stimulation of oil inflow and consolidation of the productive formation by cyclic combustion, In Joint Canada/ Romania Heavy Oil Symposium, 7—13 March, Sinaia, Romania.

Turta, A., 1994. In situ combustion—from pilot to commercial application, Paper No. ISC 3 Presented at the DOE/NIPER Symposium In Situ Combustion Practices—Past, Present, and Future Application, 21—22 April, Tulsa, OK.

Turta, A., 1996. Review of the Balol, Santhal and Lanwa in situ combustion field tests, Four reports (1991, 1992, 1994 and 1996) Prepared for UNDP of UN, New York and ONGC, India, Ahmadabad.

Turta, A., 2011. Review of steam-based ignition operations for initiation of in situ combustion process, World Heavy Oil Congress, March, Edmonton.

Turta, A., 2012. Stability of in situ combustion process to the air injection stoppage, SPE Heavy Oil Conference Canada, 12—14 June,

Calgary.
Turta, A., Pantazi, I., 1986. Development of in situ combustion on an industrial scale at Videle field. SPE Reservoir Eng. November.
Turta, A., Singhal, A., 2001. Reservoir engineering aspects of light-oil recovery by air injection. SPE Reservoir Eval. Eng. August.
Turta, A., Socol, S., Trasca, N., Ilie, N., 1985. Application of cyclic combustion in Romania, Mine Petrol si Gaze, July (in Romanian).
Turta, A., Coates, R., Greaves, M., 2009. In-situ combustion in the oil reservoirs underlain by bottom water, Review of the Field and Lab. Tests, Canadian International Petroleum Conference, 16—18 June, Calgary.
Turta, T.A., 2003. Assessment of thermal projects in Karazhanbas oil field, Kazakhstan, Contract Work for Petronas, March, Malaysia.
Watts, B.C., Hall, T.F., Petri, D.J., 1997. The Horse Creek Air-Injection Project: an overview, SPE Rocky Mountain Regional Meeting, 18—21 May, Casper, Wyoming.
Wells, B., 1980. Suffield Heavy Oil Pilot Project, AOSTRA's Non-conventional Oil Techn., 29—30 May, Calgary.
White, P.D., Moss, J.T., 1965. High-temperature thermal techniques for stimulating oil recovery. J. Petrol. Technol.
White, P.D., Moss, J.T., 1983. Thermal Recovery Methods. PennWellBooks, Pennwell Publishing Co., Tulsa, OK.
Wilson, Q.T., 1979. Progress report—Willow Draw Field, Attic air injection project, Park County, Wyoming, Prepared for the Energy Research and Development Administration Under Contract No ET-76-C-02-1810.
Yu, H., Yang, B., Xu, G., Wang, J., Ren, S.R., 2008. Air foam injection for IOR: from laboratory to field implementation in Zhong Yuan Oilfield China, SPE/DOE Improved Oil Recovery Symposium, 19—23 April, Tulsa, OK.

第19章 微生物提高采收率技术简介及在中国的应用

James J. Sheng

(得克萨斯科技大学Bob L. Herd石油工程系，美国得克萨斯州Lubbock，邮编79409)

19.1 引言

微生物提高采收率技术(MEOR)是基于生物方法提高油藏采收率的技术，其核心组成部分主要有二：一是微生物，一是营养物。微生物可以是外源的，也可以是内源的。外源细菌(微生物)可在地面培养，内源细菌则是油气藏内天然存在的微生物。营养物也分为外源和内源两种。外源营养物，如硝酸盐和糖浆，随同水一起注入储层。以糖浆或其他有机糖为碳营养物的原因是其易于获取，以氮、磷肥为无机营养物的原因很好理解，在此就不解释了，大多数试验采用的都是这些营养物(Maudgalya等，2007)。内源营养物，如剩余油，是储层里原有的。如将细菌和营养物在地表混合，发生生物反应，将在地表生成生物聚合物和生物表面活性剂。该工艺(地面发酵法)与注化学剂类似，而从储层的角度看，甚至可能完全一样。因此，这种工艺并非本章要讨论的主题。将细菌或营养物，或两者同时注入储层(在大多数情况下)，则生物反应将在储层内发生，原地生成微生物反应产物，从而提高采收率。该工艺(地下发酵法)与化学驱中的注碱和层内燃烧类似。地下发酵法在原料供应上具有潜在优势，在残余油可用做内源碳营养源的情况下尤其如此。这一点可能最为重要，也可能是其唯一优于其他工艺之处。但地下发酵法除了要面临其他EOR工艺的问题之外，还有一些其独有的问题，本章后面将对此进行讨论。与其他EOR方法相比，微生物驱的其他优势包括成本低(与水驱成本相当)，现有的注水设施稍加改造就可使用，而且环境友好(产物可生物降解)。但是，其总体环境影响仍不清楚。多个项目的分析表明，采用此方法，每增产1bbl油的成本是2.3~6.6美元，但如果作业规模扩大，成本还可进一步减少(Maudgalya等，2007)。微生物驱的另一个优势是微生物的活性随微生物生长而增强。这一点与其他EOR添加剂随时间和距离加大而效力下降正好相反。微生物驱的缺点是有氧微生物驱所用的氧气可能具有腐蚀作用，损害地面装置和井下管线，而厌氧微生物驱又需要大量的糖，这限制其在后勤供应不力的海上平台的使用。外源微生物需要培养装置，而内源微生物需要评估微生物活性的标准框架，例如专门的取心和取样技术等(Awan等，2008)。

本章我们将探讨微生物驱的机理和筛选标准及微生物驱的不同应用方式。

19.2 MEOR机理

表19.1列出了据Momeni和Yen(1990)、Sen(2008)和Yu(2006)等人的论文总结的与微生物反应产物相关的采油机理。

表19.1 微生物、微生物反应产物及其在EOR中的作用

微生物反应产物	微生物	在EOR中的作用
气体(氢、氮、甲烷、二氧化碳)	梭菌、肠杆菌、甲烷细菌属、脱磷弧菌属	提高储层压力、使石油膨胀、驱替不可动石油、降低石油黏度、通过溶解碳酸盐提高渗透率
酸(低相对分子质量脂肪酸、甲酸、丙酸、丁酸等)	梭菌、混合盐酸谷氨酸、脱硫弧菌属、杆菌	通过溶解碳酸盐沉淀增加孔隙度和渗透率、因黏土运移而降低渗透率、增强乳化能力、通过与碳酸盐矿物反应生成二氧化碳而降低石油黏度和使油滴膨胀
溶剂(丙醇、丁醇、丙酮、丙二醇等)	梭菌、发酵单胞菌属、克雷白氏杆菌属、节细菌属	通过溶解石油中的沥青和重质成分而降低石油黏度、通过溶解孔喉中的重质成分而增加石油的渗透率，发挥助表面活性剂的作用
生物表面活性剂(乳状液和阿拉善、表面活性肽、鼠李糖脂、地衣素、糖脂、黏液菌素、海藻糖等)	不动杆菌属、杆菌、假单胞菌、红球菌属、节细菌属、棒状杆菌属、梭菌、分支杆菌、诺卡氏菌属	起表面活性剂的作用，例如减少IFT、降低剩余油饱和度、改变润湿性、乳化原油等等
生物聚合物(黄原胶、支链淀粉、果聚糖、热凝胶、右旋糖酐、硬葡聚糖等)	黄单胞菌属、短梗霉属、杆菌、产碱菌属、明串珠菌属、菌核短杆菌属、肠杆菌	起聚合物的作用，例如增加驱替水的黏度、封堵高渗通道
生物质(例如絮状物或生物膜)(细胞和EPS(主要是胞外多糖)	杆菌、明串珠菌属、黄单胞菌属	相当于封堵剂，通过细菌繁殖驱替石油、改变润湿性、降低石油黏度和倾点、原油乳化和脱硫

表19.1列出了MEOR的优点。但它也有一些缺点，例如：生物反应生成硫化氢，即酸化，导致管线和机械装置的腐蚀；细菌消耗烃类也会减少所需的化学物质的产出(Van Hamme等，2003)。但一些油田应用表明，MEOR可减轻储层的酸化(Zahner等，2011)。MEOR还有一些对采油有时有利有时不利的效应。比如，在一些情况下降低渗透率对采油有利，而在另外一些情况下则不利于采油。就负面效应而言，微生物代谢产物或微生物本身会通过沉积生物质(生物堵塞)、矿物(化学堵塞)或其他悬浮颗粒(物理堵塞)而导致储层渗透率下降。就正面效应而言，细菌的附着和黏液的形成，如胞外聚合物质(EPS)，有利于封堵高渗透层(漏失层)，从而提高波及效率。现场试验表明，渗透率剖面调整成功的比例较高(Maudgalya等，2007)。MEOR机理至今仍不是十分清楚。针对这些机理在实际油藏中是否可以发挥作用，人们提出了许多问题(例如，Bryant和Lockhart，2002)。问题之一是，与常规化学驱注入的化学剂数量相比，生成的微生物量非常少，但1995年对美国322个MEOR项目的调研表明，81%的项目成功地提高了石油产量，未见一例减产(Lazar等，2007)。下文将就MEOR机理和可行性进行探讨。

Bryant和Lockhart(2002)提出了如下约束条件，停留时间(即流体在微生物孵化带停留的时间)必须大于微生物产物达到一定浓度所需的时间。换言之，与流体注入速度相比，微生物新陈代谢速度必须足够快。但他们并未指出在典型的MEOR工艺中所需的新陈代谢速度是否足够快。这种约束适用于有限的新陈代谢带(固定或扩展中)。如果采用的是内源或活动的微生物，则停留时间就是微生物从注入井到生产井所需的时间。在这样的情况下，即使很慢的反应机制最终也能达到所需的浓度。即便如此，仍需尽可能快速达到所需的产物浓度，以便尽可能大面积地与储层接触。从停留时间的角度看，井距较小时所需的新陈代谢速度就较高，也就是说，要在流体抵达生产井之前生成所需的微生物产物浓度，需要更高的微生物和营养物浓度。这些都是在设计MEOR工艺时需要考虑的因素。

表19.1列出了微生物的生物聚合物和生物表面活性剂产物。但要使其发挥作用，必须在满足其吸附要求后达到最小浓度(例如，对于生物表面活性剂，至少应高于临界胶束浓度)。

Maudgalya等(2007)称，生物表面活性剂生产和润湿性转换的作用存疑，因为在几次水驱和单井试验的产出流体中未测得任何生物表面活性剂、乙醇或聚合物。其有效性是基于先导试验前实验室岩心试验结果及这些先导试验中石油流动速度的改善而得出的。Bryant和Lockhart(2002)则提出了一种化学计量约束，即固定微生物带内的固定内源碳量。如果微生物是活动的，则储层内所有的石油都是潜在的碳源，因此，这一约束实际上并无意义。不过，微生物系统通常需要数种营养物质。对于喜氧微生物，所需的一种营养物就是氧气。氧在水中的溶解度是有限的(50℃常压下约为5.6g/m^3，http://www.engineeringtoolbox.com)。Bryant和Lockhart(2002)的计算表明，对于较小的静态(固定)微生物带，这一工艺并不受限于氧气，而是其他营养物。为了让生成的生物聚合物和生物表面活性剂有效地发挥作用，一个重要的参数是注入流体和地层水的盐度。要使生物表面活性剂能发挥最佳效力，生物表面活性剂系统的盐度应是最优值。

Bryant和Lockhart(2002)认为，在原地生成黏性生物聚合物时，渗透率或微生物反应性上的任何非均质性都可能导致控制微生物移动效果的下降，这一点与常规聚合物驱不同。他们认为，在渗透率存在非均质性的情况下，最初在高渗透率层生成的高黏生物聚合物把注入流体从高渗透率地层导入低渗透率层，导致注入的流体在低渗透率层停留时间过短。停留时间短则无法生成足够量的微生物，也就无法在低渗透率层生成高黏流体。注入的流体流经低渗透率地层但不生成黏稠性流体，也就意味着流度控制失败。我们认为，注入的流体中含有微生物和营养物质，如果把更多的流体导向低渗透率层，微生物反应会加强，或者说对微生物反应的约束因素变少，导致在低渗透率地层生成黏性生物聚合物，而后续注入的流体无法再进入低渗透层，或者说流经低渗透层的注入流体量变少。因此，流度控制与常规聚合物驱一样将得到加强。另一个理由是，当流体被导向低渗透层时，由于流体流动速度快，停留时间会变短，但仍长于高渗透层。如果在高渗透层中能够生成黏性流体，则也能在低渗透层中生成，因此注入的流体通过低渗透层流动而不生成微生物产物的情况也不会发生。我们的观点可在一些公开的试验结果中找到证据。Li等(2005)利用处于同一流体系统中的两个平行岩心进行了试验，其中一个填砾岩心的初始渗透率为1.1×10^4mD，另一个岩心的初始渗透率为900mD，采用的微生物为肠杆菌属(代码CJF-002)。两个岩心最初饱含地层水。向岩心注入2PV由1×10^5个/mL微生物和5%糖浆构成的液体。岩心两端封闭，微生物在其中培养4天。从第5天开始，以地层水驱替这两个岩心，每日一次。第6天时，填砾岩心的渗透率从1.1×10^4mD减至4000mD，减幅64%；而另一个岩心的渗透率从900mD减至600mD，减幅33%。填砾岩心的渗透率减幅较大，其原因是这个岩心的初始渗透率较高，注入此岩心的微生物流体量更大，生成的生物聚合物也更多。另一个采用同种微生物开展的试验结果也表明，与低渗透率通道相比，高渗透率通道的渗透率减幅更大(Yu，2006)。

Bryant和Lockhart(2002)认为，在反应性具有非均质性的情况下，低反应性区域的反应程度较低，而且流体黏度也因此而较低，从而吸引更多流体进入该区域。流体流动速度越高，停留时间就越短，这会导致反应程度进一步降低，并使更多的流体进入低反应性区域。因此，反应性的变化可自行放大。同样，我们认为，如果更多的流体进入低反应性区域，微生物反应将变强，因为参与反应的微生物和/或营养物更多，而且微生物反应所受的约束因素更少，导致所生成的黏性生物聚合物数量更多。这样一来，流体转向进入较低反应性区域的情况将会减轻。

不活动的生物质最初沿着高渗透率通道汇聚于井筒附近，从而可以起到封堵剂和转向剂的作用，将水流导入低渗透率带。但如果生物质汇聚的速度过快，则井的注入能力也将下降。

由于氧气在水中的溶解度低于二氧化碳(约为后者的1%)，故如果所需的氧气只能通过注水提供，那么在地下生成二氧化碳就需要注入大量的水。Bryant和Lockhart(2002)的计算表明，如果游离二氧化碳饱和度达到0.1，则要生成$1m^3$ PV的二氧化碳，需要注入$100m^3$ PV的水。为了生成足够多的二氧化碳以实现EOR，我们需要替代氧源，或者把氧气与水分开注入。如果氧气不足，则产生的二氧化碳会较少，提高采收率的效果也会不理想。与之形成对照的是，原地生成甲烷不需要氧气这种额外的营养物。但对于小面积固定微生物区，生成的甲烷量受制于是否有原油。Bryant和Lockhart(2002)的计算表明，混相气驱不太可能对MEOR作出什么贡献，因为生成的气量实在有限。我们预测生成的气体在提高石油采收率上能够起到一定作用，但并非以混相气驱的方式起作用。

通过以上讨论我们发现，MEOR机理仍不清楚。尽管已进行了许多实验室试验，并提出了多种机理，但这些机理在储层中的真正作用，还需要进一步探索。很明显，还需要开展一些更基础的研究以了解MEOR的机理。

19.3 MEOR中所用的微生物和营养物

表19.1列出了一些可生成不同微生物产物的微生物。这些微生物中，梭菌、脱磷孤菌属、不动杆菌和诺卡氏菌属是厌氧的，假单胞菌、黄杆菌属、棒状杆菌和分支杆菌是喜氧的，杆菌、明串珠菌、节细菌、肠杆菌、诺卡氏菌、不动杆菌、梭菌和假单胞菌是兼性菌。目前，现场试验所用的微生物通常混合了厌氧或兼性菌：梭菌、杆菌、节杆菌、微球菌、消化球菌、分支杆菌等(Lazar等，2007)。梭菌和杆菌是最常用的微生物。现场试验表明，采用杆菌和梭菌成功率最高。最常用的是杆菌。大多数成功的试验采用的都是厌氧菌。很多试验都报称使用了可降解石油的微生物，但未明确究竟是哪一种。微生物的特性通常不具一致性，其在实验室和现场的表现可能完全不同。同一种微生物有时试验效果很好，而有时则不成功(Maudgalya等，2007)。大多数试验都是采用几种细菌的组合，以发挥其各自的优势。硝酸盐还原菌可改变渗透率，能降低酸性。有时，“细菌”这个词泛指一切微生物(Daims等，2006)。

注入的微生物有效发挥作用的前提是其具备如下特征：

① 厌氧或兼性菌，以便既能在地面也能在地下生长，使用喜氧菌需注入氧气。最好是将厌氧和喜氧菌混合注入，喜氧菌可在地面生长，而厌氧菌可在地下生长。

② 菌种可在高温、高压、高盐环境下生长，且较内源微生物生长速度更快(否则，营养物质会被内源微生物所摄取)。

③ 以地层中的剩余油和无机盐为营养物。

④ 环境友好。

注入水中微生物的数量应在1×10^5~10×10^5个/mL范围内(Wang，2005)。

MEOR工艺中营养物是最大的支出，其搭配是否得当和用量是否合适都很重要。糖或原油是微生物所需的碳源。最常用的碳源是糖浆，因为其最为易得和易于泵入井中。其他常用的营养物是由化肥提供的硝酸盐和磷盐(磷酸铵、过磷酸盐、硝酸铵和硝酸钠)(Donaldson等，1989)。

19.4 筛选标准

表19.2列出了基于文献信息而制定的通用MEOR筛选标准(Bryan和Lindsey，1996；Ohno等，1999)。不同作者提出的标准略有不同。

表19.2 MEOR筛选标准

地层温度/℃	<98(最好<80)
压力/MPa	10.5~20
地层深度/m	<2400~3500
孔隙度	>0.15
渗透率/mD	>50
地层水溶解固体(NaCl)总量, %	<10~15
pH值	4~9
石油密度/(g/cm^3)	<0.966
石油黏度/(mPa·s)	5~50
残余油饱和度	>0.25
元素(砷、水银)/(mg/L)	<15
井距/acre	40

表19.2是基于文献总结的，所列出的参数值范围较广，因而只是通用标准。一些项目使用的标准超出了该表所列的参数范围。最关键的参数是地层温度。温度影响酶(生物催化剂)的功能。一些微生物只能在20MPa(译者注：原文为mPa有误)的压力下和最高80℃的温度下生存，而另一些在可在115℃(Brown, 2011)或121℃(Kashefi和Lovely, 2003)下存活。Zahner等(2011)的调查表明，MEOR已经成功应用于石油密度高达0.96g/cm^3和低至0.82g/cm^3、温度高达93℃、地层盐度高达14×10^4mg/L(溶解固体总量)的储层。地层深度与温度和压力相关。美国国家石油能源研究院(NIPER)在全球搜集的40个MEOR项目资料表明，平均地层深度是1800ft(最深的是2600ft)，API重度为34~40API度(Pautz和Thomas, 1991)。一项研究结论认为，在直径至少为0.2μm的连通孔隙存在的情况下，细菌会保持相当高的活性(Fredrickson等, 1997)。孔隙大小和形状对微生物的化学趋向性有影响，但这一点在油层条件下尚未得到证实。另一项研究(Wang, 2005)表明，微生物可在渗透率为30mD的地层中流动。地层水盐度和pH值可能影响酶的活性并改变细胞表面和膜的厚度(Fujiwara等, 2004)。MEOR项目要取得经济成功，需要有较高的剩余油饱和度。井距对MEOR应用的成功也很重要，因为微生物在向前运动的过程中消耗营养物并生长，这限制了微生物存活的距离。鉴于表19.2仅列出了通用筛选标准，对于特定的应用，应采用更多的标准。

19.5 现场应用

本节我们将列出几个微生物的现场应用实例：单井微生物吞吐、微生物水驱、对井采取增产措施以消除井或地层伤害、采用内源微生物的MEOR。

19.5.1 单井微生物吞吐

在单井微生物吞吐工艺中，先把微生物和营养物注入单口井中，然后关井数日或数周，培养微生物，使之生长并生成微生物产物，最后开井生产。该工艺用于重质原油成分的降解(降低石油黏度)和消除近井堵塞。在交替单井处理中，微生物和营养物被周期性地注入生产井，但并不关井。下文例举的就是微生物吞吐开采重油的实例(Yu, 2006)。

19.5.1.1 储层和流体描述

先导试验在辽河油田冷-43区块开展。表19.3列出了部分储层和流体参数。该区块处于注蒸汽开发的晚期，地层水为碳酸氢钠类型。

表19.3 Leng-43储层和流体数据

平均孔隙度，%	20.5
渗透率/mD	725
地层深度(海平面下)/m	1410～1650
储层温度/℃	48
石油黏度/(mPa·s)	9620～43000
沥青烯含量，%	37～42
倾点/℃	-3～16
地层水溶解固体总量/(mg/L)	5434.7
pH值	7

19.5.1.2 微生物与微生物产物的作用

所选的微生物为假单胞菌(代码LH-18)和短杆菌(代码LH-21)。其大小分别为0.4μm×0.8μm和0.5μm×0.6μm。这些微生物在培养基中进行培养，培养基的构成为40g液态沥青质、2g尿素、5g磷酸二氢钾、0.6g磷酸氢钠、0.015g酵素和1000mL地层水，在温度48℃下培养时间48h后，LH-18菌浓度变为6.9×10^8个/mL，而LH-21菌浓度变为3.9×10^8个/mL。

生成的微生物产物使石油黏度降低了26%～65%，油水界面张力从60mN/m降至50mN/m，降幅10.7%～19%。需要注意的是，与常用的合成表面活性剂系统的超低界面张力相比，这个界面张力依然很高。Zhao等(2005)报称在实验室条件下采用代码为FM的混合微生物可将界面张力从0.138mN/m降至0.0126mN/m。但降黏幅度只有16%～18.5%。

19.5.1.3 先导试验

将LH-18和LH-21两种微生物以1∶1的比例在注入水中混合，每1m^3水中加入0.2kg尿素、0.6kg磷酸二氢钾和0.03kg磷酸钠，用做营养物质。试验中，先通过油管与管套之间的环空注入10m^3营养液，其后再注入10m^3的微生物和营养物的混合液，接着再注入25m^3的营养液。每口试验井注入约1t微生物液，关井4～7天，以便微生物繁殖生长。

19.5.1.4 试验结果

三口试验井的含水率从50%～67%降至33.3%～57.1%，产油量从2～3t/d增至4.5～5t/d。这三口井共增产石油491t。其中一口井在处理前每月仅有7天在产，而且每月只产12t油；处理后，该井每天都产油，日产油1.1t/d，该井总的增产油量为38.5t。在总共五口试验井中，仅一口井未见效果。

19.5.2 微生物水驱

在微生物水驱工艺中，微生物和营养物被注入目标储层并在其中繁殖生长，表19.1所列的微生物产物在原地与岩石和流体发生反应，使部分剩余油得以被采出。下文将介绍该工艺的一个现场应用实例(Li等，2005)。

19.5.2.1 微生物的筛选

微生物驱在吉林扶余油田开展。该油田的MEOR研究始于1996年。一开始为该油田选择了代号为48号的微生物，后又发现了代号为CJF-002的另外一种微生物(肠杆菌属)，为厌氧或兼性。其指数生长期(对数生长期)为10～18h。其中一种微生物产物为线型长链生物聚合物。微生物聚合物的积聚期为16～24h。这些聚合物缠绕形成3D网络结构以形成大尺寸的胶体，当水力压力高时，与胶体共生的水被挤出，胶体则形成一种紧致的低渗透率生物膜。氧化、生物降解和不同温度、盐度和酸碱度条件下，该生物聚合物稳定。当pH值低于5时，这种生物聚合物可能会在酶的作用下而降解(Yu, 2006)。研究人员对该微生物与储层流体的相容性进行了研究。由于储层中存在其他细菌，它们与选出的微生物争夺养料，并生成不需要的微生物产物。研究还发现，当CJF-002浓度高于1×10^5个/mL时，它就可与其他细菌展开营养物竞争，即便在其他细菌浓度高于1×10^7个/mL的情况下也可生成所需的微生物产物。为了节约成本，研究人员尝试用玉米淀粉取代糖浆，结果表明可行。

19.5.2.2 注入设施

为了抑制不需要的细菌生长，营养物通过供应罐经井口注入，在试验早期阶段微生物液是通过管线输送的。后期，当试验地点发生变化时，人们发现必须更换注入管线，所以决定采用橇装装置向注入井井口提供微生物和营养物。对于大规模的试验，这种橇装装置有其局限性，因此，采用轨道泵向注入井井口提供微生物液，而营养液通过管线提供。

19.5.2.3 现场试验及结果

在扶余油田的4个区块开展了5个先导项目，这里只讨论在东24~26区块的试验。表19.4列出了部分储层和流体参数。地层水为碳酸氢钠型。

表19.4 东24~26区块储层和流体参数

面积/km^2	0.203
原始石油地质储量/t	50×10^4
平均孔隙度，%	26.9
渗透率/mD	241
粒度中值/μm	0.13
孔隙半径中值/μm	3.8
地层深度(海平面下)/m	320~450
储层温度/℃	32
地层水溶解固体总量/(mg/L)	3617
pH值	7~8
微生物注入前采收率，%	10.6
试验前含水率，%	84
试验前平均石油产量/(t/d)	6.7

共用了两口注入井。每口井的注入速度都是$25m^3/d$。微生物注入速度是$0.5m^3/d$，糖浆注入速度为$2.5m^3/d$(为水注入速度的10%)。每立方米注入液的糖浆含量为45%，每立方米注入液的糖浆成本是750元(相当于100美元)(Yu, 2006)。注入时间是60天。注入后，13口邻近生产井的微生物浓度为$1\times10^5\sim1\times10^6$个/mL。这些生产井的生物聚合物浓度介于40~60mg/L之间，采出的石油中重质成分减少，平均石油产量从6.7t/d增至19.7t/d，采出液含水从84%减至70%。此试验共增产石油2916t，投入产出比为1∶4.3。主要的开采机理为生物聚合物效应。

19.5.2.4 结论和教训

扶余油田的先导试验经验或结论总结如下:

① 微生物驱的效果取决于微生物和营养物的注入方式。段塞注入方式是在连续注入营养物过程中断续注入高浓度微生物。混合注入方式是连续注入微生物和营养物的混合液。观察发现前者效果好于后者(Yu, 2006)。

② 采用清水的效果好于用采出水，因为采出水中有一些不需要的细菌。

③ 微生物和营养物注入量和浓度不足是微生物驱效果不佳的最主要原因。

④ 在生物聚合物生成之前，CJF-002微生物和营养物可深入地层，因此不存在注入能力问题。

⑤ 效果好的微生物如CJF-002在储层中时间过长可能被其他细菌攻击或降解，其效果在五年之内消失(Wei等，2005)。

⑥ 由于微生物可能被其他细菌攻击，应注入较高浓度的微生物。

⑦ 如果系统不封闭，在培养罐中CJF-002微生物于18~24h内消失，而在运输罐内CJF-002微生物则于8~12h消失(Wei等，2005)。由于任何培养系统都做不到绝对密封，所以微生物不宜长期存放。

19.5.3 通过井增产措施消除井筒或地层伤害

所谓井增产措施消除井筒或地层伤害是指通过油管与套管之间的环空注入微生物，借助于微生物产物(如生物表面活性剂)去除井筒内或近井地带沉淀的重质成分，如石碏和沥青。这类井增产措施通常用于存在严重结碏的低产井，以每月一次或每三月一次的频率开展。下文介绍一个实例(Di和Lu，2005)。

吉林油田公司的前大油田在多口井中开展了此类作业。表19.5所列为部分储层和流体参数。注意储层的渗透率非常低(5.5mD)，超出了表19.2所列的范围。

表19.5 前大油田储层和流体参数

平均孔隙度，%	16.5
渗透率/mD	5.5
地层深度(海平面下)/m	1250
储层温度/℃	62
储层压力/MPa	8.4
地层水溶解固体总量/(mg/L)	12000~16000
pH值	6~8
地层石油黏度/(mPa·s)	48.7
沥青烯含量，%	23.1
试验前含水率，%	87.1

在前大油田，通常是先向井中注入150~300kg微生物液，再注入水或营养液，关井5~10天。1997~2001年间，该油田共有374口井进行了处理，其中254口井见效，累计增产石油7714t油，增产量低于预期。2001年对产出液样本进行了分析，结果表明液体中含有3~5种微生物，约占液体中微生物总量的90%。这些微生物降解重质成分或生成生物表面活性剂的能力不强。增产效果低于预期的主要原因是微生物浓度低和注入量不够。

1998~2001年间，吉林油田公司的其他油田也实施了井增产措施。尽管使用的是相同的微生物，但各井的表现相差很大。一些井的增产效果好，另一些则不太理想，有些甚至还因关井而减产。由于处理效果不佳，井增产措施的魅力渐失。一些观点认为实际应用中，大量增产就必须注入大量的微生物。部分实验室试验也表明，微生物与油的反应速度很慢。业界开始对此方法的效果产生怀疑。

19.5.4 采用内源微生物的MEOR法

内源微生物通常是在注水过程中进入储层的。它们在注水期间较长时间保持相对稳定。由于深层储层高温高压，能存活的微生物相对较少；而浅层储层的微生物较多，内源微生物以剩余油为碳源。在注入水中加入空气和硝酸盐、磷酸盐等无机盐，就可生成内源微生物。一般分为两步：第一步，发酵厌氧和兼性菌，生成酸、生物表面活性剂、溶剂、二氧化碳等微生物产物，其中一些可用做厌氧菌的营养物；第二步，发酵厌氧微生物，生成甲烷等微生物产物。以下为油田应用实例(Feng等，2005；Yu，2006)。

19.5.4.1 储层和流体参数

先导试验在大庆油田有限责任公司的孔店油田开展。试验区的储层和流体参数见表19.6。地层水为碳酸氢钠型。确认的内源微生物包括可生成生物表面活性剂的假单胞菌、能够生成气、酸、溶剂和生物表面活性剂的发酵细菌以及甲烷杆菌。

表19.6 孔2-北区块储层和流体参数

面积/km^2	1.6
原始石油地质储量/t	674×10^4
平均孔隙度，%	33
渗透率/mD	1878
地层深度(海平面下)/m	1206.8~1412
储层温度/℃	60.7
地层水溶解固体总量/(mg/L)	5518~6300
地层水中硫化氢含量/(mg/L)	<0.35
地层石油黏度/(mPa·s)	69.4~73
沥青烯含量，%	25.8
倾点/℃	-11.8
试验前含水率，%	94.4
试验前平均石油产量/(t/d)	10.8

19.5.4.2 先导试验和结果

2001~2002年间，分5次注入了空气和营养物质，每次注入6000m^3的空气和2800kg的营养物。结果表明，虽然培养了内源微生物，但数量不够，见效的生产井不多。2003年，注入的营养物量在2001年和2002年试验注入量的基础上翻倍，并且每次注入5.5m^3发酵内源微生物液，空气注入量和其他注入参数不变。注入空气和营养物后，继续注水1天，接着关井1天，然后正常注水。

试验结果表明，未生成磷酸盐或溶解氧产物，采出水黏度增加了0.11mPa·s，石油密度、黏度和重质成分含量都有所下降。注水井和生产井近井地带的硫酸还原菌浓度降低[增长率为3364μg S^{2-}/(L·d)]，假单胞菌的浓度增加。注水井附近甲烷杆菌浓度增至1×10^5个/mL，比处理前高三个量级，增长率为97μg CH_4/(L·d)。腐生菌的浓度达10^7/mL。

与处理前相比，70%的受效生产井采出水中发酵菌浓度增幅可达1×10^9个/mL，高出5~7个量级。30%的受效生产井采出水中假单胞菌浓度增幅可达1×10^6个/mL，高出3个量级。50%的受效生产井采出水中腐生菌浓度增幅可达1×10^3个/mL，高出1个量级，50%的受效生产井采出水中甲烷杆菌浓度增幅可达1×10^4个/mL，增1~3个数量级。只有40%的生产井所产的甲烷量增加了25倍，最高增长率为26.3μg CH_4/(L·d)。50%的生产井硫酸盐还原菌浓度增加了50倍，增长率最高为205.8μg S^{2-}/(L·d)。由于地层水中硫酸根离子含量低(80mg/L)，所以未检到硫化氢。

采出水中的甲烷含量不高，70%的生产井采出水中发现有乙酸盐，最高浓度达172.6mg/L，增加了43.3倍。在注水井近井地带或注入水中，乙酸盐浓度达30mg/L，增加11.6倍。在生产井中还检测出了异丁酸盐，其浓度先增后降，表明注入营养物量不够。

对注入成分进行了监测。生产井几乎都未检出磷酸盐、溶解氧、硝酸盐等。pH值介于7.5～9之间。碳酸根离子增加100～350mg/L。一些井的溶解固体总量增加，表面张力介于8～25mN/m，85%的受效生产井低于20mN/m，甲烷含量增3%～5%，石油黏度降7.7%。

在22口受效生产井中，有2口的石油产量增加，含水下降。还有7口的产量递减速度减慢，但这7口井还实施了其他增产措施，而其他13口的产量递减速度未改变。

在11口注水井中，有3口井的启动压力降低，表明微生物消除了部分近井伤害，而其他8口井的阻力系数增大，表明微生物生成的多聚糖和乳化物增加了流动阻力。

Lu等(2003)指出，由于诸如碳、硝酸盐和磷酸盐等营养物既是目标微生物也是其他无利用价值微生物的常见营养物，所以很难向目标内源微生物提供特定的营养物质。更现实的做法是大量培养目标微生物，然后与营养物一起注入储层。

致谢

在此对Lewis R. Brow博士的审阅表示感谢！

参考文献

Awan, A.R., Teigland, R., Kleppe, J., 2008. A survey of North Sea enhanced-oil-recovery projects initiated during the years 1975 to 2005. SPE Reservoir Eval. Eng. 11 (3), 497—512.

Brown, L.R., 2011. Personal communication, July 15.

Bryant, R.S., Lindsey, R.P., 1996. World-wide applications of microbial technology for improved oil recovery. Paper SPE 35356 Presented at the SPE/DOE Improved Oil Recovery Symposium, Tulsa, OK, 21—24 April.

Bryant, S.L., Lockhart, T.P., 2002. Reservoir engineering analysis of microbial enhanced oil recovery. Reservoir Eval. Eng. October, 365—373.

Daims, H., Taylor, M.W., Wagner, M., 2006. Wastewater treatment: a model system for microbial ecology. Trends Biotechnol. 24 (11), 483—489.

Di, S.-J., Lu, Z.-S., 2005. Research of application of microbial technologies in the Jilin field. Nanfang Oil Gas 18 (3), 54—59.

Donaldson, E.C., Chilingarian, G.V., Yen, T.F. (Eds.), 1989. Developments in Petroleum Science: Microbial Enhanced Oil Recovery. Elsevier.

Feng, Q.-X., Ma, L.-J., Ni, F.-T., Zhou, L.-H., 2005. MEOR pilot tests in Daqang. In: Yan, C.-Z., Li, Y. (Eds.), Tertiary Oil Recovery Symposium. Petroleum Industry Press, Beijing, China, pp. 143—149.

Fredrickson, J.K., McKinley, J.P., Bjornstad, B.N., Long, P.E., Ringelberg, D.B., White, D.C., et al., 1997. Pore-size constraints on the activity and survival of subsurface bacteria in a late Cretaceous shale-sandstone sequence, northwestern New Mexico. Geomicrobiol. J. 14, 183—202.

Fujiwara, K., Sugai, Y., Yazawa, N., Ohno, K., Hong, C.X., Enomoto, H., 2004. Biotechnological approach for development of microbial enhanced oil recovery technique. Pet. Biotechnol. Dev. Perspect. 151, 405—445.

Kashefi, K., Lovely, D.R., 2003. Extending the upper temperature limit for life. Science 301 (5635), 934. 10.1126/SCIENCE.1086823.

Lazar, I., Petrisor, I.G., Yen, T.F., 2007. Microbial enhanced oil recovery (MEOR). Pet. Sci. Technol. 25 (11), 1353 — 1366.

Li, X.-C., Cui, J., Hong, C.-X., 2005. Research and application results of microbial technologies in the Fuyu field, Jielin. In: Yan, C.-Z., Li, Y. (Eds.), Tertiary Oil Recovery Symposium. Petroleum Industry Press, Beijing, China, pp. 279—286.

Lu, Z.-S., Di, S.-J., Wang, L.-F., 2003. Applications of DNA detecting technology in MEOR. Xingjiang Pet. Geol. 24 (2), 164—166.

Maudgalya, S., Knapp, R.M., McInerney, M.J., 2007. Microbially enhanced oil recovery technologies: a review of the past, present and future. Paper SPE 106978 Presented at the SPE Production and Operations Symposium, Oklahoma City, OK, 31 March—3 April.

Momeni, D., Yen, T., 1990. Introduction to microbial enhanced oil recovery. In: Yen, T. (Ed.), Microbial Enhanced Oil Recovery: Principle and Practice. CRC Press, Boca Raton, FL.

Ohno. K., Maezumi, S., Sarma, H.K., Enomoto H., Hong, C., Zhou, S.C., et al., 1999. Implementation and performance of a microbial enhanced oil recovery field pilot in Fuyu Oilfield, China. Paper SPE 54328 Presented at the SPE Asia Pacific Oil and Gas Conference and Exhibition, Jakarta, Indonesia, 20—22 April 1999.

Pautz, J.F., Thomas, R.D., 1991. Applications of EOR Technology in Field projects—1990 update (NIPER—513), January.

Sen, R., 2008. Biotechnology in petroleum recovery: the microbial EOR. Prog. Energy Combust. Sci. 34 (6), 714—724.

Van Hamme, J.D., Singh, A., Ward, O.P., 2003. Recent advances in petroleum microbiology. Microbiol. Mol. Biol. Rev. 67 (4), 503—549.

Wang, W.-D., 2005. MEOR studies and pilot tests in the Shengli oilfield. In: Yan, C.-Z., Li, Y. (Eds.), Tertiary Oil Recovery Symposium. Petroleum Industry Press, Beijing, China, pp. 123—128.

Wei, Z.-S., Wang, F.-F., Lu, Z.-S., Di, S.-J., 2005. Field practice and understanding of MEOR in the Jilin field. In: Yan, C.-Z., Li, Y. (Eds.), Tertiary Oil Recovery Symposium. Petroleum Industry Press, Beijing, China, pp. 129—137.

Yu, L., 2006. Microbial technologies to enhance oil recovery. In: Shen, P.-P. (Ed.), Technical Advances in Enhanced Oil Recovery. Petroleum Industry Press, Beijing, China, pp. 276—312.

Zahner, R.L., Tapper, S.J., Marcotte, B.W.G., Govreau, B.R., 2011. What has been learned from a hundred MEOR applications. Paper SPE 145054 Presented at the SPE Enhanced Oil Recovery Conference, Kuala Lumpur, Malaysia, 19—21 July.

Zhao, H.-T., Chen, H., Wang, C.-L., Zhang, S.-H., 2005. Field testing of microbial profile modification in the Wenmingzhai field. In: Yan, C.-Z., Li, Y. (Eds.), Tertiary Oil Recovery Symposium. Petroleum Industry Press, Beijing, China, pp. 138—142.

第20章 使用微生物提高采收率

Lewis Brown

(美国密西西比州立大学生物科学系，Hardy Road路449号GY邮箱Etheredge大厦313室，邮编39762)

20.1 MEOR概念的起源

利用微生物提高石油采收率技术通常被称作微生物强化采油(MEOR)。微生物有时还被用于去除近井筒地带聚集的烃类，虽然这样有助于提高储层的石油流动性，但它并非真正意义上的MEOR。一般而言，一次采油只能采出原始石油地质储量的10%(Ollivier和Magot，2005)。即便是二次采油之后，如水驱，也仍有三分之二的石油未能采出(Brown，2010)。

人类的石油需求在不断增加，而这种需求仅通过寻找新油田是无法完全得到满足的，需要通过寻找提高现有油藏中石油采收率的新方法来更好地加以解决。人们尝试了多种三次采油方法，包括聚合物驱、表面活性剂驱、碱驱、注蒸汽甚至层内燃烧等手段，但这些方法都未能被石油业界所广泛接受。Beckman早在1926年就研究了石油在环境中自然消失的现象，他指出，世界石油供应是有限的，而大量石油留在地下未能被采出(Beckman，1926)。他提出是否可以利用细菌促进石油的再次流动。但他的建议并为得到业界的响应，直到ZoBell(1946)为其研发的一项开采石油的工艺申请到一项专利，这种局面才有所改观。ZoBell的专利涉及向井中注入脱磷孤菌属(*Desykfivubrui hydrocarbonoclasticus*)碳氢化合物碎屑和营养物。营养物由碳源和氧化硫组成，微生物可以其为食而生长并生成气体、表面活性剂等，从而提高石油采收率。在其专利中，ZoBell阐述了微生物从含油地层中释放原油的五种机理：①灰岩和其他钙质物质的溶解；②生成气体，如二氧化碳、甲烷和氢气；③生成可去除烃类的去垢剂；④附着于固体表面，可驱替石油；⑤降低石油的黏度。Beck(1947)曾利用ZoBell的培养基开展了大量的试验，但试验结果却不具有一致性。他认为ZoBell的培养基在现场没有用。ZoBell(1953)后来又申请了一项专利，利用梭菌属和其他生成氢气的微生物开采石油。这两份专利都是基于实验室结果，没有进行过任何现场试验。

Updegraff和Wren也于1953后获批了一项专利，注入脱磷孤菌属和可能的一种共生细菌开采石油。他们发现细菌利用原油的过程极其缓慢，为了提高速度，他们注入细菌时添加了糖浆。Updegraff于1957年获批了另一项专利，他提出随同水溶性碳水化合物(糖)一起注入可生成气体的兼性或专性厌氧微生物。他还列出了一系列可用的细菌。同样，他的专利也仅是基于实验室研究结果，而没有开展过现场试验。

20.2 MEOR的早期研究

毫无疑问，厌氧微生物有能力利用烃类生成一些能够提高石油采收率的物质。可惜的是，微生物的烃类厌氧新陈代谢直到20世纪80年代才为世人所知(Heider等，1999)。后来人们发现，微生物可在地下厌氧降解石油(Aiken等，2004；Knopp等，2000)。虽然这个过程是厌氧的，但非常缓慢，所以对MEOR而言用处不大。但是，尽管可能出现堵塞，人们还是继续尝试将微生物注入储层以采出更多的石油。例如，Beck(1947)和O' Bryan以及Ling(1949)的实验室研究表明存在地层堵塞问题。后来，Updegraff(1983)指出，仅微生物新陈代谢的副产物就可造成地层堵塞。Hitzman(1962)建议用孢子而非营养细胞，因为前者直径较小。Lappin-Scott等(1988)认为孢子也可能会导致地层堵塞，因而建议使用直径更小的超微生物细菌(UMB)。根据计算，Jack等(1991)称注入的微生物应是体积较小的球体，其直径应小于地层孔喉的20%。Davis和Updegraff(1954)称注入的细胞直径必须不能大于孔隙入口直径的一半。Chang和Yen(1984)甚至建议使用溶原性噬菌，因其可以自行分解。

尽管存在井筒堵塞的问题，仍不断有向井中注入微生物的专利申请获批，2010年8月17日授权的第7776795号美国专利就是一个例证，这个专利是向储层注入特定的菌种(Keeler等，2010)。

除了大小，另一个MEOR应用问题是温度。在20世纪70年代就已发现石油在超过82℃环境下将发生降解(Philippi，1997)。另外，Wihelms等(2001)也曾建议开采温度较高地区的油藏，这里当温度高于80～90℃时，烃类降解菌将失活。Bernard等(1992)未能在高于82℃环境下培养出微生物，而Grassia等(1996)也未能找到能在85℃以上环境中繁殖的微生物。Roling等(2003)称，烃类的厌氧生物降解显然无法在高于80～90℃的环境下进行。但Stetter(2006)又报告称有微生物可在80～130℃环境下生长，但他并没有在MEOR工艺中使用这些微生物。Azadpour等(1996)从石油储层岩心中分离出了一种能够在高达116℃温度下生存的微生物。而近期的研究发现(后文有述)，有证据表明在115℃含油地层的岩心中有微生物存活，且在注入硝酸盐和磷酸盐后，这些微生物明显生长。

20.3 MEOR专利

实际上，利用微生物提高采收率并不是基于单种机理，而是几种机理的共同作用。另外需要指出的一点是，大多数与MEOR有关的报告和专利都是基于实验室结论而非现场试验，而且这些研究许多都是利用从采出液中分离出的微生物，而不是从油层岩心中得到的微生物。虽然其中的一些方法声称向井中注入了微生物，但个别方法利用的是含油地层中原有的微生物。就MEOR的名称而言，基于实验室试验数据的方法与基于现场数据的方法之间的区别并不明显，这也是许多业界专业人士对这种方法持怀疑态度的原因之一。实验室所用的岩心(即便确实是来自油层也)只有数英寸最多也只有几英尺长，并不能很好地反映其所在油层的性质。并且，许多石油工程师对微生物的唯一认识是它们会堵塞井筒，因此拒绝向地层注入微生物。正是因为许多专利都基于实验室数据而不是现场试验数据，因而无法证明MEOR方法的可行性，在进入现场试验之前唯一可检测MEOR方法的是用油层岩心，并在尽可能接近油田条件的情况下进行试验。现场试验的时间必须足够长，并有足够的科学证据来证明该工艺能够在不损害油井或油层的前提下提高石油产量。换言之，MEOR要成为一种切实可行的技术，它必须具有可重复性，并在现场条件下得到证实。

Hitzman(1965)指出，向油层中注入微生物极有可能导致地层堵塞。微生物通常会在近井筒区域聚集，很少有微生物能够深入地层。他提出了解决这一问题的一个独特方法，即在钻井时不是钻入油层就停止，而是钻穿油层并进入其下的含水层。接下来可在含水层内培养杆菌和假单胞菌科。当有足够量的水(约1000bbl)进入油层后，封堵含水层。在油水界面繁殖的细菌会以多种方式促进石油生产，包括生成气体或溶解碳酸盐、白云岩、灰岩和其他类型的地层物质等。

LIndblom等(1967)曾描述过一种工艺，将黄杆菌生成的杂多糖增稠剂注入地层提高石油产量。有意思的是，他们建议在溶液中添加杀菌剂，以控制增稠剂的生成，从而阻止微生物生长。

尽管关于向油层注入微生物的争论很多，但仍有不少研究人员提倡采用这种方法增加油层的石油开采量。由于这种方法的经济潜力较大，仍有不少与之有关的专利申报。例如，1984年，Thompson和Jack(1984)提出把可生成外聚合物的微生物注入油层。同时还注入一种可诱导外聚合物生成的化合物。外聚合物可减少高渗地层的渗透率，通过水媒介将微生物和诱导化学剂(蔗糖)一起注入地层。理论上讲，外聚合物会堵塞地层中更多孔的地层。Thompson和Jack(1985)对此有更详细的描述。

McInerney等(1985)提出，向油层中注入特定的微生物(地衣芽孢杆菌属JF-2、ATCC编号39307)后，微生物在营养物的作用下，生成表面地衣，封堵水驱后的油层。这里注入的营养物为糖浆、麦芽或麦芽汁和下列的氮来源之一，包括碱金属硝酸盐、氨、碱金属氨盐、消化蛋白质、蛋白水解物、蛋白胨或玉米浆。

有时，在作为一种二次采油方法开展水驱时，会向注入水中添加增稠剂。Hitzman(1984)研发了一种工艺，主要应用于以前曾注入聚合物增黏剂的井，把可使聚合物增黏剂新陈代谢的微生物注入这类井中。当然，增黏剂必须是可生物降解的。他在文中列出了一些常用的微生物品种，但并未明确其适用的温度，也没有列入超嗜热菌。因此，适用于他所提方法的油层的温度是应用该工艺的一个限制因素。

Clark(1986)意识到，很难阻止微生物细胞附着于地层中的物质上，因此设计了一种方法避过这个问题。微生物细胞具有较强的表面电荷，因此易于吸附于地层物质表面上。他的方法是将某种化学剂注入地层，并使其吸附在地层的活跃部位，从而减少被吸咐的微生物数量。例如，向未处理过的贝雷(Berea)砂岩岩心注入3.43×10^9个微生物细胞时，可通过8.6×10^4个微生物细胞，而在把它们注入处理过的岩心时，可通过7.9×10^5个微生物细胞。显然，后者注入的微生物细胞能够更多地进入地层。微生物细胞会生成新陈代谢产物，如二氧化碳，而这将有助于提高石油产量。

Silver等(1989)描述了注入储层提高石油产量的微生物特性，包括能动、兼性厌氧、耐盐、耐热、生成外聚合物和孢子。在注入微生物前或同时或在注入微生物后将含有磷酸盐的营养液注入地层，最好是注入其中的高渗层。

Byrant(1990)的专利说明，实施所述工艺的油田应至少有一口注水井和一口生产井。其专利中所使用的微生物是可以生成表面活性剂的微生物(地衣芽孢杆菌)以及可分泌溶剂的梭菌。工艺中注入了一种糖浆水溶液，然后关井以待微生物生长和生成需要的产物。

Silver和Bunting(1990)的另一个专利只提出一个专利权要求，但提出使用不会从溶液中析出的磷酸盐化合物、螯合碱性土、稀土和重金属离子，它们共同作为细菌的营养物质。

Sperl和perl(1991)称其方法主要适用于碳酸盐岩地层，在存在一种含硫化合物的情况下引入脱氮微生物，生成硫酸。硫酸可溶解碳酸盐，从而释放其内的原油。专利中所述的微生物是脱氮硫杆菌。

Sheehy(1990)的专利是采用油层中的内源微生物来提高石油产量。基本上，他们限制至少利用一种营养物为培养基，可使细胞体积减少70%。体积减小后的细胞表面活性更高，可将地层中的石油释放出来。

Clark和Jenneman(1992)专利所述的方法并不是向油层中注入微生物，而是只注入微生物营养液。但他们的专利中也讲到了地层内源微生物的注入和其他外源微生物的注入。该工艺需要顺序注入单种营养物直到在地层中生成完整的营养物介质，以达到提高石油产量的目的。

值得一提的是，Sunde(1992)提出，如果地层中没有喜氧石油降解细菌，就利用这种细菌来提高石油产量。他将细菌和/或矿物溶液外加维他命经注水井注入地层，再从一口邻近的生产井中采油。这里所使用的微生物是假单胞菌、棒状杆菌、分支杆菌、不动杆菌和诺卡氏菌属。注入水中至少含5mg/L的氧气。油从邻近的一口生产井产出。

在较新的一份专利中，Sundae和Torsvik(2004)采用地层原有的或注入的兼性或厌氧硫酸盐还原菌、硝酸盐还原菌、铁还原菌或乙酸菌。他们将其与维他命、磷酸盐和电子受体一起混合注入地层。微生物以油为食生长并生成有助于石油开采的产物。

Lal等(2009)采用酸化菌、嗜压菌和超级嗜热厌氧菌种来提高温度介于70～90℃的油藏的采收率。这些细菌与特别设计的营养物介质一起可生成二氧化碳、甲烷、生物表面活性剂、挥发性脂肪酸和乙醇。这里所用的细菌是热氧菌、热袍菌属和高温球菌属。注入水内含有碳源、矿物营养物、含氮底质、还原剂、微量矿物和维他命。细菌生成的产物可将石油从地层中分离和释放出来。

另一个最近获批的专利是Brigmon和Berry(2009)申请的，主要是采用一组特定的微生物来提高温度介于26～65℃的油层的石油产量(ATCC号PTA-5570～PTA-5581)。油田必须至少有一口注入井和一口生产井。微生物可与营养物同时注入，也可后于营养物注入，以便维持微生物数量。微生物中至少有一种可生成表面活性剂，而另一种必须能够生成酶，以将石油从含油地层中释放出来。专利权人还建议使用采出水，因为其内含有所需的内源微生物。

Hendrickson等(2010)在其专利中采用了一种陶厄氏菌AL9：8(ATCC号PTA9497)。在该专利中称，该微生物与其他一种或多种微生物一起能够改变地层的渗透率，从而可提高水驱的波及效率。同时，还可生成有助于改变润湿性的生物表面活性剂、有助于流度控制的聚合物，以及能够增加地层压力和降低石油黏度的气体。微生物的这些活动可提高采收率。

微生物可以释放油砂中的原油，这一点毋庸置疑。如果将微生物注入一口单井，只能采出地层中一小部分的剩余油。因此，很明显，MEOR要成为一种从油藏中开采出更多石油的三次采油方法，油层中的内源微生物必须是提高采收率的主力，因为这些微生物普遍存在于含油地层中，而且已反复证实向油层中注入的微生物并不能进入地层的深部。

20.4 我们的MEOR项目

文献中有很多报告都声称MEOR取得了成功，但人们对此持怀疑态度，因其欠缺科学证据。这也是美国能源部(DOE)1992年启动名为“I类石油计划——中期活动”项目的原因(Stephens等，2000)。一家石油公司(Jim Stevens)、一位石油工程师(Alex Vaddie)和一位微生物学家(Lewis Brown)因此向美国能源部递交了一份建议，希望签订一份合同，延长一个因减产而计划于2004年报废的油田的开发寿命。具体地讲，该合作项目的目的是证实微生物调剖(MPPM)技术提高一个河控三角洲油藏采收率的有效性，并说明该项技术的科学依据。他们所采用的工艺是由密西西比州立大学研发的，研究经费部分来自石油业界，并在20世纪90年代早期获得美国能源部的资助(Stephens等，2000；Brown，1984)。本研究项目所在的油田是位于阿拉巴马州Lamar郡的North Blowhorn Creek油田(NBCU)。项目启动时，该油田共有20口注水井和32口生产井。产层为深2300ft的密西西比系Carter砂岩。油层的典型岩心样本分析结果表明，其矿物成分包括90%石英、4%白云石、3%混层黏土、2%高岭石和微量菱铁矿。岩心样本渗透率介于1～198mD之间，孔隙度介于7%～19%之间。含油饱和度介于34%～45%之间，原生水饱和度17%。该油田于1979年发现，1983年开始实施注水开发。

项目开始时，在注水开发区外钻了两口井，目的是为了获取实验室研究所需的岩心。所钻的第一口井取心失败，但第二口的取心作业获得了成功。为了保证岩心内部不受外源微生物污染，还采取了特别保护措施，取心筒从井中一取出，就立即打开，把岩心截为1ft长的岩心段，每段都用70%的酒精擦拭，置于装有Becton Dickinson Gas Pak(商标)的无氧瓶中，送往实验室，并放置于冰箱内，在4℃条件下保存。对直径4in的岩心内部3.5in进行钡测试(钻井液中含硫酸钡)，但并未检测出钡，说明钻井液未进入岩心。对岩心样本的测试表明有微生物存在，但数量不多。

采用消毒过的取心装置在氮气保护下从岩心上钻取两个岩心塞，每个3～4in(7.62～10.16cm)长、1.5in(3.81cm)直径。岩心塞的一端设置进口，另一端设置出口，以使液体进出岩心。然后将两只岩心塞放入特制的热收缩塑料管，再将其插入厚橡胶套筒，在图20.1所示的岩心水驱装置中进行试验。

图20.1 岩心驱替装置示意图

先使无菌的模拟采出水流过两只岩心塞，历时48h。其后，用于对比的岩心塞只注入模拟采出水，而测试用岩心塞则注入含有硝酸钾和磷酸氢二钠的模拟采出水。对比用岩心塞的流速稳步升高，而测试用岩心塞的流速则随时间而降低。从对比用岩心塞的流出物中仅有一次检出了石油，但测试用岩心塞流出物中多次见油。该实验重复进行了三次，每次都用新岩心，但结果都一致。向两个测试岩心塞中注入0.1%无菌糖浆，重复进行试验，结果表明在注入体系中加入少量糖浆可以使MPPM加速。用实际的注入水取代模拟采出水重复进行该试验，也取得了相同的结果。

在进行现场试验之前，进行了示踪研究，将氚化水(含有氢的放射性同位素)添加到注入水中，再注入一口注水井。这口注水井和最近的生产井之间的距离约0.7mile。数月后，在附近的三口生产井中都检测到了氚。研究结果表明，营养物扩散到周围的生产井预计需要7~12个月时间。

现场试验以20口注水井中的4口作为试验注入井，加入硝酸钾和磷酸二氢钠(见表20.1)。在两口试验注水井的注入水中添加了糖浆，对试验注水井周围的生产井开展了产量监测。另有4口注水井被用做对比井。每口对比注入井周围的生产井都开展了产量监测，这些生产井用做对比生产井。有时，生产井不只是分布在一个测试井网或一个对比井网内。测试和控制井网的位置如图20.2所示。

表20.1 从1994年11月～1996年4月向四口测试注水井中注入的营养物①

营养物和浓度	日 期	测试注水井			
		1号	2号	3号	4号
KNO_3 0.12%(质量-体积比)	周 一	+	+	+	+
NaH_2PO_4 0.034%(质量-体积比)	周 三	+	–	+	–
NaH_2PO_4 0.034%(质量-体积比)	周 五	+	+	+	+
糖浆0.1%(体积比)	周 三	–	+	–	+

① "+"是指向测试注水井注入营养物；"–"是指未向测试注水井注入营养物。

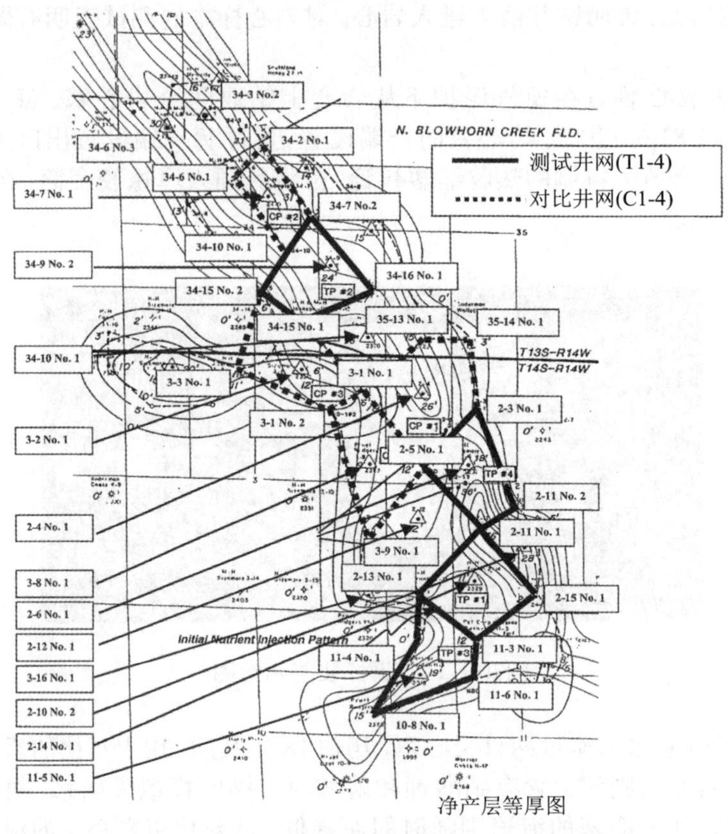

图20.2 North Blowhorn Creek油田净产层等厚图
(显示了四个测试井网和4个对比井网的位置)

试验中采用了橇装装置，营养物可在其中混合，然后注入测试井。先把化学剂溶于100~300gal水中，再添加到注入水中并泵入各测试注水井(见图20.3)。12个月后，测试区的15口生产井中有8口的石油产量增加，而对比区域7口井无一口井出现积极响应。在16个月后对注入的营养物进行了调整(见表20.2)。在向4口测试注水井中注入营养物的时间达30个月后，开始向另6口注水井中注入营养物(见表20.3)。总共有11口测试生产井和2口对比生产井出现了积极响应。有两口测试生产井的生产响应存疑(见表20.4)。

图20.3 用于混合营养物的橇装装置照片(Stephens等，2000)

表20.2 1996年4月~1997年6月向四口测试注水井中注入的营养物①

营养物和浓度	日 期	测试注水井			
		1号	2号	3号	4号
KNO_3 0.12%(质量-体积比)	周 一	+	+	+	–
KNO_3 0.06%(质量-体积比)	周 一	–	–	–	+
NaH_2PO_4 0.034%(质量-体积比)	周 三	+	+	+	–
NaH_2PO_4 0.017%(质量-体积比)	周 三	–	–	–	+
糖浆0.2%(体积比)	周 五	+	+	+	–
糖浆0.3%(体积比)	周 五	–	–	–	+

① “+”是指向测试注水井注入营养物；“–”是指未向测试注水井注入营养物。

表 20.3 1997年7月~1998年6月10口注水井的营养液注入量及注入制度①

井 号	周 一	周 二	周 三	周 四	周 五
34–16 No.1		0.16N, 0.04P		0.28M	
2–4 No.1	0.10N, 0.03P		0.20M		
2–6 No.1	0.05N		0.30M		0.02P
34–9 No.2	0.11N		0.18M		0.05P
3–16 No.1		0.19N, 0.05P		0.32M	
34–7 No.1		0.17N, 0.04P		0.21M	
2–10 No.2		0.12N, 0.02P		0.19M	
11–5 No.1	0.15N		0.29M	—	0.04P
2–12 No.1		0.26N, 0.07P		0.43M	
2–14 No.1	0.08N		0.47M		0.02P

① N=硝酸钾比例(质量/体积比)；P=磷酸二氢钠比例(质量/体积比)；M=糖浆比例(体积比)。

表20.4 本项目中所有生产井的石油产量对微生物处理的响应

井 号	模 式	12个月后	1998年6月
2–11 No.1	T1, T4	有 效	有 效
2–15 No.1	T1	无 效	不 明
11–3 No.1	T1, T3	无 效	有 效
2–13 No.1	T1, T3	有 效	有 效
34–7 No.2	T2, C2	无 效	有 效
34–16 No.2	T2	有 效	不 明
34–15 No.1	T2, C3	有 效	有 效
34–15 No.2	T2, C3	有 效	有 效
34–10 No.1	T2, C2	无 效	有 效
10–8 No.1	T3	无 效	有 效
11–6 No.1	T3	有 效	有 效
11–4 No.1	T3	无 效	无 效
2–11 No.2	T4	有 效	有 效
2–3 No.1	T4, C1	有 效	有 效
2–5 No.1	T4, C1, C4	无效	无效

续表

井 号	模 式	12个月后	1998年6月
35-13 No.1	C1	自然减产	自然减产
35-14 No.1	C1	关 井	
3-1 No.1	C1, C3, C4	自然减产	自然减产
34-2 No.1	C2	自然减产	有 效
34-6 No.1	C2	关 井	
3-3 No.1	C3	自然减产	自然减产
3-1 No.2	C3, C4	无数据①	无数据①
3-9 No.1	C4	自然减产	有效

① 对比注入井3-2 No.1注水量增加后石油产量提高。

为了确定油层中是否确有营养物分布，又在该油田钻了三口井。化学分析表明，三口新钻井的油层中都分布有硝酸盐和磷酸盐，说明营养物在油层中广泛分布。这三口新井的岩心电子显微图像显示有大量的微生物细胞(见图20.4和图20.5)。

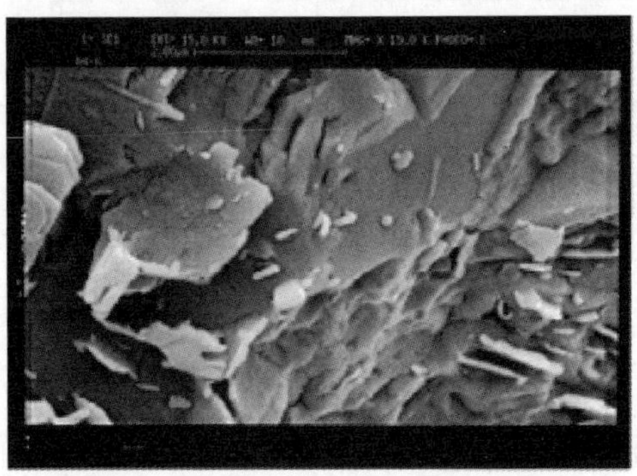

图20.4 取自某试验生产井的岩心样本的电子显微照片(注意图中有散布的微生物细胞)

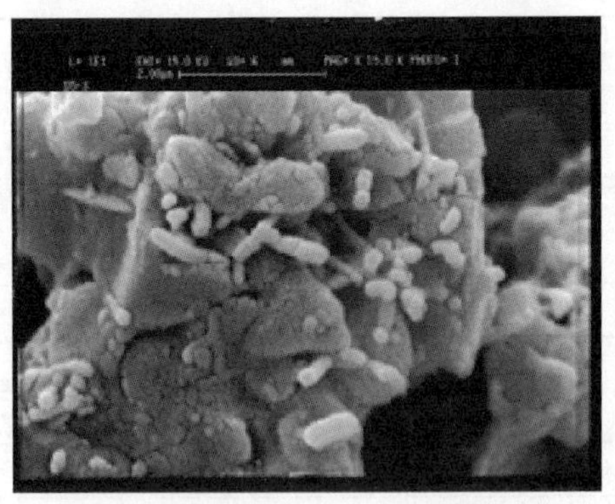

图20.5 取自某试验生产井的岩心样本的电子显微照片
(注意图中有大量微生物细胞)(Stephens等，2000)

该油田因石油产量低于1500bbl/月而原计划于2004年报废，但由于实施了MEOR，即使在营养物注入已经停止42个月后，该油田的产量仍保持在3000bbl/月的水平。据预测，到2018年该油田的月度石油产量无法继续维持在1500bbl的水平。截至目前，MPPM实现的增产油量已超过36×10^4bbl，而到2018年被废弃时，该油田还将再生产23×10^4bbl石油。

还应指出的是，油藏内的特定生产活动，如钻一口新井、关闭一口井、提高一口新注水井的注水速度等，都会改变该油田其他井的生产动态。因此，一口井的石油产量出现增长并不一定意味着所增加的产量就是增产处理措施的结果。

但是，在上述研究中，我们的微生物处理措施(包括注入硝酸盐和磷酸盐以培养内源微生物)的确增加了石油产量，下述事实说明了这一点：

① 注入营养液6个月后，生产井采出液中硫含量为零。这并不出人意料，因为硝酸盐和硝酸盐还原菌可抑制硫酸盐还原菌的生长；

② 试验区内10口生产井所产石油的气相色谱分析结果表明，产出的石油中有新石油出现，即在产出油中有新的较小的烃类化合物出现；

③ 在15口试验生产井中，有11口因加入营养物而出现了石油产量上升；

④ 产出的天然气中丙烷含量有所增加，更像是油田刚投产时采出的天然气；

⑤ 在10口注入井注营养物12个月后，石油产量的递减速度从MPPM前的18%降至7.5%。

MPPM显然在中等温度的储层中更加有效，那么它在高温储层中的效果如何呢？应指出的是，NBCU油田Carter砂岩的温度仅32℃，而现在的问题是MPPM能够适应的最高储层温度是多少。Philippi(1977)称，石油降解在很多油藏中都曾发生过，但从未发生于温度超过82℃的储层，而Kashefi和Lovley(2003)则描述了一种喜温有机物，其生长的最高温度可达121℃。

为了回答与温度有关的问题，我们找到一次在115℃ 油层中评估MPPM效果的机会。该试验是在一个正在实施二氧化碳驱二次采油的油田中进行的。该油田没有岩心资料，但从附近一口井中同一油层获取了一个岩心。该取心地层的温度为115℃。为了使MPPM正常运行，必须存在有机体，同时也具备适于有机体生长的环境。由于取心地层的温度高于水的沸点，我们特设计了一个装置以测试能在115℃条件下生长的有机体(见图20.6)。有机体要生长必须有液态水，因此，通过把装置装满水，确保水在温度高于100℃的情况下仍保持液态。从岩心内部再取样，并将其与含有硝酸钾和磷酸二氢钠的模拟注入水一起注入这些特别制造的容器。在115℃条件下培养50天后，容器的内容物形成了斑点，但无法从岩心的颗粒物质中分辨出微生物细胞。电子显微镜也未能分辨出岩心的颗粒物质和微生物细胞。因此，用碘化丙啶对其进行DNA染色，在样本中可见DNA。再次进行DNA染色(DAPI，4’-6-二氨基-2-苯基吲哚)，同样也发现了DNA。因此证明在115℃下微生物不仅能在岩心中存活，而且在提供硝酸盐和磷酸盐时还能够繁殖。鉴于同一油层的岩心中存在微生物，我们决定在该油田进行现场试验。

图20.6 特别设计的装置，可在温度高达115℃炉温下作为微生物的培养室

虽然在编写本书时该项目还未完全结束，但迄今的结果还是相当鼓舞人心的。其中一口生产井增产100bbl/d，另一口增产50bbl/d，另还有三口井增产5~10bbl/d。化学分析表明，产出油的成分出现了变化，表明其中有新的石油。更重要的是，这表明在温度高达115℃的地层里确实有微生物存在，并在提供其生长所需的营养物后，能够繁殖。这大大扩展了MPPM适用的油

田范围。该试验还表明，以二氧化碳驱为二次采油措施的油田适合于开展MPPM。虽然现在还不知MPPM适应的温度上限，但根据Setter、Hoffman和Huber等人的研究，生命存活的最高理论上限温度是150℃(Ollivier和Magot，2005)。

20.5 下一步的研究

文献调研表明，许多与MEOR有关的专利都是在室内试验不是现场试验的基础上提出的。因此，它们并未考虑与油层本身特点有关的问题。正如上文所述，很多业界人士都证实，将微生物送入油层深部实际上是不可能的(Beck，1947；Chang和Yen，1984；Davis和Updegraff，1954；Hitzmen，1962；Jack等，1991；Lappin-Scott等，1988；O' Bryan和Ling，1949；Updegraff，1983)。因此，就算微生物能够采出50%的剩余油，其所能采出的油量也只占全部未采出油的小部分。例如，假设油层厚度为20ft，孔隙度为18%，含油饱和度为65%，注入的微生物可采出半径100ft区域内50%的石油，则共可采出4572bbl石油。但如果在一个井距40acre且油层中有内源微生物的井网中，一口注水井位于四口生产井的中心，那么即使只能采出25%的石油，共计也将采出238858bbl石油。当然，这需要足够多的营养物质，但回报却是按照上述方法对这4口井进行单井增产处理的13倍。

另一个值得考虑的问题是刺激微生物生长的目的是什么。如果向地层加入微生物或激活微生物或地层内源微生物的目的是生成溶剂、去垢剂等，则需要大量的微生物才能生成所需的溶剂或去垢剂量。相反，如果培养内源微生物的目的是改变水驱开发过程中水的流向，那么所需的微生物量就没那么多了。另外，微生物在实验室和现场的表现还是非常不同的(Kashefi和Lovely，2003)。

显然，为了研究油层的微生物群落，钻井时必须取心。虽然在后期通过井壁取心也可以获得岩石样本，但其应用价值有限。一些研究人员试图从采出液中分离出微生物，但它们是否能代表油层的内源微生物呢？这是个很严肃的问题。大多数油层的微生物都附着于地层物质上，因此并不能自由活动。另外，许多微生物都以超微细菌(UMB)的形态存在，根据我们的经验，许多超微细菌在正常介质中都无法培养(许多超微细菌需在稀释的介质中培养)。

另一个需要考虑的问题是油层的温度。在接近水沸点的温度条件下，需要特定的设施才能培养微生物。同样，油层中部分水的含盐度高于正常值，而且pH值也偏离7.0。而我们的经验表明，从油层岩心中分离出的微生物大都能够以石油为食，但也有微生物可能需要其他的营养物质。

与MEOR有关的大多数方法都是以生成有助于开采更多石油的化学剂为目标，如生物表面活性剂等。有证据表明，这要求油层中有大量微生物才能对石油开采产生影响。因此，这里的问题是能否生成或注入足够多的微生物，生成生物表面活性剂和其他产物，以便在不堵塞油层的情况下提高石油采收率。此时很容易发现，如果采用令注入水转向的方法，比较少的微生物量就会有效地发挥作用，就像我们的实例那样。这种情况下问题就变成了油层中内源微生物量有多少。显然，我们需要从不同的井获取更多的岩心开展分析，以确保岩心中有微生物。迄今我们在所有17个取自油层的岩心中都发现了微生物。

还需指出，就提高石油产量而言，由于采用了内源细菌，MPPM是最成功的微生物采油方法(Maudgalya等，2007)。另外，在将硝酸盐用做培养内源细菌的营养物之一时，它会抑制硫酸盐还原菌的生长，从而减少产出油中的硫化氢含量。很显然，微生物采油技术若想在石油业界获得更多的认可，微生物对增产的作用必须进一步量化和科学求证。

参考文献

Aiken, C.M., Jones, D.M., Larter, S.R., 2004. Anaerobic hydrocarbon biodegradation in deep subsurface oil reservoirs. Nature 431, 291.

Azadpour, A., Brown, L.R., Vadie, A.A., 1996. Examination of thirteen petroliferous formations for hydrocarbon-utilizing sulfate-reducing microorganisms. J. Ind. Microbiol. 16, 263.

Beck, J.V., 1947. Penn grade progress on use of bacteria for releasing oil from sands. Producers Mon. 11, 13.

Beckman, J.W., 1926. Action of bacteria on mineral oil. Ind. Eng. Chem. News 4, 3.

Bernard, F.P., Connan, J., Magot, M., 1992. Indigenous microorganisms in connate water of many oil fields: a new tool in exploration and production techniques (SPE24811). In: Proceedings of the SPE 67th Annual Technical Conference. Richardson, TX. Society of Petroleum Engineers Inc.

Brigmon, R.L., Berry, C.J., 2009. Biological enhancement of hydrocarbon extraction. US Patent No. 7,472,747 B1.

Brown, L.R., 1984. Method for increasing oil recovery. US Patent No. 4,475,590.

Brown, L.R., 2010. Microbial enhanced oil recovery (MEOR). Curr. Opin. Microbiol. 13 (3), 316.

Bryant, R.S., 1990. Microbial enhanced oil recovery and compositions therefor. US Patent No. 4,905,761.

Chang, P.L., Yen, T.F., 1984. Interaction of Escherichia coli B and B/4 and bacteriophage T4D with Berea sandstone rock in relation to enhanced oil recovery. Appl. Environ. Microbiol. 47, 544.

Clark, J.B., 1986. Oil recovery processes. US Patent No. 4,610,302.

Clark, J B., Jenneman, G.E., 1992. Nutrient injection method for subterranean microbial processes. US Patent No. 5,083,611.

Davis, J.B., Updegraff, D.M., 1954. Microbiology in the petroleum industry. Bacteriol Rev. 18 (4), 215-238.

Grassia, G.S., McLean, K.M., Glenat, P., Bauld, J., Sheehy, A.J., 1996. A systematic survey for thermophilic fermentative bacteria and archaea in high temperature petroleum reservoirs. FEMS Microb. Ecol. 21, 47.

Heider, J., Spormann, A.M., Beller, H.R., Widdel, F., 1999. Anaerobic bacterial metabolism of hydrocarbons. FEMS Microb. Rev. 22, 459.

Hendrickson, E.R., Jackson, R.E., Keeler, S.J., Luckring, A.K., Perry, M.P., Wolstenholme, S., 2010. Identification, characterization, and application of Thauera SP AL 9:8 useful in microbiologically enhanced oil recovery. US Patent No. 7,708,065 B2.

Hitzman, D.O., 1962. Microbiological secondary recovery. US Patent No. 3,032,472.

Hitzman, D.O., 1965. Use of bacteria in the recovery of petroleum from underground deposits. US Patent No. 3,185,216.

Hitzman, D.O., 1984. Enhanced oil recovery process using microorganisms. US Patent No. 4,450,908.

Jack, T., Steckmeier, L.G., Islam, M.R., Ferris, F.G., 1991. Microbial selective plugging to control water channeling, Microbial Enhancement Oil Recovery—Recent Advances, 433. Elsevier.

Kashefi, K., Lovley, D.R., 2003. Extending the upper temperature limit for life. Science 301, 934.

Keeler, S.J., Hendrickson, E.R., Hnatow, L.L., Jackson, S.C., 2010. Identification, characterization, and application of Shewanella putrefaciens (LH4:18), useful in microbially enhanced oil release. US Patent No. 7,776,795 B2.

Knopp, K.G., Davidova, I.A., Suflita, J.M., 2000. Anaerobic oxidation of n-dodecane by an addition reaction in a sulfate-reducing bacterial enrichment culture. Appl. Environ. Microbiol. 66, 5393.

Lal, B., Reddy, M.R.V., Agnihotri, A., Kumar, A., Sarbhai, M.P., Singh, N., et al., 2009. Process for enhanced recovery of crude oil from oil wells using novel microbial consortium. US Patent No. 7,484,560 B2.

Lappin-Scott, H.M., Cusack, F., Costerton, J.W., 1988. Nutrient resuscitaton and growth of starved cells in sandstone cores: a novel approach to enhanced oil recovery. Appl. Environ. Microbiol. 54, 1373.

Lindblom, G.P., Ortloff, G.D., Patton, J.T., 1967. Displacement of oil from partially depleted reservoirs. US Patent No. 3,305,016.

Maudgalya, S., Knapp, R.M., McInerney, M.J., 2007. Microbial enhanced-oil-recovery technologies: a review of the past, present, and future. SPE Production and Operations Symposium, Oklahoma City, OK, 31 March—3 April.

McInerney, M.J., Knapp, R.M., Menzie, D.E., 1985. Biosurfactant and enhanced oil recovery. US Patent No. 4,522,261.

O'Bryan, O.D., Ling, T.D., 1949. The effect of the bacteria, Vibrio desulfuricans on the permeability of limestone cores. Texas J. Sci. 1, 117.

Ollivier, B.M., Magot, M., 2005. Petroleum Microbiology. ASM Press, Washington, DC.

Philippi, G.T., 1977. On the depth, time and mechanism of origin of the heavy to medium-gravity naphthenic crude oils. Geochim. Cosmochim. Acta 41, 33.

Roling, W.F.M., Head, I.M., Larter, S.R., 2003. The microbiology of hydrocarbon degradation in subsurface petroleum reservoirs: perspectives and prospects. Res. Microbiol. 154, 321.

Schmitz, D., Brown, L.R., Lynch, F., Kirkland, B.L., Collins, K., Funderburk, W., 2005. Improvement of carbon dioxide sweep efficiency by utilization of microbial permeability profile modification to reduce the amount of oil bypassed during carbon dioxide flood. DOE Contract Award No. DEFC2605NT15458-05090806.

Sheehy, A., 1990. Recovery of oil from oil reservoirs. US Patent No. 4,971,151.

Silver, R.S., Bunting, P.M., 1990. Phosphate compound that is used in a microbial profile modification process. US Patent No. 5,044,435.

Silver, R.S., Bunting, P.M., Moon, W.G., Acheson, W.R., 1989. Bacteria and its use in microbial profile modification process. US Patent No. 4,799,545.

Sperl, G.T., Sperl, P.L., 1991. Enhanced oil recovery using denitrifying microorganisms. US Patent No. 5,044,435.

Stephens, J.O., Brown, L.R., Vadie, A.A., 2000. The utilization of the microflora indigenous to and present in oil-bearing formations to selectively plug the more porous zones thereby increasing oil recovery during waterflooding. Work report under DOE Contract No. DE-FC22-94BC14962.

Stetter, K.O., 2006. Hyperthermophiles in the history of life. Philos Trans. R Soc. Lond B Biol. Sci. 361, 1474.

Sunde, E., 1992. Method of microbial enhanced oil recovery. US Patent No. 5,163,510.

Sunde, E., Torsvik, T., 2004. Method of microbial enhanced oil recovery. US Patent No. 6,758,270.
Thompson, B.G., Jack, T.R., 1984. Method of enhancing oil recovery by use of exopolymer producing microorganisms. US Patent No. 4,460,043.
Thompson, B.G., Jack, T.R., 1985. Method of enhancing oil recovery by use of exopolymer-producing microorganisms. US Patent No. 4,561,500.
Updegraff, D.M., 1957. Recovery of petroleum oil. US Patent No. 2,807,570.
Updegraff, D.M., 1983. Plugging and penetration of petroleum reservoir by microorganisms. Proceeding of the International Conference on Microbial Enhancement of Oil Recovery, 80—85.
Updegraff, D.M., Wren, G.B., 1953. Secondary recovery of petroleum oil by Desulfovibrio. US Patent No. 2,660,550.
Wilhelms, A., Larter, S.R., Head, I., Farrimond, P., Di-Primio, R., Zwach, C., 2001. Biodegradation of oil in uplifted basins prevented by deep-burial sterilization. Nature 411, 1034.
ZoBell, C.E., 1946. Bacteriological process for treatment of fluid-bearing earth formations. US Patent No. 2,413,278.
ZoBell, C.E., 1953. Recovery of hydrocarbons. US Patent No. 2,641,566.

第21章 一种新的MEOR方法——有机石油开采的现场应用

Bradley Govreau[1], Brian Marcotte[1], Alan Sheehy[1], Krista Town[2], Bob Zahner[3], Shane Tapper[2], Folami Akintunju[4]

(1.Titan石油开采公司，美国加利福尼亚州比弗利山市Wilshire大道9595号303号楼，邮编90212；
2.Pengrowht能源公司，加拿大艾伯塔省卡尔加里市第三大道西南222号2100号楼，邮编T2P 0B4；
3.Venoco公司，美国加利福尼亚州卡平特里亚市卡平特利亚大街6267号100号楼，邮编：93013；
4.Atinum勘探生产公司，美国得克萨斯州休斯敦市Clay大街333号700号楼，邮编：77002)

21.1 引言

微生物法提高采收率(MEOR)是指利用微生物提高采收率的技术系列。微生物是指自然界中几乎无处不在的单细胞生物。油层也不例外，生存着无数这类生物，且每个油层都有其独特的生态系统。通常，其提高采收率的机理可归类为通过模仿化学EOR方法和使用生物质使流体转向的方法改变油、水、储层或界面特性的工艺(Gao等，2009)。常规MEOR法一般要注入特定的微生物和生成EOR化学物质或生物质所需的适宜的营养物质。

在水驱开发油田中很少有MEOR成功应用的实例记载。大多数成功的MEOR应用都是在单口的生产井里进行的，把这个过程称为“清井”似乎更为恰当(Saikrishna等，2007)。也有几例尝试了通过生成生物质实现流体转向，从而改变水驱的波及模式(Bauer等，2011; Brown等，2000; Jackson等，2011)。

2007年7月~2011年底，在北美水驱开发油田中应用有机石油开采法(organic oil recovery)(下称OOR)提高采收率的项目总数达到了183个。该工艺主要由5个步骤组成：①最初的油田筛选；②油井取样和实验室分析；③将实验室研制的营养物配方应用于单口生产井，以确保现场条件下的微生物响应与实验室试验结果一致；④在具有代表性的水驱开发区块开展先导试验(如可行)；⑤全油田推广应用。对41口生产井进行了44次处理作业，而对41口注入井进行了123次处理。结果表明，平均而言88%的处理作业都使措施井及邻近的生产井的石油产量得到提高，OOR的应用使处理后的最高产量在处理前的产量基础上平均提高了102%。表21.1列出了截至2012年1月1日一些应用项目的结果(Akintunji等，2012)。

表21.1 2011年在98口井中开展的180多次应用

一览	井数	处理次数	出现增产的井数	成功率，%	增产百分比，%
生产井	41	44	32	78	186
待定井	1	1			
注水井	41	123	40	98	35
待定井	15	15			

续表

一 览	井 数	处理次数	出现增产的井数	成功率，%	增产百分比，%
结果得到确认的井小计	82	167	72	88	102
待定井小计	16	16			
共 计	98	183			

21.2 机理

与其他MEOR方法不同的是，OOR法并不是将微生物注入油层，而是通过对产出液进行复杂的分析，确认生存于油层的微生物的类型和数量。特定类型的微生物可以通过细胞变化，与被束缚的或无法采出的石油进行反应。一旦反应开始，这些内源微生物将进入油水界面，将储层中被束缚的石油包围起来。被束缚的石油的流动特性受油水界面上的微生物影响。油水岩石界面的变化将导致剩余油的改变，形成小油滴，并进入储层的有效流动通道。在油水界面处形成的微乳状液会改变油水的界面关系。这种微乳状液可降低这两种液体间的界面张力，使石油能够更自由地流动。界面张力降低后，微油滴就会被释放(见图21.1)(Town等，2010)。

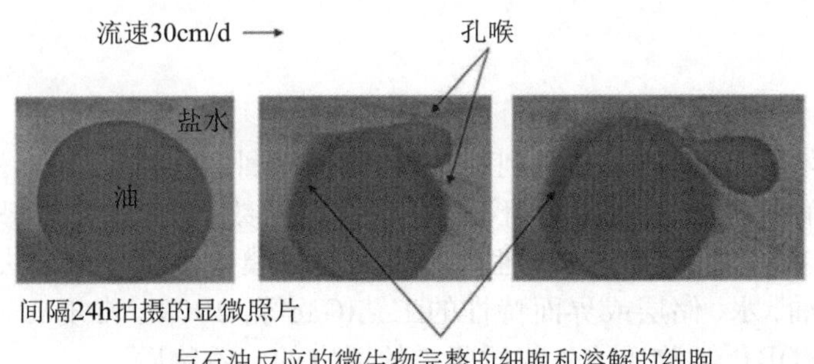

图21.1 石油释放过程-微生物运移至油水界面释放石油

这一方法需要针对每个储层的不同微生物系统“量体裁衣”。理想的应用状态是：注水系统用做营养物的输送媒介，将其分散至整个储层。在储层的较高渗透率部分，新释放出的油、水和微生物可能互相反应，形成过渡(临时)微乳化液，从而改变注入水的波及效率。基于实验室数据，在水驱开发项目中，OOR可实现的新增采收率为10%原始石油地质储量(Davis等，2009)。

虽然该方法的首次应用是在澳大利亚Alton油田的一个生产井中进行的(Sheehy，1990)，但当下OOR工艺的主要应用对象是目前以常规注水(水驱)开发作为二次采油手段的油田。该工艺设计用于原油开采，目前还不适用于天然气田或凝析油田的开发，也不适用于流动性很差的原油的开发。

通常，在成熟的水驱开发油田中，石油以不可动的束缚油滴状态存在，因而石油的相对渗透率很低甚至没有。剩余油通常附着和包裹着储层岩石颗粒，充填于孔隙中。在非常成熟的水驱开发油田中，只有水能流向井筒，采出的小油滴是随水流过孔隙通道而被带入生产井的。而OOR工艺可释放被束缚在储层中的石油。经营养液处理后，近井地带大量的石油可能会得以释放，所释放的石油使储层岩石的主要流动通道再次饱和，从而改变储层的相对渗透率，减少水流量，增加石油流量(Akintunji等，2012)。

21.3 应用探讨

根据4年中开展的180多个处理项目的效果来看，OOR能够适用的油藏类型要比原来想象得多得多，而且风险很小。对这180多个OOR应用项目的回顾拓宽了能够成功应用OOR技术的油藏类型。如果作业前的科学分析和实验室筛选工作得当，低风险和经济性的OOR是完全可以实现的(Zahner等，2011)。

观察和结论如下：

① 油藏筛选对处理取得成功非常关键。识别发育有适宜的微生物且石油可动的油藏是关键中的关键。

② OOR可适用于不同重度的石油。OOR已成功地用于石油重度高达41~16API度的油藏。

③ 如果能合理控制微生物的生长，储层堵塞或伤害不再是问题。

④ 微生物在极端条件下生存而且可被操纵在地层中完成有价值的“工作”。OOR已被成功应用于温度高达200℃且溶解固体总量(TDS)高达14×10^4mg/L的油藏。

⑤ OOR可成功地应用于双重孔隙度储层。

⑥ 应用OOR的一个额外好处是可降低储层的酸性。

⑦ OOR已被成功应用于渗透率低达7.5mD的油藏(Akintunji等，2012)。

⑧ 处理生产井时，并不总是能见到很好的生产响应，但这通常与水驱开发程度非常高的油藏中残余油饱和度局部分布且非常低有关。

21.3.1 油藏筛选是成功的关键

按照增产油量来衡量，OOR的成功率可达90%(见表21.1)，而油藏筛选是成功的主要因素。识别发育有微生物且石油可动的油藏对该工艺的成功应用非常重要。

由于没有注入微生物这道工序，油藏中必须有微生物。发育微生物的油藏，其一般性初步筛选标准是储层温度低于80℃(180℉)和水的含盐度低于10%(溶解固体总量10×10^4mg/L)。另外，pH值也应为中性，6~8为佳。由于该工艺并不向系统施加任何能量或改变油的特性，必须有历史资料能够证明较重的石油可动，而且储层中有足够的压差使石油流动。水驱响应是证明石油可动的最佳证据。如果资料表明油藏确实对水驱有响应而且存在合适的微生物，那么该油藏就会对OOR处理产生积极的生产响应。

最好是在有活跃的注水或水驱的油藏中应用OOR。水驱除了提供能量，还能将营养物携带并撒布到储层各处。虽然注入能力和被释放的石油流入生产井的能力是更重要的因素，但储层渗透率最好大于50mD。如果一个油藏能够满足上述所有的条件，则是理想的OOR应用对象。

油藏筛选的第二步是产出流体的取样和实验室的严格分析。通过流体样本分析可确定储层的微生物是否可以控制。如果有合适的微生物，实验室结果可用于获取适合储层内特定微生物的营养液配方。

在所有应用中，处理前储层的含油饱和度是未知的。虽然大多数砂岩储层可能都是水湿性的，但润湿性条件和油水之间的界面张力仍属于未知。所有记录在案的应用项目，除了一个之外，都是非活跃水驱。在一个非活跃水驱开发的油田的一次应用中，微生物处理响应不佳的原因可能是储层能量低。

21.3.2 OOR技术可应用于不同石油重度的油藏

OOR适用的石油比重度范围较广。这通常意味着OOR可用于石油重度为20API度或重度更高的油藏。但如上文所述，石油重度低至16API度的油藏也有成功应用该项技术的实例。本工艺适用的石油重度下限仍未知。

该工艺处理的石油重度最高的油藏是加拿大艾伯塔泥盆系砂岩油藏，其石油重度达41API度；最低为16API度，分别是位于加拿大艾伯塔省的Sparky砂岩油藏和美国加利福尼亚海域Topanga组上段砂岩(中新统)油藏。这三个油藏对水驱的响应都很好。表21.2列出了这些油藏的部分参数。

表 21.2 成功应用OOR的油藏参数

油 藏	泥盆系砂岩	Sparky	Topanga上段	Hauser	Sparky C
石油重度/API度	41	16	16～18	22～26	20
深度/m(ft)	1056(3466)	600(1970)	1585(5200)	1650～2636(5413～8647)	661(2169)
温度/℃(℉)	49(120)	20～25(68～77)	71～74(160～165)	88～93(190～200)	26(79)
产层厚度/(m/ft)	9(29)	2～4(6～13)	15～46(50～150)	14～76(45～250)	4(13)
渗透率/mD	300	700	100～1000	10～100	600
孔隙度，%	14～16	16	26	18～30	30
含盐度(TDS)/(mg/L)	142600	80642	35000	18900	70000
累计采收率(占OOIP的比例)，%	22	6	20	无数据①	34
目前含水率，%	98	95	85	85	88

① 因合并开采，确切数据未知。

在石油重度极高或极低的油藏中应用OOR的效果相当不错。2008年4月对泥盆系油藏(重度为41API度)中一口生产井进行了营养物试验，发现其产量从2.5m³/d(16bbl油当量/d)油+29.2m³/d水(184bbl/d)增至5.1m³/d(32bbl/d)油+29.1m³/d水(183bbl/d)，含水率从92%降至85%。随后，在该油藏中开展了先导试验(见图21.2)。

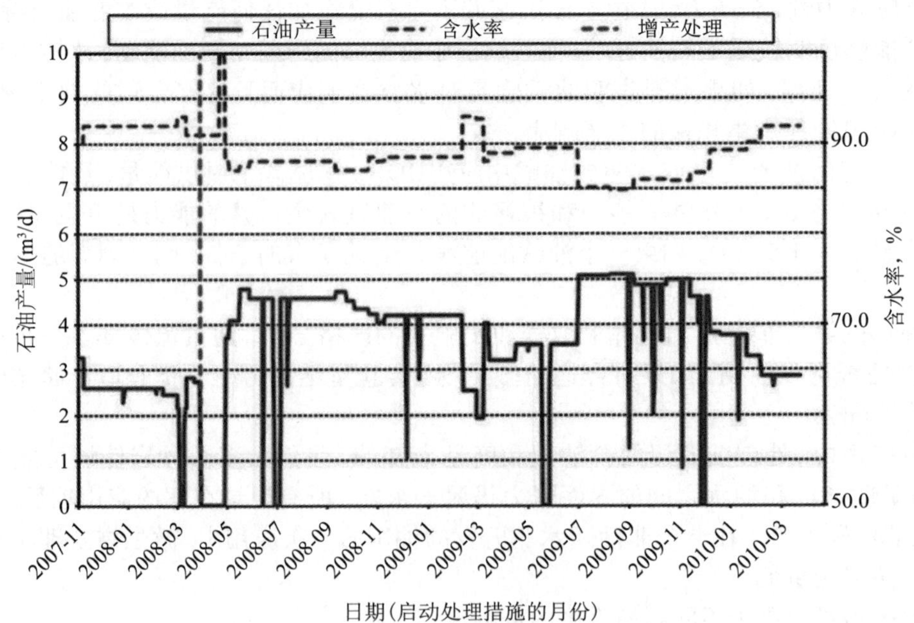

图21.2 石油重度为41API度的泥盆系生产井对微生物处理显示了积极响应

2010年8月对重度为16API度的Sparky油藏进行营养物试验的效果也非常好。产量从1.4m³/d(9bbl油当量/d)油+22.9m³/d水(144bbl/d)增至9.0m³/d(57bbl/d)油+51.0m³/d水(321bbl/d)，含水率从94%降至85%(见图21.3)。由于该油田只有5口注水井，所以实施了全油田OOR开发。

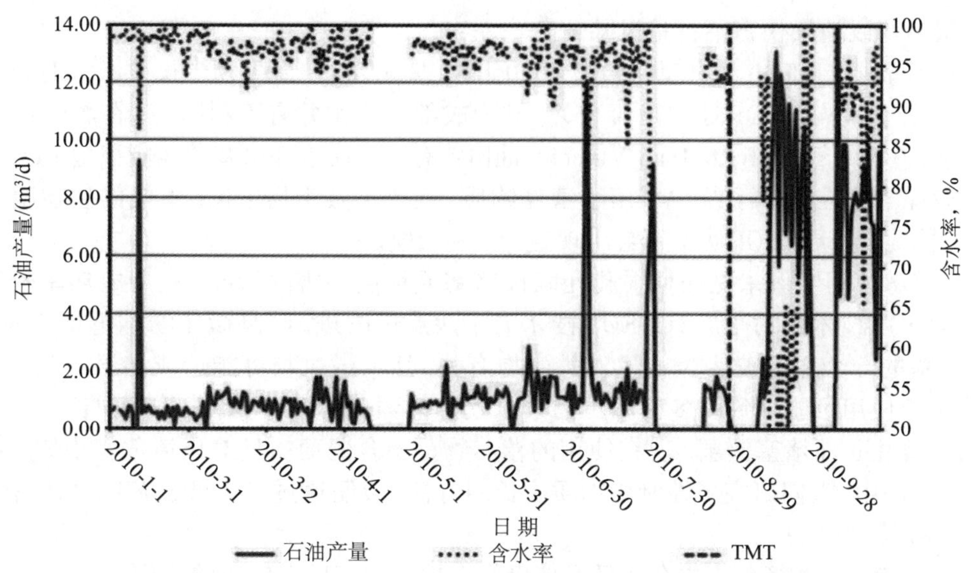

图21.3 石油重度为16API度的Sparky油藏的生产井对2010年8月10日开始的微生物处理产生了积极响应

对重度为16API度的Topanga组上段油藏的三口注水井和一口生产井进行的营养物注入试验表明，产量从28.7m³/d(181bbl油当量/d)油+117m³/d水(1113bbl/d)增至42.2m³/d(266bbl/d)油+169m³/d水(1065bbl/d)，含水率从86%降至80%。尽管处理后生产响应持续的时间比较短，但仍进行了先导试验并进行了推广。先导试验的注水井共处理了3次，第3次处理后，相邻生产井的生产测试结果显示，产量增加了7%，从403m³/d(2539bbl油当量/d)油+3660m³/d水(23055bbl/d)增至430m³/d(2707bbl/d)油+3241m³/d水(20419bbl/d)，含水率从90%降至88%。先导试验后扩展到另两口注水井(见图21.4)。

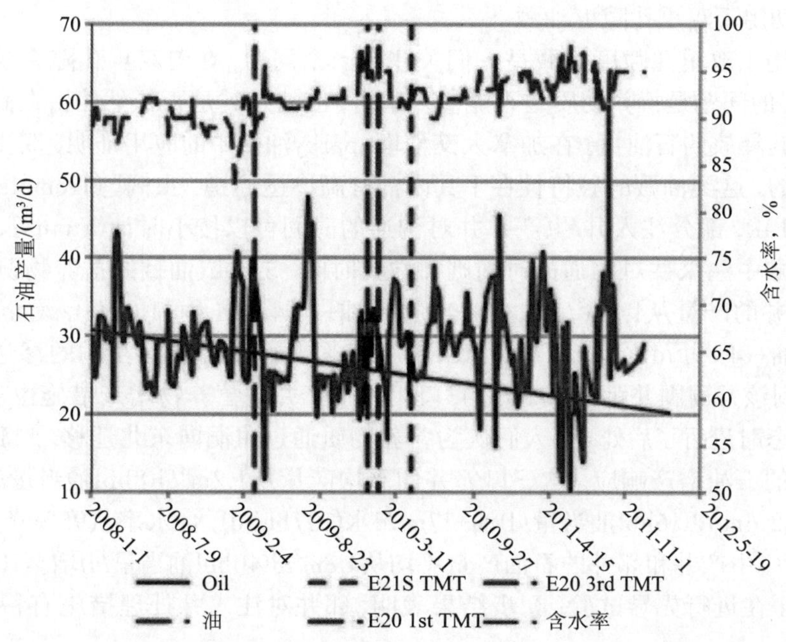

图21.4 Topanga组上段油藏中的生产井(16API度)对微生物注入处理响应良好

21.3.3 储层堵塞或地层伤害不再是风险

从历史经验看，MEOR常出现储层堵塞的问题。毫无疑问，微生物生长被激活时会产生生物质。生物质，无论与MEOR处理是否有关，其形成都对注水井有不利影响。在新一代OOR技术推出之前，在East Beverly山和San Vincente油田曾有关于注水井堵塞的实例报道(Cusack等，1985，1987)。当时在注水系统中采用了营养物质，促进了微生物生长，生成的生物质堵塞了井。但通常情况下，新的OOR法不再会出现这一不利影响。

183例OOR应用实例未见任何射孔孔眼被堵塞或地层伤害的情况。应用成功率较高主要归因于新的OOR技术相对于原有MEOR技术有了两点进改进。一是微生物不再是注入的。过去，储层堵塞的一个原因被认为与注入微生物有关，注入微生物可能造成储层孔喉堵塞。二是新方法放弃使用可能导致许多种微生物大量繁殖的葡萄糖营养物。生物质生长失控可能导致微生物过度生长而堵塞储层。现在使用的营养物是不含葡萄糖且对环境危害小的良性营养物。在几个实例中，人们研究了控制生物质生长的方法，以便通过扩大波及范围来改善水驱开发效果(Brown等，2000)。

21.3.4 微生物能在极端条件下生存而且可被操纵在地层中完成有价值的“工作”

OOR已成功应用于温度高达93℃、溶解固体总量即含盐度高达142000mg/L的油藏。在加利福尼亚州Hauser组中的应用表明，OOR可成功应用于88～93℃的油层(Zahner等，2010)。目标井在处理前的产量约为4.44m^3/d(28bbl油当量/d)油+30.3m^3/d水(91bbl/d)；处理后峰值产量达17.8m^3/d(112bbl油当量/d)油+11.4m^3/d水(72bbl/d)，接下来3个月内，该井的平均产量为12.5m^3/d(79bbl油当量/d)油+30.3m^3/d水(91bbl/d)。据估算，这次处理共增油4500bbl。由于该油田只有三口注入井，因此对整个油田展开了OOR作业，表21.2列出该油藏的一些参数。

此前提到的泥盆系油藏中水的含盐度(TDS)为142600mg/L，该油藏的参数也列于表21.2中，而图21.2显示了上文讲到的营养物质的成功应用。该油藏的生物环境有限(因为其中生存的菌种有限)，但仍为提高流体特性提供了一定的机会。

21.3.5 OOR可成功用于双重孔隙度油藏

OOR是否可用于双重孔隙度油藏是人们关注的一个问题，在向双重孔隙系统注入营养物方面，人们最关心的问题是营养物质是否能渗入基岩，也就是其是否依然停留在高渗透带并绕过基岩从而限制其释放的石油量。在加拿大艾伯塔Sparky油藏中的应用证明，双重孔隙度油藏是可以进行处理的。这类油藏的独特性在于其内常有高渗透通道“虫洞”(Tremblay等，1999)，最高渗透率可达13D，部分注入井/生产井井对沟通的时间可以按小时计(Yuan等，1999)，而在均质性较好的油藏中注采井对沟通的时间则需数月时间。Sparky油藏的营养物测试于2009年1月起开始，生产井的产量从1.3m^3/d(8bbl油当量/d)油+14.4m^3/d水(91bbl/d)，增至最高6.2m^3/d(39bbl油当量/d)油+14.8m^3/d水(93bbl/d)，含水率从92%减至71%。作为虫洞的渗透率非常高的一种表象，注意到该井周围井距为20acre的3口相邻生产井对营养物增产措施也有响应。在这口井处于关井状态时进行了后处理，人们认为营养物质通过虫洞向东北迁移，刺激了微生物生长和更大范围内的石油增产响应。这三口邻井的平均产量从1.2m^3/d(8bbl油当量/d)油+20m^3/d水(126bbl/d)增至2.6m^3/d(16bbl油当量/d)油+17m^3/d水(107bbl/d)，含水率从95%降至88%。总的来看，增产处理后，生产井和邻井的石油产量平均从4.8m^3/d(40bbl油当量/d)增至10.6m^3/d(89bbl油当量/d)。当下正在进行先导试验，初步结果表明，邻井对注入井处理措施有积极响应(见图21.5)。

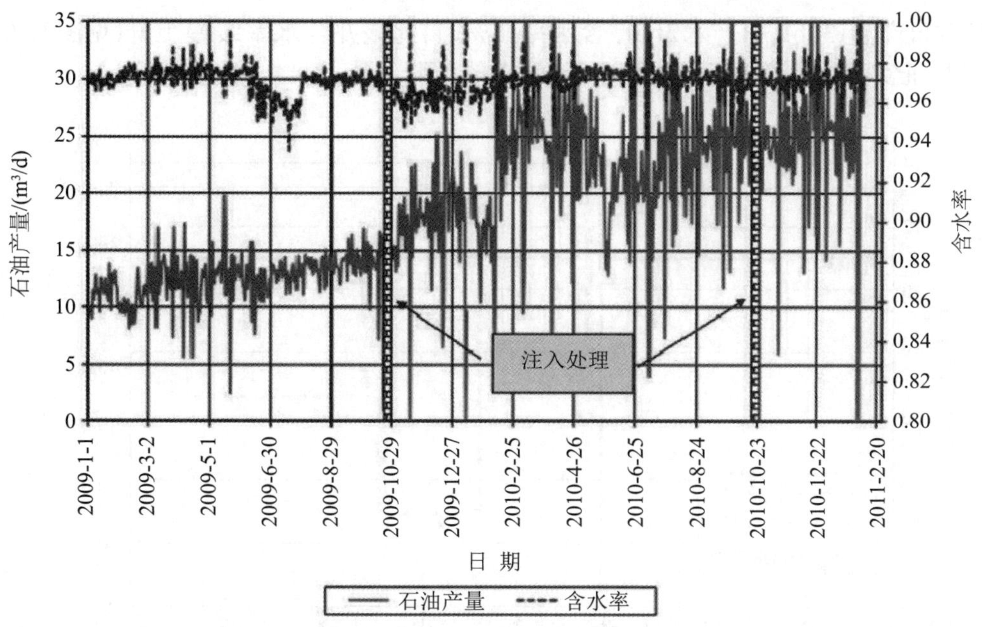

图21.5 在针对双重孔隙度油藏26口井开展的OOR先导试验中有12口井出现了积极响应

21.3.6 OOR可降低油藏酸性

2009年3月对加利福尼亚州海域Topanga组上段油藏进行了营养物增产处理。注入井E20S分别于2009年3月5日、2009年12月29日和2010年1月25日进行了营养物处理。注入井E 20S周围相邻生产井不但石油产量上升了，而且采出物中硫化氢的浓度也出现了下降。除了井E13L外，表21.3中其他的井都出现了这种变化。目前已知这种硫化氢浓度降低并非作业方式改变所致。人们认为这可能是微生物受营养物刺激与硫酸盐还原微生物展开竞争，抑制了硫酸盐还原微生物的生长。

表21.3 微生物处理后硫化氢浓度下降

项 目	井	2009年3月	2010年8月
硫化氢浓度/(μL/L)	E 5L	14000	9000
	E 10	24000	20000
	E 11C	20000	16000
	E 13L	2200	2600
	E 23	5000	3500

21.3.7 OOR可用于致密油藏

2010年11月，对得克萨斯州BigWells油田的两口生产井进行了增产处理(Akintunji等，2012)。尽管井壁取心资料表明其所处的SanMiguel组砂岩储层的渗透率最高可达40mD，但其平均渗透率只有7.5mD。当该油田出现石油产量上升而含水率下降的情况后，对这两口井的流体进行了取样，但B-17井已经不产水，无法取得水样。处理之前，井B-17日产11bbl油、11bbl水，含水率50%。在微生物处理结束恢复生产两天后，该井的产量于2010年11月15日迅速达到峰值，日产油21bbl油当量，水18bbl，含水率46%。这个结果还是相当令人惊喜的，因为在2010年1月该井曾关井两天，但石油产量并没有出现任何增加。生产一周后，该井的日产量重回11bbl油+11bbl水，含水率50%，并一直持续到3月，据口头报告称该井不再产水。2011年3月11

日，B-17井日产油13bbl，日产水2bbl，含水率13%。自此该井含水率缓慢上升(见图21.6)。这次的应用结果证实了OOR可用于渗透率小于40mD的油藏。

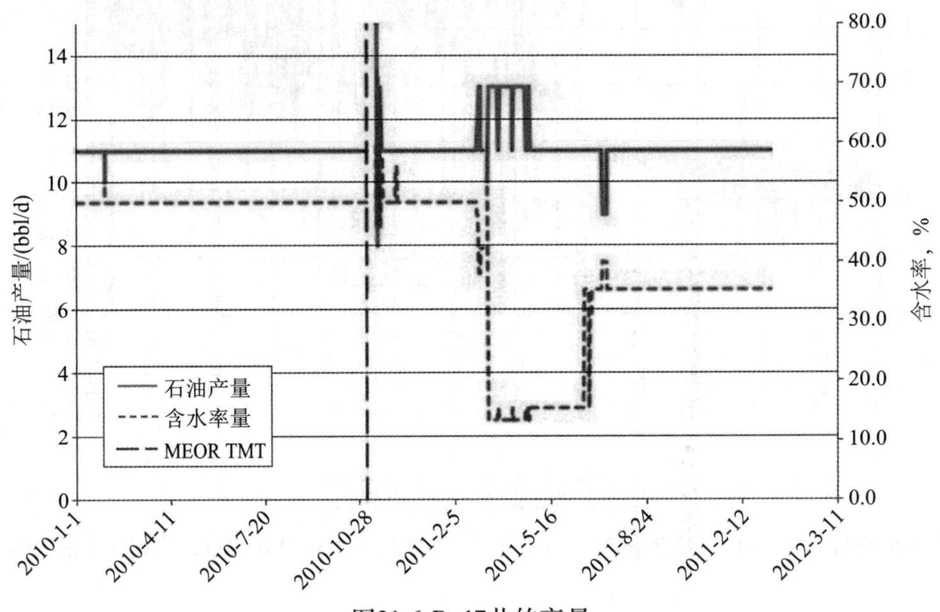

图21.6 B-17井的产量

21.3.8 接受OOR处理的生产井并非总能见到增油效果

如表21.1所示，在41口生产井中，有9口虽然对微生物处理有较好的响应，但处理后未出现产量增加。表21.4所列为其中未见任何增油效果的5口井的油藏参数。

表 21.4 对微生物处理有响应但未见石油产量增长的5口井的油藏参数

油 藏	Shaunavon组上段	上新统砂岩	Mannville组	Mannville组C段	Mannville组B段
石油重度/API度	22~24	21~24	22.2	15.5~21	15.5~21
深度/m(ft)	1200(3927)	366(1200)	1024(3360)	957(3140)	945(3100)
温度/℃(℉)	47(117)	49(120)	35(95)	31(88)	31(88)
产层厚度/m(ft)	3.4(14)	285(934)	6(20)	6.3(20)	8.5(28)
渗透率/mD	567	850	400	1100	1500
孔隙度，%	15~21	18~33	24	24	22
含盐度(TDS)/(mg/L)	10025	16000	15500	15500	7000
累计采收率(占OOIP的比例)，%	29	36	18	18	31
目前含水率，%	95	98	94	94	99

没有发现油藏参数与应用不成功之间存在任何的关联性。事实上，将此表中的参数与表21.2所列的应用取得成功的油藏参数相比，并没有发现什么大不同。更加深入地研究应用实例会发现，这些井未出现石油产量增加的谜团更加难以解释。例如，Shaunavon上段油藏有三口井的应用取得了成功，包括最初的营养物试验井和另两口生产井(Town等，2010)。为何第四次应用未出现石油产量增长，令人不解。答案可能在于获得营养物地层的剩余油的情况，简言之，若剩余油太少，生产井产量升高的机会自然也不会大。近期的研究表明，水驱波及范围内剩余油饱和度可能低于15%(Romero等，2009)。

最后的两个Mannville油藏属于同一个油田中的不同油藏。该油田总共由四个独立的油藏组成。对这四个油藏分别进行了营养物试验，其中有两个试验出现了石油产量升高，另两个则没有。处理前，应用取得成功的井中，有一口日产油1.25m³/d(7.9bbl/d)，日产水16.9m³/d(106bbl/d)，含水率93%。处理后峰值产量达到4.4m³/d(27.7bbl/d)油+13.8m³/d(87bbl/d)水，含水率为76%。次月由于机械故障，产量平均值降至2.9m³/d(18bbl/d)油+19.4m³/d(122bbl/d)，含水率87%，后稳定在1.8m³/d(11.3bbl/d)油+13.9m³/d(87bbl/d)水，含水率89%。据估算，本次单井微生物处理合计增油167m³(1050bbl)。处理前，应用未取得效果的生产井中，有一口日产量为约0.78m³/d(4.9bbl/d)油+41.3m³/d(260bbl/d)，含水率98%。处理后产量降至平均0.31m³/d(2bbl/d)油+24.1m³/d(152bbl/d)水，含水率98%，持续了约2.5月后，第三个月恢复到了处理前的产量水平，最终稳定在0.4m³/d(2.5bbl/d)油+40m³/d(252bbl/d)水，含水率99%(见图21.7和图21.8)。

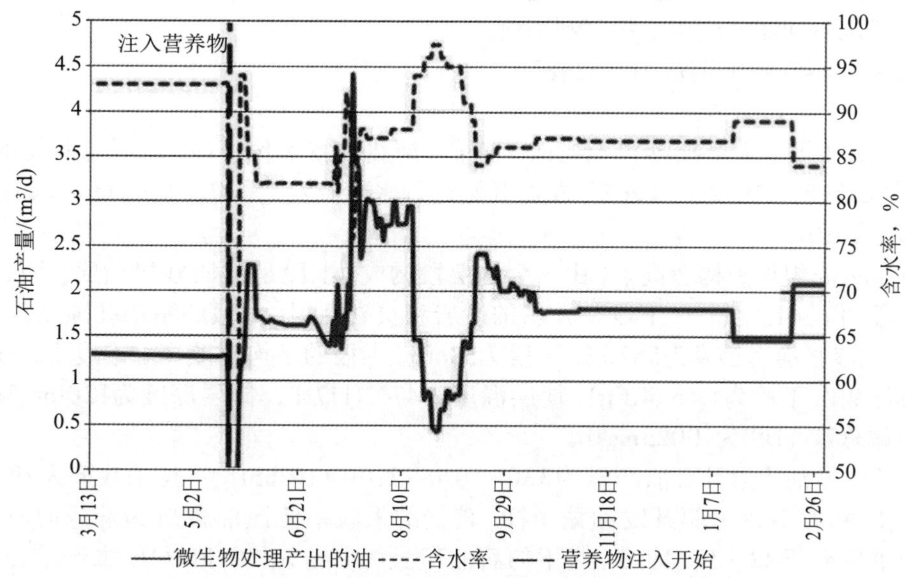

图21.7 Mannville组油藏营养物测试获较好增油效果

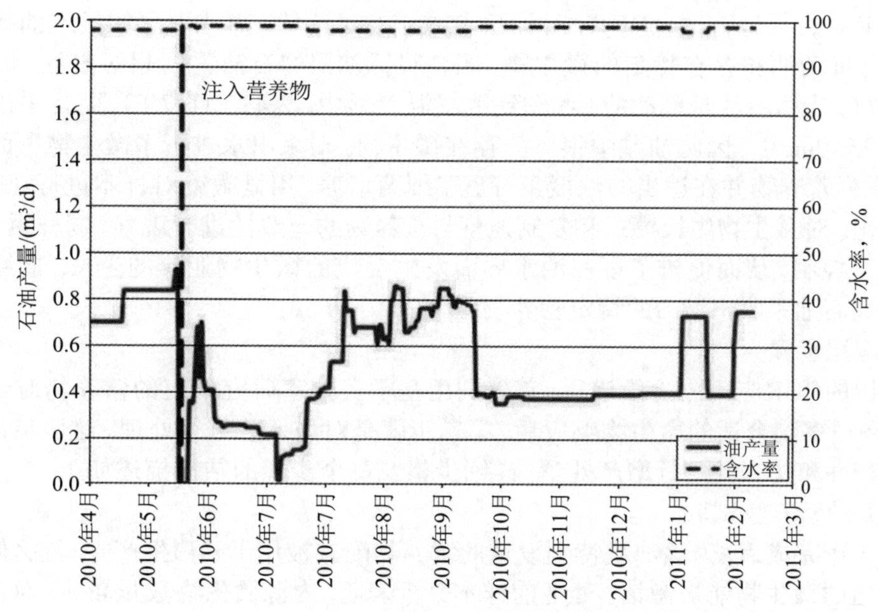

图21.8 Mannville油藏营养物测试未获成功

值得一提的是，两个应用无增产效果的实例都是曾在5年前进行过碱聚合物驱(AP)三次采油的油藏。虽然碱聚合物驱确实提高了处理期间油藏的pH值，但pH值理应在进行营养物注入前即2010年5月恢复到原来的pH值水平。微生物增产无效与碱聚合物驱的直接关联性未能获得证实，但这在未来类似营养物试验中仍是需要考虑的一个因素。

在所有的9个应用中，微生物反应都与预期相符，而且也符合释放石油的需求。研究认为，微生物被营养物激活的区域一定没有石油。未能增产的原因是所在区域内没有任何可动的石油。当然可能还有其他因素也发挥了作用。一个假设是极高含水率的油藏不太可能通过OOR而提高石油产量。注意：表21.4所列的所有油藏的含水率都在90%以上。但迄今尚无量化数据支持这一假设。表21.2中的两个油藏的含水率也高达90%以上，但微生物增产措施的应用取得了很好的效果。另一个假设是储层能量也是一个重要的因素，但正如之前所提到的，低能量可能仅在某不活跃水驱油藏的应用中起不利影响。

21.4 实例1——萨斯喀彻温省Trial油田

21.4.1 背景

Trial油田位于加拿大萨斯喀彻温省的西南部，斯威夫特卡伦特西南，产层为上Shanunavon组砂岩。该油田发现于1952年，1967年左右开始进行水驱开发，采用的是80acre井距的反5点法井网(Town等，2010)。

上Shanunavon组位于构造高点，由三个地层段构成。上段是优质砂岩储层，中段砂岩的品质略差于上段，但与上段隔开，下段是致密的砂岩和页岩互层。上段的平均孔隙度为21.5%，下段为15.2%。上段平均渗透率为567mD，下段为53mD。上段的平均有效产层厚度为2.6m(8.5ft)，中段为1.8m(5.9ft)，下段为1.4m(4.6ft)。地层温度为47℃(117℉)。储层深度为1200m(3927ft)。采出水溶解固体总量(TDS)为10025mg/L。

到2007年，该油田累计石油产量为$330\times10^4m^3$(2100×10^4bbl)，平均采收率为29%(原始石油地质储量)。和大多数水驱开发油藏一样，较低的采收率使该油藏成为理想的EOR候选油藏。其石油重度介于22~24API度。当下的石油产量为$62m^3/d$(391bbl/d)，水产量为$1300m^3/d$(8190bbl/d)，气产量为$4250m^3/d$。当下注水量为$1700m^3/d$(1.07×10^4bbl/d)。

21.4.2 油藏筛选和实验室研究

为了确定该油藏是否适合OOR，对油藏参数进行了评估。筛选理想的侯选油藏主要有两个标准：具有可动油和存在特定的微生物。虽然目标油田的石油重度相对较低，但油藏对水驱的响应较好，表明石油是可动的。考虑到地层温度适中，为47℃(117℉)，而且采出水的氯化物含量仅为9500mg/L，因此油藏中很可能存在微生物。对采出水进行了微生物生长实验室分析。利用一系列营养物并在适当的浓度下开展了细菌培养。用显微镜对样本进行观察，查看是否有细胞变化。对微生物生长模式和复制速度与营养物的一致性进行观察。同样重要的是，对营养物进行了控制，从而促进了可在油水界面发生反应的微生物亚群的生长。最终为该油藏推荐具有提高石油采收率潜力的特定营养物组合。

21.4.3 现场应用步骤

在该油田的OOR应用分阶段进行。首先利用基于实验室研究确定的营养物对一口生产井进行处理。在观察到合适的微生物响应后，第二步就是对注水井进行处理。这两步都成功后，对更多的生产井和注入井进行增产处量，详细步骤及每个步骤的结果描述如下。

21.4.4 生产井的营养物试验

实验室工作完成后，为该油藏特别设计的营养物配方被用于一口生产井。这么做的目的就是要确认合适的微生物能被激活。处理前样本分析表明，内源微生物数量较少，而且它们很少能与石油发生相互作用。用营养物处理后，微生物的数量及其中能与石油相互作用的微生物数量都出现了大幅度增加。

处理后样本分析表明，油田中出现了能与石油相互作用的微生物，实验室观察到的微生物生长模式与处理后生产井采出水样本中微生物生长模式有很大程度的相似性。总体来看，处理后样本的菌群规模不同于实验室研究结果，但能与石油相互作用的微生物数量与微生物总量之比保持不变。

工艺中的这一步通常也会带来石油产量上升。2007年12月6日，把1.3m^3(8bbl)化学营养液与13m^3(82bbl)注入水混合在一起，对Trial油田的A井进行了处理。营养液通过油/套环空注入A井，并用27m^3(170bbl)注入水驱替，随后关井7天，以便特定内源微生物的生长和繁殖。12月13日，A井恢复生产，结果令人鼓舞，目标微生物种生长和繁殖情况都非常好。另外，石油产量出现了增加，而含水率出现了下降。处理前该井平均日产量为1.2m^{3}油(8bbl)和20.8m^3(131bbl)水，含水率94%。处理后日产量峰值为4.1m^3(26bbl)油和19.0m^3(120bbl)水，含水率80%。处理一年后，A井仍有产量增长，日产2.2m^3(14bbl)油和21.0m^3(132bbl)水，含水率91%。没有报告显示采出流体的性质发生了任何改变，也没有处理问题。本次单生产井应用结果好于预期，增油约500m^3(3150bbl)。含水率也出现了明显下降，从作业的角度看，这也是处理的一个有利结果(见图21.9)。

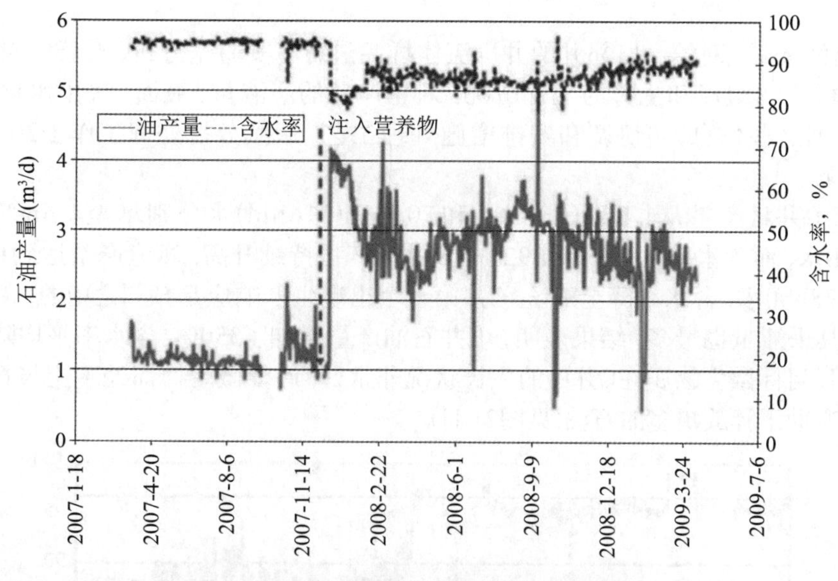

图21.9 A井对周期注营养物处理的响应

21.4.5 先导试验

鉴于已经证实所选择的营养物适合本油藏，决定实施先导试验项目。选取注水井B开展先导试验，该井有三口相邻生产井，分别为C井、D井和E井。这次试验的目的是研究水驱开发条件下生产井对OOR工艺应用的生产响应。除了增产外，微乳化液也可能在储层中形成，这可以从地表观察进行先导试验的B井是否出现注入率下降来判定。B井的注入速度保持稳定，注入能力没有出现变化，表明并没有形成乳化液。另外，采出流体中也未见微乳化液形成的痕迹(见图21.10)。

注入井用营养液进行批量处理，从油管注入，再用注入水将其驱替进入油藏。2008年4月24日，用1.3m^3(8bbl)化学营养物溶液(与16m^{3}注入水混合)对B井进行了处理。在注入营养液后，用32m^3(200bbl)水对营养物进行驱替。接下来8天，限制B井注水速度，以便微生物繁殖。在这8天时间，注入量为正常注入量的10%、20%、50%和75%。

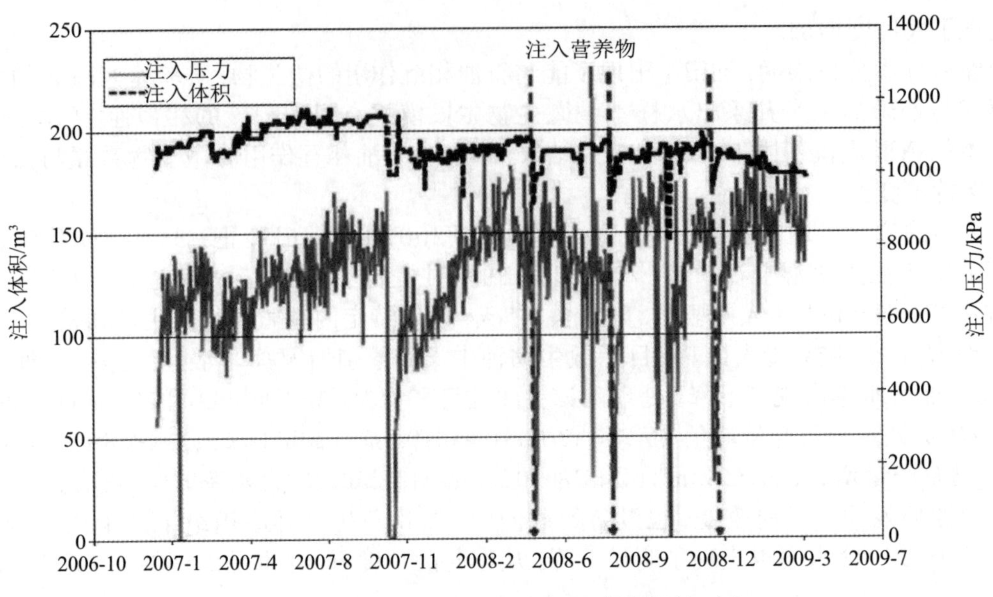

图21.10 先导试验井B井的注入速度保持不变

在营养物注入后，对第一口邻井的井口流体样品进行了实验室分析。对样本进行培养和分析，以确定其微生物组成和生长的变化情况。对生产井的产液量、液面、采出水化学组成进行连续监测。根据这些信息，可协调和安排增施处理工艺，后续分批处理工作于2008年7月29日和12月3日进行。

5月10日，C井日产量从1.5m^3(9bbl)油和50.2m^3(316bbl)水分别增至4.6m^3(29bbl)油和51.8m^3(326bbl)水，而含水率从97%降至92%。该井的产量持续升高，峰值产量达到10.0m^3(63bbl)油和68.0m^3(428bbl)水，含水率降至87%。C井第一个出现生产响应是预料之中的，因是它是最近的生产井，而其采液量也最多。结果表明，该井石油产量增加了350%，含水率平均降低了8%。实验室分析表明，目标微生物属在C井中的生长状况非常好，许多微生物都处于能与石油相互作用的状态，因而有助于释放更多的石油(见图21.11)。

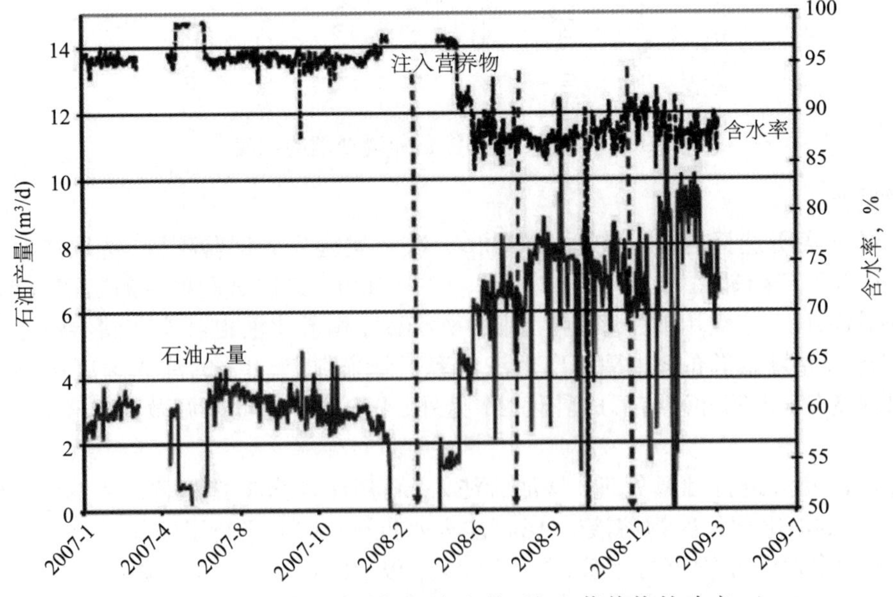

图21.11 生产井C对相邻注入井B注入营养物的响应

E井也逐渐出现积极响应，一开始日产1.5m^3(9bbl)油和25m^3(158bbl)水，94%的含水率，峰值日产量达3.0m^3(19bbl)油和38.3m^3(241bbl)，93%的含水率(见图21.12)。这表明生产井的响应取决于携带营养物质的注入水在油藏中的运动情况。响应时间受控于储层孔隙体积、注水速度和注入模式一致性(水平和垂直)。

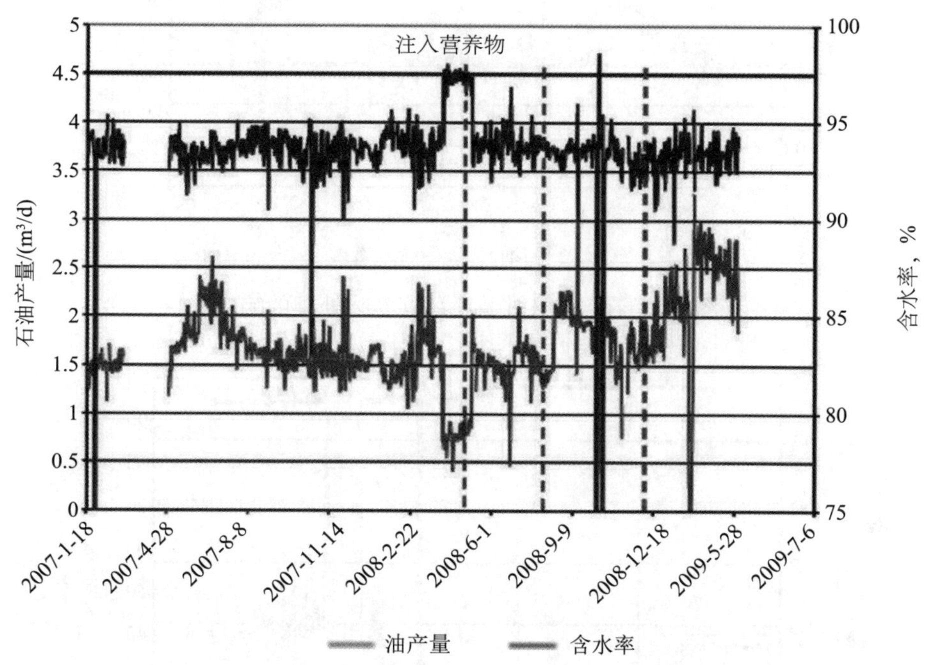

图21.12 生产井E对相邻注入井B营养物处理的响应

截至目前，其他相邻生产井(D井)并未见到生产响应。这并不意外，其原因可能是由于从B井到D井过远，过渡时间最长，另外也有储层体积和注入一致性等原因的影响。D井的产量仍保持为0.5m^3/d(3bbl/d)，水1.5m^3/d(9bbl/d)。D井采出液实验室分析结果表明只有少量的微生物。该井低微生物浓度表明营养物的作用还未抵达此井。

21.4.6 在其他井中的应用

鉴于A井处理的效果良好，后续又对其他井进行了处理。2008年4月5日，对F井和G井进行了OOR处理。F井自2005年以来一直处于停产状态，本次重新投产并进行了营养物处理，以便观察营养物处理对重新投产井的影响。由于第一次营养物处理并没有见到微生物响应，7月27日又进行了二次处理。2008年12月4日，对H井进行了营养物处理。每次都是用1.3m^3(8bbl)化学营养液混合13m^3(82bbl)注入水，通过油套环空注入井中，再用注入水驱替，随后关井7~10天，以便通过营养物刺激使地层中天然存在的特定微生物生长并繁殖。

三口被处理的井中，F井和G井效果明显。F井的日产量从0.6m^3(4bbl)油和3.2m^3(20bbl)水分别增至4.1m^3(26bbl)和4.6m^3(29bbl)，含水率从84%降至53%。G井在二次处理前，平均日产0.5m^3(3bbl)油和30m^3(189bbl)水，含水率98%。与2005年7月停产前的产量非常相似，那时的日产量为0.5m^3(3bbl)油和25m^3(158bbl)水，含水率95%。二次处理后，该井日产量峰值达3.0m^3(19bbl)油和20.8m^3(131bbl)水，含水率87%。

H井最初的石油产量比较让人失望，但这口井见到了异常好的微生物响应，石油产量未能明显增加的原因可能是其他储层条件不佳所至(见图21.13~图21.15)。

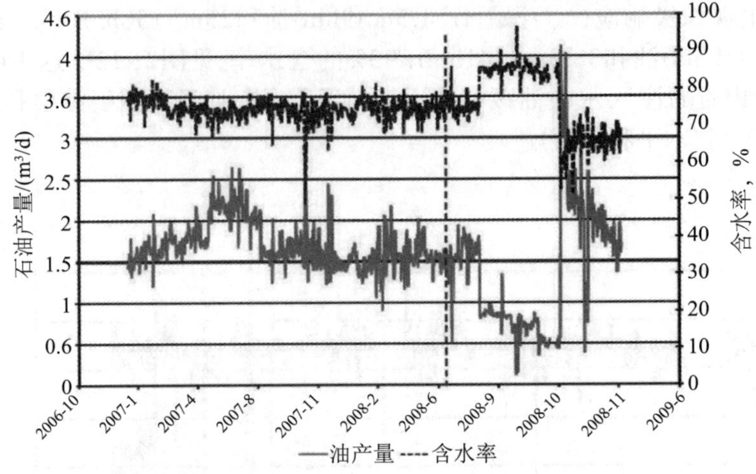

图21.13 在产井H对循环注营养物处理的响应

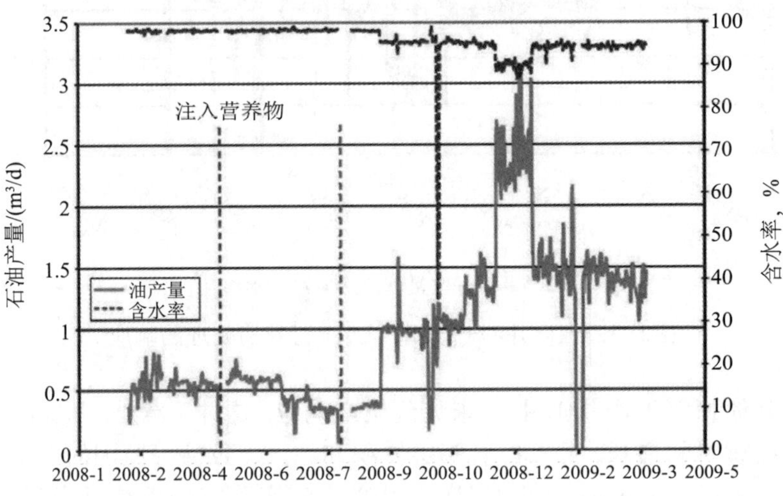

图21.14 已停产的生产井F重新投产并接受营养物处理

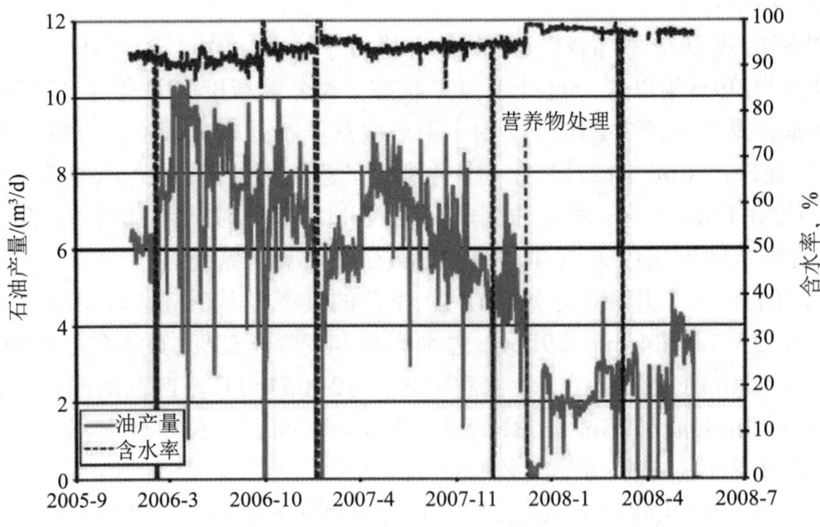

图21.15 生产井G的营养物处理效果

21.4.7 先导试验的推广

在先导试验区见效后，决定将OOR工艺用于一口二次开发的注水井。2008年12月4日，向注水井I井注入处理液。与先导试验一样，在第一次注入营养物大约三周后出现石油产量增加。三口相邻的生产井J井、K井、L井都有响应。其总日产量从10.2m^3(64bbl)和157m^3(989bbl)水增至峰值产量的16.7m^3(105bbl)油和151m^3(951bbl)水，含水率从94%减至90%(见图21.16～图21.18)。现在，该油田有7口注水井都在进行营养物处理。

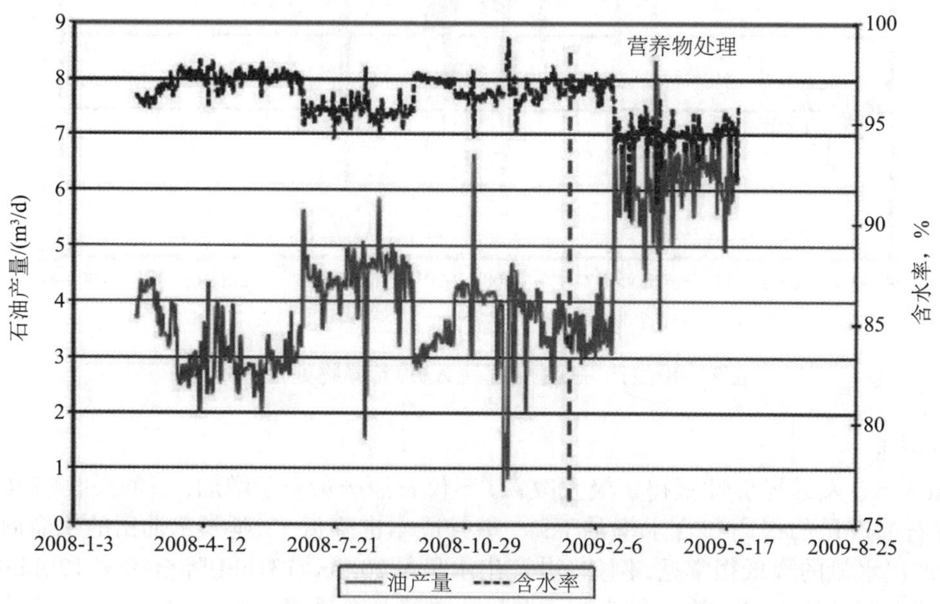

图21.16 生产井J对相邻注入井I营养物处理的响应

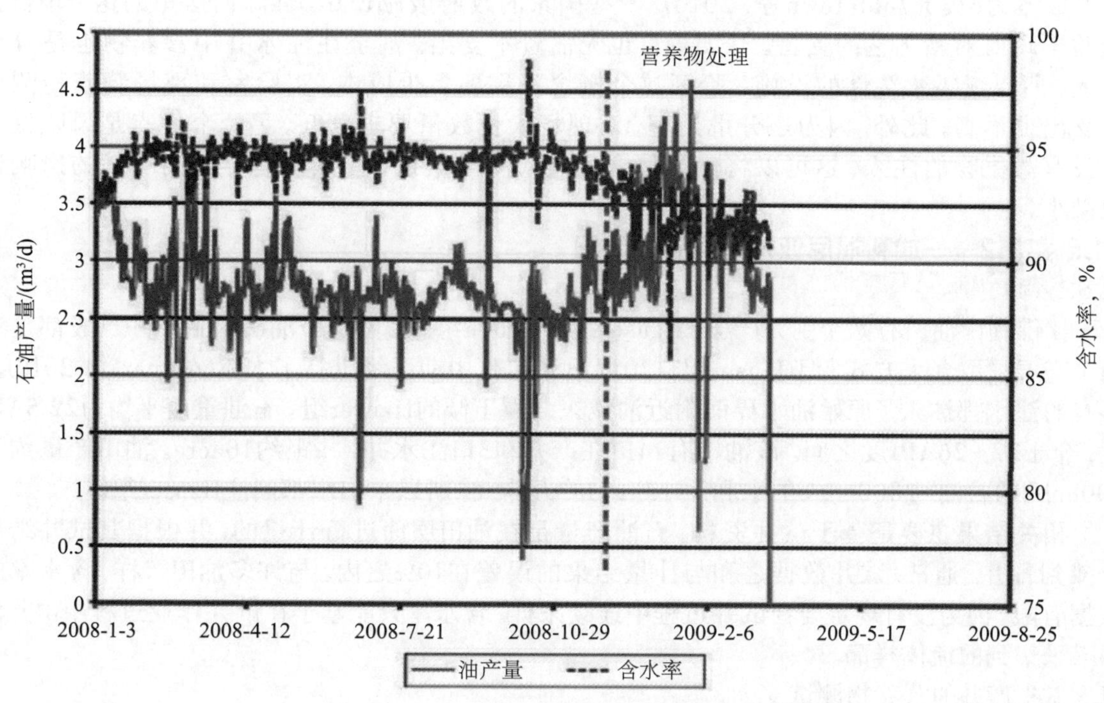

图 21.17 生产井K对相邻注入井I营养物处理的响应

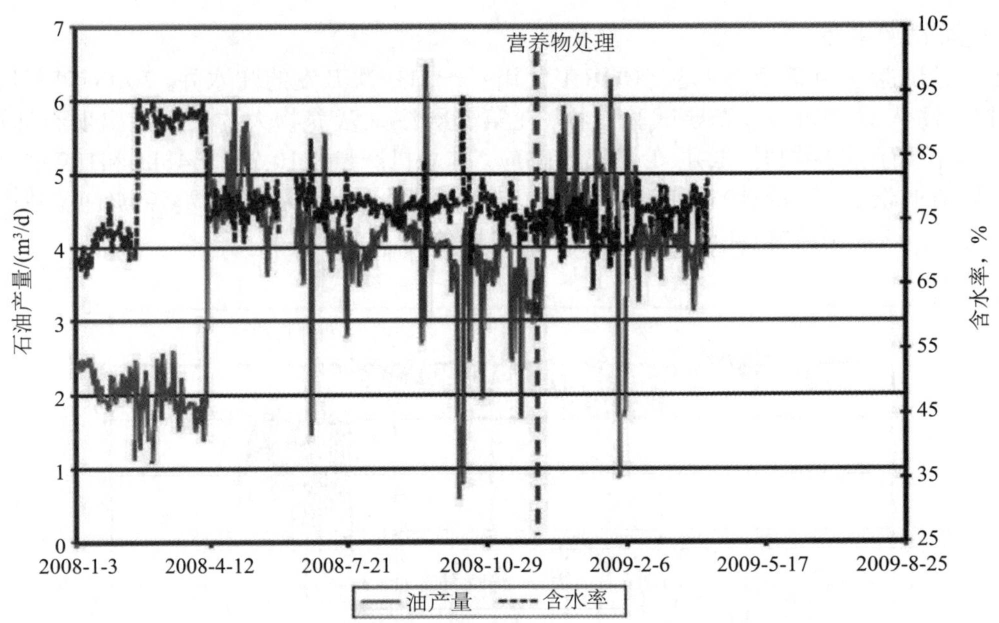

图21.18 生产井L对相邻注入井I营养物处理的响应

21.4.8 讨论

Trial油田开发的经济性获得了极大改善。不仅石油产量有了增加，石油采收率也得到了提高。随着石油产量的提高和含水率的下降，举升成本也降低了，延长了油田的生命周期。在本应用中，产出水量的降低很常见，例如A井产出水量从20.8m^3(131bbl)降至19m^3(120bbl)。研究认为，井筒所在区域油水界面的变化改变了水和油的相对渗透率。

与其他EOR工艺，甚至其他MEOR工艺术相比，OOR的优点很多。其实施成本低，平均增产成本为6美元/bbl(Town等，2010)。一些国家的政府鼓励EOR项目，而这里的这个项目就受益于政府对新工艺的支持。开展项目也无需资本支出。甚至在注水井中营养物也是分批注入，所以无需永久性的设施。验证这个概念不需要多少成本，实验室和现场营养物测试的支出也不高。此外，因为是分批处理，对现场人员数量要求也低。另一个优点是风险低。并没有微生物的注入，这可以将储层堵塞的风险降至最低。注入的营养液对环境的影响也很微小。

21.5 实例2——加利福尼亚州比佛利山油田

21.5.1 背景

比佛利山油田有两个主力产层，Hauser组和Ogden组。虽然这个油田的生产井一般都是对两个产层采取合采方式，但Hauser组自20世纪80年代中期已经进行了水驱(Zahner等，2010)。所有的注水都注入了原始油水界面附近油藏东北翼下倾的Hauser组。石油重度平均为22.5API度，介于22~26API度之间。该油田有14口在产井和3口注水井，井距约10acre。油田产量约为400bbl/d的石油、2000bbl/d的水和$3\times10^8ft^3$/d的天然气。所以采出水都回注Hauser组。

相关结果主要是基于试井资料。石油产量是在油田层面进行计量的，并根据其试井结果分摊到各井。通常，试井数据之和与计量结果的误差在10%之内。与许多油田一样，含水率的数据有限，因为没有规定要在试井过程中连续采样。含水率只能基于在试井作业过程中由井口手工采集到的流体样品。

21.5.2 生产井的营养物测试

根据油田采出液样本实验室分析结果设计了营养物溶液，并于2007年7月2日对生产井

OS-1进行了营养物测试。先注入少量(少于8bbl)营养物，以观察储层内源微生物的反应和特性。营养物与100bbl采出水混合后注入井中，并用350bbl注入水驱替，然后关井3天，以使目标内源微生物在营养物的刺激下生长并繁衍。

OS-1井在处理前的石油产量是20bbl/d，水产量是95bbl/d。在石油和水产量分别达到峰值130bbl/d和32bbl/d后，处理3个月后试井获平均日产油82bbl/d和日产水80bbl/d，相关数据请参看表21.5。一年后，OS-1井仍可产石油33bbl/d和水80bbl/d，但这个产量也可能还得益于相邻注入井的营养物处理(详见后文)。这次单生产井应用共增油3000bbl，采出水量也出现下降(见图21.19)。

表21.5 OS-1井测试数据

项 目	日 期	总液量/(bbl/d)	含水率，%	日产水/(bbl/d)	日产油/(bbl/d)
处理前试井数据	2007-3-26	110	87	96	14
	2007-3-1	105	82	86	19
	2007-3-28	130	79	102	28
	平 均	115	83	95	20
处理后试井数据	2007-7-9	177	56	99	78
	2007-7-17	182	50	91	91
	2007-7-24	162	57	92	70
	2007-8-6	162	20	32	130
	2007-8-14	156	61	95	61
	2007-9-4	158	66	104	54
	2007-9-26	134	34	44	88
	平 均	162	49	80	82

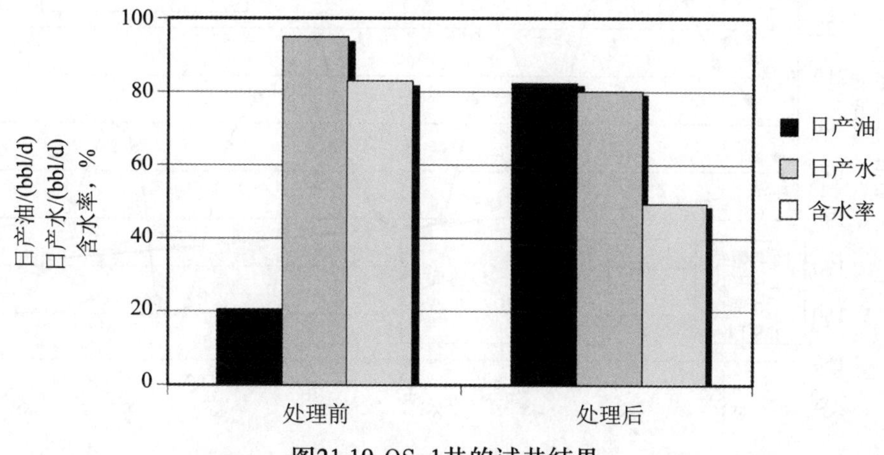

图21.19 OS-1井的试井结果

21.5.3 注入井处理

由于该油田仅有三口注水井，所以在生产井测试获得成功后，没有开展先导试验便立即直接进行全油田应用，对三口注入井(OS-9、OS-10和OS-14)开展了9次处理，还对两口生产井(OS-8和BH-15)进行了另外2次处理。2007年11月29日，将8bbl高浓度化学营养溶液与250bbl注入水相混合，注入OS-9井并用250bbl水驱替。为了让微生物有时间繁衍，接下来的8天，对OS-9井的注水速度进行控制。每口注入井都按下表所列的日程进行三次类似的处理作业(表21.6)。

表21.6 注入井处理作业日程

井 号	注入井分批处理日期
OS-9	2007年11月29日、2008年1月11日和3月20日
OS-14	2007年12月20日、2008年2月16日和4月15日
OS-10	2008年1月3日、3月1日和5月1日

2008年7月和9月间，5口相邻的生产井OS-1、OS-3、OS-4、OS-12和OS-13石油产量都出现了增加。目标微生物随营养物从注入井向生产井运移而不断生长和繁殖，沿途释放石油。

6月12日，从相邻生产井采得的采出液样本表明，这5口相邻生产井中有4口(OS-1、OS-3、OS-4、OS-13)微生物浓度较高。这与这四口井进行测试的结果相一致。同一日，从OS-12井采集的采出液样本未发现微生物活动迹象，这也与其测试结果一致。7月，OS-12井的石油产量忽然升高，为了确定石油产量增加是否与微生物活动有关，8月对该井的采出液又进行了采样分析。实验室分析结果证实，这口井的产量增加与微生物响应增强有关。

通过注入作业，相邻生产井的产量提高。从2008年的6~8月，也就是微生物响应的前三个月，这些生产井平均日产206bbl油和1480bbl水。而在当年的3~5月间，它们平均日产179bbl油和1490bbl水。另外，2008年1月估算这些井的基线产量为179bbl油/d。从2008年6~8月，这些井实现了日均增油27bbl(见图21.20)。7月，这些生产井平均日产217bbl油，峰值产量达到了232bbl油/d、1669bbl水/d，比179bbl/d的基线产量高出53bbl/d，增幅30%。到8月底，共增油2500bbl。作业之后，这些井持续以高于基线产量的水平生产。

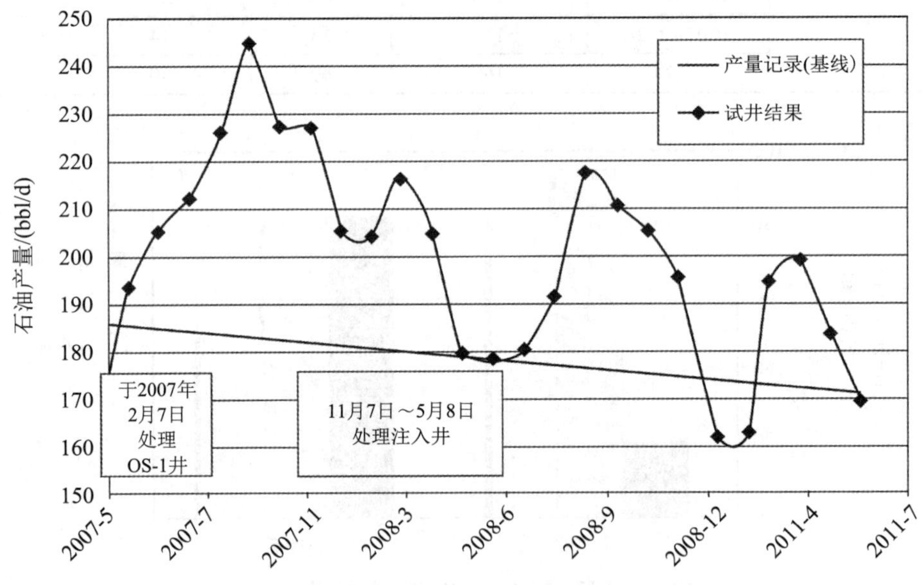

图21.20 相邻生产试井测结果与基线产量

鉴于试井结果改善而且其他相邻生产中微生物活动增强，于2008年6月18日恢复了OS-2井的生产。该井自2003年4月起关井，当时测得的产量为2bbl油/d、217bbl水/d。开井后没有测试到石油产量，直至2008年11月这种情况才得以改变，测得该井产油11bbl/d、产水142bbl/d。对该井举升设施进行优化后，该井最终的峰值产量达到了油46bbl/d、水243bbl/d(见表21.7)。

表 21.7 OS-2井的试井结果

日 期	日产油/(bbl/d)	日产水/(bbl/d)	日产气/[10^3ft^3(标)/d]	含水率, %
2003-4-17	2	217	0	99
2008-6-18	RTP			
2008-7-9	0	180	0	100
2008-7-21	0	166	0	100
2008-8-19	0	128	3	100
2008-9-22	0	99	1	100
2008-11-19	11	142	2	93
2008-11-21	13	132	2	91
2008-12-3	8	160	5	95
2009-1-10	10	191	5	95
2009-2-9	8	150	4	95
2009-3-28	20	158	5	89
2009-5-17	6	185	5	97
2009-5-20	46	243	5	84
2009-5-22	20	222	5	92
2009-5-23	42	222	5	84
2009-5-27	29	235	5	89
2009-5-28	15	238	5	94
2009-5-30	26	236	5	90
2009-7-9	33	224	5	87
2009-7-20	25	221	10	90
2009-8-13	23	203	10	90
2009-8-25	2	234	18	99
2009-9-24	31	228	18	88
2009-10-8	22	250	18	92
2009-11-6	22	226	10	91
2009-12-17	16	66	10	80
2010-1-15	31	224	12	88

三口注入井的霍尔图和霍尔导数图(见图21.21~图21.23)表明，随着时间变化，导流能力发生了变化 (Izgec和Kabir, 2009)。OS-10井在第一次处理后出现过短暂的注入能力下降，这可能是因为暂时形成了乳化液。在油、水和微生物同时存在的情况下，有时会形成乳化液，堵塞高渗通道，提高水驱的波及系数。除了这次短暂的下降，所有三口注入井的注入能力在注入营养物后都略有提高。注入能力的提升与项目开展期间油田采出水从2100bbl/d增至2500bbl/d相一致。

21.5.4 其他生产井处理

鉴于OS-1井的处理效果较好，于2008年4月18日和5月2日对另两口生产井(BH-15和OS-8井)分别进行了处理。每口井都注入了8bbl化学营养液，并混入100bbl注入水。BH-15井的驱替液用量是400bbl(200%环空体积)，而OS-8井的为700bbl水(150%环空体积)。这两口井都关井4天以便微生物生长和繁殖。

累计压力/psi
导数/(D_{psi}/D_{bbl})
2008年1月31日首次处理
2008年3月1日二次处理
霍尔图
导数图
累计注入量/bbl
2008年5月1日三次处理

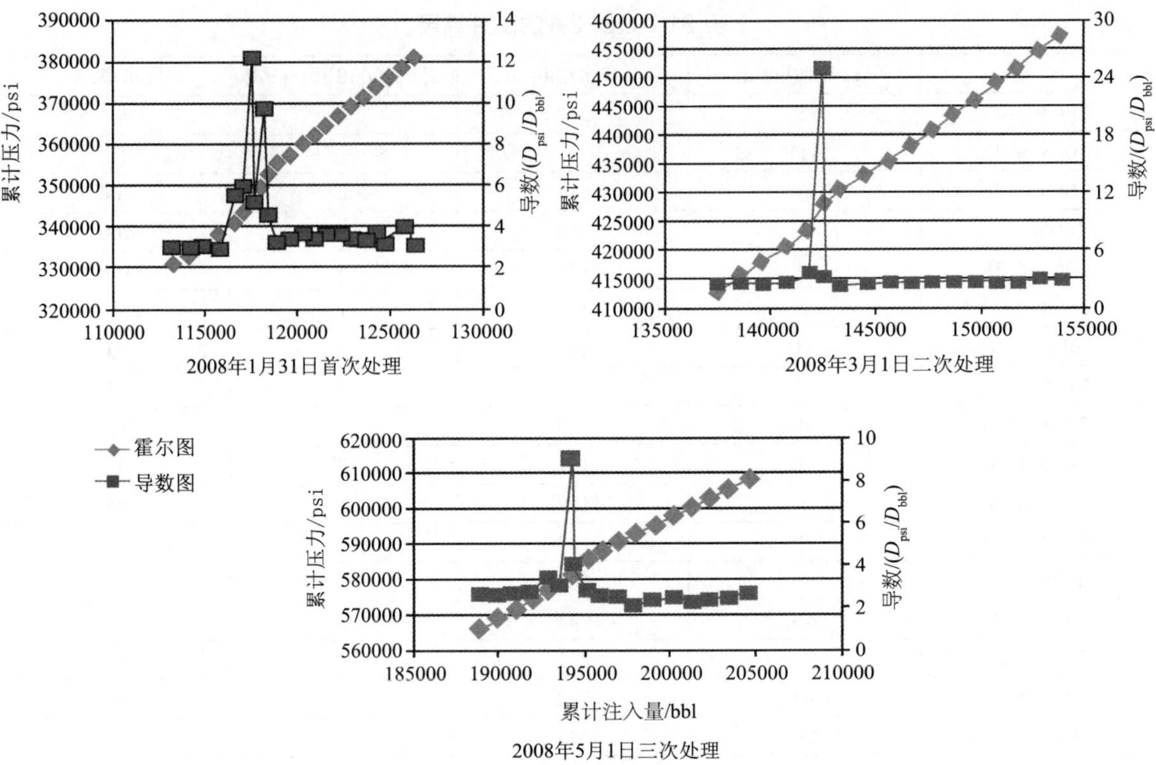

图21.21 OS-1-井霍尔图及霍尔导数图

累计压力/psi
导数/(D_{psi}/D_{bbl})
累计注入量/bbl
2007年11月29日首次处理
2008年1月11日二次处理
导数图
二次处理
2008年3月20日三次处理

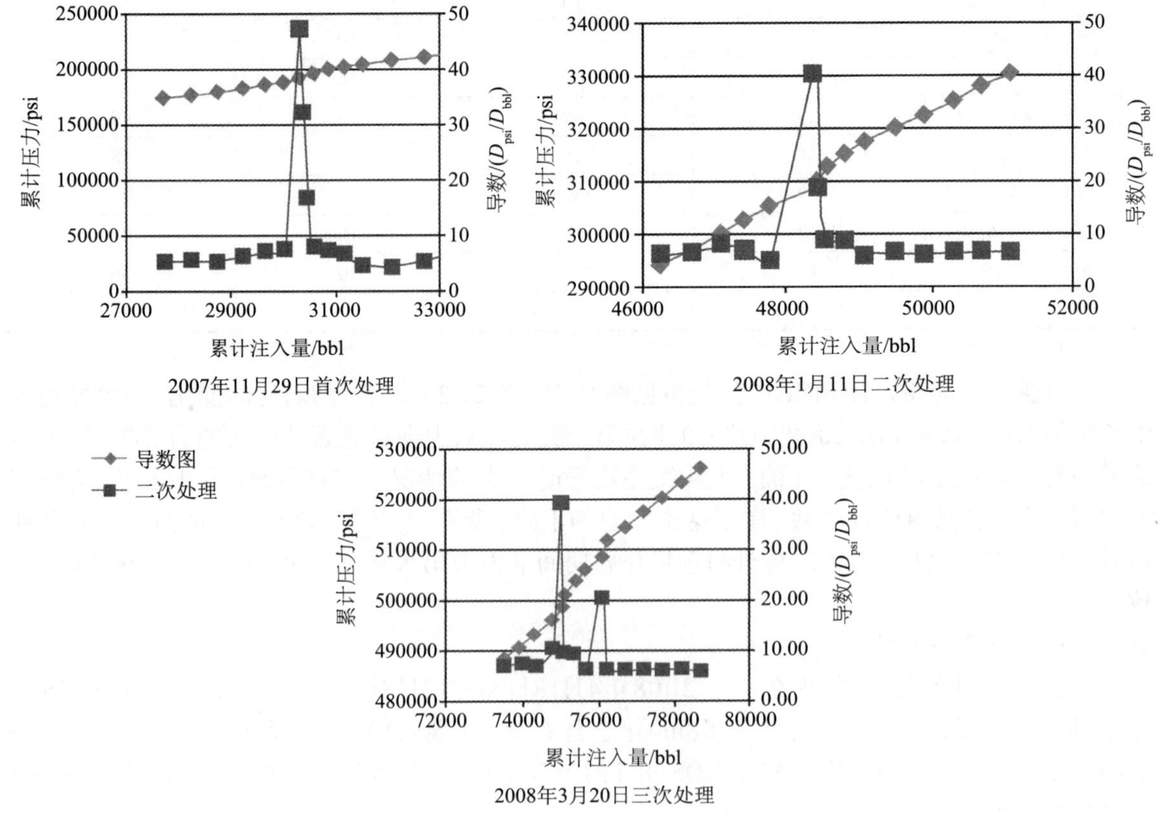

图21.22 OS-9井霍尔图及霍尔导数图

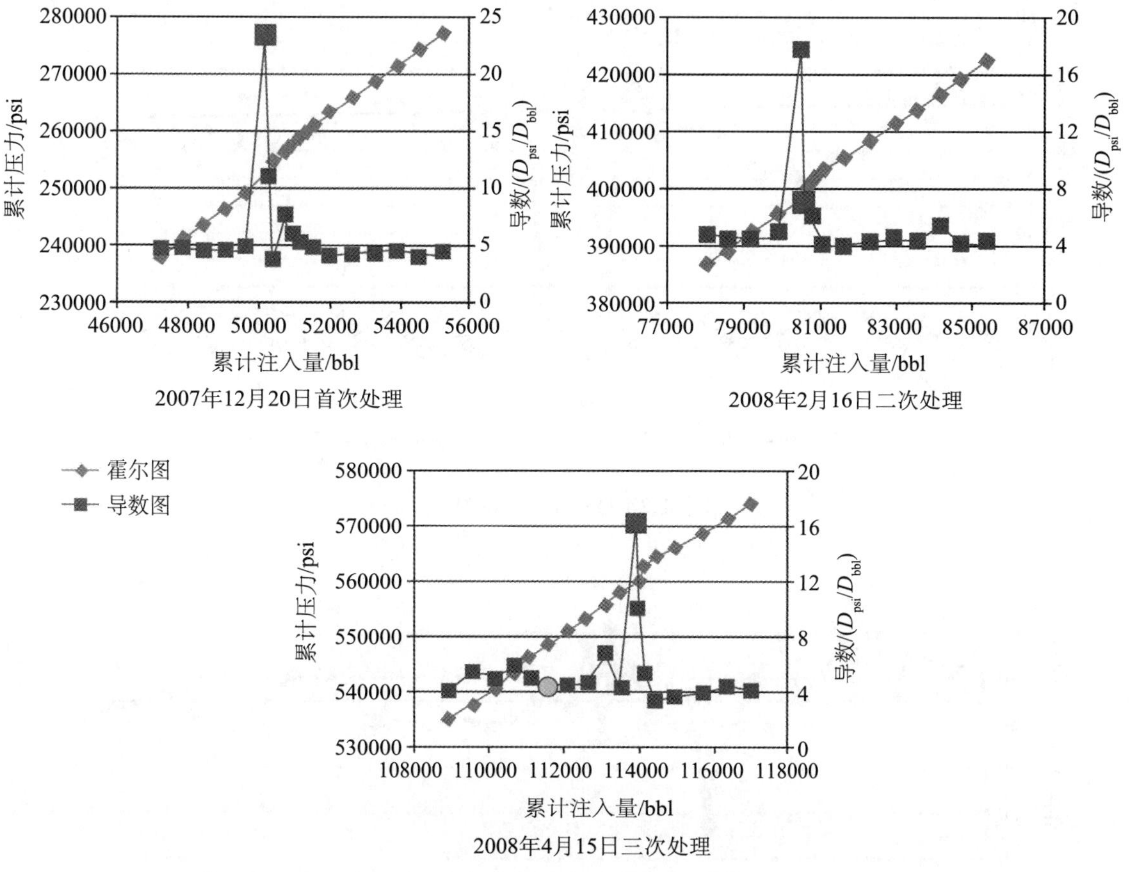

图21.23 OS-14井霍尔图和霍尔导数图

21.5.5 OS-8井

这两口井都出现了微生物增加，但其响应模式与OS-1井和其他几口处理后的生产井的正常模式都不一样。OS-8井的微生物数量增长幅度正常，但并未像平常那样进入与油的互动状态。处理后第一个月采出液样本分析表明，微生物仍处于生长阶段，因为残留的营养物较多。生产井产量上升后，再次于6月10日取样，发现微生物正进入与油相互作用的阶段。这与OS-1井相比，用时要长得多。OS-8井不仅在石油产量增长方面有延迟，而且相当一段时间完全没有石油产出。最初的测试并未获得石油。直到5月22日，即该井恢复生产13日后才见油。此时，该井累计产液850bbl，与注入的液量相当。直到所有的处理液全部采出后，才开始见油。随着微生物出现响应，该井油产量开始增加。6月9日，测得日产油37bbl/d、日产水28bbl/d，含水率43%。9月，该井测得日产油33bbl/d和日产水30bbl/d，含水率48%。处理前该井的日产量为29bbl油/d和36bbl水/d，含水率55%，处理措施使得该井产量有所增加，但增幅有限(见图21.24)。

21.5.6 BH-15井

关井4天后投产的第一天，BH-15井的微生物如期出现了急剧增加。第二天，微生物数量又大幅下降。石油产量也观察到了类似的波动，最初石油产量增加和含水率减少，随后石油产量又出现下降，而含水率也恢复到从前的水平。第一个星期，开展了三次测试，BH-15井的平均产量是油97bbl/d和水105bbl/d，含水率52%。最初的高产可能是因为关井导致的回潮。2008年9月，该井石油产量降至58bbl油/d，水产量也降至80bbl/d，含水率58%。由于该井石油产量平均只有70bbl油/d，水产量平均为110bbl/d，含水率61%，因而其在前几个月并未实现任何增产。这并不意外，因为微生物被激活的程度也不够(见图21.25)。

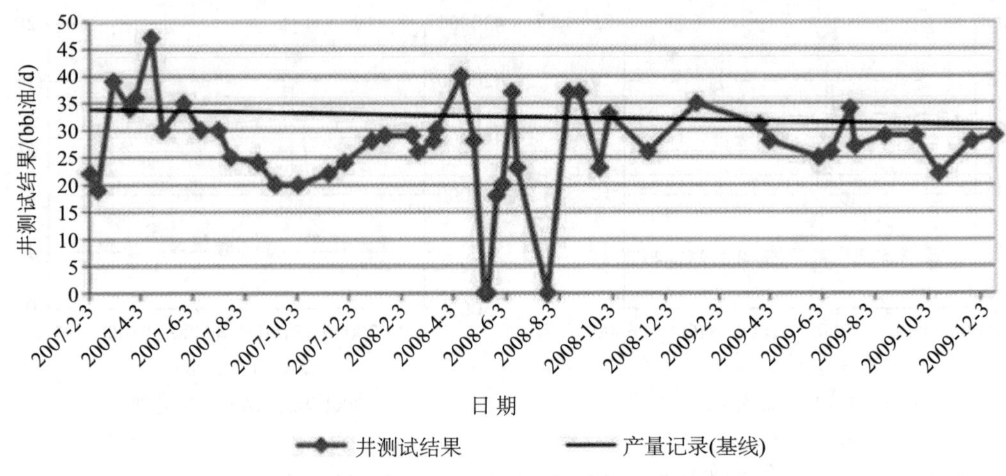

图21.24 OS-8井测试结果

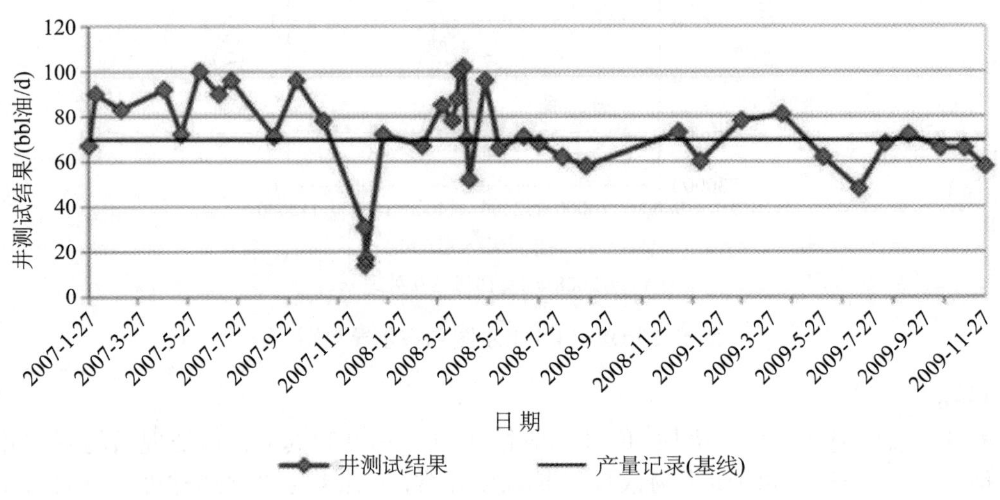

图21.25 BH-15井测试结果

21.5.7 应用结果讨论

基于生物指标和产量数据，认为该油田对营养物处理产生了积极响应。截至2008年8月底，邻近的生产井都有不同程度的产量增加，5口井日增油30bbl，与相邻生产井的基线产量相比，增幅达30%，整个油田的产量增幅为6%。

总而言之，生产井微生物处理出现了非常好的微生物响应，但OS-1井是唯一出现产量大幅增长的井，而OS-8井因注入大量驱替液，其产量反而暂时受制。处理可能暂时改变了井筒周围的相对渗透率，回收处理液的过程用了13天，而直到6月9日始见产量出现上升，而此时已是处理液回收结束后的第18天。相对渗透率变化的问题在后来的油管漏失维修过程中又出现了。6月22日~7月15日，该井因油管渗漏问题而停产，当该井恢复生产时，7月20日开展的第一次测试未见油。到8月8日，该井石油产量出现增长，测得日产油37bbl/d和日产水41bbl/d，含水率53%。OOR的应用要获得成功，四个要素(油、水、微生物和营养物)需互相接触。BH-15井的微生物对注入的营养物没有响应，可能是因为二者没有接触。另一个可能性是营养物没有抵达油区。BH-15井的气油比远高于油田的平均值。表21.8比较了关键生产井的气油比。

表21.8 关键生产井的气油比

井 号	气油比/[ft^3(标)/bbl]	备 注
OS–1	550	
OS–3	760	
OS–4	655	
OS–5	1000	
OS–7	1700	构造部位第二高的井
OS–8	857	
OS–11	915	
OS–12	400	
OS–13	160	构造部位最低的生产井
BH–15	1700	构造部位最高的生产井

构造部位最高的生产井也可能是形成了次生气顶，而且营养物全都注入了气顶。另一个可能性是营养物注入了一个层，但主力产油层却是另一个。在这种情况下，如果有多个层被打开，那么就无从得知营养物注入了哪个层。

21.6 结论

根据180次营养物处理结果，OOR可成功应用于多种类型的油藏。OOR可作为二次采油技术通过注水加以实施，因为现有基础设施可用做输送系统，无需新的设备投入。石油重度介于16～41API度的油藏已成功地应用了OOR技术，石油产量增长明显。在高温高盐度油藏中的应用也见到了积极的响应，如果这类油藏的其他参数适宜，应将之视为OOR候选油藏。根据过去4年的有限经验，甚至双重孔隙度油藏也可采用OOR技术。除了石油增产之外，应用OOR的额外好处是可以降低硫化氢含量。由于基本上没有储层伤害风险，只要设计得当，研究好微生物的配比和其他储层筛选参数，尝试应用OOR的负作用已几乎没有。处理前开展严格的科学分析是获取潜在回报的前提。OOR必须根据每个储层单独设计，如果能够系统地开展OOR技术应用，这一方法将大幅度提高产量和采收率。

参考文献

Akintunji, F., Atinum E&P, Inc., Marcotte, B., Sheehy, A., Govreau, B. Titan Oil Recovery, Inc., 2012. A Texas MEOR application shows outstanding production improvement due to oil release effects on relative permeability. Presented at Improved Oil Recovery Symposium, Tulsa, OK, 14—18 April.

Bauer, B.G., O'Dell, R.J., Merit Energy Company, Marinello, S.A., Babcock, J., Ishoey, T., et al., 2011. Field experience from a biotechnology approach to water flood improvement. Presented at SPE Enhanced Oil Recovery Conference, Kuala Lumpur, Malaysia, 19—21 July.

Brown, L.R., Vadie, A.A., Mississippi State University, Stephens, J.O. Hughes Eastern Corp. 2000. Slowing production decline and extending the economic life of an oil field: new MEOR technology. Presented at the IOR Symposium in Tulsa, OK, 3—5 April.

Cusack, F., U. of Calgary, Brown, D.R., Chevron Oil Field Res. Co., Costerton, J.W., U. of Calgary, et al., 1985. Field and laboratory studies of microbial/fines plugging of water injection wells: mechanism, diagnosis and removal.

Cusack, F., McKinley, V.L., Lappin-Scott, H.M., Microbios Ltd., Brown, D.R., Clementz, D.M., et al., 1987. Diagnosis and removal of microbial/fines plugging in water injection wells. SPE Annual Technical Conference and Exhibition, Dallas, TX, 27—30 September.

Davis, C.P., Marcotte, B., Govreau, B., 2009. MEOR finds oil where it has already been discovered. Hart Energy E&P November, 78—79.

Gao, C.H., Zekri, A., El-Tarbily, K., 2009. Microbes enhance oil recovery through various mechanisms. Oil Gas J. August 17 and 24.

Izgec, B., Kabir, C.S., 2009. Real-time performance analysis of water injection wells. SPE Reservoir Eval. Eng. J. February.

Jackson, S.C., Fisher, J., Alsop A., Fallon R., DuPont, 2011. Consideration for field implementation of microbial enhanced oil recovery. Presented at the SPE Annual Technical Conference and Exhibition, Denver, CO, October 30—November 2.

Romero, C., Aubertin, F., Cassou, E., Cheneviere, P., Tang, J.S., Odiorne, J., et al., 2009. Single-well chemical tracer tests (SWTT) experience in the mature Handil field: evaluating stakes before launching an EOR project. EAGA Fifteenth European Symposium on Improved Oil Recovery, 27—29 April.

Saikrishna, M., Anadarko, Knapp, R.M., McInerney, M.J., 2007. Microbial enhanced-oil-recovery technologies: a review of the past, present and future. Presented at Production and Operations Symposium, Oklahoma City, OK, March 31—April 3.

Sheehy, A.J., 1990. Field studies of microbial EOR. Presented at SPE/DOE Enhanced Oil Recovery Symposium, Tulsa, OK, 22—25 April.

Town, K., Sheehy, A.J., Govreau, B.R., 2010. MEOR success in south Saskatchewan. SPE Reservoir Eval. & Eng. J. 13 (5), 773—781.

Tremblay, B., Sedgwick, G., Vu, D., Alberta Research Council, 1999. CT imaging of wormhole growth under solution-gas drive. SPE Reservoir Eval. Eng. J. 2 (1), 37—45.

Yuan, J.Y., SPE, Tremblay, B., SPE, Babchin, A., Alberta Research Council, 1999. A wormhole network model of cold production in heavy oil. Presented at International Thermal Operations Symposium in Bakersfield, CA, 17—19 March.

Zahner, B., Venoco, Inc., Sheehy A., Govreau, B., Titan Oil Recovery, Inc., 2010. MEOR success in Southern California. Presented at IOR Symposium, Tulsa, OK, 24—28 April.

Zahner, R.L., Venoco, Inc., Tapper, S.J., Husky Energy, Marcotte, B.W.G., Govreau, B.R., et al., 2011. What has been learned from a hundred MEOR applications. Presented at SPE Enhanced Oil Recovery Conference, Kuala Lumpur, Malaysia, 19—21 July.

第22章 稠油冷采

Bernard Tremblay

(加拿大萨斯喀切温升省Regina萨斯喀切温省研究委员会EOR油田开发部能源处)

并非所有的稠油油藏都能实现相同的石油采收率。通过把压力衰竭试验与发泡能力、静态和动态表面张力以及气/油界面的表面黏弹性测量相结合，人们得出了以下认识：①有机酸和碱有助于在气/油界面上形成沥青网络，还有助于形成抗变形能力更强，并且能减少天然气扩散的弹性膜；②树脂能够降低沥青的表面活性；③压力递减速度越大，气泡成核速度就越快，而且气泡体积越小；④高毛细管数下的气泡破裂会减弱气泡的聚并。

对多孔介质中天然气传输开展的数值模拟表明，不均衡泡沫油法(把天然气输送作为一系列化学反应进行模拟)能够对压力衰竭试验中的石油产量进行历史拟合。开展压力衰竭试验的方法是：先在填砂柱中饱含含气原油，然后从一端进行开采。如果假定存在热动力平衡条件，也可以实现石油产量的历史拟合，但需要假设非常低的天然气相对渗透率曲线。

鼓励出砂的石油冷采过程更多地被称为稠油出砂冷采(CHOPS)工艺。出砂试验表明，“蚯蚓洞(wormholes)”是因为其端部之前的砂液化而形成的，并非必须破坏地层才能形成蚯蚓洞。在这些蚯蚓洞的直径增至1m时，它们会充填砂。随着蚯蚓洞长度的增大，会形成直径为6～10cm的开放通道，示踪剂测试和蚯蚓洞生长模拟都说明了这一点。需要指出的重要一点是，蚯蚓洞大都是由膨胀砂组成，孔隙度大约为45%，而且含有开放通道。随着蚯蚓洞的长度加大，最终都会形成这样的通道，为更多的石油渗流创造条件。石油渗流会减少蚯蚓洞中的砂含量，并引起砂粒沉降，从而形成开放通道。

现场大规模示踪剂测试结果并不能解释裂缝的发育，因为它们的宽度达到了砂粒直径的级别。在冷采油藏中钻水平井时，仅在现场的个别位置上观察到了井漏现象，这说明即使存在蚯蚓洞网络，其分支也不是很发育，而且在稠油出砂冷采井中也没有出现膨胀区。在钻井过程中注入的漏失控制材料(LCM)的体积说明，开放通道网络的体积可达20m^{3}以上。假设开放通道的直径为10cm，蚯蚓洞的平均长度为250m，那么就可以推测现场发育了8个蚯蚓洞。

由于稠油出砂冷采油田的储层大都很薄(3～10m)，而且不连续，因而分析其产量数据就可以发现这些数据的变化是多么大。对生产时间为3500天的一组6口稠油出砂冷采井前2300天的产量开展了历史拟合。利用相同的可调节参数，运行了稠油出砂冷采模型，由此来预测第2300～第3500天之间这段时间的油、砂、水和天然气产量。预测结果比较合理，说明多井稠油出砂冷采模型最终可用于预测最佳井距、加密钻井时间表及稠油出砂冷采后开采工艺的设计(后者可能最为重要)。出于经济方面的原因，稠油出砂冷采井通常并不取心，而且也不记录砂和天然气的产量，这增加了历史拟合的难度。这些数据的测量会极大地帮助预测未来的稠油出砂冷采后开采工艺。

22.1 引言

冷采定义为适用于黏度在200～4×10^{4}cP范围内稠油油藏的溶解气驱开采工艺。在地层原油黏度处于200~2000cP范围内的油藏中，在几乎不出砂的情况下就有可能实现经济的采收率。例如，de Mirabal等(1996)计算得出，在委内瑞拉奥里诺科重油带(Orinoco Belt)渗透率可达10D的Hamaca区块，溶解气驱的石油采收率可以达到10%原始石油地质储量(OOIP)。

由于劳埃德明斯特(Lloydminster)地区稠油的黏度很高($5000\sim3\times10^4$cP)，油井的经营者通过试错法发现，通过鼓励出砂可以增加稠油的产量。在不采取防砂措施时，这个工艺就被称作稠油出砂冷采(CHOPS)，第一个采用这个术语的人是Dusseault(2002)。稠油出砂冷采工艺的一个优点是，它可以用于开发厚度薄至3m的油藏，在这样薄的油藏中热采工艺不具经济性。

在加拿大，稠油出砂冷采技术主要应用于西加拿大沉积盆地的4个地区：劳埃德明斯特(Lloydminster)、林德伯格(Lindbergh)、冷湖(Cold Lake)和萨斯喀切温西南部。劳埃德明斯特地区的产油砂层是下白垩统Maannville群(Colony、McLaren、Waseca、Sparky、General Petroleum、Rex、劳埃德明斯特、Cummings和Dina组)。在这些砂层中，Sparky组的产量最高，而且就黏土(泥质)含量而言也是最洁净的砂层，而Colony组的黏土含量较高，因而石油产量最低(Kimmel和Laviolette，1982)。稠油出砂冷采的油层厚度一般在3~10m之间，由粒度细到中等的未固结砂组成，D50颗粒直径介于80~150μm之间，渗透率为1~5D。鉴于产出的是净砂，初始含水饱和度相当低，介于12%~20%之间。这些油藏的埋深介于400~800m之间，初始地层压力为3~7MPa(Dusseault，2002)。虽然稠油出砂冷采技术最初是在加拿大兴起的，但随着常规石油储量的递减，它在世界其他国家的应用也越来越广泛，例如委内瑞拉、阿拉斯加、阿尔巴尼亚和中国。

很有趣的是，就在30多年前出砂还曾被视为稠油冷采中的一个难题。例如Kimmel和Laviolette(1982)就认为，劳埃德明斯特稠油油田一次采油的采收率之所以比较低(5.5%OOIP)，其主要原因就是石油黏度高、溶解气驱机理缺失和出砂问题严重等。事实上，其论文论述的主题是提高有杆稠油系统抽油速度的人工举升技术的发展。在通过固定阀和浮动阀流动时，砂粒会引发相当严重的磨损，而且在采出液含水率比较高时，砂粒有可能在活动柱塞和固定阀罩间的“死区”沉析。

20世纪90年代初，随着渐进腔式泵技术的应用，稠油开采方式发生了改变。渐进腔式泵的级数越来越多，而且用于制造橡胶定子和转子材料的耐磨性能也越来越好。生产油管的口径也越来越大，降低了回压，而且抽油杆的强度也越来越高，可以承受更大的扭矩。在20世纪90年代渐进式腔式泵投入使用后，石油产量出现了大幅上升，Dusseault(2002)曾对Luseland稠油冷采井产量的增长有过报道。

本章的目的是首先对稠油出砂冷采的两个主要机理方面的文献进行回顾，第一个机理是相对于轻质油的重油采竭增强溶解气驱，第二个机理是出砂增大井筒与储层的接触面积。文中将回顾有关这两种机理的不同观点，并分析业界所开展的现场示踪剂测试，这些测试是为了评价出砂对在稠油出砂冷采后油藏中钻水平井过程中观测到的储层压力和井底压力(BHP)的影响。事实将证明，与稠油出砂冷采井周围膨胀带的破裂作用相比，高渗透率通道(蚯蚓洞)的形成能够更好地解释示踪剂测试结果。利用前人在研究中(Tremblay，2009b)为6.3年开采历史的初始开采阶段建立的多井稠油出砂冷采模型，对已有9.6年开采历史的6口稠油出砂冷采井的石油、砂、水和天然气产量数据开展了历史拟合。对这个多井模型的预测能力进行了验证，方法是采用相同的可调参数组预测第6.3年至今(9.6年)的石油产量，然后把预测结果与拟合结果进行对比。

22.2 机理

22.2.1 溶解气驱

22.2.1.1 背景

当饱含含气原油(即含有溶解气)油藏的压力因开采而降至某个压力之下，导致气泡产生，而生成的气泡会增大地层流体/天然气混和物的压缩系数，并减缓地层压力下降的速度，在这种情况下就会自然出现溶解气驱过程。如果压力的衰竭速度足够缓慢，就像在实验室压力-体积-温度(PVT)测量中那样，达到了准平衡状态，那么气泡出现时的压力就被定义为泡点。

溶解气分子在石油内处于不断的随机运动状态(热波动)，而且从统计学上讲，活动性高于稠油分子的溶解气分子之间的简单碰撞就会短暂形成分子簇。在均匀的气泡成核作用热动力学模型中，气体和液体的吉布斯(Gibbs)函数是相等的，由此可以得出以下等式：

$$\mu_G=\mu_L \tag{22.1}$$

式中：μ_G和μ_L分别代表气体和液体的化学势。

液体中气泡的机械平衡由下列方程表示(Landau和Lifshitz，1980)：

$$P_G-P_L=2\gamma/r \tag{22.2}$$

式中：P_G和P_L分别为气体和液体的压力；γ为表面张力；r为气泡的半径。

如Bauget和Lenormand(2002)所述，根据气体和液体之间的化学势相等可以得出结论，气泡内的气体压力大致等于与液体处于平衡状态的平面状界面上的气体压力。由式(22.2)可以看出，这就意味着含有气泡的液体压力要低于处于平衡状体的液体压力。平衡压力与液体混合物(即稠油和溶解气)压力之间的差值就被定义为过饱和压力(supersaturation)。要使气泡的体积增大，液体压力必须降至式(22.2)给出的数值以下。这样气体就会扩散进入气泡，使之生长，直到其半径达到式(22.2)给定的新液体压力下的半径值为止。此时超饱和压力就等于毛细管压力。

Bauget和Lenormand(2002)对有关石油中气泡成核作用的文献进行了回顾。根据他们的研究，均质成核模型无法描述稠油中气泡的生成，因为气体分子簇要积聚形成直径足够大的“集合体”，阻止来自毛细管压力的再溶解作用，超饱和压力需要达到1000MPa的压力范围。这个模型还无法预测气泡生长的“超饱和压力门限值”，而这一点与微观模型试验相矛盾。在非均质模型中，气泡的成核作用发生在固体表面上，例如砂粒的表面。Bauget和Lenormand(2002)报告了与非均质模型相矛盾的研究结果，成核作用需要有特定角度的空腔。此外，均质成核模型还无法预测超饱和压力门限值。这两位作者认为，唯一的另外一种可能是，气泡在本体液体(bulk liquid)中原有气泡上或在被粗糙固体表面捕集的原有气泡上成核，这就可以解释观测到的超饱和压力门限值和在给定压降下发育气泡数目固定的现象。然而，他们并未提到如何证实油藏中是否有这样的原有气泡。虽然水力系统会因湍流而携带原有气泡，但气泡如何能够在地质历史上抵抗油藏中的溶解作用难于理解。此外，并不能简单地排除多孔介质中均质或非均质成核作用存在的可能性，因为成核模型与观测结果并不一致。

在油藏工程中，天然气相对渗透率(k_{rg})和石油相对渗透率(k_{ro})通常符合下面给出的Corey模型：

$$k_{ro}=k_{roi}S^{no} \tag{22.3a}$$

$$k_{rg}=k_{rgi}(1-S)^{ng} \tag{22.3b}$$

$$S=(S_o-S_{org})/(1-S_{org}) \tag{22.3c}$$

式中：k_{roi}、k_{rgi}、no和ng为常数；S_o为含油饱和度；S_{org}为残余油饱和度(Pooladi-Darvish和Firoozabadi，1999)。

22.2.1.2 采收率

如Maini(1996)所述，轻质油的采收率介于1%～5%，而稠油的介于5%～15%。基于Ward等(1982)的热动力分析结果，Smith(1988)认为，稠油中会形成直径明显小于孔喉的微气泡。现场工程师发现，在井口采集的含气稠油样品像巧克力奶油冻。基于这种观测结果，Maini等(1993)首次采用“泡沫油”这个术语来描述该油藏中的石油。实际上，用Firoozabadi(2001)提出的天然气分散(gas dispersion)或“泡状石油(bubbly oil)”术语来描述油藏中天然气和石油的流动可能更准确些。

根据Maini(1996)的研究，稠油的采收率更高一些的原因可能是：稠油的黏度很高，在冷采的稠油油藏中施加的生产压降更大，导致多孔介质中孔喉尺寸大小的气泡破裂和携带。这一点与Bora(1997)在采用饱含含气稠油的玻璃微模型开展透明试验(visualization experiment)时观测到的结果一样。分散气泡的稳定性主要受控于黏滞阻力和界面张力，黏滞阻力趋于使气泡变形和破裂，而界面张力则趋于阻止气泡变形并使气泡呈稳定的球形。通过按照如下方式定义毛细管数，可以更好地定量描述这两种力的相对重要性：

$$C_a = U_{oil}\mu_{oil}/\sigma \tag{22.4}$$

式中：U_{oil}为达西石油速度；μ_{oil}为含气石油黏度；σ为石油和天然气之间的表面张力。

Firoozabadi和Aronson(1999)采用透明的岩心夹持器在低毛细管数和压力递减速度下开展了溶解气驱试验。一般在试验的早期，在只有1%～2%的石油被采出的情况下，第一个气泡就会出现在填砂柱内岩心夹持器表面上；而在只有5%～10%的石油被采出的情况下，就会开始有气泡从岩心中被采出。他们得出结论：如果天然气以微气泡的形式随同石油一起流动，那么在岩心中气泡一开始形成就应被采出填砂柱。同样的结论也适用于天然气在石油中的分散(gas-in-oil dispersion)，因为根据泡沫石油理论，天然气随同石油一起流动(但并不一定以相同的速度流动)，气泡在岩心中一旦形成就应被开采出填砂柱。他们观察发现，在含气饱和度高于临界含气饱和度时，天然气在岩心塞中的流动伴随着压力起伏变化。

Tang和Firoozabadi(2003)观察发现，与硅油试验相比，采用相同仪器设备开展的稠油试验，其填砂柱中形成的气泡数量要多出约10倍。与硅油采收率(2.5%)相比，岩心中有天然气被采出时的稠油采收率(8%)要高得多，这说明稠油开采产生的气泡数量更多，而且稳定性更高。对于这两种类型的油而言，在天然气开始被采出时，填砂柱长度上的压降都急剧波动，这一点与在试验中观察到的气体断续流动一致，也与他们所计算的气体相对渗透率较低一致(例如在15%含气饱和度下为2×10^{-5})。Firoozabadi(2001)提出，对于稠油而言，要实现较高的采收率并不需要很高的毛细管数。

22.2.1.3 *压力递减速度*

有多位研究人员在溶解气驱试验中观察发现，石油采收率随着压力递减速度的提高而增大(Sahni等，2004；Sheng等，1999a)，其原因是石油超饱和压力增大导致气泡数量增多，含气饱和度提高。正如Moulu(1989)所解释的那样，在高压力递减速度下，在对抗压力递减方面，气体扩散作用并不像原来那样有效，而在压力递减速度较低时，由于天然气有更多的时间扩散进入气泡，因而所需的气泡数量较少。

Sheng等(1999a)对在三种压力递减速度下(38kPa/h、115kPa/h和221kPa/h)开展的压力递减试验进行了数值模拟。模拟结果显示，填砂柱中超饱和压力随着压力递减速度的提高而增大，导致分散的天然气的体积分数(volume fraction)增大，进而使石油采收率提高。与假定9%高临界饱和度的均衡模型相比，他们所建立的动态模型对实测累计产油量的历史拟合效果更好。在他们的模拟中采用了k_{rgi}为0.61的常规天然气相对渗透率(k_{rg})曲线。

Sahni等(2004)对在低开采速度下开展压力衰竭试验会导致较高含气饱和度的观点持谨慎态度。他们采用机械模型说明，在较高的压力递减速度下，随着超饱和压力的增大，产生的成核点数目增多，导致较高的含气饱和度和较高的临界含气饱和度。他们采用相同含气原油的PVT数据，根据油和气的物质平衡计算了均衡状态下填砂柱中的含气饱和度。在Sheng等(1999a)提出的最高压力递减速度221kPa/h下形成的含气饱和度，实际上非常接近平衡含气饱和度。

Sahni等(2004)证实，Treinen等(1997)试验得出的含气饱和度与递减压力的关系曲线一直保持平衡曲线状态，直到含气饱和度达到9%为止，此时这条曲线因天然气被突然开采出而突然偏离平衡曲线。Treinen等(1997)的溶解气驱试验是在低毛细管数(1.6×10^{-7})下开展的。他们对填砂柱所开展的计算层析成像结果表明，气泡是以单独残余油滴(ganglia)的形式生长的，在低毛细管数下它们不会在填砂柱内运动。在这些残余油滴接触时，就会采出游离气。测量了填砂柱内的气和油以及在出口采出的气和油混合物的压缩系数。他们发现，尽管填砂柱内的含气饱和度和压缩系数随着压力递减到泡点压力之下而增大，但采出的油和气的压缩系数并没有变化，这说明在达到9%的临界含气饱和度之前，仅含气石油被开采出，没有气泡。

Bondino等(2003)基于网络数值模拟技术提出，石油开采取决于甲烷扩散通道的长度、局部超饱和梯度和气体集群拓扑结构(gas cluster topology)，这些都与孔隙系统的连通性相关。根据他们开展的孔隙尺度的模拟结果，成核气泡数目越多(递减速度更快所致)，其各自生长的速度就越慢。通过孔隙尺度的网络数值模拟，这些作者证实，孔隙介质的连通性影响超饱和压力。在其孔隙尺度的模拟中，他们假设微气泡不会大量形成，也不会随其伴生的石油流动，而且天然气仍被捕集在孔隙介质中，保持毛细管主导的生长状态。

为了把前文所讨论的溶解气试验实测的毛细管数、压力递减速度和压力梯度与现场案例进行对比，首次利用萨斯喀切温省研究委员会开发的多井模型(Tremblay, 2009a, b)计算了典型出砂冷采稠油油藏中石油的速度和黏度分布。这些数值模拟中的假设条件如下：①井距为40acre；②平衡的甲烷溶解度和k值；③死油黏度为15000cP；④天然气相对渗透率被压制(k_{rgi}为0.001，S_{gc}为5%)；⑤产层厚度为6m；⑥绝对渗透率为2D。以往对典型稠油出砂冷采井的石油、水、砂和天然气产量开展的历史拟合结果表明，8个蚯蚓洞的发育足以代表现场数据(Tremblay, 2008a)。泄油面积(40acre)的四分之一被拆分为80×80×10个网格块，每个网格块的尺寸为2.5m×2.5m×1m。图22.1显示了开采1200天之后的石油速度预测值，生产井位于该图中泄油区的左上角。蚯蚓洞沿着x轴和y轴及对角线呈辐射状分布。在这次模拟中，在1200天内蚯蚓洞生长了100m。正如预期的那样，蚯蚓洞端部的石油速度最大，达到了5.0×10^{-3}m/d，而在储层中其速度急剧下降。x轴上的毛细管数是由式(22.4)计算的，并以到井筒径向距离函数的形式标绘在图22.2中。毛细管数从蚯蚓洞端部的最大值(2.7×10^{-5})急剧降低到储层较深部的低值(1×10^{-8})。对部分压力递减试验的最小毛细管数也进行了标绘，结果表明大多数试验都反映了蚯蚓洞端部大约25m以内的状态。图22.1中x轴上压力递减速度和压力梯度的现场估算值，在图22.3中以到稠油出砂冷采井距离函数的形式进行了标绘。同样，实验室测量值更能反映蚯蚓洞端部附近(25m范围内)的状态。

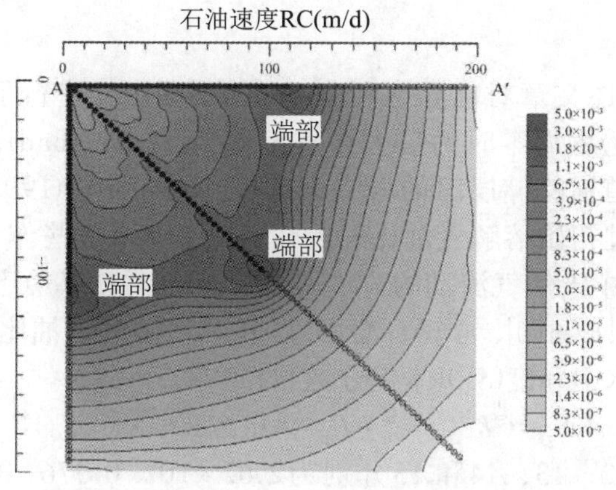

图22.1 在稠油出砂冷采开始后1200天内石油速度的平面分布(井位在A点)

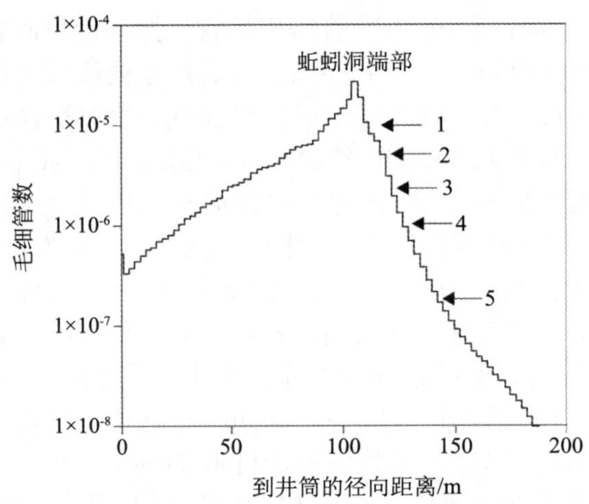

图22.2 开采1200天之后毛细管数与到井筒径向距离的关系曲线[点1来源于Pooladi-Darvish和Firoozabadi(1999); 点2来源于Ostos和Maini(2005); 点3来源于Tang和Firoozabadi(2003); 点4来源于Urgelli等(1999); 点5来源于Treinen等(1997)]

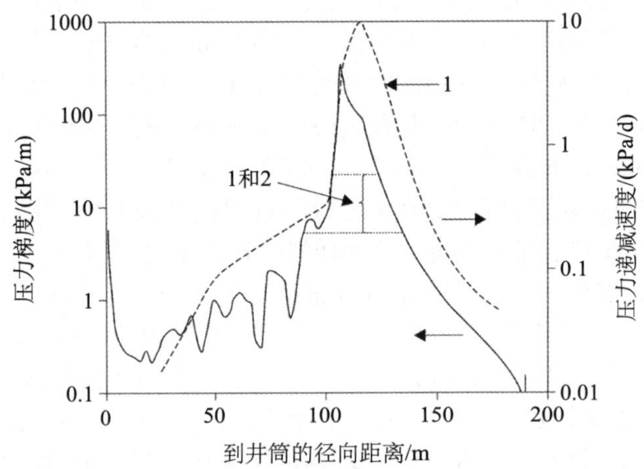

图22.3 开采1200天之后径向压力梯度与到井筒距离的关系曲线[点1来源于Tang和Ffiroozabadi(2003): 点2来源于Kumar和Pooladi-Darvish(2002)]

22.2.1.4 临界含气饱和度

Sheng等(1999b)的综述文章对临界饱和度(S_{gc})的不同定义进行了描述。在一般情况下，S_{gc}被定义为天然气相对渗透率为零时的最大含气饱和度(Firoozabadi，2001)。也有研究人员把S_{gc}定义为天然气流动通道横跨储层时的含气饱和度。Treinen等(1997)把临界含气饱和度定义为采出气-油比(GOR)超过初始溶解气油比时的含气饱和度。这些作者所给出的定义之所以不同，是因为他们模拟储层中天然气流动的方式不同。Sahni等(2004)建立了临界含气饱和度(S_{gc})(体积分数)与绝对渗透率[K(mD)]、含气石油黏度[μ(cP)]、溶解气油比GOR(m^3/m^3)、压力递减速度dP/dt(kPa/h)及初始含水饱和度(S_{wi})(体积分数)的如下关系式：

$$S_{gc}=CK^{A1}\times\mu^{A2}\times R_S^{A3}\times(dP/dt)^{A4}\times(1-S_{wi})^{A5} \tag{22.5}$$

其中，系数C、$A1$、$A2$、$A3$、$A4$和$A5$分别为2.62×10^3、0.076、0.258、0.17、0.5和4.0。该方程的引用得到了版权所有人Sahni等(2004)的允许。未经许可不得再次引用。这个关系式是通过压力递减试验建立的，压力递减速度dP/dt介于41～3.84×10^{4}kPa/d之间，溶解气油比GOR(R_s)介于6.5～32m^3/m^{3}之间，初始含水饱和度(S_{wi})介于0～32%之间，含气石油黏度介于250～5.6×10^{4}cP之间，而渗透率介于0.36～18D之间。

多位研究人员已经在低压力递减速度试验中观察到了大约为5%的临界含气饱和度(Pooladi-Darvish和Firoozabadi，1999；Tang和Firoozabadi，2003；Urgelli等，1999)。这个数值将在本章稠油出砂冷采工艺的数值模拟中加以运用。Firoozabaadi(2001)提出，在压力递减速度非常低而气油比很高时，临界含气饱和度(S_{gc})可以高达10%。这似乎与式(22.5)相矛盾。在式(22.5)中，S_{gc}与压力递减速度的0.5次方成正比，与溶解气油比GOR(R_s)的0.17次方成正比。根据这个关系式，S_{gc}应随着压力递减速度的下降而减小。如果dP/dt的现场测量值比实验室测量值小一个数量级，S_{gc}应减小一个系数0.3。Sahni等(2004)把临界含气饱和度定义为GOR开始增加时的含气饱和度。随着压力递减速度下降，天然气流动的物理过程变得更接近传统的溶解气驱状态，少数单独的气体残余油滴(gas ganglia)生长并最终连接在一起，与Treinen等(1997)的观察结果一样。在下面式(22.5)所给定的参数范围内，临界含气饱和度的概念应当能很好地加以应用，而且只有在压力递减速度低于41kPa/d时才应小心，这个数值至少要比稠油出砂冷采过程中的预测值大一个数量级。

22.2.1.5 *石油化学*

Bauget等(2001)观察发现，浓度在10%(weight concentration)以上，沥青能够增强发泡能力，并延长油膜的寿命。他们利用溶解在甲苯中的沥青和树脂溶液开展了一系列的发泡能力、静态和动态张力、黏度和表面黏弹性测量。基于这些测量结果，他们认为，沥青能够在界面上实现自我重组，导致表面张力和弹性模量增大。他们描述了为石油改质业界开展的多项研究，在这些研究中需要打破气体分散相和水/油乳化液，研究结果说明，沥青在油-水界面上的吸附作用，形成了能够限制聚并的刚性保护膜，从而使原油乳化液保持稳定。Bauget等(2001)认为，这些研究也适用于稠油中的气体分散相。他们的研究还说明，树脂能够部分溶解沥青集合体，因而可以在降低沥青表面活性方面发挥一定的作用。他们介绍了Callaghana等(1985)的研究成果，后者把油膜的稳定性与石油中短链羧酸和石炭酸的存在联系在了一起。

Tang等(2003)讨论了原油中复杂的重极性分子(例如沥青、树脂和有机酸)的作用及其对油-气相界面的吸引，它们在油-气相界面上可以形成弹性膜，使油-气界面稳定，降低气泡生长速度。他们怀疑，弹性膜的形成增大了气体的扩散阻力，使之难以穿过本体油相(bulk oil phase)与生长中的气泡接触，从而降低气泡生长速度。

Peng等(2009)通过岩心尺度的开采试验证实，石油组分在决定稠油中分散气泡的亚稳定性方面发挥着一定的作用。他们观察发现，表现为酸或碱官能团的沥青含量很高时，趋于增大气/油分散相的发泡能力和延长薄膜的寿命。他们得出结论，沥青内的酸或碱官能团及其在气/油界面上的相互作用，会通过使沥青分子形成交联网络结构而增强界面稳定性。这个网络可以增大气泡的表面张力，从而增强其抗破裂的能力。

Bora等(2003)还通过微模型试验研究了沥青在稳定气泡方面的作用。他们采用了4种不同的石油：原始的Lindbergh稠油、脱沥青后的Lindbergh稠油、矿物油和轻质油。脱沥青后的Lindbergh稠油的黏度大致与矿物油相同。在透明试验研究中，他们记录了在压力衰竭过程中微模型中所形成气泡的数量，并观察发现，在前4h内这4种石油所生成的气泡数量几乎相同。然而，在12h后，只有原始的Lindbergh石油中气泡的数量还保持恒定，而其他石油中的气泡数量都明显减少，这说明沥青在稳定气泡方面所发挥的作用要大于其在生成气泡方面所发挥的作用。

22.2.1.6 数值模拟

22.2.1.6.1 泡沫油

根据泡沫油理论，气体分散相的形成是一个动态过程，它不仅取决于压力、温度和组分，而且还取决于流动状态及过程(Sheng等，1999a)。Sheng等(1999a)建立了分散气体流动的动态模型，它代表了溶解气先向分散的气泡然后向游离气的转变。在这个模型中，在泡点之下，气泡瞬时就会发生成核作用。正如Moulu(1989)所预测的那样，气泡的半径与时间的平方根成正比。

Bayon和Cordelier(2002)对一系列长岩心一次采油试验开展了历史拟合，采用的方法如下：①在溶解气简单地直接转换为游离气的情况下，采用平衡法；②在溶解气先转换为分散的气，最后再转换为游离气的情况下，采用不平衡法。不平衡法由两种化学反应代表，采用的是能够代表不平衡气体转换的STARS®油藏模拟器。在采用第一种方法开展历史拟合时，他们观察发现，与在80kPa/d的较低压力递减速度下开展的压力递减试验相比，在800kPa/d的压力递减速度下开展的压力递减试验中，实现石油和天然气产量历史拟合所需的天然气相对渗透率(k_{rg})明显较低。在采用不平衡法开展历史拟合时，在游离气相对渗透率曲线和明显较低的k_{rg}曲线之间进行了天然气相对渗透率内插。他们采用相同的频率因子实现了两个试验的石油和天然气产量的历史拟合。如图22.3所示，即使Bayon和Cordelier(2002)在试验中所采用的最低压力递减速度80kPa/d，也要比现场实测的远离蚯蚓洞端部之处的压力递减速度高出1~2个数量级。

Uddin(2005)采用了类似的不平衡法，不同之处是气体成核和气泡生长步骤各自都是由两个化学反应来代表。首先通过定体积开采试验(constant volume withdrawal rate experiments)的历史拟合确定了反应参数(Lillico等，2001)。然后，采用所确定的参数对4个单独的恒压递减试验(constant pressure depletion experiment)(递减速度介于84~167kPa/d之间)的油气产量进行了预测，预测结果与实测值具有很好的一致性。这些压力递减速度仍至少比图22.3所示的现场案例的估算值高出一个数量级。Uddin(2005)并没有给出数值模拟中所采用的天然气和石油相对渗透率曲线的细节。

22.2.1.6.2 低天然气相对渗透率

Pooladi-Dravish和Firoozabadi(1999)首先提出，利用常规的两相(油和气)相对渗透率模型，而且油藏中不存在超饱和状态，但假设天然气相对渗透率非常低。通过简单地假设天然气相对渗透率(k_{rg})和石油相对渗透率(k_{ro})都符合式(22.3a~c)给出的Corey模型，它们很好地实现了饱含含气重油的填砂柱中含气饱和度的历史拟合。对于常规石油而言，常数k_{rgi}一般在0.5~0.8的范围内。然而，为了使重油开采量拟合，这个常数的数值必须降至0.000025。

Pooladi-Dravish和Firoozabadi(1999)以及Kumar和Pooladi-Darvish(2002)提出，相对渗透率的概念可以反映脉冲形式的不稳定气体流动，就像在填砂柱中以较大压降波动的形式表现的情况一样。在他们的方法中，天然气流动被严格地限制。这种方法的优点是比较简单，但其缺点是不能很好地反映物理过程。如下文将要讲述的，使用k_{rgi}数值恒定的Corey标准方程会导致高估稠油出砂冷采井寿命期快结束时的石油产量。在应用其方法时，可能会要求在模拟过程中的不同时间对天然气相对渗透率曲线进行调整。

22.2.2 出砂

如22.1节所述，油井操作者观察发现，要开采死油黏度高达2000~40000cP的重油，就会产出大量的砂。某些稠油出砂冷采井会开采出高达1500m³的(散)砂。要对稠油出砂冷采工艺开展数值模拟，就有必要了解如此大的出砂量会对储层造成什么样的影响。

22.2.2.1 背景知识

未固结多孔介质中砂粒上的主要作用力包括：①接触力，包括砂粒接触点的法向力和切向力；②孔隙压力，作用于砂粒表面的法向上；③附着力，作用于砂粒之间的接触点上，是由砂粒周围弯月面上流体与孔隙中流体之间毛细管压力引发的。

要从微观上计算介质中每个点上的应力张量是不现实的。Terzaghi(1951)首次采用了连续谱法，把孔隙介质中的宏观应力分解为两个分量：由流体孔隙压力造成的中性应力和作为应力与孔隙压力之差的有效应力。根据Terzaghi(1951)的研究结果，有效应力引发了孔隙介质的变形。有效应力可以被视为作用于砂粒间接触点所构成的多孔骨架内的应力。这个重要的概念在地质力学中仍在沿用(Azizi, 2000)。

如库仑摩擦力所描述的，接触并相向滑动的两个砂粒之间的摩擦力与作用在砂粒间的法向接触力成正比。这就意味着颗粒材料的剪切强度随着法向有效应力的增大而增强(Azizi, 2000)。土壤或油砂的黏结强度定义为法向应力为零时材料能够支撑的最大剪切应力，井筒壁表面上就会出现这种情况。

油砂的地质力学性质通常是通过三轴压力室测试(triaxial cell test)进行测量的，在三轴压力室测试中，在轴向上给砂柱加压，而径向上封闭(Azizi, 2000)。以有效径向应力函数的形式绘制材料能够承受的最大有效轴向应力曲线，就可以得出破裂包络面(failure envelope)，而这个包络面可用于应力场比较复杂情况下的计算。在确定井筒稳定性方面的一项重要的试验是不封闭压缩试验，即有效的径向围限应力是零，井筒壁表面上就会出现这种情况。

在储层中首次形成裸眼水平通道(井筒)时，在没有滤饼的情况下，井筒壁表面上的有效径向应力(σ_r)是零。井筒壁表面上的有效切向应力(σ_t)不断增大，直到达到油砂在不封闭条件下的抗压强度为止。井筒周围形成一个塑性(膨胀砂)层。根据Wong等(1994)的研究，裸眼通道周围的这个膨胀砂带由一个残余层和一个软化层构成。当密集的填砂柱受到剪切力作用时，会逐渐膨胀(形成软化层)，直到达到残余(临界)状态为止，此时剪切强度变为恒定的(形成残余层)。油砂具有非脆性特征，这意味着油砂在屈服后仍具有剪切强度。膨胀带(软化层和残余层)的弹性模量明显低于地层，使蚯蚓洞壁表面上的切向应力减小。因此，塑性层屏蔽了井筒壁表面，使之免受地层应力影响。

22.2.2.2 *膨胀层*

现场工程师认为，在稠油出砂冷采过程中会形成的一种特定的几何形态，即井筒周围的对称膨胀层。Smith(1988)最早对这种几何形态进行了论述，他认为在射孔孔眼上首先形成一个空腔(如图22.4所示)。这个空腔的周围是被破坏的疏松砂层区(un-stressed sand region)，而疏松砂层区的周围是致密砂层区(stressed sand region)。根据Simith(1988)的研究，射孔孔眼周围的空腔会合并成为一个围绕井筒的大空腔(如图22.5所示)。

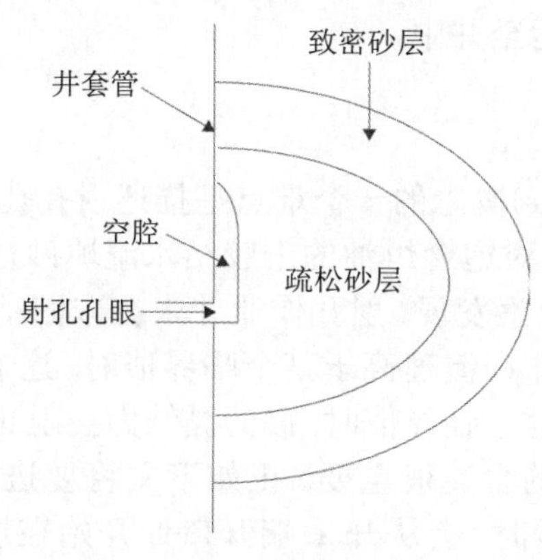

图22.4 射孔孔眼周围的沙拱

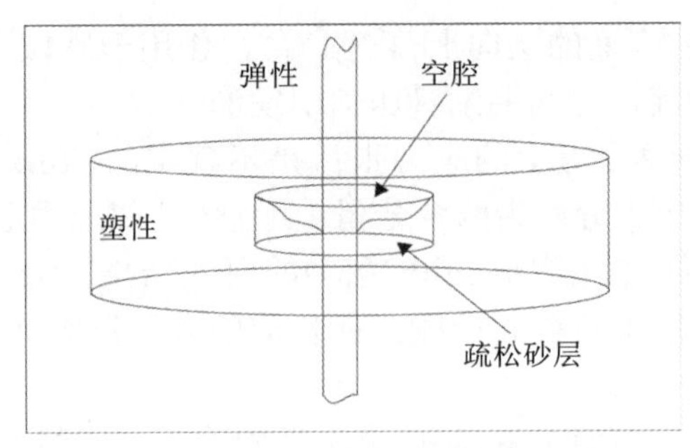

图22.5 井筒周围的膨胀层

Nouri等(2008)和Dusseault(2002)把这个重塑带(remolded zone)的概念描述为井筒周围地层物质因剪切破坏和拉伸破坏而出现的渐进屈服、膨胀和重塑。他们推测了以下事件序列：①在钻井时井筒周围的砂层被破坏；②射孔孔眼开口处的更多剪切破坏和膨胀；③小空腔开始发育，而且其规模不断扩大；④空腔坍塌；⑤高孔隙度疏松层形成，而且其规模不断扩大，形成液化层。他们所讲的膨胀砂层的几何形态略微不同于图22.5所示的形态，原因是他们没有假设在稠油出砂冷采井筒的周围发育空腔，而是假设形成了一个液化的砂层，其中砂粒互相不接触，而且能够自由运动。此外，图22.5所示的塑性层被细分为完全屈服层和后续过渡层(Dusseault等，1998)。Nouri等(2008)和Dusseault等(1998)都没有说明这些层大致的标准尺寸(typical dimensions)。

据Dusseault等(1998)所讲，如果假设存在膨胀砂层，那么井筒周围上覆地层应力大部分都应传递给屈服层和完整层。他们并未说明作用于完整层的垂直应力的大小，而只是说明它们会大于原始垂直应力(上覆载荷)。正如下面一小节将要讨论的，在分析注入能力测试结果时，这个假设会带来一个根本性的问题，因为示踪剂测试研究(Squires，1993)中的注入压力不大于原始静水压力，因而明显小于现场实测的初始垂直应力或水平应力(Bell等，1994)。所以，根据Dusseault等(1998)或Nouri等(2008)所假设的情景，在示踪剂测试中，不会有裂缝在稠油出砂冷采井之间传播。

这些作者并未反过来定量解释液化层的上覆地层如何能够保持不坍塌而导致井筒弯曲。虽然在一些井中曾观察到了大量出砂后垂向应力引发过度压实作用而导致井弯曲(Shute等，2004)，但绝大多数稠油出砂冷采井其实并未弯曲；至少弯曲的幅度还没有达到可以检测到的程度，或者达到影响石油产量的程度。液化层的形状转变为Nouri等(2008)所假定的柱状的原因还不清楚。此外，他们也没有计算出把砂输送过液化层需的压力梯度有多高，以及这个压力梯度是否足够大，能够把砂搬运至井中。

22.2.2.3 蚯蚓洞网络

22.2.2.3.1 蚯蚓洞生长试验

有关重塑带(remoulded zone)概念的一个难点是描述射孔孔眼周围形成空腔的初始机理。在Walton等(2002)的试验中，先对饱含煤油的未胶结水湿填砂柱进行射孔，然后再采用煤油进行驱替，直到出砂为止。他们观察发现，射孔作业并未在未固结砂层中形成无砂的通道，而是在射孔孔眼周围形成膨胀砂带。在流速高于某个临界值时，这个半球状膨胀带随着流速(压力梯度)的增大而生长，而在低于这个临界值时，砂的黏结力会阻止其被采出。

确定“蚯蚓洞”这个术语的含义很重要。正如下文将要进一步讲述的，在从饱含脱气油或含气原油的填砂柱中采出砂时，会从开采端开口处开始在填砂柱内形成一个孔隙度较高的柱状填砂区(Tremblay等，1999)，如图22.6所示。这张CT图像显示了饱含含气重油填砂柱内的孔隙度，这个填砂柱开采端(出口)的压力按照205kPa/d的恒定速度下降。需要注意的重要一点是，图22.6所示的CT图像的扫描长度只有35.2cm，而填砂柱的总长度为85cm。这就意味着在溶解气驱下，蚯蚓洞的生长长度只有填砂柱长度的41%。顶部图像显示的是在试验开始时采出端的压力从初始饱和压力5.17mPa下降之前的填砂柱。注意，由于存在填塞假象，填砂柱顶部的孔隙度较高。在图像的中部，由于轴向压力梯度存在集中(concentration of pressure gradient)现象，蚯蚓洞端部变尖。随着蚯蚓洞生长进入填砂柱顶部孔隙度较高区域，砂将把它完全充填。

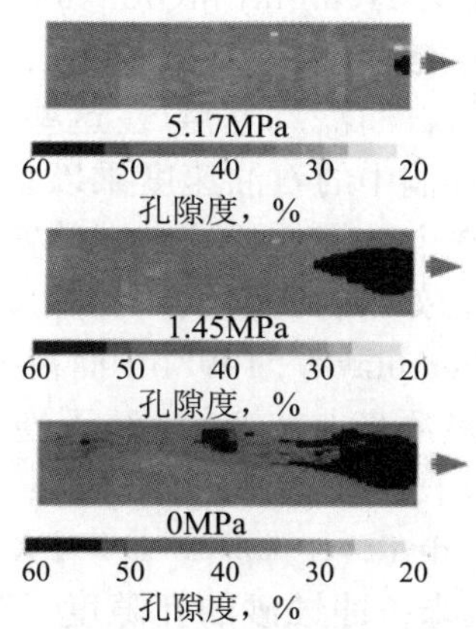

图22.6 在出口处的压力达到大气压后填砂柱的CT图像(Tremblay等, 1999)

只有在填砂柱入口流速或压力保持恒定的试验中，蚯蚓洞才会到达入口(Tremblay等, 1998a, b)。然后，填砂区内的砂就会开始流出，导致形成无砂的开放通道。在层流状态下的再悬浮作用下，砂在顶部石油与底部沉降砂之间的界面上以薄膨胀层的形式输送(Tremblay等, 1998a)。重要的是，要区分填砂柱形区和其内形成的开放通道。在现场，当足够多的石油排泄进入蚯蚓洞，把砂含量(sand concentration)降低到大约45%以下，从而引起砂沉降时，就会形成无砂的开放通道。此外，开放通道的直径(6~10cm)会比蚯蚓洞填砂部分小得多，后者的直径会达到1m，下文将对此进一步讨论。

Meza-Diaz等(2011)开展的出砂试验表明，如果对填砂柱施加径向围限应力的橡胶薄膜并没有呈指状突入填砂柱，蚯蚓洞就能在应力作用下生长。Walton等(2002)把在其测试中观察到，在流量(压力梯度)达到临界值时填砂柱会出现完全的径向坍塌，他们把这归因于样本外边界上的恒定压力条件和有限样本规模的假象。基于Bratli-Risnes(1981)的应力分析结果，他们推测，随着流量增大导致填砂柱出现完全的径向坍塌，破坏带的塑性包络面会到达样品的边缘。在尺寸有限的测试样品中，孔眼周围的平均圆周应力(环向应力)随着孔眼尺寸的加大而增大，从而使塑性层进一步扩大。如Walton等所讲(2002)，为了更好地模拟井下条件，应随着砂的采出和孔眼的扩大而降低样品上的围限压力(应力)。如图22.4所示，在现场射孔孔眼上形成空腔似乎不可能，其原因是射孔孔眼以及最终由此而形成的蚯蚓洞会在生产开始时充填砂。

Bratli和Risnes(1981)建立了开始出砂时半径为R_c的球形空腔表面上临界径向压力梯度(∇P_{crit})的如下表达式：

$$\nabla P_{crit}=2fC_u/R_c \tag{22.6}$$

式中：f是常数(在其论文中，f等于1)；C_u是无限制抗压强度(unconfined compressive strength)。

然而，Tremblay和Oldakowski(2003)发现，在蚯蚓洞处于生长状态下的动态案例中，这个系数(f)应减至0.1。由于原地油砂(未膨胀)的无限制抗压强度大约只有90kPa，假设充填砂的蚯蚓洞端部的半径(R_c)为0.3m，那么由此得出的临界压力梯度只有60kPa/m。图22.1中x轴上网格块之间的压力梯度在蚯蚓洞的端部(如图22.3所示)急剧增大到最大值340kPa/m。这个压力梯度是在包含蚯蚓洞的2.5m×2.5m×1m网格块上计算的，被认为明显低于蚯蚓洞端部(假设端部的半径为0.3m)的压力梯度，大致低一个系数25。这就意味着，现场蚯蚓洞端部的压力梯度可能高达10mPa/m，假设在冷采中形成较大压力梯度的条件下，未固结的油砂可以很容易地被采出，而不必先使地层遭到破坏再出砂，这一点与Rivero等(2010)的假设相反。需要注意的重要一点是，压力以到蚯蚓洞端部距离函数的形式急剧减小(即大致是2的逆幂)。

在一系列的出砂试验中观测发现(Tremblay和Oldakowski，2003；Tremblay等，1998a，b，1999)，蚯蚓洞内的孔隙度大致是恒定的，介于52%~55%之间，而蚯蚓洞还在生长。蚯蚓洞内的孔隙度并不取决于蚯蚓洞端部的石油流动速度(在这些试验中介于0.001~0.04cm/min之间)。把网格块层面(见图22.1)上蚯蚓洞中的石油速度乘以系数25(如前所述)，就会得出蚯蚓洞端部的石油速度约为0.01cm/min，这个数值处于这个试验实测速度范围之内。图22.7显示了采用CT扫描仪在饱含重油的填砂柱上实测的典型纵向孔隙度剖面。在这个试验中，以恒定的压力从填砂柱的一端注入含气石油(Tremblay等，1998b)，而在另一端(出口)采出石油。如图所示，砂在一个象素长度范围内(8mm)的极薄带上被液化。基于连续性方程，由这些观测结果建立了如下的液化方程(Tremblay，2005)，用于描述蚯蚓洞的生长：

$$\mathrm{d}r/\mathrm{d}t=(1-\varphi_\mathrm{f})/(\varphi_\mathrm{f}-\varphi_\mathrm{i})\nabla PK_\mathrm{o}/\mu_\mathrm{o} \quad (22.7)$$

式中：φ_f代表液化砂的孔隙度；φ_i表未被冲蚀砂的孔隙度；∇P代表液化面上的压力梯度；K_o代表石油的渗透率；μ_o代表含气石油的黏度。

这个方程可以解释蚯蚓洞在填砂柱顶部较高孔隙度区域发育的原因(如图22.7所示)，因为这个区域的渗透率更高。在现场，黏度也会作为深度的函数而变化，这说明蚯蚓洞会在未固结的流度(渗透率/黏度)较高层中发育。

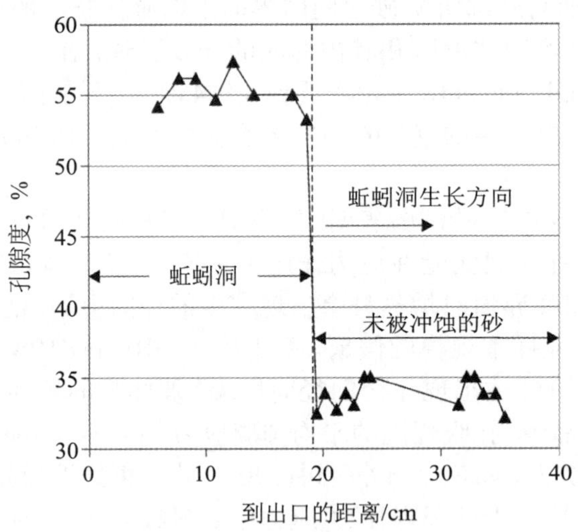

图22.7 纵向孔隙度剖面

地质力学专家对蚯蚓洞假设提出的一个重要质疑是：蚯蚓洞内的开放通道不稳定，因而会坍塌。如前所述，在实验室开展的试验中，在最初生长时蚯蚓洞内充满了砂，即使在填砂柱边界上施加一个应力，只要其数值不太大，那么这些蚯蚓洞也可以生长。水平井钻井专家都知道，井筒可以在数周内保持稳定。油砂的黏结强度(一般在10kPa的量级上)是由孔隙内石油和砂粒间接触面上垂直环(pendicular ring)内水之间毛细管压力产生的。在由砂粒和孔隙流体构成的油砂被剪切时，会因砂粒间的互锁而膨胀(Tremblay和Oldakowski，2003)，而这又会因黏滞石油的低水力扩散系数而反过来产生孔隙吸入作用，导致有效围限应力增大和出现额外的临时黏结强度。然而在过一段时间(大概2~3周)之后，这种效应就会消失，只留下因垂直环而产生的黏结强度。

Tremblay等(2008b)利用图22.8所示的装置研究了在现场蚯蚓洞内注入溶剂情况下开放通道的稳定性，用直径为10cm的洞模拟开放通道，在图中以虚线显示。砂的绝对渗透率为20D。首先使填砂柱饱含盐水，然后再饱含两个孔隙体积的重油(黏度为1.21×10^4cP)。把开放通道位置上直径10cm的塞子拔掉，在填砂柱中形成一个开放的洞，这个洞保持稳定了2周，直到在露点下注入丁烷后坍塌。

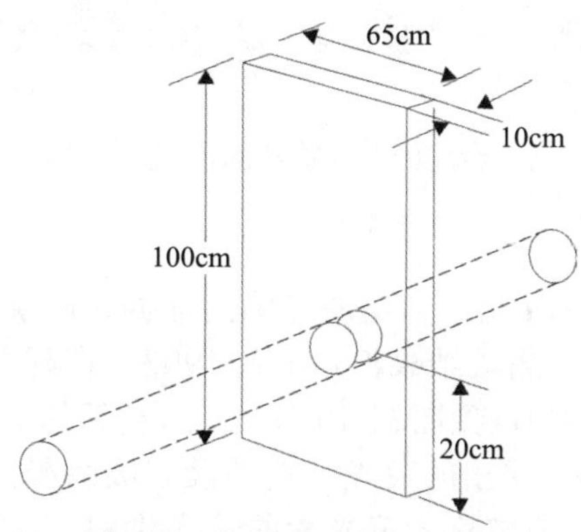

图22.8 蚯蚓洞稳定性测量装置

Tremblay等(2008b)分别在不注入丁烷和在露点下注入丁烷这两种情况下，采用剪切旋翼(shear vane)测量了油砂的屈服应力。在这些测试中，通过在旋翼轴施加均匀的扭矩使材料完全屈服的方式，使容器内的油砂样本剪切。这个旋翼由焊接在中心轴上的四个垂直叶片构成。在不注入丁烷情况下，峰值屈服应力和残余屈服应力分别为19.9kPa和6.4kPa。在露点下注入丁烷的情况下，峰值屈服应力大致与上个试验的接近，为19.2kPa，而其残余屈服应力为5.4kPa。剪切旋翼测试开展的时间足够长，以免因饱含黏滞石油的油砂剪切并随后膨胀而出现上文讲到的瞬时增强效应(transient strengthening effect)，导致出现孔隙负压(pore suction)和砂上额外的围限应力。

在注入丁烷时蚯蚓洞稳定性降低的原因，很可能是凝聚溶剂的溶入使重油的黏度明显降低，引起油砂的瞬时强度(transient strength)降低。在试验结束时，把填砂柱的盖子交替移开，并对填砂柱进行了拍照。由于注入了大量的丁烷，砂子变得很干净，如图22.9所示。在试验过程中，把一个单独的容器与最初的开放洞连在一起，这样洞内坍塌的砂子就可以被采出。随着被采出砂的数量增多，开放通道上方的拉伸破坏层会增高。洞的“顶板”在重力作用下坍塌的现象与Wong等(1994)预测的结果一致，后者认为这种类型的破坏机理对于井筒破坏至关重要。

这些图像说明，在足够长的时间之后，蚯蚓洞内开放通道可能会随着瞬时黏结强度的消失而坍塌。随着砂通过蚯蚓洞被采出，蚯蚓洞顶部的拉伸破坏带会向上发展，直到到达更加稳定的胶结砂层或页岩层为止。此后由于蚯蚓洞顶部不再有砂坍塌，因而会形成无砂的开放通道。Vaziri等(2003)最早提出，根据模拟中心井出砂的离心试验结果，在诸如页岩层等更加稳定的遮挡层之下可能发育表层侵蚀通道。

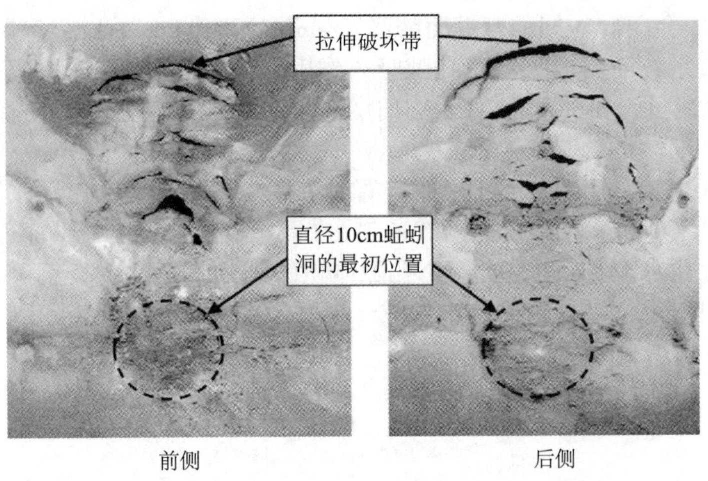

图22.9 试验结束时填砂柱的前试图和后视图

22.2.2.3.2 现场观察结果

在已经出砂的油田中存在开放无砂通道的最确凿证据是阿莫科公司于1993年在艾伯塔省Elk Point油田开展的示踪剂注入测试结果(Squires, 1993)。在阿莫科公司(Squires, 1993)开展的示踪剂测试中，荧光染料从1号井(见图22.10)注入，从相邻的2号井及图22.10中实线所指示方向上更远的井采出。观测发现，采出的荧光染料并没有被稀释。在阿莫科公司开展的一个单独试验中，先向填砂柱中注入一种被称为荧光素的荧光染料，然后再采出。在这个试验中，染料被全部吸附在砂粒的表面，这说明在现场测试中染料已经通过了开放通道。在图22.10中，起始于1号井的实心箭头指示了示踪剂染料的完整路径。在2周和4周后再次开展测试时，流动通道仍具有通过能力(repeatable)。井间距离(400m)、射孔层面上(perforation level)井间经过时间(1h)和染料溶液注入速度(30m^3/d)均已知，估算出的开放通道直径为6cm。从2号井中采出了直径为3mm的染料块。

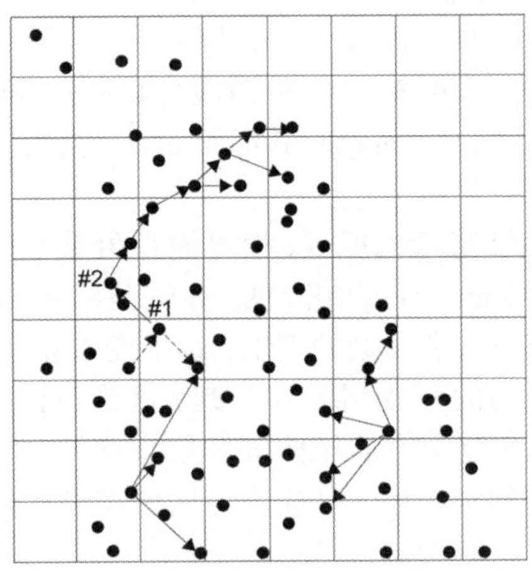

图22.10 荧光染料示踪剂路径的布局(实线)和凝胶注射流路(虚线)(Squires, 1993)

Nouri等(2008)以井间裂缝的发育来解释示踪剂测试结果，但他们并未提供裂缝宽度或方位等方面的详细信息，也没有说明是直井还是水平井。既然他们假设在稠油出砂冷采井的周围发育膨胀(重塑)带，就有可能在较薄弱的砂层中形成裂缝。关于膨胀的砂层能否发育裂缝仍存争议。Di Lullo等(2004)向饱含水的填砂柱中注入了硼酸盐胶联凝胶，但并未观察到裂缝的形成，而是观察到了一个宽的空腔。他们认为，为了增产的目的而向井中注入支撑剂/凝胶水泥浆，可能会导致水泥浆在黏滞指进的作用下挤入地层而不是压开裂缝。

假设注入的示踪剂溶液并没有漏失，而且在厚度为15m的产层中裂缝是垂直的，那么就可以得出所假设裂缝宽度的上限。根据注入速度($30m^3/d$)和流动通道上示踪剂的运动速度(7m/min)(如前所述)，计算得出最大的裂缝宽度为0.2mm，这是一个不切合实际的数值，它等于砂粒的直径。在如此小的裂缝宽度下，荧光染料会被吸附在砂粒的表面上，而这与现场观测到的示踪剂浓度相矛盾。假设裂缝宽度为0.2mm，压力梯度就会不切合实际地很高，大约为4MPa/m。所以，裂缝无法解释Squires(1993)的示踪剂测试结果。

部分石油工程师解释认为，图22.10中所示的SW/NE向流动通道指示了NW/SE向最小水平应力(S_{Hmin})对蚯蚓洞生长的影响。然而，需要注意的一点是，既然未固结地层中蚯蚓洞的生长速度与石油流动速度成正比，那么就没有理由相信蚯蚓洞仅从1号井向2号井生长，因为石油是从四面八方径向排泄的。开展示踪剂测试的油藏呈椭圆形，主轴为NW/SE向，这也是油藏边缘上油/水界线的方向。此外，地层砂沿NE向往上倾方向运动。这就意味着，因油藏西缘强含水层的存在而出现的最大压力梯度呈SW/NE向，这也解释了为什么生产井第次被水淹，而且最接近油藏边缘的生产井最早被水淹。由于油藏西缘存在高压，蚯蚓洞趋于在SW/NE方向上更加发育，直到它们连通为止。示踪剂测试本身也有可能加大SW/NE方向上的压力梯度，导致蚯蚓洞进一步连通。要估算含水层对各稠油出砂冷采井的径向蚯蚓洞网络的改造程度，可能需要开展多井蚯蚓洞生长模拟。

如下文将要讨论的，石油公司已经在着手开展稠油出砂冷采后的石油开采方法先导试验。在加拿大西部开展的一项先导试验中，研究了以垂直井作为溶剂注入井、以水平井作为生产井开采石油的可行性。在为开展该先导试验而钻两口水平井的过程中出现了井漏，对此开展了分析，以便更好地认识出砂对稠油出砂冷采储层的影响。石油公司在稠油出砂冷采储层中钻水平井时(见图22.11中的H1井)，在图中所标示的a和b点出现了两次井漏。在钻水平井H2时，在c、d和e点发生了三次井漏。

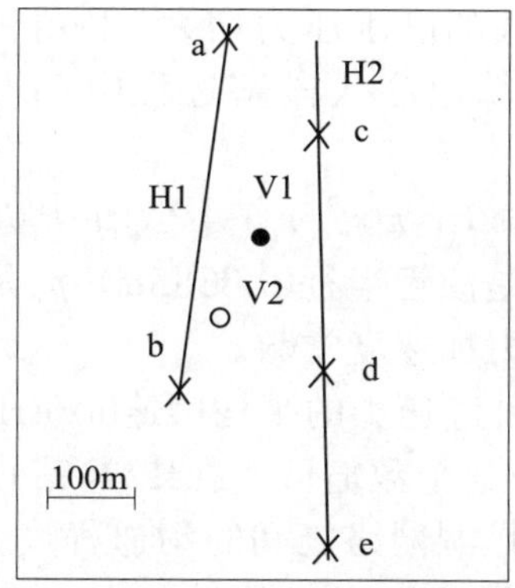

图22.11 水平井(H1和H2)钻井过程中的井漏事故(X-标志)

垂直井V1总共已开采了$7.1\times10^4m^3$的石油，这个石油产量对于稠油出砂冷采井来讲已经够高了。采出的砂量并未记录。然而，该公司在其他稠油出砂冷采井中观测到的平均累积砂含量为1%，据此推算V1井的出砂体积大约为$700m^3$。该井周围井距为40acre的井(见图中未显示出)在其寿命期内的平均石油产量为$4.8\times10^4m^3$，据此推算单井累积出砂量大约为$500m^3$。这些井的平均深度为810m。

在稠油出砂冷采井投产大约20年后，该先导试验的水平井的钻井作业开始启动。为了在先导试验过程中观测储层的温度和压力，首先在距离V1井107m远的地方钻了观察井V2(见图22.11)。有意思的是，虽然如前所述V1井已经出砂700m^3，但在V2井钻井过程中并未发生井漏。

图22.11中所示的H1水平井的开钻时间与V2井相同。在H1井开钻7天后，在标注为字母a的地方发生了井漏。距其185m开外的V1井的井底压力在同一时间出现了一次突然跃升，从225kPa升到300kPa。在裂缝性和/或孔洞性碳酸盐岩储层中出现钻井泥浆漏失后，在钻井泥浆中添加了固体物质，试图封堵钻头所在位置的孔洞/裂缝，使钻井泥浆返回到井口，通过振动筛滤除钻屑。封堵蚯蚓洞的难度很大，因为根据Squires(1993)所开展注入能力测试进行估算的结果和数值模拟的结果，开放通道的直径可达6~10cm。

向钻井泥浆中添加了漏失控制材料(LMC)(由直径2cm的橡胶碎片组成)(体积浓度为5%)、各种基于矿物纤维的漏失控制材料体系(体积浓度为5%)和碳酸钙(体积浓度为7%)，然后尝试重新开钻。注入固体总体积的平均占比大约为17%。在注入漏失控制材料的过程中，V1井的压力从325kPa增加到了最大值1150kPa，说明这口水平井和V1井有一定程度的沟通。开启的通道被封堵，钻井作业得以继续进行。

此后第18天在图22.11所示的b点再次发生了井漏，b点到a点的距离为322m。即使在先注入44m^{3}防井漏水泥浆再注入18m^{3}羟乙基纤维素(HEC)凝胶之后，钻井作业仍无法继续进行，因为钻井液漏失量太大，从V1井的井底压力大幅增至3400kPa可以看出这一点。分别注入了10m^{3}的漏失控制材料(LCM)段塞和5m^{3}的羟乙基纤维素(HEC)凝胶段塞。在每个段塞的注入开始后，压力都按照约100kPa/min速度增长，而在每个段塞的注入结束后，压力都按照约50kPa/min的速度下降。与此相反，观察井V2中压力表现出了不同的变化特征，压力增幅要小得多(最高增至500kPa)。V2井中压力信号的重大不同之处在于，在注入段塞时其压力并不像V1井那样很明显地增加或降低。只有在H1井钻井作业启动0.34天后，这口观察井的压力明显地以23kPa/min的速度从125kPa增至400kPa。而在其他时间，压力的增长速度只有0.2kPa/min。在最后一个漏失控制材料段塞注入后的第1.2天，V2井的井底压力突然以30kPa/min的速度降至125kPa。

在钻井泥浆进入V1井后，井底的静水压力增大。利用相对于注入开始时压力(P_i)的井底压力变化量，由下列公式可以计算出注入段塞过程中V1井井筒内钻井泥浆体积的变化量[$\Delta V(t)$]:

$$\Delta V(t)=\pi(r_c^2-r_t^2)\cdot[P_{BH}(t)-P_i]/(\rho_m g) \tag{22.8}$$

式中：r_c是套管半径(0.0889m)；r_t是油管半径(0.0385m)；ρ_m是包括漏失控制材料(LCM)在内的钻井泥浆密度(1400kg/m^3)；g是重力加速度常数。

把每个段塞(pill)注入开始后井底压力的平均增速(dPBH/dt)(100kPa/min)代入式(22.8)，得出环空充注的速度是0.15m^3/min，这个数值低于在H2井钻井过程中观察到的充注速度。这种现象指示，该水平井与V1井的蚯蚓洞网络之间的沟通程度并不像H2井钻井过程中的那样直接，下面即将对此进行说明。

第二口水平井(见图22.11中的H2)的钻井作业始于H1水平井钻井停止773天后。在图22.11所示的c点发生了井漏，其距离V1井大约125m，发生井漏的时间是H2开钻的2天后。同样，为了封堵与H2井沟通的开放通道，在钻井泥浆中添加了包括碳酸钙在内的漏失控制材料。图22.12中所示的V1、V2和H1(位置b)井的井底压力曲线分别对应于不同的井漏事件。在H2井(位置c)出现井漏时，V1井的井底压力立即突然增大，而V2井的井底压力对此却根本没有反应。V1井中井底压力传感器的测压范围要大于在H1井钻井过程中的测压范围，它可以检测漏失控制材料段塞注入过程中的最高压力5400kPa(绝)，而这个压力数值仍远低于地层的覆压[1×10^4kPa(绝)]，说明在注入过程中地层并未破裂。就压力响应的程度而言，H1井(位置b)属于中等程度，它要比V1井的低一个数量级(见图22.12)。此外，其压力的波动也没有H1井(位置b)那样明显，说明H2井与H1井之间的沟通程度并不如H2井与V1井之间的那样直接，因为V1井的出砂量大约为700m^3，而H1井刚完钻，还未投产。H1和H2井之间的沟通可能是通过V1井的蚯蚓洞网络而实现的。

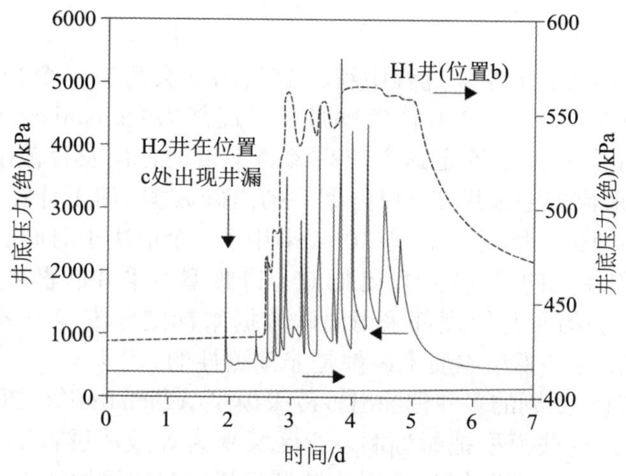

图22.12 V1、V2和H1井的井底压力

式(22.8)再次被用于估算V1井内漏失控制材料的体积变化。把图22.12所示的V1井在注入段塞过程中的压力[$P_{\mathrm{BH}}(t)$]代入式(22.8)，计算每个段塞(pill)的体积变化，并标绘在图22.13中。各条曲线的平均斜率(0.22m^3/min)代表井内的平均充注速度。如图所示，体积变化量最大增至3.7m^3，低于注入段塞体积的变化范围5~10m^3，可能的原因是漏失控制材料段塞中的基液通过蚯蚓洞网络漏失进入地层。利用式(22.8)把所注入的每一个段塞的钻井液体积累加在一起，就可以得出总注入体积为23m^3，而这个数字大约是所注入钻井液体积的一半。

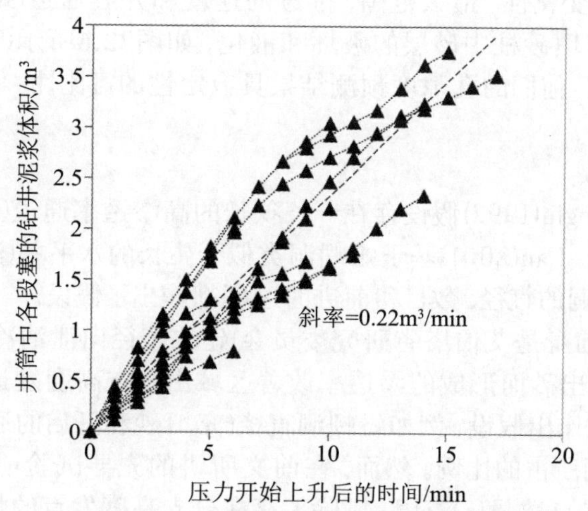

图22.13 V1井的漏失控制材料体积计算结果

在H1和H2井钻井过程中发生井漏时的压力突变，只能拿水平井H2和直井V1之间存在开放通道来解释。橡胶碎片的直径很大(2cm)，因而钻井液不可能穿过孔隙介质，也不可能穿过裂缝。

根据体积浓度为17%的段塞中所含的注入固体物质的体积，可以估算开放通道网络的体积。根据所注入的漏失控制材料的大致体积(100m^3)，并假设开放通道的直径为6~10cm，计算得出蚯蚓洞网络的长度范围为2000~6000m。Tremblay(2009a，b)建立的多井稠油出砂冷采模型表明，蚯蚓洞很可能没有分枝，其长度可达250m，据此估算V1井发育的蚯蚓洞数量为8~24个。在H1井和H2井钻井过程中仅发生过5次井漏，据此推断，蚯蚓洞数量的下限值8可能更现实一些。

22.2.2.4 数值模拟

22.2.2.4.1 膨胀砂模型

Denbina等(2001)假设，在冷采过程中观察到的出砂会形成一个径向对称、渗透率较高的带，从冷采直井向外生长。这个较高渗透率带的导流能力(transmissibility)会随着压力下降而增大。他们根据累计出砂量来确定这个较高渗透率带的径向发育范围。Kumar和Pooladi-Darvish(2002)在其冷采模型中采用了一口典型井的出砂数据，用于计算较高渗透率带的导流能力随时间(压力下降)增长的幅度。Tan等(2004)采用了一个取决于时间的导流能力乘数，来增大冷采井周围储层网格单元的导流能力。他们对一口典型冷采井的累积石油产量和出砂量进行了历史拟合。以上所讲的所有模型都采用出砂数据来标定导流能力函数，或者计算提高渗透率函数的范围。所以，这些模型本质上讲都是非预测性的。

后来，人们又建立了一系列的多井稠油出砂冷采模型(Aghabarati等，2008；Rivero等，2010；Vanderheyden等，2011)，这些模型把蚯蚓洞发育区域视为等效渗透带(equivalent permeability zone)。Aghabarati等(2008)曾简要说明，他们的模型采用了水力侵蚀法(hydro-erosion)来模拟出砂。他们并未对现场出砂数据开展历史拟合。Rivero等(2010)把稠油出砂冷采井周围的蚯蚓洞发育区域作为等效破坏带(damaged zone)进行了模拟，这个破坏带的尺寸仅仅是根据储层应力场的变化以及机械性质的分布进行计算的。他们并未描述蚯蚓洞网络的机械变形是如何与等效破坏带建立联系的。他们假设，由蚯蚓洞引发的扰动带(disturbed zone)是均质的。但利用仅由8个蚯蚓洞构成的蚯蚓洞网络难于说明这个假设的合理性。这个模型要求对岩心样品开展轴向测试，同时还要对油砂的弹性参数开展声波测井。Vanderheyden等(2011)把蚯蚓洞作为一系列生长进入储层的水平井筒(Vittoratos等，2008)开展了模拟。这些模型需要有多个可调参数，例如段塞的长度、段塞的变化性、最大范围、推进的速度和开放通道(蚯蚓洞)的直径。他们采用了颗粒和单元法来计算填砂柱中砂层的破坏和液化，如图22.6所示(Tremblay等，1999)。就充填砂的蚯蚓洞长度而言，他们的孔隙度预测结果具有定性的可比性，但蚯蚓洞的直径被明显低估了。

22.2.2.4.2 蚯蚓洞网络模型

Loughead和Saltuklaroglu(1992)假设存在一条狭长的高渗透率通道(50m)，对两口冷采井的压力恢复曲线进行了拟合。Lau(2001)基于蚯蚓洞类似于生长的水平井(没有分支)这一假设，建立了冷采模型。他对蚯蚓洞的直径、数目和前进的速度都作出了假设。

艾伯塔省Innovates(前身是艾伯塔省研究委员会)建立了径向泄油冷采模型(Sawatzky等，2002)，其假设条件是，因出砂而形成的渗透率改善区域由分支高度发达的蚯蚓洞网络构成。这个模型需要对多个参数作出假设，例如蚯蚓洞直径(充填砂和开启的通道)、蚯蚓洞的数量及其分支情况和填砂蚯蚓洞所占的比例。然而，在前文所讲的先导试验项目中，在钻水平井的过程中突然发生井漏的位置点数量(5)有限，排除了存在分支高度发育的蚯蚓洞网络的可能性。这些观测结果还与基于有限扩散集聚模型(DLA)(Liu和Zhao，2005)的模拟结果矛盾，有限扩散聚集模型描述的是不可逆胶粒聚集。

Tremblay(2005，2009b)建立的多井稠油出砂冷采模型，既不要求对蚯蚓洞内开放通道的直径作出先验的假设，也不要求对其长度或生长速度作出假设。这些参数都由这个模型来计算。可调节的参数仅仅包括蚯蚓洞填砂部分的最大直径(D_w)(不包括开放通道直径)、初始有效射孔孔眼数(N_{perf})和残余油饱和度下的天然气相对渗透率(k_{rgi})。在这个模型中，有效射孔孔眼(active perforation)定义为蚯蚓洞达到一个网格块的长度或更长的孔眼。在参数研究中(Tremblay, 2008a)，在对稠油出砂冷采井的石油产量和出砂量开展历史拟合时，得出了独一无二的可调参数组合。

在多井稠油出砂冷采模型中，假设蚯蚓洞以直井的形式在层内水平生长。如前所述，在实验室试验中，蚯蚓洞的生长速度与其端部的石油速度成比例[式(22.7)]。基于三方面的考虑而假设蚯蚓洞没有分支。第一，要在蚯蚓洞的表面上发育一个分支，这个分支点上的石油速度可能必须大于端部的速度。然而，数值模拟结果表明，蚯蚓洞端部的石油速度是最大的(Tremblay, 2005)。第二，如前所述，石油公司试图在出砂冷采后的油藏中钻两口水平井时，在有限的位置点(5)上发生了井漏，如图22.11所示。如果这个油藏已经发生了膨胀，或者如果它发育多条高度分支的蚯蚓洞，就会因钻井液连续漏失而根本无法钻井。第三，蚯蚓洞填砂部分(非开放通道)的直径可能高达1m(Tremblay, 2008a)，采用式(22.7)描述填砂蚯蚓洞径向生长所得的数值模拟结果说明了这一点。从出砂的体积来看，发育分支的可能性也非常低。

稠油出砂冷采井一般按照每米26炮的密度进行射孔作业。在典型模拟所设定的多口井同时开采10年的情况下，对每个蚯蚓洞的生长都进行模拟是不现实的。相反，假设蚯蚓洞沿着x轴和y轴及平面内的对角线方向生长，这样每层发育的蚯蚓洞总数就是8个，而层数并没有限制。根据以往的出砂试验研究结果，蚯蚓洞(填砂部分，而非开放通道)最初作为直径为20cm、充填砂的射孔孔眼开始生长(Tremblay和Oldakowski, 2003)。Tremblay(2009a, b)的模型模拟了蚯蚓洞直径不断增大，直至达到其最大直径为止。根据出砂量对最大直径进行了调整。基于水泥浆输送方程，稠油出砂冷采模型计算了蚯蚓洞内未充填砂的开放通道的直径(Tremblay, 2005)。利用萨斯卡切温省研究委员会(SRC)的多井模型(Tremblay, 2009a, b)开展了模拟，目的是生成一个STARS数据文件，把蚯蚓洞作为叠置的多分支井进行模拟，每一口分支井的长度都要比其紧邻井长一个网格块的长度。蚯蚓洞内开放通道的直径等于多分支井的直径。这个多井模型具体说明了多分支井开启和关闭的时间、多分支井(开放通道)的直径以及因开放通道周围膨胀带的存在而出现的负表皮因子。然后，在数据文件中包含生长的蚯蚓洞网络的情况下，重新开展STARS模拟。更近一些时候，Istchenko和Gates(2012)也建立了多井稠油出砂冷采模型，在这个模型中蚯蚓洞的生长受控于砂层的液化速度。如果某个网格块内给定方向上的流体速度大于砂层液化速度，那么这个蚯蚓洞就在这个方向上前进一个网格块。在对稠油出砂冷采井的油、水和砂产量开展历史拟合时，假设砂层液化的速度很高，为0.026m/d。根据其4m宽、0.5m高的网格块的横截面积，计算出半径为0.3m的蚯蚓洞(充填砂)端部表面上对应的临界压力梯度为4MPa/m。然而，如在“蚯蚓洞生长试验”一节所讲，在利用按照与现场相同的黏结强度制备的填砂柱所开展的试验中，Tremblay和Oldakowski(2003)实测的临界压力梯度只有60kPa/m。由于假设了不切合实际的高液化速度，他们低估了蚯蚓洞网络的发育范围。

22.3 现场案例

22.3.1 储层非均质性

本小节将介绍在稠油出砂冷采油藏中观察到的一些变化性的实例。为了便于对比，选取了产能相差很大、井距为40acre的7口相邻的井。图22.14显示了其在为数值模拟而设定的泄油边界内的位置。表22.1和表22.2列出了这些井的油、砂、水和天然气的现场产量数据。作者以前曾利用表22.1中所列的6号井投产后2225天内的产量数据，开展过产量数据的历史拟合(Tremblay, 2009b)。而在更近一些时候，曾利用表22.2中所列的数据验证了稠油出砂冷采模型的预测结果，方法是利用相同的可调节参数把数值模拟的时间延长至现在(第3488天)，并把预测结果与产量数据进行对比。如表22.3所列，由于每口井的产层厚度和孔隙度并不相同，每个40acre面积内的OOIP都是不一样的。这些井都是在Sparky组进行射孔的，Chugh等(2000)对此有描述。

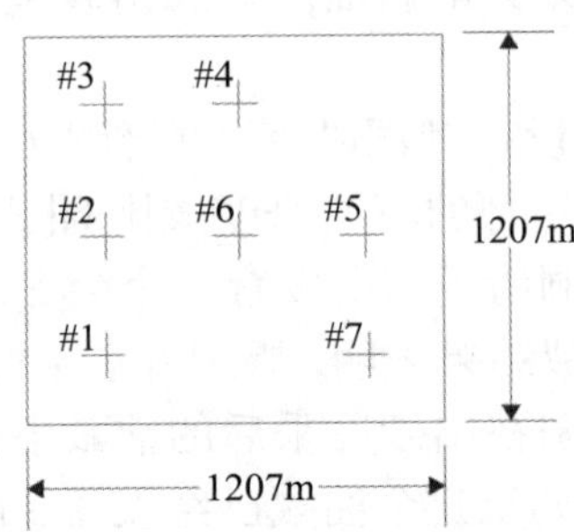

图22.14 流动边界(内正方形之内)

表22.1 现场油、水、砂和天然气产量数据(6号井投产后的2225天内)

井 号	开始/d	停止/d	累积石油产量/m³	石油采收率，%	累计散砂产量/m³	含散砂，%(体)	累计产水量/m³	含水率，%(体)	累计气油比/(m³/m³)
1	249	1825	1560	0.45	70	3.3	475	22.6	8.1
2	255	进行中	14800	4.5	597	3.2	3280	17.6	7.0
3	618	进行中	4161	1.4	172	2.7	2008	32.0	25.5
4	254	进行中	17393	4.8	598	2.9	2248	11.1	6.8
5	254	进行中	9312	3.0	191	1.7	1510	13.7	7.6
6	0	进行中	12032	4.3	327	2.3	2027	14.1	7.6
7	450	480	48.9	0.019	无数据	无数据	0	0	无数据

表22.2 现场油、水、砂和天然气产量数据(6号井投产后的3488天内)

井 号	累计石油产量/m³	石油采收率，%	累计散砂产量/m³	含散砂率，%(体)	累计产水量/m³	含水率，%(体)	累计气油比/(m³/m³)
2	22668	6.8	718	2.7	3280	12.3	7.4
3	6814	2.3	216	2.2	2672	27.5	28.7
4	23780	6.6	853	3.1	3194	11.5	7.1
5	14432	4.6	229	1.3	2263	13.4	7.0
6	17827	6.4	385	1.8	2868	13.6	7.6

表22.3 油藏参数

井 号	产层净厚度/m	孔隙度，%	原始石油地质储量/m³	石油黏度/cP	原始含油饱和度，%	平均伽玛射线读数/API	平均泵效，%
1	8	33.4	346000	30750	80	50	40
2	8	32.0	331500	27970	80	60	60
3	7	33.2	300900		80	48	60
4	8.5	32.6	358800	25480	80	65	60
5	7.5	32.0	310800	23800	80	50	70
6	6	35.8	278150		80	55	65
7	4						

如表22.1和表22.2所列，采收率在井间的变化很大，7号井的采收率只有0.019%，它仅生产了30天，而4号井的采收率高达6.6%，该井截至目前已生产了3488天，但仍在以3.5m^3/d的产量生产。不出所料，投产后第2225天之前开采阶段的含砂率要比其后开采阶段的高，其原因是油藏内通过蚯蚓洞排泄的石油量随时间增多，导致开放通道内的砂含量降低，因而含砂率较低。生产的后期阶段含水率也较低(见表22.2)，这说明并未发生水侵。在第二个生产阶段，累积气-油比(GOR)并未变化，说明没有发生天然气突破。

为了降低成本，当初在钻井时这些井并未取心，无法直接测定地层的渗透率分布。然而，在没有岩心的情况下，石油公司通常会通过测井来估算渗透率分布。在我们的实例中，石油公司建立了纵向石油电阻率分布与绝对渗透率之间的关系。这个方法假设石油最初是通过储层中渗透率较高部分运移的。在图22.15中，以到产层底部的距离为函数的形式标绘了1号、2号和3号井的绝对渗透率曲线。但这家公司的地质家认识到，电阻率-渗透率关系式的确有其局限性，因为利用这个关系式计算的Sparky组上下地层的渗透率都很高，而地质家知道这些地层的渗透率较低。结果，地质家建议只利用这个关系式计算产层所在的Sparky组的渗透率(见图22.15)。根据1mile以外所钻井的岩心筛目分析，未固结砂层的分选很好，其粒度在细粒到极细粒范围内。如表22.3所示，各井开采出的石油的黏度并不一样。

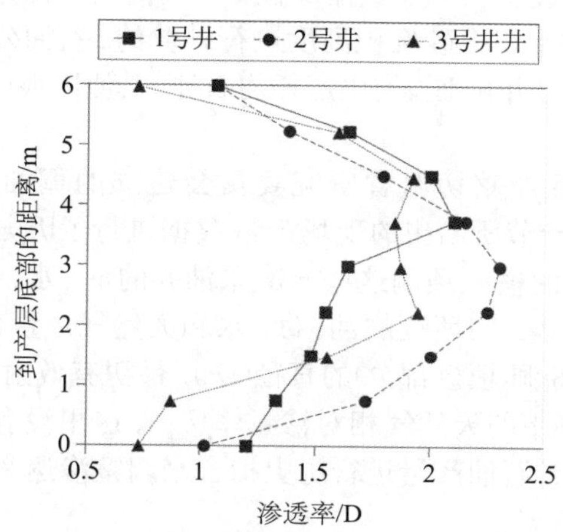

图22.15 渗透率的纵向分布(1~3号井)

从表22.1和表22.2可以看出，2号井的产量明显高于3号井，而高出1号井的幅度甚至更大。在把所有井的渗透率曲线都输入稠油出砂冷采模型后，模拟得出的1号、3号、4号、5号和6号井的石油产量都偏高，高出的幅度在10个(1号井)到2个(6号井)数量级之间。各井的实测石油产量与模拟结果相差如此之大，对此给出的解释包括：①井筒周围的实际渗透率不同于由电阻率测井和渗透率关系式计算出的渗透率，石油产量较低的井钻在了渗透率较低的砂层中；②部分射孔孔眼被泥(shale)碎片或其他碎屑堵塞，导致石油产量较低井的井筒正表皮系数很大；③这几口井所在的砂层部分胶结，限制了蚯蚓洞的生长。

第一种和第三种解释有点相似。部分胶结砂层的渗透率可能比较低，因而会限制蚯蚓洞的发育，而且蚯蚓洞的生长速度与其端部的石油速度成正比，而后者又与渗透率成正比，式(22.7)说明了这一点。平均伽玛射线值(指示页岩中存在天然放射性元素)与井产能并没有很好的相关关系，把表22.3所列的平均伽玛射线值与表22.2所列的石油产量数据加以对比，就可以看出这一点。石油产量明显高于1号井的2号井，其测井曲线实际上显示了更高的伽玛射线值(2号井的为60API单位，而1号井的为50API单位)。根据测井曲线判断，1号井采出的页岩数量似乎不会多于2号井。油井的操作者并未报告在这些井的生产过程中曾出现过泵效突然降低的现象。导致泵效突然降低的原因被认为是泥碎片进入定子和转子之间的步进式空腔(PC),引起转子上的摩擦力增大,进而使扭矩增加。

转子上的扭矩是根据井口泵的压力间接测量的,井口泵使石油通过与步进式腔式转子相连的液压驱动头(hydraulic drive head)(马达)循环。一般而言,油井的操作者都会在确保不使油井抽空的情况下尽可能降低井底压力,因为较高的压降会加快油藏压力衰竭的速度,而后者反过来又会提高石油采收率,式(22.5)说明了这一点。为了实现较低的井底压力,操作者会增大泵的转速,直到泵效开始降低为止,然后再把转速略微降低后使之保持稳定。虽然1号井的泵效较低且石油产量也明显较低,但这些井的平均泵效(见表22.3)与石油产量(见表22.2)并没有关联性。较低的泵效可能是开采速度较低的结果,这就要求对泵的旋转速度作出进一步的调整。

在冷采开始时,油井的操作者最初都愿意把井底压力保持在较高的水平(一般是500kPa),因为含砂率较高,导致扭矩较大,需要降低转速。在扭矩突然增大的情况下,如果液面较高,就会进一步提高安全性。砂粒通过渐进腔式泵时对转子的摩擦会产生热,而所生成的热会因石油对流通过泵而被消散。转子和定子之间间隙内的油膜也会减小摩擦。几年之后,含砂率会降低到2%以下,井抽空的风险降低,因而可以把井底压力降低至大约250kPa。

对于这些井而言,出砂量大约占3%(体)。注意,稠油出砂冷采过程中的出砂量是根据从各油井的地面集砂罐运砂的卡车中砂堆积高度进行计算的。石油公司并没有记录泥产量(shale production)。如表22.1所列,7号井几乎没有生产任何石油,其原因很可能是储层质量向东变差。

22.3.2 冷采井的历史拟合

为了说明上文所讲的萨斯喀切温省研究委员会建立的稠油出砂冷采多井模型的应用(Tremblay, 2009a, b),对上一节所给出的现场产量数据进行了历史拟合,以确定该模型中的可调节参数。然后利用标定后的模型预测这些一次采油井的油、水、砂和天然气产量。在前人的研究中(Tremblaya, 2009b),表22.1所列的油、砂、水和天然气产量数据被用于确定以下可调节参数:渗透率分布、最大蚯蚓洞(填砂部分)的直径(D_w)、最初有效射孔孔眼的数目(N_{perf})、可动水饱和度(S_{wm})和残余油饱和度下的天然气相对渗透率(k_{rgi})。这里没有采用上文所讲的电阻率-渗透率关系式,而是通过对累计石油产量进行历史拟合来调整渗透率。在井点之间开展了井间储层渗透率的线性内插。

建立了这些参数间的相互联系,这样,如果设定D_w,那么N_{perf}就会影响总出砂量,其原因是初始有效射孔孔眼越多,发育的蚯蚓洞数量就会越多,出砂量也就会随之而增多。此外,D_w在控制蚯蚓洞端部石油速度进而控制蚯蚓洞的生长速度方面也发挥着间接作用,而后者反过来又控制储层压力的衰竭速度,进而控制石油开采速度。通过降低数值模拟中的天然气相对渗透率,使气油比预测值下降。在这些模拟中假设了热动力平衡脱气(gas evolution)。Corey模型中的天然气相对渗透率k_{rgi}值[式(22.3)]是根据Tang和Firoozabadi(2003)在低压力衰竭速度下所开展实验室测量结果而确定的。最终的可调节参数D_w和S_{wm}的平均值分别为1.2m和1%。

开展历史拟合的方法是,先为各井假设一组绝对渗透率数值和可动水饱和度,并在储层内对这些参数进行线性内插。然后为各井选取蚯蚓洞直径的初始值,并开展模拟运行。在第一次迭代之后,根据油、砂和产水量实际值与预测值的比值确定一个系数,并利用这个系数对这些参数进行调整。这个过程重复进行,直到所有参数的实际值与预测值之比都接近1为止。

22.3.3 稠油出砂冷采产量预测

图22.16显示了1~6号井现场实测的和数值模拟得出的累积石油产量。纵向点线指示曲线的历史拟合部分(第2225天以前)和数值模拟预测部分(第2225~3488天之间)的分界线。与预期的一样,数值模拟曲线的历史拟合部分要比预测曲线更接近现场实际产量数据。预测结果误

差最大的是1号井，这口井所产石油量要明显少得多(见表22.1)。1号井有几乎1000天的时间滞后，其原因很可能是这口井中蚯蚓洞的生长速度因储层渗透率较低而很慢。由于泄油边界相当大(见图22.14)，在数值模拟中采用了粗网格(40m×40m×1m)。在模拟蚯蚓洞的多分支井被打开之前，从最初射孔孔眼向外生长的蚯蚓洞的长度可能已经达到了20m，而1号井所需的时间会更长一些。相比之下，其他井生产开始时间的历史拟合效果更好一些。2~6号井3488天累计石油产量的预测误差分别为-2.7%、+8.4%、+14.3%、+13.5%和+9.1%。

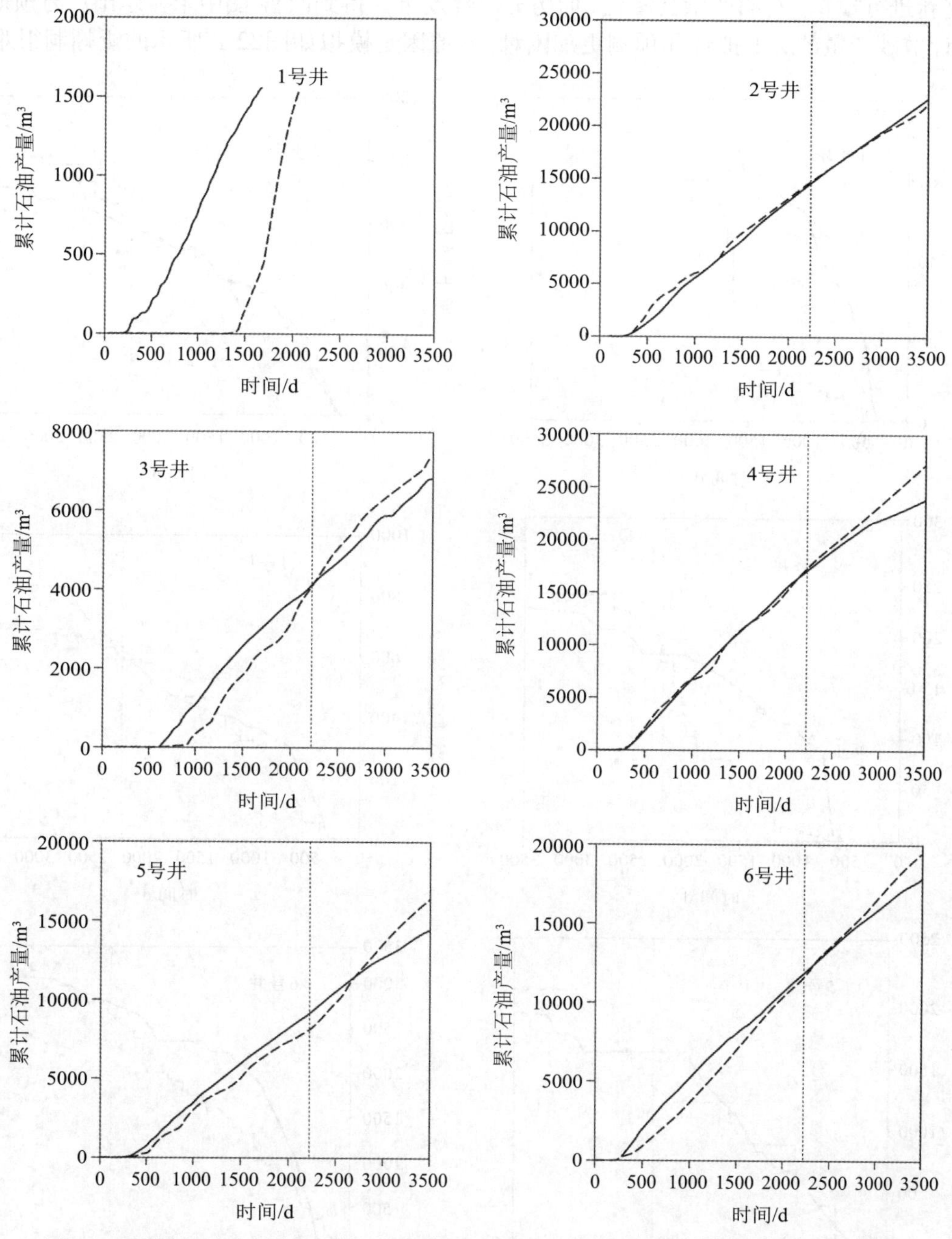

图22.16 累计石油产量的历史拟合和预测：实线代表实测数据，虚线代表模拟数据

2000天之后石油产量被高估的部分原因可能是给出了热动力平衡的假设。根据这个假设，在整个模拟过程中都采用了相同的天然气相对渗透率曲线。这个假设没有考虑孔隙介质中天然气残

余油滴(gas ganglia)潜在的动力学粗化作用(dynamic coarsening)，这种作用会导致天然气产量随时间而增多。这些井的平均累计气油比预测值为25m³/m³，明显高于表22.2中给出的现场实测值。

仅对通过环空采出的天然气进行了计量，而没有对通过油管采出的天然气以及生产罐释放出的天然气(游离气和溶解气)进行计量，这可能就是现场实测气油比较低的原因。石油公司每6个月仅对其所经营油井的气油比进行一次测量。要对采出天然气的气油比进行历史拟合，必须假定天然气的相对渗透率比较低。如果把模拟停下来，并采用天然气相对渗透率较高的数据集重新进行模拟，石油产量会降低，而历史拟合效果会得到改善(图中未显示出)。与预期的一样，累计散砂产量的历史拟合和预测更加困难，其原因是模拟如图22.17所示的蚯蚓洞很难。

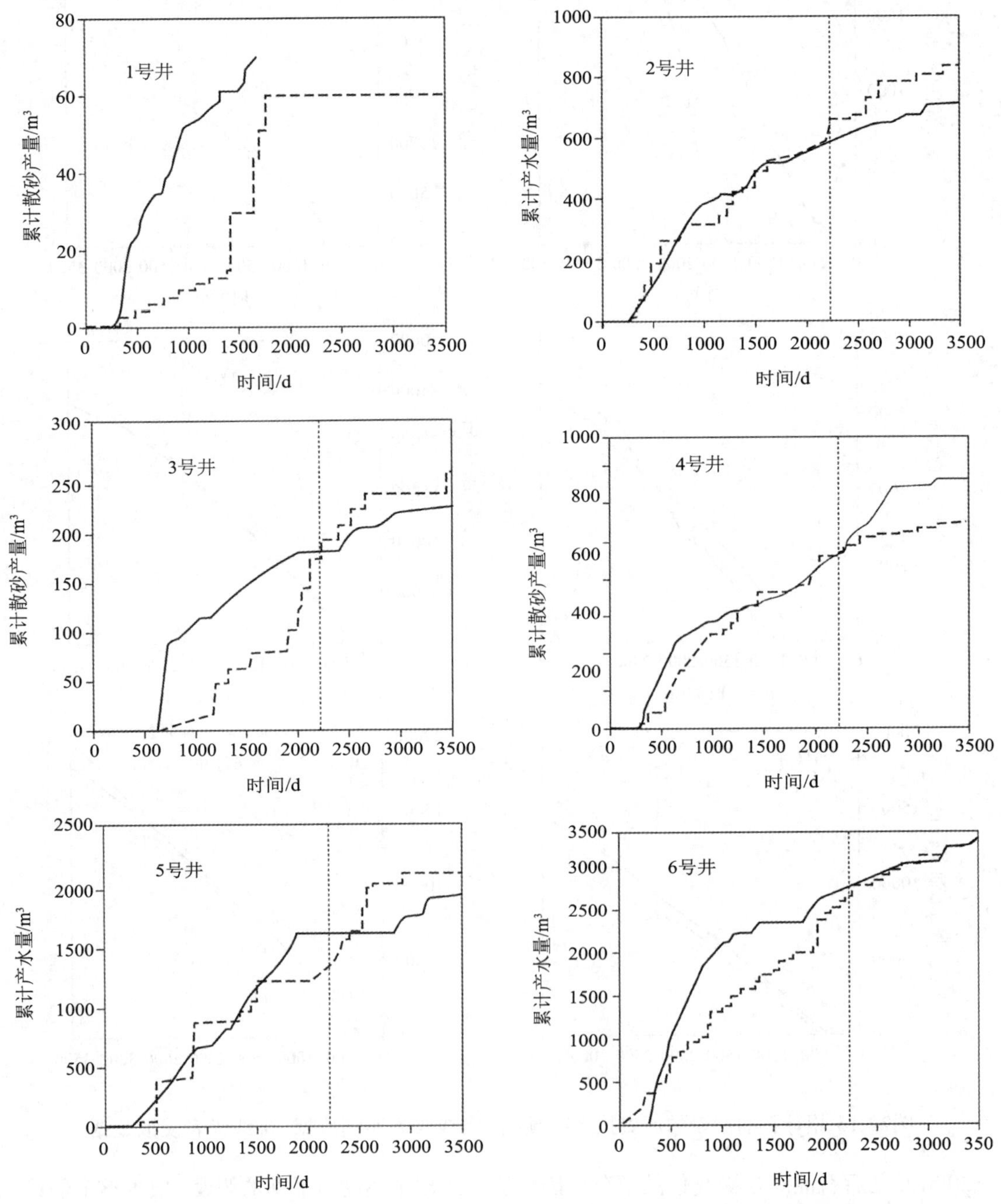

图22.17 累计散砂产量历史拟合和预测：实线代表实测数据，虚线代表模拟数据

在三个案例中，累计散砂产量被高估(2号、3号和5号井)，而在一个案例中被低估(4号井)。总体上，累计散砂产量预测结果是可以接受的，而且预测认为蚯蚓洞网络仍在生长，其依据是出砂量仍在增多。2～6号井生产3488天的累计散砂产量预测误差分别为+17%、+15.5%、-17.4%、+9.8%和+2.4%。

历史拟合效果最佳的是累计产水量(即第2225天以前)(见图22.18)，它们是在假定平均可动水饱和度只有1%的条件下得出的。在数值模拟中并没有假定存在含水层。除了1号和3号井外，其他井的产水量预测结果(第2225～3488天之间)都比较令人满意。1号井预测误差较大还要归因于该井周围蚯蚓洞生长的速度较慢。3号井产水量突然上升的原因可能是存在一个含水饱和度较高的不连续带[业界称之为“水囊(water pocket)”]。2号～6号井3488天的累计产水量预测误差分别为-6.5%、-32.3%、+10.1%、-0.13%和+8.9%。

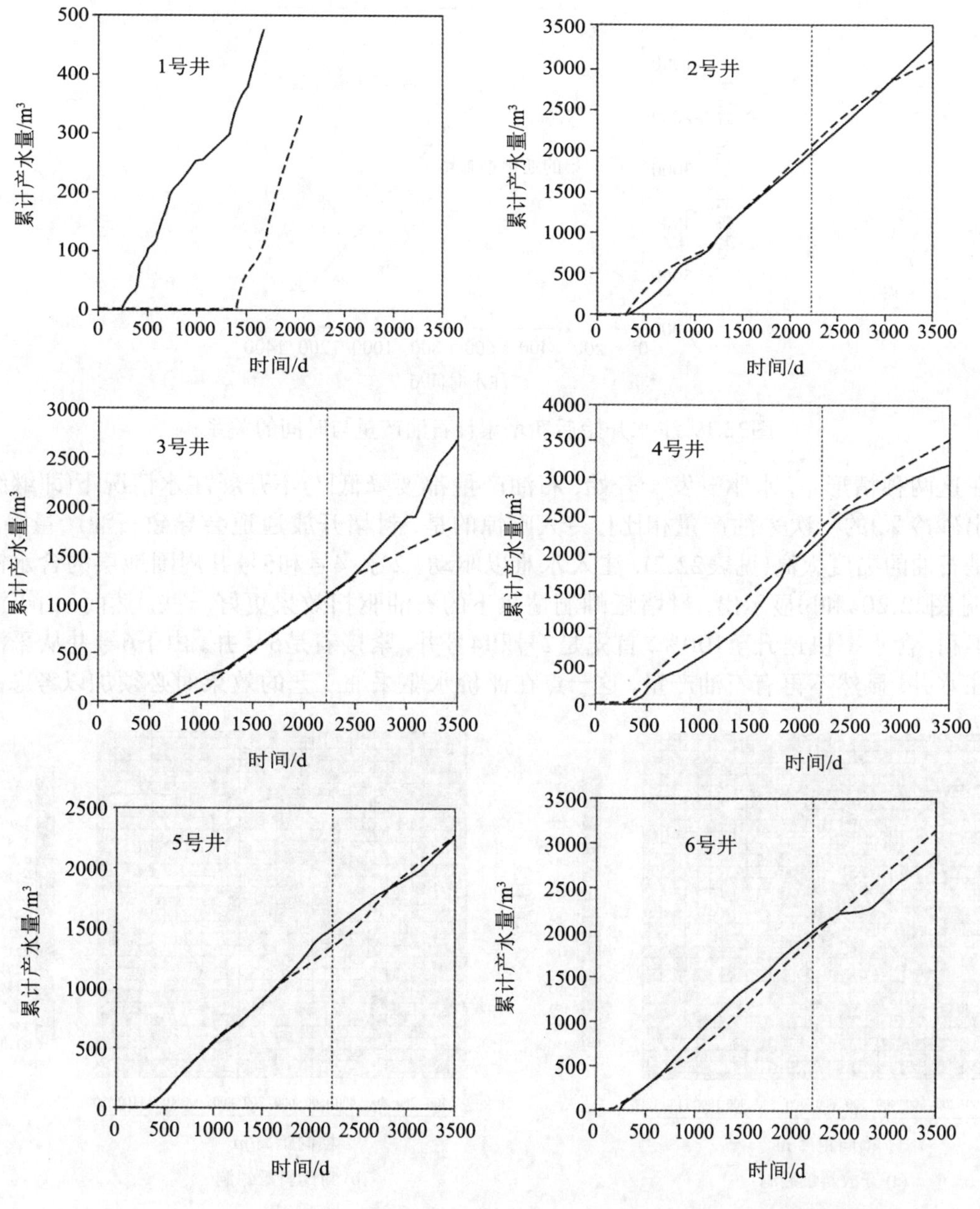

图22.18 累计产水量历史拟合和预测：实线代表实测数据，虚线代表模拟数据

22.3.4 稠油出砂冷采后产量预测

利用前文描述的多井模型，作者曾对可能的稠油出砂冷采后开采工艺(水驱)开展了数值模拟(Tremblay, 2009a)，以便更好地认识这种采油工艺在稠油油藏中应用效果一般的原因(Miller, 2006)，并研究封堵蚯蚓洞在多大程度上能够改善水驱的效果。最后，研究了一种基于周期注溶剂的替代采油工艺。

在第一种情景下，假定填砂蚯蚓洞中的通道是开放的；而在第二种情景下，假定最密集分布的通道是封闭的，通过注入封堵剂就可以实现这一点。在这两种情境下，都是在6号油井投入一次采油3600天之后，开始以100m^3/d的速度向其中注水。从1~5号井采油、水和天然气。如图22.19所示，以注水开始时间函数的形式标绘这两种情形下的累计新增石油产量，累计新增石油产量定义为1~5号井水驱开发的总累计石油产量与这些井一次采油的总累计石油产量之差。

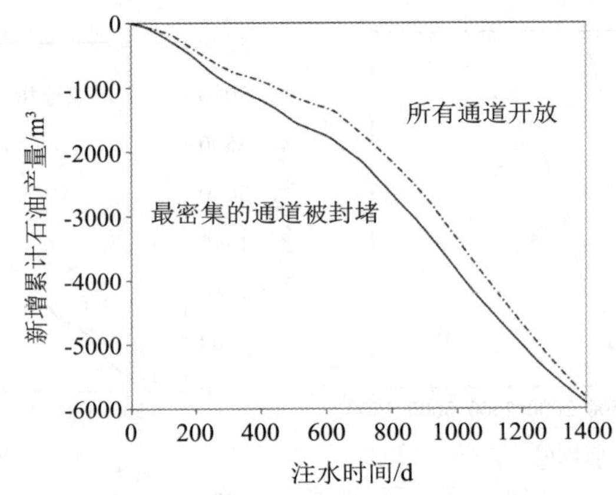

图22.19 注水开始后新增累计石油产量与时间的关系

在这两种情形下，水驱开发一开始，石油产量都要降低[与不开展注水情况下(即继续开展稠油出砂冷采)的一次采油产量相比]。令人吃惊的是，封堵开放通道会导致石油产量降低，其原因是石油的黏度太高(见表22.3)，注入水难以驱动。2号、4号和5号井周围地层的含水饱和度分布(见图22.20a和b)显示出，封堵蚯蚓洞情景下的石油驱扫效果更好一些。然而，由于流度比非常不利，含水率快速升至100%，首先是2号和4号井，紧接着是5号井。由于6号井从采油井转变为注水井，显然不再有石油产量，这一点在评价水驱采油工艺的效果时必须加以考虑。

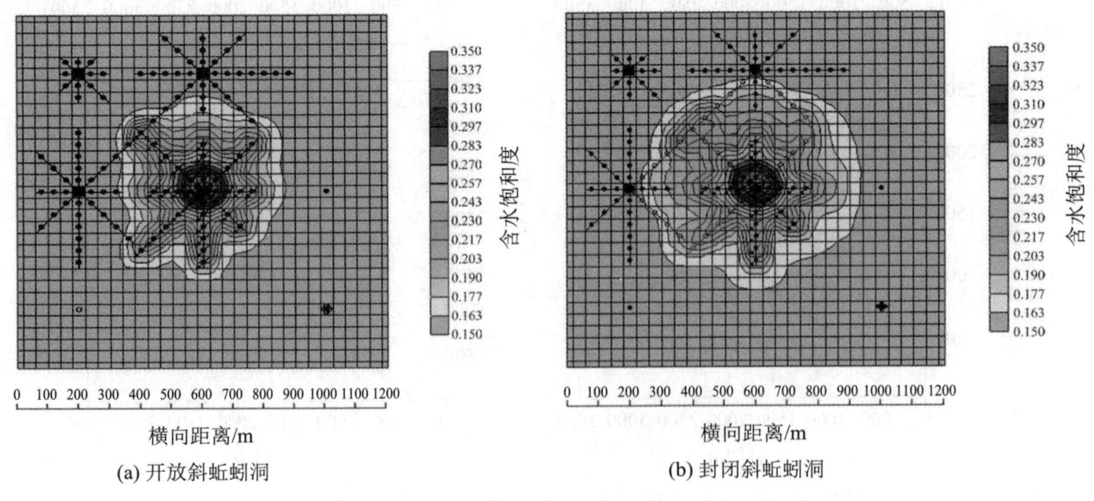

(a) 开放斜蚯蚓洞　　(b) 封闭斜蚯蚓洞

图22.20 含水饱和度分布

除了石油产量降低外，含水率明显提高(见图22.21)，导致作业成本上升。从这个图中可以看出，在水驱开始后(第3600天)油井含水率大幅度提高。

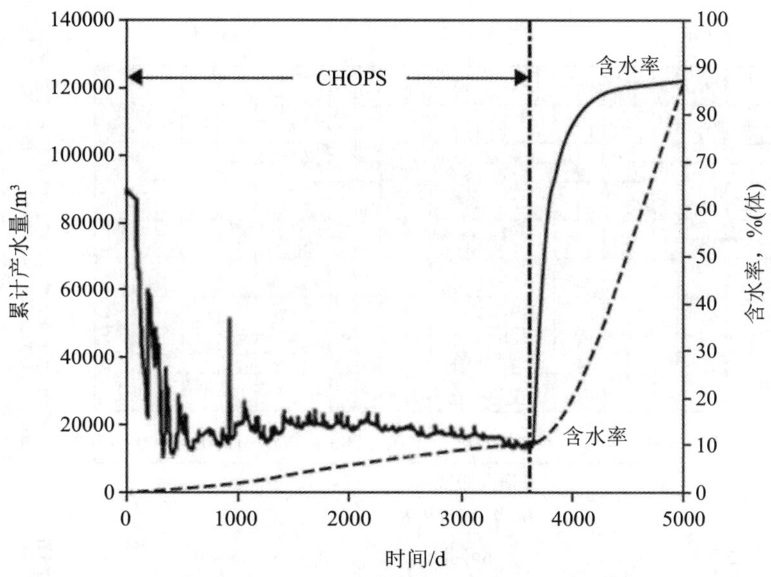

图22.21 稠油出砂冷采开始后累计产水量及含水率与时间的关系(斜蚯蚓洞开放)

Forth等(1996)和Smith(1992)都表示，稠油油藏水驱开发的生产动态往往很差。他们认为，饱含气带的形成为注入水在井间流动提供了通道。注水开发结束时含气饱和度与含水饱和度的对比验证了这一观点。如图22.22a所示，即使在注水1400天之后，2号井和5号井之上地层的含气饱和度仍很高(43%)。而如图22.22b所示，这两口井之上地层的含水饱和度要比蚯蚓洞端部的含水饱和度低，这说明注入水优先通过特定的蚯蚓洞流动(即到最初在稠油出砂冷采阶段6号井中所发育蚯蚓洞距离最近的蚯蚓洞)，而非通过储层顶部含气饱和度较高的地带流动。既然2号井和5号井顶部储层的含油饱和度并没有降至残余油饱和度，注入水应该驱动黏滞的石油流过较高含气饱和度带，才能到达生产井。但实际情况是，注入水沿着相距最近的蚯蚓洞之间的最短通道流动。

这些模拟结果说明，水驱开发受控于相距最近的蚯蚓洞之间的驱替流体突破。另一方面，稠油出砂冷采结束时，开放通道和储层之间的接触面相当大。例如，在这些模拟中，模型预测的开放通道直径平均为10cm，蚯蚓洞网络的总长度为2000m。与储层接触的表面积可达约630m^2。周期注溶剂似乎是一种更有前景的采油工艺，但在实施过程中需要把相邻井关闭，以防注入的溶剂突破。在采用这种采油工艺时，注入的溶剂会使整个接触面积内的储层压力升高。

对潜在的周期注溶剂工艺开展了数值模拟，在每一个注采周期内都先在6号井中注气态溶剂4个月，使地层压力达到2500kPa(绝)，然后开井生产8个月，分6个周期实施。气态溶剂是丙烷(摩尔百分含量为30%)和甲烷(摩尔百分含量为70%)的混合物，露点为3300kPa(绝)。与上文所讲的数值模拟一样，在稠油出砂冷采开始后的第2900天启动溶剂注入周期。如图22.23所示，周期注溶剂开发的累计石油产量预测值要高于稠油出砂冷采。需要注意的重要一点是，这些预测结果只是6号井的石油产量，其周围的其他井都被关闭。新增累计石油产量是根据曲线之间的差异计算出的，并作为注溶剂开采时间的函数标绘在图22.24中。正如预期的那样，由于在注入溶剂阶段没有石油产出，因而其间新增石油产量要比6号井稠油出砂冷采的累积石油产量低。

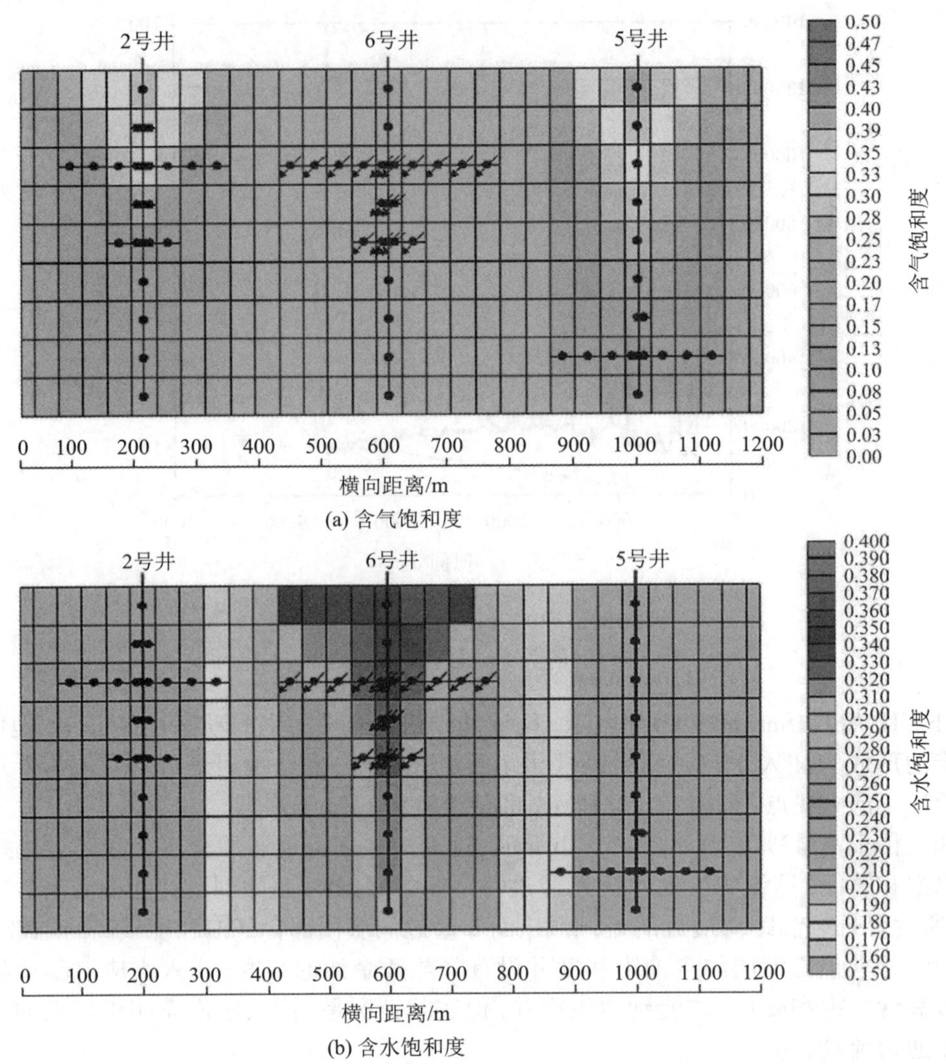

图22.22 在注水结束时过2号井、6号井(注入井)和5号井的横剖面

在周期注溶剂工艺投入商业规模应用之前，还有多个问题需要解决。主要的问题当然是与溶剂、气体压缩和溶剂损失等有关的成本问题。其他的问题包括最佳溶剂的筛选、周期长度的确定、溶剂最大注入压力的计算、注入井的选择以及应当关闭的生产井的确定等。

22.4 结论

经过20多年的研究，人们对出砂量有限的冷采和稠油出砂冷采的溶解气驱机理都已经有了比较清楚的认识。表面张力、表面黏弹性模量测量和溶解气驱试验都已证实，浓度大于10%的沥青在稳定气泡方面有作用。树脂在降低沥青表面活性方面的额外作用也变得更加清晰。有机酸和碱在促进气油界面上沥青网络形成方面的作用，以及在抗变形能力更强且能够减少天然气扩散的弹性膜形成方面的作用，对于稳定气泡都非常重要。

衰竭速度对于成核速度和气泡大小的影响都已得到证实。在高毛细管数下，气泡破裂也有助于减少气泡的聚并。然而，现场开展的毛细管数和压力梯度数值模拟表明，在非常接近蚯蚓洞的地方观察到了起泡原油效应。采用非常低的天然气相对渗透率曲线模拟冷采过程已经取得了成功；然而还需通过进一步研究来建立预测能力更强的非平衡溶解气驱模型，更好地预测石油和天然气的开采速度。

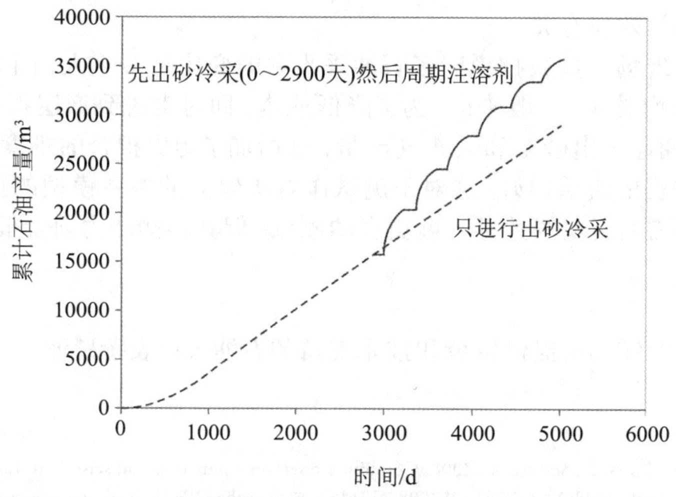

图22.23 累计石油产量(6号井)与时间的关系

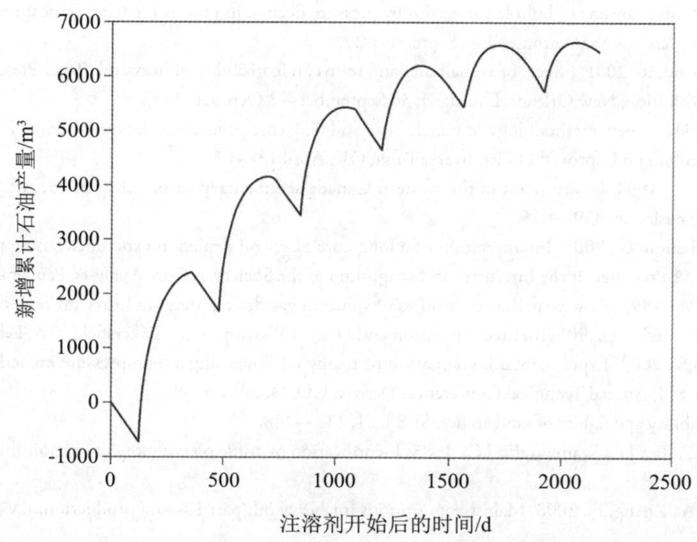

图22.24 新增累计石油产量(6号井)与时间的关系

出砂试验表明，在未固结砂层中，砂的液化作用可以形成蚯蚓洞，而无需破坏地层。在这些蚯蚓洞的直径达到约1m时，其内部就会充填砂。随着蚯蚓洞的长度增大，会形成6~10cm的开放通道，示踪剂测试和蚯蚓洞生长模型都说明了这一点。示踪剂测试显示，存在快速跃迁(rapid transit times)，而没有染料表面吸附现象，这些测试结果无法用裂缝发育来解释，原因是其宽度达到了砂粒直径的级别。在冷采后油藏中钻水平井时观察到了井漏现象，说明蚯蚓洞网络并没有高度发育的分支(也许根本没有)，而且在稠油出砂冷采井周围并没有发育膨胀带。用于封堵与井筒沟通的蚯蚓洞的漏失控制材料的体积说明，明显比较大的含膨胀砂蚯蚓洞内开放通道网络的体积可能高达20m^{3}或更大。假设开放通道直径平均为10cm，而且蚯蚓洞的平均长度为250m，那么每口井发育的蚯蚓洞数量就是8个。

多井稠油出砂冷采模型开发方面的研究也在持续推进，最终的目的是预测最佳井距、确定加密钻井时间表和设计稠油出砂冷采后开采工艺(后者可能是最重要的)。研究的重点是减少这些模型中可调节参数的数量，使之在本质上更具可预测性。一个方法就是搞清楚可调节参数是否都与地质力学效应有关。

稠油出砂冷采的现场产量数据说明了石油采收率的变化是多么大，因为这些油藏的产层很薄而且通常具有非均质性。一般来讲，为了降低成本，同时考虑到产层很薄，这些井大都不取心，而且也不会定期监测出砂量和天然气产量，这增加了历史拟合的难度。值得庆幸的是，可以利用的散砂量数据的质量很好，这对于测试作者所建立的多井模型的预测能力很重要。虽然这个多井模型仍需利用现场数据开展更多的测试，但其预测能力前景很好。

致谢

向石油研究中心(PTRC)及提供资金和技术支持的石油公司表示感谢。

参考文献

Aghabarati, H., Dumitrescu, C., Lines, L., Settari, A., 2008. Combined reservoir simulation and seismic technology, a new approach for modelling CHOPS, Paper SPE/PS/CHOA 117581 (PS2008-317) Presented at the SPE Thermal Operations and Heavy Oil Symposium, Calgary, Alberta, October, 20—23.

Azizi, F., 2000. Applied Analyses in Geotechnics, first ed. E & FN Spon Inc, New York, NY.

Bauget, F., Lenormand, R., 2002. Mechanisms of bubble formation by pressure decline in porous media: a critical review, Paper Presented at the SPE Annual Technical Conference, San Antonio, TX, September 29.

Bauget, F., Langevin, D., Lenormand, R., 2001. Effects of asphaltenes and resins on foamability of heavy oil, Paper Presented at the SPE Annual Technical Conference and Exhibition, New Orleans, Louisiana, 30 September—3 October.

Bayon, Y.M., Cordelier, Ph.R., 2002. A new methodology to match heavy-oil long core primary depletion experiments, Paper Presented at the SPE/DOE Thirteenth Symposium on Improved Oil Recovery, Tulsa, OK, April 13—17.

Bell, J.S., Price, P.R., McLellan, P.J., 1994. In situ stress in the western Canada sedimentary basin, Chapter 29, Atlas of the Geology of the western Canada Sedimentary Basin, pp. 439—446.

Bondino, I., McDougall, S.R., Hamon, G., 2003. Interpretation of a long-core heavy oil depletion experiment using pore network modelling techniques, Paper SCA2003-11 Presented at the International Symposium of the Society of Core Analysts, Pau, France, September 21—24.

Bora, R., Maini, B.B., Chakma, A., 1997. Flow visualization studies of solution gas drive process in heavy oil reservoirs using a glass micromodel, Paper SPE 37519 Presented at the SPE Thermal Operation and Heavy Oil Symposium, Bakersfield, CA, February 10—12.

Bora, R., Chakma, A., Maini, B.B., 2003. Experimental investigation of foamy oil flow using a high pressure etched glass micromodel, SPE 84033 Paper Presented at the SPE Annual Technical Conference, Denver, CO, October 5—8.

Bratli, R.K., Risnes, R., 1981. Stability and failure of sand arches. SPE J. 21, 236—248.

Callaghan, I.C., McKechnie, A.L., Ray, J.E., Wainwright, J.C., 1985. Identification of crude oil components responsible for foaming. SPE J. 25 (2), 171—175.

Chugh, S., Baker, R., Telesford, A., Zhang, E., 2000. Mainstream options for heavy oil: part I—cold production. J. Can. Pet. Technol. 39 (4), 31—39.

Denbina, E.S., Baker, R.O., Gegunde, G.G., Klesken, A.J., Sodero, S.F., 2001. Modelling cold production for heavy oil reservoirs. J. Can. Pet. Technol. 40 (3), 23—29.

Dusseault, M.B., 2002. CHOPS—cold heavy oil production with sand in the Canadian heavy oil industry, Report prepared for the Alberta Department of Energy, March.

Dusseault, M.B., Geilikman, M.B., Spanos, T., 1998. Mechanisms of massive sand production in heavy oils, Paper Presented at the Seventh UNITAR Conference, Beijing, China.

Firoozabadi, A., 2001. Mechanisms of solution gas drive in heavy oil reservoirs. J. Can. Pet. Technol. 40 (3), 15—20.

Firoozabadi, A., Aronson, A., 1999. Visualization and measurement of gas evolution and flow of heavy and light oils in porous media. SPEREE December, 550—557.

Forth, R., Slevinsky, B., Lee, D., Fedenczuk, L., 1996. Application of statistical analysis to optimize reservoir performance. J. Can. Pet. Technol. October, 36—42.

Istchenko, C.M., Gates, I.D., 2012. The well-wormhole model of CHOPS: History match and validation, Paper SPE 157795 presented at the SPE Heavy Oil Conference, Calgary, Alberta, June 12—14.

Kimmel, T.B., Laviolette, D.J., 1982. Heavy oil production problems in the Lloydminster area, Paper presented at the Thirty-Third Annual

Meeting of the CIM, Calgary, Alberta, June 6—9.

Kumar, R., Pooladi-Darvish, M., 2002. Solution—gas drive in heavy oil: field prediction and sensitivity studies using low gas relative permeability. J. Can. Pet. Technol. 41 (3), 26—32.

Landau, L.D., Lifshitz, E.M., 1980. Statistical Physics Part I, vol. 5. Pergamon Press, Oxford, England.

Lau, E., 2001. An integrated approach to understand cold production mechanisms of heavy oil reservoirs, Paper 2001-151 Presented at the 2001 CIPC Conference, Calgary, Alberta, June 12— 14.

Lillico, D.A., Babchin, A.J., Jossy, W.E., Sawatzky, R.P., Yuan, J.-Y., 2001. Gas bubble nucle-ation kinetics in a live heavy oil. Colloids Surf. A 192, 25.

Liu, X., Zhao, G., 2005. A fractal wormhole model for cold heavy oil production. J. Can. Pet. Technol. 44 (9), 31—36.

Loughead, D.J., Saltuklaroglu, M., 1992. Lloydminster heavy oil—why so unusual?, Paper Presented at the Ninth Annual Heavy Oil and Oil Sand Technology Symposium, Calgary, Alberta, March 11.

Di Lullo, G., Curtis, J., Gomez, J., 2004. A fresh look at stimulating unconsolidated sands with proppant-laden fluids, Paper Presented at the SPE Annual Technical Conference and Exhibition, Houston, TX, September 26—29.

Maini, B.B., 1996. Foamy oil flow in heavy oil production. J. Can. Pet. Technol. 35 (6), 21—24.

Maini, B.B., Sarma, H.K., George, A.E., 1993. Significance of foamy oil behaviour in primary production of heavy oil. J. Can. Pet. Technol. 32 (9), 50—54.

Meza-Diaz, B., Sawatzky, R., Kuru, E., Oldakowski, K., 2011. Sand on demand: a laboratory investigation on improving productivity in horizontal wells under heavy-oil primary production. SPE Prod. Oper. 26 (3), 240—252.

Miller, K.A., 2006. Improving the state of the art of western Canadian heavy oil waterflood technology. J. Can. Pet. Technol. 45 (4), 7—11.

de Mirabal, M., Gordillo, R., Rojas, G., Rodriguez, H., Huerta, M., 1996. Impact of foamy oil mechanism on the Hamaca oil reserves, Orinoco Belt-Venezuela, Paper Presented at the Forth Latin American and Caribbean Petroleum Engineering Conference, Port-of-Spain, Trinidad and Tobago, April 23—26.

Moulu, J.C., 1989. Solution-gas drive: experiments and simulation. J. Pet. Sci. Eng. 2 (4), 379—386.

Nouri, A., Wang, X., Vaziri H., 2008. A review of sand production mechanisms in cold production heavy oil production, Paper Presented at the CIPC/SPE Gas Technology Symposium, Calgary, Alberta, June 17—19.

Ostos, A.N., Maini, B.B., 2005. An integrated experimental study of foamy oil during solution gas drive. J. Can. Pet. Technol. 44 (4), 43—50.

Peng, J., Tang, G.Q., Kovscek, A.R., 2009. Oil chemistry and its impact on heavy oil solution gas drive. J. Pet. Sci. Eng. 66 (1—2), 47—59.

Pooladi-Dravish, M., Firoozabadi, A., 1999. Solution-gas drive in heavy oil reservoirs. J. Can. Pet. Technol. 38 (4), 54—61.

Rivero, J.A., Coskuner, G., Asghari, K., Law, D.H.S., Pearce, A., Newman, R., et al., 2010. Paper Presented at the SPE Annual Technical Conference and Exhibition, Florence, Italy, September 19—22.

Sahni, A., Gadelle, F., Kumar, M., Tomutsa, L., Kovscek, A.R., 2004. Experiments and analysis of heavy-oil solution-gas drive. SPE Reservoir Eval. Eng. June, 217—229.

Sawatzky, R.P., Lillico, D.A., London, M.J., Tremblay, B.R., Coates, R.M., 2002. Tracking cold production footprints, Paper Presented at the Petroleum Society CIPC Conference, Calgary, Alberta, June 11—13.

Sheng, J.J., Maini, B.B., Hayes, R.E., Tortike, W.S., 1999a. Critical review of foamy oil flow. Trans. Porous Media 35 (2).

Sheng, J.J., Hayes, R.E., Maini, B.B., Tortike, W.S., 1999b. Modelling foamy oil in porous media. Trans. Porous Media 35, 227—258.

Shute, D.M., Kaiser, T.M.V., Munoz, H., 2004. Compaction resistant wellbore for sand-producing wells, Paper Presented at the Fifth Canadian International Petroleum Conference, Calgary, Alberta, June 8—10.

Smith, G.E., 1988. Fluid flow and sand production in heavy-oil reservoirs under solution-gas drive. SPE Prod. Eng. 3 (2), 169—180.